国家科学技术学术著作出版基金资助出版

家蚕微粒子病防控技术

Prevention and Control Technology of Pebrine

鲁兴萌　著

科学出版社

北京

内 容 简 介

五千多年的养蚕历史包括了人类对家蚕及相关病原微生物认知不断加深的过程。家蚕微粒子病是养蚕业唯一的毁灭性传染病，家蚕和微粒子虫两个生物主体因所具有的生物学模式性特点而在很多领域得到广泛研究。本书以作者所在研究团队的研究为主体，对家蚕微粒子虫来源及防控技术、家蚕微粒子虫在个体中扩散及防控技术、家蚕微粒子虫在饲养群体中扩散及防控技术，以及相关实验方法等展开论述，是一本理论与生产实践有机结合、特色非常鲜明的专业著作。

本书可作为蚕学、微孢子虫学和家蚕微粒子病学等领域科教人员和研究生等的参考用书，也可作为养蚕业家蚕微粒子病防控技术决策和科学管理的依据，并为病害防控技术的研发提供思路和参考。

图书在版编目（CIP）数据

家蚕微粒子病防控技术/鲁兴萌著. —北京：科学出版社，2023.3

ISBN 978-7-03-074179-0

Ⅰ. ①家…　Ⅱ. ①鲁…　Ⅲ. ①微粒子病–防治　Ⅳ. ①S884.2

中国版本图书馆 CIP 数据核字（2022）第 233822 号

责任编辑：李秀伟　闫小敏 / 责任校对：严　娜

责任印制：吴兆东 / 封面设计：无极书装

科 学 出 版 社 出版

北京东黄城根北街 16 号

邮政编码: 100717

http://www.sciencep.com

北京中科印刷有限公司 印刷

科学出版社发行　各地新华书店经销

*

2023 年 3 月第　一　版　开本：787×1092　1/16

2023 年 3 月第一次印刷　印张：32 3/4

字数：776 000

定价：428.00 元

(如有印装质量问题，我社负责调换)

前　言

在经历了中世纪黑暗时期不断衰败后的欧洲，文艺复兴、宗教改革和启蒙运动掀起的思想文化运动，推动了科学与艺术的革命。蒸汽机的发明和广泛应用，引发了从18世纪60年代到19世纪中叶的第一次科技革命。同时，诞生了现代生物学分类命名的奠基人卡尔·冯·林奈（Carl von Linné，1707～1778年）、进化论的奠基人查尔斯·罗伯特·达尔文（Charles Robert Darwin，1809～1882年）、现代遗传学之父格雷戈尔·约翰·孟德尔（Gregor Johann Mendel，1822～1884年），以及近代微生物学的奠基人路易斯·巴斯德（Louis Pasteur，1822～1895年）等一大批生物学巨匠。

巴斯德因发明巴氏消毒法、研制狂犬病疫苗和提出疾病生源学说等而成为家喻户晓的伟大科学家。同时，他也经历了一段与养蚕业或养蚕病害防控有关的研究生涯。在有关家蚕微粒子病（pebrine）及软化病（flacherie）的研究中，巴斯德同样取得了卓越的成就。1870年巴斯德发表的《蚕病研究》(*Études sur la maladie des vers à soie*，关于家蚕疫病）所陈述的研究成果，成为养蚕从业者人尽皆知的标志性成果和产业技术的里程碑。在今天，世界经历了第二与第三次科技革命，站在第四次科技革命的大门前，巴斯德有关家蚕微粒子病防控的理论（胚胎感染）和实践（隔离制种或母蛾检测）依然是家蚕微粒子病防控技术体系的重要基石。

结缘家蚕微粒子病30多年和即将降下科教生涯帷幕之际，回眸时看小於菟，何以守株于斯年，惟叹机缘之巧合、随遇而心安和物事尽其用的光阴沉淀。整理主导实验室多年有关家蚕微粒子病研究和调查的相关资料，油然而生缘承真善之识，心启津梁之绪。为此，加以梳理和凝练成册，期望为后继者提供点滴参考。

机缘巧合始于大学毕业参加工作的初期，随遇而安也许是各种机缘巧合的底色。

在中学教学不设生物学课程的年代，多数男生偏好数学和物理，大学志愿报考自动化和机械类专业及学校也成为热门，因现实种种原因，我却与蚕桑专业结缘。大学始业教育中，蚕丝业是国家排名第二的创汇行业且是硬通货的专业教育，虽然感觉非常之高大上，但心有戚戚而未能与之共鸣。尽管大学课程中蚕病学的学习不尽如人意，但机缘所致从事了一辈子的家蚕病理学和病害控制技术的教学与科研。

在大学毕业国家统一分配工作的年代，在余杭九堡蚕桑村完成毕业实习回校后，我与多数同学一样已得知毕业工作的去向，但还是被问及“到外省工作去不去？到艰苦的地方工作去不去？到国家最需要的地方工作去不去？”3个常见的问题，不知是教育所致，还是个性所致，毫不犹豫地给予肯定的回答，是自信还是盲从已经没有清晰的概念和印象。结果却是1984年的7月14日到位于江苏镇江四摆渡的中国农业科学院蚕业研究所报到工作。

第一次与家蚕微粒子病研究的相遇，应该是在工作后不久。到研究所报到后，被派遣去徐州睢宁姚集上党村，参与当时所里承担的国家黄淮海中低产地区蚕桑产业的发展推广项目，完成大学毕业学生入职后下乡锻炼的任务。两个多月的生活与工作经历，留下了人生对中国社会或中国“三农”问题几乎最为深刻的印记。一日两餐不通电、钻入晒干玉米壳堆就睡觉的村民、乱石堆砌到半米高左右的露天专家厕所，以及“人-蚕-牛”同居一室等场景，都是人生闻所未闻和不可思议的现实场景，社会责任感第一次被强烈激发，也许正是那两个多月的经历，在内心深处埋下了一枚定海神针。回到所里不久，被分配到多数大学毕业生向往的家蚕生理病理研究室工作，在李荣琪先生的实验室，用单筒的光学显微镜检测大量来自蚕种生产单位或农户的各种样本，观察和记录是否有家蚕微粒子虫孢子的存在。已不记得第一次与家蚕微粒子病研究交集的目的和得到了何种结果，只记得自己如何挑战成为一名非“睁一眼闭一眼”的显微镜使用者。

大学毕业和参加工作初期，未有继续深造之意。1985 年春，再次到无锡坊前的国家自动化养蚕基地下乡锻炼，并负责看守从日本进口的自动化养蚕设施与设备，以及为蚕种研究室繁育一代杂交蚕种，金秋十月返回研究室。回所后在不经意的偶然事件和过于在意他人评价的影响下，报考了母校的硕士研究生，并以“超低空飞行”的入学分数被录取。

1986 年 7 月 16 日离开中国农业科学院蚕业研究所的家蚕生理病理研究室，回家短暂休假后到母校报到，师从金伟先生攻读家蚕病理学硕士学位。入学半年后的寒假前递交了两份学位论文的开题报告，一份是《家蚕浓核病中肠上皮细胞受体鉴定的研究》，另一份是《家蚕细菌性肠道病抗性蛋白的分离与活性鉴定的研究》。在主观上，“唯新”的思维模式占据了主导地位，对专业和产业价值并未进行太多的思考，更多的是考虑能应用一些先进的技术和方法解决问题或达成目标。受客观研究条件的限制，后者成了自己毕业论文的题目。3 年的学习和科研训练中，并未在科学研究的层面上与家蚕微粒子病有所交集，但耳濡目染了学长梅玲玲研究家蚕微粒子病的精彩，她所制作的家蚕微粒子虫和桑尺蠖微孢子虫孢子的超微结构图片，在国内至今很少见到出其右。在硕士研究生毕业选择工作时再度出现了机缘巧合，在面试和科研考察后，收到了当时科研条件更好的研究所的录取通知，有机会跨界从事其他领域的研究工作，但最终还是留在学校从事少年时代不曾爱好的教师职业，从事蚕学科教工作 30 多年，也为第二次与家蚕微粒子病研究产生交集提供了基础。

第二次与家蚕微粒子病研究的相遇，应该是留校工作期间的事情。1989 年是高校开展技术研发和创办科技公司的热门年份，留校工作的教学科研环境与现在的高校有着太多的不同，没有太多的设施设备，只有极少量的科研经费，也没有发表论文等特别要求。在如此宽松和自由的氛围下，受技术研发热潮的影响，开始了蚕室蚕具消毒剂的研发工作，也是第一次在思维模式上出现“唯好”的意识。家蚕微粒子虫是家蚕的重要病原微生物，评价消毒剂对家蚕微粒子虫的杀灭能力成为必然，但发现家蚕微粒子虫孢子并非像有些文献报道的那样十分难以杀灭。与家蚕微粒子病研究的第二次交集，仅是一次十分短暂的经历。

留校工作初始两年，在完成教学任务和其他社会工作之外，其余大多时间热衷于消毒剂的研发甚至生产，最终成功研发了国内首个真正具有复配特征的蚕室蚕具消毒剂——消特灵。从那个时期开始，逐渐固化了在今天社会爆炒，而不少科教人员视作“小菜”的超级“996”生活工作主旋律，直到2016年寒假开始回归到多数人的工作生活节奏。在那个很多购物票证逐渐取消的年代，出国留学通过外语门槛之前的考试资格，仍然需要特殊的资格或资历。有幸获得了一次去上海外国语大学参加出国考试的机会，并压线通过，由此开始了申请日本文部省国费留学生奖学金的等待。申请留学的学校和老师是日本国立工艺纤维大学病理微生物机能研究室教授松本继男。1991年的夏天，收到正在那里攻读硕士学位的学长顾国达有关国费留学生奖学金获批的快件，告知时间紧迫，尽快填写有关资料和办理相关手续。虽然惊讶好事来得那么快，但也担心好事成真的难。在众多师长、领导和朋友的鼎力支持与帮助下，完成了这件对个人发展轨迹非常重要的事件。1991年10月21日开启了日本留学的历程。事后才得知，在松本先生研究室申请国费留学生的排序我是第三位，正常情况可能需要等3～5年。在那个虽然已经不是通信“基本靠吼”，但也不是像今天电话、手机和互联网几乎遍布世界每个角落的年代，前两位申请者报名申请期间的失联，成全了我的机缘。

初到松本先生研究室我的身份是进修人员，每天做一些并不复杂的微生物学实验或训练。年底是博士入学报名的截止期，基于语言的困难、研发养蚕用消毒剂的诱惑，以及进修一年后回国的承诺，并未有攻读博士学位的强烈愿望。在报名截止日的下午，松本先生让我去了他的办公室，得知我尚未报名参加博士入学考试，这是唯一一次看到先生非常生气的表情，我也深切感受到先生由衷为中国培养家蚕病理学人才的热切情感。在对报考博士一事进行了相关的交流后，先生就带着我去了学校留学生科，正好遇到快要下班的科长吉野先生，我很快便办好博士入学考试报名的手续。其中，吉野先生的和善、热情和鼓励也给我留下了深刻的印象。1992年春节前，我顺利通过入学考试，4月入学开始博士生的生涯，松本先生的影响是唯一一次非家庭成员的外力改变了我的人生轨迹。博士期间的研究领域是家蚕细菌性肠道病和肠球菌多样性，与家蚕微粒子病研究并无交集。

完成博士学位学业的1995年春，回校再启新征程。当时的高校虽然对科研项目和论文已有一定要求，但总体环境还是比较宽松自由的。为延续和深化曾从事的研究，申报了家蚕来源肠球菌质粒多样性和生物学功能研究的课题，也许因为过于小众基础或文本的自言自语，并未获得资助。但当时国内部分蚕区出现了非常严重的家蚕微粒子病流行，出于救急和贴近生产的需要，或是对“国家需求”的响应，我零星开展了一些家蚕微粒子病基础分类、检测技术和流行病学等研究，同时开始关注该病害并积累相关的文献。

第三次与家蚕微粒子病研究的相遇，是2000年申报的国家自然科学基金面上项目“蚕肠道细菌微生态抑制微粒子病发生机理研究”（30070578，2001～2003年）获得批准。从此，一发而未收。其间多项国家自然科学基金项目、农业部公益性行业（农业）科研专项、纺织工业部科技攻关项目、农业部现代农业产业技术体系岗位科学家项目，以及浙江省农业厅等机构或组织在研究经费上的支持与保障，有效支撑了研究的持续发展，也成全了守此株于斯年。第一个国家自然科学基金项目申报的获批，可谓之学科交叉，实为物事尽其用，将家蚕来源肠球菌研究基础与家蚕微粒子病防控现实需求有机结合。

物事尽其用，既是机缘巧合和随遇而安的结果，也是独立思考和思维成长的过程。

从家蚕细菌性肠道病的学术本底，到家蚕微粒子病及防控产业需求的机缘巧合，也使自己真正踏上一名独立学者的思考与探索之路。师从金伟先生和松本先生，我不仅仅在学业上学到了大量发现问题和解决问题的技能，以及敏锐和系统性思考问题的方式，更重要和更珍贵的是两位先生给予的“学以致用，知行合一，致良知”的精神光芒，这精神光芒照耀了我学术上不断前行的道路。

从家蚕来源肠球菌的多样性，到发现部分肠球菌培养物对家蚕微粒子虫孢子发芽具有抑制作用及物化分子的探寻；从家蚕微粒子虫在其他鳞翅目昆虫中循环繁殖继代后的变异，到基于环境微生物检测的流行病学调查；从家蚕的抗肠球菌活性物质，到家蚕不同状态下微生态的结构与多样性变迁；从家蚕微粒子虫孢子的环境稳定性与对化学物质的抵抗性，到基于环境控制的防控技术研究；从家蚕微粒子虫孢子发芽机制的探索，到其在家蚕细胞或个体内与家蚕相互作用机制的研究；从简易的生产基层实用微粒子病检测方法，到各种主流免疫学和分子生物学方法的比较与检测技术的研发；从证实家蚕微粒子虫胚胎感染个体在健康家蚕群体内的传播模式为“连续感染传播”，到基于成品卵检测技术的研发……点状物的不断积累和点状物间的连线逐渐显现，日渐物事尽其用。从不同视角对家蚕微粒子病的观察与认识，对“家蚕-微粒子虫-环境”三者相互作用机制的探索与理解，从多维度对家蚕微粒子病控制技术及系统进行研究与集成，一个具有长程序和空间点阵特征的晶体逐渐呈现。

机缘之巧合、随遇而心安和物事尽其用的晶体内核，糅合了太多、太多的缘喻。

与蚕桑相遇之初的大学班主任吴锦绣老师和指导员陈晓明老师等，工作初期的吕鸿声先生、易文仲先生、钱元骏先生和李荣琪先生等，硕士学业期间有了更多接触的陆星垣先生、吴载德先生和郑衡先生等，博士生期间的松原藤好先生、前田进先生和滨崎实先生等，回国安定于学校从事蚕学科教工作后，有缘而遇的向仲怀先生、黄自然先生和李达山先生等同行先辈，他们给予的勉励、鞭策和仁教，无不成为物事前行源源不断的动力，他们奉献、求实和文心的典范，无不成为物事前行崎岖之路的灯塔。

在科学的春天里一起启程的同辈，他们不论是出身蚕桑且坚守蚕桑，还是出身蚕桑而翱翔于更为宽广的学术天空，或出身其他领域而潜入蚕桑的深海，与之不同场景或不同时长的交集，分享文献信息、实验材料和实验技术，碰撞各种学术和产业问题的不同观点，竞合基础科学研究、产业技术研发或规划制定研讨等，无不体验到他们创新无限的思想火花、追逐事业的坚忍不拔和心无旁骛的钻研精神，犹如清新的空气沐浴着万物的成长。

浙江省蚕种质量检验检疫站等一大批单位和生产一线的同行，不论是各种实验材料的提供，还是农村实验的实施和实用技术研发中的产业指导，以及在病害诊断、应急处理、基层培训与生产经验交流中，他们犹如支撑万物立体的土壤，肥沃而稳固。唯有从他们和更多的从业者身上才能真切感受到社会对科技需求的真切内涵，他们那种春蚕到死丝方尽的奉献精神，无不是良知不断觉悟和物事前行的重要拉力。

从第一次结缘家蚕微粒子病研究到今天，经历了中国农业科学院蚕业研究所（2 年零 2 天）和浙江（农业）大学（31 年）两个单位和两段时期，家蚕生理病理研究室及蚕学系是工作或教学科研的基本组织结构。在学校农业技术推广中心、新农村发展研究院、农业试验站和农业科技园的兼职工作经历，对农业现代化和“三农”的泛视野思考与实践，深刻认识到蚕桑产业的可持续和现代化发展十分迫切与重要。工作期间，单位领导、同事和学生给予的关怀、帮助及支持，又是那么直接、持续和润物无声。

在第四次科技革命的前夜，生物技术和人工智能的快速发展，以及两者融合之势犹如山雨欲来风满楼的今天，经孟智启研究员的引荐，有幸参与巴贝集团（陌桑高科）家蚕高密度自动化全龄人工饲料育养蚕体系建设。虽然已没有少年时期对自动化和机械类的偏好与激情，但见证社会和产业趋势性的发展，多少有点轮回缘，也许就是缘起天意使然吧。

一路走来，白驹过隙；一路走来，真人常遇；一路走来，风景无数；一路走来，走散不少；一路走来，路上有你。

生命很短暂、天赋很有限，唯有深情关注些许物事人。感叹浸润学术的天地之境界，庆幸守株斯年终有获，分享之欲意渐浓。也不禁勾起对法国印象派大师保罗・高更（Paul Gauguin，1848～1903 年）的代表作《我们从哪里来？我们是谁？我们往哪里去？》的思考。由此，从“家蚕微粒子虫来源及防控技术”、“家蚕微粒子虫在个体中扩散及防控技术”和“家蚕微粒子虫在饲养群体中扩散及防控技术”三个不同的层面撰写本书，先生之辑绪，启后之规模。

在此，对本书出版和编辑过程中给予资助的国家科学技术学术著作出版基金与科学出版社深表谢意。

鲁兴萌

己亥春于浙江大学紫金港校区

目　录

第二篇 家蚕微粒子虫在个体中扩散及防控技术

第四篇　实 验 方 法

绪　论

家蚕微粒子病（pebrine）是养蚕业的毁灭性病害，在养蚕国家或区域具有很高的认知度，由此决定了对其持续的研究与养蚕业发展同步前进。在产业中，如何有效控制或消除该病害对养蚕业和人类经济生活的不良影响？能像防控曾被历史学家认为甚于枪炮或战争对人类种族大屠杀的疾病——天花（small pox）一样，使之消失[①]，始终是人类的一种美好愿望。

在今天，传染性病害是病原微生物与宿主相互作用的结果的认知，已经十分简明易解。但在这种认知的获取中，人类经历了漫长的探索与实践过程。今天，在人类对自身以及动物和植物病害得到有效治疗或控制的期盼中，不断进行着各种技术研究和开发的同时，宿主和病原微生物的起源与进化依然是一个永恒的课题。“未知生，焉知死”不仅是人类自身的命题，也是包括家蚕微粒子病在内所有病害研究的基本命题。

在理论上，家蚕微粒子病的出现源于家蚕和微孢子虫两种生物起源后共同存在，人类开始饲养或利用家蚕后不久，应该就会发现该病的存在，家蚕、微孢子虫和两者相遇而发生蚕病的历史即成为探究的问题。

（1）家蚕的起源和养蚕的历史

有关家蚕（*Bombyx mori*）和养蚕（sericulture）的起源，已有太多的文献和专业书籍对其进行了描述，简而言之包括三个层面的论述。其一是传说或后期的文字记载，主要有“伏羲化蚕”、“嫘祖始蚕”和“马头娘佑蚕”，即养蚕始于中华文化的人文初祖。其二是考古学的发现，1926 年山西夏县西夏村新石器时代遗址发掘，发现半颗被割裂的蚕茧，这半颗距今 6950～4950 年的蚕茧，形态大小介于现在的家蚕茧和野蚕茧之间；1928 年河南省安阳县开始殷墟考古，在挖掘出的甲骨上发现有“桑”、“蚕”、“丝”和“帛”等与家蚕及养蚕有关的文字（甲骨文，公元前 1400 年～公元前 1100 年）；1958 年在浙江省吴兴县钱山漾发现的绢片、丝带和丝线等，被考证为公元前 2715 年±100 年的遗物。由此可见，我国人民发现和利用家蚕已有数千年的历史（蒋猷龙，1982；嵇发根，1994；吴一舟，2005）。 其三是包括形态和习性、染色体数目、遗传距离和核酸多态性、线粒体脱氧核糖核酸（deoxyribonucleic acid，DNA）序列变化速率，以及血清学、数量性状、生理生化指标和茧色等在内的生物学研究表明，家蚕是不同于野桑蚕（*Bombyx mandarina*）而独立起源的昆虫。

在公元前 10 世纪，我国已开始与东西方国家进行蚕种或丝绸交流，蚕种交流到不同国家和区域后，在当地开展了不同方式的驯化，在不同的国家和我国不同的地区也发现了大量生物学性状不同的家蚕。因此，目前较为公认的家蚕起源是“多中心驯化”

① 1979 年 10 月 26 日联合国世界卫生组织在肯尼亚首都内罗毕宣布，全世界已经消灭了天花病，并且为此举行了庆祝仪式。1980 年 5 月 8 日，世界卫生大会决议宣布，天花在全球范围内被消灭。

（蒋猷龙，1982）。我国自秦代以后，已有大量文献记载了栽桑养蚕的生产过程（《诗经 • 豳风》）和相关技术（《氾胜之书》），其中也包括了一些与防病有关的记载（如“……使蚕不疾病者，皆置之黄金一斤……”《管子 • 山权数》）。1877 年德国地质地理学家李希霍芬（Richthofen）在其著作《中国》一书中，把从公元前 114 年至公元 127 年，中国与中亚、中国与印度间，以丝绸贸易为媒介的这条西域交通道路命名为“丝绸之路”，“丝绸之路”也是我国养蚕业在世界范围内产生影响的重要事件（浙江大学，2001；吴一舟，2005；蒋猷龙，2007；吕鸿声，2015）。

（2）家蚕微粒子病的发现

家蚕的起源和养蚕业的发展具有悠久的历史，与之相较，有关家蚕微粒子病的发现记载则要迟得多。人类以文字方式记载该病害的最早文献，可能是中国金朝（1115～1234 年）末期《务本新书》中“拳翅无目、焦脚焦尾、无毛秃纹、黑身黑头、先出而后生”对家蚕微粒子病病症的描述。现存最早的文字记载，可能是清朝永瑢等编纂的《四库全书》（1773 年～）中转载记录的上述描述。其后，鲁明善（1271～1368 年）的《农桑衣食撮要》中“……若有拳翅、秃眉、焦尾、赤肚、无毛等蛾，拣去不用……”（鲁明善，1962）、沈炼（1507～1557 年）的《广蚕桑说辑补》中“蛾出时，拣去拳翅、秃眉、焦尾、赤肚诸病蛾，而取其无病者……”（沈炼，1960）、宋应星的《天工开物》（1637 年）中“……粒粒匀铺，天然无一堆积……”（宋应星，1936）等文献，相继记载了有关微粒子病病蛾的症状，以及剔除病蛾或病蛾所产蚕卵的技术措施，可防止其在次代养蚕群体中产生危害。这些经验科学的积累和普及，也是我国养蚕产业持续辉煌的重要基础之一。

在亨利四世（法国国王，波旁王朝的创建者，1553～1610 年）时期，欧洲各国开始大规模发展养蚕，并在较早时期发现了家蚕微粒子病。德国、法国和意大利等国分别将家蚕的微粒子病称为 Körperchen Krankheit、Maladie corpusculeuse 和 Malattia dei corpuscoli。在日本和印度等养蚕国家，对该病也有不同的称谓和记载，如灰头病、黑痣病、gattine（蚕疫）和 cota 等。1845 年在法国东南部的沃克吕兹（Vaucluse）省发生该病，次年波及邻近 3 个省份的蚕区，1851 年蔓延全法国并波及德国、意大利和西班牙等欧洲其他养蚕国家。法国的蚕茧产量从 1853 年的 26 000t 骤降到 1865 年的 4000t，当年蚕茧减产导致了 1 亿法郎的经济损失。通过对不同蚕区输入蚕种饲养结果的比较，发现该病的发生与蚕种密切相关，或认为该病的病因在于蚕种。1867 年巴黎拿破仑高等学校自然历史学者国利伐（Quatrefages）教授，对表面覆盖黑色斑点的病蚕研究后，将其称为“pebrine”（法国南部方言，意为“胡椒病”）（石川金太郎，1936；吕鸿声，2008）。

（3）家蚕微粒子虫的发现

家蚕微粒子病病原发现的社会背景，是欧洲科技（工业）革命和人文主义的兴起。在经历了文艺复兴、宗教改革和启蒙运动的欧洲，蒸汽机的发明和改良、质量守恒定律等在纺织工业领域的应用，大大促进了欧洲纺织工业的发展。集哲学家、科学家、工匠于一身的人才大量涌现，使科学和技术高速发展，呈现出一片繁荣的景象。

光学显微镜的发明和技术进步（詹森、利珀希、伽利略和列文虎克等），为微生物的发现和微生物学专业领域的发展提供了有效的技术基础。意大利昆虫学家巴西（Bassi）经过25年研究，在1835年发现家蚕白僵病（真菌病或硬化病）的病因是病原微生物，即球孢白僵菌（*Beauveria bassiana*）的入侵，由此确立了微生物病原学说。1849年，法国学者介朗（Guérin，1799～1874年）用显微镜发现患病家蚕血液中存在着不同于家蚕血细胞的运动性微小颗粒，并将该病原体称为“Hematozoides”。1853～1855年，英国学者莱贝特（Lebert）和弗雷耶（Freye）研究认为，寄生于病蚕中的微小粒子是一种酵母，将其称为“*Panhistophyton ovatum*”或“Corpuscolo del Cornalia”，并提出该微小粒子可通过蚕卵传染。1854年，法国学者奥西莫（Osimo）发现患病家蚕中的椭圆形小体，不仅附着于蚕卵表面，还存在于蚕卵内，并提出通过检查蛹和卵来进行该病的预防（Franzen，2008）。1857年，瑞士植物学家内格里（Nägeli）从患病家蚕中发现了家蚕微粒子虫，认为其是一种真菌的孢子，并命名为 *Nosema bombycis*，该命名被其后的分类学家巴尔比亚尼（Balbiani，“Microsporidia Balbiani 1882”）、斯普拉格（Sprague）和贝克雷尔（Becnel）（1998年）的分类系统所确定，即 *Nosema bombycis* Nägeli 1857，并一直沿用至今。

意大利真菌学家维塔蒂尼（Vitadini）1859 年在意大利的帕维亚大学研究家蚕微粒子病时，发现蚕卵和蚁蚕中存在微孢子虫，以及在蚁蚕孵化前微孢子虫数量大幅增加的现象，并提出通过促进催青、检测蚁蚕防止该病害的方法。同期的英国学者科妮莉亚（Cornelia）也提出了通过检测蚕卵预防该病的方法（Franzen，2008）。

家蚕微粒子虫的发现和病害防控技术研究中，最为知名的当属法国微生物学家、化学家、近代微生物学的奠基人巴斯德及其团队。他们从1865年开始，对该病害进行了5年系统的调查和研究，在1870年发表《蚕病研究》（*Études sur la maladie des vers à soie*）专著。文中研究认为：①引起家蚕微粒子病的病原微生物是 *Nosema bombycis*，在病变组织中发现游走体（planont）或双核孢原质（binucleate sporoplasm）及裂殖体（schizont，Sc）的存在；②该病原可通过食下感染（oral infection，病蚕蚕粪污染桑叶喂饲健康家蚕后重演症状）和胚胎感染（embryonic infection，可通过感染母蛾传递给子代）两种途径在饲养群体中传播；③采用隔离制种法可有效防控该病害流行，即建立了显微镜检查母蛾法（病原在卵期难以发现，但在蛹和蛾期极易发现），淘汰有病母蛾所产蚕卵。巴斯德及其团队的系统性研究成果，不仅在当时欧洲养蚕病害流行的控制中发挥了重要的作用，也奠定了家蚕微粒子病研究的理论认识和防控技术基础。

在从蒸汽机到发电机发明与应用的两次科技革命期间（1830～1870年），科学研究繁花似锦，科技成果硕果累累。达尔文在拉马克（Larmarck，1744～1829年）和马尔萨斯（Halthus，1766～1834年）等科学家提出的进化论观点上，1859年与华莱士（Wallace）联名发表了自然选择的进化论，同年 11 月发表《物种起源》这部光辉巨作。同时代的巴斯德，则在介朗和内格里等学者发现病蚕体内存在家蚕微粒子虫，以及莱贝特、弗雷耶和奥西莫等学者发现家蚕微粒子虫在家蚕卵内存在，并可导致后代家蚕发病的研究基础上，经过系统研究后发表了《蚕病研究》这部关于家蚕病害防控的专著。

巴斯德不仅在家蚕微粒子病的防控领域做出贡献并成为经典科技成果，他在微生物学、消毒学和免疫学等领域的成就，为抵抗人类和动物疾病做出了更为巨大的贡献。

（4）家蚕微粒子病研究的发展

巴斯德有关家蚕微粒子病系统性研究成果发表后的150多年，有关家蚕微粒子病及其防控技术的研究取得了大量的进展，这些进展和成果也成为我国与其他养蚕国家产业重要科学发展和技术进步的基础。

在病原学研究方面，除内格里和巴斯德等学者对家蚕微粒子病的病原开展了大量的研究外，也有学者从其他一些生物中发现了类似于家蚕微粒子虫（*Nosema bombycis*）的微生物。例如，1838年格里格（Glugea）在鱼上发现了后被命名为刺鲳格留虫（*Glugea anomala*）的微生物，克雷帕林（Creplin）和穆勒（Müller）分别在1841年和1842年观察到类似的微生物。巴尔比亚尼（1882年）在经过系统研究后，首次提出应该将家蚕微粒子虫（*N. bombycis*）建立为单独的分类学阶元——微孢子虫。泰罗汉（Thélohan，1892～1895年）提出并建立微孢子虫（Microsporidia）的分类系统。其后，拉韦（Labbé，1899年）、斯坦普尔（Stempell，1902年）、韦森博（Weissenberg，1922年）、工藤六三郎（Kudo，1931年）、魏泽尔（Weiser，1947年）、施泰因豪斯（Steinhaus，1959年）、瓦夫拉（Vávra，1976年）、斯普拉格（Sprague，1977年～）、伊思（Issi，1986年）、维特纳（Wittner，1999年）和维斯（Weiss，1999年）等一大批学者对微孢子虫的分类学研究做出了重要的贡献（Sprague，1992；Franzen，2008）。

在微孢子虫分类方面，重要或基础性的内容主要涉及寄主、生活史、形态和分布等综合性研究。在寄主种类方面，较早时期从家蚕和鱼类上发现微孢子虫后，1909年桑德尔（Zander）发现了蜜蜂微孢子虫（*Nosema apis*）和熊蜂微孢子虫（*N. bombi*），之后大量昆虫来源微孢子虫被发现；1922年赖特（Wright）和克雷黑德（Craighead）发现了第一例寄生哺乳动物（兔）的兔脑炎微孢子虫（*Encephalitozoon cuniculi*）。人类微孢子虫病的发现，是1959年松林（Matsubayashi）等有关脑孢虫属（*Encephalitozoon*）类似物研究的报道，以及其后的1974年斯普拉格发现康氏微孢子虫（*N. connori*）等的研究。家蚕微粒子虫的研究，对上述这些研究产生了明显而积极的推动作用。

采用蔗糖密度梯度离心技术，Ishihara和Hayashi（1968）发现家蚕微粒子虫核糖体两个亚基的密度系数，类似于原核生物大肠杆菌［*Escherichia coli*，核糖核酸（ribonucleic acid，RNA）的60%类似大肠杆菌］，而超过了真核生物的50%，开启了从核酸水平认识微孢子虫分类地位的新领域。

随着分子生物学及相关技术的发展，微孢子虫在分类学中逐渐独立成为门（Phylum）——微孢子虫门（Microspora），线粒体是典型真核生物必不可少的细胞器，而微孢子虫缺乏该细胞器以及一部分真核生物常有的结构和成分。因此，从20世纪60年代开始一直将微孢子虫定义为“古老的真核生物”，与真菌（菌物）有一定的进化距离。在对香鱼微孢子虫（*Glugea plecoglossi*）的翻译延伸因子1α和2序列与真核生物进行比较研究之后（Kamaishi et al.，1996），有关HSP70、核糖体RNA大亚基聚合酶Ⅱ（RPB1）、TATA结合蛋白（TATA-binding protein，TBP）等核酸序列的进化比较研究都认为微孢子虫与真菌的关系很近（Germot et al.，1997；Hirt et al.，1999；Fast et al.，1999；Keeling et al.，2000）。

对微粒子虫属（*Nosema*）和变形孢虫属（*Vairimorpha*）两类微孢子虫核糖体 RNA 大亚基部分核苷酸（350nt）序列比较（PAUP v. 3.0f）发现：家蚕微粒子虫与寄生于草地贪夜蛾（*Spodoptera frugiperda*）的森林天幕毛虫微孢子虫（*N. disstriae*）关系最近，与寄生于棉铃虫（*Heliothis armigera*）的棉铃虫微孢子虫（*N. heliothidis*）、寄生于欧洲玉米螟（*Ostrinia nubilalis*）的玉米螟微孢子虫（*N. pyrausta*）和寄生于墨西哥豆瓢虫（*Epilachna varivestis*）的墨西哥豆瓢虫微孢子虫（*N. epilachnae*）归为一组，与一星黏虫（*Pseudaletia unipuncta*）来源的纳卡变形孢虫（*V. necatrix*）、印度谷螟（*Plodia interpunctella*）来源的异孢变形孢虫（*V. heterosporum*）、烟草粉斑螟（*Ephestia elutella*）来源的变形孢虫（*V. phestiae*），以及刺蛾（*Euclea delphini*）、赛天蚕（*Hyalophora cecropia*）和舞毒蛾（*Lymantria dispar*）来源的多种变形孢虫（*Vairimorpha* sp.）为相邻组，与蝗虫微孢子虫（*N. locustae*，现为 *Antonospora locustae*）、按蚊阿尔及尔微孢子虫（*N. algereae*）和黑腹果蝇微孢子虫（*N. kingi*）的关系相对较远（Baker et al.，1994）。

对 14 种微孢子虫核糖体 RNA 小亚基的 V4 可变区域部分核苷酸（174～240bp）序列比较（NJTREE 和 DIPLOMO）发现：家蚕微粒子虫与粉纹夜蛾微孢子虫（*N. trichoplusiae*）的亲缘关系最近，而与纳卡变形孢虫、蜜蜂微孢子虫和舞毒蛾变形孢虫（*V. lymantriae*）相对较远（Malone and McIvor，1996）。对 18 种微孢子虫的 16S rDNA 序列比较（PileUP、Clustal、MEGA v.1.02 和 PAUD v.3.1.1）表明：家蚕微粒子虫与粉纹夜蛾微孢子虫亲缘关系最近，其次为纳卡变形孢虫（Moser et al.，1998）。这些研究虽然没有完全概括微孢子虫所有的遗传信息，但在所研究的材料中显现了一定的趋势规律，与这种趋势规律存在一定矛盾的微孢子虫，主要是变形孢虫属和具褶孢虫属中的一些不确定种。

具有 11 条染色体、基因组大小为～2.9Mb 的兔脑炎微孢子虫完整 DNA 序列测定工作的完成，使人类对微孢子虫的认识更为深入。依据兔脑炎微孢子虫基因组全序列推测的～2000 个编码蛋白的基因中，85%以上类似于酿酒酵母（*Sacharomyces cerevisiae*）。微孢子虫与真菌的进化关系，也引起很多学者的关注（Katinka et al.，2001；Christian et al.，2002）。2002 年，美国国立生物技术信息中心（National Center for Biotechnology Information，NCBI）数据库将微孢子虫归于菌物界（真菌）。部分微孢子虫的 α-和 β-微管蛋白基因（保守性基因）与子囊菌（Ascomycete）、担子菌（Basidiomycete）、接合菌（Zygomycete）和壶菌（Chytrid）等真菌以及部分动植物相关核酸序列的比较研究认为，微孢子虫在进化上应归属接合菌分支。而对微孢子虫 α-和 β-微管蛋白、RPB1、DNA 修正解旋酶 RAD25、TBP、泛素缀合酶 2（ubiquitin-conjugating enzyme 2，UBC2）亚单位以及丙酮酸脱氢酶 E1α 和 β 亚单位 8 个基因，采用 ClustalW（1.83）、MacClade（4.06）和 Treepuzzle（5.2）等多种软件和分析法研究表明：微孢子虫以一个独立的群与真菌聚为一类，且与子囊菌和担子菌互为姐妹群，与接合菌和壶菌也较为接近（PROML 树）（Gill and Fast，2006；鲁兴萌和周华初，2007）。2013 年家蚕微粒子虫基因组发表（Pan et al.，2013；周泽扬等，2014），由此其从单细胞真核生物分类定位为原核生物界。

在形态学研究方面，家蚕微粒子虫等的研究多数起步于形态的发现和研究，形态学研究也是早期分类研究的主要依据。100 多年前的泰罗汉（1894 年）已经观察到微孢子虫内部结构中的极管及其释放过程。大岛格（Ohshima Hikari，1937 年）确认了孢原质从家蚕微粒子虫的孢子通过极管释放进入中肠细胞的现象。电子显微镜技术的发展，大大推动了微孢子虫内部结构、外部超微结构以及生活史不同阶段的形态观察。1951 年施泰因豪斯、1955 年克里格（Krieg）、1959 年魏泽尔、1960 年胡格尔（Huger）和 1963 年工藤等诸多学者，采用电镜对微孢子虫极管和孢子壳等的超微结构进行观察，大大提升了对微孢子虫形态的认识。从高尔基体等细胞器的发现（Vávra，1965 年），到至今尚未发现线粒体存在而存在退化性线粒体细胞器纺锤剩体（mitosome），微孢子虫的形态学研究不仅与分类学研究密切相关，还逐渐向其与基因和感染生物学的相关性研究发展。对家蚕微粒子虫（*Nosema bombycis*）的超微结构进行详细研究，为理解其各种生理生化机能以及侵染机制等提供了重要的基础（Sato and Watanabe，1980；Sato et al.，1982；梅玲玲和金伟，1989；Franzen，2008）。

在生活史研究方面，1882 年巴尔比亚尼首次基于感染性研究，尝试解释微孢子虫的生活史。其后，1888 年普费菲（Pfeiffer）、1892 年泰罗汉、1902～1909 年斯坦普尔、1913 年韦森博、1912～1914 年范塔姆（Fantham）和波特（Porter）、1908～1909 年梅西埃（Mercier）和 1919～1928 年德巴西克斯（Debaisieux）等学者，对不同微孢子虫的生活史开展了广泛的研究，认为：微孢子虫在寄主细胞外没有活性，只存活于细胞中（专性细胞内寄生）；生活史的一般模式分为"入侵"、"裂殖生殖"和"孢子形成"三个阶段，但不同微孢子虫及不同微孢子虫与不同寄主间的表现具有多样性（Franzen，2008）。生活史不同阶段的超微结构（如极管圈数）以及核相变化等结果也是分类的重要依据。1965～1994 年石原廉（Ishihara Ren）和岩野秀俊（Iwano Hanshamu）等对家蚕微粒子虫的生活史开展了较为系统的研究，并在 1991 年提出了家蚕微粒子虫的生活史分为三个阶段，即孢子发芽期、裂殖生殖期和孢子形成期，其中对孢子发芽、个体间传播的长极管孢子（long polar tube type spore，LTP）和个体内传播的短极管孢子（short polar tube type spore，STP）的认识，为感染病理学和流行病学等的深入研究提供了重要的依据（Ishihara and Iwano，1991）（见附录一）。1937 年，特拉格（Trager）首次尝试了在家蚕体外组织中培养家蚕微粒子虫。1966 年，Ishihara 和 Sohi 首次报道在家蚕卵巢组织来源培养细胞中培养 Nb 成功（Franzen，2008）。钱永华等（2003）利用体外感染系描述了家蚕微粒子虫的生活史。

在流行病学和防控技术研究方面，两者是联系非常密切的两个领域，也是该病害被发现后，产业上持续关注的领域。流行因子和流行规律的解明，是防控技术研发的目标和检测标尺。流行病学研究涉及家蚕微粒子虫在自然环境中的存活能力及理化因子对其存活能力的影响（包括消毒学等领域的研究与技术开发）、不同自然区域不同生产模式下家蚕微粒子虫的分布，以及家蚕的抗性和蚕座内传染扩散规律等。该领域的研究和调查主要集中于原蚕饲养和杂交蚕种生产方面，大量文献报道了与病害流行有关的规律或防控技术经验（三谷贤三郎，1929；石川金太郎，1936；四川省蚕业制种公司和四川省蚕学会蚕种专业委员会，1991；浙江大学，2001），也包括野外昆虫来源（广濑安春，

1979a，1979b；蔡志伟等，2000）、消毒和治疗药物（黄起鹏等，1981；金伟等，1990；鲁兴萌等，2000a），以及检测方法与技术等（农林省蚕丝试验场微粒子病研究室，1965；潘沈元等，2008；鲁兴萌等，2011），由于不同自然区域不同生产模式的多样性，形成了大量的可参考案例，但具体作业的普适性相对较差。Ishihara 等有关胚胎感染家蚕幼虫个体在蚕座内传播规律（二次感染模型）的研究，对理解家蚕微粒子病的传染规律及母蛾检测技术等产生了长远而重大的影响（Ishihara et al.，1965；Ishihara and Fujiwara，1965；农林省蚕丝试验场微粒子病研究室，1965；福田纪文，1979；藤原公，1984；浙江大学，2001）。本实验室在进行了规模较大的混育实验和个体育实验的基础上，发现了家蚕微粒子病胚胎感染个体中部分个体可以完成从孵化到羽化产卵的全周期，提出了家蚕微粒子病胚胎感染个体在蚕座内的传染规律为“连续感染扩散模型”（鲁兴萌等，2017）。而“连续感染扩散模型”的风险阈值研究，将为更加高效和科学合理的家蚕微粒子病检测技术研发提供基础。

从发现家蚕微粒子病，到巴斯德 1870 年发表《蚕病研究》，世界正处于欧洲文艺复兴后的第一次科技革命（蒸汽机的发明和使用）到第二次科技革命（电力的发现和使用）期间，家蚕病害防控研究实现了从经验科学到实验科学的飞跃。巴斯德的研究确认了家蚕微粒子病的病原为家蚕微粒子虫（*Nosema bombycis* Nägeli 1857），病原可通过食下和胚胎感染两种途径进行感染及传播，以及通过检测母蛾淘汰有病母蛾所产蚕卵可有效防止该病害的发生与流行。巴斯德的研究也铸就了家蚕微粒子病防控的基本理论和技术体系。在巴斯德的研究之后，细胞生物学的发展使人类对家蚕微粒子病的认识进入细胞水平。1944 年艾弗里等的肺炎双球菌转化实验、1953 年克里克和沃森提出的 DNA 模型、1972 年伯格等的 DNA 体外重组成功等标志着分子生物学和遗传工程学的开端，为更加深刻理解家蚕微粒子病及其防控技术的研发提供了重要的基础环境。

步入 21 世纪的今天，各类组学、分子生物学、生物信息学及技术的蓬勃发展，必将为家蚕微粒子病的研究提供更好的环境和平台。大数据在资源化及其与人工智能（artificial intelligence，AI）深度融合中快速向前，生物工程技术与 AI 技术不断交融，不仅丰富了人的思维模式，还将不断渗入诸多产业并改变其业态。养蚕模式也必将受到这种快速而持续的科技革命的影响，引发产业形态和研发生态的巨大变化。因此，在快速变革时期，充分利用科技革命的成果，更好地理解和回答家蚕微粒子虫从哪里来、如何在家蚕体内繁殖和病害如何流行等问题，为产业的发展提供更为有效的家蚕微粒子病防控技术成为撰写本书的出发点和落脚点。

第　一　篇

家蚕微粒子虫来源及防控技术

无论变化多么微小，只要有益于生存，就会被保存下来。〔英〕达尔文

兵无常势，水无常形，能因敌变化而取胜者，谓之神。〔中〕孙子

人的生活像广阔的海洋一样深，在它未经测量的深度中，保存着无数的奇迹。〔俄〕别林斯基

家蚕微粒子病（pebrine）是由家蚕微粒子虫（*Nosema bombycis* Nägeli 1857）引起的一种传染性病害，是养蚕业的毁灭性病害之一，也是唯一可通过胚胎感染进行传播的家蚕病害。

不知来处，焉知归途也许是所有物事究明的历程与梦想，家蚕微粒子虫或家蚕微粒子病也不例外。家蚕微粒子虫可以通过家蚕幼虫的摄食行为进入消化道和蚕体，称为经口（食下）感染或水平传播（horizontal transmission），也可以通过感染母蛾的子代胚胎而感染，称为胚胎感染或垂直传播（vertical transmission），即家蚕微粒子病通过食下和胚胎感染两种途径危害家蚕。根据感染途径，家蚕微粒子虫的来源可分为"污染食物"和"感染胚胎"来源。在养蚕业生产中，前者发生更为广泛，后者发生后的危害更为严重。在蚕种实行检疫制度的前提下，蚕种生产者（种茧育单位或农户）更为关注"污染食物"来源，蚕种使用者（丝茧育单位或农户）更为关注"感染胚胎"来源。在现实生产中，"污染食物"和"感染胚胎"来源交错存在也是常见的现象。

本篇主要从"污染食物"来源或食下感染途径方面对家蚕微粒子病感染的发生和防控策略及相关技术展开陈述，期望在养蚕中了解：对养蚕具有危害的微孢子虫有哪些，家蚕微粒子虫或其他微孢子虫主要来自何处，如何有效防控"污染食物"来源微粒子虫的食下感染、发病和流行？

第1章　感染家蚕的微孢子虫

养蚕环境中微孢子虫的存在或出现，有着无限的可能。养蚕环境来源微孢子虫对家蚕的致病性是病理学研究和病害防控技术研发关注的重点，养蚕环境来源致病性微孢子虫及其他微孢子虫的分类学定位，不仅是病理学研究的基础，也是病害防控策略选择的重要依据。根据病理学研究的结果，养蚕环境来源微孢子虫可分为对家蚕具有胚胎感染性的微孢子虫、对家蚕具有感染性但不具有胚胎感染性的微孢子虫及无感染性微孢子虫。在家蚕相关微孢子虫的文献中，部分文献根据分离来源和孢子形态与家蚕微粒子虫不同而定名微孢子虫，这种缺乏原始寄主研究和分类学依据不足的论述或结论，极易误导家蚕微粒子病防控策略并导致蚕种生产的失败。

本章的陈述中，将对家蚕具有全身性感染（systemic infection）和明确胚胎感染性的微孢子虫称为“家蚕微粒子虫”；家蚕来源非全身性感染和无胚胎感染性微孢子虫统称为“其他家蚕微孢子虫”；野外昆虫来源微孢子虫称为“其他微孢子虫”。

1.1　家蚕微粒子虫

1.1.1　家蚕微粒子虫的分类简史

在家蚕微粒子虫（*Nosema bombycis* Nägeli 1857）的发现历史中，1857年瑞士植物学家内格里和1870年法国学者巴斯德的研究命名了家蚕微粒子虫，并确定了家蚕微粒子病病原及其他相关研究中的名称问题（Franzen，2008）。

在发现家蚕微粒子虫之后，新的微孢子虫不断被发现，微孢子虫的分类学研究也随之逐渐展开。巴尔比亚尼首次提出将其作为分类学阶元以及“Microsporidia 1882”的分类学概念。随着不断从昆虫、鱼类和哺乳动物（兔和人等）中发现大量新的微孢子虫，泰罗汉（1892～1895年）提出并建立微孢子虫（Microsporidia）分类系统。1902年，斯坦普尔构建了由8个属和3个科组成的微孢子虫目。1971年，图蔗特（Tuzet）构建了由16个属、7个科和2个亚目组成的微孢子虫目及微孢子虫纲（Microsporidea）。斯普拉格在提出微孢子虫亚门的基础上，又构建了微孢子虫门（Phylum Microspora），该门有原微孢子虫纲（Rudimicrosporea）和微孢子虫纲（Microsporea）2个纲，4个目，6个总科和1个未确定分类群，37个科，117个属。该系统以微孢子虫的染色体周期和典型种生活史为主体依据，以典型种的典型宿主、传播方式、感染部位、界面、寄生物-宿主细胞关系、孢子（形态和核数）、模式产地以及典型样本附着物等为依据而进行分类（Sprague et al.，1992；Franzen，2008）。

随着实验技术的发展，微孢子虫的分类从基于以光学显微镜观察为主的手段，逐渐发展到基于电子显微镜和分子生物学等多种技术的综合手段，特别是随着生物信息学的快速发展，分子生物学依据在微孢子虫分类中的作用正在不断增强，新技术与微孢子虫的基本生物学特征、生活史或发育过程以及感染过程的复杂性等相结合的高度综合分类学系统还在不断发展之中。

1.1.2 家蚕微粒子虫的分类学地位

在斯普拉格（1992年）的分类系统中，家蚕微粒子虫定位于双单倍期纲（Dihaplophasea）离异双单倍期目（Dissociodihaplophasida）微孢子虫总科（Nosematoidea）微孢子虫科（Nosematidea）微粒子虫属（*Nosema*），并作为该属的代表种，家蚕（*Bombyx mori*）为其典型寄主。各分类学阶元的描述如下。

微粒子虫属：孢子卵形，寄生于昆虫，常见为鳞翅目昆虫，可造成寄主组织的肿胀，但非瘿瘤。模式种为家蚕微粒子虫。

微孢子虫科：生活史中繁殖过程的所有阶段都在宿主细胞质中进行。一般可形成明显的共生瘤。双孢子。孢子数或多或少，形态为肾形或卵形。

微孢子虫总科：同型孢子，孢子为双核。分裂发生在孢原质侵入新宿主细胞之后。减半作用开始后有短时间的单倍期，孢原质由配子产物组成，再发生孢质融合及核结合。寄生物-宿主细胞关系、孢子生殖期及孢子形态学具有多样性。

离异双单倍期目：减半作用通过核分裂导致非成对核（推测为大多数属）。同型孢子或异型孢子。

双单倍期纲：双单倍期部分阶段核成对，常常或多或少紧密结合如一个可辨的双核（等价于一个双倍体核的机能）。以减数分裂或核分裂进行减半作用。减半作用后，直接开始一个或短或长的单倍期过程。生活史是一个核单倍期和双倍期世代交替的过程。

微孢子虫门：极古老的真核生物。70S核糖体可离解为50S和30S亚单位，各自含有23S和16S RNA，无5.8S RNA。有些种的核只在单倍期（体）阶段发生（除一种可能是过渡的结合核）；其他种在单倍期和双倍期（双核）的交替中被受精卵遮断较迟。通过减数分裂或核分裂进行减半作用。通过配子孢原质配合后的核结合而呈现倍加作用。核融合延缓到双核时期。无线粒体。专性细胞内寄生和发育。寄生物和宿主通过形态学与生理学的相互调节而共同生活，这种结合往往形成一个明显且结构复杂的宿主-寄生物复合物（共生瘤）。单细胞孢子内含由注射管和其他附属细胞器构成的挤压装置，这种装置具有明显的独特性和复杂性。分布非常广泛。种的数量十分庞大，发现的微孢子虫已经超过187属1500多种，其宿主域十分广泛，从原生动物到人类均可以成为其寄生对象（Vavra and Lukes，2013）。

1.1.3 家蚕微粒子虫的分类学特征

1.1.3.1 感染途径

家蚕微粒子虫可经口和胚胎感染家蚕，微粒子虫孢子的极管是一个发芽管。在家蚕消化管内孢子通过极管的外翻，极管穿透围食膜到达上皮细胞而完成发芽，孢原质平稳地通过极管而释放。在宿主细胞内发育到一定时期后，微孢子虫形成两种类型的孢子，其一是短极管孢子（short polar tube spore，或 few coi，即 FC 型），该类孢子在宿主细胞内自主发芽和注射孢原质（或称“二次感染体”）到邻近细胞，发生个体内细胞间的传播；其二是长极管孢子（long polar tube spore，或 multi coli，即 MC 型），该类孢子在宿主细胞内不会发芽和感染邻近细胞，在排出感染个体或宿主细胞重新进入家蚕消化道后，发芽启动新的生活史。孢子或游走体（孢子发芽后未直接进入宿主细胞的孢原质）被家蚕细胞胞吞后是否开始新的生活史及导致感染的方式，有待进一步深入研究（见附录一）。

1.1.3.2　界面

宿主细胞所有时期，孢子不同发育阶段的细胞与宿主细胞质的边界。

1.1.3.3　与宿主细胞的其他关系

孢子一般寄生于细胞质，偶尔有寄生于细胞核或随意传播的情况。在严重感染的宿主细胞中界面扩散。

1.1.3.4　单倍期

具感染性孢原质的一个细胞中有两个小而紧凑的核。在发育过程中，以“微核裂殖生殖”或“原核裂殖生殖”方式，小而紧凑的双核和单核发生分裂。核融合导致了单核的出现，也可能是感染性孢原质（或早期后代）分裂成两个核的细胞。因此，在新的生活周期中，开始了一个从孢原质融合和核酸联合到形成第一个双核细胞的单核细胞增殖过程。

1.1.3.5　卵片发育

双核细胞以二均分裂和寡核合孢体复分裂方式进行卵片发育，即“微核裂殖生殖”或“二次裂殖生殖”。

1.1.3.6　孢子生殖过渡期

纺锤形细胞作为孢子母细胞，结束卵片发育，或者说孢子母细胞是一种新的单核阶段。孢原质膜变厚为孢子生殖过渡期的标志。

1.1.3.7　孢子生殖期

孢子母细胞是一个纺锤形双核细胞，从双核孢子母细胞到孢子形成即孢子生殖期。

1.1.3.8　孢子

双核，一般为卵圆形（3～4μm×1.5～2μm）。孢子外壁薄，内壁较厚，极管异型，极体层呈双层薄片状，后极泡较小（不确定）。FC 型孢子的内壁相对较薄，极管圈数约为 4 圈；MC 型孢子的内壁较厚，极管圈数约为 11 圈。

1.1.3.9 模式产地

法国（不确定）。

1.1.3.10 模式标本地

未见资料。

1.1.3.11 后记

单一模式种。在该属中，FC 型和 MC 型所显示的“孢子二型性”不能混同于其他微孢子虫科的孢子二型性，如纳卡变形孢虫（*Vairimorpha necatrix*）的 Nosema 型和 Thelohania 型（两个根本不同的形态学模式）孢子。

在家蚕中发现和分离的孢子形态、寄生部位、病原性等不同的微孢子虫，根据发育中双核或四核圆形裂殖体孢子母细胞的二均分裂和单一孢子母细胞现象，仍将其归于 *Nosema* 属（Fujiwara，1985）。其中也有些微孢子虫的孢子在血清学特征上不同于家蚕微粒子虫孢子（Mike et al.，1989）。在昆虫培养细胞中，生活周期的观察结果表明了微孢子虫所属阶元的同一性，但在种阶元上区别这些微孢子虫尚有困难（Yasunaga，1991）。提供一个清晰且可靠的发育模式是定位分类学位置十分基础和重要的事件。在某种程度上，家蚕微粒子虫是人们最为了解的微孢子虫，其发育模式可能代表了微孢子虫的主要发育模式之一。因此，对它的进一步研究，有可能从整体上揭开许多有关微孢子虫的奥秘。有关形态学、生活史和种间亲缘关系的现代研究无疑将对微孢子虫学学科的发展做出重要贡献。

1.2 其他家蚕微孢子虫

除家蚕微粒子虫（*Nosema bombycis*）外，是否存在其他家蚕微孢子虫，不仅仅是病理学的基础科学问题，更是养蚕生产中十分值得关注的问题。

对家蚕微粒子虫以外微孢子虫进行分离和研究的主要动因之一，是在蚕种生产检测的光学显微镜观察过程中，发现一些形态上不同于家蚕微粒子虫孢子的类似物或类似孢子。该问题的发现不仅涉及生产中的检测技术问题，也涉及家蚕微粒子病的防控技术及防控策略。为此，日本学者和我国学者分别在 20 世纪 60 年代和 80 年代，开始了从家蚕及野外昆虫中分离微孢子虫的工作，但按照斯普拉格（1992 年）分类系统进行完整研究的案例并不多见。目前发现的其他家蚕微孢子虫主要有具褶孢虫属（*Pleistophora*）（或称多孢虫属）、泰罗汉孢虫属（*Thelohania*）、变形孢虫属（*Vairimorpha*）和内网虫属（*Endoreticulatus*）（表 1-1）的物种。

表 1-1 家蚕来源微孢子虫

		Nosema	*Pleistophora*	*Thelohania*	*Vairimorpha*	*Endoreticulatus*
孢子形态	长径（μm）	3.90	5.06	3.40	2.50～4.90	2.26
	短径（μm）	2.00	2.97	1.70	1.30～2.80	1.19
	长短径比	1.96	1.70	2.00	1.70～2.37	1.88

续表

	Nosema	*Pleistophora*	*Thelohania*	*Vairimorpha*	*Endoreticulatus*
极管长（μm）	124	140	65	118	48
泛孢子母细胞	有	有	有	/	孢子母细胞
孢子数	2	16，32，64（8）	8	2	多数
寄生组织	全身性	肌肉、脂肪体、马氏管、丝腺	肌肉	肌肉、脂肪体、马氏管、丝腺	中肠
胚胎感染性	有	无	/	/	无
病原性	强	有	极弱	强	有

注："/" 表示未见资料报道

1.2.1　具褶孢虫属（*Pleistophora*）的分类学特征和地位

1.2.1.1　分类学地位

单倍期纲（Haplophasea）格留孢子虫目（Glugeida）多孢虫科（Pleistophoridae）具褶孢虫属（*Pleistophora*）或称多孢虫属，代表种为杜父鱼多孢虫（*Pleistophora typicalis*）。

1.2.1.2　典型宿主

短脚床杜父鱼（*Myoxocephalus scorpius*）。

1.2.1.3　感染途径

未见资料。

1.2.1.4　界面

裂殖体的质膜外包有一个厚的具横断沟槽的无定形外壳。在整个孢子形成过程中孢原质团持续进行分裂，分裂停止后，形成孢子体囊的主要部分。对外壳和肌肉细胞膜之间的连贯性进行研究发现：无定形或透明的外壳含有宿主肌肉细胞的修饰成分，在孢子生殖期开始时，外壳中出现了由寄生分泌物组成的多层多聚孢子体囊，被膜只是同功，并非一定是同源，在其他的一些微孢子虫中也有孢子包含被膜的情况。

1.2.1.5　与宿主细胞的其他关系

寄生虫的所有阶段混合在肌纤维的肌质丝状团块中，未见共生瘤。

1.2.1.6　卵片发育

所有阶段均为非配对核。早期个体较小，经 pale 染色的涂片在显微镜下可观察到细胞质中有 2～5 个非配对的核，并被推测为裂殖体。后期经 dark 染色法处理后，可见寡核合胞体，其孢原质团进行快速分裂，无定形外壳同时分裂，当无定形外壳停止分裂后，合胞体变大并含有许多核（约 200 个），这些就是孢子生殖期的合胞体。合胞体在经历了一个连续的孢原质团分裂过程后，质膜从界面外壳分离，并以明显的双核细胞分裂终止，此过程不经过一个“最终（二均）分裂”，这样在一个囊中形成了 50～200 个单核孢子母细胞。偶尔也有只形成 8 个孢子母细胞和产生 8 个孢子的情况。孢子母细胞的外空间充满颗粒状细胞间质。

1.2.1.7 孢子

小孢子，单棱，卵形（4.4μm×2.3μm，活体标本）；单极管，为 10～12 圈，最后一圈较淡；极膜层呈片状，分成三个部分，远轴的部分略膨大；后极泡为孢子长度的一半。大孢子不规则（7.5μm×3.0μm），结构上类似小孢子，但可能双核（不确定），极管有 33 圈。

1.2.1.8 模式产地

法国孔卡诺（Concarneau）。

1.2.1.9 模式标本地

未见资料。

1.2.1.10 后记

单一模式种。无定形外壳的起源是一个仍有争议的问题。该属微孢子虫曾分类归属于格留孢子虫科（Glugeidae）。

1.2.2 泰罗汉孢虫属（*Thelohania*）的分类学特征和地位

1.2.2.1 分类学地位

双单倍期纲减数分裂双单倍期目（Meiodihoplophasida）泰罗汉孢虫总科（Thelohanioided）泰罗汉孢虫科（Thelohaniidae）泰罗汉孢虫属（*Thelohania*），代表种为虾泰罗汉孢虫（*Thelohania giardi*）。

1.2.2.2 典型宿主

普通欧洲虾（*Crangon vulgaris*）。

1.2.2.3 感染途径

未见资料。

1.2.2.4 感染部位

早期在血液，晚期在腹肌。

1.2.2.5 界面

前孢子形成阶段未知。“泛孢子母细胞膜”出现在生殖期，为“亚持久性”（作为一个 8 孢子体囊）。

1.2.2.6　与宿主细胞的其他关系

在肌纤维中寄生虫成排排列。

1.2.2.7　单倍期

增殖过程主要在血液中完成，小而紧凑的核以二均分裂和复分裂的形式进行分裂，以同型配子结束。配子不经历孢原质融合和核融合。

1.2.2.8　卵片发育

双核细胞以二均分裂方式进行卵片发育。

1.2.2.9　孢子生殖过渡期

“泛孢子母细胞膜”或“囊膜”出现在卵片发育和核融合的最终产物上。

1.2.2.10　孢子生殖期

孢子母细胞是一个双核细胞（在结合子阶段为单核）。在生殖期进行减数分裂，呈 8 孢子母细胞。

1.2.2.11　孢子

单核。梨形（长 5～6μm）。具很细长的条纹。

1.2.2.12　模式产地

法国布伦（Boulogne）。

1.2.2.13　模式标本地

未见资料。

1.2.2.14　后记

模式种在早期（1893 年）已提出，并在以后不断被证实。

1.2.3　变形孢虫属（*Vairimorpha*）的分类学特征和地位

1.2.3.1　分类学地位

双单倍期纲减数分裂双单倍期目布雷孢子总科（Burenelloidae）布雷孢子科（Burenelloidea）变形孢虫属（*Vairimorpha*），代表种为纳卡变形孢虫（*Vairimorpha necatrix*）。

1.2.3.2 典型宿主

一星黏虫（*Pseudaletia unipuncta*）。

1.2.3.3 感染途径

孢子经口或其他形式感染（不确定）。

1.2.3.4 感染部位

血淋巴和幼虫脂肪体，曾发现感染马氏管。前三天局限于中肠组织。

1.2.3.5 界面

裂殖体存在于宿主细胞质内，且大部分包含有不规则、高电子密度的宿主细胞质来源小片。双孢子形成于细胞质内。在8孢子形成过程中出现的界面包被，可能由孢子母细胞产生。

1.2.3.6 与宿主细胞其他的关系

感染后的宿主细胞核和细胞质都肥大，崩解的感染细胞与未感染细胞连成一片，从而形成一个多核的肿瘤。裂殖体在脂肪细胞中增殖时，脂肪细胞变成一管状的细胞骨架。

1.2.3.7 单倍期

临时单核细胞。

1.2.3.8 卵片发育

在双孢子形成前，双核细胞以二均分裂方式增殖。细胞核表层相邻的小孔呈直线状。在8孢子形成前，产生（含有）双核的孢原质团进行复分裂。

1.2.3.9 孢子生殖期

孢子母细胞在双孢子母细胞中呈纺锤形，核变成不规则形状或网状后，分裂成2个双核的孢子母细胞。孢子母细胞在8孢子阶段具双核。孢子生殖期的多核变形体发育到8个核后转移到边缘，然后通过卵裂开始有规律地分裂。

1.2.3.10 孢子

双核孢子长方形（5.06～6.05μm×2.32～2.82μm，染色标本），极管长；单核孢子卵形（2.82～3.98μm×1.74～2.40μm，染色标本）。

1.2.3.11 模式产地

美国伊利诺伊州菲洛（Philo）附近。

1.2.3.12 模式标本地

美国伊利诺伊州乌班纳（Urbana）。

1.2.3.13　后记

单一模式种。26℃时只形成双核孢子，20℃时形成两种类型的孢子。单核孢子是否能经口感染尚有争议。皮里（Pilley）确立了变形孢虫属的地位（布雷孢子科 Burenelloidea），并被后人确认。

日本学者从家蚕中分离和发现了变形孢虫属微孢子虫（*Vairimorpha* sp. NIS M12），对该微孢子虫在大蚕蛾（*Antheraea eucalypti*）、家蚕（*Bombyx mori*）、草地贪夜蛾（*Spodoptera frugiperda*）和甜菜夜蛾（*Spodoptera exigua*）4 种鳞翅目昆虫培养细胞中的增殖过程观察，认为该微孢子虫归为变形孢虫属，但未见合胞体的形成（Inove，1995a，1995b）。在纳卡变形孢虫（*V. necatrix*）感染美洲棉铃虫（*Helicoverpa zea*）培养细胞时可观察到合胞体的形成。家蚕来源 *Vairimorpha* sp. NIS M12 和纳卡变形孢虫感染昆虫培养细胞时都只能观察到 Nosema 型双孢子的形成过程，而未能发现 Thelohania 型 8 孢子的形成过程。家蚕来源 *Vairimorpha* sp. NIS M12 在 4 种鳞翅目昆虫培养细胞中的感染和增殖情况，也显示了微孢子虫与宿主细胞的适合性关系。

1.2.4　内网虫属（*Endoreticulatus*）的分类学特征和地位

1.2.4.1　分类学地位

单倍期纲格留孢子虫目脑孢子虫科（Encephalitozoovidae）内网虫属（*Endoreticulatus*），代表种为修氏内网虫（*Endoreticulatus schubergi*）。

1.2.4.2　典型宿主

马铃薯叶甲（*Leptinotarsa undecimlineata*）。

1.2.4.3　感染途径

经口感染。

1.2.4.4　界面

在宿主细胞内质网双层膜包被的寄生体囊中寄生，寄生虫不经历完整的发育过程。寄生体囊的外层表面覆盖了核糖体，内层平滑。在孢子形成前，包被进一步紧密地覆盖在寄生虫的质膜上，然后寄生虫进行分裂。包被非常纤弱，在细胞涂片上孢子几乎呈游离状。

1.2.4.5　与宿主细胞其他的关系

在单个宿主细胞中有许多处于不同发育阶段的寄生体囊，寄生虫在特定的液泡中处于同一发育阶段。感染细胞具有丰富的糙面内质网（rough endoplasmic reticulum，RER）和裸露的核糖体与线粒体。随着感染宿主细胞的破裂，细胞内孢子被释放到肠腔内，或拟孢囊在感染细胞的近远端破裂时释放。

1.2.4.6 卵片发育

核在所有阶段都不配对。初期为小的单核细胞，以二均分裂方式增殖。出芽后念珠状寡核或不规则的合胞体以复分裂方式增殖。早期的孢子母细胞可通过质膜从寄生体囊上缩回，伴随质膜表面高电子密度沉淀物的出现等现象。孢子生殖期的多核变形体呈念珠状或不规则形状，其后多聚孢子母细胞在孢原质团分裂后产生6～7个，甚至多达50个孢子母细胞。

1.2.4.7 孢子

单核。卵圆柱形（平均大小为2.62μm×1.51μm，活体标本；或2.0～2.5μm×1.0～1.2μm，活体标本）。孢子内外壁薄。极管异型，单根，5～7圈。极质体和后极泡不明。

1.2.4.8 模式产地

古巴等5个产地。

1.2.4.9 模式标本地

未见资料。

1.2.4.10 后记

单一模式种。曾归属于多孢虫科。因它不同于具褶孢虫属的杜父鱼多孢虫（*Pleistophora typicalis*），而更类似于兔脑炎微孢子虫（*Encephalitozoon cuniculi*），故将其归入脑孢子虫科。修氏内网虫也可寄生天幕毛虫（*Malacosoma neustria*）、云杉卷叶蛾（*Choristioneura fumiferana*）和柞蚕（*Antheraea pernyi*）等其他昆虫。

1.3 养蚕相关昆虫来源微孢子虫

大多数微孢子虫发现于昆虫，微孢子虫可侵染400种以上的昆虫。除养蚕业在微粒子病检测过程中发现的各种微孢子虫外，不少学者也开展了从桑园、桑园周边农作物或其他植物上的野外昆虫分离微孢子虫的研究，发现了一些在某些形态学特征、对家蚕的感染性及寄主域等方面不同于家蚕微粒子虫的微孢子虫。这些研究不仅在丰富微孢子虫生态学分布和分类学内容方面发挥了积极作用，还为养蚕业中防控野外昆虫来源微孢子虫污染食物（桑叶）可能造成危害的问题提供了重要的参考，即涉及不同来源微孢子虫防控技术在技术体系中的地位等策略性问题。

1.3.1 野外昆虫来源微孢子虫

对收集的2.5万头野外昆虫，包括102种野外昆虫的调查发现：65种野外昆虫存在微孢子虫，检出率因野外昆虫种的不同而异（广濑安春，1979a，1979b）。在桑尺蠖（*Hemerophila atrilineata* [*Phthonandria atrilineata*]）、桑螟（*Diaphania pyloalis*）、丝绵木金星尺蠖（*Calospilos suspecta*）、蓝萤叶甲（*Phzllobrotica armata*）、菜粉蝶或菜青虫（*Pieris rapae crucivora*）、龙眼裳卷蛾（*Cerace stipatana*）、蜀白毒蛾（*Arctornis ceconimena*）、西方蜜蜂（*Apis mellifera*）、斜纹夜蛾（*Spodoptera litura*）、水稻二化螟（*Chilo suppressalis*）、淡剑纹灰翅夜蛾（*S. depravata*）、稻眼蝶（*Mycalesis gotama*）、美国白蛾（*Hyphantria cunea*）等野外昆虫中都发现了微孢子虫（Iwano，1987；梅玲玲和金伟，1989；李达山，1989；Ishihara and Iwano，1991；沈中元等，1996a；浙江大学，2001），与微孢子虫普遍存在于昆虫中的共识相吻合。

1.3.2 野外昆虫来源微孢子虫的分类学研究

上述野外昆虫来源微孢子虫究竟为何种微孢子虫，其分类学地位研究的报道相对较少。多数侧重于各自检测领域的鉴别研究，即如何将其区别于家蚕微粒子虫。近期虽有不少养蚕相关来源微孢子虫分子生物学方法的分类学研究报道，但系统分类学陈述不够充分，难以对某种野外昆虫来源的微孢子虫进行明确的分类学定位。

桑尺蠖来源微孢子虫与家蚕微粒子虫的比较研究中，因其孢子超微结构（极管长度为 67μm）、血清学特征（阳性反应的血清效价不同）和胚胎感染性（无胚胎感染性）与家蚕微粒子虫不同而定名为桑尺蠖微孢子虫（*Nosema hemerophila*）（梅玲玲和金伟，1989，1990）。菜粉蝶来源的 4 种微孢子虫研究中，根据其对家蚕幼虫不同组织的感染性和增殖模式等，分别被分类定位为修氏内网虫（*Pleistophora schubergi*，现为 *Endoreticulatus schubergi*）、家蚕微粒子虫和迈氏微孢子虫（*Nosema mesnili*）（Abe and Kawarabata，1988）。淡剑纹灰翅夜蛾来源微孢子虫，虽在孢子形态、对家蚕的感染性、血清学特征及培养细胞中生活史方面与家蚕微粒子虫有所不同，但仍被归属为家蚕微粒子虫（Iwano and Ishihara，1991a，1991b；鲁兴萌和周华初，2007）。

1.3.3 野外昆虫来源微孢子虫对家蚕的感染性

野外昆虫来源微孢子虫对家蚕的感染率差异较大（10%～100%）（广濑安春，1979a，1979b）。根据其对家蚕的感染性可分 3 种类型。第一类为没有感染性的微孢子虫，如蜜蜂微孢子虫、斜纹夜蛾微孢子虫（*Nosema liturea*）、水稻二化螟来源微孢子虫和桑尺蠖微孢子虫等（广濑安春，1979a，1979b；梅玲玲和金伟，1989）。第二类为有感染性但没有胚胎感染性的微孢子虫，这些微孢子虫主要寄生于中肠、丝腺、马氏管和脂肪体。第三类为对家蚕具有胚胎感染性，但胚胎感染率及感染性存在较大差异的微孢子虫（广濑安春，1979a，1979b；Iwano，1987；李达山，1989；沈中元等，1996a；高永珍等，2001；Tsai et al.，2003）。也存在一种野外昆虫来源微孢子虫在感染第二种野外昆虫后，对家蚕的感染性发生变化的情况。例如，水稻二化螟来源、对家蚕不具感染性的微孢子虫，在感染桑螟、菜粉蝶和美国白蛾（中间寄主）后，对家蚕出现感染性（广濑安春，1979a，1979b），以及蓖麻蚕微孢子虫（*Nosema philosamiae*）不感染家蚕，但家蚕微粒子虫可感染蓖麻蚕（*Attacus cynthia ricini* 或 *Philosamia cynthia ricini*）并回复感染家蚕等现象（浙江大学，2001）。

在微孢子虫来源和其对家蚕感染性方面，虽然开展了广泛的研究，但对这些分离的微孢子虫在分类学及寄主域（包括家蚕微粒子虫的寄主域）方面研究得相对不够充分和系统。但这些研究为养蚕业如何鉴别不同微孢子虫，以及防控家蚕微粒子病的方案制定等，还是提供了诸多有益的参考。

此外，从这些纷繁的研究中我们也可发现一些有趣的现象。例如，有关桑尺蠖来源微孢子虫的研究，浙江大学蚕蜂研究所家蚕病理学与病害控制技术实验室（后简称本研究室）早期从浙江海宁蚕区分离获得的微孢子虫对家蚕不具有胚胎感染性，虽然未进行系统的分类研究，但根据其感染性和孢子超微结构的比较观察结果（梅玲玲和金伟，1989，1990），虽然不能确定为何种微孢子虫，但可以肯定不是家蚕微粒子虫；苏州大学蚕病实验室从桑园来源桑尺蠖分离的微孢子虫对家蚕具有感染性，但感染性明显低于家蚕微粒子虫（李达山，1989）；在镇江实验室，同样是从桑园来源桑尺蠖分离的微孢子虫，直接感染家蚕的感染率和胚胎感染率很低，但从被感染家蚕收集微孢子虫后，再感染家蚕，感染率和胚胎感染率大幅提高。由此，是否可以提出部分桑园野外昆虫来源的微孢子虫分离株，尽管在孢子形态等方面存在不同，但其本质就是家蚕微粒子虫？这种质疑从家蚕作为家蚕微粒子虫的典型寄主，家蚕群体规模在蚕区具有明显优势的生态学观点思考，也是可以接受的事件。据此，也可提出家蚕微粒子虫在寄生其他昆虫后是否存在变异的问题，本研究室开展的相关研究在第二章陈述。

1.4 家蚕微粒子虫的生物进化分析

微孢子虫（Microsporidia）是一类广泛分布于自然界而又极其古老的专性细胞内寄生原虫，能感染从无脊椎动物到脊椎动物几乎所有的动物，是灵长类（primate）、啮齿类（rodent）、皮毛动物（far-bearing animal）、鱼类（fish）以及经济昆虫如家蚕（*Bombyx mori*）和西方蜜蜂（*Apis mellifera*）等多种生物的重要病原。随着新种的发现和鉴定，微孢子虫的属和种数会越来越多（Irby et al.，1986；Hartskeerl et al.，1995；Iwano and Kurtti，1995；James et al.，1996；Cavalier，1998；Hirt et al.，1999；Garcia et al.，1999；Wittner，1999；Keeling et al.，2000；Pomport et al.，2000；Huang et al.，2004；Lee et al.，2008）。

微孢子虫作为生物类群中的一个大群，以及其在生物进化上的独特地位，使其分类学研究中的分子生物学技术应用和发展较快，特别是随着基因组技术的发展，具有11条染色体、基因组大小≤2.9Mb的兔脑炎微孢子虫全基因组测序工作结束（Katinka et al.，2001），比氏肠微孢子虫（*Enterocytozoon bieneusi*）、东方蜜蜂微孢子虫（*Nosema ceranae*）、肠脑炎微孢子虫（*Encephalitozoon intestinalis*）和家蚕微粒子虫的全基因组测序工作也相继完成（Akiyoshi et al.，2009；Cornman et al.，2009；Corradi et al.，2010；Pan et al.，2013），这些基因组学相关研究成果将不断丰富微孢子虫的分子数据库信息。

1.4.1 基于分子生物学的分类与进化分析

1.4.1.1 以核酸序列为依据的分类

在分子生物学技术及相关分子依据方面，染色体数量、核糖体大亚基（LSU rRNA）

核酸序列、核糖体小亚基（SSU rRNA）核酸序列等在分类或进化研究及鉴定中被利用。

脉冲场电泳分析染色体数量实验发现：家蚕微粒子虫的染色体为 18 个条带，碱基数约为 1.5×10^6bp；而变形孢虫属和具褶孢虫属分别为 12 个条带 1.6×10^6bp 和 $>4\times10^6$bp（Kawakami et al.，1994）。大亚基核糖磷酸约 350nt 的序列比较（PAUP v.3.0f）研究表明：家蚕微粒子虫与变形孢虫属及寄生于草地贪夜蛾（*Spodoptera frugiperda*）的森林天幕毛虫微孢子虫（*Nosema disstriae*）关系最近；与寄生于棉铃虫（*Heliothis armigera*）的棉铃虫微孢子虫（*Nosema heliothidis*）、寄生于秆野螟（*Ostrinia nubilalis*，或欧洲玉米螟）的玉米螟微孢子虫（*Nosema pyrausta*）和寄生于墨西哥豆瓢虫（*Epilachna varivestis*）的墨西哥豆瓢虫微孢子虫（*Nosema epilachnae*）归为一组；与一星黏虫（*Pseudaletia unipuncta*）来源的纳卡变形孢虫（*Vairimorpha necatrix*）、印度谷螟（*Plodia interpunctella*）来源的异孢变形孢虫（*Vairimorpha heterosporum*）、烟草粉斑螟（*Ephestia elutella*）来源的烟草粉斑螟变形孢虫（*Vairimorpha ephestiae*），以及刺蛾（*Euclea delphini*）、赛天蚕（*Hyalophora cecropia*）和舞毒蛾（*Lymantria dispar*）来源的多种变形孢虫（*Vairimorpha* sp.）为相邻组；与蝗虫微孢子虫（*Nosema locustae*，现为 *Antonospora locustae*）、按蚊阿尔及尔微孢子虫（*Nosema algerae*，现为 *Anncaliia algerae*）和黑腹果蝇微孢子虫（*Nosema kingi*）亲缘关系相对较远（Baker et al.，1994）。

对 14 种微孢子虫核糖体 RNA 小亚基的 V4 可变区域部分核苷酸（174～240bp）序列比较研究（NJTREE 和 DIPLOMO）发现：家蚕微粒子虫与粉纹夜蛾微孢子虫（*Nosema trichoplusiae*）亲缘关系最近，而与纳卡变形孢虫（*V. necatrix*）、蜜蜂微孢子虫（*Nosema apis*）和舞毒蛾变形孢虫（*Vairimorpha lymantriae*）亲缘关系相对较远（Malone and McIvor，1995，1996）。早期从家蚕的母蛾中发现并分离了归属于微孢子虫属（*Nosema*）的 NIS 2M11 分离株，经生物学性状再调查和 SSU rRNA 全序列比较研究确定，NIS 2M11 分离株归属于变形孢虫属（Hatakeyama et al.，1997）。对赤蚁来源微孢子虫的 SSU rRNA 研究分析，并结合形态学分析结果，认为变形孢虫分离株（*Vairimorpha* sp.）的归属宜重新探讨（Moser et al.，1998）。对 18 种微孢子虫的 16S rDNA 序列进行测定和比较（PileUP、Clustal、MEGA v.1.02 和 PAUD v.3.1.1）研究表明：家蚕微粒子虫与粉纹夜蛾微孢子虫亲缘关系最近，其次为纳卡变形孢虫（*V. necatrix*）（Pieniazek et al.，1996；Moser et al.，2000；Tsai et al.，2009）。

现有微孢子虫分子生物学方面的研究，虽然不能完全概括微孢子虫所有的遗传信息，但在所研究的材料中体现了一定的趋势，与这种趋势存在一定矛盾的主要是变态孢虫属和具褶孢虫属中的一些不确定种。随着分子生物学和生物信息学的发展，不同微孢子虫的进化地位和分类定位存在着被修正的可能，这种修正对于我们研究防治策略具有重要参考价值。

1.4.1.2　微孢子虫与真菌的进化关系

线粒体是典型真核生物必不可少的细胞器，而微孢子虫缺乏该细胞器以及一部分真核生物常有的结构和成分。因此，自 20 世纪 60 年代开始一直将其定义为“古老的真核生物”，与真菌（菌物）有一定的进化距离（Müller et al.，2000）。但对香鱼（黏液）

微孢子虫（*Glugea plecoglossi*）的翻译延伸因子 1α 和 2 序列与真核生物进行比较研究发现：微孢子虫的 HSP70、大亚基 RNA 聚合酶Ⅱ（RPB1）和 TATA 结合蛋白（TBP）等核酸序列与真菌的关系很近（Germot et al.，1997；Kamaishi et al.，1996；Hirt et al.，1999；Fast et al.，1999；Keeling et al.，2000）。根据兔脑炎微孢子虫（*En. cuniculi*）基因组全序列推测的～2000 个编码蛋白的基因中，85%以上类似于酿酒酵母（*Sacharomyces cerevisiae*）（Christian et al.，2002）。

美国国立生物技术信息中心（NCBI）数据库在 2002 年将微孢子虫归于真菌。对部分微孢子虫的 α-和 β-微管蛋白基因（保守性基因）与子囊菌（Ascomycete）、担子菌（Basidiomycete）、接合菌（Zygomycete）和壶菌（Chytrid）等真菌以及部分动植物相关核酸序列进行比较研究认为，微孢子虫在进化上应归属接合菌分支（Keeling，2003）。对微孢子虫 α-和 β-微管蛋白、大亚基 RNA 聚合酶Ⅱ（RNA polymerase Ⅱ，RPB1）、DNA 修正解旋酶 RAD25、TATA 结合蛋白、泛素缀合酶亚单位以及丙酮酸脱氢酶 E1α 和 β 亚单位 8 个基因，采用 ClustalW（1.83）、MacClade（4.06）和 Treepuzzle（5.2）等多种软件和分析法研究表明：微孢子虫以一个独立群与真菌聚为一类，且与子囊菌和担子菌互为姐妹群，与接合菌和壶菌也较为接近（PROML 树）（Gill and Fast，2006）。

对我国浙江株与镇江株家蚕微粒子虫 α-和 β-微管蛋白基因部分序列（1202bp 和 939bp）进行系统进化的研究（ClustalX v.1.81、MEGA2-UPGMA、NJ、ClustalW v.1.81 和 1.83）表明：家蚕微孢子虫作为一个独立群与接合菌的噬虫霉属（*Entomophaga*）、耳霉属（*Conidiobolus*）进化关系最近，与子囊菌、担子菌、壶菌及其他接合菌互为姐妹群（朱勃等，2006；张海燕等，2007）。

真菌是昆虫的重要病原微生物，半知菌和接合菌是其中最为重要的 2 个亚门。接合菌已发现有 600 多个种，其中虫霉目（Entomophthorales）中的噬虫霉属、耳霉属和蛙粪霉属（*Basidiobolus*）等 100 多个种可以寄生直翅目、等翅目和鳞翅目等多种昆虫。子囊菌中的虫草属（*Cordyceps*）和球囊霉属（*Ascosphaera*）可寄生蝙蝠蛾科（Hepialidae）、西方蜜蜂（*Apis mellifera*）、蛛形纲（Arachnoidea）和真菌的菌核。担子菌中的隔担耳属（*Septobasidium*）和拟锈菌属（*Uredinella*）可寄生或寄生-共生介壳虫（蒲蛰龙和李增智，1996）。在进化关系上，家蚕微粒子虫与接合菌存在姐妹关系。在生长与繁殖方面，两者同样存在着与昆虫相关的共同特征。

1.4.1.3 化学药物对家蚕微粒子虫和真菌的抑制作用的类似性

块状耳霉（*Conidiobolus thromboides*）是蚜虫科（Aphidoidea）的一种重要的自然控制因子，甲基托布津（thiphanatemethyl）和多菌灵（carbendazim）对块状耳霉生长的抑制率分别为 99.42%（$P<0.01$）和 24.59%（$P>0.05$），对控制粉虱和介壳虫具有良好前景的生物防治微生物——粉虱座壳孢（*Aschersonia aleyrodis*）的孢子萌发虽然有短暂的促进作用，但菌丝的伸长则受到明显的抑制。

多菌灵作为水稻等作物防治真菌病害的常用农药之一已有较长的历史，该药剂对水稻稻瘟病菌（如 *Pyricularia oryzae*）、中国小麦赤霉病菌禾谷镰刀菌（*Fusarium graminearum*）和植物土传病害真菌［如西瓜枯萎病菌尖孢镰刀菌（*Fusarium oxysporum*）、生菜菌核病菌小粒菌核病菌（*Sclerotinia minor*）] 等都有很好的防治效果。当然这些真菌对多菌灵等药物的抗性问题，以及抗药性的出现与真菌 β-微管蛋白有关的报道也非常值得我们关注（Yarden and Katan，1993）。多菌灵是内吸性的苯并咪唑类杀真菌剂，而苯并咪唑类杀菌剂不仅在农作物上应用，在医学上治疗人的真菌性疾病方面也具有广泛的应用 [伊曲康唑（itraconazole）、克霉唑（clotrimazole）、氟康唑（fluconazole）等]，表明苯并咪唑类药物对真菌的抑制或杀灭作用具有一定的普遍性。

在昆虫微孢子虫病的药物治疗方面，继烟曲霉素（fumagillin）和茴香霉素（anisopolyploid）对蜜蜂微孢子虫增殖具有抑制作用被发现后，苯来特（benomyl）对象鼻虫微孢子虫病有显著的治疗效果也被证实（Hsiao TH and Hsiao C，1973）。在家蚕微粒子病的药物治疗方面，烟曲霉素对家蚕微粒子病具有一定的治疗作用，随后苯并咪唑-2-氨基甲酸甲酯（多菌灵）、4-（邻-硝基苯基）-3-硫脲基甲酸甲酯（或乙酯）、1-H-2,1,4-苯并噻二嗪-3-氨基甲酸甲酯（或乙酯）、蒿甲醚和阿苯达唑（albendazole）等的治疗作用也相继被发现和证实（鲁兴萌等，2000a）。多菌灵和苯并咪唑类杀真菌剂对真菌的作用，一般认为与抑制真菌细胞色素 P450 依赖性的 14-α-去甲基酶使细胞膜通透性发生改变，导致胞内重要物质丢失有关。或者是它们与病原菌 β-微管蛋白结合，抑制微管的功能，阻止细胞的有丝分裂，从而抑制病原菌生长。

不论多菌灵和苯并咪唑类杀真菌剂如何抑制真菌的孢子萌发或菌丝伸长，但根据这类药物对真菌和微孢子虫两者都有作用效果的现象可以认为：微孢子虫和真菌存在着类似的结构或代谢途径，这些结构或代谢途径被某种化学药物所破坏将导致其侵染、生长或繁殖减缓甚至终止。

1.4.2　家蚕微粒子虫 α-和 β-微管蛋白部分基因的克隆及系统发育分析

微管（microtubule，MT）是细胞质中具有一定刚性的圆柱管状结构物，存在于所有真核生物细胞中，是细胞骨架的重要组成部分。参与维持细胞形态结构和细胞内膜性细胞器的空间分布及迁移，参与物质运输和细胞器的转运，参与细胞内信号转导、染色体运动，以及调节细胞分裂等。微管主要由两个异源二聚体亚基组成，即 α-微管（α-tubulin）蛋白和 β-微管（β-tubulin）蛋白。许多生物体可表达多个同种类型的 α-微管蛋白和 β-微管蛋白。虽然是同种类型，但在同一生物体中具有不同的功能。尽管微管蛋白的功能具有多样性，但同一物种不同的同种类型微管蛋白，以及不同物种间的微管蛋白都是高度保守的（Luduena，1998），因而也可成为微孢子虫进行系统发育分析的理想基因之一。

用部分微孢子虫的 α-和 β-微管蛋白基因与子囊菌、担子菌、接合菌和壶菌等真菌以及部分动植物相关核酸序列进行分析的结果显示：微孢子虫在进化上属于接合菌分支（Keeling，2003）。将包括 α-和 β-微管蛋白在内的 8 个基因结合起来，用 4 种不同的分析方法进行系统发育分析显示：微孢子虫是子囊菌和担子菌的姐妹群，与两者哪个更接近还没有定论（Gill and Fast，2006）。为此，对微孢子虫 α-和 β-微管蛋白进行系统发育分析，使用不同方法对微孢子虫与和其亲缘关系较近的物种的 α-微管和 β-微管进行综合分析及评价比较，期望在分类定位和基因功能推测中发挥作用。

1.4.2.1 微孢子虫 α-和 β-微管蛋白的核酸获取与序列鉴定

根据 NCBI 和相关文献（Keeling，2003）设计与合成 α-微管蛋白基因扩增引物：上游为 5′-TCCGAATTCARGTNGGAAYGCGTGTTGGGA-3′，下游为 5′-TCCAAGCTTCCATNCCYTCNCCNACRTACCA-3′，预期扩增 1202bp；β-微管蛋白基因扩增引物：上游为 5′-GTAGGAGGAAAGTTCTGGGAGACTAT-3′，下游为 5′-TCCTTCACCAGTGTACCAGTGTAA-3′，预期扩增 1161bp。对家蚕微粒子虫的 DNA 分别扩增获得聚合酶链反应（polymerase chain reaction，PCR）产物。

将 α-微管蛋白基因和 β-微管蛋白基因 PCR 产物，经 UNIC-10 柱式 DNA 胶回收试剂盒回收，以插入（Insert）DNA：pMD18-T 载体（vector）进行连接，连接产物转入大肠杆菌 JM109 感受态细胞，取菌液均匀涂于含 *X-gal*/IPTG/Amp^+的 LB 平板中培养，通过蓝白斑筛选，各挑取 7 个白色菌落于含氨苄西林的液体 LB 培养基中培养。小量制备重组质粒 DNA，PCR 鉴定质粒后，送公司测序，获得 α-微管蛋白基因和 β-微管蛋白基因序列。

将测序所得的1202bp和1161bp两个序列在NCBI中进行BlastN比较，大小为1202bp的目的基因与 GenBank 已经发表的家蚕微粒子虫（*Nosema bombycis*，台湾分离株）α-微管蛋白基因同源性为 99%，与其他 *Nosema* 属微孢子虫的 α-微管蛋白基因同源性为 96%～98%，确定目的片段为家蚕微粒子虫 α-微管蛋白基因，登录 GenBank（序列登记号：EF051590）；大小为 1161bp 的目的基因与 GenBank 已经发表的家蚕微粒子虫（*Nosema bombycis*，台湾分离株）β-微管蛋白基因同源性为 98%，与其他 *Nosema* 属微孢子虫的 β-微管蛋白基因同源性为 96%～98%，确定目的基因为家蚕微孢子虫 β-微管蛋白基因，登录 GenBank（序列登记号：EF151928）。

1.4.2.2 序列收集

从 NCBI 中收集已发表在 GenBank 中各物种的 α-微管蛋白基因和 β-微管蛋白基因的氨基酸序列。具体操作：打开 NCBI 网站→数据库选择（cDNA 或 protein）→输入检索词（tubulin，funige，Microsporidia）→在出现序列中尽量选择各属中典型物种的序列，且选择序列越完整越好→将所选序列下载到电脑中备用。

1.4.2.3 序列比对与构建系统发育树

运用 BioEditor 生物信息学软件将所得 α-微管蛋白基因和 β-微管蛋白基因的核苷酸序列翻译成氨基酸序列，将所选序列用 ClustalX（1.81）进行多重序列比对，选取与 α-和 β-微管蛋白同源性最高的氨基酸序列，并以原生生物盘基网柄菌（*Dictyostelium discoideum*）作为外群（outgroup），用 MEGA2 软件中的 UPGMA 和邻接法（neighbor-joining，NJ）对 α-微管蛋白和 β-微管蛋白单个基因、α-微管蛋白与 β-微管蛋白合并基因分别构建系统发育树；同时运用 ClustalW（1.83）在线生物信息软件里的自动生成程序构建另一组系统发育树。具体方法：登录网站 http://www.ebi.ac.uk/Tool/→Sequence Analysis-ClustalW→输入用于构建系统发育树的氨基酸序列→View Guide Tree→Show as Phylogram Tree，即得到生成的系统发育树图谱。但需要说明的是，在使用在线软件构建系统发育树时，无须设置外群，因为在线多重序列比对无法重排，单纯由外群序列引起的分隔在该软件中被直接剔除。因此，在构建系统发育树时，不体现原生生物盘基网柄菌作为外群分类位置的准确性。

从 NCBI 中收集了 9 个子囊菌、3 个担子菌、4 个壶菌、9 个接合菌、8 个微孢子虫及 1 个其他原生动物的 α-微管蛋白和 β-微管蛋白序列，加上本次实验克隆的家蚕微粒子虫，一共 35 种生物，这些序列中均包含了本实验用于构建系统发育树的序列，结果如图 1-1～图 1-3 所示。

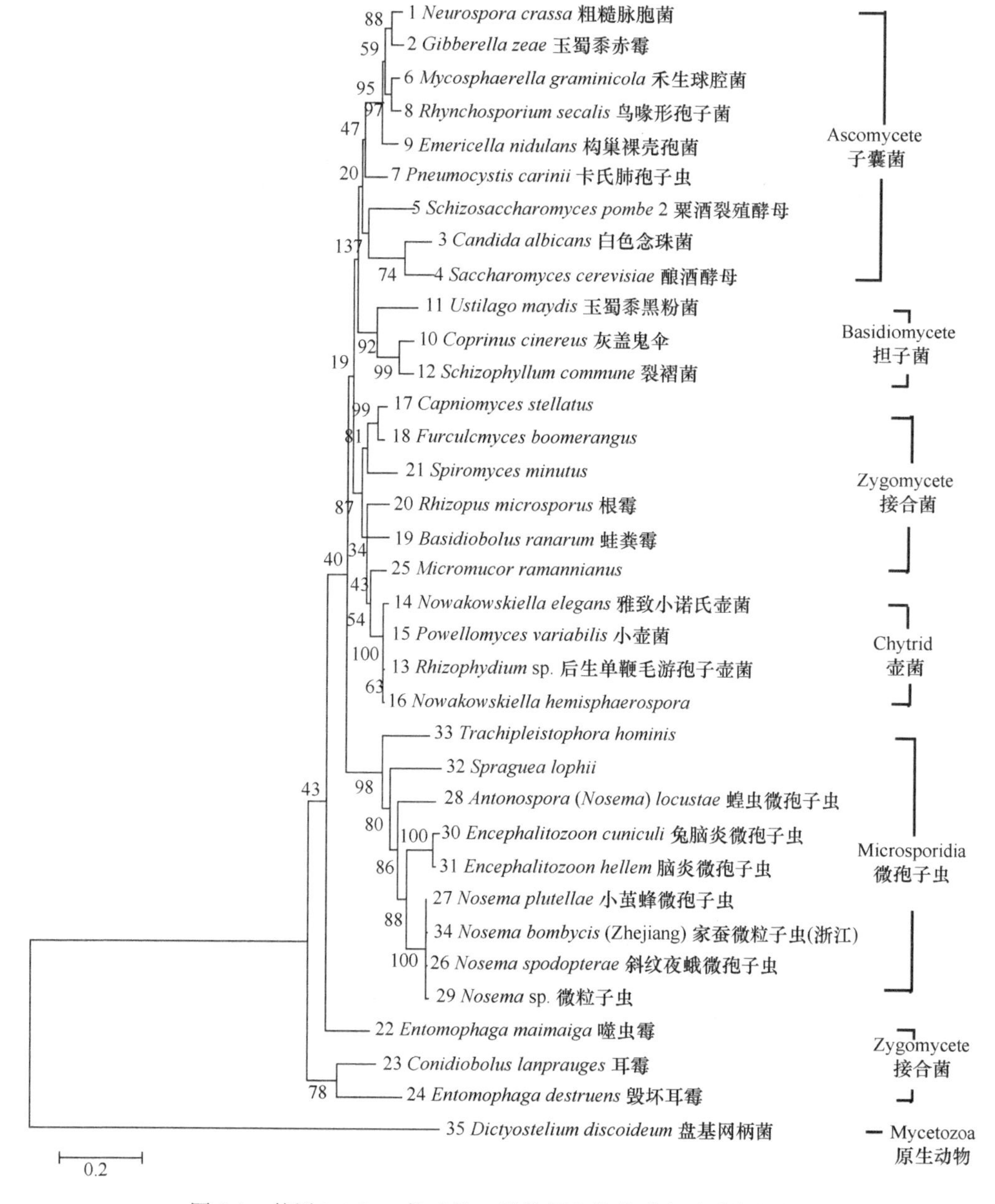

图 1-1　使用 MEGA2 构建的 α-微管蛋白的核酸序列系统发育树

每个分支上的数字表示引导值（bootstrap）的支持率，刻度表示位点替换率

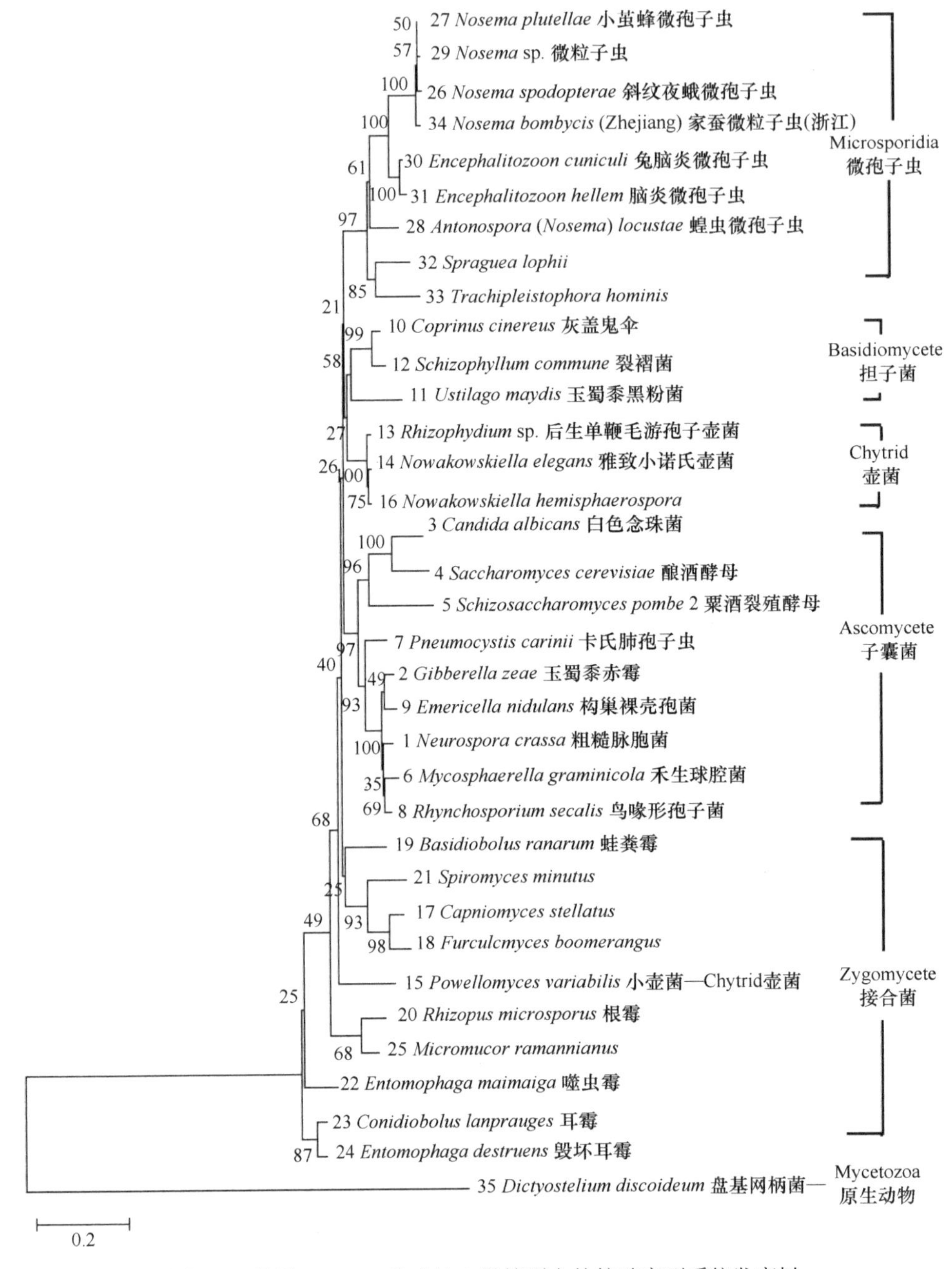

图 1-2 使用 MEGA2 构建的 β-微管蛋白的核酸序列系统发育树

每个分支上的数字表示引导值（bootstrap）的支持率，刻度表示位点替换率

采用 α-微管蛋白的核酸序列构建的系统发育树（图 1-1）显示：微孢子虫作为一个独立群与真菌聚为一类，且与子囊菌和担子菌、壶菌及部分接合菌互为姐妹群，引导值支持率为 40%；另外，接合菌的噬虫霉属（*Entomophaga*）和耳霉属（*Conidiobolus*）作为其他菌种与微孢子虫的外群，即接合菌的噬虫霉属和耳霉属在进化时间上先于其他菌种及微孢子虫。

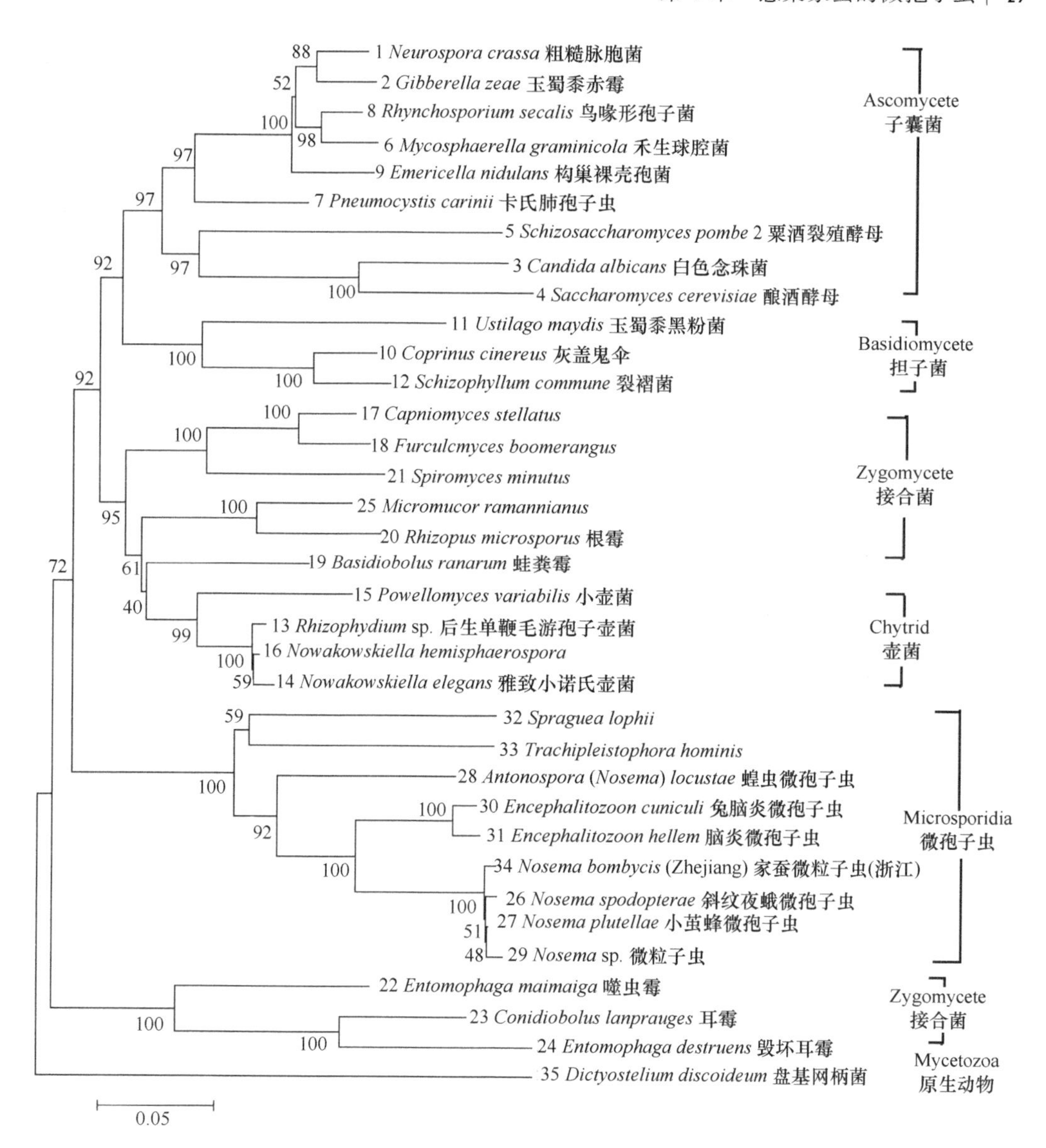

图 1-3　使用 MEGA2 构建的 α-和 β-微管蛋白的核酸序列系统发育树

每个分支上的数字表示引导值（bootstrap）的支持率，刻度表示位点替换率

采用 β-微管蛋白的核酸序列构建的系统发育树（图 1-2）显示：微孢子虫在真菌中独立成群，与担子菌和壶菌关系最近，共用一个节点；接合菌的各菌紧凑地聚集在一起，未分开；按进化时间排列，在真菌中，接合菌先出现，其次为子囊菌、微孢子虫、担子菌和壶菌；其中小壶菌（*Powellomyces variabilis*）在接合菌群中独立出现。

将 α-微管蛋白和 β-微管蛋白两个基因合并后，经过多重比对分析后构建的系统发育树（图 1-3）显示：与单独使用 α-微管蛋白的核酸序列构建的系统发育树分类结果一致，但引导值支持率略有差异。使用 ClustalW（1.83）在线自动生成程序构建的系统发育树如图 1-4～图 1-6 所示。

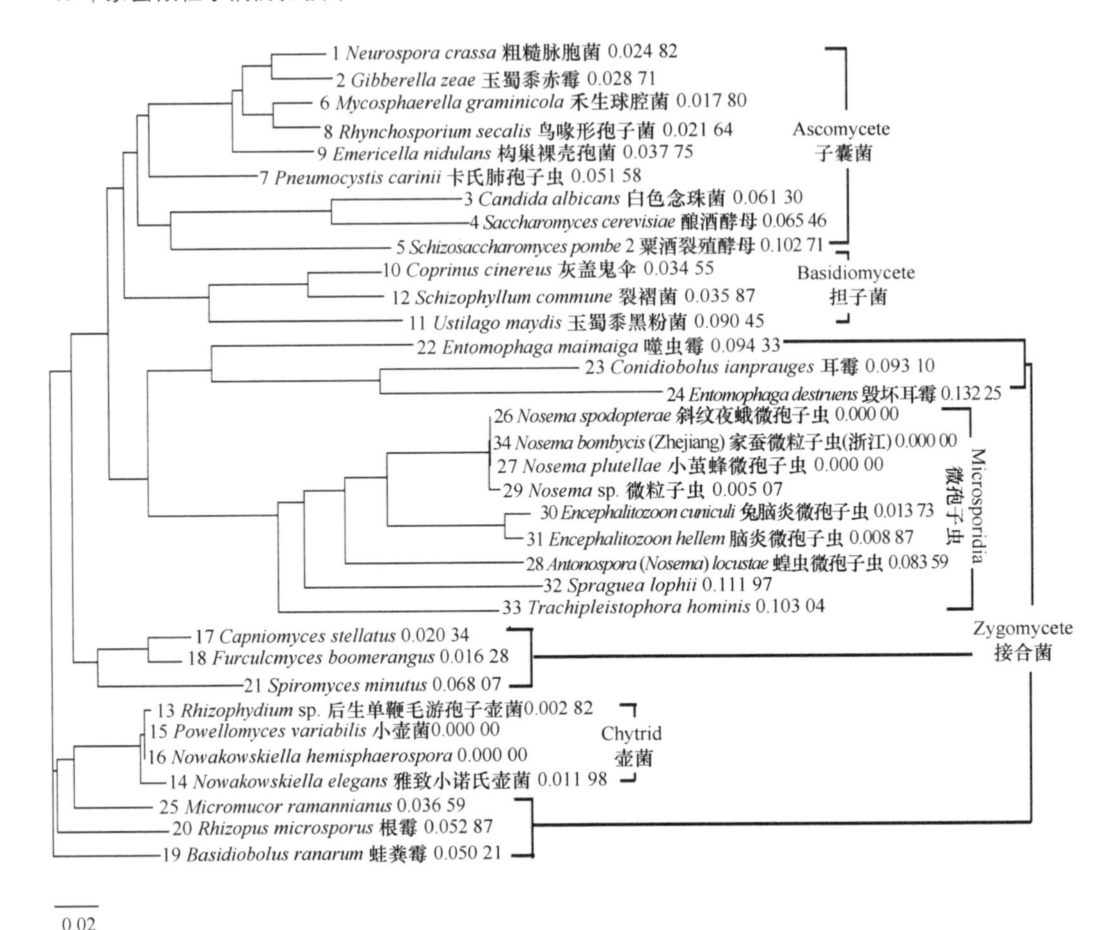

图 1-4 使用在线软件 ClustalW（1.83）构建的 α-微管蛋白的核酸（或碱基）序列系统发育树

每个物种后面数字表示物种间的遗传距离，刻度表示位点替换率

图 1-4 结果显示：微孢子虫以一个独立群与接合菌的噬虫霉属和耳霉属共用一个节点，亲缘关系最近，且与子囊菌和担子菌互为姐妹关系；壶菌与除噬虫霉属和耳霉属的其他接合菌关系较近，并一同作为子囊菌、担子菌、微孢子虫和接合菌噬虫霉属与耳霉属的外群。

采用 β-微管蛋白序列构建的系统发育树（图 1-5）显示：微孢子虫与担子菌和壶菌的亲缘关系最近，共用一个节点；接合菌各菌紧凑地聚集在一起，未分开；其中小壶菌在接合菌群中独立出现。

将 α-和 β-微管蛋白的两个基因联合起来构建的系统发育树（图 1-6），与单独使用 α-微管蛋白的核酸序列构建的系统发育树分类结果一致，只是物种在遗传距离数值上略有差异。

此外，对蝗虫微孢子虫部分核糖体 RNA 操纵子（rRNA operon）序列和完整的核糖体 RNA 小亚基序列，以及其成熟孢子的超微结构进行系统分析表明：蝗虫微孢子虫与 *Nosema* 属的微孢子虫亲缘关系较远，应为 *Antonospora* 属（Slamovits et al.，2004）。在本研究中，蝗虫微孢子虫为微孢子虫属（*Nosema*）和脑孢虫属（*Encephalitozoon*）的外群，与微孢子虫属距离较远，且在微孢子虫中以一个独立分支存在。

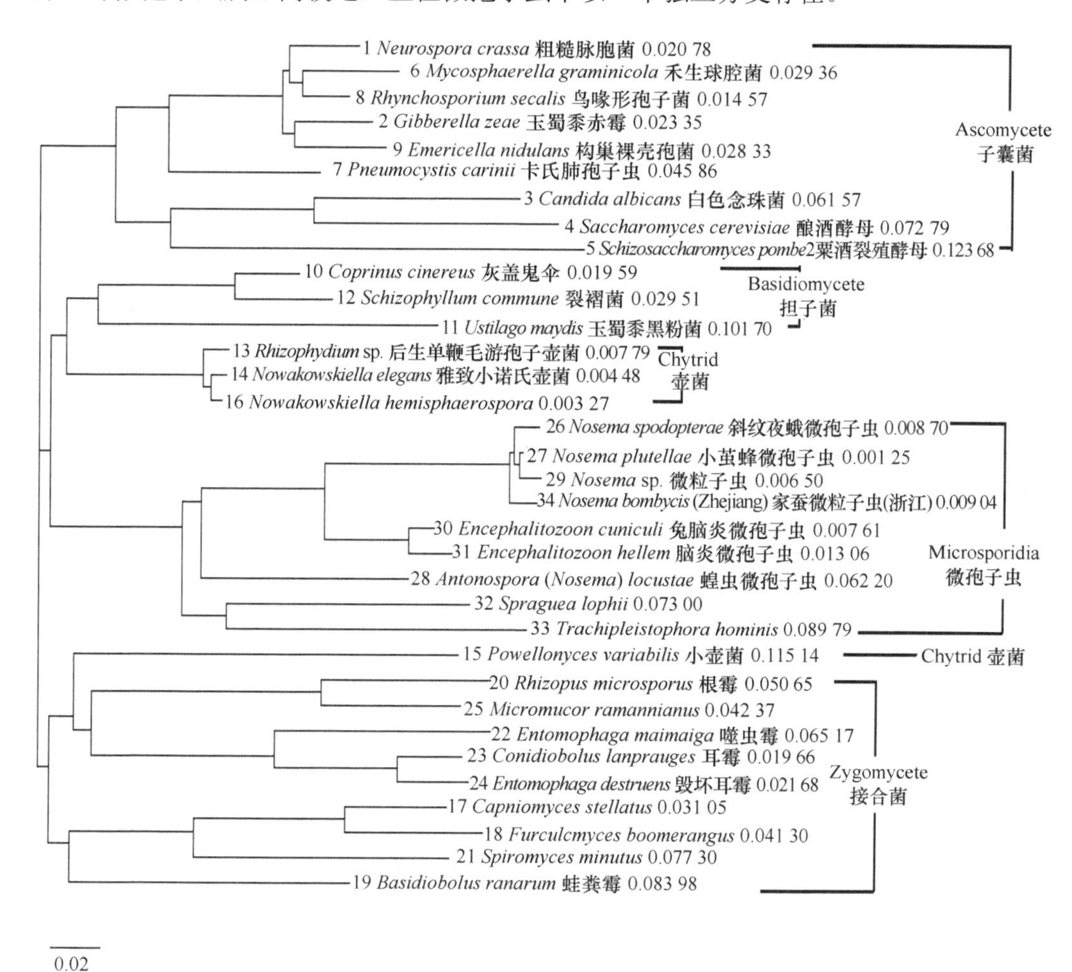

图 1-5　使用在线软件 ClustalW（1.83）构建的 β-微管蛋白的核酸（或碱基）序列系统发育树

每个物种后面数字表示物种间的遗传距离，刻度表示位点替换率

1.4.2.4　不同基因采用相同方法进行系统发育分析的差异

采用 MEGA2 和 ClustalW（1.83）构建的 α-微管蛋白基因与 β-微管蛋白基因系统发育树在进化分类上的结果一致（图 1-1 和图 1-2，图 1-4 和图 1-5），即微孢子虫与接合菌的噬虫霉属和耳霉属亲缘关系较近，且微孢子虫始终以一个独立群体位于接合菌群中。但在 α-微管蛋白基因中添加 β-微管蛋白基因的序列后，使引导值支持率和遗传距离的数值产生差异（图 1-3 和图 1-6）。该结果与 Keeling（2003）的结果较为一致。

以 β-微管蛋白基因构建的系统发育树，与 α-微管蛋白基因的系统发育树有较大不同，主要表现为微孢子虫间的核苷酸同源性低于 α-微管蛋白基因和在系统发育树中所处位置不同。该现象可能暗示了两者在突变率或进化速率上存在差异，或者与系统发育树中相关生物的某些生物学功能有关。

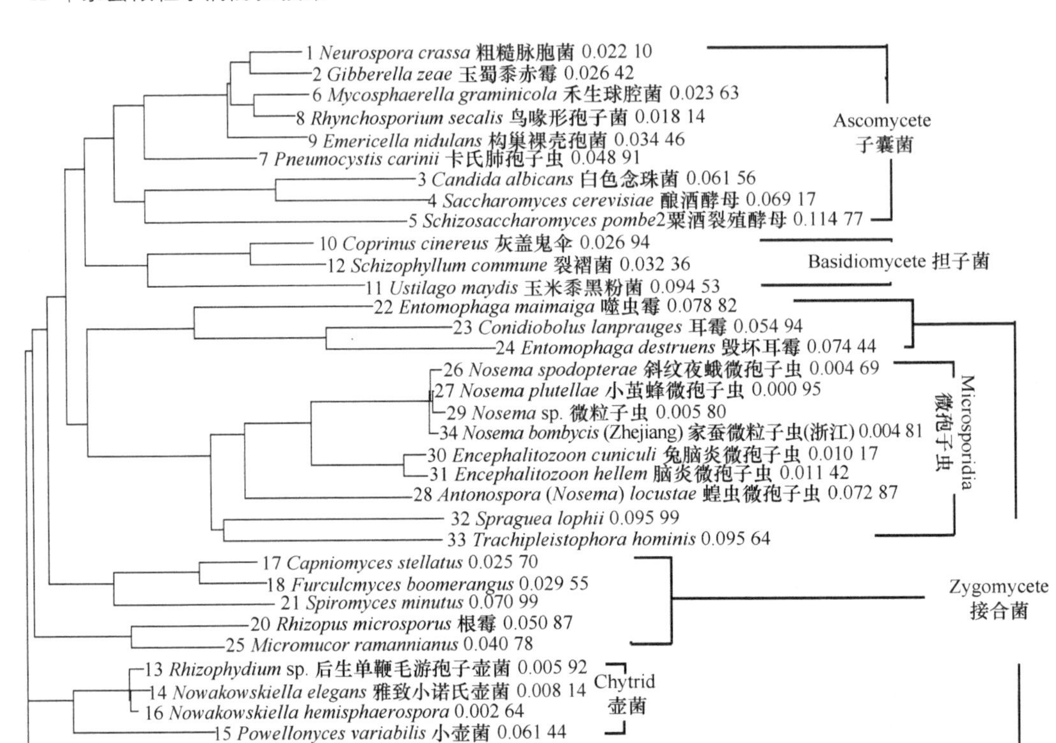

图 1-6　使用在线软件 ClustalW（1.83）构建的 α-和 β-微管蛋白的核酸序列系统发育树

每个物种后面数字表示物种间的遗传距离，刻度表示位点替换率

1.4.2.5　同种基因采用不同方法进行系统发育分析的差异

采用 MEGA2 和 ClustalW（1.83）两种方法，α-微管蛋白基因系统发育树的共同点是微孢子虫与接合菌的噬虫霉属和耳霉属亲缘关系最近。但采用前种方法，微孢子虫与除接合菌噬虫霉属和耳霉属外的其他菌共用一个节点，进化时间上是在接合菌的噬虫霉属和耳霉属之后出现；采用后种方法，微孢子虫与接合菌的噬虫霉属和耳霉属共用一个节点，与子囊菌、担子菌和壶菌共同出现于其他接合菌之后。β-微管蛋白基因系统发育树的共同点是微孢子虫与担子菌和壶菌关系最近，共用一个节点；接合菌的各菌紧凑地聚集在一起，未分开；小壶菌在接合菌群中独立出现。

总之，在进化时间上，α-微管蛋白基因系统发育树是先接合菌，其次子囊菌，再次微孢子虫，最后担子菌和壶菌；β-微管蛋白基因系统发育树是先接合菌，其次子囊菌，再次担子菌和壶菌，最后微孢子虫。因此，在微孢子虫的分类进化学研究中，随着更多基因信息的获取，必将形成更为系统和标准化的分析技术。

1.5　家蚕来源内网虫属样微孢子虫

在家蚕微粒子病集团母蛾检测的光学显微镜观察过程中，在显微镜下不时会发现形态小于家蚕微粒子虫孢子且密度较低的样本。这种现象多发生于山区原蚕区饲养的母蛾或幼虫样本中。这种情况发生时，往往在家蚕 5 龄幼虫期可发现大量样本中有孢子存在，但母蛾检测时蚕种可能会合格（检出样本量很少）。在浙江省嵊州蚕区原蚕饲养中发现了上述情况，本研究室收集了该种家蚕来源微孢子虫，经形态学、病理学和 rRNA 基因序列比对等研究，确定其为内网虫属样微孢子虫嵊州株（*Endoreticulatus* sp.，简称 Esp）。

1.5.1　内网虫属样微孢子虫的形态学和感染性观察

1.5.1.1　内网虫属样微孢子虫嵊州株的孢子及孢囊形态

取经内网虫属样微孢子虫嵊州株孢子添食感染、具有较为典型中肠病变（透明度较低，略有肿胀）的组织一小块（一般为 2 龄蚕感染 10d 后取样）放于载玻片上，盖上盖玻片，轻轻研压，在相差显微镜（40×15 倍）下观察孢子形态。孢子主要有两种形态，一种呈卵圆形，另一种呈披针形（一端钝圆，一端稍尖），孢子长短径及体积显著小于家蚕微粒子虫（*Nosema bombycis*，简称 Nb）（表 1-2），与 Nb 孢子形态有明显不同，在显微镜下较易区分（图 1-7）。

表 1-2　内网虫属样微孢子虫嵊州株（Esp）与 Nb 成熟孢子的比较

微孢子虫	长径（$\bar{X}$ ±SD）(μm)	短径（$\bar{X}$ ±SD）(μm)	长短径比（$\bar{X}$ ±SD）	大小（μm^3）
Esp	2.69±0.27	1.94±0.15	1.39±0.19	3.15±0.75
Nb	4.15±0.41	2.52±0.17	1.65±0.26	13.79±1.86

注：测量数 n=50，孢子体积=π/6×长径×短径^2

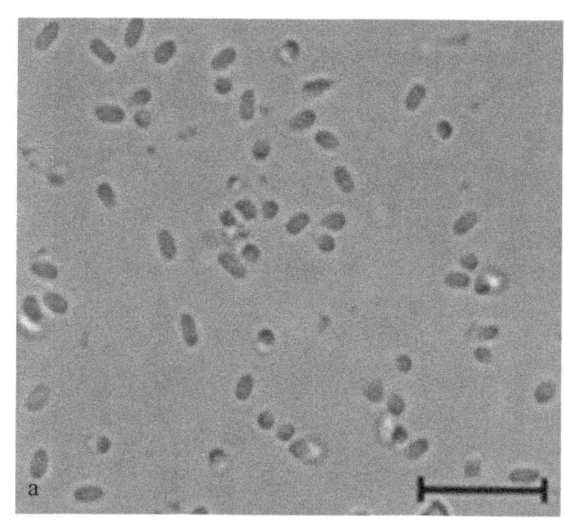

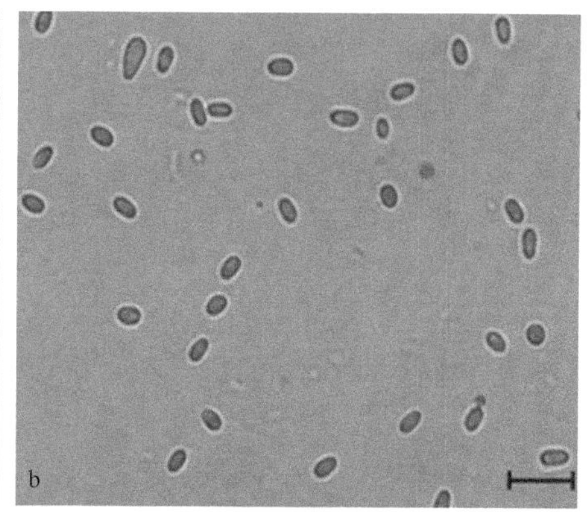

图 1-7　内网虫属样微孢子虫嵊州株（Esp）（a）和家蚕微粒子虫（b）的光学显微镜观察
标尺为 10μm

内网虫属样微孢子虫嵊州株（Esp）与已报道内网虫属样微孢子虫孢子的大小比较，其长短径大于寄生于台湾大黑点白蚕蛾（*Ocinara lida*）的内网虫属样微孢子虫的长短径（分别为 2.11μm±0.15μm 和 0.89μm±0.12μm）（Wang et al.，2005），也大于家蚕来源的家蚕内网虫微孢子虫（*Endoreticulatus bombycis*）分离株 SCM_7 的长短径（分别为 2.26μm±0.21μm 和 1.19μm±0.18μm）（万永继等，1995），说明寄生于不同地域的不同宿主的内网虫属样微孢子虫的孢子大小各不相同。

内网虫属样微孢子虫嵊州株（Esp）成熟孢子的电子显微镜观察结果（图 1-8）显示：孢壁由三层组成，由外至内依次为孢子外壁、内壁和孢原质膜；极管 9 圈，呈单层排列；孢子具单核；孢子后部有球形后极泡；孢原质占孢子绝大部分体积。极管 9 圈、单核等超微结构特征与内网虫属的特征相似，不同于家蚕微粒子虫。

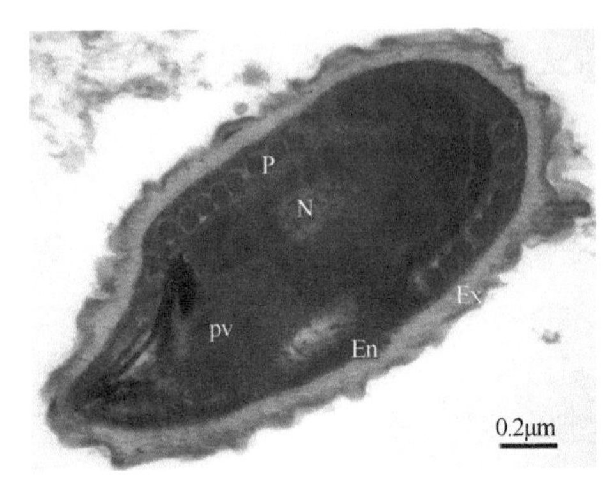

图 1-8　内网虫属样微孢子虫嵊州株（Esp）的电子显微镜观察

Ex：孢子外壁；En：孢子内壁；N：细胞核；P：极管（polar filament）；pv：后极泡

取少量内网虫属样微孢子虫嵊州株孢子感染的家蚕中肠组织，轻轻研压盖玻片下的样本后，在相差显微镜下观察，可观察到家蚕细胞中有大量多孢子孢囊（图 1-9a），囊膜不明显，很容易破裂散发成游离的单个孢子。孢囊内孢子数有 8 个、16 个及 32 个以上（图 1-9b～d），亦有奇数的。孢囊大多呈球形，亦有因在细胞内生长拥挤而出现含 2～4 个孢囊的孢囊联合体，可见隔膜。孢囊大小因孢子数不等而不同，小的直径平均为 5.0μm±0.3μm（4.5～5.5μm，n=10），大的为 9.7μm±0.9μm（8.8～11.3μm，n=10），其余孢囊的大小均介于二者之间。

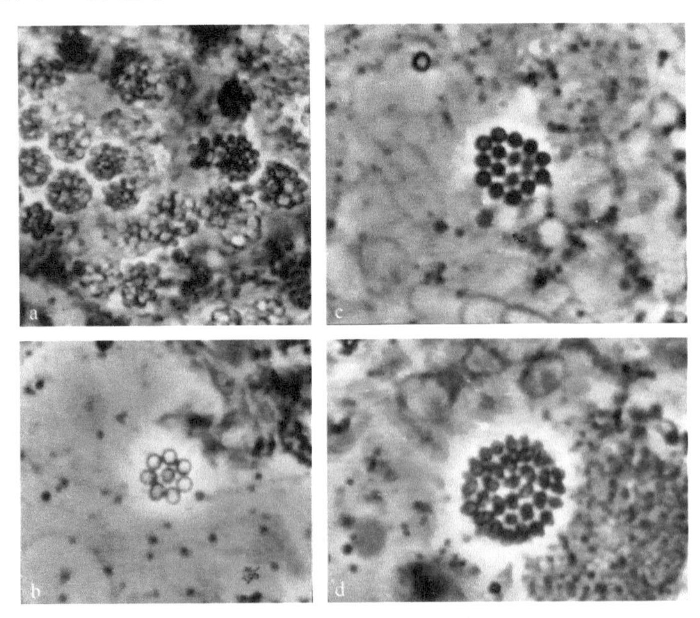

图 1-9　相差显微镜下新鲜中肠组织中 Esp 孢子及孢囊形态

a：含不同数量孢子的孢囊群体；b～d：分别含 8 个、16 个及 35 个以上孢子的多孢子孢囊

1.5.1.2　内网虫属样微孢子虫嵊州株孢子极管长度及发芽性能

内网虫属样微孢子虫嵊州株孢子的极管长度为 45.1μm±4.98μm（n=20），而 Nb 孢子的极管长度为 64.5μm±11.5μm（n=20）。Nb 孢子的极管比 Esp 的长 43%，差异明显。

内网虫属样微孢子虫嵊州株与 Nb 孢子在 TEK［0.17mol/L KCl，1mmol/L Tris-HCl，10mmol/L 四乙酸二氨基乙烷（二氨基乙烷四乙酸）（ethylenediaminetetraacetic acid，EDTA），用 1mol/L 的 KOH 或 HCl 调至 pH 8.0］发芽液中的发芽率见表 1-3。由其可知，Esp 孢子经 0.2nmol/L 的 KOH 处理再经 TEK 发芽液培养后，发芽率极低，远低于 Nb 孢子的发芽率。

表 1-3　内网虫属样微孢子虫嵊州株（Esp）与 Nb 孢子在 TEK 发芽液中发芽率的比较

微孢子虫	TEK			
	KOH 预处理 30min		KOH 预处理 60min	
	30min	60min	30min	60min
Esp	5.5%	3.9%	2.7%	3.0%
Nb	63.5%	73.1%	67.4%	58.8%

经 5%和 10% H_2O_2 溶液处理后，两种孢子均可发芽，但 Nb 孢子的发芽率比 Esp 孢子高出 10%以上。Nb 孢子在两种 H_2O_2 浓度溶液下发芽率差异不大，但 Esp 孢子在 5% H_2O_2 溶液处理时的发芽率比 10%处理高，说明 10%的 H_2O_2 对孢子发芽有一定的抑制（图 1-10）。

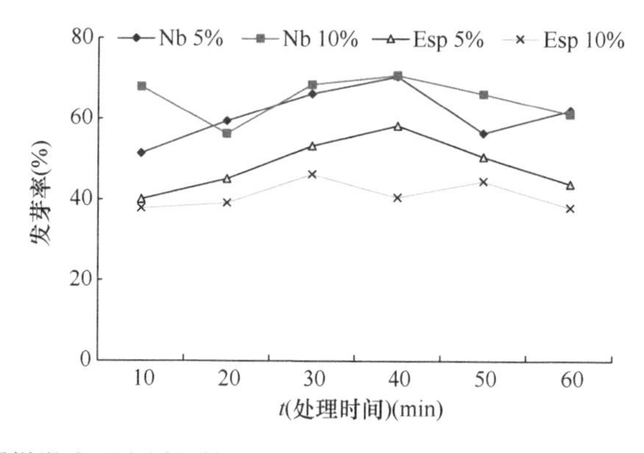

图 1-10　内网虫属样微孢子虫嵊州株（Esp）与 Nb 孢子经 5%和 10% H_2O_2 处理后的发芽率

1.5.1.3　内网虫属样微孢子虫嵊州株对家蚕组织的感染性

用分离的 Esp 孢子感染健康家蚕后进行显微镜检查表明：中肠感染严重，严重感染的中肠呈乳白色，肿胀明显。在丝腺、马氏管、肌肉、脂肪体、气管上皮、生殖腺、神经组织中均未发现感染。

1.5.1.4　内网虫属样微孢子虫嵊州株孢子对家蚕和其他部分昆虫的感染性

内网虫属样微孢子虫嵊州株与 Nb 孢子对家蚕的感染性比较实验结果见表 1-4。从中可知，Nb 对 2 龄起蚕的感染性比 Esp 高 800 多倍，差异极大。同时数据也表明，Esp 孢子对家蚕的感染性较弱。

表 1-4 内网虫属样微孢子虫嵊州株（Esp）和 Nb 孢子对 2 龄起蚕的感染性

微孢子虫	IC_{50}（孢子/ml）	ID_{50}（孢子/条）
Esp	1.56×10^6	1.33×10^4
Nb	1.72×10^3	15.85
Esp/Nb	907.0	839.1

注：IC_{50} 半数感染浓度，ID_{50} 半数死亡浓度

用 Esp 孢子接种感染桑尺蠖、斜纹夜蛾和棉铃虫的幼虫或成虫后进行光学显微镜检查表明：3 种经感染处理昆虫的老熟幼虫或成虫中均可检测到大量的孢子，证明其可感染这 3 种鳞翅目昆虫。

1.5.1.5 内网虫属样微孢子虫嵊州株对家蚕的胚胎感染性

用 Esp 和 Nb 的成熟孢子悬浮液分别经口接种（微量注射器法）感染家蚕 5 龄起蚕，淘汰未完全食进孢子悬浮液的蚕。Nb 添食浓度为 55 颗/条、550 颗/条和 5500 颗/条，Esp 添食浓度为 51 颗/条、510 颗/条和 5100 颗/条，结果如表 1-5 所示。

表 1-5 内网虫属样微孢子虫嵊州株（Esp）与 Nb 对家蚕的胚胎感染性

微孢子虫	试虫数	接种剂量（颗/条）	羽化数	感染蛾数	感染卵圈数	平均胚胎感染率（%）
Nb	50	55	25	4	3	35.6
	50	550	24	8	9	38.0
	50	5500	21	17	9	25.6
Esp	50	51	30	0	0	0
	50	510	25	0	0	0
	50	5100	31	7	0	0

5 龄起蚕接种 51～510 颗/条的 Esp 成熟孢子后，未能从母蛾样本中检测到孢子；当接种量高达 5100 颗/条时，有 22.6%的母蛾可检测到孢子，但所产卵未发现感染。因而认为 Esp 对家蚕无胚胎感染性。而 Nb 的家蚕胚胎感染率在 25.6%以上，二者差异显著。而且对 Nb 孢子感染后的羽化蛾进行光学显微镜检查显示，在 550 颗/条和 5500 颗/条 2 个浓度中，Nb 孢子感染羽化蛾及所产卵中，大多样本的孢子检出密度较高（>10 个/视野），而多数 Esp 孢子感染蛾的孢子检出密度很低（<1 个/视野），也说明了 Esp 对家蚕的感染性明显小于 Nb。

1.5.2 内网虫属样微孢子虫嵊州株 rRNA 基因序列的研究

核糖体广泛分布于现存的所有生物体内，核糖体基因及其排列顺序在整个生物界都是比较保守的，且同种生物细胞中的核糖体 RNA 基因序列完全一致或极少有差别，同时进化过程相对缓慢，因此可以推测核糖体 RNA 基因序列是研究生物进化的一个可靠

分子依据（Pace，1997）。其中 SSU rRNA 已被广泛应用于生物系统发育和进化研究中（Rao et al.，2004；Zhu et al.，2010；Xu et al.，2012）。

1.5.2.1　内网虫属样微孢子虫嵊州株 rRNA 基因序列的 PCR 扩增

内网虫属样微孢子虫嵊州株（Esp）rRNA 基因各部分序列的 PCR 扩增产物，经 1.0% 琼脂糖凝胶电泳分析如图 1-11 所示。无论是以 Esp 成熟孢子悬浮液为模板，还是以其纯化基因组 DNA 为模板，各对引物（LSUF：5′-ACTCTCCTCTTTGCCTCAATCAATC-3′，HGR：5′-CTCCTTGGTCCGTGTTTCA-3′；HGF：5′-GAAACACGGACCAAGGAGATTAC-3′，ILSUR：5′-ACCTGTCTCACGACGGTCTAAAC-3′；ILSUF：5′-TGGGTTTAGACCGTCGTGAG-3′，S33R：5′-ATAGCGTCTACGTCAGGCAG-3′；18F：5′-CACCAGGTTGATTCTGCC-3′，1537R：5′-TTATGATCCTGCTAATGGTTC-3′；ISSUF：5′-GAACCATTAGCAGGATCAT-3′，5SR：5′-TACAGCACCCAACGTTCCCAAG-3′）都扩增得到相应大小的片段。

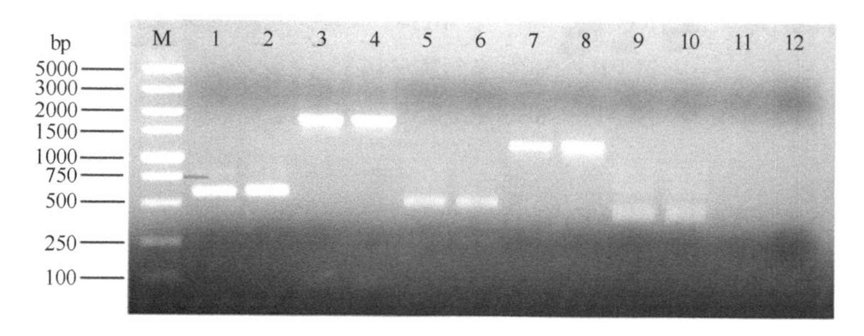

图 1-11　内网虫属样微孢子虫嵊州株核糖体 RNA 基因序列的 PCR 扩增

泳道 1 和 2 为引物对 LSUF/HGR 扩增的大亚基的 5′端基因序列（600bp）；泳道 3 和 4 为引物对 HGF/ILSUR 扩增的大亚基主要基因序列（1784bp）；泳道 5 和 6 为引物对 ILSUF/S33R 扩增的大亚基的 3′端、大小亚基间的转录间隔区以及小亚基的 5′端基因序列（509bp）；泳道 7 和 8 为引物对 18F/1537R 扩增的小亚基基因序列（1254bp）；泳道 9 和 10 为引物对 ISSUF/5SR 扩增的小亚基的 3′端、小亚基与 5S 间的转录间隔区以及 5S 基因序列（419bp）；泳道 11 为引物对 18F /1537R 以家蚕基因组为模板的扩增，未见条带；泳道 12 为阴性对照；泳道 1、3、5 和 7 的模板为微孢子虫的孢子悬浮液；泳道 2、4、6 和 8 的模板为微孢子虫的基因组 DNA；M：DL 2000 DNA Marker

引物 LSUF/HGR 扩增核糖体 RNA 大亚基的 5′端基因序列时，得到了大小为 600bp 左右的明显特异性扩增条带（图 1-11 中的泳道 1 和 2）；引物对 HGF/ILSUR 扩增核糖体 RNA 大亚基的主要基因序列时，得到了大小为 1784bp 左右的明显特异性扩增条带（图 1-11 中的泳道 3 和 4）；引物对 ILSUF/S33R 扩增核糖体 RNA 大亚基的 3′端、大小亚基间的转录间隔区以及小亚基的 5′端基因序列时，得到了大小为 509bp 左右的明显特异性扩增条带（图 1-11 中的泳道 5 和 6）；引物对 18F/1537R 扩增核糖体 RNA 小亚基的基因序列时，得到了大小为 1254bp 左右的明显特异性扩增条带（图 1-11 中的泳道 7 和 8）；引物对 ISSUF/5SR 扩增核糖体 RNA 小亚基的 3′端、小亚基与 5S 间的转录间隔区以及 5S 基因序列时，得到了大小为 419bp 左右的明显特异性扩增条带（图 1-11 中的泳道 9 和 10）；泳道 11 和 12 分别为引物对 18F/1537R 以家蚕基因组和阴性对照为模板的扩增，未见条带。说明了直接以 Esp 的孢子悬浮液代替纯化基因组 DNA 为模板，能有效扩增核糖体 RNA 基因。对照组未出现扩增条带，说明核糖体 RNA 基因的 PCR 扩增产物的确来源于微孢子虫，而不是来源于家蚕，即排除了两种基因组相互污染的情况。

1.5.2.2 内网虫属样微孢子虫嵊州株 rRNA 基因序列的克隆与测序

将 PCR 产物割胶回收，与 pMD20-T 载体连接后转化 *E. coli* DH5α，经蓝白斑筛选鉴定后，对带有目的片段的阳性克隆进行测序。其中 Esp 样本的 LSU rRNA 基因 5′端及 LSU rRNA 部分基因序列长度为 600bp，LSU rRNA 基因的核心序列长度为 1784bp，LSU rRNA 基因的 3′端-转录间隔区（ITS）-SSU rRNA 基因的 5′端基因序列长度为 509bp，SSU rRNA 基因的核心序列长度为 1254bp，GenBank 序列登记号为 JN688870，SSU rRNA 的 3′端基因-转录间隔区（IGS）-5S 基因序列长度为 419bp。

经拼接得到 rRNA 全基因序列长度为 4431bp，GenBank 序列登记号为 JN792450，引物对 LSUF/5SR 扩增的片段大小与其一致（图 1-12）。其中第 1～141 位碱基共 141bp 为 LSU rRNA 的 5′端，第 142～2602 位碱基共 2461bp 为 LSU rRNA 基因，第 2603～2779 位碱基共 177bp 为 LSU rRNA 和 SSU rRNA 之间的转录间隔区（ITS），第 2780～4033 位碱基共 1254bp 为 SSU rRNA 基因，第 4034～4316 位碱基共 283bp 为 SSU rRNA 和 5S rRNA 之间的转录间隔区（IGS），第 4317～4431 位碱基共 115bp 为 5S rRNA 基因。rRNA 全基因排列顺序为 LSU-ITS-SSU-IGS-5S（图 1-12）。

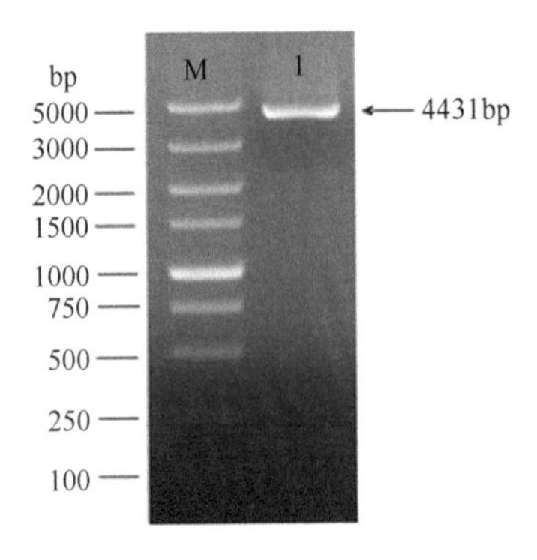

图 1-12 内网虫属样微孢子虫嵊州株 rRNA 全基因的 PCR 扩增

M：DL5000 DNA Marker；1：目的基因 PCR 产物

1.5.2.3 内网虫属样微孢子虫嵊州株 rRNA 基因序列的分析

（1）序列的一级结构

内网虫属样微孢子虫嵊州株（Esp）的 rRNA 基因全序列为 4431bp，GC 含量为 43.35%。SSU rRNA 基因核心序列为 1254bp，GC 含量为 50.96%，含有 37 种 101 个限制性内切酶的酶切位点。Esp 与家蚕来源内网虫属样微孢子虫镇江株（*Endoreticulatus* sp. Zhenjiang）的 SSU rRNA 序列（GenBank 序列登记号：FJ772431）相比较，二者的核心序列长度一致，仅第 543 位碱基发生了 A→C 的颠换。而登记 Esp 与家蚕来源内网虫属样微孢子虫的 SSU rRNA 序列（GenBank 序列登记号：AY009115.1）相比较，前者有 7 个位点的碱基发生了颠换，在 24 个位点插入了不同碱基。Esp 与修氏内网虫（*Endoreticulatus schubergi*）的 SSU rRNA 序列（GenBank 序列登记号：L39109）相比较，前者有 3 个位点的碱基发生了颠换，2 个位点的碱基缺失。

保加利亚和我国台湾、四川及镇江等地都有家蚕来源内网虫属样微孢子虫的报道，说明内网虫属分布地域广泛，可寄生的宿主众多。

LSU rRNA 基因核心序列为 2461bp，GC 含量为 48.89%，含有 34 种 122 个限制性内切酶的酶切位点。Esp 与家蚕来源内网虫属样微孢子虫镇江株的 LSU rRNA 序列相比较，二者的核心序列基本一致，但第 145、187、990、2371 和 2390 位 5 个位点的碱基发生了颠换，第 988 位碱基发生 A→T 的转换，第 425 和 426 位分别插入了碱基 T 和 A，第 1018 位缺失碱基 G。

PCR 扩增时使用的是高保真的 Ex*Taq* DNA 聚合酶，因此不同微孢子虫的核糖体 RNA 基因序列差异是由 PCR 扩增时碱基错配引起的可能性较小。

（2）序列的同源性比较

使用软件 ClustalX（1.81）对 Esp 的 SSU rRNA 基因与 GenBank 中其他微孢子虫（表 1-6）的 SSU rRNA 基因进行了多重序列比对。

表 1-6　构建内网虫属样微孢子虫嵊州株 SSU rRNA 进化树的相关微孢子虫

微孢子虫	宿主	GenBank 序列登记号
Endoreticulatus sp. Shengzhou	*Bombyx mori*	JN688870
Endoreticulatus sp. Zhenjiang	*Bombyx mori*	FJ772431
Endoreticulatus sp. Taiwan	*Ocinara lida*	AY502944
Endoreticulatus sp. Bulgaria	*Lymantria dispar*	AY502945
Endoreticulatus schubergi	*Lymantria dispar*	L39109
Endoreticulatus sp. Austria	*Thaumetopoea processionea*	EU260046
Endoreticulatus bombycis	*Bombyx mori*	AY009115
Pleistophora sp.（ATCC 50040）	*Agrotis exclamationis*	U10342
Pleistophora sp.（Sd-Nu-IW8201）	*Spodoptera depravata*	D85500
Vittaforma corneum	*Homo sapiens*	L39112
Cystosporogenes legeri	*Lobesia botrana*	AY233131
Cystosporogenes operophterae	*Operophtera brumata*	AJ302320
Vittaforma corneae	*Homo sapiens*	U11046
Nosema plutellae	*Plutella xyllostella*	AY960987
Nosema ceranae	*Apis mellifera*	DQ486027
Nosema spodopterae	*Spodopera litura*	AY747307
Nosema bombycis	*Bombyx mori*	AY259631
Encephalitozoon cuniculi	*Homo sapiens*	L07255

采用邻接法和最大似然法计算 Esp 与其他微孢子虫的进化距离，用 MEGA5.0 软件包构建的系统发育树如图 1-13 所示。图 1-13 显示 Esp 与家蚕来源内网虫属样微孢子虫镇江株、家蚕来源内网虫属样微孢子虫、修氏内网虫、家蚕来源内网虫属样微孢子虫台湾株（*Endoreticulatus* sp. Taiwan）、内网虫属样微孢子虫奥地利株（*Endoreticulatus* sp. Austria）和内网虫属样微孢子虫保加利亚株（*Endoreticulatus* sp. Bulgaria）6 种内网虫属微孢子虫聚为一簇，从分子水平阐明了 Esp 的分类地位是内网虫属。

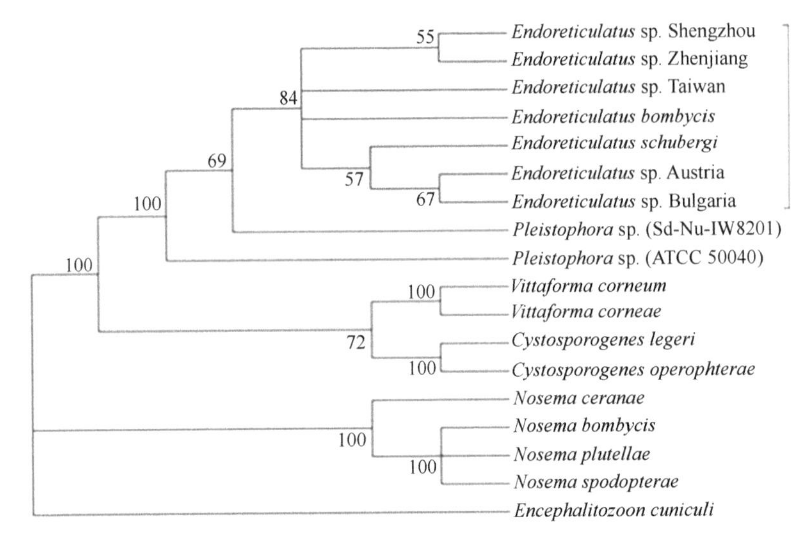

图 1-13 用 18 种微孢子的 SSU rRNA 构建的系统发育树

进化树以 *Encephalitozoon cuniculi* 作为外群；节点数字表示置信度

内网虫属样微孢子虫嵊州株（Esp）与内网虫属样微孢子虫镇江株在 SSU rRNA 系统发育树中聚为一簇，但它们的内部转录间隔区（internal transcribed spacer，ITS）序列差异较大。Esp 与镇江株、棉铃虫微孢子虫（*Nosema heliothidis*）（GenBank 序列登记号：L28965.1）和家蚕微粒子虫分离株 GD5（GenBank 序列登记号：JF443623.1）的 ITS 多重序列比对如图 1-14 所示。Esp 的 ITS 序列为 177bp，GC 含量为 22.09%，镇江株的 ITS 序列为 187bp，GC 含量为 17.11%，两条序列发生了 24 个碱基位点的缺失、13 个碱基位点的转换和 7 个碱基位点的颠换。说明 Esp 与镇江株是同属异种还是同种异型有待进一步研究。

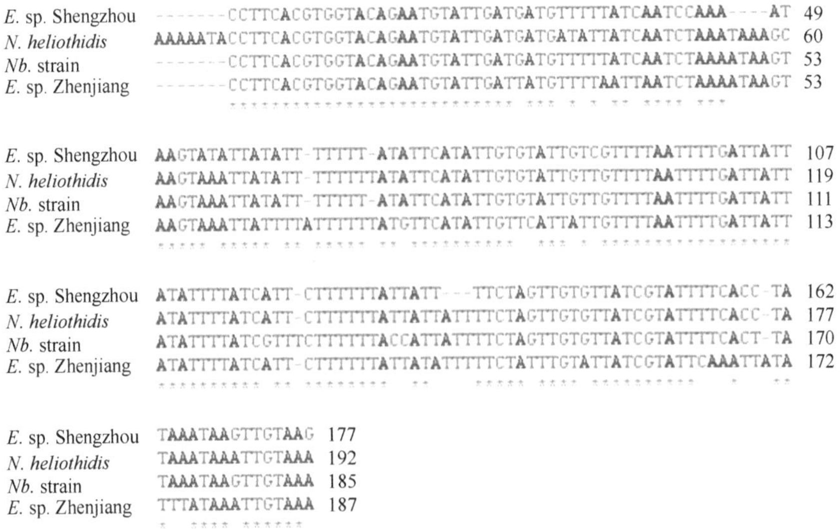

```
E. sp. Shengzhou   -------CCTTCACGTGGTACAGAATGTATTGATGATGTTTTTATCAATCCAAA----AT  49
N. heliothidis     AAAAATACCTTCACGTGGTACAGAATGTATTGATGATGATATTATCAATCTAAATAAAGC  60
Nb. strain         -------CCTTCACGTGGTACAGAATGTATTGATGATGTTTTTATCAATCTAAAATAAGT  53
E. sp. Zhenjiang   -------CCTTCACGTGGTACAGAATGTATTGATTATGTTTTAATTAATCTAAAATAAGT  53

E. sp. Shengzhou   AAGTATATTATATT-TTTTT-ATATTCATATTGTGTATTGTCGTTTTAATTTTGATTATT  107
N. heliothidis     AAGTAAATTATATT-TTTTTTATATTCATATTGTGTATTGTTGTTTTAATTTTGATTATT  119
Nb. strain         AAGTAAATTATATT-TTTTT-ATATTCATATTGTGTATTGTTGTTTTAATTTTGATTATT  111
E. sp. Zhenjiang   AAGTAAATTATTTTATTTTTTTATGTTCATATTGTTCATTATTGTTTTAATTTTGATTATT  113

E. sp. Shengzhou   ATATTTTATCATT-CTTTTTTATTATT---TTCTAGTTGTGTTATCGTATTTTCACC-TA  162
N. heliothidis     ATATTTTATCATT-CTTTTTTATTATTATTTTCTAGTTGTGTTATCGTATTTTCACC-TA  177
Nb. strain         ATATTTTATCGTTTCTTTTTTACCATTATTTTCTAGTTGTGTTATCGTATTTTCACT-TA  170
E. sp. Zhenjiang   ATATTTTATCATT-CTTTTTTATTATATTTTTCTATTTGTATTATCGTATTCAAATTATA  172

E. sp. Shengzhou   TAAATAAGTTGTAAG  177
N. heliothidis     TAAATAAATTGTAAA  192
Nb. strain         TAAATAAGTTGTAAA  185
E. sp. Zhenjiang   TTTATAAATTGTAAA  187
```

图 1-14 4 种微孢子虫的 ITS 多重序列比对

E. sp. Shengzhou：内网虫属样微孢子虫嵊州株；*N. heliothidis*：棉铃虫微孢子虫；*Nb.* strain：家蚕微粒子虫分离株 GD5；*E.* sp. Zhenjiang：内网虫属样微孢子虫镇江株

与 Esp 聚为一簇的为 6 种内网虫属微孢子虫的现象，也暗示该属的微孢子虫分布较为广泛，宿主多样，也可能有微孢子虫转宿主寄生而引起的事件。微孢子虫属于真核生物，含 7～18 条染色体，基因组相对较小（Andersson and Kurland，1998），其核糖体 RNA 基因与高等真核生物的核糖体 RNA 基因不同，高等真核生物核糖体含有 5.8S、18S、28S 和 5S 共 4 种 rRNA 基因，前 3 种 rRNA 基因与 5S rRNA 基因分开构成基因簇，构成的转录单位是 18S-5.8S-28S。多数原核生物的核糖体只含 3 种 rRNA 基因，即 5S rRNA、16S rRNA 和 23S rRNA，排列顺序是 16S-23S-5S（Glttler and Stanisich，1996；王见杨等，2001）。

微孢子虫核糖体 RNA 基因缺乏真核生物普遍具有的 5.8S rRNA。Esp 的核糖体基因排列顺序为 LSU-ITS-SSU-IGS-5S，这种排列顺序既不同于真核生物，也不同于原核生物，与脑孢虫属（*Encephalitozoon*）的兔脑炎微孢子虫（*En. cuniculi*）（Peyretaillade et al.，1998）、荷氏脑炎微孢子虫（*En. hellem*）（Franzen et al.，1998）、肠脑炎微孢子虫（*En. intestinalis*）（Zhu et al.，1994）、比氏肠微孢子虫（*Enterocytozoon bieneusi*）（Deplazes et al.，1996）的核糖体基因排列顺序（SSU-ITS-LSU）也不相同，但与微孢子虫属的核糖体 RNA 基因排列顺序（LSU-ITS-SSU-IGS-5S）相同（Zhu et al.，2011）。微孢子虫的核糖体 RNA 基因具独特的排列顺序，这可能与微孢子虫是专性细胞内寄生有关，专性细胞内寄生物生长在受宿主基因组控制的环境里，在进化过程中会和宿主协同进化（Qar et al.，1994）。

微孢子虫的转录间隔区序列位于核糖体 RNA 大亚基和小亚基之间，不含核糖体，受到的选择压力较小，进化速度较快。不同物种转录间隔区序列的碱基差异较大，往往用于区分相近物种（James et al.，1996；Garcia et al.，1999）。内网虫属样微孢子虫嵊州株（Esp）在 SSU rRNA 系统发育树上与镇江株及家蚕来源内网虫属等其他 5 种微孢子虫聚为一簇，但 Esp 与镇江株的 ITS 序列相差较大，这两株微孢子虫是同属异种还是同种异型还有待于进一步研究。

- 家蚕微粒子虫（*Nosema bombycis*）是最早发现的一种微孢子虫，其在分类学研究中的地位不言而喻，其以家蚕（*Bombyx mori*）为代表寄主的同时，对家蚕具有全身感染性和胚胎感染性的特点，决定了其在养蚕业中的重要性。
- 养蚕区域中家蚕饲养群体在数量上往往占有绝对优势，决定了其寄生物（家蚕微粒子虫等）极易繁殖或高频率存在。在养蚕区域（包括家蚕、桑园或其他植物的野外昆虫），虽然发现了许多与家蚕微粒子虫不同的微孢子虫，但多数致病性较弱或没有胚胎感染性，且不少分离株的系统分类学研究不够充分。因此，就目前的研究成果而言，家蚕微粒子虫依然是养蚕生产中防控的重点。
- 在从养蚕区域分离的微孢子虫中，部分分离株对家蚕具有较强致病性，包括具有胚胎感染性，但这些微孢子虫是不同于家蚕微粒子虫的微孢子虫，还是家蚕微粒子虫寄生于其他昆虫而已，有待更为确凿的证据证实。

第 2 章　家蚕微孢子虫的变异

变异（variation）是生物繁衍后代过程中亲子之间性状表现出现差异的现象，一般可分为可遗传变异与不可遗传变异。本章所陈述和讨论的变异问题，不仅仅包括可遗传的变异，更多的是涉及表征方面的变异，或未确定是否遗传的变异。

养蚕生产防控家蚕微粒子病中，家蚕微粒子虫（*Nosema bombycis*，Nb）为何物（在第 1 章陈述）？会有何种变化或以何种形态特征出现？即在生产区域或生产过程（包括各类检测）中，所观察到的微孢子虫孢子是 Nb 孢子还是其他微孢子虫孢子？是否可根据孢子形态方面与 Nb 孢子的不同而判断？判断所观察到的微孢子虫是否是 Nb，不仅涉及母蛾检测中蚕种合格与否或是否可以使用，而且涉及该病害防控的策略问题。在防控策略上，如确定为 Nb，则必须以控制 Nb 的扩散污染、环境净化与消毒，以及改善或提高饲养技术为主，有效控制桑园或其他农作物（包括园林树木等植物）上昆虫密度为辅；如确定为其他微孢子虫，则必须以控制桑园或其他农作物（包括园林树木等植物）上昆虫密度为重点，因地制宜实施环境净化与消毒等防控措施。

以桑尺蠖来源微孢子虫研究为例，从海宁蚕区桑尺蠖分离的微孢子虫对家蚕不具有感染性，且孢子形态（包括超微结构）及血清学特征均与家蚕微粒子虫不同（梅玲玲和金伟，1989，1990）；从江苏蚕区桑尺蠖分离的微孢子虫对家蚕具有感染性，但明显低于家蚕微粒子虫，且孢子在光学显微镜下不同于家蚕微粒子虫孢子（李达山，1989）；同样，从江苏蚕区桑尺蠖分离的微孢子虫对家蚕的感染性明显低于家蚕微粒子虫，且孢子在光学显微镜下不同于家蚕微粒子虫孢子，但调查在家蚕中感染繁殖后的孢子，感染性和胚胎感染率明显上升（沈中元等，1996a）。从上述 3 个独立的研究结果是否可以推测：尽管微孢子虫来源于桑尺蠖，但不管是微孢子虫还是家蚕微粒子虫，孢子形态等表观性状的变化，是否仅仅是寄生于其他昆虫后由环境因素导致的变异？或更为广泛地延伸为许多从养蚕环境中可以分离到的微孢子虫（一般为孢子形态不同），尽管在孢子形态或感染性等表征上与 Nb 不同，但这种不同是否仅仅是 Nb 在这些分离源昆虫中感染繁殖后的变异？

因此，本章主要讨论家蚕微粒子虫寄生于其他昆虫后，是否在孢子形态、寄生性（包括胚胎感染性）和其他生物学性状方面发生变化或变异。

2.1　昆虫微孢子虫的寄主域

2.1.1　微孢子虫的寄主专一性

大多数微孢子虫寄主域相对较窄，有一定的寄主专一性。部分微孢子虫的寄主域则相对较广，寄主专一性不强。例如，兔脑炎微孢子虫（*Encephalitozoon cuniculi*）早期仅在兔脑中有发现，后来陆续又从许多哺乳动物，如大鼠（rat）、小鼠（mouse）、肉食动物和包括人在内的灵长类动物身上发现。肠脑炎微孢子虫（*En. intestinalis*）、荷氏脑炎微孢子虫（*En. hellem*）和比氏肠微孢子虫（*En. bieneusi*）等也陆续在多种哺乳动物中被发现。

昆虫来源微孢子虫的寄主域也有类似情况，即部分微孢子虫的寄主域相对较广。例如，蝗虫微孢子虫（*Antonospora locustae*）可以感染约 90 种不同的蝗虫，但它主要局限于直翅目昆虫，对多种其他目的昆虫及鸟、鱼、哺乳动物等几乎没有明显的感染性，有一定的寄主专一性（Wittner and Weiss，1999）。家蚕微粒子虫除感染家蚕（*Bombyx mori*）外，还可以感染野桑蚕（*Bombyx mandarina*）、柞蚕（*Antheraea pernyi*）、桑尺蠖（*Hemerophila atrilineata*）、斜纹夜蛾（*Spodoptera litura*）等 40 余种昆虫，但它主要以鳞翅目昆虫为寄主（广濑安春，1979a，1979b；Srikanta，1987；问锦曾和孙传信，1989；沈中元等，1996a；Hayasaka and Yonemura，1999），对蜜蜂等昆虫无感染性（李达山，1992）。用从舞毒蛾（*Lymantria dispar*）中分离到的 5 种微孢子虫添食感染 49 种北美鳞翅目昆虫，其中内网虫属孢子（*Endoreticulatus* sp.）能感染 2/3 的昆虫，另外 4 种微孢子虫的感染率在 2%～19%（Sloter et al.，1997）。也有一些昆虫来源微孢子虫可跨目感染，或感染亲缘关系更远的物种。例如，从大猿叶虫（*Colaphellus bowringi*）分离到的微孢子虫，不仅能感染马铃薯瓢虫（*Henosepilachna vigintioctoctomaculata*），还可以跨目感染草地螟（*Loxostege sticticalis*）（王义等，1990）。按蚊阿尔及尔微孢子虫（*Nosema algerae*）则更为典型，它原本是蚊子的寄生虫，但经人工接种后，可跨目、纲、门感染并寄生繁殖，如人工经口可感染 4 个科的昆虫及 2 种吸虫，经注射能感染 6 个目的昆虫和甲壳动物，甚至可以感染去胸腺鼠，并且已从人类患者角膜上分离到这种微孢子虫（Wittner and Weiss，1999；Visvesvara et al.，1999）。

许多微孢子虫可在体外细胞系中繁殖，如按蚊阿尔及尔微孢子虫、纳卡变形孢虫（*Vairimorpha necatrix*）和蚊法氏虫（*Vavraia culicis*）等（Wittner and Weiss，1999）。按蚊阿尔及尔微孢子虫能在多种不同的双翅目和鳞翅目细胞系中培养，并已成功地在 37℃的哺乳动物细胞系中进行培养，打破了 36℃不能培养的温度界限（Moura et al.，1999；Trammer et al.，1999）。一种微孢子虫能够在多种不同的自然寄主、实验寄主和细胞系中成功感染繁殖，以及昆虫来源微孢子虫与寄主之间复杂的关系，都表明微孢子虫对不同寄主内环境有相当的适应能力。在微孢子虫与寄主的相互作用过程中，寄主会施以一定的选择压力，以对抗微孢子虫的寄生，而微孢子虫则可能产生某些变异以适应寄主环境。

与养蚕业相关的微孢子虫来源或寄主域调查中，对 15 种昆虫来源微孢子虫研究发现，有 14 种微孢子虫可以感染家蚕，但感染性的差异较大（10%～100%），其中 3 种微孢子虫可经胚胎感染。从菜粉蝶（*Pieris rapae crucivora*）等 44 种昆虫中分离的微孢子虫中，有 13 种对家蚕可经食下或胚胎感染（广濑安春，1979a，1979b）。从家蚕中分离到的微孢子虫，除 *Nosema* 属外，还有内网虫属、变形孢虫属、具褶孢虫属、泰罗汉孢虫属 4 个属（浙江大学，2001）。从家蚕或养蚕区域昆虫中分离的微孢子虫，多数调查仅对其孢子的形态和感染性进行了调查，而未见详细的系统分类学研究。从分类学角度而言，仅仅根据分离源或对某种寄主（如家蚕或来源昆虫）的感染性而定名，显然是十分欠缺的，在养蚕生产中防控微粒子病的决策上，也十分容易造成防控重点的偏离。

2.1.2 温度和光照等环境因子对微孢子虫感染性的影响

温度不仅对微孢子虫的存活有影响，也对其侵染宿主的能力及其在宿主内繁殖的程度有影响。大多数微孢子虫侵染寄主的适宜温度为 20～30℃，通常低于 10℃时不会发生侵染，发育也可能停止。但也有个别微孢子虫侵染寄主的适宜温度较低。例如，一种泰罗汉孢虫（*Thelohania corethae*）在冬季感染清湖莹蚊（*Chaoborus astictopus*）的频率最高，而随着温度上升，感染率逐渐下降（Sikoroqski and Madison，1968）。

寄主饲养温度不同，对微孢子虫发育也有一定影响。寄生于玉米穗虫（*Heliothis zea*）或美洲棉铃虫（*Helicoverpa zea*）的纳卡变形孢虫在 15℃和 30℃饲养的比较研究表明，温度对微孢子虫建立寄生关系的时间和生活史长短有影响，且在孢子生殖早期的孢囊中发现了双二倍体核的形式，这种发育特征在以往的微孢子虫属（*Nosema*）、泰罗汉孢虫属（*Thelohania*）或变形孢虫属（*Vairimorpha*）中均未发现过（Mitchell and Cali，1993），但温度对产孢过程的影响目前尚有较多的质疑。变形孢虫属的孢子生殖被认为具有温度依赖性，即在高温下（如 25℃）是严格的双孢子芽 Nosema 型孢子生殖，而在低温下（20℃）则同时包括 Nosema 型和 8 孢子 Thelohania 型两种孢子生殖类型（Pilley，1976）。但陆续有实验表明，变形孢虫属的孢子生殖特征表现并不完全依赖于温度。

从家蚕分离的微孢子虫（原为 *Nosema* sp. NIS M11）在高温（26℃）和低温（18℃）条件下都出现二型孢子生殖，仅出现频率和寄生组织有所差异（Tomoyoshi et al.，1997）。家蚕接种变形孢虫（*Vairimorpha* sp.）MG4 后分别在 25℃和 20℃饲养的实验，以及对从桑树上蓝尾叶甲（*Mimastra cyanura*）分离的微孢子虫 Mic-I 的观察也证明了这一点（方定坚等，2002）。

在哺乳动物中，微孢子虫的感染成立与否除了与寄主的遗传特性有关外，温度是另一重要影响因素。一般情况下，按蚊阿尔及尔微孢子虫无法感染 37℃培养温度下的猪肾细胞，但在鼠尾等温度稍低的部位是较易成功感染的。海伦脑炎微孢子虫（*Encephalitozoon hellem*）对寄主的感染和致病能力与温度也有极大的关系，在 41℃下的致病能力比 37℃下更强（Canning and Hollister，1991）。

纳卡变形孢虫孢子在高温（35℃）和黑暗条件下，144h 后对寄主的侵染力显著下降，在 25℃条件下则变化不大（Kaya，1977）。纯化过的孢子在 10℃水溶液中保存一年后，侵染力降低 90%（Henry and Oma，1974）。一般情况下，相对高温而言，低温对微孢子虫的影响相对较小，在 0～6℃，大多数微孢子虫的孢子在水溶液中可存活一年或以上，超低温环境存活时间更长。

此外，光照和辐射对微孢子虫的存活能力也有影响，这种影响与其存在状态有关，一般在有机体中存活或保持较强感染性的时间较长，直接暴露在环境中则很快失活。蜜蜂微孢子虫的孢子悬浮液直接暴露在阳光下，35～51h 后就完全失活，在组织涂片中则 15h 后失活（Kaya，1977）；云杉卷叶蛾微孢子虫（*Glugea fumiferanae*，现为 *Nosema fumiferanae*）的孢子液涂于樱桃叶 5h 后，侵染力显著下降（Wilson，1974）；纳卡变形孢虫的孢子液喷洒玉米叶，直接暴露于阳光下的失活时间是 5h（Fuxa and Brooks，1978），在大豆叶则 1d 内侵染力变化不大，3d 后失活（Maddox，1973）。

2.1.3 家蚕微粒子虫对其他昆虫的感染性及感染后的孢子形态变化

微孢子虫在不同寄主中的胚胎感染率等感染特性会有所不同。例如，寄生于黄胸伊蚊（*Aedes cantator*）的康涅狄格钝孢子虫（*Amblyospora connecticus*）可感染伊蚊属（*Aedes*）的 4 种蚊子，并可进行正常的无性繁殖，但只能在无辫伊蚊（*Ae. epactius*）中产生双核孢子，在其他替代寄主内均无胚胎感染性。又如 *Edhazardia aedis* 微孢子虫经人工接种，可感染伊蚊属的 3 种蚊子，但只在原始寄主埃及伊蚊（*Ae. aegypti*）内才有胚胎感染性，在替代寄主内均未发现胚胎感染性，并且在一种替代寄主黑须伊蚊（*Ae. atropalpus*）内不能产生双核孢子（Sloter et al.，1997）。将不同昆虫来源的 21 种微孢子虫接种舞毒蛾，有 18 种可以感染其幼虫，但感染症状与原始寄主不同，且只在原始寄主中才发生水平传播（广濑安春，1979a，1979b）。这些研究从感染特征上说明微孢子虫有一定的寄主专一性。

将甘蓝夜蛾（*Barathra* [*Mamestra*] *brassicae*）中寄生的一种变形孢虫（*Vairimorpha antherae*）接种到大蜡螟（*Galleria mellonella*）中传代繁殖，微孢子虫对大蜡螟的毒力在前两代很低，但至第三代迅速升高，此后又逐代下降（Meunier，2001）。在不同的寄主内，微孢子虫的组织侵染特性也会发生变异。例如，柞蚕微孢子虫主要寄生于菜粉蝶（*Pieris rapae crucivora*）和桑螟等昆虫的中肠、丝腺、马氏管及脂肪体，但在美国白蛾（*Hyphantria cunea*）的马氏管后部及脂肪体不发生侵染。水稻二化螟（*Chilo suppressalis*）来源微孢子虫不能侵染其他二化螟的脂肪体，但经 3 种昆虫继代后再感染家蚕，能在脂肪体中寄生（潘敏慧等，2000）。不同的侵染途径对微孢子虫的组织侵染特异性有影响，如按蚊阿尔及尔微孢子虫孢子经注射感染与经口感染的侵染组织有显著的不同（Wittner and Weiss，1999）。

有些微孢子虫经中间寄主传代后，寄主域和毒力等会发生变异。水稻二化螟来源的一种微孢子虫本来对家蚕没有感染性，但经桑螟（*Diaphania pyroalis*）、菜粉蝶或美国白蛾传代后，就能成功感染家蚕（Kolchevskaya and Issi，1991）（也可能类似于从桑尺蠖中分离的微孢子虫）。

在微孢子虫的生活史中，产孢过程（sporulation sequence）和形态等方面常发生变异。至少有 16 个属的微孢子虫具有多种类型的产孢过程，可产生不同形态类型的孢子，也称为孢子的多型性。寄生于水生双翅目昆虫的微孢子虫生活史的变异最为复杂，如康涅狄格钝孢子虫，除在寄主黄胸伊蚊中可产生 Nosema 型的单个椭圆形双核孢子，以及 Thelohania 型的由泛孢子膜包裹的 8 个单核孢子外，在中间寄主桡足虫（Copepod）矮小刺剑水蚤（*Acanthocyclops vernalis*）内还可产生梨形的单倍体孢子。有一种 *Edhazardia aedis* 微孢子虫则是目前所知唯一一种具有 4 种产孢过程的微孢子虫，各产孢过程产生的孢子在形态和功能上均有明显不同。寄主的性别似乎也会影响微孢子虫的产孢过程。例如，寄生于水生蚊子的钝孢虫属与拟泰罗汉孢虫属（*Parathelohania*）的孢子在雄性幼虫体内为 Thelohania 型，在雌性幼虫体内为 Nosema 型，并与胚胎感染有关（Wittner and Weiss，1999）。有些微孢子虫经不同寄主感染传代后，形态会发生变异。变形孢虫（*Vairimorpha* sp.）对烟芽夜蛾（*Heliothis virescens*）感染时，19℃饲养繁殖的孢子其长径较 32℃饲养的更长（$P<0.05$）（Sedlacek et al.，1985）。

微孢子虫在不同昆虫寄主中继代后，感染性、胚胎感染率及孢子形态等发生变异的现象暗示了两种可能性。其一，分离和实验所用微孢子虫，并非单一遗传背景的微孢子虫，即微孢子虫进入新寄主或不同寄主后，微孢子虫与寄主相互作用或选择后，在原寄主中占据少数的群体得以扩大，成为群体中的主要成员，从而表现出它的各种表征。其二，单一遗传背景的微孢子虫，因寄主的改变或繁殖环境条件的改变发生了变异，产生了适应新寄主的变异株，表现出不同类型的表征。当然，也有可能两种情况同步发生。部分研究报道，因未对微孢子虫的分类学进行系统研究或确认，所用微孢子虫名称仅仅是依据分离虫源名称而定，并非分类学上独特的种或不同于家蚕微粒子虫的微孢子虫。

2.1.3.1 家蚕微粒子虫感染斜纹夜蛾等野外昆虫的病症与病变

用实验室保存繁殖的家蚕微粒子虫孢子分别添食感染斜纹夜蛾（*Spodoptera litura*）、野桑蚕（*Bombyx mandarina*）和桑尺蠖（*Hemerophila atrilineata*）等野外昆虫后，观察病症和解剖后观察病变。

添食感染斜纹夜蛾（1～2 龄幼虫，Nb 孢子浓度为 10^5 孢子/ml）的情况下，添食感染 5～6d 后，幼虫取食减少，行动迟缓，幼虫伏在饲料上不食不动，渐渐失水，表皮皱缩而死亡。

添食感染野桑蚕的情况下，高龄幼虫添食感染（4～5 龄幼虫，Nb 孢子浓度为 10^6 孢子/ml）时，幼虫期、蛹期及蛾期未见明显的患病状，但产卵量明显减少；低龄幼虫添食感染（1～2 龄幼虫，Nb 孢子浓度为 10^6 孢子/ml）时，幼虫食欲下降，行动极不活泼，化蛹较慢，在幼虫期、蛹期的死亡率较之斜纹夜蛾更高。桑尺蠖的情况类似。

解剖感染的斜纹夜蛾、野桑蚕和桑尺蠖幼虫，在中肠、脂肪体、丝腺、血细胞、马氏管、生殖腺、真皮细胞、肌肉、神经系统等组织，均可用光学显微镜观察到孢子的存在，部分样本丝腺和马氏管可见肿胀的病变。

2.1.3.2 家蚕微粒子虫对斜纹夜蛾等野外昆虫的感染性

用一定浓度 Nb 孢子悬浮液（10^4 孢子/ml）分别添食感染斜纹夜蛾、棉铃虫、菜青虫、野蚕和桑尺蠖的 2 龄幼虫，其感染数和感染率调查结果如表 2-1 所示，Nb 对实验昆虫均有较高的感染力。

表 2-1 家蚕微粒子虫对几种昆虫的感染性

供试昆虫	供试虫数量	感染虫数	感染率（%）
斜纹夜蛾	34	31	91
棉铃虫	31	28	90
菜青虫	28	28	100
野蚕	30	30	100
桑尺蠖	35	35	100

2.1.3.3　家蚕微粒子虫对家蚕和桑尺蠖的胚胎感染率

用不同浓度 Nb 孢子悬浮液分别添食感染家蚕和桑尺蠖的 5 龄眠起幼虫，常规桑叶饲养至羽化后交配、产卵。家蚕卵采用即时浸酸法处理后催青，桑尺蠖卵常温下保护（25℃保护，约 1 周孵化）。

在每条添食约 500 个、5000 个和 50 000 个 Nb 孢子的情况下，家蚕和桑尺蠖所产卵的孢子检出率在 99.9%～100%（检测卵样本数为 160～1000），即在此添食感染浓度范围内家蚕和桑尺蠖都具有很高的胚胎感染率。在每条添食约 100 个 Nb 孢子的情况下，检测家蚕 10 个卵圈中的各 100 粒卵，其孢子检出率仅有 1 圈为 90%，其余均为 100%；桑尺蠖雌蛾检出-雄蛾未检出的 200 粒卵的孢子检出率为 100%，雌蛾未检出-雄蛾检出和雌蛾未检出-雄蛾未检出的各 200 粒卵均未检出孢子。

2.1.3.4　家蚕微粒子虫感染桑尺蠖后的孢子形态变化

变形孢虫（*Vairimorpha* sp.）在烟芽夜蛾中繁殖时，19℃下繁殖孢子的长径较 32℃更长（$P<0.05$）（Sedlacek et al.，1985）。甘蓝夜蛾幼虫来源微孢子虫感染家蚕 2 次后，孢子长径由 4.02μm 缩短至 3.20μm，短径比原来稍宽（郑祥明等，2000）。菜粉蝶来源变形孢虫 M-Pr1 经家蚕 2 次传代繁殖后，孢子稍变细长（杨琼等，2001）。从家蚕中分离的微孢子虫 SCM_8，经家蚕循环继代繁殖后，随繁殖次数增加体型变小（潘敏慧等，2002）。一些野外昆虫来源微孢子虫在孢子形态上与 Nb 相似，有的还有血清学关系，但是对家蚕的致病力稍低（浙江大学，2001）。这些报道也提示了寄主等环境条件的改变，可能对孢子的形态变化产生影响。由于野外昆虫，特别是桑园害虫与 Nb 之间存在复杂的寄生关系及存在变异的可能性，因此从家蚕或野外昆虫中分离到的一些孢子形态有别于 Nb 孢子，有可能就是 Nb 在其他寄主或环境中生存和繁殖后变异的结果。

为了解家蚕来源 Nb 在桑尺蠖中繁殖后孢子的变化，将家蚕 Nb 孢子添食感染健康桑尺蠖幼虫，从桑尺蠖（幼虫或成虫）感染个体中分离纯化微粒子虫，再添食感染健康桑尺蠖幼虫和从感染个体中分离纯化微粒子虫（图 2-1）。历经 24 次循环，其间对孢子的形态和孢子的感染性进行调查。同时，用 Nb 感染斜纹夜蛾并进行类似的繁殖工作。

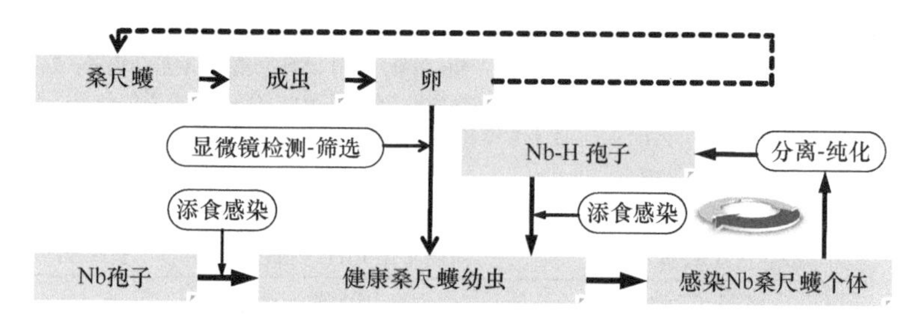

图 2-1　家蚕微粒子虫循环感染桑尺蠖示意图

"Nb-H 孢子"是指家蚕微粒子虫（Nb）感染桑尺蠖后，从桑尺蠖中获得的孢子

收集家蚕蛾来源家蚕微粒子虫（Nb，野生型）、丝腺来源家蚕微粒子虫（Nbs）和野生型 Nb 循环感染桑尺蠖不同次数后微粒子虫（10Nb-H、15Nb-H、20Nb-H 和 24Nb-H，数字表示感染循环繁殖次数），以及 24Nb-H 回复感染家蚕幼虫后的孢子，即 24Nb-H-1 成熟孢子，制备悬浮液，分别吸取约 10μl 的孢子悬浮液制片，用显微镜测微尺于油镜下（100×15 倍）测量 50 颗成熟孢子的长径、短径。孢子长径、短径及长短径比及其变化的统计分析（SAS 8.0 的 Tukey 法多重比较）如图 2-2、图 2-3 和表 2-2 所示。

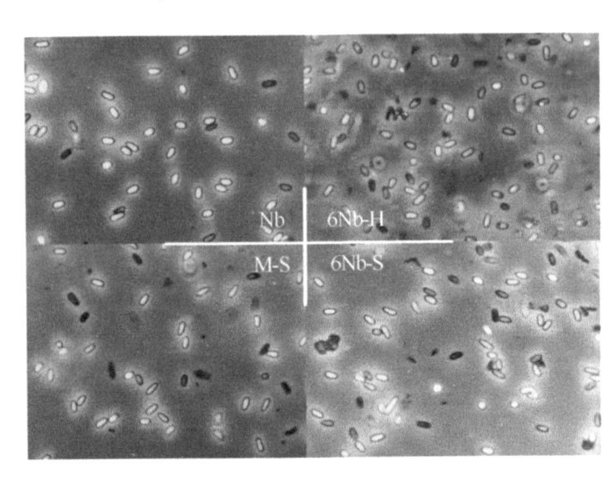

图 2-2　家蚕微粒子虫在不同寄主内繁殖及斜纹夜蛾来源微孢子虫的孢子形态

Nb：家蚕蛾来源家蚕微粒子虫孢子；6Nb-H：家蚕微粒子虫在桑尺蠖中循环繁殖 6 次后的孢子；6Nb-S：家蚕微粒子虫在斜纹夜蛾中循环繁殖 6 次后的孢子；M-S：斜纹夜蛾来源微孢子虫

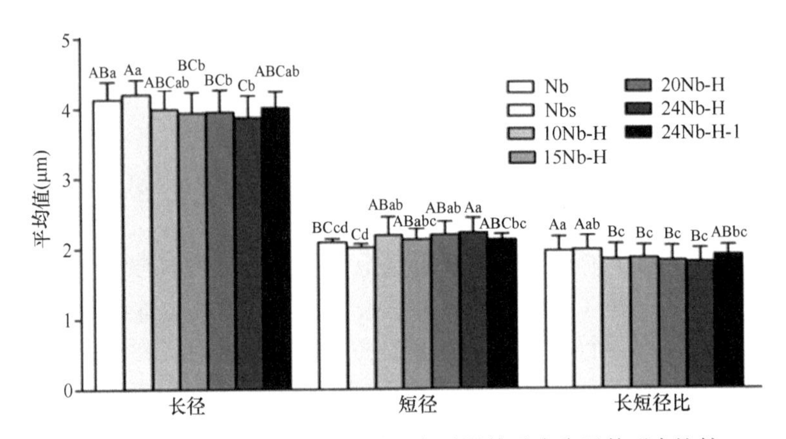

图 2-3　家蚕和桑尺蠖中循环繁殖家蚕微粒子虫孢子的形态比较

Nb：家蚕蛾来源家蚕微粒子虫孢子；Nbs：丝腺来源家蚕微粒子虫孢子；10Nb-H：Nb 在桑尺蠖中循环繁殖 10 次后的孢子；15Nb-H：Nb 在桑尺蠖中循环繁殖 15 次后的孢子；20Nb-H：Nb 在桑尺蠖中循环繁殖 20 次后的孢子；24Nb-H：Nb 在桑尺蠖中循环繁殖 24 次后的孢子；24Nb-H-1：Nb 在桑尺蠖中循环繁殖 24 次后再回复感染家蚕后的孢子；不同小写字母表示处理间差异显著（$P<0.05$），不同大写字母表示处理间差异极显著（$P<0.01$），下同

表 2-2　家蚕微粒子虫在家蚕和桑尺蠖中循环繁殖的成熟孢子形态比较

微孢子虫	长径（$\bar{X}$ ±SD）(μm)	短径（$\bar{X}$ ±SD）(μm)	长短径比（$\bar{X}$ ±SD）
Nb	4.13±0.25 ABa	2.09±0.05 BCcd	1.96±0.20 Aa
Nbs	4.20±0.21 Aa	2.02±0.05 Cd	1.98±0.13 Aab
10Nb-H	3.99±0.28 ABCab	2.19±0.26 ABab	1.84±0.22 Bc

续表

微孢子虫	长径（$\bar{X}$ ±SD）（μm）	短径（$\bar{X}$ ±SD）（μm）	长短径比（$\bar{X}$ ±SD）
15Nb-H	3.94±0.29 BCb	2.13±0.15 ABabc	1.86±0.18 Bc
20Nb-H	3.95±0.31 BCb	2.19±0.19 ABab	1.82±0.21 Bc
24Nb-H	3.87±0.31 Cb	2.22±0.21 Aa	1.80±0.20 Bc
24Nb-H-1	4.01±0.23 ABCab	2.12±0.08 ABCbc	1.90±0.14 ABbc

注：平均数后无相同字母表示有显著差异，大写字母表示显著水平 P=0.01，小写字母表示显著水平 P=0.05；测量数 n=50

结果显示：家蚕蛾来源微粒子虫（Nb）孢子与丝腺来源家蚕微粒子虫（Nbs）孢子的长径、短径、长短径比均无显著差异（P>0.05）；Nb 在桑尺蠖中循环繁殖后的 15Nb-H、20Nb-H 和 24Nb-H 孢子，其长径显著小于（P<0.05）Nb 与 Nbs 孢子；24Nb-H 孢子的长径和长短径比均极显著（P<0.01）小于 Nb 孢子；Nb 在桑尺蠖中循环繁殖 24 次再在家蚕中繁殖（回复感染）后的孢子（24Nb-H-1）和 24Nb-H 孢子，其长短径比与 Nb 孢子相比较，分别有显著（P<0.05）和极显著（P<0.01）差异；24Nb-H-1 孢子的长径与 10Nb-H 相近（表 2-2 和图 2-3）。由此可见，Nb 在桑尺蠖中繁殖后，孢子有向粗短方向变化的趋势，但回复感染家蚕后又有快速恢复原状的趋势。

此外，从桑园周边农作物收集斜纹夜蛾，进行微孢子虫的分离，所获得的微孢子虫孢子较 Nb 孢子更大（图 2-2 中 M-S），但并不能排除其为 Nb 寄主改变（斜纹夜蛾等）后变异产生的。用 Nb 孢子感染斜纹夜蛾并循环繁殖后，孢子有变大的趋势（图 2-2 中 6Nb-S）。

2.1.3.5　家蚕微粒子虫感染桑尺蠖后孢子感染性的变化

以家蚕微粒子虫孢子为对照，将新鲜的 Nb、24Nb-H 和 24Nb-H-1 成熟孢子分别用生理盐水 5 倍梯度稀释成下列浓度：4.64×10^2 孢子/ml、2.32×10^3 孢子/ml、1.16×10^4 孢子/ml、5.80×10^4 孢子/ml、2.90×10^5 孢子/ml 和 1.45×10^6 孢子/ml 悬浮液，同时设空白对照，每个浓度设 3 个重复，每个重复添食感染供试 2 龄起蚕 30 条。用定量移液器吸取 250μl 孢子悬浮液，均匀涂布于约 5cm×5cm 桑叶叶背，在液体尚未全干时添食感染家蚕，24h 后喂饲常规新鲜桑叶，10d 后解剖，用镊子取少量中肠后部组织逐一制片镜检，记录被感染虫数，按 Spearman-Karber 法（Evans and Shapiro，1997）计算半数感染浓度（half maximal infective concentration，IC_{50}）。其中 24Nb-H-1 孢子为同批 24Nb-H 孢子获得后的回复感染家蚕材料，时间上为非同步实验。

结果显示：24Nb-H 和 Nb 对家蚕 2 龄起蚕的感染性（IC_{50}）分别为 1.98×10^4 孢子/ml 和 1.72×10^3 孢子/ml，比值为 11.5，即 Nb 比 24Nb-H 对家蚕 2 龄起蚕的感染性上升了 10.5 倍。24Nb-H-1 和 Nb 的感染性（IC_{50}）分别为 6.56×10^5 孢子/ml 和 9.55×10^4 孢子/ml，比值为 6.9，即 Nb 比 24Nb-H-1 的感染性高 5.9 倍。由此认为：Nb 在感染桑尺蠖幼虫并循环繁殖 24 次后，其孢子对家蚕的感染性明显下降，回复感染家蚕一次后，感染性又大幅回升，但仍低于 Nb 孢子的感染性。

本实验证实了 Nb 在桑尺蠖循环繁殖 10～24 次后，孢子形态和感染性都发生显著变化，循环繁殖后孢子比野生型Nb孢子显著变粗短（$P<0.01$，表2-2），感染性明显下降，说明持续在替代寄主中感染繁殖是Nb孢子形态变异的重要原因。当用形态变异孢子回复感染其原始寄主（家蚕）后，形态又会向孢子原始形态方向回复变化。该现象在显示Nb孢子形态易变的同时，也说明此变异尚未达到稳定遗传，当然也不能排除长期循环繁殖后出现稳定遗传变异的可能。

假设实验用Nb作为单一遗传背景，则表明Nb感染桑尺蠖等非典型寄主后，繁殖后的孢子在形态上可以发生变化（变成粗短），但不具有遗传稳定性。假设实验用Nb作为非单一遗传背景，则表明微孢子虫孢子形态并未发生变化，仅仅是不同类型孢子的数量比例变化，但这种判断需要更为深入的研究才能加以证实。由于昆虫来源微孢子虫与其寄主间有复杂而广泛的交叉感染关系，寄主的改变引起微孢子虫形态变异的现象可能广泛地存在于野外昆虫中，并且可能是微孢子虫变异和进化的重要原因之一。

在蚕种生产的母蛾微粒子病检测中，不时发现与Nb孢子形态相似或有差异的微孢子虫孢子。从以上实验结果推测，这些与Nb孢子形态有差异的孢子，可能是Nb的变异体，并非其他微孢子虫。因此，在蚕业生产中不能简单地将孢子形状相似但长短径不同于野生型Nb的孢子确定为非家蚕微粒子虫。从蛋白图谱的比较可知（参见2.2节），尽管孢子形态有明显不同，但本质有区别的差异蛋白数量并不多。这种可疑孢子与Nb的亲缘关系，可用孢子表面蛋白制备的抗体进行区别和检测。

从微孢子虫应用于生物防治领域角度而言，当孢子在环境中释放后，可能在不同的寄主中扩散传播，从而发生转寄主，在不同寄主内寄生后，微孢子虫的感染性发生变异，且这种变异因微孢子虫和寄主昆虫的不同而形成复杂的关系。根据本实验结果推测：转寄主后，微孢子虫对原始寄主（靶标害虫或昆虫）的感染性可能降低，降低害虫控制效果；对非靶标昆虫的感染性可能升高，对生态系统可能产生不良影响。相反，如果将感染性不强的候选微孢子虫不断地在靶标害虫中继代，则可能提升其对新寄主的感染性，为微孢子虫在害虫防治领域的利用提供可能。因此，对于微孢子虫的感染性变异现象仍值得进一步深入研究。特别是在自然环境中，复杂的寄主变换对微孢子虫生物学特性的影响是值得探讨的问题。

2.2 家蚕微粒子虫感染桑尺蠖后孢子表面蛋白的变化

病原微生物的寄主等生活环境改变，将直接影响其基因表达和蛋白质翻译等，以及发生表面蛋白的变异。布氏锥虫（*Trypanosoma brucei*）从昆虫（冷血型）传播给哺乳动物（温血型）后，热激蛋白（heat shock protein，HSP）基因转录水平增加25～100倍（Vander Ploeg and Giannini，1985），可变表面糖蛋白（variant surface glycoprotein，VSG）表达及相关表面蛋白也发生了变异（Robinson et al.，1999）。同时，许多微孢子虫具有寄主域较广、生活史复杂及形态多变等特性，由此推测家蚕微粒子虫可能具有类似的特性，通过调控相关基因表达来适应寄主条件的变化。

家蚕微粒子虫繁殖和制备Nb孢子悬浮液方法参见12.1节。

2.2.1　家蚕微粒子虫与 24Nb-H 孢子表面蛋白的聚丙烯酰胺凝胶电泳（SDS-PAGE）比较

家蚕蛾来源家蚕微粒子虫（Nb）与 24Nb-H（Nb 在桑尺蠖中循环繁殖 24 次后收集）两种孢子表面蛋白的 SDS-PAGE（sodium dodecyl sulfate-polyacrylamide gel electrophoresis）图谱显示的带型基本一致，均有 4 条主要蛋白带：33kDa、30kDa、17kDa 及 12kDa，但二者主要蛋白的表达量存在明显差异。Nb 的 30kDa 蛋白质表达量较 24Nb-H 明显高，而 24Nb-H 的 33kDa、17kDa 和 12kDa 蛋白质表达量较 Nb 高（图 2-4，箭头所示为主要蛋白）。说明 Nb 在桑尺蠖多次循环繁殖后，孢子表面的主要蛋白在表达量上发生了明显的变化。但从 SDS-PAGE 图谱上未能看出二者在蛋白质种类上有明显差异。

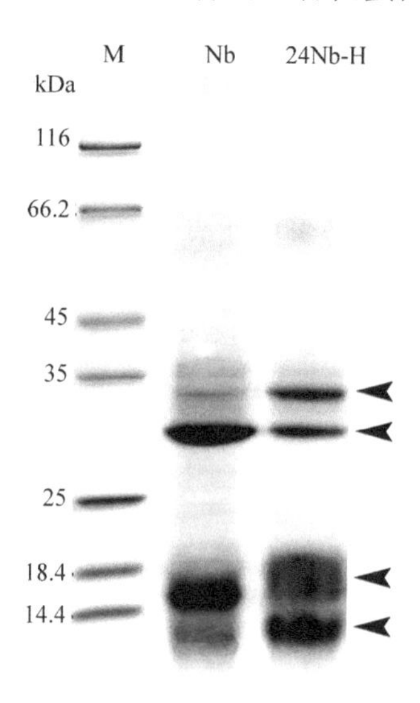

图 2-4　家蚕微粒子虫与 24Nb-H 孢子表面蛋白的 SDS-PAGE 图谱

2.2.2　家蚕微粒子虫与 24Nb-H 孢子表面蛋白的 2-DE 比较

经 ImageMaster^{TM}2D 软件结合手工分析比较图谱表明，当上样蛋白量为 120μg 时，家蚕蛾来源家蚕微粒子虫（Nb）与 24Nb-H（Nb 在桑尺蠖中循环繁殖 24 次后收集）两种孢子表面蛋白点的分布位置基本相同，主要分布在 pI 5～7，即以中性偏酸蛋白为主（图 2-5）。但二者部分蛋白点存在明显差异，主要表现在如下方面。

（1）蛋白点数的差异

家蚕微粒子虫孢子表面蛋白的 2-DE（two dimensional-PAGE）图谱中可识别到 160 多个蛋白点（图 2-5a），而 24Nb-H 孢子可见 200 多个（图 2-5b），即后者数量明显较多，尤其是一些低丰度蛋白在 Nb 孢子图谱（图 2-5a）中未发现。

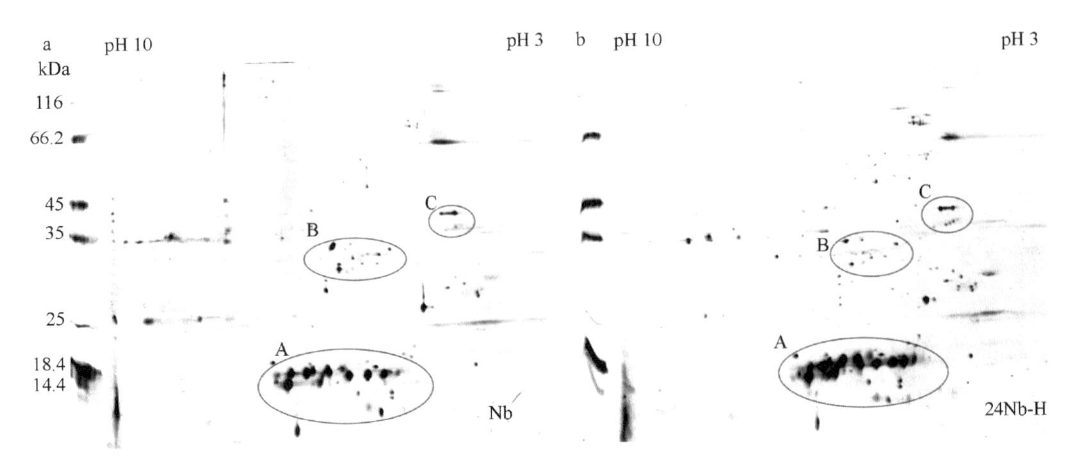

图 2-5　家蚕微粒子虫（左）与 24Nb-H（右）孢子表面蛋白的 2-DE 图谱

A～C 表示三个蛋白点较多的区域或局部

（2）蛋白质丰度的差异

如图 2-5、图 2-6 和表 2-3 所示，Nb 孢子的 7～11 号蛋白质表达量较 24Nb-H 孢子高，而后者的 1～4 号、12 号、13 号蛋白质表达量较高。其中 2 号、5 号、8 号、9 号和 13 号蛋白质差异明显，为两种孢子特异的可疑差异蛋白。在 17kDa 处，24Nb-H 孢子多数蛋白点的表达量明显比 Nb 孢子多，这与 SDS-PAGE 的结果（图 2-4）吻合。表 2-3 列出了部分差异蛋白的分子质量及 pI 特性，并对这些蛋白质的相对丰度做了比较。

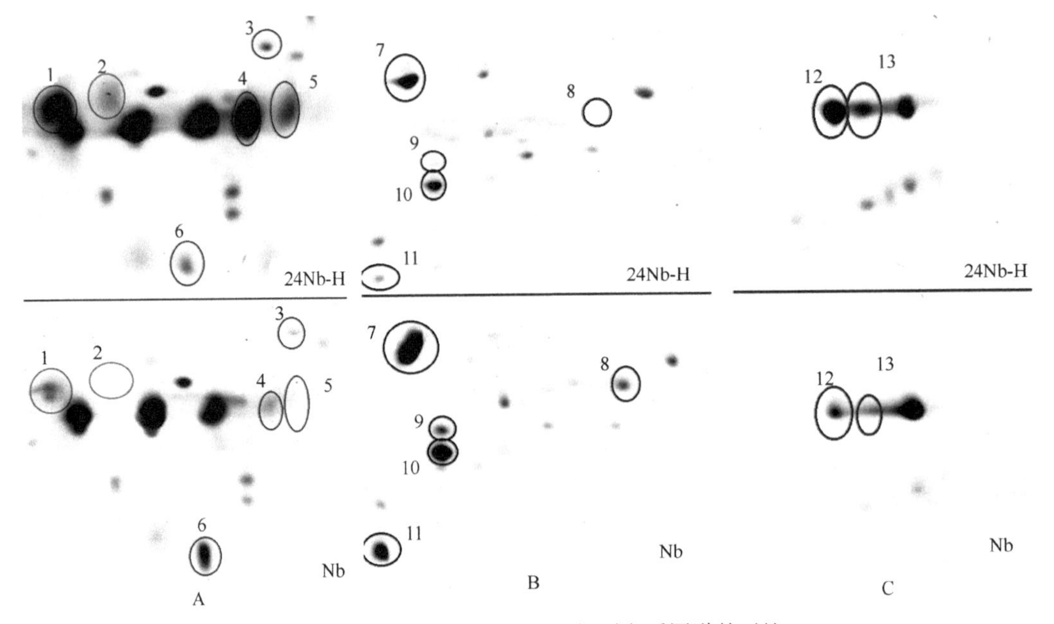

图 2-6　图 2-5 中 A、B、C 局部蛋白质图谱的对比

本实验中，Nb 和 24Nb-H 孢子表面蛋白在 1D 与 2D 图谱上的明显差异（图 2-4、图 2-5 和表 2-3），不仅暗示了孢子形态的变异与表面蛋白有关联，而且从蛋白质水平证实了微孢子虫具有调控变异的相关基因。实验显示，由于新寄主的选择压力，Nb 孢子

表面蛋白在量和质两方面均出现了变化，表明变异调控相关基因在转录或翻译水平上发生了变化，并且推测可能某些基因存在序列上的变异。形态变异株 24Nb-H 对家蚕感染性的显著降低，以及回复感染一代 24Nb-H-1 感染性及形态明显回复的结果（表 2-2 和参见 2.1.3.5 节描述讨论）说明，由寄主改变引起的这些变异在一定时期内会回复转变，说明这些变异很可能是由相关基因在表达水平上存在差异引起的，但也不能排除长期继代繁殖或再次转换寄生后引发基因稳定变异的可能。

表 2-3　家蚕微粒子虫与 24Nb-H 孢子表面蛋白 2D 图谱部分区域蛋白质相对丰度的比较及其分子特性

微孢子虫及分子特性	蛋白质编号												
	1	2*	3	4	5*	6	7	8*	9*	10	11	12	13*
Nb	–	–	–	–	–	–	++	+	+	+	++	–	–
24Nb-H	++	+	+	++	+	+	–	–	–	–	–	++	++
等电点 pI（pH）	6.5	6.3	5.7	5.8	5.7	6.1	6.6	6.1	6.5	6.5	6.7	5.2	5.1
分子质量 MW（kDa）	19	20	21	18	18	13	34	33	32	31	28	43	43

注：+/–分别表示蛋白质相对丰度的高/低，带*的蛋白点为特异的差异蛋白

对微孢子虫感染特性及相关因子的研究（Enriquize et al.，1998；鲁兴萌和汪方炜，2002；汪方炜等，2003）表明，孢子表面蛋白与孢子的感染性有关，更主要的是与孢子发芽有关。本实验中两种孢子的表面蛋白和感染性同时存在明显差异也证实了这一点。Nb 在桑尺蠖幼虫中循环繁殖后，孢子表面某些蛋白质缺失（或表达量明显减少）和表达量明显增加（或过度表达），是微孢子虫对寄主改变的适应性表现。而对家蚕的感染性下降，可以推测 Nb 孢子表面存在的特异蛋白（如 8 号和 9 号蛋白点，图 2-6 和表 2-3）是微孢子虫孢子对家蚕保持较高感染性所必需的蛋白质，并很可能是具有促进发芽功能的关键蛋白；而 24Nb-H 孢子表面表达量增加的蛋白质（如 2 号、5 号和 13 号蛋白点，图 2-6 和表 2-3）与抑制 Nb 孢子对家蚕的感染有关，并很可能与孢子低发芽率有关。因此，用单抗或基因克隆等技术对这些差异表面蛋白进行筛选和分析，进一步明确与感染性相关的蛋白质及基因，将为探明微孢子虫的侵染机制提供重要证据，为蚕业生产中防除家蚕微粒子病的危害，以及利用微孢子虫进行有效的植物害虫生物防治提供重要的理论依据。

2.2.3　家蚕微粒子虫与 24Nb-H 孢子总蛋白的 SDS-PAGE 比较

家蚕蛾来源家蚕微粒子虫（Nb）与 24Nb-H（Nb 在桑尺蠖中循环繁殖 24 次后收集）两种孢子在相同上样蛋白量下的总蛋白 SDS-PAGE 图谱比较结果显示：孢子发芽液上清和孢子发芽液沉淀中的蛋白谱带基本一致，但部分蛋白质条带在表达量上有一定差异（图 2-7）。发芽上清及沉淀的蛋白质条带均至少有 25 条，因上样量较大，有些条带重叠而无法区分。

孢子发芽液上清的蛋白质比较：Nb 孢子的 45kDa 蛋白质较 24Nb-H 孢子表达量更多；Nb 孢子的 33～35kDa 蛋白质相较 24Nb-H 略少，18kDa 则相较略多（图 2-7 中的 3 和 4 泳道）。孢子发芽液沉淀的蛋白质比较：Nb 孢子的 27～35kDa 蛋白质较 24Nb-H 孢子表达量要少（图 2-7 中的 5 和 6 泳道）。

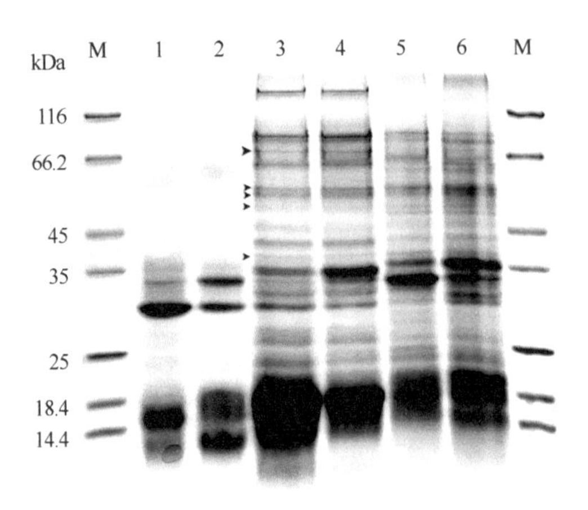

图 2-7 家蚕微粒子虫和 24Nb-H 孢子表面蛋白及总蛋白的 SDS-PAGE 图谱

M：标准蛋白；1：Nb 孢子表面蛋白；2：24Nb-H 孢子表面蛋白；3 和 4：Nb 和 24Nb-H 孢子发芽后上清中的蛋白质（总蛋白）；5 和 6：Nb 和 24Nb-H 孢子发芽后沉淀中的蛋白质；图中小箭头指示的是可能的孢内蛋白条带

孢子发芽液上清和沉淀的蛋白质比较：>116kDa 的高分子质量蛋白质表达量上清多于沉淀；35kDa 附近是沉淀高于上清，其中上清 Nb 明显低于 24Nb-H，沉淀<35kDa 时 Nb 少于 24Nb-H，>35kDa 时 Nb 高于 24Nb-H；18kDa 处的蛋白质相对较多，不能较好地实现分带，在上清中 Nb 高于 24Nb-H，在沉淀中 Nb 低于 24Nb-H（图 2-7 中的 3～6 泳道）。

孢子总蛋白（孢子发芽液上清和沉淀蛋白）与孢子表面蛋白在相同上样蛋白质量下的图谱比较结果（图 2-7）显示：图谱条带类型基本一致，但不同分子质量蛋白质（或条带）存在较大差异；Nb 孢子的表面蛋白主要分布在 12kDa、17kDa、30kDa 和 33kDa，其他蛋白质相对表达量较少；Nb 孢子的总蛋白则分布较广，从小分子的 14kDa 或以下至大分子的 116kDa 以上均有，但 12～18kDa 的表达量较高；Nb 和 24Nb-H 孢子表面蛋白中，高于 35kDa 的蛋白质明显低于上清和沉淀总蛋白；孢子表面蛋白样本的 30kDa 蛋白质，Nb 较 24Nb-H 多，但较 Nb 样本的上清和沉淀总蛋白则更多。

根据图谱和实验技术方法可以推测：只在 Nb 孢子发芽液上清中出现（即上清中的特异蛋白），而没有在孢子表面蛋白样本和孢子发芽液沉淀中出现的蛋白质，为孢内蛋白。在发芽液上清及沉淀中均有出现，但在孢子表面未出现的蛋白质也可能是孢内蛋白，因为孢内蛋白释放出来后有可能黏附在沉淀的孢壳上，需要进一步的实验确证。

2.2.4 家蚕微粒子虫与 24Nb-H 孢子总蛋白的固相 2-DE 比较

当上样量达 220μg 时，家蚕蛾来源家蚕微粒子虫（Nb）与 24Nb-H（Nb 在桑尺蠖中循环繁殖 24 次后收集）两种孢子总蛋白的 2-DE 图谱均显示了丰富的蛋白点（均在 300 个以上）。部分区域的蛋白点表达量过大，如 17kDa、66.2～116kDa（pI 4～5）等多处的蛋白点出现成片粘连的现象（图 2-8）。图 2-8a（Nb）和图 2-8b（24Nb-H）比较可知，大部分的蛋白点是相同的，只有少数蛋白点在表达量上有明显的差异（图 2-9～图 2-11）。

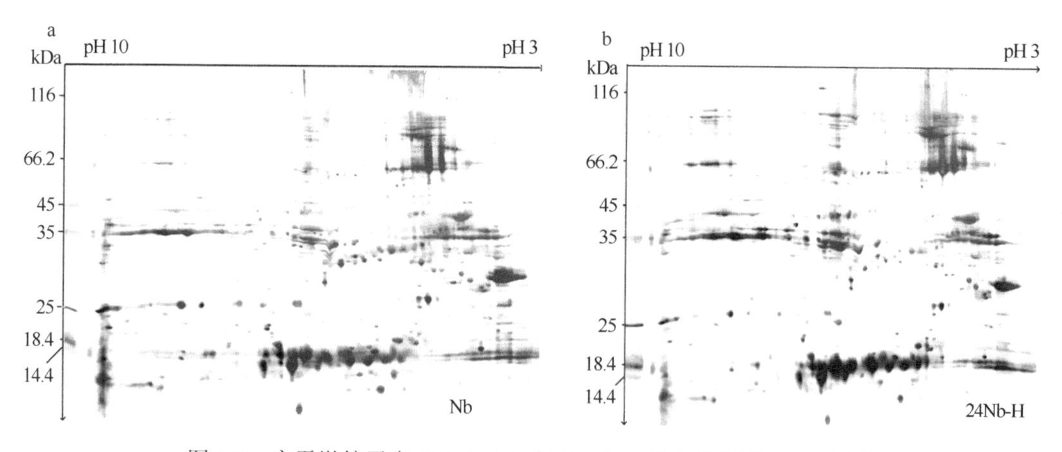

图 2-8　家蚕微粒子虫（Nb）（a）与 24Nb-H（b）孢子的 2-DE 图谱

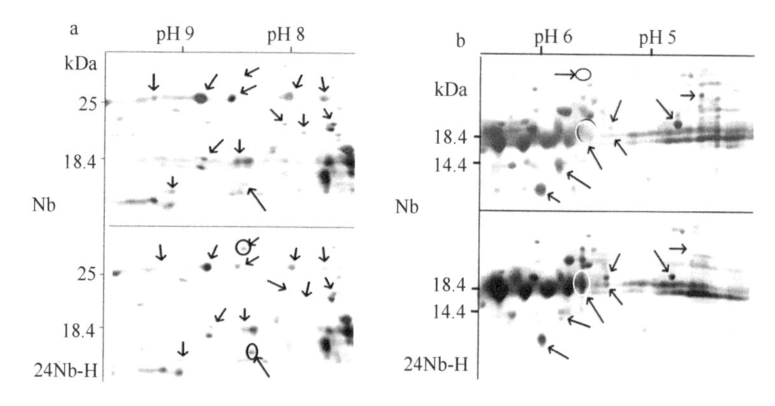

图 2-9　家蚕微粒子虫（Nb）与 24Nb-H 总蛋白间的差异蛋白点（一）
圈中的蛋白点为各自特异（有或无）的差异蛋白点，箭头所示为 Nb 特异的差异蛋白点

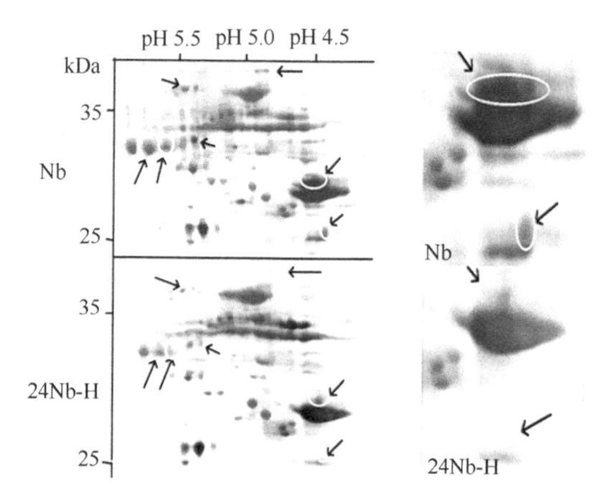

图 2-10　家蚕微粒子虫（Nb）与 24Nb-H 总蛋白间的差异蛋白点（二）
圈中的点为各自特异的差异蛋白，箭头所示为 Nb 特异的差异蛋白点；右为局部放大图

图 2-9a 显示，在<25kDa（pI 7.5～9.5）的蛋白质区域，Nb 孢子（上）约有 9 个蛋白点较 24Nb-H（下）的表达丰度高，而 24Nb-H 孢子仅有 2 个点的表达丰度较 Nb 高。图 2-9b 显示，在~11～20kDa（pI 4.5～6.5）的蛋白区域，Nb 孢子（上）约有 7 个

蛋白点较 24Nb-H（下）的表达量高，而后者仅有 1 个蛋白点的表达量较 Nb 高。

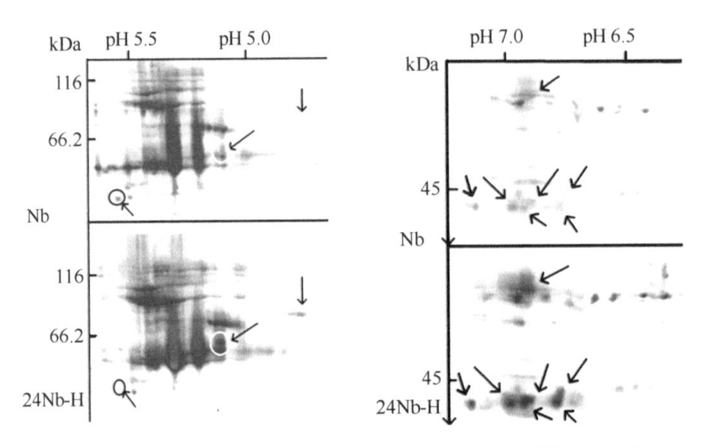

图 2-11　家蚕微粒子虫（Nb）与 24Nb-H 总蛋白间的差异蛋白点（三）
圈中的点为各自特异（有或无）的差异蛋白点，箭头所示为 Nb 特异的差异蛋白点

对 Nb 和 24Nb-H 两种孢子总蛋白的 SDS-PAGE 与 2-DE 图谱（图 2-7～图 2-9）分析表明，Nb 与 24Nb-H 之间不仅有量存在明显差异的蛋白质，还有一些质存在差异的蛋白质，并且对 Nb 孢子表面蛋白与总蛋白初步比较后表明，Nb 与 24Nb-H 之间有明显的孢内蛋白差异（图 2-10）。说明在桑尺蠖中多次循环繁殖后，可以造成孢子孢内蛋白的变化。同时，孢子表面蛋白与孢内蛋白也有密切关系。因为表面蛋白是在孢内合成然后输送到孢原质膜外。因此，表面蛋白的差异不仅是由孢内蛋白活动存在差异造成的，还可能与孢内蛋白有直接或间接的关系。这些孢内蛋白可能是与孢子形态及感染性变异有关的蛋白质。进一步用质谱等技术对这些孢内差异蛋白进行研究，将有助于揭示与微孢子虫重要生物学特性（如形态、感染性）变异相关的内部生理机制。

综合几个局部图谱可见，Nb 与 24Nb-H 的孢子总蛋白之间有 40 多个差异蛋白点（图 2-9～图 2-11 的箭头所示），二者中各有一些表达量较高的蛋白点，其中个别蛋白点差异较显著（图 2-9～图 2-11 圆圈中的蛋白点）。该结果也说明，Nb 在桑尺蠖中多次循环繁殖后，有些蛋白质表达上调（量增加），有些表达下调（量减少）。在这些差异蛋白点中，只发现 4 个是质存在差别的蛋白质，即特异的差异蛋白点，如图 2-9 和图 2-10 中各有 1 个。结合 24Nb-H 在形态上显著比 Nb 小，且对家蚕感染性显著变弱的特性，表明这些差异蛋白点可能与这两个生物特性的变化有密切关系，其中特异差异蛋白点及差异较显著的蛋白点与这两个特性有密切关系，值得进一步研究。

2.2.5　孢子表面蛋白与总蛋白的 2-DE 图谱比较

对家蚕蛾来源家蚕微粒子虫（Nb）和 24Nb-H（Nb 在桑尺蠖中循环繁殖 24 次后收集）两种孢子表面蛋白及总蛋白的 2-DE 图谱（图 2-5 和图 2-8）比较可知：尽管孢子表面蛋白与总蛋白的上样量有较大差别，但表面蛋白与总蛋白 2-DE 图谱之间具有明显的相似性，许多蛋白点在两个图谱中能够一一对应，表明它们是相同的表面蛋白。大量的蛋白点分布于中性偏酸区域（pI 4～7），而碱性区域蛋白点相对较少；几个蛋白点集中的区域也相似，如～17kDa 处是蛋白质丰度最高的区域。这种相似性的出现可能有以下几个原因。

1）KOH 可以较好地洗脱表面蛋白，以致所抽提的总蛋白中表面蛋白的比例较大。本实验用的孢子发芽方法中，是用终浓度为 0.1mol/L 的 KOH 进行孢子预处理，两类图谱的相似性说明了 KOH（也可能还包括发芽时用的 TEK 液）可以较好地洗脱孢子表面蛋白。

2）本实验的抽提方法可能未能有效地抽提到足量的孢内蛋白。尽管所用的孢子绝大部分为成熟孢子，经 TEK 液发芽后孢子发芽率一般也在 60%以上，但仍有 40%左右的孢子没有发芽，这也可能是造成这种相似性的另一原因。

3）孢原质释放出来后，发芽液仍处在 27～30℃的温度，以 200r/min 的转速振荡 30min，使之充分发芽。在溶液体系中加入苯甲基磺酰氟（phenylmethanesulfonyl fluoride，PMSF）以防蛋白质变性，但实际作业中发芽液面仍有泡沫产生，即有部分蛋白质变性的情况。

从 Nb 孢子表面蛋白和总蛋白的图谱中选取了几个局部区域进行比较（图 2-12）。尽管两者蛋白表达量有明显的差异，但以两个图谱中的一些表面蛋白点为参照，对比后仍可以发现，一些只在总蛋白图谱中出现而在表面蛋白图谱中缺失的蛋白点（Nb-t 图圈中的点），推测它们是孢内蛋白。此外，以表面蛋白图谱为参照，总蛋白图谱中不同表面蛋白点的增加强度不同。如图 2-12b 所示，Nb-s 底部左侧的几个蛋白点在 Nb-t 中的增加强度并不是均一的，这可能是由两次样品之间存在差异、蛋白质抽提至电泳染色等存在差异综合造成的。

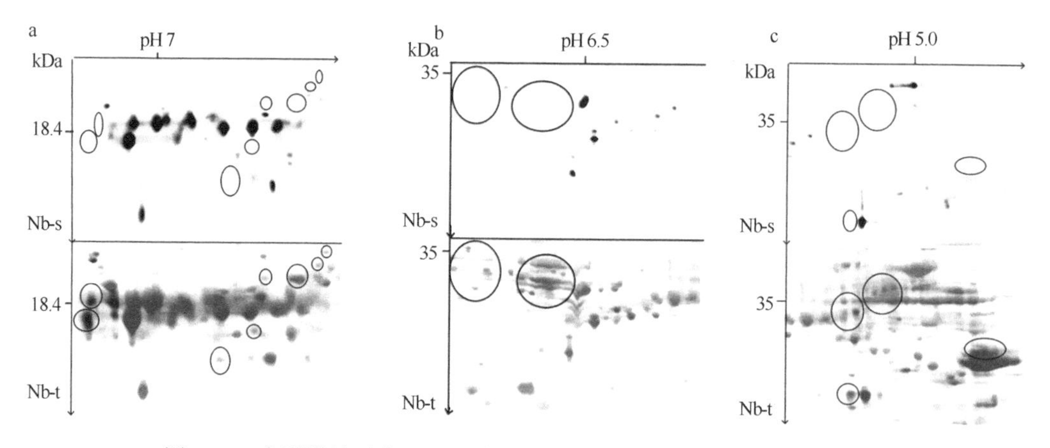

图 2-12　家蚕微粒子虫（Nb）孢子表面蛋白与总蛋白 2-DE 图谱的比较

圈中的点为孢内蛋白；Nb-s 为 Nb 孢子表面蛋白，Nb-t 为 Nb 孢子总蛋白

用玉米穗虫（*Heliothis zea*）和粉纹夜蛾（*Trichoplusia ni*）繁殖 Nb 后，对微孢子虫总蛋白进行 SDS-PAGE 研究未发现不同寄主对 Nb 总蛋白有影响（Streett and Briggs，1982）。其原因可能是：①在不同寄主中循环繁殖的次数较少（原文献中未提及繁殖的具体细节），使得这种本来就较小的差异未被发现。②SDS-PAGE 本身的分辨率有限，如果循环繁殖次数少，要发现这种较细微的差异就比较困难。

本实验将 Nb 在桑尺蠖中连续循环繁殖 24 次后，在 Nb 和 24Nb-H 的 SDS-PAGE 图谱中，发现了两者的总蛋白中某些条带的表达量差异明显。而且，借助于固相 2-DE 的高分辨率和高重复性技术优势，这些差异蛋白在两者的 2-DE 图谱中更明显地表现出来，从而有力地证明了寄主不同对 Nb 蛋白水平的影响是明显的，并且形态学及感染性实验也证明了这种影响是显著的。

用 O'Farell 系统对蝗虫微孢子虫（*N. locustae*，现为 *Antonospora locustae*）等孢子的总蛋白［研磨法破碎孢子，再结合 10% TCA（trichloroacetic acid）沉淀］进行 2-DE 研究表明：蝗虫微孢子虫、Nb 及纳卡变形孢虫（*Vairimorpha necatrix*）三种孢子总蛋白中主要蛋白有 3～8 个；其中一个主要蛋白（pI 5.5～6.0，50kDa）与微管蛋白接近，而微管蛋白恰好是真核生物骨架结构中微管的主要成分（Langley et al.，1987）。在本实验所得的图谱（图 2-11）中，在相近位置也发现有丰度较高的蛋白点，但具体性质还有待进一步研究确定。由于 O'Farell 系统本身的技术弱点，以及研究侧重点不同，有关 Nb 的蛋白信息极少，无法进一步分析比较。

用液氮反复冻融孢子，再加石英砂研磨，进行总蛋白的提取，对其进行固相 2-DE，从图谱上看，蛋白点集中在中性偏酸、分子质量为 14.4～94kDa 的区域（刘加彬等，2002）。本实验结果与之相似（上样量约 200μg，本实验为 120μg）。但其用的是考氏染色法，故所得蛋白点较少，为 30 多个。本实验采用银染法，蛋白点超过 300 个，大部分蛋白点清晰可辨，但有些蛋白点因粘连而成为一个点的现象也很普遍，估计实际蛋白点数要多得多。若要对丰度高的蛋白区域进行进一步的 2-DE 分析，还应适当减少上样量，以准确获取目标蛋白点。

2.3 家蚕来源内网虫属样微孢子虫嵊州株与 Nb 孢子表面蛋白的比较

有关家蚕来源内网虫属样微孢子虫嵊州株（Esp）孢子形态、寄生组织特异性和胚胎感染性等的内容已在 1.5 节描述。

如何从微孢子虫孢子为数众多的蛋白质中快速找到与感染性显著相关的蛋白质，进而揭示微孢子虫的感染机制，是微孢子虫研究重点关注的领域。以固相 2-DE 技术为依托的差异蛋白质组研究为开展此工作提供了可能。不同的微孢子虫对家蚕的感染性不同，造成这种差异的可能原因主要有以下两种情况：其一是孢子在家蚕肠道中的发芽率不同；其二是发芽后的侵染体在家蚕组织和细胞中的生长发育、繁殖能力不同。而前一种情况与孢子表面蛋白有密切关系，后一种情况与孢内蛋白关系密切。两种原因之一或同时出现，则必将导致微孢子虫对家蚕感染性存在差异。据此，我们选取对家蚕有不同侵染特性的两种微孢子虫，即家蚕微粒子虫（Nb）（蛾来源）和从病蚕中分离的内网虫属样微孢子虫嵊州株（Esp），利用 SDS-PAGE 及固相 2-DE 技术，对两种孢子的表面蛋白进行比较研究，以探讨与侵染相关的孢子表面蛋白，为进一步研究微孢子虫的感染机制提供依据。

家蚕微粒子虫繁殖和制备 Nb 孢子与 Esp 孢子悬浮液方法参见 12.1 节。

2.3.1 内网虫属样微孢子虫嵊州株与Nb孢子表面蛋白的SDS-Urea PAGE比较

内网虫属样微孢子虫嵊州株（Esp）与 Nb 孢子表面蛋白的 SDS-Urea PAGE 图谱（图 2-13）显示：Esp 孢子大约有 24 条带，其中 4 条蛋白质条带表达量较高，分别为 37kDa、22kDa、16kDa、15kDa，以 22kDa 表达量最高，其余略低。而 Nb 孢子约有 18 条蛋白质条带，有 2 条蛋白质条带表达量较高，以 45kDa 表达量最高，28kDa 次高。表明二者的主要蛋白质条带型明显不同。本实验的 Nb 图谱与龙紫新等（1995）用 SDS-PAGE 得到的图谱相似，后者报道三条主要蛋白质条带在 20～43kDa。

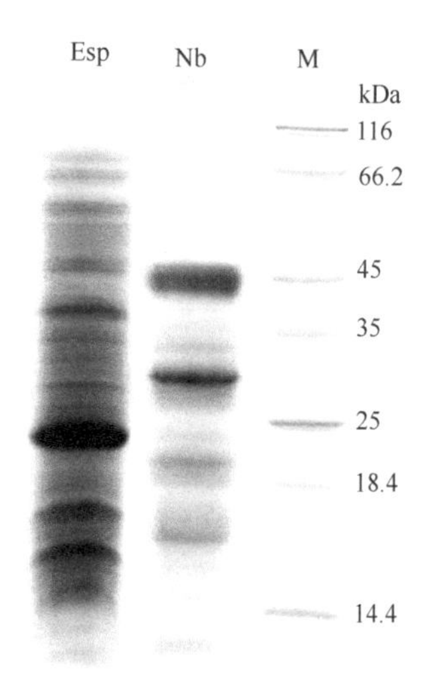

图 2-13 内网虫属样微孢子虫嵊州株（Esp）与 Nb 孢子表面蛋白的 SDS-Urea PAGE 图谱
M：标准蛋白，Esp：Esp 孢子表面蛋白，Nb：Nb 孢子表面蛋白

2.3.2 内网虫属样微孢子虫嵊州株与 Nb 孢子表面蛋白的固相 2-DE 比较

内网虫属样微孢子虫嵊州株（Esp）与 Nb 孢子表面蛋白的 2-DE 图谱见图 2-14。经 ImageMaster^{TM} 2D 软件结合手工分析比较图谱，可以看出有以下几个异同点。

1）蛋白点数量差异明显，差异蛋白点较多。在本实验条件下，上样蛋白量为 120μg 时，Esp 孢子表面蛋白点有 330 多个，而 Nb 孢子只有 160 多个，数量差异明显，说明提纯 Esp 孢子的表面蛋白比提纯 Nb 孢子的表面蛋白更丰富。在两种孢子表面蛋白的 SDS-PAGE 图谱中同样如此。其中相同或相似蛋白点仅有 10 多个（表 2-4 和图 2-14），显示二者表面蛋白有很大差异。

表 2-4 图谱（2-DE）中 Nb 与 Esp 相同或相似表面蛋白分子的特性

分子特性	蛋白质编号										
	1	2	3	4	5	6	7	8	9	10	11
分子质量（kDa）	>116	35	35	60	47	35	33	18	11	13	14
等电点 pI（pH）	5.6	9.1	8.3	6.3	6.1	6.5	6.2	7.2	7.1	6.1	5.9

2）蛋白点的分布呈现区域集中状。近60%的蛋白点分布在图2-14的B、C两个区域。在Nb孢子的图谱中（图2-14a），B和C区域蛋白点数各占总数的30%；Esp孢子（图2-14b）的B和C区域蛋白点数分别约占总数的50%和30%。

3）主要蛋白点分布不同。Nb孢子的主要蛋白以中性偏酸小分子（<18kDa，pI 5.4～7.2）居多（图2-14a）；而Esp孢子主要分布在两个小区域，偏碱性主要蛋白分布于小于18kDa的区域，偏酸性主要蛋白位于35～45kDa区域（图2-14b）。蛋白质丰度较高的点，Nb和Esp孢子分别有20多个和30多个。

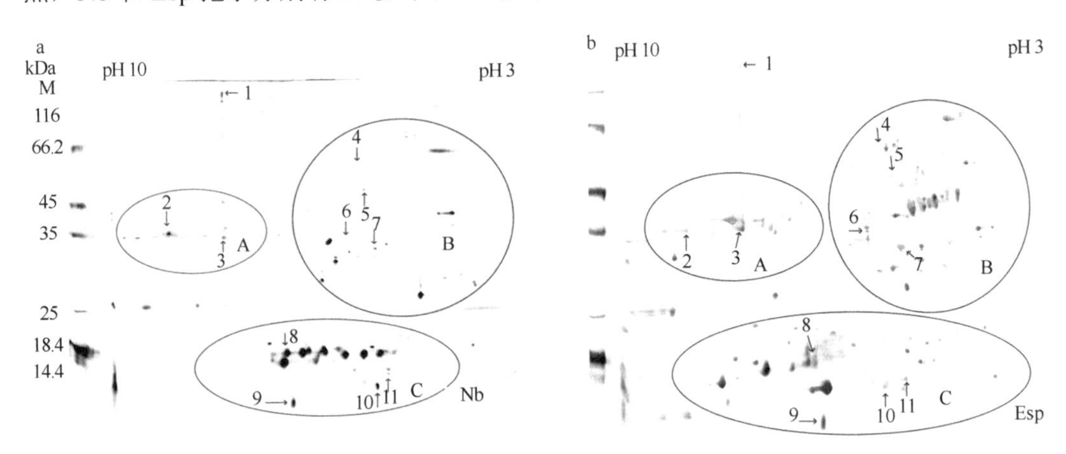

图2-14　Nb（a）与内网虫属样微孢子虫嵊州株（Esp）（b）孢子表面蛋白的2-DE图谱

A、B、C区域为蛋白质主要分布区域，箭头所指点为相同或相似蛋白点

对图谱比较可见，两种孢子（Nb和Esp）相同或相似蛋白点的表达丰度不高，而表达量较高的表面蛋白均为差异蛋白（图2-14）。两种微孢子虫的亲缘关系相对较远，可以推测相同蛋白质可能是微孢子虫中较为保守的蛋白质（图2-14的9号蛋白点）；丰度较高的蛋白质可能是孢子表面的主要结构蛋白。这些蛋白质功能研究，不仅有利于微孢子虫的进化解析，也将帮助我们对微孢子虫感染机制进行解明。

从两种孢子（Nb和Esp）的生物学及蛋白质电泳结果可知，Esp与Nb显然是不同属的微孢子虫。那么，在众多的表面差异蛋白中必然有一些是各自的属种特征性标记蛋白。如果能对同属不同种的微孢子虫进行差异蛋白质组比较分析，从它们相同的蛋白质中找到属的特征性蛋白，而从差异表面蛋白中找到种的特征性蛋白，结合其他免疫学技术，可以为微孢子虫的分类、检测等提供更简便快速且准确的手段。

本实验用SDS-Urea PAGE和固相2-DE技术，对Nb及Esp两种微孢子虫孢子的表面蛋白进行比较研究，获得了清晰的图谱。从Nb和Esp孢子表面蛋白的1D图谱（图2-13）可知：两者的主要蛋白差异明显，Nb孢子的主要蛋白为45kDa，Esp孢子的主要蛋白为22kDa，未见明确相同的蛋白质条带。2-DE研究结果进一步显示两种微孢子虫的孢子表面蛋白存在较大的差异，仅有10个左右的相同或相似蛋白点（表2-4）。孢子表面众多的蛋白质必然与孢子的某些生物学功能有关，将两种孢子表面相同的蛋白质与两种孢子对家蚕及其他三种鳞翅目昆虫均具有感染性结合起来考虑，可以推测：这些相同或相似的蛋白质与孢子的感染性有关，或主要与孢子发芽有关。仔细比较这些相同或相似蛋白可知，它们在量上并不相同，如果推论成立的话，那么量存在差异就可能是它们发芽性能有差异的重要原因，进而影响其对虫体感染性的各个方面。对这些相同蛋白点进行进一步研究分析，如免疫学分析、质谱分析、末端氨基酸序列测定，再结合生物信息学分析手段，就可以更明确地分析和了解它们的生物功能，对揭示微孢子虫的发芽及感染机制均有重要意义（第二篇陈述）。

微孢子虫具有特定的寄主域，微孢子虫自身往往具有复杂的生活史，生活史不同阶段或不同发育模式下，其形态具有丰富的多样性，寄主的改变也是微孢子虫在形态上发生变化的重要诱因。因此，仅仅从形态上进行微孢子虫种类的判断是极易发生误判的，形态的变化另一方面则暗示了微孢子虫对生境适应性的变化。这种变化涉及遗传的变异，还是表观的变异，这些问题及其机制的解明，不仅是基础生物学和病理学机制解析研究所关注的，也可以为生产实践中技术研发和防控决策制定提供科学依据。不同微孢子虫的基因组或基因结构比较研究与蛋白质比较研究，为微孢子虫变异机制的研究提供了重要的基础。

在基因组或基因结构比较方面，主要为分类学相关研究。由于 rRNA 基因结构相对保守，已被广泛用作衡量生物的系统发育及种系水平的分子指标。微孢子虫的 rRNA 基因（rDNA）是原核型的，每个基因重复单元由一个转录单元和基因内间隔（intergenic spacer，IGS）组成。每个转录单元又由 SSU rRNA（small subunit rRNA）基因、内部转录间隔区（ITS）和 LSU rRNA（large subunit rRNA）基因三部分构成。重复单元不含独立的 5.8S rRNA 基因，而是将其融合到 LSU rRNA 基因的 5′端，如纳卡变形孢虫（*V. necatrix*）(Gatehouse and Malone，1998)。其中，ITS 序列的进化速率相对较快，同一属种内的 ITS 在碱基序列和长度上具有一定的差异。因而通过对 ITS 序列进行分析，可以初步确定该种生物的属种、近缘种、品系之间的亲缘关系。并且，ITS 与生物地理生活型有相关性，能反映种内变异及多态性，近年已被广泛用于种内变异和种间、近缘属间分子系统学的研究。种内 IGS 重复序列的数量和序列的变化较 ITS 更多，也是发生显著变异的区段，可用于区分一个种群中出现的不同个体（Gatehouse and Malone，1999），但该技术的应用没有 ITS 广泛。

在微孢子虫种内不同分离株的比较研究中，发现种内有显著的分子变异。对荷氏脑炎微孢子虫（*En. hellem*）rDNA 的 ITS 序列分析表明，人和鹦鹉来源微孢子虫分离株有相同的基因型；而由瑞典和坦桑尼亚获得的 4 个分离株有两种不同的基因型，蛋白质印迹（Western blotting）实验也证实了这一点。但 ITS 基因型的变异与抗原特征并不完全匹配（Mathis et al.，1999a)。ITS 基因型相同的两株人来源荷氏脑炎微孢子虫有大量的点突变和极管蛋白（polar tube protein，PTP）基因 *PTP1* 重复数的变异，表现出高度的异源性（Peuvel- Fanget et al.，2000)。对人和猪来源比氏肠微孢子虫（*Enteroecytozoon bieneusi*）ITS 分析表明，有 9 种不同但关系紧密的基因型（Mathis et al.，1999b)；在人来源分离株中，至少有 5 种不同的基因型，猪来源有两类 6 种显著不同的基因型，牛来源有 2 种很相近的基因型。这些都说明，种内 ITS 高度的遗传变异性与微孢子虫有不同的寄主紧密相关（Mathis，2000)。从系统发育和进化的视角，对微孢子虫 SSU rRNA 的 ITS 结构等分析，比较布鲁斯尺蠖来源微孢子虫、烟草粉斑螟来源变形孢虫

（*Vairimorpha phestiae*）和纳卡变形孢虫近缘微孢子虫与甲虫来源壶菌（*Chytridiopsis typographi*）的关系等，都有利于对微孢子虫进化的理解（Biderre et al.，1999；Huang and Lu，2005；Donahuea et al.，2018；Malysh et al.，2018；Corsaro et al.，2019）。

在微孢子虫变异机制的基因组、染色体组型和 ITS 等研究方面，越来越多的蛋白质编码基因研究分析认为，微孢子虫在与寄主的共进化过程中，逐渐丢失一些与合成代谢有关的基因，有些甚至是非常重要的，转而依赖从寄主细胞直接获得所需物质，最终使它看起来像原核生物，如具有不含线粒体、高尔基体、中心体和过氧化物酶体等特征（Van et al.，2000；Keeling and Fast，2002）。微孢子虫在进化过程中基因组大小发生显著的变异。在已知全基因组序列的 13 种微孢子虫中，以脑孢虫属（*Encephalitozoon*）变异最显著，该属基因组内基因排列紧密，基因间隔区很短，内含子极少，基因组小于 3Mb，最小的肠脑炎微孢子虫（*En. intestinalis*）的基因组只有 2.3Mb，比一些原核生物（如 *Escherichia coli*）的 4.6Mb 还要小。而银汉鱼格留虫（*Glugea atherinae*）微孢子虫有本门中最大的基因组～19.5Mb，是肠脑炎微孢子虫的 8.5 倍。不同属内的基因组大小变异程度不同，如 *Nosema* 属内的差异很大，而脑孢虫属内差异却很小（2.3～2.9Mb）。微孢子虫门的染色体数目和大小差异也较大，少的只有 8 条（*Vairimorpha* sp.），多的有 18 条（*N. bombycis*）；染色单体小至 130kb［法氏虫（*Vavraia oncoperae*）］，大至银汉鱼格留虫的 2.7Mb。即使在同一种内，染色体组型也有明显的变异，如从不同地理区域不同寄主分离的 15 株兔脑炎微孢子虫分离株有 3 个株系和 6 种组型（Vivarès and Méténier，2000）。

兔脑炎微孢子虫（*En. cuniculi*）可寄生于许多哺乳动物。根据对不同寄主来源兔脑炎微孢子虫孢子蛋白进行 SDS-PAGE、Western blotting、RAPD（随机扩增多态性 DNA）、rRNA ITS 分析，明确了它有 3 个株系。3 个株系的 ITS 变异特征明显，分别具有 2～4 个数量不等的 5′-GTTT-3′重复单元，变异可能与寄主的地理域有关，这一特征被用作鉴别该种不同株系的最好标记（Vivarès and Méténier，2000）。11 株兔脑炎微孢子虫的极管蛋白 PTP1 核心序列重复数的不同，以及染色体组型的差异也证实了这一点（Sobottka et al.，1999；Méténier and Vivarès，2001）。但是，染色体组型的明显差异能否反映在蛋白质上还未可知（Méténier and Vivarès，2001）。肠脑炎微孢子虫是本属的一个例外，它的 13 个分离株的 ITS 没有差异，染色体组型也没有差异（Liguory et al.，2000）。对从不同国家收集到的蜜蜂微孢子虫（*N. apis*）的 SSU rRNA、LSU rRNA、ITS 分析表明，它们之间几乎没有明显的差异；但 IGS 的序列差异非常大，显示了不同地理株的种内变异（Gatehouse and Malone，1999）。

对兔脑炎微孢子虫全基因组的分析表明，仅 44%的预测蛋白质编码基因可找到相应功能，但绝大多数均为孢内代谢相关蛋白，56%为未知蛋白编码基因（Vivarès et al.，2002）。微孢子虫内部是否存在类似锥虫和疟原虫等原虫基因组中多拷贝的抗原基因家族，目前尚不得而知，有待更为丰富的微孢子虫蛋白研究发现。在锥虫和疟原虫等许多寄生性原虫中，免疫逃避是非常普遍且重要的现象，内在原因就是其表面抗原发生了变异。有关锥虫等原虫的抗原变异机制假说主要有三种：①抗原变异基因的同源重组（homologous recombination）；②抗原变异基因的原位表达调控（即原位活化，*in situ* activation)；③抗原变异基因的复制型转座（duplicative transposition）（Barry et al., 2003）。尽管三种机制均有实验室例证，但前两种很少发生，复制型转座是其抗原变异的主要方式，且这种方式常与亚端粒位置相关（Robinson et al., 1999）。对兔脑炎微孢子虫染色体限制性片段长度多态性（chromosomal restriction fragment length polymorphism, RFLP）图谱研究表明，在每条染色体亚端粒部位有频繁的 DNA 重排，且同源染色体有互换现象。这些重排发生在与端粒紧密联系的 rDNA 单元上游的亚端粒区域（Brugere et al., 2000）。说明在微孢子虫中，亚端粒部位是较活跃的部位，有可能存在基因的互换、转座等活动，有可能导致与端粒相联系的基因发生转录或表达水平上的变化，从而引起某些生物学特性的变异。

在环境胁迫下，许多生物内部总是有相关的基因表达来应对不良环境，这种基因通常被称为应急基因（contingency gene）。例如，细菌的抗原相变异（phase variation）、锥虫等原虫的抗原变异、病毒的抗原变异都是生物体应急活动的结果，即应急基因表达的结果（Barry et al., 2003）。在微孢子虫中，有不少种类的生活史较为复杂，不同的生活阶段有着不同的形态、侵染特性和寄主（如 *N. algae*），这种变化多端的生物学特性很可能与上述类似的应急机制有关，微孢子虫基因组中可能有类似的抗原基因家族，在不同时期能表达不同的家庭成员，从而表现出多种不同生物学特性。

在蛋白质比较研究方面，以孢子表面蛋白的 SDS-PAGE 图谱等作为属或种鉴定的辅助特征依据，许多学者对包括 Nb 在内的多种微孢子虫的蛋白质进行了相关研究（Moore and Brooks, 1993；龙綮新等，1995；郭锡杰和黄可威，1995；陈祖佩等，1995；高永珍等，1999；崔红娟等，1999；Sironmani, 1999a, 1999b；Cheney et al., 2001a）。一般而言，微孢子虫属内的表面蛋白较为保守，而不同属间的 SDS-PAGE 图谱带型有明显差异，亲缘关系越远的种之间差异越大。少数不同属微孢子虫的蛋白质可能存在相同之处，这已从不同属种的单克隆或多克隆抗体与不同抗原之间的交叉反应中得以证实，说明不同微孢子虫之间存在一些相同的抗原决定簇（贡成良等，2000；Keohane et al., 2001；Sobottka et al., 2001）。脑孢虫属内存在明显的蛋白质变异，兔脑炎微孢子虫、荷氏脑炎微孢子虫和肠脑炎微孢子虫的极管蛋白基因 *PTP1* 中心区域的串联重复数不同，分别为 4 个和 6～8 个；构成蛋白质的氨基酸数目也有差异：荷氏脑炎微孢子虫（*En. hellem*）为 453 个，肠脑炎微孢子虫为 372 个。但 PTP2 的氨基酸数目在属内较为一致，为 272～277 个（Méténier and Vivarès, 2001）。有些微孢子虫在不同发育阶段表面蛋白会发生变异，如兔脑炎微孢子虫的裂殖体表面没有孢壁蛋白 1（spore wall protein 1, SWP1），只在孢子发育阶段的表面才有（Liguory et al., 2000）。用荷氏脑炎微孢子虫单克隆抗体检测 A 型和 B 型不同染色体组型分离株的结果显示，两者的抗原反应并不相同，即在种内有抗原蛋白的变异（Mo and Drancourt, 2002）。

家蚕微粒子虫（Nb）与家蚕来源内网虫属样微孢子虫嵊州株（Esp）在蛋白谱和蛋白点上都有明显的差异，这种差异显然与两者间的形态、生活史和感染性差异有关。Nb 连续循环感染桑尺蠖（寄主转换）后，不仅在形态、感染性方面出现差异，在蛋白质水平方面也检测到了差异（部分蛋白点的有无及数量多少），而孢子表面蛋白表达量的变化显然与相关基因的表达水平有关，而蛋白质种类表现出差异（即有和无的差异）则可能涉及不同基因（也可能是同一基因家族的不同成员）的表达和沉默。从蛋白图谱类似和差异蛋白并不十分丰富的角度而言，可能与本实验中 Nb-H 的循环繁殖次数不够多有关，对于更多次数的循环繁殖会产生何种程度的差异仍值得进一步研究。尽管寄主胁迫造成的微孢子虫变异与锥虫自发性的抗原变异的情形可能有所不同，但进一步对微孢子虫变异现象进行研究无疑将加深对其变异、进化及多变生物学特性的诠释和了解，并将进一步阐明其侵染机制，为微孢子虫病的防治以及微孢子虫的生防应用提供理论依据。

总之，目前对微孢子虫变异的分子机制了解极为有限，而对原虫表型变异的认识主要来自对人类主要的寄生原虫如锥虫属（*Trypanosoma*）和疟原虫属（*Plasmodium*）等的研究。当原虫感染寄主后，后代总会产生表型的差异，使后代存活概率增大，变异是它们面对选择压力而主动形成的生存方式。尽管基因组的变异能快速产生表型变异，但在原虫方面目前尚无这种机制的报道。而相同基因家族在表达上的不同，也可产生表型变异，这种机制更容易发生，这可能是同一生活期的原虫发生表型变异的主要原因。原虫基因组中有大量的基因家族，家族之中的不同成员之间存在一些差别，这就是各发育阶段表型变异的源泉。微孢子虫中的脑孢虫属等也是以哺乳动物为寄主的，是否也存在类似于锥虫的表型变异机制？大多数微孢子虫又是以无脊椎动物为寄主的，它们的变异机制又是如何？这些问题尚未得到很好的解答，而这些问题的逐渐解明，将十分有益于对家蚕微粒子虫变异机制的研究和理解。

- 家蚕微粒子虫有其特定的寄主域，可以感染多种昆虫，但由于寄主和环境（温度和光照等）的不同，其孢子形态等特征的表现也会有所不同。家蚕微粒子虫感染桑尺蠖等昆虫后，孢子形态等将发生变异。Nb 在桑尺蠖中感染循环繁殖 24 次后，孢子的长径和长短径比，均与 Nb 孢子有极显著差异（$P<0.01$），对家蚕的感染性也同步下降。但回复感染家蚕后，迅速得到恢复。
- 家蚕微粒子虫孢子表面蛋白和总蛋白的 SDS-PAGE 与 2-DE 图谱类型相似，但存在诸多差异蛋白点（表达与不表达，表达多与少）。Nb 与 Esp 孢子表面蛋白及总蛋白的 SDS-Urea PAGE 和 2-DE 图谱类型有明显差异。
- 在家蚕微粒子虫转换寄主后会发生变化，以及至今尚未发现对养蚕具有与 Nb 相当危害程度微孢子虫的前提下，养蚕生产中 Nb 依然是必须首要关注的微孢子虫。而 Esp 的侵染特性也暗示，在家蚕微粒子病检测中选择蚕卵（蚕种）作为检测对象更为可靠或便利。

第3章　养蚕环境中微孢子虫的分布与家蚕微粒子病检测技术

多数家蚕传染性病害对家蚕个体而言都是致命性病害（truculency disease），即感染发生后的结果为死亡。家蚕的高密度饲养形式，决定了个体发病后极易快速传播和发生流行（浙江大学，2001），大规模发病或病害流行，不仅导致养蚕生产的直接经济损失，而且造成蚕农的恐惧心理而危害产业的稳定发展。养蚕业的风险调查分析显示，家蚕病害（传染性病害和中毒等）发生和蚕茧价格波动，分别是养蚕技术水平相对较高的江苏省和浙江省两大蚕区的首要风险（李建琴和顾国达，2012）。由此可见，家蚕病害控制是养蚕生产安全和产业发展的基本要求。

在明确家蚕微粒子病防控的病原微生物为家蚕微粒子虫（*Nosema bombycis*，Nb）的基础上，家蚕微粒子虫来自何处？主要分布在哪里？根据家蚕微粒子病的感染途径，Nb 的来源可分为两类，一类是“污染食物”的环境来源，即与饲养家蚕直接接触的蚕室蚕具和桑叶等；另一类是蚕卵（种），即胚胎感染的胚种来源。了解环境来源 Nb 的分布可实现防控技术实施的靶向性，是有效控制 Nb 的扩散污染、提高洁净和消毒技术实施的高效性，以及饲养过程防控技术适度采取的基础。胚种来源 Nb 的控制主要通过蚕种的检测，蚕种的检测技术并非简单的检测技术，而是对风险进行系统评估的技术（在第三篇陈述）。

病原微生物或家蚕微粒子虫检测技术的种类非常多，但选择或应用何种检测技术（实用化）则与检测的目的和要求有关。一种实用化的检测技术涉及技术（特异性、灵敏度、客观性、稳定性等）、经济（检测设施设备、劳力和时间成本等）和效率（检测样本量与检测过程所需时间等）参数等基本特性。在对环境样本进行检测中，现有的光学显微镜检测技术是一项成熟的技术，也已在生产中广泛应用。在蚕种检测中，现有集团磨蛾+光学显微镜检测技术的特异性、灵敏度、客观性、设施设备的通用性等都存在诸多的问题。蚕种的检测技术，因涉及风险评估及其重要性，对实用化技术的要求也会更多，或涉及的技术问题也更多。

本章主要介绍环境病原微生物的分布调查，以及以成品卵为检测对象的家蚕微粒子病检测技术研究结果。

3.1　养蚕环境病原微生物的分布

利用养蚕区域内病害发生率（或危害程度）的调查结果，可以对区域内养蚕防病技术水平进行评估。日本学者曾建立了基于家蚕样本实验室检测的实验性流行病学（experimental epidemiology）方法（渡部仁，1986）；国内多数研究者的报道资料以病征的现况调查

（prevalence investigate）为主要依据（李建琴和顾国达，2012；韩益飞等，2012），但基于病征的现况调查容易产生较大的偏倚（bias）。两者均为病害种类或发病程度的判断，可以明确区域内主要病害的种类，并为采取针对主要病害的防控技术提供依据，或为进一步加强该类病害的研究提供重要依据。但对防控靶标（传染源或病源物）和不同靶标防控强度的确定缺乏指导性。

家蚕传染性病害发生的三要素为传染源、传播途径和易感群体。对于易感群体而言，虽然可以通过抗病育种、选择饲养较强抗性蚕品种和提高饲养水平等途径提高家蚕的抗病性，但家蚕为低等免疫功能的昆虫以及采用高密度群体饲养的方式，决定了家蚕为极度易感群体的基本特征。对于传播途径而言，家蚕各种传染性病害的传播途径基本清楚。对于传染源或病源物（有病原微生物存在的环境样本）而言，不同蚕区或农户间可能存在较大的差异和不确定性，而家蚕病原微生物是归因危险度（attributable risk）极高的流行因子，家蚕一旦被感染，治愈的可能性或概率极低（浙江大学，2001）。

养蚕病害流行规律的解明和根据其规律提出有效的防控措施，是家蚕流行病学研究的根本目的。基于病害种类和发病程度调查的家蚕流行病学研究，可以了解区域内主要病害的种类和采取针对所查明病害的防控技术。但实际生产中，多数情况下的发病（或发现病蚕）是在5龄期，甚至5龄后期，因此，基于病害种类和发病程度调查的家蚕流行病学研究结果，对当季养蚕生产防控措施采取的指导时效性不足，更多的是针对下一季的养蚕病害防控。此外，在查明病害种类后，虽然可以基本明确传染源和传播途径及采取相应防控措施，但防控措施的靶向性并不十分明确。

家蚕病原微生物中的病毒和微孢子虫为专性寄生，其存在的状态与养蚕过程的进行（或寄主的存在）直接相关；细菌和真菌为腐生性，其存在的状态不仅与养蚕过程的进行有关，与蚕区的整个环境都有密切的关系（浙江大学，2001）。

另外，消毒是养蚕生产中控制病原微生物数量的重要手段之一，而现有农村养蚕消毒技术的主要评估靶病原为病毒多角体［家蚕核型多角体病毒（*Bombyx mori* nuclear polyhedrosis virus，BmNPV）、家蚕质型多角体病毒（*Bombyx mori* cytoplasmic polyhedrosis virus，BmCPV）］、细菌芽孢、真菌分生孢子及家蚕微粒子虫（*Nosema bombycis*）孢子。多数能有效杀灭病毒多角体和家蚕微粒子虫孢子的消毒药物或技术，也能有效控制其他病毒［家蚕浓核病病毒（*Bombyx mori* densonucleosis virus，BmDNV）、家蚕传染性软化病病毒（*Bombyx mori* infectious flacherie virus，BmIFV）］、细菌芽孢和真菌分生孢子的存在数量（浙江大学，2001；鲁兴萌和金伟，1996b，1998；鲁兴萌，2009，2012b）。因此，在多数情况下检测养蚕环境样本中的病毒多角体不仅具有良好的指示性，也有很好的可行性。在蚕种生产单位以Nb为检测靶标，应该成为生产过程的标配。

通过对调查区域内不同养蚕技术水平农户进行模糊聚类分层，在养蚕过程的不同阶段对养蚕环境不同位置样本进行抽样和检测，检测病毒多角体在养蚕环境中的存在状态，可获取更多的信息，更为直接了解养蚕过程中病害流行的状态和及时采取有效的靶向防控技术措施（包括防控范围、技术组合和强度等）提供依据，提高病害防控效率。

因此，本部分内容以构建一种基于养蚕环境样本检测的流行病学调查方法为目标，针对区域内不同养蚕技术水平农户，采集不同蚕室环境和不同养蚕时间段的样本，进行多维度样本检测、调查和分析，期望为生产中实施高效病害防控技术提供参考。

本部分内容是在 2 年（2008～2009 年）的预研基础上设计了养蚕环境样本分层抽样和病原微生物实验室检测方法，于 2010～2012 年应用该方法对 2 个养蚕生产点进行了调查和研究，虽然主要检测物为多角体（BmNPV 和 BmCPV 的多角体），但对家蚕微粒子虫的检测和分布调查同样具有参考价值。在实际原种生产中，多数情况下家蚕微粒子虫的检出率要大大低于多角体，或者说在检测样本对象物、检测时间和方法上应该有所不同（鲁兴萌等，2013）。

3.1.1 取样和检测方法

（1）选点和分层抽样

选择浙江省嘉湖平原的桐乡蚕区和浙江西部山区的建德蚕区进行调查，抽样区域内饲养、消毒（包括消毒剂种类）和上蔟方法或要求相同。调查取样采用分层抽样法（stratified sampling），即由当地技术人员根据区域内农户养蚕技术水平的高低（或历年养蚕蚕茧产量），经主观判断确定分层为“较高组”、“中等组”和“较低组”进行抽样，每组由 4 个农户组成。建德蚕区的抽样分层为“较高组”、“中等组”和“较低组”；桐乡蚕区的抽样分层为“较高组”和“较低组”。定点定户进行 2 年 4 个蚕季（春蚕期和中秋蚕期）的抽样调查。

（2）样本种类和取样方法

样本分为蚕室环境样本、桑虫样本和病蚕样本三大类。蚕室环境样本主要根据空间位置区分为蚕室内墙壁、蚕室窗台、蚕室前地面（蚕室大门外地面）、蚕室内地面、蚕室后地面（蚕室后方室外地面）和蚕沙坑 6 种。样本可直接取样（如蚕沙或泥沙等），无明显固形物时可用湿的脱脂小棉球涂抹蘸取，取样后放入加盖小试管（试管容积为 5ml，Φ1.2cm×5cm），每种样本取 3 个或以上，标明样本源，加盖装入 32 格的样本盒内。桑虫样本抽取对象为桑园内的鳞翅目害虫，在蚕期（一般为大蚕期）农户或技术员根据主观判断从桑园抽取最多的一种害虫 30 个样，其次 20 个样，再次 10 个样，分别放入加盖小试管（5ml，Φ1.2cm×5cm），标明样本户名和害虫种类，加盖装入 32 格的样本盒内（数量不足时可同比减少取样数量）。未名桑虫是指取样装管时未标明虫名、取样到检测时间过久而无法辨别的桑虫样本。病蚕样本由农户选取认为有病的家蚕，放入加盖小试管（5ml，Φ1.2cm×5cm），加盖标明样本，装入 32 格的样本盒内。次茧样本直接装入样本盒或塑料袋，标明来源。样本取样、加盖、装盒和标记结束后，统一打包，用快递送实验室。

蚕室环境样本的过程性取样：按照养蚕过程时间的前后区分为消毒前（开始养蚕环境消毒和蚕室蚕具清洗消毒前一周内）、消毒后（养蚕前消毒结束后当天）、养蚕前（蚕种入户前 1d）、养蚕中（5 龄饷食至上蔟前）、蔟中（上蔟至采茧期间，采用蚕座内自动上蔟法）、养蚕后（采茧后 3d 内）或回消后（采茧后 1 周内）等 6 或 7 个时间段进行过程性取样。

样本制作：蚕室环境样本，打开试管盖，加入样本高度约2倍的无菌水，加盖，振摇，浸泡12h或以上。桑虫样本和病蚕样本，在试管中加无菌水至约2/3高度（3cm），用笔式捣碎机（PRO 200，5mm×74mm，PRO Scientific INC.USA）间隙捣碎1min，样本个体较大时，可将样本导入50ml试管，同法捣碎。

显微镜检测：将浸泡或捣碎样本试管充分混匀后，用移液器取少量悬浮液制成临时标本，用相差光学显微镜（Olympus CH，JPN）40×15倍观察，记录是否有病毒（BmNPV或BmCPV）多角体或微粒子虫（*Nosema bombycis*）孢子。

数据处理：用SPSS 20.0软件对调查数据进行处理，采用方差分析和多重比较（DUNCAN法）检验各实验组间差异（其中，桐乡蚕区两个养蚕水平样本间的数据采用*t*检验）。百分比数据进行$\sin^{-1}(P)^{1/2}$转换。

3.1.2 蚕室环境样本的检测

蚕室内墙壁、蚕室窗台、蚕室前地面、蚕室内地面、蚕室后地面和蚕沙坑6种来源8011个样本（包括不同养蚕时段）中病毒多角体和家蚕微粒子虫孢子的检测结果如表3-1所示，不同蚕室环境样本的病原微生物检出率有明显差异，其中，蚕沙坑样本检出率显著高于其他来源样本（$P<0.05$），蚕室内地面样本检出率显著高于蚕室窗台、蚕室前地面和蚕室内墙壁样本（$P<0.05$），蚕室内墙壁样本检出率显著低于蚕沙坑、蚕室内地面和蚕室后地面样本（$P<0.05$）。

表3-1 不同蚕室环境样本的病原微生物检出率比较

样本来源	样本数	检出率（$\bar{x}\pm s$）（%）
蚕沙坑	1334	12.375±4.7379d
蚕室内地面	1340	8.540±4.1189c
蚕室后地面	1337	6.550±4.1279bc
蚕室窗台	1337	5.500±3.1501ab
蚕室前地面	1336	5.140±3.6719ab
蚕室内墙壁	1327	3.420±2.5591a

注：数据后字母相同表示差异不显著，字母不同表示差异显著；检出率为多角体和Nb孢子检出数/样本数×100%

蚕室内墙壁、蚕室窗台、蚕室前地面、蚕室内地面、蚕室后地面和蚕沙坑6种蚕室环境样本的病原微生物检出率，桐乡蚕区分别为4.95%、4.88%、4.94%、5.85%、6.71%和15.91%，总检出率为7.4%；建德蚕区分别为2.40%、5.92%、5.28%、10.33%、6.44%和10.02%，总检出率为6.7%。

本次调查中，不同蚕室环境样本的病原微生物检出率高低次序为：蚕沙坑>蚕室内地面>蚕室后地面>蚕室窗台>蚕室前地面>蚕室内墙壁。该结果揭示了养蚕生产中应该控制或重点消毒防范病源物的轻重缓急；蚕沙坑样本的病原微生物检出率显著高于其他蚕室环境样本，以及蚕室内地面样本检出率显著高于蚕室窗台、蚕室前地面和蚕室内墙壁样本的结果，证实了关注蚕沙坑和蚕室内地面的污染控制与消毒的重要性。一般而言，蚕室前地面是一个比较容易被病原微生物污染的场所，而蚕室后地面是一个不易被污染的场所（与养蚕相关的作业较少），调查结果却与此相悖，可认为由人为消毒等防病技术实施的影响所造成，或者说病原微生物的扩散和污染可能受消毒等防病技术因素的影响。

在养蚕过程的不同阶段（消毒前、消毒后、养蚕前、养蚕中、蔟中、养蚕后和回消后）中，虽然 6 种蚕室环境样本不同阶段的平均检出率存在一定的差异，但不显著（$P>0.05$）（表 3-2）。

表 3-2　不同养蚕时段蚕室环境样本的病原微生物检出率比较

养蚕时段	样本数	检出率（$\bar{x}\pm s$）（%）
消毒前	1257	8.165±4.4591a
消毒后	1293	6.075±2.4242a
养蚕前	1276	5.170±2.4919a
养蚕中	1254	7.660±3.4781a
蔟中	1224	5.302±1.1857a
养蚕后	1257	7.710±2.7193a
回消后	396	7.762±9.4939a

注：数据后字母相同表示差异不显著，字母不同表示差异显著；检出率为多角体和 Nb 孢子检出数/样本数×100%

桐乡蚕区，消毒前、消毒后、养蚕前、养蚕中、蔟中、养蚕后和回消后 7 个不同养蚕阶段蚕室环境样本的家蚕病原微生物检出率分别为 7.64%、7.35%、5.85%、7.43%、9.61%、7.65%和 7.76%；建德蚕区，消毒前、消毒后、养蚕前、养蚕中、蔟中和养蚕后 6 个不同养蚕阶段蚕室环境样本的家蚕病原微生物检出率分别为 8.52%、5.23%、4.72%、7.82%、6.12%和 7.75%。

蚕室环境中病原微生物的存在状态直接反映了养蚕生产的安全程度，即环境样本中病原微生物的检出率较高，养蚕生产处于危险状态，反之则相对安全。在本次调查中，蚕室环境样本的病原微生物总检出率桐乡蚕区（7.4%）高于建德蚕区（6.7%）；而与养蚕作业过程紧密相关的蚕室窗台、蚕室前地面和蚕室内地面样本的检出率，则是桐乡蚕区（4.88%、4.94%和 5.85%）低于建德蚕区（5.92%、5.28%和 10.33%）。由此可以推测并作出相应的指导：桐乡蚕区区域大环境中病源物较多，应该加强大环境的病源物控制；而建德蚕区在与饲养直接相关的小环境中病源物较多，应该增加蚕室内或养蚕作业直接相关防病技术的实施强度。

桑虫的取样中，桑螟是本次调查田间发现和取样最多的一种害虫，但桑尺蠖的数量也不少（桐乡蚕区）。不同地域来源的桑虫样本中，家蚕病原微生物检出率存在差异（桐乡 29.42%，建德 14.66%），其差异较桑虫样本种类间更大（如桐乡桑尺蠖 35.50%，未名桑虫 21.97%），桐乡蚕区桑虫样本的检出率高于建德蚕区。家蚕病原微生物的检出种类，多数为病毒多角体（35.80%）；家蚕微粒子虫孢子的检出率非常低，检出样本总数为 5 个，总检出率仅为 0.12%，桑虫样本的检出率仅为 0.16%，病蚕或次茧样本的病原微生物检出率高于桑虫样本（表 3-3）。

表 3-3 桑树害虫和病蚕样本的家蚕病原微生物检出情况

样本			病毒多角体检出率（%）	家蚕微粒子虫孢子检出率（%）	总检出率（%）
来源	种类	数量			
桐乡	桑螟	416	33.89	0.00	33.89
	桑尺蠖	400	35.50	0.50	36.00
	桑毛虫	210	32.38	0.00	32.38
	未名桑虫	701	21.97	0.14	22.11
	病蚕	1005	62.09	0.10	62.19
建德	桑螟	84	15.48	0.00	15.48
	未名桑虫	32	12.50	0.00	12.50
	病蚕	742	30.73	0.00	30.73
	次茧	458	16.38	0.22	16.59

3.1.3 不同养蚕技术水平农户不同蚕室环境样本的检出率比较

桐乡蚕区，不同养蚕技术水平农户 6 种环境样本的家蚕病原微生物检出率比较：“较高组”和“较低组”的蚕室内墙壁、蚕室后地面与蚕沙坑 3 种环境样本间的检出率未见显著差异；“较高组”的蚕室窗台（3.775%±2.9826%）、蚕室内地面（4.770%±3.8785%）和蚕室前地面（1.800%±1.3663%）3 种样本的检出率均显著低于“较低组”（5.975%±2.8582%、6.920%±3.6764%和 8.075%±4.5463%）（$P<0.05$）（图 3-1）。

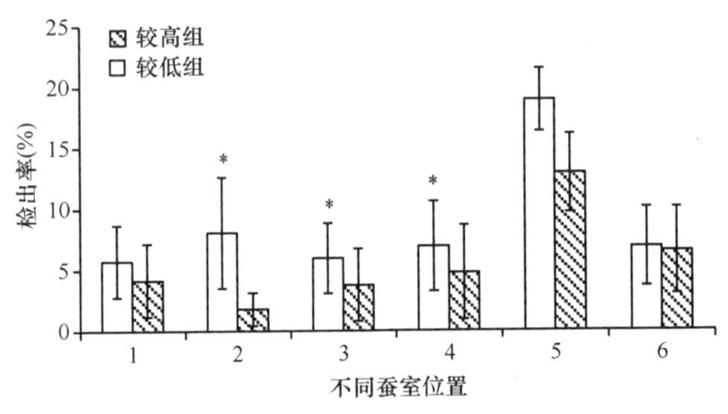

图 3-1 桐乡蚕区不同养蚕技术水平农户 6 种蚕室环境样本的病原微生物检出率比较

1：蚕室内墙壁；2：蚕室前地面，3：蚕室窗台；4：蚕室内地面；5：蚕沙坑；6：蚕室后地面；
*表示处理间差异显著（$P<0.05$），下同

建德蚕区，不同养蚕技术水平农户 6 种环境样本的家蚕病原微生物检出率比较：“较高组”、“中等组”和“较低组”的蚕室内墙壁、蚕室前地面、蚕室内地面与蚕沙坑 4 种环境样本间的检出率未见显著差异；蚕室窗台样本检出率，“中等组”和“较低组”间的差异不显著（5.550%±2.5013%和 8.725%±1.9568%），“较高组”（3.475%±3.4769%）的检出率显著低于前两者（$P<0.05$）；蚕室后地面样本检出率，“较低组”（11.575%±3.7125%）显著高于“中等组”和“较高组”（4.600%±2.7337%和 3.150%±3.0752%）（$P<0.05$）（图 3-2）。

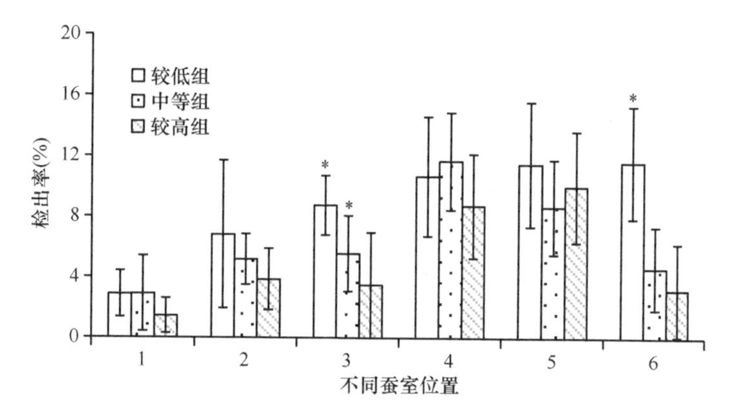

图 3-2　建德蚕区不同养蚕技术水平农户 6 种蚕室环境样本的家蚕病原微生物检出率比较

1：蚕室内墙壁；2：蚕室前地面；3：蚕室窗台；4：蚕室内地面；5：蚕沙坑；6：蚕室后地面

在分层抽样检测中，桐乡和建德蚕区不同养蚕技术水平农户分层间样本病原微生物检出率的变化呈现相似的规律，即技术水平“较高组”或“中等组”的蚕室环境样本病原微生物检出率低于“较低组”。桐乡蚕区蚕室窗台、蚕室内地面和蚕室前地面样本病原微生物检出率，技术水平“较高组”显著低于“较低组”（$P<0.05$）（图 3-1）；建德蚕区蚕室窗台和蚕室后地面样本病原微生物检出率，技术水平“较高组”或“中等组”显著低于“较低组”（$P<0.05$），“中等组”的蚕室内地面和蚕沙坑样本的病原微生物检出率分别高于“较低组”与低于“较高组”（$P<0.05$）（图 3-2）。蚕室窗台样本和蚕室后地面样本的差异可能与养蚕洁净习惯有关，而蚕室内地面样本和蚕室前地面样本的差异则与养蚕过程中消毒等防病技术的实施水平有关。

3.1.4　不同养蚕阶段蚕室环境样本的检出率比较

桐乡蚕区养蚕过程中（消毒前、消毒后、养蚕前、养蚕中、蔟中、养蚕后和回消后），各类蚕室环境样本的家蚕病原微生物检出率在不同养蚕技术水平农户群体中表现出不同的变化趋势（图 3-3）。“较低组”经过消毒后检出率略有下降，在养蚕前、养蚕中和蔟中阶段持续上升，养蚕后略有下降后又上升；“较高组”则在消毒后和养蚕前出现略有上升后又回落的变化，在养蚕前、养蚕中和蔟中缓慢上升，其后持续下降。在消毒前，“较低组”和“较高组”之间的检出率接近，消毒后“较高组”略高于“较低组”，在养蚕开始后，“较高组”的检出率均低于“较低组”。“较高组”和“较低组”蚕室环境样本病原微生物检出率，均未表现出统计学的显著性差异（$P>0.05$）。

建德蚕区养蚕过程中（消毒前、消毒后、养蚕前、养蚕中、蔟中和养蚕后），各类蚕室环境样本的家蚕病原微生物检出率的变化趋势在不同养蚕技术水平农户群体中虽与桐乡蚕区类似，但也有所不同（图 3-4）。“较高组”和“中等组”表现出较为类似的变化趋势，经过消毒后检出率略有下降，其后又缓慢上升；“较低组”则表现出 2 个大的波动，即检出率在消毒后大幅下降和在养蚕中大幅上升。在消毒后、养蚕前、蔟中和养蚕后 4 个时间段 3 个养蚕技术水平分层抽样间未显示显著差异，但在消毒前和养蚕中这 2 个时间段，“较低组”（15.300%±2.2862%、10.500%±2.2804%）的环境样本检出率均显著高于“较高组”与“中等组”（4.350%±2.0042%、6.575%±0.6500%与 5.900%±1.2884%、6.375%±1.8337%）（$P<0.05$）。

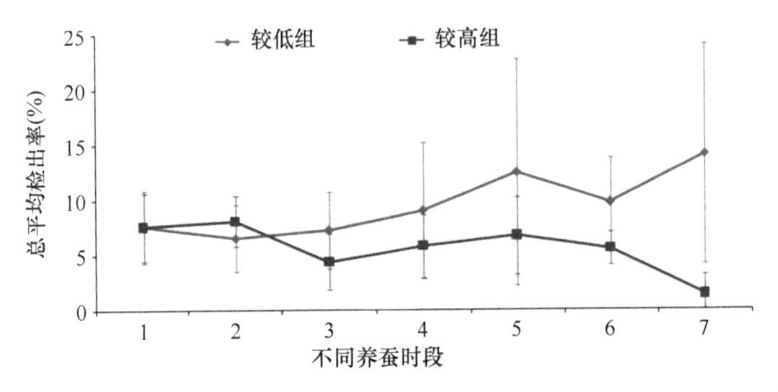

图 3-3 桐乡蚕区养蚕不同时段不同养蚕技术水平农户蚕室环境样本的家蚕病原微生物检出率比较
1：消毒前；2：消毒后；3：养蚕前；4：养蚕中；5：蔟中；6：养蚕后；7：回消后

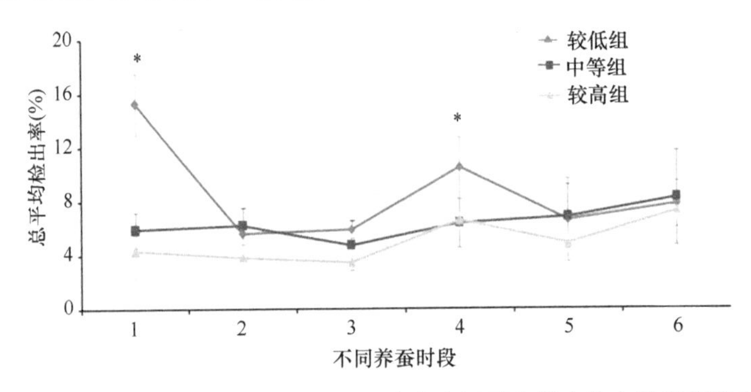

图 3-4 建德蚕区养蚕不同时段不同养蚕技术水平农户来源蚕室样本的家蚕病原微生物检出率比较
1：消毒前；2：消毒后；3：养蚕前；4：养蚕中；5：蔟中；6：养蚕后

养蚕进行的过程也是病原微生物数量在环境中增加的过程，养蚕结束后病原微生物数量也随之减少（鲁兴萌，2008，2012b）。所以，消毒前较高、消毒后下降、养蚕前较低、养蚕中增加、蔟中较高、养蚕后下降、回消后较低是蚕室环境样本病原微生物检出率变化呈现的一般规律。

在本调查中，虽然不同养蚕时间段样本的检出率之间未见显著差异（表 3-2），前 4 个取样时间节点也符合上述规律，但出现了蔟中阶段明显回落、其后不减反增的现象。推测该现象可能与病源物扩散的控制有关，即养蚕消毒（包括清洁）技术实施具有较好的效果，养蚕过程中病源物控制得不错，但养蚕结束后的病源物扩散较为严重（养蚕后样本和养蚕前样本均表现出较高的检出率）（表 3-2、图 3-3 和图 3-4）。养蚕技术水平分层抽样检测比较发现，不同农户（分层抽样组）之间在养蚕过程中清洁消毒水平和病源物扩散控制技术实施水平存在较大差异（图 3-3 和图 3-4）。

不同养蚕技术水平分层农户间，在不同养蚕时间段病原微生物的检出率存在不同的变化规律。

消毒前的比较分析：除建德蚕区养蚕技术水平“较低组”的样本病原微生物检出率

显著（$P<0.05$）高于其他 2 个组外，其他不同分层抽样组之间未见显著差异，该结果表明从上一个养蚕期结束后到新的养蚕期开始前的期间，有 2 种可能的情况，一是病源物扩散控制处于接近的水平，或蚕区大环境是决定病源物分布状态的主要因素，二是检测方法存在只能鉴别形态而无法鉴别是否存活的局限性。

消毒后和养蚕前的比较分析：不同养蚕技术水平分层抽样组之间的检出率差异不明显，除建德蚕区养蚕技术水平“较低组”的检出率明显下降外，其余与消毒前抽样相差甚微，其结果可能是蚕室环境的洁净与消毒工作处于接近的水平，未能清除的病源物中的病原微生物难以通过消毒杀灭，或病源物总量虽然减少但检出率变化不大，也有可能是消毒后的病源物控制处于较好的状况。

养蚕中的比较分析：在该时间段，调查的 2 个蚕区养蚕技术水平“较高组”样本病原微生物检出率均明显低于“较低组”，在建德蚕区达到显著水平（$P<0.05$），由此也可认为在家蚕饲养过程中，养蚕技术水平“较高组”具有更高的病源物控制和蚕期清洁消毒水平。

蔟中及以后阶段的比较分析：桐乡蚕区的病原微生物检出率在蔟中阶段继续上升和在养蚕后下降，且养蚕技术水平“较高组”比“较低组”低，建德蚕区在此时间段先降后升和不同养蚕技术水平分层间的差异缩小，该现象可能与前者使用折蔟或蜈蚣蔟，而后者使用方格蔟有关，即处理病源物的时间不同或控制病源物扩散的水平不同；桐乡蚕区回消后的病原微生物检出率出现养蚕技术水平“较高组”明显下降和“较低组”明显上升的现象，这与是否进行回消有关，而在下一个蚕期开始前两者的检出率恢复到同一水平的现象，则类同消毒前阶段的比较分析结果。

各种流行因子或流行因子间及其与蚕茧产量的相关性是流行病学研究十分关注的内容，本调查中虽然除蚕室环境样本外还涉及其他流行因子的调查，也发现调查的 2 个蚕区桑虫和病蚕（或次茧）样本的病原微生物检出率（表 3-3）与蚕室环境样本的检出率有相似的趋势（表 3-3、图 3-1 和图 3-2），但并未涉及蚕茧产量及其与病原微生物检出率相关性的分析。

本调查主要还是从方法学角度进行探索，在理论上，检测与家蚕密切相关的蚕室环境样本中病毒多角体具有较好的病原代表性；在方案上，采用模糊聚类分层抽样具有较好的区域养蚕技术水平代表性；在技术上，抽样、送样和检测时间等方面也较易实施。本次调查结果和上述有关分析，可为区域养蚕流行病的监控和防控技术的靶向实施提供有益的依据。因此，可将此流行病学调查方法用于养蚕生产中的疫情监控，由具有一定实验室条件的农业技术公共服务中心和基层农技推广中心实施，为蚕农提供对养蚕病害防控有益的技术指导和参考。

3.2　家蚕微粒子病的免疫学检测技术

家蚕微粒子病的检测技术有：肉眼诊断、光学显微镜检测技术、免疫学和分子生物学检测技术等。

肉眼诊断技术主要基于家蚕个体的病征和病变（丝腺出现乳白色肿胀）以及群体的

病情等，其特点是发现时期往往是发病的晚期、需要较为丰富的经验和病理学知识，以及快速作出判断。其局限性是多数情况下难以做出明确结论，但是一种最为简易的技术，可为其他诊断技术应用提供重要的参考依据。

光学显微镜检测主要基于家蚕微粒子虫（*Nosema bombycis*，Nb）孢子的形态，其特点是可在家蚕发病的较早时期进行诊断、需要不太昂贵的光学显微镜和一定的病原形态学判断经验，以及可较快得出诊断结果。丰富的肉眼诊断经验可以为光学显微镜检测确定具体解剖取样病变组织、提高检测速度提供依据。光学显微镜检测是目前养蚕生产单位（主要为蚕种生产单位和蚕种检测单位）应用最为广泛的家蚕微粒子病检测技术，但在家蚕微粒子病光学显微镜检测中对各类家蚕微粒子虫类似物（不同种属的微孢子虫、真菌孢子和各类杂质，以及前两章描述中涉及的一些更为复杂的因素）进行区别一直是一个困扰。此外，从减少人为因素影响或机械化发展及灵敏度要求等角度而言，基于免疫学和分子生物学的检测技术应运而生。

3.2.1 免疫学检测技术的特点

免疫学检测技术是基于抗原-抗体可特异性结合的原理而产生的检测技术，尤其是单克隆抗体技术，具有极高的特异性与敏感性，是实验室诊断病原感染和鉴定病原的重要手段，也是研究病原的重要方法，已在病理研究与疾病诊断中得到广泛应用。免疫学检测技术的种类非常多，有免疫扩散和免疫电泳技术（包括免疫沉淀、单向免疫扩散、逆向免疫扩散和对流免疫电泳等）、酶联免疫检测技术（包括间接酶联免疫吸附测定法、竞争酶联免疫吸附测定法、双夹心酶联免疫吸附测定法、斑点酶联免疫吸附测定法和亲和素-生物素复合酶联免疫吸附测定法等）和荧光免疫检测技术（包括直接标记法、间接标记法和免疫胶体金技术等）以及大量的衍生技术（Kawarabata and Hayasaka，1987；Cheney et al.，2001a；鲁兴萌，2012a）。

不同免疫学检测技术在设备仪器条件要求、检测灵敏度和作业复杂性方面都有很大的差异。一般而言设备仪器条件要求越高，灵敏度越好，作业复杂性越高；设备仪器条件要求越低，灵敏度越低，作业复杂性或技术要求越低。免疫学检测技术在家蚕微粒子虫检测中应用已有大量相关的研究（黄自然等，1983；李达山，1985；梅玲玲和金伟，1988；陈祖佩，1988；陈建国等，1988；Mike et al.，1988，1989；万国富等，1994；刘吉平等，1995；徐兴耀等，1998a；万嘉群，1998；鲁兴萌等，2010）。

在家蚕微粒子虫检测中，解决微孢子虫与非微孢子虫的鉴别问题较易实现，解决不同微孢子虫之间的鉴别问题相对困难。这种困难主要来自家蚕微粒子虫孢子与许多微孢子虫孢子具有相同的表面抗原，其差别仅存在于数量上，在实验室已知检测物（微孢子虫孢子）浓度或数量的情况下，可有效地将不同的微孢子虫与 Nb 加以区别，但在生产中或面对未知浓度或数量待检物时，往往无法解决鉴别问题（参见第 2 章）。筛选出 Nb 孢子特有的单克隆抗体是一种解决途径，但从自然界无穷无尽的微孢子虫或类似物中筛选出 Nb 孢子特有的单克隆抗体也并非易事。此外，多数免疫学检测技术不能解决结果判断中人为因素的影响问题，判断是否有沉淀和是否有条带等免疫学检测技术常见结果也非易事。

酶联免疫吸附测定法（enzyme-linked immunosorbent assay，ELISA）是一种机械化程度较高的检测技术（可以较好地避免人为因素对判断的影响），也是目前常用的商业化或市场化检测技术。

3.2.2 液氮处理 Nb 孢子和未处理 Nb 孢子包被效果的对比

家蚕微粒子虫繁殖和制备 Nb 孢子悬浮液方法参见 12.1 节。

家蚕微粒子虫孢子为椭圆形颗粒，但颗粒较大（2.9～4.1μm×1.72～2.1μm），且具非黏附性外壁，像这种大颗粒性抗原直接用酶联免疫吸附测定法（ELISA）检测，在包被过程中不能将孢子稳定和牢固地吸附在酶标板上，或检测过程后续的反复洗涤导致孢子脱落，从而引起检测结果的不稳定，即该问题也是 ELISA 技术在生产上应用必须解决的问题。有报道认为：用甲醛溶液进行再次固定，在对孢子进行灭活的同时可提高包被效果（陈建国等，1988）。

液氮研磨冻融处理后的孢子镜检可见，孢子仍然完整，与未处理的孢子相比较，孢子活动性降低，折光性变弱，个别孢子已发芽，呈现空壳状。

经间接 ELISA 测定，液氮研磨处理孢子可提高包被效果，且重复性好，孔间差异较小。处理 Nb 孢子与同等浓度的未处理 Nb 孢子经方差分析，差异极显著（$P<0.01$），处理 Nb 孢子浓度在 5×10^6 孢子/ml 时，即可达到未处理 Nb 孢子浓度在 10^7 孢子/ml 的包被效果（表 3-4）。这种包被效果的提高可能与液氮研磨冻融处理过程中 Nb 孢子表面部分蛋白抗原脱落有关。

表 3-4 液氮处理 Nb 孢子和未处理孢子的包被效果对比

不同处理 Nb 孢子		OD 值	平均值	方差分析
液氮	浓度（孢子/ml）			
处理	10^7	1.780、1.974、1.898、1.826、1.731、1.830、1.811	1.836	$P<0.01$ 差异极显著
未处理		1.323、1.245、1.450、1.300、1.298、1.299、1.387	1.329	
处理	5×10^6	1.434、1.030、1.530、1.279、1.330、1.006、1.347	1.280	$P<0.01$ 差异极显著
未处理		0.920、0.694、0.663、0.567、0.923、0.712、0.592	0.724	

本次实验使用自制的家蚕微粒子虫成熟孢子作为免疫原的单抗（3C1），单克隆抗体细胞株单抗的特异性测定采用间接 ELISA 完成，结果显示（图 3-5）：3 株单抗与成熟 Nb 孢子、不成熟 Nb 孢子均发生反应，均未发现与 Esp 孢子、肠球菌（*Enterococcus faecalis*）、多形汉逊酵母（*Hansenula polymorpha*）及健康家蚕中肠蛋白有交叉反应。此结果表明，这 3 株单抗对 Nb 孢子具有很好的特异性（张凡等，2004）。

3.2.3 纯化 Nb 孢子的 ELISA 检测及模拟感染家蚕微粒子病蚕卵的检测

有关免疫、抗体制备和鉴定等的具体实验技术与方法可参考《蚕桑高新技术研究与进展》（鲁兴萌，2012a）。

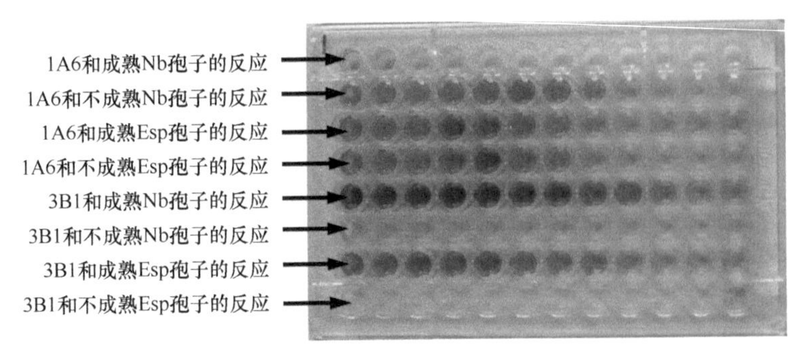

图 3-5 家蚕微粒子虫单抗 1A6 和 3B1 与两种微孢子虫孢子的交叉反应

96 孔板，由左至右单抗 1A6 和 3B1 分别为 10^2、2×10^2、4×10^2、8×10^2、16×10^2、32×10^2、64×10^2、128×10^2、256×10^2、512×10^2、1024×10^2 和 2048×10^2 倍梯度稀释

3.2.3.1 包被等工作参数的比较

采用方阵滴定法确定抗体的工作浓度。具体方法是：分别将包被用多抗稀释至 2.5μg/ml、5μg/ml、10μg/ml 和 20μg/ml 包被酶标板，检测 2×10^6 孢子/ml 浓度的 Nb 孢子，HRP 标记单抗以 1∶500、1∶1000、1∶2000、1∶4000 稀释作为检测抗体。选择抗体稀释度高、OD 值高而本底较低的组合作为包被抗体和酶标抗体的工作浓度，建立双抗体夹心 ELISA 法。结果如表 3-5 所示，在包被多抗及酶标抗体的稀释倍数较低时，阳性对照的 OD 值维持在一个较高水平，随着稀释倍数的增加，OD 值均呈现下降趋势。选定阳性血清 OD 值为 1.0、阴性血清 OD 值较低且 *P*/*N*（positive OD value/negative OD value）值大的反应孔的抗原及血清稀释倍数作为二者最佳工作条件，即确定多抗的最佳包被浓度为 10μg/ml，而酶标抗体最佳稀释倍数为 1∶2000（表 3-5）。

表 3-5 包被多抗浓度和酶标抗体使用浓度比较

酶标抗体稀释倍数	包被多抗浓度（μg/ml）				空白
	40	20	10	5	
1∶500	1.243	1.201	1.087	0.782	0.114
1∶1000	1.142	1.114	0.730	0.740	0.103
1∶2000	1.083	1.007	0.757	0.514	0.077
1∶4000	0.756	0.786	0.627	0.453	0.071

多抗包被方式的确定：以最适抗原（Nb 孢子）浓度包被酶标板，100μl/孔，分成 3 组。第 1 组，4℃过夜+37℃包被 2h；第 2 组，37℃包被 2h；第 3 组，4℃过夜包被。用不同条件下包被好的酶标板进行间接 ELISA 检测，酶标仪读出 OD_{490} 值，比较各组的 OD 值和 *P*/*N* 值，以确定最佳包被条件。不同包被方式的结果如表 3-6 所示，4℃过夜+37℃包被 2h 及 4℃过夜包被两种方式均可以取得良好的效果，但考虑到蛋白质活性及实验简便性，确定最佳包被条件为 4℃过夜包被。

抗原反应时间的确定：加抗原（Nb 孢子）后分别反应 2h、1.5h、1h 及 0.5h，常规方法进行 ELISA 检测，比较各组的 OD 值和 *P*/*N* 值，以确定抗原最佳的反应时间。结果如表 3-7 所示，抗原反应 2h 时 *P*/*N* 值最大，但与反应 1.5h 时差别不大，选取阳性 OD 值大而阴性 OD 值较小且 *P*/*N* 值较大的一组作为最佳抗原反应时间，确定最佳抗原反应时间为 1.5h。

表 3-6　包被方式比较

指标	包被方式		
	4℃过夜+37℃包被 2h	4℃过夜包被	37℃包被 2h
阳性对照 OD_{490} 值	1.105	1.008	0.851
阴性对照 OD_{490} 值	0.101	0.097	0.092
P/N 值	10.94	10.39	9.2

表 3-7　抗原反应时间比较

指标	抗原反应时间			
	2h	1.5h	1h	0.5h
阳性对照 OD_{490} 值	1.095	1.086	0.94	0.521
阴性对照 OD_{490} 值	0.092	0.093	0.085	0.066
P/N 值	11.90	11.67	11.05	7.893

酶标抗体最佳反应时间的确定：加酶标抗体后分别反应 0.5h、1h 及 1.5h，常规方法进行 ELISA 检测，比较各组的 OD 值和 *P/N* 值，以确定酶标抗体最佳的反应时间。结果如表 3-8 所示，酶标抗体在反应 1.5h 和 1h 时 *P/N* 值最大，但两者差别不大，确定最佳酶标抗体反应时间为 1h。

表 3-8　酶标抗体反应时间比较

指标	酶标抗体反应时间		
	1.5h	1h	0.5h
阳性对照 OD_{490} 值	0.965	0.938	0.851
阴性对照 OD_{490} 值	0.102	0.097	0.099
P/N 值	9.46	9.67	8.59

底物反应时间的确定：加底物后分别反应 10min、15min、20min，比较各组的 OD 值和 *P/N* 值，以确定底物最佳的反应时间。结果如表 3-9 所示，加底物后反应 10min 和 15min 各指标差异不大，反应 20min 时本底较高，所以选择 10～15min 为最佳底物反应时间。

表 3-9　底物反应时间比较

指标	底物反应时间		
	10min	15min	20min
阳性对照 OD_{490} 值	0.709	0.748	0.851
阴性对照 OD_{490} 值	0.082	0.087	0.104
P/N 值	8.646	8.597	8.18

3.2.3.2　纯化家蚕微粒子虫孢子的检测灵敏度

以上述优化后的参数条件进行 ELISA 检测灵敏度测定。具体步骤是：用 10μg/ml 多抗包被酶标板，4℃过夜，用吐温磷酸盐缓冲液（phosphate buffered saline+Tween-20，PBST）洗涤 2 次，每次室温放置 3min，吸水纸拍干；加入 5%的脱脂奶粉，37℃封闭 30min，同上洗涤；加入倍比稀释的纯化 Nb 孢子悬浮液，首孔为 10^7 孢子/ml，空白对照只加 PBS（phosphate buffered saline），37℃封闭 1.5h，同上洗涤；加入 1∶2000 倍稀释的酶标抗体 3C1，37℃温育 1h，用 PBST 洗涤 3 次，每次室温放置 3min，吸水纸拍干；加邻苯二胺（*O*-phenylene diamine，OPD）底物避光显色 15min，终止后读数取 OD_{490} 值，计算 *P*/*N* 值。*P*/*N*≥2.0 判定为阳性。结果如表 3-10 所示，纯化 Nb 孢子的检测灵敏度为 3.125×10^5 孢子/ml。

表 3-10 纯化 Nb 孢子的检测灵敏度比较

指标	Nb 孢子浓度（$\times10^5$ 孢子/ml）							
	100	50	25	12.5	6.25	3.125	1.562	空白
OD 值	2.618	1.826	0.92	0.47	0.36	0.179	0.121	0.069
P/*N* 值	37.94	26.46	13.33	6.81	5.21	2.59	1.75	
阴阳性判断	+	+	+	+	+	+	−	

3.2.3.3 模拟感染家蚕微粒子虫蚕卵的检测灵敏度

模拟感染家蚕微粒子虫蚕卵液的制备：收集经母蛾检测未检出 Nb 孢子母蛾所产蚕卵，用 PBS 研磨，200 目纱布过滤，滤液 500r/min 离心 2min，收集上清，3000r/min 离心 10min 收集沉淀，再用 PBS 稀释到原体积，作为实验用蚕卵研磨液。

检测时，在蚕卵研磨液中加入纯化 Nb 孢子，孢子浓度从 10^7 孢子/ml 开始依次倍比稀释，阴性对照加蚕卵研磨液，空白对照为 PBS，同上述步骤进行检测，读数取 OD_{490} 值，计算 *P*/*N* 值。结果判定：*P*/*N*≥2.0 为阳性。结果如表 3-11 所示，添加 Nb 孢子的蚕卵研磨液的检测灵敏度为 5×10^6 孢子/ml。

表 3-11 添加 Nb 孢子蚕卵的检测灵敏度

指标	蚕卵液+Nb（$\times10^5$ 孢子/ml）					
	100	50	25	12.5	6.25	阴性对照
OD 值	0.21	0.153	0.119	0.105	0.089	0.071
P/*N* 值	2.95	2.15	1.67	1.47	1.253	
阴阳性判断	+	+	−	−	−	

本实验仅仅是对建立一种实用化的蚕卵 Nb 孢子 ELISA 检测方法的尝试。Nb 孢子颗粒过大是免疫学检测技术的一种不利因素，在 ELISA 检测中，其在酶标板上牢固吸附具有一定的难度；在胶体金试纸条法中，Nb 孢子无法在层析膜（NC 硝酸纤维素膜）中移动（颗粒远远大于膜的孔径），从而限制了这些技术在 Nb 检测中的实际应用。因此，采用孢子表面蛋白为检测对象，建立孢子表面蛋白的高效获取或样本制备技术，应该是 ELISA 技术实用化的重要研发方向。

此外，蚕卵研磨液成分的复杂性也会影响检测灵敏度。虽然本实验室在部分实验中所用方法的灵敏度可以达到 10^3 孢子/ml，但稳定可达到的灵敏度也就 10^5 孢子/ml，即与已报道的免疫学检测技术应用（包括免疫金/银染色技术等）研究结果，以及光学显微镜检测技术的灵敏度有类似的水平（陈建国等，1988；Mike et al.，1988；万国富等，1994；万淼等，2008）。

3.3　家蚕微粒子病的分子生物学检测技术

分子生物学检测技术因其特异、快速、敏感、适于早期和可检测大量样品等优点，正在成为检测技术中最具应用价值的方法。在家蚕微粒子病或家蚕微粒子虫检测方面，主要应用的技术有常规 PCR（polymerase chain reaction）、巢式 PCR（nest polymerase chain reaction，nest PCR）、多重 PCR（multiplex polymerase chain reaction，multiplex PCR）、反转录 PCR、环介导等温扩增检测（loop mediated isothermal amplification，LAMP）和荧光定量 PCR 等（Keohane et al.，2001；Kawakami et al.，2002；刘吉平等，2004a，2004b），有关分子生物学检测技术的概况、具体实验技术和方法等可参考《蚕桑高新技术研究与进展》（鲁兴萌，2012a）。

3.3.1　家蚕微粒子虫孢子的破碎与核酸获取

在发挥 PCR 技术固有优势的基础上，如何针对家蚕微粒子病检测中的靶向物——家蚕微粒子虫（*Nosema bombycis*）DNA 模板，或 PCR 靶向基因建立高效提取技术是首先需要解决的问题。模板 DNA 的提取通常分为两个步骤：裂解细胞和提取 DNA。裂解细胞可采用物理方法（玻璃珠法、超声波法、冻融研磨法、煮沸法）、化学方法（异硫氰酸胍法、碱裂解法等）和生物方法（裂解酶、溶菌酶、蛋白酶 K 等），提取 DNA 常采用酚/氯仿抽提法、异戊醇/乙醇沉淀法等。Nb 孢子具有复杂的细胞结构，成熟的 Nb 孢子具有坚硬的 3 层孢壁：最外层蛋白性的孢子外壁（exospore，EX）、中层富含几丁质的孢子内壁（endospore，EN）和孢子内侧的原生质膜（plasma membrane，PM），使成熟的 Nb 孢子可以像休眠的细菌芽孢一样存活很长时间（浙江大学，2001）。同时，这一结构对 Nb 孢子具有极强的保护功能，使其对一般的化学物质具有很强的抵抗性，常规 DNA 抽提方法难以获取适用的 Nb 孢子 DNA 模板。检测样本为蚕卵时，则需要同时有效破碎 Nb 孢子和具有坚硬外壳的蚕卵。

制备家蚕微粒子虫基因组 DNA 也是进行基因结构和功能研究的基础，避免 DNA 断裂和降解，保证 DNA 的完整性，是后续实验能够顺利进行的关键。同时，高效制备 Nb 全基因组 DNA，也是提高家蚕微粒子病或 Nb 分子检测灵敏度的基础（蔡顺风等，2011）。

家蚕微粒子虫繁殖和制备 Nb 孢子悬浮液方法参见 12.1 节。

3.3.1.1　家蚕微粒子虫孢子的 K_2CO_3 发芽法和 DNA 提取

取 0.5ml 2×10^9 孢子/ml 的 Nb 孢子悬浮液于 1.5ml 离心管中，加入 0.5ml 0.2mol/L 的 K_2CO_3，27℃水浴 1h，8000r/min 离心 5min，去上清，加入 1.0ml 磷酸缓冲液（phosphate buffer，PB；250ml：2g 的 NaCl，0.05g 的 KCl，0.36g 的 Na_2HPO_4，0.06g 的 KH_2PO_4，pH 7.8），27℃水浴 1h，加入 0.1ml 10% SDS 和 5μl 蛋白酶 K 溶液，55℃水浴 2h。

核酸提取采用常规酚/氯仿抽提法，即在发芽液（或后续的破碎液）中加入等体积的饱和酚，颠倒充分混匀 5min；12 000r/min 离心 10min（4℃）；取水相加等体积的酚∶氯仿∶异戊醇（25∶24∶1），颠倒充分混匀 5min，12 000r/min 离心 10min（4℃）；取水相加等体积的氯仿∶异戊醇（24∶1），颠倒充分混匀 5min，12 000r/min 离心 10min（4℃）；取水相加 2.5 倍体积的预冷（−20℃）无水乙醇、0.1 倍体积的 3mol/L 乙酸钠（pH 5.2），−20℃沉淀 30min，12 000r/min 离心 10min（4℃），去上清；沉淀用 75%的乙醇漂洗，6000r/min 离心 3min（4℃），重复洗涤一次，吸干上清，自然风干，溶于 100μl TE（10mmol/L 的 Tris，1mmol/L 的 EDTA，pH 8.0），加入 2μl 的 RNAase，37℃保温 30min。取 1μl 测定浓度，其余放入−20℃保存。

3.3.1.2 家蚕微粒子虫孢子的 TEK 发芽法和 DNA 及蛋白质提取

方法一：取 0.5ml 2×10^9 孢子/ml 的 Nb 孢子悬浮液于 1.5ml 离心管中，加入 0.1ml 的 2mol/L 氢氧化钾，于 27℃水浴 1h，8000r/min 离心 5min（4℃），去除上清，加 1.0ml 的 TEK 发芽液（TEK：1mmol/L 的 Tris-HCl，10mmol/L 的 EDTA，0.17mol/L 的 KCl，pH 8.0），发芽 1h，加入 0.1ml 的 10% SDS 和 5μl 蛋白酶 K，55℃水浴 2h。核酸提取方法同 3.3.1.1 节。

方法二：取 2 管（A′和 B′）孢子（10^9 孢子/管）于 45ml 离心管中，分别加入 1ml 的 0.2mol/L 氢氧化钾，将离心管固定在保温摇床上，在 28～30℃温度下，以 200r/min 的转速振荡 30min，此后立即加入 10ml 的 TEK 发芽液，继续振荡 30min，诱使 Nb 孢子发芽以释放孢内基因组和蛋白质。处理结束后，8000r/min 离心 20min（4℃）。A′管同方法一抽提 DNA。B′管上清中加入 1.33ml 预冷的 100% TCA/丙酮液，−20℃保存 45min，室温融化后，8000r/min 离心 20min（4℃），沉淀含碱溶表面蛋白和孢内蛋白，故可视为总蛋白。沉淀用体积比 1∶1 的乙醇/乙醚液洗涤 1 次，加 0.3ml 样品缓冲液（0.125mol/L 的 Tris-HCl，5%的 SDS，50%的甘油，5%的 β-巯基乙醇）溶解（黄少康，2004）。

3.3.1.3 家蚕微粒子虫孢子的玻璃珠破碎法

取 0.5ml 2×10^9 孢子/ml 的 Nb 孢子悬浮液于破碎管中，加 0.5ml 的 DNA 提取缓冲液、0.6g 的玻璃珠（直径 0.5mm，Sigma），在研磨均质器（FastPrep-24，MP BIO）上，分别采用 5500r/min、6000r/min 和 6500r/min 转速分别破碎 2min、3min、4min 和 5min，用血细胞计数板对剩余 Nb 孢子计数，计算破碎率［破碎率=（破碎前 Nb 孢子数–破碎后 Nb 孢子数）/破碎前 Nb 孢子数］，破碎率结果进行方差分析，并对不同破碎转速破碎率、不同破碎时间破碎率、不同破碎组合破碎率进行多重比较检验，进行破碎组合的优化筛选。

运用不同的破碎转速和时间组合对 10^9 个 Nb 孢子进行破碎，破碎率结果显示：不同破碎转速与不同时间组合处理后，Nb 孢子的破碎率均可达 80%以上；相同的破碎时间下，破碎率随破碎转速的增大而升高；相同破碎转速下，破碎率随破碎时间的延长而上升，6000r/min 转速时，破碎率呈一直上升趋势，而 5500r/min 和 6500r/min 转速时，破碎率在 2～4min 呈明显上升，4min 后趋于稳定（表 3-12 和图 3-6）。

表 3-12　玻璃珠破碎法的 Nb 孢子破碎率

破碎转速 A	破碎时间 B			
	B1（2min）	B2（3min）	B3（4min）	B4（5min）
A1（5500r/min）	0.884	0.963	0.991	0.997
A2（6000r/min）	0.941	0.962	0.984	0.997
A3（6500r/min）	0.944	0.974	0.995	0.999

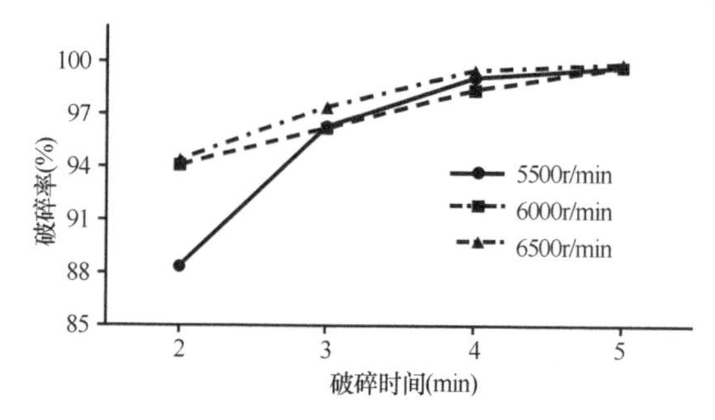

图 3-6　玻璃珠破碎法 Nb 孢子破碎率

家蚕微粒子虫孢子破碎率方差分析结果表明：不同破碎时间下破碎率差异极显著（$P<0.01$），不同破碎转速下破碎率无显著差异。通过不同转速破碎率、不同破碎时间破碎率、不同组合破碎率的多重比较检验可知：不同破碎转速间的破碎率差异均不显著；破碎时间 B1（2min）的破碎率显著低于其他破碎时间，B2（3min）的破碎率极显著低于 B3（4min）和 B4（5min），B3 与 B4 间的破碎率差异不显著；A3B4 组合的破碎率最高，其平均破碎率为 99.9%，即破碎转速为 6500r/min，破碎 5min 时破碎率最高，这与破碎率随破碎转速和时间的增加而升高的趋势一致。

3.3.1.4　家蚕微粒子虫孢子的液氮研磨冻融法和 DNA 及蛋白质提取

取 2 管（A″和 B″）孢子（10^9 孢子/管）加液氮速冻 4～5 次，孢子结成块状，转移到研钵中，加少量石英砂快速研磨。液氮反复冻融、研磨。A″管采用 3.3.1.1 节的方法抽提 DNA。B″管中加入 0.3ml 样品缓冲液，充分混匀，4℃孵育 6h，8000r/min 离心 10min（4℃），上清即为 Nb 孢子总蛋白（刘加彬等，2002）。

3.3.1.5　微粒子虫孢子的混合珠破碎法和 DNA 及蛋白质提取

以蚕卵为检测对象物的情况下，由于蚕卵壳韧性较强，仅用玻璃珠难以将其破碎，而陶瓷珠能有效破碎蚕卵，因此在玻璃珠的基础上加入陶瓷珠破碎蚕卵提取 DNA。为验证不同比例混合珠（陶瓷珠+玻璃珠）及不同破碎时间对孢子破碎率的影响，进行不同比例混合珠破碎实验。

分别取 0.5ml 2×10^9 孢子/ml 的 Nb 孢子悬浮液于 7 个破碎管中，加入 0.5ml 的 DNA 提取缓冲液、0.1ml 的 10% SDS 溶液，分别加入 0.6g 玻璃珠、0.6g 不同比例（玻璃珠/陶瓷珠=0.45g/0.15g、0.40g/0.20g、0.30g/0.30g、0.20g/0.40g 和 0.15g/0.45g）混合珠和 0.6g

陶瓷珠，6500r/min 分别破碎 2min、3min 和 4min，用血细胞计数板对剩余 Nb 孢子计数并计算破碎率，对破碎率结果进行方差分析，并对不同破碎转速破碎率、不同破碎时间破碎率、不同破碎组合破碎率进行多重比较检验，优化筛选破碎组合。

混合珠破碎实验结果显示：相同破碎珠混合比例下，破碎率随破碎时间的延长而升高；相同破碎时间下，破碎率随玻璃珠在混合珠中比例的增加而升高；玻璃珠与陶瓷珠比例大于 1∶2 时，处理 3min 后的破碎率上升较为平稳（表 3-13 和图 3-7）。

表 3-13　不同比例混合珠破碎 Nb 孢子的破碎率

破碎珠比例 A	破碎时间 B		
	B1（2min）	B2（3min）	B3（4min）
A1（玻璃珠）	0.967	0.996	0.997
A2（玻∶陶=3∶1）	0.959	0.992	0.994
A3（玻∶陶=2∶1）	0.933	0.982	0.990
A4（玻∶陶=1∶1）	0.908	0.974	0.974
A5（玻∶陶=1∶2）	0.815	0.933	0.955
A6（玻∶陶=1∶3）	0.667	0.837	0.940
A7（陶瓷珠）	0.523	0.704	0.834

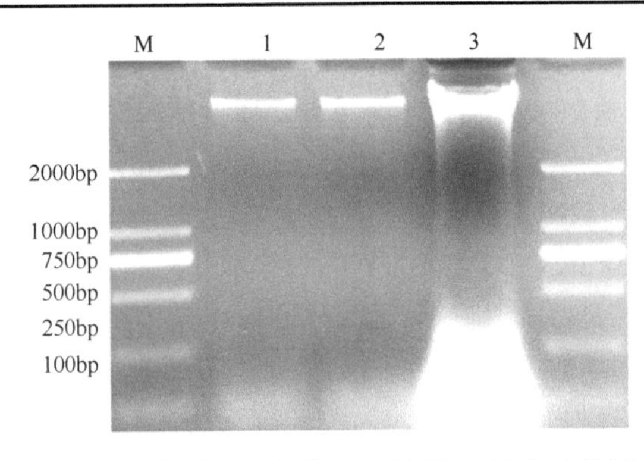

图 3-7　三种不同方法提取 Nb 孢子 DNA 的电泳图

M：DL2000 DNA Marker；1：K_2CO_3 发芽法；2：TEK 发芽法；3：破碎法

不同破碎株混合比例下 Nb 孢子破碎率方差分析结果表明：不同破碎珠混合比例和破碎时间的破碎率差异均极显著（$P<0.01$）。对不同破碎珠混合比例破碎率、不同破碎时间破碎率、不同破碎组合破碎率进行多重比较检验：不同破碎珠混合比例间的破碎率除 A2 与 A3、A2 与 A4、A3 与 A4 间差异不显著外，其他均差异极显著；不同破碎时间的破碎率差异均极显著；不同破碎组合中的 A1B3 组合破碎率最高，即玻璃珠破碎 4min 的平均破碎率最高，为 99.7%；在混合珠组合中，A2B3 组合的破碎率最高，即玻璃珠与陶瓷珠混合比例为 3∶1 时，破碎 4min 的平均破碎率可达 99.4%，高于其他破碎组合。此外，玻璃珠与陶瓷珠混合比例为 3∶1 时，可有效破碎蚕卵。

分别采用 K_2CO_3 发芽法、TEK 发芽法和混合珠破碎法提取 10^9 个 Nb 孢子 DNA，比较结果显示：破碎法（A2B3）提取 DNA 效果最佳，所提 DNA 浓度高达 1234.7ng/μl，提取 DNA 浓度分别是其他两种发芽法的 40 多倍和 20 多倍，与 PCR 产物电泳结果一致（图 3-7 和表 3-14）。

表 3-14　三种不同 DNA 提取方法的 DNA 浓度

提取方法	DNA 浓度（ng/μl）			
	1	2	3	平均值
K_2CO_3 发芽法	33.5	30.9	28.0	30.8
TEK 发芽法	59.1	56.8	55.7	57.2
混合珠破碎法	1205.9	1215.7	1282.5	1234.7

获取高质量的模板 DNA 是 PCR 检测的前提，Nb 孢子的几丁质外壳较为坚硬，这对其 DNA 提取技术提出了更高要求。传统的 Nb 孢子 DNA 提取大都采用体外发芽的方式，先用 pH 11～12 的溶液对其进行诱导处理，然后在中性发芽液中发芽并提取 DNA。发芽液主要包括 TEK 和 GKK（50mmol/L KOH，375mmol/L KCl 和 50mmol/L 甘氨酸，pH 10.5）等碱性缓冲液、SDS（十二烷基磺酸钠）和 CTAB（十六烷基三乙基溴化铵）等表面活性剂、蛋白酶 K 等，或 H_2O_2、EDTA（乙二胺四乙酸）、RNA 酶、冰浴和研磨等元素，通过不同元素间的不同组合破碎 Nb 孢子获取孢原质，再用通用的 DNA 抽提方法达成获取模板 DNA 的目的。

不同的人工发芽方法其发芽率存在一定的差异，而同一种人工发芽法在不同的发芽液中因孢子的状态不同发芽率也有所不同，这与不同离子对孢子发芽的促进作用不同直接相关，或者说发芽法的发芽率存在一定的不稳定性（钱永华等，1996）。采用更为有效的发芽条件，则易导致孢子发芽后释放的 DNA 被破坏，无法成为有效模板。用 K_2CO_3 发芽法和 TEK 发芽法，可由 10^8 个 Nb 孢子分别获得 0.34μg 和 0.33μg 的 DNA（潘敏慧等，2001）；用 K_2CO_3+$KHCO_3$ 发芽法可平均从每个 Nb 孢子得到 1.3×10^{-7}μg 的 DNA，即 10^9 个 Nb 孢子总共获得 130μg 的 DNA（潘中华等，2005）。发芽法的 Nb 孢子发芽率偏低，将直接导致其 DNA 获取量的不足；发芽率不稳定也将导致 DNA 获取量不稳定，直接影响 PCR 检测技术的应用。

本实验采用破碎法提取 Nb 孢子 DNA 进行了相关研究。采用玻璃珠与陶瓷珠混合破碎 Nb 孢子，计算破碎率并进行统计学分析，得出不同破碎转速间的 Nb 孢子破碎率差异不显著，不同破碎珠混合比例及破碎时间的破碎率差异极显著（P<0.01）。对破碎转速、破碎时间和破碎珠混合比例进行研究得出：玻璃珠与陶瓷珠混合比例为 3∶1，破碎转速为 6500r/min，破碎 3min 为最适破碎条件。以此条件进行感染蚕卵的破碎，提取孢子 DNA 并进行 PCR 检测，效果较为理想。

分别采用 K_2CO_3 发芽法、TEK 发芽法和混合珠破碎法（玻璃珠∶陶瓷珠=3∶1）对 10^9 个 Nb 孢子提取 DNA 并进行效果比较，获得的 DNA 分别为 3.08μg、5.72μg、123.47μg。发芽法提取的 DNA 浓度与之前研究结果（潘中华等，2005）类似，混合珠破碎法的 DNA 提取浓度则明显高于发芽法，DNA 提取浓度是其他两种发芽法的 40 多倍和 20 多倍。

混合珠破碎法的 DNA 提取浓度高于发芽法，与两类方法的提取原理直接相关：一是发芽法诱使孢子发芽释放孢原质，但由于其本身存在发芽率低的问题，因此其 DNA

提取效率不高，混合珠破碎法则是直接对孢子进行破碎，破壁较为完全，混合珠破碎 2min 即可达 85%以上破碎率，释放孢原质比较彻底；二是碱性发芽液中各种离子对发芽后的孢子 DNA 存在干扰，从而对 DNA 获取产生影响，混合珠破碎法则可有效避免其他离子的影响。

本实验采用玻璃珠与陶瓷珠组合提取Nb孢子及蚕卵DNA，除了玻璃珠和陶瓷珠外，还可考虑应用其他破碎珠，不同种类样本可采用不同类型破碎珠进行破碎处理，然后提取其 DNA，从而达到获取高质量模板 DNA 的目的，高效的破碎法（单珠和混合珠）DNA 提取技术即可考虑进行推广应用。对于 Nb 孢子 DNA 的提取而言，液氮反复冻融结合手工研磨、煮沸法等亦可进行 DNA 提取，提取效果如何，还有待于进一步的研究。

3.3.1.6 玻璃珠破碎法提取 Nb 孢子 DNA 的质量检测

按 5500r/min-20s×6 次的程序进行破碎（参见 3.3.1.3 节），Nb 孢子破碎率在 90%以上（表 3-15）。用相差显微镜（Olympus CH，40×15 倍）观察，视野中仅可见极少完整的孢子（图 3-8）。按 6500r/min-20s×6 次的程序进行破碎，可较好地将孢子破碎，但破碎强度过大、破碎时间过长会使 DNA 断裂，影响后续实验，所以本研究采用 5500r/min-20s×6 次的程序进行 Nb 孢子破碎，制备基因组 DNA 和总蛋白。

表 3-15　不同玻璃珠破碎处理程序的 Nb 孢子破碎率

破碎速率（r/min）	破碎处理程序		
	20s×3 次	20s×6 次	20s×9 次
4500	43±3.6	88±3.1	95±2.4
5500	51±4.1	93±1.2	97±1.5
6500	63±3.2	96±1.9	100

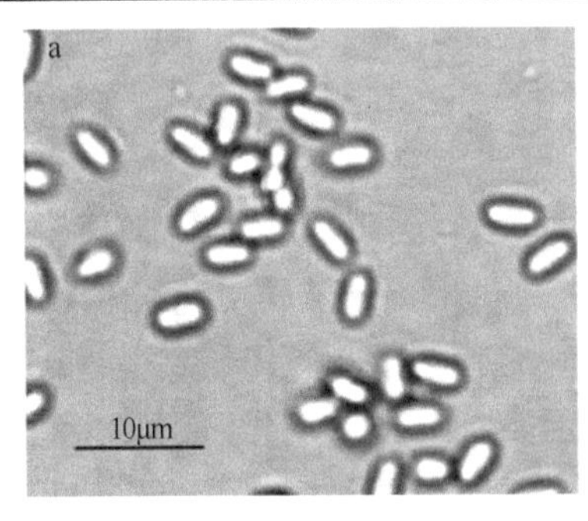

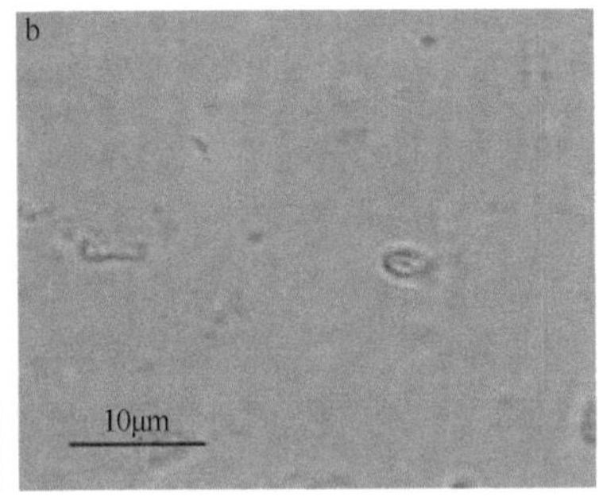

图 3-8　玻璃珠破碎法处理前（a）和处理后（b）的家蚕微粒子虫孢子形态

各处理样品 DNA 的质量浓度（μg/ml）根据 OD_{260} 值计算：ρ（DNA）=50×OD_{260} 读数×稀释倍数。以 0.7%琼脂糖凝胶电泳法检测所得样品 DNA 的完整性。针对 5 个 Nb 基因，设计特异引物（表 3-16），观察扩增效果，检测 DNA 质量。

实验结果显示，发芽法提取 Nb 基因组 DNA 的得率略高于研磨冻融法，而玻璃珠破碎法的得率约为研磨冻融法的 2 倍（表 3-17）。3 种方法制备的 DNA 经琼脂糖凝胶电泳后，在紫外下均可见一均一的条带，但是玻璃珠破碎法所得样品的条带要明显比其他 2 种方法所得样品的条带亮（图 3-9a）。此外，PCR 结果显示，以玻璃珠破碎法提取的 DNA 为模板对大片段基因（>2000bp）和小片段基因（<500bp）扩增的效果均很好（图 3-9b），证明其可作为 Nb 的分子生物学实验材料。

表 3-16　用于样品 DNA 质量检测的 PCR 引物序列

目标基因	引物名称	序列
核糖体 RNA 大亚基基因	LUS rRNAF	5′-GGAGGAAAAGAAACTAAC-3′
	LUS rRNAR	5′-ACCTGTCTCACGACGGTCTAA AC-3′
α-微管蛋白基因	α-tubulinF	5′-TCCGAATTCAAGTTGGAATGCGTGTTGGGA-3′
	α-tubulinR	5′-TCCAAGCTTCCATACCTTCGCCTACGTACCA-3′
延长因子基因	NBEF35F	5′-TGGCGCTGTTGATAAGAGATT-3′
	NBEF957R	5′-AATTTAGCAACACAAGCCTTAT-3′
表面蛋白基因	Nbswp5F	5′-CGGGATCCAAGAATGTGCCGGGTTCT-3′
	Nbswp5R	5′-CCGCTCGAGTTTATCCGAAGGTGCAGT-3′
核糖体 RNA 小亚基基因	16s rRNAF	5′-GTTGATTCTGCCTGAC-3′
	16s rRNAR	5′-CTCCGATTTATCTTGTA-3′

表 3-17　不同核酸制备方法的 Nb 孢子基因组 DNA 得率

制备方法	DNA 得率（fg/个）
玻璃珠破碎法	7.65±0.96
发芽法	4.73±0.73
研磨冻融法	4.05±0.71

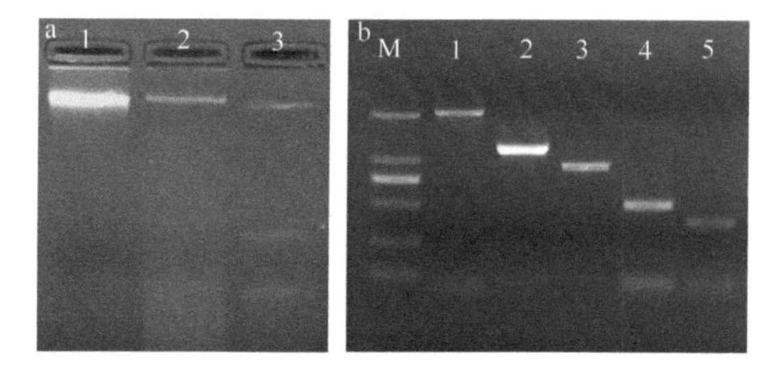

图 3-9　不同方法制备的 Nb 基因组 DNA 的琼脂糖凝胶电泳（a）和玻璃珠破碎法制备 DNA 扩增目标基因（b）

a. 1：玻璃珠破碎法提取的 DNA，2：发芽法提取的 DNA，3：研磨冻融法提取的 DNA；b. M：DNA Marker，1：核糖体 RNA 大亚基基因（2108bp），2：α-微管蛋白基因（1202bp），3：延长因子基因（922bp），4：表面蛋白基因（489bp），5：核糖体 RNA 小亚基基因（378bp）

3.3.1.7　家蚕微粒子虫孢子全基因组 DNA 和总蛋白的制备技术

取 3 管（A、B、C）Nb 孢子悬浮液（10^9孢子/管）置于珠磨式研磨器（FastPrep-24，MP BIO）中，用直径为 425～600μm 的酸洗玻璃珠（Sigma）处理孢子（破碎程序为 5500r/min-20s×6 次）。A 管样品中加入终浓度为 1mg/ml 的蛋白酶 K 酶解 4h，再用常规酚/氯仿抽提法提取 DNA。B 管样品中加入 0.3ml 样品缓冲液（0.125mol/L 的 Tris-HCl，5%的 SDS，50%的甘油，5%的 β-巯基乙醇），充分混匀，4℃孵育 6h，8000r/min 离心 10min（4℃），上清即为 Nb 孢子总蛋白。C 管样品中加入 0.3ml 蛋白裂解液［8mol/L 尿素，2mol/L 硫脲，4%（*m*/*V*）3-［3-(胆酰胺丙基)二甲氨基］丙烷磺酸钠（3-[(3-cholamidopropyl)-dimethyl-ammonio]-1-propane sulfonate，CHAPS），0.5%载体两性电解质（pH 3～10），

60 mmol/L DTT（二硫苏糖醇），1mmol/L PMSF（苯甲基磺酰氟）]，4℃孵育 6h，8000r/min 离心 10min（4℃），提取的蛋白质可用于 2-DE 实验。

家蚕微粒子虫孢子总蛋白的 SDS-PAGE 和 2-DE 分析：分别取处理后的样品（B、B′和 B″管）各 20μl，与 5μl 的 5×上样缓冲液混匀，煮沸 3min，用 12.5%分离胶进行电泳，考马斯亮蓝 R-250 染色检测。

双向电泳（two-dimensional electrophoresis，2-DE）（C 管）选用 24cm 非线性胶条（pH 3～10），蛋白质上样量为 450μg，水化液补至 450μl，按照 IPG phor™ 等电聚焦系统的方法指南进行第一向固相 pH 梯度等电聚焦，聚焦总电压 75 000V·h。胶条依次在含有 0.1mol/L 的 DTT 和 0.135mol/L 的碘乙酰胺平衡液［50mmol/L 的 Tris-HCl（pH 8.8），6mol/L 的尿素，30%的甘油，2%的 SDS］中平衡 15min 后进行第二向 SDS-PAGE 电泳（12.5%分离胶）。采用考马斯亮蓝 R-250 染色检测蛋白质。

SDS-PAGE 结果显示，玻璃珠破碎法和发芽法提取的 Nb 总蛋白量和条带都要比研磨冻融法提取的多（图 3-10）。3 种方法均可提取到一个分子质量约 30kDa 的高丰度蛋白（图 3-10 长箭头所示）。值得注意的是，发芽法提取的总蛋白中一条分子质量约为 170kDa 的条带丰度特别高（图 3-10 短箭头所示）。

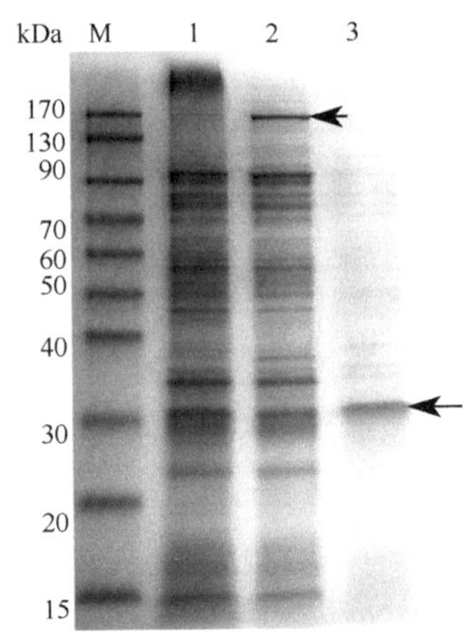

图 3-10 不同方法制备的家蚕微粒子虫孢子总蛋白的 SDS-PAGE 图谱

M：蛋白质 Marker；1：玻璃珠破碎法提取总蛋白；2：发芽法提取总蛋白；3：研磨冻融法提取总蛋白

玻璃珠破碎法制备的 Nb 孢子总蛋白的 2-DE 分析：蛋白质样品的质量直接关系到 2-DE 实验结果的好坏。玻璃珠破碎法步骤简单，所用时间少，无须加入额外试剂，可最大程度地保持蛋白质不被降解或污染。将采用玻璃珠破碎法制备的 Nb 成熟孢子总蛋白进行 2-DE 实验，经考马斯亮蓝染色后，所得图谱蛋白点清晰、背景干净（图 3-11）。使用 ImageMaster™ 2D Platinum 6.0 软件可识别约 350 个蛋白点，可为蛋白质组学的后续研究提供大量信息。

采用人工发芽法难以使 Nb 孢子完全发芽，新鲜孢子的发芽率一般为 30%～50%（黄少康和鲁兴萌，2004），而经过冷藏后的孢子发芽率更低。同时发芽法不能使孢壁及孢原质完全破碎，对提取总蛋白有一定的影响。通过液氮冻融研磨破碎 Nb 孢子外壁，其研磨效果是 DNA 和蛋白质抽提成败的关键。由于操作人员的个人差异，实验的重复性不好。

采用玻璃珠破碎法破碎孢子，操作简单易行，孢子破碎率可达 90%以上，Nb 孢子基因组 DNA 的得率明显高于其他两种方法，且 DNA 质量好、完整性高（表 3-17 和图 3-9），可直接用于 Nb 相关的分子生物学研究。如在某些生物材料检测方面的应用，将避免 Nb 孢子和大量非孢子形态部分在纯化过程中的核酸或蛋白质损失，从而提高检出率。破碎法提取不仅可检测到 Nb 孢子的核酸和蛋白质，还可以检测到感染家蚕个体或组织中非孢子形态 Nb（如裂殖体）的核酸或蛋白质，从而提高检测灵敏度或效率。采用玻璃珠破碎法制备 Nb 孢子总蛋白高效且可重复，在 2-DE 凝胶上，用考马斯亮蓝染色可检测到约 350 个蛋白点（图 3-11）。一般银染蛋白点的表达量在 0.2pmol 以上，考马斯亮蓝染色展现的蛋白点表达量在 20pmol 以上，银染质谱鉴定成功率低，考马斯亮蓝染色质谱成功率高。所以采用玻璃珠破碎法制备的 Nb 孢子总蛋白更适合于进一步的质谱分析鉴定。

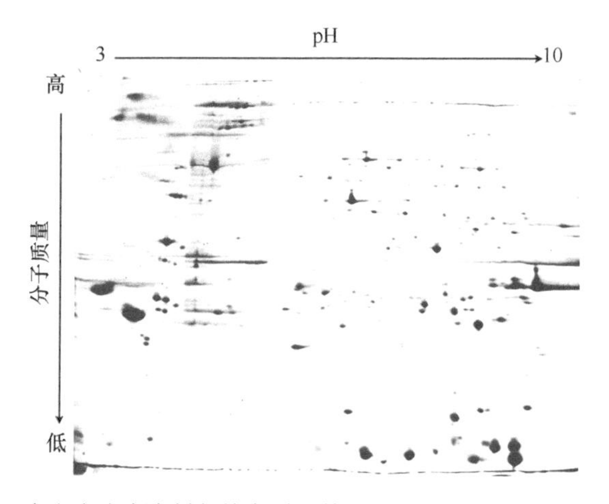

图 3-11　玻璃珠破碎法制备的家蚕微粒子虫孢子总蛋白的 2-DE 图谱

此外，出于简便性和实用性考虑，本实验统一采用常规酚/氯仿抽提法提取经上述 3 种方法预处理后的 Nb 孢子基因组 DNA。常规酚/氯仿抽提法、FTA 滤膜法和试剂盒（QIAamp DNA stool mini kit）提取比氏肠微孢子虫（*Enterocytozoon bieneusi*）感染者粪便样品 DNA 模板的比较研究发现，使用 FTA 滤膜法和试剂盒提取的 DNA 模板可检测孢子浓度为 800 孢子/ml 的样品，而用常规酚/氯仿抽提法提取的 DNA 模板可检测孢子浓度为 4000 孢子/ml 的样品（Subrungruang and Mungthin，2004）。也有研究认为，提取 DNA 时加入氯化苄不仅可与微生物细胞壁上的多糖羟基反应，而且可与细胞液中的多糖物质反应，破坏糖链，利于 DNA 的释放和提纯（孙小丁等，2006）。由此说明，使用玻璃珠破碎法预处理家蚕微粒子虫孢子的基因组 DNA 得率还有一定的提升空间，可根据不同的需求选择后续的 DNA 萃取方法。

3.3.2　常规 PCR 检测

3.3.2.1　引物设计

引物设计是 PCR 检测技术实现高效和特异性扩增目标基因的关键，也是 PCR 反应的决定性因素。目前微孢子虫检测的主要引物根据核糖体 RNA（rRNA）基因序列设计合成。其原因在于：核糖体的基本结构非常保守，rRNA 以恒定的速度变异，可作为研究分子进化的参考工具；rRNA 拷贝数高，容易获得该物种特定的引物。最常用的 rRNA 区域包括保守的核糖体 RNA 小亚基（small subunit ribosomal RNA，SSU rRNA）、ITS 和位于 SSU rRNA 内的内含子。

利用 PCR 技术进行 Nb 研究的引物（表 3-18），均根据微孢子虫的 SSU rRNA 保守序列设计，众多学者利用这些引物进行了微孢子虫的早期 PCR 检测研究。随着研究的深入，经历了从特异性检测发展到灵敏度检测，由纯孢子检测发展到模拟感染样本检测的历程。以分离株 Nb SES-Nu 的 SSU rRNA 推定假基因为模板设计引物 KAI01/KAI02（表 3-18），进行 3 种微孢子虫的 PCR 鉴定，可有效地将 Nb 孢子与类似的 M_{11} 和 M_{12} 孢子加以区别，同时可对 5×10^5 孢子/ml 浓度孢子进行阳性检测，也是利用 PCR 技术对 Nb 孢子检测的最早期研究（Kawakami et al.，1995；章新愉等，1995）。

表 3-18 家蚕微粒子病 PCR 检测引物列表

引物名称	序列（5′→3′）	碱基位置	靶基因	大小（bp）	作者
KAI01 KAI02	GAATT CAAGC TTGTA GTAGA GACCC AAATA TC GAGCT CGCAT GCACT GTTCA GATAT GGTCC TTATC G	1～860	*Nosema bombycis* SES-Nu SSU rRNA FJ854546.1	860	Kawakami 等
VN001F VN001R	CTGCA GGTAC CACCA GGTTG ATTCT GCCTG AC GAGCT CGCAT GCGGT TTACC TTGTT ACGAC TT	1～1228	*Vairimorpha necatris* SSU rRNA EU267796.1	1228	Kawakami 等
#1 #2	CTGTC ATGAA TGAGT TG TTGTA ATATT CTTTG TAAGT AA	293～704	*Nosema bombycis* SES-Nu SSU rRNA FJ854546.1	412	陈秀等
V1F 530R	CACCA GGTTG ATTCT GCCTG AC GCAAC CATGT TACGA CTTAT ATCAG A	11～1214	*Vairimorpha necatris* SSU rRNA EU267796.1	1204	陈秀等
NP1 NP2	AGTGA ATGTA GGAGG AGTAG AAAGA GGC GCGCA ACTCA TAATG GTTCG TCCTG TTT	1～317	*Nosema bombycis* Nb12 U28045.1	317	蔡平钟等，Malone 等
NBEF35F NBEF957R	TGGCG CTGTT GATAA GAGAT T AATTT AGCAA CACAA GCCTT AT	33～962	*Nosema bombycis* AB009600.1	930	Hatakeyama 等
M11-96F M11-822R	CTCGA ATTAG AAAAT TCTCT CAA TACTT TATTT AATGT ACATT TGAAA A	94～840	*Vairimorpha* sp. NIS SSU rRNA D85501.1	747	Hatakeyama 等
V70-176F V70-1898R	CAAAT GACAG GGAAA GAAAT AAGTT CCA TTAAA TATTT TGTGC TATAG CTTAC TC	174～1924	*Vairimorpha* sp. NIS HSP70 AF008215.1	1751	Hatakeyama 等
PSDF1 PSDR450	CACCA GGTTG ATTCT GCCTG ACG GCTCC GCCTC TCTTT CCGTC TCC	1～472	*Pleistophora* sp. Sd-Nu SSU rRNA D85500.1	472	Hatakeyama 等
MP1 MP2	CACCG GTTGA TTCTG CCTGA C GCAAC CATGT TACGA CTTAT ATCAG A	5～1204	*Nosema bombycis* SSU rRNA JF443599.1	1200	刘吉平等
V1F 530R?	CACCA GGTTG ATTCT GCCTG AC CCGCG GCTGC TGGCA C	11～420	*Vairimorpha necatris* SSU rRNA EU267796.1	410	刘吉平等
Nb5 Nb3	CACCA GGTTC TGCC TTATG ATCCT GCTAA TGG	1～1235	*Nosema bombycis* 16S rRNA AY 616662.1	1235	潘中华等
NbZS004F NbZS004R	TGATT CTGCC TGACG CGATT TGCCC TC C	9～393	*Nosema bombycis* SSU rRNA （JF443599.1）	385	

续表

引物名称	序列（5′→3′）	碱基位置	靶基因	大小（bp）	作者
NbZS007F NbZS007R	GTTGA TTCTG CCTGA C CTCCG ATTTA TCTTG TA	7～384	*Nosema bombycis* SSU rRNA （EU864525.1）	378	
NbPRO002F NbPRO002R	GATAA AGTAG CCACA GG CCATC CGCAC CA A	121～602	*Nosema bombycis* 拟孢壁蛋白 12 （HSWP12） （EF683112.1）	482	
NbPRO008F NbPRO008R	CAAAG CGTTC GTAAT GAGCA AATAG CACCA C	649～1133	*Nosema bombycis* 拟孢壁蛋白 4 （HSWP4） （EF683104.1）	485	

根据不同微孢子虫的基因序列设计并合成引物 M11-96F/M11-822R、NBEF35F/NBEF957R、PSDF1/PSDR450 和 V70-176F/V70-1898R（表 3-18），对不同样本进行多重 PCR 检测，结果表明只有用 Nb 的 DNA 和含有 Nb 的家蚕（蚕卵）DNA 作模板时，才可以扩增出特异性的阳性条带，该技术的检测灵敏度可达 1 粒有毒卵的水平（Hatakeyama and Hayasaka，2002）。将 Nb 的 DNA 混入蚕蛾样本和蚕卵样本进行模拟感染 PCR 检测，对 Nb 纯孢子的检测灵敏度可达 3×10^4 孢子/ml，将 Nb 孢子混入蚕蛾样本的检测灵敏度仅为 3×10^5 孢子/ml，未能从混入 Nb 孢子的蚕卵样本中检测到阳性条带（刘吉平等，2004a，2004b）。采用孢子发芽法进行 DNA 提取，通过稀释 Nb 孢子模板 DNA，得到最低 DNA 检测浓度可达 3.25×10^{-5}ng 的水平；同时，应用 PCR 技术进行蚕卵的模拟感染检测，蚕卵经 30% 的 KOH 处理后提取的 DNA 可满足 PCR 检测的要求，得出 1/100 粒有毒卵的检出率可达 80%（潘中华等，2005）。

根据 Nb 基因组 SSU rRNA 基因序列（JF443599.1、EU864525.1）设计合成引物 NbZS004 和引物 NbZS007 两对引物，以及根据 Nb 孢子表面蛋白基因序列（EF683112.1、EF683104.1）设计合成引物 NbPRO002 和引物 NbPRO008 两对引物。

3.3.2.2　常规 PCR 实验方法

玻璃珠破碎法提取 10^9 个 Nb 孢子的 DNA：应用挑选的 8 对引物和自主设计的 4 对引物进行 DNA 梯度稀释 PCR 检测，即将 Nb 孢子模板 DNA 溶液进行 10 倍、10^2 倍、10^3 倍、10^4 倍、10^5 倍、10^6 倍、10^7 倍和 10^8 倍梯度稀释，然后进行 PCR 检测。挑选检测灵敏度最高的两对引物进行最低检测浓度的 PCR 重复实验，即对其各自的最低检测灵敏度进行 10 次重复 PCR 检测。25μl 反应体系，含 10×PCR 缓冲液 2.5μl，2.0μl 的 dNTP，引物各 0.5μl，0.5μl 模板 DNA，0.2μl 的 *Taq* DNA 聚合酶，18.8μl 的 ddH_2O。PCR 反应：94℃-5min 预变性，94℃-30s、44℃-30s、72℃-1min，扩增 32 个循环，72℃延长 10min。

不同数量 Nb 孢子提取 DNA 后的 PCR 检测：分别取 10^9 个、10^8 个、10^7 个、10^6 个、10^5 个、10^4 个、10^3 个和 10^2 个 Nb 孢子，玻璃珠破碎法处理 Nb 孢子，常规酚/氯仿抽提法提取 DNA，进行 PCR 检测。PCR 反应体系及条件同上。

取 0.5ml 的 Nb 孢子悬浮液（2×10^9 孢子/ml）于破碎管中，加 0.5ml DNA 提取缓冲液、

0.6g 混合珠（玻璃珠：陶瓷珠=3：1）、0.1ml 10% SDS，6500r/min 破碎 3min（FastPrep-24，MP BIO）。破碎液中加 5μl 蛋白酶 K，55℃水浴 2h，常规酚/氯仿抽提法提取 DNA。取 1μl 测定浓度，其余部分−20℃保存。

（1）常规 PCR 的检测灵敏度

自主设计的 4 对引物和挑选的 8 对引物的 DNA 梯度稀释 PCR 检测结果表明：不同引物间的 PCR 检测灵敏度存在差异，引物#1/#2 和引物 NbZB 的检测灵敏度最低，仅能对稀释 10^3 倍的模板 DNA（约 10^6 孢子/ml）进行检测；自主设计的引物 NbZS007 的检测灵敏度最高，可对稀释 10^9 倍的模板 DNA（约 1 孢子/ml）进行检测（图 3-12）。

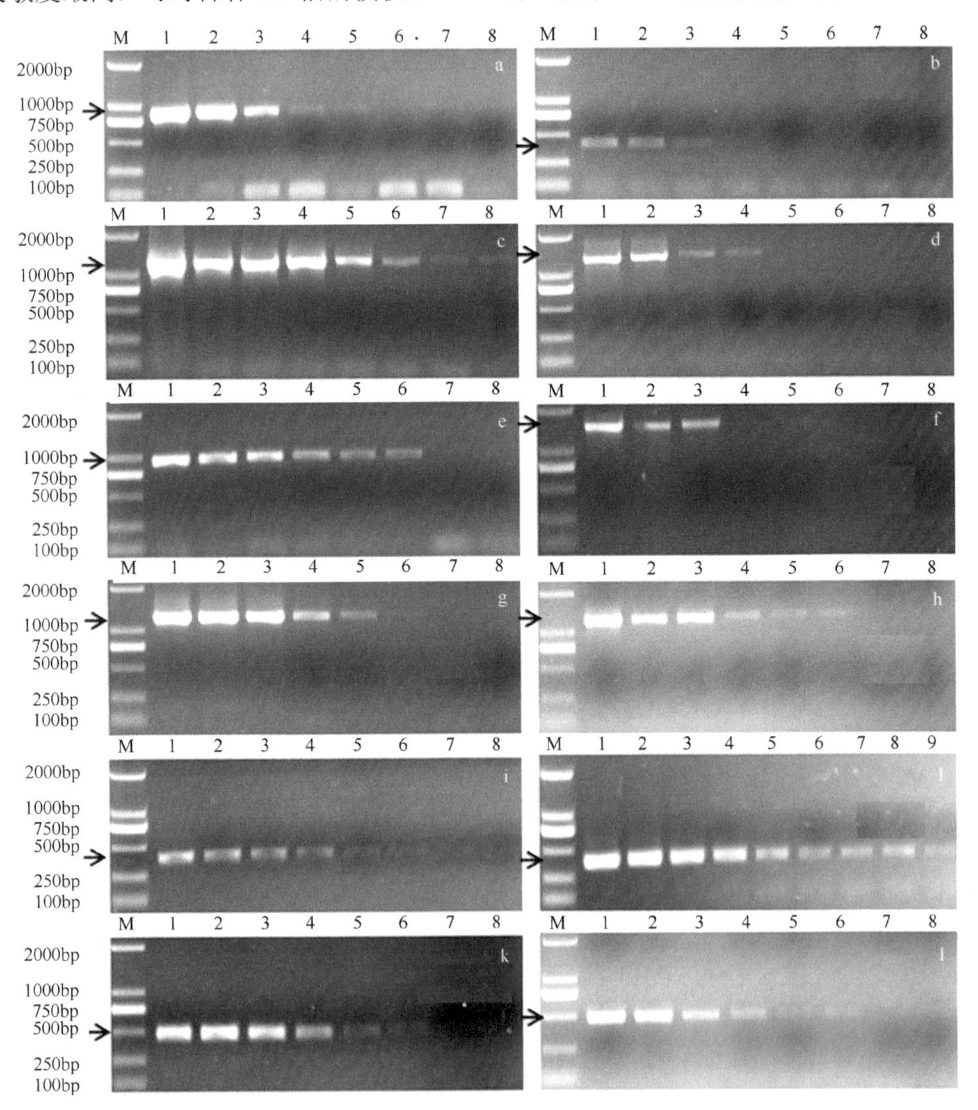

图 3-12　家蚕微粒子虫孢子模板 DNA 梯度稀释的 PCR 检测

a～l：引物 KAI01/KAI02、#1/#2、V1F/530R、Nb5/Nb3、NBEF35F/NBEF957R、NbZBF/NbZBR、MP1/MP2、NbWYD、NbZS004、NbZS007、NbPRO002 和 NbPRO008 的 PCR 结果；M：DL2000 DNA Marker，1～8：DNA 稀释 10 倍、10^2 倍、10^3 倍、10^4 倍、10^5 倍、10^6 倍、10^7 倍、10^8 倍的 PCR 检测结果

（2）不同引物检测临界的重复性

引物 NbZS004 进行模板 DNA 稀释 10^8 倍（约 10 孢子/ml）和引物 NbZS007 进行模板 DNA 稀释 10^9 倍（约 1 孢子/ml）的 PCR 重复性检测结果显示：引物 NbZS004 和引物 NbZS007 的最低重复检测率均可达到 90%（图 3-13）。

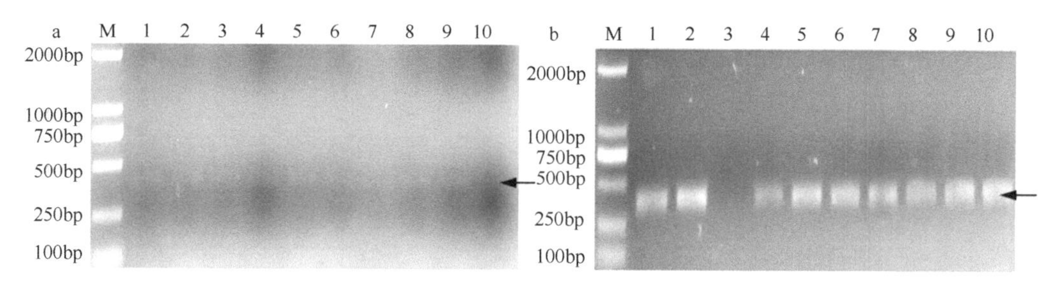

图 3-13　不同引物最低检测浓度的重复 PCR 检测

a：引物 NbZS004；b：引物 NbZS007；M：DL2000 DNA Marker；1～10：10 次重复 PCR 检测

（3）不同个数 Nb 孢子提取 DNA 后的 PCR 检测

用引物 NbZS004 和 NbZS007 对破碎法提取的 10^9 个、10^8 个、10^7 个、10^6 个、10^5 个、10^4 个、10^3 个和 10^2 个 Nb 孢子 DNA 进行 PCR 检测，结果显示：引物 NbZS004 只能对 10^3 个及更多孢子的悬浮液进行 PCR 检测；引物 NbZS007 的检测灵敏度可达 100 个 Nb 孢子的水平（图 3-14）。

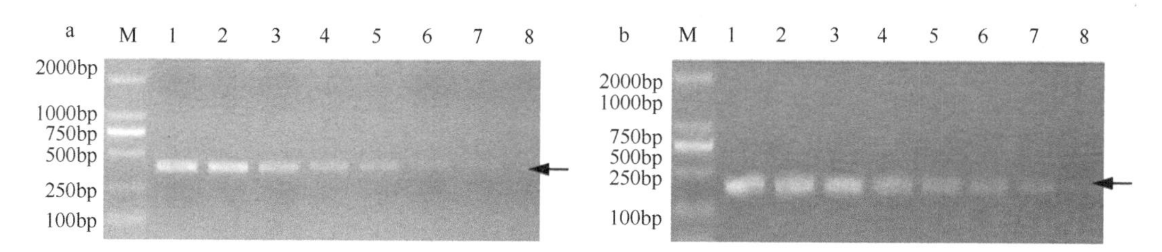

图 3-14　不同个数 Nb 孢子 DNA 的 PCR 检测

a：引物 NbZS004；b：引物 NbZS007；M：DL2000 Marker；1～8：10^9 个、10^8 个、10^7 个、10^6 个、10^5 个、10^4 个、10^3 个、10^2 个 Nb 孢子 DNA

本实验挑选前人所用的 8 对 PCR 检测引物和根据 Nb 孢子 SSU rRNA 基因序列和表面蛋白基因序列设计的 4 对引物，进行 PCR 检测灵敏度实验，结果显示各引物的检测灵敏度存在较大差异（表 3-19）。与前人所用的 8 对引物相比，自主设计的引物 NbZS004 和 NbZS007 的检测灵敏度均达到了较高水平，其中引物 NbZS007 的检测灵敏度可达 6×10^{-7}ng 的 DNA 水平。同时，引物 NbZS004 和 NbZS007 的最低检测浓度重复 PCR 检测结果表明，这两对引物的最低重复检测率均可达到 90%，引物的 PCR 检测稳定性强，具有较好的实用化 PCR 检测性能。

不同数量的 Nb 孢子经物理破碎法提取 DNA 后进行 PCR 检测，引物 NbZS007 的检测灵敏度为 100 个 Nb 孢子水平，低于模板 DNA 梯度稀释时的检测灵敏度水平，这与 DNA 提取过程中不可避免的损失有关。考虑到实际生产的检测需要，可挑选检测灵敏度高、重复性强的引物 NbZS007 对实验室 Nb 感染蚕卵及生产中 Nb 感染蚕种进行 PCR 检测。

表 3-19 不同引物的检测灵敏度

引物	Nb 孢子浓度（孢子/ml）	DNA 量（ng）
KAI01/KAI02	10^4	6×10^{-3}
#1/#2（NBSY3）	10^5	6×10^{-2}
V1F/530R（NBVN4）	10^1	6×10^{-6}
Nb5/Nb3	10^5	6×10^{-2}
NBEF35F/NBEF957R	10^3	6×10^{-4}
NbZB	10^6	6×10^{-1}
MP1/MP2	10^3	6×10^{-4}
NbWYD	10^3	6×10^{-4}
NbZS004	10^1	6×10^{-6}
NbZS007	1	6×10^{-7}
NbPRO002	10^3	6×10^{-4}
NbPRO008	10^1	6×10^{-6}

注：Nb 孢子浓度为换算量

3.3.3 荧光定量 PCR 检测

荧光定量 PCR 技术（real-time fluorescent quantitative PCR，简称 qPCR）是 PCR 技术的一种，它最大的特点是能够对未知模板进行定量分析。目前常用的荧光定量 PCR 技术主要有 DNA 结合染料法和荧光探针法，其中前者应用较为广泛。DNA 结合染料法检测目的片段的基础是向反应体系中加入能与双链 DNA 结合的荧光分子，如 SYBR Green I 等荧光染料。SYBR Green I 是一种能与双链 DNA 特异结合并发光的荧光染料，具有与双链 DNA 结合后使荧光大大增强的特性。由于 SYBR Green I 的荧光信号强度与双链 DNA 的数量成正比，通过检测荧光信号强度就能反映 PCR 体系中双链 DNA 的数量。SYBR Green I 的优越性在于它适用于任何双链 DNA 序列的扩增，方法简便，成本低，缺点是 SYBR Green I 会与非特异的双链 DNA（如引物二聚体）结合，使实验阳性信号比实际要高，需要使用熔解曲线排除引物二聚体等非特异性扩增的干扰。

荧光定量 PCR 技术具 PCR 检测技术的灵敏度高、特异性强、可定量和自动化程度高等优点，但作为一项蚕种检测实用技术，不仅需要发挥该技术本身的特色与优势，还需要解决检测对象物（如 Nb 孢子、蚕卵或蚕蛾等）的特性问题（Hatakeyama and Hayasaka，2003）。

3.3.3.1 荧光定量 PCR 的引物筛选

根据已发表在 GenBank 上的 Nb 极管蛋白 mRNA 基因序列、表面蛋白基因序列、α-微管蛋白基因序列及核糖体 RNA 小亚基基因序列，利用 Primer Premer 5.0 软件设计了 6 对 qPCR 引物，相关信息见表 3-20。

表 3-20　家蚕微粒子虫 qPCR 检测特异性引物

目标基因	GenBank 序列登记号	引物名称	序列	目的片段长度
极管蛋白 mRNA 基因	HQ881498.1	Nb-ptp209F Nb-ptp465R	5′-ATAATCCAGCCGAGTGTC-3′ 5′-CATAATCTTCTTGCCTTTCT-3′	257bp
表面蛋白基因	HQ881497.1	Nb-swp143F Nb-swp294R	5′-CCGAAGCTCAAAAAGACACC-3′ 5′-ATCCGCAAACACAGCAAGAA-3′	152bp
α-微管蛋白基因	EF051590.1	Nb-tub379F Nb-tub540R	5′-TGGTGGTGGTACTGGTCT-3′ 5′-AGGGTCGTATGGGTTGTTA3′	162bp
		Nb-tub394F Nb-tub542R	5′-TTCTGGTTTCGGGTCTC-3′ 5′-CAAGGGTCGTATGGGTT-3′	149bp
核糖体 RNA 小亚基基因	EU864525.1	Nb-ssu415F Nb-ssu542R	5′-ACTTGTTCCGATAGTGT-3′ 5′-GTTCATCCAGTTAGGGT-3′	128bp
		Nb-ssu1092F Nb-ssu1227R	5′-GTCCCTGTTCTTTGTAC-3′ 5′-ATCCTGCTAATGGTTCT-3′	136bp

家蚕微粒子虫孢子的 DNA 模板制备：用生理盐水将精制纯化 Nb 孢子悬浮液定量为 1×10^{10} 孢子/ml 的悬浮液，取 100μl 的 Nb 孢子悬浮液置于破碎管中，加 500μl 的 DNA 提取缓冲液（1mmol/L 的 Tris，1mmol/L 的 EDTA，0.5%的 SDS，pH 8.0）、0.5g 酸洗玻璃珠（Sigma），按 5500r/min-20s×6 的程序在珠磨式破碎仪（FastPrep-24，MP BIO）上进行破碎处理后，常规酚/氯仿抽提法提取 DNA，并定容为 1ml。

取 8 个灭菌的 1.5ml 离心管（编号），每管加入 90μl 的 TE 溶液；上述提取 DNA 溶液充分混匀后取 10μl，依次进行连续 10 倍梯度稀释（每次更换移液器枪头和充分混匀），即分别形成 10^7 个、10^6 个、10^5 个、10^4 个、10^3 个、10^2 个、10^1 个和 10^0 个 Nb 孢子的 DNA 溶液；将稀释好的不同个数 Nb 孢子 DNA 提取溶液分装，−20℃备用。

使用表 3-20 中 6 对自主设计引物通过 qPCR 法检测 10^7 个、10^6 个、10^5 个、10^4 个、10^3 个、10^2 个、10^1 个和 10^0 个 Nb 孢子 DNA，所得的熔解曲线见图 3-15。Nb-swp143F/Nb-swp294R、Nb-ssu415F/Nb-ssu542R 两对引物的熔解曲线存在多个波峰，说明产物 Tm 不一致，存在目的片段之外的其他 DNA 片段；Nb-tub394F/Nb-tub542R 引物对的熔解曲线波峰不齐，说明产物 Tm 存在微小波动，这 3 对引物的特异性较差。Nb-ptp209F/Nb-ptp465R、Nb-tub379F/Nb-tub540R、Nb-ssu1092F/Nb-ssu1227R 三对引物的熔解曲线波峰整齐，说明产物 Tm 一致，引物的特异性好。

使用表 3-20 中 6 对自主设计引物通过 qPCR 法检测 10^7 个、10^6 个、10^5 个、10^4 个、10^3 个、10^2 个、10^1 个和 10^0 个 Nb 孢子 DNA，所得的 Ct 值（每个反应管内的荧光信号达到设定阈值时所经历的循环数）见表 3-21{qPCR 反应体系为 20μl[其中：2×SYBR Green I mix，10μl；primerF（10pmol/μl），0.5μl；primerR（10pmol/μl），0.5μl；模板 DNA，1μl；ddH_2O，8μl]。qPCR 反应程序为：95℃-10min 预变性；45 个扩增循环（95℃-5s，55℃-20s，72℃-15s），荧光信号采集；60℃延长 1min，制作熔解曲线}。

在体系中，当 DNA 模板数为 10^1 个 Nb 孢子时，Nb-swp143F/Nb-swp294R、Nb-ptp209F/Nb-ptp465R、Nb-tub379F/Nb-tub540R 三对引物得到的 Ct 值已经大于 30，灵敏度较低，而 Nb-tub394F/Nb-tub542R、Nb-ssu415F/Nb-ssu542R、Nb-ssu1092F/Nb-ssu1227R 三对引物得到的 Ct 值仍小于 30，灵敏度较高。通过对 6 对引物进行 qPCR 所得熔解曲线及 Ct 值分析，

筛选确认特异性和灵敏度都较高的一对引物：Nb-ssu1092F/Nb-ssu1227R，作为后续实验中家蚕微粒子病进行 qPCR 检测的引物。

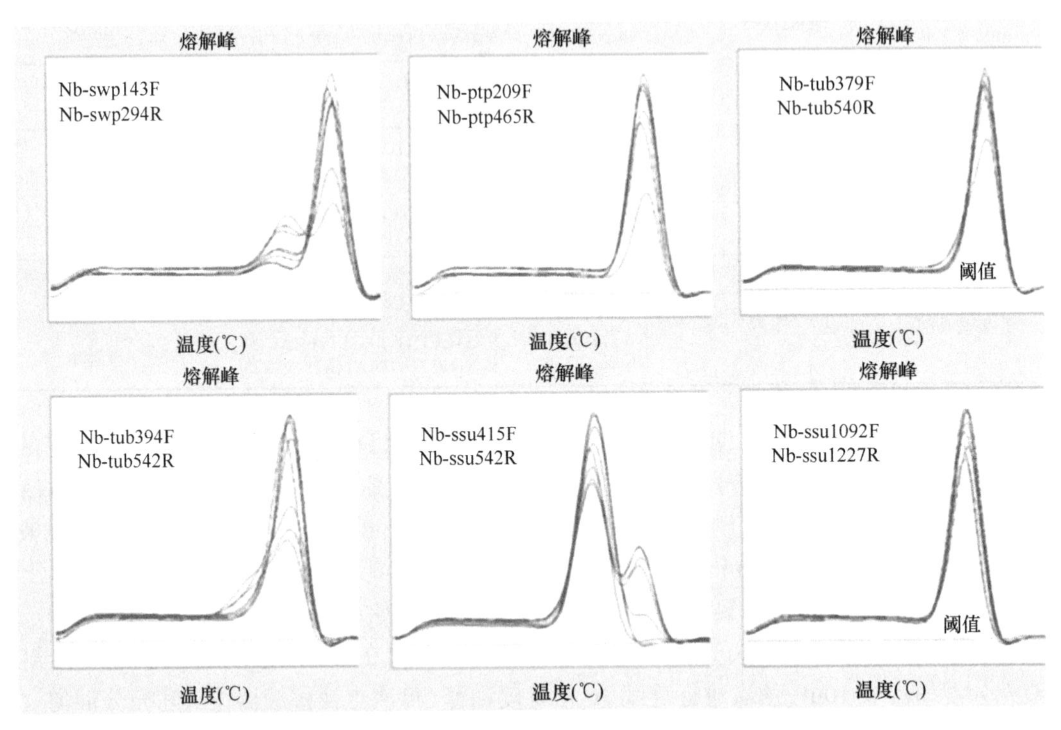

图 3-15　不同特异性引物进行 qPCR 建立的熔解曲线

表 3-21　不同特异性引物对 Nb 孢子进行 qPCR 检测的 Ct 值

体系 DNA 模板数 （个 Nb 孢子）	Ct 值					
	Nb-swp143F Nb-swp294R	Nb-ptp209F Nb-ptp465R	Nb-tub379F Nb-tub540R	Nb-tub394F Nb-tub542R	Nb-ssu1092F Nb-ssu1227R	Nb-ssu415F Nb-ssu542R
10^7	14.11	11.54	11.87	11.47	8.05	7.78
10^6	18.05	14.88	14.9	14.25	10.9	10.89
10^5	22.07	19.46	19.71	18.82	15.52	15.17
10^4	25.54	22.6	23.09	22.44	18.88	18.57
10^3	28.62	25.92	26.64	25.49	22	21.07
10^2	32.02	29.45	30.07	27.98	25.8	23.04
10^1	35	33.05	35	29.21	29.66	22.86
10^0	—	35	35	28.16	31.2	23.85
阴性对照	—	—	—	—	—	—

注：“—”表示未检出

3.3.3.2　荧光定量 PCR 的反应体系和程序

标准曲线的建立：利用上述实验中筛选出的最佳引物（Nb-ssu1092F/Nb-ssu1227R）进行质粒标准曲线的构建。将适量精制纯化 Nb 孢子置于破碎管中，加 500μl 的 DNA 提取缓冲液（1mmol/L 的 Tris，1mmol/L 的 EDTA，0.5%的 SDS，pH 8.0）、0.5g 酸洗玻璃珠，按 5500r/min-20s×6 的程序在珠磨式破碎仪（FastPrep-24，MP BIO）中进行破碎处理后，常规酚/氯仿抽提法提取 DNA。

PCR 扩增基因的反应体系（50μl）：TaKaRa *Taq*（5U/μl），0.5μl；dNTP 混合液（各 2.5mmol/L），4μl；10×PCR 缓冲液，5μl；primerF（10pmol/μl），1μl；primerR（10pmol/μl），1μl；模板 DNA，1μl；ddH$_2$O，37.5μl。充分混匀后置入 PCR 扩增仪中进行扩增，程序为：95℃预变性 5min；95℃变性 30s，55℃退火 30s，72℃延伸 1 min，共 35 个循环；72℃延伸 10min。反应结束后，取 5μl PCR 扩增产物，经 1%琼脂糖凝胶电泳鉴定片段大小，若与引物所限定的目的片段长度一致，则可用于后续步骤。

PCR 产物的回收：在紫外灯下切下琼脂糖凝胶上的目的条带，按 AxyPrep 凝胶回收试剂盒的说明书回收扩增片段，方法如下：①按 300μl/100mg 凝胶的比例加入缓冲液 DE-A，于 75℃水浴 10min，其间颠倒混匀数次促使凝胶熔化；②凝胶彻底熔化后加入 1/2 缓冲液 DE-A 体积的缓冲液 DE-B，颠倒混匀；③转移混合液至回收柱内，静置 1min，12 000r/min 离心 1min（4℃），弃滤液；④加入 500μl 缓冲液 W1 至回收柱内，12 000r/min 离心 30s（4℃），弃滤液；⑤加入 700μl 缓冲液 W2 至回收柱内，12 000 r/min 离心 30s（4℃），弃滤液，重复一次；⑥将回收柱置于干净的离心管中，在柱子膜的中央加 30μl 的 ddH$_2$O，静置 2min；⑦12 000r/min 离心 1min（4℃），离心管中的液体为回收产物，4℃保存备用。

目的片段的克隆：目的片段的连接按 Promega 公司 pGEM-T Easy 载体系统 I 使用说明书进行，随后按 Trans5α 感受态细胞使用说明书用连接产物转化 Trans5α 感受态细胞，涂布含有 Amp 的 LB 平板培养基挑选阳性克隆。

重组质粒的鉴定与提取：在平板上随机挑取白色单菌落数个，分别接种到 5ml 的 LB（含 AMP，100μg/ml）液体培养基中振荡培养 12h，随后各取 1μl 菌液作为模板，按 PCR 扩增基因的方法进行 PCR 鉴定，取 5μl 扩增产物进行 1%琼脂糖凝胶电泳。选择扩增出与目的片段长度一致片段的菌液，取 1ml 菌液按 AxyPrep 质粒 DNA 小量试剂盒说明书抽提质粒，完成后送英潍捷基（上海）贸易有限公司进行测序鉴定。

重组质粒浓度的测定：测序无误的重组质粒作为标准质粒制作标准曲线。用微量核酸分光光度计测定其 OD_{260} 和 OD_{280}，按公式（拷贝数=［质量/分子质量］×阿伏伽德罗常数）计算重组质粒浓度，将重组质粒稀释至 5×10^8 拷贝/μl 浓度，−20℃保存，备用。

重组质粒的 qPCR 检测：按上述方法将制备好的重组质粒进行 10 倍梯度稀释，利用挑选的最佳引物进行梯度稀释 qPCR 检测，体系中模板数设置 5×10^8 拷贝、5×10^7 拷贝、5×10^6 拷贝、5×10^5 拷贝、5×10^4 拷贝、5×10^3 拷贝、5×10^2 拷贝、5×10^1 拷贝和 5×10^0 拷贝重组质粒 9 个稀释梯度，每个样品设置三个重复（图 3-16）。

DNA 标准曲线的构建：取上述制备好的梯度稀释 Nb 孢子 DNA 溶液，利用挑选的最佳引物进行梯度稀释 qPCR 检测，体系中模板数设置 10^7 个、10^6 个、10^5 个、10^4 个、10^3 个、10^2 个、10^1 个、10^0 个和 10^{-1} 个 Nb 孢子 DNA 9 个稀释梯度，每个样品设置三个重复（图 3-16）。

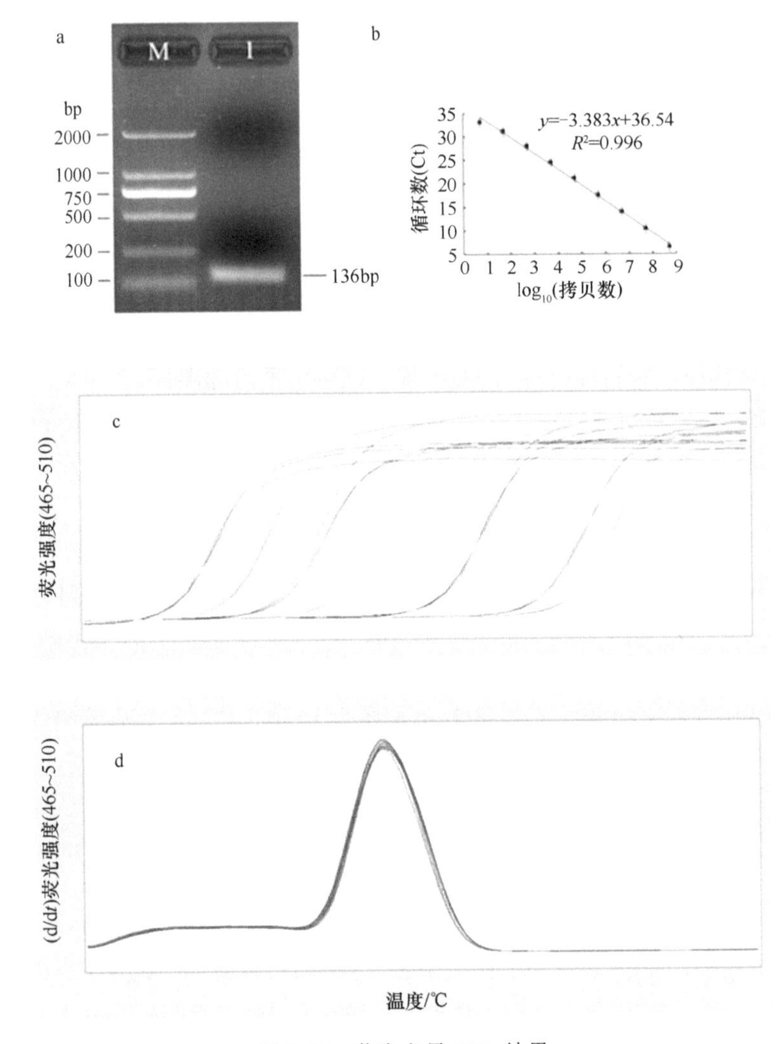

图 3-16　荧光定量 PCR 结果

a：Nb 的 SSU rRNA 的 PCR 产物（M：分子质量标记，1：样本）；b：重组质粒 10 倍梯度稀释 qPCR 的质粒浓度标准曲线；c：qPCR 扩增曲线；d：扩增中的熔解曲线

3.3.4　蚕种（卵）的家蚕微粒子病检测

家蚕幼虫、蛹、蛾和卵样本的检测相对复杂。采用精制纯化 Nb 孢子和精制纯化孢子 DNA 后再进行核酸扩增方式，对于 qPCR 体系而言，相对比较单纯或影响和干扰比较少，但该方式不仅耗时，而且在纯化中可能发生诸多检测靶标物质的损耗。直接对家蚕幼虫、蛹、蛾和卵样本进行检测，必须解决样本组织和 Nb 孢子的破碎问题，以及规避靶组织对 qPCR 体系的影响和干扰（Mathis et al.，1999b）。

3.3.4.1　蚕卵的家蚕微粒子病光学显微镜检测

实验用蚕种为蚕种生产单位生产的一代杂交蚕种，经浙江省蚕种质量检验检疫站进行家蚕微粒子病母蛾检测确认为不合格（超标淘汰蚕种）。蚕种洗落后仅进行脱胶洗涤，未进行比重和消毒及脱药等程序，从不同脱胶塑料框（蚕种比重等后整理用，每框约有 2kg 蚕卵）中随机取 3 号、5 号、17 号、38 号、52 号、53 号和 55 号 7 份蚕种（卵）样本。

蚕种（卵）的催青和取样：将 7 份蚕种（卵）样本分别放入培养皿中，在培养皿的盖下附一张用水浸过的滤纸（以不滴水为宜）保持湿度。在 25℃的培养箱中，进行常规（浙江省地方标准 DB33/T315—2001《桑蚕一代杂交种催青技术规程》）催青。分别在催青当天、催青 48h、催青 96h、点青期或转青期、蚁蚕（未食桑）期取样，共取样 5 次。每次取样 0.5g，−20℃保存。

检测蚕种（卵）的样本容量分为 1 粒（条）、10 粒（条）和 20 粒（条），7 份样本的不同样本容量和时期的检测重复数均为 12。在样本制作中，1 粒（条）蚕卵（蚁蚕）样本时，直接将样本放在载玻片上，将 1 滴（约 0.04ml）5%的 Na_2CO_3 溶液滴于样本上，处理 15～30min，盖上盖玻片，用手指轻轻研压盖玻片，把样本充分压碎，用相差显微镜（Olympus CH，40×15 倍）观察是否有 Nb 孢子，判断样本是否感染。10 粒（条）和 20 粒（条）蚕卵（蚁蚕）样本时，将蚕卵放入 1.5ml 离心管中，加入 300μl 5%的 Na_2CO_3 溶液，用手持式捣碎机（PRO Scientific，PRO200）将蚕卵磨碎，12 000r/min 离心 5min（室温），弃上清，取少量沉淀物镜检。

不同样本容量、不同时期和不同样本的相差显微镜检测结果显示：同一样本不同样本容量间 Nb 孢子的检出率差异不显著；同一样本不同时期（或胚胎发育进程）间 Nb 孢子的检出率呈波动下降趋势；不同样本间 Nb 孢子的检出率在 11.11%～28.89%（表 3-22）。Nb 孢子检出率的方差分析结果表明：不同时期和不同样本间的镜检检出率差异均极显著（表 3-23）。

表 3-22　蚕种（卵）Nb 孢子的光学显微镜检测结果

时期与样本容量		样本标号（Nb 孢子检出数/Nb 孢子检出率，%）							
		3 号	5 号	17 号	38 号	52 号	53 号	55 号	小计
催青当天	1 粒	6/50.00	3/25.00	5/41.67	4/33.33	2/16.67	1/8.33	3/25.00	50/19.84
	10 粒	1/8.33	4/33.33	2/16.67	1/8.33	3/25.00	0/0	1/8.33	
	20 粒	2/16.67	2/16.67	2/16.67	1/8.33	4/33.33	1/8.33	2/16.67	
催青 48h	1 粒	2/16.67	6/50.00	7/58.33	4/33.33	6/50.00	2/16.67	4/33.33	70/27.78
	10 粒	0/0	6/50.00	7/58.33	1/8.33	4/33.33	0/0	1/8.33	
	20 粒	3/25.00	5/41.67	6/50.00	0/0	5/41.67	0/0	1/8.33	
催青 96h	1 粒	0/0	6/50.00	4/33.33	2/16.67	2/16.67	2/16.67	4/33.33	71/28.17
	10 粒	0/0	4/33.33	4/33.33	1/8.33	6/50.00	5/41.67	6/50.00	
	20 粒	1/8.33	3/25.00	5/41.67	0/0	5/41.67	4/33.33	7/58.33	
点青期或转青期	1 粒	3/25.00	0/0	0/0	0/0	4/33.33	2/16.67	2/16.67	53/21.03
	10 粒	1/8.33	3/25.00	3/25.00	1/8.33	4/33.33	1/8.33	6/50.00	
	20 粒	1/8.33	4/33.33	2/16.67	1/8.33	6/50.00	1/8.33	8/66.67	
未食桑蚁蚕	1 条	0/0	0/0	1/8.33	2/16.67	0/0	0/0	2/16.67	9/3.57
	10 条	0/0	1/8.33	0/0	0/0	0/0	1/8.33	0/0	
	20 条	0/0	0/0	0/0	0/0	1/8.33	0/0	1/8.33	
合计		20/11.11	47/26.11	48/26.67	18/10.00	52/28.89	20/11.11	48/26.67	253/20.08

表 3-23　不同样本和不同时期光学显微镜检测的 Nb 孢子检出率方差分析

变差来源	平方和	自由度	均方	F
不同时期	1.106 870	14	0.079 062	4.087 843**
不同样本	0.694 878	6	0.115 813	5.988 016**
误差	1.624 627	84	0.019 341	
总计	3.426 375	104		

**表示 α=0.01

不同时期和不同样本容量的 Nb 孢子相差显微镜检出率（表 3-22）的 One-Way ANOVA 中 LSD test 分析结果如图 3-17 所示。

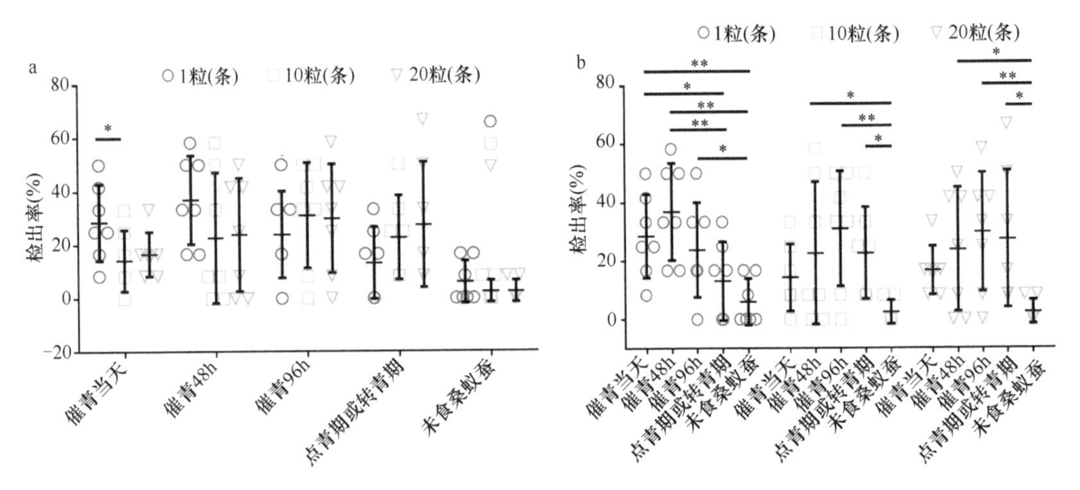

图 3-17　不同时期和样本容量的 Nb 孢子相差显微镜检出率比较

*表示差异显著（P<0.05）；**表示差异极显著（P<0.01）

在不同时期，不同样本容量的 Nb 孢子检出率存在显著差异仅出现在催青当天，其他取样时期都未见显著差异（图 3-17a）。在不同样本容量间，3 种样本容量都呈现了从催青开始到蚁蚕，Nb 孢子检出率逐渐上升后到蚁蚕降到最低的趋势。但出现最高 Nb 孢子检出率的时期不同，1 粒（条）、10 粒（条）和 20 粒（条）蚕卵（蚁蚕）样本出现最高 Nb 孢子检出率的时期分别为催青 48h、催青 96h 和点青期或转青期。不同样本容量不同时期 Nb 孢子检出率的统计分析差异性也有所不同（图 3-17b）。

3.3.4.2　蚕卵的家蚕微粒子病 PCR 检测

蚕种（卵）的样本来源、催青方法、取样方法和样本容量参见 3.3.4.1 节。

蚕卵置于破碎管中，加入 200μl 30%的 NaOH 溶液，静置 2min，将 NaOH 溶液吸净，用蒸馏水洗涤一次，用 1mol/L 的 HCl 中和，再用蒸馏水洗涤一次，破碎法提取 DNA（同 3.3.1.5 节），将提取的 DNA 调整至相同浓度后，进行 PCR 检测，PCR 反应体系及条件同 3.3.2.2 节。统计 PCR 检出率并进行方差分析。

不同样本容量、不同时期和不同样本的 PCR 检测结果显示：同一样本不同样本容量间 Nb 的检出率，随容量扩大呈下降的趋势；同一样本不同时期（或胚胎发育进程）

间 Nb 的检出率呈波状；不同样本间 Nb 的检出率在 13.89%～30.56%（表 3-24）。Nb 的 PCR 检出率方差分析表明：相同样本不同时期的差异极显著（$P<0.01$），不同样本间的 PCR 检出率差异不显著（表 3-25）。

表 3-24　蚕种（卵）Nb 的 PCR 检测结果

时期与样本容量		样本标号（Nb 检出数/Nb 检出率，%）							
		3 号	5 号	17 号	38 号	52 号	53 号	55 号	小计
催青当天	1 粒	11/91.67	5/41.67	9/75.00	8/66.67	8/66.67	6/50.00	9/75.00	68/26.98
	10 粒	1/8.33	2/16.67	0/0	3/25.00	3/25.00	1/8.33	2/16.67	
	20 粒	0/0	0/0	0/0	0/0	0/0	0/0	0/0	
催青 48h	1 粒	5/41.67	7/58.33	8/66.67	0/0	0/0	2/16.67	7/58.33	32/12.70
	10 粒	2/16.67	1/8.33	0/0	0/0	0/0	0/0	0/0	
	20 粒	0/0	0/0	0/0	0/0	0/0	0/0	0/0	
催青 96h	1 粒	11/91.67	7/58.33	1/8.33	0/0	11/91.67	8/66.67	0/0	47/18.65
	10 粒	4/33.33	2/16.67	0/0	1/8.33	1/8.33	0/0	0/0	
	20 粒	1/8.33	0/0	0/0	0/0	0/0	0/0	0/0	
点青期或转青期	1 粒	3/25.00	0/0	1/8.33	6/50.00	9/75.00	10/83.33	10/83.33	84/33.33
	10 粒	0/0	0/0	4/33.33	0/0	6/50.00	11/91.67	0/0	
	20 粒	0/0	0/0	0/0	6/50.00	8/66.67	10/83.33	0/0	
未食桑蚁蚕	1 条	11/91.67	6/50.00	4/33.33	0/0	0/0	7/58.33	0/0	29/11.51
	10 条	0/0	0/0	0/0	1/8.33	0/0	0/0	0/0	
	20 条	0/0	0/0	0/0	0/0	0/0	0/0	0/0	
合计		49/27.22	30/16.67	27/15.00	25/13.89	46/25.56	55/30.56	28/15.56	260/20.63

表 3-25　不同样本和不同时期 PCR 检测的 Nb 检出率方差分析

变差来源	平方和	自由度	均方	F
不同时期	4.420 103	14	0. 315 722	5.819 819**
不同样本	0.427 277	6	0.071 213	1.312 694
误差	4.556 949	84	0.054 249	
总计	9.404 329	104		

**表示 α=0.01

不同时期和不同样本容量 Nb 的 PCR 检出率（表 3-24）的 One-Way ANOVA 中 LSD test 分析结果如图 3-18 所示。

在不同时期，不同样本容量的 Nb 检出率除点青期或转青期外，1 粒（条）蚕卵（蚁蚕）样本的 Nb 孢子检出率都极显著高于 10 粒（条）和 20 粒（条）蚕卵（蚁蚕）样本，10 粒（条）和 20 粒（条）蚕卵（蚁蚕）样本间未见显著差异（图 3-18a）。1 粒（条）蚕卵（蚁蚕）样本不同时期之间的 Nb 检出率未见显著差异，10 粒（条）和 20 粒（条）蚕卵（蚁蚕）样本出现最高 Nb 检出率的时间都在点青期或转青期（图 3-18b）。

比较光学显微镜和 PCR 两种检测方法的 Nb 检出率（图 3-17 和图 3-18），可以发现：①两种方法的 Nb 检出率并未见显著差异，但在不同时期的蚕卵（蚁蚕）样本间有较大的不同。②在 1 粒（条）蚕卵（蚁蚕）样本情况下，PCR 法的 Nb 检出率明显高于光学显微镜法，10 粒（条）和 20 粒（条）蚕卵（蚁蚕）样本则呈相反趋势。③蚁蚕是本次检测中家蚕（或胚胎）发育的最后阶段，但两种检测方法的Nb检出率都处于最低水平。

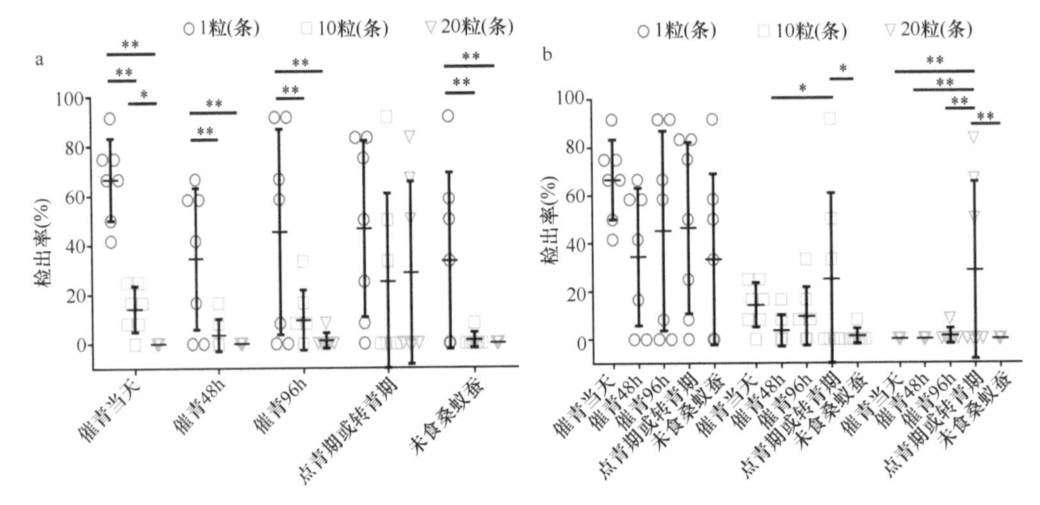

图 3-18　不同时期和样本容量的 Nb PCR 检出率比较

对光学显微镜和PCR两种检测方法的Nb检出率比较，可以推测：①蚕卵（蚁蚕）样本中可能存在影响PCR检测的干扰物质，从而影响检出率。②在催青到孵化阶段，随着家蚕（或胚胎）的发育，Nb数量并不一定是一个简单逐渐增加的过程，刚孵化的蚁蚕不是进行检测的优选阶段。③蚕卵（蚁蚕）样本的PCR检测干扰物质（或涉及更为广泛的引物和PCR系统等因素）和Nb增殖过程综合影响了上述检测结果。此外，所选样本Nb携带量较多，未经比重等后整理过程，样本中一些不能造成事实胚胎感染的样本（死卵及在孵化前死亡的催青死卵）也影响了Nb检出率结果。

3.3.4.3　实验室感染Nb母蛾所产蚕卵的PCR检测

病卵制作是秋丰×白玉常规饲养至5龄，分别于5龄起蚕、食桑48h、食桑96h和食桑144h时，采用注射法进行不同剂量Nb孢子口腔饲喂，用10μl微量注射器分别饲喂浓度为10^4孢子/ml、10^6孢子/ml和10^8孢子/ml的Nb孢子10μl（即每条蚕分别饲喂10^2个、10^4个和10^6个Nb孢子）。除12个处理组外，设1个空白组。感染处理后的蚕，常规饲养至结茧、羽化、交配、产卵。产卵后用光学显微镜检测幼虫期（5龄）不同感染剂量的母蛾，检出Nb孢子母蛾所产的蚕卵，单蛾用盐酸（温液46.1℃，比重1.072）浸渍5min后，清水冲洗，去除盐酸（即时浸酸），幼虫期相同感染剂量组检出Nb孢子母蛾所产蚕卵混匀，晾干，供不同催青时期蚕卵的Nb检测实验用。

不同催青时期蚕卵的Nb检测实验中，将检出Nb孢子母蛾所产蚕卵和幼虫期未感染处理母蛾检测确认未感染的蚕卵，放置于25℃、相对湿度65%～85%环境中催青，催青起始（0h）和每隔2d（48h、96h、144h和168h）及孵化蚁蚕取样，分别进行光学显微镜检测和PCR检测（玻璃珠破碎法和按3.3.1.5节提取DNA）。两种Nb检测方法、不同催青取样时间和检测用蚕卵数量间，检出率都呈现出与上述“超标淘汰蚕种”样本类似的变化规律。数据结果和PCR检测结果见图3-19和图3-20。

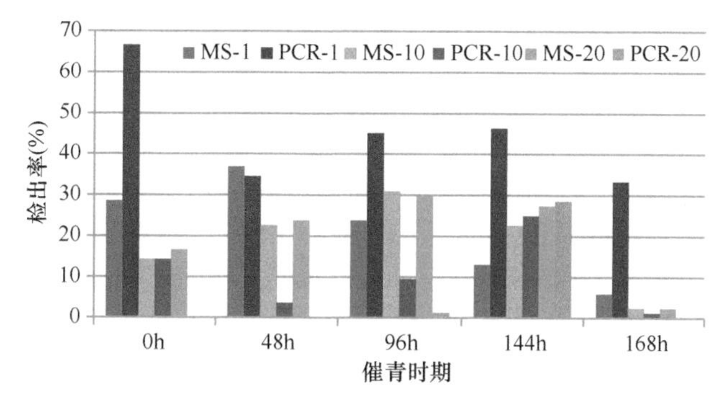

图 3-19　两种检测方法在不同催青时期和不同样本容量下的 Nb 检出率比较

MS 为显微镜检测法；PCR 为 PCR 检测法；1、10 和 20 分别为 1 粒、10 粒和 20 粒蚕卵

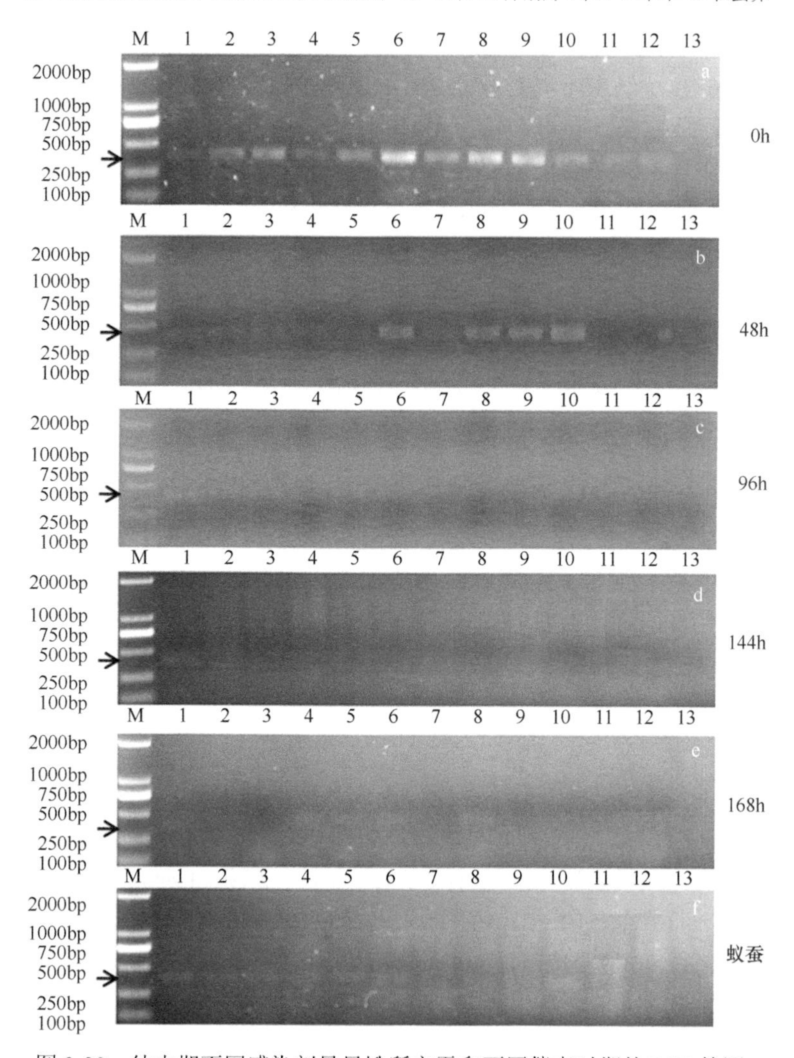

图 3-20　幼虫期不同感染剂量母蛾所产蚕卵不同催青时期的 PCR 检测

a～f：不同催青取样时间和蚁蚕样本的 PCR 检测；M：DL2000 DNA Marker，1～3：5 龄起蚕时添食 10^2 个、10^4 个和 10^6 个 Nb 孢子母蛾所产蚕卵，4～6：5 龄食桑 48h 时添食 10^2 个、10^4 个和 10^6 个 Nb 孢子母蛾所产蚕卵，7～9：5 龄食桑 96h 时添食 10^2 个、10^4 个和 10^6 个 Nb 孢子母蛾所产蚕卵，10～12：5 龄食桑 144h 时添食 10^2 个、10^4 个和 10^6 个 Nb 孢子母蛾所产蚕卵；13：健康蚕卵（空白对照）

在样本容量方面，1 粒蚕卵样本的 Nb 检出率 PCR 法多数高于光学显微镜检测法（2.09 倍），10 粒蚕卵样本的 Nb 检出率 PCR 法多数低于光学显微镜检测法，20 粒蚕卵样本 PCR 法多数未能检出 Nb。在催青不同阶段取样的 Nb 检出率，未呈现逐渐上升的趋势。PCR 结果显示呈先下降后上升的趋势，催青当天（0h）（图 3-20a）和 48h（图 3-20b）样本的 Nb 检出率达到 100%和 75%，其后检出率下降，而蚁蚕样本（图 3-20f）的 Nb 检出率为 58.33%；在幼虫（5 龄）不同时期（5 龄起蚕、食桑 48h、食桑 96h 和食桑 144h）采用不同剂量（10^2 粒/条、10^4 粒/条和 10^6 粒/条）Nb 孢子进行注射法添食的情况下，未见相互间有明显的差异及趋势性现象。

从样本容量因素对检出率影响方面分析，1 粒、10 粒和 20 粒蚕种（卵）利用光学显微镜检测法与 PCR 法的 Nb 检出率分别为 21.67%、18.57%和 20.00%，45.24%、10.71%和 5.95%，PCR 法的数值波动更大或更不稳定（光学显微镜检测法和 PCR 法分别为 0～66.67%和 0～91.67%）。幼虫不同时间感染不同剂量 Nb 孢子的结果也未显示出感染时间越早检出率越高，或感染剂量越高检出率越高等对应的 Nb 孢子检出率规律性变化。

通过对上述 2 种不同蚕卵样本（生产上的超标淘汰蚕种和实验室人为感染家蚕幼虫获取的病卵）和 2 种不同检测方法的 3 个实验结果分析可知，以成品卵为检测对象的检测技术，需要 Nb 孢子感染时期或感染程度对胚胎感染率的影响、不同胚胎感染率或程度与检测样本容量（或蚕卵和蚁蚕）的关系、Nb 在蚕卵或蚁蚕中的增殖规律，以及蚕种的均匀性等问题需要更大样本范围内的实验数据支撑。从方法学的角度而言，PCR 法不仅需要解决效率问题，蚕卵或蚁蚕组织等对检测灵敏度的影响及假阳性等问题的解决也需要更多的实验数据支撑。

3.3.5 蚕卵组织对荧光定量 PCR 检测的影响

在复杂样本中 PCR 或荧光定量 PCR 的检出能力都会受到影响（Deplazes et al.，1996），根据上述实验中发现的蚕卵或蚁蚕组织会对 PCR 检测产生干扰，开展蚕卵组织对 qPCR 检测的影响调查。

3.3.5.1 蚕卵与 Nb 孢子混合后的影响

将不同数量的健康秋丰×白玉转青卵与不同数量的精制纯化 Nb 孢子混合，制备模板 DNA 进行 qPCR 检测，以此探索不同数量蚕卵组织对 Nb 的 qPCR 法检出率的影响。蚕卵数量设置 100 粒、50 粒、25 粒、13 粒、7 粒、4 粒、2 粒、1 粒和 0 粒 9 个梯度，Nb 孢子数量设置 10^7 个、10^6 个、10^5 个、10^4 个、10^3 个、10^2 个和 0 个 7 个梯度，每个样本设置三个重复。将纯化的 Nb 孢子稀释成 10^8 孢子/ml、10^7 孢子/ml、10^6 孢子/ml、10^5 孢子/ml、10^4 孢子/ml 和 10^3 孢子/ml 浓度。

蚕卵 DNA 的提取：将未感染 Nb 蚕卵置于 1.5ml 离心管中，加入适量 5%的 NaOH 溶液浸没蚕卵，浸泡处理蚕卵 10min 后，用灭菌纯水清洗蚕卵三次，4℃保存备用。将经上述预处理蚕卵置于破碎管中，加 500μl DNA 提取缓冲液（1mmol/L 的 Tris，1mmol/L 的 EDTA，0.5%的 SDS，pH 8.0）、0.5g 酸洗玻璃珠，按 5500r/min-20s×6 程序在珠磨式破碎仪（FastPrep-24，MP BIO）中处理后，常规酚/氯仿抽提法提取 DNA。

蚕卵与 Nb 孢子混合物 DNA 的提取：按上述处理蚕卵，置于破碎管，加入 100μl 所需浓度的精制纯化 Nb 孢子悬浮液或 ddH_2O，同上加 400μl DNA 提取缓冲液和 0.5g 酸洗玻璃珠，按 5500r/min-20s×6 程序在珠磨式破碎仪（FastPrep-24，MP BIO）中处理后，抽提 Nb 孢子与蚕卵混合物的 DNA，并进行 qPCR 检测。

qPCR 检测的体系同 3.3.3 节，引物为 Nb-ssu1092F/Nb-ssu1227R。

qPCR 检测结果显示：在 Nb 孢子数量为 10^7 个时（实验设计最高 Nb 孢子数量），蚕卵数量为 13 粒或以上均未能得到有效的 Ct 值；在 Nb 孢子数量为 10^3 个和 10^2 个时，蚕卵数量为 7 粒或以上也未能得到有效的 Ct 值；在 Nb 孢子数量为 10^4～10^7 个时，Ct 值均大于精制纯化 Nb 孢子 DNA 的阳性对照组样本；在 Nb 孢子数量为 10^3～10^2 个时，Ct 值略小于精制纯化 Nb 孢子 DNA 的阳性对照组样本（表 3-26）。

表 3-26　蚕卵组织对 qPCR 影响的测定

蚕卵数量	Ct 值						
	10^7 个	10^6 个	10^5 个	10^4 个	10^3 个	10^2 个	0 个
100	—	—	—	—	—	—	—
50	—	—	—	—	—	—	—
25	—	—	—	—	—	—	—
13	—	—	—	—	—	—	—
7	23.77	30.31	31.27	40	—	—	—
4	15.65	18.86	23.92	24.97	28.16	30.22	—
2	15.22	18.52	21.94	25.1	28.66	30.6	—
1	15.16	18.63	22.06	25.16	28.59	30.72	—
0	15.29	18.93	22.2	25.8	28.85	31.13	—

注：“—”表示未检出

使用 SPSS 19.0 软件中配对样本 *t* 检验法，分析 7 粒蚕卵实验组和 4 粒蚕卵实验组样本与阳性对照组 Ct 值的差异显著性，发现 7 粒蚕卵实验组 Ct 值极显著低于阳性对照组样本（P=0.004），4 粒蚕卵实验组样本的 Ct 值与阳性对照组无显著差异（P=0.871）（表 3-27）。

表 3-27　蚕卵组织对 qPCR 影响的配对样本 *t* 检验分析

			阳性对照组-7 粒蚕卵实验组	阳性对照组-4 粒蚕卵实验组
成对差分		均值	−10.782 50	0.070 00
		标准差	2.599 39	1.005 64
		均值的标准误	1.299 69	0.410 55
	差分的 95% 置信区间	下限	−14.918 71	−0.985 36
		上限	−6.646 29	1.125 36
		t	−8.296	0.171
		df	3	5
		Sig.（双侧）	0.004	0.871

该结果说明蚕卵组织对 qPCR 法检测 Nb 有影响，反应体系中蚕卵组织越多，对 Ct 值影响越大，直至只收集到阴性信号。通过稀释法减少反应体系中蚕卵组织的含量，可减少或消除这种影响，将单粒蚕卵作为检测对象不影响检测效果（表 3-22、表 3-24 和图 3-19 中 PCR 法结果）。

3.3.5.2 荧光定量 PCR 检测单粒蚕卵家蚕微粒子病的灵敏度和重复性

单粒蚕卵与 10^7 个、10^6 个、10^5 个、10^4 个、10^3 个、10^2 个和 10^1 个 Nb 孢子混合后，进行 qPCR 检测，均能成功检测到阳性信号，阴性对照组全部为阴性信号（表 3-28）。qPCR 法检测单粒蚕卵中 Nb 的灵敏度可达到 10 个 Nb 孢子/蚕卵的水平。

表 3-28 qPCR 检测法灵敏度、重复性实验结果

Nb 孢子数量（个）	Ct 值（平均数±SD）			变异系数
	实验 1 次	实验 2 次	实验 3 次	
10^7	14.34±0.23	13.93±0.05	14.69±0.01	2.66%
10^6	19.73±0.39	19.79±0.09	18.56±0.56	3.57%
10^5	23.90±0.13	23.09±0.13	21.71±0.18	4.83%
10^4	26.34±0.41	27.56±0.24	25.54±0.60	3.84%
10^3	29.40±0.37	29.08±0.16	29.82±0.27	1.26%
10^2	30.48±0.22	31.51±0.43	31.22±0.12	1.71%
10^1	31.20±0.24	31.65±0.47	31.73±0.30	0.84%
阴性对照	—	—	—	—

注："—"表示未检出或无数据

比较各 Nb 孢子实验数量梯度使用不同批次试剂进行三次实验所得的平均 Ct 值，7 个 Nb 孢子实验数量梯度所得变异系数分别为：2.66%、3.57%、4.83%、3.84%、1.26%、1.71%和 0.84%（表 3-28）。qPCR 法使用不同批次试剂检测各数量 Nb 孢子的变异系数都小于 5%，重复性良好。

在建立 qPCR 检测法时，将质粒作为标准品制作标准曲线是常用的方法，当然也有利用质粒标准曲线只计算目的片段的数量，而以抽提 DNA 作为标准品更贴近真实检测流程，得到的标准曲线能够用来计算 Nb 数量的研究。本实验分别以质粒和 Nb 孢子的 DNA 作为标准品构建了标准曲线，换算得到 1 个 Nb 孢子中大约有 50 个 SSU rRNA 基因片段拷贝。

本实验利用统计学的方法研究了酚/氯仿抽提法提取模板时，不同数量转青卵组织对 qPCR 检测 Nb 的影响，发现减少 qPCR 体系中蚕卵组织的含量可以有效地减小或消除抑制物的影响。在此基础上探索研究单粒蚕卵家蚕微粒子病 qPCR 检测法，体系中含 0.01 粒蚕卵组织，能够保证检测的灵敏度与稳定性不受干扰。但本研究只是找到一种减小蚕卵中抑制物干扰作用的办法，而具体是何种物质干扰了 qPCR 的检测，有待进一步的研究。

3.3.5.3　荧光定量 PCR 检测催青卵和蚁蚕家蚕微粒子病

（1）感染家蚕微粒子病母蛾所产蚕卵的制取

按秋丰和白玉的饲养标准进行原蚕饲养，5 龄起蚕用 10^6 孢子/ml 的 Nb 孢子悬浮液，按每条蚕 10μl 剂量涂布桑叶，添食感染每品种家蚕各 300 条，常规饲养至上蔟、发蛾、交配和单蛾圈产卵（秋丰×白玉或白玉×秋丰）。产卵后母蛾利用光学显微镜检测 Nb 孢子，筛选出 30 个检出 Nb 孢子母蛾及产卵数量 200 粒以上的卵圈，即时浸酸（成散卵，并在浸酸和冲洗脱酸中混匀），简易催青法催青。

催青至转青卵阶段和孵化时取样，正反交各随机取 4 个卵圈，用于 Nb 检测。每个卵圈取转青卵（蚁蚕）各 25 粒（条），进行 qPCR 法和光学显微镜法检测比较实验。

催青不同阶段蚕卵的检测：取母蛾 Nb 孢子计数较多的 5 个卵圈（编号为 A、B、C、D 和 E），分别在催青 1d、催青 3d、催青 8d（转青卵）、蚁蚕（催青 10d）和蚁蚕孵化后绝食 7d（25℃）各取 30 粒（条）样本，同步取健康（未感染处理）样本。所有蚕卵或蚁蚕样本，均保存于−80℃冰箱备用。

（2）蚕卵或蚁蚕样本的制作和检测

将上述蚕卵或蚁蚕样本分别置于 1.5ml 离心管中，加入适量 5%的 NaOH 溶液浸没蚕卵或蚁蚕，浸泡 10min 后，用灭菌纯水清洗蚕卵三次（或 4℃保存备用）。取经处理的蚕卵或蚁蚕样本，加入 10μl 生理盐水，用组织研磨棒充分研磨，研磨液用于检测。

取 5μl 研磨液用相差显微镜（40×15 倍）检测。取另外 5μl 研磨液，加入 500μl 的 DNA 提取缓冲液（1mmol/L 的 Tris，1mmol/L 的 EDTA，0.5%的 SDS，pH 8.0），吹打混匀后转移至破碎管中，加入 0.5g 酸洗玻璃珠，按 5500r/min-20s×6 程序在珠磨式破碎仪（FastPrep-24，MP BIO）中处理，制备模板 DNA 后进行 qPCR 检测。

（3）荧光定量 PCR 法和光学显微镜法检测单粒蚕卵或蚁蚕家蚕微粒子病的比较

秋丰×白玉正反交各 4 个卵圈的 25 个样本的检测结果显示：qPCR 法的检出率高于光学显微镜检测法（表 3-29 和图 3-21），将表 3-29 中的百分比进行 $\sin^{-1}(P)^{1/2}$ 转换后，用 SPSS 19.0 软件中配对样本 t 检验对两种检测方法的检出率进行统计学分析，其差异达到极显著水平（P=0.000）（表 3-30）。

表 3-29　光学显微镜检测法和 qPCR 法检测感染家蚕微粒子病母蛾所产蚕卵的 Nb 检出率比较（%）

方法	秋丰×白玉转青卵				秋丰×白玉蚁蚕				白玉×秋丰转青卵				白玉×秋丰蚁蚕			
	1	2	3	4	1	2	3	4	1	2	3	4	1	2	3	4
光学显微镜检测法	60	60	56	56	52	52	48	52	28	28	36	24	32	32	28	24
qPCR 法	64	68	64	68	56	64	48	60	36	44	36	36	32	40	40	24

在 400 个检测样本中，有 167 个样本用两种检测方法均检出 Nb，其中有 139 个样本的相差显微镜（40×15 倍）检测平均视野为 10 个 Nb 孢子以上，这些样本对应的 qPCR 检测平均 Ct 值为 17.2±1.22，剩余 28 个样本的光学显微镜检测平均视野为 10 个 Nb 孢子

以下，这些样本对应的qPCR检测平均Ct值为22±1.53；再有28个样本用光学显微镜未能检出Nb，但对应的qPCR检测平均Ct值为27.92±1.34；其余205个样本用两种方法均未检出Nb。

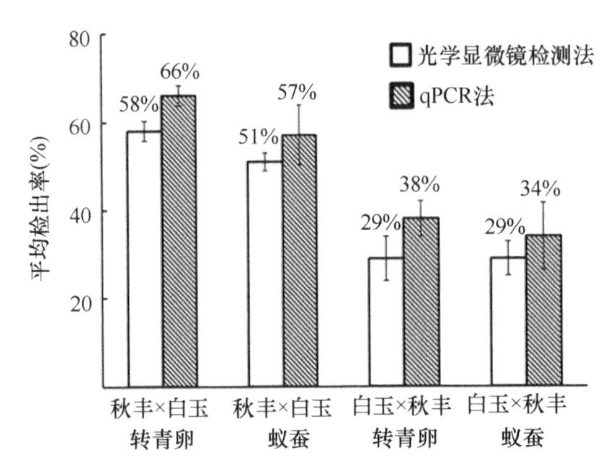

图3-21 光学显微镜检测法和qPCR法的检出率比较

表3-30 蚕卵家蚕微粒子病的光学显微镜检测法和qPCR法检出率的配对样本 *t* 检验分析

	成对差分					*t*	df	Sig.（双侧）
	均值	标准差	均值的标准误	差分的 95% 置信区间				
				下限	上限			
显微镜-qPCR法	−4.183 75	3.110 09	0.777 52	−5.841 0	−2.526 5	−5.381	15	0.000

（4）不同催青阶段样本的qPCR检测

母蛾Nb孢子计数较多的5个卵圈（编号为A、B、C、D和E）、催青不同阶段［催青1d、催青3d、催青8d（转青期）、蚁蚕（催青10d）和蚁蚕孵化后绝食7d］样本的定性qPCR检测结果如表3-31所示：催青1d的Nb检出率已达60.00%及以上，随着催青时间增加Nb检出率有所提高，但有一定的波动性；不同卵圈之间存在一定的差异，催青各阶段Nb检出率分别为33.33%、23.34%、30.00%、13.33%和13.33%（表3-31），即随着催青时间增加，不同卵圈的Nb检出率差异逐渐缩小。

表3-31 不同催青阶段样本的qPCR检测

卵圈编号	Nb检出率（%）				
	催青1d	催青3d	催青8d（转青卵）	蚁蚕（催青10d）	蚁蚕孵化后绝食7d
A号	93.33	83.33	90.00	86.67	86.67
B号	86.67	73.33	73.33	90.00	100.00
C号	93.33	96.67	100.00	93.33	93.33
D号	90.00	90.00	100.00	100.00	86.67
E号	60.00	73.33	70.00	90.00	93.33

母蛾Nb孢子计数较多的5个卵圈（编号为A、B、C、D和E）、催青不同阶段［催青1d、催青3d、催青8d（转青期）、蚁蚕（催青10d）和蚁蚕孵化后绝食7d］阳性样

本的定量 qPCR 检测结果如表 3-32 所示：检出率较低的 E 号卵圈，其样本中 Nb 孢子的数量也相对较低；检出率较高的 C 号卵圈，其样本中 Nb 孢子的数量也相对较高；5 个卵圈在不同取样时间的检出数量与检出率有类似的波动性，但与检出率（定性检测）相比，蚁蚕孵化后绝食 7d 样本的检出数量，5 个卵圈及平均数都为最高。

表 3-32　不同催青阶段样本的 qPCR 检测

卵圈编号	阳性检测样本平均 Nb 孢子数量				
	催青 1d	催青 3d	催青 8d（转青卵）	蚁蚕（催青 10d）	蚁蚕孵化后绝食 7d
A 号	1.93E+03	1.51E+05	1.06E+05	9.39E+04	1.42E+06
B 号	2.71E+03	5.84E+04	5.01E+04	3.39E+04	1.07E+06
C 号	2.79E+04	1.41E+05	9.56E+04	1.54E+05	1.43E+06
D 号	8.85E+03	4.68E+04	2.08E+05	1.12E+05	6.40E+05
E 号	3.17E+02	7.68E+04	6.57E+04	4.23E+04	5.99E+05
不同时间平均数量	8.34E+03	9.48E+04	1.05E+05	8.72E+04	1.03E+06

使用 SPSS 19.0 软件中多重比较法，分析不同取样时间阳性样本平均 Nb 孢子检出数量的差异表明（表 3-33）：蚁蚕孵化后绝食 7d 样本的平均 Nb 孢子检出数量极显著高于其他取样时间的阳性样本（P=0.000）；其他样本间均未见显著差异（P>0.05）。

表 3-33　不同催青阶段样本采用 qPCR 检测的 Nb 孢子检出数量比较

取样时间	阳性样本平均 Nb 孢子检出数量 Xi	1.03E+06	8.72E+04	1.05E+05	9.48E+04
催青 1d	8.34E+03	123.70**	10.46	12.60	11.37
催青 3d	9.48E+04	10.88**	0.92	1.11	
催青 8d（转青卵）	1.05E+05	9.82**	0.83		
蚁蚕（催青 10d）	8.72E+04	11.83**			
蚁蚕孵化后绝食 7d	1.03E+06				

**表示差异极显著

从理论上或样本为完全均匀状态下，随着催青时间的增加或家蚕胚胎发育的进行，Nb 将随之增殖或数量增加，不会出现下降趋势。本实验尽管使用了 400 个样本（4×25×4）采用两种方法检测，以及采用 qPCR 定量检测，但在两种方法中都出现了随催青时间的增加检出数量波动性变化，这种波动性与样本的随机性可能有关，或者说样本的数量尚不够充分，当然也可能与 qPCR 法的假阳性有关。

- 不同蚕区和饲养单位，因气候、环境和技术等的差异，家蚕微粒子虫等病原微生物的污染控制和清洁消毒技术水平存在差异，这些差异决定了家蚕微粒子虫等病原微生物在养蚕环境中的分布特点和数量。在多数情况下，较难从环境样本中检出家蚕微粒子虫，但检测同为专性寄生的病毒（BmNPV 和 BmCPV）多角体在环境中的分布不失为一种值得应用的方法，或进行多种病原微生物的检测则更好。充分掌握和了解家蚕微粒子虫等病原微生物的分布，不仅仅有利于对病害流行规律的掌控，更能高效进行污染控制和清洁消毒技术的实施。

- 基于免疫学和分子生物学的检测技术已广泛应用于商业化检测，其中具有良好的自动化和标准化特点的 ELISA 与 qPCR 则被广泛应用于大样本量的检测。在家蚕微粒子虫的检测中，ELISA 技术需要解决孢子或检测靶标蛋白在酶标板的黏附问题，qPCR 技术需要解决蚕卵等组织的干扰问题。qPCR 是一种高灵敏度的检测技术，在阳性样本率较高的情况下极易产生假阳性，因此，实验室必须具备良好的防污染条件。
- 基于成品卵的 Nb 实用检测技术，需要对家蚕感染 Nb 后其从幼虫到卵或蚁蚕过程中变化规律有基本了解的同时，还需要充分了解待检测样本（蚕卵或蚕种）的均匀性、大规模蚕种生产样本的基础情况，以及检测的功能定位等问题。

第　二　篇

家蚕微粒子虫在个体中扩散及防控技术

攻坚则韧，乘瑕则神。攻坚则瑕者坚，乘瑕则坚者瑕。〔中〕管子

凯旋和毁灭只在咫尺之间。〔英〕洛克

如能善于利用，生命乃悠长。〔古罗马〕塞涅卡

在这个世界上，无处是安定的，无物是长久的。〔德〕叔本华

在了解家蚕微粒子虫（*Nosema bombycis*，Nb）从哪里来的问题后，Nb 与家蚕（*Bombyx mori*）相遇，在特定的环境条件下相互作用而发生感染事件，成为第二个必须了解的问题。Nb 感染家蚕事件，包括 Nb 如何进入家蚕个体或细胞，如何在其中进行繁殖，以及如何排出体外三大问题。

家蚕微粒子虫进入家蚕的形式有食下和胚胎感染两种方式，即环境来源 Nb 通过家蚕摄食行为进入家蚕个体，或通过上一代的蚕卵（胚胎）携带而进入家蚕个体。

家蚕微粒子虫在生活史中何种阶段进入家蚕并导致家蚕的感染发生？目前主要认为是孢子阶段。Nb 孢子进入家蚕，不论是 Nb 孢子通过摄食行为进入家蚕消化道，还是蚕卵发育至反转期胚胎通过脐孔进行营养吸收时 Nb 孢子被吸入消化道，家蚕消化道是其入侵或繁殖过程开始的第一个组织器官。Nb 孢子如何进入家蚕消化道等组织的细胞，即 Nb 孢子为何能发芽？消化道内环境对 Nb 孢子的发芽有何影响？Nb 孢子发芽后其感染性孢原质如何进入消化道组织和细胞？感染性孢原质在细胞内如何繁殖？或家蚕如何抵御 Nb 增殖？Nb 如何在细胞及组织器官间扩散（个体内的水平传播）以及如何排出体外？这是一系列需要探究的问题。

上述问题即 Nb 与家蚕相互作用的问题，阻止家蚕微粒子虫孢子进入家蚕后的发芽，或切断家蚕微粒子虫生活史中某个代谢途径或某些必需成分的合成路径，都将可能有效控制家蚕微粒子病的发生，解析和回答这些问题是探索或研发个体水平防控技术的科学基础。

第 4 章　家蚕微粒子虫孢子发芽和入侵细胞

家蚕微粒子虫（*Nosema bombycis*，Nb）不论是来自养蚕环境还是蚕种（卵）来源，与家蚕（*Bombyx mori*）相遇发生关系都始于家蚕消化道。在食下感染的情况下，Nb 孢子通过家蚕的摄食（桑叶或人工饲料）而进入消化道；在胚胎感染的情况下，家蚕胚胎发育至反转期通过脐孔吸收营养时，将胚胎浸润环境中滋养细胞等感染后产生的 Nb 孢子吸入消化道（家蚕胚胎被 Nb 孢子感染或在反转期之前被 Nb 孢子感染，都将成为死卵而不能发生事实上的胚胎感染）（福田纪文，1979；浙江大学，2001）。

家蚕微粒子虫孢子进入家蚕消化道后发芽是 Nb 孢子与家蚕发生关系的首要步骤，家蚕消化道的理化特征和微生态如何影响 Nb 孢子发芽，即消化道环境如何影响其发芽，或在发芽过程中哪些基因或蛋白质发生了作用，或这些基因或蛋白质如何发生作用？这都是我们理解 Nb 孢子如何入侵家蚕所需要了解的问题，更是家蚕微粒子病发生与流行防控技术研发的理论基础。

4.1　家蚕微粒子虫孢子的发芽

微孢子虫是自然界中具有非常独特的生活史的生物，无论是侵染宿主细胞的器官之精巧还是方式之特殊，都是极为少见的类型。微孢子虫可以利用复杂的细胞结构，通过发芽方式侵染宿主细胞（包括在细胞外发芽注射进入细胞和被宿主细胞吞噬后发芽两种方式）（Magaud et al.，1997；Bigliardi and Sacchi，2001）；同时，发芽过程也是微孢子虫从休眠状态转变为侵染状态的重要转折过程。当微孢子虫通过发芽过程成功侵染宿主细胞后，孢子在细胞内的增殖过程和对抗宿主免疫的过程也随之展开。

对家蚕微粒子虫孢子发芽过程或发芽过程中各类因子的影响、发芽过程中一些生物学和分子生物学的变化，以及发芽在孢子侵染过程中如何发挥作用的解明，都是微孢子虫侵染宿主细胞首要步骤的基础认识，因此发芽过程的研究不仅具有重要的生物学研究价值，也是病害防控技术研发的基础需求。

4.1.1　家蚕微粒子虫孢子的发芽过程

家蚕微粒子虫孢子发芽的过程被描述为：孢子经食下进入家蚕消化道后，在消化液的刺激下，孢子内部渗透压升高，这种升高会引发孢子内外部水分子的交换。后极泡（posterior vacuole，PV）和极膜层（polaroplast，PL）会逐渐吸水膨胀，产生压力使极管（polar filament，PF 或 polar tube，PT）解开螺旋，并从孢子顶部孢壁薄弱的极帽（polar cap，PC）处快速弹出，弹出部位有固定板（anchoring disk，AD）帮助固定弹出方向。极管的弹射就像是手套手指的外翻过程，在完成发芽后，极管管腔面则成为外表面。极管在快速弹出的瞬间可以刺穿宿主细胞膜，并将具有感染性的孢原质（sporoplasm）注入宿主细胞内。极管细长，具有良好的机械弹性和韧性，允许孢原质通过。侵染过程完成后，孢原质进入宿主细胞中，孢子空壳（empty spore）则留在宿主细胞外面（Undeen and Vander-Meer，1994；钱永华和金伟，1997；张凡和鲁兴萌，2005）。

从该过程的描述中也可见，在发芽过程中与之相关的Nb孢子结构（见附录一）有：①孢壁（spore wall），由蛋白质外壁、几丁质内壁和孢原质膜3层结构构成；坚硬，能抵抗一定的外来压力，使孢子对环境具有较强的抵抗性；具有一定的选择透性。②极管，是由4层同心圆围绕形成的中心芯结构，外管前端较粗，呈锚状与孢壁连接，称极帽；前部呈棒状，沿纵轴方向延伸，后部沿孢壁以一定的倾斜角度呈螺旋状卷曲；基本组成为分子质量23kDa的蛋白质单体，单体之间由二硫键连接；孢子发芽时能经单体的外翻和装配作用形成极管。③极膜层和后极泡，极膜层由若干叠成片状的薄膜组成，结构相对松散；后极泡由2层或多层膜包围而成；两者在发芽过程中能大量吸收水分并膨胀（钱永华和金伟，1997；高永珍和黄可威，1999；浙江大学，2001）。在Nb孢子进入消化道后，孢子相关结构与消化道内理化特征或微生态间的相互作用也是非常值得关注的问题。

4.1.2 微孢子虫孢子发芽前-后孢内糖的变化

采用高效液相色谱仪，对蚊法氏虫（*Vavraia culicis*）、*Edhazardia aedis*、按蚊阿尔及尔微孢子虫（*Nosema algerae*，现为 *Anncaliia algerae*）等水生微孢子虫孢子，以及纳卡变形孢虫（*Vairimorpha necatrix*）、森林天幕毛虫微孢子虫（*Nosema disstriae*）、蜜蜂微孢子虫（*Nosema apis*）、舞毒蛾变形孢虫（*Vairimorpha lymantriae*）与 *Nosema* 分离株等陆栖微孢子虫孢子发芽前-后的糖含量变化研究表明：海藻糖占糖类的绝大部分（31%～74%）；山梨醇糖除在按蚊阿尔及尔微孢子虫中未检测到，在 *Edhazardia aedis* 中仅有1%外，其他微孢子虫孢子中含量也很大（22%～54%）；某些孢子中还存在低浓度的其他糖类（如葡萄糖、果糖和其他）。所有微孢子虫孢子发芽前-后总糖含量没有明显变化，但发芽前-后水生孢子总糖含量都远远高于陆栖孢子；5种陆栖微孢子虫孢子发芽前-后还原糖占总糖的百分比不变，而水生孢子发芽后海藻糖等非还原糖丧失，伴随着葡萄糖或果糖等还原糖的含量大幅上升（Undeen，1997）。

采用海藻糖酶的活性测定技术，对不同温度、pH、刺激物或抑制物条件下，按蚊阿尔及尔微孢子虫孢子匀浆上清液（水溶）和沉淀（非水溶）中该酶的活性，以及酶活性与微孢子虫孢子发芽之间的关系研究表明：①上清液和沉淀中海藻糖酶的最适温度分别为43.7℃和43.9℃；35℃和38℃条件下，分别水浴0.5h，海藻糖酶活性均下降一半；47℃水浴30min，酶活性下降72%，且随温度的上升，酶活性进一步下降。②上清液和沉淀中海藻糖酶最适pH分别为5.5和5.25；米氏常数Km值分别为26mmol/L和43.9mmol/L。按蚊阿尔及尔微孢子虫孢子发芽的最适pH为9.5，比海藻糖酶的最适pH要高得多，说明在孢壁两侧存在pH梯度。③向未发芽孢子匀浆内滴加发芽溶液，对海藻糖酶的总活性及其在上清液和沉淀中的分布并没有明显影响，却明显提高了上清液中海藻糖酶的相对活性。④在pH 5.5实验中，滴加KCl或NH_4Cl并不能提高或降低海藻糖酶活性，在

pH 大于 8 时，海藻糖酶活性很低。⑤在抽提前立即进行 100Kr 的 γ 射线照射，孢子发芽率降低至 15%，但海藻糖酶活性及束缚酶与游离酶的比例变化不大。⑥发芽后总海藻糖酶活性比发芽前要低（Undeen，1987）。

水生按蚊阿尔及尔微孢子虫孢子发芽前-后海藻糖含量和酶活性的变化，可以解释为双糖分解成单糖后孢子内部压力增大而导致发芽，但陆栖家蚕微粒子虫尚未明了。

4.1.3　环境理化因子对微孢子虫孢子发芽的影响

环境理化特征中的 pH、各类离子、温度和射线等因素都可能对微孢子虫的发芽产生影响。

4.1.3.1　pH 的影响

微孢子虫孢子发芽需要特定的 pH，一般为碱性，寄生于鳞翅目昆虫的微孢子虫孢子的体外发芽，需经碱性缓冲液的处理才能发芽。Nb 孢子需先经 pH 11～12 的碱性缓冲液处理一定时间后，再转移至特异性盐类的弱碱或中性溶液中才能发芽（钱永华和金伟，1997）；按蚊阿尔及尔微孢子虫孢子先经 pH 9.5 的缓冲液处理 20min，再置于 pH 5.5 的 NaCl 液中，发芽率会有很大提高。显然，碱性预处理提高了微孢子虫孢子对刺激物的敏感性，但这种敏感性在处理后数小时会逐步衰减（Undeen and Avery，1988a，1988b，1988c）。H^+浓度影响微孢子虫孢子发芽的机制被认为是：碱性条件能在孢子孢原质膜上建立一个质子梯度，该梯度有助于孢原质膜上离子载体分子的活化，驱动膜两侧的阳离子/质子交换，促进孢子内部呈碱性，并驱动孢子内细胞器，如极膜层与孢原质之间的质子交换。这些离子的联合转运，可能引起渗透压的不平衡，导致孢子外水注入，极管弹出，孢原质释放（Dall，1983）。

4.1.3.2　各类离子的影响

不同种类的微孢子虫孢子的发芽存在一定的阳离子特异性（Ishihara，1967）。单价离子是许多微孢子虫孢子发芽的重要刺激物，微孢子虫孢子的发芽率及发芽速率与离子浓度呈正相关，延缓时间（即施加刺激物至孢子极管弹出之间的时间）与离子浓度呈负相关。极低离子浓度的盐溶液能使孢子发生可逆转的失活。将按蚊阿尔及尔微孢子虫和蚊法氏虫孢子在极低离子浓度的发芽溶液中处理几小时，即使再转移至正常浓度的发芽溶液中，也会失去发芽能力。但将失活的微孢子虫孢子在水中处理 2h 能使其恢复活性（Undeen and Frixione，1990）。

在合适 pH 条件下，卤族离子对微孢子虫孢子发芽有刺激作用。CO_3^{2-}和 HCO_3^-对 Nb 孢子发芽有协同作用（钱永华等，1996）。按蚊阿尔及尔微孢子虫孢子在 pH 7 或 9.5 时，有 K^+和 Na^+存在的情况下，阴离子对孢子发芽的刺激作用强弱次序为：$Br^->Cl^->I^->F^-$；而在 pH 5.5 时，则为 $F^->Br^->Cl^->I^-$。NaF 在 pH 5.5 时，孢子发芽最好，而 NaCl 则在 pH 9.5 时最有效。卤族元素中，F^-对孢子发芽的刺激作用与其他离子有明显的不同，主要表现为其最适 pH 较低（5.5）、孢子发芽失活过程对 pH 敏感、孢子发芽重激活过程较慢等（Undeen and Avery，1988a，1988b，1988c）。

碱金属离子（Li^+、Na^+、K^+、Rb^+、Cs^+）、Ca^{2+}、重金属离子（Cu^{2+}、Hg^{2+}、Ag^+）以及 NH_4^+对微孢子虫孢子的发芽也有影响，云杉卷叶蛾微孢子虫（*Glugea fumiferanae*，现为 *Nosema fumiferanae*）孢子在 28℃±1℃、pH 10.8 下用碱金属离子的氯化物进行处理，70%的孢子在 40min 内完成极管的弹出过程。在合适 pH 条件下，碱金属离子对孢子发芽的刺激作用强弱为 $Cs^+>Rb^+>K^+>Na^+>Li^+$。这一顺序与它们的水合离子直径大小顺序恰好相反。在 pH 10.8 时，所有碱金属离子都能最大限度地刺激微孢子虫孢子发芽。在较低 pH 条件下，Cs^+和 Rb^+的作用比其他离子要更为明显：pH 9.8 时，60%的孢子能被 Cs^+和 Rb^+刺激而发芽，有些甚至在 pH 9.3 时还能发芽；而在 pH 10.2 时，只有 20%的孢子能被 Li^+和 Na^+刺激发芽；在 pH 9.8 以下，Li^+和 Na^+几乎不能刺激孢子发芽；pH 11.9 时，孢子不能被上述离子明显诱导而发芽。K^+的作用大小在上述两组离子之间（Ishihara，1967）。

在 Nb 孢子发芽中，K^+的促进作用要强于 Na^+（钱永华等，1996）。$AgNO_3$、$HgCl_2$和 $CaCl_2$ 预处理能抑制碱金属离子对 Nb 孢子发芽的刺激作用，而 Cu^{2+}无抑制作用；通过提高碱金属离子浓度可在一定程度上克服 $CaCl_2$ 的抑制作用；是否存在"刺激性阳离子的阴性结合位点"，即 Ca^{2+}通过与单价阳离子争夺结合位点来抑制微孢子虫孢子的发芽有待探讨；KCN 和 NaF 作为一般的代谢抑制物，在刺激孢子发芽方面与 KCl、NaCl 的功效差不多。由此推断，在 Nb 孢子发芽过程中不可能涉及能被 KCN 和 NaF 抑制的代谢途径（Ishihara，1967）。在碱性条件下，NH_4Cl 能抑制 NaCl 的刺激作用；而在 pH 5.5 条件下，NH_4Cl 能刺激发芽。由于在碱性（pH 9.5）环境中，NH_3 是主要成分，因此真正起抑制作用的应该是 NH_3。NH_3 抑制作用的明显特征是在降低孢子最终发芽率的同时，使发芽速率稍有提高，平均发芽时间不受影响（Undeen and Avery，1988a）。

4.1.3.3 温度和射线等因素的影响

温度和射线等因素对微孢子虫孢子的发芽也有一定的影响。Nb 孢子发芽的最佳温度为 25℃。降低温度会显著延长按蚊阿尔及尔微孢子虫和云杉卷叶蛾微孢子虫孢子完全发芽的时间；足够低温条件下，孢子发芽率会降低。γ 射线照射会导致大蜡螟微孢子虫孢子海藻糖含量和发芽率下降（Ishihara，1967；Undeen and Avery，1988b）。

影响 Nb 孢子发芽因素的研究，多数关注如何提高发芽率和提高 Nb 孢子对家蚕培养细胞的感染率，以及有效获得 Nb 孢子的核酸或蛋白质等，从而开展生活史或分子生物学相关研究。Nb 孢子在 K_2CO_3+$KHCO_3$、KOH、EDTA、H_2O_2+KCl、KCl 和家蚕消化液不同刺激条件下的发芽率分别为 33.39%、11.27%、12.20%、26.78%、10.91%和 30.33%；在 K_2CO_3+$KHCO_3$ 刺激下，采用蒸馏水、TC-100 昆虫细胞培养基、PBS（pH 7.2）和 PBS（pH 7.8）的发芽率分别为 33.90%、31.97%、29.52%和 52.05%（钱永华等，1996，2001）。由此也可认为：K^+和 Na^+对发芽有促进作用，CO_3^{2-}有协同作用，而 Ca^{2+}和 Hg^{2+}则有显著阻碍作用；金属离子在一定 pH 范围内，对 Nb 孢子发芽的激活作用大小与其水化后的离子直径大小成反比，即 K^+对 Nb 孢子发芽的促进作用要比 Na^+强，同时证明了 CO_3^{2-}的协同作用（Ishihara，1967；钱永华等，1996）。由于研究目标的不同，采用的 Nb 孢子发芽方法也不同。Nb 孢子的新鲜程度或保存方法不同，发芽并成功感染家蚕培养细胞的比例不同，获得其核酸或孢原质蛋白的量或效率也不同。

4.1.3.4　微孢子虫孢子发芽的机制

根据多数微孢子虫孢子在发芽过程中后极泡和极膜层发生明显膨胀的现象，推测孢子内部流体静力压（即渗透压）的升高是孢子发芽的直接原因（Weidner and Byrd，1982；Weidner，1985）。孢子内部渗透压升高原因方面的研究有：①孢壁对水的通透性增加（Lom and Corliss，1967）；②外界离子的注入并在孢子内积累（Dall，1983）；③孢子内渗透质浓度的升高，如海藻糖水解成许多的小分子物质（Undeen and Vander-Meer，1999）。

碱性缓冲液的预处理可以改变孢子孢原质膜的选择透性，加大了孢壁对阴阳离子（尤其是 K^+、Na^+ 和 Cl^-）等发芽刺激因子的通透性，使外界刺激因子通过被动或主动方式更容易地进入孢子，与原先存在于内部膜结构上起骨架支撑作用的 Ca^{2+}争夺结合位点，随着刺激因子在孢子内的积累，其在与 Ca^{2+}的竞争中逐渐占据上风，最终将 Ca^{2+}置换下来，引起膜结构损伤和机械紊乱，海藻糖与海藻糖酶由于间隔区域的打破而相互接触，在合适的温度、酸碱度、渗透压等条件下，海藻糖酶活性被激发并进一步提高，水解海藻糖为葡萄糖或果糖，孢子内渗透质浓度上升，外界水分在渗透势差的作用下大量进入孢子，孢子内的极膜层和后极泡吸水膨胀，压迫极管解螺旋，并从弱化了的极帽处弹出，完成发芽过程。

脂鲤匹里虫（*Pleistophora hyphessobryconis*）在高渗透压溶液中，孢子极管的翻转速度大大降低，当溶液渗透压高达 60atm 时，极管的翻转完全停止（Lom and Corliss，1967），发芽溶液预处理使按蚊阿尔及尔微孢子虫孢子在 PEG 溶液（聚乙烯和乙二醇的混合液，发芽抑制物）中体积的收缩值明显减小，说明刺激过程使孢子内压增大。所有微孢子虫孢子在溶液渗透压大于 40atm 时开始发芽，渗透压达 60atm 时完全停止发芽，预测驱使孢子极管弹出的内压至少为 20atm（Undeen and Frixione，1990）。

渗透压增大的原因除上述的海藻糖酶活性变化外，对按蚊阿尔及尔微孢子虫的研究发现，Hg^{2+}和 D_2O 能抑制孢子发芽，显示有类似 CHIP28 的水通道蛋白（aquaporin）存在，它特异地携带水穿过孢原质膜（Frixone et al.，1997）。荷氏脑炎微孢子虫（*Encephalitozoon hellem*）孢壁电镜超微结构也显示了孢原质膜上有大量粗糙颗粒，有可能就是水通道蛋白（Bigliardi and Sacchi，2001）。从兔脑炎微孢子虫（*En. cuniculi*）的基因组中也预测到一个特殊水通道（water-specific channel）功能基因，此基因产物有可能形成一个可使水流快速进入孢子的结构，而这一功能对孢子极管的发射和孢原质注入细胞都是非常重要的（Vivarès et al.，2002）。

4.2　家蚕微粒子虫孢子发芽相关孢壁蛋白的研究

家蚕微粒子虫孢子进入家蚕消化道后，各类环境因子首先与孢壁发生作用。有关原虫感染机制的研究表明，孢子表面蛋白对其感染细胞极为重要（Grimwood and Smith，1996；Enriquez et al.，1998；Sak et al.，2004；鲁兴萌和汪方炜，2002；汪方炜等，2003）。根据免疫学原理和利用单抗技术，本研究用精制纯化的 Nb 孢子作为免疫原，制备多株单克隆细胞株（参见第 12 章），开展单抗特性、单抗对 Nb 孢子发芽的影响，以及孢壁蛋白筛选等研究。

4.2.1 家蚕微粒子虫孢子孢壁蛋白单克隆抗体特异性鉴定

通过 Nb 孢子的动物免疫、细胞融合、筛选、克隆和腹水制备过程，获得 7 株单抗细胞株（1A6、3B1、3C1、3C2、3C3、3C4 和 3F1）。对单克隆抗体特异性测定的结果显示，7 株单克隆抗体的特异性存在显著差异（图 4-1 和图 4-2）。

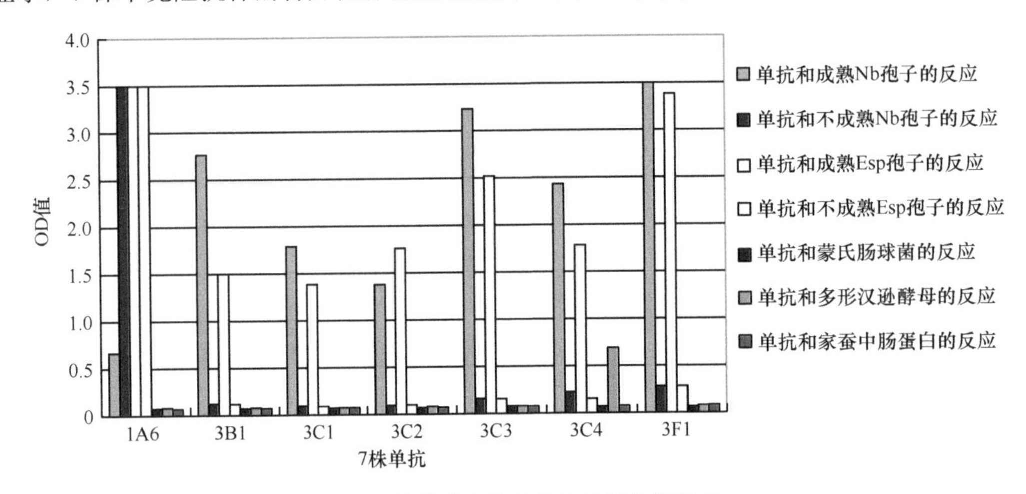

图 4-1 7 株单克隆抗体的特异性检测结果

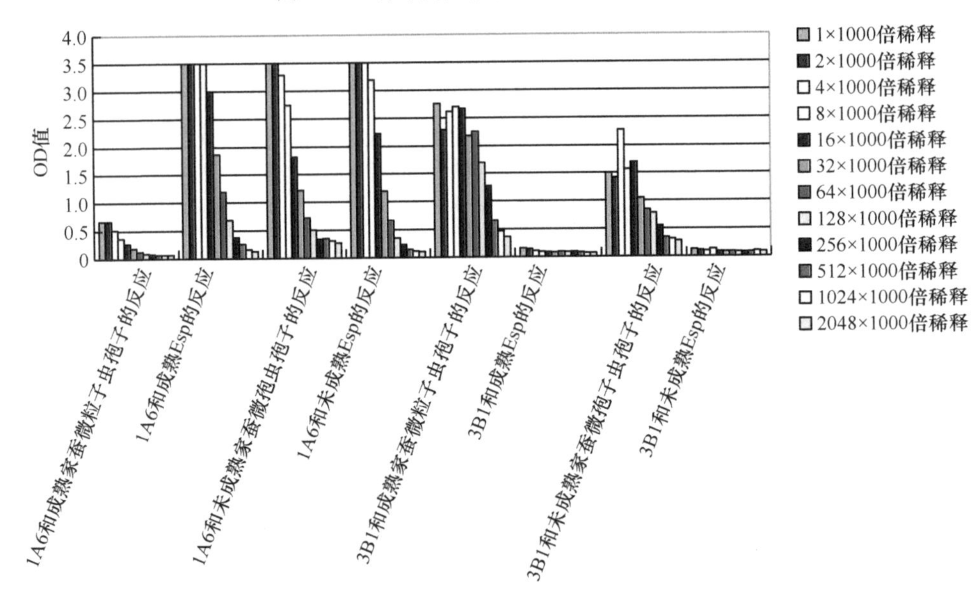

图 4-2 单抗 1A6 和 3B1 与 Nb 及 Esp 微粒子虫孢子的交叉反应

分离获得的 7 株单抗，分别和成熟 Nb 孢子、不成熟 Nb 孢子发生反应。其中单抗 1A6 与内网虫属样微孢子虫嵊州株（Esp）孢子具有较强的交叉反应，甚至超过同等条件下和 Nb 孢子的反应强度（图 4-2），其可能是两属孢子共有的保守性较强的孢子表面蛋白；其他 7 株单抗均未发现与 Esp、肠球菌（*Enterococcus* spp.）、多形汉逊酵母

（*Hansenula polymorpha*），以及家蚕中肠蛋白无特异性反应；并且其效价均较高（1×10^5）说明用小鼠腹水法制备的抗体含量非常高，且特异性较好，不但可以通过单抗来研究微孢子虫孢子表面蛋白和 Nb 孢子发芽、感染的关系，而且可以为 Nb 孢子的免疫学检测技术研发提供方便。

4.2.2　单克隆抗体对家蚕微粒子虫孢子体外发芽的影响

测定微孢子虫孢子发芽率的方法主要有计数法和分光光度计法。计数法是吸取少量孢子悬浮液置于细菌计数板上，盖上盖玻片后，在相差显微镜下分别计量发芽前-后孢子悬浮液中的亮孢子（有折光）和暗孢子数（计量的孢子总数不少于 200），再计算发芽前-后孢子悬浮液中亮孢子占孢子总数的百分比，然后计算孢子的发芽率。此法使用简便，在粗略估测孢子发芽率的情况下不失为一种好方法，但在取样、计数等环节上存在不可避免的较大的人为误差，且计数耗时，以及细菌计数板上孢子悬浮液的干燥和盖玻片的下压重力等都会影响孢子的折光度，从而干扰孢子发芽率的精确计算。

由于成熟孢子呈体积微小的椭球形，有较强的折光度，在 625nm 波长可见光下有吸光值，而不成熟孢子或发芽后的孢子则呈暗黑状，在 625nm 波长可见光下无吸光值，Undeen 和 Avery（1988b）曾报道过用分光光度计法测量按蚊阿尔及尔微孢子虫孢子的发芽率。

本实验中采用分光光度计法测定 Nb 孢子的发芽率。用上述特异识别 Nb 孢子表面蛋白的单克隆抗体（1A6、3B1、3C1、3C2、3C3、3C4 和 3F1）预处理 Nb 孢子后，对发芽培养基中的发芽情况进行调查。具体方法为：在 EP 管中加入 20μl 的 Nb 孢子悬浮液（10^6 孢子/ml）+100μl 的单克隆抗体（7 株，分别设 5 个浓度，即 1μg/ml、5μg/ml、50μg/ml、100μg/ml 和 500μg/ml）+400μl 的 GKK 缓冲液（50mmol/L KOH，375mmol/L KCl 和 50mmol/L 甘氨酸，pH 10.5）；200r/min 振荡培养 60min（30℃），吸取 300μl 的 Nb 孢子处理液放入比色杯中，控制室温 30℃，利用分光光度计测定 OD_{625} 值。根据测得的 OD_{625} 值计算孢子发芽率。同时设定相同浓度的抗家蚕传染性软化病病毒（*Bombyx mori* infectious flacherie virus，BmIFV）衣壳蛋白单抗（3E12）作为对照处理。

空白对照（CK）为 20μl 的 Nb 孢子悬浮液（10^6 孢子/ml）+100μl 的磷酸缓冲液+ 400μl 的 GKK 缓冲液，200r/min 振荡培养 60min（30℃），吸取 300μl 的 Nb 孢子处理液测定 OD_{625} 值。稀释（dilution）对照为 20μl 的 Nb 孢子悬浮液（10^6 孢子/ml）+500μl 的磷酸缓冲液，200r/min 振荡培养 60min（30℃），吸取 300μl 的 Nb 孢子处理液测定 OD_{625} 值。孢子发芽率的计算公式为：孢子发芽率（%）=［（稀释对照液 OD_{625} 值–处理液 OD_{625} 值）/稀释对照液 OD_{625} 值］×100；单克隆抗体对 Nb 孢子发芽的相对抑制率计算公式为：相对抑制率（%）=（空白对照液中孢子的发芽率–处理液中孢子的发芽率）/空白对照中孢子的发芽率。

结果如图 4-3 所示，将 Nb 孢子用 1μg/ml 的单抗预处理后，单抗 3C2、1A6 及 3C4 对 Nb 孢子体外发芽均有显著的抑制作用（$P<0.05$），其中以 3C2 效果最为显著，对 Nb 孢子体外发芽的相对抑制率达到 26.4%。而其他单抗则未显示出对家蚕微粒子虫孢子的体外发芽有显著的影响（$P>0.05$）。

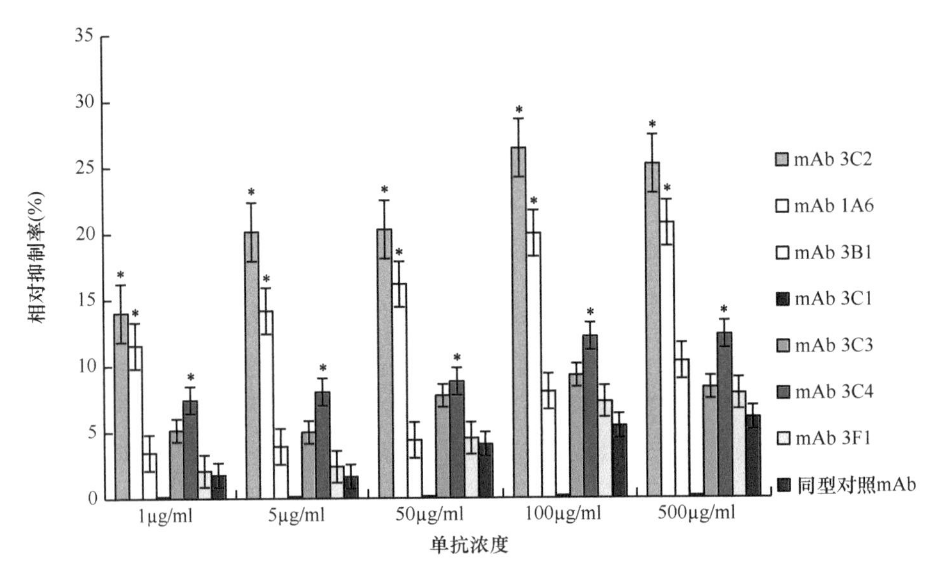

图 4-3 7 株单克隆抗体在不同浓度下对家蚕微粒子虫孢子体外发芽的影响
*代表差异显著（$P<0.05$）

从特异性抗原可有效抑制 Nb 孢子发芽的结果可推测，Nb 孢子的发芽与孢子表面蛋白有关。当 Nb 孢子表面某些与发芽相关的蛋白质因抗体的中和反应而被破坏时，孢子的发芽受到显著影响。单克隆抗体可识别特定的 Nb 孢子表面发芽相关蛋白的一个或多个抗原决定簇，从而影响或削弱 Nb 孢子体外发芽的能力。

4.2.3 单抗 3C2 对家蚕微粒子虫孢子感染 BmN 细胞的影响

上述实验表明：单抗 3C2 对 Nb 孢子体外发芽的抑制能力最强，为了进一步研究单抗对随后的孢子感染 BmN 细胞的影响，选取该单抗，用经其预处理的 Nb 孢子接种 BmN 细胞，观察 Nb 孢子对细胞的侵染情况；同时检测单抗 3C2 对 Nb 孢子感染 BmN 细胞的长期影响，将 Nb 孢子和 BmN 细胞以及单克隆抗体进行共培养，结合 DAPI（4′,6-二脒基-2-苯基吲哚）活体荧光染色法对家蚕微粒子虫孢子体外发芽、感染、增殖的整个过程进行观察。

4.2.3.1 单抗 3C2 预处理 Nb 孢子后对其感染 BmN 细胞的影响

用 Nb 孢子接种参照 Hayasaka 等（1993）的方法。将精制纯化的 Nb 孢子悬浮液 20μl（5×10^7 孢子/ml）与 200μl 的 KOH（0.2mol/L，pH 11.0，配制一周内使用）分别于 25～27℃预热 2h 后混合 1h，然后与 200μl 的 1.0μg/ml 经过滤除菌的单抗 3C2 在 37℃孵育 1h。灭菌水洗涤 1 次，洗掉未结合的单抗。再注入 BmN 细胞悬浮液便可使 Nb 孢子弹出极管而发芽。混合时将处理过的 Nb 孢子悬浮液慢慢滴加到密度为 1×10^6 细胞/ml 的家蚕 BmN 细胞悬浮液中，边滴加边轻轻振荡，使其充分混合；5min 后等量注入 24 孔细胞板中密闭，于 27℃静置 1h，使其完全贴壁后，用巴斯德吸管轻轻除去上层培养液，重新加入新鲜的完全培养基后封闭，27℃下培养。共设 3 个重复（3 孔），Bm IFV 单克隆抗体 3E12 作为对照处理。根据实验设计于接种后 12h、24h、36h、48h、60h、72h、84h 和 96h 定时取样观察。

将 DAPI 用 PBS 缓冲液配制成 1mg/ml 的母液，保存于 4℃备用，用时再稀释成目标浓度，现配现用，平时保存于 4℃冰箱中。将接种 Nb 孢子的感染 BmN 细胞悬浮液注入 35mm 的细胞培养皿中，密封后于 27℃下培养。根据实验设计，每 12h 定时取样，滴加在载玻片上制成活体观察用片，滴加少许 DAPI 溶液进行荧光染色后，用研究显微镜（Olympus BH-S）的落射荧光装置进行 UV 激发，对家蚕微粒子虫的分裂、增殖过程进行观察，并用自动摄影系统进行摄影。

经 0.2mol/L 的 KOH 预处理后，对 Nb 孢子在 TC-100 培养基中的发芽情况，以及孢子对 BmN 培养细胞感染过程的观察结果表明：BmN 细胞接种后，Nb 孢子弹出极管，并将芽体（sporoplasm，孢原质）直接注入 BmN 细胞中，同时在细胞培养基中存在发芽后的孢子空壳。在芽体侵入 BmN 细胞内 1～24h，其核相以及体积大小、形态也发生了一些变化。从感染 24h 后开始进入了裂殖体增殖阶段，其核逐渐变长，其间有的出现连续分裂，形成多核裂殖体，最早在感染 48h 后便可以观察到孢子母细胞的出现；感染 72h 后，可看到家蚕微粒子虫的各个发育阶段，而感染 96h 后开始形成大量的成熟孢子，此时被感染寄生 BmN 细胞开始破溃，成熟孢子大量外逸。

家蚕微粒子虫孢子经 1μg/ml 的单抗 3C2 预处理以后接种 BmN 细胞，与经对照单抗处理的对照组相比，受感染 BmN 细胞的比例明显下降（图 4-4）。从接种 24h 后开始观察，到 96h 后 Nb 孢子感染的 BmN 细胞开始破溃，实验组 BmN 细胞的感染水平明显低于对照组。接种 72h 后观察发现，此时受感染 BmN 细胞比例差别最大，经单抗 3C2 预处理的实验组，受感染 BmN 细胞的比例仅为 9.1%，而对照组却达到了 57.7%，两者差了 48.6 个百分点（图 4-5）。感染 72h 后，因 BmN 细胞增殖速度相对较快，受感染 BmN 细胞的比例实验组和对照组都略微有所下降（感染 84h 后分别为 7.8%和 51.8%；感染 96h 后为 5.1%和 31.4%）。

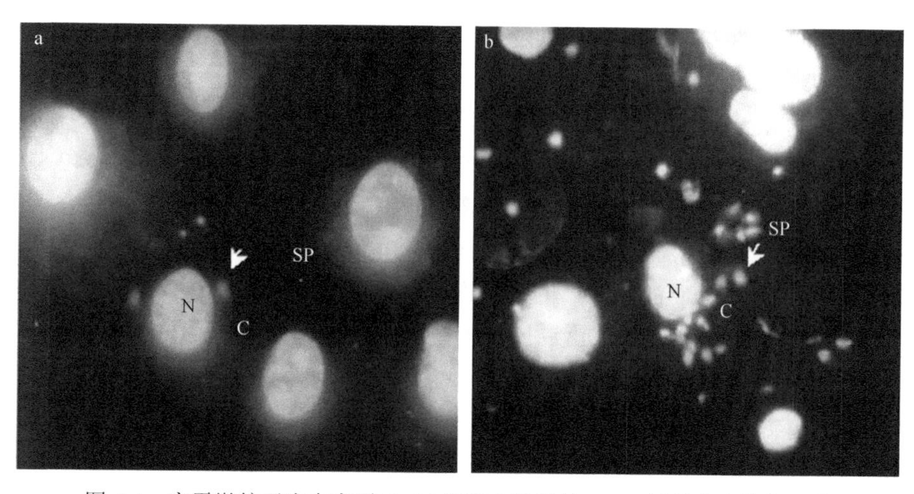

图 4-4 家蚕微粒子虫在家蚕 BmN 细胞中增殖的 DAPI 活体荧光染色照片
a：单抗 3C2 预处理 72h，b：对照单抗处理；N：细胞核，C：细胞质，SP：芽体

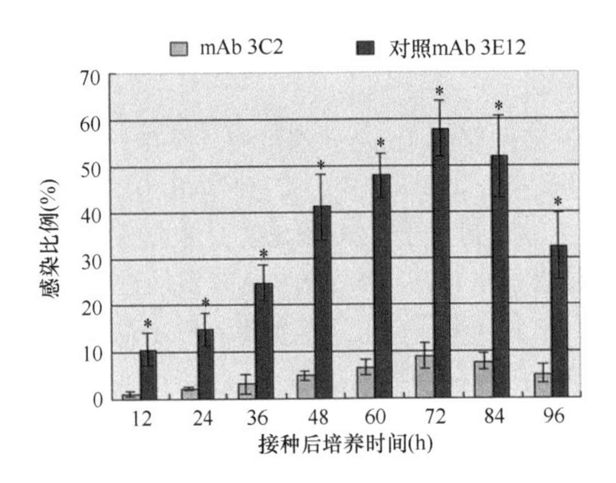

图 4-5 单抗 3C2（1μg/ml）预处理对家蚕微粒子虫感染家蚕 BmN 细胞的影响

*代表差异显著

4.2.3.2 单抗 3C2 与 BmN 细胞共培养后对 Nb 孢子感染细胞的剂量和时间效应

为检测单抗 3C2 对 Nb 孢子侵染 BmN 细胞的长期影响，将上述经 KOH 预处理的 Nb 孢子和不同浓度的单抗 3C2（5μg/ml、50μg/ml 和 500μg/ml）进行共培养。混合时将 KOH 处理过的 Nb 孢子悬浮液和不同浓度的单抗分别慢慢滴加到 2ml 的家蚕 BmN 细胞悬浮液中，边滴加边轻轻振荡，使其充分混合；5min 后等量注入 24 孔细胞板中密闭，27℃静置 1h，使其完全贴壁，27℃下培养。共设 3 个重复（3 孔），Bm IFV 单克隆抗体 3E12 作为对照处理。根据实验设计于接种后 12h、24h、36h、48h、60h、72h、84h 和 96h 定时取样观察。

实验结果显示：单抗 3C2 对 Nb 孢子感染 BmN 细胞具有长期影响，将经 KOH 预处理的 Nb 孢子和不同浓度的单抗 3C2（5μg/ml、50μg/ml 和 500μg/ml）进行共培养后，实验组被感染的BmN细胞比例都明显少于对照组（$P<0.05$）。浓度分别为5μg/ml、50μg/ml 和 500μg/ml 的单抗 3C2 和 Nb 孢子以及 BmN 细胞进行共培养 72h 后，实验组和对照组 BmN 细胞感染率分别差 36.9 个百分点、34.4 个百分点和 34.7 个百分点，三个单抗浓度间未见明显的差异（$P>0.05$）（此数据略低于预处理实验，可能与单抗浓度不同有关）。在共培养 84h 和 96h 后取样观察发现，共培养组的感染比例较对照分别低 42.5 个百分点、42.4 个百分点和 43.1 个百分点（共培养 84h）、40.7 个百分点、42 个百分点和 42.4 个百分点（共培养 96h），与对照差异显著（$P<0.05$）（图 4-6），且低于单抗预处理后接种感染实验 96h 的 28.3 个百分点。也就是说，在 Nb 孢子接种 BmN 细胞 72h 后，单抗和 Nb 孢子以及细胞共培养比单抗预处理孢子更能降低 Nb 孢子对 BmN 细胞的感染率，单抗 3C2 对 Nb 孢子入侵家蚕 BmN 细胞具有更长效的影响。

微孢子虫孢子及 Nb 孢子表面蛋白正在不断被发现，包括与微孢子虫孢子发芽相关的表面蛋白也在不同微孢子虫中被发现。对按蚊阿尔及尔微孢子虫的研究发现，Hg^{2+}和 D_2O 能抑制孢子发芽，显示有类似 CHIP28 的水通道蛋白存在，它特异地携带水穿过孢原质膜（Frixone et al.，1997）。荷氏脑炎微孢子虫孢壁电镜超微结构也显示了孢原质膜

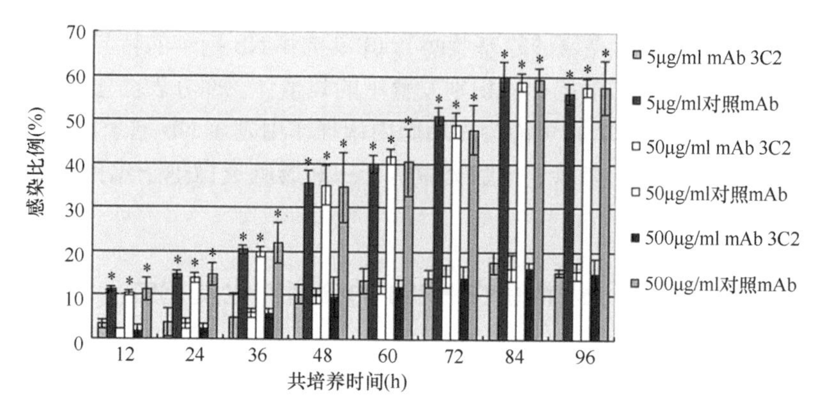

图 4-6 单抗 3C2 在不同浓度下和 BmN 细胞共培养对 Nb 孢子感染细胞的影响

*代表差异显著

上有大量粗糙颗粒，有可能就是水通道蛋白（Bigliardi and Sacchi，2001）。从兔脑炎微孢子虫的基因组中也预测到一个特殊水通道功能基因，此基因产物有可能形成一个可使水流快速进入孢子的结构，而这一功能结构对孢子极管弹出和孢原质注入宿主细胞都非常重要（Vivarès et al.，2002）。疑似水通道蛋白（EcAQP）对爪蟾卵母细胞渗透压有影响，也可能涉及孢子的发芽（Ghosh et al.，2006）。小球隐孢子虫（*Cryptosporidium parvum*）的糖基化抗原 P23 具有 111 个氨基酸，N 端具有一个糖基化位点，但缺乏跨膜疏水区。当人或动物被小球隐孢子虫感染时，P23 作为有效的靶点激发免疫应答反应，从而降低孢子的感染率，而且此抗原可能与孢子的运动有关，又为免疫干涉提供了一个有效靶点（Perryman et al.，1996；Arrowood，2002）。兔脑炎微孢子虫和肠脑炎微孢子虫（*Encephalitozoon intestinalis*）孢子外壁（Ex）的 EnP1（*En. cuniculi* ECU01_0820）类似蛋白，而 EnP1 抗体可以显著降低孢子黏附细胞的能力，从而使细胞感染率显著降低（Peuvel-Fanget et al.，2006；Southern et al.，2007）。此外，在微孢子虫孢子的表面也有部分具有酶活性的蛋白质被发现，如脑孢虫属（*Encephalitozoon*）3 个种的孢子表面蛋白中有亮氨酸氨基肽酶（Millership et al.，2002）；Nb 孢子表面蛋白中存在一种金属蛋白酶活性很高的蛋白质（Sironmani，1999a，1999b）和细胞内调理因子（Sak et al.，2004）等。

微孢子虫孢子的发芽可能并不是一个完全被动的过程，而是孢子与相关环境因子相互作用的过程。孢子表面具有酶活性的蛋白质可能主动地参与发芽的某些化学过程，而昆虫肠道内丰富的酶、各种离子等也可能对孢子表面蛋白产生作用，从而改变与发芽有关的孢子表面蛋白的空间结构或化学结构（如蛋白质水解），使孢壁的通透性变化，水分子或重要离子（如 Ca^{2+}等）被动或主动地通过孢壁进入孢内而启动发芽的程序。实验经验也告诉我们，纯化的 Nb 孢子在低温保存过长时间后孢子发芽率显著下降的特征可能与孢子表面蛋白的破坏有关。

在本实验中，单抗 3C2 可显著降低 Nb 孢子感染 BmN 细胞比例的可能原因有：①单抗 3C2 识别 Nb 孢子的离子通道或者与水通道蛋白类似的功能蛋白，如果这些通道或相关蛋白质被破坏，将会对 Nb 孢子的发芽产生很大的影响，孢子发芽率降低，从而降低感染细胞的比例。②单抗 3C2 识别某些与发芽及感染相关的具酶活性的 Nb 孢子表面蛋白（如上述脑孢虫属孢子的亮氨酸氨基肽酶）。③单抗和 Nb 孢子的特异性结合还可能直接影响孢子极管的弹出。④单抗如能识别发育中的裂殖体（部分表面蛋白也存在于孢子的其他发育时期，参见第 2 章），可能会因细胞内调理作用延缓 Nb 孢子在细胞内的生长。⑤Nb 孢子表面也可能存在类似于兔脑炎微孢子虫和肠脑炎微孢子虫孢子外壁的 EnP1（*En. cuniculi* ECU01_0820）蛋白。

4.2.4 家蚕微粒子虫孢子表面蛋白 SP84 的分离纯化及定位

在单克隆抗体 3C2 对 Nb 孢子体外发芽和细胞感染具有显著抑制作用的基础上，应用 2.2 节和 2.3 节中有关 SDS-PAGE、固相 2-DE 技术以及 Western blotting 等的技术（Sironmani，1997；Wang et al.，2015），对单抗 3C2 识别的孢子表面蛋白进行分子质量、等电点分析，并将其纯化出来，进行质谱鉴定，同时用免疫胶体金技术以及间接荧光抗体技术（IFAT）对其进行定位，为进一步探明 Nb 孢子表面蛋白和感染机制的关系作出努力。

4.2.4.1 家蚕微粒子虫孢子表面蛋白的 SDS-PAGE 和 2-DE 与单抗 3C2 的 Western blotting 分析

家蚕微粒子虫孢子表面蛋白的 SDS-PAGE 及单抗 3C2 的 Western blotting 图谱显示：Nb 孢子有 4 条主要蛋白质条带（图 4-7 箭头所示）：33kDa、30kDa、17kDa 及 12kDa，黄少康等（2004）（参见 2.2.1 节及图 2-4）的研究结果类似。但本实验采用银染法，显示的条带数更多。分子质量较大的蛋白质有 70kDa、84kDa 及>116kDa 蛋白质，但相对含量较少。单抗 3C2 识别的蛋白质大小为 84kDa（定名为 SP84）（图 4-7 右侧箭头），未见识别其他蛋白质。单抗 3C2 识别的 84kDa 蛋白质，采用考马斯亮蓝染色时条带不明显，也从另一方面表明 SP84 属于低丰度 Nb 孢子表面蛋白。

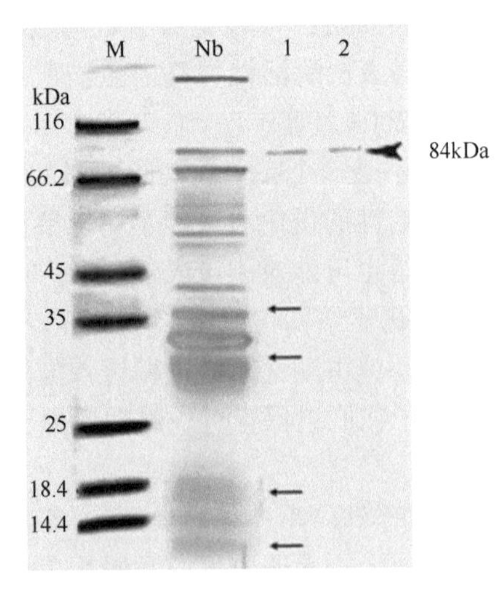

图 4-7 家蚕微粒子虫孢子表面蛋白的 SDS-PAGE 与单抗 3C2 的 Western blotting 图谱
M：蛋白质 Marker；Nb：蛋白质考马斯亮蓝染色；1 和 2：3C2 的 Western blotting

家蚕微粒子虫孢子表面蛋白的 2D 及单抗 3C2 的 Western blotting 图谱显示：经 ImageMaster™2D 软件结合手工分析比较，可以看出当上样蛋白量为 120μg 时，Nb 孢子表面蛋白有 160 多个，蛋白质数量较少，Nb 孢子表面的主要蛋白以中性偏酸小分子（<18kDa，pI 5.4～7.2）居多，偏碱性主要蛋白分布于<18kDa 区域，偏酸性主要蛋白位于 35～45kDa 区域，另外在高分子质量区有蛋白质丰度较高的偏酸性蛋白存在，丰度较高的蛋白质可能是孢子表面的主要结构蛋白。

单抗 3C2 识别的抗原蛋白 SP84 分子质量约为 84kDa，pI 为 7.2，从 2-DE 图谱上看（总上样量 120μg），属于丰度较低的蛋白质（图 4-8）。比较本实验与黄少康等（2004）的图谱（Nb、24Nb-H 和 Esp 孢子的 2-DE，参见 2.2.1 节及图 2-4、图 2-5 和图 2-13），也可发现在相同位置上存在类似的蛋白点，但在表达量上存在差异，由此也曾推测其与 Nb 孢子的发芽或侵染有关。

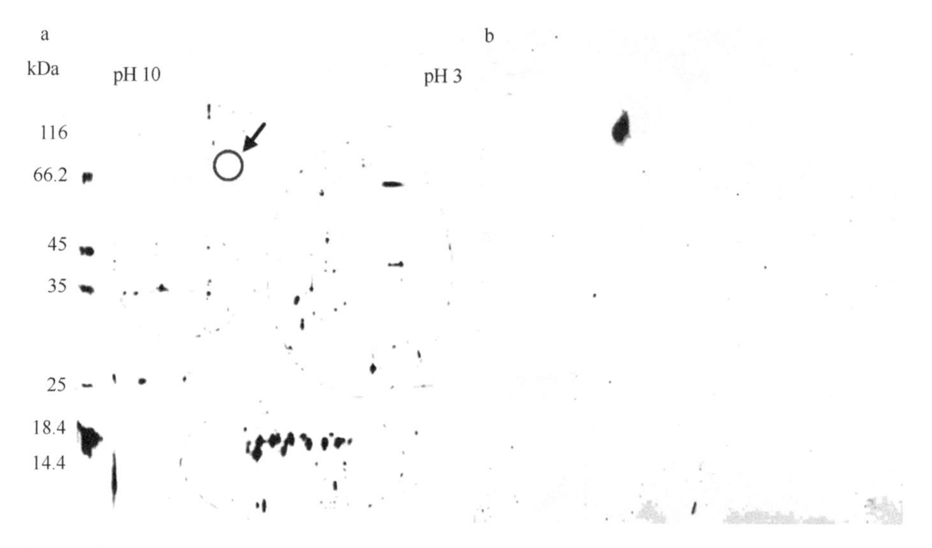

图 4-8　家蚕微粒子虫孢子表面蛋白的 2-DE（a）与单抗 3C2 的 Western blotting（b）图谱

箭头所指点为单抗 3C2 对应转移膜上斑点位置；3C2 对应抗原分子质量约为 84kDa，pI 为 7.2

4.2.4.2　家蚕微粒子虫孢子表面蛋白 SP84 的定位实验

采用间接荧光抗体技术（indirect fluorescent antibody technique，IFAT）和单抗胶体金技术对 SP84 在 Nb 孢子表面的分布进行了定位实验。

在 IFAT 检测中，分别以 Nb 孢子和经 SDS 提取孢壁蛋白后的不完整 Nb 孢子作为抗原，用单抗 3C2 对其进行标记检测，荧光显微镜观察结果如图 4-9 所示：单抗 3C2 在正常 Nb 孢子样本中可见明亮的翠绿色荧光（图 4-9a）；在 SDS 处理的不完整 Nb 孢子样品中仅显示微弱的荧光（图 4-9b），由此也印证了 SDS 可以有效地提取单抗 3C2 识别的 Nb 孢子表面蛋白。

单抗 3C2 在 Nb 孢子表面的胶体金定位实验显示：单抗 3C2 定位在 Nb 孢子表面（外壁），并不集中在某一区域，金颗粒相对较为稀少，呈现散在分布（图 4-10 箭头标记）。而对照组（SDS 处理的不完整 Nb 孢子样品）未见金颗粒结合于孢子外壁。

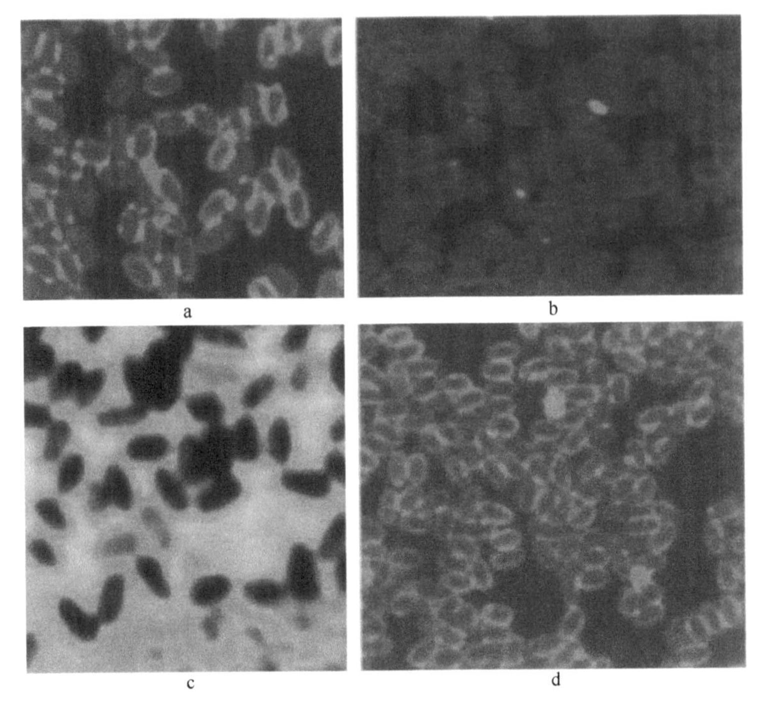

图 4-9 间接荧光抗体技术检测（100×10 倍）

a：3C2 单抗标记正常 Nb 孢子的 IFAT 检测；b：3C2 单抗标记经 SDS 提取孢壁蛋白后的不完整的 Nb 孢子的 IFAT 检测；c：多抗血清标记正常 Nb 孢子的 IFAT 检测；d：多抗血清标记经 SDS 提取孢壁蛋白后的不完整的家蚕微孢子的 IFAT 检测

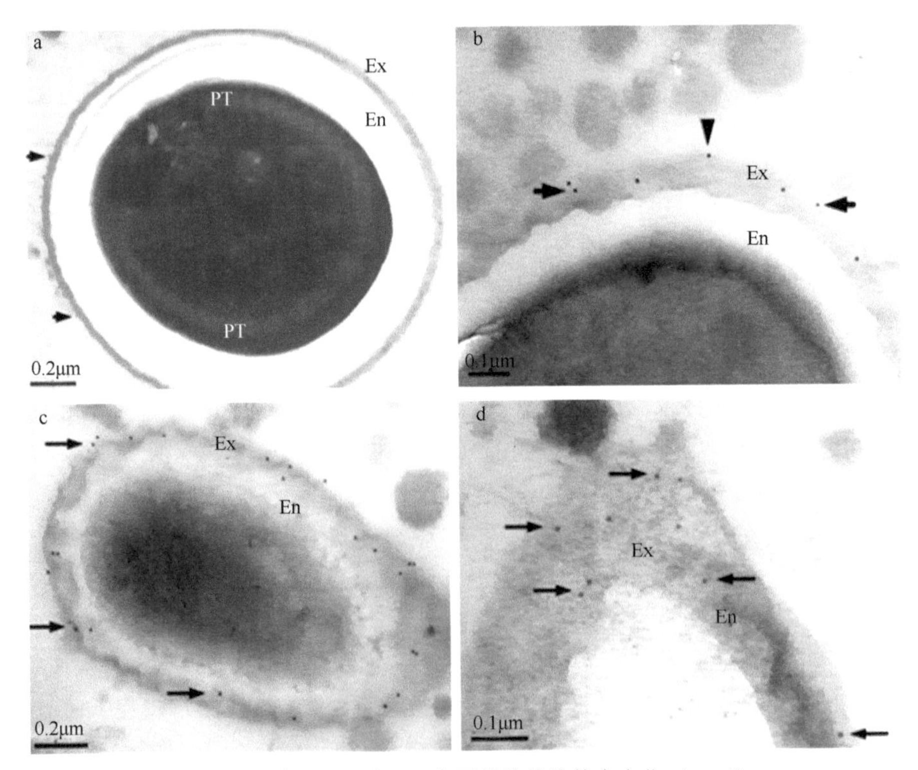

图 4-10 单抗 3C2 在 Nb 孢子外壁的胶体金定位（a～d）

箭头所指点为 10nm 胶体金颗粒；Ex：孢子外壁；En：孢子内壁

根据胶体金定位实验结果（图 4-10），确定 SP84 以分散状存在于 Nb 孢子外壁（Ex），但其分布量显示较少，由此作出 2 个分析和推测：其一是单抗 3C2 对应的 Nb 孢子表面抗原 SP84 本身属微量蛋白，其靶位点较少，或者说单抗 3C2 对应的蛋白质为非主要结构蛋白，是一种活性蛋白。其二是实验技术方面的问题，单抗用于胶体金定位在特异性上具有优势，但在显示度上较多抗要明显低。在具体实验中，使用较高浓度的抗体（100～500 倍稀释）和抗原反应来获得更多的金颗粒定位信息，但为减少非特异性反应，采用 5000 倍稀释抗体涂片，以及 PBS 漂洗次数增加 1 次（正常 3 次）等，得到了无残留的金或其他无机盐颗粒，即背景清晰的免疫金胶体切片，但相对降低了靶位点和抗体结合的概率。此外，金标二抗的效价也十分关键。采用体外表达 SP84，以此制备多抗，再进行金标，应该可获得更佳的图片或可进行定量分析。

4.2.5　家蚕微粒子虫孢子表面蛋白 SP84 的免疫共沉淀和质谱鉴定

为了探明 Nb 孢子表面蛋白 SP84 是否和其孢内（孢原质）或孢外（孢壁）蛋白存在蛋白间的相互作用，采用免疫共沉淀技术（co-immunoprecipitation，Co-IP）进行了验证（Co-IP 试剂盒为 Pierce 公司产品）。Co-IP 技术是以抗体和抗原之间专一性作用为基础的研究体外蛋白质相互作用的经典方法，是确定两种蛋白质在完整细胞内发生的生理性相互作用的有效方法。其基本原理是：在细胞裂解液中加入抗体，与抗原形成特异免疫复合物，经过洗脱，收集免疫复合物，然后进行 SDS-PAGE 及 Western blotting 分析。采用该技术还可以将大量蛋白质纯化以达到质谱鉴定或 N 端测序等对蛋白质纯度及用量的要求。

用 Dot-ELISA 法测试乙二胺（pH 11.0）、Tris-HCl（pH 3.0）和 8mol/L 尿素三种洗脱液的洗脱效果，结果显示：用 pH 11.0 的乙二胺可以有效地将结合在胶柱上的免疫复合物洗脱下来，而 pH 3.0 的 Tris-HCl、8mol/L 的尿素溶液则没有将结合在胶柱上的免疫复合物有效洗脱下来（图 4-11）。

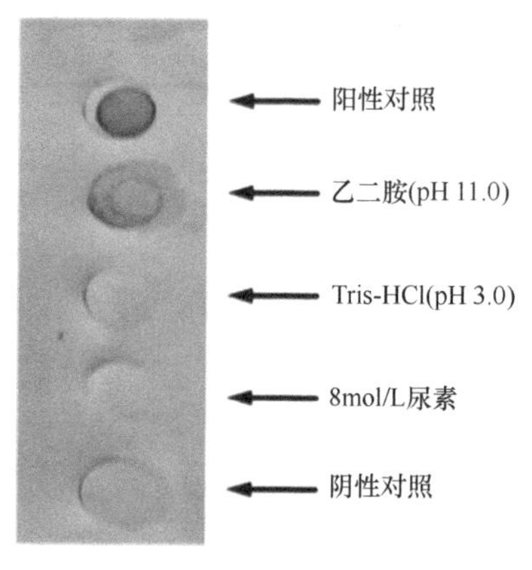

图 4-11　Dot-ELISA 法检测三种洗脱液的洗脱效果

比较 Nb 孢子表面蛋白共沉淀前-后的 SDS-PAGE 图谱（图 4-12 中 1 和 2 泳道），可以看出免疫共沉淀后 84kDa 条带明显缺失，Western blotting 结果也证实该蛋白质即目的蛋白 SP84（箭头所示）；洗脱液中所含免疫复合物（3 和 4 泳道）的谱带基本一致，有 2 条特异的谱带 84kDa 和 34kDa，Western blotting 结果识别到目的条带 84kDa，但和较小分子质量的蛋白质（34kDa）并没有特异性结合，目前还不能确定这两种蛋白质是同一蛋白质的 2 个亚基，还是 34kDa 蛋白质是目的蛋白 SP84 的互作蛋白，有待进一步证实。

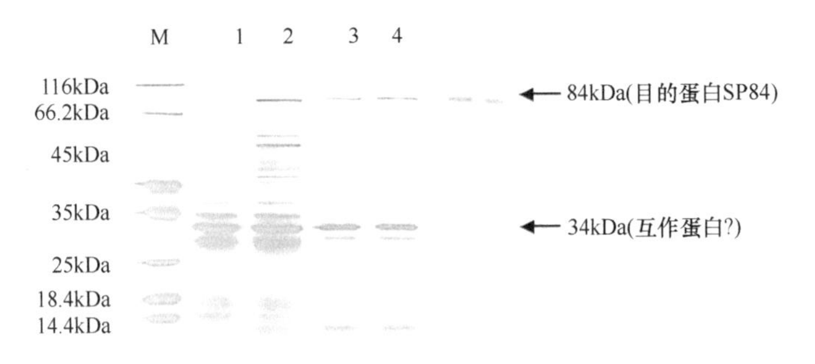

图 4-12　单抗 3C2 和孢子总蛋白免疫共沉淀的 SDS-PAGE 以及免疫印记图谱

M：蛋白质 Marker，1：共沉淀后 Nb 孢子蛋白，2：共沉淀前孢子蛋白，3 和 4：洗脱液蛋白；图中箭头指示洗脱液中蛋白质条带

采用串联质谱（MS-MS）进行 SP84 蛋白的鉴定，样品 Base peak 图谱显示 SP84 样本对应一个含 13 个氨基酸 R.INM*NVKINAKWK.L（*代表不确定）的肽段（图 4-13）。

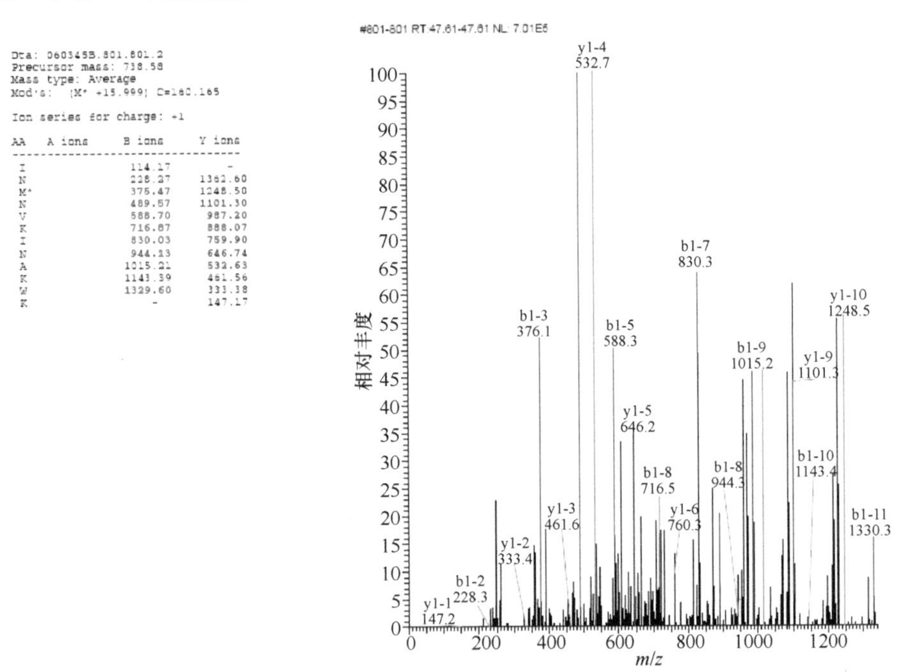

图 4-13　家蚕微粒子虫孢子 SP84 的 Base peak 图谱

搜库鉴定结果确定 SP84 蛋白为 gi|19074407|ref|NP_585913.1| hypothetical protein（拟定蛋白）ECU06_1560［*Encephalitozoon cuniculi* GB-M1］，搜索使用的蛋白质数据库为 NCBI Microsporidia 蛋白质库。SEQUEST 结果过滤参数为：当 Charge+1，Xcorr

≥1.9；当 Charge+2，Xcorr≥2.2；当 Charge+3，Xcorr≥3.75；其中 DelCN≥0.1。兔脑炎微孢子虫孢子也存在含 732 个氨基酸、等电点为 7.12、分子量为 84 436.36 的类似蛋白，与电泳所得到的信息基本相符，但由于鉴定蛋白质覆盖率较低，有待进一步证实。洗脱液中分子质量较小、疑似互作蛋白的 P34 也采用串联质谱（MS-MS）鉴定，样品 Base peak 图谱如图 4-14 所示：该蛋白质对应一个含 12 个氨基酸 R.AVCMLSNTTAIAEAWAR.L 的肽段。

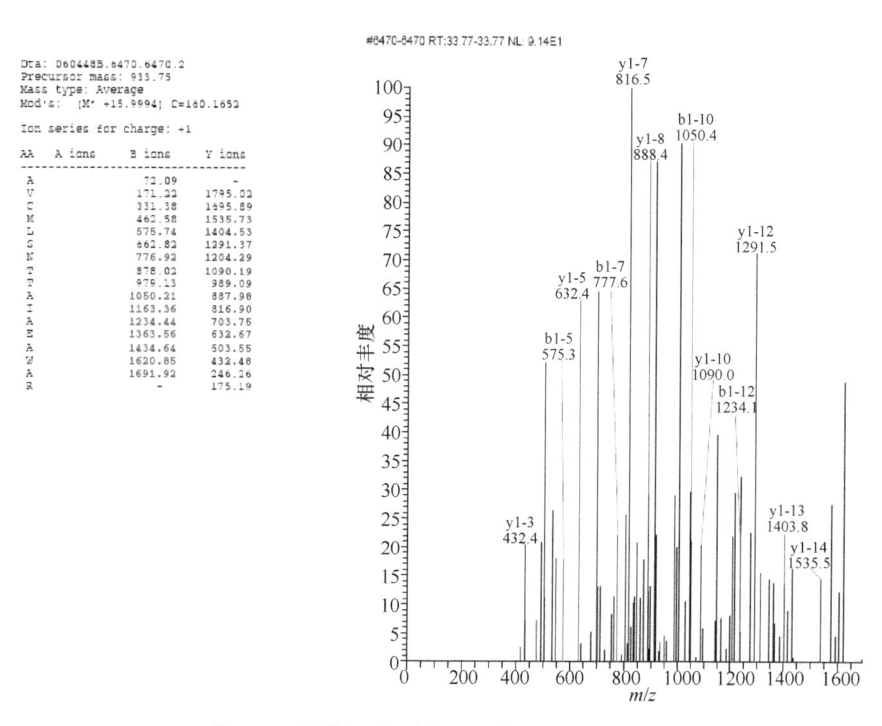

图 4-14　疑似互作蛋白 P34 的 Base peak 图谱

搜库鉴定结果显示：该蛋白质为 α-微管蛋白，搜索使用的蛋白质数据库为 NCBI insecta 蛋白质库。SEQUEST 结果过滤参数为：当 Charge+1，Xcorr≥1.9；当 Charge+2，Xcorr≥2.2；当 Charge+3，Xcorr≥3.75；其中 DelCN≥0.1。该蛋白质与家蚕微粒子虫孢子中含 400 个氨基酸、理论分子量为 44 703.74、等电点为 6.41 的蛋白质类似，和电泳所得到的信息基本相符，但由于鉴定蛋白质覆盖率较低，也有待进一步证实。

原虫及微孢子虫孢子表面蛋白的生物学功能是关注度较高的领域，已有大量有关的研究报道，与本研究直接相关的有激发免疫应答、锚定作用和黏附功能蛋白或分子等。布氏锥虫（*Trypanosoma brucei*）是一种原虫性寄生虫，通过采采蝇（tsetse fly）的传播感染人和其他哺乳动物，导致人的昏睡病和家畜的那卡那病。布氏锥虫有两个截然不同的生活阶段，即血液期（bloodstream stage，寄生于哺乳动物血细胞内）和昆虫期（insect stage，又称循环期或感染期，寄生于采采蝇中肠内）。这种单细胞寄生虫在两个生活阶段，其体表覆盖大量的糖基磷脂酰肌醇（glycosylphosphatidylinositol，GPI）锚定蛋白（McConville et al.，1993；Pays and Nolan，1998；Lugli et al.，2004）和脂磷酸聚糖等多种成分（McConville et al.，1993；Ilgoutz and McConville，2001）。这些分子都具有非常重要的功能，包括帮助锥虫逃避宿主的免疫应答、激发炎症反应、吸附于宿主特定的组织以及防止自身被蛋白酶降解。另外，GPI 锚定蛋白的脂质部分在宿主的信号转导通路中起调节作用。布氏锥虫可通过周期性地改变 GPI 锚定蛋白，形成变异体表面糖蛋白（variant surface glycoprotein，VSG），以逃避宿主的免疫应答和防止在采采蝇的体内被酶消化。因此，GPI 锚定蛋白与布氏锥虫的生存和对宿主的感染性密切相关。所有的真核生物都利用 GPI 锚定蛋白作为一种将蛋白质吸附到脂质双分子上的方式。它们可将蛋白质吸附于虫体外延质膜上，并且与许多功能有关，如信号转导和蛋白质定位。因此，特异性地抑制布氏锥虫 GPI 的生物合成可成为治疗昏睡病和家畜那卡那病的有效途径。随着对锥虫 GPI 的相关研究的深入，真核细胞包括哺乳动物细胞和很多其他的寄生虫质膜上 GPI 的结构正在逐步被揭示，已报道兔脑炎微孢子虫的一种孢子内壁蛋白 EnP2，大小为 22kDa，富含丝氨酸，预测含有糖基化位点，并由 GPI 锚定在孢子表面（Acosta-Serrano et al.，2001；Ridewood et al.，2017；Müller，2018）。可以预见，Nb 孢子也含有具类似锚定功能的结构。

对恶性疟原虫子孢子表面蛋白（sporozoite surface protein 2，PfSSP2），或称血小板反应素相关黏着蛋白（thrombospondin-related adhesive protein，TRAP）的研究表明：该蛋白质分子质量为 65kDa，存在于红血细胞前期（pre-erythrocytic stage）子孢子表面、子孢子微线体及其邻近孢质，是红血细胞前期疟疾疫苗的重要候选抗原分子。PfSSP2 蛋白无典型的重复序列；第 250～258 位氨基酸的 WSPCSVTCG 模序（motif）参与细胞间相互作用；第 307～309 位氨基酸的 RGD（精氨酸-甘氨酸-天门冬氨酸）参与细胞识别；第 76～78 位氨基酸的 IQQ 与 XIIIa 因子的联结影响免疫过程。针对 PfSSP2 的鼠抗体可在体外抑制子孢子侵入及在肝细胞中发育；接受放射减毒子孢子免疫后，人的抗虫血清可与 PfSSP2 抗原起免疫反应；融合的 PfSSP2 可引起人的 T 淋巴细胞增殖反应。由此确认了 PfSSP2 上存在细胞毒性 T 淋巴细胞（cytotoxic lymphocyte，CTL）表位 HLGNVKYLV 和 LYADSAWEN、VKNVIGPFMKA。研究发现，自然感染诱导的针对 PfSSP2 的体液免疫，有助于降低恶性疟疾发生的可能性。因此，PfSSP2 抗原是可诱导人保护性免疫的靶蛋白（Rogers et al.，1992；Richie et al.，2012）。Nb 孢子的 SP84 和 PfSSP2 抗原具有类似的功能，但不知结构是否也类似。

家蚕微粒子虫孢子的 SP84 作为感染相关表面蛋白，对家蚕微粒子虫孢子的发芽以及入侵细胞都具有重要作用，是否具有类似于 GPI 锚定蛋白的锚定结构从而实现其功能，也非常值得关注。存在于兔脑炎微孢子虫和肠脑炎微孢子虫孢子外壁的 EnP1（*En. cuniculi* ECU01_0820）已经证实和宿主细胞表面糖胺聚糖（glycosaminoglycan，GAG）存在某种互作关系，EnP1 抗体可以显著降低孢子黏附细胞的能力，从而使细胞感染率显著降低，研究还显示不论是外源硫酸多糖还是 EnP1 抗体都不能完全抑制孢子感染细胞，所以 EnP1 可能并不是宿主细胞 GAG 的唯一受体，抗体结合可能也会影响此功能（Chatzinikolaou et al.，2007）。

微管蛋白是细胞骨架、9+2 微管结构（如纤毛或鞭毛）、有丝分裂过程中纺锤体的重要组分，其进化是和细胞核平行的。到目前为止，微管蛋白只在真核生物中被发现，该蛋白质属于结构蛋白，较为保守，相对于其他基因，微管蛋白基因是研究微孢子虫系统发育的较好选择（Keeling，2003）。目前 Nb 的 α-微管蛋白以及 β-微管蛋白测序都已经被报道（张海燕等，2007）。

卡氏肺孢子虫（*Pneumocystis carinii*）通过其表膜（pellicle）的主要表面糖蛋白与肺泡巨噬细胞（alveolar macrophage，AM）产生的纤连蛋白（fibronectin）和玻连蛋白（vitronectin）相结合，由相应的整合素（integrin）受体介导卡氏肺孢子虫吸附于肺泡上皮细胞，并寄生于宿主肺泡腔内，当宿主免疫受抑制时，开始大量繁殖，累及小肺泡上皮细胞，导致卡氏肺囊虫肺炎的发生（Pottratz et al.，1998）。荷氏脑炎微孢子虫孢壁电镜超微结构也显示了孢原质膜上有大量粗糙颗粒（Bigliardi and Sacchi，2001）；微孢子虫没有类似组成纤毛或鞭毛的 9+2 微管结构，但是否其表面也存在类似微绒毛的进化结构，目前仍未见到证实的相关研究报道。

微管蛋白中的 α-微管蛋白以及 β-微管蛋白，可以通过形成异二聚体进行首尾相接而形成微管，且在许多特性上与跨膜信号传递中的关键介体——G 蛋白有相似之处。两者均有将鸟苷三磷酸（guanosine triphosphate，GTP）水解成鸟苷二磷酸（guanosine diphosphate，GDP）的鸟苷三磷酸酶（guanosine triphosphatase，GTPase）活性，甚至两者的氨基酸组成和序列也十分接近。微管蛋白异二聚体能与一些特异性和鸟嘌呤核苷酸结合及具有 GTP 水解酶活性的一类信号转导 G 蛋白（如 G0、G1）的 α 亚基结合成复合物，并且这种结合不会因为 G 蛋白 α 亚基同其他两个亚基（O 和 T 亚基）的结合而受到干扰，表明 G 蛋白亚基上有单独的微管蛋白结合位点。但是，微管蛋白异二聚体上结合 G 蛋白的位点与异二聚体间聚合成微管的位点是重叠的，因为微管蛋白异二聚体间的聚合会明显阻碍它同 G 蛋白的结合，而异二聚体与 G 蛋白形成复合物也会大大抑制微管的组装。由此也可见，微管蛋白结合 G 蛋白与它聚合成微管两者间是相互冲突的。因此，细胞内必然存在一种巧妙的机制，使微管蛋白能及时变换角色从而协调地执行其双重功能，但目前对这种机制还不清楚（Sternlicht et al.，1987；Wang and Rasenick，1991）。

当家蚕微粒子虫与家蚕细胞接触后，孢子表面蛋白 SP84 可能作为整合素成为跨膜联系物或整合剂被迅速激活，通过结合微管蛋白，有力地吸附或粘连到宿主细胞，介导孢子-细胞的粘连与相互作用，完成细胞对孢子的内吞作用；同时它也是信号转导物，激活细胞内信号传递途径。孢子也可改变表面蛋白 SP84 与基质及肌动蛋白的双向附着力，调节其粘连活性。当然，目前关于 SP84 参与孢子感染细胞的机制只是推测，进一步研究其功能需要克隆出其基因，根据鉴定结果，依据 NCBI 数据库提供的 gi|19074407|ref |NP_585913.1| hypothetical protein（拟定蛋白）ECU06_1560［*Encephalitozoon cuniculi* GB-M1］（图 4-13）序列，从两端设计引物，以 Nb 全基因组为模板序列进行扩增和克隆实验，但并未成功。该结果可能与微孢子虫数据库较为贫乏，可提供的比对或参照序列相对较少，以及 SP84 可能存在内含子结构等有关。微孢子虫的裂殖体阶段生命活动旺盛，有可能从裂殖体中有效获取靶 RNA 而解明相关蛋白质或基因的功能（参见第 5 章）。

4.3 家蚕微粒子虫孢子发芽前-后转录组的差异分析

微孢子虫孢子发芽过程既是微孢子虫孢子感染发生的第一步，也是微孢子虫孢子由休眠状态转变为侵染状态的重要过程，发芽对于微孢子虫具有十分重要的生物学意义。为此，大量学者对该过程涉及的诸多生物化学层面的变化，如孢内渗透压的改变、孢内糖类物质的变化等进行研究（Undeen and Vander-Meer，1999；Vivarès and Méténier，2000；Ghosh et al.，2006；Miranda-Saavedra et al.，2007），同时也有相关功能基因和极管蛋白（Xu and Weiss，2005；Bouzahzah et al.，2010；Li et al.，2012）、孢壁蛋白（Li et al.，2009，2012；Cai et al.，2011）、水通道蛋白（Vivarès et al.，2002；Ghosh et al.，2006）、蛋白酶（Sironmani et al.，1999a，1999b；Millership et al.，2002；Dang et al.，2013）和碳水化合物转化（carbohydrate conversion）作用蛋白等的大量研究（Undeen and Vander-Meer，1994，1999；Dijksterhuis et al.，2002）。

随着生物信息学技术的发展，越来越多种类的微孢子虫基因组获得解析（Corradi et al.，2010；Campbell et al.，2013；Chen et al.，2013；Pan et al.，2013），微孢子虫不同状态的转录组学研究相继开展（Campbell et al.，2013；Grisdale et al.，2013），大量的功能基因获得进一步解读。然而到目前为止，我们依然缺乏对微孢子虫发芽过程的全面认识，对这一过程所涉及的重要基因与代谢通路了解很少。高通量测序技术的发展，成为筛选特定状态功能基因的有力工具，本研究利用转录组测序技术对家蚕微粒子虫休眠孢子（non-germinated spore，NGS）和发芽孢子（germinated spore，GS）mRNA 层面的差异变化进行了系统的分析和探索。

家蚕微粒子虫繁殖和制备 Nb 孢子悬浮液方法参见 12.1 节。

4.3.1 转录组序列拼接和分析

为获得家蚕微粒子虫（Nb）孢子发芽前-后转录组变化差异，利用 Illumina HiSeq2000 高通量测序平台，对 Nb 的 NGS 和 GS 两种孢子总 mRNA 进行转录组测序比较分析。测序完成后，NGS 和 GS 两种孢子分别获得 32 284 160 个和 32 755 830 个原始读长片段，片段平均长度为 101bp。通过软件 SeqPrep 和 sIckle 去除原始数据中添加的接头序列与低质量序列后，NGS 和 GS 两种孢子分别共获得 31 969 334 个和 32 457 679 个原始读长片段。本研究中获得的所有原始数据，通过 NCBI 提交至测序序列片段归档（sequence read archive，SRA），序列登记号为 SRP049542。

采用 Tophat 软件将高质量原始读长片段同 Nb 基因组数据库（http://silkpathdb.swu.edu.cn/silkpathd）进行序列比对，NGS 和 GS 两种孢子的匹配率分别达到 81.23%和 80.62%。随后，利用 Cufflinks 软件将所有匹配序列进行拼接分析，NGS 和 GS 两种孢子共获得完成拼接的基因（重叠群）5446 个，基因的平均长度为 1069.5bp。所有拼接好的基因序列长度分布如图 4-15 所示。未匹配序列在本研究中没有进行后续分析。Nb 孢子转录组测序和序列拼接参数统计如表 4-1 所示。

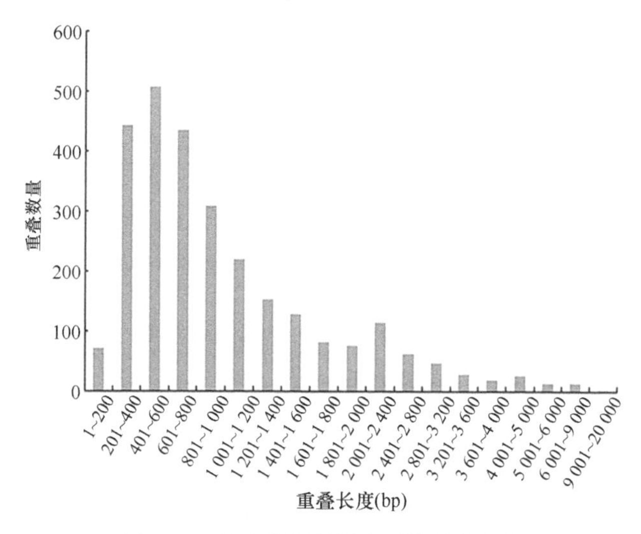

图 4-15　鉴定获得基因序列的长度分布

表 4-1　家蚕微粒子虫孢子转录组学测序原始数据

参数	NGS	GS	总计
下机数据数量 1	10 687 694	10 728 496	21 416 190
下机数据数量 2	10 877 295	10 915 671	21 792 966
下机数据数量 3	10 719 171	11 111 663	21 830 834
总长度（bp）	3 260 700 160	3 308 338 830	6 569 038 990
去除低质量数据后的高质量数据总数	31 969 334	32 457 679	64 427 013
高质量数据总长度（bp）	3 173 730 123	3 223 483 816	6 397 213 939
匹配数据总数	25 759 708（81.23%）	25 973 529（80.62%）	51 733 237
重叠群	2 756	2 690	5 446

4.3.2　基因注释和差异基因表达分析

将所有获得的 Nb 基因在 NCBI（http://www.ncbi.nlm.nih.gov/）蛋白质数据库中进行功能注释分析（E 值$<10^{-5}$），其中 NGS 和 GS 两种孢子分别共有 2265 个和 2215 个基因得到功能注释。

为深入理解孢子发芽过程的生物学变化，通过在 NCBI 蛋白质数据库的功能注释，对 NGS 和 GS 两种孢子的基因表达水平进行差异分析，每个基因的 FPKM（fragments per kilobase of per million）值可以反映该基因表达水平。经过差异基因表达分析，共发现 66 个差异表达基因（DEG）（P 值$\leqslant 0.05$，$|\log_2 FC|\geqslant 1$），其中在 Nb 孢子发芽后（GS）有 9 个显著上调的基因和 57 个显著下调的基因。这 66 个差异基因中有 54 个在 NCBI 蛋白质数据库中获得注释，具体结果详见表 4-2。

根据转录组测序结果及 NCBI 数据库相关信息，用 Primer5.0 软件设计 15 个随机挑选差异表达基因及 Nb 内参基因 β-微管蛋白基因的上下游引物，如表 4-3 所示。

随机挑选 15 个差异表达基因进行 qPCR 验证分析结果如图 4-16 所示。RNA-Seq 测序方法获得的 15 个差异表达基因的结果和 qPCR 验证实验获得的结果一致，验证了经转录组学研究得到的差异表达基因分析结果的可靠性。这 15 个验证基因的功能主要涉及极管蛋白、孢壁蛋白和糖代谢蛋白等。

表 4-2　家蚕微粒子虫发芽孢子和休眠孢子转录组学差异表达基因

ID	*P* 值	注释	NGS 的 FPKM	GS 的 FPKM
CUFF.1897.1	0.014 941	hypothetical protein NBO_546g0002 [*Nosema bombycis* CQ1]	8.190 29	3.401 37
CUFF.1151.1	0.015 521 5	microtubule-associated protein 1A [*Nosema bombycis* CQ1]	2.080 34	0.193 535
CUFF.2402.1	0.015 728 4	无注释	2.489 09	0
CUFF.1781.1	0.017 863 9	nuclear transcription factor Y subunit B-2 [*Nosema bombycis* CQ1]	7.511 09	2.25
CUFF.2140.1	0.018 134 8	hypothetical protein NBO_613g0002 [*Nosema bombycis* CQ1]	1.221 15	0
CUFF.2377.1	0.018 134 8	无注释	1.449 99	0
CUFF.1341.1	0.020 986 4	无注释	1.540 78	0
CUFF.2503.1	0.020 986 4	pol polyprotein [*Nosema bombycis*]	6.670 24	0
CUFF.2331.1	0.021 656 4	polar tube protein 2 [*Nosema bombycis* CQ1]	3.882 93	0.305 88
CUFF.2008.1	0.022 210 6	transketolase 1, partial [*Nosema bombycis* CQ1]	2.513 27	0.569 911
CUFF.1536.1	0.028 432 9	vacuolar ATP synthase catalytic subunit A [*Nosema bombycis* CQ1]	0.884 207	0
CUFF.456.1	0.028 432 9	hypothetical protein TcasGA2_TC003734 [*Tribolium castaneum*]	1.479 49	0
CUFF.909.1	0.030 221 9	spore wall protein 5 [*Nosema bombycis* CQ1]	4.539 77	0.831 473
CUFF.2082.1	0.031 904 6	hypothetical protein NBO_6g0002 [*Nosema bombycis* CQ1]	1.960 76	0.399 021
CUFF.1162.1	0.033 297 2	无注释	1.053 97	0
CUFF.1687.1	0.033 297 2	Ricin B lectin [*Nosema bombycis* CQ1]	0.865 702	0
CUFF.1778.1	0.033 297 2	DNA-directed RNA polymerase [*Nosema bombycis* CQ1]	1.207 33	0
CUFF.2029.1	0.033 297 2	Ricin B lectin [*Nosema bombycis* CQ1]	0.691 816	0
CUFF.525.1	0.033 297 2	无注释	1.792 06	0
CUFF.872.1	0.033 493 1	hypothetical protein NBO_27g0003 [*Nosema bombycis* CQ1]	9.715 87	0.622 336
CUFF.753.1	0.036 6	mannose-1-phosphate guanyltransferase 2 [*Nosema bombycis* CQ1]	1.928 85	0.334 958
CUFF.687.1	0.037 697 6	chromosome segregation protein [*Nosema bombycis* CQ1]	20.669 7	7.471 11
CUFF.1326.1	0.039 162 1	hypothetical protein [*Plasmodium yoelii yoelii* 17XNL]	17.455 2	0
CUFF.1490.1	0.039 162 1	transcription factor steA [*Nosema bombycis* CQ1]	2.149 36	0
CUFF.1884.1	0.039 162 1	无注释	1.552 3	0
CUFF.1340.1	0.046 262 1	hypothetical protein NBO_38g0001 [*Nosema bombycis* CQ1]	2.762 41	0
CUFF.256.1	0.046 262 1	general transcription factor II-I [*Oreochromis niloticus*]	1.335 08	0
CUFF.56.1	0.046 262 1	hypothetical protein NCER_102516 [*Nosema ceranae* BRL01]	4.666 72	0
CUFF.72.1	0.046 262 1	hypothetical protein NBO_1040g0001 [*Nosema bombycis* CQ1]	1.065 39	0
CUFF.935.1	0.046 262 1	pol polyprotein [*Nosema bombycis*]	1.927 01	0
CUFF.688.1	0.047 732 4	structural maintenance of chromosomes protein 1 [*Nosema bombycis* CQ1]	40.520 9	16.800 3
CUFF.1981.1	0.047 878 9	alanyl-tRNA synthetase, mitochondrial [*Nosema bombycis* CQ1]	1.854 43	0.760 356
CUFF.448.1	0.001 455 35	nucleoporin NUP170 [*Nosema bombycis* CQ1]	41.888 6	107.723
CUFF.1882.1	0.007 446 29	hypothetical protein NBO_54g0012 [*Nosema bombycis* CQ1]	9.013 51	20.933 9
CUFF.2629.1	0.012 597 5	无注释	9.504 06	27.600 3
CUFF.885.1	0.017 456 4	hypothetical protein NBO_399g0001 [*Nosema bombycis* CQ1]	11.594 1	23.311 2
CUFF.631.1	0.021 419 1	无注释	2.610 53	7.944 25

续表

ID	P 值	注释	NGS 的 FPKM	GS 的 FPKM
CUFF.100.1	0.024 865	无注释	184.861	376.629
CUFF.2608.1	0.030 413 7	hypothetical protein NBO_857g0001 [*Nosema bombycis* CQ1]	3.632 66	7.661 41
CUFF.2474.1	0.042 273 4	无注释	3.300 15	8.488 94
CUFF.1525.1	0.047 559 3	protein phosphatase PP2-A regulatory subunit A [*Nosema bombycis* CQ1]	1.176 81	2.730 12
CUFF.321.1	1.32E-7	hypothetical protein NBO 1272gi001, partial [*Nosema bombycis* CQ1]	9.775 91	1.559 07
CUFF.1046.1	5.01E-7	60S ribosomal protein L6 partial [*Nosema bombycis* CQ1]	13.317	2.729 88
CUFF.303.1	8.15E-7	60S ribosomal protein L6 partial [*Nosema bombycis* CQ1]	29.304 8	5.276 91
CUFF.17.1	1.10E-5	polar tube protein 3 [*Nosema bombycis* CQ1]	2.0157 1	0.284 082
CUFF.840.1	0.000 142 038	无注释	230.539	52.396 8
CUFF.1727.1	0.000 216 532	hypothetical protein NBO_48g0012 [*Nosema bombycis* CQ1]	7.086 85	1.048 87
CUFF.2690.1	0.000 300 214	polar tube protein 1 [*Nosema bombycis* CQ1]	4.566 05	0.516 056
CUFF.2332.1	0.000 372 134	polar tube protein 1 [*Nosema bombycis* CQ1]	4.467 26	0.820 243
CUFF.1729.1	0.000 418 017	hypothetical protein NBO_48g0007 [*Nosema bombycis* CQ1]	12.636 6	3.648 13
CUFF.2396.1	0.000 591 835	protein peanut [*Nosema bombycis* CQ1]	5.808 12	0.360 22
CUFF.21.1	0.000 634 252	MADS domain containing protein, partial [*Nosema bombycis* CQ1]	2.286 81	0.223 38
CUFF.1867.1	0.000 707 268	DNA replication fork-blocking protein FOB1, partial [*Nosema bombycis* CQ1]	2.648 9	0
CUFF.1438.1	0.001 183 58	polar tube protein 3 [*Nosema* polar tube protein 3][*Nosema bombycis* CQ1]	2.456 07	0.695 605
CUFF.1656.1	0.003 476 18	protein of unknown function GLTT, partial [*Nosema bombycis* CQ1]	0.947 046	0
CUFF.2325.1	0.004 041 4	无注释	0.937 609	0
CUFF.231.1	0.004 701 44	hypothetical protein NBO_72g0014 [*Nosema bombycis* CQ1]	117.161	49.984 7
CUFF.943.1	0.004 806 53	glutamate NMDA receptor-associated protein 1 [*Nosema bombycis* CQ1]	4.142 74	0.904 556
CUFF.1585.1	0.006 263 71	midasin [*Nosema bombycis* CQ1]	13.768 1	6.115 71
CUFF.673.1	0.006 647 79	pre-mRNA-splicing factor spp42, partial [*Nosema bombycis* CQ1]	4.014 61	1.731 32
CUFF.956.1	0.006 992 4	laminin subunit beta-4 [*Nosema bombycis* CQ1]	30.855 2	13.825 6
CUFF.1848.1	0.007 616 09	glucose-6-phosphate isomerase [*Nosema bombycis* CQ1]	4.622 98	1.682 36
CUFF.839.1	0.009 210 55	pol polyprotein [*Nosema bombycis*]	2.291 67	0
CUFF.1025.1	0.009 285 69	hypothetical protein NBO_29g0030 [*Nosema bombycis* CQ1]	10.865 9	4.635 99
CUFF.1841.1	0.010 477 7	hypothetical protein NCER_102284 [*Nosema ceranae* BRL01]	0.931 764	0
CUFF.1912.1	0.014 213 6	hypothetical spore wall protein [*Nosema bombycis*]	8.458 55	0.565 921

注：FPKM. 每千个碱基外显子的每百万映射读取片段

表 4-3　qPCR 验证实验引物序列

基因	引物序列
polar tube protein 2	F：5′-ACCTGCTCCTCAATGTATT-3′ R：5′-TTCTTTGCCTTCTTCTTTCT-3′
polar tube protein 3	F：5′-TTTAGTTGACGCTCCATTCT-3′ R：5′-AGTTCCTCCATTTGGTCCTG-3′
microtubule-associated protein 1A	F：5′-AACACGCGACGAGTTGATAC-3′ R：5′-TCTTGTCTTCTGCCAGTTTA-3′
transketolase 1	F：5′-CAAGCGTGACCATTAGACAA-3′ R：5′-CTAGGATTAACGCCTTTCGT-3′

续表

基因	引物序列
nucleoporin NUP170	F：5′-AAAAGCCAGGACTGTATCTC-3′ R：5′-TACAAGCTGTCCTAAAATCTC-3′
glutamate NMDA receptor-associated protein 1	F：5′-CCGTCCAAACAAACCTGATA-3′ R：5′-GCCTGGTGAACCATACCCTA-3′
spore wall protein 5	F：5′-GCCGGGTTCTGCTATTGTTA-3′ R：5′-ACCTGCCGCACCTGATTCTT-3′
glucose-6-phosphate isomerase	F：5′-TCATGGACGATAGGCGAGTT-3′ R：5′-TTACGGGAGTCTTCTGGAGC-3′
protein phosphatase PP2-A regulatory subunit A	F：5′-ACTTTCACCCTTACCTTCAT-3′ R：5′-TTCATATTCACAAACCGACT-3′
mannose-1-phosphate guanyltransferase 2	F：5′-TTGTCTTTCTTCGGCTATCT-3′ R：5′-AGTTGATGATCCGAGTAAAT-3′
nuclear transcription factor Y subunit B-2	F：5′-CCCCTGTCACTGTCTTCCTG-3′ R：5′-AATGGCTGACCCTAACTCCC-3′
alanyl-tRNA synthetase	F：5′-TGGTGGTCGTGATGCTTCTA-3′ R：5′-AAAGCCACATCTGTTCCTTC-3′
protein peanut	F：5′-CATTGATACTACCACCCACC-3′ R：5′-CTCGCATCTTGATGATTTGAT-3′
60S ribosomal protein L6	F：5′-AGGCATGTCTTCTAATCTCA-3′ R：5′-TTTCTTACCACCTTTCTTGT-3′
MADS domain containing protein	F：5′-GTGGTAAGGCAGGTGGAGGT-3′ R：5′-GCAATGATAACGACGGAAGG-3′
β-tubulin	F：5′-GACTGTAGCTGCTGTCTTTA-3′ R：5′-GCAGTAGTATTTCCCATAAA-3′

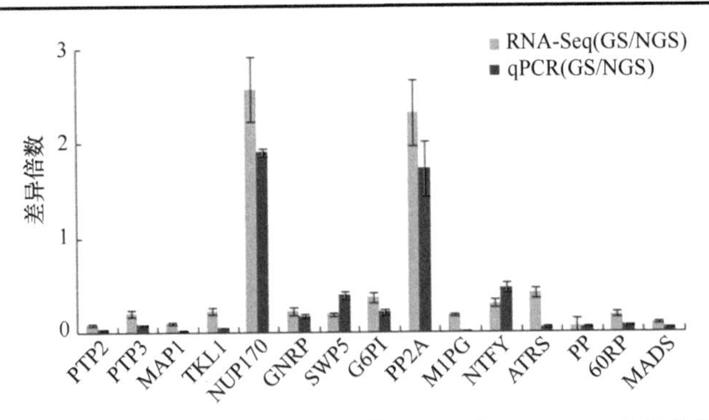

图 4-16　随机挑选差异表达基因的 qPCR 和 RNA-Seq 定量分析

所有 15 个基因的 qPCR 结果与 RNA-Seq 结果相一致；内参基因为 β-微管蛋白；PTP2：极管蛋白 2，PTP3：极管蛋白 3，MAP1：微管相关蛋白 1A，TKL1：转酮醇酶 1，NUP170：核孔蛋白 NVP 170，GNRP：谷氨酸 NMDA 受体相关蛋白 1，SWP5：孢壁蛋白 5，G6PI：6-磷酸葡萄糖异构酶，PP2A：蛋白磷酸酶 2 调节亚基 A，M1PG：甘露糖-1-磷酸鸟嘌呤转移酶 2，NTFY：核转录因子 Y 亚基 B-2，ATRS：丙氨酰-tRNA 合成酶，PP：花生蛋白，60RP：60S 核糖体蛋白 L6 部分，MADS：含有 MADS 结构域蛋白；该分析采用 $2^{-\Delta\Delta Ct}$ 法计算 qPCR 实验中各个基因差异表达倍数，采用 FPKM 计算 RNA-Seq 实验中各个基因差异表达倍数；每一个基因的差异倍数值由 3 次独立的生物重复实验结果计算获得，标准差由 3 次独立生物重复计算得出

4.3.3　差异表达基因聚类分析和功能富集性分析

对差异表达基因进行表达模式聚类分析，可以有效地发现不同基因之间表达上的共同点，可以根据基因表达上的相似性推测基因功能的相似性。因此，对上述发现的 66 个 Nb 孢子发芽前-后（NGS 和 GS）差异表达基因进行表达模式聚类分析，分析结果如图 4-17 所示。左侧为聚类的树状图，聚类图中每行表示一个基因，每一列表示一个样品处理组；颜色代表基因的表达量，绿色为低表达量的基因，红色为高表达量的基因。基因表达量差异越大，其在图中的位置越靠上。右侧为 4 个聚类的表达模式图，横坐标为样品处理名，纵坐标为基因表达量；图中每一条线表示一个基因，蓝色的线表示一组基因的平均趋势。所有被分析的差异表达基因分为四大类，其中 C1 包含的基因表达差异最为显著，其基因注释为未知功能蛋白。C2 大类为 Nb 孢子发芽后显著上调的 9 个基因。其他两大类均为 Nb 孢子发芽后（GS）下调的基因。

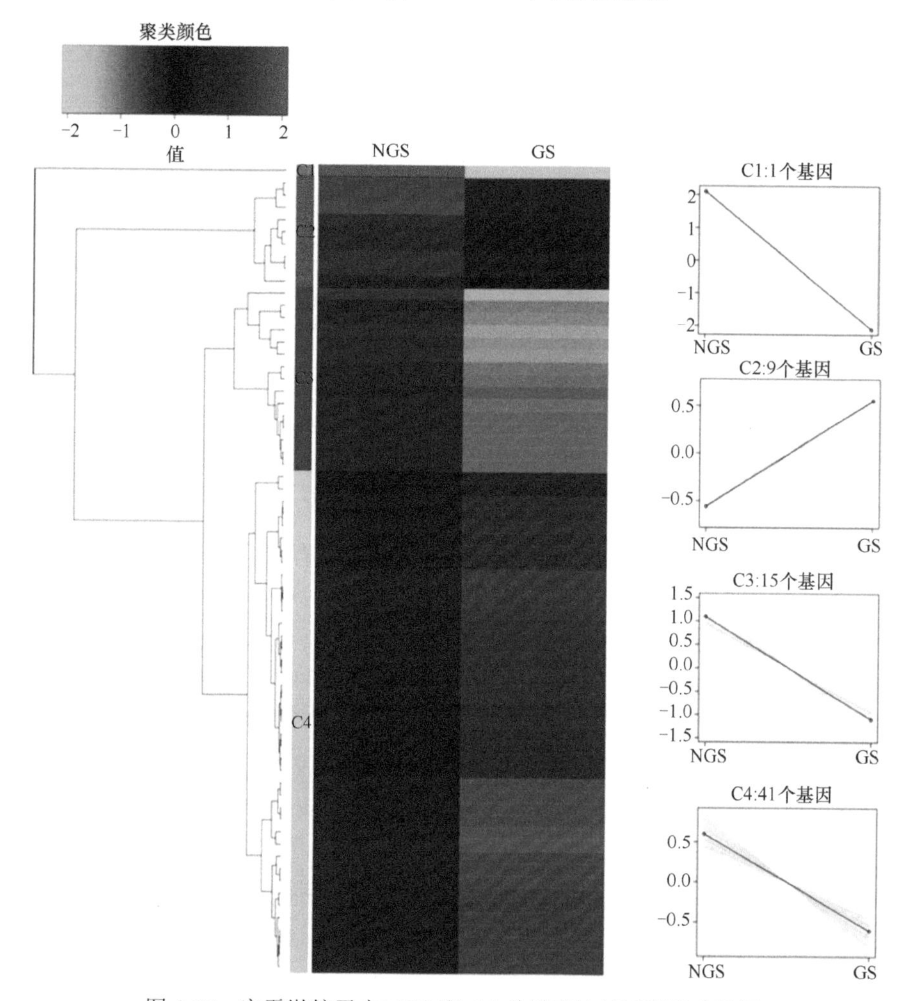

图 4-17　家蚕微粒子虫 NGS 和 GS 差异表达基因聚类分析图

所有的差异表达基因被分为 4 类，在 NGS 组和 GS 组中的相对表达丰度如右侧所示，绿色代表下调，红色代表上调；4 类差异表达基因的表达模式图分别为 C1～C4，对应左侧聚类分析图的 4 部分

对所有的注释基因进行基因本体联合会数据库（gene ontology，GO）分类分析。最终，共有841个基因获得GO注释，注释条目达到4400个。这些基因的GO注释分类如图4-18所示。经过统计发现，共有1650个GO注释条目属于细胞组分（cellular component）大类；1034个GO注释条目属于分子功能（molecular function）大类；1716个GO注释条目属于生物过程（biological process）大类。

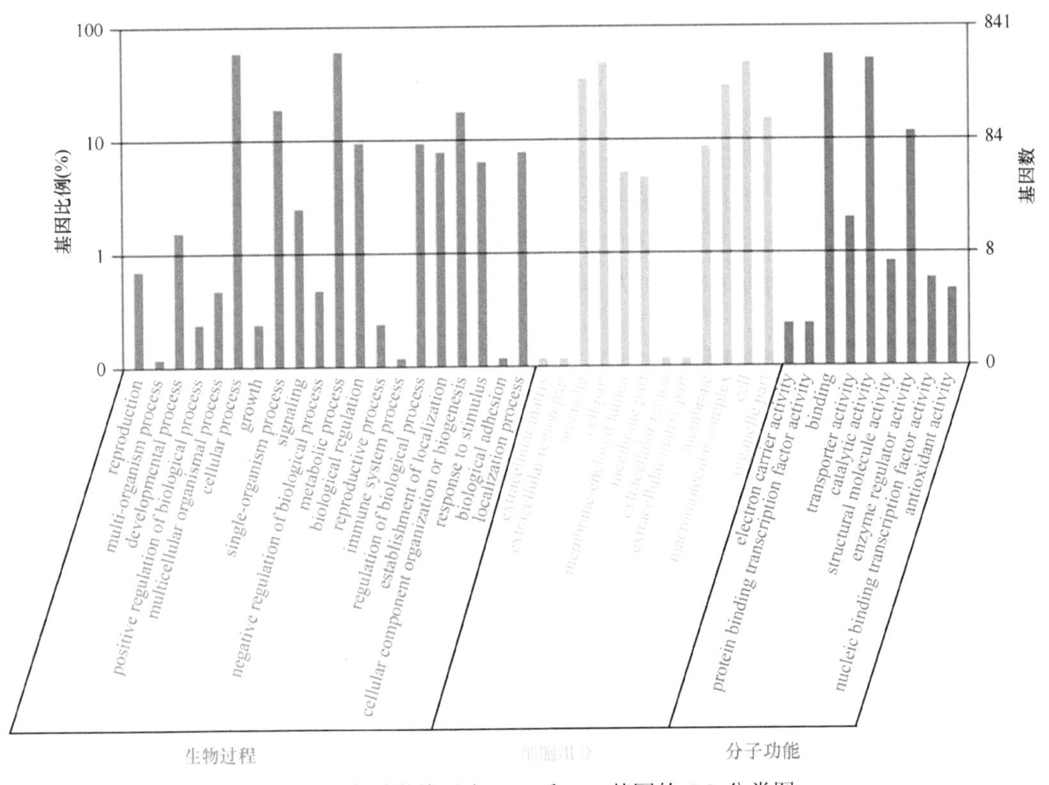

图4-18　家蚕微粒子虫NGS和GS基因的GO分类图

在分子功能大类中，分别约有56%和51%的基因具有结合（binding）功能和催化活性（catalytic activity）；在生物过程大类中，分别有59%和60%的基因参与细胞内过程（cellular process）和代谢过程（metabolic process）；在细胞组分大类中，各有48%的基因定位于细胞（cell）和细胞部分（cell part）位置。在细胞内过程（GO：0009987）和催化活性（GO：0003824）两个分类中鉴定获得了一些重要的功能蛋白，如海藻糖磷酸酶、葡萄糖转运因子和海藻糖酶。这些在糖类分子的合成与运输过程中发挥重要作用的蛋白质很有可能在细胞内渗透压调节方面发挥作用。在膜类物质分类中发现了水通道蛋白，水通道蛋白可以通过在细胞膜两侧转移水分子调节胞内渗透压，胞内渗透压的改变对孢子发芽有重要作用。由此也可推测，它们可能参与孢子发芽过程。

在生物学通路层面对Nb孢子发芽过程（NGS组和GS组）转录组差异表达基因的特点进行分析，采用京都基因与基因组数据库（Kyoto Encyclopedia of Genes and Genomes，KEGG）生物学途径数据库分析显示，有925个Nb孢子鉴定基因被匹配到共202个生物过程。经过KEGG富集性分析（表4-4），富集显著性最高的两个通路分别是戊糖磷酸途径（pentose phosphate pathway）与氨基糖、核苷酸糖代谢途径（amino sugar and nucleotide sugar metabolism pathway）。此结果表明，在生物信息学层面分析，戊糖磷酸化和氨基糖、核苷酸糖代谢相关基因在 Nb 孢子发芽过程中发挥了作用。另外，与糖类代谢相关的代谢通路如果糖和甘露糖代谢途径（fructose and mannose metabolism pathway）也表现出了极高的富集显著性。一些钙离子调节相关通路也被鉴定出，钙离子调节与胞内渗透压改变有密切关系，其在 Nb 孢子发芽过程中发挥了作用。

表 4-4　家蚕微粒子虫休眠孢子和发芽孢子转录组 KEGG 富集性分析

功能项	索引编号	样本数	背景数	*P* 值	校正 *P* 值	GenBank 序列登记号
戊糖磷酸途径	ko00030	2	10	0.03	0.48	CUFF.2008.1|CUFF.1848.1
氨基糖、核苷酸糖代谢	ko00520	2	13	0.04	0.48	CUFF.753.1|CUFF.1848.1
突触囊泡循环	ko04721	2	19	0.09	0.48	CUFF.456.1|CUFF.1536.1
卵母细胞减数分裂	ko04114	2	20	0.10	0.48	CUFF.1525.1|CUFF.688.1
减数分裂-酵母	ko04113	2	25	0.14	0.48	CUFF.1525.1|CUFF.688.1
多巴胺能突触	ko04728	1	6	0.15	0.48	CUFF.1525.1
丙型肝炎	ko05160	1	6	0.15	0.48	CUFF.1525.1
果糖和甘露糖代谢	ko00051	1	7	0.17	0.48	CUFF.753.1
收集导管酸分泌物	ko04966	1	8	0.19	0.48	CUFF.1536.1
类风湿性关节炎	ko05323	1	9	0.22	0.48	CUFF.1536.1
幽门螺杆菌感染的上皮细胞信号转导	ko05120	1	9	0.22	0.48	CUFF.1536.1
光合生物固碳作用	ko00710	1	9	0.22	0.48	CUFF.2008.1
氧化磷酸化	ko00190	1	10	0.24	0.48	CUFF.1536.1
WNT 信号通路	ko04310	1	10	0.24	0.48	CUFF.1525.1
细胞生活史-酵母	ko04111	2	36	0.25	0.48	CUFF.1525.1|CUFF.688.1
淀粉与蔗糖代谢	ko00500	1	11	0.26	0.48	CUFF.1848.1
抗原加工提呈	ko04612	1	11	0.26	0.48	CUFF.1781.1
紧密连接	ko04530	1	11	0.26	0.48	CUFF.1525.1
肺结核	ko05152	1	11	0.26	0.48	CUFF.1781.1
霍乱弧菌 e 感染	ko05110	1	15	0.33	0.54	CUFF.1536.1
糖酵解/糖异生途径	ko00010	1	18	0.39	0.56	CUFF.1848.1
HTLV-I 感染	ko05166	1	19	0.40	0.56	CUFF.1781.1
吞噬体	ko04145	1	20	0.42	0.56	CUFF.1536.1
剪接体	ko03040	1	21	0.43	0.56	CUFF.673.1
mRNA 监测途径	ko03015	1	27	0.52	0.63	CUFF.1525.1
细胞生活史	ko04110	1	32	0.58	0.65	CUFF.688.1
RNA 运输	ko03013	1	38	0.65	0.70	CUFF.448.1
真核生物核糖体发生	ko03008	1	41	0.67	0.70	CUFF.321.1
氨酰基-tRNA 生物合成	ko00970	1	42	0.68	0.70	CUFF.1981.1

4.3.4　家蚕微粒子虫孢子发芽相关候选基因的预测

蛋白质磷酸化是一种调节蛋白质活性的重要机制，细胞内多数蛋白质都直接或间接受到这个机制的调节。在差异表达基因中，蛋白磷酸酶 2 调节亚基 A 基因（CUFF.1525.1）在 Nb 孢子发芽后表现出显著的上调表达（$P<0.05$）。该结果表明：在 Nb 孢子发芽后，其蛋白质的去磷酸化水平显著上调。由此进行了 NGS 和 GS 两种 Nb 孢子总蛋白的

SDS-PAGE 电泳分析以及抗磷酸化位点抗体 Western blotting 检测分析。

实验结果如图 4-19 所示，在蛋白质分子质量约 120kDa 处，蛋白磷酸化水平显著下调。Western blotting 实验结果从蛋白质层面证实 Nb 孢子发芽后其蛋白去磷酸化水平显著上升。此外，有 3 个与糖类代谢相关的基因（CUFF.1848.1、CUFF.2008.1 和 CUFF.753.1）在发芽后表达显著下调。其中 6-磷酸葡萄糖异构酶（CUFF.1848. 1）的显著性 P 值达到 0.0076。这 3 个基因的详细功能注释和统计结果在表 4-4 中呈现。另有 8 个细胞结构相关基因也在 Nb 孢子发芽后表达显著下调，其功能主要包括孢壁蛋白和极管蛋白。另外一个具有研究价值的差异表达基因是蓖麻毒素 B 凝集素基因，该基因在 Nb 孢子发芽后表现出显著下调（表 4-2 和参见 6.3 节）。

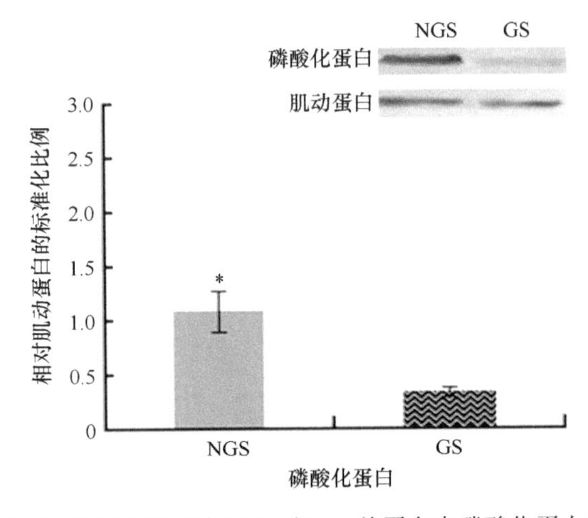

图 4-19 家蚕微粒子虫 NGS 和 GS 总蛋白中磷酸化蛋白检测

N. bombycis 孢子在发芽后，其总蛋白磷酸化水平显著下降（*表示 $P<0.05$）；实验中内参蛋白与目的蛋白由软件 Quantify One 进行定量分析；实验数据来自三次独立的生物重复；显著性分析采用 SPSS13.0 单因素方差分析

去磷酸化作用被认为是一种主要的调节蛋白质活性的机制，是与磷酸化作用有同等重要性的生物过程（Hunter，1995；Gonzalez，2000；Guergnon et al.，2006；Farkas et al.，2007；Striepen，2007）。虽然尚未见微孢子虫孢子发芽相关蛋白的去磷酸化研究，但在恶性疟原虫（*Plasmodium falciparum*）中，一种含 Kelch 功能域磷酸酶（protein phosphatase with Kelch-like domain，PPKL）可以调节动合子（ookinete）的形态发育、运动活性和侵染行为（Philip et al.，2012；Guttery et al.，2012）；类希瓦氏（Shelphs）磷酸酶被定位在成熟裂殖体的顶端复合物中，而该复合物被证明是恶性疟原虫发生侵染行为的必要结构（Cowman and Crabb，2006；Hu et al.，2010）。在阴道毛滴虫（*Trichomonas vaginalis*）中，蛋白磷酸酶 γ1（TvPP1c）被证明在阴道毛滴虫增殖过程和侵染哺乳动物细胞过程中发挥重要作用（Solter and Maddox，1998；Muñoz et al.，2012）。

本研究发现 Nb 孢子发芽后，蛋白磷酸酶 2 调节亚基 A 在基因转录水平有显著上调；在蛋白磷酸化修饰水平发生改变也说明该磷酸酶在孢子发芽过程中发挥了作用。由此推测，某些调控 Nb 孢子发芽的蛋白质，在蛋白磷酸酶 2 调节亚基 A 的作用下发生去磷酸化修饰，进而失去蛋白质活性并无法维持 Nb 孢子的休眠状态。

通过 Nb 孢子发芽前-后差异表达基因分析和 KEGG 富集性分析，有 3 个和糖代谢相关的基因被鉴定获得，与糖代谢密切相关的戊糖磷酸途径也表现出和 Nb 孢子发芽有密切相关性。在一些微孢子虫孢子的发芽过程中，其孢内糖类成分会发生变化，如按蚊阿尔及尔微孢子虫的总糖含量和还原性糖含量在发芽过程中发生了显著的变化；其中一部分海藻糖转变为还原性糖，这种由海藻糖代谢引起的孢内渗透压增加对微孢子虫孢子发芽起到重要作用（Undeen and Vander-Meer，1994）。结合本研究结果分析认为：糖类代谢相关基因和通路在发芽过程中表现出显著性变化，可能直接或者间接为 Nb 孢子发芽提供一定的帮助。

已有研究表明，孢壁蛋白（SWP）与孢子的发芽和侵染有密切的关系（Li et al.，2009，2012；Cai et al.，2011）。极管蛋白（PTP）作为孢子发生发芽和感染行为最为重要的细胞结构，可以充当桥梁的角色使孢子孢原质进入宿主细胞中（Texier et al.，2010）。由转录组学分析结果发现，SWP5 基因和三个极管蛋白（PTP）基因在 Nb 孢子发芽后均表现出显著下调的现象。有研究发现，在兔脑炎微孢子虫中，编码极管蛋白和孢壁蛋白的基因在微孢子虫感染宿主细胞 24～48h 或 24～72h 均显著下调。研究者推测这些基因的 mRNA 可能在孢子形成时期高丰度表达并逐渐积累，在孢子发芽感染后则显著下降（Pan et al.，2013）。兔脑炎微孢子虫的相关研究结果与本研究结果相一致。结合本研究结果推测，这些基因在 Nb 孢子形成期可能会高丰度表达并逐渐积累孢壁蛋白和极管蛋白；当孢子发育成熟，合成完毕的孢壁蛋白和极管蛋白随着 Nb 孢子的发芽发挥相应的作用，此时孢子不需要继续合成这些蛋白质，其基因表达量呈现低水平。

转录组学分析中，还发现 Nb 蓖麻毒素 B 凝集素（Nb Ricin-B-lectin，*Nb*RBL）基因在 Nb 孢子发芽后有显著下调的现象。有研究者在鮟鱇鱼微孢子虫（*Spraguea lophii*）基因组中发现了类蓖麻毒素 B 凝集素（RBL）基因，并在其发芽上清液中采用质谱鉴定到了此蛋白质（Campbell et al.，2013）。相关研究也证实，凝集素类蛋白在某些寄生虫感染宿主或者对抗宿主免疫过程中可以发挥重要作用（Loukas and Maizels，2000；Petri et al.，2002）。本研究中，*Nb*RBL 基因在 Nb 孢子发芽后表现出的显著下调现象，暗示 *Nb*RBL 蛋白有可能在 Nb 孢子发芽过程中发挥一定作用。*Nb*RBL 作为一种分泌型蛋白，其在 Nb 孢子发芽感染过程中发挥的作用推测可能为，随发芽过程分泌出去帮助孢子感染，或者随极管注入宿主细胞内帮助孢子裂殖体对抗宿主免疫反应，最终帮助孢子成功增殖发育。目前对 *Nb*RBL 的研究较少，对其功能更是不明确。本研究结果可以为进一步揭示 Nb 孢子发芽感染机制提供参考。

4.4　家蚕微粒子虫孢子发芽前-后的Label-free蛋白质组学定量分析

4.4.1　家蚕微粒子虫孢子发芽前-后蛋白质的 Label-free 定量色谱分析

家蚕微粒子虫繁殖和制备 Nb 孢子悬浮液方法参见 12.1 节。相差显微镜观察 NGS 和 GS（人工发芽处理），孢子的折光度有明显不同（图 4-20a 和 b），NGS 孢子明亮且孢子轮廓圆滑，GS 孢子暗淡且孢子轮廓模糊。孢子总蛋白 SDS-PAGE 结果显示（图 4-20c），NGS 和 GS 两种孢子总蛋白条带均清晰，样品无明显降解或高丰度蛋白质未受明显影响，表明蛋白质提取效果良好且适于进行下一步分析。

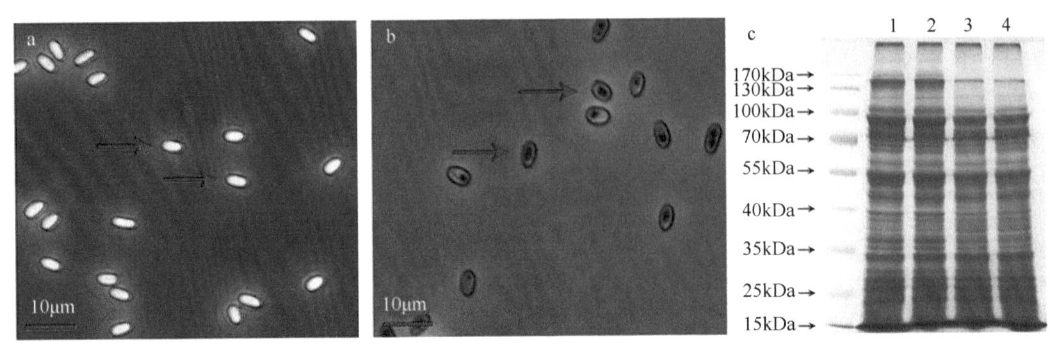

图 4-20　家蚕微粒子虫休眠孢子和发芽孢子形态观察与总蛋白 SDS-PAGE 电泳检测

a 中箭头所指为休眠孢子；b 中箭头所指为发芽孢子；c 中 1 和 2 号泳道是休眠孢子总蛋白，3 和 4 号泳道是发芽孢子总蛋白

家蚕微粒子虫（Nb）孢子的 NGS 和 GS 总蛋白提取样品，经 FASP（filter aided sample preparation）法酶解处理后，进行液相色谱串联质谱（LC-MS/MS）分析，采用条带密度分析软件 Quantify One（BIO-RAD）对 NGS 和 GS 两种孢子目的蛋白进行差异分析，用 SPSS11.0 的 t 检验对实验数据进行显著性分析，$P<0.05$ 被认为具有显著性差异。NGS 和 GS 两种孢子各 5 个生物重复样品的反相高效液相色谱分离图显示（图 4-21），各色谱峰随检测时间均匀出现，并未集中在某一个时间段，大部分色谱峰峰形比较尖锐且对称，表明蛋白质肽段的色谱分离效果良好，色谱分离结果满足下一步实验分析要求。

经过 Label-free 蛋白质组学定量分析，Nb 孢子的 GS 和 NGS 两个处理组之间，以及每个处理组各个平行样品间的数据重复性较好，各组间归一化肽段对应信号强度的相关系数均大于 0.9（图 4-22a）。NGS 和 GS 的鉴定蛋白火山点图如图 4-22b 所示，红色的点表示显著上调蛋白，绿色的点表示显著下调蛋白，蓝色的点表示差异不显著蛋白。两处理组间检测强度比例密度如图 4-22c 所示，该密度图接近正态分布，表明质谱定量分析和数据处理质量符合下一步分析要求。

质谱鉴定并获得肽段序列后，将序列信息比对到 NCBI 数据库进行功能注释，从而获得 1136 个 Nb 孢子蛋白。随后分析了这些蛋白质在 Nb 孢子发芽前-后的变化情况。为了能够准确鉴定获得 Nb 孢子发芽前-后显著变化的蛋白质，实验设定 P 值≤0.05 作为判断蛋白质有显著差异的标准，归一化的蛋白质检测强度比例可以准确反映同一蛋白质在 Nb 孢子发芽前-后的显著变化。依照以上检测标准，在 NGS 和 GS 两种孢子中一共鉴定得到 127 个差异显著蛋白质；其中包括 60 个 Nb 孢子发芽后上调蛋白和 67 个 Nb 孢子发芽后下调蛋白（表 4-5），同时标注了每一个差异蛋白的分子质量（molecular weight，MW）、等电点（isoelectric point，PI）和总平均亲水指数（grand average of hydropathicity，GRAVY）特征。为了对 Label-free 蛋白质组学定量分析结果进行验证，随机挑选了 16 个差异蛋白，用 qPCR 法对 Nb 孢子发芽前-后每一蛋白质基因的相对表达量进行分析。由结果可知（图 4-23），所有随机挑选的基因在 Nb 孢子发芽前-后的表达趋势与 Label-free 蛋白质组学定量分析结果相一致，从而也说明本实验所获得的差异蛋白数据是比较可靠的。

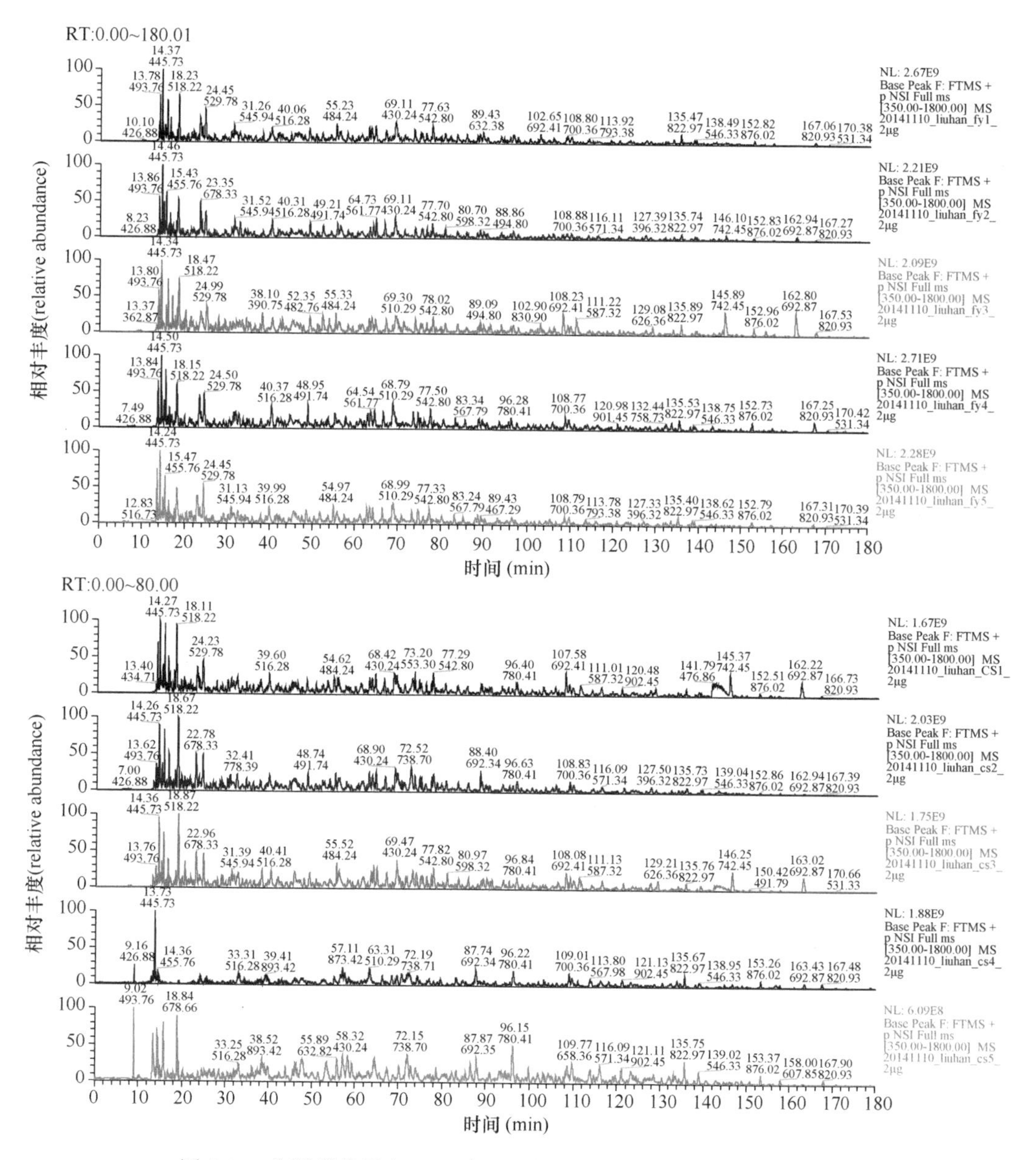

图 4-21　家蚕微粒子虫 NGS 和 GS 总蛋白 Label-free 定量分析色谱图

fy1～fy5 分别代表 GS 组 5 次独立生物重复；cs1～cs5 分别代表 NGS 组 5 次独立生物重复

家蚕微粒子虫孢子发芽后显著上调的差异蛋白，主要为孢子增殖相关蛋白，如转录激活因子（activating transcription factor）、侧翼核酸内切酶 1-A（flap endonuclease 1-A），剪切因子（splicing factor）等，以及孢壁蛋白 9（SWP9）、能量代谢相关蛋白（甘油醛-3-磷酸脱氢酶 2）、蛋白酶类（蛋白酶 α 亚基-7）如蛋白酶体组分 Y13（proteasome component Y13）等。另外，Nb 孢子发芽后显著下调的差异蛋白，主要为核糖体蛋白、孢壁蛋白 30（SWP30）和拟定孢壁蛋白 4（putative spore wall protein 4）、孢子增殖相关蛋白、能量代谢相关蛋白等。通过分析，获得的差异蛋白的功能特点与孢子发芽过程的生物学特点相符。

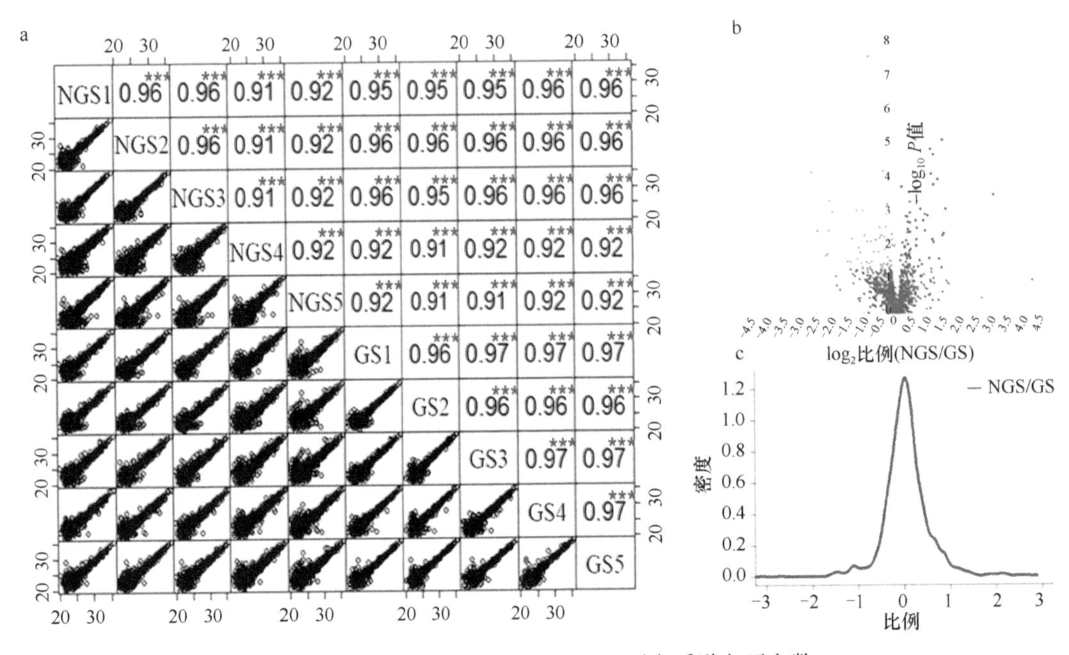

图 4-22 家蚕微粒子虫 NGS 和 GS 蛋白质谱主要参数

a：NGS 和 GS 蛋白表达散点图与相关性分析；b：NGS 和 GS 鉴定获得的 1136 个蛋白质的火山图分析；c：NGS 和 GS 蛋白质检测强度比例密度图。***表示在 0.001 水平显著

表 4-5 家蚕微粒子虫发芽孢子和休眠孢子 127 个差异蛋白（*P* 值≤0.05）

基因索引编号	蛋白质注释	比例（NGS/GS）	*P* 值（NGS/GS）	分子质量（kDa）	等电点	GRAVY
gi|484852265	protein transport protein SEC23	0.55	2.96E–08	16.25	9.35	–0.37
gi|484856373	histone-binding protein RBBP4	2.77	8.59E–06	43.77	5.05	–0.37
gi|326559142	40S ribosomal protein S8-B	2.15	1.63E–05	19.00	10.27	–0.85
gi|484857162	hypothetical protein NBO_12g0016	2.27	2.37E–05	40.10	7.99	–1.11
gi|484857067	protein kinase domain protein containing protein	0.75	6.79E–05	42.18	9.16	–1.08
gi|484856004	GPN-loop GTPase 1	0.16	7.34E–05	13.85	4.81	–0.15
gi|484854525	hypothetical protein NBO_376g0001	2.18	8.47E–05	37.00	8.96	–0.60
gi|484857570	hypothetical protein NBO_6gi003	2.50	1.24E–04	42.36	6.35	–0.87
gi|484856689	hypothetical protein NBO_27g0020	2.28	1.78E–04	20.10	5.58	–0.65
gi|326565308	40S ribosomal protein S9	1.14	2.09E–04	21.56	9.99	–0.73
gi|326578181	60S ribosomal protein L36e	1.54	2.36E–04	11.12	10.72	–0.81
gi|326559144	40S ribosomal protein S8-B	8.51	3.63E–04	19.03	10.27	–0.83
gi|484856077	transcriptional activator	0.23	4.96E–04	32.82	9.87	–1.28
gi|326578117	60S ribosomal protein L24	1.59	5.52E–04	10.28	11.09	–0.61
gi|326578097	60S ribosomal protein L4	1.36	5.67E–04	37.84	9.74	–0.40
gi|484856380	glyceraldehyde-3-phosphate dehydrogenase 2，partial	0.83	6.21E–04	33.38	6.26	–0.29
gi|484854054	hypothetical protein NBO_462g0009	2.95	9.17E–04	18.37	7.84	–0.85
gi|259511816	spore wall protein 30	1.71	9.24E–04	32.09	8.11	–0.10
gi|484856153	hypothetical protein NBO_48g0007	0.42	9.40E–04	34.81	5.42	–0.73
gi|484853834	RING finger protein 121	0.48	9.42E–04	39.97	8.35	0.25

续表

基因索引编号	蛋白质注释	比例（NGS/GS）	P 值（NGS/GS）	分子质量（kDa）	等电点	GRAVY
gi|484854163	hypothetical protein NBO_444g0006	0.25	1.05E–03	40.66	4.15	−1.25
gi|484852887	nuclear pore complex protein Nup98-Nup96	1.36	1.17E–03	71.62	9.27	−0.48
gi|326578137	60S ribosomal protein L15	1.87	1.32E–03	24.07	10.77	−0.84
gi|484852311	hypothetical protein NBO_1190g0001	1.99	1.45E–03	24.87	5.42	−1.65
gi|326574320	60S ribosomal protein L3，partial	1.25	1.49E–03	76.43	9.04	−0.43
gi|484856628	actin	1.27	1.57E–03	42.19	5.83	−0.19
gi|484852777	hypothetical protein NBO_979g0001	1.83	1.99E–03	21.02	9.03	−0.43
gi|484856559	hypothetical protein NBO_29g0019	1.55	2.02E–03	24.38	4.82	−0.77
gi|326578131	60S ribosomal protein L8	1.29	2.19E–03	25.84	9.91	−0.42
gi|212292371	histone H3_2	1.35	2.25E–03	16.96	10.50	−0.53
gi|484854980	proteasome subunit alpha type7-like protein	0.79	2.94E–03	26.07	4.98	−0.16
gi|484855499	26S protease regulatory subunit 6A	0.69	2.99E–03	8.30	7.79	−0.23
gi|484856688	hypothetical protein NBO_27g0019，partial	1.57	3.34E–03	30.97	6.25	−0.71
gi|484857497	hypothetical protein NBO_7g0059	0.23	3.57E–03	30.62	4.82	−0.45
gi|326566477	40S ribosomal protein S24-A	1.30	3.57E–03	15.13	10.16	−1.04
gi|484857234	Flap endonuclease 1-A	0.18	3.71E–03	14.78	8.71	−0.41
gi|484852349	muscle M-line assembly protein unc-89	1.89	4.03E–03	36.80	9.45	−1.60
gi|484857303	NUDIX hydrolase	1.36	4.27E–03	17.28	7.79	−0.01
gi|484856166	tubulin alpha chain	1.29	4.41E–03	49.21	5.48	−0.31
gi|484856721	glutamate NMDA receptor-associated protein 1	2.81	4.71E–03	38.67	7.06	−0.93
gi|484855746	T-complex protein 1 subunit epsilon	0.90	4.72E–03	58.39	5.12	−0.16
gi|484854187	U6 snRNA-associated Sm-like protein LSm1	0.50	5.11E–03	11.73	6.59	−0.22
gi|484854236	hypothetical protein NBO_428g0001	0.72	5.16E–03	11.96	8.97	−0.54
gi|484852837	polar tube protein 1	2.77	5.47E–03	40.47	5.82	−0.05
gi|484857462	hypothetical protein NBO_7g0021	0.77	5.69E–03	29.31	9.14	0.66
gi|484855755	hypothetical protein NBO_66g0042	0.69	5.97E–03	53.43	4.73	−0.90
gi|484852219	hypothetical protein NBO_1230g0002	0.38	6.25E–03	26.55	8.90	−0.77
gi|484857383	enolase	0.90	6.76E–03	46.32	6.13	−0.24
gi|484853316	hypothetical protein NBO_704g0001	0.64	6.90E–03	9.09	5.34	0.10
gi|484854492	cytosol aminopeptidase，partial	0.82	7.12E–03	27.42	5.88	−0.55
gi|255098781	60S ribosomal protein L10	1.57	7.17E–03	24.89	10.22	−0.51
gi|484855718	PRE-mRNA splicing helicase	2.22	7.20E–03	72.19	5.99	−0.23
gi|484857001	hypothetical protein NBO_16g0043	0.53	7.69E–03	10.98	9.64	−1.85
gi|484855581	actin-like 53kDa protein	0.57	7.69E–03	29.02	5.80	−0.19
gi|484856491	elongation factor 1-alpha	1.25	7.71E–03	34.17	8.61	−0.30
gi|484854534	hypothetical protein NBO_376g0009	2.28	8.57E–03	10.05	9.82	−0.60
gi|597956417	septin 3，partial	1.15	8.81E–03	28.72	4.97	−0.71
gi|484854317	GPN-loop GTPase 2	1.30	9.73E–03	30.66	4.60	−0.23
gi|484857275	hypothetical protein NBO_10g0012	0.90	9.92E–03	44.76	8.98	−0.83
gi|484852727	SEC18-like vesicular fusion protein	0.94	1.06E–02	77.41	5.92	−0.24

续表

基因索引编号	蛋白质注释	比例（NGS/GS）	P 值（NGS/GS）	分子质量（kDa）	等电点	GRAVY
gi|484851912	hypothetical protein NBO_1373g0002	0.80	1.06E–02	24.05	8.36	–0.58
gi|326566073	40S ribosomal protein S30	1.55	1.06E–02	7.10	11.31	–1.28
gi|326570713	60S ribosomal protein L32	1.56	1.09E–02	16.02	10.32	–0.58
gi|484857316	polar tube protein 3	1.21	1.14E–02	150.32	6.29	–0.71
gi|484853415	DNA-directed RNA polymerases Ⅰ and Ⅲ subunit RPAC1	0.44	1.18E–02	35.83	5.96	–0.25
gi|484857043	VIP36-like vesicular integral membrane protein, partial	1.21	1.23E–02	43.10	5.76	–0.34
gi|484856052	ribose-5-phosphate isomerase A	1.38	1.35E–02	13.15	7.72	–0.08
gi|484855243	hypothetical protein NBO_149g0001	0.77	1.37E–02	27.67	9.07	–1.12
gi|484853857	T-complex protein 1 subunit gamma	0.61	1.56E–02	58.41	8.28	–0.22
gi|484852862	hypothetical protein NBO_937g0001，partial	0.67	1.56E–02	33.10	9.38	–0.38
gi|484855809	serine/threonine-protein-phosphatase PP2A-2 catalytic subunit	1.34	1.56E–02	34.40	5.14	–0.19
gi|134285548	unknown	0.45	1.60E–02	31.33	9.03	–0.84
gi|484854029	DNA-directed RNA polymerase Ⅲ subunit RPC2	0.22	1.81E–02	126.27	7.97	–0.23
gi|484857797	muskelin	1.24	1.85E–02	50.98	6.25	–0.67
gi|484857000	hypothetical protein NBO_16g0042	0.21	1.98E–02	12.20	5.88	–1.89
gi|326578091	60S ribosomal protein L23	1.21	2.01E–02	16.09	10.06	–0.53
gi|484852292	aminopeptidase p-like protein	1.12	2.07E–02	9.04	6.08	–0.83
gi|484856047	heterogeneous nuclear ribonucleoprotein D-like protein，partial	1.32	2.11E–02	50.22	8.28	–1.26
gi|134285544	unknown	1.27	2.11E–02	8.98	9.51	0.85
gi|484855144	proteasome subunit alpha type-7	0.82	2.21E–02	25.05	5.40	–0.22
gi|255098773	40S ribosomal protein S26	1.35	2.41E–02	11.90	10.17	–0.70
gi|484855476	BOS1-like vesicular transport protein	0.42	2.47E–02	23.71	8.63	–0.46
gi|484857384	hypothetical protein NBO_9g0004	2.07	2.51E–02	17.57	8.71	1.22
gi|484856492	glycolipid 2-alpha-mannosyltransferase	1.35	2.52E–02	38.49	7.54	–0.28
gi|484852603	hypothetical protein NBO_1056g0001	1.27	2.57E–02	32.54	5.20	–1.14
gi|484855909	hypothetical protein NBO_61g0002	2.56	2.61E–02	13.42	8.32	–0.66
gi|484856109	proteasome component Y13	0.86	2.67E–02	25.71	5.12	–0.24
gi|326578153	60S ribosomal protein L37a	1.68	2.88E–02	10.16	10.53	–0.57
gi|326578125	60S ribosomal protein L18a	1.10	2.93E–02	21.08	9.78	–0.59
gi|484855633	phosphatidylinositol transfer protein	0.58	2.93E–02	24.92	7.82	–0.68
gi|326559176	40S ribosomal protein S18	0.88	2.94E–02	13.16	10.72	–0.57
gi|484852458	hypothetical protein NBO_1120g0001	0.34	2.95E–02	12.32	5.91	–1.87
gi|484856072	ubiquitin thioesterase otubain-like protein	0.37	3.01E–02	25.45	5.01	–0.47
gi|484854858	cleavage and polyadenylation specificity factor subunit 3，partial	0.51	3.02E 02	60.95	5.76	–0.21
gi|484852144	exosome complex exonuclease RRP40	1.23	3.21E–02	28.52	9.43	0.08
gi|484852962	1-acyl-sn-glycerol-3-phosphate acyltransferase 4，partial	0.55	3.31E–02	32.40	9.32	0.07
gi|484852834	leucyl tRNA synthetase	0.46	3.34E–02	8.40	4.89	–0.41
gi|484851771	hypothetical protein NBO_1468g0001	0.82	3.47E–02	30.14	4.86	–0.62

续表

基因索引编号	蛋白质注释	比例（NGS/GS）	*P* 值（NGS/GS）	分子质量（kDa）	等电点	GRAVY
gi|484856070	pre-mRNA cleavage complex II protein Clp1	0.75	3.52E–02	43.15	6.47	–0.10
gi|484852631	hypothetical protein NBO_1043g0001	0.81	3.71E–02	23.93	8.22	–0.30
gi|484855859	exportin-1	0.71	3.74E–02	10.17	4.31	–0.39
gi|484854706	bifunctional polynucleotide phosphatase/kinase	0.80	3.75E–02	39.34	9.13	–0.44
gi|484855557	hypothetical protein NBO_76g0001	0.71	3.78E–02	67.34	6.28	–0.59
gi|484853402	transcription-associated recombination protein	1.76	3.87E–02	6.99	4.53	0.41
gi|484852432	hypothetical protein NBO_1135g0001	1.33	3.89E–02	28.32	6.74	–0.71
gi|326567624	40S ribosomal protein S3aE	0.89	3.89E–02	26.41	9.96	–0.54
gi|484856832	hypothetical protein NBO_23g0005	1.16	3.96E–02	22.15	7.56	–0.75
gi|484856037	hypothetical protein NBO_55g0015，partial	1.30	3.98E–02	66.73	5.25	–0.06
gi|484857273	Putative deoxyribonuclease TATDN1	0.56	4.28E–02	31.15	5.45	–0.38
gi|484857433	hypothetical protein NBO_8g0039	0.47	4.33E–02	38.01	5.10	–0.80
gi|484854273	hypothetical protein NBO_420g0001	1.62	4.38E–02	25.65	10.11	–1.13
gi|484856456	glycylpeptide N-tetradecanoyltransferase 2	0.84	4.48E–02	41.92	5.85	–0.45
gi|484854047	hypothetical protein NBO_462g0002	1.47	4.57E–02	17.91	5.23	–0.24
gi|484855228	ubiquitin	1.22	4.58E–02	17.72	8.48	–0.80
gi|326578177	60S ribosomal protein L5，partial	0.53	4.62E–02	34.65	5.10	–0.50
gi|484855153	hypothetical protein NBO_175g0001	1.27	4.65E–02	22.05	4.62	–0.21
gi|484854698	hypothetical protein NBO_354g0001	0.48	4.66E–02	50.68	5.51	–0.55
gi|326578107	60S ribosomal protein L34	2.70	4.74E–02	22.59	10.49	–0.29
gi|484857458	splicing factor，arginine/serine-rich 10	0.71	4.84E–02	54.58	4.94	–1.66
gi|484857318	pre-mRNA 3′-end-processing factor FIP1，partial	0.53	4.84E–02	28.67	5.10	–0.93
gi|484854334	hypothetical protein NBO_413g0001	1.29	4.92E–02	64.53	8.72	–1.27
gi|484857593	hypothetical protein NBO_6g0083	0.56	4.92E–02	11.54	6.58	–0.43
gi|484852265	Protein transport protein SEC23	0.55	2.96E–08	16.25	9.35	–0.37
gi|484856756	putative spore wall protein 4	1.33	4.25E–02	50.02	4.94	0.00
gi|326573099	60S ribosomal protein L22	0.73	4.27E–02	13.11	9.46	–0.49
gi|212292373	histone H3_3	1.33	1.93E–02	16.13	10.62	–0.40
gi|484855041	hypothetical protein NBO_224g0001	1.30	4.19E–02	89.54	7.41	–1.21
gi|484855975	putative spore wall protein 9	0.87	4.22E–02	42.83	8.39	–0.41

4.4.2 家蚕微粒子虫孢子发芽前-后鉴定蛋白的 GO 分析

使用 Blast2Go 软件在 GO 数据库中对所有获取基因进行注释分析，从生物过程、分子功能和细胞组分方面进行分类分析。

对 1136 个鉴定蛋白和 127 个差异蛋白进行 GO 分类分析显示：在生物过程大类中最主要的是有机物代谢过程（GO：0071704），其次分别是初级代谢过程（GO：0044238）和细胞代谢过程（GO：0044237）。在分子功能大类中，鉴定蛋白主要集中在有机环状化合物结合（GO：0097159），其次是杂环化合物结合（GO：1901363）

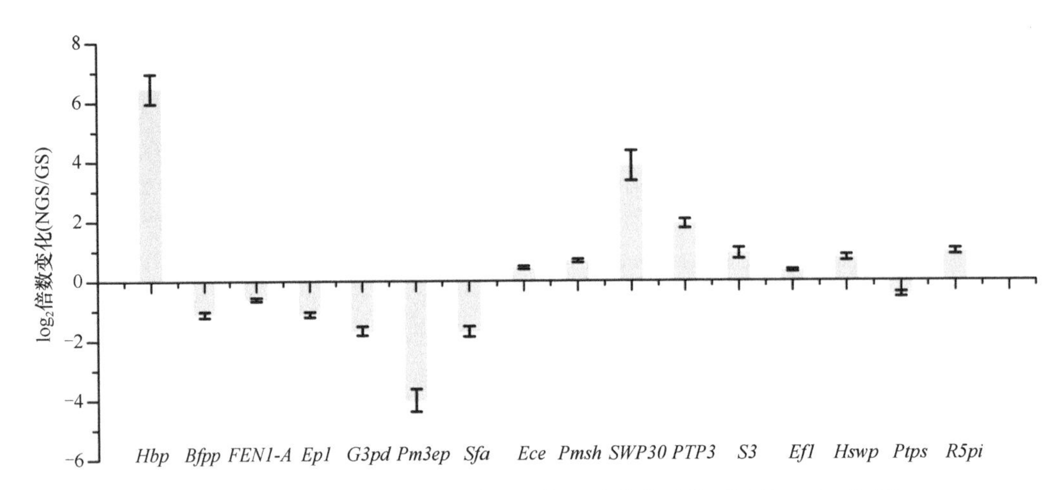

图 4-23　家蚕微粒子虫 NGS 和 GS 的 16 个随机挑选基因的 qPCR 验证

实验结果与 Label-free 定量结果相一致；内参基因是 β-微管蛋白；*Hbp*：组蛋白结合蛋白 RBBP4，*Bfpp*：多聚核苷酸磷酸酶激酶，*FEN1-A*：侧翼核酸内切酶 1-A，*Ep1*：输出蛋白-1，*G3pd*：甘油醛-3-磷酸脱氢酶 2，*Pm3ep*：前体 mRNA 3′端加工因子 FIP1，*Sfa*：精氨酸/丝氨酸剪切因子 10，*Ece*：外来复合物核酸外切酶 RRP40，*Pmsh*：前体 mRNA 剪切解旋酶，*SWP30*：孢壁蛋白 30，*PTP3*：极管蛋白 3，*S3*：septin 3，*Ef1*：延长因子 1α，*Hswp*：拟定孢壁蛋白 4，*Ptps*：转运蛋白 SEC23，*R5pi*：核糖-5-磷酸异构酶 A；该分析采用 $2^{-\Delta\Delta Ct}$ 法计算 qPCR 实验中各个基因差异表达倍数；每一个基因的表达倍数值由 3 次独立的生物重复结果计算获得，误差线由 3 次独立生物重复结果计算得出

与离子结合（GO：0043167）等功能。在细胞成分大类中，鉴定蛋白主要是细胞组分（GO：0044464），其次分别为膜细胞器（GO：0043227）和蛋白复合物（GO：0043234）（图 4-24 和图 4-25）。大部分差异蛋白都被匹配到初级代谢过程（primary metabolic process，GO：0044238）、胞内代谢过程（cellular metabolic process，GO：0044237）和有机质代谢过程（organic substance metabolic process，GO：0071704）（图 4-25）。由此推测：在 Nb 孢子发芽过程中，其孢内代谢活性发生显著变化。分子功能大类中转运类（transport，GO：0006810）的转录激活因子（activating transcription factor）和转录起始因子（transcription initiation factor）被鉴定获得。除此之外，一些核糖体蛋白也在翻译（translation，GO：0006412）分类中被鉴定获得。通过这些分类结果推测：Nb 孢子发芽过程涉及转录和翻译的蛋白质受到一定的调节。发芽过程中基因转录和蛋白质翻译的改变与 Nb 孢子发芽的生物学特点是相一致的。

对 127 个差异显著蛋白的酶代码进行分类分析，一共获得 18 个酶蛋白，其中属于转移酶的蛋白质有 4 个，属于水解酶的蛋白质有 11 个，属于裂解酶、异构酶和连接酶的蛋白质各 1 个（图 4-26）。结合 Label-free 蛋白质组学定量分析，可以发现大部分的功能性酶蛋白在 Nb 孢子发芽过程中呈现显著上调的趋势。其中有 81%的水解酶类蛋白、75%的转移酶类蛋白、1 个裂解酶和 1 个连接酶在 Nb 孢子发芽后表达量显著上调。在水解酶类蛋白中，有 5 个不同的蛋白酶和 1 个切割与多聚腺嘌呤化特异因子（cleavage and polyadenylation specificity factor，CPSF）蛋白亚基 3。蛋白酶的作用机制是通过水解蛋白的方式降解多余或者受损的蛋白质，从而对生物体进行有效调控。而 CPSF 蛋白亚基 3 的生物学功能主要是在基因转录阶段参与前体 mRNA 3′端的加工过程。另外，还有 1 个连接酶（亮氨酰-tRNA 合成酶）在 Nb 孢子发芽后也表现出显著上调现象，该酶的作用主要是促进亮氨酸与其相应转运 RNA 结合。

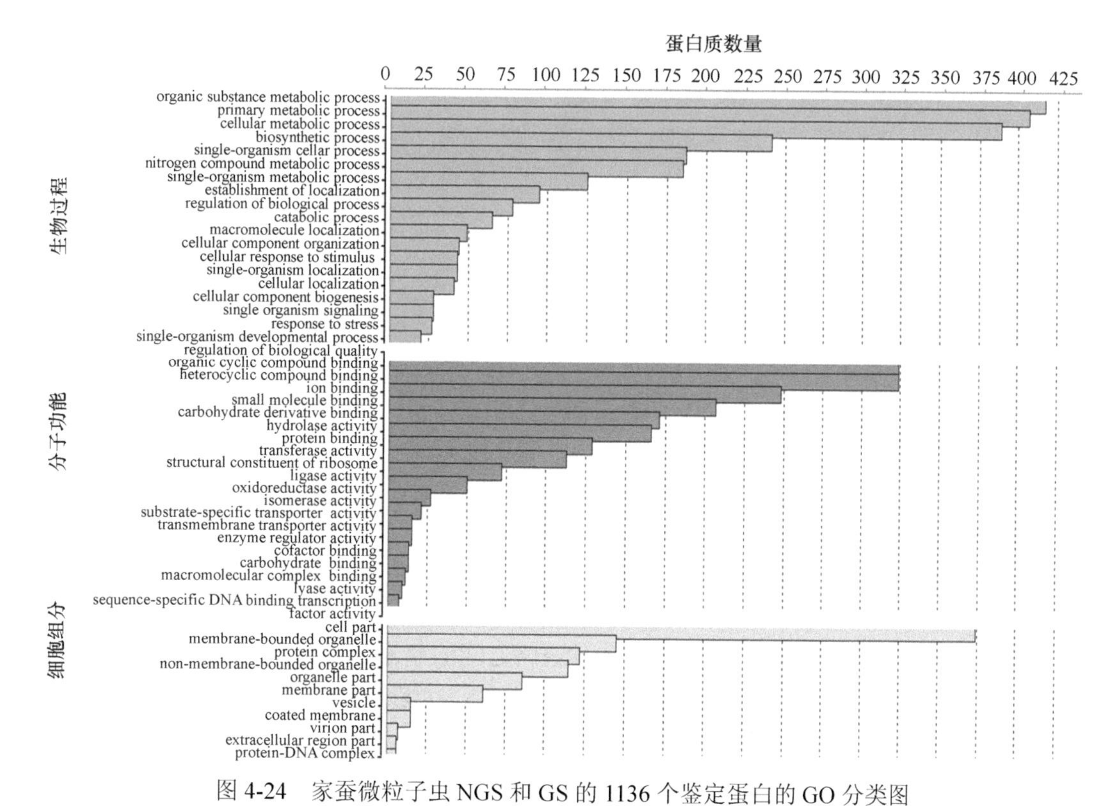

图 4-24　家蚕微粒子虫 NGS 和 GS 的 1136 个鉴定蛋白的 GO 分类图

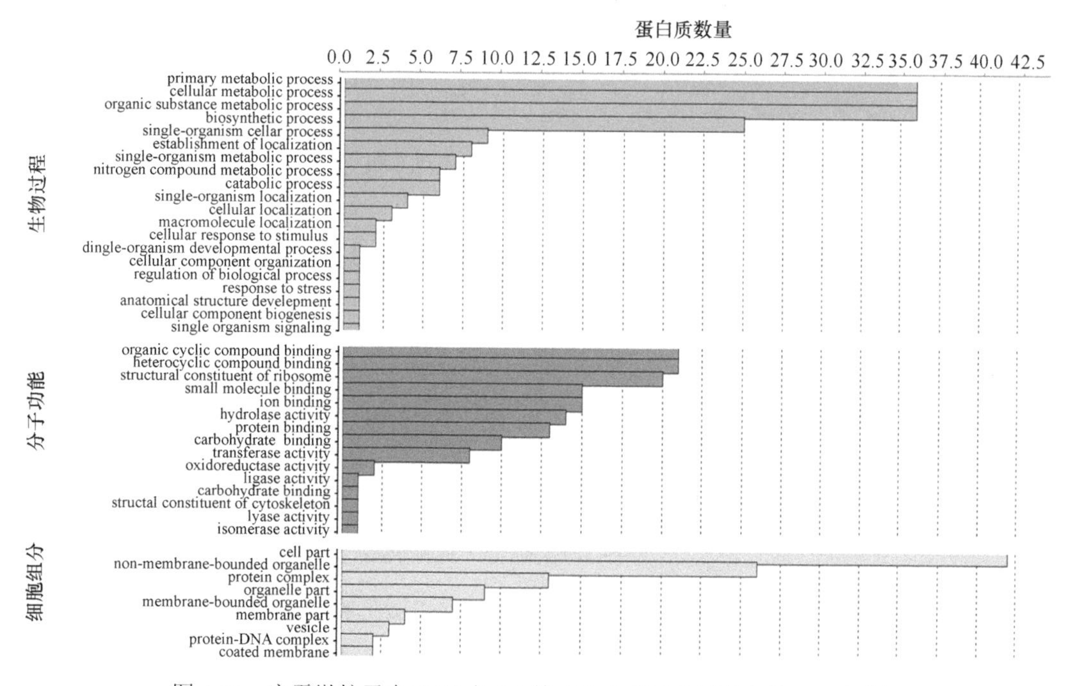

图 4-25　家蚕微粒子虫 NGS 和 GS 的 127 个差异显著蛋白的 GO 分类图

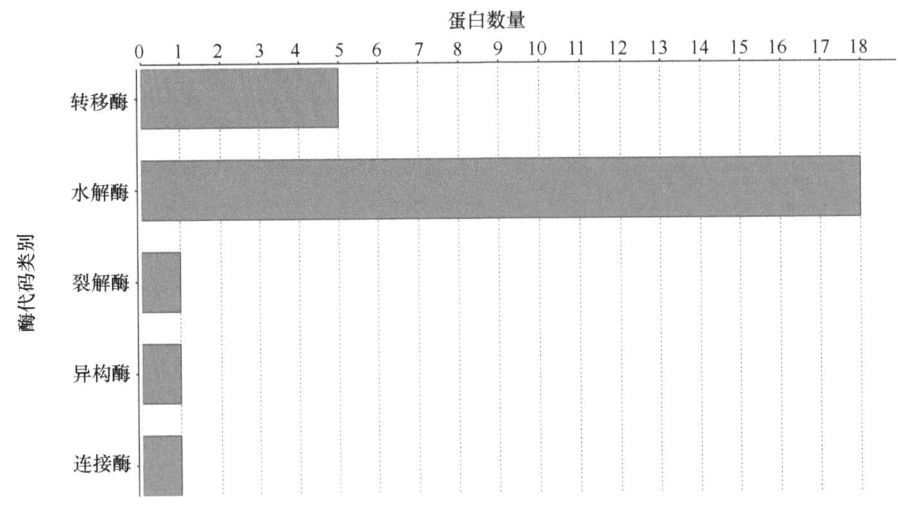

图 4-26 家蚕微粒子虫 NGS 和 GS 的 127 个显著差异蛋白的酶代码分类

4.4.3 家蚕微粒子虫孢子发芽前-后鉴定蛋白的 KEGG 分析

为了获得 Nb 孢子转录组基因在生物学通路之间的相互作用关系，利用在线生物学分析系统 KEGG Automatic Annotation Server（KAAS）对获得的基因进行 KEGG 生物学途径分析，以期获得对鉴定蛋白功能系统性的认识。

对所有鉴定获得的 1136 个蛋白和 127 个差异蛋白进行 KEGG 生物学途径分析，发现 1136 个鉴定蛋白共匹配获得 37 个生物学途径。其中，匹配蛋白数最多的生物学途径是嘌呤代谢（purine metabolism）途径，匹配蛋白数为 96 个；其次为硫胺素代谢（thiamine metabolism）途径，匹配蛋白数为 70 个，嘧啶代谢（pyrimidine metabolism）途径，匹配蛋白数为 26 个。

为了更为准确地反映生物学途径在 Nb 孢子发芽过程中发挥的作用，重点对 127 个差异蛋白进行 KEGG 分析，鉴定发现 9 个代谢途径（表 4-6），主要包括糖酵解/糖异生

表 4-6 嘌呤和嘧啶代谢途径中鉴定获得的差异蛋白

途径	途径蛋白	酶	基因索引编号	蛋白质注释	比例（NGS/GS）	*P* 值（NGS/GS）
嘌呤代谢	6	磷酸酶	gi|484855499	26S protease regulatory subunit 6A	0.69	2.99E–03
			gi|484856004	GPN-loop GTPase 1	0.16	7.34E–05
			gi|484855718	PRE-mRNA splicing helicase	2.22	7.20E–03
			gi|484856166	tubulin alpha chain	1.29	4.41E–03
		腺苷酰焦磷酸酶	gi|484855499	26S protease regulatory subunit 6A	0.69	2.99E–03
		RNA 聚合酶	gi|484853415	DNA-directed RNA polymerases Ⅰ and Ⅲ subunit RPAC1	0.44	1.18E–02
			gi|484854029	DNA-directed RNA polymerase III subunit RPC2	0.22	1.81E–02
嘧啶代谢	2	RNA 聚合酶	gi|484853415	DNA-directed RNA polymerases Ⅰ and Ⅲ subunit RPAC1	0.44	1.18E–02
			gi|484854029	DNA-directed RNA polymerase III subunit RPC2	0.22	1.81E–02

（glycolysis/gluconeogenesis）、戊糖磷酸（pentose phosphate）、嘌呤代谢（purine metabolism）、嘧啶代谢（pyrimidine metabolism）、果糖和甘露糖代谢（fructose and mannose metabolism）、硫胺素代谢（thiamine metabolism）途径等。其中，糖酵解/糖异生途径和戊糖磷酸途径在孢子发芽过程中发挥重要的能量代谢作用，相关重要的功能蛋白也被鉴定获得（图 4-27）。

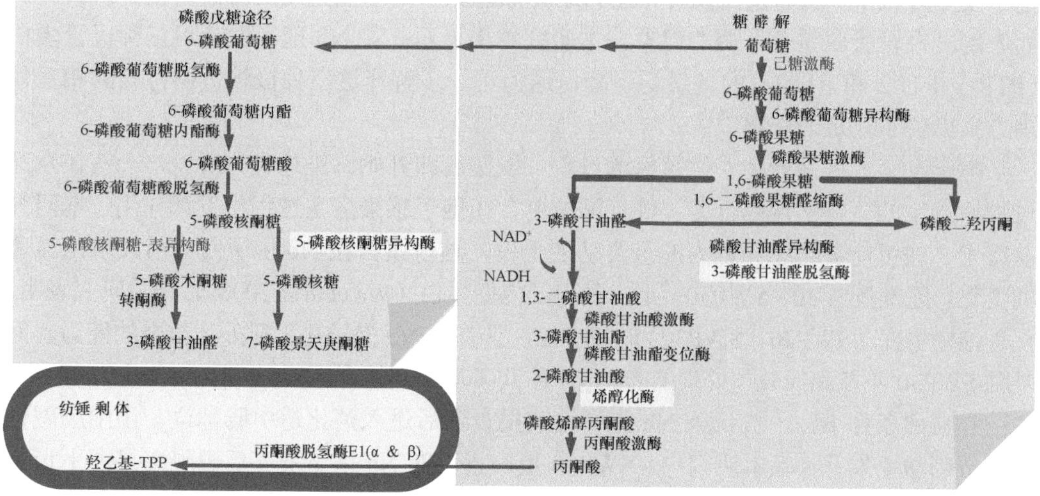

图 4-27　家蚕微粒子虫孢子发芽过程的能量代谢系统中糖酵解和戊糖磷酸途径的变化
灰色方框表示该蛋白质发生显著变化；红色字体蛋白质表示在本蛋白质组定量实验中未鉴定获得

在磷酸戊糖和糖酵解两个途径中，除 5-磷酸核酮糖-表异构酶（ribulose-5-phosphate epimerase）和己糖激酶（hexokinase）之外，其他所有功能酶以及两个丙酮酸脱氢酶亚基都被鉴定获得，其中大部分功能酶表现出上调的趋势（$P>0.05$）。更重要的是，其中有 3 个功能酶在孢子发芽过程中的差异表达达到显著水平（$P<0.05$）。在这 9 个代谢途径中，匹配到蛋白质数最多的途径是嘌呤代谢途径，匹配蛋白质数为 6；另有两个蛋白质匹配到嘧啶代谢途径（表 4-6）。嘌呤代谢途径和嘧啶代谢途径在核苷酸合成过程中发挥重要的作用。

本研究是在蛋白质组层面探索了 Nb 孢子在发芽过程中的整体变化，公布的 Nb 基因组数据中，预测的蛋白质序列数是 4458 个（Pan et al.，2013），本研究利用 Lable-free 定量蛋白质组学技术共鉴定获得 Nb 孢子蛋白 1136 个。在鮟鱇鱼微孢子虫基因组和蛋白质组研究中，发芽孢子中鉴定获得 143 个蛋白质，休眠孢子中鉴定获得 141 个蛋白质；由鮟鱇鱼微孢子虫基因组预测的蛋白质序列数为 2573 个（Campbell et al.，2013）。

微孢子虫孢子发芽过程中，极管蛋白（PTP）是一种关注度非常之高的功能蛋白（Keohane et al.，1998；Xu et al.，2003；Xu and Weiss，2005；Wang et al.，2007；Yang et al.，2018）。在本实验中，鉴定获得了该蛋白，极管蛋白的差异表达也与发芽过程的生物学特点相吻合。在前期工作中也发现，PTP1 和 PTP3 两蛋白基因在 Nb 孢子发芽后表现出显著下调（$P<0.05$）的趋势，PTP2 表现出下调（$P>0.05$）趋势（Liu et al.，2016）等。相关研究发现，在兔脑炎微孢子虫感染后的 24～48h 或 24～72h，极管蛋白基因表现出显著上调趋势，推测极管蛋白基因在孢子发育阶段应该存在较高的转录表达丰度，并由此推测兔脑炎微孢子虫孢子在发芽后其极管蛋白基因和蛋白质表达水平会出现下降趋势（Grisdale et al.，2013）。本研究也获得了相同的趋势性结果。极管蛋白的显著下调，可能由 Nb 的孢子发芽过程所致。在孢子发芽期，极管蛋白基因可能大量转录表达并合成足够的极管蛋白，极管蛋白的大量合成为孢子发芽提供了一定的功能物质基础；孢子发芽过程中，极管蛋白发挥作用帮助完成感染，其功能完成后可能会被降解掉，从而表现出极管蛋白显著下调的现象。本研究结果显示：在 Nb 孢子发芽后三种极管蛋白（PTP1、PTP2 和 PTP3）的含量均下降，这为进一步解释这三种极管蛋白特异的相互作用方式提供了一定的依据。

孢子发芽过程是一个非常短暂的过程，发芽后即开始感染过程。所以，一些在发芽过程中发生的生物学调控行为，很有可能也会在孢子感染宿主过程中发挥作用。本研究获得了一些可能参与感染行为的重要功能蛋白，这些蛋白在 Nb 孢子发芽后表现出显著的变化。孢壁蛋白 30（SWP30）是一种孢子内壁蛋白（Wu et al.，2008）。相关研究表明，几种孢壁蛋白（SWP26、SWP30 和 SWP32）具有和 Nb 孢子几丁质外壳结合的能力，而唯独 SWP30 不能和经碱预处理的 Nb 孢子的几丁质外壳结合（Yang et al.，2014）。

在自然条件下，一般认为 Nb 孢子被家蚕食下后进入消化道中肠部位，由中肠碱性环境等刺激而发芽。在本研究中，SWP30 蛋白含量在 Nb 孢子发芽后表现出显著下调的趋势（$P<0.05$），与上述研究结果相一致。推测 SWP30 很有可能在 Nb 孢子发芽时受到合适碱性环境等的刺激，脱离孢子的孢壁；之后该蛋白可能被消耗掉，从而在蛋白含量上表现出显著下调现象。而 SWP30 的脱落很有可能是一种主动行为，并在发芽过程中发挥重要作用。本研究结果为进一步揭示 SWP30 蛋白功能提供了一定的参考依据。

此外，本研究中还鉴定获得了另一个重要的孢壁蛋白——SWP9。相关文献报道 SWP7 和 SWP9 之间存在相互作用关系；处在 Nb 孢子外壁几丁质层上的 SWP9，可以作为支架蛋白支持 SWP7 蛋白发挥功能，而且这两个蛋白被证实可以促进孢子对宿主细胞的黏附，从而调控感染过程（Yang et al.，2015）。在本研究结果中，SWP9 蛋白含量在孢子发芽后表现出显著上调（$P<0.05$）。结合相关文献，SWP9 蛋白作为一个与感染相关的重要功能蛋白，其含量上升也许可以提高 Nb 孢子对宿主细胞的黏附能力，从而促进孢子的侵染行为。SWP7 蛋白含量在 Nb 孢子发芽后也表现出上调现象（$P>0.05$）。本实验结果从定量蛋白质组学层面证实了这两个蛋白在孢子发芽后存在含量上升的现象，同时佐证了这两个功能蛋白在 Nb 孢子侵染过程中发挥作用。尽管到目前为止，仍不清楚 SWP4 的具体生物学功能，但在本研究中 SWP4 蛋白含量在孢子发芽后表现出了显著下调现象（$P<0.05$）。根据 SWP4 在 Nb 孢子发芽后出现的重要变化，推测该蛋白极有可能参与孢子发芽和侵染过程，对其功能研究有助于进一步揭示孢壁蛋白在微孢子虫孢子发芽感染过程中发挥的作用。

在细胞中，如果基因组 DNA 分子或者 RNA 分子中磷酸二酯键受到损伤而不进行修复，这个细胞会死亡。相关研究显示，双功能多聚核苷酸磷酸酶/激酶（bifunctional polynucleotide phosphatase/kinase，PNKP）和 RNA 连接酶 1（RNA ligase 1，Rnl1）是两种重要的 RNA 修复酶（Cameron and Uhlenbeck，1977；Sugino et al.，1977），PNKP 蛋

白的分子结构和作用机制已有大量研究（Keppetipola and Shuman，2006；Das et al.，2013）。另外，有研究者发现噬菌体所含的 PNKP，可能具有帮助噬菌体逃脱宿主 DNA 损伤免疫反应的功能（Zhu et al.，2004）。在本研究结果中，PNKP 蛋白含量在 Nb 孢子发芽后表现出显著上调现象（$P<0.05$），由此推测该蛋白很有可能在孢子发芽和感染过程中发挥了一定的作用。结合相关研究结果，推测 PNKP 可能具有促进 Nb 孢子对抗宿主细胞 DNA 损伤免疫反应的功能。

侧翼核酸内切酶（flap endonucleases 1，FEN1）是一种重要的核酸酶。它在众多的生物过程，如 DNA 复制、DNA 修复和 DNA 重组中都发挥着重要作用。在真核生物、原核生物、古生菌和一些病毒中，研究者都发现了 FEN1 的存在（Sayers，1994；Ceska and Sayers，1998；Liu et al.，2004）。本研究结果中，FEN1 蛋白含量在 Nb 孢子发芽后表现出显著上调现象（$P<0.05$）。Nb 孢子在成功发芽并感染进入宿主细胞后会进行增殖行为，其 DNA 复制会显著加强，本研究结果与这一生物现象相吻合。FEN1 蛋白含量的显著上升应该是为 Nb 孢子的增殖过程做准备。同时，相关文献指出，FEN1 还可以利用 DNA 碱基切除修复通路参与 DNA 修复过程（Dianov and Lindahl，1994）。由此推测，Nb 孢子中的 FEN1 蛋白可能还具有帮助孢子对抗宿主 DNA 损伤免疫反应的功能。到目前为止，对 PNKP 和 FEN1 在 Nb 孢子生命活动中发挥的作用，以及微孢子虫对抗宿主免疫的机制都了解很少。本研究获得的这些结果，可以为进一步揭示 PNKP 和 FEN1 蛋白功能以及微孢子虫对抗宿主免疫机制提供一定的思路和依据。

结合酶的分类分析和 Label-free 定量蛋白质组学分析结果可知，在 Nb 孢子发芽后有 14 个功能酶的含量显著上升（$P<0.05$）。其中的蛋白酶、切割与多聚腺嘌呤化特异因子（CPSF）和亮氨酰-tRNA 合成酶值得关注。作为一大类重要的功能蛋白，蛋白酶广泛参与细胞周期调控（Chesnel et al.，2006）、植物生长调节（Dharmasiri and Estelle，2002）、凋亡控制（Haas et al.，1995）、胞内压力应激（Garrido et al.，2006）和免疫（Wang and Maldonado，2006）。而 CPSF 是一种调控基因转录过程的重要蛋白，它在 mRNA 的形成过程中发挥重要作用。根据本研究中这些蛋白的显著上调结果，推测 Nb 孢子在发芽后生物活性有加强的趋势；一些涉及蛋白水解和基因转录的功能蛋白可能发挥作用，并为 Nb 孢子发芽和感染过程提供帮助。另一个值得关注的酶是亮氨酰-tRNA 合成酶，根据该酶在 Nb 孢子发芽后含量显著上调的现象，推测 Nb 孢子发芽过程中可能存在较高的亮氨酸相关蛋白合成需求。亮氨酸是一类生物体必需氨基酸，作为代谢底物，它可以参与众多蛋白的合成过程；除此之外，作为信号分子，亮氨酸还具有调控基因转录、翻译和翻译后修饰的功能。到目前为止仍不清楚亮氨酸在孢子发芽过程中发挥的作用。通过本研究结果推测，亮氨酸可能在 Nb 孢子的发芽过程中发挥重要作用。

根据目前的研究结果可知，在 Nb 孢子发芽后，孢原质进入宿主细胞中，孢子的增殖阶段便随之展开。然而，对 Nb 在该阶段的能量代谢和物质合成等了解非常有限。研究者利用比较基因组学技术对 Nb 研究发现，其基因组中缺少一部分功能基因，涉及氧化磷酸化过程、三羧酸循环过程和脂肪酸 β-氧化过程（Pan et al.，2013）。也有研究显示，由于一些微孢子虫体内缺少线粒体，糖酵解途径、戊糖磷酸化途径和海藻糖代谢途径便成为这些微孢子虫能量代谢途径的主体（Williams and Keeling，2003；Vander Giezen et al.，2005)。纺锤剩体是一种由线粒体衍生出的残余细胞器，研究者发现兔脑炎微孢子虫可能将其作为主要的能量代谢细胞器（Katinka et al.，2001）。在本研究结果中（图 4-27），除了 5-磷酸核酮糖-表异构酶和己糖激酶之外，涉及糖酵解途径和戊糖磷酸化途径的所有功能酶，以及两个丙酮酸脱氢酶亚基都被鉴定获得，而且其中大部分酶表现出上调的趋势（P>0.05）。更重要的是，其中有 3 个酶在 Nb 孢子发芽前-后的表达差异达到显著水平（P<0.05）。

根据本研究结果推测，Nb 应该是利用多种途径进行能量代谢活动；同时本结果为进一步解析 Nb 孢子能量代谢方式提供了一定的依据。另外，本实验还鉴定获得了 15 个涉及 DNA 转录、翻译和物质运输等的重要蛋白，它们在 Nb 孢子发芽后均表现出显著上调现象（P<0.05）。与基因转录沉默相关的组蛋白结合蛋白（histone-binding protein，hbp）也在 Nb 孢子发芽后表现出显著下调（P<0.05）（Wolffe et al.，2000）。借助于 KEGG 生物学途径分析，发现嘌呤代谢途径匹配到最多数量的差异蛋白，而嘧啶代谢途径也匹配到两个差异蛋白（表 4-6），这两个途径对核苷酸的合成代谢起到重要的调节作用。综合以上实验结果，并根据这些功能蛋白在 Nb 孢子发芽后表现出的显著变化，推测 Nb 孢子在发芽后生物活性有加强的趋势，涉及核苷酸合成代谢、DNA 转录等的重要代谢途径可能被激活。而且，根据包括糖酵解途径和戊糖磷酸途径在内的能量代谢途径相关蛋白所表现出的差异表达现象，推测 Nb 孢子感染和增殖过程涉及的能量与物质合成在其发芽后就已经启动了。

对孢子发芽过程中包括钙离子调节途径在内的一系列有关信号通路研究认为，为适应外界环境刺激，水通道蛋白可以调节孢子内外水分子分布，最终为孢子发芽提供动力（Weidner and Byrd，1982；Dall，1983；Frixione et al.，1997；Vivarès et al.，2002；Ghosh et al.，2006；Miranda-Saavedra et al.，2007）。另外，有研究认为孢子内外离子浓度的差异由发芽过程中 Ca^{2+} 刺激孢内的海藻糖酶将海藻糖降解为小分子的葡萄糖所致（Pleshinge and Weidner，1985；Docampo and Moreno，1996）。研究发现按蚊阿尔及尔微孢子虫孢子发芽过程中，其孢内二糖类物质海藻糖在海藻糖酶作用下形成单糖葡萄糖，并导致渗透压改变（Undeen and Vander-Meer，1999）。在真菌分生孢子发芽中也有因相似原理而造成的组织膨胀，但发芽过程中海藻糖的变化并非在所有种类的微孢子虫中都能观察到（Dejong et al.，1997）。有研究发现，作为微孢子虫重要的侵染细胞器，极管前端的 PTP1 蛋白核心与宿主细胞表面可以相互作用并增加感染成功率；这种相互作用体现在促进孢原质以吞噬作用方式进入宿主细胞中（Xu et al.，2003）。一些重要微孢子虫的极管蛋白（PTP）也逐渐被研究解析（Delbac et al.，2001；Xu and Weiss，2005）。目前，虽然对微孢子虫孢子发芽过程有了基本的认识，但对其详细作用机制仍不了解，涉及的具体变化过程更不清楚。

此外有研究发现，微孢子虫还可以利用吞噬作用感染宿主细胞（Hayman et al.，2005；Franzen et al.，2005），并报道了相关作用蛋白如 EnP1 的序列分析、表达与孢子定位等相关结果（Southern et al.，2007）。孢壁蛋白处在孢子最外层，其生物学功能必然与微孢子虫孢子发芽和感染具有一定关系。*Nb*SWP5 被证实起到屏蔽病原体分子相关模式（pathogen-associated molecular pattern，PAMP）的作用，使孢子免于被宿主细胞识别；

同时发现该蛋白能与极管蛋白相互作用并帮助孢子发芽（Cai et al.，2011；Li et al.，2012）。作为孢子内壁蛋白，*Nb*SWP26 被证实可以与家蚕的 *Bm*TLP 相互作用，并在孢子的黏附和感染过程中发挥作用（Li et al.，2009；Zhu et al.，2013）。而另一个孢子外壁蛋白 *Nb*SWP16 也被认为促进了孢子的黏附行为（Wang et al.，2015）。相关研究显示，磷酸酶在一些寄生虫感染过程中发挥重要作用。一种磷酸酶对恶性疟原虫动合子的形态分化、运动行为以及对寄主的感染具有重要的调节作用（Philip et al.，2012；Guttery et al.，2012）。另一种磷酸酶在恶性疟原虫成熟裂殖体的顶端复合物中被发现（Hu et al.，2010），推测其极有可能参与恶性疟原虫的感染行为（Cowman and Crabb，2006）。有研究利用花萼海绵诱癌素 A（calyculin A ）和 RNAi 技术抑制阴道毛滴虫磷酸酶 TvPP1γ 的活性，进而发现该酶能作用于阴道毛滴虫细胞骨架的形成以及其早期感染宿主细胞的过程（Muñoz et al.，2012）。磷酸酶在寄生虫感染过程中发挥的作用目前还了解很少，相关研究可以为解析寄生虫感染机制提供新的思路。目前关于微孢子虫感染机制国内外研究者进行了大量研究，获得了一些重要的功能蛋白与作用关系。但依然缺乏对这一过程在分子生物学层面上的整体认识，对其中的信号通路调节了解较少。

- 家蚕微粒子虫感染家蚕个体的首要环节是 Nb 孢子进入消化道，进入消化道后的孢子发芽是侵染建立的基础或 Nb 与家蚕发生相互关系的开始，家蚕消化道的各种理化环境因子或其特殊性对孢子的发芽具有明显的影响。
- 环境因子作用于 Nb 孢子而引起发芽的过程中，孢子外壁是两者发生关系或相互作用的第一个物理场所或物质基础，环境因子通过何种方式与 Nb 孢子外壁如何发生相互作用的机制性问题解析，无疑是试图从发芽环节控制家蚕微粒子病发生相关技术研发的基础。利用 Nb 孢子-家蚕细胞体外共培养测定孢子发芽率，筛选获得 7 株 Nb 单抗，以体外发芽相对抑制率较高（26.4%）的单抗（3C2）为工具，开展 Nb 孢子表面蛋白的 SDS-PAGE 和 2-DE 分析及与单抗 3C2 的 Western-blotting 实验发现：单抗 3C2 对应的 SP84 蛋白分布于 Nb 孢子表面（IFAT 和免疫胶体金技术）。免疫共沉淀获得 SP84 蛋白的同时，还发现可能为互作蛋白的 34kDa 蛋白；通过串联质谱（MS-MS）和搜库鉴定，可以确定两种蛋白分别有 13 个与 12 个氨基酸肽段，但未能据此扩增和克隆获取全长基因。SP84 的发现，证实了环境因子作用于 Nb 孢子外壁相关蛋白或其他分子并导致发芽的可能性，但环境因子可能会有很多，其机制也可能涉及更多的 Nb 孢子表面蛋白，以及分子间互作或网络调控等更为复杂的问题。
- 家蚕微粒子虫孢子发芽前-后转录组的差异分析发现，Nb 孢子发芽后有 9 个基因显著上调和 57 个基因显著下调，对其中涉及极管蛋白、孢壁蛋白和糖代谢蛋白的 15 个差异基因进行 qPCR 实验证实了其表达的变化。此外，还发现蛋白磷酸酶 2A 在基因转录水平有显著上调，蓖麻毒素 B 凝集素基因在 Nb 孢子发芽后显著下调等现象。Nb 孢子发芽前-后的 Label-free 定量蛋白质组学分析发现，共鉴定得到 127 个差异显著蛋白，其中 60 个上调和 67 个下调；随机挑选 16 个差异蛋白进行 qPCR 实验证实了蛋白质组学定量分析的结果。Nb 发芽前-后差异蛋白的 GO 分析和 KEGG 分析，为理解 Nb 孢子发芽机制提供了诸多有益的信息，也有利于开展某种发芽相关基因或蛋白质的功能解析，但这些结果可能仅仅是 Nb 孢子发芽生物学机制的冰山一角。

第5章 家蚕微粒子虫入侵家蚕细胞及繁殖

家蚕微粒子虫（*Nosema bombycis* Nägeli 1857）孢子进入家蚕消化道后，在其碱性（pH 10.5～11.5）环境等因子的刺激下发芽和释放孢原质（见附录一）。Nb 孢子释放的孢原质如何进入家蚕细胞？进入家蚕细胞以后又如何繁殖？繁殖后又如何在细胞或组织和器官间进行扩散，或个体内水平传播？家蚕细胞如何防御 Nb 的入侵或如何抑制其在细胞内的增殖？这些问题都是理解 Nb 与家蚕相互作用关系科学问题的基本内容，也是如何利用其相互关系研发基于个体水平防控技术的基础。

家蚕微粒子虫孢子发芽的方式已较为公认，即 Nb 孢子在极短的时间内（2s）发芽弹出极管，孢原质通过极管释放出来。发芽后的孢原质如何进入家蚕细胞，主要有两种解释，其一是注射穿刺方式，即孢原质通过极管直接注入家蚕中肠上皮细胞、血淋巴细胞及丝腺细胞（Ishihara，1968；Kurtti，1990；Frixione et al.，1992；Kutti et al.，1994；Pottratz et al.，1998）；其二是游走体（planont，离开孢子外壁，但未进入寄主细胞的孢原质）方式，即孢原质释放后，以游走体的形式存在于消化道，或围食膜与中肠上皮细胞层之间，或通过中肠上皮细胞的间隙进入血腔后再进入家蚕细胞。有关注射穿刺方式已有较多的研究给予证实（Ishihara，1968；Iwano and Ishihara，1991a；钱永华等，2003），但有关游走体方式的研究或实证依据则相对较少。

其他微孢子虫孢子发芽入侵的方式有3种，即注射穿刺、孢原质吞噬和吞噬孢子细胞内发芽。注射穿刺方式在许多微孢子虫中已被证实（Wittner and Weiss，1999）。采用扫描电镜技术，观察肠脑炎微孢子虫（*Encephalitozoon intestinalis*）生活史，发现其孢子除了通过弹出极管直接侵入寄主细胞之外，还能通过吞噬途径进入寄主细胞，即弹出的极管进入一个寄主细胞膜的内陷通道（Schottelius et al.，2000）。对兔脑炎微孢子虫（*En. cuniculi*）感染细胞和孢子在细胞内繁殖研究发现，孢子除了以极管注射穿刺方式感染寄主细胞外，还以相当频繁的吞噬（phagocytic）方式进入细胞，包裹孢子的细胞结构快速成熟成为溶酶体，在溶酶体内孢子被快速消化，72h 后细胞内就没有孢子存在了；或孢子在成熟溶酶体的包裹中通过释放极管吐出孢原质，从而感染寄主细胞，并在几天后可观察到小串的孢子母细胞。孢子被吞噬进入细胞，但是又在吞噬泡中发芽并在溶酶体外繁殖，是兔脑炎微孢子虫孢子另外一种有别于孢子注射穿刺进入寄主细胞的方式（Franzen，2005）。

微孢子虫寄主细胞间或组织间传播研究方面，利用电子显微镜观察按蚊阿尔及尔微孢子虫（*Nosema algerae*）寄生白端按蚊（*Anopheles albimanus*）的研究发现：在感染48h 后，寄主的胸腔和腹部出现未成熟孢子，早于消化道细胞 54h 后才出现成熟孢子，由此认为存在细胞内发芽现象（Avery and Anthony，1983）。微孢子虫分离株（*Nosema* sp.）感染大蚕蛾（*Antheraea eucalypti*）培养细胞的电镜观察发现：在成熟孢子形成前期，寄主细胞内存在一些极管圈数较少的孢子，而且这些孢子能够在寄主细胞内自动发芽，并感染周围细胞，以及形态相似但极管圈数不同的孢子同期存在（Iwano and Ishihara，1989）。

对 Nb 孢子感染家蚕或培养细胞后其在细胞内的增殖观察发现：接种孢子 48h 后，进入孢子形成期，可观察到极管圈数为 3～5 圈的短极管孢子，呈洋梨形，孢子内壁较薄，后极泡内有空隙，且孢子后部出现大的内陷；接种 66h 后，可观察到极管圈数为 10～13 圈的长极管孢子，呈卵圆形，后部不凹陷；接种 72h 后，寄主细胞内两种类型的孢子和孢子母细胞同时存在。由此认为：Nb 孢子在家蚕体内可以形成两种类型的孢子，即长极管孢子（LT）和短极管孢子（ST），长极管孢子是一种休眠型孢子，主要是在个体间进行传播（或称为垂直传播）；短极管孢子可在细胞内发芽而感染相邻细胞，成为二次感染体（secondary infective form，SIF）和实现细胞或组织间传播（或称为水平传播）（Iwano and Ishihara，1991a；Scanlon et al.，2000；钱永华等，2003）。

5.1 家蚕微粒子虫与粉纹夜蛾培养细胞的相互作用

家蚕微粒子虫的典型寄主为家蚕，但也是一种寄主域较为广泛的微孢子虫，可感染野桑蚕（*Bombyx mandarina*）、柞蚕（*Antheraea pernyi*）、桑尺蠖（*Hemerophila atrilineata*）、斜纹夜蛾（*Spodoptera litura*）等 40 余种昆虫，但以鳞翅目昆虫为主（问锦曾和孙传信，1989）。有关 Nb 在桑尺蠖等昆虫中寄生的情况已在第 2 章描述，本部分内容主要陈述利用昆虫细胞培养技术，观察 Nb 与粉纹夜蛾（*Trichoplusia ni*，Tn）培养细胞的相互作用，从中发现有关 Nb 入侵家蚕细胞及在细胞中增殖的机制。

家蚕微粒子虫繁殖和制备 Nb 孢子悬浮液方法参见 12.1 节。氢氧化钾发芽溶液预处理 Nb 孢子与 Tn 培养细胞接种：将精制纯化 Nb 孢子悬浮液浓度调至 2.0×10^6 孢子/ml（体外检测的发芽率为 31.2%），与 0.2mol/L 氢氧化钾溶液以 1∶1 比例混合；27℃温育 40min 后，3000r/min 离心 5min（4℃），弃上清；在沉淀中加入适量细胞培养基，轻轻吹匀，将此液接种到 Tn 培养细胞液，按时取样观察和调查。

5.1.1 家蚕微粒子虫孢子接种 Tn 培养细胞的透射电镜观察

经预处理的 Nb 孢子接种培养细胞 60min 后取样观察，可观察到 Nb 孢子发芽和弹出极管（PT）（图 5-1a），以及发芽后残留的孢子空壳（ES）（图 5-1b）。

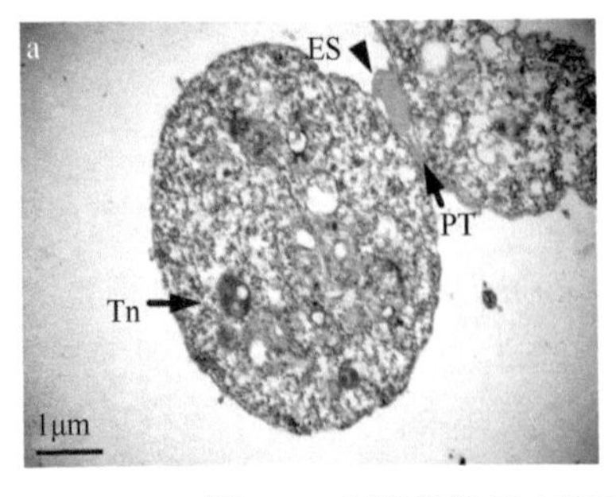

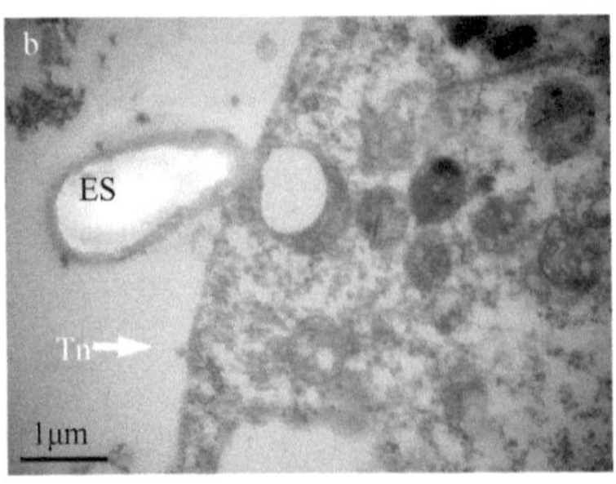

图 5-1 家蚕微粒子虫孢子在 Tn 培养细胞液中发芽
PT：极管（polar tube）；ES：孢子空壳（empty spore）；Tn：粉纹夜蛾培养细胞

在 Nb 孢子接种 Tn 培养细胞 48h 和 60h 后，分别取样进行观察，可观察到 Tn 培养细胞的细胞膜对 Nb 孢子有包裹和吞噬的趋势，但 Tn 细胞的细胞膜仍然完整（图 5-2a～c），且 Tn 培养细胞内靠近 Nb 孢子处有溶酶体（L）出现；另外，能观察到 Tn 培养细胞吞噬 Nb 孢子的过程（图 5-2e～f）。在 Nb 孢子接种 Tn 培养细胞 48h、60h、72h、84h 和 96h 后，分别取样进行观察，可观察到的主要现象有：在 48h，即可观察到 Nb 孢子进入 Tn 细胞（图 5-3a）；在 60h 之前，Tn 细胞形态及细胞器未见明显的变化（图 5-3a 和 b）；在 72h，可观察到 Tn 细胞出现较大的空泡，或开始出现细胞的空泡化，并可见 Tn 细胞内有成熟的 Nb 孢子（图 5-3c），同时，与未接种 Nb 孢子的 Tn 培养细胞相比，接种 Nb 孢子的 Tn 培养细胞中溶酶体数量相对较多，而线粒体和内质网结构相对少见（图 5-4）；在 84h，Tn 细胞形态出现明显变化，细胞膜边界不够圆滑，细胞内出现大量空泡以及空泡内存在 Nb 孢子（图 5-3d）；在 96h，大部分 Tn 培养细胞裂解和 Nb 孢子游离出细胞（图 5-3e）。

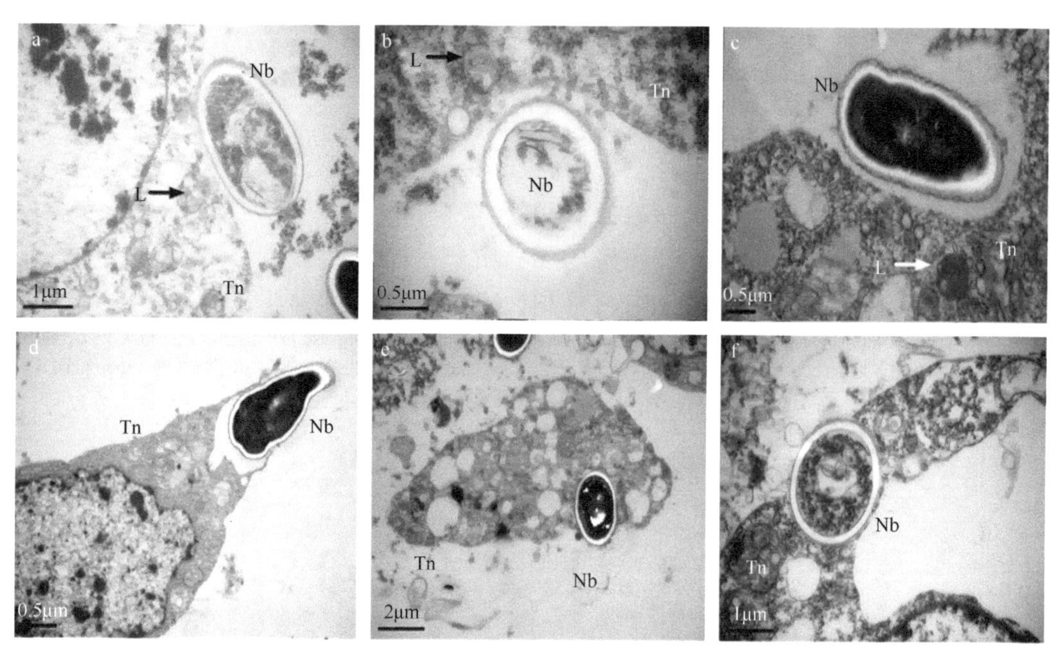

图 5-2　接种 Nb 孢子后 Tn 培养细胞吞噬 Nb 孢子的观察

Nb：Nb 成熟孢子（mature spore）；Tn：粉纹夜蛾培养细胞；N：细胞核（nucleus）；L：溶酶体（lysosome）

在 Nb 孢子接种 Bm 培养细胞 72h 后，即可观察到大量的 Bm 细胞裂解，以及裂殖体、孢子母细胞和成熟孢子，即 Nb 孢子在增殖过程不同阶段的形态（图 5-3f）。

接种 Nb 孢子的 Tn 培养细胞与未接种的 Tn 培养细胞比较，可以发现接种 Nb 孢子的 Tn 培养细胞出现了明显的空泡化和溶酶体增加，线粒体和内质网等细胞器相对减少或不能清晰观察到（图 5-4）。

5.1.2　家蚕微粒子虫孢子接种 Tn 培养细胞的激光共聚焦显微镜观察

经 0.2mol/L 氢氧化钾溶液预处理的 Nb 孢子接种 Tn 培养细胞后，可以观察到其被

Tn 细胞所吞噬的现象。这种吞噬现象显示，0.2mol/L 氢氧化钾溶液预处理 Nb 孢子不仅与孢子发芽有关，而且可能与 Nb 孢子表面蛋白发生变化有关。为此，分别用经 0.2mol/L 氢氧化钾溶液预处理和未经预处理的 Nb 孢子接种 Tn 培养细胞，培养 48h 后取样进行激光共聚焦显微镜观察。

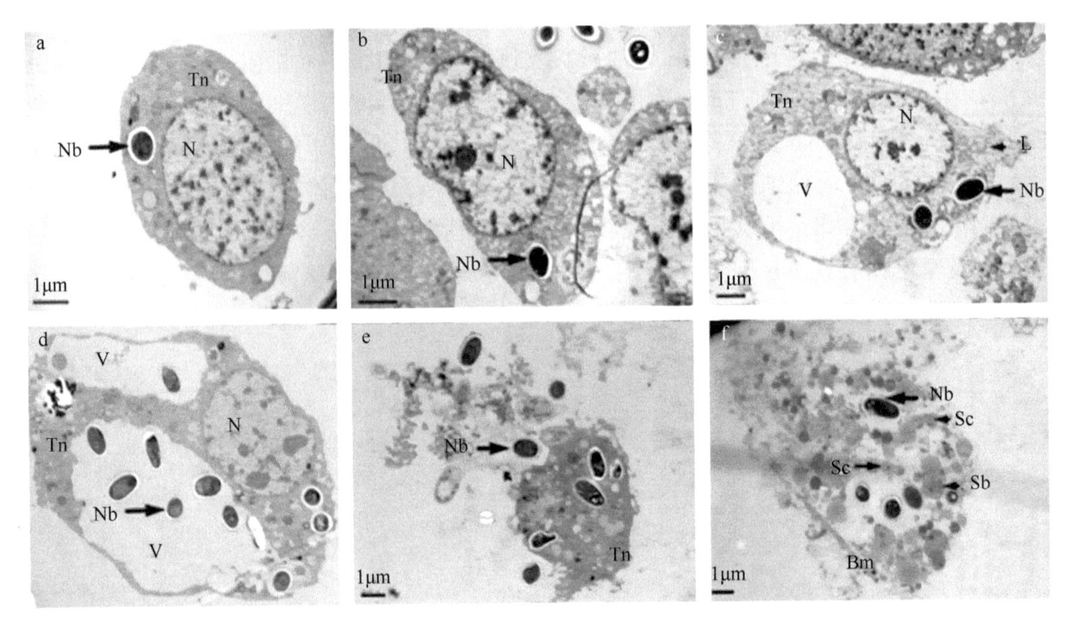

图 5-3 接种 Nb 孢子后不同时间 Tn 培养细胞的观察

a～e：Nb+Tn，a：48h，b：60h，c：72h，d：84h，e：96h，f：Nb+Bm，72h；Nb：Nb 成熟孢子，Tn：粉纹夜蛾培养细胞，Bm：家蚕培养细胞；N：细胞核，L：溶酶体，V：空泡（vacuole），Sc：裂殖体，Sb：孢子母细胞（sporoblast）

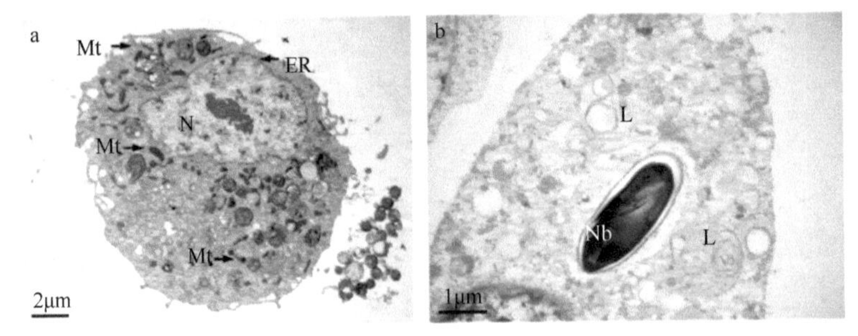

图 5-4 接种与未接种 Nb 孢子的 Tn 培养细胞形态比较

a：未接种 Nb 孢子的 Tn 培养细胞，b：接种 Nb 孢子的 Tn 培养细胞；Nb：家蚕微粒子虫孢子，N：细胞核，L：溶酶体，Mt：线粒体（mitochondrion），ER：内质网（endoplasmic reticulum）

将 35mm 细胞培养皿直接放于载物台上，并设置激发光波长为 488nm；目视模式下，选用 40 倍物镜，找到需要检测的细胞或孢子；切换到扫描模式，激光强度调整为 15%，得到清晰的共聚焦图像；选择合适的图像分辨率，扫描样品，保存图像。

经 0.2mol/L 氢氧化钾溶液预处理或未经预处理 Nb 孢子接种 Tn 培养细胞，培养 48h 后，Tn 细胞均贴壁，虽形态不一，但细胞核清晰可见，多数为不规则的极性细胞，细胞总体生长状态良好。经 0.2mol/L 氢氧化钾溶液预处理 Nb 孢子接种 Tn 培养细胞的培养皿中，不仅可以观察到较多的 Nb 孢子分布于 Tn 细胞的周围（图 5-5a），还可观察到部分 Tn 细胞核周围聚集了大量的 Nb 孢子（图 5-5c）；未经预处理 Nb 孢子接种 Tn 培养细胞的培养皿中，Nb 孢子零星分布于 Tn 培养细胞周围（图 5-5b 和 d），个别 Nb 孢子与 Tn 培养细胞位置有重叠的现象，但 Nb 孢子的形态及灰度层次与图 5-5a 和 c 存在较为明显的不同，未能明确观察到 Nb 孢子进入 Tn 细胞。

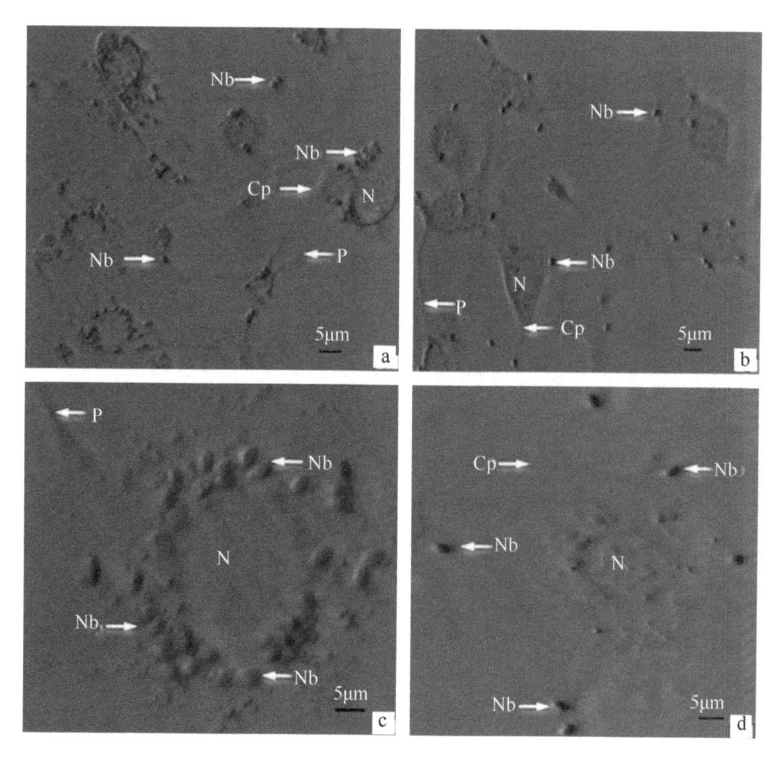

图 5-5　接种 Nb 孢子 Tn 培养细胞的激光共聚焦显微镜观察

a 和 c：Tn 培养细胞接种经 KOH 预处理的 Nb 孢子，b 和 d：Tn 培养细胞接种未经预处理的 Nb 孢子；Nb：Nb 成熟孢子，Cp：细胞质，N：细胞核，P：伪足（pseudopodium）

5.1.3　家蚕微粒子虫孢子接种 Tn 培养细胞的孢子计数和大小测定

分别将 2.0×10^6 孢子/ml 和 2.0×10^5 孢子/ml 的精制纯化 Nb 孢子进行发芽预处理，再分别接种 Tn 培养细胞，2 个浓度各 9 个细胞培养皿（35mm×10mm），轻轻摇匀，27℃培养 1 周后取样。每个培养皿取 4 次样本，共 36 个样本，用血细胞计数板测定 Nb 孢子数量。扣除 31.2%的发芽率，在培养细胞液中未发芽孢子的实际浓度应为 1.42×10^6 孢子/ml 和 1.42×10^5 孢子/ml。表 5-1 显示：2 个浓度的 Nb 孢子数量经 SPSS 软件统计分析未见显著差异（$P>0.05$）。

表 5-1　家蚕微粒子虫孢子接种粉纹夜蛾培养细胞后的计数

家蚕微粒子虫（孢子/ml）	实际孢子量（mean±SE）（孢子/ml）	收获量（mean±SE）（孢子/ml）
2.00×10^5	$(1.42\pm0.00)\times10^5$	$(1.83\pm0.22)\times10^5$
2.00×10^6	$(1.42\pm0.00)\times10^6$	$(1.54\pm0.12)\times10^6$

将 Nb 孢子悬浮液调至 2.0×10^6 孢子/ml，分别接种 Tn 和 Bm 培养细胞，2 种培养细胞各 5 个细胞培养皿（35mm×10mm），轻轻摇匀，27℃培养 1 周后，取细胞培养皿内全部孢子，再接种于新的 Tn 和 Bm 培养细胞，持续培养 2 周后，分别随机取蚕体繁殖的成熟 Nb 孢子、接种于 Tn 和 Bm 培养细胞后的 Nb（Tn-Nb 和 Bm-Nb）孢子各 70 个，用 40×物镜及 10×目镜观察测量长、短径。经 SPSS 软件统计分析（表 5-2），Nb 孢子分别接种 Tn 和 Bm 培养细胞后获取孢子，其长径、短径和长短径比未见显著差异（P>0.05）。

表 5-2　Tn-Nb、Bm-Nb 和 Nb 成熟孢子的形态比较

微孢子虫	长径（$\bar{X}$ ±SD）(μm)	短径（$\bar{X}$ ±SD）(μm)	长短径比（$\bar{X}$ ±SD）
Tn-Nb	3.390±0.52Aa	1.949±0.34Ab	1.764±0.27Aa
Bm-Nb	3.568±0.49Aa	1.942±0.26Ab	1.863±0.28ABa
Nb	3.524±0.43Aa	1.809±0.28Aa	2.014±0.52Bb

注：均数后无相同字母的表示有显著差异，大写字母表示极显著水平 P=0.01，小写字母表示显著水平 P=0.05；测量数 n=70

将经 0.2 mol/L 氢氧化钾溶液预处理的 Nb 孢子接种于 Tn 培养细胞后，可观察到发芽过程（图 5-1），但未见注射穿刺和孢原质吞噬方式，以及孢子被吞噬后细胞内发芽的情况，即未发现 Nb 孢子发芽后孢原质是否进入了 Tn 细胞。Nb 孢子接种 48～60h，观察到 Tn 细胞吞噬 Nb 孢子的过程（图 5-2）；Nb 以孢子形式进入 Tn 细胞 72h 后，虽然发现在其周边出现溶酶体（图 5-3 和图 5-4），但在接种前-后 Nb 孢子计数和形态比较实验中未见显著差异（P>0.05）；同时，未见 Nb 孢子增殖过程中的其他形态（裂殖体和孢子母细胞等）（图 5-3e 和 f）。根据上述研究结果认为：Nb 孢子可以以吞噬方式进入 Tn 细胞，是否存在 Nb 孢原质进入 Tn 细胞的情况不能确定；不论 Nb 以何种方式进入 Tn 细胞，Nb 不能在 Tn 培养细胞中进行繁殖，或者说两者相互作用后并未建立寄生关系；Tn 细胞溶酶体等的防御机能，也并不能使 Nb 孢子数量显著下降或形态显著变化；未经 0.2mol/L 氢氧化钾溶液预处理的 Nb 孢子接种 Tn 培养细胞后，Nb 孢子不能有效进入 Tn 细胞的现象，暗示了 Nb 孢子的表面蛋白可能与 Tn 细胞的吞噬机制或两者的相互作用机制有关。

5.1.4　Tn 培养细胞总蛋白和 Nb 孢壁蛋白的 SDS-PAGE 分析

用经 0.2mol/L 氢氧化钾溶液预处理的 Nb 孢子（2.0×10^6 孢子/ml）接种 Tn 培养细胞，分别于培养 24h、36h、48h、60h、72h、84h 和 96h 后取样，培养物 2000r/min 离心 5min（4℃），弃上清，收集沉淀；加入 50μl 单去污剂裂解液，冰上裂解 30min；12 000r/min 离心 5min（4℃），收集上清。用 Bradford 法测定蛋白浓度；样本收集完成后，使各样本蛋白浓度一致，分别加入 25μl 的 3×上样缓冲液，煮沸 5min，然后进行 15%分离胶的 SDS-PAGE。未接种 Nb 孢子的培养物同步在不同时间段取样。

经 0.2mol/L 氢氧化钾溶液预处理和未经预处理 Nb 孢子分别接种 Tn 培养细胞，在不同培养时间后收集培养物总蛋白进行 SDS- PAGE 分析的结果显示，36h 内的培养物两者未见明显差异；在培养 48h 后，预处理孢子接种培养物大小为 60kDa 的蛋白质条带丰度略微上升，80kDa 和 25～40kDa 蛋白质条带丰度略微下降，25kDa 以下蛋白质条带丰度减少；在培养 60h 后，除 60kDa 蛋白质条带丰度明显上升外，80kDa 和 40kDa 以下蛋白质条带明显变淡或消失（图 5-6a）。接种未经预处理 Nb 孢子的 Tn 培养物，其总蛋白与未接种对照总蛋白的 SDS-PAGE 图谱无明显差异（图 5-6b）。接种与未接种 Nb 孢子的培养物总蛋白 SDS-PAGE 图谱基本一致（图 5-6）。

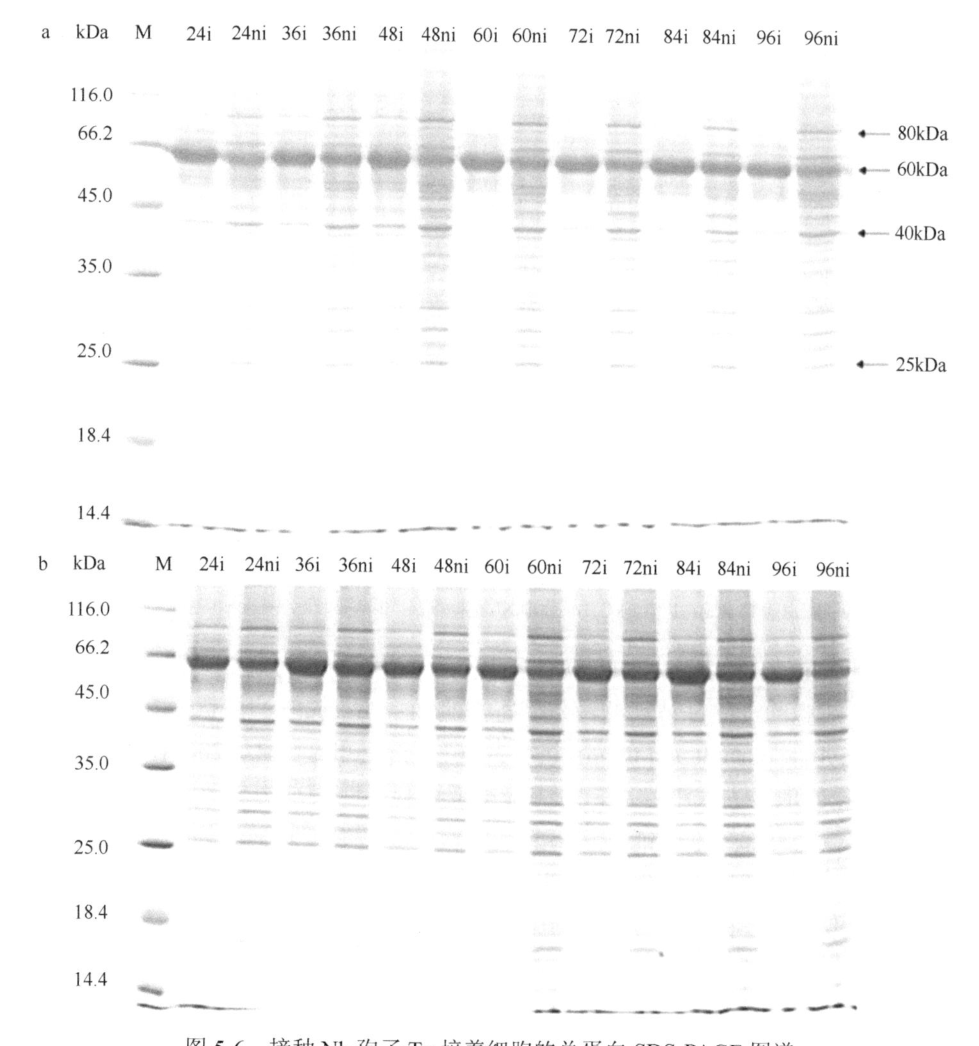

图 5-6　接种 Nb 孢子 Tn 培养细胞的总蛋白 SDS-PAGE 图谱

a：经 0.2mol/L KOH 预处理 Nb 孢子接种 Tn 培养细胞与未接种 Nb 对照；24i～96i 分别表示接种预处理 Nb 孢子后培养 24h、36h、48h、60h、72h、84h 和 96h，24ni～96ni 分别表示未接种对照培养物相应时间；M：蛋白质 Marker；b：未经预处理 Nb 孢子接种 Tn 培养细胞与未接种 Nb 对照；24i～96i 分别表示接种预处理 Nb 孢子后培养 24h、36h、48h、60h、72h、84h 和 96h，24ni～96ni 分别表示未接种对照培养物相应时间

分别吸取 300μl 浓度为 1.3×10^9 孢子/ml 的成熟 Nb 孢子悬浮液于 2 个 EP 管中，其中一管加入等体积 0.2mol/L 氢氧化钾溶液，另一管加入等体积 0.8%生理盐水（对照），分别在 27℃温育 40min。10 000r/min 离心 5min（4℃），弃上清，收集 Nb 孢子沉淀，然后 2 个 EP 管中都加入 35μl 的 2×样品缓冲液和等体积的 3×上样缓冲液，稍振荡后，沸

水浴 4min，12 000r/min 离心 10min（4℃），吸取上清进行 15%分离胶的 SDS-PAGE。

经 0.2mol/L 氢氧化钾溶液预处理的成熟 Nb 孢子与未经预处理的成熟孢子的孢壁蛋白（SWP）SDS-PAGE 图谱中，主要蛋白质条带均集中在 14～32kDa，约有 8 条主要蛋白质条带，大小分别为 32kDa、30kDa、28kDa、26kDa、24kDa、15.5kDa、15kDa 和 14kDa，但前者 30kDa 蛋白质条带丰度较低，80kDa 和 12kDa 蛋白质条带缺失或明显减弱（图 5-7）。

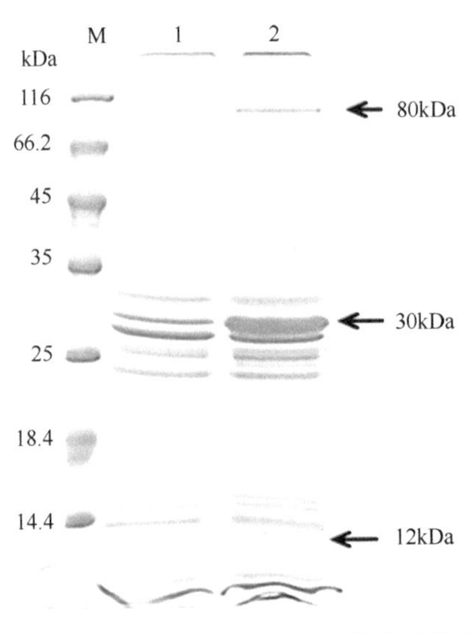

图 5-7　氢氧化钾预处理和未经预处理 Nb 孢子的孢壁蛋白 SDS-PAGE 图谱

M：蛋白质 Marker；1：经 KOH 预处理 Nb 孢壁蛋白；2：未经预处理的 Nb 孢壁蛋白

细胞松弛素 D 处理寄主细胞后，寄主细胞吞噬孢子的能力明显下降，表明孢子通过吞噬作用进入细胞的过程是被动的，是受寄主肌动蛋白（actin）依赖的吞噬作用所调节的（Lewin，1990；Foucault and Drancourt，2000；Schottelius et al.，2000；Couzinet et al.，2000）。被吞噬的孢子进入细胞后，寄主能够通过自身防御能力分泌溶酶体将其包裹进行消化分解，但仍有部分孢子能够在溶酶体中通过发芽的方式弹出极管，从而逃避寄主的防御机制以达到感染寄主细胞的目的（Couzinet et al.，2000）。

成熟 Nb 孢子通过吞噬作用进入细胞能够激活寄主细胞的防御系统，而具有感染能力的孢原质通过发芽的形式被送入寄主细胞质内却能够顺利完成病原体的繁殖，成功感染寄主。究竟是孢壁上存在某些激活寄主防御机制的信号，还是孢原质能够分泌一些抑制寄主细胞防御机制的物质，具体还不得而知，因此，有关孢子与寄主细胞的相互关系，目前仍然存在很多有待深入研究的问题。

5.2　家蚕微粒子虫感染家蚕幼虫对部分生理生化指标的影响

微孢子虫感染后必然会导致寄主细胞和组织器官代谢与生理学等发生变化（Malone and Gatehouse，1998），家蚕微粒子虫感染家蚕幼虫后，必然会引起家蚕生理和生化等多方面的变化。碱性磷酸酶（alkaline phosphatase，PAL）是主要存在于家蚕中肠（约 85%）的一组专一性相对较弱的磷酸单酯酶，在营养物质吸收过程的主动运输中发挥重要作用；谷丙转氨酶（glutamic-pyruvic transaminase，GPT）广泛分布于家蚕各组织，在合成丝物质过程中可发挥重要作用。Nb 感染家蚕后，中肠 PAL、后部丝腺 GPT 和中肠消化液蛋白酶等活性都出现明显下降的现象（沈中元等，1996b；郭锡杰等，1996）。Nb 感染家蚕后的过氧化氢含量、超氧化物歧化酶（superoxide dismutase，SOD）和过氧化氢酶（hydrogen peroxidase，或称 catalase，CAT）活性也曾被关注（赵林川等，1998）。

5.2.1　家蚕微粒子虫感染家蚕幼虫对生长发育、中肠和血液蛋白酶活性的影响

家蚕微粒子虫繁殖和制备 Nb 孢子悬浮液方法参见 12.1 节。常规饲养家蚕（秋丰×白玉），挑取足量 4 龄起蚕，分为 4 区，在桑叶叶背分别涂抹生理盐水（对照）和 10^2 孢子/ml、10^5 孢子/ml、10^8 孢子/ml 的 Nb 孢子悬浮液，家蚕分区喂饲。

入眠率的计数为直接观察计数，眠蚕体重用 1/1000g 电子天平称量。

感染后各组织中 Nb 孢子计数和蛋白酶活性测定的组织取样为：对照区和 10^2 孢子/ml、10^5 孢子/ml、10^8 个孢子/ml 的 Nb 孢子感染实验区在添食感染后经过 7d 或 8d 的饲养取样，各区及不同生长发育时期分别随机解剖 30 条家蚕。血淋巴取样后直接放入−70℃保存备用，测定前放置于 5℃解冻。消化液直接用于 Nb 孢子计数；中肠组织、丝腺和体壁组织解剖取样后，冲洗、吸水、称重、用石英砂研磨、2 层纱布过滤，取滤液，放入−70℃保存备用；或称重后直接放入−70℃保存备用，使用前放置于 5℃解冻和进行研磨过滤。

5.2.1.1　家蚕微粒子虫感染对家蚕发育和眠蚕体重的影响

在 4 龄起蚕添食感染后，随时观察家蚕发育情况，以每区都出现眠蚕为计时起点，每间隔 12h 进行眠蚕计数和称取眠蚕体重，共计 4 次（36h）。

感染 Nb 实验区的入眠率较对照区低。Nb 感染浓度为 10^8 孢子/ml 实验区的入眠率较低浓度 Nb 感染实验区在前期（12h 以内）要低，也低于对照区（表 5-3）。入眠率的差异体现了家蚕发育进程的变化，这种变化可能由 Nb 感染影响了家蚕的保幼激素或蜕皮激素以及两者的平衡所致。

表 5-3　不同浓度 Nb 感染 4 龄起蚕对 4 眠经过的影响

处理（Nb 孢子浓度）	眠蚕条数（入眠率，%）			
	0h	12h	24h	36h
对照	86（27.74）	164（52.90）	24（7.74）	36（11.61）
10^2 孢子/ml	85（36.96）	143（62.17）	2（0.87）	0（0）
10^5 孢子/ml	81（34.62）	137（58.55）	16（6.84）	0（0）
10^8 孢子/ml	22（13.17）	127（76.05）	18（10.78）	0（0）

不同实验区眠蚕体重比较中，除 Nb 感染浓度为 10^2 孢子/ml 与 10^5 孢子/ml 实验区之间不存在显著的差异（$P>0.05$），其余各组之间均存在显著的差异（$P<0.05$）。Nb 感染浓度为 10^8 孢子/ml 实验区的眠蚕体重显著低于对照区及 10^2 孢子/ml 与 10^5 孢子/ml 实

验区（$P<0.05$）；Nb 感染浓度为 10^2 孢子/ml 与 10^5 孢子/ml 实验区的眠蚕体重显著低于对照区（$P<0.05$）（表 5-4）。眠蚕体重的显著下降表明 Nb 感染后，家蚕的生长及发育受到明显的影响。

表 5-4　不同浓度 Nb 感染 4 龄起蚕对 4 眠眠蚕体重的影响

处理（Nb 孢子浓度）	平均（g/幼虫）	10^8 孢子/ml	10^5 孢子/ml	10^2 孢子/ml	对照
对照	0.747	10.960*	5.612*	7.200*	
10^2 孢子/ml	0.693	3.692*	−1.808		
10^5 孢子/ml	0.706	5.679*			
10^8 孢子/ml	0.668				

*表示差异显著（$P<0.05$），下同

5.2.1.2　家蚕微粒子虫感染家蚕后各组织中 Nb 孢子的计数

家蚕微粒子虫感染家蚕并在其中繁殖后，不同组织器官中 Nb 孢子的繁殖数量存在差异。本实验过程中 10^5 孢子/ml 的 Nb 孢子感染实验区，在添食感染后饲养 7d 时表观未见明显异常，在次日（第 8 天）进行了取样和孢子数量调查。实验调查的 4 种组织样本的 Nb 孢子数量比较显示，中肠组织最多，其次为消化液，丝腺和体壁组织较少。不同浓度 Nb 感染的剂量效应比较显示，在 4 种组织样本中 10^8 孢子/ml 的 Nb 孢子感染实验区（第 7 天）Nb 孢子数量均显著多于 10^5 孢子/ml 的 Nb 孢子感染实验区（第 7 天和第 8 天）（$P<0.05$），10^5 孢子/ml 的 Nb 孢子感染实验区在不同取样时间（第 7 天和第 8 天）间未见显著差异（$P>0.05$）（表 5-5～表 5-8）。

表 5-5　不同浓度 Nb 感染 4 龄起蚕中肠 Nb 孢子数量的比较

处理（Nb 孢子浓度）	平均（孢子/g）	10^8 孢子/ml（7d）	10^5 孢子/ml（7d）	10^5 孢子/ml（8d）
10^5 孢子/ml（8d）	4.82×10^6	21.078*	0.773	
10^5 孢子/ml（7d）	5.61×10^6	20.140*		
10^8 孢子/ml（7d）	7.41×10^7			

表 5-6　不同浓度 Nb 感染 4 龄起蚕消化液 Nb 孢子数量的比较

处理（Nb 孢子浓度）	平均（孢子/g）	10^8 孢子/ml（7d）	10^5 孢子/ml（7d）	10^5 孢子/ml（8d）
10^5 孢子/ml（8d）	1.00×10^6	27.251*	0.042	
10^5 孢子/ml（7d）	1.72×10^6	25.921*		
10^8 孢子/ml（7d）	3.32×10^7			

表 5-7　不同浓度 Nb 感染 4 龄起蚕丝腺 Nb 孢子数量的比较

处理（Nb 孢子浓度）	平均（孢子/g）	10^8 孢子/ml（7d）	10^5 孢子/ml（7d）	10^5 孢子/ml（8d）
10^5 孢子/ml（8d）	1.94×10^5	17.303*	2.585	
10^5 孢子/ml（7d）	1.72×10^5	15.083*		
10^8 孢子/ml（7d）	3.57×10^6			

表 5-8　不同浓度 Nb 感染 4 龄起蚕体壁 Nb 孢子数量的比较

处理（Nb 孢子浓度）	平均（孢子/g）	10^8 孢子/ml（7d）	10^5 孢子/ml（7d）	10^5 孢子/ml（8d）
10^5 孢子/ml（8d）	2.81×10^5	16.1^*	−1.496	
10^5 孢子/ml（7d）	2.43×10^5	16.2^*		
10^8 孢子/ml（7d）	2.24×10^6			

不同 Nb 感染剂量和不同组织来源样本，以及感染后不同家蚕饲养时间样本的 Nb 孢子数量测定结果显示，家蚕中肠组织样本中的孢子数量都是最多。由此可以认为，家蚕中肠组织是 Nb 孢子进入家蚕后最早侵入和最易增殖的组织器官。

消化液样本的 Nb 孢子数量较多，在消化液内 Nb 不会增殖，该现象出现应该是因为在各实验浓度和取样时间，中肠可能已经发生破裂且 Nb 孢子向消化道管腔内释放；其孢子数量多于体壁和丝腺的现象，可进一步佐证 Nb 最先感染中肠的认识。

体壁和丝腺的 Nb 孢子数量相对较少，可能与 Nb 入侵较迟，或入侵数量较少，或存在防御 Nb 孢子繁殖的机能有关。在感染浓度方面，10^8 孢子/ml 的 Nb 孢子感染实验区（第 7 天）Nb 孢子数量显著多于 10^5 孢子/ml 的孢子感染实验区的不同取样时间（第 7 天和第 8 天），充分体现了添食感染的剂量效应；10^5 孢子/ml 的孢子感染实验区不同取样时间（第 7 天和第 8 天）的不同组织来源样本之间未表现出显著差异，表明 1d 的时间效应不明显，也可能与家蚕尚未进入盛食期的特殊性有关。本实验有助于对 Nb 感染家蚕和增殖过程的空间与时间效应的理解（鲁兴萌和吴忠长，2000）。

5.2.1.3　家蚕微粒子虫感染家蚕对中肠和血液蛋白酶的影响

采用 Folin-酚法测定血液和中肠组织制样原液的蛋白酶活性。实验结果显示：在血液样本中，Nb 孢子感染实验区（第 7 天）蛋白酶活性显著高于健康家蚕（对照区）（$P<0.05$），两个不同感染浓度（10^2 孢子/ml 和 10^5 孢子/ml）间未见显著差异（$P>0.05$）（表 5-9）；在中肠组织样本中，Nb 孢子感染实验区（第 7 天）与对照区相比，蛋白酶活性虽有上升的趋势，但未见显著差异（$P>0.05$）（表 5-10）。

表 5-9　不同 Nb 感染浓度对家蚕血液蛋白酶活性的影响

处理（Nb 孢子浓度）	平均（吸收值）	对照	10^2 孢子/ml	10^5 孢子/ml
10^5 孢子/ml	0.0772	5.5195^*	0.3879	
10^2 孢子/ml	0.0679	6.5936^*		
对照	0.0360			

表 5-10　不同 Nb 感染浓度对家蚕中肠蛋白酶活性的影响

处理（Nb 孢子浓度）	平均（吸收值）	对照	10^2 孢子/ml	10^5 孢子/ml
10^5 孢子/ml	0.0175	1.3517	0.2248	
10^2 孢子/ml	0.0188	1.6962		
对照	0.0114			

家蚕血液蛋白酶活性高于中肠组织的现象，与两者的生理学功能有关。Nb 感染和增殖导致家蚕中肠与血液蛋白酶活性的提高，本实验未能区别蛋白酶的家蚕或 Nb 来源，因此这种上升可能存在两种情况，即家蚕和 Nb 两者蛋白酶的叠加，或其中之一大幅上升。Nb 感染和增殖后，家蚕或 Nb 蛋白酶的活性变化，也是两者相互作用的结果之一。

5.2.2 家蚕微粒子虫感染家蚕幼虫对血液和中肠蛋白的影响

分别用 10^4 孢子/ml、10^6 孢子/ml 和 10^8 孢子/ml 的 Nb 孢子悬浮液涂抹桑叶喂饲 4 龄起蚕（每实验区 100 条，添食感染后常规饲养，5 龄起蚕（约感染后 6d）食桑后 48h、96h 和 144h（或感染后约 8d、10d 和 12d）解剖取家蚕中肠组织进行 SDS-PAGE 分析，结果见图 5-8。

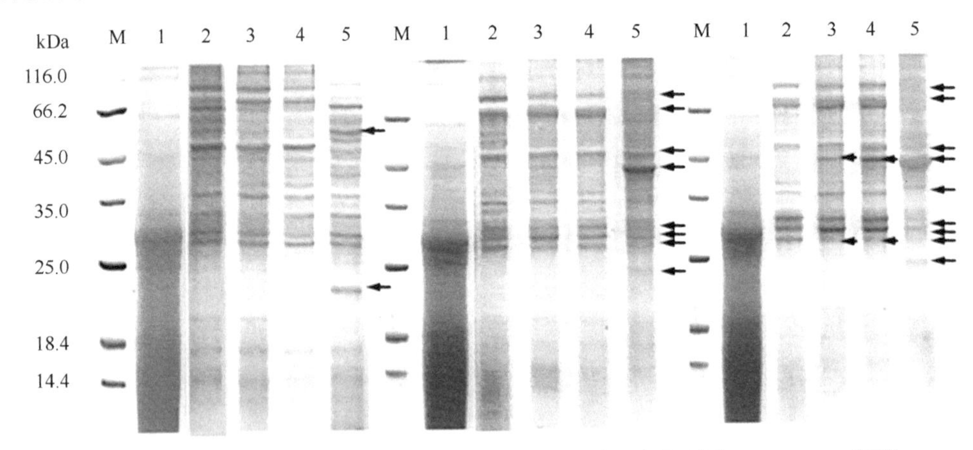

图 5-8　家蚕微粒子虫感染家蚕后不同时间的家蚕中肠组织蛋白 SDS-PAGE 图谱

左侧为 5 龄食桑 48h，中间为 5 龄食桑 96h，右侧为 5 龄食桑 144h；M：蛋白质 Marker，1：Nb 总蛋白，2：健康对照，3：10^4 孢子/ml 的 Nb 孢子感染中肠组织蛋白，4：10^6 孢子/ml 的 Nb 孢子感染中肠组织蛋白，5：10^8 孢子/ml 的 Nb 孢子感染中肠组织蛋白

在 5 龄起蚕食桑 48h 时，10^4 孢子/ml 的 Nb 孢子感染实验区和 10^6 孢子/ml 的 Nb 孢子感染实验区中肠组织蛋白条带与健康对照区基本一致，10^8 孢子/ml 的 Nb 孢子感染实验区与健康对照区相比在分子质量大约 50.0kDa 的位置蛋白质表达量明显减少，在分子质量大约为 22.0kDa 的地方出现了一个新的蛋白质条带（图 5-8 左）。

在 5 龄起蚕食桑 96h 时，10^4 孢子/ml 的 Nb 孢子感染实验区和 10^6 孢子/ml 的 Nb 孢子感染实验区中肠组织蛋白质条带与健康对照区相比，也没有大的差别。10^8 孢子/ml 的 Nb 孢子感染实验区与健康对照区的蛋白质条带差异较大，10^8 孢子/ml 的 Nb 孢子感染实验区在分子质量 116.0～66.2kDa 的位置出现了两个蛋白质条带的缺失，其分子质量约 80.0kDa 和 70.0kDa；分子质量大约 50.0kDa 的位置蛋白质表达量仍然较健康对照区少；分子质量约 44.0kDa 的位置出现了一个新的蛋白质条带；分子质量 35.0～25.0kDa 位置的 3 个蛋白质条带的表达量减少；分子质量约 22.0kDa 位置的新增蛋白质条带仍然存在（图 5-8 中）。

在 5 龄起蚕食桑 144h 时，各浓度 Nb 感染实验区与健康对照区均有较大的差异，在趋势上与 96h 时类似。其中，在 10^4 孢子/ml 的 Nb 孢子感染实验区和 10^6 孢子/ml 的 Nb 孢子感染实验区中，35.0～25.0kDa 分子质量较低的蛋白质表达量明显下降，新增的

44.0kDa 蛋白质也较为明显（图 5-8 右）。

对不同分子质量蛋白质变化的可能原因分析：发生的变化具有明显的 Nb 感染浓度效应和取样时间效应；发生增加或减少的蛋白质，在健康家蚕样本中可见，而未在 Nb 孢子感染样本中显现；大分子（如 80.0kDa 和 70.0kDa）表达量的下降是家蚕中肠大分子蛋白质分解的结果；较小分子蛋白质表达量的增加，可能是由于大分子蛋白质分解而产生新蛋白质，但也不能排除是 Nb 增殖的结果（实验只定量 SDS-PAGE 上样量，并未区别蛋白质来源）。

5.2.3　家蚕微粒子虫感染家蚕幼虫对海藻糖酶活性的影响

非还原性的海藻糖是家蚕及诸多鳞翅目昆虫的主要糖类，是其能量主要来源，家蚕通过体液循环将其输送到各组织，并在海藻糖酶的作用下分解成还原糖——葡萄糖而进一步被利用和提供能量。微孢子虫孢子发芽过程中，海藻糖及海藻糖酶的变化也是十分受关注的现象。本研究中，用 5×10^5 孢子/ml 的 Nb 孢子悬浮液 2ml 涂抹桑叶后添食 400 条 4 龄起蚕（蚕品种为秋丰），约 12h 内桑叶被基本食尽后，常规喂饲。不同发育时期，取 20～40 条雌雄相等数量家蚕，冰浴下解剖取中肠和血淋巴（或加少量苯基硫脲防氧化）。血淋巴进行 2min 的低速离心（4000r/min，4℃），除去底层细胞，−20℃保存备用；中肠取出后，用生理盐水漂洗数次，用滤纸吸干表面水分，称重后−20℃保存备用。采用比色法对家蚕中肠和血淋巴的海藻糖酶活性进行测定。

以每克和每条为计量单位，Nb 感染家蚕与健康家蚕的中肠海藻糖酶活性随发育的变化规律相似，即在 5 龄初期活性较低，进入盛食期的 5 龄第 3 天快速上升，在接近老熟时（5 龄第 6 天和第 7 天）有所下降，熟蚕略有上升。总体上，Nb 感染家蚕中肠海藻糖酶活性略低于健康家蚕（图 5-9）。健康家蚕的海藻糖酶活性变化趋势，与家蚕食桑行为（量）密切相关。Nb 感染家蚕后导致的海藻糖酶活性下降可能存在两方面原因，即对家蚕生理生化机能的破坏和 Nb 增殖的消耗。

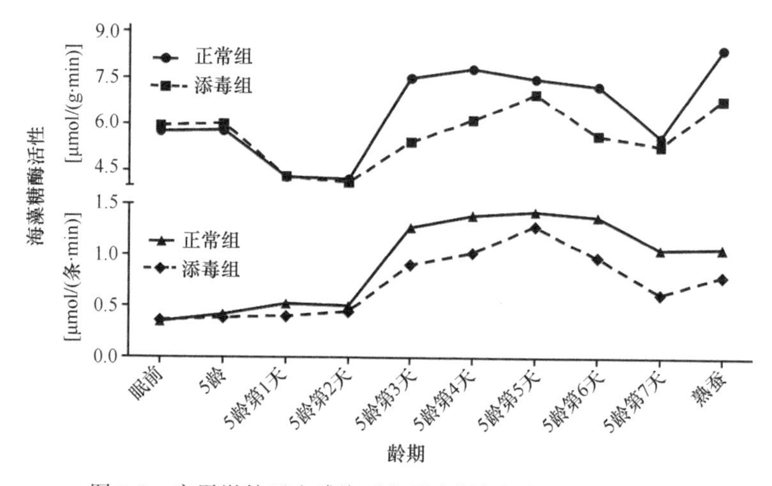

图 5-9　家蚕微粒子虫感染后家蚕中肠组织的海藻糖酶活性

与中肠组织的海藻糖活性相比，血淋巴的海藻糖活性明显低。在眠中虽可检测到较高值，但食桑期的活性均较低，且变化不大。家蚕在眠中，血淋巴海藻糖酶活性明显上升，是其适应非食桑期能量需求的有效方式。总体上，Nb 感染家蚕的血淋巴海藻糖酶活性略高于健康家蚕（图 5-10）。Nb 感染家蚕后血淋巴海藻糖酶活性上升的现象，是家蚕保障能量供应的一种补偿机制，还是 Nb 具有解除家蚕海藻糖酶抑制作用的机制有待研究。

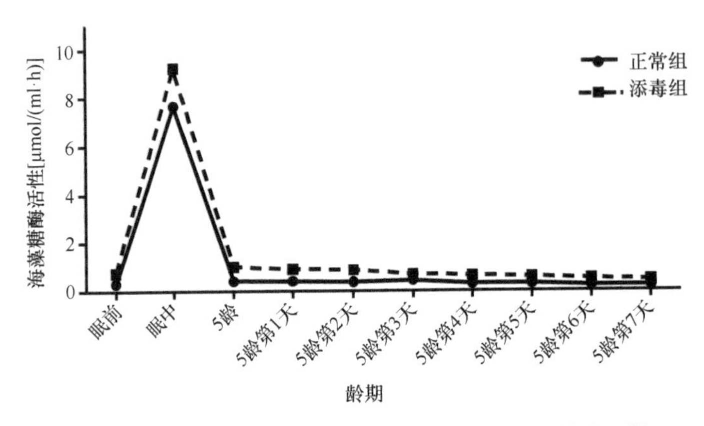

图 5-10　家蚕微粒子虫感染后家蚕血淋巴的海藻糖酶活性

健康家蚕血淋巴总糖和海藻糖含量在食桑后均开始逐渐上升，直至老熟上蔟。Nb 感染后家蚕血淋巴总糖和海藻糖含量总体上低于健康家蚕；在食桑第 5 天，与健康家蚕相似呈逐渐上升规律，但在 5 龄第 6 天开始下降（图 5-11）。这种下降可能与 Nb 感染家蚕后对其生理生化机能产生影响有关，5 龄后期的影响更为明显。由于海藻糖是主要糖类，因此海藻糖的变化主导了总糖的含量变化。

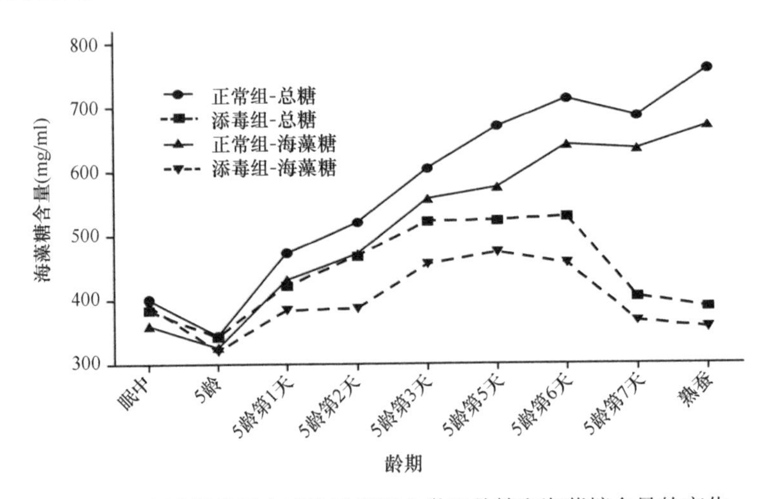

图 5-11　家蚕微粒子虫感染后家蚕血淋巴总糖和海藻糖含量的变化

5.3　家蚕微粒子虫孢子母细胞和成熟孢子蛋白差异的比较

家蚕微粒子虫生活史研究认为：Nb 的生活史主要分为 3 个发育阶段，即孢子发芽、增殖和孢子形成，不同发育阶段的 Nb 形态具有很大的不同，其基因和蛋白质的表达、各种酶的活性也很不同。因此，获得生活史中不同发育阶段的 Nb 细胞开展比较研究，对理解 Nb 侵染特性、Nb 与家蚕细胞的相互作用，以及 Nb 侵染机制的解析等都有重要意义。

采用流式细胞术（flow cytometry，FCM）对比氏肠微孢子虫（*Enterocytozoon bieneusi*）的不同类型细胞进行分离、纯化和精制，为研究提供了良好的范例（Kucerova et al.，2004）。采用 Percoll 密度梯度纯化技术分离获得兔脑炎微孢子虫（*En. cuniculi*）的孢子母细胞，发现其具有很强的偶氮酪蛋白（azocasein）水解活性，并鉴定了一个分子质量为 70kDa 的类氨肽酶 P（aminopeptidase-P-like enzyme，AP-P），由此推测微孢子虫可利用该酶分解寄主富含脯氨酸的肽段，为合成极管蛋白提供必需材料（Chavan et al.，2005）。采用免疫亲和技术分离利什曼原虫属（*Leishmania*）寄生泡（parasitophorous vacuole，PV）的研究发现，PV 表面具有钙连蛋白（calnexin），用与磁性颗粒共轭的抗钙连蛋白抗体和 PV 结合，然后用磁铁将 PV 从寄生泡中分离出来（Kima and Dunn，2005）。采用密度梯度离心法提纯兔脑炎微孢子虫不同生殖阶段的细胞，并对其蛋白质进行银染 SDS-PAGE 比较，发现不同阶段的细胞蛋白质表达有明显的差异（Green et al.，1999）。兔脑炎微孢子虫孢子母细胞和成熟孢子（mature spore）的蛋白质 2-DE 图谱比较分析发现：两者有明显的差异，其中有 5 个蛋白点特异表达于孢子母细胞（分子质量分别为 14kDa、16.5kDa、20kDa、21kDa 和 49kDa），而成熟孢子中特异表达的蛋白质则更丰富，主要为极管蛋白和表面蛋白（Taupin et al.，2006）。

5.3.1　家蚕微粒子虫孢子生殖阶段细胞的分离

解剖取家蚕微粒子病蚕中肠，经粗提和粗提物洗涤后，利用 Nb 在不同发育阶段形态等不同而具有不同自身重力的特点，在 70%的 Percoll-0.25mol/L 蔗糖溶液中离心（45 000×*g*，4℃）30min。离心后，在 Percoll-蔗糖溶液中形成三条主要密度梯度条带（图 5-12）。透射电镜观察结果显示，上层（馏分 A）主要为 Nb 的早期孢子母细胞、孢子空壳，以及家蚕细胞和 Nb 孢子碎片的混合物（图 5-13a）；中间层（馏分 B）为大量的不同成熟度的 Nb 孢子母细胞；下层（馏分 C）是均一和纯度较高（具有典型孢壁和极管装置）的 Nb 成熟孢子（图 5-13e）。

为了进一步分离纯化馏分 A 和馏分 B 中的家蚕微粒子虫细胞（Nb 孢子母细胞），再次收集这两层的孢子，分别在 30%和 50%的 Percoll-0.25mol/L 蔗糖溶液中于 45 000×*g* 离心 20min 和 30min（4℃）。轻轻吸取各馏分，进行透射电镜观察和检测。馏分 A 分离成二层，上层馏分 A1 主要为细胞碎片等杂质，下层馏分 A2 主要为 Nb 孢子空壳（图 5-13b）。馏分 B 形成两层，上层（馏分 B1）主要为早期孢子母细胞（图 5-13c），下层（馏分 B2）主要为后期孢子母细胞（图 5-13d）。

利用 Percoll-蔗糖密度梯度离心法，裂殖体和发育早期阶段 Nb 细胞的收获量较少，可能与该发育阶段 Nb 的孢原质膜或孢壁较薄，未能耐受本实验中超速离心和化学药物处理的破坏作用。因此，在分离纯化 Nb 某个发育阶段的细胞时，处理程序和作业流程的温和度与该细胞保持完整性的能力或对物理和化学作业破坏的耐受性有关，也是需要进一步优化完善的技术问题或改变纯化策略。

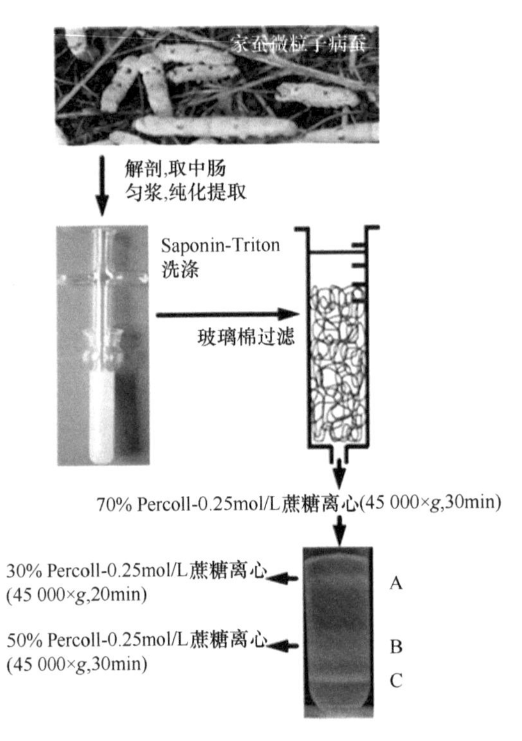

图 5-12 Percoll 密度梯度离心法分离家蚕微粒子虫增殖阶段细胞主要步骤流程图

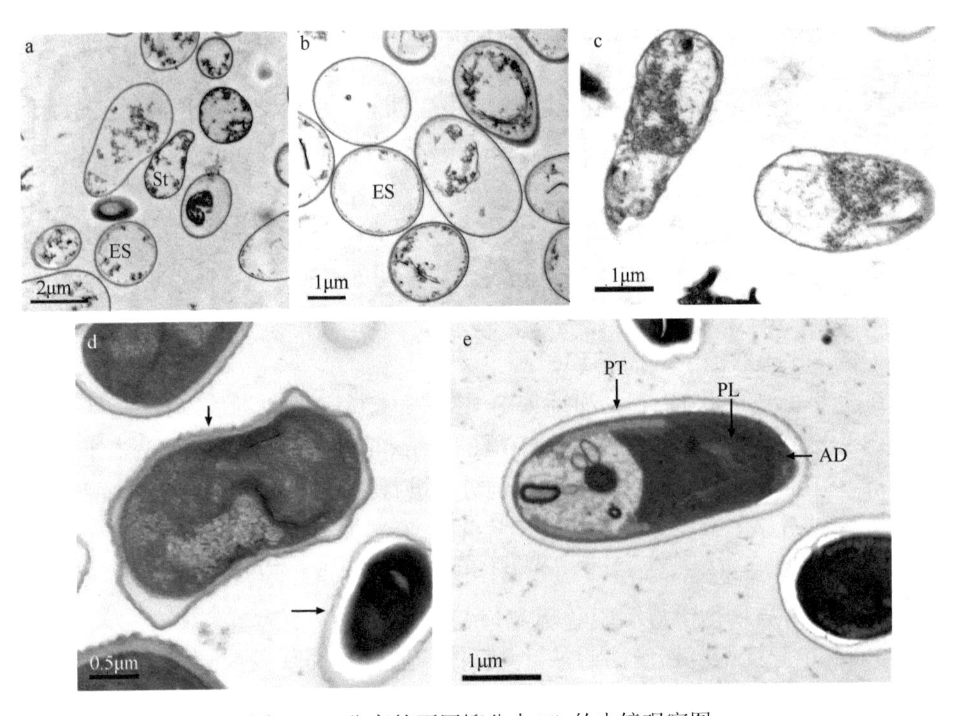

图 5-13 分离的不同馏分中 Nb 的电镜观察图

a：馏分 A，主要为孢子母细胞（St）和孢子空壳（ES）的混合物；b：馏分 A2，为纯化的孢子空壳；c：馏分 B1，富含早期孢子母细胞；d：馏分 B2，富含后期孢子母细胞，箭头所示为未发育完全的波状孢壁；e：馏分 C，具有典型孢壁和极管装置的成熟孢子。PT：极管；PL：极膜层；AD：极帽

利用 Percoll-蔗糖密度梯度离心法，本实验虽然未能获得足够数量和纯度不同发育阶段的所有 Nb 细胞，但较好地获得了 Nb 的孢子母细胞（足够的数量与纯度）。为此，进一步开展了有关 Nb 孢子母细胞和 Nb 成熟孢子两个不同发育阶段蛋白质的差异研究。

5.3.2　孢子母细胞和成熟孢子蛋白的 2-DE 分析

将分离收集的 Nb 孢子母细胞和成熟孢子分别用玻璃珠破碎法进行破碎，获取细胞总蛋白进行 2-DE 实验，经高效考马斯亮蓝染色后可获得蛋白点清晰、背景干净的图谱(图 5-14)。

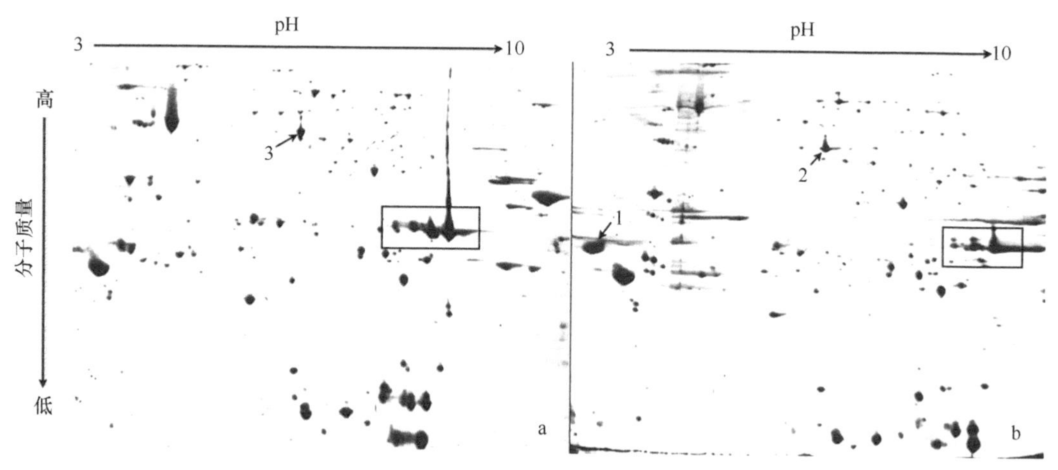

图 5-14　孢子母细胞和成熟孢子总蛋白的 2-DE 比较图

方框所示区域可能包含极管蛋白

使用宽范围 pH 梯度（3～10）的大尺寸凝胶（24cm×20cm）获得了高分辨率的蛋白图片。使用 ImageMaster™ 2D Platinum 6.0 软件可识别约 350 个蛋白点，为蛋白质组学的后续研究提供了大量的信息。两个阶段的 Nb 孢子表达的主要蛋白有着高度相似的等电点（pI）和分子质量（MW）。例如，蛋白点 2 和蛋白点 3 经后续实验证明为肌动蛋白，其在 Nb 孢子母细胞和 Nb 成熟孢子的蛋白质图谱中等电点与分子质量均相同。但二者也存在差异，如 Nb 成熟孢子中表达量最高的蛋白点 1（图 5-14b）在 Nb 孢子母细胞中（图 5-14a）几乎没有表达。

5.3.3　MALDI-TOF/TOF MS 分析及数据库搜索

选取 Nb 成熟孢子与 Nb 孢子母细胞总蛋白图谱中的差异蛋白以及其他高丰度蛋白共 100 个蛋白点进行质谱分析，其中 87 个蛋白点有明显的肽质量信号峰，信噪比较高；使用在线软件 Mascot 检索 NCBInr 数据库，获得 15 条可信蛋白结果。图 5-15 标出了 MALDI-TOF/TOF（基质辅助激光解析电离串联飞行时间）质谱鉴定到的可信蛋白点，表 5-11 列出了蛋白质的检索信息。其中 Nb 成熟孢子中大量表达而 Nb 孢子母细胞中缺失的蛋白点 1 检索结果为拟定孢壁蛋白 5（hypothetical spore wall protein，HSWP5）（表 5-12），我们将其重命名为 *Nb*SWP5。除从 NCBI 数据库中获取大量拟定孢壁蛋白和肌动蛋白、14-3-3 蛋白等高度保守蛋白及少数未注释蛋白外，大部分蛋白点都没有获得可信的检索结果。

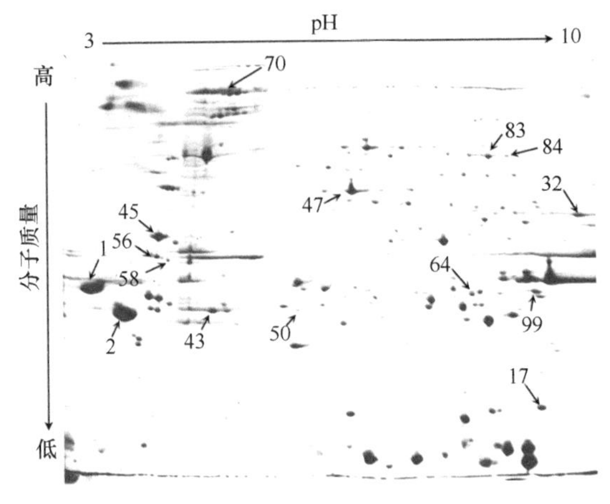

图 5-15　蛋白质图谱中蛋白点的 MALDI-TOF/TOF 质谱鉴定

表 5-11　孢子母细胞和成熟孢子高丰度蛋白点的鉴定

蛋白点编号	蛋白质名称	注释
1	HSWP5	ABV48893.1
2	HSWP8	ABV48896.1
43	SWP26	ACG56269.1
45	HSWP7	ABV48895.1
64	HSWP12	ABV48900.1
47	肌动蛋白	AAC98915.1
17	Cyn-3	NP_506751.1
56	14-3-3	CAD26245.1
70	ATPase	XP_965961.1
99	20S 蛋白酶体 α5 亚基	AAF91269.1
32	未知蛋白	ABE27271.1
84	未知蛋白	ABO69719.1
83	未知蛋白	ABO69719.1
50	拟定蛋白	EEQ82657.1
58	拟定蛋白	EEQ82016.1

表 5-12　蛋白点 1 的质谱及搜库结果

拟定孢壁蛋白：蛋白得分（protein score）为 169，蛋白得分度（protein score C. I. %）为 100						
多肽信息计算分子质量（Da）	测定分子质量（Da）	蛋白得分度±Da	蛋白得分度±ppm	起始序列	终止序列	序列
1271.6842	1271.6208	−0.0634	−50	69	79	DKPVQTLDDLK
1292.6733	1292.6051	−0.0682	−53	53	63	DTDSFEIKPLK
1482.8931	1482.8153	−0.0778	−52	87	100	LVPISILAVFADPK
1482.8931	1482.8153	−0.0778	−52	87	100	LVPISILAVFADPK
2074.0186	2073.9102	−0.1084	−52	69	86	DKPVQTLDDLKEEASEEK
2585.28	2585.1646	−0.1154	−45	27	52	NVPGSAIVNSGSQNEVTATVNAEAQK
3197.626	3197.4673	−0.1587	−50	101	130	EVMNTPSPVLIAAEQYIQESGAAGKPQNVR
3197.626	3197.4673	−0.1587	−50	101	130	EVMNTPSPVLIAAEQYIQESGAAGKPQNVR

研究结果表明，采用玻璃珠破碎法制备 Nb 总蛋白高效且可重复，在 2-DE 凝胶上用考马斯亮蓝染色后即可检测到约 350 个蛋白点，与黄少康等（2004）在探究家蚕微粒子虫转寄主后的蛋白质变异时，用发芽法制备的孢子总蛋白用银染法可检测到 300 多个蛋白点类似。由于一般银染蛋白点的量在 0.2pmol 以上，考马斯亮蓝染色展现的蛋白点的量在 20pmol 以上，因此银染质谱鉴定的成功率低，考马斯亮蓝染色质谱鉴定蛋白的成功率高。所以采用玻璃珠破碎法制备的家蚕微粒子虫总蛋白更适合于蛋白质的进一步质谱分析鉴定。

本实验未能发现 Nb 孢子母细胞和 Nb 成熟孢子间 2-DE 图谱的显著不同，即未见明显的差异表达蛋白，仅有的差异蛋白点极有可能为极管蛋白和表面蛋白。这种现象可能与本实验比较的 Nb 孢子母细胞和 Nb 成熟孢子尽管用密度差异依赖的离心技术可以很好分离，但两者毕竟为相邻发育阶段的细胞有关。

此外，本实验中蛋白点 17、47、56、70、99 为 NCBInr 数据库中微孢子虫的保守蛋白，蛋白点 32、50、58、83、84 则为未有功能预测的未知蛋白。没有检索到其他物种的蛋白质，也从另一个侧面证明通过 Percoll-蔗糖密度梯度离心法获得的 Nb 成熟孢子和 Nb 孢子母细胞纯度较高，不会检出家蚕组织碎片或其他细菌杂质。因此，随着微孢子虫数据库的日趋丰富和相关技术的发展，鉴定 Nb 不同发育阶段的差异蛋白，以及解明其功能将更具希望。

5.4　家蚕微粒子虫感染家蚕培养细胞的蛋白质组分析

5.4.1　家蚕微粒子虫在 BmN 培养细胞中的增殖

家蚕微粒子虫繁殖和制备 Nb 孢子悬浮液方法参见 12.1 节。BmN 培养细胞接种 Nb 孢子，48h 和 96h（裂殖生殖期和孢子形成期）后收集样品进行电镜检测。结果发现：在接种后 48h 样品中，可观察到双核的 Nb 裂殖体呈现不规则形状，并逐步开始进行细胞核的二分裂，早期发育阶段的孢子存在于 BmN 细胞质中（图 5-16b 黑色箭头所示），处于这个时期的 Nb 孢子没有成熟的孢壁，孢子孢原质膜与寄主细胞质直接相连。在接种孢子后 96h 样品中，可观察到 Nb 孢子的孢壁逐渐变厚成熟，与寄主细胞的界面明显分离，内质网、高尔基体、极管等细胞器发育形成，最后产生一个成熟孢子（图 5-16c），此时寄主 BmN 细胞内出现了一些空泡结构。在接种 Nb 孢子后 48h 和 96h 两个时期，Nb 孢子成功地感染了寄主细胞，并且在寄主细胞内繁殖发育，但在此期间寄主 BmN 细胞膜结构保持完整，细胞形态变化也不大，与对照组细胞相比，感染 Nb 的寄主 BmN 细胞其细胞核与细胞大小有所膨胀。

5.4.2　接种 Nb 孢子 BmN 细胞培养物的 2-DE 分析

BmN 培养细胞接种 Nb 孢子，分别于接种 48h 和 96h 后取细胞培养物（含 Nb、BmN 细胞和培养液等），同步取未接种 Nb 孢子的 BmN 细胞培养物为对照组（CK），BCA 法测定样本蛋白量，并调为统一浓度（120μg）的 2-DE 样本。2-DE 胶经高效银染法染色后，所得的蛋白质图谱丰度较高，蛋白点清晰可见（图 5-17）。

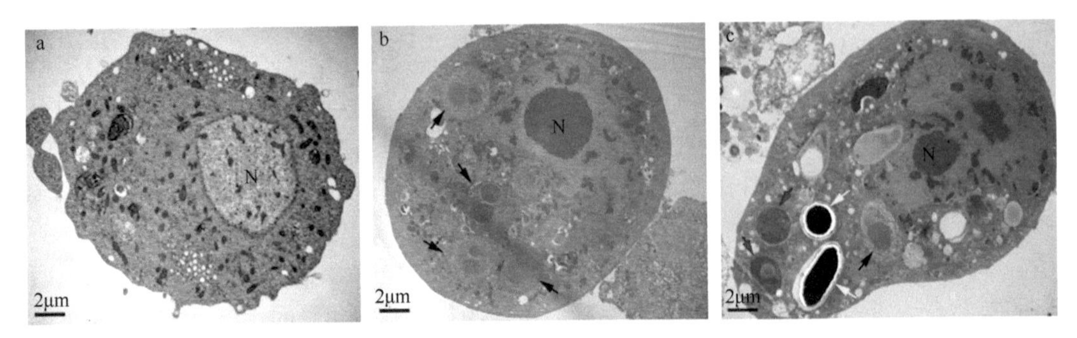

图 5-16 家蚕微粒子虫不同感染阶段与对照组的电镜观察图

a：未感染 Nb 孢子的 BmN 细胞，b：接种 Nb 孢子 48h 的 BmN 细胞，c：接种 Nb 孢子 96h 的 BmN 细胞；黑色箭头：裂殖体，红色箭头：孢子母细胞，蓝色箭头：孢子母细胞，黄色箭头：成熟孢子，N：寄主细胞核

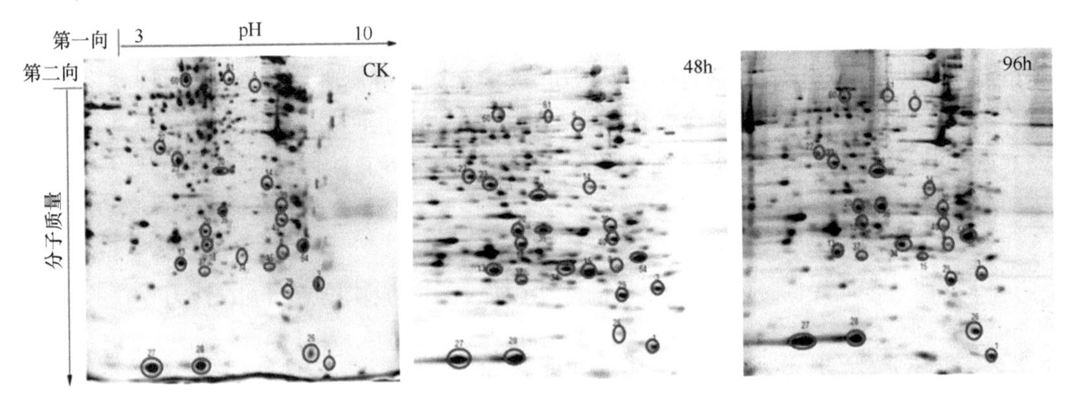

图 5-17 家蚕微粒子虫感染组与对照组总蛋白的 2-DE 比较图

红色圆圈以及对应编号标注的蛋白点即质谱鉴定成功的蛋白点

利用 ImageMaster^{TM} 2D 软件分析，对照组、接种 Nb 孢子 48h 和接种 Nb 孢子 96h 三组样品进行检测得到的蛋白点分别为 358 个、477 个和 443 个（表 5-13）。其中，接种 48h 和 96h 处理组与对照组蛋白的匹配度分别为 58.16%和 55.53%，感染 Nb 细胞培养物的蛋白点数量明显增多。接种 Nb 孢子两个处理组蛋白点数量比对照组蛋白点数量增加 100 多个。以未感染 Nb 的 BmN 细胞培养物总蛋白样品为对照，接种 Nb 孢子后与之比较，可认为蛋白点体积大于 1.8 是表达显著上调，小于 0.55 则是表达显著下调，而在两个数值之间为无明显差异。根据软件分析结果得出，两个处理组样品中共有 119 个蛋白点与对照组样品存在显著差异（$P<0.05$）。说明用 2-DE 进行不同样品蛋白分析能够得到较多差异结果，并为后续质谱鉴定提供良好的实验基础。

表 5-13 接种 Nb 不同时间培养细胞样品之间凝胶匹配度比较

样本类型	总蛋白点数	与 CK 匹配度
CK	358	100%
接种 Nb 感染 48h	477	58.16%
接种 Nb 感染 96h	443	55.53%

5.4.3　接种 Nb 孢子 BmN 细胞培养物差异蛋白点的质谱鉴定

根据 ImageMaster™ 2D Platinum 6.0 软件分析结果，从对照组、接种 Nb 孢子 48h 以及接种 Nb 孢子 96h 三组样品的 2-DE 图谱中分别选取具有明显差异且表达丰度较高的蛋白质共 56 个进行质谱鉴定（MS）。成功鉴定出 24 个有明显肽质量信号峰的蛋白点，信噪比较高。使用在线软件 Mascot 检索 NCBI 等数据库进行搜库，获得可信相关蛋白点结果（表 5-14），列出了蛋白点相应的名称、NCBI 登录号、理论分子质量和等电点、与对照组比较对应蛋白点丰度的变化情况等相关信息。鉴定得到的 24 个蛋白质其理论等电点范围为 4.68～8.38，偏酸性；其理论分子质量范围为 11.54～59.17kDa。其中，有 12 个蛋白质在 Nb 接种感染 48h 和 96h 的表达量均高于对照组；有 4 个蛋白在两个感染组中的表达量均低于对照组；有 3 个蛋白质的表达量，感染组与对照组相比，呈现先升高后降低的趋势；有 5 个蛋白质的表达量，感染组相对于对照组，表现为先降低后升高的趋势。

表 5-14　接种 Nb 孢子 BmN 细胞培养物不同蛋白点的质谱鉴定结果

蛋白点编号	蛋白质名称	NCBI 登录号	理论 MW（kDa）/pI	匹配多肽	SC（%）[1]	平均倍数变化（mean±SD）[2]	
						48h	96h
1	ribosomal protein P2	GI：112984336	11.54/4.68	10	74	9.13±1.88	9.98±0.51
3	14-3-3 protein zeta	GI：206557933	28.10/4.90	15	51	−2.29±0.18	−2.31±0.16
5	chaperonin	GI：120444903	59.17/5.40	14	21	−2.25±0.06	−10.95±1.01
8	26S proteasome non-ATPase regulatory subunit 13	GI：114051770	43.01/5.99	17	35	−2.06±0.04	2.29±0.11
13	GTP-binding nuclear protein Ran	GI：114052751	24.34/6.96	15	38	2.05±0.05	−2.43±0.22
14	proteasome alpha 3 subunit	GI：114051245	28.26/5.27	13	31	−2.25±0.03	−2.59±0.08
15	H^+ transporting ATP synthase subunit d	GI：153791739	20.20/5.56	5	32	15.33±1.34	2.39±0.15
18	proteasome subunit alpha type 6-A	GI：114052160	27.14/6.44	8	23	4.18±0.16	−2.46±0.38
20	prohibitin protein WPH	GI：114053221	30.08/6.45	17	62	3.51±0.30	2.56±0.21
22	fructose 1,6-bisphosphate aldolase	GI：148298685	39.65/8.38	13	33	2.09±0.07	2.05±0.04
23	ribosomal protein P0	GI：112982735	34.19/5.69	13	44	−3.33±0.19	−2.73±0.08
26	cytochrome c oxidase subunit Va	GI：164448662	17.02/5.66	9	24	−2.50±0.30	2.58±0.16
27	abnormal wing disc-like protein	GI：153791847	17.31/6.74	13	74	−2.25±0.26	3.52±0.22
28	cyclophilin	GI：76577781	17.96/7.74	20	51	2.24±0.10	2.24±0.20
29	DJ-1 beta	GI：350534642	20.11/5.28	6	21	4.07±0.41	2.39±0.28
30	actin-depolymerizing factor 1	GI：153792659	17.01/6.17	6	35	2.61±0.10	5.05±0.22
34	triosephosphate isomerase	GI：187281708	26.78/5.67	12	38	11.92±0.77	7.38±0.14
35	glutathione-*S*-transferase sigma 2	GI：160333678	23.34/5.85	11	31	3.31±0.21	4.39±0.27
37	thiol peroxiredoxin	GI：38260562	21.92/6.09	6	23	7.61±1.47	2.44±0.13
39	ubiquitin carboxy-terminal hydrolase CG4265	GI：312597590	25.41/5.01	15	62	2.18±0.03	2.24±0.19
40	inorganic pyrophosphatase	GI：312597598	32.24/4.96	27	33	4.07±0.13	−3.16±0.13
54	phosphoglycerate kinase	GI：312597600	40.77/5.15	21	44	5.28±0.11	3.43±0.14
60	chaperonin subunit 6a zeta	GI：114050749	57.74/6.59	12	44	−3.17±0.05	2.286±0.11
61	mitochondrial aldehyde dehydrogenase	GI：114052408	55.85/7.52	21	54	−6.09±0.85	−8.72±0.24

1：肽段匹配度；2：蛋白质丰度变化情况；“+”表示蛋白质丰度上调，“−”表示蛋白质丰度下调

微孢子虫进入寄主细胞开始增殖阶段的发育（裂殖生殖期）后，从微孢子虫的作用角度而言，微孢子虫能够分泌蛋白酶类降解周围组织，经酶解产生的小分子物质，通过物质运输的方式吸收入裂殖体内，作为其自身的营养成分。从寄主细胞角度而言，随着微孢子虫裂殖体的增加和孢子在寄主细胞内的不断繁殖，寄主可通过增加细胞质中囊泡和溶酶体等细胞器，加速自身新陈代谢和进行物质合成（Wittner and Weiss，1999）。有关这种现象，从寄主基因或蛋白质表达等分子机制层面开展的研究和报道尚不多见。

本实验中，鉴定得到的24个差异蛋白均为寄主BmN细胞的蛋白质，鉴定成功率约为42.9%，其中对照组未能检测到特异性的蛋白质。该结果表明Nb感染BmN细胞后，导致寄主BmN细胞发生相应的改变，并可被本实验系统所发现。蛋白质表达的变化由Nb增殖对BmN细胞的破坏作用所致，还是由BmN细胞针对Nb增殖启动了对应免疫功能所致，或两者兼而有之，有待进一步研究。

5.4.4 接种Nb孢子细胞培养物差异蛋白的生物信息学分析与功能验证

通过上述感染Nb孢子BmN培养细胞的蛋白质2-DE和质谱测序，获得了Nb感染BmN细胞中差异显著的蛋白质，系统分析差异蛋白理论等电点、分子质量等相关特征，并统计出差异蛋白在感染前-后表达量的变化情况。差异蛋白质组学方法能够反映出生物在生长发育、病理过程中蛋白质的特有组成和变化，能够帮助我们认识一个生命活动的本质途径，但是鉴定得到的蛋白质具有何种功能、参与何种代谢调节还需要通过进一步的生物信息学分析解明，这些差异蛋白在Nb感染寄主BmN细胞过程中所扮演的角色和作用也需要用其他相关实验手段验证。

与家蚕其他传染病（病毒病、细菌病和真菌病）相比，家蚕微粒子病具有感染周期长、作用时间慢等特点，即Nb在寄主家蚕细胞或体内具有足够的时间和空间繁殖其后代。因此，探索并发现Nb与家蚕相互依存的关系，解明Nb的繁殖机制是一个十分重要的研究目标。基于此目标，了解Nb感染家蚕细胞后家蚕细胞的生化过程会发生怎样的改变，以应对外来“非己”病原的影响，将为Nb与家蚕细胞相互作用机制的解明提供重要参考依据。为此，在感染Nb孢子BmN培养细胞的蛋白2-DE和质谱测序分析完成后，开展了差异蛋白的生物信息学分析与功能验证研究。

5.4.4.1 差异蛋白的生物信息学分析

根据UniProt Knowledgebase数据库的蛋白质功能信息（表5-15），查询上述成功鉴定的24个差异蛋白相应的GO号，按照GO号进行WEGO分析来进行功能注释（图5-18）。所有蛋白质按照细胞组分、分子功能、生物过程或42个亚类来进行归类。结果表明，差异表达蛋白与细胞、细胞内组分、细胞进程、结合与催化活性、生物调节、细胞代谢进程、代谢进程等方面相关性较高。

KEGG代谢分析表明，有3个蛋白质参与了不同代谢途径，而核糖体蛋白P2（ribosomal protein P2）和核糖体蛋白P0与核糖体合成有关，14-3-3蛋白ζ则与细胞凋亡等信号通路有关。蛋白酶体α3亚基（proteasome alpha 3 subunit）、蛋白酶体亚基α型6-A（proteasome subunit alpha type 6-A）、泛素羧基端水解酶 CG4265（ubiquitin carboxy-terminal hydrolase CG4265）与蛋白质泛素化过程有关。巯基抗氧化酶（thiol peroxiredoxin）、线粒体醛脱氢酶（mitochondrial aldehyde dehydrogenase）、DJ-1β 与氧化还原相关功能有关。另外，有 7 个蛋白质参与能量代谢过程。这些重要的生物学功能与 Nb 寄生生活的特点具有极其重要的关系。

表 5-15　感染 Nb 细胞培养物差异蛋白的功能注释结果

蛋白点编号	蛋白质名称	分子功能
1	ribosomal protein P2	翻译断裂延伸
3	14-3-3 protein zeta	信号通路
5	chaperonin	糖蛋白伴侣活性
8	26S proteasome non-ATPase regulatory subunit 13	蛋白质酶解
13	GTP-binding nuclear protein Ran	细胞内蛋白质转运
14	proteasome alpha 3 subunit	泛素依赖蛋白分解代谢
15	H^+ transporting ATP synthase subunit d	ATP 合成耦合质子输运
18	proteasome subunit alpha type 6-A	泛素依赖蛋白分解代谢
20	prohibitin protein WPH	未知
22	fructose 1,6-bisphosphate aldolase	糖酵解
23	ribosomal protein P0	核糖体合成
26	cytochrome c oxidase subunit Va	细胞色素 C 氧化酶活性
27	abnormal wing disc-like protein	核苷二磷酸激酶活性
28	cyclophilin	蛋白质折叠
29	DJ-1 beta	氧化修饰
30	actin-depolymerizing factor 1	肌动蛋白结合
34	triosephosphate isomerase	糖生物合成
35	glutathione-*S*-transferase sigma 2	蛋白质结合
37	thiol peroxiredoxin	氧化还原酶活性
39	ubiquitin carboxy-terminal hydrolase CG4265	泛素依赖蛋白分解代谢
40	inorganic pyrophosphatase	含磷化合物代谢
54	phosphoglycerate kinase	磷酸甘油酸激酶活性
60	chaperonin subunit 6a zeta	ATP 结合
61	mitochondrial aldehyde dehydrogenase	氧化还原酶活性

5.4.4.2　差异蛋白的表达分析

在成功鉴定的 24 个差异蛋白中，根据 Nb 的生物学和增殖特性，重点关注了与分子合成和转运、氧化应激及能量代谢三种生物学功能相关的差异蛋白，并进行总结归类（图 5-18）。

分子合成和转运功能相关差异蛋白有 3 个点，分别为 1 号点、13 号点和 23 号点，随 Nb 感染 BmN 培养细胞培养时间延长，其表达量变化呈现 3 种类型（图 5-19a）。1 号点核糖体蛋白 P2，蛋白质表达量是持续上升；13 号点 GTP-结合核蛋白 Ran（GTP-binding nuclear protein Ran)，蛋白质表达量是先升后降；23 号点核糖体蛋白 P0，蛋白质表达量是持续降低。

氧化应激相关差异蛋白有 3 个点，分别为 35 号点、37 号点和 61 号点，随 Nb 感染 BmN 培养细胞培养时间延长，其表达量变化呈现 2 种类型（图 5-19b）。35 号点谷胱甘肽-*S*-转移酶 ε2（glutathione-*S*-transferase sigma 2，GSTε2）、37 号点巯基抗氧化酶，蛋白质表达量两者都是持续上升；61 号点线粒体醛脱氢酶，蛋白质表达量是持续降低。

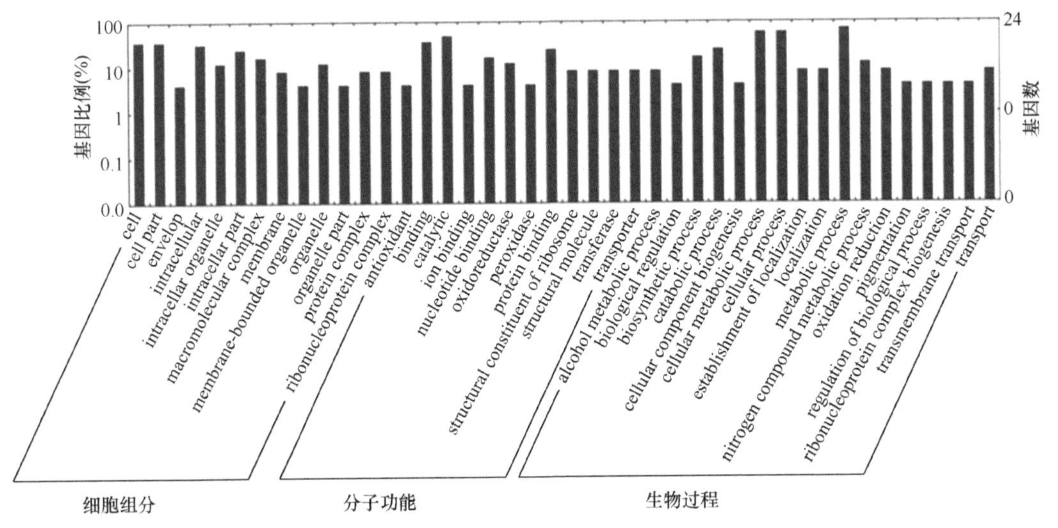

图 5-18　接种 Nb 的 BmN 细胞培养物不同差异蛋白的功能聚类分析

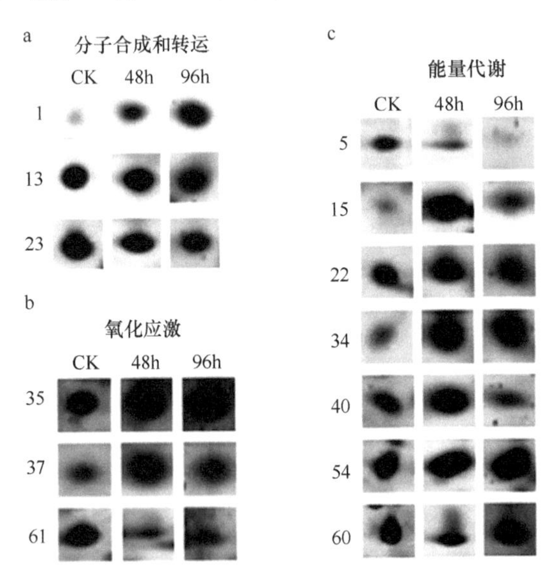

图 5-19　三种重要生物学功能蛋白归类

能量代谢相关差异蛋白有 7 个点，分别为 5 号点、15 号点、22 号点、34 号点、40 号点、54 号点和 60 号点，随 Nb 感染 BmN 培养细胞培养时间延长，其表达量变化呈现不同类型（图 5-19c）。5 号点伴侣蛋白（chaperonin）、60 号点伴侣蛋白亚基 6aζ（chaperonin subunit 6a zeta），蛋白质表达量两者都是先降后升；15 号点 H^+转运 ATP 合成酶亚基 d（H^+ transporting ATP synthase subunit d）、22 号点 1,6-二磷酸果糖醛缩酶（fructose 1,6-bisphosphate aldolase，ALD）、34 号点磷酸丙糖异构酶（triose-phosphate isomerase，TPI）、54 号点磷酸甘油酸激酶（phosphoglycerate kinase，PGK），蛋白质表达量四者都是持续上升；40 号点无机焦磷酸酶（inorganic pyrophosphatase，IPPA），蛋白质表达量是先升后降。

5.4.4.3 细胞水平的 mRNA 转录验证实验

用细胞刮轻轻收集接种 Nb 孢子后培养 48h 和 96h 的 BmN 细胞，以及相应时间的空白对照组细胞，放入 1.5ml 无 RNA 酶 EP 管中，800r/min 离心 10min（4℃），弃上清，−80℃冻存备用。Trizol 法提取各样品 RNA，再用 EasyScript First-Stand cDNAs Synthesis SuperMix（北京全式金生物技术股份有限公司）反转录试剂盒进行反转录，合成所需单链 cDNA 模板，进行 qPCR。

根据上述质谱鉴定（MS）结果，从 NCBI 数据库中查询家蚕对应的核酸序列和家蚕 *actinA3* 序列，用 Primer 5.0 软件设计荧光定量 PCR 的引物，其中 *actinA3* 引物序列为 F：5′-CATCGCTCCCCCAGAGAGGAAGT-3′，R：5′-CTTGAGGTTCTGCTGTAGGGCATC-3′，其余蛋白质对应引物序列见表 5-16。

表 5-16 相关蛋白的引物序列

蛋白点编号	NCBI 序列登记号	引物名称	引物序列
3	GI：206557933	14-3-3-F	5′-ATGAAGGAAGTGACGGAAAC-3′
		14-3-3-R	5′-CCCAAACGTCGTAGCAGAT-3′
5	GI：120444903	chaperonin-F	5′-GAAAGTTATAGTGGCTGGTG-3′
		chaperonin-R	5′-AAGTTCCTGGGTAGTTGG-3′
13	GI：114052751	GTP-binding-F	5′-AGATTTGGTCCGTGTATG-3′
		GTP-binding-R	5′-ATTGTAACTTCTGGTGGC-3′
15	GI：153791739	H^+ transporting-F	5′-TCGCAGTGGAATCAAGTCA-3′
		H^+ transporting-R	5′-TGGTCATCTGGTCATACGG-3′
18	GI：114052160	proteasome 6-F	5′-GGGTTGACATCTGTGGCATTA-3′
		proteasome 6-R	5′-CCAGTTGGCAGCCTCGTAG-3′
22	GI：148298685	fructose-F	5′-CCGAAGTCTTACCTGATGGC-3′
		fructose-R	5′-TGTTGGGCTTGAGGAGTGTC-3′
23	GI：112982735	rP0-F	5′-AATGTTTCATCGTGGGTGC-3′
		rP0-R	5′-TGGTCTTTGATGGCTTTGC-3′
29	GI：350534642	DJ-1 beta-F	5′-GAGCAAGTCTGCGTTAGTGA-3′
		DJ-1 beta-R	5′-TCCTTCTAAGCCTCCTGGTA-3′
34	GI：187281708	triosephosphate-F	5′-TTCCTGCTATTTACCTGTC-3′
		triosephosphate-R	5′-GTATAACCCAATTTACTCCA-3′
35	GI：160333678	glutathione-F	5′-AGAGGCTGCTGCTGGCTTAC-3′
		glutathione-R	5′-GCATCTGACCGAACGGAGT-3′
37	GI：38260562	thiol-F	5′-CGACTCGCACTTCACTCACC-3′
		thiol-R	5′-TCTCCTCGTCCAGCACTCC-3′

续表

蛋白点编号	NCBI 序列登记号	引物名称	引物序列
39	GI：312597590	ubiquitin-F	5′-GCCCTGTGCTTTCTGTAATG-3′
		ubiquitin-R	5′-AAACTTCTTGCCCTTTGGAC-3′
54	GI：312597600	phosphoglycerate-F	5′-CTTATGTCGCATTTGGGTA-3′
		phosphoglycerate-R	5′-TTCTGGATCAGCCTTCACT-3′
60	GI：114050749	chaperonin 6-F	5′-ATCAAAGCTAACACGGAACT-3′
		chaperonin 6-R	5′-CTGTACTCAAATCTAAGCCAAT-3′
61	GI：114052408	mitochondrial-F	5′-GACAACGGCAAACCATACAAG-3′
		mitochondrial-R	5′-AGTACAACCCGTCGCCAGA-3′

选取 15 个重点关注蛋白进行基因转录水平的分析，其中 11 个基因（表 5-16 灰色部分）与 5.4.4.2 节（图 5-19）的蛋白对应（未包括其中的 1 号点核糖体蛋白 P2 和 40 号点无机焦磷酸酶）。其余 4 个基因分别为 14-3-3 蛋白 ζ、蛋白酶体亚基 α 型 6-A（proteasome subunit α type 6-A）、DJ-1β（PARK7 编码基因，属于肽酶 C56 蛋白质家族的一个成员）和泛素羧基端水解酶 CG4265（一种含 76 个氨基酸残基的高度保守的热稳定小分子蛋白）。

qPCR 结果显示：有 12 个蛋白的 mRNA 转录水平随着 Nb 感染 Bm 细胞时间的延长而上升（图 5-20a），DJ-1β、14-3-3 蛋白 ζ 和 TPI 3 个参与能量代谢和物质分解代谢过程蛋白的 mRNA 转录水平有下降的趋势（图 5-20b）。

在蛋白表达和 mRNA 转录趋势的一致性方面（其中 11 个蛋白），2 个蛋白表达量与其 mRNA 转录水平（伴侣蛋白和伴侣蛋白亚基 6aζ，图 5-19 的 5 号点和 60 号点）都是先降后升，完全一致；1 个蛋白（GTP-结合核蛋白 Ran，图 5-19 的 13 号点）的 mRNA 转录水平是先降后升，而蛋白表达量则是先升后降，两者完全相反；在 mRNA 转录水平持续上升的 6 个蛋白中，5 个基因（H^+转运 ATP 合成酶亚单位 d 编码基因、ALD 编码基因、GSTΣ2 编码基因、羟基抗氧化酶编码基因和 PGK 编码基因，分别为图 5-19 的 15 号点、22 号点、35 号点、37 号点和 54 号点）表达量则是先降后升，1 个基因（TPI 编码基因）的 mRNA 转录水平则是先升后降；蛋白表达量持续下降的 2 个蛋白（核糖体蛋白 P0 和线粒体醛脱氢酶，图 5-19 的 23 和 61 号点）其 mRNA 转录水平均表现为先降后升。

蛋白表达量和 mRNA 转录水平的明显差异及不同步现象，也表明 Nb 感染 BmN 细胞后对寄主基因转录有复杂的影响。

5.4.4.4 组织水平的 mRNA 转录验证实验

上述实验用 BmN 细胞从家蚕卵巢组织分离得到，并驯化成可稳定繁殖的细胞系。Nb 感染 BmN 细胞与家蚕幼虫个体，对寄主细胞各种生理生化指标的影响很有可能存在不同。为此，开展了家蚕添食不同浓度 Nb 孢子后取中肠样本进行组织水平的 mRNA 转录验证实验。

选取 270 条 3 龄眠蚕（P50，或称大造），按照每 90 条一区进行分区饲养，一共分 3 区。在 4 龄起蚕后，其中 2 区添食 Nb 孢子，将 Nb 孢子悬浮液（100μl）用小棉花球均匀涂抹到数片 2cm×2cm 的桑叶叶背，进行添食感染，约 6h 内桑叶被食尽后，改用新鲜桑叶常规饲养。添食剂量分别为 10^6 孢子/条蚕和 10^8 孢子/条蚕。余下一区 4 龄起蚕作为对照组，用新鲜桑叶常规饲养。

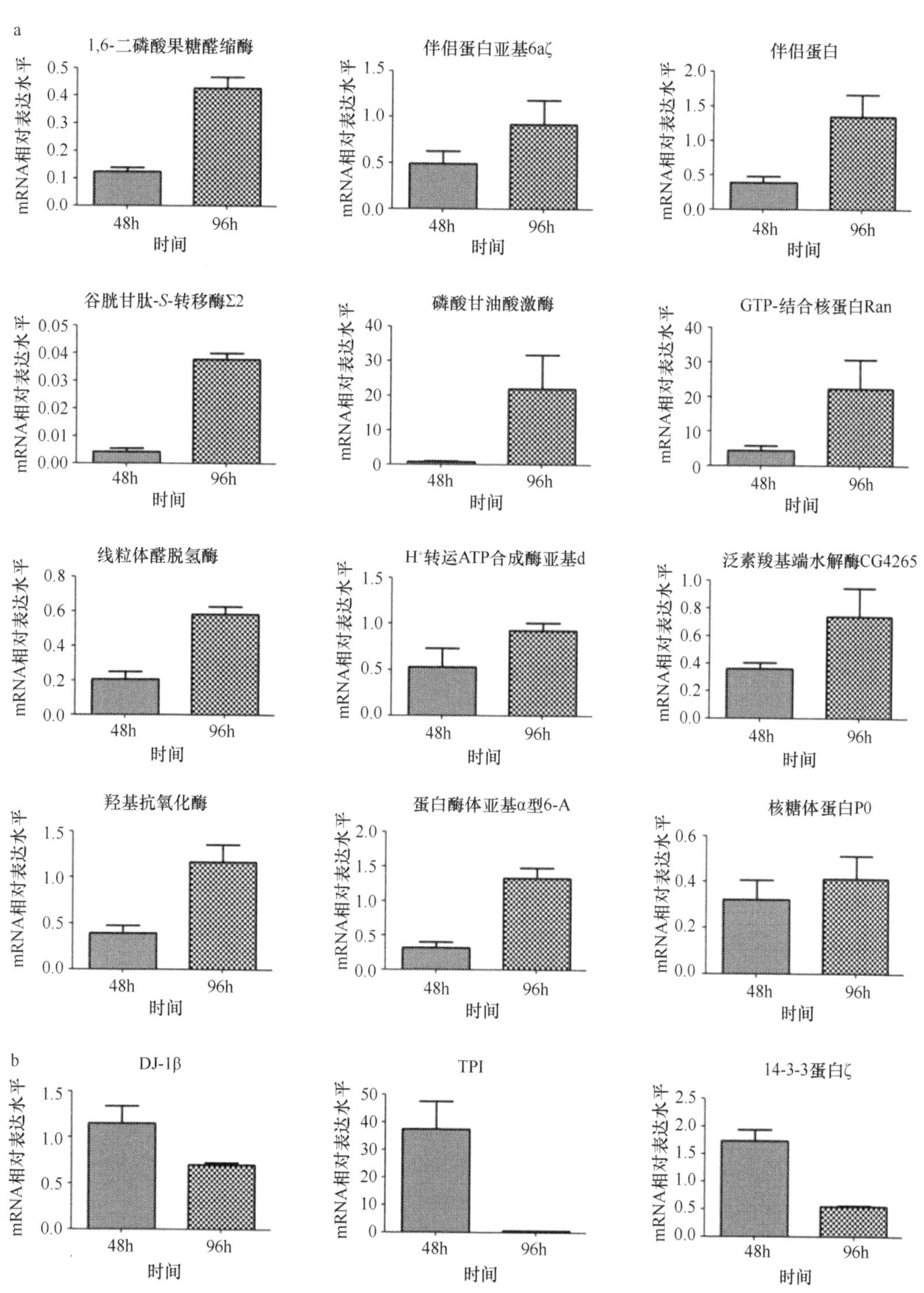

图 5-20　接种 Nb 孢子 BmN 细胞相关蛋白的 mRNA 转录谱验证

a：表达量上调的基因；b：表达量下调的基因

在添食 Nb 孢子 48h 和 96h 后，将不同感染剂量组（平均 10^6 孢子/条蚕和 10^8 孢子/条蚕）与对照组的家蚕幼虫分别固定于蜡盘上，用经焦碳酸二乙酯（diethyl pyrocarbonate，DEPC）水处理灭菌的眼科剪和镊子解剖取家蚕中肠，置于无 RNase 的 EP 管中，每个样品各取 10 条，重复 3 次，取好的组织样品放入−80℃保存备用。

称取 80mg（湿重）家蚕幼虫中肠组织样品，置于经 DEPC 水处理灭菌的 2ml 破碎管内，加入 1ml 的 Trizol 和 0.1g 酸洗玻璃珠，在珠磨式破碎仪中，采用 5000s-5min×4 的破碎程序，进行中肠组织破碎，间歇期间将样品置于冰上，防止 RNA 降解。再利用 Trizol 法提取各样品 RNA，以及用 EasyScript First-Stand cDNAs Synthesis SuperMix（北京全式金生物技术股份有限公司）反转录试剂盒进行反转录，合成所需单链 cDNA 模板，进行 qPCR。

选取 15 个蛋白与其基因（11 个与图 5-19 同，14 个与图 5-20 同）在不同时间进行蛋白表达量与 mRNA 转录水平比较。在家蚕幼虫 Nb 低剂量（10^6 孢子/条蚕）感染的情况下（图 5-21），中肠组织 mRNA 转录水平均表现为先升后降；中肠组织与 BmN 培养细胞 mRNA 转录水平相比，有 3 个蛋白的 mRNA 转录水平（DJ-1β、14-3-3 蛋白 ζ 和 TPI）同为先升后降，其余 11 个蛋白的 mRNA 转录水平均为先降后升。在家蚕幼虫 Nb 高剂量（10^8 孢子/条蚕）感染的情况下（图 5-22），中肠组织 mRNA 转录水平均表现为先降后升；中肠组织有 3 个蛋白（DJ-1β、14-3-3 蛋白 ζ 和 TPI）的 mRNA 转录水平与 BmN 培养细胞同为先降后升，其余 11 个蛋白的 mRNA 转录水平均为先升后降。

在 Nb 感染后不同时间中肠组织 mRNA 转录水平与 BmN 培养细胞蛋白表达量（图 5-19）的相关方面，在家蚕幼虫 Nb 低剂量（10^6 孢子/条蚕）感染情况下（图 5-21），GTP-结合核蛋白 Ran 的蛋白表达量和 mRNA 转录水平都为先升后降；伴侣蛋白和伴侣蛋白亚基 6aζ 的蛋白表达量为先降后升，而 mRNA 转录水平为先升后降；线粒体醛脱氢酶的蛋白表达量为持续下降，mRNA 转录水平为先升后降；其余 7 个蛋白的蛋白表达量都持续上升，而 mRNA 转录水平均为先升后降。在家蚕幼虫 Nb 高剂量（10^8 孢子/条蚕）感染的情况下（图 5-22），mRNA 转录水平均为持续上升，7 个蛋白（核糖体蛋白 P2、H^+转运 ATP 合成酶亚基 d、ALD、TPI、谷胱甘肽-*S*-转移酶 Σ2、羟基抗氧化酶和 PGK）的蛋白表达量趋势与之相同，其余则不同。

对 Nb 感染 BmN 培养细胞与 Nb 感染家蚕个体中肠组织的蛋白表达量和 mRNA 转录水平进行综合比较，在低剂量 Nb 感染家蚕幼虫时，Nb 对家蚕中肠的感染程度相对较低，可能是家蚕幼虫拥有相对完善的免疫系统，能够抵抗这种外来病原的影响，此时相关蛋白 mRNA 转录水平的变化很快被寄主调节到原有水平，体现出一种“瞬时”效果；而高剂量 Nb 感染家蚕幼虫时，中肠感染程度高，机体的免疫系统不能抵消感染应激反应，与体外感染实验类似，因此其结果与 BmN 培养细胞检测结果一致。

蛋白表达和 mRNA 转录能体现生物学功能的上下游关系，Nb 感染 BmN 培养细胞与幼虫个体细胞的差异主要代表了细胞与整体的关系，上述蛋白表达量和 mRNA 转录水平-感染剂量-感染时间等的关系有待进一步深入研究。

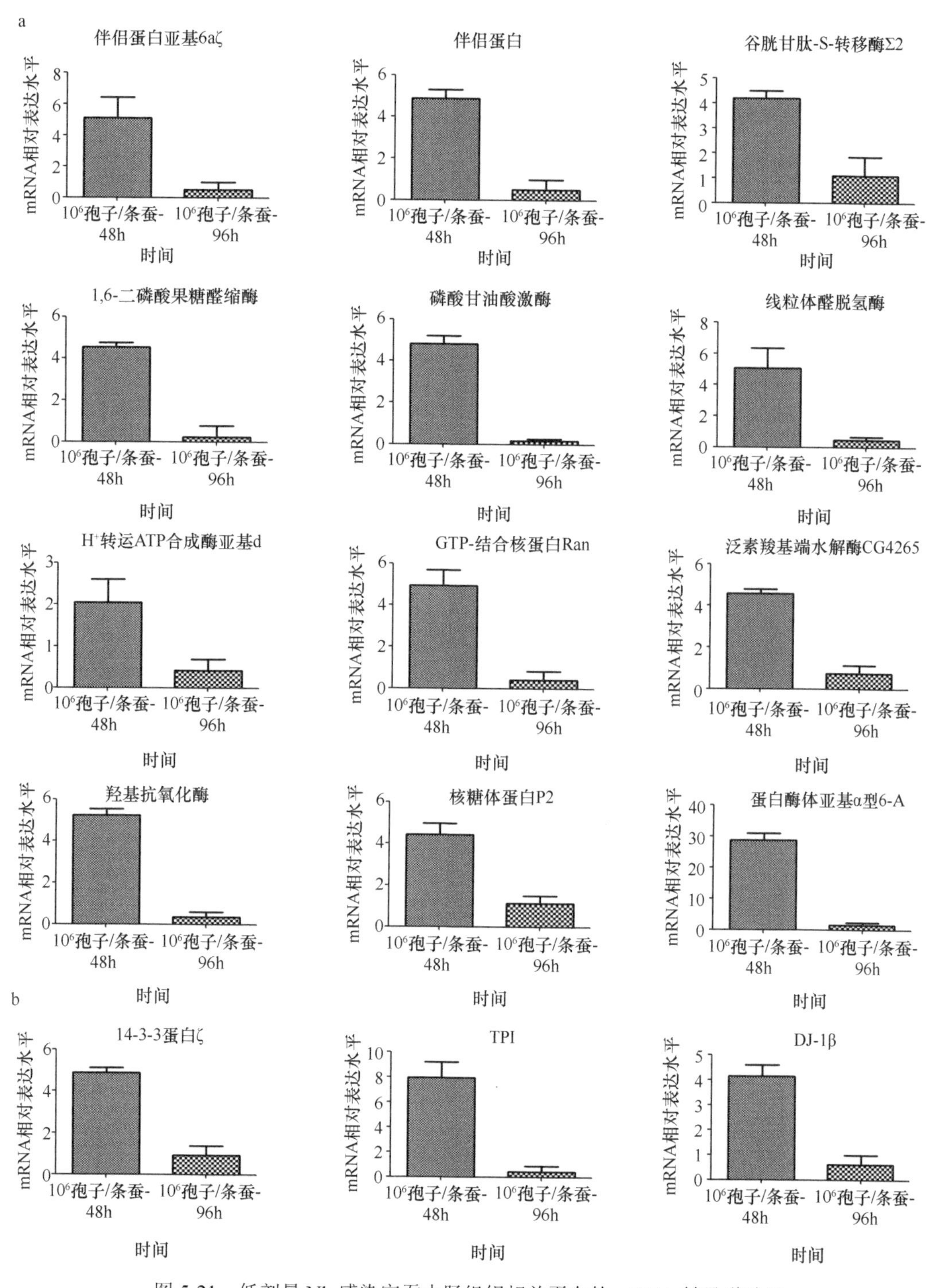

图 5-21　低剂量 Nb 感染家蚕中肠组织相关蛋白的 mRNA 转录谱验证

5.4.4.5　谷胱甘肽-*S*-转移酶的活性变化

在上述差异蛋白的鉴定结果中，发现接种 Nb 孢子 48h 和 96h 后，BmN 细胞的 GSTΣ2 蛋白（35 号点）的蛋白表达量与 mRNA 转录水平呈现不同的趋势（图 5-19b、图 5-20a、

图 5-21a 和图 5-22a）。

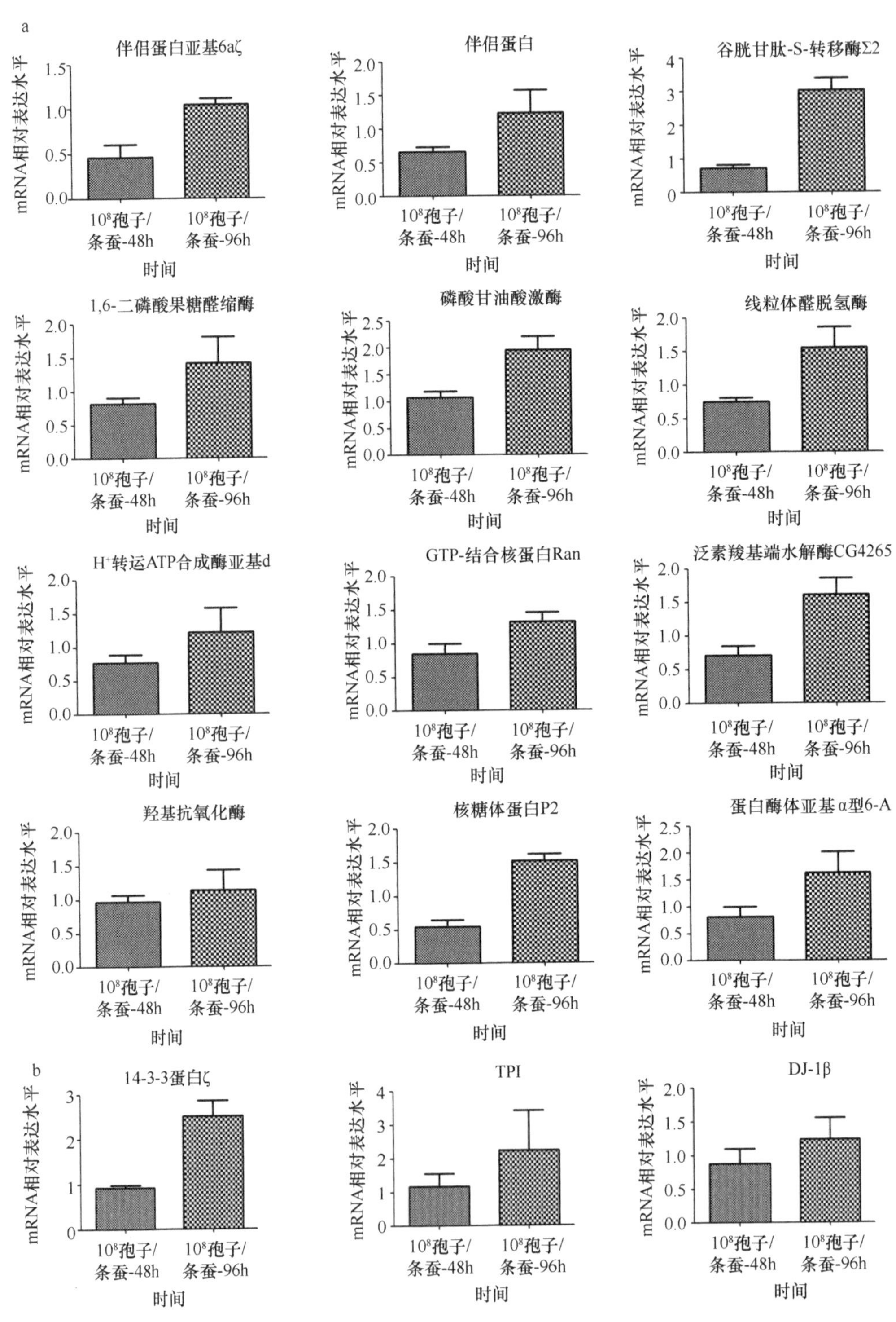

图 5-22　高剂量 Nb 感染家蚕中肠组织相关蛋白的 mRNA 转录谱验证

因此，用 GST 酶检测试剂盒、分光光度计法测定了接种 Nb 孢子 BmN 细胞的 GST 酶活性变化。结果发现：接种 Nb 孢子后 48h 实验组与对照组相比，GST 酶活性显著下降（$P<0.05$）；而接种 Nb 孢子 96h 后，实验组与对照组相比，GST 酶活性显著上升（$P<0.01$）（图 5-23）。与培养细胞和高剂量 Nb 感染个体中肠组织中的 mRNA 转录结果相同（图 5-20a 和图 5-22a）。

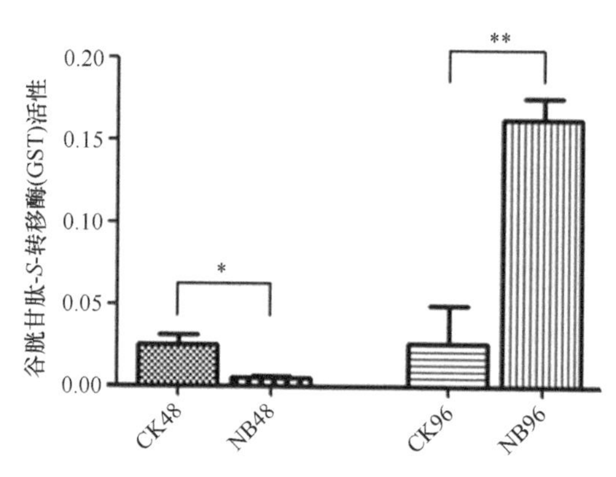

图 5-23 家蚕 BmN 细胞谷胱甘肽-*S*-转移酶活性

NB48/NB96：接种孢子 48h/96h 后的细胞样品；CK48/CK96：相应时期的对照组细胞样品。*：$P<0.05$；**：$P<0.01$

综合上述，Nb 感染 BmN 细胞后，对质谱测序鉴定得到的 24 个蛋白点进行功能分析（KEGG 和 GO 聚类分析等），重点关注分子合成和转运、氧化应激、能量代谢 3 类生物学功能。

在分子合成和转运方面，核糖体蛋白 P0/P2 和 GTP-结合核蛋白 Ran 具有分子合成与转运功能。真核细胞 P 蛋白家族在延长因子发挥作用和 GTPase 依赖的反应中具有重要的意义（Vard et al.，1997）。蛋白 P1-P2 位于核糖体上，负责激活细胞质中非磷酸化蛋白，以达到活化核糖体的作用（Elkon et al.，1986）。在家蚕核糖体中，P1-P2 结合形成的异二聚体同 P0 蛋白结合形成一个三聚体，随即与 rRNA 的 GTP 酶偶联结构域相连，进而在 80S 核糖体和真核延长因子（elongation factor）1 与 2 之间形成的特定区域中发挥重要作用（Shimizu et al.，2002）。Nb 具有类似于原核生物的核糖体，缺少真核生物 5.8S rRNA（Ishihara and Hayashi，1968）。在质谱鉴定的差异蛋白中，分子合成和转运相关蛋白表达量显著上调（图 5-19），这一结果暗示可能 Nb 为了更好地适应寄生生活，借助寄主细胞的合成和转运相关蛋白实现自身的繁殖。

在氧化应激方面，病原微生物感染寄主后，通常会通过产生活性氧（reactive oxygen species，ROS）对寄主细胞造成氧化压力损伤（Mohankumar and Ramasamy，2006；Suresh et al.，2009；Tchankouo-Nguetcheu et al.，2010），当寄主体内的氧化压力增强，便会产生与炎症相关的疾病。而此时，寄主自身的防御系统会调动抗氧化功能的启动，通过使 ROS 合成与清除达到一个动态的平衡来维护机体的稳态（Ha et al.，2005a；Ryu et al.，2010）。因此，生物机体的氧化应激系统在寄主遭受病原微生物侵害的过程中具有十分重要的作用。同时，作为共生性寄生虫，病原也会通过改变寄主的防御机制来营造一个有利于自身长期繁殖的、相对稳定的生存环境（Tachado et al.，1997；Lefevre et al.，2006）。

GST 是一个由多基因编码的超家族酶系，其主要功能是催化 GST 的巯基与有毒的亲电子类物质进行轭合反应，从而达到保护机体免受过氧化损害的目的。当 Nb 感染 BmN 细胞后，GST 和巯基抗氧化酶显著上调，进一步检测感染 Nb 孢子细胞 GST 酶活性的结果显示，与对照组相比，Nb 孢子在接种后 96h 能够显著提高 BmN 细胞的 GST 酶活性。之前也有研究结果表明，当按蚊阿尔及尔微孢子虫感染寄主埃及按蚊后，GST 蛋白的表达量也明显上调（Biron et al.，2005）。这些实验结果说明，微孢子虫可能具有通过调节寄主的氧化应激蛋白表达来营造一个有利于自身生存环境的功能。

在能量代谢方面，真核细胞有许多条代谢途径为生命活动提供能量动力，如糖酵解途径、三羧酸循环以及磷酸戊糖途径，但这些途径存在于线粒体中。微孢子虫是一种缺乏线粒体的真核生物。在兔脑炎微孢子虫（*En. cuniculi*）基因组分析中发现，不存在参与柠檬酸循环和氧化磷酸化蛋白的基因（Williams et al.，2010），其仅有 4 个具有 ATP 运输功能的核苷运输基因，这些基因能够将寄主胞质内的 ATP 传递给孢子提供能量（Tsaousis et al.，2008）。家蚕微粒子虫、柞蚕微孢子虫（*N. antheraeae*）和东方蜜蜂微孢子虫（*N. ceranae*）的基因组中也同样缺少三羧酸循环和脂肪酸 β-氧化相关基因（Pan et al.，2013）。本研究通过蛋白功能分析，发现了 7 个参与能量代谢的蛋白在家蚕微粒子虫感染 BmN 细胞后表达量发生显著改变，包括磷酸甘油酸酯激酶（PGK）、1,6-二磷酸果糖醛缩酶（ALD）、磷酸丙糖异构酶（TPI）、无机焦磷酸酶（IPPA）、H^+转运 ATP 合成酶以及两个与能量代谢相关的分子伴侣。除 ALD 和 IPPA 两个蛋白，其余 5 个能量相关蛋白在接种 Nb 孢子 48h 后显著上调，并且在接种 96h 后有持续增加的趋势。这些蛋白在糖酵解/糖异生途径以及磷酸戊糖途径中发挥重要作用（Kelley and Freeling，1984；Mujer et al.，1993；Andrews et al.，1994）。另外，在能量消耗方面，两个相关的分子伴侣蛋白受 Nb 感染的影响而表达量下降。这些能量相关蛋白的变化说明 Nb 作为一种能量寄生型病原微生物，为了实现寄生生活而进化出能够“盗取”寄主细胞 ATP 的功能。同时，为了能够长时间在寄主细胞内发育，Nb 可能还具有抑制寄主细胞对其产生伤害的功能。

总之，通过差异蛋白分析说明，Nb 具有调节 BmN 细胞多种生化代谢功能的能力，如分子合成和转运、氧化应激、调控蛋白和代谢途径等。实验结果为家蚕微粒子虫体外感染寄主细胞研究提供了一定的分子基础数据，为其他微孢子虫与寄主细胞的相互作用关系研究提供了参考。

5.5 家蚕微粒子虫对寄主 BmN 细胞凋亡的抑制作用

细胞凋亡是细胞程序性死亡（programmed cell death，PCD）的一种，细胞发生凋亡时，通过一系列凋亡相关基因的激活、表达和调控导致细胞在形态和生理方面发生明显改变，如染色质凝集、核固缩、DNA 降解、凋亡小体形成等。

细胞程序性死亡包含两种方式：细胞凋亡（apoptosis）和自噬（autophagy），它们在进化过程中具有普遍性和保守性。细胞凋亡不仅在个体发育、细胞代谢等过程中发挥作用（Arends and Wyllie，1991；Ellis et al.，1991；Cohen et al.，1992；Franzen，2005），如参与细胞清除、器官发育等生化活动；而且细胞凋亡是机体抵抗外来病原微生物感染的重要防御机制，它限制了个体水平病原微生物感染寄主的建立，保障了个体与群体的安全，在寄主发病和疾病治疗过程中具有重要作用（Williams，1994）。

细胞凋亡是一种具有普遍性和广泛性的细胞主动进行的程序性死亡方式。在多细胞生物中，细胞的生长和死亡决定了体内生物学功能的平衡发展。细胞凋亡对个体的生长发育具有重要的生理意义，它不仅在器官发育、体内动态平衡维持、损坏细胞成分清除、阻止一些细胞毒素或抗原物质向周围组织渗漏等过程中具有重要作用（Vaux and Strasser，1996），而且在机体抵御病毒、细菌和寄生虫的天然免疫与获得性免疫过程中也扮演着重要的角色（Williams et al.，1994；Liles，1997）。

细胞凋亡是一系列基因参与下的有序调控过程，在线虫、果蝇、小鼠等许多模式生物中已有大量相关研究的报道。目前，研究得较为清楚的主要是三条信号通路：①死亡受体信号通路，死亡信息作用于跨膜的肿瘤坏死因子受体（tumor necrosis factor receptor，TNFR）超家族，部分细胞内具有死亡结构域（death domain，DD）的 TNFR 通过与相应的配体结合将信号传到细胞内，随后激活胱天蛋白酶（caspase）家族，引起细胞凋亡（Vaux and Strasser，1996；Yuan，1997）；②线粒体信号通路，包括促凋亡蛋白因子细胞色素 C（cytochrome C，CytC）、凋亡诱导因子（apoptosis-inducing factor，AIF）、核酸内切酶 G 等，这些相关因子从线粒体外膜释放到细胞质中，激活 caspase 家族下游蛋白，形成凋亡小体，作用于下游相关信号或直接进入核诱发细胞凋亡（Green and Reed，1998）；③内质网凋亡信号通路，该通路由位于胞质中的钙蛋白酶（calpain）和内质网上的 caspase-12 组成，通过感应细胞内 Ca^{2+}浓度的变化，引起 caspase 级联反应，促发细胞凋亡（Ashkenazi and Dixit，1998；Thornberry，1998；Kruidering and Evan，2000；Trapani et al.，2000；Marino et al.，2014）。

这三条信号通路最终汇成一条信号执行通路（execution pathway），激活胱天蛋白酶家族相关蛋白酶，引发 caspase-3 的活化、DNA 的片段化、细胞骨架和核蛋白的降解、凋亡小体的形成等。凋亡信号通路是一个能量依赖并涉及一系列复杂的分子级联反应的生物学过程。除上述凋亡信号通路与促凋亡因子外，生物体还存在一套维持细胞内环境相对稳定、保护细胞正常生长的抗凋亡机制，如分布在线粒体膜与细胞质中的 Bcl-2、Bcl-xl 蛋白可以直接与线粒体膜上的电压依赖性阴离子通道（voltage dependent anion channel，VDAC）结合，抑制 VDAC 的开放，促进线粒体基质中质子的外流，保证 ATP/ADP 在线粒体与细胞质之间正常交换，维持线粒体正常的生理功能（Joza et al.，2001）。

5.5.1　微粒子虫感染与家蚕细胞凋亡

5.5.1.1　家蚕的细胞凋亡

家蚕（*Bombyx mori*）是完全变态鳞翅目昆虫，在变态发育史中受到蜕皮激素和保幼激素的调节，其体壁、中肠、丝腺、性腺等器官的发育与退化都受到了细胞凋亡的调节。依据基因组信息，比较家蚕与几种模式生物，如线虫、果蝇和哺乳动物等凋亡基因数目的结果显示，家蚕凋亡基因与较高等哺乳动物的基因同源性较低，与果蝇和线虫的基因同源性较高（Zhang et al.，2010）。目前有关家蚕细胞凋亡的研究已有一些报道，如家蚕血淋巴具有抗凋亡作用（Kim et al.，2003）；蜕皮激素（20E）在家蚕变态发育过程中可以诱导细胞凋亡，且相关的蜕皮激素受体基因序列也得到确认（Fujiwara and Ogai，2001）。在家蚕中肠退化机制的研究中，发现中肠细胞首先在上蔟前发生大量自噬反应，等到化蛹后进入细胞凋亡过程（Franzetti et al.，2012）。

随着家蚕基因组测序工作的完成，部分家蚕细胞凋亡相关基因被克隆、验证和发现。其中包括含4个Bcl-2同源结构域BH1、BH2、BH3和BH4的家蚕BmP109蛋白（Tambunan et al.，1998）。其后，另一个新的 Bcl-2 家族基因 *Bmbuffy* 被发现，在用羟喜树碱（hydroxycamptothecin）诱导的 BmN 细胞凋亡中，*Bmbuffy* 具有抗细胞凋亡的作用，过表达 *Bmbuffy* 能够阻碍由 Bmp53 过表达引起的细胞凋亡。由此，推测同样位于 BmN 细胞线粒体外膜上的 *Bmbuffy* 和 *Bmp53* 可能存在相互作用（Pan et al.，2014）。从家蚕 BmN 培养细胞中克隆得到抑制凋亡基因 *BmIAP*，并发现 BmIAP 能够有效抑制由 Bax 诱导的细胞凋亡，这一现象与哺乳动物中 BmIAP 蛋白抑制 Fas 引起的细胞凋亡的机制不同（Huang et al.，2001）。从生化实验数据结果也能看出，BmIAP 蛋白是一个特异抑制哺乳动物效应因子 caspase-9，而不是下游效应因子 caspase-3 和 caspase-7 的蛋白。从家蚕血淋巴中分离得到分子质量为 30kDa 的蛋白，发现该蛋白能够抑制由病毒或化学诱导剂引起的细胞凋亡（Kim et al.，2001）。

5.5.1.2 细胞色素 C 与昆虫细胞凋亡的关系

细胞色素 C 在线粒体凋亡信号通路中具有重要的作用，并且这种凋亡分子机制在进化上可能具有高度保守性。细胞色素 C 是一种水溶性蛋白，带正电，位于线粒体内膜上，在哺乳动物发生细胞凋亡时，从线粒体内膜释放到胞质中。在凋亡内源性信号通路中，细胞色素 C 从线粒体内膜释放到胞质中的过程是凋亡早期的重要一步（Arnoult et al.，2002）。通过不同方式诱导果蝇 SL2 细胞凋亡，如用紫外线照射、放线酮或放线菌素 D（actinomycin D，ActD）处理后，观察细胞色素 C 在线粒体和胞质中的含量，并未发现细胞色素 C 在这两部分溶液中的浓度存在差异，因此，在果蝇的 SL2 细胞中未能证明细胞色素 C 从线粒体释放到胞质中的过程与细胞凋亡相关（Zimmermann et al.，2002）。当 SL2 细胞受到凋亡诱导剂 ActD 或者紫外线照射诱导时，未观察到细胞色素 C 的释放。但在表达果蝇内生诱导凋亡调节相关蛋白 Rpr 和 Hid 时，细胞色素 C 能从线粒体释放到胞质中，推测 Rpr 和 Hid 快速定位到线粒体后，导致线粒体的超微结构和渗透压发生改变，随后细胞色素 C 被释放出来（Abdelwahid et al.，2007）。另外，在 SL2 细胞发生凋亡时，通过 CMXRos 染色能够检测到线粒体膜仍然保持完整（Means et al.，2006）。因此，SL2 细胞可能是研究线粒体凋亡最好的模型细胞。细胞色素 C 在鳞翅目昆虫细胞凋亡过程中具有重要的作用，这一机制与哺乳动物研究结果相类似。

草地贪夜蛾（*Spodoptera frugiperda*）Sf9 细胞是最早被用于证明细胞色素 C 与细胞凋亡有关的昆虫细胞（Sahdev et al.，2003）。草地贪夜蛾中的 caspase-1 与哺乳动物中的 caspase-3 同源（Ahmad et al.，1997），当用紫外线照射 Sf9 细胞后，在胞质溶胶部分检测到了细胞色素 C 成分，将杆状病毒 *p35* 转染 Sf9 细胞后，再用紫外线照射，发现胞质里细胞色素 C 的含量降为原来的 1/10，暗示杆状病毒 *p35* 能够抑制细胞色素 C 从线粒体释放到胞质中的过程。这一研究证明紫外线照射诱导 Sf9 细胞凋亡是通过细胞色素 C 的释放并激活 caspase-1 来完成的，说明在鳞翅目昆虫中，细胞色素 C 在细胞凋亡中具有重要的作用，能够通过激活下游 caspase 家族蛋白来调节细胞凋亡信号通路。不同的抗氧化剂能够抑制细胞色素 C 释放到胞质中，如 BHA、α-生育酚乙酸酯，说明这些抗氧化剂能够通过作用于线粒体凋亡信号通路的上游来抑制凋亡的发生（Mohan et al.，2003）。D 型 2-脱氧核苷酸能诱导舞毒蛾（*Lymantria dispar*）IPLB-LdFB 细胞发生凋亡，释放细胞色素 C 并激活 caspase-3 的蛋白酶活性（Malagoli et al.，2005）。在斜纹夜蛾（*Spodoptera litura*）中，经 AfMNPV 感染或紫外线照射处理后的细胞，用 Western blotting 检测发现细胞色素 C 从线粒体释放到胞质中，并且随着时间的延长，胞质中的细胞色素 C 含量增多，说明细胞色素 C 的释放发生在凋亡早期，并且在凋亡过程中持续发生。加入环孢菌素 A 后，通过阻断线粒体上通道蛋白 PTP 的开放，进而能够抑制细胞色素 C 的释放，显著抑制 AfMNPV 感染诱导的 SL-1 细胞凋亡。由这些研究结果推测，不同的鳞翅目昆虫中，细胞色素 C 的释放与细胞凋亡有关（Liu et al.，2007；Shan et al.，2009）。

5.5.1.3　细胞凋亡与病原微生物的关系

细胞凋亡在动物抵御病毒、细菌和寄生虫的天然免疫与获得性免疫过程中扮演着重要的角色。侵入寄主细胞内的病原微生物被清除的过程中生成的产物，能够被一些“利他性”受感染的细胞所利用，进而有利于寄主免疫系统将其识别，提高机体抵御病原的能力，促进机体的保护性应答反应。相关研究表明，不同种类细胞的特异性凋亡对因病原引起的免疫反应具有调节作用。然而，病毒、细菌和寄生虫也进化出了一套有利于自身繁殖的方式来适应寄主细胞的凋亡机制，如病原及其代谢产物的直接作用或通过 T 淋巴细胞间接参与调节寄主细胞的命运。病原可以启动或抑制寄主细胞的凋亡机制，进而利于自身在寄主体内传播，抑制或调节寄主的免疫反应，有利于自身在寄主细胞内存活。虽然真核病原与其寄主存在复杂的相互关系，但是部分在医学或兽医学中重要的病原，其与寄主细胞凋亡间的关系方面仍然取得了比较清楚的研究结果，并且一些细菌和病毒成分被证实与寄主细胞凋亡通路具有明显关系。

病原微生物和寄主细胞之间存在极其复杂的相互作用关系，这种关系是感染性疾病发生的基础，常涉及通过多种信号转导途径引起病原微生物和寄主细胞基因表达的变化等。专性细胞内寄生的病原如何与寄主建立良好的寄生关系（双方种族繁衍顺利进行），取决于病原在寄主内是否具备有效寄生和充分繁殖后代的环境条件。细胞凋亡的生物学意义不仅体现其在个体发育、细胞代谢等过程，如胚胎发育、细胞清除、免疫反应、蜕皮和激素依赖性萎缩等生化活动中发挥作用（Arends and Wyllie，1991；Ellis et al.，1991；Cohen et al.，1992），而且其作为“利他性”自杀行为是机体抵抗感染的有力防卫机制，限制了个体水平病原感染的建立，保障个体与群体的安全，在寄主发病机制和疾病治疗过程中担当着重要的角色（Williams，1994）。然而，病原可以启动或抑制寄主的凋亡机制，在寄主细胞内成功感染繁殖，创造出适合生存的细胞内环境，进而利于自身在寄主体内传播，调节寄主的免疫反应（Heussler et al.，2001；Luder et al.，2001）。细胞内寄生的细菌、病毒及寄生虫与寄主细胞自噬或凋亡途径有关已经得到证实（Gao and Abu，2000；Luder et al.，2001；Cossart and Sansonetti，2004；Ludwig et al.，2006），如布鲁氏杆菌（*Brucella abortus*）利用细胞自噬途径产生的自噬体双层膜结构隐藏，从而躲避寄主细胞对其的攻击（Dorn et al.，2002）。一些 RNA 病毒利用自噬为其自身基因组复制提供平台，辅助病毒在感染细胞中出芽和运输（Schlegel et al.，1996；Suhy et al.，2000；Jackson et al.，2005；Taylor and Kirkegaard，2007；Miller and Krijnse-Locker，2008），而关于微孢子虫与寄主细胞凋亡关系的研究较少（Scanlon et al.，1999，2000；Del et al.，2006）。

微孢子虫具有独特的感染装置——中空卷曲的长极管，通过发芽弹出极管刺入寄主细胞的感染方式，可以直接将孢原质输入细胞质中，避免了与寄主细胞膜上的特异识别位点结合（Frederic et al.，2001）。孢原质在寄主细胞质中逐渐发育成具有增殖能力的裂殖体，裂殖体直接与寄主细胞质接触，不被寄主细胞自身保护机制识别，“自由地”在寄主细胞质中完成增殖阶段的发育。在裂殖体逐渐向成熟孢子发育的过程中，孢子会占用寄主细胞质的空间，将细胞核、线粒体、内质网等细胞器挤压在裂殖体外围，利用寄主细胞的能量系统不断繁殖出子代孢子（Frederic et al.，2001）。通过 Western blotting 检测 caspase-3 蛋白和 p53 转录因子磷酸化水平，发现兔脑炎微孢子虫感染细胞后，能够抑制 Vero-E6 细胞中 caspase-3 蛋白活化、p53 磷酸化及入核，进而抑制寄主细胞凋亡（Del et al.，2006）。在按蚊阿尔及尔微孢子虫（*Nosema algerae*）感染细胞后，存在于线粒体外膜的凋亡抑制因子 Bcl-2 与促凋亡因子 Bax 蛋白的含量比值为 1.14，暗示按蚊阿尔及尔微孢子虫可能通过促进 Bcl-2 或抑制 Bax 的表达来抑制寄主细胞的凋亡（Scanlon et al.，1999）。

家蚕微粒子虫感染 BmN 细胞完成一个世代的繁殖需 72h 左右，但被感染的细胞在形态和结构上并没有发生太大变化，说明寄主细胞容易接纳 Nb 的寄生，推测可能与寄主细胞正常生长和免疫功能被抑制有关（钱永华等，2003）。Nb 孢子感染寄主细胞后的电镜图片显示：裂殖体周围存在较多的寄主细胞器，如线粒体、内质网、细胞核等，随着 Nb 在寄主细胞内繁殖，细胞质的囊泡明显增加并出现较多的溶酶体（图 5-16）。那么，Nb（孢原质或裂殖体等）是如何顺利地寄生在寄主细胞质中而不被寄主细胞的溶酶体降解，这些现象是否与 Nb 调节寄主细胞凋亡的功能有关，目前尚未见确切的研究结论。

5.5.2 放线菌素 D 处理 BmN 培养细胞的 DNA 片段化

微孢子虫通过能量寄生行为，调节寄主线粒体等亚细胞器在细胞凋亡信号通路中的作用，改变细胞器的分布，降低活性氧的产生，抑制寄主细胞凋亡的发生，为子代孢子的成功繁殖和传播提供基础（Scanlon et al.，2004）。在差异蛋白鉴定研究中，我们发现家蚕微粒子虫感染寄主后，氧化应激蛋白表达量的变化与细胞凋亡具有十分重要的联系（图 5-19～图 5-22），而活性氧（ROS）在细胞凋亡过程中也有着重要的作用。机体中 ROS 主要有两种来源：外源氧化剂（如 H_2O_2）或细胞内有氧代谢过程产生的高生物活性的含氧化合物。

5.5.2.1　放线菌素 D 诱导不同时间 BmN 细胞 DNA 片段化分析及 Nb 的影响

家蚕微粒子虫繁殖和制备 Nb 孢子悬浮液方法参见 12.1 节。采用琼脂糖凝胶电泳定量分析细胞 DNA 片段化程度。用终浓度为 200ng/ml 的放线菌素 D（ActD）处理 BmN 细胞，分别在 0h、2h、4h、6h 和 12h 收集细胞样品进行电泳，结果如图 5-24 所示，ActD 处理细胞 0～4h，BmN 细胞的 DNA 都较完整，呈现单一的基因条带，未发现明显的 DNA 降解情况；而用 ActD 处理 6h 后开始出现较明显的 DNA 梯形条带，说明此时 BmN 细胞的 DNA 已经出现大量断裂的 DNA 片段。随着处理时间的推移，12h 后 DNA 梯形条带越来越明显。由电泳结果可知，在一定的 ActD 浓度下，BmN 细胞 DNA 片段化程度与 ActD 处理时间呈正相关，即 ActD 处理时间越长，BmN 细胞的 DNA 片段化程度越高。

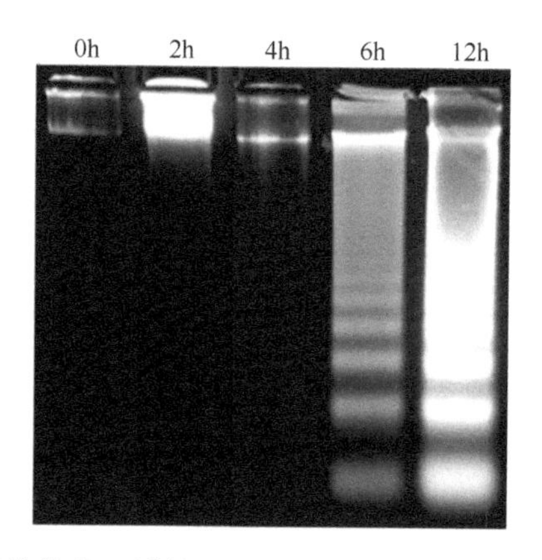

图 5-24　放线菌素 D 诱导不同时间 BmN 细胞 DNA 片段化结果

比较正常（对照）细胞、ActD 诱导凋亡（6h）细胞，以及接种 Nb 孢子（48h）凋亡诱导 BmN 细胞的 DNA 片段化程度，图 5-25 显示：正常 BmN 细胞未出现 DNA 片段化的情况，而用 ActD 处理 6h 后，BmN 细胞 DNA 出现片段化现象，而感染 Nb 孢子的 BmN 细胞未出现 DNA 片段化，与正常细胞相比未出现显著差异。

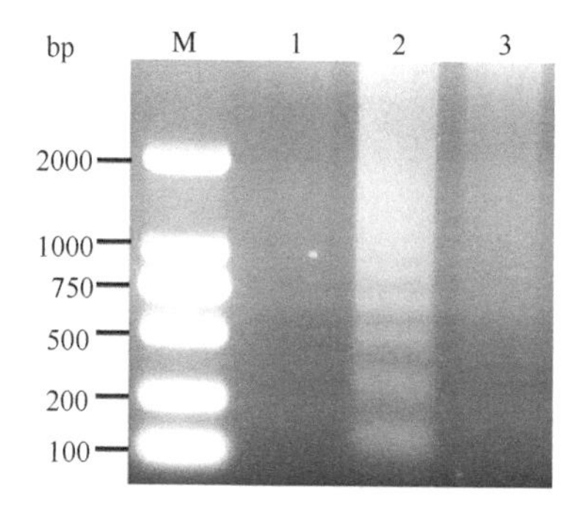

图 5-25　家蚕微粒子虫感染 BmN 细胞 DNA 片段化结果

M：2000 DNA Marker；1：对照细胞；2：ActD 处理组；3：接种 Nb 后 48h 组

5.5.2.2 流式细胞术检测家蚕微粒子虫抑制BmN细胞凋亡结果

碎片及损伤细胞（UL）、早期凋亡细胞（LR）、晚期凋亡及死亡细胞（UR）和阴性对照的正常细胞（LL）为细胞凋亡过程中4种不同生理状态的细胞，采用流式细胞术进行检测，接种Nb孢子2d和5d后的BmN细胞中，LL/LR分别为4.61%±0.06%和19.32%±0.48%，未感染对照培养细胞分别为7.97%±0.58%和24.02%±0.24%（图5-26a和b）。Nb感染处理组细胞的早期凋亡率极显著低于对照组细胞的早期凋亡率（$P<0.01$）。

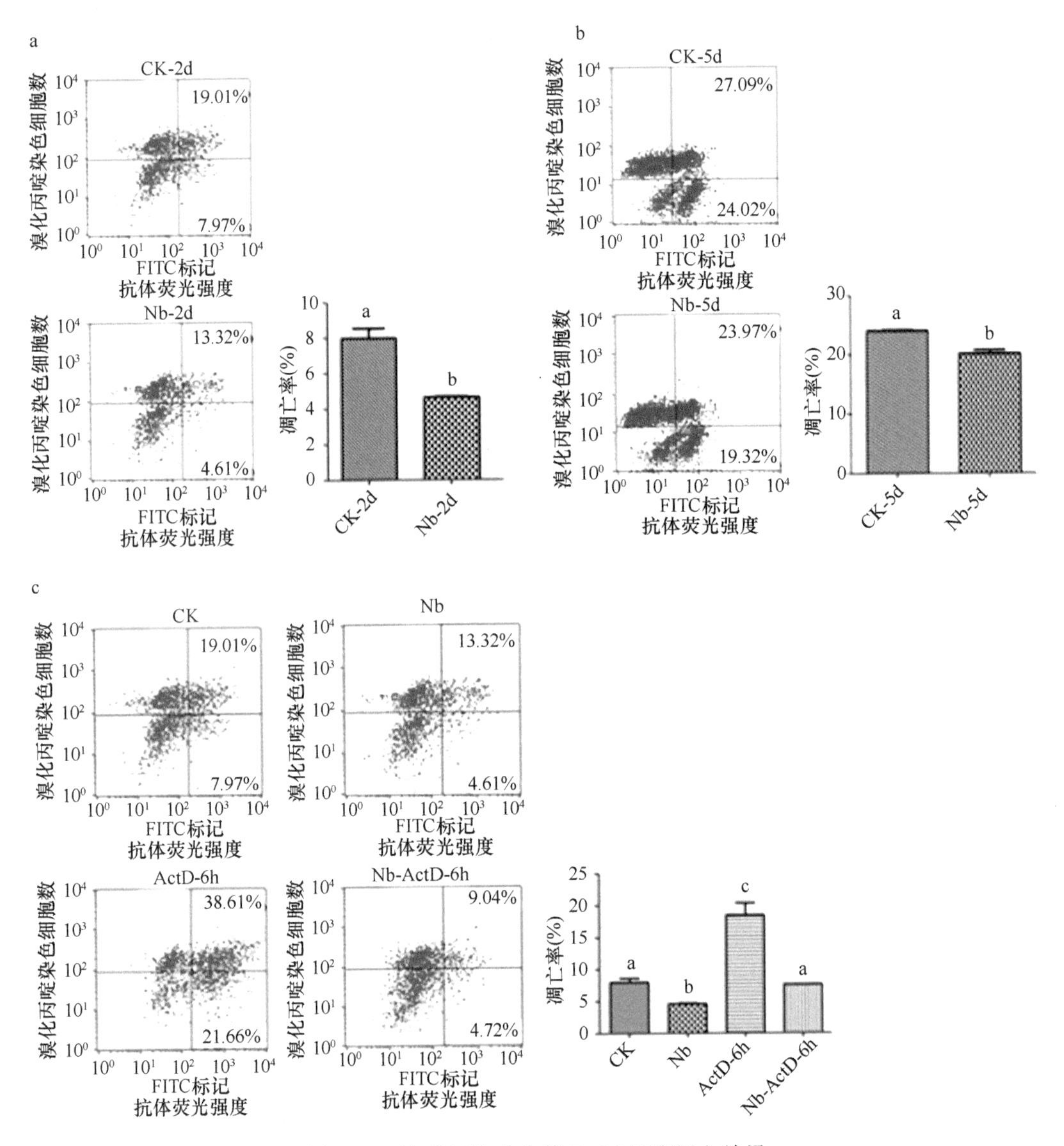

图5-26 流式细胞术分析BmN细胞凋亡结果

a：感染家蚕微粒子虫2d与对照组细胞的流式细胞术检测结果；b：感染家蚕微粒子虫5d与对照组细胞的流式细胞术检测结果；c：正常细胞（CK）、感染家蚕微粒子虫2d细胞（Nb）、ActD诱导处理6h细胞（ActD-6h）、感染家蚕微粒子虫2d再用ActD诱导处理6h细胞（Nb-ActD-6h）的流式细胞术检测结果。不同小写字母表示处理间差异显著（$P<0.05$）

即用流式细胞术检测早期凋亡的结果证明 ActtD 能够诱导 BmN 细胞发生极显著凋亡（P<0.01），而接种家蚕微粒子虫后用 ActD 处理 BmN 细胞，早期细胞凋亡率极显著降低（P<0.01）。

5.5.2.3　家蚕微粒子虫感染 BmN 细胞的 ROS 检测结果

细胞活性氧（ROS）水平的高低，也能间接反映细胞凋亡的情况。2-DE 鉴定得到的差异蛋白结果（参见 5.4 节）也反映出 Nb 感染寄主细胞后其氧化应激方面发生变化。用试剂盒检测 BmN 细胞的活性氧变化显示：BmN 细胞在受到外源 ActD 处理后，细胞内的 ROS 明显上升（图 5-27b），表示细胞内应激反应增强，细胞处于应激状态的数量比正常对照组极显著增多（P<0.01）（图 5-27c 和 d）；Nb 感染 BmN 细胞后，细胞内 ROS 水平降低（图 5-27c），处于应激状态的细胞数量极显著比 ActD 诱导组细胞数量少（P<0.01）（图 5-27c 和 d）；感染 Nb 后再诱导细胞凋亡时，BmN 细胞内的 ROS 仍比 ActD 处理组极显著低（P<0.01），处于应激状态的细胞数量与正常对照组细胞数量差异不大（图 5-27d）。

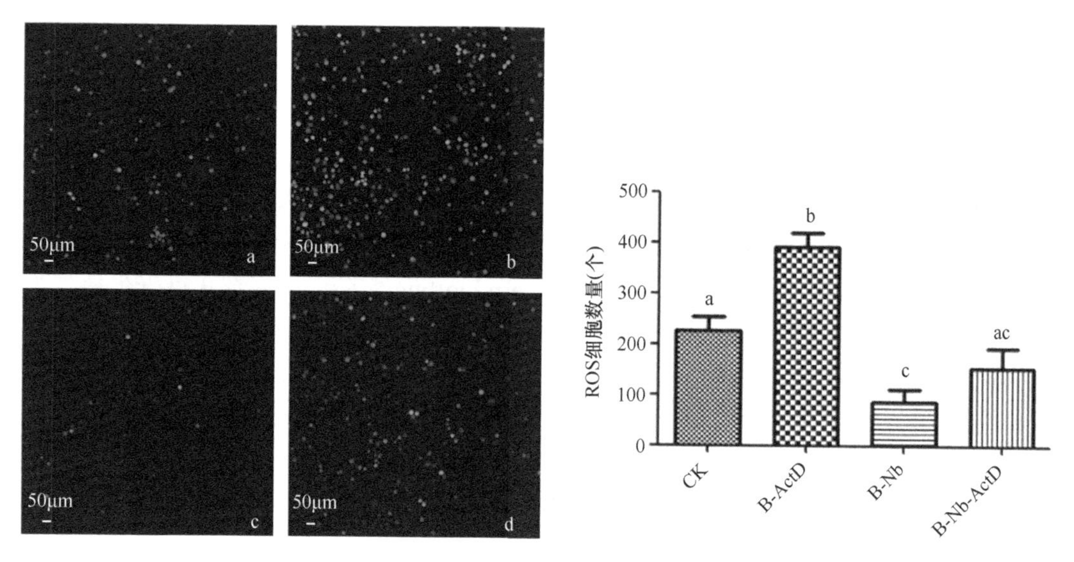

图 5-27　家蚕 BmN 细胞活性氧（ROS）检测结果

a：正常对照组细胞（CK）；b：ActD 诱导凋亡 BmN 细胞（B-ActD）；c：接种家蚕微粒子虫 2d BmN 细胞（B-Nb）；d：接种家蚕微粒子虫 2d 后再用 ActD 处理 BmN 细胞（B-Nb-ActD）。不同小写字母表示处理间差异显著（P<0.05）

5.5.2.4　凋亡相关基因的表达分析

收集不同处理组细胞，以其 cDNA 为模板，用细胞凋亡基因引物（*apaf-1*，NM_001200008，F：5′-TATGCTGCGTCCCCTG-3′，R：5′-GTGCCATTATCTCGTTTTG-3′；*buffy*，NW_004582072，F：5′-GCTATGTGCGGCGTTGGAG-3′，R：5′-CCCTTGTGACCCGTCTTGC-3′；*CytC*，NW_004582024，F：5′-TCATACTCCGATGCCAATA-3′，R：5′-TAGGCAATAAGGTCAGCAC-3′；*RP49*，NW_004624556.1，F：5′-CAGGCGGTTCAAGGGTCAATAC-3′，R：5′-TGCTGGGCTCTTTCCACGA-3′）进行 mRNA 转录水平的分析。

图 5-28 显示了数据处理后的结果，即经 ActD 诱导处理 BmN 细胞后，抗凋亡基因 *buffy* 的转录水平极显著降低（$P<0.01$），*apaf-1* 和 *CytC* 的转录水平也显著降低（$P<0.05$）。Nb 感染 BmN 细胞，再用 ActD 诱导细胞凋亡后，抗凋亡基因 *buffy* 的转录水平有上升趋势，而促凋亡转录水平极显著降低（$P<0.01$）。说明 ActD 能够引起家蚕 BmN 细胞凋亡，家蚕微粒子虫感染 BmN 细胞后，对 ActD 的促凋亡作用有一定程度的影响。

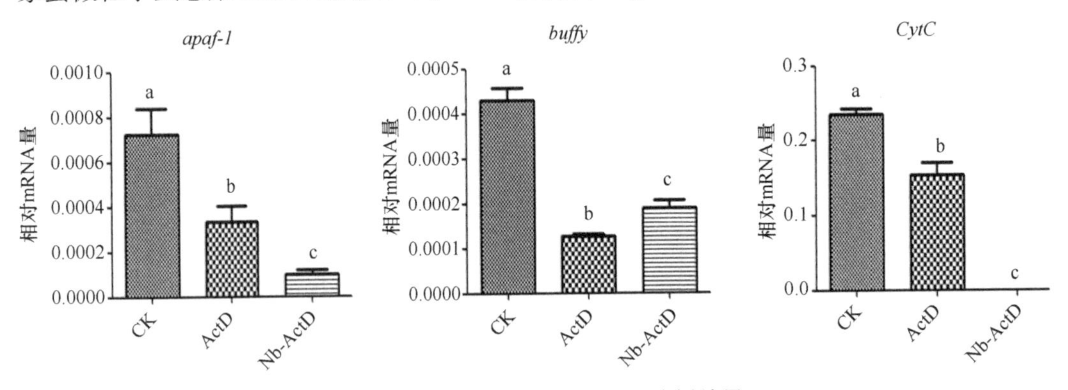

图 5-28 相关凋亡基因的 qPCR 分析结果

CK：正常对照组细胞；ActD：ActD 处理后 BmN 细胞；Nb-ActD：接种 Nb 2d 后再用 ActD 处理 BmN 细胞。不同小写字母表示处理间差异显著（$P<0.05$）

5.5.2.5 细胞色素 C 表达量分析结果

在细胞内源性凋亡信号通路中，细胞色素 C 在线粒体凋亡信号通路中具有重要作用。用不同剂量（10^6 孢子/皿和 10^8 孢子/皿）的 Nb 孢子感染 BmN 细胞，收集接种 Nb 孢子 48h 和 96h 后的细胞总蛋白，进行 Western blotting 实验，用家蚕 β-微管蛋白作为内参。结果（图 5-29）发现，细胞色素 C 在正常细胞内的表达量基本恒定，而在接种 10^6 孢子/皿的实验组中，细胞色素 C 表达量降低，且 48h 后收集的蛋白样品表达量低于 96h 后收集样品。在接种 10^8 孢子/皿的实验组也出现了同样的表达趋势，即接种 Nb 孢子 48h 处理组的细胞色素 C 表达量比 96h 处理组的表达量低。同时，Nb 低剂量感染组与高剂量感染组相比，其细胞色素 C 表达量更低。

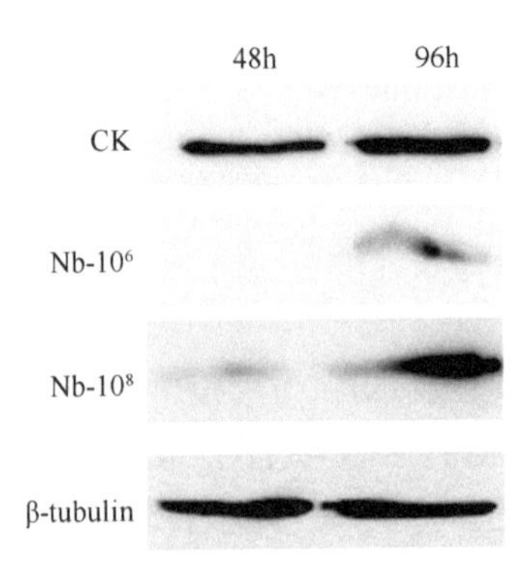

图 5-29 细胞色素 C 表达量的分析结果

Nb-10^6：接种 10^6 个 Nb 后 48h 和 96h 的细胞蛋白样品；
Nb-10^8：接种 10^8 个 Nb 后 48h 和 96h 的细胞蛋白样品；β-tubulin：内参蛋白

病原微生物感染机体后，可以启动或抑制寄主细胞的凋亡机制，进而有利于自身在寄主体内传播，抑制或调节寄主的免疫反应，有利于自身在寄主细胞内存活。深入了解细胞内寄生微生物与寄主细胞相互作用的分子机制，对深入研究重要疾病的发病机制、细胞凋亡的生物学过程，以及探寻控制疾病的新方法具有十分重要的帮助。

胞内寄生病原微生物，如病毒、细菌、真菌及寄生原虫通过利用寄主细胞内的资源环境条件以利于自身繁殖传播，引发寄主发生相应疾病。细胞凋亡能够在寄主细胞抵抗病原侵染过程中起到十分重要的作用（Williams，1994）。另外，一些胞内病原微生物经过长期的进化发展出了能够调节寄主防御机制的能力（Clem and Miller，1993；Levine，1997；Navarre and Zychlinsky，2000；Heussler et al.，2001；Chen and Dickman，2005；Del et al.，2006）。尽管，真核病原与其寄主存在复杂的相互关系，但在医学或兽医学领域一些重要病原与寄主细胞凋亡间的关系方面，一些细菌和病毒的相关分子被证实与寄主细胞凋亡通路具有明显关系（Barry and McFadden，1998；Gao and Kwaik，2000）。微孢子虫为适应胞内寄生生活，进化出了能够抑制细胞凋亡的机制（Scanlon et al.，1999；Del et al.，2006）。作为胞内寄生虫，家蚕微粒子虫能够依赖寄主的能量和营养在胞内完成整个生活史而不被寄主的免疫机制所清除，出现这种现象可能是因为 Nb 能够抑制寄主家蚕细胞的凋亡机制。

放线菌素 D 是一种细胞周期非特异性药物，能够引发家蚕、斜纹夜蛾等昆虫细胞凋亡（Kim et al.，2003；张瑞和彭建新，2008），主要通过选择性与 DNA 中鸟嘌呤结合，抑制以 DNA 为模板的 RNA 聚合酶，最后抑制 RNA 合成。在按蚊阿尔及尔微孢子虫（*N. algerae*）与寄主细胞相互作用关系的研究中，曾发现孢子能抑制人肺成纤维细胞（HLF）发生 DNA 片段化（Scanlon et al.，1999）。本研究的实验结果证明，家蚕 BmN 细胞与其他鳞翅目昆虫细胞一样，能够被 ActD 诱导发生凋亡，产生凋亡小体，通过流式细胞术检测具有明显的凋亡特征。从流式细胞术分析结果能发现，Nb 感染 BmN 细胞后，早期凋亡细胞比例显著降低，并且在 ActD 诱导细胞凋亡后也能降低凋亡诱导剂促进 BmN 细胞凋亡的作用。DNA 片段化检测结果也证明，Nb 感染 BmN 细胞后不会激活寄主细胞的凋亡机制，使病原和寄主在一个相对稳定的环境中生存。

细胞凋亡是受一系列基因控制的程序性过程。家蚕 WD40 超家族中 Apaf-1 衔接蛋白具有 caspase 募集结构域（caspase recruitment domain，CARD）和 NB-ARC 结构域（nucleotide-binding adaptor shared by APAF-1, R proteins and CED-4），与果蝇细胞凋亡机制中关键蛋白 Dark 的同源性很高（Mills et al.，2006）。*buffy* 基因是 Bcl-2 家族的同源基因，具有 4 个 BH 结构域（BH1、BH2、BH3 和 BH4），在抗凋亡机制中具有重要作用（Zhang et al.，2010）。通过分析细胞凋亡相关基因，如促凋亡基因（*apaf-1*、*CytC*）和抗凋亡基因（*buffy*）的表达情况，可以从分子机制的角度探讨家蚕微粒子虫调节寄主细胞凋亡的途径。从凋亡相关基因的检测结果中不难发现，Nb 能够通过提高抗凋亡基因的表达量来达到抑制寄主细胞凋亡的目的。这一机制与同属的按蚊阿尔及尔微孢子虫调节 HLF 胞内 Bcl-2/Bax 蛋白比例存在相似的结果（Scanlon et al.，1999）。凋亡信号通路最后会通过 caspase 接收凋亡信号并执行凋亡（Nicholson and Thornberry，2003）。细胞色素 C 在鳞翅目昆虫细胞凋亡过程中具有重要作用（Mohan et al.，2003）。当细胞凋亡启动后，线粒体的细胞色素 C 进入胞质与 apaf-1 和 caspase 酶原 9（procaspase-9）形成凋亡小体。通过分析不同 Nb 接种浓度和不同感染时间 BmN 细胞内细胞色素 C 的表达量，同时检测 *apaf-1*、*CytC* 基因的表达量，发现 BmN 培养细胞接种 Nb 后，细胞凋亡相关基因和蛋白表达量都有所下降。之前有研究也证明脑炎微孢子虫通过调节 p53 蛋白来抑制感染细胞的凋亡（Del et al.，2006）。

另外，炎症相关研究表明，细胞内存在大量活性氧（ROS）也会诱导细胞凋亡的发生（Pierce et al.，1991；Simon et al.，2000；Herrera et al.，2001）。ROS 在细胞凋亡的信号转导途径和细胞凋亡相关基因的表达调节中发挥重要的作用。相关研究结果表明，ROS 与线粒体、丝裂原激活蛋白激酶（mitogen-activated protein kinase，MAPK）信号通路、凋亡调控蛋白 Bcl-2 家族、NF-κB、p53 等多种细胞因子有关。通过 ActD 诱导 BmN 细胞凋亡后，发现细胞内 ROS 明显升高，而感染家蚕微粒子虫后能够降低 BmN 细胞内的 ROS 含量，2-DE 实验也鉴定出感染 Nb 的 BmN 细胞抗氧化蛋白的表达上调。微孢子虫是非常依赖寄主的一类寄生虫（Keeling，2009）。*Nosema* 属的微孢子虫在寄主细胞质内直接发育成熟，其抑制细胞凋亡的机制有待进一步深入研究。

- 家蚕微粒子虫是具有一定寄主域范围的一种微孢子虫，田间试验证明其可以侵染多种鳞翅目昆虫，但基于培养细胞的粉纹夜蛾感染实验，并未发现 Nb 感染 Tn 细胞的有效证据，是否由个体细胞与培养细胞在细胞或分子结构上存在差异引起，还是其他原因，值得深入研究。但 Tn 细胞对不同状态 Nb 孢子吞噬作用的差异，暗示了 Nb 孢子结构状态不同对吞噬或其他功能有影响。分离不同发育进程 Nb 的研究中，有效分离和纯化了 Nb 孢子母细胞，经 2-DE 和 MALDI-TOF/ TOF MS 分析未能发现其与成熟 Nb 孢子在表面蛋白方面有明显差异。进一步解析 Nb 不同发育阶段细胞表面蛋白等分子的变化，将是除 Nb 孢子表面发芽密切相关分子解析外的另一个值得研究的领域。
- 家蚕微粒子虫感染家蚕幼虫后，会对家蚕的生长发育（龄期经过和眠蚕体重）、中肠和血液蛋白酶活性、血液和中肠蛋白质含量，以及中肠和血液海藻糖酶活性等产生影响，表观症状的变化，暗示了 Nb 与家蚕细胞或组织间相互作用分子机制或相关蛋白与基因表达的变化。Nb 感染 BmN 细胞后的蛋白 2-DE 分析、差异蛋白点的质谱鉴定及生物信息学分析与功能验证研究显示，接种 Nb 孢子两个处理组蛋白点数量比对照组蛋白点数量增加 100 多个。其中，有 24 个差异蛋白被鉴定为 BmN 细胞的蛋白，它们在不同感染程度下分别具有不同的表达趋势。该结果表明，BmN 细胞感染 Nb 后在蛋白表达水平或内在分子机制方面作出了相应的变化，对这种变化是被动性的还是主动性的进行解析，也是解析 Nb 和 BmN

相互作用关系的基础。

- 放线菌素D处理BmN细胞后DNA片段化分析、凋亡细胞流式细胞术检测和BmN细胞活性氧（ROS）检测都表明，Nb 感染可抑制家蚕培养细胞凋亡的发生，抗细胞凋亡基因 *apaf-1*、*buffy* 和 *CytC* 的表达量测定结果，以及 Nb 感染后细胞色素 C 表达量降低等，都证实了 Nb 在抗细胞凋亡中的作用。

第 6 章 家蚕微粒子虫感染家蚕相关基因及功能

家蚕微粒子虫（*Nosema bombycis*，Nb）进入家蚕消化道后，孢子的发芽是有关感染问题的第一个被关注的过程，在对 Nb 孢子发芽与环境因子的相关性、与 Nb 孢子发芽密切相关的孢子表面蛋白 SP84，以及一系列纯化和分子鉴定工作进行陈述的基础上，进一步对 Nb 孢子发芽前-后和家蚕培养细胞感染 Nb 后的蛋白质进行比较研究，结合 Nb 感染对 Tn 培养细胞的影响、家蚕幼虫个体感染 Nb 后部分生理生化指标的变化、Nb 感染对寄主 BmN 细胞凋亡的抑制作用等一系列研究，充分证实 Nb 感染家蚕的过程是 Nb 与家蚕复杂的相互作用的结果，也发现了一系列可能在复杂的相互作用机制中发挥重要作用的途径或相关分子。

家蚕微粒子虫孢子发芽和增殖过程中，必然有许多功能基因或蛋白质发挥作用，甚至存在更为复杂的分子间互作关系。随着对各种功能基因或蛋白及其作用机制的解析，将为基于家蚕个体水平控制家蚕微粒子病的发生提供有效的靶标或途径。为此，本章内容主要介绍关注的 4 个可能与 Nb 侵染家蚕细胞相关的基因及其功能。

6.1 家蚕微粒子虫孢子 SWP5 蛋白基因及功能

6.1.1 家蚕微粒子虫孢子蛋白基因的克隆、表达及定位

病原微生物的表面蛋白通常为结构蛋白，分子量较小，无酶活性，为疏水性蛋白，与感染性和致病力往往密切相关。5.3 节（图 5-14 和表 5-11）陈述了一种 Nb 孢子表面蛋白——*Nb*SWP5（*Nosema bombycis* spore wall protein 5）的鉴定和基本特性。本实验借助大肠杆菌表达系统，大量表达了 *Nb*SWP5 蛋白，并制备了抗 *Nb*SWP5 抗体，运用间接荧光抗体技术（IFAT）和免疫胶体金技术（immune colloidal gold technique，GICT）开展了 *Nb*SWP5 蛋白的表达特征研究。

6.1.1.1 家蚕微粒子虫孢子 *Nb*SWP5 蛋白序列分析

在线软件分析表明，家蚕微粒子虫孢子的 *Nb*SWP5 蛋白基因含 561 个核苷酸，编码 186 个氨基酸，蛋白质等电点（pI）约为 4.54，分子质量约为 20.3kDa（图 6-1），与 2-DE 分析结果相吻合。在 GenBank 数据库中，使用 BlastP 程序比对序列，未发现其他同源蛋白，表明 *Nb*SWP5 为 Nb 特有蛋白。*Nb*SWP5 蛋白有 7 个“O 位”糖基化位点，没有“N 位”糖基化位点（图 6-2）。N 端有一段长度为 22 个氨基酸的信号肽（图 6-3 和图 6-4），表明蛋白质翻译后会被转运装置到孢子表面，该结果与 *Nb*SWP5 蛋白的软件定位分析结果一致。

1 ***mnfiltsvtc ilyyilfaqa*** aakenknvpg saivnsgsqn ev**t**atvnaea qkdtdsfeik
61 plktpvdkdk pvqtlddlke easeeklvpi silavfadpk evmn**t**pspvl iaaeqyiqes
121 gaagkpqnvr ldkeddesek nddknkkded dknkngdddk skkngesape ekkepp**sts**e
181 **t**ap**s**dk

图 6-1　家蚕微粒子虫孢子 *Nb*SWP5 蛋白的氨基酸序列

加粗斜体部分为信号肽，加粗加下划线为“O 位”糖基化位点

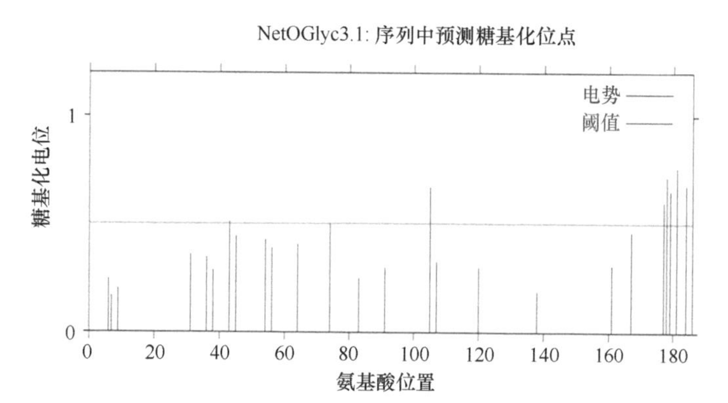

图 6-2　家蚕微粒子虫 *Nb*SWP5 蛋白的“O 位”糖基化位点预测

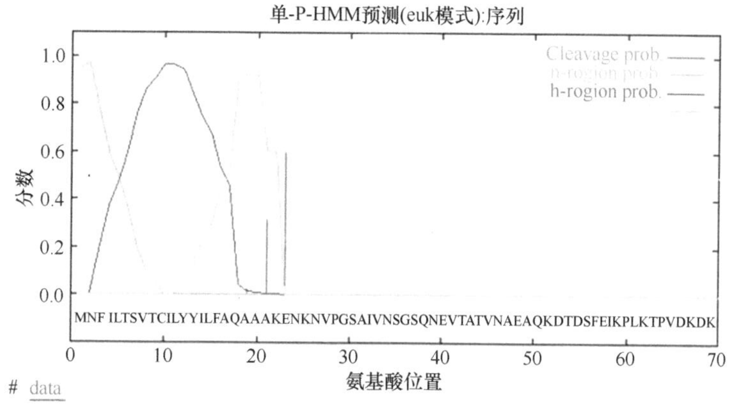

>Sequence
Prediction: Signal peptide
Signal peptide probability: 0.949
Signal anchor probability: 0.019
Max cleavage site probability: 0.600 between pos. 22 and 23

图 6-3　家蚕微粒子虫 *Nb*SWP5 蛋白的信号肽预测

6.1.1.2　家蚕微粒子虫孢子 *Nb*SWP5 蛋白基因的克隆及原核表达

家蚕微粒子虫繁殖和制备 Nb 孢子悬浮液方法参见 12.1 节。运用 PCR 技术从 Nb 基因组扩增了编码家蚕微粒子虫孢子 *Nb*SWP5 蛋白第 23～186 位氨基酸的 495bp 基因片段（第 67～561 位基因片段）（上游引物：5′-CGGAATTCAAAGAAAATAAGAATGTGCCG-3′ 和下游引物：5′-CCGCTCGAGTTATTTATCCGAAGGTGC-3′），并将其连接到 pET-30a 质粒中进行 PCR 检测（图 6-5）。将测序正确的 pET-30a-*Nb*SWP5 质粒转化到大肠杆菌 BL21，通过异丙基-β-D-硫代半乳糖苷（isopropyl-beta-D-thiogalactopyranoside，IPTG）

诱导，大量表达该蛋白。1L 细菌培养液经诱导后可获得约 5.8mg 的纯化重组蛋白。随后，以纯化的重组蛋白为抗原制备兔多抗（抗 *Nb*SWP5）血清。Western blotting 实验验证，多抗血清可特异性识别 Nb 总蛋白中一条大小约 20kDa 的蛋白质条带（图 6-6）。

```
# Sequence Length: 186
# Sequence Number of predicted TMHs:  0
# Sequence Exp number of AAs in TMHs: 7.09332
# Sequence Exp number, first 60 AAs:  7.09332
# Sequence Total prob of N-in:        0.33841
Sequence        TMHMM2.0        outside      1   186
```

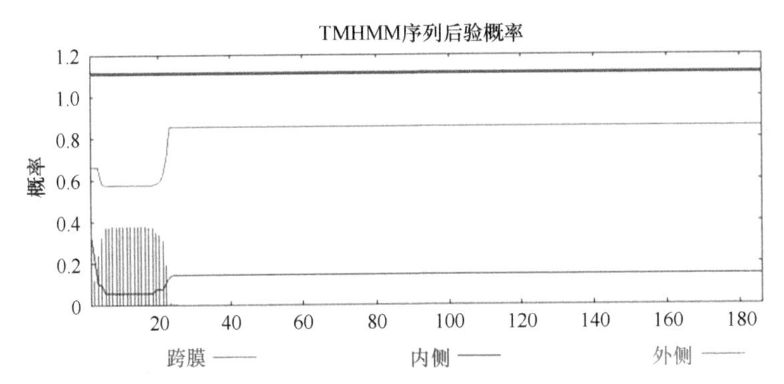

图 6-4　家蚕微粒子虫 *Nb*SWP5 蛋白的跨膜区域预测

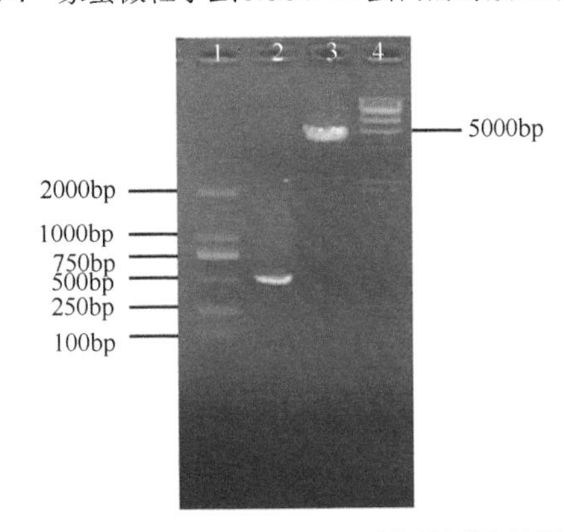

图 6-5　家蚕微粒子虫 *Nb*SWP5 蛋白基因的扩增与克隆

1：TaKaRa DL2000 DNA Marker；2：*Nb*SWP5 基因；3：pET-30a-*Nb*SWP5；4：TaKaRa DL15000 DNA Marker

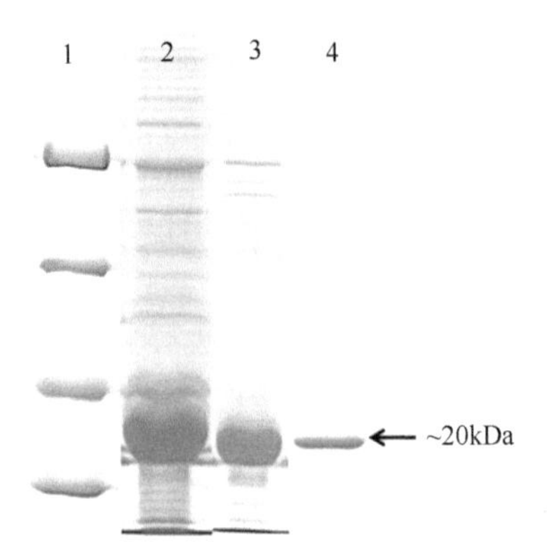

图 6-6　家蚕微粒子虫 *Nb*SWP5 的原核表达及 Western blotting 实验

1：蛋白质 Marker；2：*Nb*SWP5 蛋白在大肠杆菌中诱导表达；3：纯化的 *Nb*SWP5 蛋白；
4：*Nb*SWP5 多抗在 Nb 总蛋白中特异性识别一条条带

6.1.1.3　家蚕微粒子虫孢子 *Nb*SWP5 蛋白在成熟孢子和孢子母细胞中的表达差异

将精制纯化成熟 Nb 孢子和 Nb 孢子母细胞，经抗 *Nb*SWP5 兔血清孵育后，用异硫氰酸荧光素（fluorescein isothiocyanate，FITC）标记的羊抗兔 IgG 检测。在波长 495nm 激发光下，Nb 成熟孢子可检测到强烈的绿色荧光，卵圆形的 Nb 孢子清晰可见（图 6-7a）；而 Nb 孢子母细胞则未见明亮的荧光（图 6-7b）。间接荧光抗体技术（IFAT）检测结果显示：抗 *Nb*SWP5 抗体可特异性地识别成熟 Nb 孢子孢壁的表面蛋白，并与之发生免疫反应，表明抗体靶蛋白 *Nb*SWP5 是 Nb 成熟孢子的孢壁蛋白，而在 Nb 孢子母细胞则刚刚开始表达，该结果与 5.3 节陈述的 2-DE 结果一致（图 5-14）。

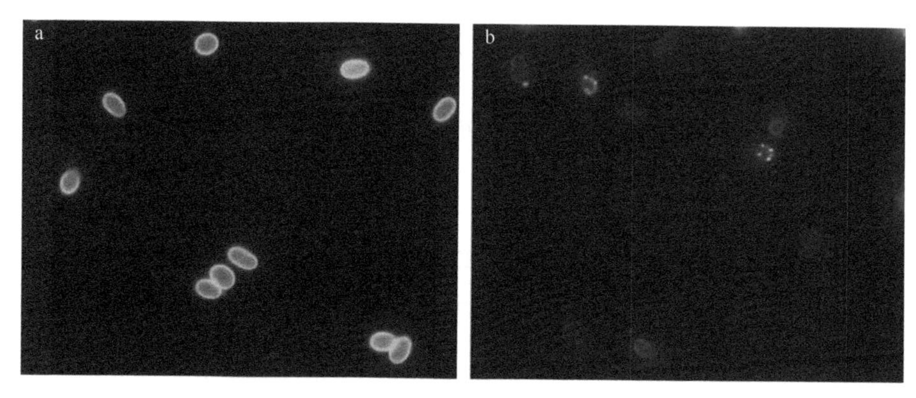

图 6-7　间接荧光技术检测 *Nb*SWP5 在成熟孢子（a）和孢子母细胞（b）的表达情况

6.1.1.4　家蚕微粒子虫孢子 *Nb*SWP5 蛋白在孢子表面的免疫胶体金标记电镜定位观察

家蚕 Nb 成熟孢子具三层结构的孢壁，最外层为电子密度较高的蛋白孢子外壁（EX），着色较深；中层为富含几丁质的孢子内壁（EN），其电子密度较低，是整个孢壁结构中最厚的一层，着色较浅，起着连接外壁蛋白层和孢原质膜的作用；最内层为原生质膜（cytoplasmic membrane 或 plasma membrane，CM 或 PM，孢原质膜）。超微结构精细定位发现，大量胶体金颗粒分布于 Nb 成熟孢子外壁，表明 *Nb*SWP5 蛋白为高丰度的孢子外壁蛋白（图 6-8）。

微孢子虫孢壁形成于孢子生殖的后期，高分辨率电子显微镜观察显示，其主要由三部分组成：最外层的蛋白性质的外壁，均匀地覆盖于孢子外壳，不同种属的厚度为 10～200nm；其内是富含几丁质的内壁，厚度为 100nm 左右；最内层是连接孢壁与原生质的原生质膜。孢壁除具有维持孢子形态的功能外，至少还有以下功能：①孢壁蛋白等组成坚固致密的孢壁，有利于孢子抵抗外界不利环境和保持活力。②微孢子虫发芽时，孢内会产生巨大内压，坚固的孢壁有利于维持这种压力，使孢子顺利发芽。③某些孢壁蛋白可以屏蔽孢内致免疫分子，使孢子免于被寄主识别，有助于孢子成功感染寄主。

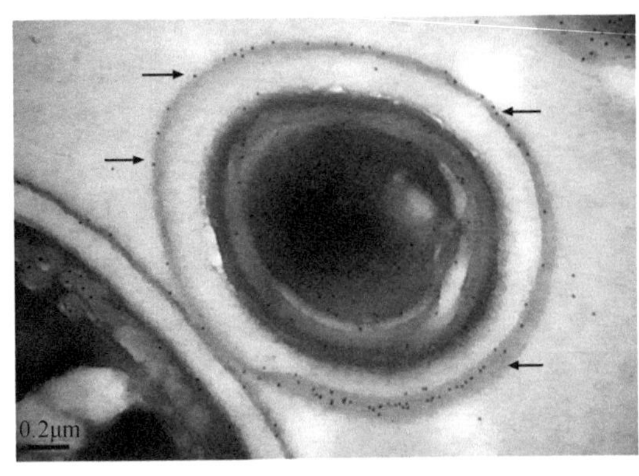

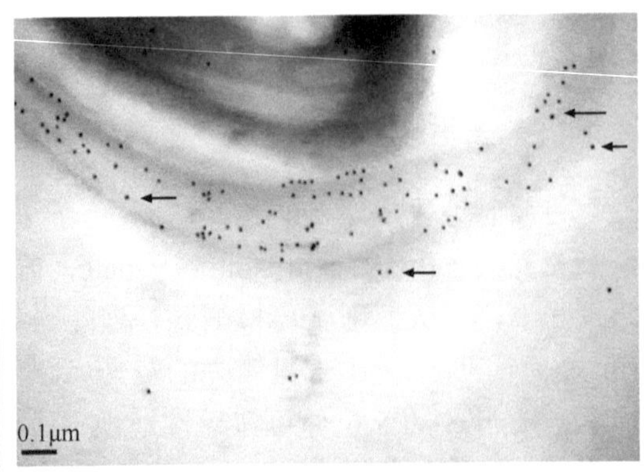

图 6-8 家蚕微粒子虫 *Nb*SWP5 蛋白在 Nb 成熟孢子上的胶体金定位

箭头所示大量金颗粒落在电子致密的孢子外壁，有少量的金颗粒分布于孢原质及极管中

在微孢子虫基本结构研究中，孢壁蛋白是受关注较多的领域，但主要集中在脑炎微孢子虫属（*Encephalitozoon*）。兔脑炎微孢子虫（*En. cuniculi*）和肠脑炎微孢子虫（*En. intestinalis*）的 SWP1（51kDa）、肠脑炎微孢子虫的 SWP2（150kDa）及兔脑炎微孢子虫的 ExP1（27kDa）是已经鉴定的 3 个位于电子致密层的孢子外壁蛋白（Bohne et al.，2000；Hayman et al.，2001）。此外，还有 3 个位于电子透明层的孢子内壁蛋白：兔脑炎微孢子虫的 EnP1/SWP3（40kDa）、EnP2（22kDa）和 EcCDA（33kDa 或 55kDa）。在孢子表面蛋白的功能研究方面，利用 IGLEM 技术发现 EnP1 于孢子生殖期开始表达，大量存在于成熟兔脑炎微孢子虫孢子内壁（Peuvel-Fanget et al.，2006）。细胞黏附实验证实，EnP1 含有 2 个糖胺聚糖（GAG）的结合基序，在孢子与寄主细胞的黏附过程中起着重要的作用（Southern et al.，2007）。

研究表明，家蚕微粒子虫孢子的表面蛋白相当丰富。运用煮沸法提取 Nb 孢子的表面蛋白进行 SDS-PAGE 电泳后，银染可得 11 条清晰可见的条带，运用 2-DE 可分离得到 100 多个家蚕微孢子虫孢子表面蛋白点（黄少康等，2004）。应用单克隆抗体技术，结合 Western blotting 以及体外发芽和细胞感染实验，证实了 Nb 孢子表面存在发芽相关蛋白（Zhang et al.，2007）。利用 Nb 孢子体外发芽的特性，采用 K_2CO_3 诱导 Nb 孢子体外发芽释放孢原质，然后使用密度梯度离心法（density gradient centrifugation，DGC）收集到纯度较高的孢子空壳，并使用 SDS-PAGE 和 LC-MS/MS 技术寻找到 12 个候选孢壁蛋白（谭小辉等，2008）。在发现 Nb 孢子表面蛋白 SWP25、SWP30 和 SWP32 后，利用 IFAT 和免疫胶体金实验（immunoelectron microscopy，IEM）技术证实 SWP25 与 SWP30 为孢子内壁蛋白，而 SWP32 为孢子外壁蛋白（Wu et al.，2008，2009b）。

本研究根据 2-DE 发现了一个在 Nb 成熟孢子中大量表达而在 Nb 孢子母细胞中缺失的蛋白点，根据质谱鉴定及数据库搜索证明其为 HSWP5，进一步的精细定位研究表明其为孢子外壁蛋白。该蛋白的序列特征及表达特征让我们推测它可能在 Nb 入侵寄主的过程中扮演重要角色。

6.1.2 家蚕微粒子虫孢子 *Nb*SWP5 蛋白在感染过程中的作用

利用激光扫描共聚焦显微镜（laser scanning confocal microscope）观察，经 KOH 预

处理的 Nb 孢子接种粉纹夜蛾（*Trichoplusia ni*，Tn）培养细胞，Tn 细胞对 Nb 孢子具有很强的吞噬能力，但对新鲜 Nb 孢子（未经 KOH 预处理）的吞噬作用相比较弱的研究结果已在 5.1 节（图 5-2～图 5-5）陈述（吴晓霞等，2010）。为探究这种吞噬作用的机制、Nb 孢子吞噬后的命运及孢子表面蛋白 *Nb*SWP5 可能起到的作用，本研究以多种昆虫细胞系及经不同处理的 Nb 孢子为材料，利用电子显微镜和荧光染色等技术开展了相关研究。

由于微孢子虫物种的特殊性，RNA 干扰（RNA interference）、基因敲除（knock out）等基因功能研究方法暂时难以应用。实验采用不同保存或处理方式的 Nb 孢子接种 BmN 培养细胞，然后观察其在被体外培养细胞吞噬的情况，在细胞水平上进行 *Nb*SWP5 的功能探讨。

6.1.2.1　培养细胞对家蚕微粒子虫孢子的吞噬作用

实验用新鲜家蚕微粒子虫孢子（freshly recovered spore，FRS）为 4℃保存不超过 2d 的精制纯化 Nb 成熟孢子；冷冻孢子（cold-storaged spore，CSS）为–20℃保存一年的精制纯化 Nb 成熟孢子；氢氧化钾处理孢子为 0.1mol/L 氢氧化钾 4℃处理 12h 的精制纯化 Nb 成熟孢子（KOH-treated spore，KTS）。

取 9 个玻璃培养皿（Φ35mm），每三个为一组，每组分别加入家蚕 BmN 细胞系、草地贪夜蛾细胞系（Sf9）和粉纹夜蛾（Tn）细胞系，每个培养皿的细胞数约为 10^6 个，新鲜培养基补足至 2ml。27℃恒温培养 16h 至细胞基本长满皿底，用移液管吸出旧培养基。每组培养皿中分别加入混有约 2.5×10^7 个 FRS、CSS 和 KTS 孢子的 2ml 新鲜培养基。用倒置显微镜监测吞噬过程。采用计数培养皿中游离的 Nb 孢子来评价吞噬效率：在 1000×放大倍数下，每一皿中随机挑取 10 个视野，统计未被吞噬的 Nb 孢子。结果以平均值±标准差的方式体现。实验重复三次，t 检验确定数据的统计学意义，如果 $P<0.05$ 则认为差异显著。

倒置显微镜监测发现，经冷冻或氢氧化钾处理过的孢子极易被培养细胞吞噬，吞噬作用在 KTS 或 CSS 加入培养皿后立即开始。接种 4h 后，寄主细胞内可观察到大量被吞噬的孢子。而培养基中的 FRS 孢子数在整个培养过程（7d）都没有明显的变化。数据统计显示，三种孢子被培养细胞吞噬的比例为：KTS>CSS>FRS。三种孢子以 25∶1 比例接种 BmN 细胞 4h 后，显微镜的每个高倍视野中游离的孢子数分别为：（124±5.7）个（FRS）、（13.7±1.2）个（CSS）、（10.7±1.9）个（KTS），其他两种培养细胞相同实验中可见相似的结果（图 6-9）。三种培养细胞对 Nb 孢子的吞噬能力没有明显的差别。

透射电镜观察结果显示，寄主（BmN）通过细胞表面伪足状突起将孢子黏附、包裹，最终摄入一紧致的膜结构内。没有观察到 Nb 孢子在细胞内发芽或继后的发育现象。吞噬泡内的孢子具典型的成熟孢子结构，孢壁和发芽装置清晰可见（图 6-10）。DAPI 染色显示，吞噬过程中，细胞表面可见多个泡状突起。过量地摄入孢子导致细胞变形，细胞核受挤压，细胞分裂受阻碍或延缓，部分细胞甚至破裂（图 6-11）。

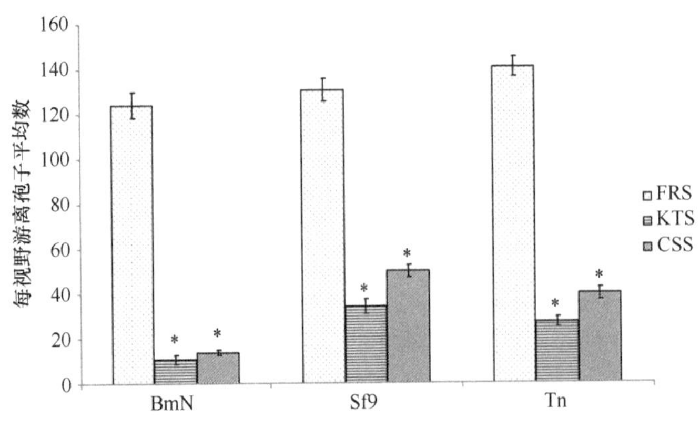

图 6-9 接种不同家蚕微粒子虫孢子的昆虫培养细胞对孢子的吞噬作用（4h）

FRS：新鲜 Nb 孢子；KTS：氢氧化钾处理 Nb 孢子；CSS：冷冻处理 Nb 孢子；KTS 和 CSS 都极易被昆虫培养细胞吞噬而大多数 FRS 则仍游离在培养基中：*表示差异显著（$P<0.05$）

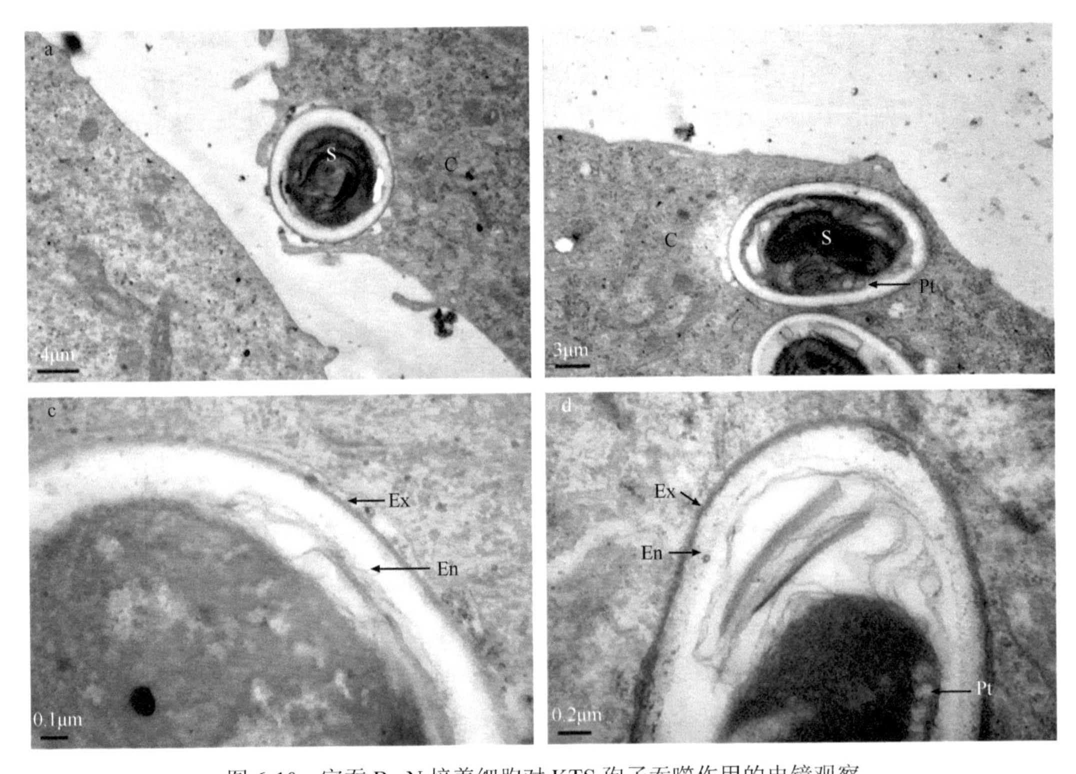

图 6-10 家蚕 BmN 培养细胞对 KTS 孢子吞噬作用的电镜观察

a：一个 Nb 孢子被 BmN 细胞表面的伪足状突起包裹，b：一个 Nb 孢子完全被 BmN 细胞吞噬，c：吞噬体与孢子紧密接触的膜结构，d：超微结构显示被吞噬的孢子仍具典型的成熟孢子结构；S：孢子，C：细胞，Ex：孢子外壁，En：孢子内壁，Pt：极管

利用间接荧光抗体技术发现，Nb 孢子接种培养细胞（吞噬）7d 后，孢子仍可以被 Nb 兔多抗检测到（图 6-12 和图 6-13），Nb 孢子可被培养细胞进一步内陷至核区，围绕细胞核排列。表明这些培养细胞无法将 Nb 孢子消化。但是，尽管寄主细胞吞噬了不少 Nb 孢子，但其生长状况还算健康。整个培养过程细胞贴壁良好，细胞膜仍然完整，没有观察到明显的凋亡现象。

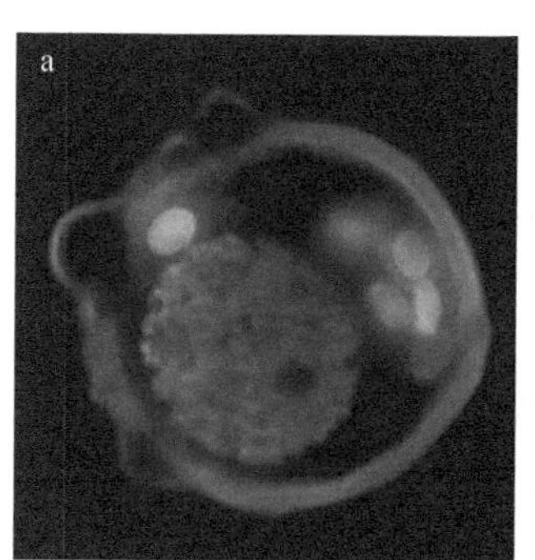

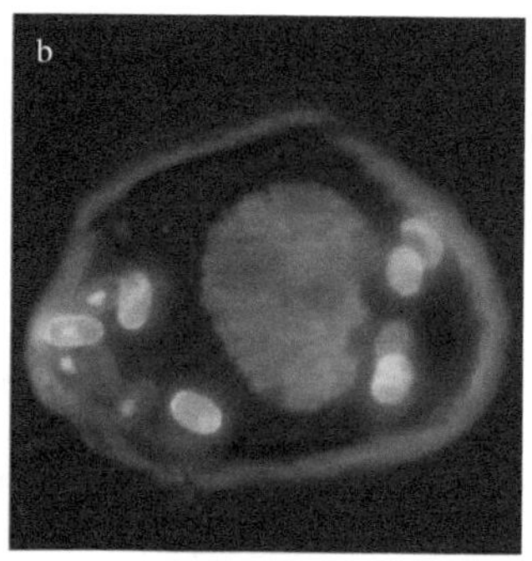

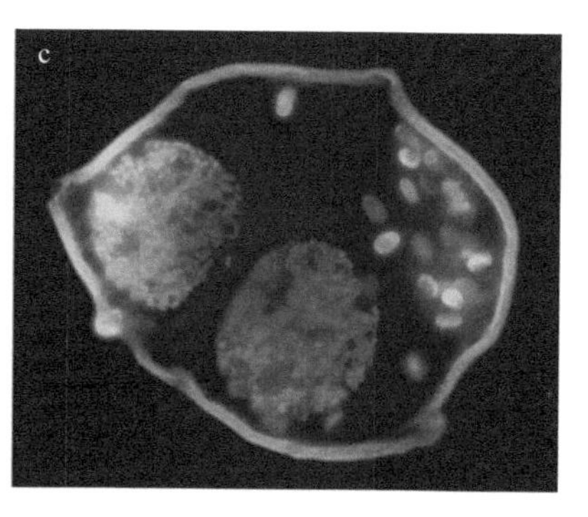

图 6-11 孢子接种培养细胞的 DAPI 染色观察

细胞表面出现泡状突起显示细胞正在吞噬孢子，细胞的形态发生变化，细胞核受挤压，细胞分裂受阻碍；a：Sf9 细胞吞噬 KTS 孢子，细胞表面可见大量泡状突起，b：Tn 细胞吞噬 CSS 孢子，细胞核受挤压，细胞形态发生变化，c：BmN 细胞吞噬大量 KTS 孢子，细胞分裂受阻碍

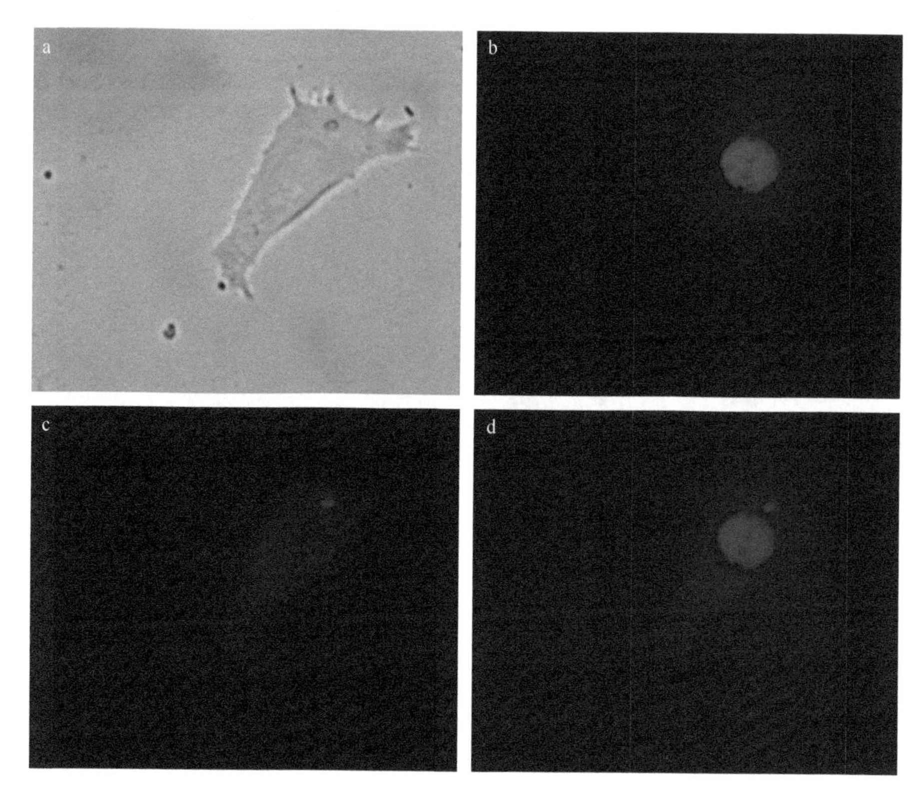

图 6-12 间接荧光抗体技术检测 Tn 细胞中的 Nb 孢子

间接荧光抗体技术检测被 Tn 细胞吞噬 7d 后的 KTS；a：白光视野下，b：DAPI 染色，c：Cy3 染料标记，d：b 与 c 的叠加

6.1.2.2 细胞松弛素 D 可以抑制培养细胞对孢子的吞噬作用

昆虫培养细胞对 Nb 孢子的吞噬作用是否由肌动蛋白介导？为此，开展了细胞松弛素 D 对培养细胞吞噬 Nb 孢子影响的实验。取 3 个玻璃培养皿（Φ35mm），分别培养 BmN、Sf9 和 Tn 细胞，待细胞基本长满皿底后，加入终浓度为 1μg/ml 的细胞松弛素 D。处理 30min 后，吸弃旧培养基，加入 2ml 混有约 2.5×10^{7} 个 KTS 的新鲜培养基，添加终浓度

为 1μg/ml 的细胞松弛素 D。同时进行不添加细胞松弛素 D 的对照实验。采用上述方式测定吞噬率。实验重复三次。结果显示，细胞松弛素 D 可以使培养细胞的吞噬能力明显减弱。当使用浓度为 1μg/ml 的细胞松弛素 D 预处理培养细胞后，吞噬作用几乎完全被抑制（图 6-14）。

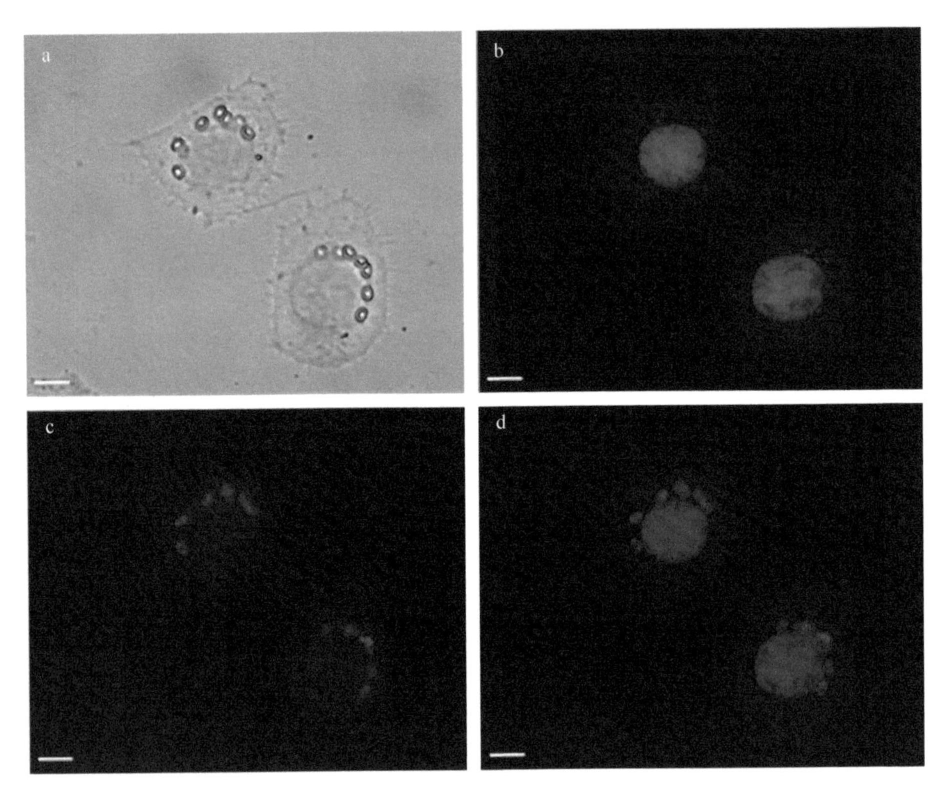

图 6-13　间接荧光抗体技术检测 BmN 细胞中的 Nb 孢子

间接荧光抗体技术检测被 BmN 细胞吞噬 7d 后的冷冻孢子；a：白光视野下，b：DAPI 染色，c：Cy3 染料标记，d：b 与 c 的叠加；图中比例尺为 10μm；孢子在细胞质中围绕细胞核排列，既没有被寄主细胞消化也没有发芽增殖，细胞生长状况良好

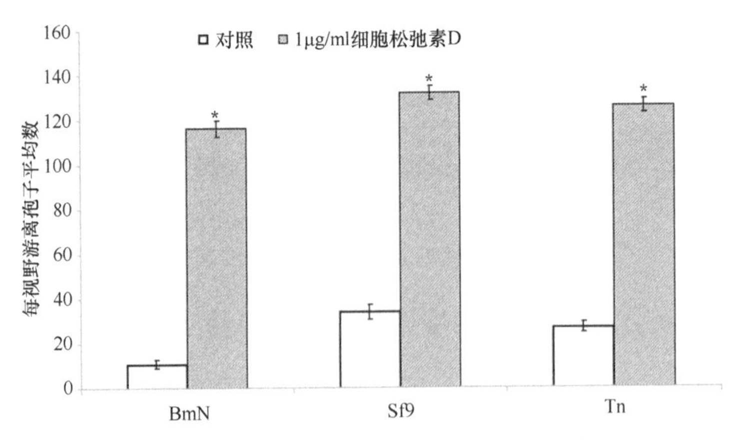

图 6-14　细胞松弛素 D 对吞噬作用的抑制

与对照组相比，细胞松弛素 D 处理过的培养细胞吞噬能力明显被抑制；*表示差异显著（$P<0.05$）

6.1.2.3　家蚕微粒子虫孢子 *Nb*SWP5 蛋白对 CSS 及孢子母细胞的保护作用

间接荧光抗体技术检测结果显示，作为 Nb 孢子前体细胞的后期 Nb 孢子母细胞，孢壁还没有发育完全，*Nb*SWP5 蛋白缺失（5.3 节、图 5-13d 和图 5-14）。冷冻 Nb 孢子也可使其孢壁受损而出现与孢子母细胞类似的结构（图 6-15）。吞噬实验发现，与具有完整孢壁作为屏障的 Nb 成熟孢子不同，Nb 孢子母细胞极易被 BmN 培养细胞吞噬（图 6-16 和图 6-17a）。其被吞噬的机制与 KTS 和 CSS 被吞噬的机制相同。当使用重组的 *Nb*SWP5 蛋白孵育 Nb 孢子母细胞后，吞噬作用明显降低。当 *Nb*SWP5 蛋白浓度为 2μg/ml 时，抑制效果最高（图 6-17b）。但与 Nb 成熟孢子相比，吞噬作用并未得到完全抑制。

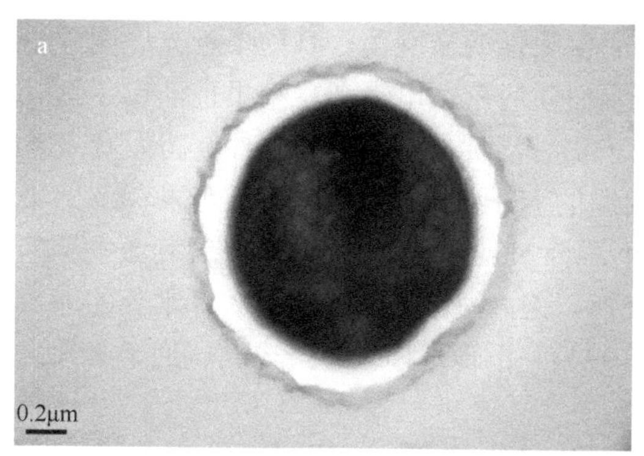

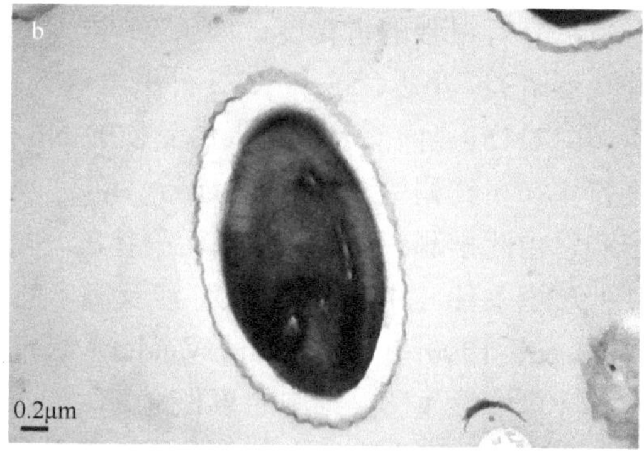

图 6-15　冷冻 Nb 孢子的超微结构观察

a：冷冻孢子横切，b：冷冻孢子纵切；冷冻孢子孢壁明显受损，外壁呈锯齿状，与孢子母细胞相似

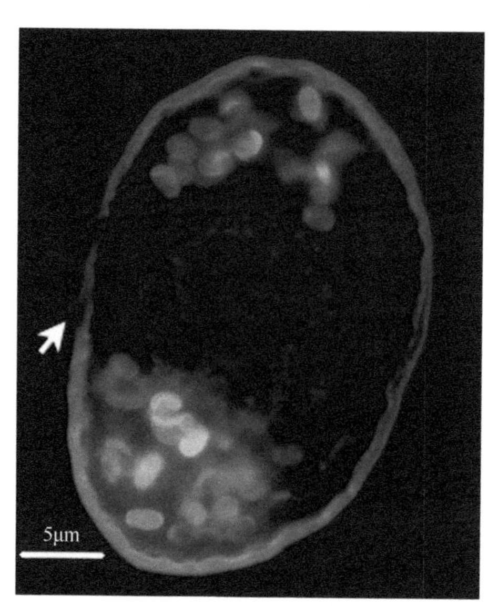

图 6-16　家蚕 BmN 细胞吞噬 Nb 孢子母细胞的 DAPI 染色观察

箭头所示为细胞表面一个泡状突起，显示细胞正在吞噬孢子母细胞

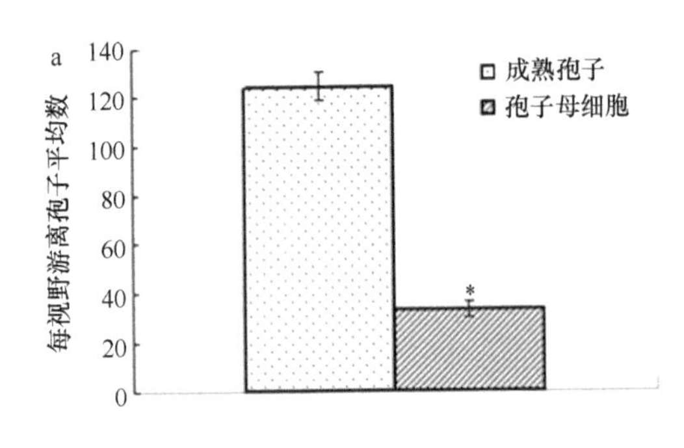

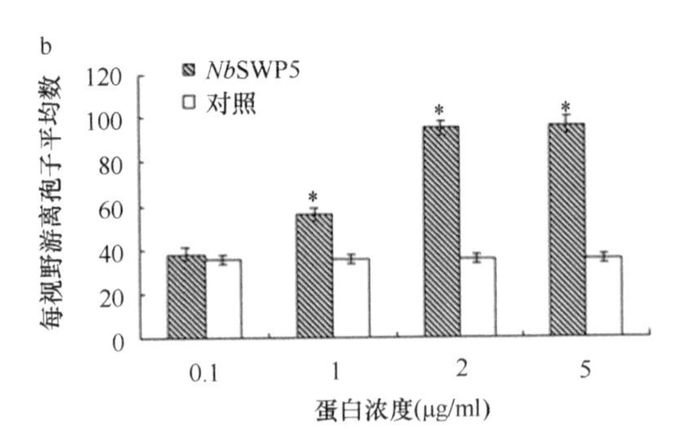

图 6-17 *Nb*SWP5 蛋白对家蚕微粒子虫孢子的保护作用

a：孢子母细胞极易被 BmN 培养细胞吞噬；b：外源重组 *Nb*SWP5 孵育孢子母细胞后吞噬作用显著下降；*表示差异显著（$P<0.05$）

用相差显微镜观察临时标本，FRS 有偏振性，呈左右摆动或不时翻转状，在明视野下，具有很强的折光度；而 CSS 和 KTS 的偏振性明显减弱，且孢子折光度明显下降（变暗）。可见 CSS 和 KTS 外壁有破损或蛋白质脱落，电镜观察结果也证实了这一点（图 6-15）。但部分孢壁蛋白受损的 Nb 孢子仍有活性，在合适的条件下可发芽及感染寄主（崔红娟等，1999）。通过吞噬进入细胞的 Nb 孢子，则未能进一步发芽及感染细胞，由此推测，可能是噬菌溶酶体的环境不适合 Nb 孢子的发芽，或缺乏刺激发芽的其他环境条件。Nb 孢子的发芽涉及离子的交换、孢内海藻糖的降解及大量水分的涌入（Undeen，1990；Undeen and Vander-Meer，1994）。不管是哪种感染模式，孢子必须先发芽才可能发生感染细胞的事件。

另外，噬菌溶酶体也未能将 Nb 孢子消化，这可能是由以下原因造成的：①BmN、Sf9 和 Tn 等非专性吞噬细胞不具备完全消化孢子的能力；②尽管被吞噬 Nb 孢子的孢壁不完整，但其仍具有厚实的孢子内壁，能够阻碍噬菌溶酶体的消化作用；③有报道指出，微孢子虫能够阻断吞噬体酸化（phagosome acidification）作用，从而抑制次级溶酶体（secondary lysosome）的形成，抵抗寄主细胞的消化作用（Weidner and Sibley，1985）。但无论如何，BmN、Sf9 和 Tn 昆虫细胞均能吞噬孢壁受损或孢壁发育尚不完全的 Nb 孢子，且吞噬能力无显著差别，吞噬机制基本一致，表明了这种吞噬作用的普遍性。当使用细胞松弛素 D 抑制寄主细胞肌动蛋白的聚合作用时，吞噬作用受到抑制。细胞吞噬孢子后，避免了被感染，仍然生长良好。因此，我们更倾向于认为这种吞噬作用是寄主细胞的防御作用。

吞噬实验表明，CSS 和 KTS 比 FRS 更容易被寄主细胞吞噬，极有可能是由于 Nb 孢子外壁蛋白脱落后，孢子内部的病原体相关分子模式（PAMP）被寄主的模式识别受体（pattern recognition receptor，PRR）识别，从而引发基于寄主细胞肌动蛋白聚合作用的吞噬现象。因此，我们可以得出一个结论，孢壁完整的 FRS 外壁某些蛋白或其他结构，可以起到免疫屏蔽的作用。而 Nb 孢子母细胞外壁本身未发育完全，IFAT 结果显示其缺失 *Nb*SWP5 蛋白，吞噬实验表明 Nb 孢子母细胞与 CSS 一样，极易被寄主细胞吞噬。使用重组 *Nb*SWP5 蛋白预先孵育孢子母细胞和 CSS，则吞噬比例明显下降，说明 *Nb*SWP5 蛋白可以屏蔽孢子内部的 PAMP，使其免于被寄主的 PRR 识别（Cai et al.，2011）。

病原体的感染机制与寄主的免疫机制之间存在着博弈和协同进化。一方面，寄主不断完善自身的免疫防御系统，使其免于被病原体感染；另一方面，病原体不断进化，躲避甚至适应利用寄主防御作用来达到侵染的目的（Dunn and Smith，2001；Sacks and Sher，2002）。

细胞壁被视为病原体相关分子模式（PAMP）的来源，能被寄主的免疫系统识别，激发保护性应答程序的启动，不利于病原体的入侵。但近年的研究结果显示，病原细菌细胞壁的某些成分可以使病原体免于被寄主识别，这些成分被认为是病原体的毒力因子。避免被寄主 PRR 识别从而逃脱寄主免疫的机制是简单有效的策略。白念珠菌（*Candida albicans*）用甘露糖蛋白（mannoprotein）外膜屏蔽可被寄主 Dectin-1 识别的 β-葡聚糖（β-glucan），从而达到成功侵染的目的（McKenzie et al.，2010）。新型隐球菌（*Cryptococcus neoformans*）外被的多糖荚膜具有抗吞噬的能力，被认为是最重要的毒力因子（Zaragoza et al.，2009）。最近的一项研究表明，烟曲霉（*Aspergillus fumigatus*）休眠孢子表面覆盖着一层疏水性蛋白 RodA（Aimanianda et al.，2009）。RodA 蛋白是一个分子质量为 19kDa、有 8 个保守的半胱氨酸残基的疏水性蛋白。尽管在 RodA 蛋白覆盖层下有大量能激活寄主免疫的致免疫分子，但完整的休眠烟曲霉孢子是免疫惰性的。而在孢子发芽时，RodA 蛋白则降解。RodA 蛋白缺陷型突变株孢子经氟化氢处理后，发芽的孢子等缺乏 RodA 蛋白的孢子均能激活寄主的免疫反应，表明了孢壁表面的 RodA 蛋白能屏蔽休眠孢子的免疫原性。

经过长期的进化，Nb 有着一套独特的感染机制。其具有感染性的极管和孢原质包裹在一层厚厚的孢壁内，处于细胞外更有利于其发芽并传送感染物质。本研究鉴定的 *Nb*SWP5 蛋白大量表达于孢子外壁，与烟曲霉休眠孢子表面蛋白 RodA 一样均为小分子疏水性蛋白，使孢子病原体相关分子模式不被寄主细胞识别，避免抗原提呈发生，防止孢子被寄主细胞吞噬，从而保证孢子在合适的条件下发芽，释放侵染物质感染寄主。

6.2　家蚕微粒子虫孢壁蛋白 SWP12 基因的克隆、表达分析及功能研究

微孢子虫感染机制研究表明，孢子外壳（表面）蛋白对于感染极为重要（Johnson and Barford，1993；Grimwood and Smith，1996；Shaw，2003；Wu et al.，2009b），孢子的发芽与孢子外壳的一些运输蛋白或具有酶活性的蛋白（Simnmani，1999；Bigliardi and Sacchi，2001）的作用密切相关。

家蚕微粒子虫孢子具有坚韧的孢壁，对外界环境具有较强的抗逆性，一旦进入寄主家蚕体内，在合适理化因子的刺激下就能快速发芽释放孢原质感染寄主细胞（Vavra and Larrson，1999）。Nb 孢子发芽侵染的分子机制一直是国内外学者关注的焦点，其中 Nb 的孢壁蛋白（SWP）作为其与寄主细胞互作的潜在靶蛋白而备受重视，早期报道较多的是微孢子虫孢壁蛋白的提取、鉴定，以及其与发芽的相关性等（Kawarabata and Hayasaka，1987），本篇前述内容已涉及。2015 年 GenBank 数据库已登录有 14 条或以上 Nb 候选孢壁蛋白的基因序列。其中，学者先后对 Nb 的 SWP30、SWP32、SWP25、SWP26 及 SWP5 共 5 种孢壁蛋白在孢壁上的表达进行了精细定位和相关功能方面的研究（Cai et al.，

2011)。本部分主要介绍 Nb 孢壁蛋白 SWP12 基因的克隆、原核表达、抗体制备、间接荧光抗体技术和免疫胶体金标记电镜技术等研究结果。

家蚕微粒子虫繁殖和制备 Nb 孢子悬浮液方法参见 12.1 节。

6.2.1 家蚕微粒子虫孢子 HSWP12 蛋白基因的克隆和抗体制备

6.2.1.1 基因扩增及重组质粒 pMD18/SWP12 的构建

根据 GenBank 中的 Nb 拟定表面蛋白 HSWP12 的基因序列（序列号：EF683112.1）设计一对引物，NbHSWP12F：5′-GCGGATCCATGAAAGATTTTAAAAAG-3′（方框处为 *Bam*H Ⅰ的酶切位点）；NbHSWP12R：5′-TCAAGCTTACTTAGTCCTCTCTAATGC-3′（方框处为 *Hin*d Ⅲ的酶切位点），预期扩增 693bp，复性温度为 52.6℃，进行常规 PCR 扩增。

PCR 产物经 1.0%琼脂糖凝胶电泳检测（图 6-18a）；将出现的单一 PCR 产物割胶回收，连接到 pMD18-T 载体上，再转化克隆寄主 *E. coli* H5α，抽提重组质粒，1.0%琼脂糖凝胶电泳检测（图 6-18b）；重组质粒进行 *Hin*d Ⅲ和 *Bam*H Ⅰ双酶切处理后，同法进行 1.0%琼脂糖凝胶电泳检测（图 6-18c）。PCR 产物和重组质粒进行 1.0%琼脂糖凝胶电泳检测，均显示为单一、清晰和一致的条带，大小约为 693bp（图 6-18a 和 b），与 HSWP12 的预期大小相符。重组质粒进行 *Hin*d Ⅲ和 *Bam*H Ⅰ双酶切后鉴定结果显示有两条条带，一条为目的基因条带，一条为载体大片段，取质粒 PCR 和双酶切分析鉴定正确的克隆测序，测序结果与 Nb 拟定表面蛋白 HSWP12（GenBank 序列号：EF683112.1）基因的序列一致，相似性达 99%。质粒 PCR 鉴定、双酶切分析及重组质粒序列分析都表明，目的片段已插入载体上，获得重组质粒 pMD18/SWP12。

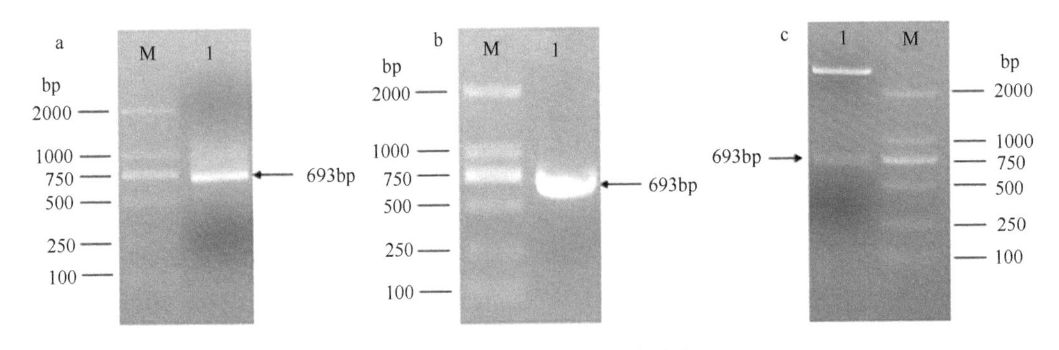

图 6-18 基因扩增产物电泳鉴定

a：PCR 产物，b：重组质粒 pMD18/SWP12 的 PCR 产物，c：重组质粒 pMD18/SWP12 的 *Hin*d Ⅲ和 *Bam*H Ⅰ双酶切 PCR 产物的 1%琼脂糖凝胶电泳结果；M：DL2000 DNA Marker，1：目的基因 PCR 产物（a）、质粒 PCR 产物（b）和质粒双酶切 PCR 产物（c）

6.2.1.2 原核表达载体的构建及鉴定

将克隆重组质粒 pMD18/SWP12 和质粒 pET-30a（+），经 *Hin*d Ⅲ和 *Bam*H Ⅰ双酶切后，分别回收 693bp 的 SWP12 基因片段和 pET-30a（+）线性片段，用 T4 连接酶进行连接，构建重组表达载体 pET-30a-SWP12。转化 *E. coli* transetta（DE3），抽提表达载体

pET-30a-SWP12 质粒，经质粒 PCR 鉴定扩增出一条与原目的基因大小（693bp）一致的特异条带（图 6-19），同时结合 pET-30a（+）的物理图谱分析和质粒测序结果发现，重组质粒序列含目的基因 HSWP12 序列，并且可读框正确，这证明在原核表达载体 pET-30a（+）的基础上构建了含目的基因的重组表达载体 pET-30a-SWP12。

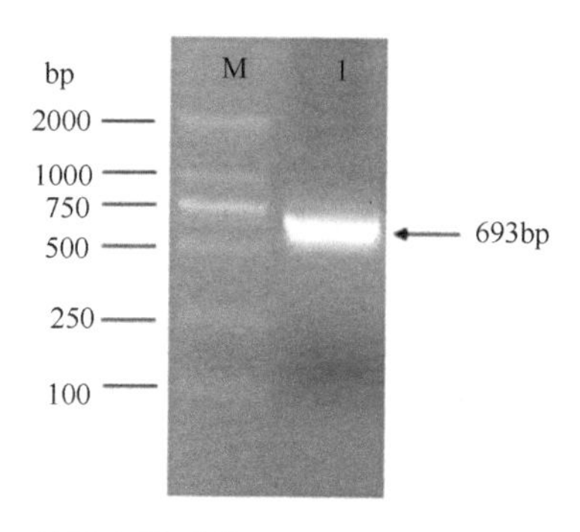

图 6-19　重组表达质粒 pET-30a-SWP12 的 PCR 鉴定

M：DL2000 DNA Marker；1：质粒 PCR 产物

6.2.1.3　重组蛋白的原核表达与纯化

转化重组表达质粒 pET-30a-SWP12 到 *E. coli* transetta（DE3），经 IPTG 诱导后，进行 12% SDS-PAGE 分析（图 6-20）。

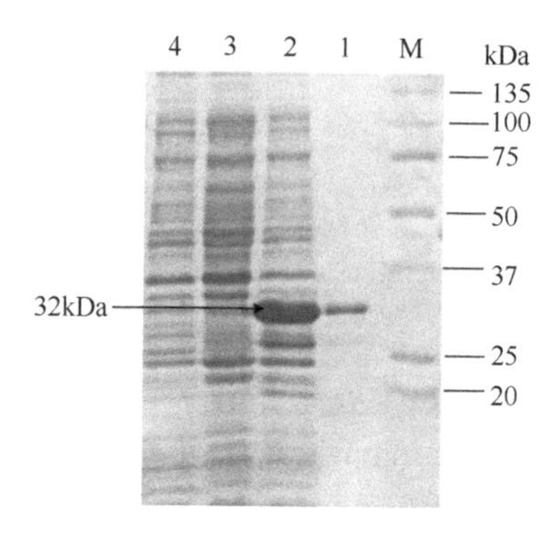

图 6-20　重组蛋白 pET-30a-SWP12 的 SDA-PAGE 分析

M：蛋白质 Marker；1：纯化的重组蛋白 pET30a-SWP12；2：转入质粒 pET30a-SWP12 的诱导菌；3：转入质粒 pET30a-SWP12 的未诱导菌；4：转入质粒 pET30a 的空载菌

结果显示，含重组表达载体 pET-30a-SWP12 细菌的诱导表达样品在分子质量约 32kDa 处出现一较高浓度的诱导表达条带，与预计的融合蛋白大小基本一致，该条带未在空载菌中出现，而其未诱导表达样品在约 32kDa 处出现一条很淡的条带，为 SWP12 蛋白的基础表达。因表达的蛋白质条带有 6×His 标签靶序列，故可用 Ni-NTA 亲和层析柱（QIAGEN）纯化该目的蛋白，1L 细菌培养液诱导纯化后可获得约 2.0mg 的纯化蛋白。根据以上结果可认为，SWP12 蛋白基因已经在 *E. coli* transetta（DE3）中融合表达和得到纯化。

6.2.1.4 家蚕微粒子虫孢壁蛋白的提取

取 8 个 EP 管，分别加入 200μl 精制纯化 Nb 孢子悬浮液（5×10^9 孢子/ml），5000r/min 离心 5min（4℃），弃上清；其中 7 个管内分别加入 500μl 不同浓度（1.0mol/L、0.5mol/L、0.25mol/L、0.2mol/L、0.1mol/L、0.05mol/L 和 0.01mol/L）KOH 溶液，悬浮孢子；另 1 个 EP 管加 500μl 的蒸馏水，悬浮 Nb 孢子作为对照；27℃温育 40min，12 000r/min 离心 5min（4℃），弃上清，收集孢子沉淀；每管分别加入 35μl 的 2×样品缓冲液和等体积的 3×上样缓冲液，混匀；沸水浴 5min 后，12 000r/min 离心 10min（4℃）；吸取上清 4℃保存，作为天然蛋白和重组表达蛋白一起用于抗体检测。

提取蛋白的 SDS-PAGE 结果显示：KOH 处理浓度越高，获取的蛋白质条带数越少，随 KOH 浓度的降低，蛋白质条带数呈现递增趋势，以 KOH 浓度为 0.01mol/L 时获取的蛋白质条带数最多。而在 KOH 浓度低于 0.05mol/L 时，所得到的蛋白质条带数基本一致，明显少于 0.01mol/L 的条带数（图 6-21）。

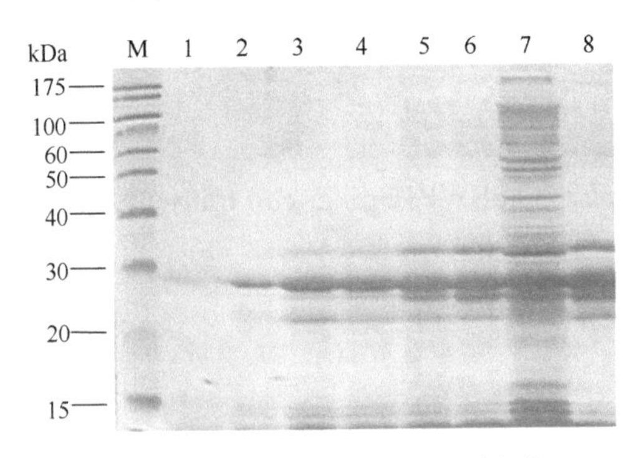

图 6-21 不同浓度 KOH 预处理 Nb 孢子孢壁蛋白的 SDS-PAGE 分析

M：蛋白质 Marker；1：1.0mol/L KOH；2：0.5mol/L KOH；3：0.25mol/L KOH；4：0.2mol/L KOH；5：0.1mol/L KOH；6：0.05mol/L KOH；7：0.01mol/L KOH；8：对照

为进一步探索更为有效的 KOH 处理浓度，配制了一组浓度分别为 0.1mol/L、0.05mol/L、0.02mol/L、0.01mol/L、0.005mol/L 和 0.001mol/L 的 KOH 溶液，同法预处理 Nb 孢子，煮沸提取孢壁蛋白进行 SDS-PAGE 分析。结果发现，0.02mol/L、0.01mol/L 和 0.005mol/L 三种浓度的 KOH 预处理 Nb 孢子后，所提取的蛋白质条带数未见明显差异，明显多于其他浓度 KOH 处理所得到的条带数，而 0.001mol/L KOH 的处理结果与对照类似（图 6-22）。

6.2.1.5 抗体特异性的鉴定

用 6.2.1.3 节纯化的 pET-30a-SWP12 重组蛋白免疫健康雄性新西兰大白兔，4 次免疫后的第 10 天颈动脉取血，血液置于 37℃水浴 30min，然后置于 4℃冰箱过夜，次日 8000r/min 离心 5min（4℃），收集血清，混匀于−70℃保存。用 Montage® Antibody Purification Kit and Spin Columns with PROSEP-A Media 试剂盒（Milipore）纯化抗体，纯化后的抗体−70℃保存备用。

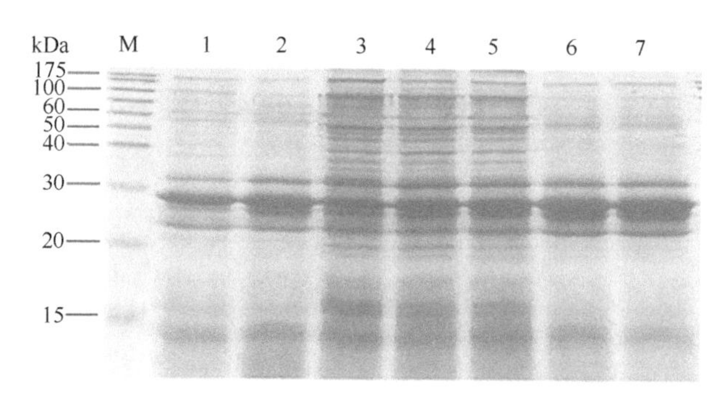

图 6-22　不同低浓度 KOH 预处理 Nb 孢子孢壁蛋白的 SDS-PAGE 分析

M：蛋白质 Marker；1：0.1mol/L KOH；2：0.05mol/L KOH；3：0.02mol/L KOH；4：0.01mol/L KOH；5：0.005mol/L KOH；6：0.001mol/L KOH；7：对照

纯化的多克隆抗体用 PBS，按照 1/200、1/1000、1/5000、1/10 000、1/20 000 和 1/60 000 进行稀释，作为一抗，用于包被抗原。抗体的间接 ELISA 检测显示 1/5000 稀释的 *P*/*N* 值为 2.118，1/10 000 稀释的 *P*/*N* 值为 1.949（图 6-23a），即所获抗体的效价在 1∶5000 或以上。Western blotting 检测结果显示：重组诱导菌的总蛋白（图 6-23b 的泳道 2）和 Nb 孢子表面蛋白（图 6-23b 的泳道 1，用 0.02mol/L 浓度的 KOH 预处理 Nb 孢子所获）均有单一的特异条带出现，但泳道 2 比泳道 1 的条带更为宽泛或大（可能与重组蛋白携带 6×His 标签蛋白有关），结果表明制备的抗体虽然是多克隆抗体，但还是具有较高的特异性（图 6-23）。

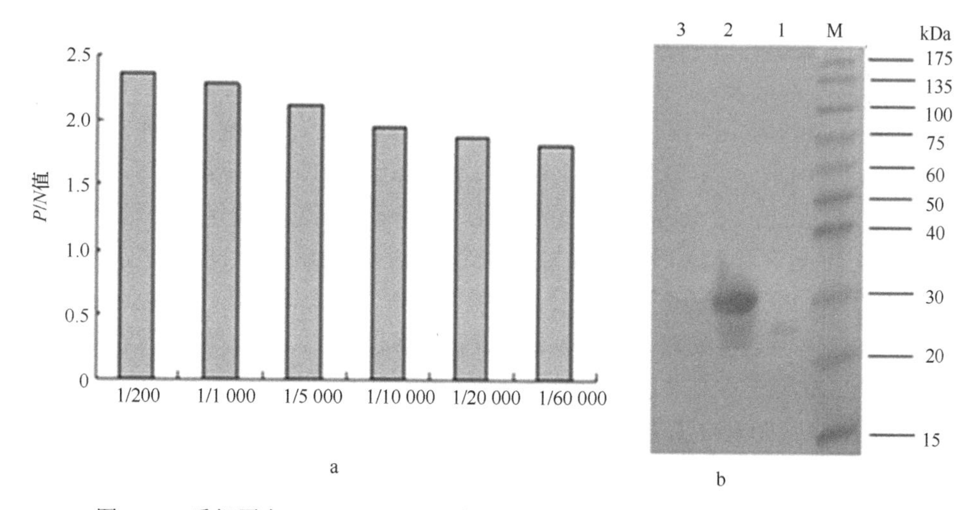

图 6-23　重组蛋白 pET-30a-SWP12 多抗的间接 ELISA 与 Western blotting 鉴定

a：间接 ELISA 检测，统计数据表示为平均值±标准差，*P*/*N*=（待测孔 OD 值–空白对照孔 OD 值）/（阴性对照 OD 值–空白对照 OD 值），b：Western blotting 鉴定；M：DNA Marker，1：家蚕微粒子虫孢壁蛋白，2：转入 pET-30a-SWP12 质粒，3：转入空 pET-30a 质粒

6.2.2　家蚕微粒子虫孢子孢壁蛋白 SWP12 在细胞中的表达与定位

将 1ml（1×10^8 孢子/ml）精制纯化的 Nb 成熟孢子悬浮于 2.5%的戊二醛溶液中，4℃固定，包埋和切片，制成免疫电镜样品。用兔抗 SWP12 重组蛋白的多克隆抗体和直径

为 15nm 的胶体金偶联山羊抗兔 IgG 进行标记，标记后的超薄切片于透射电镜下观察。结果显示：胶体金颗粒主要分布在孢子内壁（图 6-24），即 Nb 的孢壁蛋白 SWP12 主要定位于孢子内壁上。

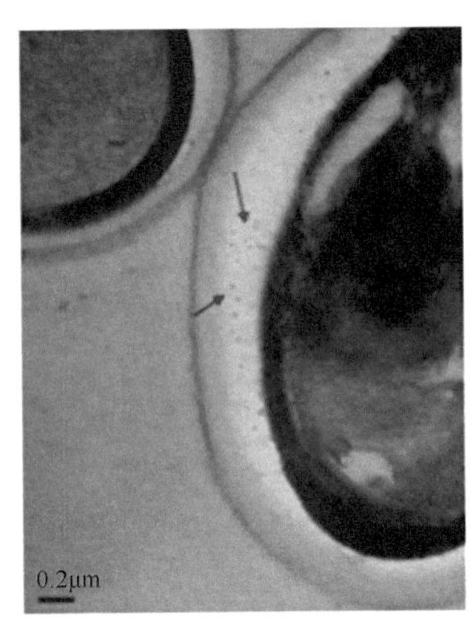

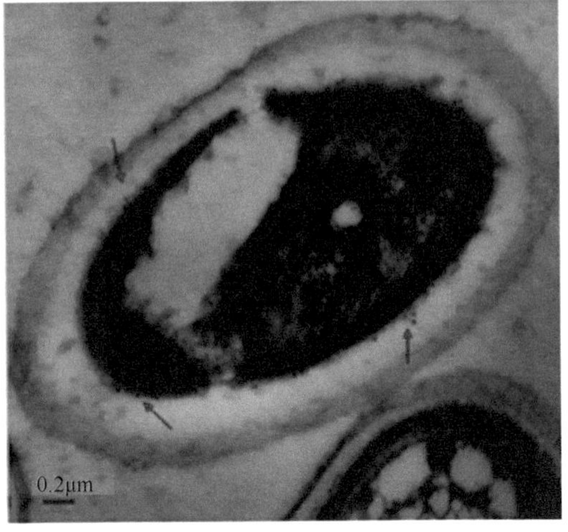

图 6-24　重组蛋白 pET-30a-SWP12 多抗的免疫透射电镜结果

箭头标示胶体金颗粒

6.2.3　多克隆抗体对家蚕微粒子虫孢子黏附及感染的抑制效果

取 5 个无菌玻璃底细胞培养皿（Φ30mm）于 27℃培养 BmN 细胞。参照 Hayman 等（2001）的方法，进行 Nb 对 BmN 细胞的感染和黏附实验，每个细胞培养皿盛入培养基 2ml，培养细胞数约为 10^6 个，接种的 Nb 孢子数为 10^7 个。向细胞内接种 Nb 孢子的同时，在其中 4 皿中加入一定量的纯化重组蛋白 pET-30a-SWP12 多克隆抗体，终浓度分别为 0.5μg/ml、1.0μg/ml、2.0μg/ml 和 5.0μg/ml，另一皿加正常血清作为对照，于 27℃培养 BmN 细胞 4h 后，用灭菌 PBS 洗涤培养皿除去培养基中游离的 Nb 孢子，换上新鲜培养基，同时加入相应浓度的多克隆抗体继续培养 48h，除去培养基，依据间接荧光抗体技术（IFAT）的步骤制备装片。于相差显微镜下观察和计数，每个样品计数 30 个 BmN 细胞所黏附的 Nb 孢子数及被感染的细胞个数并进行统计分析。

结果显示：在 Nb 孢子黏附和感染寄主细胞（BmN）过程中，添加不同浓度多克隆抗体的实验组与对照组相比，寄主细胞黏附的孢子平均数约为 15 个，受感染的细胞平均比例为 25%左右，未见抗体的浓度梯度效应（表 6-1），即制备的多克隆抗体加入 BmN

表 6-1　重组蛋白 pET-30a-SWP12 多克隆抗体对 Nb 孢子黏附和感染寄主细胞影响的分析

多抗浓度（μg/ml）	BmN 细胞（个）	黏附的 Nb 孢子（个）	感染的 BmN 细胞（%）
0	30	15.67	25.33
0.5	30	14.56	24.61
1.0	30	15.67	25.33
2.0	30	14.66	24.66
5.0	30	14.55	24.52

细胞培养基中，未能明显抑制 Nb 孢子对寄主细胞的黏附和感染。IFAT 图片也未能明显显示这种作用（图 6-25）。

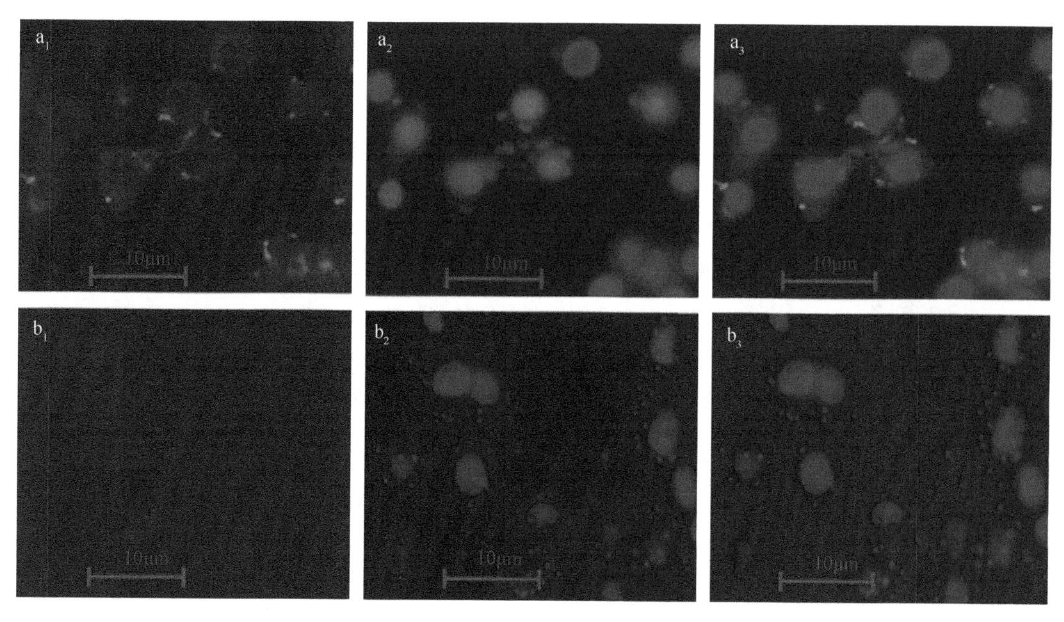

图 6-25　间接荧光抗体实验结果

a_1～a_3：经多抗孵育的 Nb 孢子感染的 BmN 细胞，a_1：FITC 标记的羊抗兔二抗标记显色，a_2：DAPI 标记显色，a_3：a_1 和 a_2 叠加；b_1～b_3：未经多抗孵育的 Nb 孢子感染的 BmN 细胞，b_1：FITC 标记的羊抗兔二抗标记显色，b_2：DAPI 标记显色，b_3：b_1 和 b_2 叠加

制备的抗 SWP12 蛋白多克隆抗体，经间接 ELISA 检测效价达 1∶5000，Western blotting 检测抗体也有特异性目的条带，表明制备抗体的特异性良好，但在 Nb 孢子黏附和感染寄主细胞过程中添加多抗，未能发现可明显抑制 Nb 孢子对寄主细胞（BmN 细胞）的黏附和感染。推测可能与孢壁蛋白 SWP12 的定位有关，免疫胶体金标记电镜（IGLEM）定位实验表明 SWP12 蛋白定位于孢子内壁，该蛋白可能没有直接参与 Nb 孢子对寄主细胞的黏附和感染，或者不是一种主要感染因子，导致针对该蛋白制备的多克隆抗体的抑制效果甚微。Nb 孢子的 SWP12 作为一种孢子内壁蛋白，其作用可能主要是参与孢壁的形成、维持孢子结构的完整性等。从实验技术方面分析，也可能是多抗与 Nb 孢子作用的时间不够充分等因素导致的现有结果。

6.3　家蚕微粒子虫蓖麻毒素 B 凝集素在感染过程中的功能

家蚕微粒子虫孢子发芽前-后基因表达水平的比较研究（参见 4.3 节和 4.4 节）发现，两者间诸多基因或蛋白存在差异或显著差异，其中 Nb 蓖麻毒素 B 凝集素（*Nb*RBL）基因在孢子发芽后表现出显著下调的现象（表 4-2，ID 为 CUFF.2029.1，*P* 值为 0.033 297 2），而基因的特异性调控表达往往与生物体特定的生命活动相一致，并为满足生物体特定的生理需要发挥一定的作用。蓖麻毒素 B 凝集素（RBL）是蓖麻毒素二聚体中 B 链凝集素，具有与糖类物质如半乳糖基团或甘露糖基团结合的能力，可以帮助具生物毒性的蓖麻毒素 A 链进入细胞中发挥毒力效应（Pelletier and Sato，2002；Kleshchenko et al.，2004；Villalta et al.，2009；Nde et al.，2012）。微孢子虫可以通过发芽或吞噬方式感染寄主细胞，肠脑炎微孢子虫（*En. intestinalis*）可以利用其寄主细胞膜上的糖胺聚糖（GAG）位点进行黏附，并增加感染成功率（Hayman et al.，2005）。凝集素类蛋白在一些寄生虫感染过程中发挥重要作用的结果相继被报道。

根据 *Nb*RBL 在孢子发芽过程中基因表达的特异性与一系列相关研究报道，推测该蛋白可能参与孢子发芽感染过程，为此开展下述相关的研究。

6.3.1 家蚕微粒子虫蓖麻毒素 B 凝集素基因的序列分析、表达差异分析和克隆

6.3.1.1 家蚕微粒子虫蓖麻毒素 B 凝集素基因序列分析

家蚕微粒子虫蓖麻毒素 B 凝集素（*Nb*RBL）基因包含 1545 个核苷酸，编码 514 个氨基酸。经过 ExPASy 预测，*Nb*RBL 蛋白的等电点为 6.00，分子质量约为 57.7kDa。图 6-26 为 *Nb*RBL 蛋白的氨基酸序列图。通过 SignalP 软件分析该蛋白序列，发现 *Nb*RBL 蛋白具有信号肽序列，其位置在 1～16 位氨基酸，在图中标注下划线并加粗表示。通过 TargetP 分析（图 6-27），发现 *Nb*RBL 亚细胞定位为分泌途径。由此推测 *Nb*RBL 蛋白可能是一个分泌型蛋白。进一步分析了 *Nb*RBL 蛋白序列的“O 位”和“N 位”糖基化位点，由 NetOGlyc4.0 和 NetNGlyc1.0 分析结果可知，*Nb*RBL 蛋白具有 4 个“N 位”糖基化位点（图 6-28）和 21 个“O 位”糖基化位点（图 6-29）。由此推测 *Nb*RBL 蛋白具有与糖类物质结合的结构基础。

1 **mywilfsvin svavle**ensy evsngeyllg sdgnlvnknd ekikepitvi vynsidlsqp
61 naivskdrkk vivlddngnl vakdtslfkn yekygrlcll kknskqpmck alshaldpsd
121 ddekkeeded keekepkksk kedkndskdd fkdlesdiae isnmsfsdsf lwsvdiadne
181 glqriinfsn klcvnvsdgk lemkacdktl pgqrwkfrta eekpkekrkk pkskriieve
241 kepiphkhhm rpedkmifvq pieeeyqgrt hmvepgdeiv pkrsksskkk rrledtddge
301 sqeveinlkk rskreeasqq yvvnppfsqq nlmgpplnqq smlvpqniin pftswqmppq
361 pnpmpinywp nqqqgesvsf aagppavvnv qgppsdkkgs ssskpgsknl fksdnppeke
421 seseetsesp eksnedknnq iamkvvspmy ngkyfanpmg pyspfpqmqp avvvnnttkt
481 negkngdskk nggglgglmg glaksssplgs alss

图 6-26 家蚕微粒子虫蓖麻毒素 B 凝集素氨基酸序列
标注下划线并加粗序列为信号肽序列

```
### targetp v1.1 prediction results ##################################
Number of query sequences:  1
Cleavage site predictions not included.
Using NON-PLANT networks.

Name                  Len            mTP     SP  other  Loc  RC
----------------------------------------------------------------------
Sequence              514          0.061  0.696  0.410   S    4
----------------------------------------------------------------------
cutoff                             0.000  0.000  0.000
```

图 6-27 家蚕微粒子虫蓖麻毒素 B 凝集素亚细胞定位预测分析图

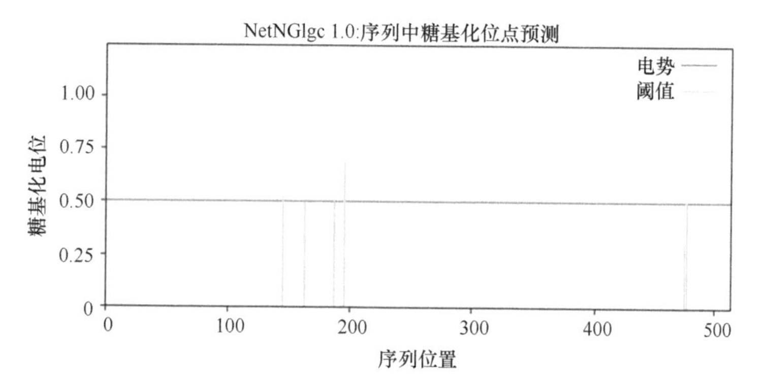

图 6-28　家蚕微粒子虫蓖麻毒素 B 凝集素“N 位”糖基化位点预测

```
##gff-version 2
##source-version NetOGlyc 4.0.0.13
##date 15-9-11
##Type Protein
#seqname        source  feature start   end     score   strand  frame   comment
SEQUENCE        netOGlyc-4.0.0.13       CARBOHYD        119     119     0.709068        .       .       #POSITIVE
SEQUENCE        netOGlyc-4.0.0.13       CARBOHYD        139     139     0.575452        .       .       #POSITIVE
SEQUENCE        netOGlyc-4.0.0.13       CARBOHYD        219     219     0.770401        .       .       #POSITIVE
SEQUENCE        netOGlyc-4.0.0.13       CARBOHYD        233     233     0.644364        .       .       #POSITIVE
SEQUENCE        netOGlyc-4.0.0.13       CARBOHYD        284     284     0.825655        .       .       #POSITIVE
SEQUENCE        netOGlyc-4.0.0.13       CARBOHYD        286     286     0.782893        .       .       #POSITIVE
SEQUENCE        netOGlyc-4.0.0.13       CARBOHYD        287     287     0.909497        .       .       #POSITIVE
SEQUENCE        netOGlyc-4.0.0.13       CARBOHYD        301     301     0.511708        .       .       #POSITIVE
SEQUENCE        netOGlyc-4.0.0.13       CARBOHYD        395     395     0.649174        .       .       #POSITIVE
SEQUENCE        netOGlyc-4.0.0.13       CARBOHYD        400     400     0.835355        .       .       #POSITIVE
SEQUENCE        netOGlyc-4.0.0.13       CARBOHYD        401     401     0.818942        .       .       #POSITIVE
SEQUENCE        netOGlyc-4.0.0.13       CARBOHYD        402     402     0.716456        .       .       #POSITIVE
SEQUENCE        netOGlyc-4.0.0.13       CARBOHYD        403     403     0.775982        .       .       #POSITIVE
SEQUENCE        netOGlyc-4.0.0.13       CARBOHYD        407     407     0.823311        .       .       #POSITIVE
SEQUENCE        netOGlyc-4.0.0.13       CARBOHYD        413     413     0.958865        .       .       #POSITIVE
SEQUENCE        netOGlyc-4.0.0.13       CARBOHYD        421     421     0.86591         .       .       #POSITIVE
SEQUENCE        netOGlyc-4.0.0.13       CARBOHYD        423     423     0.809494        .       .       #POSITIVE
SEQUENCE        netOGlyc-4.0.0.13       CARBOHYD        426     426     0.684762        .       .       #POSITIVE
SEQUENCE        netOGlyc-4.0.0.13       CARBOHYD        427     427     0.926643        .       .       #POSITIVE
SEQUENCE        netOGlyc-4.0.0.13       CARBOHYD        429     429     0.609113        .       .       #POSITIVE
SEQUENCE        netOGlyc-4.0.0.13       CARBOHYD        480     480     0.53468         .       .       #POSITIVE
```

图 6-29　家蚕微粒子虫蓖麻毒素 B 凝集素“O 位”糖基化位点预测

6.3.1.2　家蚕微粒子虫蓖麻毒素 B 凝集素基因在孢子发育过程不同阶段的表达差异

通过对 *Nb*RBL 蛋白序列的分析，推测该蛋白可能是一个能和糖类物质结合的分泌型蛋白。为了进一步研究该蛋白的功能特性，进行了 Nb 孢子感染 BmN 培养细胞后 *Nb*RBL 基因转录水平的 qPCR 检测。

家蚕微粒子虫繁殖和制备 Nb 孢子悬浮液方法参见 12.1 节。

BmN 培养细胞的感染：取约 10^7 个精制纯化 Nb 孢子，用 0.2mol/L 的 KOH 溶液室温处理 40min 后，3000×*g* 离心 1min（4℃），弃上清，用 100μl 新鲜培养基重悬后，立即加入预先培养的 BmN 细胞中，27℃恒温培养。实验分别在孢子感染 BmN 细胞 6h、12h、18h、24h、30h、36h、42h、48h、54h、60h、66h、72h、78h、84h、90h 和 96h 后，分别加入 1ml 的 Trizol Reagent（Invitrogen）反复吹打，然后将全部悬浮液转移至无 RNA 酶的破碎管中，玻璃珠破碎法破碎后，按照 Trizol Reagent 说明书获得不同处理组总 RNA，−80℃冰箱中保存，进行后续 qPCR 分析处理。休眠孢子（NGS）和发芽孢子（GS）同法提取 RNA，以及分别取样进行 qPCR 分析处理。每个处理组进行三次独立的技术重复和生物重复。以 Nb 孢子感染后 96h 内不同时间点代表 Nb 孢子在一个世代的不同发育期，用 qPCR 技术相对定量比较侵染后不同时间点 *Nb*RBL 基因的表达丰度，进而获得 *Nb*RBL 基因在不同 Nb 孢子发育阶段的表达趋势。

家蚕微粒子虫接种感染BmN培养细胞后，*Nb*RBL基因的相对表达丰度在不同取样时间样品中是不同的，在Nb孢子发芽过程结束（GS状态）和其侵染BmN细胞后30h内，*Nb*RBL基因的相对表达丰度均较低；在侵染后42～96h（子一代孢子逐渐发育成熟），*Nb*RBL基因的相对表达丰度均较高，其中侵染后60h达到最高值。NGS（休眠孢子）的*Nb*RBL基因相对表达丰度高于GS（发芽孢子）和Nb孢子侵染BmN细胞后30h内的表达丰度（图6-30）。即随着接种Nb孢子时间的延长，BmN培养细胞中Nb不断繁殖，时间越长发育后期阶段的Nb数量越多，*Nb*RBL蛋白的检出量越高。由此可以推测：*Nb*RBL蛋白在成熟期阶段Nb中的不断积累，可能与细胞间的水平传播有关。

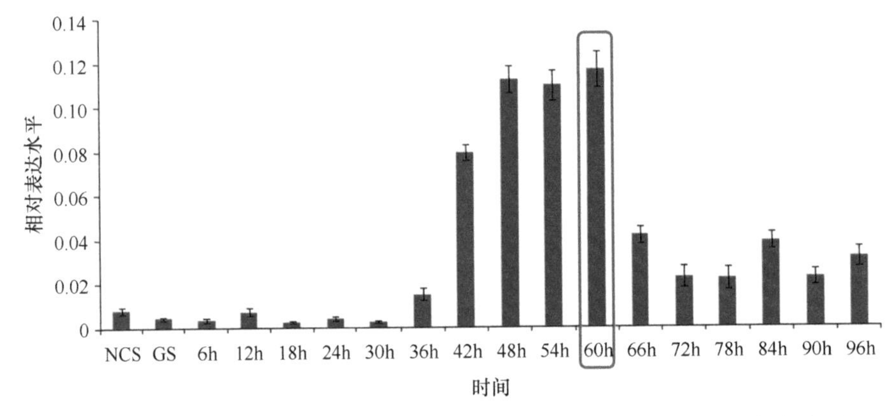

图6-30 家蚕微粒子虫蓖麻毒素B凝集素基因在不同发育期的相对表达水平

6.3.1.3 家蚕微粒子虫蓖麻毒素B凝集素基因克隆、原核表达及抗体验证

根据*Nb*RBL蛋白第157～514位氨基酸序列以及pET-30a质粒酶切位点设计引物（RBL-F1：5′-CGGAATTCGATATAGCAGAGATTAGTAATATGTCTTTCT-3′；RBL-R1：5′-CCCAAGCTTTAACTGCTCAGTGCGGAACCAATA-3′；下划线处分别为*Eco*RⅠ和*Hin*dⅢ的酶切位点）进行PCR扩增。PCR扩增获得约1074bp核苷酸序列片段（图6-31），经过双酶切处理后，连接到pET-30a质粒中，构建pET-30a-*Nb*RBL表达载体。

将测序正确的pET-30a-*Nb*RBL表达载体转化到大肠杆菌BL21中，通过IPTG诱导，获得His标签*Nb*RBL蛋白的大量表达（图6-32a）。获得的*Nb*RBL蛋白为包涵体形式，经过蛋白变性处理，获得浓度为1.3mg/ml的可溶性蛋白。Ni-NTA琼脂糖层析柱纯化，免疫健康新西兰雌兔，收集血清和纯化抗体IgG蛋白（*Nb*RBL多克隆抗体）。采用Western blotting进行验证，抗*Nb*RBL能够特异性地识别Nb孢子总蛋白（3号样本）和发芽上清液蛋白（4号样本）中的目的蛋白质条带（图6-32b）。此结果在蛋白质层面上表明，在Nb孢子发芽后，*Nb*RBL被释放到外界环境中，可推测其在感染过程中可能具有一定的生物学功能。

6.3.1.4 *Nb*RBL蛋白在家蚕微粒子虫中的激光扫描共聚焦显微镜定位

取新鲜精制纯化Nb孢子（NGS），经抗*Nb*RBL多克隆抗体（纯化IgG）孵育，并用二抗（Dylight 488 Goat Anti-Rabbit IgG）标记和制片，利用激光扫描共聚焦显微镜

（LSM710，Zeiss）观察。可观察到 Nb 孢子特异性的绿色荧光信号，并在孢子内呈现弥散状分布（图 6-33a）；阴性对照组则未发现荧光信号（图 6-33b）。该结果表明：*Nb*RBL 蛋白呈弥散状分布于 Nb 孢子内，即该蛋白定位于 Nb 孢子内的多个位置。

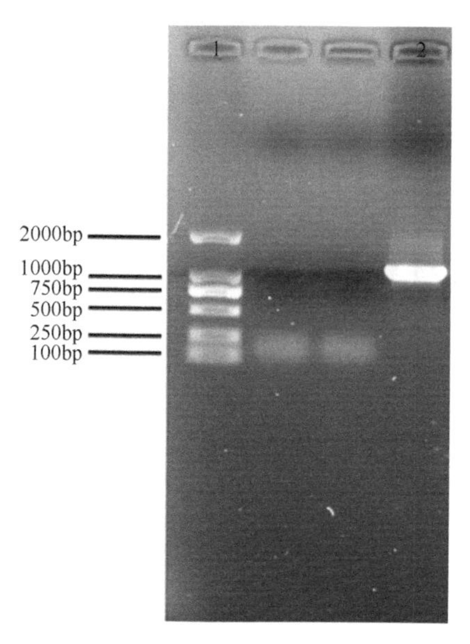

图 6-31　家蚕微粒子虫蓖麻毒素 B 凝集素（*Nb*RBL）基因的 PCR 克隆

1：DNA Marker，2：*Nb*RBL 基因片段

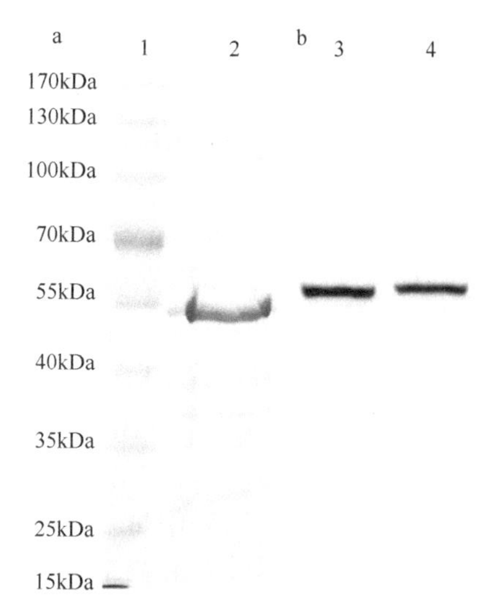

图 6-32　家蚕微粒子虫蓖麻毒素 B 凝集素的原核表达与 Western blotting 检测

1：蛋白质 Marker；2：*Nb*RBL 重组蛋白；3：抗 *Nb*RBL 在 *N. bombycis* 总蛋白中检测到特异条带；4：抗 *Nb*RBL 在 *N. bombycis* 发芽上清液蛋白中检测到特异条带

根据家蚕微粒子虫 *Nb*RBL 蛋白序列分析、*Nb*RBL 蛋白在 Nb 孢子中的定位，以及在 Nb 孢子发芽上清液中经 Western blotting 检测到 *Nb*RBL 蛋白等实验结果，可以推测 *Nb*RBL 蛋白为分泌型蛋白，存在于 Nb 孢子的多种孢内结构中，在发芽时可释放到外界环境中。

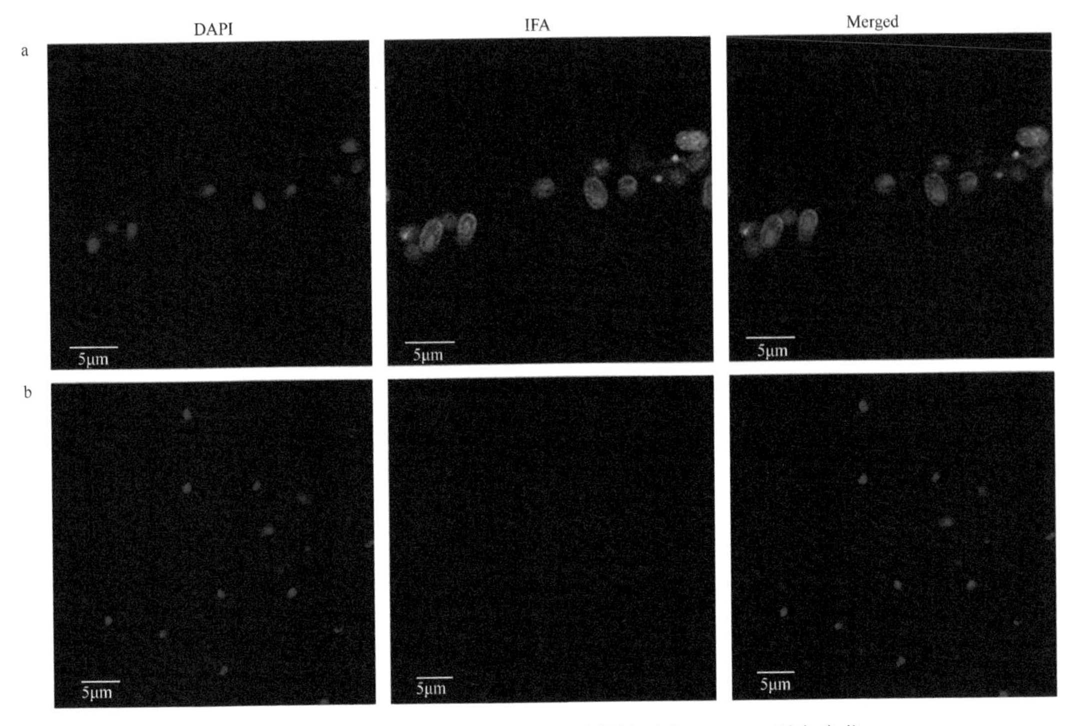

图 6-33　间接荧光抗体技术观察家蚕微粒子虫 *Nb*RBL 蛋白定位

经纯化的 *N. bombycis* 孢子与抗 *Nb*RBL 抗体孵育后，利用激光扫描共聚焦显微镜观察；a：阴性 IgG 对照组，b：Nb 孢子经 DAPI 和抗 *Nb*RBL 抗体处理后，呈现蓝色和绿色荧光信号；抗 *Nb*RBL 抗体工作浓度为 1∶200 稀释，二抗 Dylight 488 Goat Anti-Rabbit IgG（Abbkine）工作浓度为 1∶200 稀释；DAPI：天然活体染色[二脒基苯基吲哚（diamidino phenyl indole，DAPI）]；IFA：绿色荧光素标记抗体图；Merged：DAPI 和 IFA 图像的叠加图

6.3.2　家蚕微粒子虫蓖麻毒素 B 凝集素对 Nb 孢子黏附 BmN 细胞的影响

取玻璃底细胞培养皿（Φ35mm），每皿加入 BmN 培养细胞，每皿的细胞数约为 10^6 个，新鲜培养基补足至 2ml。27℃恒温培养 16h 至细胞基本长满皿底，用移液管吸出上层旧培养基，加入 2ml 新鲜培养基和终浓度分别为 3μg/ml、5μg/ml、10μg/ml、20μg/ml 的抗 *Nb*RBL 抗体（纯化 IgG）孵育 2h。对照组为添加兔源免疫前 IgG（pre-immune IgG）至终浓度为 3μg/ml、5μg/ml、10μg/ml 和 20μg/ml 的 BmN 培养细胞，其他处理条件与实验组一致。各组孵育 2h 后，每皿添加 2×10^7 个经发芽预处理的新鲜 Nb 孢子[用 0.2mol/L 氢氧化钾溶液室温处理 40min 后，3000×*g* 离心 1min（4℃），弃上清，用 100μl 新鲜培养基重悬]。用倒置显微镜观察 *Nb*RBL 蛋白对 Nb 孢子黏附 BmN 细胞的影响。采用计数培养皿中游离的 Nb 孢子来评价：在 1000×放大倍数下，每一皿中随机挑取 10 个视野，统计游离于 BmN 细胞的 Nb 孢子个数。实验进行三次生物重复。结果以生物重复平均值±标准差的方式体现。用 SPSS13.0 的 *t* 检验对实验数据进行显著性分析，$P<0.05$ 被认为具有显著差异（图 6-34）。

经抗 *Nb*RBL 抗体（纯化 IgG）孵育处理的 BmN 细胞实验组，游离 Nb 孢子数量多于经对照抗体孵育的实验组，并表现出抗体浓度的剂量效应，其中抗 *Nb*RBL 抗体浓度为 5μg/ml、10μg/ml 和 20μg/ml 的处理组，游离 Nb 孢子数量显著多于对照组（$P<0.05$）；

10μg/ml 和 20μg/ml 处理组游离 Nb 孢子数量相近，但多于 5μg/ml 处理组（P>0.05）；3μg/ml 的抗 *Nb*RBL 抗体处理组游离 Nb 孢子数量虽多于对照组，但未显示显著差异（P>0.05）。各个浓度兔源免疫前 IgG 孵育对照组，游离 Nb 孢子数量没有明显差异（图 6-34）。当 BmN 细胞先经抗 *Nb*RBL 抗体（纯化 IgG）孵育，其细胞培养体系中存在大量抗 *Nb*RBL 抗体，接种 Nb 孢子后，*Nb*RBL 蛋白被释放到细胞培养体系中，并与一部分抗 *Nb*RBL 抗体特异性结合，这种结合可能削弱了 *Nb*RBL 蛋白在 Nb 孢子黏附 BmN 细胞等生物学过程中发挥的作用，从而导致 Nb 孢子黏附 BmN 细胞的能力下降。由此推测，*Nb*RBL 蛋白可促进 Nb 孢子对 BmN 细胞的黏附行为。

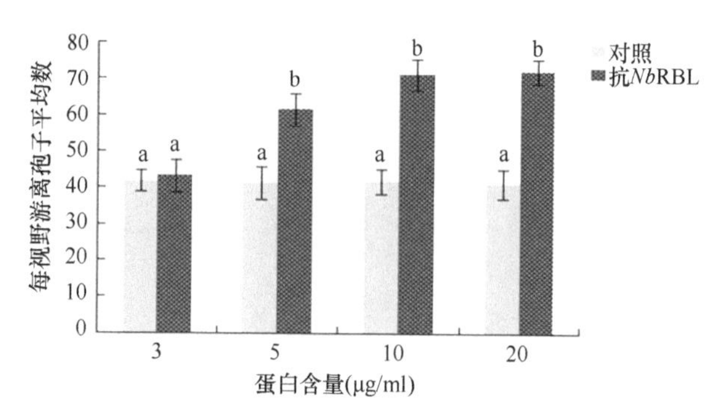

图 6-34　家蚕微粒子虫蓖麻毒素 B 凝集素对 Nb 孢子黏附 BmN 细胞的影响

不同字母表示处理组相比较对照组差异显著（P<0.05）

6.3.3　家蚕微粒子虫蓖麻毒素 B 凝集素对 Nb 侵染 BmN 细胞的影响

在 96 孔细胞培养板的每孔中加入 BmN 培养细胞，每孔的细胞数约为 4.5×10^4 个，补足新鲜培养基至 500μl。27℃恒温培养 16h（细胞基本长满板底），用移液管吸出上层旧培养基，再加入 500μl 新鲜培养基和终浓度分别为 3μg/ml、5μg/ml、10μg/ml 和 20μg/ml 的抗 *Nb*RBL 抗体（纯化 IgG），孵育 2h。对照组为添加兔源免疫前 IgG 至终浓度为 3μg/ml、5μg/ml、10μg/ml 和 20μg/ml 的 BmN 培养细胞，其他处理条件与实验组一致。各组孵育 2h 后，每孔添加 10^6 个经 KOH 发芽预处理的新鲜精制纯化 Nb 孢子，27℃恒温培养 96h。培养期间，分别于添加 Nb 孢子后的 24h、48h、72h 和 96h，对不同处理组采用细胞计数试剂盒（CCK-8）进行吸光值测定。

细胞计数试剂盒使用方法是在取样时间点，按照培养基体积：CCK-8 溶液体积=10：1 的比例进行每孔 CCK-8 反应液的添加。之后继续恒温培养 2h，在 1～2h 用全波长酶标仪于 450nm 测定吸光值。实验进行三次生物重复。结果以生物重复平均值±标准差的方式体现。用 SPSS13.0 的 t 检验对实验数据进行显著性分析，P<0.05 被认为具有显著差异。

BmN 培养细胞经抗 *Nb*RBL 抗体孵育并接种 Nb 孢子后 24h（24hpi）内，处理组和对照组在 450nm 处吸光值没有显著差异。在 48～96h，4 个处理组的吸光值均高于对照组的吸光值。其中，48h（48hpi）时 10μg/ml 和 20μg/ml 的抗 *Nb*RBL 抗体处理组吸光值显著高于对照组的吸光值（P<0.05），但 4 个处理组之间吸光值未见显著差异（P>0.05）；72h（72hpi）时 4 个处理组吸光值均显著高于对照组的吸光值（P<0.05），另外 10μg/ml

的抗 *Nb*RBL 抗体处理组吸光值显著高于 3μg/ml 的抗 *Nb*RBL 抗体处理组吸光值（$P<0.05$）；96h（96hpi）时 4 个处理组吸光值均显著高于对照组（$P<0.05$），4 个处理组之间吸光值没有显著差异（$P>0.05$）。20μg/ml 的抗 *Nb*RBL 抗体处理组 72h 和 96h 的吸光值均小于 10μg/ml 的抗 *Nb*RBL 抗体处理组，推测提高抗 *Nb*RBL 抗体浓度并不能继续加强抑制感染作用（图 6-35）。

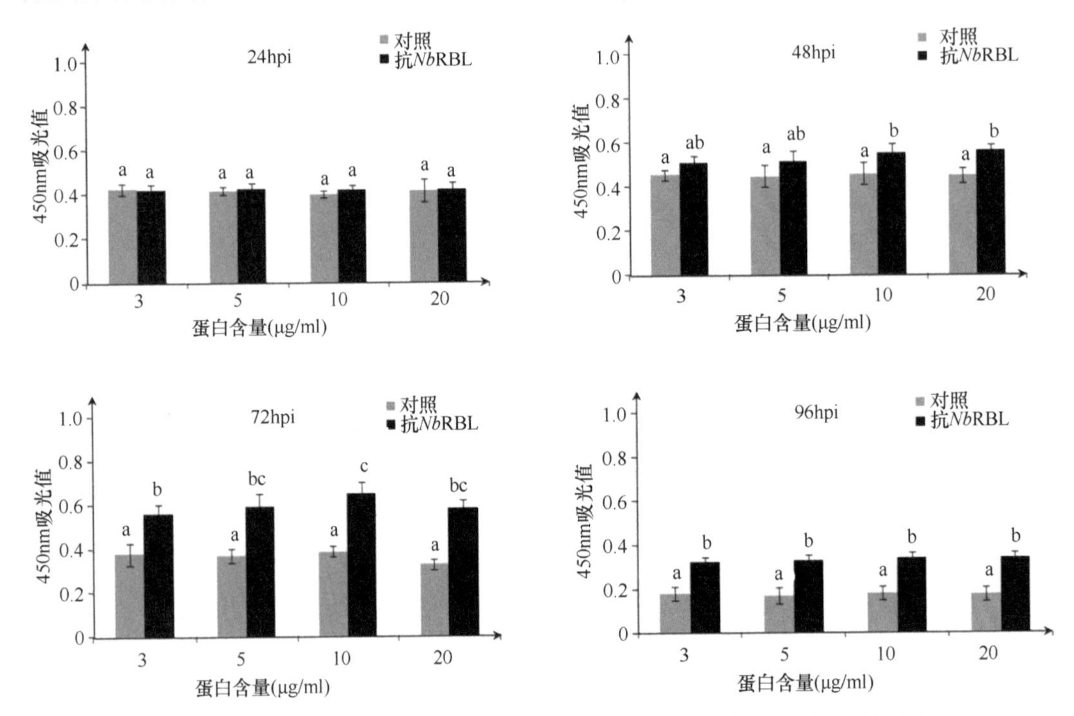

图 6-35　家蚕微粒子虫蓖麻毒素 B 凝集素对 Nb 孢子侵染 BmN 细胞的影响

不同字母表示差异显著（$P<0.05$）；实验以 CCK-8 法反映各个处理组和对照组 BmN 细胞的增殖活性，分别在 *N. bombycis* 孢子侵染 BmN 细胞后不同时间点（24hpi、48hpi、72hpi 和 96hpi）进行取样计算

在接种 Nb 孢子 96h 后，各处理组和对照组的吸光值均下降到较低水平，这与 Nb 孢子感染 BmN 细胞子一代成熟孢子约在感染后 96h 大量产生的研究结果相符，随着 Nb 孢子的繁殖发育并不断成熟，其对 BmN 细胞的侵害也不断加剧，处理组 BmN 细胞受到 Nb 孢子感染的损害比对照组要低的现象，暗示了抗 *Nb*RBL 抗体在一定程度上制约了 Nb 孢子对 BmN 细胞的感染。在 BmN 细胞接种 Nb 孢子后，其增殖活性在 48～72h 有一个上升的趋势，这与本研究室有关 Nb 孢子感染 BmN 细胞初期会抑制寄主细胞保护性凋亡的研究结果相一致（He et al.，2015）。

蓖麻毒素（Ricin）是一类能与糖类分子结合的毒素蛋白，最早在蓖麻植物中提取获得。Ricin 蛋白是一种二聚体蛋白，拥有两条支链（A 链和 B 链），以二硫键相连接。其中，A 链具有毒素效应，B 链具有半乳糖结合位点，能够与细胞表面含半乳糖的糖蛋白结合，从而介导 A 链进入细胞中发挥作用。一些研究指出，在其他一些生物中，包括几种微孢子虫中也发现了 Ricin 蛋白的支链蛋白，其蛋白功能正在不断发现中（Campbell et al.，2013）。不同种类微孢子虫的侵染方式有一定保守性（Texier et al.，2010），其共同存在的 Ricin 蛋白可能具有重要的生理作用。本研究是在发现家蚕微粒子虫蓖麻毒素 B 链凝集素（*Nb*RBL）基因在 Nb 孢子发芽过程中具有显著变化的特征后才开展的相关研究，以期能探索 *Nb*RBL 蛋白在 Nb 孢子侵染过程中发挥的作用。

利用在线软件分析家蚕微粒子虫 *Nb*RBL 蛋白序列，信号肽预测、蛋白胞内定位预测、糖基化位点预测结果共同显示，*Nb*RBL 蛋白是一个具备与糖类分子结合能力的分泌型蛋白。*Nb*RBL 基因在 Nb 孢子形成后期高丰度表达，推测该蛋白有可能在大量合成并积累备用。利用 IFA 技术发现 *Nb*RBL 蛋白分散状分布于细胞质内。通过 Western blotting 实验在 Nb 孢子发芽上清液中特异性检测到目标条带，由此表明该蛋白确实在 Nb 孢子发芽过程中被释放出去。分泌型蛋白在生物体特定时期的释放，必然伴随着其生物功能的发挥。运用生物信息学方法，在多种微孢子虫基因组中发现了一些分泌型蛋白，并推测其在微孢子虫和寄主相互作用中发挥作用，包括有可能是通过促进微孢子虫黏附到寄主细胞膜上而提高其感染成功率等（Dia et al.，2007；Cuomo et al.，2012；Nakjang et al.，2013）。

蓖麻毒素 B 凝集素（RBL）不仅可以通过 Ricin 蛋白的支链发挥抑制蛋白活性和改变细胞因子等功能（Muldoon et al.，1994；Audi et al.，2005），部分寄生虫还具有利用该凝集素实现感染寄主过程中的黏附行为，以及逃脱免疫等功能（Loukas and Maizels，2000；Petri et al.，2002）。半乳凝集素-9（galectin-9）可与硕大利什曼原虫（*Leishmania major*）的多聚半乳糖抗原决定簇位点进行结合，从而帮助其侵染寄主细胞（Pelletier and Sato，2002）。半乳凝集素-3 可结合克氏锥虫（*Trypanosoma cruzi*）的锥鞭毛体表面与人的冠状动脉平滑肌细胞，进而更好地帮助寄生虫感染。克氏锥虫的侵染，可促进寄主细胞加速分泌细胞外基质成分如层粘连蛋白（laminin）；半乳凝集素-3 还可以促进克氏锥虫与层粘连蛋白的结合，从而使克氏锥虫大量地聚集在寄主心脏肌细胞附近，增加感染效率（Pelletier and Sato，2002；Kleshchenko et al.，2004；Villalta et al.，2009；Nde et al.，2012）。在蝗虫微孢子虫感染后的蝗虫脂肪体内，并没有检测到 RBL 蛋白，从侧面说明 RBL 蛋白可能并未进入脂肪体内而是在寄主细胞膜上发挥作用（Senderskiy et al.，2014）。

目前，有关微孢子虫感染方式主要有极管刺破寄主细胞膜转移孢原质和吞噬两种。不同的微孢子虫采用何种方式有所不同，也可能两种方式同时作用、互相倚重。肠脑炎微孢子虫（*En. intestinalis*）可以利用寄主细胞膜上的糖胺聚糖（GAG）位点使其黏附到寄主细胞膜上，并增加感染成功率（Hayman et al.，2005）；鮟鱇鱼微孢子虫（*Spraguea lophii*）基因组和蛋白质组研究发现，其可以在发芽过程中分泌出蓖麻毒素 B 凝集素，并根据其序列保守性推测其可能具有促进感染或对抗免疫的功能（Campbell et al.，2013）。通过本研究可知，家蚕微粒子虫的 *Nb*RBL 蛋白在 Nb 孢子发芽过程中被释放，通过其特殊的生物学功能帮助 Nb 孢子更好地黏附在寄主细胞膜上，通过更靠近寄主细胞增大 Nb 孢子的感染效率。

6.4　家蚕微粒子虫 Akirin 蛋白基因的鉴定与序列分析

从生物细胞对各种理化因子和相关生物因子的应答，到组织的分化以及个体的生长、发育、衰老和死亡，本质上都涉及基因的选择性表达。不同生物的基因数量不同，但在生物体内任意细胞中，只有大约 15%的基因按特定的时间和空间顺序得以表达，这种表达方式即为基因的差异表达（Liang and Pardee，1992）。基因的差异表达，一方面体现在差异表达的基因种类不同，另一方面体现在差异表达基因的表达水平不同（Lewin，1990）。由于基因差异表达的变化是调控细胞生命活动过程的核心机制，通过比较同一类细胞在不同生理条件下、不同生长发育阶段的基因表达差异，可为分析生命活动过程提供重要信息。

研究基因差异表达的技术主要有：差示杂交（differential hybridization，DH）（Boll et al.，1986）、mRNA 差别显示反转录 PCR（mRNA differential display of reverse transcription PCR，DDRT-PCR）（Bauer et al.，1993）、cDNA 消减杂交（subtractive hybridization of cDNA，SHD）（Jennings et al.，1996）、抑制消减杂交（suppression subtractive hybridization，SSH）（Diatchenko et al.，1996）、代表性差异显示分析（representational difference analysis，RDA）（Calia et al.，1998）、基因表达系列分析（serial analysis of gene expression，SAGE）（Velculescu et al.，1995）和 DNA 微列阵（DNA microarray）（Reinke et al.，2000）等。这些方法能够有效富集差异表达基因，已广泛应用于分离鉴定组织细胞基因表达谱等领域。

有关寄生生物感染寄主的一些差异表达基因研究发现，寄生生物的感染相关基因和寄主自身的免疫应答相关基因都有可能发生变化。利用抑制消减杂交技术发现了柏氏鼠疟原虫（*Plasmodium berghei*）子孢子在史蒂芬塞疟蚊（*Anopheles stephensi*）卵内和唾液腺内差异表达基因编码的蛋白质，其介导了子孢子和蚊子唾液腺，以及子孢子和哺乳动物肝细胞之间的特异性相互关系（Matuschewski et al.，2002）；通过抑制消减杂交技术研究曼氏血吸虫（*Schistosoma mansoni*）感染寄主光滑双脐螺（*Biomphalaria glabrata*）时，发现一些差异表达基因与寄主的抗性相关（Nowak et al.，2004）；鸡柔嫩艾美耳球虫（*Eimeria tenella*）感染寄主细胞的差异表达基因研究发现，热激蛋白 90 是病原体入侵寄主细胞的必需因子（Pemval et al.，2006）；仓蛾姬蜂（*Venturia canescens*）寄生贮粮害虫地中海斑螟（*Ephestia kuehniella*）后，进行 cDNA 扩增片段长度多态性（cDNA amplified fragment length polymorphism，cDNA-AFLP）分析，筛选出了 3 个抗仓蛾姬蜂相关基因（Reineke and Lobmann，2005）。

基因差异表达研究技术在微孢子虫领域也有诸多报道，应用差异反转录 PCR 技术发现受兔脑炎微孢子虫（*En. cuniculi*）感染的人胚胎肺细胞 MRC5 有 5 个差异表达基因受到抑制，同时鉴定出兔脑炎微孢子虫的 5 个 mRNA，从转录组水平阐述了兔脑炎微孢子虫感染寄主细胞后差异表达的基因（Veronique et al.，1999）。用两种蜜蜂微孢子虫（*Nosema apis* 及 *Nosema ceranae*）分别感染西方蜜蜂（*Apis mellifera*），研究 2 种不同微孢子虫感染蜜蜂后的差异表达基因，结果发现 *N. apis* 能够刺激蜜蜂体内的 3 种抗菌肽［蜂毒素（abaecin）、膜翅肽（hymenoptaecin）、防卫素（defensin）］和 4 种免疫相关蛋白［酚氧化酶（phenoloxidase）、葡萄糖脱氢酶（glucose dehydrogenase）、溶菌酶（lysozyme）、卵黄原蛋白（vitellogenin）］表达，而 *N. ceranae* 对蜜蜂的免疫系统有抑制作用，在分子水平阐述了 *N. ceranae* 对蜜蜂的危害性大于 *N. apis* 的危害性（Antúnez et al.，2009）。

基因差异表达研究技术在家蚕相关病原体感染的差异表达基因研究中应用也有许

多报道，用家蚕核型多角体病毒（BmNPV）感染家蚕 BmN 细胞，通过 EST（表达序列标签）分析鉴定出了家蚕的两个细胞凋亡蛋白（Okano et al.，2001）；用 BmNPV 感染家蚕 BmN 细胞，通过 SHH 技术获得了 BmNPV 诱导的家蚕差异表达基因，其中 4 个基因表达下调，7 个表达上调，并分析鉴定了部分基因的功能（Iwanaga et al.，2007）；用家蚕浓核病毒镇江株（BmDNV-Z）于 5 龄起蚕时感染抗性和敏感家蚕品系，发现受 BmDNV-Z 感染后，抗性和敏感家蚕品系有明显的基因差异表达现象，同时发现抗性家蚕品系对 BmDNV-Z 的抗性体现在能够抑制 BmDNV-Z 在中肠细胞内增殖，但不能抑制 BmDNV-Z 对家蚕的感染；用 BmNPV 感染抗性和敏感家蚕品系，同样发现受 BmNPV 感染的不同抗性家蚕品系的基因表达谱具有明显的差异，抗性品系的防御是受多个基因协调控制的，对 BmNPV 具有抗性也是由于其能够抑制 BmNPV 在中肠细胞内增殖（Bao et al.，2008，2009）；用家蚕质型多角体病毒（BmCPV）感染家蚕中肠，研究发现受 BmCPV 感染的家蚕铁蛋白基因、核酸酶基因以及丝氨酸蛋白激酶基因表达呈上升趋势，而细胞凋亡蛋白抑制因子基因的表达则呈下降趋势（Wu et al.，2009）。

GeneFishing 技术是以引物退火控制（annealing control primer，ACP）技术为基础发展而来的一种新的差异表达基因筛选方法（Hwang et al.，2003），主要包括反转录 PCR（RT PCR）和两步 PCR（GeneFishing PCR）三个步骤。该技术通过调整退火温度来增强引物与模板的特异性结合，可较好地消除初始反应的非特异性退火，提高了 PCR 扩增的特异度和灵敏度，从而产生特异 PCR 产物，常规琼脂糖凝胶电泳后经标准溴化乙啶（ethidium bromide，EB）染色，即可区分差异表达基因条带，这样就可以省去聚丙烯酰胺凝胶电泳（PAGE）的烦琐处理步骤（Kim et al.，2004）。同时在琼脂糖凝胶中产生的条带具有足够浓度，能够用 Northern blotting 方法排除假阳性，避免使用基于放射性试剂等的危险检测方法或试剂昂贵的荧光检测方法。总之，GeneFishing 技术因简单易用、容易富集低丰度 mRNA、无假阳性、重复性可靠和快速经济等诸多优点，目前已广泛用于检测不同组织样品、同一组织不同诱导处理样品间的基因差异表达。

基因差异表达研究技术在上述各方面的成功运用，为研究家蚕微粒子虫感染家蚕 BmN 细胞后的差异表达基因提供了理论基础和切实可行的技术路线。用 GeneFishing 技术筛选 Nb 感染家蚕 BmN 细胞后的差异表达基因，一方面可以富集细胞差异表达基因的微量 mRNA，经常规琼脂糖凝胶电泳即可检测 PCR 产物；另一方面可以排除假阳性，专用试剂盒使得实验具有可靠重复性。同时，每一个 GeneFishing PCR 反应可产生从 150bp 至 2kb 长度的 PCR 产物，这不仅提高了成功鉴别差异表达基因的概率，也为预测基因功能提供了更多的有效序列信息。通过分子生物学技术克隆家蚕 BmN 细胞的免疫应答相关基因，进而研究这些基因表达产物的生物学特性与信号转导途径，对于深入理解微孢子虫的感染机制和家蚕的免疫应答调控机制具有重要的理论与实践意义。

家蚕微粒子虫是一类专性细胞内寄生的原生动物，Nb 在进入细胞时可能与孢壁蛋白相关，但在入侵家蚕细胞后完成生活史过程中，必定和寄主发生一些互作关系，如微孢子虫只具有线粒体退化的残留细胞器——纺锤剩体，这种纺锤剩体只能进行铁硫蛋白的合成与装配而不能产生能量（谭小辉等，2008），微孢子虫在寄主细胞中完成裂殖生殖期（schizogony）（Undeen and Cockburn，1989）、孢子形成期（sporogony）（Rao et al.，

2007）等生活史阶段不仅依赖寄主提供能量，还会与寄主发生物质上的交流。Nb 感染家蚕和在寄主细胞内繁殖乃至完成整个生活史，是一个与寄主相互作用的过程（Klaine and Weiss，1999），微孢子虫与寄主间的相互作用不仅表现在孢子对寄主的感染致病，也表现在寄主对微孢子虫的防御。

为此，本研究利用以引物退火控制技术为基础发展而来的一种新的差异表达基因筛选方法——GeneFishing 技术（Kim et al.，2004），分析了 Nb 感染家蚕卵巢上皮细胞（BmN 细胞）后的差异表达基因，以及 Akirin 蛋白基因的克隆和原核表达等。

6.4.1 家蚕微粒子虫感染 BmN 细胞的基因差异表达

家蚕微粒子虫繁殖和制备 Nb 孢子悬浮液方法参见 12.1 节。

取 100μl 精制纯化家蚕微粒子虫孢子悬浮液（10^8 孢子/ml），加 1ml“双抗”溶液（Sigma，100mg/ml 链霉素，100U/ml 青霉素），300r/min 离心 10min（4℃），取上清；5000r/min 离心 5min（4℃），取沉淀；差速离心 2～3 次，用 1ml“双抗”溶液悬浮，于 28℃温育 2h，同时取新配制的 0.02mol/L 氢氧化钾溶液 1ml 于 28℃预热 2h，等量混合，于 28℃温育 40min，5000r/min 离心 5min（4℃），弃上清；用新鲜细胞培养基（含终浓度 200μg/ml 的“双抗”溶液）重悬后，缓慢滴加家蚕 BmN 细胞悬浮液［BmN 细胞数∶Nb 孢子数=1∶（10～20），Φ30mm］，边加边轻轻振荡，使其充分混合。静置 5min 后，注入细胞培养皿，于 28℃静置 1h，使其完全贴壁；除去培养基，重新加入新鲜培养基后密封，28℃培养。分别于 Nb 孢子接种 BmN 细胞后 12h、24h、36h、48h、72h 和 96h，加入 1ml 的 Trizol，反复吹打，转移至 1.5ml 的 EP 管，用 Trizol 法提取总 RNA。

去除总 RNA 中的 DNA 后，琼脂糖凝胶电泳检测完整性，同时用紫外分光光度计检测纯度与定量。以此为模板，用具有 20 个随机引物的 Gene Fishing™ DEG Premix Kit（K1021）进行差异显示 RT-PCR 扩增，PCR 产物经 1%琼脂糖凝胶电泳进行差异表达片段的分离，筛选出 4 个差异表达条带，13 个差异表达转录衍生片段（differential expression transcript-derived fragment，DE-TDF）（图 6-36）。

差异表达转录衍生片段可归为 4 类，第一类是图 6-36a 的 3、4 和 8 箭头所示差异片段，表现为正常 BmN 细胞亮度明显，Nb 孢子感染 BmN 细胞不见条带；第二类是图 6-36a～c 的 6、11 和 13 箭头所示差异片段，表现为正常 BmN 细胞不见条带，Nb 孢子感染 BmN 细胞有条带；第三类是图 6-36a、c 的 1、2、7、9 和 12 箭头所示差异片段，表现为正常 BmN 细胞和 Nb 孢子感染 BmN 细胞都有条带，但后者条带亮度不如前者亮度明显，较暗；第四类是图 6-36a、b 的 5 和 10 箭头所示差异片段，表现为正常 BmN 细胞和 Nb 孢子感染 BmN 细胞都有条带，但前者条带亮度不如后者亮度明显。第一类和第三类差异归类为表达下调，第二类和第四类差异归类为表达上调。

用上述 20 个随机引物进行差异显示 RT-PCR 扩增，筛选出 13 个差异转录衍生片段（DE-TDF）（图 6-36），割胶回收，与 pMD20-T 载体连接后转化 *E. coli* DH5α，经蓝白斑筛选获得阳性克隆，进行三次重复测序，其中差异转录衍生片段 3 和 12 未能克隆成功，差异转录衍生片段 4 和 8 的测序结果基本一致，即共得到 10 条序列，差异转录衍生片段大小主要集中在 400～1200bp。将获得的 DE-TDF 序列输入 NCBI 数据库（http://blast.ncbi.nlm.nih.gov/）和家蚕基因组数据库 SilkDB（http://silkdb.bioinfotoolkits.net/main/species-info/-1）中进行核酸在线 Blast，并将所测序列通过 DNAMAN 软件寻找最大可读框，翻译成氨基酸序列进行在线 Blast。比对结果按其可能的功能分类，列于表 6-2。10 个受 Nb 感染诱导或抑制表达基因的功能涉及如下几方面：①蛋白合成；

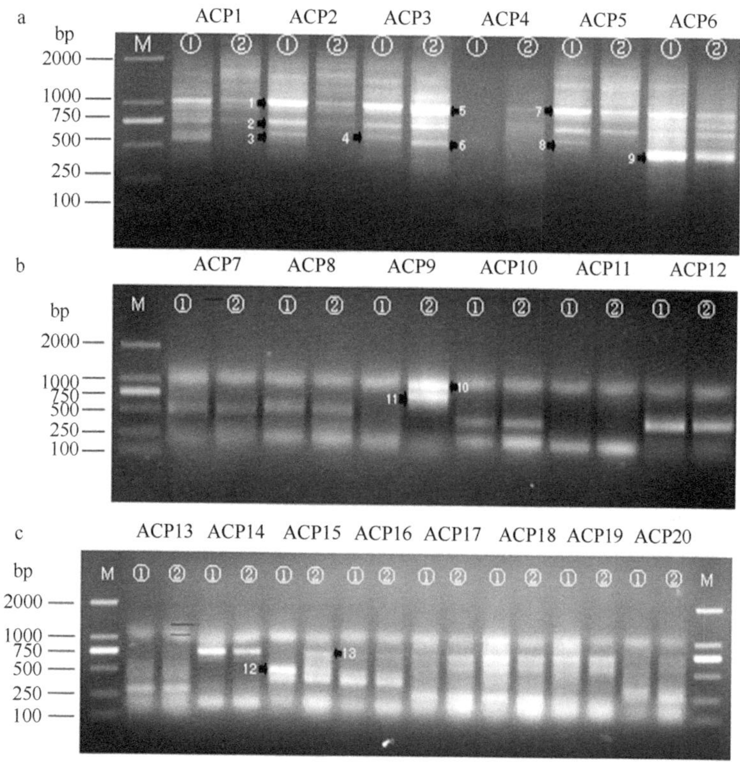

图 6-36　GeneFishing 获得的差异表达片段的琼脂糖凝胶电泳图

ACP1～ACP20：随机引物；①：正常 BmN 细胞，②：家蚕微孢子虫感染 BmN 细胞；
M：DL2000 DNA Marker；箭头指示的是差异表达片段

表 6-2　家蚕微粒子虫感染 BmN 细胞的差异表达基因

DE-TDF	大小（bp）	可能的编码蛋白	序列号	假定功能	表达变化
ACP2-1	1276	HIG 蛋白	NP_001108468	信号转导	下调
ACP2-2	776	NADPH 氧化酶	NP_001157468	免疫相关	下调
ACP3-2	688	核糖体蛋白 L18	NP_001037217	调控因子	下调
ACP5-1	1268	转录延伸因子	EHJ77103	蛋白合成	下调
ACP6	416	信号转导和转录激活因子	JF267349	信号转导	下调
ACP15	810	核糖体蛋白 S3	NP_001037253	调控因子	上调
ACP9-2	788	无相似序列	——	未知	上调
ACP9-1	1445	转运 ATP 合酶	NP_001040428	能量代谢	上调
ACP3-3	594	无相似序列	——	未知	上调
ACP3-1	1137	Akirin 蛋白	NP_648113	免疫相关	上调

②细胞信号转导；③线粒体呼吸链电子传递与能量代谢；④细胞免疫；⑤未知功能蛋白。

6.4.1.1 片段 ACP2-1

用 dT-ACP2 和 ACP2 引物组合，可扩增出长为 1276bp 的 ACP2-1 片段（图 6-36a“箭头 1”），其碱基组成为 A=394，T=446，C=215，G=221，GC%=34.17%。BlastN 比对结果表明，片段 ACP2-1 与家蚕基因组的相似性低于 10%，但经 BlastX 比对发现该片段的氨基酸序列与家蚕的 Hikaru genki（HIG）蛋白（序列号：NP_001108468）氨基酸序列有 44%的相似性。说明该片段可能与 HIG 蛋白的合成相关。

HIG 蛋白是黑腹果蝇（*Drosophila melanogaster*）神经元分泌的一种补体结合蛋白（complement-binding protein）家族的免疫球蛋白（Hoshino et al.，1999），含 4 个补体控制蛋白（complement control protein，CCP）结构域（Hoshino et al.，1996），CCP 结构域是果蝇天然免疫相关蛋白的重要组成成分（Kirkitadze and Barlow，2001）。果蝇 HIG 蛋白的功能主要是调控神经元间的信号转导（Hoshino et al.，1999），HIG 基因诱变可导致果蝇运动能力失调，不能跳跃和飞行，仅能缓慢爬动（Hoshino et al.，1996），可能由运动神经元间的信号转导失调所致。Nb 感染的 BmN 细胞中，HIG 基因表达下调，可能是 Nb 感染抑制了家蚕细胞 HIG 基因的表达，以尽可能减少寄主细胞免疫相关基因的启动，家蚕 HIG 基因的功能是否与果蝇 HIG 基因的功能相似，是否能激活神经元间的免疫相关信号转导以应答微孢子虫的感染等还有待于进一步深入研究。

6.4.1.2 片段 ACP2-2

用 dT-ACP2 和 ACP2 引物组合，可扩增出长为 776bp 的 ACP2-2 片段（图 6-36a“箭头 2”），其碱基组成为 A=255，T=226，C=142，G=153，GC%=38.01%。BlastN 比对发现，其核苷酸序列与家蚕基因组 3 号染色体的细菌人工染色体（bacterial artificial chromosome，BAC）克隆 503G12（序列号：AP009017）的 49 134～49 285 区段同源性为 95%。BlastX 比对表明，其氨基酸序列与家蚕的还原型辅酶Ⅱ（reduced form of nicotinamide-adenine dinucleotide phosphate，NADPH）（序列号：NP_001157648）的氨基酸序列有 86%的同源性，说明片段 ACP2-2 可能是一个与 NADPH 合成有关的 cDNA 片段。

还原型辅酶Ⅱ（NADPH）氧化酶是果蝇等昆虫抗微生物活性因子中必不可少的成分，黑腹果蝇的 NADPH 氧化酶（NADPH oxidase）基因一旦被沉默，即使添食少量细菌等微生物，果蝇的死亡率也会大大增加（Ha et al.，2005a，2005b）。从家蚕消化液中分离的 NADPH 氧化酶对 BmNPV 病毒粒子具有较强抗性，能够抑制 BmNPV 病毒粒子对 BmN 细胞的感染（Selot et al.，2007）。Nb 感染的 BmN 细胞 NADPH 氧化酶基因表达下调，可能是 Nb 孢子抑制了该基因的表达，但外源 NADPH 氧化酶能否抑制 Nb 孢子对 BmN 细胞的感染还有待于进一步探究。

6.4.1.3 片段 ACP3-1

用 dT-ACP2 和 ACP3 引物组合，可扩增出长为 1137bp 的 ACP3-1 片段（图 6-36a“箭

头 4”），其碱基组成为 A=189，T=181，C=159，G=159，GC%=46.22%。BlastN 比对结果表明，片段 ACP3-1 的核苷酸序列与家蚕胚胎 cDNA 文库的克隆 fufe48J17（序列号：AK381483）的 126～1262 区段和克隆 fdpe27G09（序列号：AK382776）的 124～1260 区段同源性均为 100%；DNAMAN 软件寻找最大可读框，发现该序列含一个长为 588bp 的完整可读框（open reading frame，ORF），编码 195 个氨基酸，经 BlastP 比对分析表明，其氨基酸序列与黑腹果蝇的 Akirin 蛋白（序列号：NP648113）氨基酸序列的同源性为 48%，与西方蜜蜂（*Apis mellifera*）的 Akirin-2 蛋白（序列号：XP395252）氨基酸序列的同源性为 46%，与熊蜂（*Bombus terrestris*）的假定 Akirin 蛋白（序列号：XP_003398488）氨基酸序列的同源性为 46%，与顶切叶蚁（*Acromyrmex echinatior*）的 Akirin 蛋白（序列号：EGI57940）氨基酸序列的同源性为 42%。说明片段 ACP3-1 可能是家蚕的 Akirin 基因，Akirin 基因是在蜜蜂和果蝇中发现的一个免疫相关基因，该基因在家蚕数据库有 EST 序列，但未见功能报道。为此，本研究在下述内容中，开展了该基因的克隆等初步研究。

6.4.1.4　片段 ACP3-2

用 dT-ACP2 和 ACP3 引物组合，可扩增出长为 688bp 的 ACP3-2 片段（图 6-36a“箭头 5”），其碱基组成为 A=363，T=318，C=222，G=234，GC%=40.1%。该序列含一个长为 552bp 的完整可读框，BlastN 和 BlastX 比对发现，片段 ACP3-2 的核苷酸和氨基酸序列与家蚕 60S 核糖体蛋白 L18（ribosomal protein L18，RP L18）（序列号：NP_001037217）的核苷酸和氨基酸序列相似性均为 100%。说明片段 ACP3-2 与家蚕 60S 核糖体蛋白 L18 的合成有关。

核糖体蛋白 L18 的磷酸化作用与核糖体折叠及结构的完整性密切相关（Bloemink and Moore，1999），磷酸化作用往往导致蛋白的构象发生变化，进而改变蛋白的生物活性（Johnson and Barford，1993）。Nb 感染的 BmN 细胞核糖体蛋白 L18 表达下调，可以使核糖体的构象不易发生变化，BmN 细胞难以合成免疫相关蛋白抵御 Nb 的感染，由此可以推测核糖体蛋白 L18 基因受抑制，有利于 Nb 对 BmN 细胞的感染。

6.4.1.5　片段 ACP3-3

用 dT-ACP2 和 ACP3 引物组合，可扩增出长为 594bp 的 ACP3-3 片段（图 6-36a“箭头 6”），其碱基组成为 A=264，T=115，C=101，G=114，GC%=36.19%。BlastN 比对发现没有相似性序列，DNAMAN 软件寻找最大可读框，发现该序列含一个长为 537bp 的完整 ORF，编码 178 个氨基酸，经 BlastP 比对分析表明，也没有发现同源性序列。说明此片段有可能是 Nb 孢子感染后 BmN 细胞新表达的一个基因，也可能是与微粒子虫感染相关的基因。

6.4.1.6　片段 ACP5-1

用 dT-ACP2 和 ACP5 引物组合，可扩增出长为 1266bp 的 ACP5-1 片段（图 6-36a“箭头 8”），其碱基组成为 A=457，T=345，C=200，G=266，GC%=36.75%。BlastN 比

对发现没有相似性序列，DNAMAN 软件寻找最大可读框，发现该序列含一个长为 1251bp 的表达序列标签（expressed sequence tag，EST），编码 417 个氨基酸，经 BlastP 比对分析表明，它与黑脉金斑蝶（*Danaus plexippus*）的转录延伸因子 Eftud1（elongation factor Tu GTP-binding domain-containing protein1）的氨基酸序列（序列号：EHJ77103）相似性为 76%，与西方蜜蜂（*Apis mellifera*）的 Eftud1 蛋白（序列号：XP_003251599）氨基酸序列相似性为 59%，与丽蝇蛹集金小蜂（*Nasonia vitripennis*）的 Eftud1 蛋白（序列号：XP_ 001605291）氨基酸序列相似性为 59%，与红火蚁（*Solenopsis invicta*）的 Eftud1 蛋白（序列号：EFZ15303）氨基酸序列相似性为 62%，与非洲蟾蜍（*Xenopus tropicalis*）的 Eftud1 蛋白（序列号：XP_002940146）氨基酸序列相似性为 57%，在家蚕基因组数据库中没有搜索到该片段的 EST 序列。说明此片段有可能是 Nb 感染的 BmN 细胞表达的一个新基因，也可能是与微粒子虫感染相关的基因。

转录延伸因子（transcriptional elongation factor）的作用是在蛋白的合成过程中，将氨酰基连续运送到核糖体 A 位点（Kobayashi et al.，2002），以保证持续供给。老龄化的黑腹果蝇蛋白合成速率大大降低的主要原因是转录延伸因子的活性降低（Webster G C and Webster S L，1983），而转录延伸因子充分表达的果蝇寿命较长（Shepherd et al.，1989）。Nb 感染的 BmN 细胞转录延伸因子表达下调，可能使相关蛋白合成过程中的氨酰基供给不足，导致细胞凋亡，从分子水平解释了感染 Nb 的家蚕幼虫存活期往往缩短的现象。

6.4.1.7 片段 ACP6

用 dT-ACP2 和 ACP6 引物组合，可扩增出长为 416bp 的 ACP6 片段（图 6-36a“箭头 9”），其碱基组成为 A=164，T=138，C=58，G=56，GC%=27.40%。BlastN 比对发现其核苷酸序列与家蚕的信号转导及转录激活因子（signal transducer and activator of transcription，STAT）（序列号：JF267349）的 25 958～26 403 区段同源性为 86%，在家蚕数据库中也没有找到相应 EST 序列，DNAMAN 软件寻找最大可读框，发现该序列含一个长为 216bp 的完整 ORF，编码 71 个氨基酸，经 BlastP 比对分析表明，未见同源性序列。说明该片段可能是家蚕的 STAT 序列，同时有待于进一步实验验证。

信号转导及转录激活因子（STAT）是 Janus 激酶（Janus kinase，JAK）-STAT 信号通路的重要组成因子，是信号通路中 JAK 的底物，能将信号直接传递到核内，调节特定基因的表达。JAK-STAT 信号通路是与细胞生长、增殖和分化关系十分密切的一条信号通路，昆虫的 JAK-STAT 信号通路参与免疫应答，JAK-STAT 信号通路缺陷的果蝇容易被果蝇 C 病毒（*Drosophila* C virus，DCV）感染（Barillas-Mury et al.，1999；Dostert et al.，2005）。Nb 感染的 BmN 细胞 STAT 基因表达下调，可能引起 JAK-STAT 信号通路缺陷而导致对 Nb 孢子缺乏抵抗性。

6.4.1.8 片段 ACP9-1

用 dT-ACP2 和 ACP9 引物组合，可扩增出长为 1445bp 的 ACP9-1 片段（图 6-36b“箭头 10”），其碱基组成为 A=400，T=369，C=323，G=353，GC%=46.78%。经 BlastN 比对发现，其核苷酸序列与家蚕的转运 ATP 合成酶（transporting ATP synthase）（序列号：

ABF51367）的 30～1745 区段同源性为 96%，BlastP 比对发现，其氨基酸与家蚕的转运 ATP 合成酶的氨基酸同源性为 99%。可以初步推测该序列为家蚕的转运 ATP 合成酶基因。

6.4.1.9　片段 ACP9-2

用 dT-ACP2 和 ACP9 引物组合，可扩增出长为 810bp 的 ACP9-2 片段（图 6-36b“箭头 11”），其碱基组成为 A=186，T=212，C=203，G=209，GC%=50.86%。经 BlastN 和 BlastP 比对，未见同源序列。

与能量代谢相关的转运 ATP 合成酶基因表达上调，可能是由于 Nb 缺乏自身的能量供应体系，诱导寄主细胞为其供能完成感染增殖过程，也可能是由于寄主细胞受诱导启动相关防御系统需要消耗较多能量，转运 ATP 合成酶基因表达上调，这与 BmNPV 感染的 BmN 细胞内转运 ATP 合成酶表达上调现象（Iwanaga et al.，2007）相似。

6.4.1.10　片段 ACP15

用 dT-ACP2 和 ACP15 引物组合，可扩增出长为 1445bp 的 ACP15 片段（图 6-36b“箭头 12”），其碱基组成为 A=226，T=255，C=144，G=163，GC%=38.96%。经 BlastN 比对发现，其核苷酸序列与家蚕核糖体蛋白 S3（RPS3）（序列号：AY769316）的 1～797 区段同源性为 99%，DNAMAN 软件寻找最大可读框，发现该序列含一个长为 732bp 的 EST 序列，编码 243 个氨基酸，经 BlastP 比对分析表明，其氨基酸序列与家蚕 RPS3 蛋白（序列号：NP_001037253）的氨基酸序列同源性为 100%。可以确定该序列为家蚕的核糖体蛋白 S3。

差异表达的核糖体蛋白 S3（RPS3）是一个信号转导因子，是核因子 κB（nuclear factor-κB，NF-κB）复合物的重要组成因子，当细胞处于静息状态时，NF-κB 处于细胞质中，一旦细胞接受相关有效刺激，NF-κB 可通过信号转导途径激活，得以进入细胞核并发挥功能，作为开关调控各种下游基因的转录水平（Wan et al.，2007）。有报道表明，病毒感染的细胞内 NF-κB 核质浓度增加，使得 NF-κB 和 DNA 的结合力加强，启动抗病毒相关蛋白转录顺利进行（Bosisio et al.，2006；Apostolou and Thanos，2008）。Nb 感染引发核糖体蛋白 S3 的差异表达表明 RPS3 可能是家蚕细胞的一个潜在免疫应答因子。

本实验运用 GeneFishing 技术，发现了 Nb 感染 BmN 细胞的差异表达基因，初步筛选鉴定的 10 个差异表达基因中有 5 个表现上调，有 5 个表现下调，DE-TDF 序列进行 Blast 比对分析发现，这些差异表达基因的功能涉及蛋白合成、细胞信号转导、线粒体呼吸链电子传递与能量代谢、细胞免疫等。同时表明在 Nb 感染家蚕的早期阶段，诱导差异表达的寄主基因较少，这与家蚕微粒子病属于慢性传染病、潜伏期和病程较长有关。

6.4.2　家蚕微粒子虫 Akirin 蛋白基因的克隆和测序分析

家蚕微粒子虫感染家蚕 BmN 细胞的差异表达基因序列，在 NCBI 数据库和家蚕基因组数据库 SilkDB 中进行 Blast 检索，发现一条长为 936bp、与家蚕 Akirin 蛋白基因高度同源的 EST 序列。

6.4.2.1 家蚕 Akirin 蛋白基因的鉴定与序列分析

用 Primer Premier 5.0 软件设计引物序列 Akirin F：5′-ACCCATGGACATGGCGTGTGCTACATTAAAA-3′（下划线为 *Nco* Ⅰ酶切位点）和 AkirinR：5′-GACTCGAGTTAGGACAGATAGCTGGGATCG A-3′（下划线为 *Xho* Ⅰ酶切位点）。用试剂盒 RNAiso PLus 提取家蚕 5 龄第 3 天幼虫中肠和血液的 RNA，经 DNase Ⅰ去除基因组的污染，依据 ReverTra Ace-α-试剂盒，以总 RNA 为模板合成 cDNA 第一链，并以此 cDNA 为模板进行 PCR 扩增。经 RT-PCR 扩增获得家蚕 Akirin 蛋白基因的一个 588bp 的完整 ORF（GenBank 序列号：JQ289152），编码 195 个氨基酸，预测分子质量和 pI 分别为 21.77kDa 和 8.97，属于碱性蛋白，经 SignalP 在线预测未见信号肽。家蚕 Akirin 蛋白基因的 cDNA 序列及由其推导的氨基酸序列如图 6-37 所示。运用 SilkDB 中的 Sikmap 软件（http://silkworm.genomics. org. cn/silksoft/silkmap. html）在线分析发现家蚕 Akirin 蛋白基因位于 22 号染色体上（图 6-38）。微点阵表达在线分析发现，Akirin 蛋白基因在家蚕幼虫各组织中均表达（图 6-39）。

```
1    ATGGCGTGTGCTACATTAAAAAGAAATCTGGATTGGGAGTCTAAGGCGCAATTACCTACA
      M  A  C  A  T  L  K  R  N  L  D  W  E  S  K  A  Q  L  P  T
61   AAGAGAAGAAGATGTTCACCATTTGCAGCAAGTCCAAGCACAAGTCCTGGGTTAAAAACA
      K  R  R  R  C  S  P  F  A  A  S  P  S  T  S  P  G  L  K  T
121  TCAGAATCGAAACCATCTTCATTTGGAGAATCCGTTAGTGCACCTGTGAAAATTACCCCA
      S  E  S  K  P  S  S  F  G  E  S  V  S  A  P  V  K  I  T  P
181  GAACGCATGGCACAAGAGATTTATGATGAGATTAAACGACTGCATAGACGTGGACAGCTG
      E  R  M  A  Q  E  I  Y  D  E  I  K  R  L  H  R  R  G  Q  L
241  CGCCTGGCCAACGGCTCTGCTGCATCATGCTCATCATCAAGTGGATCCGAAGGAGACTGT
      R  L  A  N  G  S  A  A  S  C  S  S  S  S  G  S  E  G  D  C
301  TCACCGCCTCATCAATCAGCTCATGGCCCACAACGTGCCCGCACTCGTGCACTATTCACT
      S  P  P  H  Q  S  A  H  G  P  Q  R  A  R  T  R  A  L  F  T
361  TTTAAACAGGTTCGTATGATCTGTGAGCGAATGCTCCATGATCAGGAGGTGGCTCTACGT
      F  K  Q  V  R  M  I  C  E  R  M  L  H  D  Q  E  V  A  L  R
421  GCTGAGTATGAGTCTGTACTCAGCACCAAGCTTGCTGAACAGTATGAAGCCTTTGTGAGG
      A  E  Y  E  S  V  L  S  T  K  L  A  E  Q  Y  E  A  F  V  R
481  TTCAACCTGGATCAGGTGCAGCGCCGACCCCCGCCCAGCACGTGCATGTCGCTCGGTATG
      F  N  L  D  Q  V  Q  R  R  P  P  P  S  T  C  M  S  L  G  M
541  GACGCCGAACACATGCACCAGGACCTCGTACCCAGCTATCTGTCCTAA
      D  A  E  H  M  H  Q  D  L  V  P  S  Y  L  S  *
```

图 6-37 家蚕 Akirin 蛋白基因的 cDNA 序列及由其推导的氨基酸序列

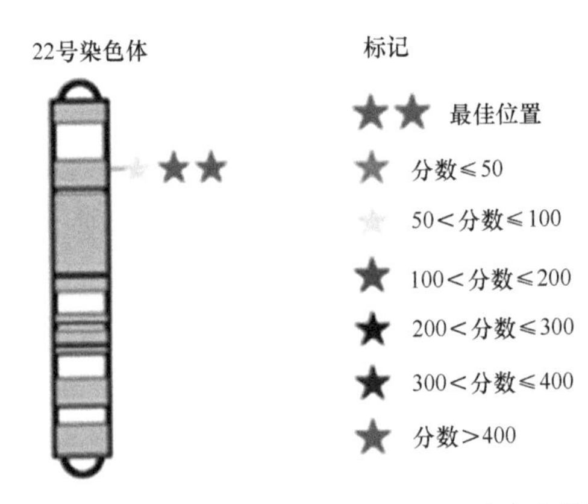

图 6-38 家蚕 Akirin 蛋白基因的染色体定位分析

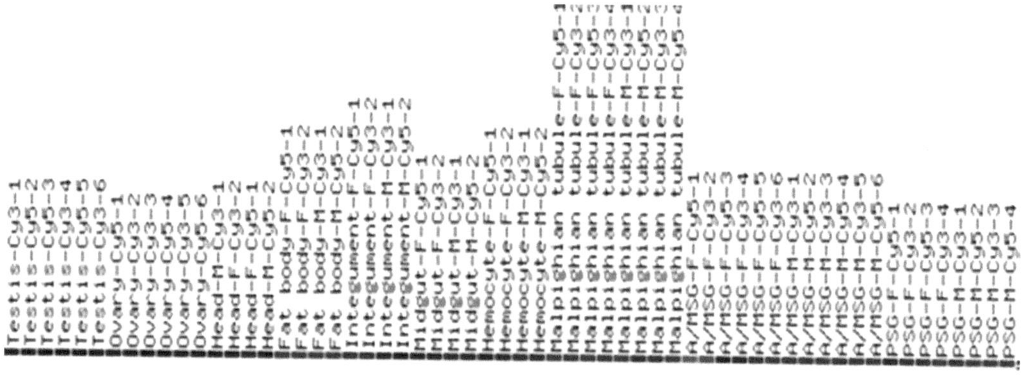

图 6-39　家蚕 Akirin 蛋白基因的微点阵表达分析

将家蚕 Akirin 蛋白基因推导的氨基酸序列用 NCBI 的 BlastP 程序比对发现，家蚕 Akirin蛋白的氨基酸序列与黑腹果蝇(*Drosophila melanogaster*)、西方蜜蜂(*Apis mellifera*)、熊蜂（*Bombus terrestris*）、丽蝇蛹集金小蜂（*Nasonia vitripennis*）和顶切叶蚁（*Acromyrmex echinatior*）的 Akirin 蛋白氨基酸序列相似性均在 50%左右，分别为 48%、46%、46%、46%和 42%，即与黑腹果蝇 Akirin 蛋白序列相似性最高，达 48%（图 6-40）。

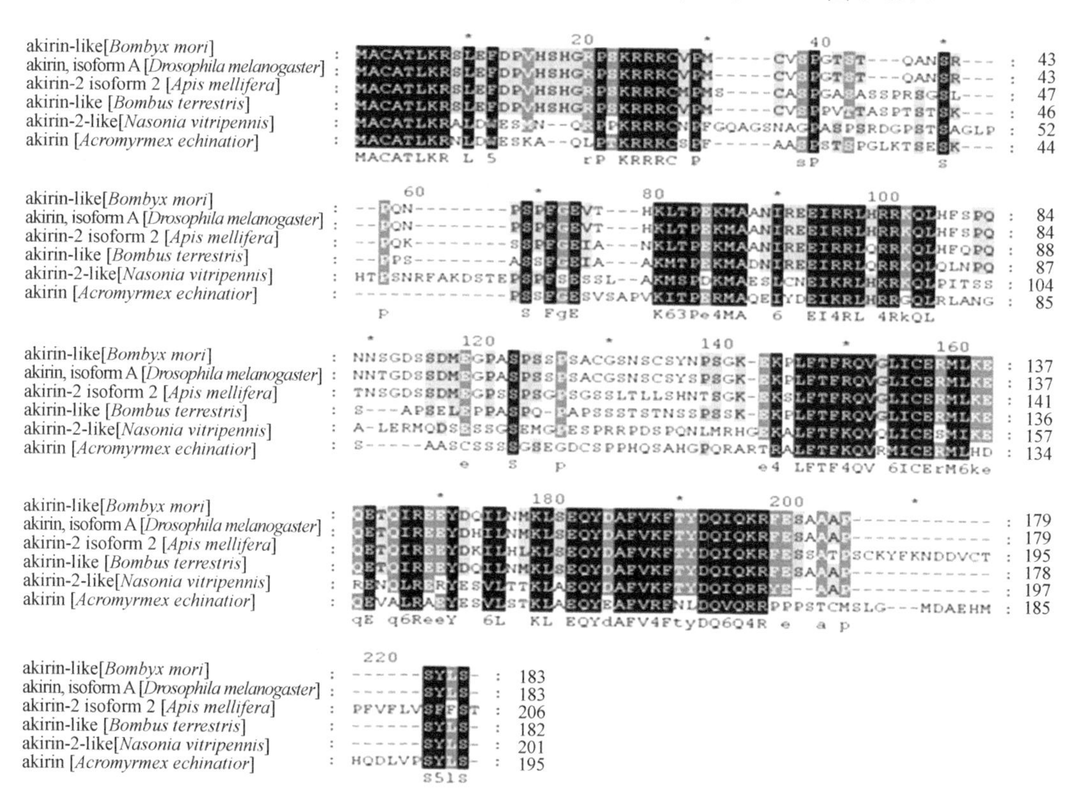

图 6-40　家蚕 Akirin 与其他昆虫 Akirin 蛋白的氨基酸序列比对

黑色阴影表示相同氨基酸，灰色阴影表示相似氨基酸；家蚕 Akirin 氨基酸序列（NP_001243977），黑腹果蝇 Akirin 氨基酸序列（NP648113），西方蜜蜂 Akirin-2 氨基酸序列（XP395252），熊蜂 Akirin 氨基酸序列（XP_003398488），丽蝇蛹集金小蜂 Akirin-2 氨基酸序列（XP_001607302），顶切叶蚁 Akirin 氨基酸序列（EGI57940）

6.4.2.2 家蚕 Akirin 蛋白基因的克隆和测序

用 Trizol 法提取的家蚕中肠和血液总 RNA，经 DNase Ⅰ 消化后，经紫外分光光度计检测和 1%琼脂糖凝胶电泳分析，$OD_{260/280}$ 值为 2.105，$OD_{260/230}$ 值为 2.011，电泳得到的 28S、18S 和 5S rRNA 三条带清晰（图 6-41），说明 RNA 较完整，蛋白及酚类物质污染少，纯度高，可用于 qPCR。

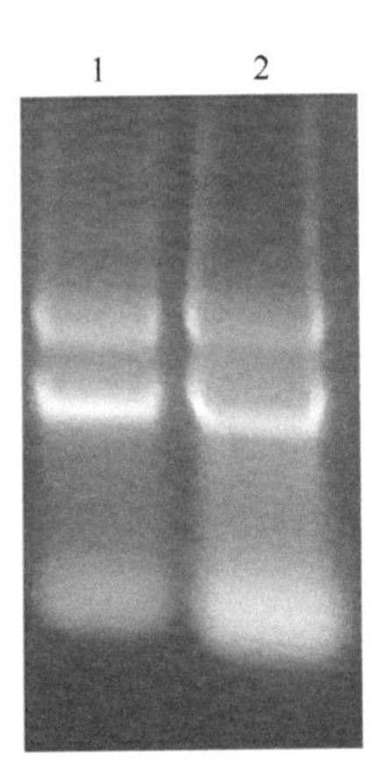

图 6-41 家蚕 BmN 细胞总 RNA 的 1.0%琼脂糖凝胶电泳

1：家蚕幼虫血液总 RNA；2：家蚕幼虫中肠总 RNA

以反转录所得 cDNA 为模板使用 qPCR 扩增 Akirin 蛋白基因，得到一条长 604bp 的目的片段，与预期大小相符合（图 6-42a）。将 PCR 产物经 1%琼脂糖凝胶电泳分离，切取目的条带纯化回收后，连接并克隆到 pMD20-T 载体上。挑取阳性克隆进行酶切鉴定，电泳结果显示能切下一条长约 604bp 的条带，与预期大小一致（图 6-42b），最后进行测序验证，结果该克隆 Akirin-pMD20-T 与预测一致。

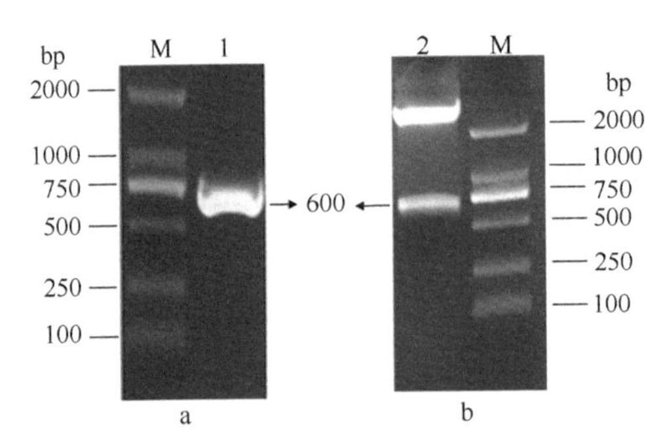

图 6-42 家蚕 Akirin 蛋白基因 cDNA 的 PCR 扩增（a）和 Akirin-pMD20-T 酶切鉴定（b）

M：DL2000 DNA Marker；1：Akirin 蛋白基因片段；2：Akirin-pMD20-T 质粒经 *Nol* Ⅰ 和 *Xho* Ⅰ 双酶切产物

6.4.2.3 原核表达载体的构建及 Akirin 蛋白的诱导表达

将 Akirin-pMD20-T 经 *Eco* Ⅰ 和 *Xho* Ⅰ 双酶切形成黏性末端，然后亚克隆到原核表达载体 pET30 上，再转化到克隆寄主菌 *Escherichia coil* DH5α 中，经质粒 PCR 验证和双酶切鉴定（图 6-43），测序验证无任何碱基突变后确定为阳性克隆，命名为 Akirin-pET30。进一步将 Akirin-pET30 质粒转化到表达寄主菌 BL21（DE3）中，在 37℃用 IPTG 诱导 Akirin-pET30-BL-21 表达重组蛋白，得到一个约 26.87kDa 的融合蛋白，其中 His 标签蛋白约 5.0kDa，目的蛋白大小约 21.77kDa，与预测的分子质量相符合。而未诱导的 Akirin-pET30-BL-21 则几乎没有相应的特异条带（图 6-44）。

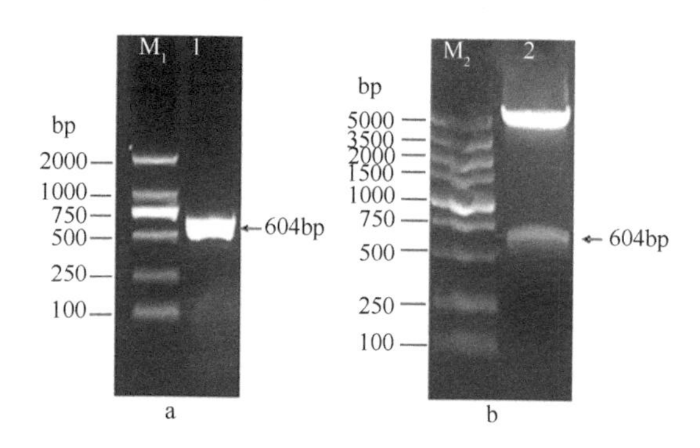

图 6-43　Akirin-pET30 质粒的 PCR 分析（a）与 *Nco* Ⅰ和 *Xho* Ⅰ双酶切鉴定（b）

M_1：DL2000 DNA Marker；M_2：DL5000 DNA Marker；1：Akirin-pET30 的质粒 PCR 产物；2：质粒 Akirin-pET30 经 *Nco* Ⅰ和 *Xho* Ⅰ酶切产物

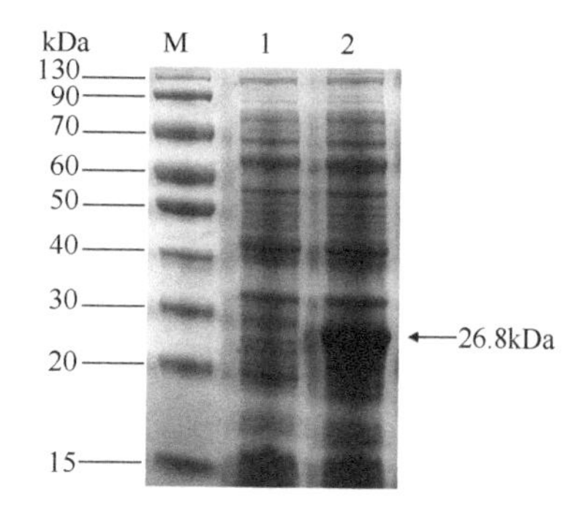

图 6-44　Akirin-pET30-BL-21 重组蛋白的表达分析

M：蛋白质 Marker；1：转入质粒 Akirin-pET30 的未诱导菌；2：转入质粒 Akirin-pET30 的诱导菌

Akirin 蛋白基因广泛存在于昆虫和脊椎动物中，并作为一个重要免疫应答调控基因而发挥作用，在黑腹果蝇天然免疫缺陷（immune deficiency，Imd）信号通路中，参与调控多个免疫基因的表达（Goto et al.，2008；Yang et al.，2011）。比较基因组学研究相继发现了多个昆虫的 Akirin 蛋白基因，黑腹果蝇、蜜蜂和按蚊等昆虫中均为单一的 Akirin，而在非洲爪蟾、鲑和小鼠体内则发现了 Akirin1 和 Akirin2 两个蛋白基因（Galindo et al.，2009）。

本研究鉴定的家蚕 Akirin 蛋白基因，经克隆得到 cDNA 序列的 ORF 长 588bp，编码 195 个氨基酸，同源性分析发现家蚕 Akirin 蛋白的氨基酸与黑腹果蝇、蜜蜂、熊蜂、丽蝇蛹集金小蜂和顶切叶蚁同名蛋白间的相似性分别只有 48%、46%、46%、46%和 42%，说明 Akirin 蛋白在各个物种间的同源性较低。据报道，Akirin 蛋白基因在黑腹果蝇和小鼠的先天免疫缺陷信号通路中参与调控免疫相关靶基因的转录，是天然免疫调控机制不可或缺的转录因子（Beutler and Moresco，2008；Goto et al.，2008），Akirin 蛋白基因在许多动物中过表达或缺失直接影响动物对细菌以及真菌的防御能力（Sasaki et al.，2009；Yang et al.，2011；Man et al.，2011）。另有研究表明，Imd 信号通路是家蚕中一个比较保守的信号通路，已鉴定出 10 个家蚕基因参与 Imd 通路的调控（Tanaka et al.，2008）。可以推测筛选鉴定的家蚕 Akirin 蛋白基因可能与家蚕微粒子虫的感染有关，而 Akirin 蛋白基因在家蚕中是否或如何参与 Imd 通路的信号转导及相关免疫功能是非常值得关注的问题。克隆获得家蚕 Akirin 蛋白基因，以及原核表达得到外源融合表达蛋白等将为进一步研究其功能，以及其与其他免疫相关基因的相互作用和家蚕先天免疫功能提供有益基础。

- 家蚕微粒子虫入侵家蚕细胞或组织并在细胞和组织中繁殖的过程是一个复杂的病理学过程，在此过程中必然涉及大量相关的基因，以及 Nb 与家蚕在细胞、蛋白质和基因等不同层级的互作，这种相互作用关系的解明是基于家蚕个体水平控制微粒子病技术研发的基础，或者说随着 Nb 与家蚕各种相互作用关系的解明，将为家蚕个体水平微粒子病控制技术研发提供更为可靠的科学依据。Nb 孢子的发芽是两者在细胞水平直接发生关系的第一步，为此，本实验室重点关注了 Nb 孢子发芽相关的分子机制，试图在家蚕微粒子虫发芽环节进行控制，从而实现有效控制微粒子病的发生。
- 家蚕微粒子虫孢壁的 SWP5 蛋白和 SWP12 蛋白，以及分布于 Nb 内的蓖麻毒素 B 凝集素，都与 Nb 孢子的黏附有关，其中 *Nb*RBL 蛋白基因还可能与入侵后的增殖或扩散有关。在 Nb 孢子入侵家蚕细胞的两种方式（发芽后注射和发芽后吞噬）中，主要集中于发芽后注射研究，上述在培养细胞（BmN）中的研究结果，是否暗示 Nb 孢子与家蚕细胞的黏附，将有利于发芽后孢原质进入细胞，或可提高感染效率，以及在家蚕个体中这种黏附作用如何突破中肠围食膜的屏障等都是有待进一步研究的问题。
- 家蚕抑制家蚕微粒子虫入侵和增殖有其复杂的遗传学机制，家蚕 Akirin 蛋白基因的研究仅仅是蜻蜓点水般的小试，逐步推进家蚕抗性机制的解明，包括群体抗性机制等，对在个体水平控制家蚕微粒子病同样具有十分重要的意义。随着分子生物学技术的快速发展，有关 Nb 与家蚕相互作用关系的研究必将得到快速发展，这种机制性的解析也必将为基于个体水平控制家蚕微粒子病技术的研发提供更为可靠的依据。

第 7 章　家蚕消化道的细菌微生态

家蚕消化道微生态研究的起始背景是人工饲料养蚕技术的诞生。早期学者将家蚕的细菌性病害归为猝倒病（sotto disease）、败血病（septicemia）和细菌性肠道病（bacteria gastroenteric disease）（有贺久雄，1973），细菌性肠道病的研究焦点，主要集中于病原微生物的发现（Lysenko，1958；Kodama and Nakasuji，1968a，1968b；Takizawa and Iizuka，1968；儿玉礼次郎和中筋祐五郎，1969；Iizuka，1972；Nagae，1974）。从家蚕消化道分离细菌及回复感染实验等研究结果可知：链球菌属（*Streptococcus*）的粪链球菌（*Str. faecalis*）、屎链球菌（*Str. faecium*）或两者的中间型（intermediate）是家蚕细菌性肠道病的病原微生物，但该类细菌是一类条件性致病菌。人为添食该类细菌，不会导致健康家蚕发生病害；在饲料不适、饲养环境恶劣或过度饥饿等不良环境诱导下，该类细菌可以导致家蚕细菌性肠道病的发生。

20 世纪中叶，日本报道了家蚕的全龄人工饲料育成功，浜村保次、福田纪文、伊藤智夫和向山文雄等相继报道了相关研究成果，并在 20 世纪末日本养蚕业基本实现小蚕人工饲料育（福田纪文，1979；中国农业科学院蚕业研究所，1990）。我国在 20 世纪 70 年代也曾报道家蚕人工饲料育研究的成功（蔡幼民等，1978），部分学者或技术人员持续开展了相关的科学研究和技术研发，研发重点在人工饲料育的适食性蚕品种选育、饲料配方或原料的低成本化及优化，以及小蚕人工饲料育的饲养和作业简便化等方面（崔为正，2016）。

随着人工饲料养蚕技术的应用和推广，细菌性肠道病发生较桑叶育大幅增加的现实，促使科技工作者在分离病原微生物方面开展了大量研究，家蚕的抗性和家蚕消化道的微生态等领域相继被关注，人工饲料育家蚕消化道菌群结构多样性和功能性解析的重要性日趋重要。

家蚕消化道微生态研究是一个动态性变化较大的领域，这种变化主要表现在分类学研究以及相关分子生物学技术发展快速。在微生态结构解析方面，早期研究主要涉及可培养细菌或微生物的分析，但基于核酸的 16S rDNA 测序和宏基因组技术的发展为进一步全面解析微生态提供了方便，而且测序和生物信息学技术的发展，将不断促进对微生态结构或功能的重新认识。在菌种类型方面，大量尚未确定种（species）或新的分类地位菌种不断出现，以及已发现菌种不断被重新定位或菌种名称被更改。例如，家蚕消化道或细菌性肠道病研究中，关注最多的是肠球菌（enterococci），早期被称为链球菌属（*Streptococcus*）细菌，其后多数菌种或菌株根据分类学研究的进展改称肠球菌属（*Enterococcus*）细菌（Holt，1994；鲁兴萌和金伟，1996a），部分粪链球菌（*Str. faecalis*）和屎链球菌（*Str. faecium*）在分类学发展后，改称粪肠球菌（*Ent. faecalis*）和屎肠球菌（*Ent. faecium*），又有部分菌株被定位为蒙氏肠球菌（*Ent. mundtii*）（费晨等，2006；Fei et al.，2006）（注：本章内容在细菌称呼上以当时发表名称为主要依据，部分“属”水平的名称根据作者判断有所改动；因内容结构次序，内容先后与名称的新旧之间未能完全匹配）。

家蚕消化道微生态与消化道生理结构和特征密切相关。家蚕幼虫消化道是始于口器终于肛门、纵贯体腔中央的大型管状器官，是从外界环境摄取食物提供生长发育所需营养的器官，最大体积可达幼虫体腔容积的 2/3 左右。家蚕幼虫消化道由前肠（头部至第一胸节，包括口腔、咽喉和食道）、中肠（第二胸节至第六腹节，约占消化道全长的 78%）和后肠（第六腹节后部至肛门）组成。中肠是家蚕幼虫消化吸收营养的主要功能部位，中肠上皮细胞层内侧有从食道后部与中肠交界处的贲门瓣基部细胞群和中肠上皮细胞分泌形成的围食膜（由蛋白质、几丁质和少量透明质酸组成），围食膜具有防止食物碎片对中肠上皮细胞产生机械损伤，以及阻止病原微生物直接接触中肠上皮细胞的功能。中肠围食膜内侧的消化道内容物是家蚕幼虫微生物存在的主要场所，食物通过家蚕 5 龄幼虫中肠最快的时间约为 5h，中肠消化液为前高后低的强碱性液体（桑叶育的 pH 为 10.5～11.5；人工饲料育的 pH 为 9.5～10.5）（中国农业科学院蚕业研究所，1990；鲁兴萌，2012a）。充分解析和理解家蚕幼虫中肠食物快速通过性与强碱性环境的特点，是解析家蚕消化道微生态结构和功能，以及研发控制家蚕微粒子病等微生态相关技术的重要基础之一。

家蚕消化道内肠球菌或其他细菌在微生态结构中占有较大比例情况的出现，导致家蚕生理或病理异常，甚至引起生产经济指标的显著变化，还是家蚕生理变化导致该菌在结构中占有较大的比例，即何为因和果的问题，或两者兼而有之的相互作用关系，也是一个非常值得关注的命题。家蚕微粒子虫（*Nosema bombycis*，Nb）进入消化道后，Nb 孢子的发芽是否与消化道微生态有关？微生态结构和某种微生物是否可以影响 Nb 孢子发芽或入侵家蚕细胞？是否可利用或如何利用家蚕消化道微生态控制家蚕微粒子病的发生或降低发生率？回答上述问题既是深究科学问题的要求，也是利用微生态从家蚕个体水平研发微粒子病防控技术的基础。

7.1　基于 16S rDNA 测序的家蚕消化道细菌微生态

随着高通量测序技术的快速发展，基于 16S rDNA 测序（16S rDNA sequence）的微生物宏基因组学技术应用日趋普及，为我们了解家蚕消化道细菌的多样性、预测菌群结构及其功能等提供了有力的工具，为此对家蚕中肠内容物、蚕粪及全蚕或残余饲料与蚕粪的混合物等不同类型的样本进行了 16S rDNA 测序和分析。

7.1.1　小蚕期家蚕消化道细菌微生态

7.1.1.1　1 龄蚕期家蚕的消化道细菌微生态

从人工饲料和蚕品种（菁松×皓月）相同的德清与海宁两个不同农村人工饲料育饲养点（2020 年），以及嵊州菁松×皓月蚕品种人工饲料育工厂（2017 年）饲养现场取样。根据饲养蚕室和饲育框的空间位置随机（梅花法或三点法）原则，采集家蚕 1 龄后期（收蚁后第 4 天）家蚕样本。德清和海宁农村人工饲料育饲养点分别为 3 个（1 框）和 12 个（4 框）家蚕样本；工厂育家蚕样本在收蚁后，按照空间（饲养平面不同位置和高度）随机抽取 100 框饲养家蚕进行抽样标记（更多抽样样本结果见后述）。在 6 个饲育框（A1-20、

B4-2、C5-10、D4-2、E3-15 和 E4-20），按照饲料块上下左右 1cm 见方处蚕的头部与框角较近者为优先及中央各取 1 条蚕（梅花法），取样后–4℃保存，完成全程取样后送实验室–20℃保存备用。

分别将家蚕样本（整条蚕）放入加有 3ml 灭菌水的磨碎管（5ml）内，浸泡 30min 后倾去水，重复 3 次后，加入 1ml 去离子水和 2 颗氧化硅瓷珠（Φ=7mm），用珠磨式研磨器（Precellys 24，法国 Bertin Technologies）以 6000r/min 常温研磨 30s。磨碎液−80℃保存，送杭州谷禾信息技术有限公司完成 16S rDNA 测序（V4 区）并提供 OTU（operational taxonomic unit）等相关数据，德清、海宁和嵊州来源样本分别获得 3 组、12 组和 29 组 OTU 数据。从 3 个饲养点和 2 种饲料的比较可见，3 个饲养点 1 龄蚕样本的主要细菌菌群存在较大的差别，其独特菌属分别为：厌氧芽孢杆菌属（*Anoxybacillus*）、链球菌属（*Streptococcus*）和肠球菌属（*Enterococcus*）（德清），奈瑟菌属（*Neisseria*）、纤毛菌属（*Leptotrichia*）和嗜二氧化碳嗜纤维菌属（*Capnocytophaga*）（海宁），拟杆菌属（*Bacteroides*）、芽孢杆菌属（*Bacillus*）和真杆菌属（*Eubacterium*）（嵊州）。这些独特菌属并非所在饲养点样本的主要菌属，具有较大相对丰度（relative abundance，RA）的菌属在 3 个饲养点样本中都有分布，在德清和海宁饲养点中相对较为明显，嵊州样点则相差较大，该现象可能与饲料不同及测序是否同步进行等有关（图 7-1）。此外，尚有部分科分类阶元的菌群序列有较大的相对丰度。

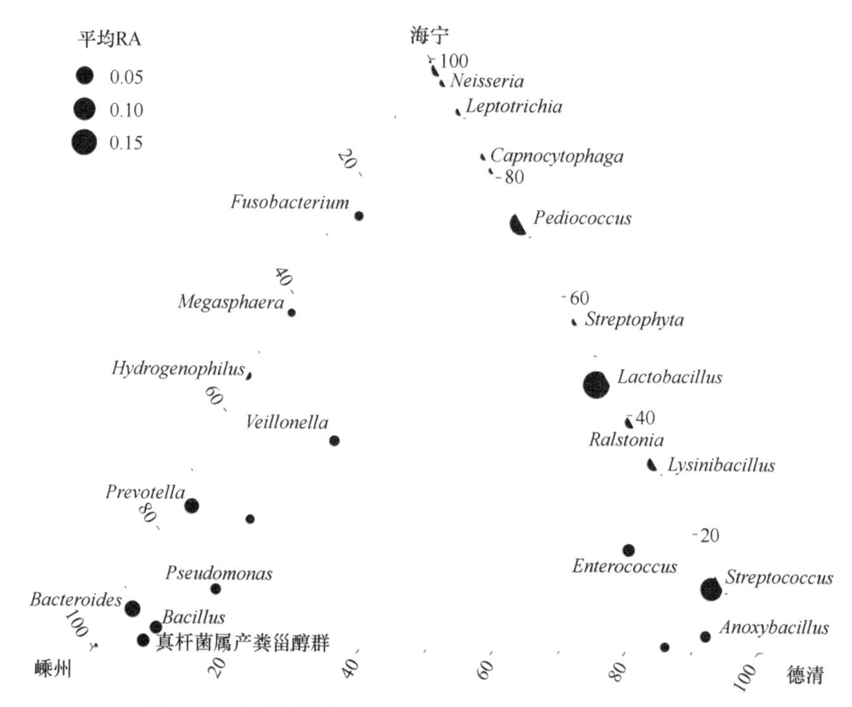

图 7-1　不同饲养地域 1 龄蚕的主要菌群（属）结构比较

由 GGTERN 包在 R 环境（4.0.3）下制作；黑点大小代表该种细菌在样本中的相对丰度（RA），黑点位置代表该种细菌在三组样本中的占比，距顶角（取样点）越近占比越高

在德清、海宁和嵊州 3 个饲养点的 1 龄蚕样本中，具有较高平均 RA 值的菌群分别是：乳酸杆菌属（*Lactobacillus*）、链球菌属、肠杆菌科（Enterobacteriaceae）、片球菌属

（*Pediococcus*）、短小芽孢杆菌属（*Lysinibacillus*）、肠球菌属、青枯菌属（*Ralstonia*）和厌氧芽孢杆菌属（德清），明串珠菌科（Leuconostocaceae）、乳酸杆菌属、片球菌属、肠杆菌科、链球菌属、短小芽孢杆菌属、普雷沃菌属（*Prevotella*）和青枯菌属（海宁），拟杆菌属、乳球菌属（*Lactococcus*）、芽孢杆菌属（*Bacillus*）、栖热菌属（*Thermus*）、粪杆菌属（*Faecalibacterium*）、双歧杆菌属（*Bifidobacterium*）、肉食杆菌属（*Carnobacterium*）和鞘氨醇单胞菌属（*Sphingomonas*）（嵊州）。在饲养点内，不同样本间也存在着较大的不同。在德清样本的平均RA值中，最大的乳酸杆菌属为27.49%，最高/最低为73.62/1.92，出现频率为100.00%；其次为链球菌属和肠杆菌科，出现频率均为66.67%；在海宁样本的平均RA值中，明串珠菌科的出现频率仅为50.00%，其次为乳酸杆菌属和片球菌属，出现频率分别为100.00%和66.67%。该结果显示，1龄家蚕的肠道微生物具有丰富的多样性，不同饲养点样本间及样本内的差异则暗示：微生态结构构成中，饲养状态（家蚕生理状态）和饲料成分（营养与微生物）等环境来源的外来因素可能具有重要作用。

7.1.1.2 人工饲料育小蚕期的消化道细菌微生态

对较大规模生产环境开展调查，有利于更好地理解家蚕消化道细菌微生态的状态及可能的功能。为此，对2000框饲养规模的人工饲料生产现场进行取样调查。

抽样与取样：同上饲育框（A1-20、B4-2、C5-10、D4-2、E3-15和E4-20）抽样，2龄和3龄期按照饲料块上下左右1cm见方处蚕的头部接近框角为优先及中央各取1条蚕；4龄期按照饲育框上下左右5cm见方处蚕的头部接近框角为优先及中央各取1条蚕。取样后−4℃保存，完成全程取样后送实验室−20℃保存备用。

制样：2龄和3龄期家蚕样本同上整体磨碎制样。4龄蚕样本用50ml清水冲洗表面和酒精棉擦拭后解剖取中肠，同1龄蚕方法磨碎制样，−80℃保存。

核酸提取与测序：由杭州谷禾信息技术有限公司完成核酸提取和16S rDNA测序，并提供相关数据分析报告，成功获得89个样本的OTU数据。

家蚕2龄、3龄和4龄期89个样本，以单样本RA值在0.5%或以上为限，按样本中出现频率排序，小蚕期前10位菌属的相关信息如表7-1所示。所列菌属是小蚕期

表7-1 人工饲料育小蚕消化道细菌的主要菌属

排序	属名	G	出现频率（%）	平均相对丰度（%）	最高丰度（%）
1	拟杆菌属 *Bacteroides*	N	100.00	12.46	51.24
2	粪杆菌属 *Faecalibacterium*	N	100.00	3.16	14.31
3	芽孢杆菌属 *Bacillus*	P	94.38	3.12	21.54
4	普雷沃菌属 *Prevotella*	/	94.38	2.93	16.34
5	埃希-志贺菌属 *Escherichia-Shigella*	N	93.25	2.96	20.74
6	真杆菌属 *Eubacterium*	N	92.13	2.19	10.70
7	乳球菌属 *Lactococcus*	P	91.01	4.18	27.06
8	罗斯菌属 *Roseburia*	/	86.51	1.35	8.48
9	S24-7	/	85.39	2.82	14.93
10	鞘氨醇单胞菌属 *Sphingomonas*	N	83.14	1.89	11.83

注：呈现数据为单个样本RA在0.5%或以上统计数据；“/”为未见相关数据；“G”为革兰氏染色，“N”为阴性，“P”为阳性，下同

常驻或易现菌属的可能性较大，或其中部分菌属是小蚕细菌微生态结构的基本组成，但平均RA值和最大RA值的较大差值也暗示了不同菌属在微生态结构构成中的不确定性。

7.1.2 5 龄期家蚕消化道细菌微生态

家蚕 5 龄期的生理状态与蚕茧或蚕种的生产指标有明显的关系（中国农业科学院蚕业研究所，1990；浙江省蚕桑学会，1993），5 龄期是养蚕蚕茧或蚕种产量和质量形成的重要时期，也是养蚕病害高频发生的时期。因此，关注 5 龄期家蚕消化道微生态或相关机制性问题及可利用机能，对理解家蚕生物学本质及进行产业利用都有重要的意义和潜在的价值。

7.1.2.1 人工饲料育 5 龄蚕的消化道细菌微生态

家蚕 5 龄期样本抽取分前期（盛食期）和后期（上蔟前）2 个时间段，除按照上述小蚕期饲养框抽样外，增加了 22 个饲养框取样（随机原则），合计获取 280 条 5 龄蚕。具体抽样、取样、制样和测序方法同 4 龄蚕，共获得 278 组 OTU 数据。以单样本 RA 值在 0.5%或以上为限，按样本中出现频率排序，5 龄蚕前 10 位菌属的相关信息如表 7-2 所示，在菌属上与小蚕期有较大的不同，但样本间 RA 值差异现象类似。

表 7-2 家蚕 5 龄期消化道细菌的主要菌属

排序	属名	G	出现频率（%）	平均相对丰度（%）	最高丰度（%）
1	肠球菌属 *Enterococcus*	P	99.64	61.76	99.44
2	拟杆菌属 *Bacteroides*	N	83.09	3.81	22.25
3	S24-7	/	60.07	1.96	41.56
4	芽孢杆菌属 *Bacillus*	P	59.71	1.62	17.28
5	埃希-志贺菌属 *Escherichia-Shigella*	N	56.47	1.22	22.25
6	乳球菌属 *Lactococcus*	P	55.75	1.78	23.24
7	粪杆菌属 *Faecalibacterium*	N	53.23	0.91	19.73
8	普雷沃菌属 *Prevotella*	/	47.84	0.81	7.15
9	乳酸杆菌属 *Lactobacillus*	P	37.05	0.95	34.88
10	栖热菌属 *Thermus*	N	35.61	0.97	46.11

比较小蚕期（2～4 龄）和大蚕期（5 龄）家蚕消化道的细菌微生态，在菌属出现频率方面，小蚕中出现频率前 10 位菌属均在 83%以上；大蚕中仅有 2 个菌属的出现频率在 83%以上，排序第 10 位的菌属仅为 35.61%。在平均 RA 值方面，小蚕的差异较小（1.89%～12.46%），大蚕的差异较大（0.97%～61.76%）。在菌属种类方面，小蚕和大蚕相比各有 3 个不同的菌属未在前 10 位，小蚕第 6 位高频（92.13%）出现的真杆菌属（*Eubacterium*），在大蚕中的排序仅为第 23 位（15.82%），且平均和最高 RA 值分别为 0.20%和 2.96%；小蚕第 8 位高频（86.51%）出现的罗斯菌属（*Roseburia*），在大蚕中的排序为第 14 位（22.66%），平均和最高 RA 值分别为 0.21%和 3.33%；小蚕第 10 位高频（83.14%）出现的鞘氨醇单胞菌属（*Sphingomonas*），在大蚕中的排序为第 11 位（34.17%），

平均和最高 RA 值分别为 0.59%和 26.11%；大蚕的优势菌属肠球菌属（*Enterococcus*），在小蚕中的排序仅为第 26 位（32.58%），平均和最高 RA 值分别为 0.49%和 5.92%；大蚕排序第 9 位的乳酸杆菌属（*Lactobacillus*），在小蚕中的排序仅为第 21 位（47.19%），平均和最高 RA 值分别为 0.76%和 11.55%；大蚕排序第 10 位的栖热菌属（*Thermus*），在小蚕中的排序为第 13 位（71.91%），平均 RA 值为 2.22%（高于出现频率更高的罗斯菌属和鞘氨醇单胞菌属），最高 RA 值为 20.92%。肠球菌属在大蚕大幅增加的现象，与日本早期有关人工饲料育家蚕肠球菌属为优势菌群的研究类似（饭塚敏彦和滝沢义郎，1969；饭塚敏彦等，1969），在早期家蚕消化道发现的链球菌属（*Streptococcus*）后期被分类定位为肠球菌属（鲁兴萌等，1996，1999；Fei et al.，2006）。肠球菌属细菌大幅增加，呈现明显的种群优势规模，导致大蚕菌属多样性小于小蚕。此外，拟杆菌属（*Bacteroides*）、S24-7、芽孢杆菌属（*Bacillus*）、埃希-志贺菌属（*Escherichia-Shigella*）、乳球菌属（*Lactococcus*）和粪杆菌属（*Faecalibacterium*）等细菌的出现频率和平均 RA 值，大蚕较小蚕为低。

人工饲料育小蚕和大蚕消化道细菌微生态的比较（图 7-2、表 7-1 和表 7-2）显示：①在菌群结构上，5 龄期和小蚕期存在明显不同；②小蚕期较 5 龄期在菌属种类及出现频率上具有更为丰富的多样性；③主要菌属在小蚕期和 5 龄期有一定的延续性，但在 5 龄期肠球菌属的优势地位明显呈现；④生物学重复样本间存在明显差异。上述结构性、多样性和个体间的差异，以及从小蚕到大蚕的菌属结构演变，主导因素来自家蚕还是环境微生物，还是两者相互作用的结果，或家蚕存在功能性菌群和外界输入菌种及理化因子等综合影响下的微生态结构形成机制等问题都是值得关注与深入研究的问题。

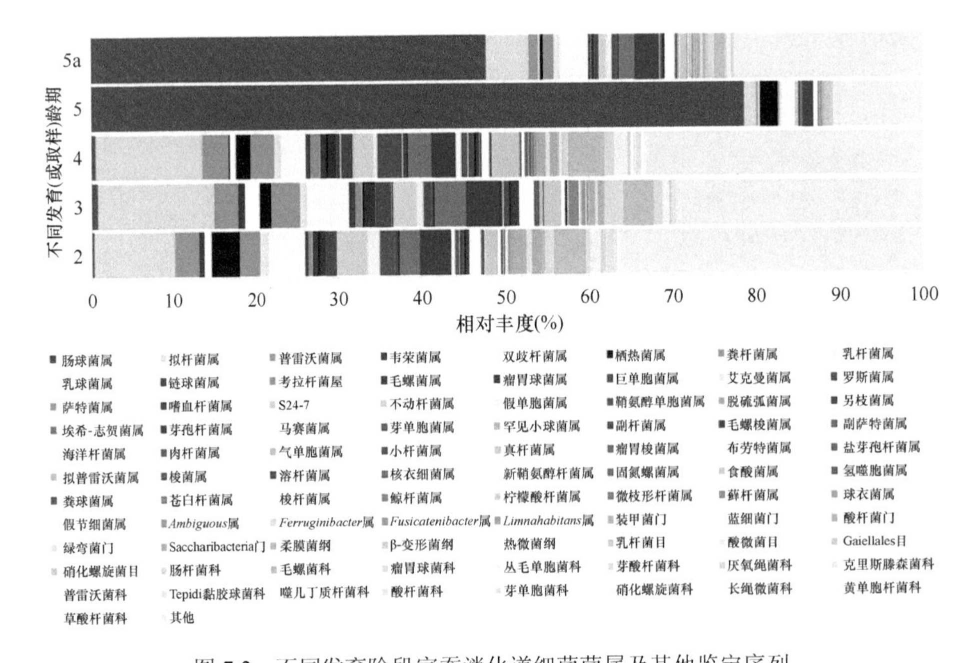

图 7-2 不同发育阶段家蚕消化道细菌菌属及其他鉴定序列

2、3 和 4 分别为 2 龄、3 龄和 4 龄的小蚕期样本，5 为 5 龄前期（盛食期）样本，5a 为 5 龄后期（上蔟前）样本；“其他”为 OTU 的 RA 值在 0.5%以下鉴定属或未鉴定序列的合计数

7.1.2.2　人工饲料育 5 龄期家蚕消化道细菌微生态与结茧率

在上述工厂化家蚕人工饲料育的生产现场，对 29 个取样饲育框的结茧率、全产量和上茧产量 3 项主要生产指标进行调查。同上述抽样、取样、制样和测序方法获得 29 个饲育框 5 龄期幼虫样本（每框 5 条家蚕）、288 组 OTU 数据（2 个样本的样本管爆裂，未取得数据），开展了细菌菌属结构及其中主要菌属与结茧率、全产量和上茧产量 3 项主要生产指标的相关性分析。分析显示：不同饲养框的结茧率、全产量和上茧产量间均具有极显著（$P \leqslant 0.01$）的相关性，相关系数（R^2）分别为 0.860（结茧率-全产量）、0.844（结茧率-上茧产量）和 0.986（上茧产量-全产量）。肠球菌属细菌 RA 值与结茧率、全产量和上茧产量间具有显著（$P \leqslant 0.05$）的负相关关系，相关系数绝对值分别为 0.1831、0.2036 和 0.1887（图 7-3 和图 7-4）。

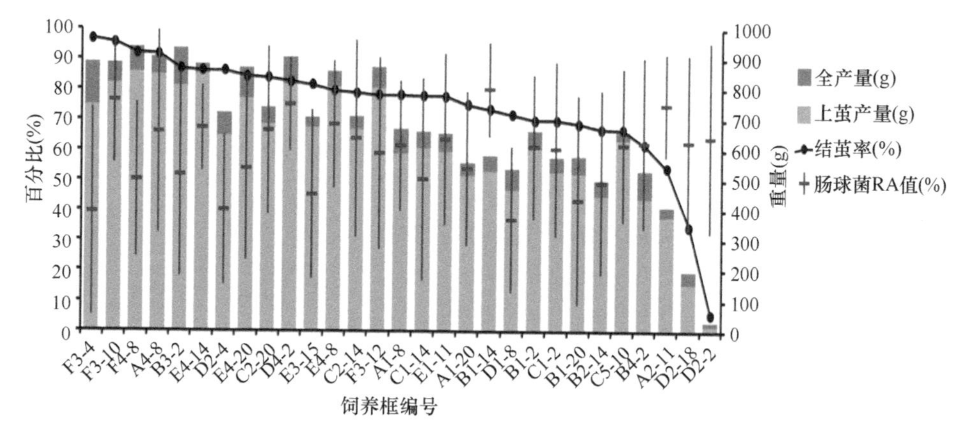

图 7-3　各饲育框蚕茧主要生产指标与肠球菌属细菌 RA 值

饲育框编号排序从左至右为结茧率从高到低次序

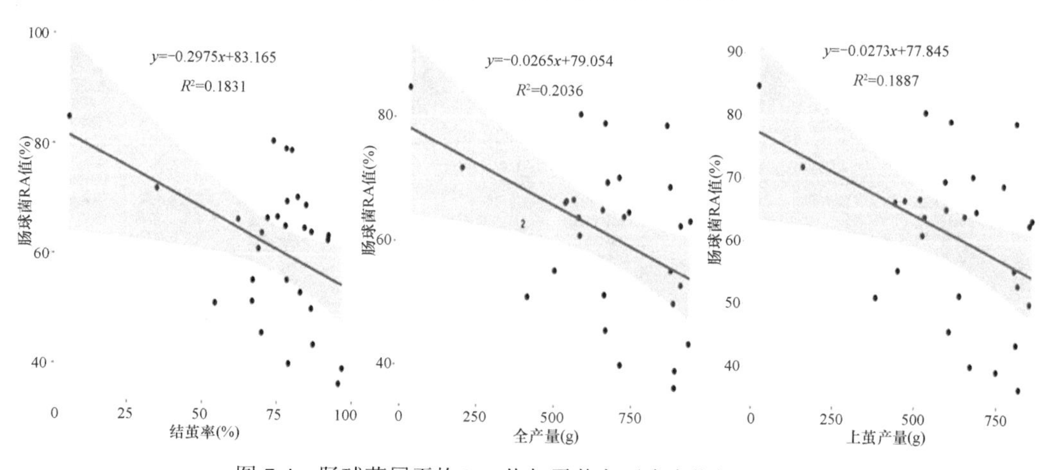

图 7-4　肠球菌属平均 RA 值与蚕茧主要生产指标的相关性

肠球菌属的平均、最低和最高样本 RA 值（图 7-3），与 3 项主要生产指标间的负相关性未达到极显著水平（图 7-4），该现象与不同饲育框来源样本肠球菌属细菌的 RA 值变异较大（图 7-3 红色标注）有关，即相同饲育框来源样本都有较高和较低 RA 值的情况。在 29 个饲育框来源样本中，结茧率最低的 3 个饲育框（D2-2、D2-18 和 A2-11）家蚕，其结茧率、全产量和上茧产量也最低，且样本肠球菌属细菌的平均、最低和最高 RA 值都处于较高值。但也存在肠球菌属细菌平均、最低和最高 RA 值都较高，而结茧率、上茧产量和全产量并非太低（73.5%、530g 和 582g）的饲育框（B1-14）（图 7-4）。因此，肠球菌属细菌 RA 值与 3 项主要生产指标间的相关性，不仅与饲育框内不同家蚕样本间 RA 值存在差异，或与 5 龄家蚕消化道细菌菌群结构的稳定性有关，还可能与肠球菌属中“种”（species）分类阶元及以下的结构或多样性有关（鲁兴萌等，2003）。

根据分层抽样原理，以结茧率为指标在 29 个取样饲育框中选取结茧率前 3 的饲育框（F3-4、F3-10 和 F4-8）、中位值的 3 个饲育框（C2-14、F3-12 和 A1-8）和后 3 的饲育框（A2-11、D2-18 和 D2-2）（图 7-3）为“好”、“中”和“差”实验组，分析比较肠球菌属细菌 RA 值和菌群结构与结茧率的相关性。

在肠球菌属细菌 RA 值方面，以实验组间的 5 龄前期、5 龄后期和 5 龄期（5 龄前期和后期的合计）三种方式进行比较的结果显示：“好”实验组较“差”实验组，5 龄前期和后期的肠球菌属细菌 RA 值都显著低；“中”实验组与“好”或“差”实验组间未见显著差异；5 龄期样本“好”实验组的肠球菌属细菌 RA 值极显著低于“差”实验组，“中”实验组与“好”或“差”实验组间未见显著差异（图 7-5 上半部分），由此可以推测肠球菌属细菌 RA 值过高可能对结茧率有明显影响。

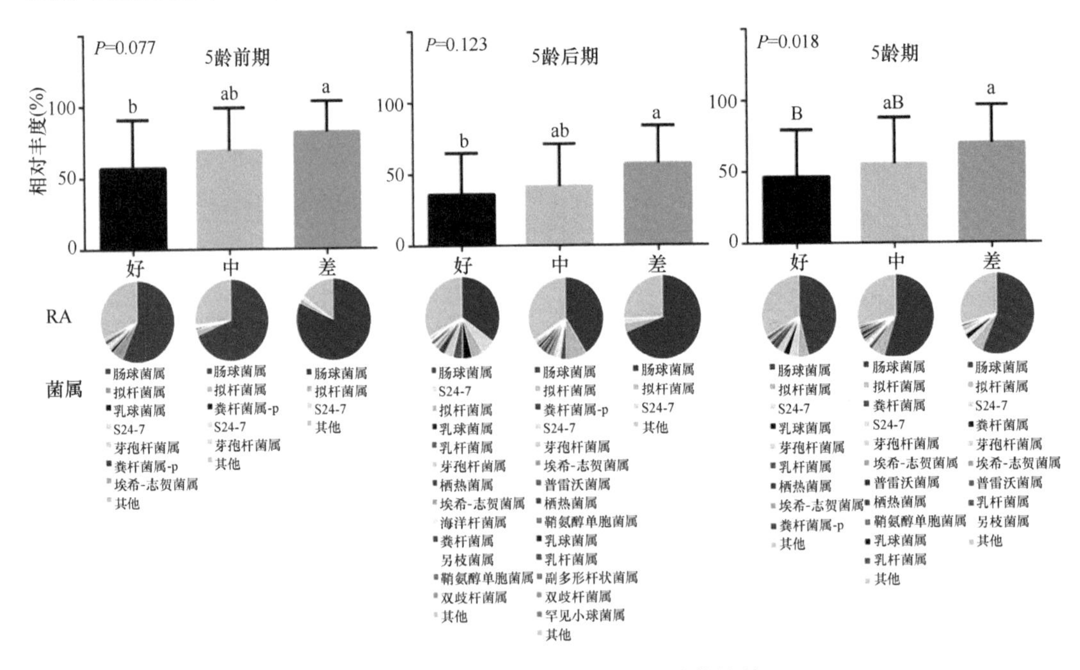

图 7-5　不同结茧率分层组的菌属结构比较

家蚕样本均为同期生产现场随机取样和制样测序；图中显示菌属均为单样本 RA 值在 0.5%以上，且菌属出现频率在 50%或以上数据；小写字母不同差异显著（$P \leqslant 0.05$），相同差异不显著（$P \geqslant 0.05$）；大写字母不同差异极显著（$P \leqslant 0.01$），下同

在菌群结构方面，“好”、“中”和“差”实验组（分层）的不同发育时期（5 龄前、后期和 5 龄期），样本菌群出现频率在半数或以上（5 龄前期和后期分别为 8 个以上，

5 龄期为 15 个或以上）的菌群结构成员如图 7-5 下半部分所示。5 龄前期样本的菌群结构（或被检出序列菌属）较 5 龄后期更为简单，或主要菌属的多样性较为简单，“好”、“中”和“差”实验组在 5 龄前期分别为 7 个、5 个和 3 个菌属，在 5 龄后期分别为 13 个、14 个和 3 个菌属。在 5 龄期（5 龄前期+后期）样本，“好”、“中”和“差”实验组间菌群结构的多样性差异缩小，对菌群结构与结茧率相关性分析，具有较高菌属多样性有利于结茧率的提高（图 7-4）。

7.1.2.3 家蚕消化道与蚕粪细菌微生态

家蚕 1 龄期和 5 龄期幼虫样本，分别与 7.1.1 节和 7.1.2 节的人工饲料育样本相同。

蚕粪取样与 16S rDNA 测序：工厂人工饲料育的 1 龄蚕粪样本 2019 年取样，取样时间为第一次眠起处理时，随机从 10 个饲育框中多点取样（约 5g），去除残余混杂饲料，充分混合后分别取 6 个 0.1g 放入 5ml 磨碎管，加 1ml 无菌水和 2 颗 5 号钢珠，45Hz-5min×5 研磨（JXFSTPRP-64，上海净信实业发展有限公司），磨碎制样（1 龄 sz 蚕粪）。5 龄期蚕粪取样在加蔟具处理时进行，同上随机从 6 个饲育框取样处理后分别取 5 个 0.1g 制样。农村人工饲料育 1 龄蚕粪样本在 2020 年春季从德清（1 龄 dq 蚕粪）和海宁（1 龄 hn 蚕粪）2 个饲育点取样（与 7.1.1.1 节同期），采用同上随机取样和混合后再分样（各 3 个重复）的方法进行样本制作。磨碎制样后磨碎液均放入冷冻管，−80℃保存。实验样本采集完整后，由杭州谷禾信息技术有限公司完成 16S rDNA 测序并提供 OTU 数据。家蚕样本均为个体样本，蚕粪样本均为混合后分样样本。家蚕相同实验组的不同个体样本间存在较大差异，蚕粪样本（混合分样）的数据基本类同。

家蚕样本以单样本 RA 值≥0.5%、样本出现频率≥30%和全样本平均 RA 值≥1.0%的菌属为主要菌群，蚕粪样本以单样本 RA 值≥0.5%和全样本平均 RA 值≥1.0%的菌属为主要菌群，家蚕消化道与蚕粪细菌微生态的比较如图 7-6 所示。

在多样性方面，5 龄期家蚕和蚕粪的主要被鉴定菌属（包括部分科水平的序列）分别为 10 个和 20 个；1 龄期家蚕的主要被鉴定菌属分别为 12 个（sz）、9 个（dq）和 8 个（hn），蚕粪中分别有 7 个（sz）、12 个（dq）和 3 个（hn）；“其他”包括被鉴定但样本平均 RA 值或样本出现频率较低（<1.0%或<30%）的菌属。从 5 龄期家蚕和蚕粪的比较可见，家蚕菌属的多样性明显低于蚕粪。1 龄期家蚕和蚕粪的比较情况则较为复杂，“1 龄 sz 蚕粪”尽管较“1 龄蚕”主要被鉴定菌属少，但其他低 RA 值（<1.0%）被鉴定菌属序列很多，或其多样性多于家蚕；但在农村饲育点蚕粪的多样性明显低于家蚕（生产模式和地点不同）（图 7-6），“1 龄 hn 蚕粪”中的片球菌属（*Pediococcus*）、明串珠菌科（Leuconostocaceae）和乳酸杆菌属的平均 RA 值分别为 41.54%、29.29%和 28.22%，合计达 99.06%，即多样性极低。

在主要菌群类别方面，肠球菌属在 5 龄期家蚕消化道是最为主要的菌群，全样本平均 RA 值和出现频率分别为 61.22%和 99.30%，但在 5 龄期蚕粪中的 RA 值仅为 0.43%（表 7-3）；在 1 龄期家蚕中也只有 0.23%的 RA 值和 20.68%的出现频率，在 1 龄期蚕粪中的 RA 值和出现频率均极低。拟杆菌属是 5 龄期家蚕消化道的次主菌群，全样本平均

RA 值和出现频率分别为 3.95%和 84.37%（表 7-3），在 5 龄期蚕粪、1 龄期家蚕和 1 龄期蚕粪都有一定的 RA 值及较高的出现频率，也是最具普遍性的鉴定菌属（表 7-1、表 7-2 和表 7-3）。乳酸杆菌属是普遍性其次的菌属，但在蚕粪中更多（表 7-3 和表 7-4）。毛螺菌科（Lachnospiraceae）则是科分类单位上具有较高普遍性的鉴定菌属（表 7-3 和表 7-4）。

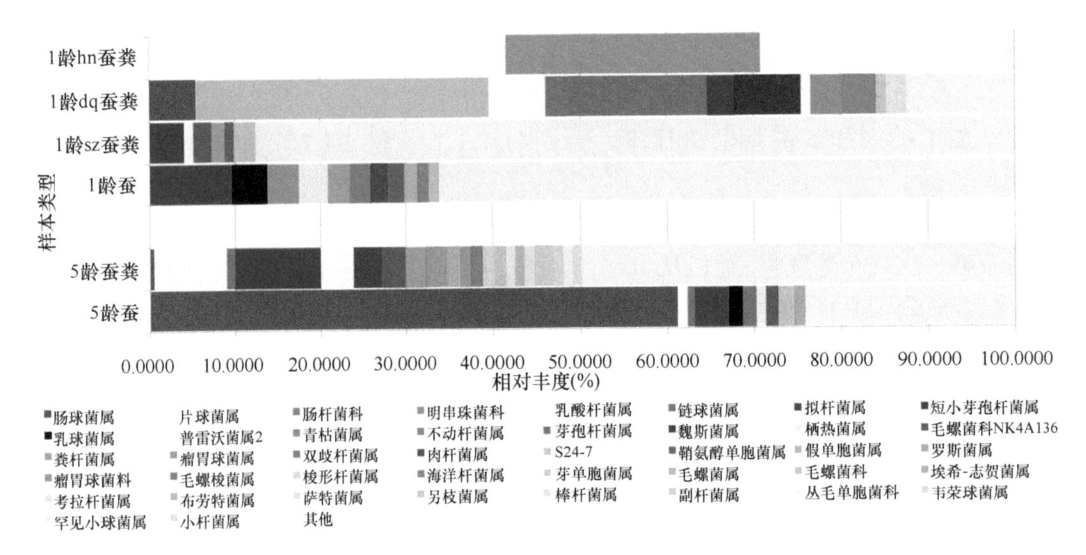

图 7-6 家蚕消化道内与蚕粪细菌菌群结构比较

家蚕样本均为同期生产现场取样；蚕粪样本 hn 和 dq 为同期样本，其他为相同家蚕发育阶段龄期非同期取样与测序；图中显示菌属均为单样本 RA 值在 0.5%以上，样本平均 RA 值在 1%且样本出现频率在 30%以上，其余均计入其他；个别关注菌属数值不满足上述标准

表 7-3 家蚕 5 龄期幼虫消化道和蚕粪的主要菌属比较

样本来源	排序	菌属或科名	G	5 龄期家蚕		5 龄期蚕粪	
				出现频率（%）	平均 RA（%）	最高 RA（%）	平均 RA（%）
家蚕消化道	1	肠球菌属 *Enterococcus*	P	99.30	61.22	99.44	0.43
	2	拟杆菌属 *Bacteroides*	N	84.37	3.95	39.97	10.08
	3	S24-7	/	59.02	1.90	41.56	/
	4	芽孢杆菌属 *Bacillus*	P	59.02	1.59	17.28	/
	5	埃希-志贺菌属 *Escherichia-Shigella*	N	57.63	1.21	22.25	0.87
	6	乳球菌属 *Lactococcus*	P	54.86	1.64	23.24	/
蚕粪	1	乳酸杆菌属 *Lactobacillus*	P	38.88	1.07	34.88	8.50
	2	普雷沃菌属 *Prevotella*	N	49.65	0.86	8.77	3.89
	3	魏斯菌属 *Weissella*	P	/	/	/	3.40
	4	毛螺菌科 Lachnospiraceae	P	54.51	1.41	12.33	2.73
	5	瘤胃球菌属 *Ruminococcus*	P	19.44	0.26	7.64	2.47

注："/" 表示不确定或无相关数据。单个样本 RA 值在 0.5%以上统计数据。G 为革兰氏染色，"N" 阴性，"P" 阳性。

表 7-4　家蚕 1 龄期幼虫和蚕粪主要菌属比较

样本来源	排序	菌属或科名	G	1 龄期家蚕			1 龄期蚕粪平均 RA（%）		
				出现频率（%）	平均 RA（%）	最高 RA（%）	sz	dq	hn
家蚕	1	粪杆菌属 *Faecalibacterium*	/	100.00	2.66	6.92	1.51	/	/
	2	拟杆菌属 *Bacteroides*	N	96.55	9.53	33.93	3.95	3.27	0.11
	3	芽孢杆菌属 *Bacillus*	P	96.55	3.64	11.67	/	0.55	/
	4	栖热菌属 *Thermus*	N	96.55	3.37	13.62	0.35	/	/
	5	鞘氨醇单胞菌属 *Sphingomonas*	N	96.55	1.85	5.57	1.16	/	/
	6	乳球菌属 *Lactococcus*	P	89.65	4.25	15.98	/	/	/
	7	双歧杆菌属 *Bifidobacterium*	P	89.65	2.42	8.79	0.58	/	/
sz 蚕粪	1	拟杆菌属 *Bacteroides*	N	96.55	9.53	33.93	3.95	3.27	0.11
	2	毛螺菌科 Lachnospiraceae	P	48.27	0.89	4.17	2.09	1.09	0.02
	3	粪杆菌属 *Faecalibacterium*	/	100.00	2.66	6.92	1.51	/	/
dq 蚕粪	1	肠杆菌科 Enterobacteriaceae	N	6.89	0.06	1.09	/	34.20	0.05
	2	链球菌属 *Streptococcus*	P	/	/	/	0.37	18.56	0.05
	3	短芽孢杆菌属 *Brevibacillus*	P	/	/	/	/	7.57	0.01
hn 蚕粪	1	片球菌属 *Pediococcus*	P	/	/	/	/	/	41.54
	2	明串珠菌科 Leuconostocaceae	P	/	/	/	/	/	29.29
	3	乳酸杆菌属 *Lactobacillus*	P	17.24	0.22	2.14	0.27	6.46	28.22

注：“/”表示不确定或无相关数据。单个样本 RA 值在 0.5%以上统计数据。G 为革兰氏染色，“N”阴性，“P”阳性。

在 5 龄期家蚕消化道样本具有一定 RA 值和出现频率的菌属中，S24-7 和埃希-志贺菌属在 5 龄期蚕粪及 1 龄期家蚕和 1 龄期蚕粪样本中 RA 值较低或极少出现；芽孢杆菌属和乳球菌属则在 1 龄期家蚕样本中 RA 值与出现频率均更高，在 4 种蚕粪样本中同样极少出现。普雷沃菌属（*Prevotella*）、魏斯菌属（*Weissella*）和瘤胃球菌属（*Ruminococcus*）在 5 龄期蚕粪样本有较高的 RA 值，但在 5 龄期家蚕、1 龄期家蚕和 1 龄期蚕粪样本中 RA 值或出现频率均较低或极少（表 7-3 和表 7-4）。

在 1 龄期家蚕中有较多的菌属具有较高的出现频率和 RA 值，但未发现 5 龄期家蚕的优势菌属（肠球菌属）。粪杆菌属、栖热菌属、鞘氨醇单胞菌属和双歧杆菌属（*Bifidobacterium*）在 1 龄期 sz 蚕粪中 RA 值都较低，在其他两个样点 1 龄期蚕粪中极少（表 7-4）；在 5 龄期家蚕中的出现频率分别为 54.16%、36.80%、35.41%和 31.94%，RA 值分别为 0.96%、1.12%、0.61%和 0.43%；在 5 龄期蚕粪中的 RA 值分别为 2.30%、0.00%、0.06%和 0.94%。在德清（dq）和海宁（hn）饲养点采集的 1 龄期蚕粪样本中，较高 RA 值的鉴定菌属（肠杆菌科、链球菌属、短芽孢杆菌属、片球菌属和明串珠菌科）在 1 龄期及 5 龄期家蚕和蚕粪中的出现频率与 RA 值都较低。

对“饲料（桑叶或人工饲料）-家蚕消化道-蚕粪”的动态性微生物变化解析，将十分有利于我们对家蚕消化道微生态结构的理解，也有利于发现其中的功能性微生物（有害或有利）及利用外部因素改善养蚕的效能。本部分有关家蚕和蚕粪的细菌微生态调查仅仅是一种初尝性探索，由于部分样本的取样时间和测序批次等不同，其数据反映问题的可靠性或真实性存在较大不确定性，有待后续更为严谨的主动设计和实验结果分析。

7.1.3 家蚕消化道细菌微生态的主要特征

根据上述实验获取的人工饲料育家蚕样本、其他生产批次现场和实验室饲养5龄蚕样本（合计518组OTU数据结果）数据汇总和单项实验结果，以及已发表的相关研究文献，对家蚕消化道细菌微生态的主要特征陈述如下。

7.1.3.1 家蚕消化道细菌微生态的多样性

在门（Phylum）分类阶元，全样本平均RA值在1%或以上的细菌门及RA值分别为：厚壁菌门（Firmicutes）60.31%、拟杆菌门（Bacteroidetes）13%、变形菌门（Proteobacteria）7.84%、栖热菌门（Deinococcus-Thermus）1.45%、放线菌门（Actinobacteria）1.24%，合计为83.84%。其余的酸杆菌门（Acidobacteria）、浮霉菌门（Planctomycetes）、芽单胞菌门（Gemmatimonadetes）、疣微菌门（Verrucomicrobia）、纤维杆菌门（Fibrobacteres）、梭杆菌门（Fusobacteria）、硝化螺旋菌门（Nitrospirae）、柔膜菌门（Tenericutes）、奇古菌门（Thaumarchaeota）、绿弯菌门（Chloroflexi）、蓝细菌（藻）门（Cyanobacteria）、互养菌门（Synergistetes）、装甲菌门（Armatimonadetes）、降氨酸菌门（Aminicenantes）、匿杆菌门（Latescibacteria）和螺旋体菌门（Saccharibacteria）16个细菌门的合计RA值仅为1.89%，未能鉴定序列占14.28%，可鉴定序列的样本出现频率也很低（图7-7）。

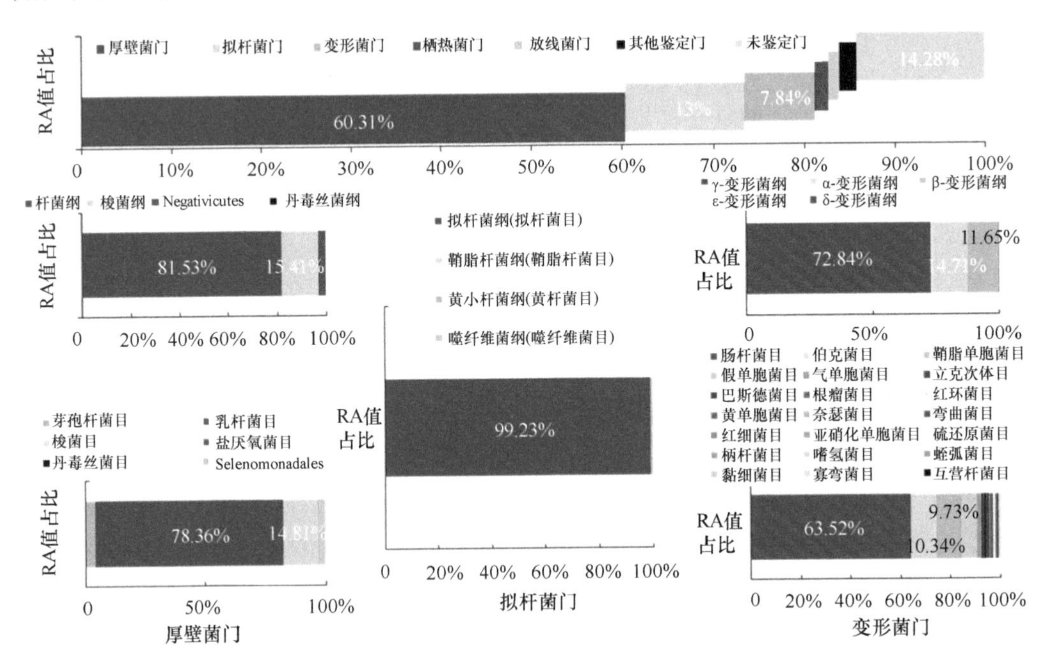

图7-7 家蚕人工饲料育5龄蚕消化道主要门、纲和目分类阶元细菌

鉴定序列单样本RA值≥0.5%，全样本RA平均值≥1.0%的统计数；RA值占比为门内RA值的相对比例

在门分类阶元以下，各分类阶元的RA值在门分类阶元中的占比或相对值（RA值占比），显示了其在门分类阶元内的相对分布状态（仅限于门内比较）。

在纲（Classe）和目（Order）分类阶元，厚壁菌门、拟杆菌门和变形菌门的主要纲与目及其 RA 值占比如图 7-7 所示。在厚壁菌门中，有 4 个纲和 6 个目被发现，纲分类阶元 RA 值占比分别为：杆菌纲（Bacilli）81.53%、梭菌纲（Clostridia）15.41%、Negativicutes3.03%和丹毒丝菌纲（Erysipelotrichia）0.01%；目分类阶元分别为：芽孢杆菌目（Bacillales）78.36%、乳杆菌目（Lactobacillales）14.81%、梭菌目（Clostridiales）3.87%、盐厌氧菌目（Halanaerobiales）2.92%，以及 RA 占比极低的丹毒丝菌目（Erysipelotrichales）和 Selenomonadales。在拟杆菌门中，有 4 个纲和 4 个目被发现，纲分类阶元分别为：拟杆菌纲（Bacteroidia）、鞘脂杆菌纲（Sphingobacteriia）、黄小杆菌纲（Flavobacteriia）和噬纤维菌纲（Cytophagia）；目分类阶元分别为：拟杆菌目（Bacteroidales）、鞘脂杆菌目（Sphingobacteriales）、黄杆菌目（Flavobacteriales）和噬纤维菌目（Cytophagales）；拟杆菌纲（目）的 RA 值占比达 99.23%。在变形菌门中，有 5 个纲和 21 个目被发现，纲分类阶元和 RA 值占比分别为：γ-变形菌纲（Gammaproteobacteria）72.84%、α-变形菌纲（Alphaproteobacteria）14.71%、β-变形菌纲（Betaproteobacteria）11.65%，以及 RA 值占比极低的 ε-变形菌纲（Epsilonproteobacteria）和 δ-变形菌纲或硫还原菌纲（Deltaproteobacteria）；目分类阶元分别为：肠杆菌目（Enterobacteriales）、伯克氏菌目（Burkholderiales）、鞘脂单胞菌目（Sphingomonadales）、假单胞菌目（Pseudomonadales）、立克次体目（Rickettsiales）、巴斯德菌目（Pasteurellales）、气单胞菌目（Aeromonadales）、根瘤菌目（Rhizobiales）、红环菌目（Rhodocyclales）、黄单胞菌目（Xanthomonadales）、红细菌目（Rhodobacterales）、亚硝化单胞菌目（Nitrosomonadales）、硫还原菌目（Desulfurellales）、柄杆菌目（Caulobacterales）、嗜氢菌目（Hydrogenophilales）、奈瑟菌目（Neisseriales）、蛭弧菌目（Bdellovibrionales）、黏细菌目（Myxococcales）、互营杆菌目（Syntrophobacterales）、弯曲菌目（Campylobacterales）和寡弯菌目（Oligoflexales）；γ-变形菌纲的肠杆菌目、鞘脂单胞菌目和假单胞菌目 RA 值占比分别为 63.52%、9.73%和 6.40%，β-变形菌纲的伯克菌目 RA 值占比为 10.34%。在纲和目分类阶元上呈明显的偏态分布，个别纲或目在其上级分类阶元中占有明显优势（图 7-7）。

在科（Family）分类阶元，厚壁菌门中有：芽孢杆菌科（Bacillaceae）、动性球菌科（Planococcaceae）、肉杆菌科（Carnobacteriaceae）、肠球菌科（Enterococcaceae）、乳酸菌科（Lactobacillaceae）、明串珠菌科（Leuconostocaceae）、葡萄球菌科（Staphylococcaceae）、链球菌科（Streptococcaceae）、克里斯滕森菌科（Christensenellaceae）、毛螺菌科（Lachnospiraceae）、消化球菌科（Peptococcaceae）、瘤胃球菌科（Ruminococcaceae）、丹毒丝菌科（Erysipelotrichaceae）、氨基酸球菌科（Acidaminococcacea）和韦荣菌科（Veillonellaceae）15 个科。拟杆菌门中有：拟杆菌科（Bacteroidaceae）、普雷沃菌科（Prevotellaceae）、紫单胞菌科（Porphyromonadaceae）、理研菌科（Rikenellaceae）、噬几丁质菌科（Chitinophagaceae）、黄杆菌科（Flavobacteriaceae）和噬纤维菌科（Cytophagaceae）7 个科。变形菌门中有：肠杆菌科（Enterobacteriaceae）、鞘脂菌科（Sphingomonadaceae）、丛毛单胞菌科（Comamonadaceae）、假单胞菌科（Pseudomonadaceae）、莫拉菌科（Moraxellaceae）、产碱杆菌科（Alcaligenaceae）、线粒体菌科（Mitochondria）、巴斯德菌科（Pasteurellaceae）、琥珀酸弧菌科（Succinivibrionaceae）、草酸杆菌科（Oxalobacteraceae）、

气单胞菌科（Aeromonadaceae）、布鲁氏菌科（Brucellaceae）、红环菌科（Rhodocyclaceae）、甲基杆菌科（Methylobacteriaceae）、黄单胞杆菌科（Xanthomonadaceae）、奈瑟菌科（Neisseriaceae）、红杆菌科（Rhodobacteraceae）、亚硝化单胞菌科（Nitrosomonadaceae）、弯曲菌科（Campylobacteraceae）、螺杆菌科（Helicobacteraceae）、柄杆菌科（Caulobacteraceae）、嗜氢菌科（Hydrogenophilaceae）、慢生根瘤菌科（Bradyrhizobiaceae）、根瘤菌科（Rhizobiaceae）、醋酸杆菌科（Acetobacteraceae）、赤杆菌科（Erythrobacteraceae）和互营杆菌科（Syntrophobacteraceae）科 27 个科。

“厚壁菌门-杆菌纲-芽孢杆菌目”的肠球菌科、“拟杆菌门-拟杆菌纲-拟杆菌目”的拟杆菌科和“变形菌门-γ-变形菌纲-肠杆菌目”的肠杆菌科，其RA值占比分别为71.71%、75.69%和62.95%；其余主要菌科，厚壁菌门的瘤胃球菌科、毛螺菌科、芽孢杆菌科、链球菌科和韦荣菌科的RA值占比分别为：8.59%、6.70%、4.02%、3.62%和2.24%，拟杆菌门的普雷沃菌科的RA值占比为19.77%，变形菌门的肠杆菌科、鞘脂菌科、丛毛单胞菌科、假单胞菌科、莫拉菌科和产碱杆菌科的RA值占比分别为62.95%、9.64%、6.45%、3.91%、2.44%和2.34%，即科分类阶元的分布也呈明显的偏态（图 7-8）。

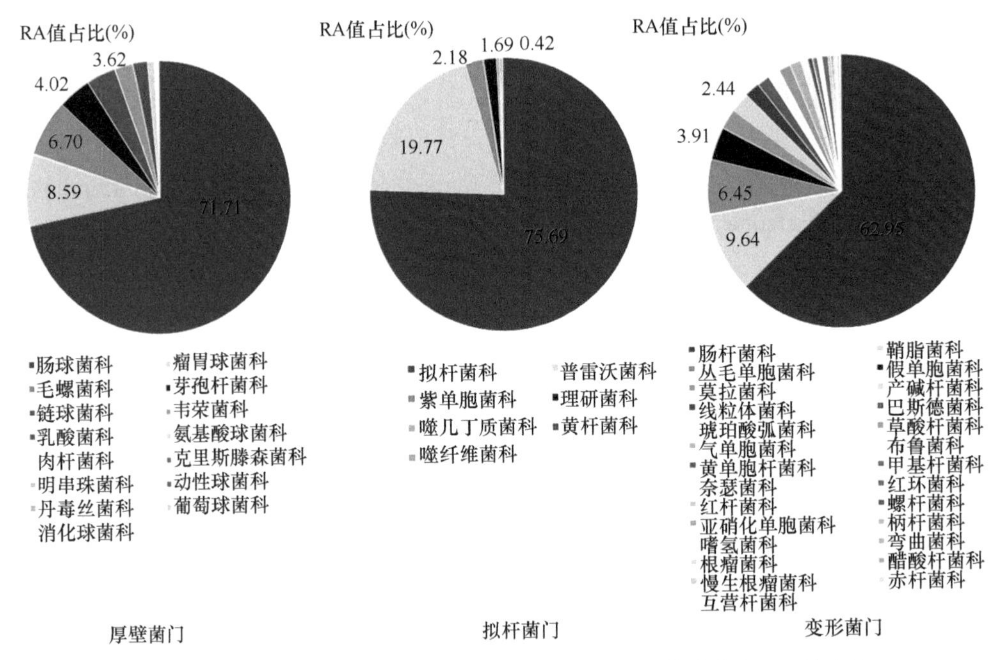

图 7-8　家蚕人工饲料育 5 龄蚕消化道各科在其门中的分布和RA值占比

单样本 RA 值≥0.5%，全样本 RA 平均值≥1.0%的统计数；RA 值占比为门内 RA 值的相对比例

在不同分类阶元间，变形菌门的纲、目和科分类阶元的多样性都最为丰富，其次为厚壁菌门，拟杆菌门则最为单一（图 7-7 和图 7-8）。

在本调查 5 龄期家蚕幼虫消化道的 518 个样本中，以单样本鉴定序列 RA 值在 0.5%或以上为基准，共有 855 个科和 1680 个菌属细菌序列被鉴定，该结果较传统技术呈现了家蚕消化道更为丰富的多样性。这些不同分类阶元的鉴定序列，覆盖了包括桑叶育在内的绝大多数已有文献报道的细菌（浙江大学，2001；Sun et al.，2016，2017；Dong et al.，

2018；Hou et al.，2018；Chen et al.，2018a，2018b），即有更多细菌在家蚕消化道存在被揭示。在文献报道中，关于家蚕消化道细菌的多样性已有大量的描述，但不同文献间的差异较大，总体上是随着分类阶元的下行而差异扩大，主要菌属的类别有明显差异。从该研究结果的表象进行推测可能有两种极端的情况：其一是家蚕消化道没有确定的微生态，环境微生物状态决定了家蚕的微生态（本调查研究中也检出部分在其他环境状态中常见的分类阶元），不同实验室或生产现场样本的微生态描述自然不同；其二是家蚕消化道为非稳定性微生态，家蚕的遗传（品种）、生理（发育阶段和饲养状态）因子及环境微生物（包括家蚕病原微生物）存在复杂的相互作用关系，在不同类型影响因子作用下而形成独特的细菌微生态。此外，从家蚕样本准备到测序等的过程性因素也有可能对家蚕消化道微生态产生明显影响。

除家蚕消化道微生态现象学的描述之外，家蚕消化道微生态形成机制及主要影响因素、细菌微生态的结构和多样性，以及功能菌群的生物学意义和产业利用价值等问题，都是更具科学研究和技术发展潜力的领域。

7.1.3.2　家蚕消化道的菌群结构和功能

细菌在家蚕消化道内可能产生生物学功能的可能形式有两种，其一是特定的菌群结构，其二是单一功能性菌属或菌种，或两者兼而有之。菌群结构或功能细菌研究必然关注到菌属（Genus）或种（Species）分类阶元，以及不同菌属组成结构在家蚕消化道特定环境中的相互作用。

（1）优势菌属

家蚕消化道细菌功能的证实必然回归到菌属或种的问题，具有功能的菌属必然是家蚕消化道常见或常驻的菌属。因此，关注这类菌属也是解析功能性菌属的重要基础之一。已有文献报道微生态中优势菌属的一致性虽然较低，但也有一些菌属在不同文献或同一文献的不同处理中呈现较高 RA 值和出现频率。

本调查研究的大量相同处理中，不同家蚕个体样本间的细菌微生态和主要菌属的 RA 值存在明显的不同（表 7-1 和表 7-2）。这种主要菌属 RA 值明显不同的现象，暗示了家蚕遗传背景和生理状态与细菌微生态的复杂关系，提示了研究取样（个体样和混合样）的不同可反映消化道微生态状态或实验结果分析的差异。由此也可认定：关注研究对象菌属在家蚕消化道中的出现频率是发现和认识功能性菌属的重要基础参数。

本调查研究中，虽然有 1680 个菌属序列被鉴定，但单一样本的 RA 值在 0.5%或以上的仅有 154 个菌属，且其中 113 个菌属的出现频率低于 5.00%，即在家蚕消化道内具有功能的菌属数量可能十分有限。出现频率较高的 17 个菌属及其出现频率为：肠球菌属（*Enterococcus*）84.36%、拟杆菌属（*Bacteroides*）82.26%、粪杆菌属（*Faecalibacterium*）65.05%、普雷沃菌属（*Prevotella*）61.77%、乳球菌属（*Lactococcus*）51.54%、S24-7（拟杆菌目的科）51.54%、芽孢杆菌属（*Bacillus*）49.61%、埃希-志贺菌属（*Escherichia-Shigella*）47.29%、双歧杆菌属（*Bifidobacterium*）47.29%、栖热菌属（*Thermus*）44.40%、罗斯菌属（*Roseburia*）42.27%、乳酸杆菌属（*Lactobacillus*）41.69%、瘤胃球菌属（*Ruminococcus*）

39.57%、鞘氨醇单胞菌属（*Sphingomonas*）33.59%、考拉杆菌属（*Phascolarctobacterium*）33.01%、韦荣菌属（*Veillonella*）31.46%、链球菌属（*Streptococcus*）31.27%。

（2）菌属结构

家蚕在不同品种、发育阶段、饲料、生理及病理状态下，消化道细菌微生态的菌属结构存在明显不同。在有关家蚕5龄期消化道菌属结构的文献报道中，桑叶育家蚕的主要菌属结构有：肠球菌属（*Enterococcus*，37.40%）-戴尔福特菌属（*Delftia*，8.35%）-内生假单胞菌属（*Pelomonas*，3.38%）-青枯菌属（*Ralstonia*，2.42%）-台湾温单胞菌属（*Tepidimonas*，1.97%）-橙单胞菌属（*Aurantimonas*，1.86%）-假单胞菌属（*Pseudomonas*，1.63%）-阿斯普罗单胞菌属（*Aspromonas*，1.56%）-葡萄球菌属（*Staphylococcus*，1.06%）（Sun et al.，2016）；乳球菌属（17.33%～30.54%）-肠球菌属（0.31%～48.99%）-泛菌属（*Pantoea*，0.04%～15.24%）-芽孢杆菌属（5.02%～9.37%）-假单胞菌属（1.61%～3.37%）等（Sun et al.，2017）；肠球菌属-葡萄球菌属-节杆菌属（*Arthrobacter*）-假单胞菌属-乳酸菌属-肉食杆菌属（*Carnobacterium*）-拟杆菌属-类芽孢杆菌属（*Paenibacillus*）-沙雷菌属（*Serratia*）-叶居菌属（*Frondihabitans*）（RA值大于1%）（Hou et al.，2018）；甲基杆菌属（*Methylobacterium*，19.14%）-金色单胞菌属（*Aureimonas*，9.67%）（Chen et al.，2018a）。人工饲料育家蚕的主要菌属结构有：肠球菌属（3.4%）-Streptophyta（27.6%）-假单胞菌属（0.5%）（HiA）（Dong et al.，2018）。本调查人工饲料育研究的不同处理中，小蚕期幼虫、5龄期幼虫和不同蚕茧产量5龄期幼虫消化道的菌属，以及相同处理的不同样本间，都呈现出不同的菌属结构（图7-1、图7-2和图7-5）。

上述菌属结构的描述，未能发现明显的规律性，暗示了家蚕消化道菌属结构构成和稳态的复杂性。菌属结构类型与家蚕生长发育或生产性能间相互影响的规律性变化是非常值得关注的问题，也可成为人工干预表征的重要参数。此外，RA值反映的是相对数量关系，而菌属在家蚕消化道中实际存活量和菌属数量结构对其生物学功能发挥的作用更为直接。因此，正常桑叶育家蚕的肠球菌属细菌数量一般较少，但人工饲料育或不良饲养环境影响家蚕后则容易激增；人工饲料中桑叶粉的含量与肠球菌属细菌的数量呈负相关；肠球菌属细菌数量在10^9个/ml以下对家蚕不会有明显影响（鲁兴萌和金伟，1996a；浙江大学，2001）等早期的生物学实验结果，将为菌属结构生物学意义诠释提供实验设计参考。

（3）类群结构

菌属分类阶元的确定是分类学研究和发展的综合结果，每个具体的菌属都有自身独特和复杂的表征参数，这些表征参数中的革兰氏染色和氧需求是两个重要的类群表征参数，类群结构的状态研究也是解析并发现菌属在家蚕消化道中生物学功能的途径。

革兰氏染色是细菌细胞壁化学组成和空间结构的重要表征，菌属革兰氏染色特征不同，反映其在家蚕消化道环境中的适应能力和功能不同。小蚕和5龄蚕革兰氏阳性与阴性菌属的比较结果（表7-1和表7-2），暗示了类群结构上的明显不同。氧需求是细菌代谢类型的重要表征，核酸测序鉴定技术的发展使厌氧菌属的发现数量较传统技术大幅增加。拟杆菌属、粪杆菌属、普雷沃菌属、双歧杆菌属、真杆菌属、罗斯菌属、瘤胃球菌属和韦荣菌属等为专性厌氧菌属，肠球菌属、乳球菌属、埃希-志贺菌属和乳杆菌属等为兼性厌氧菌属。已有研究对厌氧菌属，特别是专性厌氧菌属细菌生物学功能的关注显然是不够充分的。此外，不同状态的家蚕消化道菌属结构（图 7-1、图 7-2 和图 7-5）中，专性厌氧-兼性厌氧-好氧（如芽孢杆菌属、栖热菌属和鞘氨醇单胞菌属等）类群结构同样是解析家蚕消化道细菌微生态，以及理解和利用微生态的重要方面。

（4）结构变迁

菌属、类群或功能性菌属结构的变化包括类别和数量两个方面，其变化都涉及两个维度，其一是时间维度，即家蚕不同发育阶段的动态变化；其二是空间维度，即从食物（桑叶或人工饲料）经家蚕消化道到蚕粪的动态变化。

未有可靠的实验证实家蚕的卵中有细菌存在，即家蚕消化道的细菌来自环境，其最大可能或常见的进入途径是摄食行为。家蚕在眠起的过程中，消化道围食膜和内容物随着眠起而排出体外（中国农业科学院蚕业研究所，1990）。新的龄期中，家蚕消化道的细菌可能来自起蚕后的摄食行为，也可能源于眠起过程中未能排尽的残留。已有文献和本调查研究发现的不同家蚕发育阶段细菌微生态存在差异（Chen et al.，2018a）（图 7-1、图 7-2 和图 7-5），都证实了这种时间维度上的微生态结构变迁。本调查研究中，发现了不同家蚕龄期、饲养地点和饲料等样本的“消化道-蚕粪”细菌微生态，在菌属出现频率与 RA 值、菌属和类群结构等方面存在差异（表 7-3 和表 7-4），暗示了在空间维度上可能存在的细菌微生态变化规律，以及生物学功能或环境差异的重要表征。

因此，通过设计和实施更为精细的实验，研究家蚕幼虫生长发育过程（包括各种外界因素作用下的过程）和“食物（桑叶或人工饲料）-消化道-蚕粪”即时间和空间两个维度细菌微生态的变迁，对家蚕消化道细菌微生态形成机制的解明会有十分积极的意义。

7.1.3.3　家蚕消化道细菌微生态研究的相关问题

了解家蚕和其消化道的基本特征是研究家蚕消化道细菌微生态的基础，也是辨析已有文献和有效利用其研究成果的必备条件。

（1）家蚕基本生物学状态的控制问题

家蚕个体较小，较易在实验室进行饲养和控制，是研究诸多问题的良好生物材料，但易受环境影响，因而对实验系统稳定性的控制具有一定的要求。

在实验实施中，通过对家蚕基本生物学特征的控制或评估，可以降低环境因素对所研究家蚕微生态和生物变量的影响程度，提高实验的可重演性。在研究系统中，健康家蚕对照基本生物学特征出现明显偏离的情况下，需要对结果数据进行充分分析和讨论，并适度把握结论的定位，避免对后续研究产生不良影响。实验结果中全茧量或消化液 pH 过低（Li et al.，2016，2019）等问题的忽视，极易在问题分析和结论得出中出现“误解”。全茧量是家蚕的基本生物学特征，全茧量过低不仅仅表征了家蚕幼虫期或上蔟期生理状态的偏离，甚至可能是病理学过程掺入其中；家蚕幼虫消化道 pH 是其微生态构成的重要参数，消化液 pH 过低，必然对其产生显著影响。这些实验系统稳定性控制失当，也使之成为非可重演实验结果，虽然其研究过程的参考价值依然存在，但结论的利用价值缺失。

家蚕基本生物学特征的描述和实验控制是较为成熟的系统，控制全茧量和消化液 pH 既是基本也非难事，但必须有效控制。此外，采用家蚕发育进程较体重的一致性，更能反映所研究生物变量对家蚕消化道微生态的影响。

（2）取样方式和样本数量问题

已有家蚕消化道微生态的文献报道中，小蚕采用整体制样，大蚕采用解剖取消化道（主要为中肠），在实验家蚕健康程度足够的前提下，可以较好地反映或发现家蚕消化道的微生态。但在中肠和后肠之间，由于生物学过程和功能明显不同可能会产生影响。在 5 龄蚕期，可通过精细解剖或即时蚕粪取样研究解决这类细分问题。

家蚕品种选育与繁殖技术的长久发展，使现有特定蚕品种遗传背景较为清晰，且具有较高一致性及保持该一致性的繁育技术，所以家蚕是研究昆虫消化道微生态形成机制的极佳生物材料。在家蚕微粒子虫胚胎感染的群体中，部分感染个体在 3 眠前死亡，部分感染个体则可完成世代（存活到羽化和产卵）；蚕品种血液型脓病等抗性测定常用的 LC_{50} 实验中，在不同稀释梯度病原下个体间的明显差异（高浓度存活与低浓度死亡）都充分表征了遗传背景不一致或部分性状存在明显差异的特点（吕鸿声，1982；鲁兴萌等，2017）。在本调查研究的个体制样数据中，出现了相同技术处理状态下频繁出现样本菌属结构和 RA 值不同的明显偏态，暗示了家蚕遗传背景与消化道细菌微生态的密切关系。

个体（单条）和群体（5～30 条混合）制样是家蚕消化道微生态研究中的两种制样方式，两种制样方式所获结果反映的是家蚕消化道不同侧面的微生态。在个体制样的情况下，由于家蚕遗传背景的不一致性，简单地去除数个样本中偏态分布的样本，极易导致结论的“偏态”或“完整性”和“真实性”遗失。在群体混合制样的情况下，可以避免“偏态”样本的影响而具备更好的“完整性”，但容易遗失“偏态”样本中的偶发性重要事件。因此，大样本量的个体制样方式是实现家蚕消化道细菌微生态表征“真实性”的理想方式，特别是在技术研发中的重要性尤为突出，但随之而来的效能问题也十分明显。因此，界定所选生物学变量对家蚕消化道微生态影响的范畴，充分评估家蚕遗传背景一致性程度对具体研究问题的影响，选择适当的制样方式和重复数是较为现实的策略。

（3）数据分析的问题

已有文献报道中，各实验室所用蚕品种、饲料（桑叶或人工饲料）、饲养方法、取样方法，以及测序靶基因、数据库版本等各不相同。除上述实验系统稳定性控制、取样和制样等不同导致的结果差异外，测序和数据分析阶段的不同，也会导致对家蚕消化道微生态的认识显著不同。测序靶基因和测序机构的不同，在主要菌属分类阶元的类别上差异不大，但导致 RA 值或菌群结构出现明显差异是完全可能的。生物信息学分析软件的多样化和数据库的不断发展，以及如何正确应用这些工具，都会对结果的呈现和结论的得出产生明显影响，对后续的研究者而言，辨析已有研究文献的“所指”和基于技术发展研究方案的“能指”是研究持续深入发展的基本要求。

高通量 16S rDNA 测序的发展已日臻成熟和普及，在发现家蚕消化道中潜在的功能性菌属、微生态多样性或结构对家蚕的影响，以及人工干预消化道微生态后的评估应用中都显示了诸多的优点和潜在能力，特别是生物信息学分析技术的发展，微生态结构与进化关系、功能预测与注释，以及基因表达与代谢途径等相关分析的发展，必将为我们提供更多的有益信息和深入研究的靶向。

研究工具的发展是科学进步的标志，工具的有效使用是实现科技进步的基本条件。但将工具应用停留于他人无法重演随机现象精彩描述的“述行语”（performative），则必然导致主观或客观上偏离对所感兴趣生物学变量本质（das wesen）的追寻与研究精神（geist）的丧失。如何辨析或避免这种延异（differance）也是后续研究者必须思考的问题。

家蚕幼虫消化道细菌微生态结构的解析，不仅在鳞翅目昆虫消化道细菌微生态结构形成机制的解明中具有重要的科学范例作用，利用该结构形成机制，通过对各种生物变量作用机制和效用的研究，无疑还能在进一步推进家蚕生物学潜能（高产和防病等）的技术开发及应用方面发挥更大的作用，特别是随着人工饲料工厂化养蚕的产业化发展进程加速，家蚕消化道微生态调控技术研发的产业前景更具现实价值和更为迫切。

开展家蚕幼虫消化道细菌微生态结构形成机制和功能性菌属利用研究，必须对家蚕及幼虫消化道基本特征具有基本的认识。家蚕消化道细菌微生态的基本特征有：①消化道强碱性的环境和空间上的短距离或食物等的快速流过性特征，这些特性决定了微生物多样性的不确定性和可利用微生物的有限性，在功能性菌属研究中能耐受家蚕消化液的强碱性和具有滞留能力是最为基本的前提。②家蚕的基础生物学特征，遗传基础、发育阶段、生理状态及个体间差异等都可对微生态产生明显影响，关注“偶发”和“群体”的研究维度不同，家蚕生物学特征的利用或研究方案应该有所不同。③家蚕易受饲养环境影响的特征，家蚕品种、饲料（桑叶或人工饲料）、饲养温湿度、发育阶段及洁净程度等不同对消化道细菌微生态都可产生明显影响，基于研究目标和遵从该特征而建立稳定的实验系统是研究结果有意义的基础。

7.2　健康家蚕消化道肠球菌及多样性

有关家蚕消化道细菌的早期研究中，主要采用形态学观察和生理生化指标测定等技术进行分离与鉴定。桑叶育家蚕消化道的研究发现主要有 7 个科，分别为微球菌科（Micrococcaceae）、芽孢杆菌科（Bacillaceae）、短杆菌科（Brevibacteriaceae）、乳杆菌科（Lactobacillaceae）、肠杆菌科（Enterobacteriaceae）、假单胞菌科（Pseudomonadaceae）、无色杆菌科（Achromobacteriaceae），其中出现频率在 20%以上和活菌数在 10^6 个/ml 以上的相对优势菌为表皮葡萄球菌（*Staphylococcus epidermidis*）、链球菌（*Streptococcus* spp.）、蜡样芽孢杆菌（*Bacillus cereus*）、金黄色酿脓葡萄球菌（*Staphylococcus aureus*）、臭鼻克雷伯菌（*Klebsiella ozaenae*）、似产碱杆菌（*Alcaligens metalcaligens*）、阴沟气杆菌（*Aerobacter cloaceae*）、斐蒙假单胞菌（*Pseudomonas fairmontensis*）、核黄素假单胞菌（*Pseudomonas riboflavina*）和极小无色杆菌（*Achromobacter parvulus*）（Takizawa and Iizuka，1968）。人工饲料育家蚕消化道的研究发现细菌的种类较为单一，主要为链球菌，以及少量的芽孢杆菌属（*Bacillus*）、无色杆菌属（*Achromobacter*）和葡萄球菌属（*Staphylococcus*）细菌（饭塚敏彦和滝沢义郎，1969；饭塚敏彦等，1969）。家蚕龄期或发育阶段及饲养季节不同，消化道细菌菌属结构和数量也有变化，其中以链球菌属和葡萄球菌属等革兰氏阳性菌为主（松本继男，1982）。

7.2.1 肠球菌分离菌株表型特征的多样性

从健康桑叶育家蚕 5 龄期幼虫的消化道内容物和蛹的消化管痕迹中取样，用含0.02%叠氮化钠（NaN_3）的 BHI 培养基选择性培养、多次克隆分离，再用 EF 培养基（日本制药株式会社）筛选典型克隆（桃色、茶色或黄色菌落等），获取 99 株肠球菌属（*Enterococcus*）分离菌株。

7.2.1.1 肠球菌属菌的基本特征

参照 Collins 等（1989）的方法进行 99 个分离菌株的性状鉴定，显微镜观察均为球形或卵球形，单个或成对或短链状；革兰氏染色阳性；10℃可在 THB（todd-hewitt broth，Difco）培养基生长；含 6.5%氯化钠 THB 培养基旺盛生长；过氧化氢酶反应阳性。其中，16 个分离菌株不能在 45℃生长（THB）；96 个分离菌株可耐受 60℃热处理 30min（THB）；94 个分离菌株可在 BEA（bile esculin agar，Difco）培养基生长且使培养基变黑；92 个分离菌株能在 pH 9.6 的 THB 培养基生长；51 个分离菌株可产生黄色素（Facklam and Collins，1989）。

7.2.1.2 分离菌株的溶血性

溶血性不仅是细菌分类学中的重要指标，也被认为是与细菌致病性相关的特征。昆虫来源细菌的溶血性已有不少研究。例如，从大黄粉虫（*Tenebrio molitor*）幼虫消化道分离的肠球菌菌株均为非溶血性（即 γ 溶血性），未发现具有溶血性（α 或 β 溶血性）的肠球菌（Wistreich et al.，1960）。从鳞翅目（Lepidopterous）和膜翅目（Hymenopterous）幼虫分离的 40 个菌株中，32 个分离菌株为非溶血性，8 个分离菌株为 α 溶血性（Cosenza and Lewis，1965）。曾报道从 7 目 20 种（属）昆虫分离的肠球菌或类似菌株中，有 20 个分离菌株在 α 和 β 溶血性间变异（Eaves and Moundt，1960）。从家蚕中分离的肠球菌，多数被认为是非黄色素产生菌和非溶血性菌，但有个别报道发现极低分离频率的 α 或 β 溶血性肠球菌，这些分离菌传代接种后，都呈 γ 溶血性（Lysenko，1958；Kodama and Nakasuji，1968a）。在《伯杰氏鉴定细菌学手册》（第九版）（*Bergey's Manual of Determinative Bacteriology*）肠球菌属的 16 个种中，多数为 α 或 β 溶血性，产生黄色素的菌种主要为铅黄肠球菌（*Ent. casseliflavus*）和蒙氏肠球菌（*Ent. mundtii*）（Holt，1994）。

从上述 99 株肠球菌属分离菌株中选择 92 个分离菌株（能在 pH 9.6 的 THB 培养基生长），穿刺或划线接种于含 5%绵羊或马脱纤维血的胰蛋白酶大豆琼脂（tryptic soy agar，TSA，Difco）平板，好氧（常规培养箱）或厌氧（60cmHg 厌氧罐）状态下 30℃培养，18h、24h 和 36h 观察溶血环的出现情况。结果显示：18 个分离菌株为 α 溶血性（菌落周围形成一个青绿色的环），20 个分离菌株为 β 溶血性（菌落周围形成一个透明环），54 个分离菌株为 γ 溶血性（非溶血性，仅形成菌落），在分离实验菌株中的占比分别为 19.57%、21.74%和 58.70%（图 7-9）。好氧和厌氧培养条件间，未见溶血性类型的变化。在后继实验中频繁传代后未见溶血性特征消失的现象。

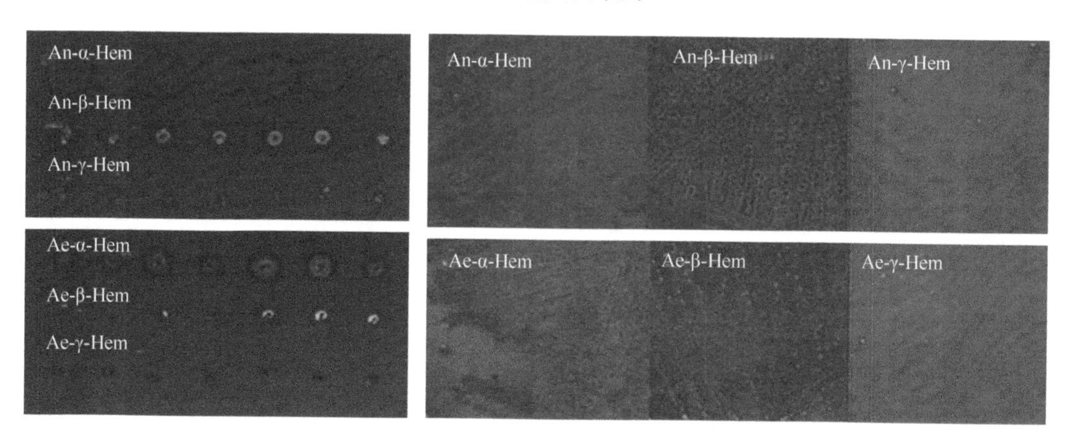

图 7-9　健康桑叶育家蚕来源肠球菌分离菌株的溶血实验

An：厌氧培养，Ae：好氧培养，Hem：溶血性类型

7.2.1.3　分离菌株的运动性及蛋白酶活性

细菌的运动性和蛋白酶活性被认为是在细菌进入宿主后向组织或细胞定殖与繁殖，以及分解细胞或组织中具有重要功能的因子（Smyth，1988）。鳞翅目和膜翅目幼虫分离菌株中存在部分具有运动性的菌株（Cosenza and Lewis，1965）。家蚕来源 *Ent. faecalis-faecium* 中间型菌株 E-5，在分离初期发现具有较弱的运动性，但繁殖保存后失去运动性（儿玉礼次郎和中筋祐五郎，1969）。为此，对健康家蚕来源分离菌株的运动性进行调查。

采用 Edwards-Bruner 法，将分离菌株培养物穿刺接种于半流动高层（2～3cm）培养基（0.3%牛肉浸膏，1.0%蛋白胨，0.5%氯化钠，8%明胶，0.3%琼脂，pH 7.0）试管，30℃培养 3d 后，接种线呈放射状的为运动性菌株，仅在接种线生长的为非运动性菌株（坂崎利一，1978）。92 个分离菌株中有 36 个分离菌株（39.1%）具有运动性。

从 92 个分离菌株中选择 Edwards-Bruner 法测定为“运动性”和“非运动性”的各 2 个菌株，采用 Craigie 试管法进行测定（Collins et al.，1989），即将琼脂含量为 0.1%～0.5%的 THB 培养基加入小试管，再放入 5mm×50mm 的灭菌小玻璃管，凝固后在小玻璃管中间穿刺接种分离菌株培养物，30℃培养 3d 和 5d 后，在小玻璃管与试管壁之间加入 0.2ml 的 THB 培养基，30℃培养 30min，取少量经培养的培养基，接种于含 0.02%叠氮化钠的 THB 培养基，30℃培养，根据固体培养基表面是否有细菌出现（接种后生长）确定分离菌株在多少琼脂浓度下可到达培养基表面。结果显示：Edwards-Bruner 法测定，运动性分离菌株“0008”和“0082”3d 的可运动琼脂浓度分别为 0.40%和 0.35%，5d 的可运动琼脂浓度均为 0.45%；非运动性分离菌株“0193”和“2006”3d 的可运动琼脂浓度分别为 0.10%和低于 0.10%，5d 的可运动琼脂浓度分别为 0.20%和 0.10%（表 7-5）。各分离菌株在延长培养时间后，可扩散的琼脂浓度略有增加，但并不明显。

表 7-5 分离菌株的运动能力测定（Craigie 试管法）

琼脂浓度（%）	分离菌株（编号）			
	0008	0082	0193	2006
0.10	+/+	+/+	+/+	–/+
0.15	+/+	+/+	–/+	–/–
0.20	+/+	+/+	–/+	–/–
0.25	+/+	+/+	–/–	–/–
0.30	+/+	+/+	–/–	–/–
0.35	+/+	+/+	–/–	–/–
0.40	+/+	–/+	–/–	–/–
0.45	–/+	–/+	–/–	–/–
0.50	–/–	–/–	–/–	–/–

注：“+/”为培养 3d 后固体培养表面有菌，“–/”为培养 3d 后固体培养表面无菌；“/+”为培养 5d 后固体培养表面有菌，“/–”为培养 5d 后固体培养表面无菌

为进一步了解分离菌株的运动特性和能力，采用毛细管法（Adler and Dahl，1976）对上述 Edwards-Bruner 法和 Craigie 试管法测定具有较强运动性的分离菌株“0082”进行测定。取 2mm×75mm 毛细管，一端用 Parafilm 封口，另一端从巴斯德滴管中取 pH 7.0 的无机培养液（K_2HPO_4，11.2g；KH_2PO_4，4.8g；$(NH_4)_2SO_4$，2.0g；$MgSO_4·7H_2O$，0.25g；$Fe_2(SO_4)_3$，0.0005g；H_2O，1000ml；高压灭菌）至管口 0.35mm 处，加入供试菌液［用接种环取供试菌液于 4.0ml 的 THB 培养基，30℃、150r/min 培养 18h，取 1.0ml 经培养的菌液，10 000r/min 离心 10min（4℃），弃上清，用 pH 7.0 灭菌 0.01mol/L 磷酸缓冲液悬浮沉淀，同法 3 次离心洗涤后，用 1.0ml 灭菌无机培养液悬浮，该菌液的活菌数约为 10^9 细菌/ml；菌液用 0.5%甲醛溶液 30℃处理 1h 作为对照］，用 Parafilm 封口，水平放置，30℃保温。保温一定时间后，从加菌的另一端每 10mm 取出无机培养液，用 20%甘油梯度稀释后，显微镜和细菌计数板计数进行全量分析（complete assay）。保温一定时间后，从加菌的另一端每 5mm 取出无机培养液，接种于含 0.02%叠氮化钠的 THB 培养基，30℃培养 4d，根据细菌生长与否判断运动距离，进行边界分析（frontier assay）。

全量分析实验结果显示，甲醛处理后的死菌（“0082”分离菌株和 *Streptococcus* sp. ATCC27284 的菌体数量分别为 $8.4×10^8$ 细菌/ml 和 $9.3×10^8$ 细菌/ml）在 12h 仅移动 10mm，3d 后到达 40mm，7d 后到达另一端（图 7-10a 和 b）。活菌“0082”分离菌株（$8.9×10^8$ 细菌/ml）3h 即移动达 30mm，在保温 2d 时到达另一端，且出现双峰结构（图 7-10c）；运动性参照菌株 *Streptococcus* sp. ATCC27284（$1.1×10^9$ 细菌/ml）在保温 1d 时到达另一端，且出现双峰结构（图 7-10d）。由此可见，“0082”分离菌株为非随机的生物性运动，但其运动性较参照菌略微弱一些。

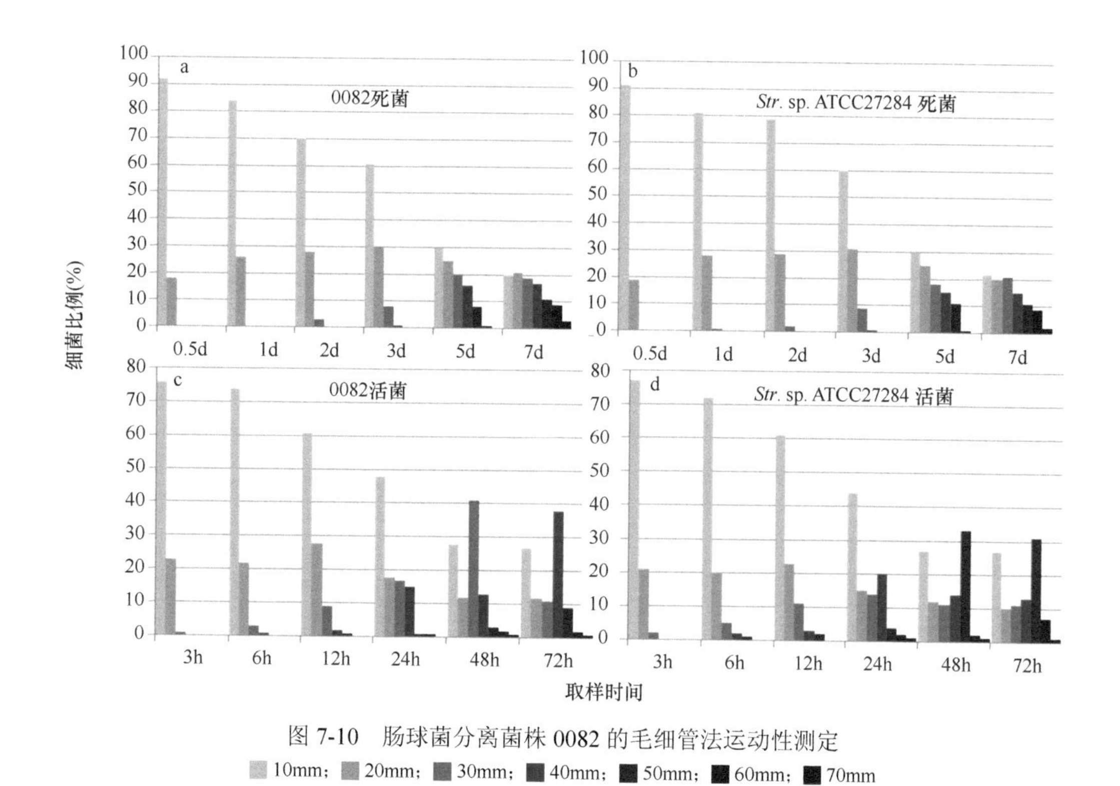

图 7-10　肠球菌分离菌株 0082 的毛细管法运动性测定

10mm；20mm；30mm；40mm；50mm；60mm；70mm

边界分析法测定“0082”分离菌株在不同细菌浓度、保温时间、保温温度及 pH 缓冲液中运动性的结果显示：在不同细菌浓度（1.26×10^4 细菌/ml、1.26×10^5 细菌/ml、9.8×10^5 细菌/ml、9.8×10^6 细菌/ml、9.8×10^7 细菌/ml、9.8×10^8 细菌/ml、1.51×10^{10} 细菌/ml 和 1.51×10^{11} 细菌/ml，30℃保温 4h）情况下，细菌浓度越高，运动距离越远，较高细菌数量 1.51×10^{11} 细菌/ml 和 1.51×10^{10} 细菌/ml 最远，均为 55mm（图 7-11a）。在不同保温时间情况下，总体上保温时间越长，运动距离越远，9.8×10^8 细菌/ml 接种量在保温 7h 后可达到 60mm（图 7-11b）。在不同保温温度情况下（9.8×10^8 细菌/ml），20℃保温的运动距离较近（20mm），25～35℃保温的距离为 40mm 或 45mm（图 7-11c）。在不同 pH 缓冲液情况下，总体上具有随 pH 上升运动距离增加，但过高后又下降的趋势，pH 3～6（0.1mol/L $C_6H_5O_7H_3$-Na_2HPO_4）的距离为 10～40mm；pH 5～8（1/15mol/L KH_2PO_4-Na_2HPO_4）的距离为 35～45mm；pH 9～13（0.1mol/L H_2NCH_2COOH-NaOH）的 pH 9 至 10 从 50mm 到 55mm，pH 11 和 12 分别下降为 45mm 和 30mm，pH 13 时未能检测到细菌的移动（图 7-11d）。

由此可见，健康家蚕来源分离菌株中存在具有非随机运动性的菌株，其运动性存在一定的差异，分离菌株的运动性与细菌数量（浓度）、测定时间、温度及 pH 等有关，这种运动性与病理学的相关性有待进一步研究。

此外，对分离菌株的外分泌蛋白酶活性测定也发现具有一定的多样性，部分菌株具有明显的蛋白酶活性，部分则没有（Lu et al.，1994a，1994b）。粪肠球菌（*Ent. faecalis* AD-4）感染家蚕后，组织学观察所发现的细菌在围食膜上繁殖，以及感染后期围食膜溶解（饭塚敏彦，1972a，1972b）是否与细菌的运动性有关等都是病理学研究需要去解明的问题。

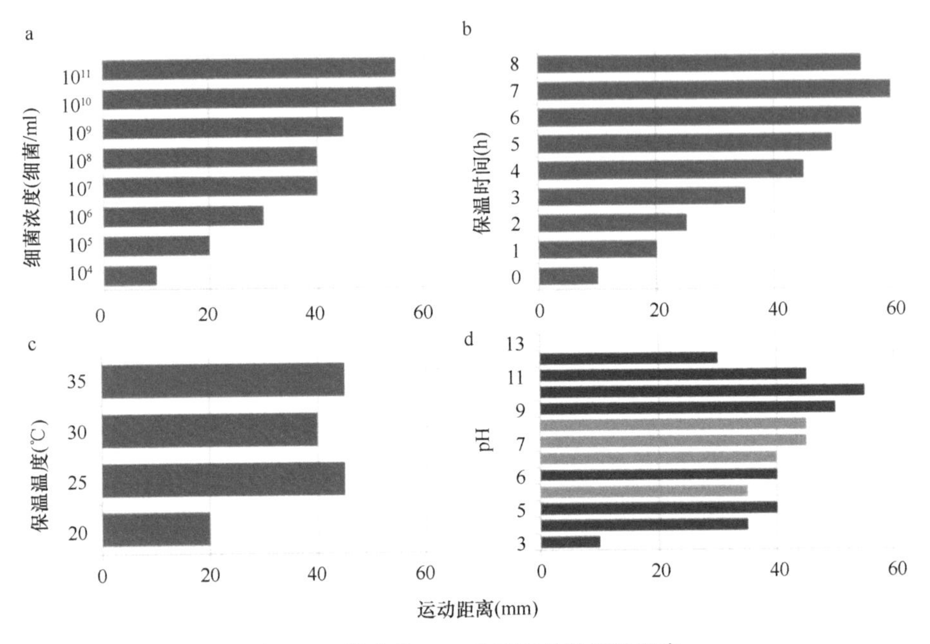

图 7-11　肠球菌 0082 分离菌株的运动距离

以上实验表明：以肠球菌属主要特征为依据分离的肠球菌菌株，在溶血性、运动性和外分泌蛋白酶活性等方面存在一定的多样性。

7.2.2　肠球菌的数值鉴定和多样性分析

将上述 99 个健康家蚕肠球菌属（*Enterococcus*）分离菌株接种于 THB 培养基，培养过夜（37℃）；5000r/min 离心 10min（室温），收集细菌；用 0.8%氯化钠溶液离心洗涤；洗涤后滴于载玻片，再滴加抗粪肠球菌（*Ent. faecalis*）的甲醛溶液处理死菌免疫兔抗血清，进行血清学鉴别（Maekawa et al.，1992），选择其中 89 个阳性分离菌株进行数值鉴定分析。

数值鉴定分析采用 API 20 STREP（5.0）系统试剂盒（BIO MERIEUX S.A.，France）。该系统以出现概率（present probability）为基准，计算鉴定概率（identification probability，%id），针对某一待鉴定菌株，其%id≥99.9 为“极好鉴定”（excellent identification），%id≥99.0 为“很好鉴定”（very good identification），%id≥90.0 为“好鉴定”（good identification），%id≥80.0 为“可接受鉴定”（acceptable identification），即在%id 大于 80.0 情况下可直接鉴定。当%id 低于 80.0，第一和第二菌种的%id 之和≥80.0 时，通过附加试验进行鉴定，如不能确定，则鉴定为两个种的“中间型”；第一和第二菌种的%id 之和低于 80.0 时，鉴定意见为“无法鉴定”。附加试验包括溶血反应和黄色素试验（Collins et al.，1989），进行种水平的鉴定。

API 20 STREP（5.0）系统试剂盒包括了 20 种生理生化试验、溶血反应及其他附加试验。20 种生理生化试验分别为：伏-波试验（voges-proskauer test，VP）、马尿酸试验（hippurate test，HIP）、七叶苷分解试验（esculin hydrolyse test，ESC）、吡咯酮芳胺酶（L-pyrrolidonyl-β-naphthylamide，PYRA）试验、α-半乳糖苷酶（α-galactosidase，α-GAL）试验、β-葡糖醛酸酰苷酶（β-glucuronidase，β-GUR）试验、β-半乳糖苷酶（β-galactosidase，β-GAL）试验、碱性磷酸酶（alkaline phosphatase，PAL）试验、亮氨酸芳基酰胺酶（leucine arylamidase，LAP）试验、醇脱氢酶（alcohol dehydrogenase，ADH）试验、核糖酵解（ribose glycolysis，RIB）试验、阿拉伯糖酵解（arabinose glycolysis，ARA）试验、甘露醇酵解（mannitol glycolysis，MAN）试验、山梨醇酵解（sorbitol glycolysis，SOR）试验、乳糖酵解（lactose glycolysis，LAC）试验、海藻糖酵解（trehalose glycolysis，TRE）试验、菊糖酵解（inulin glycolysis，INU）试验、棉籽糖酵解（raffinose glycolysis，RAF）试验、直链淀粉酵解（amylose glycolysis，AMD）试验和糖原酵解（glycogen glycolysis，GLYG）试验。β-溶血（β-hemolytic，β-HEM）反应和黄色素试验为附加测定试验。

分离菌株的鉴定试验结果表明：所有分离菌株的 HIP、ESC、VP 和 PYRA 都为阳性，都能酵解 MAN 和 TRE；未见都为阴性的生理生化性状。

在 89 个分离菌株中，有 71 个分离菌株能被该系统鉴定。其中有 28 个分离菌株分别以“极好鉴定”、“很好鉴定”、“好鉴定”和“可接受鉴定”等级，直接被鉴定为铅黄肠球菌（*Ent. casseliflavus*）；另有一个分离菌株，经 20 种生理生化性状和溶血反应测试后的鉴定结果为铅黄肠球菌-鸡肠球菌（*Ent. casseliflavus-Ent. gallinarum*）中间型菌种，因黄色素附加测试结果为阳性，因而被确认为铅黄肠球菌。有 23 个分离菌株，分别以“好鉴定”（%id≥90.0）以上等级直接被鉴定为粪肠球菌（*Ent. faecalis*）。有 14 个分离菌株，均以“极好鉴定”（%id≥99.9）的等级直接被鉴定为鸟肠球菌（*Ent. avium*）。有 3 个分离菌株，均以“极好鉴定”的等级直接被鉴定为耐久肠球菌（*Ent. durans*）。有 1 个分离菌株，以“可接受鉴定”（%id≥80.0）的等级直接被鉴定为鸡肠球菌；另有 1 个分离菌株，经 20 种生理生化性状和溶血反应测试后的鉴定结果为铅黄肠球菌-鸡肠球菌中间型菌种，因黄色素附加测定试验结果为阴性，而被确认为鸡肠球菌。其余 18 个分离菌株未能被 API 20 STREP（5.0）系统鉴定（表 7-6）。

表 7-6　健康家蚕来源 89 个分离菌株的生理生化性状和数值鉴定

试验	铅黄肠球菌 *Ent. casseliflavus*	粪肠球菌 *Ent. faecalis*	鸟肠球菌 *Ent. avium*	耐久肠球菌 *Ent. durans*	鸡肠球菌 *Ent. gallinarum*	中间型
VP	28/28	23/23	14/14	3/3	1/1	2/2
HIP	28/28	23/23	14/14	3/3	1/1	2/2
ESC	28/28	23/23	14/14	3/3	1/1	2/2
PYRA	28/28	23/23	14/14	3/3	1/1	2/2
α-GAL	28/28	0/23	9/14	1/3	0/1	2/2
β-GUR	0/28	0/23	0/14	0/3	1/1	0/2
β-GAL	28/28	21/23	14/14	3/3	1/1	2/2
PAL	0/28	4/23	0/14	0/3	0/1	0/2
LAP	28/28	23/23	0/14	3/3	1/1	2/2

续表

试验	铅黄肠球菌 *Ent. casseliflavus*	粪肠球菌 *Ent. faecalis*	鸟肠球菌 *Ent. avium*	耐久肠球菌 *Ent. durans*	鸡肠球菌 *Ent. gallinarum*	中间型
ADH	19/28	23/23	8/14	3/3	1/1	2/2
RIB	28/28	23/23	8/14	3/3	1/1	2/2
ARA	28/28	0/23	14/14	3/3	1/1	2/2
MAN	28/28	23/23	14/14	3/3	1/1	2/2
SOR	17/28	23/23	0/14	0/3	0/1	0/2
LAC	28/28	21/23	14/14	3/3	1/1	2/2
TRE	28/28	23/23	14/14	3/3	1/1	2/2
INU	12/28	0/23	0/14	0/3	1/1	2/2
RAF	28/28	0/23	14/14	0/3	1/1	2/2
AMD	23/28	23/23	8/14	0/3	1/1	1/2
GLYG	1/28	0/23	0/14	0/3	0/1	0/2
β-HEM	0/28	0/23	0/14	3/3	0/1	0/2
YP	28/28	0/23	0/14	3/3	0/1	1/2
PP	0.161 00～3.218 00	0.262 51～6.310 45	0.000 02～0.000 20	0.001 52～0.003 23	2.551 34	
IP	86.6～100.0	97 .7～99 .9	100	100	89.8	

注：表内数字的分子为阳性分离菌株数，分母为分离菌株数；YP：黄色素试验（涂抹法）结果；PP：出现概率（present probability）；IP：鉴定概率（identification probability，%id）

从健康家蚕的 4 眠至蛾期分离得到的 89 株肠球菌（4 眠眠蚕未能分离到肠球菌菌株）的 5 龄不同发育阶段菌种分布如图 7-12 所示。分离菌株主要为铅黄肠球菌和粪肠球菌，分别有 29 株和 23 株，占总分离菌株数的比例分别为 32.6%和 25.8%；铅黄肠球菌主要分布在 5 龄期的龄初（第 1 天）和龄末（第 7 天），占该菌种分离菌株总数比例分别为 27.6%和 24.1%，占当天分离菌株菌种数的比例分别为 66.7%和 53.8%；在 5 龄期第 4 天和第 5 天（盛食期）的主要分布菌种为粪肠球菌，占该菌种分离菌株总数的比例分别为 39.1%和 34.8%，占当天分离菌株菌种数的比例分别为 42.9%和 80.0%；鸟肠球菌、耐久肠球菌和鸡肠球菌零星分布于家蚕 5 龄后的发育过程中，占总分离菌株数的比例分别为 15.7%、3.4%和 2.2%；未能被本系统鉴定的 18 个分离菌株也零星分布于发育过程之中，占总分离菌株数的比例为 20.2%（图 7-12）。

在肠球菌的菌种（species）结构中，发现了铅黄肠球菌、粪肠球菌、鸟肠球菌、耐久肠球菌和鸡肠球菌的存在。但未发现在早期报道中较多的屎肠球菌（*Ent. faecium*，或屎链球菌 *Str. faecium*），分离菌株中的部分菌株虽然在血清型上与屎肠球菌相同（Lu et al.，1994a，1994b），但在溶血性等重要分类学性状上不同于文献（Holt，1994）而被 API 20 STREP（5 .0）系统鉴定为鸟肠球菌或未能被该系统鉴定。粪肠球菌分离菌株中，除 3 个生理生化性状（β-GAL、PAL 和 LAC）有差异外，其余性状均表现出高度的一致性；铅黄肠球菌除 5 个生理生化性状（ADH、SOR、INU、AMD 和 GLYG）有所不同外，也表现出高度的一致性。

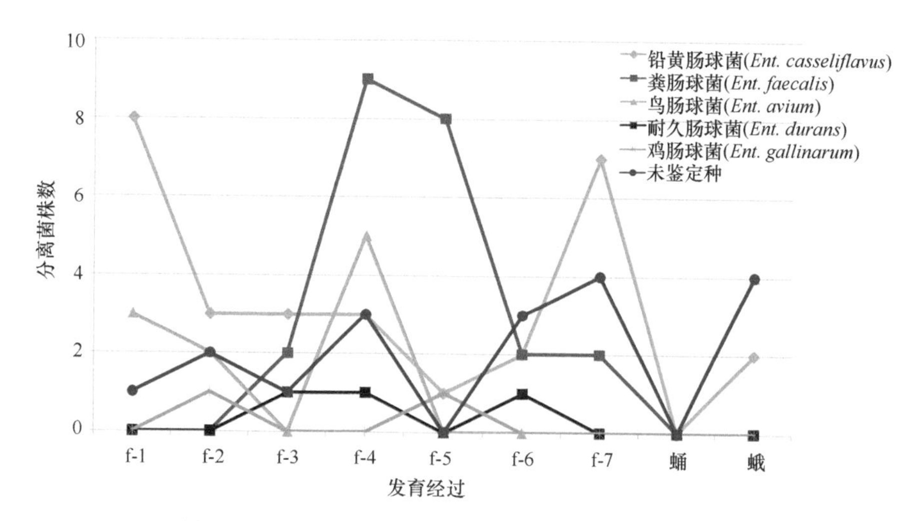

图 7-12　不同肠球菌分离株在 5 龄不同发育阶段的分布

f 为 5 龄，数字为 5 龄天数

肠球菌是自然环境中广泛分布的一类微生物（Geldreich，1976），铅黄肠球菌作为植物的一种内源性细菌而存在（Mundt and Graham，1968），铅黄肠球菌和粪肠球菌在野外昆虫中的分布频率也非常高，并有随季节而变化的规律（Martin and Mundt，1972；Martinez-Murcia and Collins，1992；Pompei et al.，1992）。粪肠球菌的部分菌株对舞毒蛾（*Lymantria dispar*）具有致病性（Doane and Redys，1970）。肠球菌在 5 龄期家蚕中的结构动态分布是否与食桑（外源输入）、食桑量、饲料营养水平和消化道自身内环境等有关，特定条件下微生态的构成对家蚕生理状态或家蚕防御病原微生物入侵等有何影响？都是值得探究的问题。

7.2.3　基于 RAPD 技术的家蚕肠球菌多样性

以从健康桑叶育家蚕消化道分离并经过生理生化特征试验等鉴定为肠球菌，但生理生化特征存在差异的 14 个分离菌株（生理生化鉴定表型分别为：粪肠球菌 *Ent. faecalis*，F104；屎肠球菌 *Ent. faecium*，F203、F204、F207 和 F208；耐久肠球菌 *Ent. durans*，D1 和 D3，铅黄肠球菌 *Ent. casseliflavus*，C1；鸟肠球菌 *Ent. avium*，A14、A16、A20 和 A21；鸡肠球菌-铅黄肠球菌中间型 *Ent. gallinarum-casseliflavus*，GC043；粪肠球菌-鸟肠球菌中间型 *Ent. faecalis-avium*，FA429），以及 *Ent. faecalis* IFO12580、*Ent. faecium* IFO3128 和 *Ent. casseliflavus* ATCC12755 为材料，CTAB 法提取核酸（王彦文等，2005）。

根据有关文献报道（Mannu et al.，1999），选择肠球菌（enterococci）表型稳定性较好且具有丰富多态性的 8 条引物（S3：CATCCCCCTG；S7：GGTGACGCAG；S8：GTCC ACACGG；S10：CTGGTGGGAC；S12：CCTTGACGCA；S13：TTCCCCCGCT；S14：TCCGCTCTGG；S1216：GGGATGGAAC）进行 RAPD 分析。RAPD 多态性图谱显示：共扩增出 625 个位点，平均每个引物产生 78.1 个位点，其中多态性位点 623 个，占总位点数的 99.7%，扩增片段长度在 190～3000bp（表 7-7）。不同引物中 S3 和 S10 对所有供试菌株都有扩增位点，S8 和 S12 对 C1 分离菌株，S1216 对 *Ent. casseliflavus*

ATCC12755，S7 对 C1 分离菌株和 *Ent. casseliflavus* ATCC12755，S14 对 F208、A21、C1 分离菌株及 *Ent. faecium* IFO3128 和 *Ent. casseliflavus* ATCC12755，S13 对 F207、F208、A16、C1、D1、D3 分离菌株及 *Ent. casseliflavus* ATCC12755 均无扩增位点。

表 7-7 筛选 8 个引物对 17 株肠球菌分离株进行 RAPD 分析的结果

引物	总位点数	多态性位点	最小片段（bp）	最大片段（bp）
S3	96	96	260	3000
S7	77	77	190	2800
S8	113	113	190	2800
S10	125	123	210	1650
S12	66	66	400	2800
S13	30	30	240	2300
S14	40	40	350	3000
S1216	78	78	400	2800
总计	625	623		

聚类分析显示，家蚕来源分离菌株的聚类与生理生化鉴定表型有较大的相似性，但不完全一致。粪肠球菌 F104 分离菌株与 *Ent. faecalis* IFO12580 聚为一类，与耐久肠球菌 D3 分离菌株较近；屎肠球菌 F203、F204、F207 和 F208 分离菌株与 *Ent. faecium* IFO3128 聚为一类；耐久肠球菌 D1 分离菌株与鸟肠球菌 A14、A16、A20 和 A21 分离菌株及粪肠球菌-鸟肠球菌中间型 FA429 分离菌株聚为一类；铅黄肠球菌 C1 分离菌株与 *Ent. casseliflavus* ATCC12755 聚为一类，与鸡肠球菌-铅黄肠球菌中间型 GC043 分离菌株较近。

7.2.4 基于染色体杂交技术的家蚕肠球菌菌种鉴定

对肠球菌特征性状和生理生化性状调查，发现了健康家蚕消化道肠球菌的丰富多样性，为进一步鉴定分离菌中的种（species），采用 DNA-DNA 杂交技术，对 7.2.1 节分离菌株进行鉴定。

根据 API 20 STREP（5.0）系统鉴定结果，选取 4 株粪肠球菌（*Ent. faecalis*）分离菌株（“0076”、“0082”、“0102” 和 “0136”）、2 株铅黄肠球菌（*Ent. casseliflavus*）分离菌株（“0012” 和 “2008”）、3 株耐久肠球菌（*Ent. durans*）分离菌株（“0214”、“2026” 和“2036”）、3 株未鉴定分离菌株（“0193”、“2029”和“2031”），分别以 *Ent. faecalis* IFO3971 和 IFO12580、*Ent. faecium* IFO12368 和 IFO3128、*Ent. casseliflavus* ATCC12755、*Streptococcus* sp. ATCC27284 及 *Escherichia coli* K12 IFO3301 为参照标准菌种，进行 DNA-DNA 杂交鉴定。

细菌培养：取 40μl（THB 培养基 30℃振荡培养过夜）分离菌株的培养菌液，接种于 400ml 的 YGPB 培养基（yeast glucose phosphate broth：蛋白胨，1.0%；Lemco，0.8%；葡萄糖，1.0%；NaCl，0.5%；牛肉浸出膏，0.3%；KH_2PO_4，0.15%；$MgSO_4·7H_2O$，0.02%；$MnSO_4·4H_2O$，0.005%；pH 6.8）中，37℃振荡培养 7h（对数增殖或静止期初），

4500r/min 离心 15min（4℃），收集菌体，相同条件灭菌水离心洗涤 3 次，菌体−20℃保存备用。

染色体 DNA 提取（CTAB 法）：取 4.65ml 灭菌水加入−20℃保存菌体，溶解悬浮，依次加入 2.0ml 溶菌酶（2.5mg/ml，H_2O）、0.1ml 蛋白酶 K（10.0mg/ml，H_2O）、0.75ml 10×SSC［柠檬酸钠缓冲液（sodium chloride-sodium citrate buffer）：0.15mol/L 氯化钠-0.015mol/L 柠檬酸钠，pH 7.0］、2.5ml 含 12% 4-氨基磺酸钠的 1×SSC，充分混匀，37℃水浴过夜。在上述溶菌液中，加 6.0ml 的 1×SSC 和 0.05ml 的蛋白酶 K（10.0mg/ml，H_2O）溶液，轻轻回转混匀，60℃水浴 30min；加 4.0ml 的 5mol/L 氯化钠溶液，混匀；再加 5.0ml 的 CTAB/NaCl 溶液［将 4.1g 的 NaCl 溶解于 80ml 水，缓慢加入 10g 十六烷基三甲基溴化铵（hexadecyl trimethyl ammonium bromide，CTAB）溶解；如有必要 65℃水浴溶解；充分溶解的液体定容至 100ml，即成 10% CTAB 和 0.7mol/L 氯化钠的 CTAB/NaCl 溶液］65℃水浴 20min；加等量氯仿/异戊醇（24∶1），旋转混匀后 5000r/min 离心 15min（4℃），取水溶液层；加等量苯酚/氯仿/异戊醇（25∶24∶1），旋转混匀后 5000r/min 离心 15min（4℃），取水溶液层（在水溶液层与有机溶剂层之间蛋白较多的情况下，可重复氯仿/异戊醇-苯酚/氯仿/异戊醇程序 2～3 次）；沿试管壁加入 0.6 倍冷异丙醇（−20℃保存），出现 DNA 沉淀后，用玻璃棒轻轻搅拌，卷出 DNA；用冷乙醇（−20℃保存的 100%乙醇）轻轻冲洗玻璃棒和卷出的 DNA，风干；将玻璃棒上的 DNA 溶解于 10ml 的 1×SSC。

样本 RNA 的去除：取预先经 100℃处理 5min 的 RNase（2mg/ml，SIGMA）溶液 0.25ml，加入上述 DNA 溶液（1×SSC），37℃水浴 30min，消化去除 RNA。再用氯仿/异戊醇-苯酚/氯仿/异戊醇程序进一步去除蛋白，冷乙醇（−20℃保存的 100%乙醇）沉淀 DNA，用玻璃棒轻轻搅拌，卷出 DNA，1×SSC 溶解。取 20μl 吸光值为 0.4（260nm）的 1×SSC 溶解 DNA 溶液，在温度可调分光光度计中测定 DNA 熔解曲线和 Tm（℃），以大肠杆菌（*Escherichia coli* K12 IFO3301）为参照，计算样本 GC%（［Tm−69.3］/0.41），供后续实验用。

标准菌株 *Ent. faecalis* IFO3971 和 IFO12580、*Ent. faecium* IFO12368、*Ent. casseliflavus* ATCC12755、*Streptococcus* sp. ATCC27284 及 *Escherichia coli* K12 IFO3301（参照菌株）的 Tm 值和 GC 含量如表 7-8 所示。根据 DNA 复性温度依赖适宜温度（Tm-25℃）的特征，后续杂交温度和再杂交温度为 60℃和 70℃。

表 7-8 参照标准菌株的测定 Tm 值和计算 GC 含量

菌种	Tm 值（℃）	GC 含量（%）
Ent. faecalis IFO3971	84.5	37.1
Ent. faecium IFO12368	84.7	37.6
Ent. casseliflavus ATCC12755	87.1	43.4
Streptococcus sp. ATCC27284	85.9	40.5
Escherichia coli K12 IFO3301	89.5	49.3

DNA 的膜固定：取 2ml 的 DNA 溶液（用 0.1×SSC 稀释，OD_{260} 为 0.25）于 15ml 试管，100℃沸水浴 10min，快速将试管冰浴，冷却后，将溶液调成 6×SSC。将预先用 6×SSC

浸泡的硝酸纤维素膜（Φ25mm，0.45μm）置于过滤器中，缓慢过滤（流速低于 2ml/min），再用 5.0ml 的 6×SSC 过滤洗涤膜，取出膜放于培养皿，干燥缸（硅胶）放置过夜。再将载有膜的培养皿在 80℃干燥箱内处理 3h，快速放回干燥缸（硅胶）冷却，备用。

标记 DNA 的准备：培养菌液同前，接种于 250ml 的 YGPB 培养基，加 40μCi（1.48MBq）的甲基-^{3}H-胸苷，37℃振荡培养 7h，同上法获取 DNA。取 1.0ml 的 DNA 溶液（OD_{260}在 0.3 或以下）加入 15ml 试管，加 4.0ml 冷 TCA（10%）混匀，冰浴 20min。将沉淀物用硝酸纤维素膜收集，5% TCA 过滤洗涤。取出膜后在紫外灯下干燥，用液体闪烁计数仪测定。

DNA-DNA 杂交：在 1.0ml 标记 DNA 溶液中，加 1.0ml 的 1mol/L 氢氧化钠溶液，加热 7min，冰浴水冷却，再用 1.0ml 的 1mol/L 盐酸中和后，即为低分子化杂交用标记 DNA 溶液（−40℃可长期保存）。将固定有 DNA 的硝酸纤维素膜放入杂交袋，加 1ml 的 PM 溶液（0.02%平均分子量为 400 000 的聚蔗糖、0.02%的聚乙烯吡咯烷酮、0.02%的牛血清白蛋白、0.05%的 SDS），密封后 60℃水浴 6h（浸没杂交袋）。在杂交袋内加入 70μl 的 10×PM 溶液和 630μl 的低分子化杂交用标记 DNA 溶液，密封后 60℃水浴 40h（浸没杂交袋），取出膜后用 3×10^{3}mol/L 的 Tris-HCl 缓冲液（pH 9.4）正反面各冲洗 3 次（每次 10ml），紫外灯下干燥后，放入装有闪烁液的专用管内，液体闪烁计数仪测定（适宜杂交值）。测定后轻轻取出膜，适量闪烁液轻轻漂洗后，紫外灯下干燥，用 1.0ml 的 PM 溶液轻轻冲洗后，放回杂交袋，70℃水浴 30min，同上洗涤后测定（强杂交值）。

标准菌株间的杂交结果显示：所选菌株具有良好的独立性（表 7-9）。其中 *Streptococcus* sp. ATCC27284（^{3}H 标记或屎肠球菌 IFO3128 标记）在 60℃杂交时，与 *Ent. faecium* IFO12368 和 IFO3128 也有较高的杂交率。

表 7-9　标准菌株及参照菌株间的杂交率

菌种	^{3}H-标记 DNA 的适宜杂交值/强杂交值（%）			
	Ent. faecalis IFO3971	*Ent. faecium* IFO3128	*Ent. casseliflavus* ATCC12755	*Streptococcus* sp. ATCC27284
Ent. faecalis IFO3971	100/100	30/**	33/**	**/**
Ent. faecalis IFO12580	103/102	16/**	13/**	**/**
Ent. faecium IFO12368	46/**	100/100	12/**	95/13
Ent. faecium IFO3128	**/**	100/81	15/**	13/**
Ent. casseliflavus ATCC12755	24/**	13/**	100/107	**/**
Streptococcus sp. ATCC27284	32/**	60/**	15/**	100/97
Escherichia coli K12 IFO3301	**/**	**/**	**/**	**/**

**表示低于 10%

健康家蚕来源经前述 API 20 STREP（5.0）系统等（参见 7.2.1 节）鉴定为粪肠球菌（*Ent. faecalis*）的“0076”（β-GAL 和 LAC 阳性）、“0082”（β-GAL 阳性，PAL 和 LAC 阴性）、“0102”（β-GAL 和 LAC 阳性，PAL 阴性）和“0136”（β-GAL、PAL 和 LAC 阳性）分离菌株，与 ^{3}H 标记的 *Ent. faecalis* IFO3971 具有高的杂交率，与 *Ent. casseliflavus* ATCC12755 的杂交率很低。鉴定为铅黄肠球菌（*Ent. casseliflavus*）的“0012”（α 溶血性）和“2008”（γ 溶血性）分离菌株，与 ^{3}H 标记的 *Ent. faecium* IFO3128 具有高的杂交

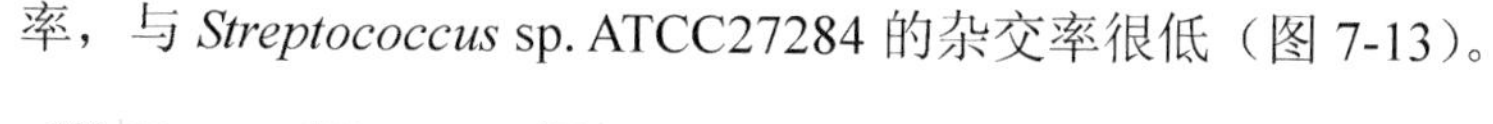

率，与 *Streptococcus* sp. ATCC27284 的杂交率很低（图 7-13）。

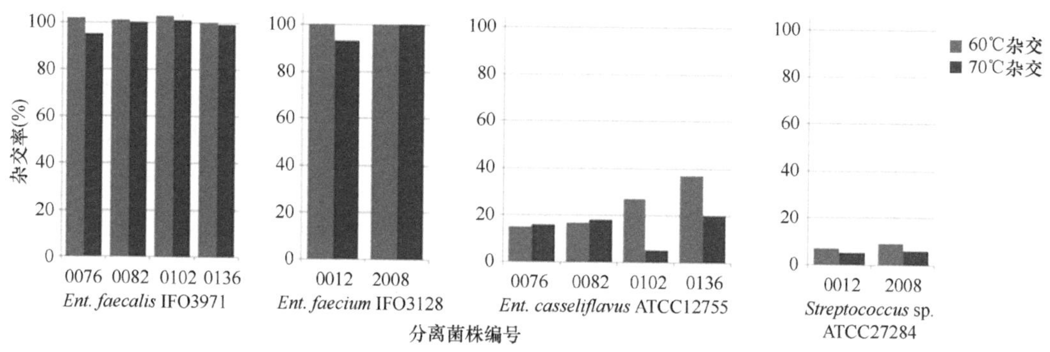

图 7-13　粪肠球菌和铅黄肠球菌分离菌株与 ^{3}H 标记标准菌株 DNA 的杂交率

DNA-DNA 杂交鉴定显示，分离菌株中 4 株粪肠球菌（*Ent. faecalis*）和 2 株铅黄肠球菌（*Ent. casseliflavus*）具有良好一致性（表 7-9 和图 7-13），即分别可鉴定为粪肠球菌和铅黄肠球菌，或者说分离菌株与标准菌株的染色体 DNA 具有较高的相似性。但 API 20 STREP（5.0）系统鉴定的生理生化、溶血性和其他特征表现出差异，这种差异来自 DNA 本身，还是染色体从 DNA 到 mRNA、tRNA、sRNA 和蛋白质过程中出现变异，或染色体以外的遗传物质发挥了作用，甚至出现染色体 DNA 以外遗传物质的频繁转移等问题，也就是家蚕来源肠球菌的丰富多样性来源于染色体 DNA 还是其他遗传物质，这些都有待于进一步的研究。

健康家蚕来源经前述 API 20 STREP（5.0）系统等（参见 7.2.1 节）鉴定为耐久肠球菌（*Ent. durans*）且都能产生黄色素和都为 β 溶血性的 3 个分离菌株（“0214”、“2026”和“2036”），与 ^{3}H 标记的 *Ent. casseliflavus* ATCC12755、*Streptococcus* sp. ATCC27284、*Ent. faecium* IFO12368 和 *Ent. faecalis* IFO3971 杂交表现为不同的结果，其中“2036”分离菌株在适宜杂交温度（60℃）时呈现高的杂交率（图 7-14 左一），但在较高杂交温度（70℃）时的杂交率很低；分离菌株“0214”也显示了类似的结果（图 7-14 左二）；分离菌株与 4 个 ^{3}H 标记标准菌株的杂交率很低（图 7-14）。

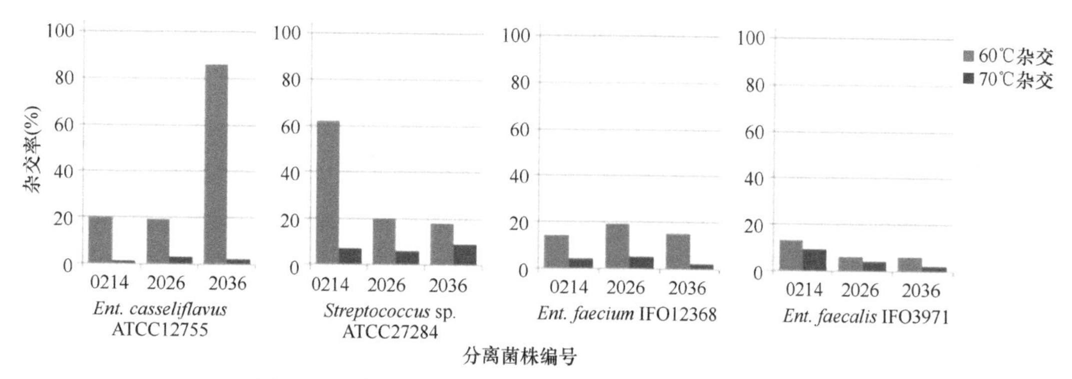

图 7-14　耐久肠球菌与 ^{3}H 标记标准菌株 DNA 的杂交率

分离菌株中的耐久肠球菌，根据 DNA-DNA 杂交鉴定可以排除其不同于铅黄肠球菌、链球菌亚种、屎肠球菌和粪肠球菌，但暗示了分离菌株“0214”和“2036”的染色体 DNA，

分别与 *Streptococcus* sp. ATCC27284 或 *Ent. casseliflavus* ATCC12755 有一定的同源性。

健康家蚕来源经前述 API 20 STREP（5.0）系统等（参见 7.2.1 节）未能鉴定的 3 个分离菌株（“0193”、“2029” 和 “2031”），与 ^{3}H 标记的 *Ent. casseliflavus* ATCC12755、*Streptococcus* sp. ATCC27284、*Ent. faecium* IFO3128 和 *Ent. faecalis* IFO3971 杂交呈现不同结果。分离菌株“0193”在适宜杂交温度（60℃）时，除与 ^{3}H 标记的 *Ent. casseliflavus* ATCC12755 有较高的杂交率外，与其余标准菌株的杂交率均很低；分离菌株“2029”在适宜杂交温度时，与 ^{3}H 标记的 *Streptococcus* sp. ATCC27284 和 *Ent. faecium* IFO3128 有较高的杂交率，但在较高杂交温度（70℃）时的杂交率明显降低；分离菌株“2031”在适宜杂交温度时，与 ^{3}H 标记的 *Streptococcus* sp. ATCC27284 有较高的杂交率，但在较高杂交温度（70℃）时的杂交率明显降低；3 个未鉴定分离菌株与 ^{3}H 标记的 *Ent. faecalis* IFO3971 的杂交率均很低（图 7-15）。

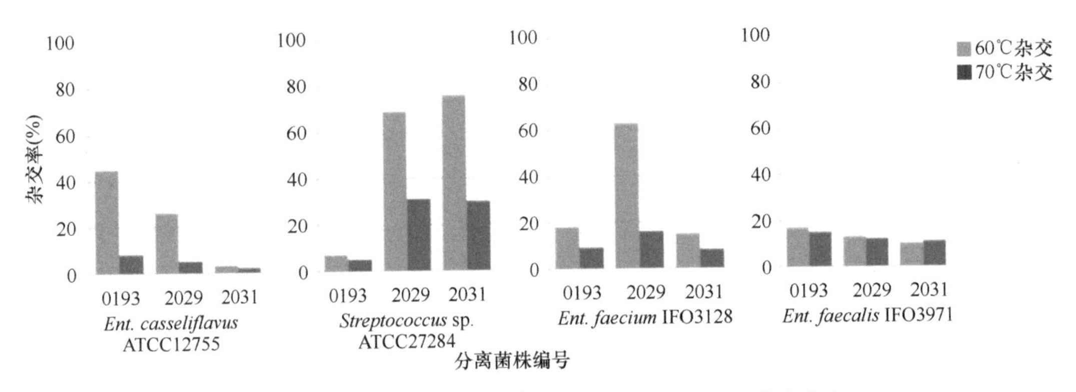

图 7-15　未鉴定分离菌株与 ^{3}H 标记标准菌株 DNA 的杂交率

DNA-DNA 杂交鉴定技术也未能明确 API 20 STREP（5.0）系统未能鉴定的分离菌种，分离菌株“0193”和“2031”除分别与 *Ent. casseliflavus* ATCC12755 和 *Ent. faecium* IFO3128 有一定杂交率外，与其他 3 个 ^{3}H 标记标准菌株 DNA 的杂交率都很低；但分离菌株“2029”出现了与多个 ^{3}H 标记标准菌株 DNA 具有较高杂交率的情况，显示了更为复杂的多样性。

DNA-DNA 杂交鉴定技术较 API 20 STREP（5.0）系统是更为稳定和可靠的鉴定技术。对健康家蚕来源分离菌株的鉴定比较表明：API 20 STREP（5.0）系统与 DNA-DNA 杂交鉴定技术结果具有较好的一致性，表明在大样本量鉴定时数值鉴定分析系统较为简便的特点可以使之成为优选技术。两类鉴定系统均证实肠球菌具有丰富的多样性，这种多样性从遗传学角度来看，除染色体 DNA 外，还有其他遗传物质的影响。随着细菌或肠球菌鉴定技术的发展，必将为进一步明确分离菌株的分类学定位和系统进化路径提供方便。

7.2.5　基于 16S rDNA 测序的家蚕肠球菌菌种鉴定

肠球菌是一类分类学地位变化较大的细菌，随着基于形态特征和生理生化指标对其进行分类，利用血清学和数值鉴定分析等方法对其进行研究，以及染色体杂交、同源性分析等核酸序列特征描述技术的发展，特别是 16S 序列分析技术的出现，使肠球菌的分类更为丰富，不断有新种被发现。至今该属已包括 78 个种（http://www.bacterio.net）。以 *Ent. casseliflavus* ATCC 12755、*Ent. faecalis* IFO3971、*Ent. faecium* IFO12368 和 *E. coli* K IFO3301 为标准菌株或参照菌株，DNA-DNA 染色体杂交实验证实健康家蚕消化道内有铅黄肠球菌（*Ent. casseliflavus*）和粪肠球菌（*Ent. faecalis*）的存在。而且健康家蚕来源的肠球菌在血清学特征、运动性、溶血性等特征方面，具有丰富的多样性（鲁兴萌等，1995，1996，1997a；鲁兴萌和金伟，1999b）。

以从健康桑叶育家蚕消化道分离并经过生理生化特征实验等鉴定为粪肠球菌（*Ent. faecalis*）的 5 个分离菌株（F1-4、C1、FD、A20 和 GC）（参见 7.2.2 节）及 *Ent. faecalis* IFO3971 为材料进行 16S rDNA 测序比较鉴定。

以肠球菌 16S 的通用引物 27F（5′-AGAGTTTGATCMTGGCTCAG-3′）和 1492R（5′-TACGGYTACCTTGTTACGACTT-3′）为引物（Stackebrant and Goodfellow，1991），扩增 5 株家蚕来源肠球菌（F1-4、C1、FD、A20 和 GC）的 16S。PCR 扩增产物为 1500bp 左右，回收 PCR 扩增产物，送大连宝生生物技术有限公司测序。分离菌株 F1-4、C1、FD、A20、GC 和标准菌株 *Ent. faecalis* IFO3971 的 16S 序列长度分别为：1477bp、1443bp、1446bp、1459bp、1460bp 和 1464bp（GenBank 序列登记号分别为 DQ287982、DQ462329、DQ462330、DQ469877、DQ469876 和 DQ462332）。

应用 NCBI 网站中的 Blast 工具，将分离菌株 16S 与 GenBank 中肠球菌的 32 个模式菌株（驴肠球菌 *Ent. asini* ATCC700915-Y11621，鸟肠球菌 *Ent. avium* ATCC 14025-DQ411811，铅黄肠球菌 *Ent. casseliflavus*1 LMG10745-AJ301826 和 NCIMB11449-Y18161，盲肠肠球菌 *Ent. cecorum* LMG12902-AJ301827、ATCC43198-AF061009 和 NCDO2674T-Y18355，殊异肠球菌 *Ent. dispar* LMG13521-AJ301829，耐久肠球菌 *Ent. durans* DSM20633-AJ276354，粪肠球菌 *Ent. faecalis* ATCC19433-DQ411814 和 LMG 7937-AJ301831，屎肠球菌 *Ent. faecium* ATCC19434-DQ411813 和 LMG11423-AJ301830，希拉肠球菌 *Ent. hirae* LMG6399-DQ411813、DSM20160-AJ276356 和 ATCC 8043-AF 061011，鸡肠球菌 *Ent. gallinarum* LMG13129-AJ301833，病臭肠球菌 *Ent. malodoratus* LMG10747-AJ301835，蒙氏肠球菌 *Ent. mundtii* LMG10748-AJ301836，假鸟肠球菌 *Ent. pseudoavium* ATCC49372-DQ411809 和 ATCC49372-AF061002，鼠肠球菌 *Ent. ratti* ATCC700914-AF539705，杀鱼肠球菌 *Ent. seriolicida* ATCC49156-AF061005，孤立肠球菌 *Ent. solitarius* DSM5634-AJ301840 和 ATCC49428-AF061010，硫磺肠球菌 *Ent. sulfureus* ATCC49903-DQ411815、NCDO2379-X55133、LMG13084-AJ301841、NCIMB13117T-Y18341 和 ATCC49903-AF061001，*Ent. villorum* LMG12287- AJ271329 及大肠杆菌 *Escherichia coli* ATCC25922-DQ360844）序列进行比较。根据 ClustalX（1.8）软件对核苷酸序列进行排列并进行多重比较。

以大肠杆菌（*E. coli*）为外群，用 MEGAversion 2 软件包中的 Kimura2-Parameter Distance 模型计算进化距离，用邻接法构建系统发育树，1000 次随机抽样，计算自引导值（bootstrap）以评估系统发育树的置信度。结果显示：不同肠球菌分离菌株 16S 基因间的同源性在 83.2%～100%，进化距离在 0.000～0.068；与大肠杆菌的同源性在 76.3%～87.4%，进化距离在 0.221～0.237。分离菌株 F1-4、C1、FD、GC 和 A20，与蒙氏肠球

菌 *Ent. mundtii* AJ301836 的 16S 同源性分别达到 99.6%、99.4%、99.4%、99.7%和 99.7%，在系统发育树中聚为一群。*Ent. faecalis* IFO12368 与粪肠球菌 *Ent. faecalis* DQ411814 16S rDNA 的同源性达到 99.9%，在系统发育树中聚为一群（图 7-16）。

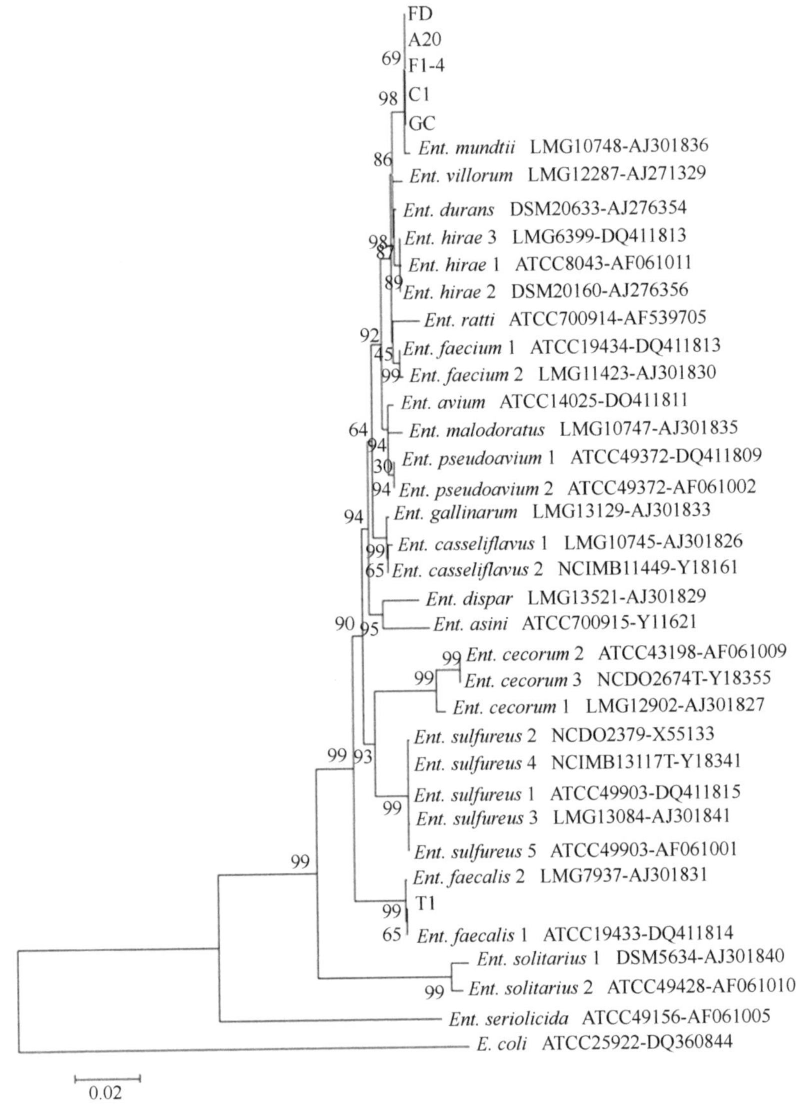

图 7-16　基于肠球菌 16S 序列的系统发育树

每个分支点上的数字为引导值支持率；刻度尺表示每个核苷酸位置的替换率

分离菌株 16S rDNA 序列中均含有与蒙氏肠球菌特异探针（5′-CACCGGGAAAAGAGGAGTGG-3′）完全相同的序列，与其他肠球菌探针均不完全相同。*Ent. faecalis* IFO12368 含有与粪肠球菌种特异探针（5′-AACCTACCCATCAGAGGG-3′）完全相同的序列（Higashide et al.，2005）。

对 5 株健康家蚕消化道来源分离菌株（F1-4、C1、FD、A20 和 GC）的 16S rDNA 序列进行系统发育分析，得到这些分离菌株与蒙氏肠球菌 *Ent. mundtii* AJ301836 聚成一个类群，序列同源性为 99%以上的结果，以及所有分离菌株的 16S rDNA 序列均含有与蒙氏肠球菌种特异探针完全相同的序列，而与其他肠球菌探针不完全相同的结果；结合测定的生理生化特征与《伯杰氏鉴定细菌学手册》（第九版）以及相关学者研究结果（Collins et al.，1986；Facklam and Collins，1989；Kaufhold and Ferrieri，1991；Carmen et al.，2006）的比较，A20、C1、GC、FD、F1-4 的生理生化特征与蒙氏肠球菌种的特征基本一致，即可以认为 5 株分离菌株均为蒙氏肠球菌。

同时，该结果暗示了该鉴定技术与基于生理生化等特征，以及 DNA-DNA 杂交技术的鉴定或分类学地位确定技术具有较大的差异，也可推测健康家蚕或前人报道的各种肠球菌中有部分为蒙氏肠球菌，或肠球菌在家蚕消化道中具有较高的分布频率。

7.2.6　基质辅助激光解吸电离飞行时间质谱鉴定技术

基质辅助激光解吸电离飞行时间质谱（matrix-assisted laser desorption-ionization time of flight mass spectrometry，MALDI-TOF-MS）技术是近年来发展起来的快速分析大分子的方法，是高通量快速准确鉴定细菌或真菌的技术。挑取单菌落（以针尖大小为佳）直接涂抹到样品靶板上，自然干燥；在单菌落涂层上加入 1μl 基质溶液，自然干燥后，放入质谱仪（AB Sciex TripleTof 5600+，USA）进行检测。通过样本特异蛋白指纹图谱与 Biotyper 数据库中的菌种进行对比分析。

从人工饲料育工厂和实验室人工饲料育中获取家蚕（消化道）、饲料与蚕粪样本，用 LB、BHI 和 KF 链球菌琼脂培养基随机分离与克隆 65 个分离菌株。其中 63 个分离菌株可被 MALDI-TOF-MS 在种水平鉴定（2.300 以上，1 株芽孢杆菌除外），鉴定结论和部分图谱如表 7-10 和图 7-17 所示。

表 7-10　细菌分离菌株样本 MALDI-TOF-MS 鉴定结果

鉴定菌种名称		蚕	蚕粪	饲料	小计	样本源
Lactobacillus plantarum	植物乳酸杆菌	11	2	5	18	2017-301
		5	/	/	5	2018-Lab
					23	
Enterococcus mundtii	蒙氏肠球菌	11	1	/	12	2017-301
		7	/	/	7	2018-Lab
					19	
Enterococcus faecium	屎肠球菌	2*	/	/	2	2018-Lab
Enterococcus gallinarum	鸡肠球菌	1*	/	/	1	2018-Lab
Pediococcus pentosaceus	戊糖片球菌	4	2	1	7	2017-301
Acinetobacter guillouiae	吉利不动杆菌	/	2	/	2	2017-301
Bacillus cereus	蜡样芽孢杆菌	2	/	/	2	2017-301
Bacillus sp.	芽孢杆菌	/	3	/	3	2017-301
Enterobacter cloacae	阴沟肠杆菌	/	1	/	1	2017-301
Staphylococcus epidermidis	表皮葡萄球菌	1	/	/	1	2018-Lab
Micrococcus luteus	藤黄微球菌	1	/	1	2	2017-301
		45	11	7	63	

*为 MALDI-TOF-MS 结果与 16S rDNA 测序结果不一致的分离菌株

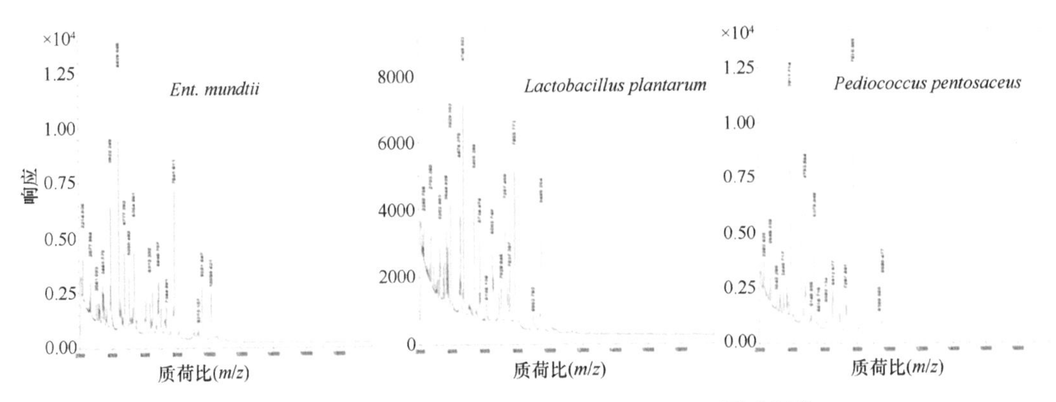

图 7-17 细菌分离菌株样本 MALDI-TOF-MS 测试图谱

家蚕（消化道）来源 45 个分离菌株中，18 株为蒙氏肠球菌，16 株为植物乳酸杆菌，其他属的细菌为 8 株，在家蚕来源分离菌株中的占比分别为 40%、35.6%和 17.8%，肠球菌属有 21 株，占 46.7%；3 株分离菌株的计分值（score value）低于 2.3 而为不确定菌属种。在蚕粪和饲料分离的 18 个菌株中，1 株为蒙氏肠球菌，植物乳酸杆菌有 7 株，其余为其他菌属或不确定菌属。

7.3 家蚕消化液抗肠球菌蛋白

桑叶育家蚕的消化道为强碱性（pH 10.0～11.0）环境，在此强碱性环境中能有效繁殖的细菌种类并不多，但肠球菌可以在如此碱性的环境中生存与繁殖（饭塚敏彦，1972a，1972b）。有体外实验研究发现，桑叶育健康家蚕消化道中存在的铜离子达到一定浓度（1.2mg/L）可以抑制细菌的繁殖，对羟基苯甲酸（*p*-hydroxybenzoic acid，HA）、3,4-二羟基苯甲酸（protocatechuic acid，PA；儿茶酸）和咖啡酸（caffeic acid，CA）等乙酸乙酯可溶性有机酸或乙醇提取物，对家蚕消化道内肠球菌等细菌增殖也具有一定的抑制作用（Yasui and Shirata，1995）。

桑叶育家蚕或桑叶粉含量为 50%的人工饲料育家蚕，高剂量添食肠球菌也难以导致家蚕细菌性肠道病的发生。常规人工饲料育家蚕，添食肠球菌则极易导致细菌性肠道病的发生和消化道内肠球菌数量的急剧上升（10^9 细菌/ml 以上），由此推测家蚕消化道内可能存在特异性的抗肠球菌物质（饭塚敏彦和滝沢义郎，1969；饭塚敏彦，1974），并在家蚕消化液中发现了对肠球菌具有特异性抑制作用的抗肠球菌蛋白（anti *Enterococcus* protein，AEP；早期文献称 anti *Streptococcus* protein，ASP），其含量在晚秋期桑叶育和人工饲料育家蚕 5 龄幼虫中相对较低（内海进，1983）。为此，本研究对家蚕消化道内 AEP 的分离纯化、不同蚕品种的 AEP 及 AEP 特征开展相关研究。

7.3.1 家蚕 5 龄幼虫消化液抗肠球菌蛋白的分离纯化与抑菌活性检测

采用有机溶剂选择性沉淀-离心法和凝胶层析法两段分离纯化技术，对家蚕消化液中抗肠球菌蛋白（AEP）进行纯化（鲁兴萌和金伟，1990）。

采用电刺激法（4.0～5.0V/条）获取家蚕 5 龄幼虫消化液。起蚕直接取消化液，其他家蚕食桑后分别在设计时间点开始绝食 20h 后再取样，取样消化液在−20℃保存，备用。按照图 7-18 流程进行 AEP 的第一段分离纯化。

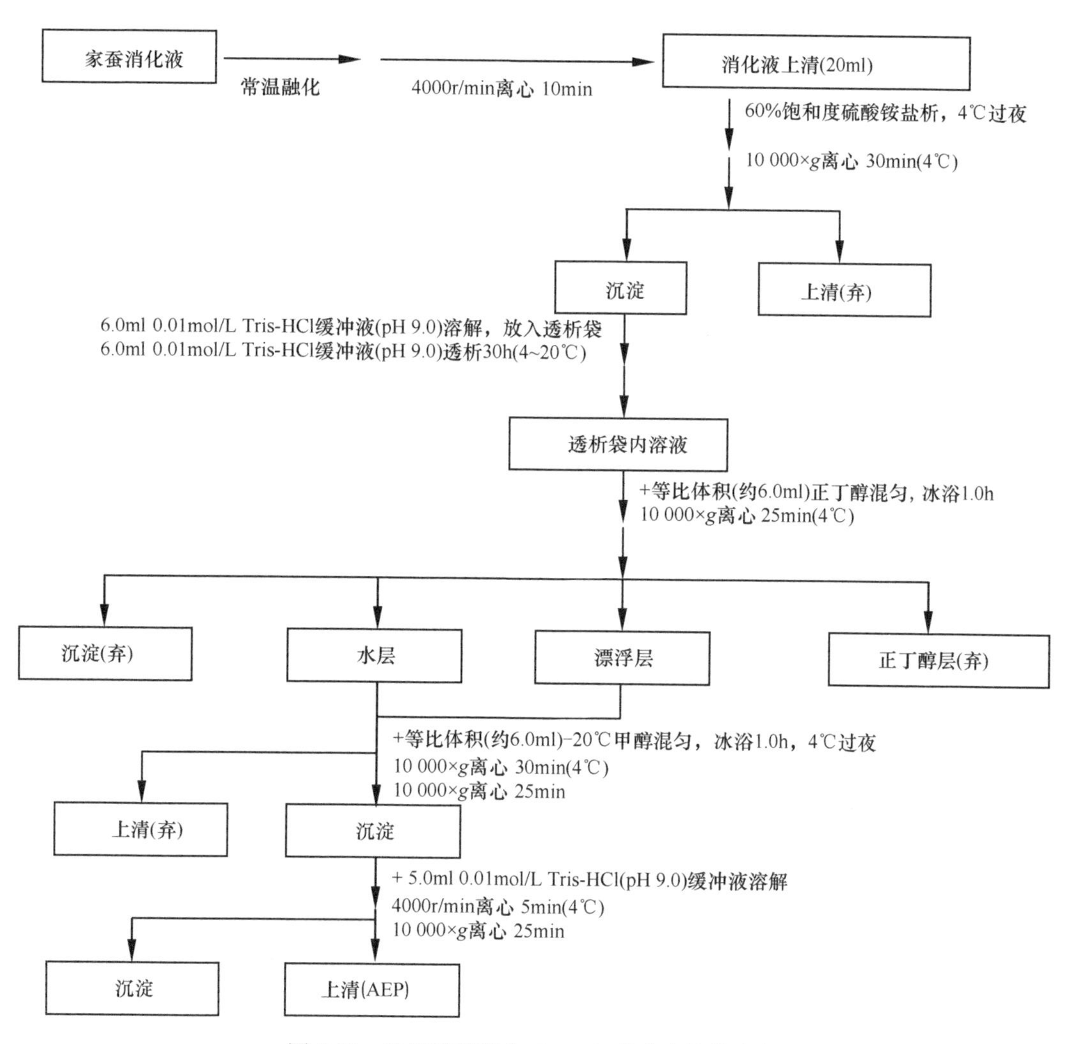

图 7-18　抗肠球菌蛋白（AEP）的分离纯化流程

经图 7-18 流程分离纯化的 5.0ml 上清，再进行第二段的凝胶层析（Sephadex G-75，Sigma）分离纯化，层析 *L*/*D* 值为 30（480mm×16mm），用 0.01mol/L 的 Tris-HCl 缓冲液（pH 9.0）以每管 5.0ml/20min 进行洗脱和部分收集。层析工作条件：*T*=50mV，*A*=100mV，AUFS=0.02A，26℃（LKB）。洗脱时间为 10h。

分离纯化物的抑菌活性采用液体培养浊度法测定。即按洗脱先后次序，从各部分收集试管的 5.0ml 溶液中分别取 1.33ml，无菌过滤（Φ=0.22μm），注入 4.0ml 液体培养基（0.35%酵母浸膏，0.50%蛋白胨，0.2%葡萄糖，pH 9.0）中，然后在培养基中加入 50μl（2.5×10^7 细菌/ml）肠球菌属细菌，30℃培养 17h，OD_{540} 检测细菌生长量（吸收值）。

对从菁松×皓月一代杂交蚕种 5 龄蚕幼虫消化液中分离纯化的蛋白质含量测定（A_{280}

紫外吸光值）发现：各层析洗脱时间段样本都在第 7 管前后收集部分出现一个蛋白质含量高峰，该峰值（第 7 管）在起蚕时相对较低（0.500），食桑 3d 时达到最高峰（1.001），食桑 5d 时略有降低（0.645）但仍高于起蚕时，食桑 7d 时明显低于龄期内其他时间（0.118）（图 7-19）。

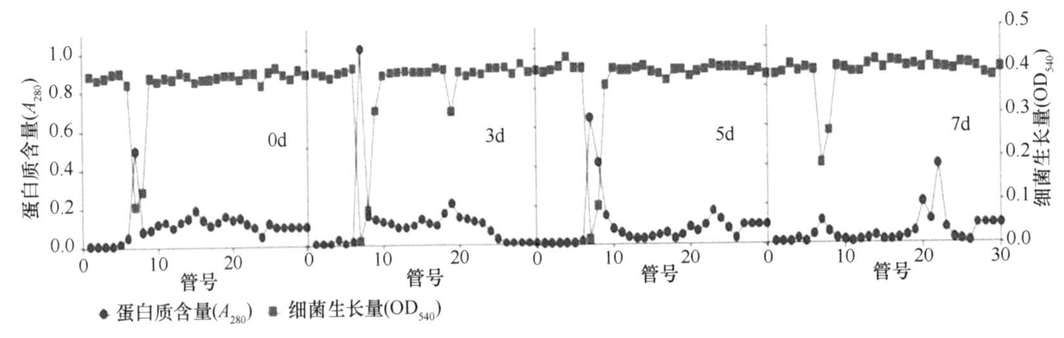

图 7-19　菁松×皓月蚕品种 5 龄期不同发育阶段 AEP 含量和抑菌活性

分离纯化蛋白质部分收集溶液的抑菌活性测定（OD_{540} 生长浊度）则发现：在蛋白质含量的第一个主要峰位置（第 7 管），收集液的抑菌活性最大，起蚕、食桑 3d 蚕、食桑 5d 蚕和食桑 7d 蚕的消化液分别为 0.095、0.010、0.012 和 0.185（A_{280}），蛋白质含量与抑菌活性呈相同趋势，即蛋白质含量越高，抑菌活性越强（细菌浊度越低）（图 7-19）。由此确定分离纯化的蛋白质为抗肠球菌蛋白（AEP），AEP 含量随食桑和发育进程而逐渐增加，食桑 3d 后逐渐下降。推测 AEP 含量与食桑和发育过程可能有关。

菁松×皓月 5 龄起蚕饥饿 18h 再饷食，常规桑叶育 3d 后同上取消化液进行分离纯化，结果显示：AEP 含量为 0.250（A_{280}），低于非起蚕饥饿样本的 1.001（A_{280}），AEP 峰值样本的抑菌活性同样低于非起蚕饥饿样本（OD_{540}=0.09，>0.01）。

7.3.2　不同家蚕品种的抗肠球菌蛋白

根据一代杂交蚕种菁松×皓月 5 龄期幼虫消化液 AEP 含量变化规律的研究结果，对菁松、皓月、浙农一号和苏 12 原种 5 龄食桑 3d 蚕幼虫的 AEP 含量和抑菌活性进行测定，结果发现：AEP 含量和抑菌活性消长规律与菁松×皓月相同（AEP 的出峰时间在 123～127min），即在第 7 管出现蛋白质含量高峰和细菌生长量低谷；不同蚕品种之间 AEP 含量（A_{280}）存在差异，浙农一号最高（0.913），其次为皓月（0.867），苏 12（0.590）和菁松（0.585）较低，抑菌活性分别为 0.011、0.045、0.060 和 0.075（图 7-20）。

分别取菁松、皓月、浙农一号和苏 12 大眠眠蚕，眠中温度为 35℃；起蚕后，分别取 50 条作为添食实验用家蚕，于 0h、食桑 3d、食桑 5d 和食桑 7d，各区分别添食肠球菌（$3.6×10^9$ 细菌/ml，1.0ml）。各试验区常规饲养，调查 5 龄期死蚕、蔟中死蚕和死笼数，对照区不添食肠球菌，结果如图 7-21 所示。

在不同蚕品种之间，皓月死亡率最高，其后依次为菁松、苏 12 和浙农一号；在不同时间添食肠球菌均表现为：起蚕的添食死亡率最高，其次是食桑 5d 和 7d 蚕（苏 12 的 5 龄 7d 无数据），食桑 3d 蚕最低，各品种的未添食试验区均无死亡个体出现。菁松、皓月、浙农一号和苏 12 起蚕添食的总死亡率分别为：56%、64%、20%和 30%，食桑 3d 蚕添食的总死亡率分别为：12%、10%、2%和 14%。

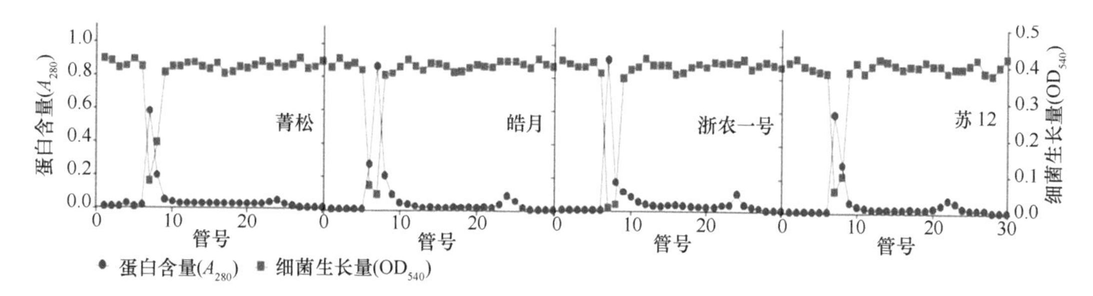

图 7-20　4 个蚕品种 5 龄幼虫食桑 3d 的 AEP 含量和抑菌活性

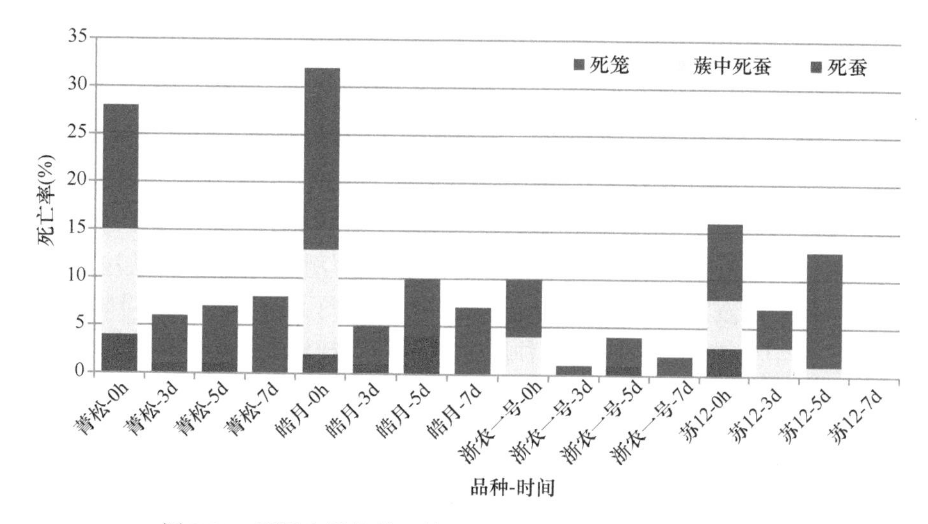

图 7-21　不同家蚕品种 5 龄不同时期添食肠球菌的死亡情况

7.3.3　抗肠球菌蛋白的部分特征

抗肠球菌蛋白采用有机溶剂选择性沉淀-离心法分离纯化后，再进行凝胶层析分离纯化，图 7-19 和图 7-20 中都显示：除 AEP 峰外还有其他蛋白的存在。AEP 峰值蛋白样本溶液（第 7 管）经−20℃冷冻干燥（约 6h）后，将体积调整到 2.0ml，进行 disc-电泳分析和 SDS-PAGE 分子量测定。disc-电泳分析显示起蚕样本为 2 个条带，食桑 3d 和 5d 样本为 3 个条带，5 龄起蚕缺失条带是否与其 AEP 含量较低（图 7-19 和图 7-20）及抗肠球菌能力较低（图 7-21）有关，有待进一步分析研究。SDS-PAGE 分子量测定显示，有 5 个条带的相对含量大于 6.0%，大概分子量（占比）分别为：95 500（7.1%）、61 660（6.1%）、14 790（46.4%）、12 740（15.3%）和 12 020（7.9%）。由此延伸出能抑制肠球菌的蛋白有几种，形成机制为何，特性如何，是否存在相互作用关系，等等。因此，有关 AEP 的分子特性、抑菌活性，以及在家蚕防御肠球菌等细菌危害中的机制等问题，都有待深入研究。

7.4 家蚕微粒子虫感染对家蚕中肠肠球菌结构的影响

家蚕微粒子虫（*Nosema bombycis*，Nb）感染家蚕或其他昆虫的途径有胚胎感染和食下感染，其中食下感染是最为常见的途径。家蚕食下 Nb 孢子后，其进入蚕体的第一个环境即为消化道，因此消化道的环境直接影响家蚕微粒子虫孢子的发芽、入侵和生存状态。肠球菌（enterococci）是家蚕消化道中的高频微生物，并具有丰富的多样性，且部分分离菌株的体外（*in vitro*）试验显示对 Nb 孢子发芽具有抑制作用（鲁兴萌和汪方炜，2002；汪方炜等，2003）（参见 8.3 节）。因此，家蚕消化道肠球菌及整个微生态与 Nb 致病机制的相关性是一个非常值得探讨的问题。

肠球菌是家蚕消化道高频分布细菌，从分布、菌种结构和动态变化的视角，比较健康家蚕、家蚕微粒子病蚕和细菌性肠道病蚕消化道内肠球菌的差异，是理解 Nb 感染家蚕后与肠球菌间相互作用的基础。为此，采用数值鉴定分析法进行了相关的研究。

健康、Nb 感染和细菌性肠道病蚕的消化液收集：常规饲养 4 龄起蚕和 5 龄起蚕（菁松×皓月）各 50 条，桑叶涂抹添食 10^6 孢子/ml 的 Nb 孢子悬浮液，使用总体积分别为 2ml 和 5ml，涂抹 Nb 孢子桑叶基本食尽后，改为常规饲养。饲养至 5 龄食桑 108h 后，即刻将蚕放入−20℃冰箱冷冻保存。一周后取 30 条蚕解剖取消化液，两层纱布过滤，滤液即为家蚕微粒子病蚕消化液。同期饲养未进行 Nb 孢子添食的家蚕，同期同法取消化液即为健康家蚕消化液。浙江大学蚕种研究室饲养菁松×皓月至 5 龄期，发生细菌性肠道病，5 龄食桑 108h 后从蚕座内取样，取样后即刻放入−20℃冰箱冷冻保存，同上法取消化液，即为细菌性肠道病蚕消化液。消化液直接进行细菌分离和计数实验，取样时间为 1999 年春季，同步进行。

肠球菌的分离和计数：取上述 3 种消化液，分别进行 10 倍梯度稀释，取 0.5ml 消化液（或稀释液）涂抹于 9cm 的 EF（Nissui，日本制药株式会社）平板，35～37℃培养 48h，计数桃色、茶色或黄色菌落。从计数后平板中挑取单菌落，在 9cm 的营养肉汤（nutrient broth，NB：30g 胰蛋白胨，5g 浓缩酵母浸出粉，5g 葡萄糖，5g 氯化钠，充分溶解，加水至 1L，调节 pH 至 7.0～7.2，121℃灭菌 20min；固体平板则再加 1.5%琼脂）平板上划线取单菌落分离 2～3 次，接种入半固体 NB 培养基（含 0.5%琼脂）内保存，或接种入 NB，供试。耐盐实验和耐碱实验，可分别用氯化钠和盐酸将 NB 的 pH 调至目的要求，35～37℃培养 48h，观察是否长菌。

生化指标的测定：采用 API 20 STREP（5.0）（BIO MERIEUX S.A. France）系统。API 系统为数值鉴定分析试剂盒，本实验根据其原理和配方自主进行，部分项目采用常规方法。

酶活性的测定：伏-波试验［VP 试验：VP 培养基的配制为 7g 蛋白胨，5g 磷酸氢二钾，5g 葡萄糖，加水 1000ml，调节 pH 至 6.7～7.1，分装试管，121℃灭菌 20min；接种少量新鲜菌液，35～37℃培养 24h，在培养试管中加 1.0ml 的 A 检测试剂（5.0g 的 α-萘酚加 100ml 的无水乙醇溶液）后，加 0.2ml 的 B 检测试剂（40g 氢氧化钾加 0.3g 肌酸的 100ml 水溶液），35～37℃反应 1h，观察上层培养液颜色，红色为阳性，A 和 B 检测试剂放入棕色瓶，4～10℃保存］、马尿酸分解试验［HIP 试验：在营养肉汤中接种少量新鲜菌液，35～37℃培养 36h，取 1.5ml 培养液，5000r/min 离心 8min（4℃），弃上清，加 1ml 无菌生理盐水，混匀，5000r/min 离心 8min（4℃），弃上清，加 0.2ml 的 1%马尿酸钠溶液，35～37℃孵育 6h，再加 0.1ml 茚三酮溶液（35%的无水乙醇溶液），35～37℃放置 1h，观察结果，青紫色为阳性（根据 BIO MERIEUX S.A.说明书）] 和七叶苷水解试验 [ESC 试验：七叶苷水解培养基的配制是 15g 胰蛋白胨（OXOID），0.2g 柠檬酸铁，0.1g 七叶苷（ROTH），加水 100ml，调节 pH 至 7.0，分装试管，121℃灭菌 20min；在上述培养基中接种少量新鲜菌液，35～37℃培养 36h，观察结果，培养液变黑者为阳性] 参照参考文献（陈天寿，1995）进行。

其他酶活性的测定：β-葡糖苷酸酶（β-GUR）、β-半乳糖苷酶（β-GAL）、碱性磷酸酯酶（PAL）和亮氨酸芳基酰胺酶（LAP）的测定是将分离菌株接种 Nb，35～37℃静置培养 36h，取 1.5ml 菌液，加入无菌 EP 管，5000r/min 离心 5min（4℃），弃上清，分别加入 0.1ml 含 0.055mg 的萘酚 AS-BI β-D-葡萄糖醛酸（naphthol AS-BI β-D-glucuronic acid，SIGMA）、0.031mg 的 2-萘酚-β-D-半乳糖苷水合物（2-naphthyl-β-D-galacto-pyranoside monohydrate，Nacalai Tesque）、0.025mg 的萘酰磷酸钠（2-萘基磷酸谷氨酸钠盐，2-naphthylphosphoric acid monosodium salt，Nacalai Tesque）和 0.026mg 的 L-亮氨酸-β-萘酰胺（L-leucine β-naphthylamide，SIGMA）的无菌过滤（Millex-HV）水溶液，混匀，35～37℃静置 6h，加 0.1ml 的 API 试剂 A，混匀，再加 0.05ml 的 API 试剂 B，10min 后观察结果，β-GUR 紫蓝色为阳性，β-GAL 和 PAL 紫色为阳性，LAP 橙色为阳性。

糖酵解活性的测定：同上述方法培养、离心后，弃上清，加 0.1ml 糖溶液，混匀，加 0.5ml 的 API-STREP 培养液，再加约 0.2ml 的灭菌液体石蜡，35～37℃静置培养 4h 和 24h 后观察结果，菌液呈橙色或黄色为阳性，呈红色为阴性。

糖溶液的配制：将 D-核糖（RIB，SIGMA）、L-阿拉伯糖（ARA）、D-甘露醇（MAN）、D-山梨醇（SOR）、乳糖（LAC）、D-海藻糖（TRE）、菊糖（INU，BDH）、D-棉籽糖（RAF，FARCO）、淀粉（AMD）和糖原（GLYG）分别配制成浓度为 2.8%、2.8%、2.8%、2.8%、2.8%、2.6%、10%、6.2%、5.2%和 2.6%的水溶液，121℃灭菌 10min。

API-STREP 培养液的配制：0.5g L-半胱氨酸，20g 胰蛋白胨（OXOID），5g 氯化钠，0.5g 无水亚硫酸钠，0.17g 酚红，加 1L 蒸馏水充分溶解，调节 pH 至 7.8，121℃灭菌 20min。

肠球菌的种鉴定：对上述方法测定的生化指标，根据 Lapage 理论和 API 20 STREP（5.0）系统进行数值鉴定分析，判断鉴定结论，具体方法见参考文献（鲁兴萌等，1999）。

标准菌株和参照菌株：粪肠球菌（*Ent. faecalis* IFO3971 和 IFO12580），屎肠球菌（*Ent. faecium* IFO3128），以及用作参照菌株的本研究室保存的苏云金杆菌（*Bacillus thuringiensis*）和可引起家蚕黑胸败血病的芽孢杆菌（*Bacillus* sp.）。

7.4.1　肠球菌总数的变化及主要菌属

健康家蚕、细菌性肠道病蚕、4 龄和 5 龄起蚕添食 Nb 孢子的家蚕微粒子病蚕，5 龄食桑 108h 后取样消化液，经 10 倍梯度稀释后在 EF 平板上计数，其肠球菌数分别为：2.89×10^2 细菌/ml、3.83×10^9 细菌/ml、1.59×10^8 细菌/ml 和 2.15×10^4 细菌/ml。

从健康家蚕、细菌性肠道病蚕、4 龄或 5 龄起蚕添食 Nb 孢子的家蚕微粒子病蚕消化液的 EF 计数平板上挑取单菌落，经 NB 平板 2～3 次分离后，进行耐盐、耐碱、VP、HIP 和 ESC 试验，从中选择可耐 6.5%的氯化钠和 11.0 的 pH，且 VP、HIP 和 ESC 试验均为阳性的菌株各 50 个菌株，根据《伯杰氏鉴定细菌学手册》（第九版），合计分离的 200（4×50）个菌株均被鉴定为肠球菌属（*Enterococcus*）。其中 148 个分离株分别被鉴定为 6 个种，鉴定率为 74%。鸟肠球菌（*Ent. avium*）和屎肠球菌（*Ent. faecium*）分离菌株为主要菌种，分离菌株数分别为 98 株和 29 株，粪肠球菌（*Ent. faecalis*）、耐久肠球菌（*Ent. durans*）、铅黄肠球菌（*Ent. casseliflavus*）和鸡肠球菌（*Ent. gallinarum*）分别为 5 个、9 个、6 个和 1 个分离菌株；鸟肠球菌-屎肠球菌（*Ent. avium-Ent. faecium*）、鸟肠球菌-耐久肠球菌（*Ent. faecium-Ent. durans*）和鸡肠球菌-铅黄肠球菌（*Ent. gallinarum-casseliflavus*）中间型分别为 28 个、11 个和 2 个分离菌株；不可鉴定菌株 11 个。

7.4.1.1 鸟肠球菌的分布

鸟肠球菌种是分离菌株中被鉴定数量最多的菌种。在细菌性肠道病蚕和健康家蚕消化液中的出现频率都超过 50%，在家蚕微粒子病蚕中，出现频率相对较低。在生化表型上，健康家蚕的类型较多；细菌性肠道病蚕的类型相对单一；4 龄期感染 Nb 的病蚕，其表型数少于 5 龄期感染的家蚕。在不同生理状态家蚕中，具有同一表型的分离菌株不多，未见某种生化表型在 4 种家蚕中都存在的情况（表 7-11）。“屎肠球菌-16”具有较高“出现概率”（14.1820%），是一个值得关注的生化表型和分离菌株。

表 7-11 鸟肠球菌在家蚕消化道中的分布

类型	出现概率（PP）	鉴定概率（IP，id%）	分离菌株数			
			健康蚕	肠道病蚕	家蚕微粒子病蚕（起蚕添食）	
					4 龄	5 龄
1	9.4547	100.00	7	0	0	0
2	6.3031	100.00	1	0	0	0
3	1.0510	100.00	1	0	0	0
4	0.4976	100.00	0	0	0	2
5	0.3317	100.00	0	0	0	5
6	0.0955	100.00	1	0	0	0
7	0.0106	100.00	1	0	0	0
8	0.0098	100.00	0	0	0	1
9	0.0050	100.00	0	0	2	1
10	0.0050	100.00	3	0	0	1
11	0.0034	100.00	4	0	0	4
12	0.0029	100.00	1	0	0	0
13	0.0001	100.00	0	0	0	2
14	0.1433	98.85	1	0	0	0
15	0.0955	93.93	1	0	0	0
16	14.1820	92.66	3	40	3	0

续表

类型	出现概率（PP）	鉴定概率（IP，id%）	分离菌株数			
			健康蚕	肠道病蚕	家蚕微粒子病蚕（起蚕添食）	
					4 龄	5 龄
17	0.0050	87.99	1	0	0	0
18	0.1432	85.68	0	0	0	3
19	0.7004	84.13	2	0	0	0
20	0.7465	80.87	0	1	3	0
21	1.5758	80.43	1	0	2	0
合计			28	41	10	19

注：第 9 和第 10 种类型的出现概率相同，但生化表型不同，前者 ARA 阳性，RAF 阴性，后者 ARA 阴性，RAF 阳性

7.4.1.2　屎肠球菌的分布

屎肠球菌分离菌株在感染家蚕微粒子病的病蚕中出现频率较高，而且 4 龄期 Nb 比 5 龄期的分布数、生化表型数都高。在细菌性肠道病蚕中，未分离到该菌种菌株。在生化表型上，在不同生理状态家蚕之间相似性较低（表 7-12）。

表 7-12　屎肠球菌在家蚕消化道中的分布

类型	出现概率（PP）	鉴定概率（IP，id%）	分离菌株数			
			健康蚕	肠道病蚕	家蚕微粒子病蚕（起蚕添食）	
					4 龄	5 龄
1	0.0765	99.99	0	0	0	1
2	0.0283	99.70	0	0	1	0
3	0.0260	98.10	0	0	1	0
4	0.1132	97.51	0	0	16	1
5	3.3680	97.41	0	0	0	4
6	0.0018	95.95	0	0	1	2
7	0.1604	95.04	0	0	1	0
8	2.1820	94.29	1	0	0	0
IFO12368	0.1314	99.62	0	0	0	0
合计			1	0	20	8

7.4.1.3　其他肠球菌的分布

粪肠球菌、耐久肠球菌、铅黄肠球菌和鸡肠球菌 4 个种的出现频率都较低。从不同生理状态家蚕分离到的粪肠球菌和耐久肠球菌的生化表型之间未见相同性（表 7-13 和表 7-14）。虽分离到 9 株耐久肠球菌，但大部分菌株的“出现概率”非常低（0.000 001%～1.893 00%）（表 7-14）。

铅黄肠球菌有两个生化表型的 6 个菌株在健康家蚕中被分离到，其“出现概率”分别为 0.6923%和 0.2185%，“鉴定概率”分别为 91.63%和 97.75%。只有 1 株鸡肠球菌在健康家蚕中被分离到，其“出现概率”和“鉴定概率”分别为 51.0269%和 95.02%。在

其他家蚕中未能分离到铅黄肠球菌和鸡肠球菌菌株。

表 7-13　粪肠球菌在家蚕消化道中的分布

类型	出现概率（PP）	鉴定概率（IP，id%）	分离菌株数			
			健康蚕	肠道病蚕	家蚕微粒子病蚕（起蚕添食）	
					4 龄	5 龄
1	0.0228	99.10	0	1	0	0
2	0.0228	94.35	0	1	0	0
3	0.0475	93.28	0	0	0	1
4	26.7849	91.40	2	0	0	0
IFO3971	1.7097	92.75	0	0	0	0
IFO12580	26.7849	91.40	0	0	0	0
合计			2	2	0	1

表 7-14　耐久肠球菌在家蚕消化道中的分布

类型	出现概率（PP）	鉴定概率（IP，id%）	分离菌株数			
			健康蚕	肠道病蚕	家蚕微粒子病蚕（起蚕添食）	
					4 龄	5 龄
1	0.000 14	100.00	1	0	0	0
2	0.000 01	100.00	0	0	0	1
3	0.000 07	100.00	1	0	0	0
4	0.000 001	100.00	0	0	2	0
5	0.000 28	99.58	0	0	0	2
6	1.893 00	99.46	2	0	0	0
合计			4	0	2	3

从健康家蚕中分离到一种生化表型的 2 株鸡肠球菌-铅黄肠球菌中间型肠球菌。从家蚕微粒子病蚕和细菌性肠道病蚕中分离到 5 种生化表型的 28 株鸟肠球菌-屎肠球菌中间型肠球菌。从细菌性肠道病蚕和 5 龄起蚕添食 Nb 孢子的病蚕中分离到 11 株两种生化表型的鸟肠球菌-耐久肠球菌中间型菌株。即健康家蚕中，中间型菌株较少（一种类型的 2 个菌株）；家蚕微粒子病蚕和细菌性肠道病家蚕中，中间型菌株较多（有 39 个菌株和两种类型）。细菌性肠道病蚕中无“不可鉴定”的菌株，健康家蚕、4 龄和 5 龄感染家蚕微粒子病蚕，分别有 6 株、1 株和 4 株“不可鉴定”的菌株。

细菌性肠道病蚕中的 5 株分离菌株在本系统中为“不可鉴定”的肠球菌。健康家蚕来源的分离菌株中有 6 株（4 种生化表型）在本系统中为“不可鉴定”的菌株。4 龄或 5 龄起蚕添食 Nb 孢子的病蚕来源的分离菌株中，分别有 1 株和 4 株（4 种生化表型）被本系统鉴定为“不可鉴定”的菌株。本研究室保存的苏云金杆菌（*Bacillus thuringiensis*）和可引起家蚕黑胸败血病的芽孢杆菌（*Bacillus* sp.）也为“不可鉴定”的菌种。

7.4.2　家蚕微粒子虫感染对肠球菌分布的影响

不同生理或病理状态下的家蚕消化道肠球菌，在种分类阶元及生化性状等方面，表现出较为丰富的多样性。健康家蚕、细菌性肠道病蚕、4 龄和 5 龄起蚕添食 Nb 孢子的家蚕微粒子病蚕，分别有 6 个、2 个、3 个和 4 个种。从可鉴定种水平而言，健康家蚕具有更为丰富的多样性，细菌性肠道病蚕更趋单一化（鸟肠球菌分离菌株占 82%）。Nb 感染家蚕中鸟肠球菌分离菌株占比有增加的趋势。健康家蚕、细菌性肠道病蚕和 5 龄起蚕添食 Nb 孢子的家蚕微粒子病蚕，第一高频分布种都为鸟肠球菌分离菌株，分别为 56%、82%和 38%；4 龄起蚕添食 Nb 孢子的家蚕微粒子病蚕，屎肠球菌分离菌株为第一高频（40%）分布种，鸟肠球菌分离菌株为第二高频（20%）分布肠球菌（图 7-22）。

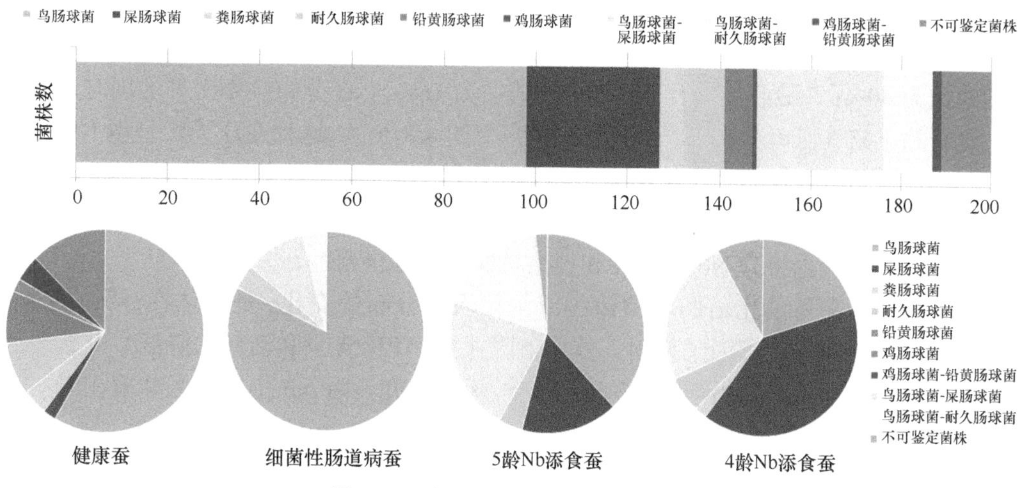

图 7-22 家蚕肠球菌属不同种的结构

不同生理或病理状态下的家蚕消化道肠球菌，在种分类单元表现出多样性的同时，在生化表型方面的多样性更为丰富。200 个分离菌株共有 59 个生化表型，每个生化表型的平均菌株数为 3.39；高频分布的鸟肠球菌分离菌株共有 21 个生化表型，每个生化表型的平均菌株数为 4.67；生化表型只有一种的分离菌株有 32 株。表现一致的生化性状有：全部阳性的 VP 试验、HIP 试验、ESC 试验和 TRE 试验；全部阴性的只有 PAL 试验。其他一致性较高的生化性状有：98.5%为阳性的 LAP 试验和 LAC 试验，97.5%为阴性的 GLYG 试验。健康家蚕和 5 龄起蚕添食 Nb 孢子的家蚕微粒子病蚕来源分离菌株表现一致的生化性状还有 LAP 试验；细菌性肠道病蚕来源分离菌株表现一致的生化性状较多，全部阳性的还有 RIB 试验和 LAC 试验，全部阴性的还有 β-GUB 试验、阿拉伯糖酵解（ARA 试验）、INU 试验、RAF 试验和 AMD 试验；4 龄起蚕添食 Nb 孢子的家蚕微粒子病蚕来源分离菌株表现一致的生化性状全部阳性的还有 MAN 试验和 LAC 试验，全部阴性的还有 AMD 试验。

生化表型的多样性表明：在不同生理或病理状态下家蚕消化道内肠球菌的生化表型将发生变化，这种变化也将导致家蚕消化道环境的变迁。这种变迁在为解明微生态在家蚕病理机制中的作用提供了依据的同时，还为利用微生态进行生物防治病害发生提供了资源和研究基础。

在病害对家蚕消化道肠球菌分布的影响方面，与健康家蚕相比，家蚕在发生病害后，肠球菌的数量明显增加，不同菌种和生化表型菌株的分布也随之发生变化。健康家蚕消化道中，除具备肠球菌属 6 个种外，共有 27 个生化表型分离菌株。在发生病害后，家蚕消化道内肠球菌属种的数量和生化表型趋于简单化。细菌性肠道病蚕中，种和生化表型数分别为 2 个和 7 个，其第一高频种为前人未在家蚕消化道中发现报道的鸟肠球菌；生化表型高度单一化，鸟肠球菌-16 型分离菌株占分离菌株数的 80%。

家蚕微粒子病蚕中，4 龄起蚕添食 Nb 孢子病蚕的菌种个数/生化表型个数分别为 3/13；5 龄起蚕添食 Nb 孢子病蚕的菌种个数/生化表型个数分别为 4/24。在菌种数和生化表型数方面也表现为单一化的倾向，虽有较多的鸟肠球菌分离菌株，但生化表型数减少（菌种数/生化表型数健康家蚕为 14/28 个，家蚕微粒子病蚕为 4/10 个和 8/19 个）。与此相反，屎肠球菌分离菌株的分布频率明显上升（健康家蚕为 2%；4 龄起蚕添食 Nb 孢子的病蚕为 40%；5 龄起蚕添食 Nb 孢子的病蚕为 16%）。在分布频率上升的同时，生化表型也更趋丰富（三者分别为：1/1 个、5/20 个和 4/8 个）。这种变迁无疑是由 Nb 的侵染引起的，但这种变化必然会给消化道和细胞中的 Nb 孢子带来影响。以此类推，不同昆虫消化道的肠球菌分布不同和对其分布产生影响的因子也会影响 Nb 的生态环境。因此，该问题的研究也将为 Nb 的变异和侵染机制解明提供帮助。

家蚕发生病害后消化道肠球菌菌种或生化表型分布的变化，是蚕体在品种、营养、环境或其他病原微生物等因子作用下体质下降（如 AEP 含量和活性的降低）时某些菌株比较容易增殖，还是随机增殖，有待于进一步的研究。而 Nb 孢子与肠球菌在家蚕消化道内的相互关系更值得我们进行深入研究。

除 Nb 外，家蚕消化道微生物（包括病原微生物）主要来源于环境，其中最为主要的来源是食物（图 7-23）。除微生物通过家蚕体壁创口进入蚕体或病原真菌直接通过家蚕体壁进入蚕体外，其他病原性或非病原性微生物都是随家蚕的摄食行为而进入家蚕消化道。家蚕的摄食行为中饲料（桑叶或人工饲料）微生物的性质（病原性或非病原性微生物）和数量，决定了家蚕是否发生病害及消化道微生态的变化。

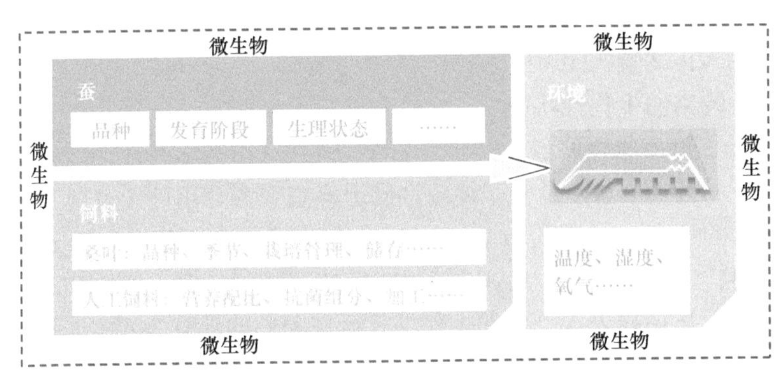

图 7-23　家蚕微生物来源及环境与家蚕相互作用的示意图

家蚕流行病学和病害控制技术研发的关注重点是微生物的来源与控制。在来源上，主要涉及养蚕环境（包括蚕室和蚕具等）、桑叶（虫口和虫粪叶、储存过久和发酵等）或人工饲料的洁净程度等；在控制上，主要关注养蚕环境的改良（桑园、蚕室和蚕具等）、清洁和消毒（包括环境和饲料等）技术的发展。家蚕病理学和病害控制技术研发的关注重点是微生物进入家蚕消化道后的生物学功能及可能的利用途径。

健康家蚕消化道微生态的主要微生物组成是细菌，“细菌-家蚕-环境”三位一体的相互作用，决定了家蚕消化道的微生态。家蚕细菌微生态的相关情况也是本章描述的主要内容，但本章陈述仅为冰山一角。病原性微生物进入家蚕消化道后，微生态的情况将更为复杂。因此，解明家蚕消化道微生态的形成机制，以及主要生物学变量对其的影响还有漫长的征程，其科学意义和产业利用价值也将在研究推进中不断显现。

- 家蚕幼虫消化道细菌微生态在菌属和类群结构上具有丰富的多样性，呈现了十分诱人的景色，入景寻幽径，却道是“剪不断，理还乱，是离愁，别是一般滋味在心头”。细菌微生态多样性和结构形成机制、影响微生态的主要因素、微生态与家蚕的相互作用机制，以及家蚕微粒子虫介入后的演变机制等，都是不经彻骨寒，难以梅花扑鼻香的登高幽径。
- 家蚕消化道结构上的简短和消化液的强碱性，决定了细菌无限功能的骤降。至今已有不少家蚕消化道来源细菌在体外呈现有益生物学功能的花说柳说，但证实在家蚕消化道内具有生物学功能的唯一细菌仅有肠球菌属细菌。肠球菌属细菌在家蚕消化道内呈现了丰富的种分类阶元及同种生化表型的多样性。在此多样性背景下，阐明单一菌种（或更小分类阶元）的独立生物学功能及多因素相互作用下其对微生态结构的影响，也许是微生态机制解明、家蚕微粒子病等病害防控及养蚕生产性能提高技术研发的幽径之一。
- 家蚕具有防御肠球菌属等细菌繁殖的能力（AEP 等），家蚕微粒子虫的感染能明显影响家蚕消化道内肠球菌属细菌种的结构，提示了“家蚕-细菌微生态-家蚕微粒子虫”相互作用关系和机制的解析，是家蚕消化道微生态及功能性菌属利用的必然科学基础，也是基于此研发微生态技术的必然要求。

第 8 章　家蚕个体水平防控技术的研究

家蚕个体水平的微粒子病防控技术在时间或空间概念上，涉及家蚕微粒子虫（*Nosema bombycis*，Nb）孢子从进入消化道到排出体外的整个过程，也可以将其分为 Nb 孢子发芽和入侵家蚕细胞阶段、家蚕细胞内增殖阶段、家蚕细胞间扩散阶段，以及排出体外后的群体内扩散阶段。有关 Nb 在家蚕体内增殖阶段进行家蚕微粒子病控制的研究，主要集中在物理、化学和微生物因子对 Nb 增殖的影响或选择性抑制，以及利用这些影响因子控制家蚕微粒子病的发生与流行方面。现有养蚕技术水平和方式、蚕种检测制度实施，以及家蚕微粒子病为典型慢性病和风险阈值管控的特点，决定了该病害防控问题主要发生或流行于蚕种生产过程，由此也决定了基于个体水平的防控技术不能局限于简单的有效水平，必须达到足以在群体上体现有效及达到蚕种检测风险阈值的水平，这样才能成为可实用化的产业技术。

家蚕个体水平微粒子病防控技术及机制的关注和研究，是病害防控中最为直接的对象，并有很长的历史。家蚕（或昆虫）个体生命周期短暂和自身免疫能力有限等多种因素，限制了家蚕个体水平病害防控技术的发展。在家蚕微粒子病防控中，虽有采用物理或化学方法的案例，但尚滞留于实验室的生物学现象发现或经验学和宏观控制层面。

随着分子生物学的发展，有关 Nb 孢子进入家蚕后，Nb 孢子与家蚕在特定环境状态下相互作用（发芽与入侵细胞），以及 Nb 孢子在细胞内繁殖和在细胞或组织器官间传播中相关事件的描述不断增加，无疑将为物理、化学及微生物等因子对 Nb 发芽和增殖影响和二者相互作用等机制的解析研究及技术研发提供更好的路径或发展方向。

随着分子生物学技术的发展，特别是转基因及基因编辑技术等的发展，Nb 孢子感染家蚕机制的细胞和分子水平研究基础必将得到不断充实，个体水平家蚕微粒子病控制技术的发展也是非常值得期待的领域。同时，这些技术的发展过程本身，也将有助于宏观上或生产中家蚕微粒子病控制技术（群体控制技术）的发展，以及为病害防控体系建设中具体技术措施实施的布局决策等提供有益参考。

8.1　基于物理因子的蚕种高温浸酸和热空气处理

在物理因子对家蚕微粒子病的影响方面，我国养蚕历史的较早时期即出现了通过“浴种”提高蚕种质量的技术记载。例如，1855 年刊行，沈炼编著的《广蚕桑说》中记载了“……且十二月十二日为蚕生日，故于此日浴之。浴毕，去盆内之水，盛以极浓热茶，亦候至手指可探，将蚕布粘定之灰末，轻轻洗去，以竿悬之……”（沈炼，1960）。清末卫杰于 1894 年编成的《蚕桑萃编》中记载了“腊月十二日用风化石灰置盘内以沸汤冲之候手可浸将蚕连对摺令子在里面浸于盆底以手掌连按数周勿太重按后以双手拖起离水为度如水有热气不可久浸暂出水以疏其气旋又入水……”（卫杰，1956）等。

广东或亚热带蚕区，以一年多批次养蚕或即时浸酸蚕种为主的蚕种供应形式，导致难以对大批蚕种进行严格的家蚕微粒子病母蛾检测，因此 20 世纪 50 年代科技人员开始研究在产卵后 8～10h，采用不同温度（126～132°F）和不同时间（10～30s）的温汤浸种来降低家蚕微粒子病发生率，并逐步发展到与浸酸同步进行较高温度（47℃）处理的控制方法研究（刘仕贤等，1981）。20 世纪 70 年代，在卵龄 12h 时，开展了用热空气处理蚕种（46～50℃，10～100min）以降低家蚕微粒子病发生率的实验（顺德县农业局，1981）。大量有关高温浸酸和热空气处理蚕种的实验表明，二者可以降低子代家蚕微粒子病的发生率；在作用机制上，推测可能是在卵龄的早期，Nb 主要处于裂殖体阶段，而裂殖体对热的抗性低于蚕卵或家蚕胚胎，利用高温可以杀死 Nb（裂殖体），而对蚕卵不会造成明显损害（四川省蚕业制种公司和四川省蚕学会蚕种专业委员会，1991；王璐等，2018）。

从生产实践应用方面而言，除广东蚕区外鲜有蚕区应用热处理方法防控家蚕微粒子病，推测可能与蚕品种的化性及养蚕习惯等有关。从家蚕微粒子病检测实践角度而言，蚕卵催青过程中，在胚胎发育至“点青”之前，根据光学显微镜、PCR 法和 qPCR 法检出率都非常低的现象，可以认为有病母蛾所产蚕卵内 Nb 在相当长的时间都是非孢子状态，而且数量很少，或 Nb 处于非增殖的发育阶段（参见 3.3 节）（李光才等，2011；鲁兴萌等，2011；鲁兴萌和邵勇奇，2016；Fu et al.，2016）。由此推测，热处理对 Nb 和家蚕胚胎是否存在选择性作用，或其是否在 Nb 生活史非常特定的时期才能发挥作用，热因子同时作用于 Nb 和家蚕（细胞）如何发挥选择性作用，或两者是否具有不同热耐受性机制等，都是非常值得探究的问题。

从热处理的有效性方面而言，已有实验结果不容置疑，但从技术的有效性角度考虑，涉及对技术目标或效益的评估。如果目标为保障农村丝茧育使用蚕种的安全，则必须对该技术的风险进行评估，或必须明显降低使用蚕种群体的 Nb 胚胎感染率，并使之不足以造成 Nb 在子代群体扩散后蚕茧产量的明显下降（参见第 10 章和第 11 章）；如果目标局限于降低胚胎感染率，则主要考虑成本即可。

8.2 基于化学因子的家蚕微粒子病防控药物实验

化学因子对家蚕微粒子病发生的影响是关注较早的领域，也是产业中十分期待实现的一种家蚕微粒子病防控途径，筛选一种具有良好选择性、有效且可靠的实用化药剂也是许多科技工作者曾经付出努力并正在不断努力之中的工作。

烟曲霉素（fumagillin）对微孢子虫的发育有抑制作用是早期（1952 年）的一个发现。其后，苯来特对苜蓿叶象甲（*Hypera postica*）的微孢子虫病具有治疗效果等现象（Hsiao T H and Hsiao C，1973）相继被发现。20 世纪 70 年代末期，日本和我国学者相继开展了对家蚕微粒子病具有治疗效果的化学药物筛选研究，发现苯并咪唑-2-氨基甲酸甲酯（多菌灵）、1-丁氨基甲酰基-苯并咪唑-2-氨基甲酸甲酯（苯来特）、1,2-双(3′-甲氧羰基-2′-硫脲基)苯（甲基托布津）和 1-H-2,1,4-苯并噻二嗪-3-氨基甲酸甲酯等含苯丙咪唑基类似结构的化学物质，以及 4-(邻硝基苯基)-3-硫脲基甲酸甲酯（或乙酯）、1-H-2,1,4-苯并噻二嗪-3-氨基甲酸甲酯（或乙酯）、蒿甲醚和阿苯达唑等具有治疗效果（黄起鹏等，1981；Iwano and Ishihara，1981；鲁兴萌等，2000a）。但也发现了该类化学药物对家蚕具有毒副作用（郑祥明等，1993；王裕兴等，1994；沈中元等，1997），生产实验中不时会发生制种量明显下降和子代孵化率明显降低的情况。

化学因子治疗家蚕微粒子病的作用机制研究认为，化学药物（防微灵）对 Nb 孢子无效（体外处理），喂饲药物后再感染也无治疗效果，以及在感染后 96h 内使用药物有效而其后使用无效，再根据 Nb 在蚕体内繁殖的规律，推测该药物对处于裂殖阶段的 Nb 有效，其他时期无效（郑祥明等，1994）。化学因子对 Nb 的作用或对家蚕微粒子病的治疗效果及机制研究的发展，关键在于优良选择性药物的筛选。随着新型化学或生物药物的诞生及药学和分子生物学的快速发展，化学因子对家蚕微粒子病作用机制的研究及其在生产实践中的应用，一定会得到更多的关注和重视。

化学药物在家蚕微粒子病治疗的生产应用中，与物理因子的利用等相同，涉及该技术的有效性目标或效益评估，以及风险评估等问题。

8.2.1 几种化学药物对家蚕微粒子病的浓度效应

实验以丙硫苯咪唑，以及其他实验室曾经试验过的“防微灵”、“克微一号”、“克微灵”和“脓微灵”为试验用化学药物（原粉）。

丙硫苯咪唑又称阿苯达唑（albendazole）等，化学名为 5-(丙硫基)-2-苯并咪唑-氨基甲酸甲酯，是一种咪唑衍生物类广谱驱肠虫药物。在感染人类免疫缺陷型患者的病原性原虫康氏短粒虫（*Vittaforma corneae*）和小泡短粒虫（*Brachiola vesicularum*）（Silveira and Canning，1995；Cali et al.，1998）的治疗研究中，发现具有明显效果。

预先将纯化的 Nb 孢子悬浮液（5.6×10^6孢子/ml）0.3ml 涂布在 4cm×4cm 的桑叶叶背，经 30min 阴干后，喂饲 20 条 2 龄起蚕（菁松×皓月），待桑叶基本食尽后（10h），喂饲不同的药液，即将不同化学药物配成不同浓度水溶液或悬浮液后，均匀地喷于桑叶上，稍晾，喂饲。常规饲养 9.5d 后，绝食 1d，取中肠，镜检 Nb 孢子。每个药物的不同浓度试验区设 3 个重复。结果显示：丙硫苯咪唑、“防微灵”和“克微一号”具有相似的剂量（*m*/*V*）效应；“克微灵”在稀释 50 倍或 100 倍具有类似效应，但在稀释 300 倍后效应明显下降；“脓微灵”的效果则较差（表 8-1）。

表 8-1 几种化学药物不同浓度的治疗效果

药剂	Nb 孢子检出率（%）				
	1000	500	300	100	50
丙硫苯咪唑（mg/L）	/	/	/	8.3	28.3
防微灵（mg/L）	/	/	/	10.0	23.3
克微一号（mg/L）	/	/	/	15.0	36.7
克微灵（稀释倍数）	100.0	96.7	65.0	30.0	13.3
脓微灵（稀释倍数）	100.0	100.0	100.0	53.3	81.7
蒸馏水	100.0				
非感染区	100.0				

注：“/”表示未有该设计实验及数据

此外，曾尝试研究更高剂量的丙硫苯咪唑、“防微灵”和“克微一号”添食的效应，但采用 2000mg/L 或以上剂量持续添食，蚕的眠期发生明显推迟而未果。

8.2.2　化学药物不同添食方式的治疗效果

家蚕微粒子虫添食方法：取 0.4ml 的 Nb 孢子悬浮液（1.9×10^6孢子/ml），用小棉球涂抹于 6cm×6cm 的桑叶叶背，阴干 30min 后喂饲 4 龄或 5 龄起蚕（20 条），待桑叶基本食尽后（6～12h），进行不同方式的药物添食喂饲。试验用家蚕为健康 4 龄起蚕（芳草×晨星）。

根据浓度效应实验结果，选取丙硫苯咪唑、“防微灵”和“克微一号”为实验用药物。采用 5 种方式进行药物喂饲，即 A 为连续喂饲药叶，B 为每天喂饲 1 次药叶，C 为间隔数天喂饲药叶（4 龄起蚕食桑 24h，喂饲药叶 1 次；5 龄起蚕食桑 24h、72h 和 120h 各喂饲药叶 1 次，其他喂饲普通叶），D 为 5 龄隔日喂饲药叶（4 龄常规喂饲，5 龄起蚕食桑 24h、72h 和 120h 各喂饲药叶 1 次，其他喂饲普通叶），E 为 4 龄喂饲药叶 5 龄喂饲普通叶（4 龄连续喂饲药叶，5 龄起蚕同法添食 Nb 孢子后喂饲普通叶），同时设蒸馏水对照。

每个实验区设 3 个重复，添食 Nb 或喂饲药叶后，常规饲养和结茧化蛾，显微镜检测蛾中的 Nb 孢子。如在饲养过程中出现死蚕，则放置一周，显微镜检测 Nb 孢子。

结果显示（表 8-2），连续喂饲药叶（A）和每天 1 次喂饲药叶（B）出现了较好的效果（仅“克微一号”300mg/L 检出率为 3.3%）；间隔数天喂饲药叶（C）在高剂量（1000mg/L）时均未检出 Nb 孢子，500mg/L 时“克微一号”和“防微灵”有 Nb 孢子检出（15%和 1.7%），丙硫苯咪唑未检出，300mg/L 时都有检出；5 龄隔日喂饲药叶（D）和 4 龄喂饲药叶 5 龄喂饲普通叶（E）的 Nb 孢子检出率在 91.7%及以上。该结果表明：在较高频率（24h 内）使用药物的情况下，3 种化学药物都能较好地体现药效；但在用药频率下降后，药效明显下降；从药代动力学角度而言，3 种化学药物在各实验用剂量下，不能在家蚕体内维持较长的时间（4 龄期），或预防作用很弱。

表 8-2　不同化学药物添食方式和剂量的家蚕微粒子病治疗效果

添食方式	Nb 孢子检出率（%）									
	丙硫苯咪唑（mg/L）			防微灵（mg/L）			克微一号（mg/L）			蒸馏水
	300	500	1000	300	500	1000	300	500	1000	
A	0.0	0.0	0.0	0.0	0.0	0.0	0.0	0.0	0.0	100.0
B	0.0	0.0	0.0	0.0	0.0	0.0	3.3	0.0	0.0	
C	8.3	0.0	0.0	6.7	1.7	0.0	25.0	15.0	0.0	
D	100.0	100.0	93.3	100.0	100.0	96.7	100.0	100.0	91.7	
E	100.0	100.0	100.0	100.0	100.0	100.0	100.0	100.0	100.0	

此外，在 1000mg/L 剂量（A 方式）下，虽然表现出较好的防控效果，但蚕茧重量和茧层率分别为 67.68g 和 21.8%，略低于对照的 69.51g 和 22.2%（各 15×3 颗蚕茧数据），以及高剂量药物连续添食后，出现眠起推迟等现象，暗示了试验药物可能存在药害问题。

8.2.3 化学药物对不同剂量微粒子虫孢子感染的治疗效果

用0.3ml不同浓度的Nb孢子悬浮液(桑叶大小为3cm×3cm)添食20条2龄起蚕(菁松×皓月)，待桑叶基本食尽后（约10h)，喂饲不同种类和剂量的药液，常规饲养9.5d后，绝食1d，解剖取中肠，镜检Nb孢子。每个药物的不同浓度实验区设3个重复。结果显示（表8-3)：在5.6×10^5孢子/ml浓度（×0.3/20=8400颗Nb孢子/蚕）及以下时，3种化学药剂在各使用剂量下都能很好地抑制Nb的增殖（未检出Nb孢子)；但在其以上感染量的情况下，未能很好地达到完全抑制的目的（表8-3)。

表8-3 丙硫苯咪唑、“防微灵”和“克微一号”对不同剂量微粒子虫孢子感染的治疗效果

Nb浓度（孢子/ml）	Nb孢子检出率（%）									
	蒸馏水对照	丙硫苯咪唑（mg/L）			防微灵（mg/L）			克微一号（mg/L）		
		100	300	500	100	300	500	100	300	500
0	0.0	0.0	/	/	0.0	/	/	0.0	/	/
5.6×10^3	36.7	0.0	0.0	0.0	0.0	0.0	0.0	0.0	0.0	0.0
5.6×10^4	81.7	0.0	0.0	0.0	0.0	0.0	0.0	0.0	0.0	0.0
5.6×10^5	98.3	0.0	0.0	0.0	0.0	0.0	0.0	0.0	0.0	0.0
5.6×10^6	100.0	6.7	0.0	0.0	8.3	0.0	0.0	13.3	3.3	0.0
5.6×10^7	100.0	31.7	13.3	5.0	31.7	15.0	6.7	35.0	31.7	10.0

注：“/”表示未有该设计实验及数据

此外，用乙酸等溶剂将丙硫苯咪唑配制成可溶性溶液，经实验室养蚕（秋丰×白玉）防效测试有效后，进行农村试验。在春蚕制种秋季饲养一代杂交蚕种的原蚕区，选择春季原蚕饲养中家蚕微粒子病检测超标而全部被淘汰的6个原蚕户，使用检测“无毒”蚕种（秋丰×白玉或薪杭×科明)，按照C方式进行药物应用试验，结果未显示预期的显著防治效果。

根据上述试验结果可以认为，丙硫苯咪唑等化学药物添食家蚕，可以出现使家蚕微粒子病发生率下降的效果，或认为该药物对家蚕微粒子病有治疗效果，但这种效果有其局限性。这种局限性主要表现为3个方面，其一是药物剂量的局限性，即随使用浓度提高药效增加，但过高浓度对家蚕有害；其二是用药频率的局限性，用药频率越高药效越好，但用药时间间隔2d以上药效明显降低；其三是感染Nb孢子剂量的局限性，即在较高Nb孢子感染剂量（10^7孢子/ml）时未见明显药害剂量的药物使用不能产生明显效果。

结合蚕种繁育过程和检测特点，生产中家蚕Nb孢子感染剂量的不确定性、蚕座内感染发生时间的不确定性，以及化学药物对家蚕的安全性（包括当季的饲养性能和次代的孵化率等）和蚕种检测风险阈值等问题，导致丙硫苯咪唑等化学药物应用于蚕种生产中家蚕微粒子病的防控，在有效性和技术效率等方面都存在较大的缺陷，药效的局限性限制了其在生产上的应用。因此，进一步深入开展化学药物对家蚕微粒子病作用机制的研究，以及药物筛选等研发工作，是利用化学因子防控家蚕微粒子病的重要基础。

8.3　微生物因子对家蚕微粒子病发生的影响

家蚕消化道是 Nb 孢子进入蚕体后发芽和感染关系建立的第一个环境，家蚕消化道具有丰富的微生物多样性，其中肠球菌（enterococci）是家蚕消化道内的高频微生物，且具有丰富的多样性（Lu et al.，1994a，1994b；鲁兴萌和金伟，1996a，1999b；鲁兴萌等，1997a，1999，2003）（参见第 7 章），家蚕感染 Nb 后其肠球菌也会在种的结构和数量等方面发生变化，以及呈现不同生理生化表型的多样性。微生物因子或家蚕消化道微生态对 Nb 感染家蚕影响的机制是一个非常基础的研究领域，本部分内容介绍在从家蚕中分离肠球菌后，从中发现在体外（*in vitro*）可抑制 Nb 孢子发芽的分离菌株，并对此开展相关研究。

8.3.1　家蚕消化道来源肠球菌对家蚕微粒子虫孢子发芽的抑制作用

取健康家蚕、细菌性肠道病蚕、4 龄和 5 龄起蚕添食感染 Nb 病蚕的消化道，计数肠球菌数量，分离克隆各 50 个菌株进行简易的 API 20 STREP（5.0）系统菌种鉴定（参见 7.2.2 节）。

8.3.1.1　分离菌株的培养特性及培养条件优化

用于实验的分离菌株为经 API 20 STREP（5.0）系统进行数值鉴定分析为粪肠球菌（*Ent. faecalis* ZJU）的分离菌株，分离菌株接种于 5ml 的液体 MRS 培养基（manna-rogosa-sharpe：5g 胰蛋白胨，10g 牛肉浸膏，5g 浓缩酵母浸出粉，10g 葡萄糖，1g 柠檬酸三铵，0.05g 硫酸镁，2.5g 乙酸钠，0.025g 硫酸锰，1g 磷酸氢二钠，0.5g 吐温-80，定容至 500ml，pH 调至 7.0，121℃灭菌 20min），37℃、120r/min 振荡培养，定时取样。

采用紫外吸收法测定各取样时间点培养物的蛋白质浓度，计算公式为：蛋白质浓度（mg/ml）$=1.45\times A_{280}-0.74A_{260}$。

接种分离菌株于 MRS 培养后，各取样时间点培养物抑制 Nb 孢子发芽活性的测定流程为：20μl 的 Nb 孢子悬浮液+50μl 的培养物+200μl 的 GKK 缓冲液（0.05mol/L 氢氧化钾，0.375mol/L 氯化钾和 0.05mol/L 甘氨酸，pH 10.5）于 30℃、200r/min 振荡培养 60min，取 100μl 的 Nb 孢子悬浮液于分光光度计中测定 OD_{625}。空白对照（CK）测定流程为：20μl 的 Nb 孢子悬浮液+50μl 的磷酸缓冲液+200μl 的 GKK 缓冲液于 30℃、200r/min 振荡培养 60min，取 100μl 的 Nb 孢子悬浮液于分光光度计中测定 OD_{625}。稀释对照（dilution）测定流程为：20μl 的 Nb 孢子悬浮液+250μl 的磷酸缓冲液于 30℃、200r/min 振荡培养 60min，取 100μl 的 Nb 孢子悬浮液于分光光度计中测定 OD_{625}。

蛋白质比活（IU/mg）为：对 Nb 孢子的相对抑制率/蛋白质含量。总比活为：蛋白质比活（IU/mg）×蛋白质浓度（mg/ml）×取样体积（4.5ml）。

接种分离菌株培养后，在 36h 时 pH 最低，吸光值（OD_{610}）最高，该时点为细菌生长的高峰期。蛋白质含量在培养 36h 时也达到高峰，其后下降；蛋白质比活（IU/mg）在培养 24h 即达到最高值，其后维持在类似数值水平；总比活（IU）在 36h 时达到高峰，其后下降（表 8-4）。由此确定，将粪肠球菌分离菌株（*Ent. faecalis* ZJU）接种 MRS 培养基后培养 36h 为取样时间点。

表 8-4　培养时间对肠球菌分离菌株生长及其活性的影响

测定指标	培养时间（h）				
	16	24	32	36	48
pH	4.87	4.77	4.69	4.53	4.64
OD_{610}	1.257	1.271	1.291	1.362	1.324
蛋白质含量（mg/ml）	5.10	5.23	5.41	6.07	5.85
蛋白质比活（IU/mg）	22.59	24.93	24.18	24.59	24.13
总比活（IU）	518.44	586.73	588.66	671.68	635.22

在培养基选择方面，比较 MRS 与 BM 培养基（15g 胰蛋白胨，2.5g 氯化钠，2.5g 葡萄糖，2.5g 浓缩酵母浸出粉，定容至 500ml，pH 调至 7.0，121℃灭菌 20min）的细菌生长量和蛋白质含量。结果显示 BM 培养基接种粪肠球菌分离菌株，与同步进行的 MRS 培养基比较，培养物的 pH 下降程度、吸光值（OD_{610}）增加程度、蛋白质含量（双缩脲法）、蛋白质比活（IU/mg）和总比活（IU）随培养时间变化的规律与其相同，但其数值低于 MRS 培养基，即简单地从量方面考虑，为获取 Nb 孢子抑制活性物，MRS 培养基更佳。

在培养基起始 pH 的影响方面，将 MRS 培养基的 pH 调节成 5.0、6.0、6.5、7.0、8.0 和 9.0，接种粪肠球菌分离菌株并培养 36h，进行上述相关指标的测定，结果如表 8-5 所示：培养物的 pH、吸光值（OD_{610}）、蛋白质含量（双缩脲法）、蛋白质比活（IU/mg）和总比活（IU）随培养时间变化的规律与前述试验相同。但起始 pH 在 6.5 或以下，蛋白质比活等指标低于较高起始 pH MRS 培养基；起始 pH 在 7.0 或以上时，各项指标均较高，但其中以 7.0 为最佳（表 8-5）。

表 8-5　培养基起始酸碱度对肠球菌生长及其活性的影响

测定指标	培养基起始 pH					
	5.0	6.0	6.5	7.0	8.0	9.0
pH	4.88	4.60	4.64	4.74	4.68	4.68
OD_{610}	0.076	1.147	1.324	1.767	1.673	1.483
蛋白质含量（mg/ml）	4.40	4.86	5.85	7.26	6.88	6.26
蛋白质比活（IU/mg）	0.18	20.55	24.13	25.45	28.23	22.43
总比活（IU）	3.52	449.42	635.22	831.45	874.00	631.85

在培养温度的影响方面，将接种粪肠球菌分离菌株的 MRS 培养基于不同温度下进行静置培养，结果如表 8-6 所示：在 20～37℃的温度条件下生长良好，蛋白质含量、比活和总比活较高；在 48℃条件下吸光值（OD_{610}）较低，蛋白质含量、比活和总比活也较低；在 37℃下培养时溶液 pH 最低，OD_{610}、蛋白质含量和比活、总比活均最高，即为最佳培养条件。

表 8-6　培养温度对肠球菌生长及其活性的影响

测定指标	培养温度（℃）			
	20	28	37	48
pH	5.13	4.92	4.72	5.95
OD_{610}	1.214	1.245	1.373	0.098
蛋白质含量（mg/ml）	5.19	5.36	5.60	4.71
蛋白质比活（IU/mg）	20.64	22.51	24.43	0.25
总比活（IU）	482.05	542.94	615.64	4.98

8.3.1.2　肠球菌培养物对家蚕微粒子虫孢子发芽的体外抑制作用

从上述分离和鉴定的肠球菌属（*Enterococcus*）分离菌株（参见 7.2.2 节）中，选择高频分布分离菌株和糖酵解（MAN、SOR 和 GLYG）显示多样性的优势表型分离菌株开展 Nb 孢子发芽的体外抑制作用试验，4 类糖酵解表型的分离菌株特征分别为：01 分离菌株 MAN，−/−；SOR，−/+；GLYG，−/−。02 分离菌株 MAN，+/++；SOR，−/++；GLYG，−/−。03 分离菌株 MAN，−/+；SOR，−/−；GLYG，−/−。04 分离菌株 MAN，+/++；SOR，−/+；GLYG，++/++。

在采用 KOH 预处理 Nb 孢子方法时，预处理的 KOH 浓度直接影响 Nb 孢子的发芽率。pH 接近于健康家蚕消化液的 KOH 溶液浓度为 0.10～0.50mol/L。本实验中用不同浓度（0.025mol/L、0.050mol/L、0.100mol/L、0.150mol/L、0.200mol/L 和 0.250mol/L）KOH 预处理的结果表明：在 0.025～0.150mol/L，Nb 孢子的发芽率明显上升（63.38%～83.05%），在 0.150～0.250mol/L，Nb 孢子的发芽率无明显差异（90.17%～96.05%）。此外，预处理 KOH 浓度低于 0.250mol/L 时，对 Nb 孢子的折光度和致病性无明显影响，而当 KOH 浓度高于 0.50mol/L 时，Nb 孢子的折光度和致病性明显受到影响，同时高浓度 KOH 预处理后 Nb 孢子的聚集现象较为严重，即影响发芽率测定的正确性和生物学意义，故本实验采用的 KOH 预处理浓度为 0.200mol/L。

将 50μl 的 Nb 孢子悬浮液（4.60×10^8 孢子/ml）与 0.20mol/L 的 KOH 等量混合（本底对照处理为 0.85% 氯化钠），27℃水浴 1h 预处理后，加入 200μl 的肠球菌培养上清（培养方法见上述优化方案；或经 100℃加热 10min 的肠球菌培养上清，或未经接种培养液）和 1000μl 的 TEK 缓冲液，27℃水浴 1h 后充分振荡混匀，取该溶液少许放于载玻片，用相差显微镜（40×15 倍）观察计数发芽和未发芽的孢子数（未发芽孢子具很强的折光度，已发芽孢子呈灰色，图 4-20a 和 b）。发芽率和未发芽数都为 1.8cm×1.8cm 盖玻片上 3 行约 180 个视野的结果，发芽率为 180 个视野观察所得发芽孢子占孢子总数的百分比（观察总数均在 100 颗以上），未发芽数为 180 个视野观察所得的平均每视野亮孢子数。

本实验分离的 4 个不同生理生化表型肠球菌属（*Enterococcus*）菌株的培养上清，在体外抑制 Nb 孢子发芽试验中都显示出较为明显的发芽抑制效果，发芽率绝对值下降 31.49～43.56 个百分点，相对值降低 48.18%～50.56%，未发芽数的测定也显示了相同的发芽抑制效果（表 8-7）。未接种培养液未显示发芽抑制效果，证实了该作用来自细菌的外分泌物或代谢产物。经 100℃加热 10min 培养上清（02 分离菌株）发芽抑制效果消失的现象则表明该发芽抑制物为热变性物质，很有可能为高分子量的生物活性物。不同生理生化表型菌株间未出现明显差异的结果，暗示表型差异（外分泌的 MAN、SOR 和 GLYG 分解酶活性）与发芽抑制效果无直接关系。

表 8-7　肠球菌培养上清处理后家蚕微粒子虫孢子的发芽率和未发芽数

指标	发芽对照	不同分离菌株（编号）培养上清				加热培养上清	培养液	0.85% NaCl
		01	02	03	04			
发芽率（%）	90.14	58.65	46.58	54.11	56.94	88.16	93.66	3.98
未发芽数	2.10	2.93	5.96	7.24	8.72	1.75	1.40	/

8.3.2　肠球菌体外抑制家蚕微粒子虫孢子发芽的动力学研究

本实验所用的肠球菌属分离菌株为经数值鉴定分析出现概率（present probability，PP）和鉴定概率（identification probability，IP）分别为 26.78%和 91.4%的屎肠球菌分离菌株（*Ent. faecium* sp. 004）（鲁兴萌等，2003）。上述试验发现家蚕来源肠球菌属分离菌株（*Ent. faecium* sp. 004）在体外对 Nb 孢子具有发芽抑制作用的基础上，为进一步证实该生物学现象与功能，对分离菌株培养液进行初步的纯化，并对不同纯化程度的外分泌物质对 Nb 孢子发芽的抑制作用进行动力学测评。

8.3.2.1　家蚕微粒子虫孢子浓度与其吸光值的关系

根据微孢子虫发芽前-后孢子悬浮液中的亮孢子（有折光）和暗孢子数，测定计算 Nb 孢子的发芽率（Undeen and Avery，1984）。成熟的 Nb 孢子呈体积微小的椭球形，有较强的折光度，在 625nm 波长下有吸光值，而不成熟孢子或发芽后的孢子则呈暗黑状（图 4-20）。采用光学显微镜法的情况下，因取样、计数等环节不可避免地存在较大的误差，而且计数非常耗时，给大规模的实验带来不可克服的困难。

根据微孢子虫孢子发芽率的分光光度计测算法的原理与技术（Undeen and Avery，1988b），本试验将精制纯化的 Nb 孢子悬浮液，按序（0μl、0.5μl、1.0μl、1.5μl、…、30.5μl、31μl、31.5μl 或 32μl）分别加入 EP 管，再加入蒸馏水使每管溶液的总体积为 150μl，分别取 100μl 测定其在 625nm 波长下的吸光值（OD_{625}）。再分别吸取上述第 2、5、8、…、59、62、65 号 EP 管孢子悬浮液各 10μl，滴于细菌计数板上，在相差显微镜下测算各管悬浮液中 Nb 孢子的浓度，加权平均计算得到第 2 号管孢子液的浓度，其余各管孢子浓度按稀释比例推算。通过采集大量数据和计算机模拟（Excel 2000），建立了 Nb 孢子浓度与吸光值（OD_{625}）的函数关系（$Y=2.712\times10^6X$），其 R^2 为 0.998，说明此函数具有足够的信赖度（图 8-1），在可提高实验精确度的同时，为孢子发芽动力学等研究提供了可能。

8.3.2.2　活性物纯化方法与程序

细菌培养：取 MRS 培养基 450ml 接种屎肠球菌分离菌株（*Ent. faecium* sp. 004），

37℃下以 120r/min 振荡培养 36h 后，取培养液 10 000×*g* 离心 20min（4℃），取上清液用 0.22μm 微孔滤膜过滤，收集滤液，即为除菌后的肠球菌培养上清过滤液（SM）。

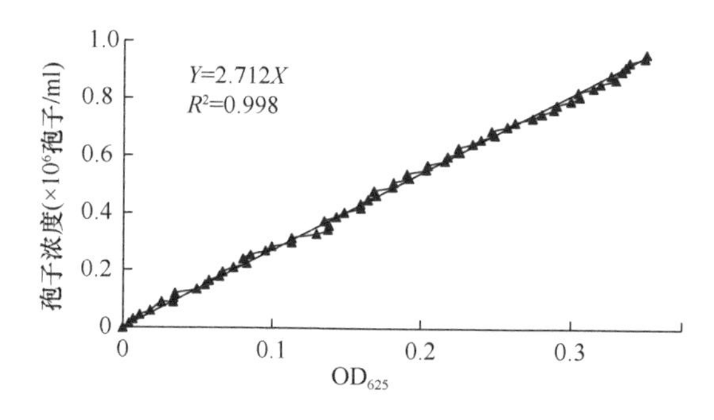

图 8-1　家蚕微粒子虫孢子浓度与其 OD_{625} 之间的函数关系

细菌培养上清的透析：取 20ml 获得的培养物上清过滤液（SM）放入透析袋中，置于 20 倍体积的磷酸缓冲液中，4℃静置透析 24h 后，回收透析袋中的溶液并定容到 20ml，即肠球菌培养上清过滤液的透析液（DSM）。同时，取 20ml 未接种细菌的 MRS 培养基，同法透析，获未接种细菌的培养液透析液（DM）（参照用）。

不同饱和度硫酸铵盐析：取 400ml 接种细菌的培养物上清过滤液（SM），用 1mol/L 的 NaOH 或 HCl 将 pH 调至 6.0 后，装入冰水浴的三角烧瓶中，在磁力搅拌器的轻轻搅拌下徐徐加入固体硫酸铵，使溶液中硫酸铵的饱和度达到 20%，继续搅拌 30min 后 4℃静置 12h，然后 10 000×*g* 离心 10min（4℃），弃沉淀，取上清液，同上再加入固体硫酸铵，使硫酸铵饱和度达到 80%，同上方法盐析和离心，得到的蛋白沉淀用适量磷酸缓冲液溶解，同上法进行透析，透析液通过外敷 PEG6000，置 4℃浓缩，经过 2～6h 后，取出透析袋内溶液，根据实验需要定容，该溶液即为培养物 20%～80%饱和度硫酸铵盐析粗提蛋白溶液（SMProtein）。同时，按同法程序处理未接种 MRS 培养基，获取培养物 20%～80%饱和度硫酸铵盐析纯化蛋白溶液（MProtein）。

8.3.2.3　不同纯化程度活性物抑制家蚕微粒子虫孢子发芽的动力学实验

分别取 20μl 的 Nb 孢子悬浮液加入 EP 管，在各管中分别加入 100μl 含不同纯化程度活性物的 DSM、DM、SMProtein、MProtein 和磷酸缓冲液为处理液。然后各加 200μl 发芽缓冲液（GKK 缓冲液），混匀后吸取 100μl 混合液放入光程 1cm 的石英比色皿，设定温度为 30℃，在前 72min 内每隔 30s 用紫外分光光度计测定一次 Nb 孢子悬浮液在 625nm 波长下的吸光值（OD_{625}）。测定（72min）后，混匀比色皿中的 Nb 孢子悬浮液，再次测定其 OD_{625}，用于 Nb 孢子最终的发芽率计算，以便校正 Nb 孢子在比色皿中自然沉降对吸光值的影响。Nb 孢子发芽率和相对抑制率的计算公式分别为：发芽率（%）=[（发芽起始液 OD_{625}−发芽终止后混匀液 OD_{625}）/发芽起始液 OD_{625}]×100；相对抑制率（%）=[（缓冲液对照发芽率−处理液发芽率）/缓冲液对照发芽率] ×100。

另设置 20μl 的 Nb 孢子悬浮液在 300μl 磷酸缓冲液中自然沉降的稀释对照。以时间为横坐标以上述实验流程中 6 个处理所测得的 OD_{625} 值为纵坐标，用 Excel 2000 软件制成曲线，即为 Nb 孢子发芽的动力学曲线（图 8-2）。

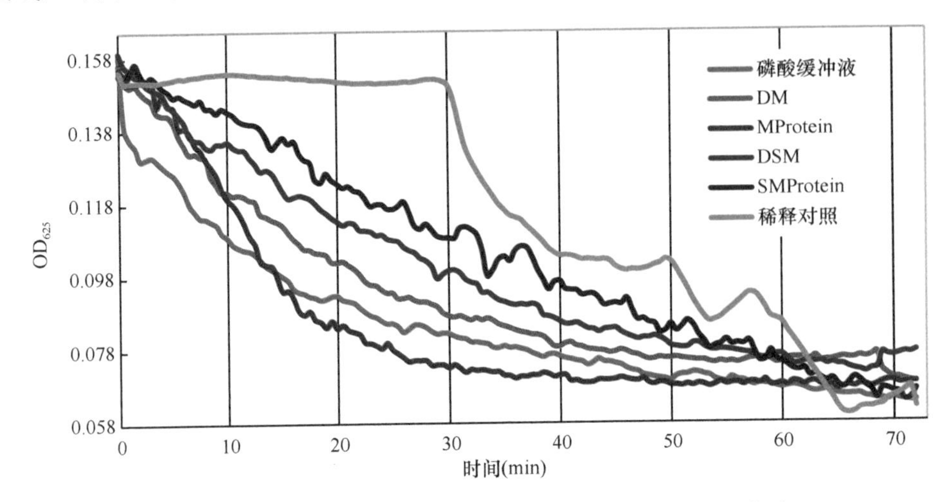

图 8-2　家蚕微粒子虫孢子在不同处理液中发芽的动力学曲线

6 条曲线分别代表不同孢子悬浮液在 72min 内的吸光值；以第 30min 为例，依纵坐标方向从上到下依次表示孢子在磷酸缓冲液中自然沉降和添加不同纯化程度活性物的 SMProtein、DSM、DM、磷酸缓冲液和 MProtein 的吸光值

家蚕微粒子虫孢子发芽的动力学曲线显示，在发芽预处理后的 10min 内，吸光值下降最大的是磷酸缓冲液对照处理区，即 Nb 孢子的发芽率最高；其次是未接种细菌培养液蛋白溶液（MProtein）和未接种细菌培养基透析液（DM）处理区；接种肠球菌培养上清过滤液的透析液（DSM）和培养物 20%～80%饱和度硫酸铵盐析粗提蛋白溶液（SMProtein）处理区为吸光值下降较小的区，即发芽率较低。在发芽预处理后的 30min 内，各处理区保持了相同的趋势。在发芽预处理 30min 后，稀释对照区及其他处理区的吸光值发生下降，其中稀释对照区尤为明显，这种下降主要由 Nb 孢子自然沉降所致（图 8-2）。

不同处理区在不同处理时间的吸光值（或发芽率）变化趋势表现一致，即吸光值逐渐下降（或发芽率逐渐上升），但不同处理区之间的吸光值下降（或发芽率上升）幅度存在明显的不同。经磷酸缓冲液处理的 Nb 孢子在发芽缓冲液（GKK 缓冲液）中迅速发芽，在 2min 之内发芽率就明显上升，与其他处理区显示明显差异，其后持续急剧上升（OD_{625} 急剧下降）。MRS 培养基的透析液（DM）及其硫酸铵盐析蛋白溶液（MProtein）在处理后的 8min 内未见孢子发芽率急剧上升，但在 8～30min 显示了急剧上升的结果。该结果表明：在这两种处理液中可能存在着微弱的 Nb 孢子发芽抑制因子，该抑制因子只在处理的初期显示作用，随后就明显失去效果，如 MRS 培养基的透析液（DM）在处理后 14min 孢子发芽率就超过磷酸缓冲液处理区（图 8-2）。

家蚕消化道来源肠球菌分离菌株（*Ent. faecium* sp. 004）上清过滤液的硫酸铵盐析蛋白溶液（SMProtein）处理区的孢子发芽率最低（17.98%），即抑制效果最好，其次为培养上清过滤液的透析液（DSM）处理区，两者 Nb 孢子发芽的相对抑制率分别为 70.08% 和 65.95%。MRS 培养基的透析液（DM）及培养基硫酸铵盐析蛋白溶液（MProtein）只有轻微的发芽抑制作用（图 8-2 和表 8-8）。

表 8-8　家蚕微粒子虫孢子在不同纯化程度活性物处理液中的发芽率

指标	培养基（DM）	培养基盐析蛋白（MProtein）	培养上清（DSM）	培养上清盐析蛋白（SMProtein）	磷酸缓冲液	稀释对照
起始 OD_{625}	0.1561	0.1596	0.1554	0.1535	0.1586	0.1545
终止 OD_{625}	0.0722	0.0777	0.1236	0.1259	0.0633	0.1527
发芽率（%）	53.75	51.32	20.46	17.98	60.09	1.17
相对抑制率（%）	10.55	14.59	65.95	70.08	/	/

经家蚕消化道来源肠球菌分离菌株（*Ent. faecium* sp. 004）培养上清过滤液的透析液（DSM）和该上清过滤液的硫酸铵盐析蛋白溶液（SMProtein）处理后，Nb 孢子发芽率的上升趋势明显低于磷酸缓冲液处理区（图 8-2），暗示在这两种处理液中存在能显著抑制 Nb 孢子发芽的活性物。该活性物对 Nb 孢子发芽的最终相对抑制率分别达到 65.95%和 70.08%。从动力学曲线看，在处理后 30min 时，Nb 孢子在磷酸缓冲液对照中的发芽率就达到了 47.92%，占其最终发芽率（60.09%）的 79.75%，而 DSM 和 SMProtein 的相对抑制率分别达到 25.47%和 38.82%，分别占各自最终相对抑制率的 38.62%和 55.39%，充分说明在大部分 Nb 孢子（79.75%）完成发芽的 30min 时间内该活性物能够有效地发挥抑制作用（表 8-8）。

8.3.2.4　热处理对 SMProtein 抑制孢子发芽活性的影响

SMProtein 的获取方法表明该活性物为较高分子量的蛋白质，热处理对该蛋白质影响的测试涉及对其特性的解明。为此，本实验吸取 1ml 的 SMProtein 置沸水浴中，经不同时间处理后，各取 100μl 调查其对 Nb 孢子发芽的抑制作用；另吸取 1ml 的 SMProtein 置于 60℃水浴中，经 60min 后取 100μl 进行调查。经不同热处理的 SMProtein 活性调查的实验流程如下：20μl 的 Nb 孢子悬浮液+100μl 的 SMProtein+200μl 的 GKK 缓冲液于 30℃以 200r/min 振荡培养 60min 后，取 100μl 孢子悬浮液测定 OD_{625}。同时设加缓冲液的空白对照（CK）和加 Nb 孢子的稀释对照（Dilution）。

屎肠球菌分离菌株（*Ent. faecium* sp. 004）培养上清过滤液 20%～80%饱和度硫酸铵盐析蛋白溶液（SMProtein）的沸水浴实验结果显示：其相对抑制率与未处理区的差异在 2.36～8.80 个百分点，随处理时间的延长未见相对抑制率的下降（表 8-9）；60℃水浴 60min 处理区的 OD_{625} 为 0.0991，发芽率为 31.75%，相对抑制率为 54.94%，即在 60℃水浴 60min 处理时 SMProtein 的活性未受明显影响。

表 8-9　热处理对 SMProtein 抑制家蚕微粒子虫孢子发芽活性的影响

指标	沸水浴时间（min）							空白对照	稀释对照
	0	1	5	10	15	30	60		
OD_{625}	0.1064	0.0974	0.1067	0.0974	0.1016	0.0980	0.1040	0.0429	0.1452
发芽率（%）	26.72	32.92	32.42	32.92	30.03	32.51	28.38	70.46	/
相对抑制率（%）	62.08	53.28	54.00	53.28	57.38	53.86	59.72	/	/

根据屎肠球菌分离菌株（*Ent. faecium* sp. 004）培养上清过滤液的透析液（DSM）和硫酸铵盐析蛋白溶液（SMProtein）对Nb孢子发芽的相对抑制率明显高于对照和其他两个处理区的实验结果，可以认为能抑制Nb孢子发芽的活性物存在，屎肠球菌分离菌株（*Ent. faecium* sp. 004）培养基的培养代谢产物中，活性物的分子质量大小应在3.5kDa以上（透析袋分子质量尺寸）。以乳酸菌（lactic acid bacteria）为代表的一些细菌外分泌蛋白类物质拮抗近缘病原微生物（如李斯特菌属细菌等）生长的现象，已引起了国内外食品卫生学专家的广泛关注，肠球菌已被认为是食品工业中用于拮抗李斯特菌属（*Listeria*）细菌的良好潜势菌种，利用以枯草芽孢杆菌为代表的细菌防治植物病害的研究也是方兴未艾。本实验所证实的Nb孢子发芽抑制活性物的热稳定性为下一步的研究提供了十分有利的条件。

8.3.3 肠球菌培养物的活性物纯化与活性测定

同8.3.2.2节方法，屎肠球菌分离菌株（*Ent. faecium* sp. 004）培养上清的过滤液，分别用30%、30%～45%、45%～60%、60%～75%和75%～90%不同饱和度硫酸铵分级盐析，获得相应的处理液蛋白（AMP30、AMP30-45、AMP45-60、AMP60-75和AMP75-90），以及未接种细菌的培养液透析液。采用紫外吸收法测定其蛋白质浓度，计算公式为：蛋白质浓度（mg/ml）$=1.45\times A_{280}-0.74A_{260}$。处理液蛋白（AMP）抑制Nb孢子发芽活性的测定流程为：20μl的Nb孢子悬浮液+50μl的处理液蛋白+200μl的GKK缓冲液于30℃、200r/min振荡培养60min，取100μl的Nb孢子悬浮液于分光光度计中测定OD_{625}。空白对照（CK）测定流程为：20μl的Nb孢子悬浮液+50μl的磷酸缓冲液+200μl的GKK缓冲液于30℃、200r/min振荡培养60min，取100μl孢子悬浮液于分光光度计中测定OD_{625}。稀释对照（Dilution）测定流程为：20μl的Nb孢子悬浮液+250μl的磷酸缓冲液于30℃、200r/min振荡培养60min，取100μl的Nb孢子悬浮液于分光光度计中测定OD_{625}。

8.3.3.1 饱和度硫酸铵分级盐析的蛋白质含量

不同饱和度硫酸铵分级盐析处理液的蛋白质含量有较大差别，30%～45%和45%～60%饱和度硫酸铵盐析处理液的蛋白质含量较高，其盐析粗提蛋白质含量为285.69mg，占盐析蛋白质总量（356.12mg）的80.22%，即肠球菌接种培养液中的大部分蛋白质在30%～60%饱和度硫酸铵得到沉淀（表8-10）。

表8-10 各分级盐析蛋白质含量及其占盐析蛋白质总量的百分比

指标	30%	30%～45%	45%～60%	60%～75%	75%～90%
蛋白质含量（mg）	11.92	105.54	180.15	43.89	14.62
蛋白质含量占比（%）	3.35	29.64	50.59	12.33	4.09

不同饱和度硫酸铵分级盐析处理液（AMP）抑制Nb孢子发芽的活性也有较大差别。在蛋白质比活上，30%～45%和45%～60%饱和度硫酸铵盐析处理液较高，分别为42.42IU/mg

和 41.34IU/mg；在总比活上，30%～45%和 45%～60%饱和度硫酸铵盐析处理液分别为 4477.01IU 和 7447.40IU，两者的总比活占比达 94.66%（表 8-11）。

表 8-11　分级盐析蛋白质对家蚕微粒子虫孢子发芽的抑制活性

指标	AMP30	AMP 30-45	AMP 45-60	AMP 60-75	AMP 75-90	CK	对照
OD_{625}	0.0531	0.0737	0.0750	0.0541	0.0527	0.0401	0.1303
发芽率（%）	59.25	43.44	42.44	58.48	59.55	69.22	/
相对抑制率（%）	14.40	37.24	38.69	15.52	13.97	/	/
蛋白质比活（IU/mg）	9.49	42.42	41.34	10.79	9.57	/	/
总比活（IU）	113.12	4477.01	7447.40	420.03	139.91	/	/
总比活占比（%）	0.90	35.54	59.12	3.33	1.11	/	/

8.3.3.2　细菌培养物盐析处理液的离子交换层析

选用 High Q Capacity Ion Exchange Cartridges 离子交换柱（Econo-Pac®，BIO- RAD），此柱为强碱性阴离子交换柱，内装填料为聚丙烯（polypropylene），功能基团为—$N^+(CH_3)_3$，柱床体积 5ml。由于此柱在制造过程中曾使用 0.1mol/L 的氯化钠、0.05%的叠氮化钠和 50mmol/L、pH 8.0 的 Tris-HCl 处理过，因此，需用以下步骤进行预处理：离子交换层析用缓冲液 A（分别称取 $Na_2HPO_4 \cdot 12H_2O$ 1.764g 和 $NaH_2PO_4 \cdot 2H_2O$ 5.472g，加蒸馏水定容至 2L，用 1mol/L 的 NaOH 或 HCl 调 pH 至 6.0）以 2ml/min 的流速过柱 2min；缓冲液 B（1mol/L 氯化钠溶液，氯化钠 58.5g，蒸馏水定容至 1L）以 6ml/min 的流速过柱 10min；倒置层析柱，用缓冲液 A 以 6ml/min 的流速过柱 10min；将层析柱回复至正常位置，用缓冲液 A 以 1.5ml/min 的流速过柱 20min。

将上述所得分级盐析粗提蛋白质 AMP30-45、AMP45-60、AMP60-75 和 AMP30-75 分别调整蛋白质含量至 10mg/ml 后，吸取 2ml，用孔径为 0.45μm 的微孔滤膜过滤，加样于上述离子交换层析柱中。按照以下洗脱流程进行步进式洗脱：流速为 1.5ml/min；收集频率为 1 管/min；缓冲液 A，15min→缓冲液 A+10%缓冲液 B，10min→缓冲液 A+20%缓冲液 B，10min→缓冲液 A+30%缓冲液 B，10min→缓冲液 A+40%缓冲液 B，10min→缓冲液 A+50%缓冲液 B，10min→缓冲液 A+60%缓冲液 B，10min→缓冲液 A+70%缓冲液 B，10min→缓冲液 A+80%缓冲液 B，10min→缓冲液 A+90%缓冲液 B，10min→缓冲液 B，10min→缓冲液 A，10min（Biologic LP Chromatography System，蛋白质层析系统，BIO-RAD）。

AMP30-45、AMP45-60、AMP60-75 和 AMP30-75 层析后的出峰情况类似，但各峰峰值存在一定差异，即 High Q Capacity Ion Exchange Cartridges 离子交换柱对培养物不同硫酸铵饱和度盐析粗提蛋白质的吸附性不同，或者说 4 种盐析粗提蛋白质的大部分成分相同，差异较小。

用 30%～60%饱和度硫酸铵盐析粗提蛋白质（AMP30-60）进行 High Q Capacity Ion Exchange Cartridges 离子交换柱层析结果显示：出现 8 个洗脱峰，其中前面 4 个洗脱峰为主峰。收集洗脱峰 1、峰 2、峰 3 和峰 4 峰顶对应的收集管（第 6、24、36 和 44 号）的洗脱液，分别测定其对 Nb 孢子发芽的抑制活性，如表 8-12 所示。洗脱峰 1 对应洗脱蛋白质的含量和比活最高，因此可以收集洗脱峰1对应洗脱组分进行其理化性质的研究。

表 8-12 离子交换层析洗脱蛋白的活性

	OD_{625}	发芽率（%）	相对抑制率（%）	蛋白质含量（mg/ml）	蛋白质比活（IU/mg）
洗脱峰1	0.0891	31.64	46.71	1.03	453.45
洗脱峰2	0.0483	62.93	9.09	0.73	124.52
洗脱峰3	0.0491	62.32	9.91	0.78	127.05
洗脱峰4	0.0426	67.31	2.75	0.41	67.07
CK	0.0401	69.22	/	/	/
Dilution	0.1303	/	/	/	/

将培养物不同饱和度硫酸铵盐析处理液（AMP30-45、AMP45-60 和 AMP 30-60），以及上述洗脱峰1对应洗脱液进行 PAGE 的结果如图 8-3 所示。MRG 培养基中的蛋白质含量较低，未能在图谱中显示，也表明盐析粗提物和层析所获蛋白质为细菌生长繁殖后外分泌的蛋白质；30%～60%饱和度硫酸铵盐析处理液中有4种蛋白质（85.70kDa、36.14kDa、32.96kDa 和 32.36kDa），30%～45%饱和度硫酸铵盐析处理液缺失约 32.36kDa 的蛋白质，45%～60%饱和度硫酸铵盐析处理液缺失约 36.14kDa 的蛋白质。High Q Capacity Ion Exchange Cartridges 离子交换柱层析峰1仅显示1种蛋白质，与盐析粗提物图谱中分子质量最大的 85.70kDa 蛋白质位置相似，为 85.11kDa。

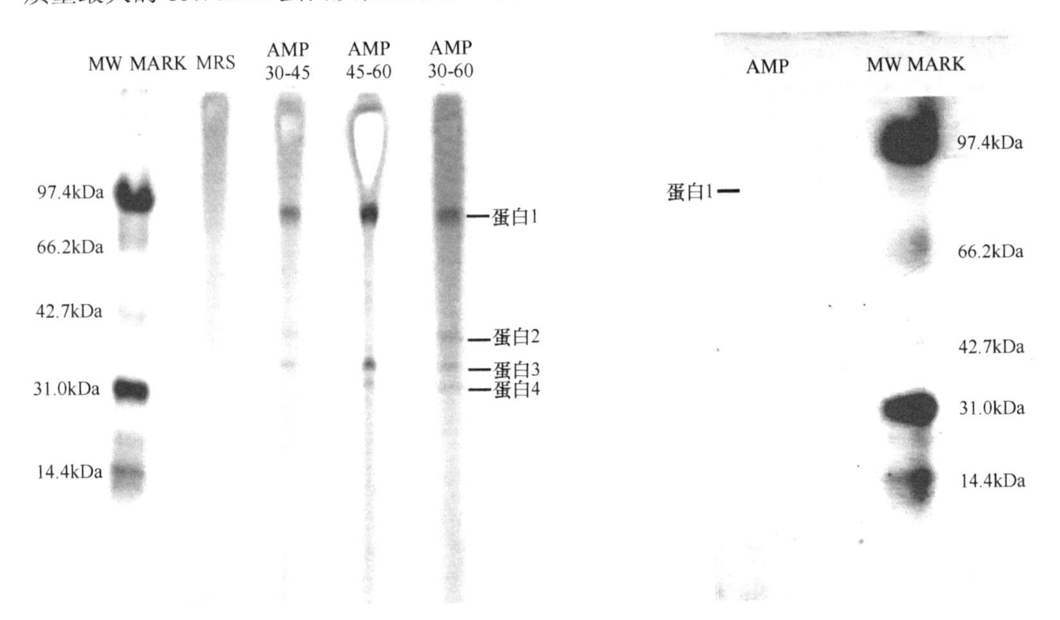

图 8-3 硫酸铵盐析和阴离子柱层析物的 PAGE

MW MARK：蛋白质分子量标记，MRS：培养基，AMP30-45：30%～45%饱和度硫酸铵盐析处理液，AMP45-60：45%～60%饱和度硫酸铵盐析处理液，AMP30-60：30%～60%饱和度硫酸铵盐析处理液，AMP：洗脱峰1收集液

8.3.3.3 培养物盐析处理液的凝胶过滤层析分离

选择直径 2.5cm、高 50cm 的层析柱，计算床柱体积为 196.25cm^3，用 75%的乙醇清

洗层析柱内壁，用 1mol/L 氢氧化钠清洗层析柱出口端的多孔支撑滤片。层析填料为 Sephadex G-75，该凝胶的分离范围为 3～80kDa，吸水量为 7.5ml/g 左右，膨胀度为 12～15ml/g，一般控制洗脱流速为 3ml/（cm^2·ml）。

根据公式：凝胶用量（g）=床柱体积（ml）/凝胶膨胀度（ml/g）=196.25/13.5=14.54g，称取 Sephadex G-75 脱水干粉 14.54g×1.2=17.44g，放入 10 倍凝胶体积的磷酸缓冲液中，自然沉降 30min 后，用倾泻法除去悬浮的过细颗粒，再置于沸水浴中热溶胀 3h，然后将溶胀完全的凝胶浆转移至 1L 的三角烧瓶中，用真空泵对凝胶浆抽气 1h。

用倾泻法除去经抽气处理并静置 1h 的凝胶浆表面多余的缓冲液。在层析柱中加入约 5cm 高的磷酸缓冲液，打开层析柱出口，当有缓冲液流出时关闭出口，用一根玻璃棒将上述处理完毕的凝胶浆沿层析柱管壁缓缓导入层析柱，待柱底沉积 1～2cm 的凝胶柱床后，打开柱的出口，随着出口处缓冲液的流出，上面不断添加凝胶浆，这样凝胶颗粒便不断缓慢沉降，待沉积面到离柱的顶端 3～5cm 处，停止装柱，将层析柱与蠕动泵和贮液器相连，用 3 倍柱床体积的磷酸缓冲液以 1ml/min 的流速平衡柱床，备用。

取一张滤纸用打孔器制作一直径为 2.5cm 的圆片，用磷酸缓冲液浸透处理后，放入上述处理完毕的层析柱表面。打开层析柱出口，使层析柱床表面多余的洗脱液流至距柱床上表面 1～2mm 时，关闭出口。按柱床体积 5%的比例，在柱床上表面小心加入 9.8ml 的 30%～60%饱和度硫酸铵盐析处理液（AMP30-60）。打开出口，待样品完全渗入胶内后，用滴管在柱床上表面加入约 4cm 高的缓冲液，将层析柱与蠕动泵和贮液器相连。将上述处理完毕的层析柱用流速为 0.25ml/min 的磷酸缓冲液洗脱 1200min，设置部分收集器，每 12min 收集 1 管，每管 3ml（Biologic LP Chromatography System，蛋白层析系统，BIO-RAD）。

接种细菌培养物上清 30%～60%饱和度硫酸铵盐析处理液（AMP30-60），经 Sephadex G-75 层析后，出现 2 个洗脱峰，第一个洗脱峰（11～15 管）的峰高和峰面积相对较小，第二个洗脱峰（48～53 管）的峰高和峰面积相对较大。在蛋白质比活（IU/mg）方面第一个洗脱峰明显高于第二个洗脱峰（表 8-13）。合并 11～15 管（第一个洗脱峰），收集活性峰对应洗脱组分，真空干燥法（或超滤浓缩法）浓缩，即为 GFAMP30-60。

表 8-13　凝胶过滤层析洗脱蛋白的 Nb 孢子发芽抑制活性测定

管号	OD_{625}	A_{280}/A_{260}	蛋白质含量（mg/ml）	发芽率（%）	相对抑制率（%）	蛋白质比活（IU/mg）
11	0.1088	0.4177/0.4864	0.7862	23.16	62.44	794.16
12	0.1137	0.5975/0.7028	1.1082	19.70	68.05	614.08
13	0.1184	0.6767/0.7925	1.2634	16.38	73.43	581.23
14	0.0999	0.4849/0.5618	0.9197	29.46	52.22	573.22
15	0.0823	0.3010/0.3463	0.5766	41.91	32.02	555.26
29	0.0754	0.3937/0.4446	0.7741	46.75	24.17	312.45
34	0.0951	0.7482/0.8225	1.5238	32.84	46.73	306.66
37	0.0865	1.0780/1.1652	2.2429	38.91	36.89	164.48
40	0.0956	1.2482/1.3409	2.6163	32.49	47.30	180.79
44	0.1189	2.1962/2.3243	4.6864	16.03	74.00	157.90
45	0.1215	2.4448/2.5646	5.2710	14.20	76.97	146.02

续表

管号	OD_{625}	A_{280}/A_{260}	蛋白质含量（mg/ml）	发芽率（%）	相对抑制率（%）	蛋白质比活（IU/mg）
48	0.1221	2.9421/3.0812	6.3552	13.79	77.63	122.15
51	0.1254	3.3101/3.4492	7.1898	11.45	81.35	108.77
53	0.1165	2.8842/2.8849	6.5514	17.71	71.27	104.21
54	0.1143	2.6411/2.6711	5.9296	19.28	68.73	115.91
55	0.1094	2.3723/2.4212	5.2742	22.74	63.11	119.66
56	0.0701	2.0549/2.1202	4.5130	50.49	18.10	40.11
58	0.0642	1.5543/1.6522	3.2995	54.66	11.34	34.37
62	0.0603	0.7740/0.8615	0.7521	57.42	6.86	44.21
67	0.0598	0.3432/0.3577	0.7453	57.77	6.29	84.40
对照	0.1416	/	/	/	/	/

将获得的GFAMP30-60（Sephadex G-75过滤后的第一洗脱峰收集浓缩液），再按照8.3.3.2节的方法，进行High Q Capacity Ion Exchange Cartridges离子交换柱层析，出现1个洗脱峰。以蛋白质比活最大与最小的中间值分别作为收集的起始和终止点，合并收集活性峰对应的洗脱组分，即为IEAMP30-60。GFAMP30-60和IEAMP30-60的PAGE图谱均为单一条带，分子质量约为80kDa。

8.3.3.4 家蚕微粒子虫孢子发芽抑制活性物的纯化效果测定

将接种屎肠球菌分离菌株（*Ent. faecium* sp. 004）培养物（DM）、30%～60%饱和度硫酸铵盐析处理液（AMP30-60）、Sephadex G-75过滤后第一个洗脱峰收集液（GFAMP30-60）和High Q Capacity Ion Exchange Cartridges离子交换柱层析洗脱峰物质收集液（IEAMP30-60）浓缩后校正到相同起始体积，再测定OD_{625}、相对抑制率（%）、蛋白质含量（mg/ml）、蛋白质比活（IU/mg）和总比活（IU）等。结果显示：经过本实验的程序性纯化，Nb孢子发芽抑制活性物在相对抑制率（%）和蛋白质比活（IU/mg）方面得到了较为明显的提高，IEAMP 30-60的蛋白质比活达476.97IU/mg，较GFAMP 30-60、AMP 30-60和DM分别提高1.85倍、11.45倍和17.84倍，即可以通过本程序性流程得到活性物。但总体纯化收益较低，活性物回收率仅为27.36%，即活性物的损失较大（表8-14和表8-15），有待进一步优化。

表8-14　不同纯化阶段活性蛋白质的活性

纯化阶段	OD_{625}	发芽率（%）	相对抑制率（%）	蛋白质含量（mg/ml）
DM	0.0509	60.91	12.00	4.49
AMP30-60	0.0756	41.97	39.37	9.45
GFAMP30-60	0.0631	51.59	25.47	0.98
IEAMP30-60	0.0831	44.81	36.25	0.76
CK	0.0401	69.22	/	/
Dilution	0.1303			

表 8-15 微粒子虫孢子发芽抑制蛋白质的分离纯化效果

纯化产物	体积（ml）	蛋白质含量（mg）	蛋白质比活（IU/mg）	总比活（IU）	纯化倍数	回收率（%）
DM	820	3681.80	26.73	98414.51	1.00	100
AMP30-60	118	1115.10	41.66	46455.07	1.56	47.20
GFAMP30-60	171	168.80	258.01	43552.09	9.65	44.25
IEAMP30-60	125	56.45	476.97	26924.96	17.84	27.36

8.3.3.5 家蚕微粒子虫孢子发芽抑制活性物的热稳定性和酶敏感性

测定屎肠球菌分离菌株（*Ent. faecium* sp. 004）产生的 Nb 孢子发芽抑制体外（*in vitro*）活性物的热稳定性和酶敏感性，是认识其在家蚕消化道内作用机制的基础，以及开展后续纯化方案制定及开发利用研究的基础。

热处理：取 1ml 处理液 AMP30-60 于 EP 管内，置沸水浴中，分别在 1min、5min、10min、15min、30min 和 60min 时吸取 100μl 备用；另吸取 500μl 的 CAMP30-60，置于 60℃水浴中 60min。凝胶过滤层析洗脱活性峰 GFAMP30-60，按一定间隔各吸取 300μl，置沸水浴中热处理 30min。取 300μl 收集液 IEAMP30-60，分别置于 60℃水浴中 30min 和 100℃水浴中 15min。

AMP30-60 的热稳定性如表 8-16 所示，60℃水浴和沸水浴 60min 后，处理液依然保持了较高的相对抑制率。GFAMP30-60 的热稳定性如表 8-17 所示，显示 10 个管号收集液沸水浴处理 30min 后相对抑制率变化不大。IEAMP30-60 收集液分别用 60℃水浴 30min 和 100℃水浴 15min 处理后，相对抑制率变化也不大。

表 8-16 AMP30-60 的热稳定性

指标	沸水浴时间（min）						60℃水浴 60min	对照
	1	5	10	15	30	60		
OD_{625}	0.0974	0.1067	0.0974	0.1016	0.0980	0.1040	0.0991	0.1452
发芽率（%）	32.92	32.42	32.92	30.03	32.51	28.38	31.75	/
相对抑制率（%）	53.28	54.00	53.28	57.38	53.86	59.72	54.94	/

表 8-17 GFAMP30-60 的热稳定性

层析管号	热处理前		沸水浴热处理 30min	
	发芽率（%）	相对抑制率（%）	发芽率（%）	相对抑制率（%）
11	23.16	62.44	26.38	75.21
12	19.70	68.05	17.91	70.95
13	16.38	73.43	18.44	70.09
14	29.46	52.22	33.04	46.41
15	41.91	32.02	37.97	38.41
29	46.75	24.17	49.34	19.97
44	16.03	74.00	16.44	73.33
51	11.45	81.35	10.99	82.17
56	50.49	18.10	53.43	13.33
62	57.42	6.86	54.12	12.21
CK	61.65	/	/	/

酶处理：称取蛋白酶K和胰蛋白酶（活性为1500U/mg）各0.96mg放入EP管，分别加入300μl处理液AMP30-60、GFAMP30-60和IEAMP30-60，充分混匀溶解，分别于37℃水浴120min。同时设磷酸缓冲液对照。结果显示：AMP30-60、GFAMP30-60和IEAMP30-60收集液在经过蛋白酶K或胰蛋白酶处理后，其相对抑制率与对照的差异在–8.38%～+14.00%，即对实验用2种酶的敏感性较低。

肠球菌分离菌株（*Ent. faecalis* ZJU）接种于MRS培养基后，对Nb孢子发芽抑制活性物（蛋白质）的纯化，一方面进一步证实了部分肠球菌分离菌株外分泌的对Nb孢子发芽具有抑制活性的物质存在；另一方面在纯化上取得了一定的效率，抑制作用的蛋白质比活达到476.97IU/mg，纯化倍数为17.84，且纯化样品的PAGE图谱显示单一蛋白带，但活性物回收率仅为 27.36%。此外，对于研究的方法学而言，本实验在层析分离中，对蛋白质含量的测定采用了分光光度法，虽然有效解决了大样本检测的快速需求，但各种处理液的本底颜色对分光光度法有较大的影响，后续也开展了相关去除本底颜色影响的尝试，但未能取得明显的成效，也是该活性物未能更好地深入研究的原因。可以相信随着技术手段发展和技术水平提高，获得更高纯度的活性物或活性物基因，将十分有利于推进活性物对Nb孢子发芽抑制机制的解明，以及利用微生态技术原理研发实用化技术。

在现有实验室研究发展水平，物理、化学和微生物因子对家蚕微粒子病发生有抑制作用等发现已有不少研究或已有较长的历史。在生产技术研发水平，物理、化学、微生物因子及家蚕基因改造方面的研究显然不够充分，这种不充分不仅与家蚕和家蚕微粒子虫的生物学特征有关，而且与养蚕的生产模式等密切相关。因此，随着科学技术的整体发展，实验室研究发展水平的提高，以及养蚕模式的改变，必将为家蚕个体水平微粒子病防控技术的研发提供更好的发展基础。

- 实验室研究发现，有理化因子在个体水平上具有降低家蚕微粒子病发生率的现象，在生产应用性试验中，“有效”、“无效”和“有害”的评价很不一致，除这些应用实验无法设计参照（或人工造模）而难以客观评价外，技术本身的稳定性和环境的不确定性问题可能更为重要。丙硫苯咪唑及相关药物药效筛选试验也证实其具有降低病害发生率的作用，但发现存在明显药物剂量、Nb 感染剂量和作用时间等局限性，这些局限性既有利于理解目前该类技术应用评价不一致的原因，也成为新技术研发中需要关注的发展方向。
- 家蚕来源肠球菌培养物对家蚕微粒子虫孢子发芽具有抑制作用的体外（*in vitro*）实验发现，以及发芽抑制活性物的纯化和理化特性测定结果，虽然打开了利用微生态技术在个体水平上防控家蚕感染微粒子病的无限想象，但尚有大量必须回答的问题需要深入探索。
- 家蚕微粒子病个体水平防控技术的两大基石是“家蚕-Nb相互作用机制的解析”

和“基于流行规律的风险控制体系构建”。在两大基石的现实发展水平上，虽然基于理化因子及微生物因子的防控技术在实用上尚有很大差距，但这些探索和研究对家蚕微粒子病宏观控制体系的构建与发展还是具有十分积极的意义。随着化工工业、药学技术、微生态学、工业自动化或人工智能产业及分子生物学等周边领域研究的快速发展，以及家蚕工厂化人工饲料养蚕技术的成长，为利用理化因子和微生物因子在个体水平上防控家蚕微粒子病技术的研究创造了越来越多的机会及发展空间。

第三篇

家蚕微粒子虫在饲养群体中扩散及防控技术

面包掉地时，黄油一面朝下的概率与地毯的价格成正比。金宁推论

拉力优于推力……风险优于安全……韧性优于力量……〔美〕伊藤穰一、杰夫·豪

风险存在于未来，而不是过去……如果某个事物是脆弱性的，那么它破碎的风险会导致你做的任何旨在改善它或提高其“效率”的工作都变得无关紧要，除非你先降低其破碎的风险。〔美〕勒塔布

在对家蚕微粒子病病原来源和个体病害发生规律，以及环境污染和个体水平控制技术研究了解与认识的基础上，解析家蚕微粒子虫（*Nosema bombycis*，Nb）如何在饲养群体中扩散，则是更为全面认识家蚕微粒子病发生和流行的必然要求，也是生产实践中家蚕饲养病害群体控制技术研发，以及病害宏观控制决策的基础性问题。

在现有养蚕生产方式和技术水平条件下，家蚕微粒子病的防控是一项充满不确定性的复杂防控技术体系，该病害防控的重点不是针对某一家蚕个体的病害发生、治疗或防控，而是如何防控饲养群体及区域中该病害的发生与流行。从病害控制技术体系原则角度而言，家蚕微粒子病的防控与其他家蚕传染性病害相似，即以控制饲养环境中 Nb 污染为技术基础，以清洁消毒减少家蚕微粒子虫与家蚕接触为技术关键，以标准化饲养增强家蚕体质为技术保障。但是，家蚕微粒子病也有其不同或独特之处。该病害胚胎感染途径的唯一性，决定了通过检测蚕种防控该病害的独特性、重要性和高效性。另外，典型隐性感染特征，即其病程漫长的特点，决定了在胚胎感染途径得到有效控制的前提下，其对蚕茧产量的影响并不明显，或该病害防控的关键在于蚕种生产过程。

控制饲养环境 Nb 污染有两个方面，其一是防控饲养过程或饲养系统以外 Nb 的入侵；其二是控制饲养过程或饲养系统出现的 Nb 向饲养系统以外的环境无序排放。从防控饲养过程或饲养系统以外 Nb 的入侵角度而言，主要有两个方面，其一是防控蚕种来源或家蚕胚胎来源（胚胎感染）的 Nb 入侵，其二是饲养过程或饲养系统自身残留和向外排放后的 Nb 反馈污染。前者主要通过蚕种的家蚕微粒子病检测技术进行控制，后者主要通过清洁、消毒和隔离等技术性流程进行防控。控制饲养过程或饲养系统向系统外排放 Nb，则是养蚕系统生态安全的需要。

第 9 章　环境来源家蚕微粒子虫的传播规律及防控技术

家蚕微粒子病的病原微生物为家蚕微粒子虫（*Nosema bombycis*，Nb），Nb 引起家蚕微粒子病的发生与流行，与其他传染性病原微生物有类似之处，即其发生和流行程度与家蚕饲养系统内环境及饲养系统周边环境中 Nb 的分布有关。在自然状态下许多寄生性病害的发生与寄主的种群密度有密切的关系（James and Tanada，1992）。

家蚕微粒子虫是一种专性细胞内寄生生物，在家蚕饲养系统内环境及饲养系统周边环境中分布与其繁殖特点有关，这种病原繁殖与环境分布相关性的特征决定了在养蚕中环境控制的战略重点不同。

家蚕微粒子虫与多数真菌（或菌物）和细菌类病原微生物的增殖或数量增加方式不同。多数真菌和细菌类病原微生物为腐生性微生物，不仅可在家蚕和类似昆虫中繁殖增加，在许多有机物上也可进行大量的繁殖，即其来源可以十分广泛，或在养蚕环境中大量存在。因此，真菌和细菌类病原微生物引起的家蚕病害流行，在小范围内流行，多数由养蚕自身（污染与防控失当）造成；在大范围内流行，除由养蚕自身（污染与防控失当）造成外，也可能由周边环境不良（如饲养系统周边环境清洁度较差，或使用真菌类或细菌类生物农药等）引起。因此，在控制环境来源病原微生物对养蚕影响的策略上，不能局限于养蚕饲养系统内环境。

家蚕微粒子虫与病毒都为专性寄生病原微生物，养蚕病害流行的病原来源根本在于养蚕自身，Nb“全身性”（感染所有类型家蚕细胞的特性）感染家蚕组织器官和病程很长（慢性发病），以及寄主专一性较高的特征（浙江大学，2001），决定了家蚕微粒子病发生或流行的病原主要来源于家蚕饲养系统内环境，高密度（时间和空间）饲养模式下的相关性更大。因此，在控制环境来源病原微生物对养蚕影响的策略上，重点在于内环境的控制。由于家蚕微粒子病往往在饲养人员未能觉察时发生，以及有病个体的各种排泄物（蚕粪、吐出液和蛾尿等）或脱落物（蜕皮壳和鳞毛等）都可污染蚕座或养蚕环境，以及向系统外排放 Nb（图 9-1），因此极易导致外环境的病原污染或失控，在该种情况下家蚕微粒子病的防控将十分困难。

在空间概念上认识 Nb 的扩散情况：家蚕饲养系统内环境结构、Nb 扩散路径及载体如图 9-2 所示。根据饲养过程的空间分布，可将其分为：桑园、饲养区域和生活区域。饲养区域主要包括储桑室、蚕具等养蚕用品的储藏室、养蚕室（还可细分为小蚕室和大蚕室）、上蔟室以及制种室等，蚕沙坑作为附属设施也是 Nb 最为可能高频分布的场所。专业场生产方式下，各种区域一般都有很好的隔离。原蚕区饲养情况下，原蚕户往往难以进行有效的区域隔离。

养蚕功能区域的隔离程度越高，防止 Nb 扩散的效果越好，或防控 Nb 进入饲养家蚕群体的人为控制因素介入越容易。反之，则 Nb 的扩散越容易，或防控 Nb 进入饲养家蚕群体的人为控制因素介入越困难。

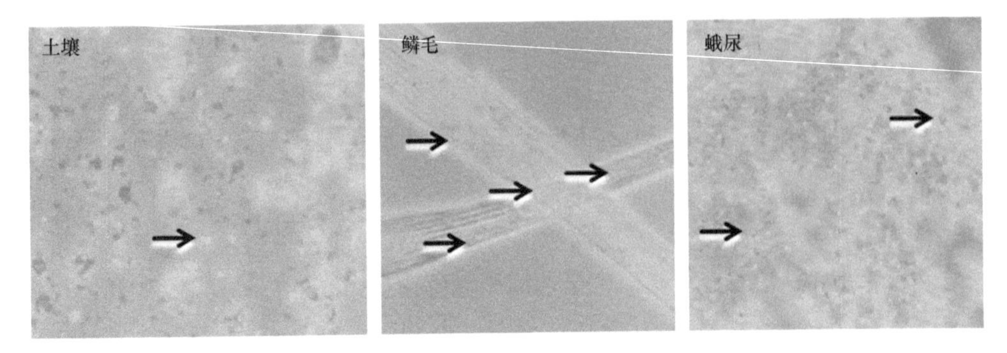

图 9-1 养蚕环境中家蚕微粒子虫孢子的检出

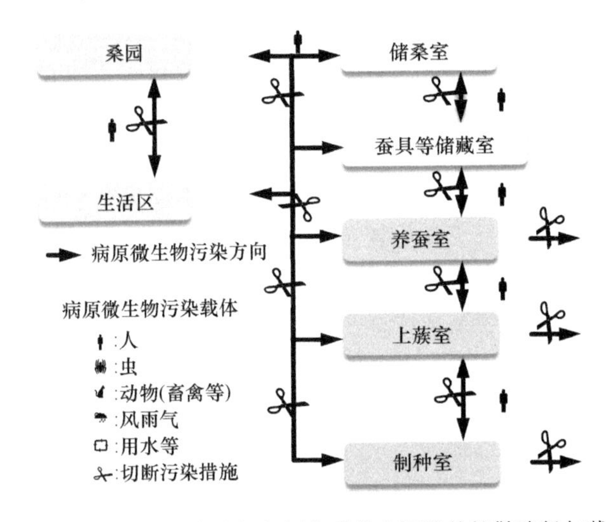

图 9-2 家蚕微粒子虫在饲养过程和饲养系统内环境的扩散路径与载体示意图

饲养人员和其他人员、虫（包括随桑叶进入蚕室的桑园害虫及虫粪等排泄物，以及其他飞行昆虫等）、动物（主要为饲养家畜家禽和宠物等）、刮风下雨及气流，以及养蚕用水等都可能是 Nb 污染扩散的载体。

家蚕微粒子病流行的控制过程就是污染扩散的控制过程，有效控制 Nb 从一个家蚕个体到另一个家蚕个体，从一个小区域（蚕匾或蚕室）到另一个小区域，从一个大区域（专业场的蚕室或更大养蚕区域）到另一个大区域的扩散，是家蚕微粒子病流行控制的基本内容。概括这些控制过程，主要包括隔离技术（包括空间和时间）、清洁消毒技术，以及饲养技术（包括淘汰迟眠蚕、补正检查和促进发蛾检查，以及提高家蚕主体抗性等），这些技术实施的有效性基础就是对 Nb 扩散规律的认识。

在时间概念上认识 Nb 的扩散情况，需要充分了解蚕种生产系统或流程。蚕种生产是一个系统工程，不仅在空间上存在复杂性，在时间上也存在其复杂性（图 9-3）。从母种到原原种，从原原种到原种，从原种到一代杂交种的“三级饲养四级制种”蚕种繁育体系，以及与之相伴的各类检测形式与方法等都对 Nb 的扩散具有复杂的影响。一代杂交蚕种的分区、饲养、制种、检测单元及后整理等过程中（后述），同样存在与家蚕微粒子病流行和控制密切相关的技术问题。

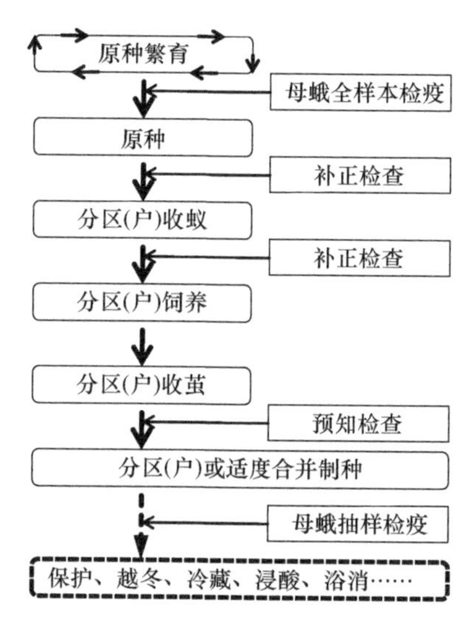

图 9-3　杂交蚕种生产流程示意图

以生产蚕茧为目标的养蚕生产过程称为丝茧育，丝茧育（农户或蚕茧生产单位）使用的蚕种一般为一代杂交蚕种，一代杂交蚕种由蚕种生产单位提供，多数区域（行政省区）对蚕种生产单位生产的一代杂交蚕种，按照农业部（现为农业农村部）或地方行政颁发的标准进行了微粒子病检测，以及检测合格与否的判断，即农户或蚕茧生产单位使用检测合格的一代杂交蚕种，不会在丝茧育中发生严重的微粒子病，或因微粒子病的流行而导致蚕茧产量的明显下降。

以生产蚕种为目标的生产过程称为种茧育，种茧育分为原种（原原母种、原原种和原种）生产和一代杂交种生产，饲养使用的蚕种为不同等级的原种（原原母种、原原种和原种），即饲养不同等级的原种，不仅在繁育上存在大量不同的技术要求，在微粒子病发生和流行的控制技术上也有诸多不同之处，包括饲养分区规模、蚕或蚕茧的淘汰比例、制种和母蛾抽样与检测单元等要求，在有效的家蚕微粒子病检测管制下，家蚕微粒子病的流行主要发生于蚕种的繁育或种茧育。

在现实生产中，空间和时间的同步存在，导致空间和时间概念上的污染呈现错综复杂的任何可能性。在防控中，从空间和时间概念上有效组合隔离技术、清洁消毒技术与饲养技术是人为控制因素介入的主要内容。

在空间概念上，图 9-2 是饲养系统的各种功能区域或不同洁净要求的空间。此外，如饲养小区的规模确定，饲养规模越小，一旦出现母蛾所产蚕卵有 Nb 胚胎感染个体后，空间上的有效隔离可减少其危害；在饲养过程中进行的各类（环境、蚕体蚕种和桑叶等）消毒，可有效减少 Nb 通过污染桑叶导致家蚕的感染和扩散，等等。

在时间概念上，不同等级原种饲养（图 9-3）防控的要求不同，补正检查和预知检查（鲁兴萌等，1997b，1998），以及环境样本检测等（蔡志伟等，2000；鲁兴萌等，2013），可及时发现 Nb 的发生或分布状态，并采取有效措施，杜绝大规模流行；合理的收蚁时间或养蚕布局是隔离其他养蚕空间残余 Nb 扩散侵入的有效技术措施（特别是原蚕区），兼顾桑园害虫治理和气候环境条件等同样十分重要。

总之，家蚕微粒子病防控系统是一项复杂的系统工程，是人为控制因素在特定气候条件、地理环境和人文背景下的实施过程。对于具体蚕种生产单位，必须充分认识各种因素的相互作用和相互关系，以有效防控为目标，因地制宜，综合施策，达成提高家蚕微粒子病防控的现实成效。

9.1 家蚕微粒子病的流行规律分析

家蚕一代杂交蚕种生产中家蚕微粒子病的流行，与饲养环境（系统内外）的 Nb 污染程度，或所使用原种的家蚕微粒子病携带情况密切相关。

饲养环境（系统内外）的 Nb 污染程度，与生产方式（专业蚕种生产和原蚕区生产）、技术和管理能力，以及自然或农作环境等有关。家蚕一代杂交蚕种的家蚕微粒子病母蛾检测结果中“检出不合格量”、“检出合格量”和“检出总量”3 项指标直接反映了对应蚕种生产批生产中家蚕微粒子病的流行程度或状态。

为此，根据部分省区家蚕微粒子病母蛾检测的相关统计报表，选择不同生产季节（春季和秋季）和生产方式（原蚕区和专业场）的 115 个蚕种生产单位的母蛾检测数据（表 9-1 和表 9-2），以及浙江省 1978～1999 年的历年母蛾检测统计数据（表 9-3），浙江省 1999 年不同生产方式（原蚕区和专业场）的 11 个蚕种生产单位及不同生产季节（春季和秋季）和生产方式（原蚕区和专业场）的庆丰蚕种场家蚕微粒子病母蛾检测数据，开展家蚕一代杂交蚕种生产中家蚕微粒子病流行情况与流行因子相关性，以及选定流行因子（蚕种生产量、前一季蚕种生产家蚕微粒子病发生情况，以及不同生产季节等）影响的分析。

表 9-1 部分省区春秋季杂交蚕种生产母蛾家蚕微粒子病检测情况

年份	春季				秋季			
	生产量	检出合格量	检出不合格量	检出总量	生产量	检出合格量	检出不合格量	检出总量
1985	100.0	100.0	100.0	100.0	100.0	100.0	100.0	100.0
1986	173.8	112.1	46.6	103.1	185.6	287.3	92.1	209.9
1987	189.4	112.2	92.3	109.5	156.1	367.9	128.2	272.9
1988	181.6	237.2	173.0	228.4	169.6	445.3	365.2	413.6
1989	235.2	508.8	621.1	524.3	283.0	904.2	931.2	914.9
1990	357.7	834.2	1228.5	888.4	246.1	720.1	718.8	719.4
1991	341.0	624.6	723.7	638.2	395.5	2077.4	527.8	1463.0
1992	436.0	1301.9	887.5	1244.9	253.1	1110.7	497.5	867.6
1993	443.0	1442.1	386.0	1349.2	206.7	1209.9	586.6	962.8
1994	453.6	1591.8	455.2	1609.5	237.6	1368.3	369.0	972.1
1995	556.1	1414.7	286.3	1450.4	363.4	2150.5	799.6	1614.9
1996	363.2	1234.9	2036.6	1345.4	72.2	438.9	185.4	338.4

表 9-2　部分省区原蚕区与专业场杂交蚕种生产母蛾家蚕微粒子病检测情况

年份	原蚕区				专业场			
	生产量	检出合格量	检出不合格量	检出总量	生产量	检出合格量	检出不合格量	检出总量
1985	100.0	100.0	100.0	100.0	100.0	100.0	100.0	100.0
1986	164.0	134.3	55.9	122.8	196.3	156.6	78.9	133.0
1987	170.6	140.0	138.2	139.7	175.1	190.4	72.6	154.7
1988	177.1	274.0	415.5	294.7	184.9	258.9	71.6	202.2
1989	244.9	611.7	1284.2	710.3	212.3	452.7	139.8	358.0
1990	324.5	913.0	1682.8	1000.7	212.0	529.8	214.1	434.2
1991	337.8	925.2	1098.3	950.6	223.6	646.8	100.2	481.2
1992	454.9	1459.1	1244.8	1427.7	238.9	717.5	100.2	530.4
1993	416.8	1543.1	906.0	1449.6	224.7	998.3	432.8	827.1
1994	427.7	1727.5	1847.5	1754.1	222.7	1050.4	292.0	820.7
1995	477.8	1627.7	2097.4	1696.5	239.8	1246.5	350.7	975.2
1996	293.0	1209.9	2058.2	1334.3	174.4	809.9	259.4	643.1

表 9-3　浙江省 1978～1999 年杂交蚕种生产母蛾家蚕微粒子病检测情况

年份	生产量	检出不合格量	年份	生产量	检出不合格量	年份	生产量	检出不合格量
1978	100.0	100.0	1986	153.9	237.3	1994	264.3	593.0
1979	103.2	36.2	1987	152.1	687.8	1995	289.1	1284.5
1980	115.2	11.5	1988	155.5	421.7	1996	197.2	6892.0
1981	122.5	0.0	1989	185.6	601.1	1997	194.0	6590.4
1982	126.8	0.0	1990	248.4	1185.7	1998	218.9	9799.7
1983	129.3	0.0	1991	228.0	261.7	1999	199.1	5389.7
1984	122.1	27.4	1992	312.5	148.4			
1985	122.0	210.3	1993	280.6	283.8			

因家蚕微粒子病发生和流行属疫情，故在不影响统计学分析结果的前提下，将统计开始年份（如表 9-1 和表 9-2 的 1985 年，表 9-3 的 1978 年）或某生产单位（如表 9-4 的 A）的实际数据定为 100，实际数据包括毛种“生产量”（张）、母蛾检测中有样本检出但未超标的毛种“检出合格量”（张）和检出超标的毛种“检出不合格量”（张）及“检出总量”(张)(即母蛾检出率)，然后对历年数据进行转换，或对百分比数据进行 $\sin^{-1}(P)^{1/2}$ 转换（非起始年份数据都转换为起始年份的相对指数）。采用简单相关系数的计算和成对比较资料的假设测验（t 检验）方法进行分析。

表 9-4　浙江省 1999 年杂交蚕种生产母蛾家蚕微粒子病检测情况

生产单位	原蚕区				专业场			
	生产量	检出合格量	检出不合格量	检出总量	生产量	检出合格量	检出不合格量	检出总量
A	100.0	100.0	100.0	100.0	100.0	100.0	100.0	100.0
B	76.26	63.62	6.55	38.19	205.40	72.71	8.33	54.27
C	72.07	87.77	63.92	77.11	18.99	25.00	0.00	17.84
D	64.49	43.36	7.73	27.49	89.86	35.25	6.53	27.02

续表

生产单位	原蚕区				专业场			
	生产量	检出合格量	检出不合格量	检出总量	生产量	检出合格量	检出不合格量	检出总量
E	47.53	44.47	1.48	25.31	101.48	33.81	0.00	24.13
F	46.03	24.31	0.00	13.48	119.80	48.66	25.64	42.07
G	43.85	53.29	0.00	29.55	61.67	13.37	199.50	66.68
H	41.80	30.50	0.00	16.91	33.32	19.45	19.00	19.32
I	39.71	40.92	0.00	22.69	46.04	50.57	0.00	36.09
J	20.44	21.00	1.49	12.31	23.36	17.79	43.87	25.26
K	13.12	5.21	0.02	2.90	18.26	19.27	11.09	16.93

9.1.1 蚕种生产量对家蚕微粒子病发生的影响

一代杂交蚕种的生产量与家蚕微粒子病流行程度相关性分析中，在较大统计域内（调查生产蚕种总量在 1500 张以上）（表 9-1～表 9-3），“检出合格量”和“检出总量”2 项指标与蚕种生产量的相关性较高，分别在 0.7193～0.9630 和 0.6530～0.9530；但“检出不合格量”指标与生产量的相关性较低（0.1886～0.7632），即表现出一定的随机性（表 9-7）。在较小统计域内（调查生产蚕种总量在 500 张以下）（表 9-4～表 9-6），“检出不合格量”、“检出合格量”和“检出总量”3 项指标与蚕种生产量未见明显的相关性；其中，统计域相对较大（浙江 1999 年）的春季生产中，虽然“检出不合格量”、“检出合格量”和“检出总量”3 项指标与蚕种生产量具有较高的相关性（0.7590、0.9236 和 0.8725），但统计域更小的庆丰（1995～1999 年）出现了负相关（表 9-7）。

表 9-5　庆丰蚕种场春秋季杂交蚕种生产母蛾家蚕微粒子病检测情况

年份	春季				秋季			
	生产量	检出合格量	检出不合格量	检出总量	生产量	检出合格量	检出不合格量	检出总量
1995	100.0	100.0	0.0	100.0	100.0	100.0	100.0	100.0
1996	61.7	101.2	100.0	177.3	0.0	/	/	/
1997	63.2	228.6	28.8	250.5	73.3	14.3	0.0	12.7
1998	60.7	234.4	153.6	351.4	63.0	38.9	18.4	34.6
1999	65.1	256.9	27.5	277.8	33.2	14.4	172.7	31.9

注：“/”表示无相关数据

表 9-6　庆丰蚕种场原蚕区和专业场杂交蚕种生产母蛾家蚕微粒子病检测情况

年份	原蚕区				专业场			
	生产量	检出合格量	检出不合格量	检出总量	生产量	检出合格量	检出不合格量	检出总量
1995	100.0	100.0	0.0	100.0	100.0	100.0	0.0	100.0
1996	71.9	29.2	100.0	125.1	42.2	207.2	100.0	207.2
1997	57.2	335.9	38.4	372.7	75.0	70.6	0.0	70.6
1998	57.9	232.8	173.9	399.7	66.2	236.8	92.5	280.1
1999	53.2	326.8	36.6	361.9	88.2	154.0	0.0	154.0

表 9-7　蚕种生产量与家蚕微粒子病流行的相关系数

统计域	生产量	检出不合格量	检出合格量	检出总量
部分省区，1985～1996 年（表 9-1 和表 9-2） v =12，$r_{0.05}$=0.532，$r_{0.01}$=0.661	春季	0.3504	0.9422	0.9392
	秋季	0.7248	0.8852	0.9098
	原蚕区	0.7632	0.9630	0.9530
	专业场	0.4013	0.7193	0.6530
浙江 1978～1999 年（表 9-3） v =22，$r_{0.05}$=0.404	全年	0.1886	/	/
浙江 1999（表 9-4） v =11，$r_{0.05}$=0.553，$r_{0.01}$=0.684	春季	0.7590	0.9236	0.8725
	秋季	0.0363	0.6546	0.5465
庆丰 1995～1999 年（表 9-5 和表 9-6） v =5，$r_{0.05}$=0.754，$r_{0.01}$=0.874	春季	−0.7744	0.4924	−0.7684
	秋季	−0.4129	0.8019	0.3289
	原蚕区	−0.4446	0.7871	−0.8698
	专业场	−0.8501	−0.6193	−0.5626

注：“/”表示无相关数据

从不同规模统计域病害流行（“检出合格量”、“检出总量”和“检出不合格量”）与蚕种生产量相关性不同的结果可以看出，蚕种生产量对家蚕一代杂交蚕种家蚕微粒子病流行的影响主要是自然和人为两大因素作用的结果。随饲养数量的增加或规模的扩大，一方面 Nb 寄主数量增加，另一方面控制家蚕微粒子病的技术实施和管理难度增加，即家蚕微粒子病易于流行。但前者（寄主数量）是自然因素，后者是人为因素。一代杂交蚕种的生产是一种半开放生产过程，虽较畜牧生产中疫病控制的人为介入程度要低，但较植保中害虫控制的人为介入程度要高。蚕种生产过程是一个有大量人为控制因素介入的过程，供应不携带家蚕微粒子病原种、清洁消毒防病和桑园治虫等技术措施的有效实施，都能抑制（或影响）家蚕微粒子病的发生和流行。随着一代杂交蚕种生产量的增加，客观上为 Nb 的增殖提供了更多的寄主，有利于 Nb 的繁殖或有利于家蚕微粒子病的流行。另外，一代杂交蚕种的生产量增加，家蚕微粒子病人为控制因素介入（技术与管理）难度也随之增加。在盲目追求产量而技术管理能力和物力人力资源不足的情况下，问题更为严重。

上述蚕种生产量与家蚕微粒子病发生或流行程度的相关性（“检出不合格量”、“检出合格量”和“检出总量”的 $r_{0.05}$ 或 $r_{0.01}$ 值）分析，本质上反映的是人为控制因素介入能力。大的统计域数据（表 9-1 和表 9-2）分析，显示了两者之间存在较高的相关性（即较大的 r 值），即在统计域范围内人为控制因素介入并不能有效避免生产量增加产生的不利影响；小统计域数据中的单一蚕种生产单位（表 9-5 和表 9-6），未显示两者之间存在较高的相关性（即较小的 r 值），甚至有半数为负值，即在小统计域范围内人为控制因素介入可有效避免蚕种生产量增加产生的不利影响。由此可以认为，蚕种生产量的增加，必须在人为控制因素介入能力之内，否则家蚕微粒子病流行的风险大幅增加。

9.1.2　前-后季养蚕对家蚕微粒子病发生的影响

蚕种生产的季节因生产区域、自然和人力等不同而不同。全年蚕种生产仅有春季生产一次，或全年春秋生产两次，或全年生产多次等。前-后季养蚕间家蚕微粒子病发生和流行的影响，主要是指前一季养蚕造成的Nb污染生产环境对下一季蚕种生产的影响。前-后季养蚕间家蚕微粒子病发生程度的相关系数见表9-8。

表9-8 前-后季养蚕间家蚕微粒子病发生程度的相关系数

统计域	影响因子		相关系数		
			检出不合格量	检出合格量	检出总量
部分省区，1985~1996年（表9-1） $v=12$，$r_{0.05}=0.532$，$r_{0.01}=0.661$	检出不合格量	春季→秋季	0.0258	0.1460	0.0554
		秋季→春季	0.8092	0.5923	0.6127
	检出合格量	春季→秋季	0.4185	0.2060	0.6063
		秋季→春季	0.3282	0.8068	0.8302
	检出总量	春季→秋季	0.4160	0.6025	0.5854
		秋季→春季	0.7722	0.8439	0.8419
浙江1978~1999年（表9-3） $v=21$，$r_{0.01}=0.404$	检出不合格量	年度间	0.8025	/	/

注："/"表示无相关数据；"春季→秋季"为当年度"春季"与上年度"秋季"的相关系数，"秋季→春季"为"秋季"与当年度"春季"的相关系数

在家蚕微粒子病发生的前-后季影响中，除"检出合格量"与"检出不合格量"指标间的相关系数"秋季→春季"小于"春季→秋季"外，其余3项指标的相关系数都是"秋季→春季"大于"春季→秋季"，即秋季养蚕家蚕微粒子病的发生对次年春季养蚕该病害流行的影响更大。"春季→秋季"的"检出不合格量"指标相关系数仅为0.0258，即春季养蚕即使出现大量"检出不合格"蚕种，在秋季养蚕中该病害的流行也可以得到有效控制；"秋季→春季"的"检出不合格量"指标相关系数都显著（$P<0.05$）或极显著（$P<0.01$）高于"春季→秋季"的3项指标；"秋季→春季"的"检出合格量"指标相关系数显著（$P<0.05$）高于"春季→秋季"的"检出合格量"指标，其余2项指标相关系数间未见显著差异（$P>0.05$）；"秋季→春季"的"检出总量"指标相关系数虽然较高且高于"春季→秋季"，但两者间未见显著差异（$P>0.05$）。上年度对下年度（浙江1978～1999年）的影响中，"检出不合格量"的相关系数为0.8025（表9-8）。

9.1.3 不同生产季节对家蚕微粒子病发生的影响

多数情况下（如浙江蚕区），春季的桑叶质量优于秋季，春季的虫害少于秋季（因虫害导致交叉感染的频率相对较低），漫长冬季更有利于Nb在自然环境中消亡。因此，春季蚕种生产控制家蚕微粒子病的难度一般低于秋季。表9-9显示了秋季蚕种生产中家蚕微粒子病发生程度重于春季的趋势。在大统计域（部分省区，1985～1996年）中，秋季原蚕区的"检出不合格量"显著（$P<0.05$）高于春季生产；在小统计域（浙江省1999年）内，"检出总量"秋季也显著（$P<0.05$）高于春季。此外，未见家蚕微粒子病发生春季重于秋季的情况。

从蚕种生产量角度而言，秋季原蚕区生产量一般较少，仅占秋季蚕种生产总量的21.1%。

表 9-9　春秋季养蚕间家蚕微粒子病发生程度的比较（t 检验）

统计域	秋季	春季		
		检出不合格量	检出合格量	检出总量
部分省区，1985～1996 年 v=12，$t_{0.05}$=2.201，$t_{0.01}$=3.106	原蚕区	3.0274	1.2538	0.2418
	专业场	0.1570	3.1413	1.7276
浙江 1999 年 v=11，$t_{0.05}$=2.228，$t_{0.01}$=3.169	原蚕区+专业场	1.2401	1.2388	2.5846
庆丰 1995～1999 年 v=4，$t_{0.05}$=2.776，$t_{0.01}$=4.604	原蚕区+专业场	0.6983	0.3306	1.3922

9.1.4　不同生产方式对家蚕微粒子病发生的影响

蚕种生产方式有专业场和原蚕区两种，专业场生产是指在具有较大面积的专用蚕室和场地进行集中大规模饲养与制种的方式，原蚕区生产是指以农户为单元独立饲养或制种的方式。

在春季生产中，原蚕区方式的“检出不合格量”、“检出合格量”和“检出总量”都极显著（P<0.01）高于专业场方式。在秋季生产中，原蚕区方式的“检出不合格量”和“检出总量”也显著（P<0.05）高于专业场方式。原蚕区生产是分散在各原蚕户进行饲养和制种，在自然和技术条件（人为控制因素介入能力）与专业场一致的情况下，其家蚕微粒子病的发生程度应该低于专业场，但统计域数据分析结果与之相反，即表明原蚕区生产方式下，人为控制因素介入能力或自然条件显著不及专业场生产方式（表 9-10）。

表 9-10　专业场和原蚕区家蚕微粒子病发生程度的比较（t 检验）

统计域	原蚕区	专业场		
		检出不合格量	检出合格量	检出总量
部分省区，1985～1996 年 v=12，$t_{0.05}$=2.201，$t_{0.01}$=3.106	春季	3.5122	4.8563	4.9496
	秋季	2.2162	1.1956	2.0015

分析各种客观因素或流行因子（蚕种生产量、生产季节、生产前-后季和生产方式等）对家蚕微粒子病发生和流行的影响，有利于我们采取有效措施控制家蚕微粒子病的发生和流行。

蚕种生产量、生产季节、生产前-后季和生产方式等客观因素在实际生产中的影响往往是综合性的。大统计域分析显示蚕种生产量与家蚕微粒子病流行密切相关，但小统计域内这种相关关系弱化或不存在（表 9-7），表明在大部分情况下，随着蚕种生产量的增加，家蚕微粒子病的流行程度加剧，但对于具体生产单位而言，只要具有足够的人为控制因素介入能力，并不存在该种相关性。这种人为控制因素介入能力大于自然因素（蚕种生产量和野外昆虫量等）对家蚕微粒子病流行趋势影响的情况，在部分统计域的前-后季之间（表 9-8）和春季与秋季之间（表 9-9）都有表现。

从 3 项家蚕微粒子病流行程度指标的分析可看出，“检出不合格量”具有一定的随机性或不确定性（表 9-8），而“检出合格量”和“检出总量”相对较为稳定。因此，以“检出合格量”和“检出总量”分析与评估家蚕微粒子病流行程度可能更为合理（鲁兴萌等，2000b）。

9.1.5 其他客观因素对家蚕微粒子病发生的影响

除上述蚕种生产量、生产季节、生产前-后季和生产方式等客观因素外，还有诸多其他的客观因素如饲养蚕品种、原蚕区布局、气候条件，以及桑园等野外昆虫的治理情况等也会对家蚕微粒子病的发生或流行产生影响。

在蚕品种影响方面，不同蚕品种之间对家蚕微粒子病的抗性存在差异，但目前尚未发现不同蚕品种之间有较大的差异（张远能等，1982；刘仕贤等，1982；徐兴耀等，1998b；沈中元等，2003），与家蚕不同品种对家蚕微粒子病抗性缺乏系统研究有关，客观上也与家蚕微粒子病抗性的复杂性有关。这种复杂性涉及评估指标（感染抵抗性、蚕座内感染扩散性和胚胎感染性等）及实验技术（实验隔离条件和二次感染规避等）等诸多因素的制约。从实际生产涉及问题的角度而言，还有幼虫期的龄期时间，如春用蚕种的幼虫期龄期较长，暴露于环境的时间较长，接触或感染 Nb 的概率增大；秋用蚕种的幼虫期龄期较短，暴露于环境的时间较短，接触或感染 Nb 的概率相对减小等。

在原蚕区布局影响方面，原蚕区的集中度是重要的因素之一。这种集中度有两个方面，一个是时间上的集中度，是指该原蚕区是否春秋均为原蚕饲养，或春季饲养原蚕，秋季使用全部经过母蛾检测的一代杂交蚕种；另一个是空间上的集中度，是指原蚕区是否同季均为原蚕饲养，还是存在原蚕户与一代杂交蚕种饲养户混杂的问题（即同季“插花”饲养）。如果是同季“插花”饲养，则要求原蚕先收蚁，一代杂交蚕种后收蚁。但因各种原因做不到的原蚕区，则家蚕微粒子病的流行风险大大增加，严格隔离和清洁消毒技术等人为控制因素介入能力必须大大增强。

在气候条件影响方面，根据对广东省某蚕种场 40 年（1957～1996 年）的家蚕微粒子病流行分析，发现流行程度与年平均气温及其距平有极显著的正相关关系，与不同批次养蚕平均气温、降雨量和日照等也有不同的相关性（刘吉平等，2000，2002）。气候条件的影响是间接影响，但这种影响是综合与全面的影响。气候可以影响原蚕饲养的标准化技术到位程度，以及相关防病消毒等人为控制因素介入的水平，气候也可以影响桑园及周边农作（包括森林等植物）中的昆虫种类与分布密度，以及 Nb 在自然环境中的存活数量（Nb 在干燥环境中更易失活）等。

在气候对原蚕饲养过程影响方面，小蚕期饲养中的人为控制因素介入能力相对较易达到有效控制的水平，而大蚕期的气候影响相对更大。依据气候影响的综合性特征也可以认为其对家蚕微粒子病流行的影响具复杂性。

在野外昆虫影响方面，“桑园里虫多，蚕室里病多”是流传已久的养蚕俗语或群众智慧的结晶。Nb 与野外昆虫具有广泛的交叉感染，在养蚕区域也发现了可以从大量野外昆虫分离到 Nb 及其他微孢子虫（参见 1.3.3 节）（蔡志伟等，2000）。Nb 是一种细胞内专性寄生物的特点，决定了其在自然环境中并不会繁殖或数量增加，只能在家蚕或可交叉感染的野外昆虫中繁殖或数量增加。

因此，控制野外昆虫中 Nb 的数量和切断其进入养蚕系统的途径，是家蚕微粒子病防控的重要基础，而减少桑园及周边农作或其他植物中野外昆虫的数量，则是控制野外昆虫中 Nb 的数量和阻止其进入养蚕系统最为有效的策略。同样，减少养蚕系统中家蚕微粒子病感染群体数量（淘汰迟眠蚕、隔离和清洁消毒等防控技术实施），以及控制养蚕系统产生的 Nb 向系统外环境排放（妥善处理养蚕废弃物、隔离和清洁消毒等防控技术实施）则可减少野外昆虫被 Nb 感染的概率（图 9-4）。

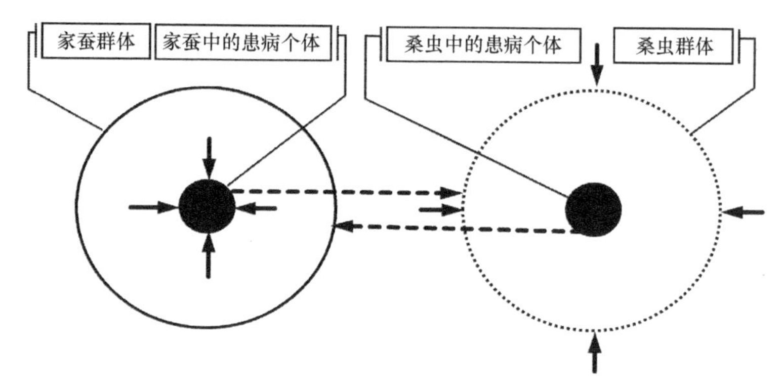

图 9-4　家蚕和野外昆虫病原微生物扩散与人为控制示意图

实线箭头为人为控制 Nb 感染家蚕个体或群体或野外昆虫群体规模；虚线箭头为 Nb 感染家蚕或野外昆虫向外排放且发生交叉感染

9.2　消毒和生产过程家蚕微粒子病检测等技术措施对其发生的影响

家蚕微粒子病流行的控制与人为控制因素介入的强度有关，消毒工作和生产过程的 Nb 监控（预知检查、补正检查和环境检测）是人为控制因素介入技术中的两种。

消毒工作是切断 Nb 等病原微生物扩散和传播途径的重要技术手段，有效的消毒工作可以使家蚕饲养系统内的 Nb 或其他病原微生物降低至不会导致家蚕发病或不影响蚕种生产量，也可以使家蚕饲养系统内产生的 Nb 或其他病原微生物尽可能少地向系统外排放和造成家蚕饲养系统所在大环境中 Nb 或其他病原微生物的增加，以及避免发生 Nb 等通过野外昆虫增殖等方式反馈污染家蚕饲养系统。

预知检查和补正检查是监测 Nb 发生情况的技术。预知检查主要针对蚕种生产单位，在生产过程的后期对家蚕幼虫、蛹或蛾等样本进行检测（特别是原蚕区收茧制种的情况下），通过对 Nb 感染发生程度的早期监测，为是否继续蚕种生产过程提供决策依据。补正检查主要针对蚕种生产单位，对使用蚕种（原种）经过母蛾检测后进行再检测，包括成品卵的检测、收蚁后剩余卵的检测，以及迟眠蚕的检测等。有效开展预知检查和补正检查不仅可减少经济损失，还与环境检测（参见 1.1 节）（鲁兴萌和金伟，1999a，2000）一样可提高消毒工作的靶向性和有效性（鲁兴萌等，1997b，1998，2013）。

9.2.1 家蚕微粒子虫对物理和化学因子的抵抗性

家蚕微粒子虫主要以成熟孢子的形态存在于家蚕或自然环境中，Nb 成熟孢子也可称为休眠体（休眠孢子）或长极管孢子，孢子结构中由蛋白质和几丁质等组成的孢壁（包括外壁和内壁及原生质膜）对外界环境的理化因子具有一定的抵抗性。将家蚕微粒子病死蚕在阴暗处保存 7 年后，其中的 Nb 孢子对家蚕仍有 10%的感染率；Nb 孢子在潮湿的土壤和水体中也能存活相当长的时间，经过一些家畜或家禽的消化系统后仍对家蚕具有感染性；但在干热和光亮的环境中容易失活；在沤制堆肥（71～82℃）中仅能存活一周左右（浙江大学，2001）。

理化因子对 Nb 孢子具灭活作用的文献不少，但系统性数据和实验方法的陈述不尽充分，各种记载或报道之间的差异也比较大，或标准化程度较低。这些文献记载多数认为 Nb 孢子是十分难以灭活的病原微生物，如日光和蒸气的杀灭条件分别是 7h，40℃和 5min，100℃；1%有效氯漂白粉和 1%甲醛溶液的杀灭条件分别是 30min 和 10min（21℃）（中国农业科学院蚕业研究所，1978）。“消特灵”杀灭 Nb 孢子的临界浓度主剂（次氯酸钙）为 0.001%有效氯（即 10ppm 或 10mg/L），辅剂[十二烷基二甲基苄基氯化铵（dodecyl dimethyl benzyl ammonium chloride，DDBAC）或称 1227]为 0.04%（约 40%原药的 2000 倍稀释液的相对浓度，实际为 0.016%）（金伟等，1990）。这种文献报道或记载中杀灭 Nb 孢子所需理化因子数据间的显著差异，与实验的方法学可能有关，早期报道多数往往没有区别单体实验与模拟实验的概念，在化学药物作用的评价实验中缺失终止化学因子作用的实验程序等。

9.2.2 化学药物对家蚕微粒子虫的杀灭作用

化学药物是养蚕中十分常用的消毒技术，化学药物杀灭病原微生物的能力及在不同环境下的适用性是应用化学药物与养蚕消毒技术的基础。因此，评价一种化学药物在养蚕消毒中的适用性，必须对其高效性、广谱性和安全性进行科学的评价及足够的临床试验验证。

高效性涉及 2 个主要指标，分别是最低杀菌浓度（minimum sterilizing concentration，MSC）和实用浓度下的最低杀菌时间（minimum sterilizing time，MST），以及有效的化学药物作用终止实验程序。高效性的评价一般采用单体法或称悬浮实验。广谱性是指化学药物对病毒（BmNPV 和 BmCPV）多角体、苏云金杆菌（*Bacillus thuringiensis*）芽孢及毒蛋白（insecticidal crystal protein）、真菌（曲霉菌 *Aspergillus* sp.、球孢或卵孢白僵菌 *Beauveria bassiana* 或 *B. brongniartii*）分生孢子和家蚕微粒子虫（*Nosema bombycis*）孢子等养蚕主要病原微生物的杀灭作用或能力，一般而言蚕室蚕具或养蚕环境消毒使用的化学药物应为广谱性化学药物，针对特殊场景或用途的化学药物可为非广谱性或针对性化学药物。安全性是指化学药物（或消毒液）在不断增加负荷（有机物等消毒有效成分消耗物）的情况下，仍能够杀灭微生物能力但对家蚕无害的特性，该特性既是消毒剂研发中推荐剂量确定的基础，也是实际生产中有效剂量应用的依据（鲁兴萌和金伟，1996b）。

9.2.2.1　次氯酸钙对家蚕微粒子虫孢子的杀灭作用

漂白粉（约 30%有效氯的次氯酸钙）和“消特灵”（约 60%有效氯的次氯酸钙主剂与约 80%或 40%的十二烷基二甲基苄基氯化铵辅剂 125∶10 或 5）的主要消毒化学成分为次氯酸钙。

“消特灵”是一种广谱性的蚕室蚕具消毒剂，对养蚕主要病原微生物的杀灭临界浓度（主剂为有效氯浓度，辅剂为相对浓度）分别为：BmNPV 多角体病毒，0.1%～0.016%；BmCPV 多角体病毒，0.2%～0.016%；曲霉菌分生孢子，0.09%～0.012%；白僵菌分生孢子，0.02%～0.002%；猝倒菌芽孢，0.06%～0.006%；家蚕微粒子虫孢子，0.001%～0.016%（鲁兴萌和金伟，1996b）。由此可见，“消特灵”对 Nb 孢子具有十分显著的杀灭作用，“消特灵”的应用推荐浓度为 0.3%～0.02%，也具有较为充分的安全性。其他含氯（有机氯制剂或无机氯制剂）消毒剂均有十分显著的杀灭作用。

9.2.2.2　次氯酸钙溶液的稳定性与安全性

养蚕消毒药剂的应用基础是高效性和广谱性杀灭病原微生物的能力，但腐蚀性、安全性和配制溶液稳定性是消毒药剂的重要使用性能。

稳定性包括原药的稳定性和使用溶液的稳定性。在原药的稳定性方面，“消特灵”主剂（或漂粉精）自身携带的水分较少，保存于密闭阴凉干燥处稳定性相对较好；漂白粉则自身携带较多的水分，即使保存于与外界隔绝的容器中，自身水分也会将其中的有效氯成分消耗，即稳定性较差。

将“消特灵”和漂白粉推荐使用浓度下的消毒液（0.3%～0.02%和 1%），分别放置于 25℃-黑暗-加盖（少氧）、16～32℃（自然状态）-有光-加盖和 16～32℃（自然状态）-有光-无盖（多氧）环境中，对消毒液随时间延长后有效氯浓度和 pH 的变化进行测定。

在 25℃-黑暗-加盖（少氧）环境下，“消特灵”和漂白粉溶液在 15d 内，有效氯浓度和 pH 变化不大，其有效氯浓度散失的计算机模拟曲线分别为：Y=4/(0.009 952 7+0.000 106 90X)，X≥1，Q=7.1169 和 Y= 99.829$X^{-0.010\,481}$，X≥1，Q=0.239 76。在 16～32℃（自然状态）-有光-加盖环境下，“消特灵”溶液的有效氯浓度和 pH 下降，在 10d 后较漂白粉溶液更为明显，二者计算机模拟曲线分别为：Y=110.76/(1+ 0.671 47e$^{0.230\,08X}$)，X≥1，Q=61.318 和 Y=101.75−0.957 74X−0.046 096X^2，X≥1，Q=3.3810。在 16～32℃（自然状态）-有光-无盖（多氧）环境下，“消特灵”溶液的有效氯浓度和 pH 下降，在 5d 后较漂白粉溶液更为明显，二者计算机模拟曲线分别为：Y=100.05/(1+0.002 462 1e$^{0.808\,60X}$)，X≥1，Q=560.98 和 Y=95.851+1.775 9X−0.069 002X^2，X≥1，Q=26.438。

“消特灵”和漂白粉溶液在不同保存环境条件下，有效氯的保存率和 pH 的变化规律是不同的。在 25℃-黑暗-加盖（少氧）环境下，“消特灵”和漂白粉溶液的有效氯浓度和 pH 下降都较少；在 16～32℃（自然状态）-有光-加盖环境下，有效氯浓度和 pH 下降，“消特灵”较漂白粉溶液的下降更为明显；在 16～32℃（自然状态）-有光-无盖（多氧）环境下，“消特灵”溶液的有效氯浓度和 pH 下降都十分明显，漂白粉溶液有效氯浓度和 pH 下降不明显，有效氯浓度在后期还略有上升（可能与水分挥发有关）（图 9-5）。

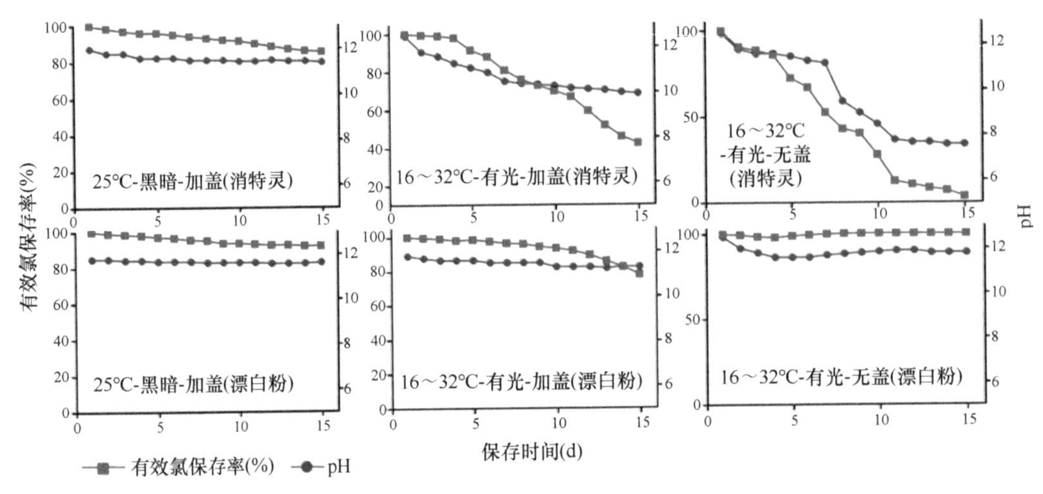

图 9-5 消特灵和漂白粉溶液在不同保存条件下的有效氯浓度与 pH

从保障消毒有效性方面考虑，根据上述实验结果可以认为：消毒溶液的保存时间不宜超过 4d；消毒溶液以保存在遮光、密闭和较低温度环境中较好；“消特灵”溶液较漂白粉溶液有效氯浓度和 pH 更易下降（鲁兴萌等，1991）。

在安全性方面，用含有较多有机质的池塘（华家池）水配制消毒溶液，“消特灵”主-辅剂浓度为 0.1%～0.016%、0.2%～0.012%和 0.3%～0.008%时（5min，25℃），不能有效杀灭曲霉菌（*Aspergillus* sp.）分生孢子（3.3×10^7 细胞/ml）；主-辅剂浓度为 0.2%～0.012%时（5min，25℃），不能有效杀灭细菌（*Bacillus* sp.）芽孢（4.1×10^7 孢子/ml）。采用浸渍法对蚕匾进行消毒时，每只蚕匾的耗药量平均为 0.89kg。有效氯的损失在第 36 只蚕匾以后稍有下降（有效氯降低 0.002%，损失率为 0.63%）；在浸渍 30 只蚕匾后，消毒液杀灭细菌芽孢时间延长（4.0×10^7 孢子/ml），浸渍 50 只蚕匾后消毒液对曲霉菌分生孢子的杀灭时间不变（3.2×10^7 细胞/ml）（金伟等，1990）。上述安全性相关实验数据表明，有机物（配制使用的水和消毒对象物）对消毒溶液的有效成分会有不同程度的影响。因此，保证消毒程序的科学合理是保障消毒效果的重要内容。

9.2.2.3 消毒药剂对载体中家蚕微粒子虫孢子的杀灭作用

含氯消毒剂对充分暴露的家蚕微粒子虫孢子具有良好的杀灭作用（鲁兴萌和金伟，1996b），消毒剂必须在单体法测定 MSC 和 MST 的基础上，对其消毒效果和安全性进行评价，由此再确定实用化推荐使用浓度及作用时间。

模拟生产现场或人为包裹病原微生物进行消毒实验，是消毒效果和安全性评价的常用方法。采用单体法和模拟法，对漂白粉（推荐使用浓度为 1%或 10 000mg/kg 有效氯）、“消特灵”（推荐浓度主剂为 0.3%或 3000mg/kg 有效氯，辅剂为 0.02%）、XDJ（一种有机氯制剂加辅剂的消毒剂，主剂有效氯推荐浓度为 0.3%或 3000mg/kg）和 QLA（一种有机氯制剂加辅剂消毒剂，主剂有效氯推荐浓度为 0.02%或 200mg/kg）4 种消毒剂杀灭 Nb 孢子的效果和安全性进行评价。

单体法（悬浮实验）是将 0.1ml 的 Nb 孢子悬浮液（2.6×10^7 孢子/ml）放入 EP 管，

分别加等量不同的消毒溶液，混匀，25℃放置不同时间后，加 0.2ml 消毒反应终止液（1%硫代硫酸钠等的磷酸缓冲液，pH 7.0），快速混匀。分别取经不同消毒溶液处理的 Nb 孢子悬浮液，均匀地涂布于桑叶，添食 2 龄起蚕（浙农 1 号×苏 12 或芳草×晨・星），调查家蚕微粒子病感染率（梅玲玲和金伟，1989）。结果显示：漂白粉、“消特灵”、XDJ 和 QLA，在主剂（或有效氯）浓度为 5mg/kg，处理 10min 条件下，均可有效杀灭 Nb 孢子。

蚕粪载体实验是评价养蚕消毒剂有效性和安全性或能量载荷的方法之一，也可称为消毒模拟实验。蚕粪载体的准备：用约 10^4 孢子/ml 的 Nb 孢子悬浮液添食 2 龄起蚕，饲养一周后每天随机取蚕粪进行检测，饲养 12d 后收集含有 Nb 孢子的蚕粪至大眠（3d 左右），自然干燥后即可。消毒实验前，称取 0.001g 蚕粪（内含 Nb 孢子），加 0.5ml 灭菌水，充分磨碎蚕粪，细菌计数板计数 Nb 孢子浓度为 5×10^7 孢子/ml。消毒实验时，称 0.01g 蚕粪放入青霉素瓶（容积约 8ml），分别加 6ml 上述消毒剂推荐使用浓度的消毒溶液，并设置瓶子加盖（密闭消毒方式）或不加盖（开放消毒方式）2 种方式，分别于 25℃放置 20min、40min 和 60min 后，1000r/min 离心 10min（室温），弃上清，在沉淀中加 0.8ml 消毒反应终止液（1%硫代硫酸钠等的磷酸缓冲液，pH7.0），快速混匀。分别取经不同消毒溶液处理不同时间的蚕粪悬浮液，均匀地涂布于桑叶，添食 2 龄起蚕（浙农 1 号×苏 12 或芳草×晨・星），调查家蚕微粒子病感染率，结果如表 9-11 所示，表中数据为 2 次实验，每次实验每个处理为 3 个重复区，每个处理区为 20 条蚕的平均数。

表 9-11 蚕粪载体实验的消毒效果

消毒药物	处理时间（min）	家蚕微粒子病感染率（%）	
		开放	密闭
漂白粉	20	92.5	77.5
	40	51.7	45.0
	60	3.3	0.0
消特灵	20	71.7	68.3
	40	30.0	25.0
	60	6.7	4.2
XDJ	20	76.7	47.5
	40	53.3	19.2
	60	15.8	5.0
QLA	20	100.0	100.0
	40	85.0	34.2
	60	57.5	11.7
未经消毒的蚕粪	60	100.0	100.0

漂白粉溶液采用密闭消毒方式处理 60min 可有效杀灭蚕粪中的 Nb 孢子，添食家蚕后不会出现感染个体，其余各种消毒剂在不同实验处理时间和方式下都不能达到完全杀灭 Nb 孢子的效果（表 9-11）。本实验的消毒靶物质与消毒溶液比例、消毒时间和方式是一种实验室处理，或是一种较为极端的消毒处理，在生产上一般难以达到。生产上一般要求浸渍或喷雾消毒后，保持 30min 的湿润即可。因此，可以认为采用消毒溶液有效杀

灭蚕粪等有机物中的 Nb 孢子是十分困难或近乎不可能的。由此，也可以认为在实际生产中，清除所有蚕粪等可能携带 Nb 等家蚕病原微生物的有机物是保障消毒药剂达到消毒目的的基础。

琼脂糖载体实验也是评价养蚕消毒药剂有效性和安全性或能量载荷的方法之一，因琼脂糖成分单一和稳定，该方法较蚕粪载体实验的重演性更好。该实验是将 0.1ml 不同浓度的琼脂糖（用 pH 7.2 的 PBS 缓冲液配制）放入 EP 管，在琼脂糖尚未凝固前加入 0.1ml 的 Nb 孢子悬浮液（2.6×10^7 孢子/ml），45℃水浴中混匀，取出 EP 管。EP 管中琼脂糖凝固后，再分别加 0.2ml 上述 4 种消毒剂推荐使用浓度的消毒溶液，分别于 25℃放置 15min 和 30min 后，加 0.4ml 消毒反应终止液，并充分捣碎凝固的琼脂糖。分别取经不同消毒溶液处理不同时间的琼脂糖悬浮液，均匀地涂布于桑叶，添食 2 龄起蚕（浙农 1 号×苏 12 或芳草×晨•星），调查家蚕微粒子病感染率，结果如表 9-12 所示（表中数据的实验设区与数量，同蚕粪载体实验）。

表 9-12　琼脂糖载体实验的消毒效果

消毒药物	处理时间（min）	家蚕微粒子病感染率（%）		
		0.2%琼脂糖	0.3%琼脂糖	0.4%琼脂糖
漂白粉	15	0.0	0.0	2.5
	30	0.0	0.0	0.0
消特灵	15	0.0	0.0	18.3
	30	0.0	0.0	0.0
XDJ	15	0.0	22.5	90.0
	30	0.0	0.0	5.0
QLA	15	57.5	92.5	99.2
	30	10.8	20.8	28.3
未经消毒的琼脂糖	30	100.0	100.0	100.0
无 Nb 孢子对照区	30	0.0	0.0	0.0

琼脂糖和蚕粪载体实验结果表现出相同的趋势，即随着载体有机物的减少和消毒处理时间的延长，消毒效果得到提高，但有一定的限制。随着有机物负荷量的增加，非常极端的消毒处理也难以达到预期目标（表 9-11 和表 9-12）。在不同消毒剂之间，漂白粉和“消特灵”在实验条件下的有机物负荷能力（或消毒安全性）较为接近，但 XDJ 和 QLA 明显不如前两者。对消毒剂的主剂成分或杀灭 Nb 孢子的主成分含量分析，“消特灵”较漂白粉更低（或对物品的腐蚀性更小），但消毒效果较为接近，但同为 3000mg/L 有效氯含量的 XDJ 的有效性和安全性明显低于漂白粉，由此也可推测 XDJ 的配伍可能不尽合理。QLA 的有效氯含量明显偏低，或其推荐使用浓度在实际生产中具有较大的风险。

9.2.2.4　化学药物的腐蚀性

化学消毒剂的类别很多，主要有卤素类、醛类、季铵盐类、过氧化物类和醇类等，随着化学工业的发展还在不断增加和丰富之中，加上复配形式的广泛应用，化学消毒剂的品种繁多。

对于养蚕消毒而言，基本要求是可对家蚕主要病原微生物有效消毒，在此基础上尽力降低化学药物对作业人员的伤害、对养蚕设施设备及用具的腐蚀性、使用成本，以及使用方便或提高作业效率等。

在有效杀灭家蚕主要病原微生物方面，靶标微生物应该包括多角体病毒中核型多角体病毒（BmNPV）和质型多角体病毒（BmCPV）、苏云金杆菌（*Bacillus thuringiensis*）芽孢及毒蛋白、真菌中曲霉菌（*Aspergillus* sp.）和白僵菌[球孢白僵菌（*Beauveria bassiana*）或卵孢白僵菌（*B. brongniartii*）]分生孢子，以及 Nb 孢子。对 Nb 孢子的有效消毒是蚕种生产（蚕茧育）消毒的重点，丝茧育对 Nb 孢子消毒并不十分强调。养蚕病原微生物靶标的特殊性，决定了养蚕化学消毒及其他消毒方法不同于预防医学和畜牧业环境消毒的特点。其中，多角体病毒的消毒要求明显不同，多角体病毒是昆虫等较低等动物特有的病毒存在形式，病毒外周包裹的结晶状多角体蛋白需要碱性因子等的作用才能将其中的病毒暴露，裸露的病毒在消毒因子（化学或物理）作业下才能被杀灭。因此，广谱性的蚕用消毒剂一般都为强碱性消毒剂。

在化学消毒的目的和功能方面，养蚕消毒包括提供洁净环境的预防消毒（包括养蚕前环境消毒、蚕室蚕具消毒和卵面消毒等）、减少生产过程中病原微生物的随时消毒（包括蚕体蚕座消毒和蚕期环境消毒等），以及控制饲养环境污染的防污消毒（包括回山消毒等）（参见 3.1 节）（鲁兴萌等，2013）。消毒效果单体实验与载体实验结果中化学药物浓度或剂量的明显差异，一方面说明了消毒前清洁工作的重要性，另一方面则说明了养蚕相关设施设备或器具对消毒强度要求的不同（鲁兴萌和金伟，1996b；鲁兴萌，2012a）。

化学药物对设备或用具的腐蚀性测定，可采用金属或有色布料等外观的变化进行评价，但该种评价为定性评价；也可采用称量法进行定量评价，即定量金属或其他物品后，在消毒溶液中浸泡一定时间后再称量，根据重量差评价其腐蚀性。

图 9-6 为三种化学物质（N、P 和 d）按照一定浓度（N 和 P 为 1000mg/L、3000mg/L 和 5000mg/L；d 为 62.5mg/L、125mg/L 和 250mg/L）配制成不同浓度比例组合的溶液，用这些溶液（4ml）浸泡经称量的小方块茧壳（预先烘干茧壳，剪成约 0.5cm×0.5cm 大小，约 30mg），20min 后，用蒸馏水清洗数遍，再烘干和称量。根据小方块茧壳处理前-后的重量差（mg），采用 SPSS20（IBM Statistics 20）进行 One-Way ANOVA 的 LSD 法比较分析，通过对茧壳消化作用（重量下降）的测定，定量评价不同溶液的腐蚀性。

实验结果显示：蒸馏水（0-0-0）具有一定的消化作用（2.87mg）。在三种化学药物单独处理时，N 在高剂量时（5-0-0）虽然消化作用（3.77mg）强于蒸馏水，但 N 和 P 在单独处理时消化作用未见显著差异（$P>0.05$）；d 在单独处理时，各实验浓度都显著（$P<0.05$）或极显著（$P<0.01$）大于蒸馏水处理（图 9-6 左上）。在两两组合的情况下，仅有 P 和 d 在低浓度（0-1-62.5）时消化作用显著（$P<0.05$）大于蒸馏水处理，其余均未见显著差异（$P>0.05$），或者说在实验浓度条件下 N 和 P 可以抑制 d 对茧壳的消化作用。当 N 或 P 大于 3000mg/L 时，N-P-d 组合各浓度多数相比蒸馏水显示了显著（$0.01<P<0.05$）或极显著（$P<0.01$）的消化作用（图 9-6 右上和左下侧），消化量最大的 5-5-125 组合达到 9.4mg（消化率为 31.3%）。选择养蚕生产常见或代表性有机物及金属，

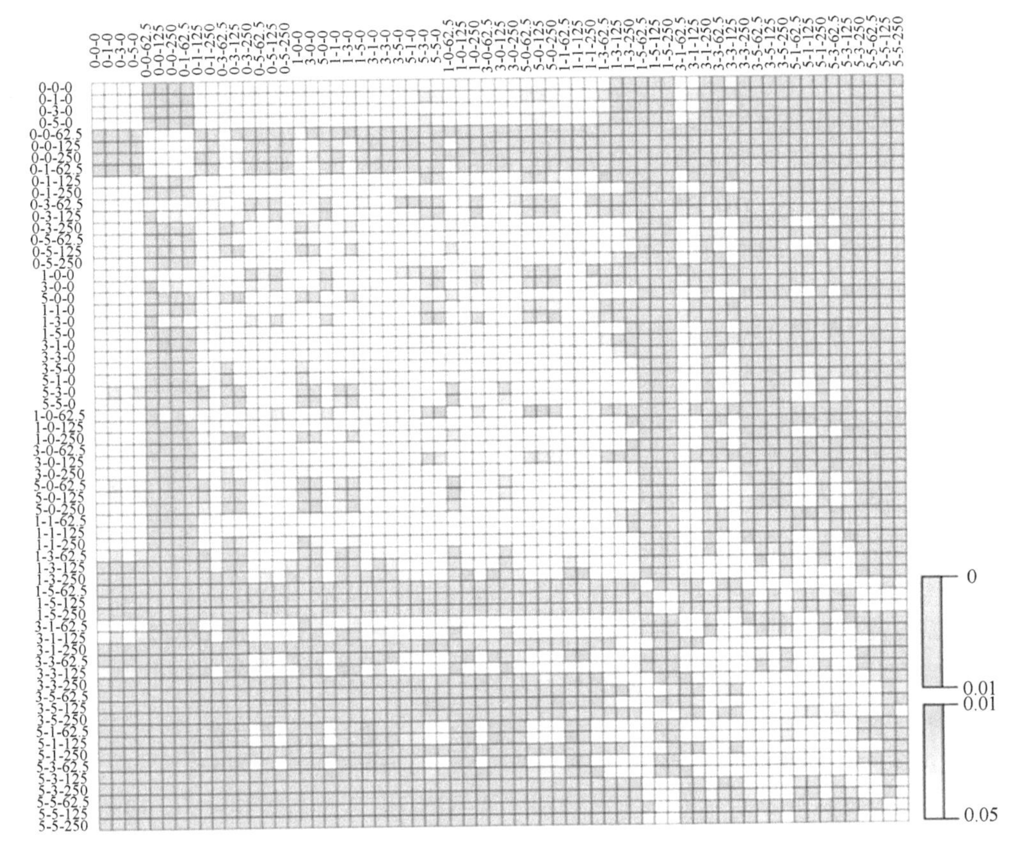

图 9-6　三种化学药物及不同组合对茧壳的消化作用

数值编号为 N-P-d 三种化学药物的浓度，0 为不含该成分；N 和 P 位数值为×1000mg/L，d 位数值为实际 mg/L；■为极显著差异处理组（$P<0.01$），■为差异显著处理组（$0.01<P<0.05$），■为差异不显著处理组（$P>0.05$）

开展消毒溶液消化作用的测定实验是定量评价其腐蚀性的有效方法，也是消毒剂选择的重要参考依据。

化学药物的腐蚀性具有明显的双重性，具有良好消毒效果的化学药物往往具有较强的腐蚀性，而较强的腐蚀性不仅会对作业人员造成严重伤害（如甲醛），也往往因对养蚕相关设施设备或器具的破坏性而无法接受或推广。

随着养蚕业的发展，蚕室的结构正在向专业化和简洁化转变，蚕室清洗变得更为容易；塑料等耐腐蚀、便于清洗的材料正在广泛使用。另外，金属制品或机械设备设施在养蚕中的应用也正在发展之中。因此，根据这种情况的出现或蚕室蚕具等多样性的变化，如何根据现场具体情况，综合平衡消毒效果（从单体法的临界值到充分考虑安全载荷的实际使用浓度）和腐蚀性（化学药物的种类或配伍）特点，研究开发新的消毒剂和确定推荐使用剂量成为未来必须充分考虑的事项。

9.2.3　预知检查和补正检查

预知检查和补正检查都是在生产过程中监控家蚕微粒子病发生情况、提高防控有效性的技术措施，但两者在防控中的侧重点有所不同。

预知检查是在蚕种生产后期，蚕种生产单位特别是采用原蚕区生产方式的单位，由于原蚕饲养户之间饲养水平或防控家蚕微粒子病技术水平之间存在着差异，在收茧后对从各原蚕户收购的种茧，通过促进发蛾（将蚕茧或蚕蛹放于较高温度环境，较大批更早羽化的方法），或选择同户较早或较迟上蔟的蚕茧促进发蛾，或选择未化蛹和病弱蚕蛹个体等进行家蚕微粒子病的检测。主要目的和功能是及时淘汰家蚕微粒子病发生较为严重的生产小区或原蚕户，减少经济损失，防止 Nb 扩散污染对饲养环境的破坏。

补正检查是在蚕种生产早期，原种使用单位为了再次确认所使用的原种是否有胚胎感染的情况存在，在收蚁后对剩余死卵和未孵化卵进行 Nb 孢子检测，或在 1 眠或 2 眠期间收集迟眠蚕进行 Nb 孢子检测。主要目的和功能是一旦发生原种有胚胎感染的情况，尽早淘汰所对应的饲养区或原蚕饲养户的蚕种，避免制种的全军覆灭和养蚕区域环境发生 Nb 污染。

在方法方面，早期的预知检查和补正检查多数先用研钵或瓷板等进行手工研磨，再取样进行光学显微镜检测，该方法由于样本量的有限性和费工等特点，决定了生产单位只能进行小规模的预知检查和补正检查，对家蚕微粒子病发生与流行状态监控的有效性不佳，不时出现生产过程监控检测未发现但母蛾检测严重超标的现象，导致部分生产单位放弃该项技术措施。因此，充分利用社会通用器具或先进装备、提高监控检测技术水平是一项长久的任务。

利用家庭用果蔬粉碎机（或捣碎机）等常见机械具有的捣碎和过滤等功能，代替手工磨碎程序，结合离心和显微镜检测，可在提高检测规模和 Nb 孢子检出效率方面发挥作用，由此进行的实验也证实了这种方法的有效性。

家庭用果蔬粉碎机法（机磨法）：称取 10g 样品（卵或小蚕等）放入粉碎机的不锈钢滤渣网中间（底置粉碎刀片），盖上滤网盖，从滤网外侧加入 100ml 的 2%食用碱（碳酸钠）溶液，捣碎搅拌 2～3min，倒出磨碎液（已经过滤网过滤）于 50ml 的离心管，3000r/min 离心 3min（室温），弃上清，加入 3～5 滴 2%食用碱溶液，充分悬浮沉淀后点样，相差显微镜下（40×16 倍）观察、记录。

手磨法：在研钵内放约 10 粒卵或 1 条小蚕，加入 3～5 滴 2%食用碱溶液，充分研磨后点样，相差显微镜下（40×16 倍）观察、记录。

9.2.3.1　机磨法的检测性能

以同一蚕种生产单位生产的母蛾检测结果为“检出合格”和“检出不合格”两类多个批次的蚕种（表 9-13）为检测材料，测试上述机磨法的检测性能。

受测蚕种中批号“1”、“5”和“6”为春晓×浙蕾，其余均为浙蕾×春晓；批号 1～8 的蚕种为“检出不合格”（“小计”大于“允许数”的后置数）。其中，批号 1～4 蚕种的 n1 大于“允许数”的前置数，即为“一检不合格”蚕种；批号 5～8 蚕种的“小计”大于“允许数”的后置数；批号 9 和 10 蚕种的 n1 大于“允许数”的前置数，但“小计”小于“允许数”的后置数，即为“二检合格”蚕种；批号 11 和 12 的蚕种，其 n1 小于“允许数”的前置数，即为“一检合格”蚕种。依据母蛾检测结果可认定测试蚕种的家蚕微粒子病发生程度从大到小为：1～4 批蚕种>5～8 批蚕种>9～10 批蚕种>11～12 批蚕种。

表 9-13　两种检测结果类型蚕种的基础资料

批号	毛种量（张）	检测情况			允许数	抽样量（g）		
		n1	n2	小计		良卵	轻比卵	重比卵
1	1208	46		46	3，12	212.0	14.0	3.8
2	1720	40		40	3，13	188.0	30.9	8.8
3	2296	37		37	3，13	172.5	56.6	3.5
4	1632	29		29	3，13	147.0	18.6	2.5
5	2760	9	12	21	4，15	216.0	33.8	2.2
6	1112	7	7	14	3，12	171.6	4.2	3.8
7	1712	5	11	16	3，13	206.0	19.2	3.4
8	1360	4	11	15	3，12	230.0	39.6	7.1
9	1136	7	5	12	3，12			
10	2280	9	2	11	3，13			
11	1624	2		2	3，13			
12	3016	1		1	3，13			

批号 1～8 的蚕种为“检出不合格”，因此进行了单独的后期处理，分别随机取 2 块夏布进行冬季浴消和氯化钠溶液比选等处理，再取良卵、轻比卵（比重低于 1.08）和重比卵（比重大于 1.09）不经催青处理直接检测（浙江省蚕桑学会，1993）。

不同卵量的检测结果（表 9-14）显示：在 0.5～10g，随着卵量的增加检出率上升；这种趋势在“检出不合格”蚕种中尤为明显，但在“检出合格”蚕种中，“一检合格”蚕种（批号为 11 和 12）的 10g 卵量可以检出 Nb 孢子，而“二检合格”蚕种（批号为 11 和 12 的蚕种）未能检出 Nb 孢子，这种随机性也可能与蚕种后期制作流程或取样的随机性有关，这种随机性现象也出现于“检出不合格”蚕种。

表 9-14　不同蚕卵数量的机磨法检测

批号	使用卵量（g）				
	10	5	3	1	0.5
1	+++	+++	+++	++	+
2	+++	+++	+++	+	+
3	++	+++	+++	+	+
4	++	++	+	−	−
5	+++	+++	+++	+	−
6	+++	+	−	−	
7	+++	+++	+++	+++	+
8	++	++	+	−	−
9	−	−			
10	−	−			
11	+	−	−		
12	+	−	−		

注：光学显微镜检出程度：“+++”为平均每个视野可观察到 2 个或以上 Nb 孢子；“++”为平均每个视野可观察到 1～2 个 Nb 孢子；“+” 为观察数个镜面后才能观察到 Nb 孢子；“−”为未检测到 Nb 孢子；表 9-16 和表 9-17 同

将上述 12 批蚕种用 2%甲醛溶液（福尔马林）进行卵面消毒后，分别取 40 粒卵放置于单独容器，进行催青和个体饲养 7d，采用手磨法对每条蚕进行检测，结果如表 9-15 所示：有 3 批蚕种检出了 Nb 孢子。

表 9-15　个体育手磨法检测结果

批号	实际孵化数（条）	检出感染蚕数（检出率，%）
1	37	2（5.4）
2	37	0（0）
3	39	2（5.1）
4	40	0（0）
5	40	0（0）
6	40	0（0）
7	40	0（0）
8	40	0（0）
9	38	1（2.6）
10	40	0（0）
11	40	0（0）
12	39	0（0）

分别取上述 12 批蚕种各 2g 进行分区催青和饲养，在 1 眠（约 3d）时，各批取 50 条迟眠蚕，按照 5 条 1 个样本进行手磨法检测；2 眠（约 6d）时，各批分别取 100 条迟眠蚕，按照 10 条 1 个样本进行手磨法检测，结果如表 9-16 所示。

表 9-16　个体育迟眠蚕手磨法检测结果

批号	1 眠迟眠蚕检出数	2 眠迟眠蚕检出数/检出程度
1	1	1 / +++
2	0	3 /+、+、+
3	2	2 / +、+
4	1	0
5	1	2 / +、+
6	0	0
7	2	1 / +
8	1	1 / +
9	0	1 / +
10	0	0
11	0	0
12	0	0

对上述 12 批具不同母蛾检测结果的蚕种取不同卵量进行机磨法检测（表 9-14），显示了该方法较手磨法（表 9-15 和表 9-16）具有更好的检测效果（检出率上升和检测规模扩大）。个体育手磨法检测中迟眠蚕的检出率明显高于蚁蚕，2 眠时的检出率更高。但机磨法和手磨法的检出对应性并不完全一致，机磨法的检测结果与母蛾检测结果也不完

全一致，这种不一致的发生存在较为复杂的原因。

9.2.3.2 手磨法和机磨法检测蚕卵与小蚕的比较

手磨法和机磨法检测蚕卵与小蚕的比较实验中，蚕卵样本从母蛾检测判定为不合格的蚕种中随机抽取，小蚕样本为蚁蚕饲喂涂抹 10^6 孢子/ml 剂量 Nb 孢子的桑叶，饲喂24h 后按照 1∶10 混入同步收蚁健康小蚕，常规饲养 10d 后取样。检测由 60 位来自蚕种生产或检测机构的检测技术员完成。结果如表 9-17 所示，在蚕卵方面，机磨法 20 个样本均检出 Nb 孢子（即检出率为 100%），且 80%的样本以“+++”状态检出（即较易检出）；手磨法的检出率仅为 24.29%，较易检出的“+++”样本仅为 0.71%。在小蚕方面，机磨法 20 个样本均检出 Nb 孢子，与蚕卵样本相同较易检出；手磨法的检出率仅为35.00%，较易检出的“+++”样本仅为 13.57%。

表 9-17 手磨法和机磨法检测蚕卵与小蚕的比较

检测方法	检测样本（检出率，%）							
	蚕卵				小蚕			
	+++	++	+	−	+++	++	+	−
手磨法	1（0.71）	4（2.86）	15（10.71）	120（85.71）	19（13.57）	7（5.00）	23（16.43）	91（65.00）
机磨法	16（80.00）	3（15.00）	1（5.00）	0（0）	20（100）	0（0）	0（0）	0（0）

从表 9-17 可见，机磨法的检出率明显高于手磨法。此外，机磨法的检测面（检测规模扩大，检测代表性更优）也明显大于手磨法，以蚕卵样本为例，机磨法的检测面约是手磨法的 2000 倍。机磨法操作简单，设备投资较集团母蛾磨碎机廉价许多，获取该类机械也十分方便。

因此，机磨法可以作为蚕种生产单位进行预知检查和补正检查，以及对野外昆虫等环境样本进行检测的方法。

随着工业技术和社会经济的发展，在实验室使用的手持或支架式捣碎机（如 PRO Scientific INC.USA 和 FLUKO Superfine Homogenizers-上海）和全自动样品快速研磨仪（如 JXFSTPRP-64，上海）的国产化率提高，在生产上的应用也将不断得到普及。具体使用可参见 11.4 节相关内容。

9.3 母蛾检测批的规模类型对家蚕微粒子病流行的影响

蚕种生产中家蚕微粒子病的流行程度，是人为控制因素介入能力（人为控制）和自然条件（客观因素）两方面相互作用的结果。两者都具有复杂性，本章上述内容仅仅涉及部分情况，在实际生产中还有更多的情况或更为复杂的案例。

在人为控制方面，蚕种生产单位在制种过程中使用的“批”或“段”划分与合并方法，以及母蛾“检测批”的规模结构控制（确定母蛾“检测批”的毛种数，或确定“检测批”规模），可影响家蚕微粒子病母蛾检测的结果，即影响对流行程度的判断，这也是一代杂交蚕种与原种的全样本母蛾检测的不同之处。为此，本部分内容以浙江蚕区

7 个蚕种生产单位 2010～2014 年 5 年间一代杂交蚕种生产家蚕微粒子病的母蛾检测数据为基础，对母蛾“检测批”的规模结构对家蚕微粒子病的流行状态的影响进行分析，为蚕种生产单位或质量监管部门提高技术管理水平提供参考方法。

9.3.1　不同母蛾检测批的规模类型数据样本与数据处理

不同母蛾“检测批”的规模类型数据样本为浙江蚕区 7 个家蚕一代杂交种生产单位（编号分别为 DD、HT、DM、AT、CT、HN 和 CL）2010～2014 年共 5 年的数据，由浙江省蚕种质量检验检疫站提供。

该蚕区 7 个蚕种生产单位在 5 年间分别生产 550 062 张、656 496 张、605 622 张、560 663 张和 516 715 张毛种，合计毛种数为 2 889 558 张，其中母蛾检测合格蚕种每年分别为 545 212 张、627 966 张、578 804 张、494 701 张和 475 428 张。蚕种毛种生产总量和合格蚕种生产量的波动分别为±21.7417%和±24.8694%，即预计可销售蚕种数量的波动小于实际生产合格蚕种数量的波动。DD、HT、DM、AT、CT、HN 和 CL 各单位生产毛种数量的占比分别为 33.52%、21.92%、18.23%、10.94%、6.52%、4.80%和 4.07%。

家蚕微粒子病母蛾检测相关规定，确定了不同“检测批”规模类型（根据毛种数分为 50～500 张、501～1000 张、1001～1500 张、…、5000 张以上）的毛种数，对不同“检测批”规模类型的袋蛾数量、检测数量和判断标准作出了明确的要求（浙江省技术监督局，2007）。不同蚕种生产单位在该规定要求的基础上，根据企业生产习惯和为提高生产效率等，采用不同的“批”和“段”划分或合并办法，形成其特定的母蛾家蚕微粒子病“检测批”规模类型结构（不同“检测批”的规模类型分布和数量，以及该类型对应的毛种数）。母蛾“检测批”的规模类型结构和检测结果，反映了该蚕种生产单位或区域家蚕微粒子病流行或控制的状态。因 50 张毛种以下母蛾“检测批”规模类型的随机性较大，未被用于分析，即本项研究只对 50 张毛种以上母蛾“检测批”规模类型的 2292 个“检测批”进行了分析。

家蚕微粒子病母蛾检测的结果可分为 5 种类型，即“未检出”、“一样本检出合格”、“二样本检出合格”、“一样本检出不合格”和“二样本检出不合格”。具体生产管理中一般简化为“未检出”（或称“无毒蚕种”）、“检出合格”（或称“带毒合格蚕种”，包括“一样本检出合格”和“二样本检出合格”）和“检出不合格”（或称“淘汰蚕种”，又有“一样本检出不合格”和“二样本检出不合格”两种情况），本研究按照上述 3 种检测结果类型进行数据分析和讨论。

数据采用 SPSS 19.0、SigmaPlot 12.5 和 Microsoft office Excel 2007 进行处理。

9.3.2　母蛾检测批的规模类型变化

在蚕种生产经济效益下行压力及现有技术和生产管理环境下，采用多种方式降低成本或规避风险成为多数生产单位几近必然的选择，其中通过增大母蛾检测批的规模，即扩大检测批的毛种数量成为方法之一。该方法有利于提高工效或降低成本，但也可能增加因母蛾检测不合格而淘汰合格蚕种的风险，或规避风险失败。

本次调查取样蚕区5年间7个蚕种生产单位所生产一代杂交蚕种的母蛾检测批规模类型结构如图9-7和图9-8所示。毛种数为50～1500张的3个检测批规模类型的批次数量最大，占检测批次总数量的73.29%；毛种数为501～3000张的5个检测批规模类型的毛种数量最多，占毛种总量的79.95%；毛种数在3000张以上的检测批规模类型，其批次数量和毛种数量在总检测批次数量和毛种数量中的占比分别为4.71%和15.41%，即占比较小。

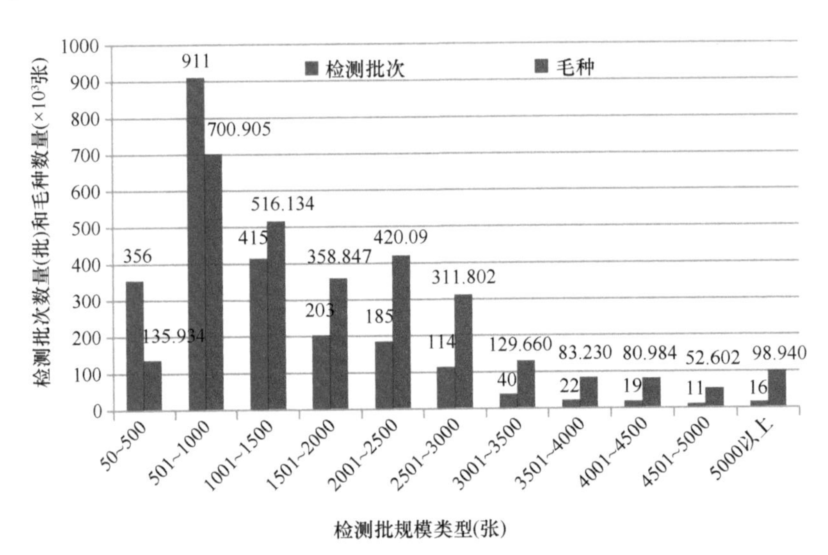

图9-7　不同检测批规模类型的批次数量和毛种数量

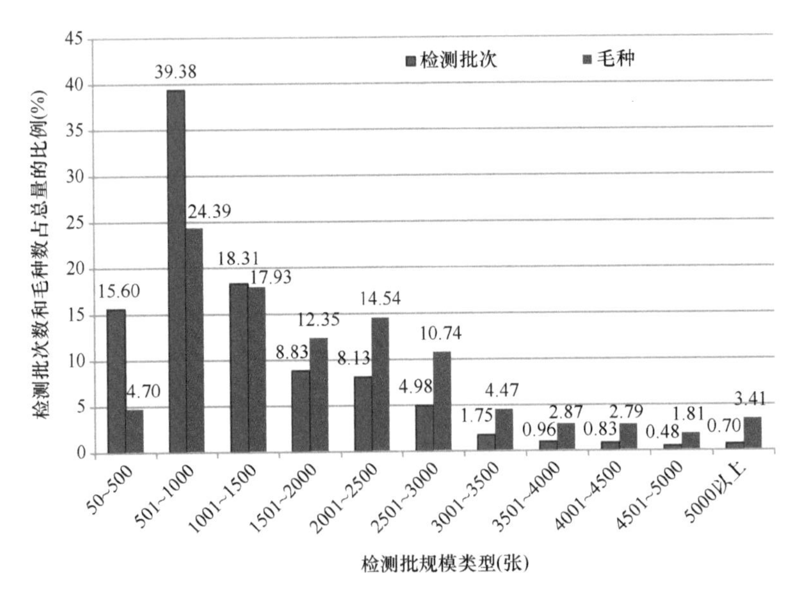

图9-8　不同检测批规模类型的批次数和毛种数占总量的比例

在5年间，50～1500张毛种检测批规模类型的批次数量在2014年较2010年下降27.25%，1501～3000张毛种检测批规模类型与3000张以上毛种检测批规模类型的批次数量和占比明显上升，2014年较2010年分别上升19.65%和27.37%。以毛种生产数量较多和检测批次分布广泛的 3 个生产单位（DD、HT 和 DM，合计毛种数量占采集数据 2292 个检测批总量的 73.67%）为对象，将检测批的规模类型分为 1500 张及以下、1501～3000 张和 3000 张以上毛种数 3 个数量类型，分析检测批规模类型结构的年度变化，如图 9-9 所示。

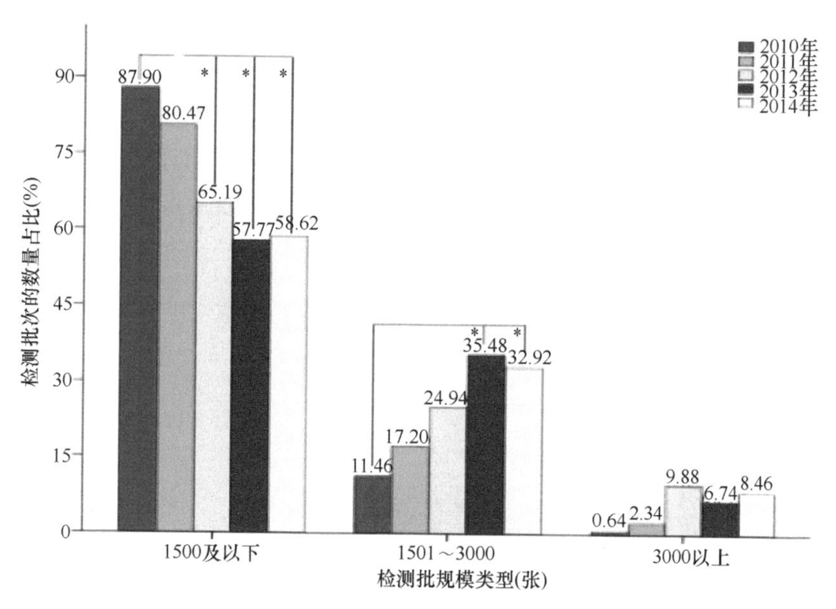

图 9-9　不同检测批规模类型的批次数量占比及年度变化

*表示差异显著

各年度间 3 个数量类型母蛾检测批规模的批次数量在总批次数中的占比呈不同变化规律（图 9-9）：1500 张及以下毛种检测批规模类型的批次数量明显下降，2012 年较 2010 年的降幅达到显著水平（P=0.049 <0.05），其后 2 年数据差异显著水平的 P 值分别为 0.030 和 0.021；1501～3000 张毛种检测批规模类型的批次数量则明显上升，2013 年和 2014 年较 2010 年的数据差异达到显著水平（P=0.027 和 0.025）；3000 张以上毛种检测批规模类型的批次数量在年度间呈现明显增长趋势，但未见统计学的显著差异，可能与该检测批规模类型的样本数据较小有关。不同检测批规模类型（1500 张及以下、1501～3000 张和 3000 张以上）对应毛种数量的差异显著性分析显示，其趋势没有检测批次数量的变化明显，仅 1500 张及以下检测批规模类型 2013 年和 2014 年数据较 2010 年下降达显著水平（P=0.044 和 0.046）。

家蚕一代杂交种生产过程中，母蛾检测批的规模类型结构（毛种数量和批次数量）与蚕种生产单位的生产形式（专业场或原蚕区生产）、生产习惯或技术管理模式等有关。在蚕种生产效益相对较低的背景下，简单扩大母蛾检测批规模类型的毛种数量，可能成为企业降低生产成本的一种选择。从本次数据采样分析情况可见，数据采集蚕区蚕种生产单位的母蛾检测批规模类型的毛种数量呈逐渐扩大趋势。5 年中 1501 张以下毛种检测批规模类型占规模类型批次总数量的 73.29%，但以毛种生产量最大的 3 家蚕种生产单位为对象的分析结果显示，母蛾检测批规模类型中毛种数量较多的批次数量和毛种数量存在逐年增加趋势，对部分年度间的数据进行统计学分析显示达到显著水平（图 9-9）。这种趋势是否会进一步扩大（生产单位和涉及的蚕种数量），以及其对家蚕微粒子病流行的影响都是非常值得生产企业和技术管理部门关注的问题。

9.3.3 母蛾检测中未检出和检出合格蚕种的分布规律

在 5 年间 7 个蚕种生产单位生产的蚕种中，“未检出合格”（无毒）和“检出合格”（带毒合格）蚕种的母蛾检测批批次数量和比例分别为 1270 批和 883 批，55.51%和 38.59%，相应的毛种数量和比例分别为 1 371 997 张和 1 364 621 张，47.27%和 47.01%。每种检测结果类型的不同检测规模类型的批次数量和毛种数量占比大致相同（图 9-10 和图 9-11）。

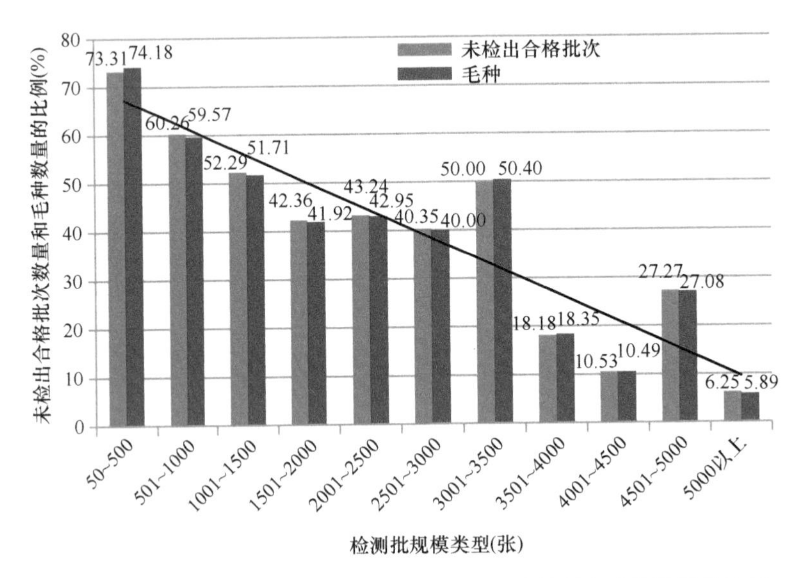

图 9-10 不同检测批规模类型中未检出合格批次数量和毛种数量的比例

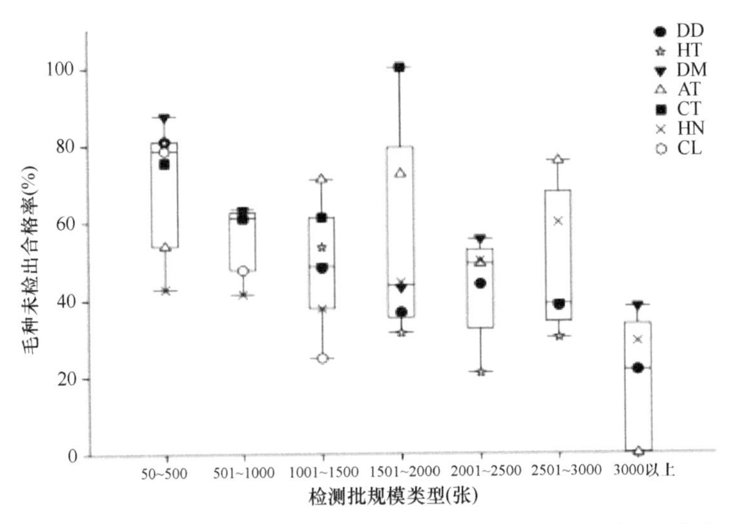

图 9-11 不同检测批规模类型中各蚕种生产单位的毛种未检出合格率

在“未检出合格”（无毒）蚕种中，随检测批规模类型的毛种数量增加，该规模类型的批次数量和毛种数量在总体上呈下降趋势（图 9-10），经 Spearman 相关性分析显示：“未检出合格”蚕种的批次数量占比与检测批规模类型（毛种数量）间呈显著负相关关系（r=−0.586，P=0.022）（图 9-10），即随毛种数量较多的检测批规模类型的批次数量增加，“未检出合格”毛种数量明显下降。图 9-11 显示了 7 家生产单位不同检测批规模类型结构和母蛾检测结果对随检测批毛种数量增加“未检出合格”批次数量下降趋势的影响特点，蚕种生产量最多的单位 DD（占 33.52%）的“未检出合格”蚕种批次数量在各检测批规模类型中，多数分布在中位值附近；蚕种生产量其次的单位 HT（占 21.92%）的“未检出合格”在 1501～3000 张毛种检测批规模类型为最低值；单位 DM（占 18.23%）的“未检出合格”蚕种毛种数量在多数检测批规模类型中处于较高数值；蚕种生产量较少的单位 HN（占 4.80%）的“未检出合格”蚕种毛种数量则在 1500 张及以下毛种检测批规模类型中处于较低值。

在“检出合格”（带毒合格）蚕种中，随检测批规模类型的毛种数量增加，批次和毛种数量都呈上升趋势（图 9-12），经 Spearman 相关性分析显示：不同检测批规模类型的毛种数量与对应批次毛种数量的总量占比间呈显著正相关关系（r=0.631，P=0.009）（图 9-12），即随毛种数量较多的检测批规模类型的批次数量增加，“检出合格”蚕种的数量显著上升。

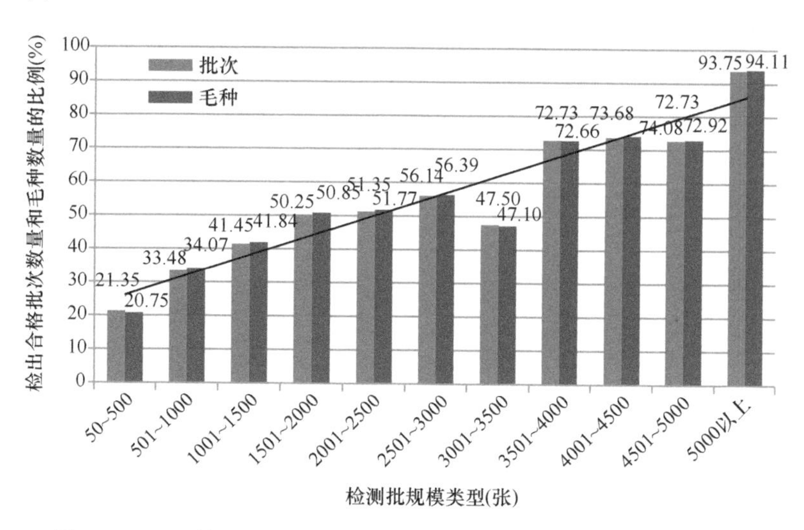

图 9-12　不同检测批规模类型中检出合格批次数量和毛种数量的比例

图 9-13 显示了 7 家生产单位不同检测批规模类型结构和母蛾检测结果对随检测批毛种数量增加“检出合格”检测批数量上升趋势的影响特点，蚕种生产量最多的单位 DD 各检测批规模类型的“检出合格”蚕种，主要分布在中位值附近；但 500 张以下检测批规模类型的“检出合格”蚕种则处于较低值。蚕种生产量其次的单位 HT 和 DM 各检测批规模类型的“检出合格”蚕种均呈现出随机性。蚕种生产量较少的单位 HN 和 AT（毛种数量占 10.94%）的“检出合格”蚕种，在 2000 张以上毛种检测批规模类型中呈现较低值（AT 仅有 1 个检测批次毛种数量在 3000 张以上，且未检出）。

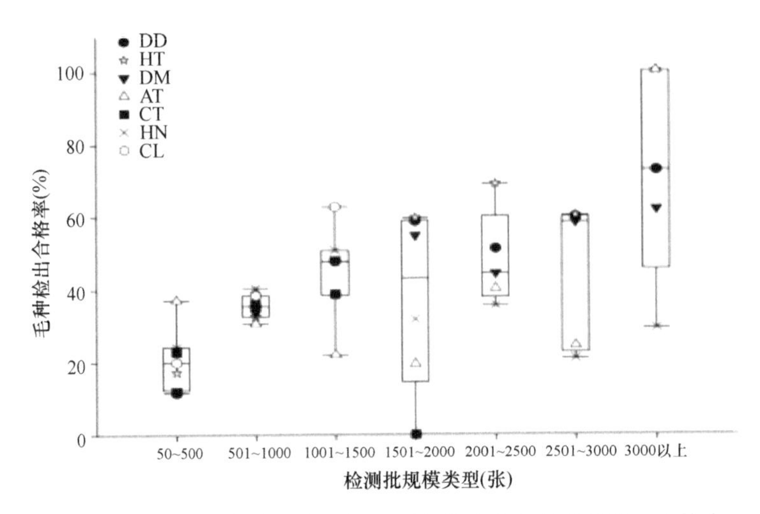

图 9-13　不同检测批规模类型中各蚕种生产单位的毛种检出合格率

9.3.4　母蛾检测中淘汰蚕种的分布规律

家蚕微粒子病母蛾检测中淘汰（“检出不合格”）蚕种在不同检测批规模类型中的分布，未见明显趋势性变化（图 9-14），检测批规模类型与淘汰率（或淘汰毛种数量）的 Spearman 相关性分析，均未见显著相关性（*P*=0.426 和 0.956）（图 9-14），但其分布还是存在一些特征。

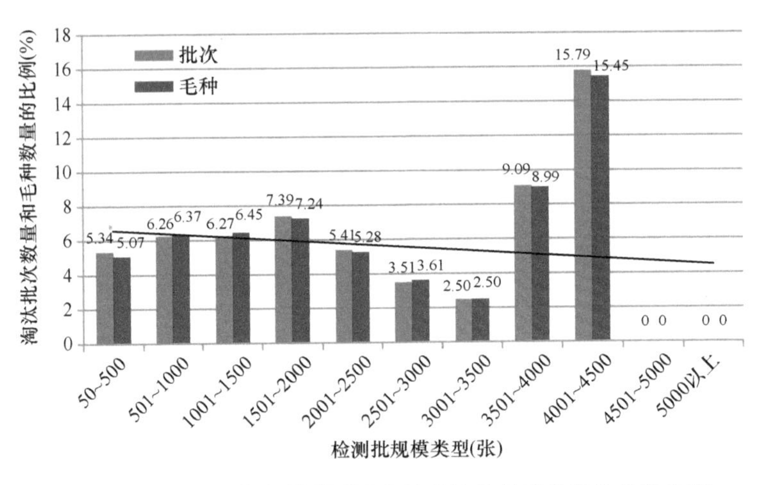

图 9-14　不同检测批规模类型中淘汰批次数量和毛种数量的比例

淘汰蚕种在不同检测批规模类型的分布中，每个检测批规模类型的批次数量与毛种数量在总量中的占比都较为接近。所有检测批规模类型中，批次数量与毛种数量的最大占比差仅为 0.34%（4001～4500 张毛种检测批规模类型）。淘汰率较高的检测批规模类型为毛种数量较大的 2 个检测批规模类型（3501～4000 张和 4001～4500 张毛种）。总体上，较小或较大毛种数量检测批规模类型的批次数量与毛种数量在总量中的占比较高（图 9-14）。在不同蚕种生产单位之间，毛种生产量最大的单位 DD 的 501～3000 张毛种检测批规模类型的淘汰率均小于中位值；生产量其次的单位 HT 的多数检测批规模类型略高于中位值；单位 DM 则是多数检测批规模类型低于中位值，且有 2 个检测批规模类型的淘汰率为最低；生产量相对较少的单位 CT（毛种数量占比为 6.52%），3 个检测批规模类型的淘汰率处于最低；生产量更少的单位 HN 的 7 个检测批规模类型中，有 6 个检测批规模类型的淘汰率处于最高值，另一个类型也在第 2 高位值（图 9-15）。

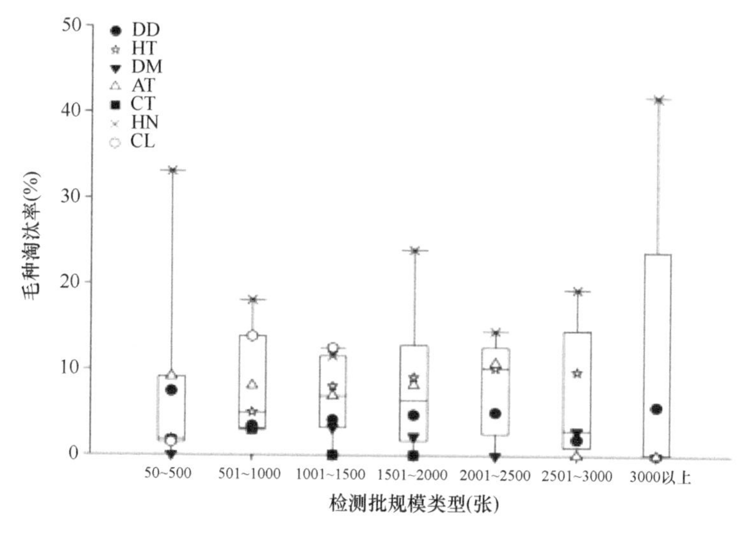

图 9-15　不同检测批规模类型中各蚕种生产单位的毛种淘汰率

从不同蚕种生产单位家蚕微粒子病流行程度的分析数据结果可知，单位 DM“未检出合格”蚕种的批次数量和毛种数量在各母蛾检测批规模类型中多数处于中位值以上，其淘汰率也多数在中位值以下或最低，可以判断或评价为“防微”整体技术水平相对较高。单位 DD“未检出合格”蚕种在毛种数量较少的母蛾检测批规模类型中处于中位值以上，在毛种数量较多的母蛾检测批规模类型中处于中位值以下，蚕种淘汰率除 501 张以下和 3000 张以上检测批规模类型，均低于其他生产单位，可以判断或评价单位 DD 在母蛾检测批规模类型结构控制方面较其他生产单位更为成功。单位 HN“未检出合格”蚕种的批次数量和毛种数量在毛种数量较少的母蛾检测批规模类型中处于中位值以下，在毛种数量较多的母蛾检测批规模类型中处于中位值以上，且各母蛾检测批规模类型的淘汰率均处于较高值，可以判断或评价生产单位 HN 的“防微”整体技术水平较差。本案例数据分析的过程可作为蚕种生产单位在家蚕微粒子病防治中，对不同原蚕点或生产小组进行母蛾检测批规模类型结构控制或质量内控的技术手段，这种控制不仅仅可根据自然状态进行，更应进行科学的靶向性人工干预。

从生产经验方面而言，随家蚕微粒子病流行程度的加剧，适度减少母蛾检测批规模类型的毛种数量，有利于病害的控制。在现有母蛾检测的抽样方案和判别标准下，蚕种生产批家蚕微粒子病实际流行程度（母蛾带毒率或感染率）的不同，在同一判断标准（0.5%）下造成抽样数量不同对检测结果具有不同的影响（潘沈元等，2003，2007，2008）。如此，则检测批规模类型的毛种数量控制（母蛾样本的抽样数量）在多少较为合理，更是蚕种生产者关心的问题，也是技术实施和管理的基础。从理论方面而言，母蛾检测批规模类型的毛种数量决定了母蛾抽样数量和检测数量及判断标准，判断标准则与家蚕微粒子病流行的风险阈值有关，如何评估其风险阈值是非常值得探究的科学问题，也是蚕种生产单位和政府技术监管部门（蚕种使用者的代言方和产业技术发展的责任者）需要解决的技术难题。

本案例数据分析显示，随母蛾检测批规模类型的毛种数量增加，“未检出合格”蚕种的批次数量和毛种数量显著下降，而“检出合格”蚕种的批次数量和毛种数量对应显著增加的结果，暗示分析数据的这种变化趋势可以预警蚕种生产单位应缩小检测批规模类型的毛种数量或增强其他“防微”技术措施的强度。因此，对于蚕种生产者而言，通过对生产过程中相关流行因子的监控和生产后流行程度（母蛾检测结果分析）的评估，积累家蚕微粒子病流行风险阈值的相关数据和依据，在严格遵守相关规则的前提下，建立独特的防控技术体系具有重要实用价值。

家蚕微粒子病的防控始终面临技术投入与成本控制的矛盾，这种矛盾的解决除需解除宏观技术体系的限制外，蚕种生产单位还可以通过产前实施基于流行因子（迟眠蚕、环境样本和野外昆虫检测）的监控技术，以及对制种后流行程度（母蛾检测结果）的评价，反馈人工干预母蛾检测批规模类型结构的途径来提高防控效率，实现防控技术在科学上合理和经济上可行的目标。这种技术体系的构建也是现代农业企业构建自身生产技术标准体系的基本要求。

在本次调查研究采集数据中，2010～2014 年数据来源于蚕区一代杂交蚕种生产，毛种数量较多的母蛾检测批规模类型的批次数量和毛种数量呈上升趋势，其批次数量在 2012 年较 2010 年的增加已达到显著水平（P=0.049）；未检出家蚕微粒子虫的合格蚕种（即无毒蚕种）比例，随检测批规模类型的毛种数量增加呈下降趋势。检出合格蚕种（即带毒合格蚕种）比例，随检测批规模类型的毛种数量增加呈上升趋势。检出不合格（即带毒淘汰）蚕种未出现明显倾向性的变化趋势。不同生产单位的母蛾检测批规模类型结构与家蚕微粒子病流行程度间可见明显差异。蚕种生产单位可通过母蛾检测批规模类型结构与母蛾检测结果间相关性分析，反馈调控母蛾检测批规模类型，提高家蚕微粒子病防控效率。

- 蚕种生产中，家蚕微粒子虫的环境来源具有无限的可能性，Nb 进入群体后从个体发病到群体发病或流行的过程，也是 Nb 在家蚕群体中不断扩散的过程。环境来源 Nb 对流行程度的影响包括自然和人为两大方面，蚕种生产过程的复杂性决定了两大影响因子对流行影响的复杂性，这种复杂性不仅仅局限于自然或人为因素自身的复杂性和多样性方面，两大因子间更是存在复杂的相互影响关系。因此，蚕种生产单位或生产区域，唯有在认清家蚕微粒子病流行基本规律的基础上，根据自身自然环境、技术水平和人文习俗等，科学分析和精准掌握家蚕微粒子病流行的规律及主要影响因子，才能有效采取对应技术措施，达到有效防控的目的。

- 消毒是通过减少环境来源家蚕微粒子虫来防控家蚕微粒子病发生和流行的有效技术手段之一。生产过程中 Nb 监控检测（预知检查、补正检查及环境检测等），可以为清洁和消毒等减少饲养环境中 Nb 分布密度的技术实施提供靶向和保障。有机物内 Nb 孢子难以杀灭的特点，决定了消毒前清洁工作基础的重要性和养蚕系统内病源物向系统外排放的危险性。因此，有效控制病源物扩散和 Nb 充分暴露后的杀灭是控制环境来源 Nb 的关键。Nb 监控检测技术涉及人力和物力成本与生产效益的关系，采用综合高效的技术是实用化的基本原则。
- 家蚕微粒子病的控制技术原则，与其他家蚕传染性病害以控制病原微生物的污染为基础、以消毒技术为关键、以精心饲养为保障的防控原则相一致。但也有其独特之处，其一是独特的胚胎感染性，决定了防控技术中防止胚胎感染技术的核心地位；其二是蚕种生产系统的复杂性和环境来源 Nb 的无限可能性，决定了防控技术的实施需要贯彻“防微杜渐”、“无微不至”和“因地制宜”的理念。在现有养蚕技术模式下，防控技术体系的“以防为主，综合防治”方针，需要充分体现家蚕和养蚕模式的特殊性，同时必须充分考虑技术管理和推广应用的综合性。

第10章　家蚕微粒子虫胚胎感染的传播规律及防控技术

家蚕微粒子虫（*Nosema bombycis*，Nb）进入蚕体和引起养蚕病害流行的感染途径有胚胎感染和食下感染两种类型。不论是胚胎感染还是食下感染，Nb 进入家蚕个体的本质都是通过消化道入侵家蚕。前者在反转期通过脐孔吸收营养时吸入（更早胚胎时期的感染均为死卵，不会发生事实上的蚕座内感染），后者随摄食（桑叶或人工饲料）进入。Nb 入侵家蚕后在消化道、血液和体壁等组织器官繁殖（全身性感染），并通过蚕粪和蜕皮壳等向蚕座内排放，污染蚕座内食物（桑叶或人工饲料）等，造成蚕座内家蚕群体中其他健康个体的食下感染，并在蚕座内不断循环扩散；Nb 不仅在蚕座内传染扩散，也可以成为蚕室内其他蚕座间、不同蚕室（或原蚕户）间和养蚕区域间的环境来源 Nb，成为家蚕微粒子病发生和流行的重要原因。

从 Nb 以不同感染途径类型（胚胎和食下感染）在蚕座内扩散的角度而言，两者都是从感染个体不断向健康个体传播的级联式放大过程。但发生蚕座内感染或病害扩散的起始时间或扩散程度明显不同。胚胎感染情况下，收蚁后即可能发生蚕座内的感染和病害的扩散；食下感染情况下，Nb 在家蚕体内经过一定的繁殖后再排出体外，发生蚕座内感染和病害扩散一般都在饲养过程的较后时期。蚕种生产单位通过环境和器具等清洁消毒、桑园害虫治理和喂饲桑叶选择等人为控制因素的介入，在家蚕饲养早期发生 Nb 感染（在蚕座内出现家蚕微粒子病个体）的概率很低，或者说生产中一般仅在饲养作业量逐渐增大的后期、空间的扩大和时间的积累等使人为控制因素介入能力相对下降时，发生 Nb 食下感染的概率才较高（鲁兴萌等，2000b）。

胚胎和食下两种感染途径在发生时间上的不同，明显影响 Nb 在蚕座内或更大空间内扩散的程度，也决定了 Nb 感染家蚕个体引起蚕座内感染与病害扩散的规律不同。在发生 Nb 胚胎感染的情况下，蚕座内传染扩散过程可用图 10-1 示意。家蚕微粒子病扩散程度不仅与发生扩散的时间有关，还与感染个体的数量和感染程度有关。

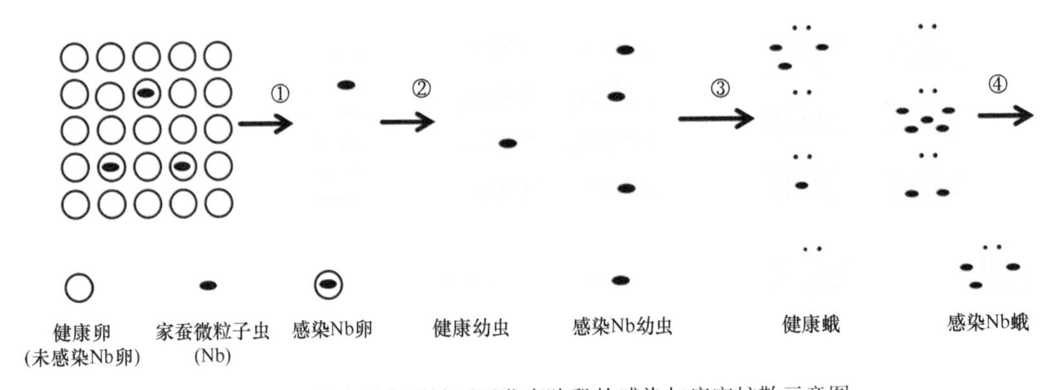

图 10-1　从家蚕卵到蛾不同发育阶段的感染与病害扩散示意图

①发生事实胚胎感染的比例②胚胎感染个体在蚕座内感染健康个体的规律或扩散规律③蛾（或母蛾）的感染率与感染程度④母蛾感染程度与胚胎感染率的关系

胚胎感染情况下，有病个体比例越高，有病个体及其排出 Nb 与群体内健康个体的接触机会越多，从而导致蚕座内扩散程度越严重；有病个体的感染状态不同，排出 Nb 的起始、经过和结束时间，以及时间对应的排出 Nb 数量都会影响有病个体在蚕座内扩散的程度。

家蚕微粒子病母蛾检测作为判断标准有其优越性（如非破坏性检测和早期检测等），但在技术实施中存在诸多弊端（鲁兴萌和吴海平，2001；鲁兴萌，2015），而且以母蛾感染率或检出率为基础的判断标准还存在诸多科学问题，如幼虫期 Nb 感染越严重（越早或感染剂量越大），是否母蛾感染率越高？母蛾的感染程度越高（母蛾 Nb 数量越多），是否胚胎感染率越高？该类母蛾所产卵中胚胎感染个体是否对蚕座内健康群体的影响越严重？等等。上述问题或相关性，是基于母蛾检测结果评估次代蚕种使用安全性能的科学性和可靠性，“母蛾→胚胎”感染过程中数量或程度的相关性越高，母蛾检测结果的可靠性越高；相关性越低，母蛾检测结果的可靠性越低。可靠性越低，对实际病害发生与危害程度预期的偏差越大，或其结果的科学性越差。因此，厘清这些问题也有利于蚕种生产和使用单位制定强度适宜的家蚕微粒子病防控技术方案。

10.1　家蚕幼虫期感染与母蛾感染率、感染程度及胚胎感染率的关系

家蚕幼虫期感染 Nb 是胚胎感染发生的前提，家蚕幼虫期感染 Nb 与母蛾感染率、母蛾感染程度，以及次代胚胎感染率的关系，既是分析一代杂交蚕种生产的原蚕饲养家蚕微粒子病防控体系合理性和控制水平的依据，也是评估生产一代杂交蚕种使用风险或检测技术合理性的依据。

10.1.1　家蚕 5 龄幼虫后期不同浓度家蚕微粒子虫添食感染的母蛾感染率及感染程度

以秋丰（原种）为材料，常规饲养到 5 龄食桑 5d 时，进行 Nb 孢子的添食感染。添食感染设置 3 个浓度梯度，分别为 10^2 孢子/ml、10^3 孢子/ml 和 10^4 孢子/ml，按照 40μl/条（每条蚕约食下 4 个孢子、40 个孢子和 400 个孢子），用脱脂小棉球蘸取 Nb 孢子悬浮液，涂于桑叶叶背，喂饲家蚕，待桑叶基本食尽（约 8h）后，常规饲养。同步设置健康对照蚕区，常规饲养、上蔟和营茧。早采茧后削茧，鉴别雌雄，剔除雄性个体。雌性个体羽化后与健康雄蛾（白玉）交配，产卵后母蛾放入 15ml 离心管，加 2ml 的 5%氢氧化钠（或碳酸钠或碳酸氢钠）溶液，用手持式捣碎机（PRO Scientific，PRO200）捣碎，定容至 10ml，相差显微镜（Leica DM750，40×15 倍）检测和 Nb 孢子数量计数（计量单位为孢子/蛾）。

母蛾感染率结果如表 10-1 所示，10^2 孢子/ml、10^3 孢子/ml 和 10^4 孢子/ml 不同剂量添食感染后，母蛾感染率显示了明显的剂量效应。

表 10-1 幼虫期不同家蚕微粒子虫孢子添食剂量添食感染后的母蛾检测

Nb 感染浓度（孢子/ml）	5 龄蚕数	母蛾数	感染 Nb 母蛾数	母蛾感染率（%）
健康对照	97	37	0	0
10^2	2000	842	11	1.31
10^3	1800	723	45	6.22
10^4	1200	437	309	70.71

从上述经 10^2 孢子/ml、10^3 孢子/ml 和 10^4 孢子/ml 不同剂量 Nb 添食感染后获取的感染母蛾中，分别取 11 只（全部）、44 只（随机抽取）和 134 只（随机抽取）母蛾进行 Nb 孢子数量计数，结果如表 10-2 所示，将感染母蛾 Nb 孢子数量分成 4 个浓度等级（$<10^6$ 孢子/蛾、10^6～10^7 孢子/蛾、10^7～10^8 孢子/蛾和$\geqslant10^8$ 孢子/蛾），检出 Nb 孢子的母蛾的孢子量主要分布在 10^7～10^8 孢子/蛾和$\geqslant10^8$ 孢子/蛾。

表 10-2 感染母蛾家蚕微粒子虫孢子数测定

Nb 感染浓度（孢子/ml）	检出率（%）				抽样母蛾只数
	$<10^6$ 孢子/蛾	10^6～10^7 孢子/蛾	10^7～10^8 孢子/蛾	$\geqslant10^8$ 孢子/蛾	
10^2	9.09	36.36	18.18	36.36	11
10^3	15.91	29.55	47.73	6.82	44
10^4	8.21	7.46	38.81	45.52	134
合计/平均	10.05	14.29	39.68	35.98	189

幼虫期较低 Nb 剂量（10^2 孢子/ml）添食感染后，获得低感染程度（$<10^6$ 孢子/蛾）母蛾 1 只（检出率占比为 9.09%），高感染程度（$\geqslant10^8$ 孢子/蛾）母蛾 4 只（检出率占比为 36.36%）；幼虫期较高 Nb 剂量（10^4 孢子/ml）添食感染后，获得低感染程度（$<10^6$ 孢子/蛾）母蛾 11 只（检出率占比为 8.21%），高感染程度（$\geqslant10^8$ 孢子/蛾）母蛾 61 只（检出率占比为 45.52%）。即幼虫期感染剂量与母蛾感染程度（母蛾 Nb 孢子数量）之间未见明显的相关趋势。

10.1.2 家蚕 5 龄期不同阶段经不同剂量家蚕微粒子虫口腔注射感染的母蛾感染率

以原种白玉和秋丰为材料，常规催青、孵化和饲养到 5 龄起蚕。

分别在 5 龄起蚕、食桑 2d、食桑 4d 和熟蚕时（约 6d），用 1.0ml 玻璃注射器（手工磨平，无锐口的 4-$5^{1/2}$ 针头）口腔注射添食不同浓度的 Nb 孢子悬浮液 0.01ml（添食剂量分别是 10 孢子/条、100 孢子/条、500 孢子/条、2500 孢子/条、12 500 孢子/条），常规饲养。每个浓度实验区注射 100 条蚕，注射添食 1d 内，如发现细菌性败血病蚕，即时淘汰。

注射添食后未见异常家蚕常规饲养至上蔟，雌雄鉴别后交配制种，并即时浸酸（浙江省蚕桑学会，1993）。制种后母蛾放置研钵内，加 1ml 碱液（5% Na_2CO_3）充分磨碎，再用 5ml 的碱液将研磨液洗入离心管，3000r/min 离心 15min（室温），弃上清液，加 1ml

碱液充分悬浮，相差显微镜（Olympus CH，40×15 倍）检测，判断母蛾是否感染。

白玉和秋丰 5 龄幼虫不同时期经不同剂量 Nb 孢子注射感染后，母蛾感染率如表 10-3 和表 10-4 所示。在高剂量（2500 孢子/条或以上剂量）注射感染情况下，母蛾感染率均为 100%；在相对较低剂量（500 孢子/条或以下）注射感染情况下，5 龄不同时期经不同剂量 Nb 注射感染后的母蛾感染率存在差异，这种差异也表现出明显的时间和剂量效应，即注射感染时间越早，母蛾感染率越高；注射感染剂量越高，母蛾感染率越高。在感染时间效应中，食桑 6d（部分熟蚕）处理区的母蛾感染率略有回升的现象，可能与该特定发育阶段的抗性有关。

表 10-3　白玉 5 龄幼虫不同时期经不同剂量家蚕微粒子虫注射感染后的母蛾感染率（%）

5 龄感染时期	Nb 感染剂量（孢子/条）					平均
	10	100	500	2 500	12 500	
起蚕（0d）	88.5	90.5	95.7	100	100	94.94
食桑 2d	66.7	85.3	93.8	100	100	89.16
食桑 4d	48.3	52.2	87.5	100	100	77.60
食桑 6d（熟蚕）	56.0	72.0	95.5	100	100	84.70
平均	64.9	75.0	93.1	100	100	

表 10-4　秋丰 5 龄幼虫不同时期经不同剂量家蚕微粒子虫注射感染后的母蛾感染率（%）

5 龄感染时期	Nb 感染剂量（孢子/条）					平均
	10	100	500	2 500	12 500	
起蚕（0d）	89.3	90.9	100	100	100	96.04
食桑 2d	63.6	76.9	100	100	100	88.10
食桑 4d	55.6	58.8	100	100	100	82.88
食桑 6d（熟蚕）	88.2	88.2	93.8	100	100	94.04
平均	74.2	78.7	98.5	100	100	

白玉和秋丰两个不同品种之间，相同时间和 Nb 剂量注射感染后，秋丰母蛾的感染率略高于白玉。

将表 10-3 和表 10-4 的母蛾感染率数据经 $\sin^{-1}(P)^{1/2}$ 转换，采用无重复双因素方差分析表明：在 5 龄幼虫不同时期（起蚕、食桑 2d、食桑 4d 和熟蚕）用 Nb 注射感染后，白玉和秋丰的母蛾感染率未表现出显著差异。其中，白玉 F（时期）=3.4792<F_{crit}（临界值）=3.4903，P=0.0504>0.05；秋丰 F（时期）=1.3245<F_{crit}（临界值）=3.4903，P=0.3122>0.05。在不同剂量（10 孢子/条、100 孢子/条、500 孢子/条、2500 孢子/条、12 500 孢子/条）Nb 注射添食感染后，母蛾感染率都表现出显著差异，白玉 F（剂量）=28.8697>F_{crit}=3.2592，P=4.477E–06<3.2592；秋丰 F（剂量）=16.1560>F_{crit}=3.2592，P=8.9413E–05< 3.2592（表 10-5 和表 10-6）。

将 5 龄幼虫不同注射感染时期作为样本的不同处理，对不同 Nb 注射感染剂量进行单因素方差分析和多重比较（LSR 法-q 检验法）的结果表明：①白玉 5 龄幼虫期感染剂量 12 500 孢子/条和 2500 孢子/条实验区之间差异不显著（P>0.05），100 孢子/条和 10 孢子/条实验区之间差异不显著（P>0.05）；12 500 孢子/条实验区极显著（P<0.01）高

表 10-5　白玉母蛾感染率的方差分析（表 10-3 资料的无重复双因素方差分析）

差异源	SS	df	MS	F	P 值	F_{crit}
时期	386.6579	3	128.8860	3.4792	0.0504	3.4903
剂量	4277.9034	4	1069.4759	28.8697	4.477E–06	3.2592
误差	444.5384	12	37.0449			
总计	5109.0997	19				

表 10-6　秋丰母蛾感染率的方差分析（表 10-4 资料的无重复双因素方差分析）

差异源	SS	df	MS	F	P 值	F_{crit}
时期	215.8904	3	71.9635	1.3245	0.3122	3.4903
剂量	3511.2974	4	877.8243	16.1560	8.9413E–05	3.2592
误差	652.0128	12	54.3344			
总计	4379.2006	19				

于 500 孢子/条、100 孢子/条和 10 孢子/条实验区；2500 孢子/条实验区极显著（$P<0.01$）高于 500 孢子/条、100 孢子/条和 10 孢子/条实验区；500 孢子/条实验区极显著（$P<0.01$）高于 100 孢子/条和 10 孢子/条实验区。②秋丰 5 龄幼虫感染剂量 12 500 孢子/条和 2500 孢子/条、500 孢子/条实验区之间差异不显著（$P>0.05$），2500 孢子/条和 500 孢子/条实验区之间差异不显著（$P>0.05$），100 孢子/条和 10 孢子/条实验区之间差异不显著（$P>0.05$）；12 500 孢子/条实验区极显著（$P<0.01$）高于 100 孢子/条和 10 孢子/条实验区；2500 孢子/条实验区极显著（$P<0.01$）高于 100 孢子/条和 10 孢子/条实验区；500 孢子/条实验区极显著（$P<0.01$）高于 100 孢子/条和 10 孢子/条。

将不同注射感染时期和不同 Nb 注射感染剂量作为样本的不同处理，对秋丰和白玉母蛾的感染率进行差异性检验（t 检验：双样本等方差假设，表 10-7）得：$|t_{stat}|=0.5446<t_{0.05}(38)=2.0244$，$P$（双尾概率）=0.5892>0.05。秋丰和白玉的母蛾感染率之间的差异未达显著水平。

表 10-7　秋丰和白玉母蛾感染率的差异性检验（t 检验：双样本等方差假设）

	秋丰	白玉
平均	0.8943	0.8659
方差	0.0236	0.0309
观测值	20	20
合并方差	0.0272	
假设平均差	0	
df	38	
t_{stat}	0.5446	
$P(T\leq t)$ 单尾	0.2946	
t 单尾临界	1.6860	
$P(T\leq t)$ 双尾	0.5892	
t 双尾临界	2.0244	

与蚕座内感染扩散实验中（参见 10.3 节）使用的 Nb 感染剂量分别约为：500 孢子/条（高浓度 Nb 添食感染母蛾子代的混育实验）、20 孢子/条（低浓度 Nb 添食感染母蛾子代的混育实验）和 4～400 孢子/条（5 龄幼虫后期低浓度 Nb 添食感染实验）相比，本实验中使用的 Nb 孢子剂量范围更大。

从 Nb 感染剂量方面分析，母蛾感染率具有明显的剂量效应，即随着 Nb 感染剂量的增加，母蛾感染率增加。不同感染方法之间的母蛾感染率存在较大差异，注射法较添食法所体现的母蛾感染率更高（表 10-3 和表 10-4 的注射法中，100 孢子/条，食桑 4d 蚕为 52.2%和 58.8%，食桑 6d 蚕为 72.0%和 88.2%；表 10-1 的添食法中，100 孢子/条，食桑 5d 蚕为 1.31%）。

10.1.3 感染母蛾的胚胎感染率

10.1.3.1 家蚕微粒子虫添食法感染剂量、母蛾感染程度及胚胎感染率的关系

采用上述添食感染法，取 1×10^2 孢子/ml、5×10^2 孢子/ml、1×10^3 孢子/ml、5×10^3 孢子/ml、1×10^4 孢子/ml、5×10^4 孢子/ml、1×10^5 孢子/ml、5×10^5 孢子/ml、1×10^6 孢子/ml 和 5×10^6 孢子/ml 的 Nb 孢子悬浮液 5ml 涂抹桑叶叶背，喂饲 120 条 5 龄食桑 5d 蚕（秋丰），常规饲养、上蔟、营茧和化蛾，所获母蛾与健康白玉雄蛾交配、产卵，即时浸酸和催青（浙江省蚕桑学会，1993；吴一舟等，2002）。

对上述添食法实验获得的 11 个 Nb 感染母蛾进行 Nb 孢子的光学显微镜计数，以单个母蛾所含 Nb 孢子的数量作为母蛾感染程度的衡量指标。采用光学显微镜法[用镊子从卵圈中取转青期良卵 1 粒放在载玻片上，加 1 滴（约 40μl）5%碳酸钠溶液，15～30min 后盖上盖玻片，用手指轻轻挤压盖玻片，把蚕卵充分压碎，用相差显微镜（Leica DM750，40×15 倍）观察是否有 Nb 孢子，判断蚕卵是否感染；在取卵过程中，如卵壳破损，则镊子用火灭菌]，每卵圈检测 30 粒转青卵，获取胚胎感染率数据（表 10-8）。

表 10-8 家蚕 5 龄食桑 5d 后用家蚕微粒子虫孢子添食攻毒的母蛾感染程度与胚胎感染率

样本号	感染剂量	母蛾 Nb 孢子数量（孢子/蛾）	胚胎感染率（%）
1	5×10^6 孢子/ml（约 500 孢子/条）	2.1×10^7	75.0
2		6.2×10^8	90.0
3		1.5×10^9	100.0
4	5×10^2 孢子/ml（约 20 孢子/条）	1.4×10^8	3.3
5		5.2×10^8	3.3
6		5.2×10^8	50.0
7		4.7×10^8	53.3
8	1×10^4 孢子/ml（约 400 孢子/条）	1.2×10^7	3.3
9	1×10^3 孢子/ml（约 40 孢子/条）	2.6×10^7	3.3
10		3.2×10^7	3.3
11	1×10^2 孢子/ml（约 4 孢子/条）	6.0×10^6	3.3

对上述 11 个 Nb 感染母蛾调查，未能发现家蚕幼虫期 Nb 感染剂量与母蛾感染程度间有明显相关性（与表 10-2 结果类似），也未见母蛾 Nb 感染程度与胚胎感染率间有明显相关性。

本实验的样本量虽然较小，反映 Nb 感染剂量与母蛾感染程度呈正相关性不够充分，但至少表明：部分家蚕个体在幼虫期虽受到较高 Nb 剂量感染，但母蛾的感染程度不一定高（如 1 号母蛾），母蛾 Nb 感染程度高，胚胎感染率也不一定高（4 号、5 号、8 号、9 号、10 号和 11 号蛾的胚胎感染率相同）。

10.1.3.2 家蚕微粒子虫注射法感染剂量、母蛾感染程度及胚胎感染率的关系

依据上述采用注射法使家蚕幼虫感染 Nb 的实验结果，从不同品种（秋丰或白玉）、不同幼虫感染时间和 Nb 感染剂量的每个处理区，随机抽取 10 只产卵数大于 300 粒的母蛾，将其所产卵圈进行即时浸酸和催青，检测转青卵的胚胎感染率。各母蛾所产蚕卵的检测数均为 30 粒，合计检测样本数为 12 000 粒卵。具体方法同添食法。各处理区胚胎感染率数据如表 10-9 和表 10-10 所示，实验数据使用 Microsoft Excel 2000 程序进行统计描述、*t* 检验、方差分析、简单相关分析，其中有关百分比进行 $\sin^{-1}(P)^{1/2}$ 转换。

表 10-9 白玉不同家蚕微粒子虫口腔注射感染组合的胚胎感染率（%）

5 龄感染时期	Nb 孢子感染剂量（孢子/条）					平均
	10	100	500	2 500	12 500	
起蚕（0d）	66.7	39.0	87.7	8.7	21.0	44.62
2d	25.0	28.7	34.0	31.3	23.7	28.54
4d	29.3	27.3	36.0	36.7	9.3	27.72
6d	9.7	16.3	16.3	1.7	21.7	13.14
平均	32.68	27.83	43.50	19.60	18.93	
总平均			28.5			

表 10-10 秋丰不同家蚕微粒子虫口腔注射感染组合的胚胎感染率（%）

5 龄感染时期	Nb 孢子感染剂量（孢子/条）					平均
	10	100	500	2 500	12 500	
起蚕（0d）	20.7	68.7	86.7	11.3	36.0	44.68
2d	3.3	85.3	56.0	23.0	26.7	38.86
4d	3.0	22.7	35.0	29.7	46.0	27.28
6d	6.7	6.7	5.3	8.3	26.7	10.74
平均	8.43	45.85	45.75	18.08	33.85	
总平均			30.4			

在不同 Nb 注射感染剂量方面，将感染时期作为样本的不同处理，未见随注射 Nb 剂量增加而胚胎感染率上升的现象，即 Nb 注射感染剂量与胚胎感染率未见相关性或剂量效应。方差分析结果显示，组内（相同 Nb 注射感染剂量处理不同母蛾之间所产蚕卵）呈极显著差异。从实验方法和过程角度分析，该现象与 Nb 注射感染后家蚕的感染死亡率（幼虫和蛹等）不同以及约 15d 的蛹期过程有关。较高剂量 Nb 注射感染后，部分感

染个体在幼虫期或蛹期死亡；蛹期 15d 的 Nb 增殖过程，使不同 Nb 注射感染剂量对胚胎感染率的影响缩小。

在不同 Nb 注射感染时期方面，将感染剂量作为样本的不同处理，对 5 龄期不同 Nb 注射感染时期的胚胎感染率进行单因素方差分析和多重比较（LSR 法-*q* 检验法）的结果表明：白玉在起蚕时，Nb 注射感染的胚胎感染率为 44.62%（5 个 Nb 剂量的平均），极显著（$P<0.01$）高于其他 Nb 注射感染时期处理；在食桑 6d（部分熟蚕）时，Nb 注射感染的胚胎感染率为 13.14%，极显著（$P<0.01$）低于其他 Nb 注射感染时期处理。秋丰在起蚕时，Nb 注射感染的胚胎感染率为 44.68%，极显著（$P<0.01$）高于食桑 4d 和食桑 6d（部分熟蚕）处理的胚胎感染率（分别为 27.27%和 10.67%）；食桑 6d（部分熟蚕）注射感染的胚胎感染率极显著低于其他感染时期处理；食桑 2d 注射感染的胚胎感染率为 38.87%，显著（$P<0.05$）高于食桑 4d 处理。白玉和秋丰不同 Nb 注射感染剂量的胚胎感染率平均值，都呈现出注射感染的时间效应，即感染时间越早，胚胎感染率越高。但从细节上分析，这种感染时间效应主要出现在较低 Nb 注射感染剂量处理（500 孢子/条及以下剂量），较高 Nb 注射感染剂量处理（2500 孢子/条及以上剂量）的非规律性或随机性变化，可能与 Nb 注射感染后感染死亡率不同和 15d 的蛹期有关。

在白玉和秋丰两个蚕品种方面，将感染时期作为样本的不同处理，白玉和秋丰的平均胚胎感染率分别为 28.5%和 30.4%（表 10-9 和表 10-10）。对白玉和秋丰的平均胚胎感染率进行差异性检验（*t* 检验：双样本等方差假设，表 10-11 和表 10-12）得：$|t_{stat}|=0.2570<t_{0.05}=2.024$，*P*（双尾概率）=0.7985>0.05。即本实验中白玉和秋丰之间的平均胚胎感染率未见显著差异。

表 10-11　白玉和秋丰胚胎感染率的差异性检验（*t* 检验）

	白玉	秋丰
平均	0.285	0.3039
方差	0.0395	0.0681
观测值	20	20
合并方差	0.0538	
假设平均差	0	
df	38	
t_{stat}	−0.2570	
P（*T*≤*t*）单尾	0.3993	
t 单尾临界	1.6860	
P（*T*≤*t*）双尾	0.7985	
t 双尾临界	2.0244	

表 10-12　平均胚胎感染率与总体均数差异显著性检验（*t* 检验）

平均	0.2945
标准误差	0.0362
中值	0.2585
模式	0.36

续表

标准偏差	0.2291
样本方差	0.0525
峰值	1.1179
偏斜度	1.2441
区域	0.86
最小值	0.017
最大值	0.877
求和	11.779
计数	40
置信度（95.0%）	0.0733

家蚕微粒子虫进入家蚕消化道并发生感染后，开始其增殖过程，Nb 在增殖过程中必然遭遇家蚕的抵抗或与家蚕发生相互作用关系（参见第二篇）。随着 Nb 对家蚕的感染和增殖，Nb 在家蚕体内的数量也随之增加。在母蛾的感染率参数上，上述两种不同 Nb 添食感染方法的实验结果体现了家蚕幼虫期 Nb 感染的时间和剂量与母蛾的感染率具有较好的相关性，即感染时间越早或剂量越大，母蛾的感染率越高的规律。在母蛾的感染程度和胚胎感染率参数上，以及母蛾的感染程度与胚胎感染率之间，未见明显的相关性，即幼虫期 Nb 感染越早或剂量越大，母蛾的感染程度和胚胎感染率并不一定高。在幼虫期 Nb 感染和发病的情况下，一般感染一周后从蚕粪可检测到 Nb 孢子；幼虫后期或 Nb 低剂量感染后，家蚕在历经蛹期约 15d 的过程是否可以得到大量的繁殖？或者说在 Nb 感染家蚕后，家蚕发育阶段（幼虫、蛹、蛾和卵）不同，两者的相互作用或繁殖方式存在明显的不同？这些都是耐人寻味和值得深究的问题。此外，母蛾的感染程度越高，胚胎感染率也并不一定越高，本研究采用的方法无法区别个体与群体间的不同，而该现象的出现可能与家蚕个体间抗性存在差异，或 Nb 与家蚕相互作用关系复杂有关。

本研究结果不仅证实了从亲本感染 Nb 到子代感染过程中的复杂性，也暗示了 Nb 感染母蛾的子代（可以发生胚胎感染引起传播的个体）感染程度不同，蚕座内病害扩散和家蚕微粒子病传播模式或流行规律的复杂性。

家蚕幼虫期 Nb 感染时期和感染剂量不同对母蛾的感染率与感染程度有何影响，不同感染程度母蛾的胚胎感染率为多少等问题与生产和理论都有密切关系。从实际生产角度而言，不仅与蚕种生产中防控技术有关，而且与家蚕微粒子病检测技术及检测风险合理评价等有关。从家蚕抗性角度而言，母蛾感染率、母蛾感染程度和胚胎感染率不同体现了家蚕抗性类型的不同，对其抗性深刻认识是抗性家蚕品种选育的基础。

10.2 原种母蛾检测与一代杂交蚕种农村饲养家蚕微粒子病传染扩散

在实际原种生产中，家蚕微粒子病检测采用母蛾全样本集团检测，检测结果只有“检出”（母蛾样本检出 Nb，俗称“有毒”）和“未检出”（母蛾样本未检出 Nb，俗称“无毒”）两个极端。部分养蚕区域，根据需要还会设置不同严厉程度的原蚕种“批淘汰”要求等，如设立“批检出率合格指标”或“检出张蚕种制种或检出次序前后张蚕种一起淘汰”等，从宏观上进一步降低原种携带 Nb 的可能性及控制风险。通过采集大规模家蚕微粒子病检测样本的数据，可以较好地分析该区域内家蚕微粒子病流行的情况，以及实现一代杂交蚕种发生胚胎感染的风险预判。

目前一代杂交蚕种家蚕微粒子病检测采用二次抽样集团母蛾检测，并允许一定母蛾检出样本数的检测批蚕种在丝茧育生产中使用。母蛾的检测结果有：“未检出”、“一检合格（一样本检出合格）”、“二检合格（二样本检出合格）”和“淘汰”或“检测超标（或检出不合格，包括一样本检出不合格和二样本检出不合格）”4 种类型（参见 9.3 节）。

因此，测评不同母蛾检测结果类型所对应蚕种的胚胎感染发生程度或家蚕微粒子病发生情况，有利于对现行母蛾检测技术的科学合理性或技术实施到位率进行分析与判断。

10.2.1　不同家蚕品种的原种母蛾检测

以 1999～2003 年浙江省农村养蚕使用量最大的 10 个家蚕品种为调查对象进行分析。其中，中系品种有菁松、春蕾、秋丰、54A 和薪杭，日系品种有皓月、镇珠、白玉、丰 1 和白云，共计 414 549 张原种（占浙江省原种总量的 94.28%）的家蚕微粒子病母蛾检测中未检出率的结果如表 10-13 所示（徐杰等，2004）。各品种的未检出率用平均数差异的显著性检验（*t* 检验）和单因素方差方法分析差异性，并进行多重比较（SSR 法）。未检出率计算方法如下：未检出率（%）=（检测蛾盒数−检出蛾盒数）/检测蛾盒数×100。其中，蛾盒数等于蚕种数。

表 10-13　不同蚕品种未检出率平均数及显著性分析（SSR 法）

原蚕品种	虫蛹经过	未检出率（%）	显著水平	
			0.05	0.01
春蕾	51d-22h	89.102 16	a	A
丰 1	48d	88.960 19	ab	AB
秋丰	48d-15h	88.748 06	abc	ABC
白玉	48d-22h	88.705 98	abcd	ABCD
菁松	51d-6h	88.618 79	abcde	ABCDE
皓月	52d-1h	88.597 29	abcdef	ABCDEF
薪杭	48d-4h	88.263 50	cdefg	BCDEFG
白云	51d-3h	88.132 56	cdefgh	BCDEFGH
54A	48d-2h	87.581 18	hi	GHI
镇珠	54d-7h	86.326 66	j	J

注：百分比进行 $\sin^{-1}(P)^{1/2}$ 转换

在不同蚕品种间，经单因素方差分析和多重比较，各品种的未检出率存在显著差异。SSR 法比较表明：春蕾的未检出率极显著（*P*<0.01）高于薪杭、白云、54A 和镇珠；丰

1 的未检出率极显著（P<0.01）高于 54A 和镇珠，显著（P<0.05）高于薪杭和白云；秋丰、白玉、菁松、皓月的未检出率极显著（P<0.01）高于 54A 和镇珠；54A 的未检出率极显著（P<0.01）高于镇珠（表 10-13）。

在不同生产年度间，经单因素方差分析和多重比较，各品种的未检出率存在显著差异。SSR 法比较表明：2003 年的未检出率极显著（P<0.01）高于前 4 年；2001 年和 2000 年之间差异不显著（P>0.05）；2001 年和 2000 年极显著（P<0.01）高于 2002 年和 1999 年；2002 年极显著（P<0.01）高于 1999 年（表 10-14）。5 年间，除 2002 年有反复，未检出率总体呈上升趋势。

表 10-14　不同生产年度原蚕种未检出率平均数及显著性分析（SSR 法）

年份	未检出率（%）	显著水平	
		0.05	0.01
2003	89.417 86	a	A
2001	88.879 84	b	B
2000	88.734 64	bc	BC
2002	87.617 62	d	D
1999	85.737 97	e	E

注：百分比进行 $\sin^{-1}(P)^{1/2}$ 转换

在不同生产季节间，经平均数差异的显著性检验（t 检验：双样本等方差假设，表 10-15）表明：P（双尾概率）=0.000 088 11<0.01。春制种的未检出率极显著（P<0.01）高于秋制种。用单因素方差分析也显示春制种的未检出率极显著（P<0.01）高于秋制种。

表 10-15　不同生产季节原种未检出率平均数的差异性检验

	春	秋
平均	0.995 828 2	0.992 8
方差	0.000 369 6	0.000 902
观测值	2 117	2 188
合并方差	0.000 640 3	
假设平均差	0	
df	4 303	
t_{stat}	3.924 942	
P（T≤t）单尾	4.405E–05	
t 单尾临界	2.327 215	
P（T≤t）双尾	8.811E–05	
t 双尾临界	2.576 962 3	

注：t 检验，双样本等方差假设，α（显著水平值）=0.01

在不同生产地点间，4 个蚕种生产单位（A、B、C 和 D）生产原种的未检出率经单因素方差分析和多重比较表明，存在显著差异。SSR 法比较表明：A 和 B 蚕种生产单位的原种未检出率极显著（P<0.01）高于 C 和 D 蚕种生产单位；C 蚕种生产单位的原种未检出率极显著（P<0.01）高于 D 蚕种生产单位；A 和 B 蚕种生产单位之间差异不显著（P>0.05）（表 10-16）。

表 10-16 不同生产地点原蚕种未检出率平均数及显著性分析（SSR 法）

场名	未检出率（%）	显著水平	
		0.05	0.01
A	89.068 56	a	A
B	88.736 33	ab	AB
C	87.998 90	c	C
D	86.981 68	d	D

注：百分比进行 $\sin^{-1}(P)^{1/2}$ 转换

在不同用途类型蚕品种间，春用和秋用蚕品种的未检出率经平均数的差异显著性检验（t 检验：双样本等方差假设，表 10-17）表明：单尾临界值（t）=0.5354>0.05。春用品种和秋用品种未检出率的差异不显著。用单因素方差分析也显示春用品种和秋用品种未检出率的差异不显著。

表 10-17 春用品种与秋用品种未检出率平均数的差异性检验

	春用品种	秋用品种
平均	0.9938	0.9944
方差	0.0006	0.0007
观测值	970	3337
合并方差	0.0006	
假设平均差	0	
df	4305	
t_{stat}	−0.6200	
t_{stat}	0.2677	
P（T≤t）单尾	1.6452	
t 单尾临界	0.5354	
P（T≤t）双尾	1.9605	

注：t 检验，双样本等方差假设

在不同蚕品种系统间，中系品种和日系品种的未检出率经平均数差异的显著性检验（t 检验：双样本等方差假设，表 10-18）表明：P（双尾概率）=0.0002<0.01，中系品种的未检出率极显著（P<0.01）高于日系品种。用单因素方差分析也显示中系品种的未检出率极显著（P<0.01）高于日系品种。

表 10-18 中系品种与日系品种未检出率平均数的差异性检验

	中系	日系
平均	0.9957	0.9928
方差	0.0005	0.0008
观测值	2213	2094
合并方差	0.0006	
假设平均差	0	
df	4305	

续表

	中系	日系
t_{stat}	3.6977	
P（T≤t）单尾	0.0001	
t 单尾临界	1.6452	
P（T≤t）双尾	0.0002	
t 双尾临界	1.9605	

注：t 检验，双样本等方差假设

根据对原种家蚕微粒子病流行情况的分析，可知对应的主要问题是原种饲养过程中 Nb 食下感染途径的控制。上述相对较大规模原种实际生产样本的不同蚕品种、不同生产年度、不同生产季节、不同生产地点、不同用途类型蚕品种和不同蚕品种系统间的家蚕微粒子病发生情况的分析表明：存在着不同程度的显著差异。

不同生产年度、不同生产季节、不同生产地点和不同用途类型蚕品种间的差异，综合反映了家蚕品种、自然或生产条件，以及家蚕微粒子病防控技术水平的差异等。在假设样本规模足够大的情况下，不同家蚕品种间的差异反映了综合（幼虫感染和母蛾感染的程度等）抗性间的差异。

在本调查中，未检出率从高到低的品种排序为春蕾>丰 1>秋丰>白玉>菁松>皓月>薪杭>白云>54A>镇珠（表 10-13），前三位为中系品种，后三位为日系品种；春蕾（中系）极显著（P<0.01）高于白云、54A 和镇珠；镇珠极显著低于其他品种等（表 10-13）。中系品种和日系品种间的比较也显示：中系品种极显著（P<0.01）高于日系品种（表 10-18），中系品种较日系品种的虫蛹经过（幼虫期和蛹期时间）一般较短的特性（最长为镇珠的 54d-7h，最短是丰 1 的 48d，表 10-18）（冯家新，2000），是否会对 Nb 感染和增殖的机会产生影响有待进一步调查。由此推测：在家蚕对 Nb 抗性（综合）方面，不同品种间存在显著差异，以及中系品种强于日系品种的趋势。

家蚕对 Nb 抗性的综合性不仅包括幼虫期的感染抗性和感染增殖抗性（母蛾的感染程度），还包括胚胎感染抗性。从母蛾感染对次代家蚕饲养的影响或胚胎感染个体在次代群体中的感染扩散方面而言，胚胎感染抗性的影响更为直接。从控制家蚕胚胎感染个体在次代群体中感染扩散的技术研发方面而言，抗性机制、不同胚胎感染率蚕卵在健康群体中传播规律的解明，以及据此进行检测技术构建、风险评估和决策风险阈值研究等都是非常基础和重要的工作。

10.2.2 不同母蛾检测结果类型一代杂交蚕种的农村饲养

现有一代杂交蚕种家蚕微粒子病母蛾检测技术和判断标准（杨明观等，1986；叶永林等，1992；冯家新等，1997；周金钱等，2015）主要参照日本的方法而形成。该技术经过生产中的长期应用，其安全性（对饲养的蚕茧产量不会产生明显影响）的公认程度比较高。但该方法的经济性能是否不佳（判断标准过高，导致蚕种的无端损失）是从业者多有质疑和诟病的问题。本实验采用母蛾检测结果类型不同的蚕种，在 2014 年春、2014 年秋和 2015 年春，分别在同一区域饲养水平相当的 3 家农户进行了饲养实验，调查和了解现有母蛾检测风险强度控制水平下，家蚕微粒子病在群体中发生或流行的状态。

10.2.2.1　一代杂交蚕种的选取和饲养方法

农村饲养实验用蚕种（2014 年春、2014 年秋和 2015 年春）：实验用一代杂交蚕种选取中遵循 2 个原则，其一是按照实验目的选取家蚕微粒子病母蛾检测结果 4 种类型（“未检出”、“一检合格”、“二检合格”和“淘汰”）的一代杂交蚕种（表 10-19），检测结果为省级检测机构根据农业部部颁标准《桑蚕一代杂交种检验规程》进行蚕种质量和母蛾检测的结果类型（冯家新等，1997）；其二是选取同一蚕种生产单位的同一生产蚕品种（部分有正反交的差别），减少蚕种其他质量指标不同对实验结果的影响。

表 10-19　实验用一代杂交蚕种家蚕微粒子病母蛾检测基本情况

期别	未检出	一检合格	二检合格	淘汰
2014 年春	0–#/3–13*	0–#/4–17	3–1/3–13	15–#/ 3–13
2014 年秋	0–#/5–18	0–#/3–14	4–3/4–17	36–#/4–17
2015 年春	0–#/4–16	0–#/4–16	3–1/3–13	19–#/3–14

*表示（C_1 检出数–C_2 检出数）/（C_1 允许数–C_2 允许数），C_1 为一样本检出数/允许数，C_2 为二样本检出数/允许数；“#”表示未进行检测

蚕种处理：对实验选定母蛾检测批对应蚕种进行了 2 次混匀处理，其一是在后整理中进行整个检测批的大布人工反复颠换混匀，处理后装盒；其二是从中随机抽取 20 盒蚕种，将蚕种倒在同一容器内，加入盐水，使蚕卵浮起，用水瓢等工具反复搅拌蚕种 3min 以上，脱盐，再使其充分混匀。分别称取 5g 装盒，用于各农户的饲养实验或实验室实验用。

饲养和调查：各农户同期饲养 4 种母蛾检测结果类型的蚕种，调查蚕茧产量、茧层率和死笼率等生产性能相关指标。调查数据采用 One-Way ANOVA 中 LSD 法和 SPSS 等软件进行显著性比较和相关性分析。

10.2.2.2　饲养过程中家蚕微粒子病检测

农村饲养实验按照常规方法进行，部分实验期进行了家蚕微粒子病取样的实验室检测。检测取样方法是分别在 1 龄、2 龄、3 龄和 4 龄的眠期，取迟眠蚕样本（提青时取样），5 龄上蔟时，取迟上蔟的家蚕样本，样本进行实验室光学显微镜 Nb 孢子检测。1 龄、2 龄和 3 龄样本，整体制样；4 龄和 5 龄蚕样本解剖取中肠制样。样本放入 5ml 离心管，加 3ml 的 1%碳酸钠溶液，用手持式捣碎机（PRO Scientific，PRO 200）捣碎；用 2ml 的 1%碳酸钠溶液洗涤捣碎机转头；3000r/min 离心 10min（室温），弃上清；沉淀加 200μl 的 1%碳酸钠溶液，涡旋仪充分混合，取样，相差显微镜（Leica DM750，40×15 倍）检测。

实验室饲养使用蚕种是从农村饲养实验的蚕种中取部分，同期进行饲养。4 种母蛾检测结果类型的蚕种分别饲养 3 个重复区，2014 年春、2014 年秋和 2015 年春每区饲养数量分别为 450 条、120 条和 100 条。实验室饲养检测增加转青卵和蚁蚕的 Nb 检测，龄期中取发育相对较迟的蚕作为检测样本，5 龄见熟后取全部个体进行 Nb 检测。卵和

蚁蚕的样本制作是将卵和蚁蚕放于载玻片上，加 200μl 的 5%碳酸钠溶液，放置约 30min 后，用盖玻片充分碾压后即成；龄期中样本，同农村饲养试验制样。样本制成后，相差显微镜（Leica DM750，40×15 倍）检测。

10.2.2.3 饲养生产指标和家蚕微粒子病检测结果及分析

在蚕茧产量方面，2014 年春、2014 年秋和 2015 年春 3 期饲养实验中，“未检出”、“一检合格”、“二检合格”和“淘汰”4 种母蛾检测结果类型蚕种未表现出由高到低的趋势，3 期平均蚕茧产量分别为：45.03kg/张、45.33kg/张、46.13kg/张和 44.10kg/张。其中，“未检出”检测结果类型蚕种产量 1 期最高（2015 年春，53.2kg/张），2 期最低（2014 年春，46.6kg/张；2014 年秋，35.3kg/张）；“淘汰”检测结果类型蚕种 1 期最高（2014 年秋，40.0kg/张），1 期最低（2015 年春，45.3kg/张）；“一检合格”和“二检合格”检测结果类型蚕种的蚕茧产量均介于上述数据之间。

“未检出”、“一检合格”、“二检合格”和“淘汰”4 种母蛾检测结果类型蚕种，3 次农村饲养实验的蚕茧产量统计学比较结果未见显著差异（图 10-2）。

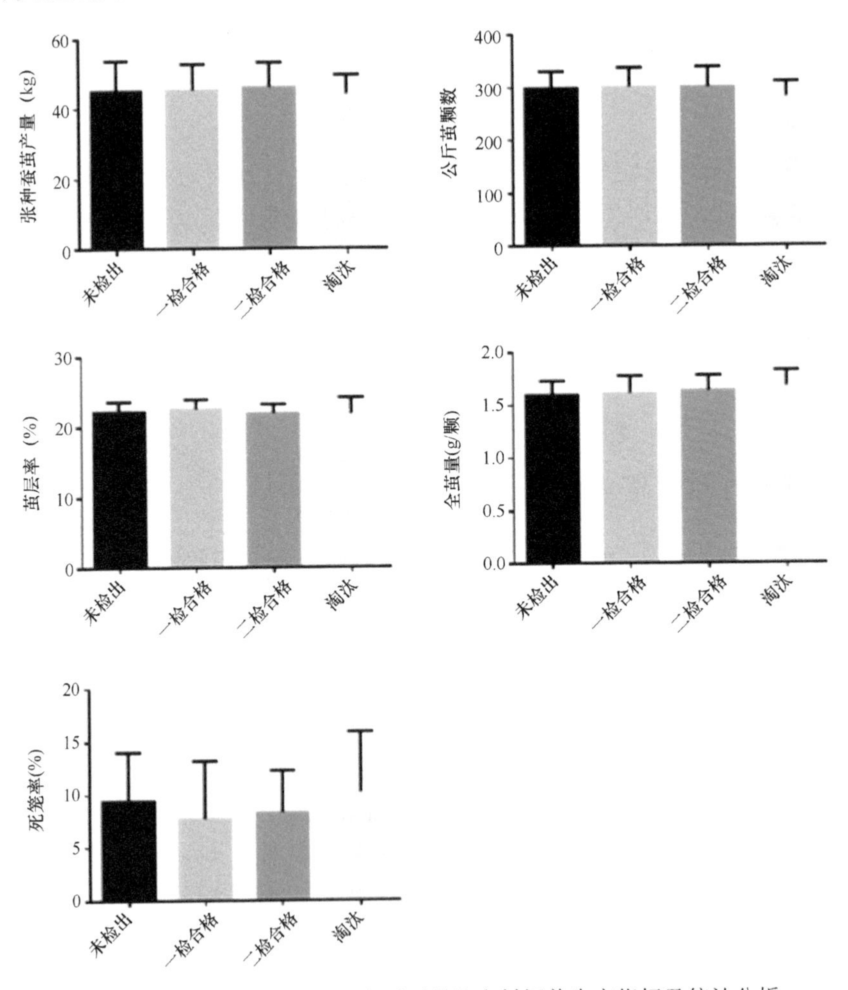

图 10-2 不同母蛾检测结果类型蚕种的农村饲养生产指标及统计分析

在三个农户间，“未检出”、“一检合格”、“二检合格”和“淘汰”4 种母蛾检测结果类型蚕种，3 期（2014 年春、2014 年秋和 2015 年春）饲养实验的蚕茧产量次序不一致。农户 A，2 期最高，1 期最低；农户 B，3 期都为中间；农户 C，1 期最高，2 期最低。农户 A、农户 B 和农户 C 的 3 期（2014 年春、2014 年秋和 2015 年春）平均蚕茧产量分别为：44.53kg/张、45.09kg/张和 45.85kg/张（图 10-2）。3 个农户间 3 期饲养实验的蚕茧产量统计学比较结果未见显著差异（图 10-3）。

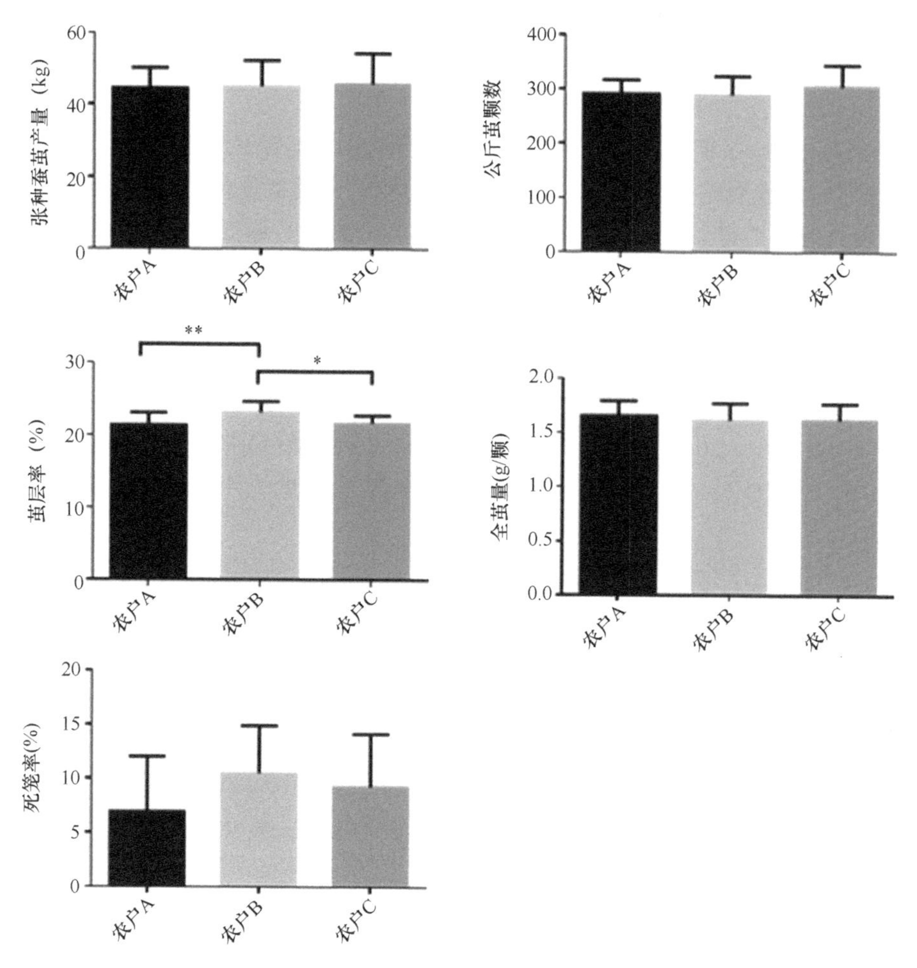

图 10-3　不同农户间饲养实验蚕种的生产指标及统计分析

**表示差异极显著（$P<0.01$）；*表示差异显著（$P<0.05$）

影响蚕茧产量的因素非常多。同期 3 个农户饲养 4 种不同母蛾检测结果类型蚕种的蚕茧产量结果未显示出存在显著差异，也未显示“未检出”（45.07kg/张）>“一检合格”（45.32kg/张）>“二检合格”（46.12kg/张）>“淘汰”（44.10kg/张）的趋势（图 10-2）。3 个农户 3 期的 9 个饲养实验中，没有一个显示上述趋势，“淘汰”类型蚕种的蚕茧产量 2 个最高，3 个最低。该实验结果直接反映了实验用不同母蛾检测结果类型对蚕茧产量未产生显著影响，或暗示农村饲养的环境条件和技术因素可能会掩盖这种母蛾检测结果上的差异，或母蛾检测技术和结果本身存在缺陷？

在公斤茧颗数方面，3 期（2014 年春、2014 年秋和 2015 年春）饲养实验中，“未检出”、“一检合格”、“二检合格”和“淘汰”4 种母蛾检测结果类型蚕种未见由少到多的趋势，3 期平均最少的是“淘汰”检测结果类型蚕种（281.43 颗），最多的是“一检合格”检测结果类型蚕种（300.90 颗）。3 次农村饲养实验的公斤茧颗数统计学比较结果未见显著差异（图 10-2 和图 10-3）。从根据蚕茧产量和公斤茧颗数指标换算出的蚕条数看，“未检出”、“一检合格”和“二检合格”母蛾检测结果类型蚕种的数量分别为 13 436 条、13 636 条和 13 836 条，“淘汰”检测结果类型蚕种为 12 412 条，相对前三者分别少 7.62%、8.98% 和 10.29%。这种“淘汰”检测结果类型蚕种数量较少的现象，可能是由家蚕微粒子病发生（迟眠淘汰或死亡）等因素导致。

在全茧量方面，3 期（2014 年春、2014 年秋和 2015 年春）饲养实验中，“未检出”、“一检合格”、“二检合格”和“淘汰”4 种母蛾检测结果类型蚕种未见从高到低的趋势，3 期平均最高的是“淘汰”检测结果类型蚕种（1.678g/颗），最低的是“未检出”检测结果类型蚕种（1.596g/颗）。3 次农村饲养实验的全茧量统计学比较结果未见显著差异（图 10-2）。3 个农户间，“未检出”、“一检合格”、“二检合格”和“淘汰”4 种母蛾检测结果类型蚕种的 3 期饲养实验中，全茧量的次序不一致，农户 A，2 期最高，1 期最低；农户 B，1 期最高，1 期最低；农户 C，1 期最低，2 期中间。农户 A、农户 B 和农户 C 的 3 期（2014 年春、2014 年秋和 2015 年春）平均全茧量分别为 1.656g/颗、1.615g/颗和 1.619g/颗（图 10-2）。三个农户间 3 期饲养实验的全茧量统计学比较结果未见显著差异（图 10-3）。

全茧量和茧层率指标不仅反映了饲养技术提高产量的能力，也反映了高效获取丝蛋白的能力。全茧量与蚕茧产量密切相关（条数相同，全茧量越高，蚕茧产量越高），3 期（2014 年春、2014 年秋和 2015 年春）“未检出”、“一检合格”、“二检合格”和“淘汰”4 种母蛾检测结果类型蚕种的平均全茧量分别为 1.5956g/颗、1.6122g/颗、1.6344 g/颗和 1.6778g/颗，未见显著差异（图 10-2）。农户 A、农户 B 和农户 C 分别为 1.6558g/颗、1.6150g/颗和 1.6192g/颗，未见显著差异（图 10-3）。“未检出”、“一检合格”、“二检合格”和“淘汰”4 种母蛾检测类型蚕种的平均茧层率分别为 22.19%、22.54%、21.88%和 21.77%，未见显著差异（图 10-2）。但在不同农户间，茧层率指标存在显著差异（图 10-3），表明农户在高效获取丝蛋白的能力上存在显著差异，其中农户 B 具有较高的能力。茧层率指标是本实验唯一发现具有显著差异的指标，也表明进行实验的 3 个农户总体饲养技术水平是比较类似的，但也有一定的不同。

在死笼率方面，3 期（2014 年春、2014 年秋和 2015 年春）饲养实验中，“未检出”、“一检合格”、“二检合格”和“淘汰”4 种母蛾检测结果类型蚕种未显示从低到高的趋势（4 种类型的 3 期 3 户平均死笼率分别为 9.391%、7.708%、8.292%和 10.179%）（图 10-2）。其中，“未检出”检测结果类型蚕种的死笼率，1 期最高（2014 年春，11.287%），2 期居中；“一检合格”检测结果类型蚕种的死笼率，2 期最低（2014 年秋，7.043%；2015 年春，5.537%），1 期居中；“二检合格”检测结果类型蚕种的死笼率，1 期最高（2014 年秋，9.987%），1 期最低（2014 年春，6.743%），1 期居中（2015 年春，8.147%）；“淘汰”检测结果类型蚕种的死笼率，1 期最高（2015 年春，9.840%），2 期居中。死笼率统计学比较结果未见显著差异（图 10-2）。在 3 个农户间，“未检出”、“一检合格”、“二检合格”和“淘汰”4 种母蛾检测结果类型蚕种的 3 期饲养实验，死笼率的次序不一致，农户 A，2 期最低（2014 年春，7.830%；2015 年春，3.650%），1 期居中；农户 B，1 期最低（2014 年秋，7.265%），1 期最高（2015 年春，13.993%），1 期居中；农户 C，2 期最高（2014 年春和秋，分别为 11.675%和 9.963%），1 期居中。农户 A、农户 B 和农户 C 的 3 期平均死笼率分别为 6.933%、10.493%和 9.252%（图 10-2）。死笼率统计学比较结果未见显著差异（图 10-3）。死笼率是反映家蚕强健性和综合防病技术水平的指标，这种无差异结果是蚕种质量（包括 Nb 携带率等）和蚕农技术水平的综合体现。

在家蚕饲养过程中，对家蚕微粒子病进行了抽样检测，Nb 检测结果显示，除 2015 年春饲养实验所用的“未检出”母蛾检测结果类型蚕种未能检出 Nb 外，其余各期和各母蛾检测结果类型蚕种均检出 Nb。农村饲养实验区（不同农户与不同类型蚕种）的 Nb 检出率较高，3 期饲养的 5 龄蚕样本实验区检出率分别为 55.56%、83.33%和 41.67%；其他时期各实验区的样本检出率都较低，3 期饲养的总样本检出率分别为 2.42%、20.97%和 9.58%，5 龄蚕样本的 Nb 检出率高于其他时期，分别为 3.77%、28.06%和 18.33%。“未检出”、“一检合格”、“二检合格”和“淘汰”4 种母蛾检测结果类型蚕种 3 期饲养的样本平均总检出率分别为 7.86%、8.13%、6.71%和 23.75%，“淘汰”检测结果类型蚕种显示了较高的检出率，显示了与母蛾检测结果相关的特征，但其他 3 种类型并未见理论上逐渐上升的趋势（表 10-20）。

表 10-20　农村饲养实验样本家蚕微粒子病检测情况

蚕期	母蛾检测结果类型	饲养过程检测结果*				
		1 龄	2 龄	3 龄	4 龄	5 龄
2014 年春	未检出	1/90（1）	0/90（0）	0/90（0）	5/90（1）	11/180（3）
	一检合格	0/90（0）	0/90（0）	0/90（0）	13/90（1）	8/176（1）
	二检合格	0/90（0）	0/90（0）	0/90（0）	0/90（0）	1/175（1）
	淘汰	—	—	—	—	—
2014 年秋	未检出	1/30（1）	2/30（2）	12/30（3）	—	34/90（3）
	一检合格	1/30（1）	1/30（1）	10/30（3）	—	32/90（3）
	二检合格	1/30（0）	1/30（1）	10/30（2）	—	19/90（2）
	淘汰	1/30（0）	0/30（0）	10/30（2）	—	16/90（2）
2015 年春	未检出	0/30（0）	0/30（0）	0/30（0）	—	0/30（0）
	一检合格	0/30（0）	0/30（0）	0/30（0）	—	3/30（1）
	二检合格	0/30（0）	0/30（0）	6/30（1）	—	8/30（1）
	淘汰	2/30（1）	1/30（1）	15/30（3）	—	11/30（3）

*分子数值表示检出家蚕微粒子病样本数，分母数值表示检测样本总数；括弧内的数值表示检出家蚕微粒子病的实验区数；“—”表示未进行检测

对农村饲养蚕种的对应实验室饲养过程中家蚕样本进行家蚕微粒子病检测，3 次 5 龄各实验区的检出率与农村饲养较为接近，分别为 66.67%、25.00%和 16.67%。5 龄蚕样本

的Nb检出率明显低于农村饲养过程的Nb检出率，分别为0.33%、3.24%和0.79%。同期抽样（不包括卵和蚁蚕样本），“未检出”、“一检合格”、“二检合格”和“淘汰”4种母蛾检测结果类型蚕种的3次实验样本平均Nb总检出率分别为2.14%、0.89%、0.18%和0.99%，4种类型并未见理论上逐渐上升的趋势（表10-21）。2015年春，实验用蚕种的卵和蚁蚕检测均未检出Nb。2014年秋4种检测结果类型蚕种的卵和蚁蚕样本都有1个样本检出Nb，未见不同母蛾检测结果类型蚕种间有差异（与检测技术有关，见后续内容）。

表10-21 实验室饲养实验样本家蚕微粒子病检测情况

蚕期	母蛾检测结果类型	饲养过程检测结果*						
		卵	蚁蚕	1龄	2龄	3龄	4龄	5龄
2014年春	未检出	—	—	0/3（0）	0/2（0）	0/1（0）	0/15（0）	4/1199（3）
	一检合格	—	—	1/6（1）	1/1（1）	0/6（0）	0/10（0）	7/1313（2）
	二检合格	—	—	0/6（0）	0/2（0）	0/4（0）	0/6（0）	1/1141（1）
	淘汰	—	—	—	—	—	—	—
2014年秋	未检出	1/30（0）	1/30（0）	3/30（2）	1/30（0）	—	—	27/234（2）
	一检合格	1/30（0）	1/30（0）	1/30（1）	1/30（0）	—	—	3/232（1）
	二检合格	1/30（0）	1/30（0）	1/30（0）	1/30（0）	—	—	0/230（0）
	淘汰	1/30（0）	1/30（0）	1/30（0）	0/30（0）	—	—	0/230（0）
2015年春	未检出	0/30（0）	0/30（0）	0/30（0）	0/30（0）	—	—	0/118（0）
	一检合格	0/30（0）	0/30（0）	0/30（0）	0/30（0）	—	1/2（1）	1/102（1）
	二检合格	0/30（0）	0/30（0）	0/30（0）	0/30（0）	0/1（0）	—	0/136（0）
	淘汰	0/30（0）	0/30（0）	0/30（0）	1/30（1）	—	0/2（0）	3/152（1）

*分子数值表示检出家蚕微粒子病样本数，分母数值表示检测样本总数；括弧内的数值表示检出家蚕微粒子病的实验区数；“—”表示未进行检测

在不同饲养期的检测数据中，2014年秋农村饲养抽样和实验室饲养抽样检测的结果都显示“淘汰”检测结果类型蚕种的Nb检出率最低，“未检出”检测结果类型蚕种的检出率最高，农户A和农户B的蚕茧产量都是“淘汰”检测结果类型蚕种较高，农户A和农户C“未检出”检测结果类型蚕种的蚕茧产量较低。2015年春农村饲养抽样和实验室饲养抽样检测的结果都显示“淘汰”检测结果类型蚕种的检出区数和检出率最高，“未检出”检测结果类型蚕种在农村饲养和实验室饲养均未检出，农户A和农户C“淘汰”检测结果类型蚕种的蚕茧产量较低，农户B“未检出”检测结果类型蚕种的蚕茧产量最高。

农村饲养和实验室饲养家蚕样本的Nb检出率比较中，农村饲养的检出率均高于实验室饲养的检出率。1～4龄迟眠蚕样本的检出率差异，可能主要来源于农村饲养的止桑和提青技术实施，在获取迟眠蚕样本上具有更好的效果（更具迟眠蚕特点样本）；5龄蚕样本的差异主要是发育较迟蚕（农村）样本与全样本（实验室）间存在差别。

饲养过程检测的农村和实验室家蚕样本Nb检出率，与农村饲养蚕茧产量和死笼率的Pearson双变量相关分析显示：各母蛾检测结果类型蚕种的农村饲养样本Nb检出率与蚕茧产量呈显著的负相关（$R=-0.68$，$P=0.021<0.05$），其中“一检合格”母蛾检测结果类型蚕种的农村饲养家蚕样本Nb检出率与蚕茧产量呈显著的负相关（$R=-0.997$，

P=0.045<0.05），其余母蛾检测结果类型蚕种的农村饲养样本或实验室饲养样本 Nb 检出率与农村饲养蚕茧产量都未见显著的相关性；各母蛾检测结果类型蚕种的农村饲养样本或实验室饲养样本 Nb 检出率与死笼率间都未见显著的相关性。

从各调查养蚕指标的相关性看，总体上各指标间的相关性都较小，即未见显著相关（表 10-22）。其中，张种蚕茧产量与公斤茧颗数的负相关性相对较大，与全茧量的正相关性相对较大；茧层率与死笼率的正相关性相对较大，与全茧量的负相关性也相对较大（图 10-4）。各项指标在不同农户间存在一定的差异，但总体可以判断认为 3 个农户的养蚕和防病技术水平较为接近。

表 10-22　不同农村饲养主要养蚕指标间的相关性与显著性分析

指标	指标	R 值（相关性）	P 值（显著性）
张种蚕茧产量	公斤茧颗数	−0.655 920 8	1.41E−05
张种蚕茧产量	茧层率	0.090 200 596	6.01E−01
公斤茧颗数	茧层率	−0.075 296 12	6.63E−01
张种蚕茧产量	全茧量	0.242 475 018	1.54E−01
公斤茧颗数	全茧量	−0.361 379 12	3.03E−02
茧层率	全茧量	−0.515 121 58	1.31E−03
张种蚕茧产量	死笼率	−0.119 871 1	4.86E−01
公斤茧颗数	死笼率	−0.050 096 77	7.72E−01
茧层率	死笼率	0.339 758 873	4.26E−02
全茧量	死笼率	−0.005 869 68	9.73E−01

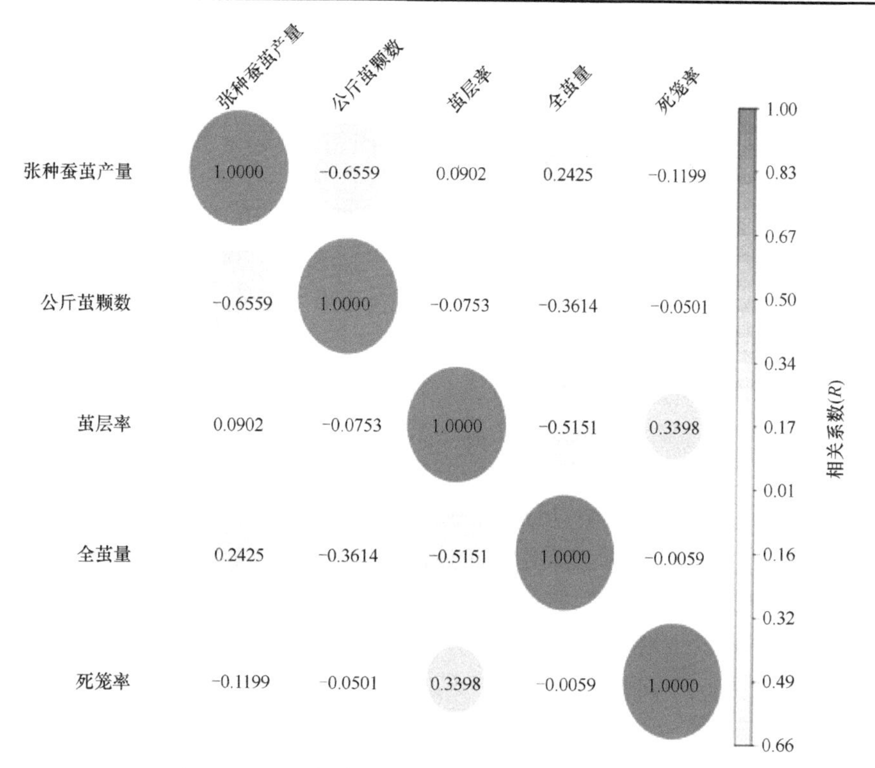

图 10-4　农村饲养实验中不同养蚕指标间的相关性

综合本研究的数据结果可以认为：在实验用一代杂交蚕种的母蛾检测技术及判断标准状态下，母蛾检测结果类型（“未检出”、“一检合格”、“二检合格”和“淘汰”）与主要养蚕指标间（蚕茧产量、死笼率和全茧量等）相关性未显示出趋势性变化规律。该结果的出现，不外乎有2种原因，其一是实验方法学（规模或代表性）问题，另一种是母蛾检测技术（判断标准或风险阈值）问题。

从实验方法学问题方面分析，尽管实验中所用蚕种从产卵后的袋蛾，到蚕种后整理及混匀处理过程进行了较为严格的蚕种代表性控制，选择的3个农户的养蚕技术水平也较为近似（图 10-3），但一代杂交蚕种在农村饲养的过程和家蚕微粒子病检测技术，毕竟是一个非常复杂的过程和体系。2年3期的农村饲养实验结果提供了一个母蛾检测结果与农村饲养结果相关性较低现象的典型案例，对现有母蛾家蚕微粒子病检测的判断标准提出了质疑（图 10-2）。从方法学而论，更为广泛的农村饲养实验和更多维度实验的数据支撑将有利于该问题的证实。

从母蛾检测技术问题方面分析，农村和实验室饲养家蚕样本的Nb抽样检测中，虽然检测样本数较少，但在一定程度上“合格”和“淘汰”蚕种的差异趋势还是较好地得到了反映（表 10-20 和表 10-21），实验用蚕种的母蛾 Nb 检测全流程和检测结果，与饲养样本 Nb 检测具有一定吻合度的现象，可以认为 Nb 检测结果基本可靠（包括母蛾样本的代表性及蚕卵的均匀性等）。但4种母蛾 Nb 检测结果类型蚕种饲养后主要经济或技术指标间未见显著差异，甚至相关性未出现趋势性变化规律的结果（图 10-4），暗示了在母蛾 Nb 检测结果类型的判断上，或类型区别上可能存在问题。因此需要对有关母蛾 Nb 检测技术和判断标准（或风险阈值）的历史文献案例进行科学分析，以及开展更多维度的实验推进证实现实施标准的缺陷本质或形成新的技术与判断标准。

10.3 家蚕微粒子虫胚胎感染的传播规律

家蚕微粒子虫感染家蚕后，母蛾所产蚕卵并非绝对地100%感染Nb，多数情况下是部分蚕卵感染Nb（三谷贤三郎，1929；鲁兴萌和吴海平，2001；徐杰等，2004）。

蚕卵感染 Nb 后，由于感染部位（卵母细胞和滋养细胞）和感染时间的不同，Nb 感染蚕卵流行病学的结局会有三种情况。其一是卵母细胞被 Nb 感染，不论滋养细胞是否被感染，卵母细胞都不能受精或发育成胚胎，即死卵；其二是卵母细胞未被 Nb 感染而滋养细胞被感染，在胚胎形成过程中胚胎被 Nb 感染，或称为发生期的胚胎感染，感染的胚胎不能继续发育而成为死卵；其三也是卵母细胞未被 Nb 感染而滋养细胞被感染，但在胚胎发育到反转期（约催青 7d）后，胚胎吸收营养从渗透吸收转换成脐孔（位于第二环节背面）吸收，寄生于滋养细胞卵黄球内的 Nb，随营养吸收进入消化道而导致感染，即成长期（发育期）的胚胎感染，这种感染个体可孵化成蚁蚕，造成蚕座内的感染与扩散。卵母细胞被 Nb 感染和发生期经卵感染 Nb 的胚胎均为死卵，不能孵化成幼虫，即不会造成家蚕微粒子病的感染与扩散。同是胚胎感染的蚕卵，一部分可发生事实上的蚕座内感染与扩散，另一部分并不会发生事实上的蚕座内感染与扩散（浙江大学，2001；鲁兴萌，2020）。

为探究家蚕 Nb 胚胎感染幼虫个体在蚕座内造成健康群体家蚕微粒子病扩散或传播的规律，Ishihara 等（1965）进行了家蚕微粒子病胚胎感染幼虫个体与健康家蚕的群体混育实验。在混育实验中，将 Nb 感染母蛾所产蚕卵进行常规催青、孵化和个体饲养，在孵化后 24h 内检测蚕粪，将蚕粪检出 Nb 孢子所对应的幼虫确定为 Nb 胚胎感染个体。次日（孵化后 24h）按照不同比例混入健康家蚕（同步检测母蛾，未检出 Nb；同步催青孵化，食桑 24h）群体，并对混育群体（实验区）的家蚕微粒子病发生情况和化蛾率等进行调查。结果发现，Nb 胚胎感染孵化幼虫个体在饲养 10d 或 3 眠前（4 龄以前）全部死亡，由此提出了 Nb 胚胎感染家蚕个体在蚕座内传播和扩散的流行规律，即“二次感染传播扩散”模式（Ishihara et al.，1965；Ishihara and Fujiwara，1965；农林省蚕丝试验场微粒子病研究室，1965；福田纪文，1979；藤原公，1984；浙江大学，2001）。

“二次感染传播扩散”模式如图 10-5 所示。

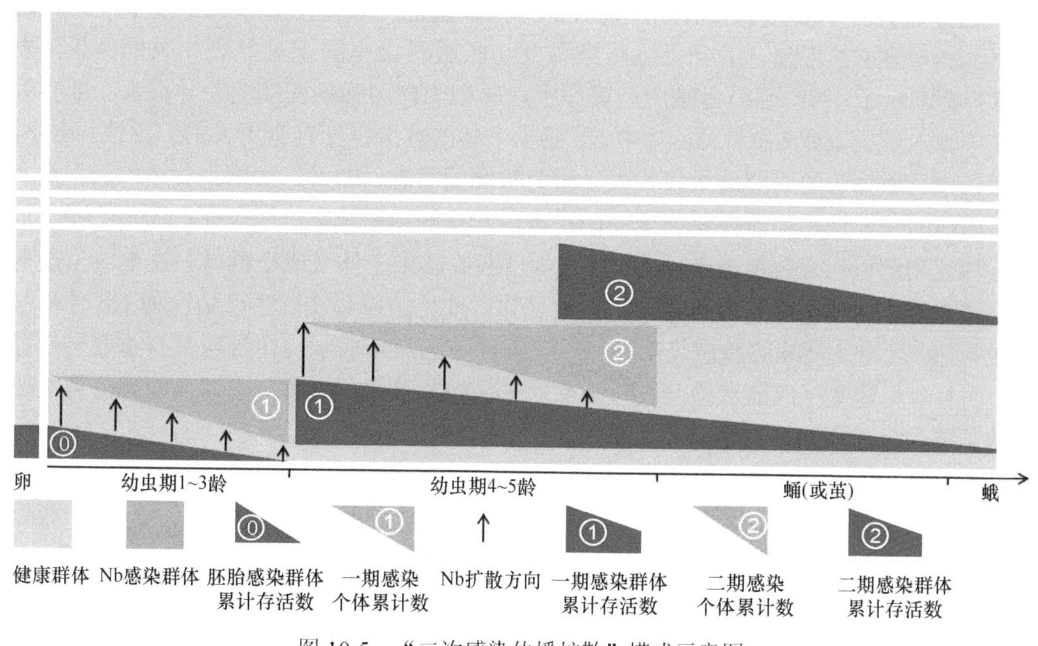

图 10-5　“二次感染传播扩散”模式示意图

该模式认为：Nb 胚胎感染孵化幼虫在死亡前通过排泄物和脱落物等向蚕座排放 Nb；部分蚕座内（或含 Nb 排泄物周边）健康个体通过食下被排泄物 Nb 污染桑叶而感染 Nb，该部分感染个体或该过程称为一期感染，即蚕座内 Nb 感染群体发生了一次扩散（感染幼虫个体数量或规模增加）；一期感染群体中的不同家蚕幼虫个体，因 Nb 感染剂量和时间不同，发生死亡的时间不同，多数在幼虫期死亡，部分可完成结茧。一期感染家蚕幼虫个体与胚胎感染孵化幼虫一样，在死亡前向蚕座内排放 Nb，一期感染的群体规模和个体感染程度，决定了其在死亡前排放 Nb 的数量和时间；一期感染家蚕群体排放的 Nb 被蚕座内（混育群体）更多的健康家蚕食下，这种食下感染称为二期感染（Nb 感染幼虫个体数量或规模进一步增加和扩大）；二期感染家蚕中的大部分个体可结茧和羽化。

从实验的方法学角度而言，由于石原廉等在健康家蚕群体中混入的 Nb 感染个体为 Nb 感染母蛾所产蚕卵孵化后第一天经蚕粪检出 Nb 孢子的孵化蚁蚕，该类蚁蚕属于 Nb 感染程度较为严重的个体。因此，“二次感染传播扩散”模式或蚕座内流行规律，反映的是 Nb 感染较为严重的孵化蚁蚕混入健康家蚕群体后的蚕座内传播与扩散规律，与生产实际必然有很大的不同。

从全面反映 Nb 胚胎感染个体在蚕座内传播与扩散规律角度而言，Nb 感染程度较低孵化个体（家蚕微粒子病为典型慢性病的特征及成品卵检测相关实验数据显示，孵化后第一天蚁蚕的 Nb 检出率较低，参见 1.3 节及 10.4 节）混入健康家蚕群体后，蚕座内感染扩散规律是否也是如此？或现实生产中胚胎感染个体在蚕座内传播与扩散的规律如何？都是值得思考的问题。

在一代杂交蚕种实际生产或光学显微镜母蛾检测（40×15 倍）中，既有整批检测样本大量出现满屏 Nb 孢子的情况，也有部分批次蚕种母蛾样本必须观察多个视野才能观察到 Nb 孢子的现象，结合母蛾感染程度与胚胎感染率间未见显著相关的结果（表 10-8）都暗示了：Nb 感染母蛾所产蚕卵中，感染个体间感染程度的差异很大，即实际生产中混入健康蚕卵（蚕种）群体中 Nb 感染个体的感染程度具有更大的广泛性。由此，可以认定石原廉等的研究结果仅代表了较为极端的状态，即“二次感染传播扩散”模式具有明显的片面性，而非完整或全面的蚕座内传染规律的描述。

探究和解析代表或覆盖不同 Nb 感染程度胚胎感染个体（或小群体）在健康家蚕群体（或大群体，或蚕座）内传播与扩散的规律，或更为符合实际生产情况的 Nb 传播与扩散规律，不仅对 Nb 胚胎感染个体在健康群体中的流行病学规律解明具有重要科学意义，而且对构建基于成品卵检测的家蚕微粒子病检测技术，以及制定以风险阈值为主要参数基准的风险判断标准都有重要价值。

为此，本研究以催青后转青卵 Nb 孢子光学显微镜检测的胚胎感染率为依据，开展了混育实验和个体育实验。基于现实生产中蚕卵 Nb 感染程度的不同，以不同 Nb 感染程度母蛾所产蚕卵为实验材料；基于转青卵 Nb 孢子检测胚胎感染率往往低于实际胚胎感染率，在混育饲养和个体育过程中采用全程对各实验区家蚕个体进行 Nb 孢子检测的方法。

10.3.1 家蚕饲养及胚胎感染母蛾个体样本制作和检测

家蚕微粒子虫繁殖和制备 Nb 孢子悬浮液方法参见 12.1 节。

10.3.1.1 家蚕饲养

白玉和秋丰 5 龄幼虫由蚕种场提供，实验室常规饲养，常规上蔟、早采茧、交配、制种和即时浸酸、再催青等（浙江省蚕桑学会，1993；谷利群等，2016）。

10.3.1.2 添食感染家蚕幼虫和感染母蛾检测

将不同浓度 Nb 孢子悬浮液，按照 40μl/条的量涂抹于桑叶叶背，阴干后喂饲 5 龄食桑 5d 白玉原种蚕，8～12h 后（涂 Nb 孢子桑叶基本食尽），改用洁净桑叶常规喂饲；上蔟，早采茧，挑出雌蛹；化蛾后与健康（未感染 Nb）秋丰原种雄蛾交配，产卵制种，获得一代杂交蚕种（卵）。

将产卵后母蛾（白玉）放入 15ml 离心管，加 5ml 的 1%碳酸钠溶液，用手持式捣碎机（PRO Scientific，PRO 200）捣碎，再用 5ml 的 1%碳酸钠溶液洗涤捣碎机转头；制成临时标本，相差显微镜（Leica DM750，40×15 倍）检测 Nb 孢子。

选出母蛾 Nb 孢子检测阳性样本，3000r/min 离心 10min（室温），弃上清；加少量 1%碳酸钠溶液，涡旋仪充分混合，适度稀释，用相差显微镜（Leica DM750，40×15 倍）检测计数每蛾的 Nb 孢子数量。

10.3.1.3　高浓度家蚕微粒子虫添食混育实验用感染子代制作

在 5 龄幼虫期（食桑 5d）用较高浓度（≥5×10^6孢子/ml，平均每条以 20μl 计）Nb 孢子悬浮液添食感染约 5000 条家蚕，获得 368 条 Nb 感染母蛾，从中选取产卵数在 350 粒以上的 3 只不同 Nb 孢子浓度梯度的母蛾，母蛾 Nb 孢子的数量分别为 2.1×10^7孢子/母蛾、6.2×10^8孢子/母蛾和 1.51×10^9孢子/母蛾。将 3 只母蛾所产蚕卵分别即时浸酸、混匀和催青，并用于转青卵检测和混育实验。

10.3.1.4　低浓度家蚕微粒子虫添食混育实验用感染子代制作

在 5 龄幼虫期（食桑 5d）用较低浓度（5×10^2孢子/ml 和 10^3孢子/ml，平均每条以 20μl 计）Nb 孢子悬浮液添食感染约 5000 条家蚕，获得 19 只 Nb 感染母蛾，从中选取产卵数在 350 粒以上的 4 只感染母蛾，母蛾 Nb 孢子的数量分别为 1.4×10^8孢子/母蛾①、5.2×10^8孢子/母蛾②、5.2×10^8孢子/母蛾③和 4.7×10^8孢子/母蛾④。将其所产蚕卵分别即时浸酸、混匀和催青，并用于转青卵检测和混育实验。同法获取 6 只感染母蛾所产蚕卵用于个体育实验。

10.3.1.5　健康家蚕及混育

选择家蚕微粒子病控制较好蚕种生产单位生产、经母蛾检测（周金钱等，2015）未检出 Nb 孢子的白玉×秋丰一代杂交蚕种，取 1g 蚕种提前催青孵化，蚁蚕放置 7d（25℃）后，检测 30 条蚁蚕，其余放入 15ml 离心管，加 5ml 的 1%碳酸钠溶液，手持式捣碎机（PRO200，PRO Scientific INC.USA）捣碎，再用 5ml 的 1%碳酸钠溶液洗涤捣碎机转头，3000r/min 离心 10min（室温），弃上清；加少量 1%碳酸钠溶液，涡旋仪充分混合，相差显微镜（Leica DM750，40×15 倍）检测 Nb 孢子。未检出 Nb 孢子的蚕种，进行常规催青和孵化，作为健康家蚕群体；同步催青上述的感染子代。孵化后，分别计数蚁蚕，进行混育实验。

10.3.2　不同家蚕微粒子虫感染程度母蛾所产蚕卵的混育实验

根据家蚕幼虫期 Nb 感染剂量与母蛾感染程度和胚胎感染率间未见显著的相关性及趋势的研究结果（参见 10.1 节），为了更真实和全面反映养蚕生产实际情况，采用不同

Nb 感染程度母蛾所产蚕卵进行混育实验模拟。

10.3.2.1 不同家蚕微粒子虫感染程度母蛾所产蚕卵的胚胎感染率

按照上述方法（参见 10.3.1.3 和 10.3.1.4 节），获得高浓度和低浓度 Nb 添食感染后的感染母蛾，分别常规催青至转青期，各取 20 粒或 30 粒转青卵进行位相差光学显微镜（Leica DM750，40×15 倍）Nb 孢子检测。高浓度 Nb 添食感染所获 3 只感染母蛾所产蚕卵的 Nb 孢子检出率分别为 75%、90%和 100%；低浓度 Nb 添食感染所获 4 只感染母蛾所产蚕卵的 Nb 孢子检出率分别为 3.3%①、3.3%②、50.0%③和 53.3%④。以 Nb 检出率作为胚胎感染率并据此确定混育实验的 Nb 感染个体混入比例（实际胚胎感染率往往高于转青卵的光学显微镜检测数据，且转青卵 Nb 感染个体并不一定能够孵化而发生事实上的蚕座内感染与传播）。

10.3.2.2 混育实验区群体规模、胚胎感染个体混入及饲养

混育实验区群体规模为 200 条，由母蛾检测未发现 Nb 孢子的蚕卵（健康群体）和根据转青卵 Nb 孢子检测的胚胎感染率而确定的混入 Nb 胚胎感染孵化个体组成。根据转青卵的 Nb 孢子检出率，按照每区混入 Nb 感染个体数大于 1 条小于 2 条的比例原则，将胚胎感染孵化蚁蚕混入健康孵化蚁蚕群体中。

高浓度 Nb 添食感染母蛾所产蚕卵的混育实验区（高浓度 Nb 混育区），混入的蚁蚕条数分别为 2 条、2 条和 1 条；低浓度 Nb 添食感染母蛾所产蚕卵的混育实验区（低浓度 Nb 混育区），混入条数分别为 30 条①、30 条②、2 条③和 2 条④。按照中央放置，或 2 点式和梅花形位置原理均匀混入。

高浓度 Nb 混育区实验（2014 年春季）中，3 只感染母蛾所产蚕卵孵化蚁蚕混入健康家蚕群体的实验区数，分别为 40 区（2.10×10^7 孢子/母蛾，混入 2 条）、30 区（6.20×10^8 孢子/母蛾，混入 2 条）和 30 区（1.51×10^9 孢子/母蛾，混入 1 条），对照为 3 区，合计饲养区数为 103 区。幼虫饲养中全程检测死亡家蚕的 Nb 感染情况，淘汰 3 眠前 Nb 感染家蚕检出数超过 1 条的混育实验区，以及饲养到大眠期计数存活数+前期死亡数明显偏离 200 条的实验区。保留完成全程（从孵化到羽化）饲养与全个体 Nb 检测调查的混育实验区，上述对应 3 只母蛾分别有 10 区、10 区和 12 区，对照为 3 区，合计饲养实验的区数为 35 区。其余实验区随机淘汰。

低浓度 Nb 混育区实验（2014 年中秋季）中，4 只感染母蛾所产蚕卵孵化蚁蚕混入健康家蚕群体的实验区数分别为 10 区（1.4×10^8 孢子/母蛾①，混入 30 条）、10 区（5.2×10^8 孢子/母蛾②，混入 30 条）、6 区（5.2×10^8 孢子/母蛾③，混入 2 条）和 6 区（4.7×10^8 孢子/母蛾④，混入 2 条），对照为 3 区，全部完成全程（从孵化到羽化）饲养与全个体 Nb 检测调查，合计混育实验区数为 35 区。

10.3.2.3 混育饲养和家蚕微粒子虫检测

各混育实验区，在 3 龄以前，饲养在 9cm 二重皿；在 3～4 龄期和 5 龄期，分别饲养在 34.5cm×22.5cm 和 63.5cm×41.5cm 的塑料盒内；在与 5 龄同尺寸饲养塑料盒中进行

上蔟。按照常规饲养方法饲养和严格分区处理，使用器具部分采用高压灭菌，部分采用1%有效氯次氯酸钙浸泡消毒，或一次性使用。

各混育实验区在饲养过程中，不进行淘汰处理，每天观察，发现死蚕，进行相差显微镜（Leica DM750，40×15 倍）Nb 孢子检测和记录结果。上蔟后检测蔟中死蚕（包括薄皮茧和削茧后的死笼个体等非正常样本）和全部正常羽化样本。不同发育阶段家蚕样本的 Nb 孢子检测方法同上（参见 10.2.2.2、10.3.1.2 和 10.3.1.5 节）。

数据采用 SPSS 19.0 分析处理，并用方差分析进行差异显著性分析（Dunnett T3 法或 LSD 法等）。此外，混育实验规模较大，难以保证各实验区个体数量的完全正确，所以统计分析中采用的数据为检测记录的家蚕样本数。

10.3.2.4　高浓度家蚕微粒子虫添食感染母蛾子代混育实验区的检出率

高浓度家蚕微粒子虫添食感染母蛾子代混育实验的设区和饲养至大眠的 Nb 孢子检测结果如表 10-23 所示。

表 10-23　高浓度家蚕微粒子虫添食感染母蛾各子代混育实验区的家蚕微粒子病检测

		累计检出区数			
		2.10×10^7 孢子/母蛾	6.20×10^8 孢子/母蛾	1.51×10^9 孢子/母蛾	CK
胚胎感染率（%）		75	90	100	0
混入数		2	2	1	0
实验区数		40	30	30	3
发育经过（龄期）	1	0	0	1	0
	2	3	1	9	0
	3	5	6	15	0
	4	10	25	30	0
大眠前未检出区数		30	5	0	3

在 3 眠（4 龄）前的死蚕样本 Nb 孢子检测中，检出样本分布在 26 个混育实验区，即混育实验区的区 Nb 孢子检出率为 26.00%。在 26 个检出 Nb 感染个体的混育实验区中，有 3 个区检出复数（2 条或 3 条），因大于依据光学显微镜转青卵检测确定的 Nb 胚胎感染个体数上限而淘汰，不再继续跟踪检测。

在 4 眠（大眠）前的死蚕样本检测中，2.10×10^7 孢子/母蛾实验组的 4 龄期检出 Nb 有 7 个区，其中 2 个区在 3 眠（4 龄）前曾被检出（重复检出区），5 个区为新增 Nb 检出区，累计检出 Nb 为 10 个区（区检出率为 25.00%）；6.20×10^8 孢子/母蛾实验组的 4 龄期检出 Nb 有 24 个区，其中 5 个区在 3 眠（4 龄）前曾被检出（重复检出区），19 个区为新增 Nb 检出区，累计检出 Nb 为 25 个区（区检出率为 83.00%）；1.51×10^9 孢子/母蛾实验组的 4 龄期检出 Nb 有 29 个区，其中 14 个区在 3 眠（4 龄）前曾被检出（重复检出区），15 个区为新增 Nb 检出区，累计区检出率为 100.00%（表 10-23）。

完成全程饲养的 32 个混育实验区和 3 个对照区的化蛾率等数据分析，参见 11.2.3.2 节。

从方法学角度分析，本实验存在两种不确定可能。其一是转青卵 Nb 胚胎感染率与实际胚胎感染率的不确定性，即混育中实际混入的胚胎感染个体数可能大于实验设计

（依据转青卵 Nb 胚胎感染率）；其二是实验规模较大，无法保证不出现漏检 Nb 感染个体的情况。对此不确定性，在数据和结果分析中需要给予足够的考量，并据此才能给出适度的结论。

在实际胚胎感染率或混入数方面，根据转青卵胚胎感染率进行的混育实验可能出现“高”或“低”两种情况。其一是实际胚胎感染率或混入数高于实验数，即部分混育实验区出现复数 Nb 感染个体（2 个或以上 Nb 感染个体混入）的情况，在本实验中有 3 个混育区 3 眠（4 龄）前出现复数检出，到 4 眠（5 龄）前增加到 24 个混育实验区（表 10-23），其中多数属于复数 Nb 感染个体混入。其二是实际胚胎感染率或混入数低于实验数，按照半数概率法推算的实验区检出率应为 71.67%，但实际实验结果是大眠前（至 4 龄期）为 65.00%（包括复数检出区），其中 2.10×10^7 孢子/母蛾实验组的区检出率仅为 25.00%（表 10-23）。出现这种实验设计与结果不一致的情况有两种可能，其一是部分 Nb 感染个体（包括胚胎感染和幼虫期感染个体）在大眠前（至 4 龄期）无法被检出；其二是漏检。

10.3.2.5 低浓度家蚕微粒子虫添食感染母蛾子代混育实验区的检出率

低浓度 Nb 添食感染家蚕 5 龄幼虫，其母蛾子代混育实验的设区和全程（至羽化或死笼个体）Nb 孢子检测结果如表 10-24 所示。

表 10-24 低浓度家蚕微粒子虫添食感染母蛾各子代混育实验区的家蚕微粒子病检测

		累计检出区数				
		1.4×10^8 孢子/母蛾 263①	5.2×10^8 孢子/母蛾 78②	5.2×10^8 孢子/母蛾 215③	4.7×10^8 孢子/母蛾 260④	CK
胚胎感染率（%）		1/30	1/30	15/30	16/30	0
混入数		30	30	2	2	0
混育实验区数		10	10	6	6	3
发育经过（龄期）	1	6	5	0	0	0
	2	6	6	0	0	0
	3	6	7	0	0	0
	4	6	8	0	1	0
	5	6	8	2	3	0
	上蔟后	8	9	4	5	0
全程未检出区数		2	1	2	1	3

在 3 眠（4 龄）前的死蚕样本检测中，检出样本分布在 13 个混育实验区，即混育实验区的区检出率为 40.62%，且有毒母蛾的子代混育区之间差异明显（③和④实验组未检出）；在①和②实验组检出的 13 个混育实验区中，有 12 个区检出复数家蚕微粒子病死蚕样本（2～30 条），仅有②实验组的“78-6”混育实验区的检出数为 1 条（表 10-24）。

在 4 龄和 5 龄期的死蚕样本检测中，①实验组的检出区数量未增加，②实验组 4 龄期的检出区数增加 2 个（复数检出），③实验组 5 龄期新增 2 个检出区（单条和复数检出各 1 区），④实验组分别增加 1 个和 2 个检出区（复数检出）（表 10-24）。在上蔟后的羽化个体或死笼个体检测中，各实验组都有新增检出区，①实验组的新增检出区中有 3

个单条检出混育实验区。

从方法学角度分析，低浓度 Nb 添食感染所获母蛾子代的转青卵胚胎感染率明显低于高浓度添食感染，由此决定了要达到每混育实验区中至少混入 1 条胚胎感染个体（蚁蚕），必须混入更多的 Nb 感染母蛾所产蚁蚕；转青卵胚胎感染率检测数据往往低于实际胚胎感染率的特征，导致 3 眠（4 龄）前检出的 13 个混育实验区中仅有 1 个单条检出区，全程检出的 26 个混育实验区中仅有 3 个单条检出区；母蛾 Nb 感染程度同为 5.2×10^8 孢子/母蛾的②和③实验组，转青卵胚胎感染率检测数据有明显差异；母蛾 Nb 感染程度略低于②的①实验组，转青卵胚胎感染率检测数据与②实验组相同（3.33%），但实际胚胎感染率高于②实验组（3 眠前检测有更多的复数检出区）。该结果进一步证实了母蛾 Nb 感染率与感染剂量有显著关系，但与母蛾 Nb 感染程度和胚胎感染率未见有显著相关的特征。

全程检测中的 3 个单条检出混育实验区都在①实验组，且都在上蔟后检出，该结果表明 Nb 胚胎感染个体中部分个体可以完成更长的生活周期，并非在 3 眠前必然死亡；母蛾 Nb 感染程度与胚胎感染率及蚕座内扩散程度存在复杂的关系（鲁兴萌等，2017）（参见 10.1 和 11.2.3 节）。

家蚕幼虫期高或低浓度 Nb 添食感染后，母蛾的感染率分别约为 7.36%和 0.38%。高浓度 Nb 添食感染后获得了较多的感染母蛾，有条件地选择了 3 只不同 Nb 感染数量等级的母蛾；低浓度 Nb 添食感染后获得的感染母蛾较少，只能选出 4 只相同 Nb 感染数量等级的母蛾。高浓度 Nb 添食感染所获母蛾的转青卵检测胚胎感染率高于低浓度，但低浓度 Nb 添食感染所获母蛾子代实际胚胎感染率范围更大（与混入个体数量增加后的随机性有关）。

虽然从实验的方法学角度而论，不能绝对排除 3 眠（4 龄）前漏检和 3 眠后污染的问题，但从流行病学的观点分析：高比例的 3 眠（4 龄）前未检出，部分实验区 3 眠后再检出、对照区未检出及全程未检出实验区的存在，3 眠前漏检和 3 眠后污染是本研究中的小概率事件，暗示高或低浓度 Nb 添食感染所获母蛾的感染子代中，都存在 3 眠前并未死亡，甚至完成整个世代的个体，与石原廉等的研究结果不同（Ishihara et al.，1965；Ishihara and Fujiwara，1965），证实了其结果或所提出的“二次感染传播扩散”模式的局限性，或者说该模式仅反映了混入健康群体的个体 Nb 感染程度较高情况下的规律，未能较好地反映实际生产中混入健康群体的 Nb 感染个体的感染程度差异或广泛性（鲁兴萌等，2017）。

10.3.3 个体育实验家蚕微粒子病的检出时相

高浓度和低浓度 Nb 幼虫期添食感染所获感染母蛾子代混育实验都暗示了：Nb 胚胎感染个体不一定在 3 眠（4 龄）前死亡，有可能完成 3 眠或经历更多的发育阶段或存活更久的时间。为进一步证实该现象，用低浓度（5×10^2 孢子/ml 和 10^3 孢子/ml，每条以 20μl 计）Nb 幼虫期添食感染后，从约 5000 只母蛾中，筛选获得产卵量大于 350 粒的 6 只 Nb 感染母蛾，母蛾所产蚕卵即时浸酸，混匀 6 只感染母蛾所产蚕卵，取 1800 粒外观未见异常的蚕卵用于个体育实验。同步取 6 只未进行幼虫期 Nb 感染处理且母蛾未检出 Nb 孢子的子代蚕卵，混匀后随机取 50 粒蚕卵作为个体育实验的对照。

每粒蚕卵单独催青和饲养（4 龄前的饲养容器为 3.5cm 灭菌塑料二重皿，5 龄后的饲养容器为 9cm 加高灭菌塑料二重皿），纸包单独上蔟。全过程用具或器皿采用一次性灭菌材料或消毒后材料，全程严格隔离各饲育容器。

孵化幼虫常规饲养过程中，死亡个体进行即时 Nb 孢子检测，上蔟营茧一周后将上蔟死亡个体、未结茧蚕和死笼个体等进行 Nb 孢子检测（计数时归入 4～5 龄期检出数），羽化后检测所有蛾样本。各类样本的 Nb 孢子检测方法同上（参见 10.2.2.2、10.3.1.5 和 10.3.1.2 节）。个体育实验家蚕不同发育阶段（3 眠前、4～5 龄期和蛾期）合计检测 1345 个样本（其余为未孵化或因个别过程不确定因素淘汰），Nb 孢子检测结果如图 10-6 所示。

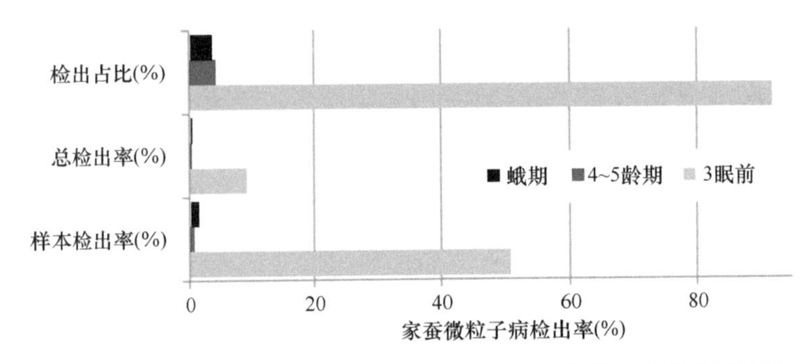

图 10-6　病蛾所产蚕卵个体育不同发育阶段家蚕微粒子病的检测情况

3 眠前、4～5 龄期和蛾期的样本检测数分别为 246 个、747 个和 352 个，其中检出 Nb 孢子的样本数分别为 125 个、6 个和 5 个。不同发育阶段 Nb 孢子检出样本数的检出占比分别为 91.9%、4.4%和 3.7%（图 10-6 上）；总检出率分别为 9.29%、0.45%和 0.37%；样本检出率分别为 50.81%、0.80%和 1.42%。健康家蚕对照均未检出 Nb 孢子。

从饲养全程 Nb 孢子检测结果推算 6 只 Nb 感染母蛾的平均胚胎感染率为 10.11%。个体育实验确证：Nb 感染母蛾所产蚕卵的孵化胚胎感染个体中，大部分在 3 眠前死亡，但部分可完成 3 眠，发育或存活到 4～5 龄，甚至发育或存活到羽化阶段。

家蚕微粒子虫感染母蛾子代的个体育实验，进一步证实了胚胎感染个体中部分个体可存活到 3 眠以后，甚至完成生命世代。

家蚕幼虫期 Nb 感染剂量和时期与母蛾感染率、母蛾感染程度及子代蚕卵 Nb 孢子检出率等相关性研究结果，暗示了 Nb 感染母蛾子代感染程度及胚胎感染个体数量，以及其在蚕座内扩散和传播家蚕微粒子病模式或流行规律可能的复杂性。本章节采用高浓度和低浓度 Nb 于幼虫期添食感染获取 Nb 感染母蛾及子代，并进一步开展混育实验和个体育实验。实验结果证实：Nb 感染且可孵化为幼虫的家蚕可存活的时间因感染状态（家蚕个体抗性和 Nb 感染程度）不同而异，部分个体可生存到羽化产卵而完成整个世代。在培养细胞中，在 Nb 感染细胞后 36h 即可观察到其完成生活史（life cycle）的现象（钱永华等，2003），但尚未有关于 Nb 进入细胞后完成生活史需要更长或最长时间的研究报道。Nb 感染家蚕幼虫一般需要 1 周或更长的时间才能在蚕粪中检测到 Nb 孢子（鲁兴萌和金伟，1996b；浙江大学，2001），所以是一种典型的慢性疾病，具有明显隐性感染（inapparent infection）或无症状感染（asymptomatic infection）的特征。在转青卵以前的漫长卵期（1 周至 1 年）难以检出 Nb 孢子，以及蛹期和蛾期家蚕微粒子病发病率较低的现象都表明：Nb 感染家蚕不仅具有典型隐性感染的特征，而且在家蚕的不同发育阶段及个体中 Nb 感染程度等的多样性进一步证实了 Nb 与家蚕相互作用机制的复杂性。

石原廉等根据 Nb 胚胎感染家蚕孵化个体的生存时间极限为“10d 或 3 眠（4 龄以前）”，以及提出的“二次感染传播扩散”模式（Ishihara et al.，1965；Ishihara and Fujiwara，1965；农林省蚕丝试验场微粒子病研究室，1965；福田纪文，1979；浙江大学，2001）（图 10-5），在方法学和 Nb-家蚕相互作用复杂机制方面都显示了其片面性，或其反映的是严重胚胎感染个体（蚁蚕）在蚕座内扩散和传播的规律，Nb 胚胎感染家蚕孵化个体在蚕座内扩散和传播更为真实的规律应该是一种连续的扩散和传播模式或规律，即“连续感染传播扩散”模式（图 10-7）（鲁兴萌等，2017）。

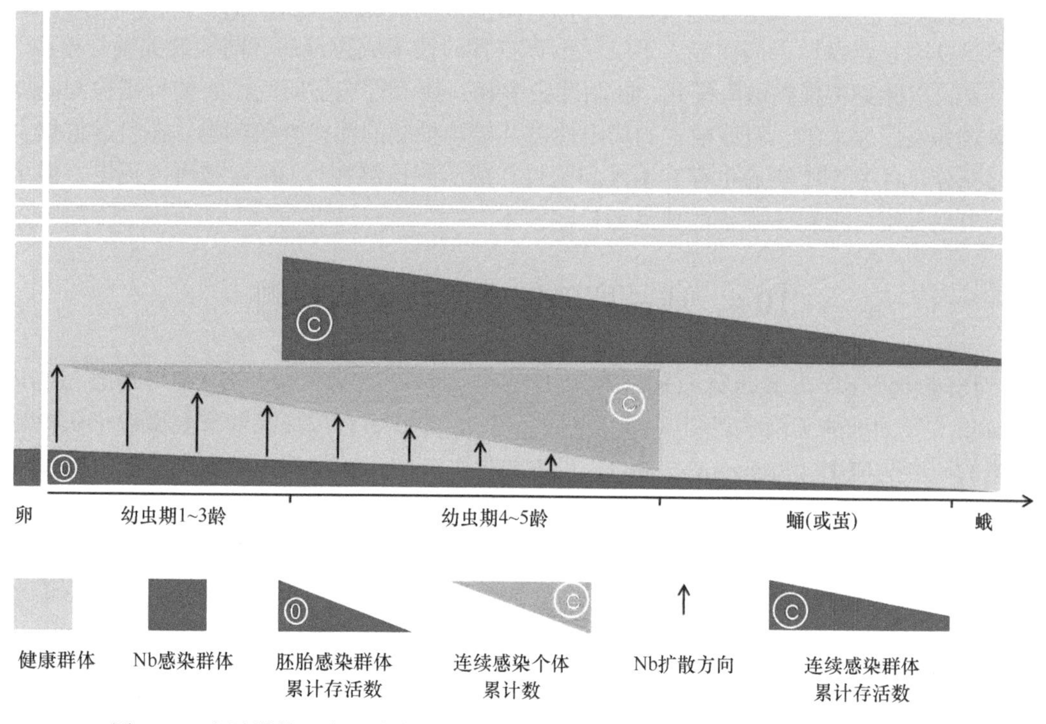

图 10-7　家蚕微粒子病胚胎感染个体在蚕座内“连续感染传播扩散”模式示意图

“连续感染传播扩散”模式认为：Nb 胚胎感染个体（蚁蚕）具有多样性。“严重”感染个体在 3 眠前死亡，这种个体在死亡前向蚕座排放大量 Nb，在被蚕座内其他健康家蚕食下后发生蚕座内感染，发生感染的时间可能在收蚁的当天，也可能更迟（健康个体接触排放 Nb 迟于其排放起始时间）；“轻度”感染个体（可化蛾）何时开始向蚕座内排放 Nb，推测在较迟的时间或化蛾前都有可能；介于“严重”和“轻度”感染间的个体，则在整个幼虫期都有可能向蚕座内排放 Nb。此外，被“严重”感染个体排放 Nb 所感染的健康个体（或群体），其感染程度不同，向蚕座内排放 Nb 起始和终止（死亡）的时间跨度也会较大。因此，Nb 胚胎感染个体进入健康家蚕群体后排放 Nb 的过程，也是健康家蚕持续发生感染的过程，即 Nb 胚胎感染个体进入健康家蚕群体后形成一种“连续感染传播扩散”模式，或胚胎感染个体在蚕座内引发的“连续感染传播扩散”是该病害在蚕座内的流行规律。

在实际生产中，非单条 Nb 胚胎感染个体混入健康家蚕群体（或蚕座）的情况是大概率事件，不同感染程度的胚胎感染个体在健康家蚕群体中可以引发几个循环（从感染到排出 Nb 和死亡）的感染，与其感染程度及蚕座内空间结构（蚕座大小和养蚕作业方式等）有关。上述依据家蚕 Nb 感染程度（或数量等）的多样性提出的“连续感染传播扩散”模式与实际生产更为接近，从家蚕与 Nb 相互作用的复杂性，或家蚕的抗性差异（同为胚胎感染个体，3 眠前死亡和化蛾后检出方面）方面分析，“连续感染传播扩散”模式也更接近真实。

对家蚕微粒子病胚胎感染个体（或小群体）在蚕座内扩散传播或流行规律的认识，是家蚕微粒子病防控技术体系构建的基础。通过检测一代杂交蚕种的 Nb 感染情况，生产不足以因家蚕微粒子病而显著影响丝茧育蚕种的技术成为该病害防控的关键与核心。基于“二次感染传播扩散”模式、胚胎感染率和其他流行病学研究结果的母蛾检测制度被多数养蚕国家采纳，但该模式的局限性以及母蛾检测的间接性等问题，在科学依据上不够充分，在生产中实施也存在困难和疑议。成品卵检测在近 30 年被再次提出，但至今尚未见具有一定科学基础的成品卵检测技术。

10.4 成品卵的家蚕微粒子病检测

1854 年法国学者奥西莫（Osimo）和 1859 年意大利真菌学家卡洛•维塔蒂尼（Carlo Vitadini）及同期的英国学者科妮莉亚（Cornelia），开展了有关成品卵家蚕微粒子病检测技术的研究与应用（Franzen，2008）。日本蚕种生产中，在早期也曾实施卵的家蚕微粒子病检测（藤原公，1984；栗栖弌彦，1986，1987；栗栖弌彦等，1986；四川省蚕业制种公司和四川省蚕学会蚕种专业委员会，1991）。

我国蚕种生产中家蚕微粒子病的检测主要采用母蛾检测，但在现实生产中，不论是产业和技术管理，还是技术效率都存在诸多问题（鲁兴萌，2015）。20 世纪 90 年代，我国基于母蛾的袋蛾对应性问题或母蛾样本的代表性问题，提出了成品卵检测的概念及技术，并以行业标准的形式出现于蚕种生产和产业技术管理中（叶永林等，1992；冯家新等，1997）。在《桑蚕一代杂交种检验规程》（NY/T 327—1997）部颁标准或类似的地方标准中，成品卵家蚕微粒子病检测作为备检项目列入。

从理论上分析该标准，存在三大科学技术缺陷，其一是家蚕微粒子病合格判断标准问题，以大岛格等的流行病学调查或石原廉的生物学实验为依据，即以母蛾检测的判断标准（0.5%允许病蛾率和 1.5%误判风险率）为依据（大岛格，1949；Ishihara et al.，1965；Ishihara and Fujiwara，1965；农林省蚕丝试验场微粒子病研究室，1965；栗栖弌彦，1987；冯家新等，1997），按照 30%的胚胎感染率（三谷贤三郎，1929；徐杰等，2004a，2004b）进行换算，成品卵的家蚕微粒子病合格判断标准（允许病卵率）应该是 1.67%，何以在标准《桑蚕一代杂交种检验规程》（NY/T 327—1997）中为 0.15%，是令人难以理解或成世纪之谜的问题。其二是从一个母蛾检测批随机抽取 10 盒蚕种，从中再抽取成品卵检测样本，检测批规模和散卵均匀性等对检测样本代表性的影响被忽视。其三是作业上的一些技术问题，如“将 1g 蚁蚕（包括死卵、卵壳）分成基本均匀的 17 份，每份为 1 个集团……”的作业要求，在实际操作中因蚁蚕间浮丝的缠绕粘连而难以作业，更无法实现统计学概念上的“基本均匀”。

上述成品卵检测方法在实际生产应用后，不同养蚕区域的家蚕微粒子病检测人员或科技工作者通过实践或研究产生了两类不同的意见。其一是认为标准所述成品卵检测方法缺乏代表性（样本量过少）、检测方法的灵敏度偏低和母蛾检测结果的对应性不佳等。其二是认为管理上有效（张虹，2001；蒋满贵和罗梅兰，2003；刘仁华等，2003；江苏省家蚕一代杂交种微粒子疫病检验标准研究课题组，2005；曾华明和吴钢，2006；李掌林等，2007，2008；潘丽芬等，2007；徐杰等，2014；张美蓉等，2018）。前者陈述了技术问题，后者仅从管理上进行安全性的单向判断。

与此同时，科技人员对如何提高现有标准的抽样代表性、改进蚁蚕处理方法，以及检出率等问题开展了相关的研究（杜英武，2001；王林芳和徐世清，2004a，2004b；杨官成和丁会勇，2004；江苏省家蚕一代杂交种微粒子疫病检验标准研究课题组，2005；潘沈元等，2007；李掌林等，2008；罗梅兰等，2012；黄嫔等，2014），对现有标准的改良具有十分积极的意义。但从以成品卵检测作为家蚕微粒子病检测主导技术的研发角度而言，合格判断标准或“风险阈值”、抽样技术和检测技术是必须解决的三大技术核心问题。

为此，本节以抽样技术为主体，介绍成品卵家蚕微粒子病检测技术研发的相关内容。

10.4.1　成品卵均匀性的调查和评价

以成品卵作为家蚕微粒子病检测对象，检测对象的均匀程度决定了抽样数量和方法。因此，对成品卵均匀性的认识，必然成为以成品卵作为检测对象的家蚕微粒子病检测技术的基础。

一代杂交蚕种按照成品卵（或产品）形式，可分为“平附种”和“散卵种”；按照饲养前解除滞育的技术处理方式，可分为即时浸酸蚕种、冷藏浸酸蚕种和越年蚕种。“平附种”形式蚕种，主要应用于全年多批次饲养一代杂交蚕种的蚕区（如广西和广东等）。“散卵种”形式蚕种，主要应用于其他非多批次饲养一代杂交蚕种，或少批次生产一代杂交蚕种的蚕区（如浙江、江苏、四川和云南等）。

基于“平附种”形式一代杂交蚕种均匀程度形成的复杂性等因素，以及“散卵种”形式一代杂交蚕种的即时浸酸蚕种取样和后期家蚕微粒子病检测处理的时间局限性，本实验未将这两类蚕种列入研究对象，仅对“散卵种”形式一代杂交蚕种中的冷藏浸酸蚕种和越年蚕种的均匀性进行评价研究。

10.4.1.1　影响“散卵种”成品均匀性的因素

影响“散卵种”成品（以下简称成品卵）均匀性的因素很多，且较为复杂。蚕卵母蛾个体内和个体间、生产单元（饲养农户或蚕室或生产组）和制种方式等的不同都会对其产生不同程度的影响。或者说不均匀是绝对的，均匀是相对的，其本质是基于成品卵的家蚕微粒子病检测的均匀性要求为何或需要达到何种程度。家蚕微粒子病卵在成品卵中的分布与原蚕饲养形式、制种分批方法和蚕种后整理方式等有关。

在原蚕饲养形式方面，主要是专业蚕种场和原蚕区或原蚕饲养生产单元间的差异。专业蚕种场一般以生产小组或蚕室为单元进行饲养，整个养蚕流程的技术处理较为一致。原蚕区以户为单元进行饲养，户间饲养技术水平的差异较大，在组织农户进行原蚕生产较为困难的情况下，户间的差异可能会更大。即前者生产的种茧及成品卵的均匀性较后者更高。

在制种分批方式方面，主要是家蚕微粒子病检测批分批方式间的区别，检测批规模越小，成品卵均匀性越高；在母蛾检测中不同规模检测批的检出情况参见 9.3 节。专业蚕种场的分批一般与饲养批对应，或按制种日期分批，或根据生产单位预知检查结果进行分批或并批。原蚕区制种的分批一般按户分批，或饲养点（包括多点）集中按制种日期分批，或根据生产单位预知检查结果进行分批或并批。因此，原蚕区来源的成品卵均匀性具有更多的不确定性。

在蚕种后整理方式方面，主要涉及蚕种保护、洗落、浸酸或浴种，以及装盒前的处理等，这些处理时间上都在母蛾检测作业之后。检测批蚕种后整理不同，对成品卵的均匀性有不同影响。这种影响主要是指从浸酸或浴种（或更早的前期处理，蚕种洗落保护与夏布保护等不同）开始的各作业环节对成品卵均匀性的影响。各作业环节有些有利于均匀性状态的改善，有些则不利于均匀性的形成。

从饲养到成品卵的蚕种后整理流程如图 10-8 所示。

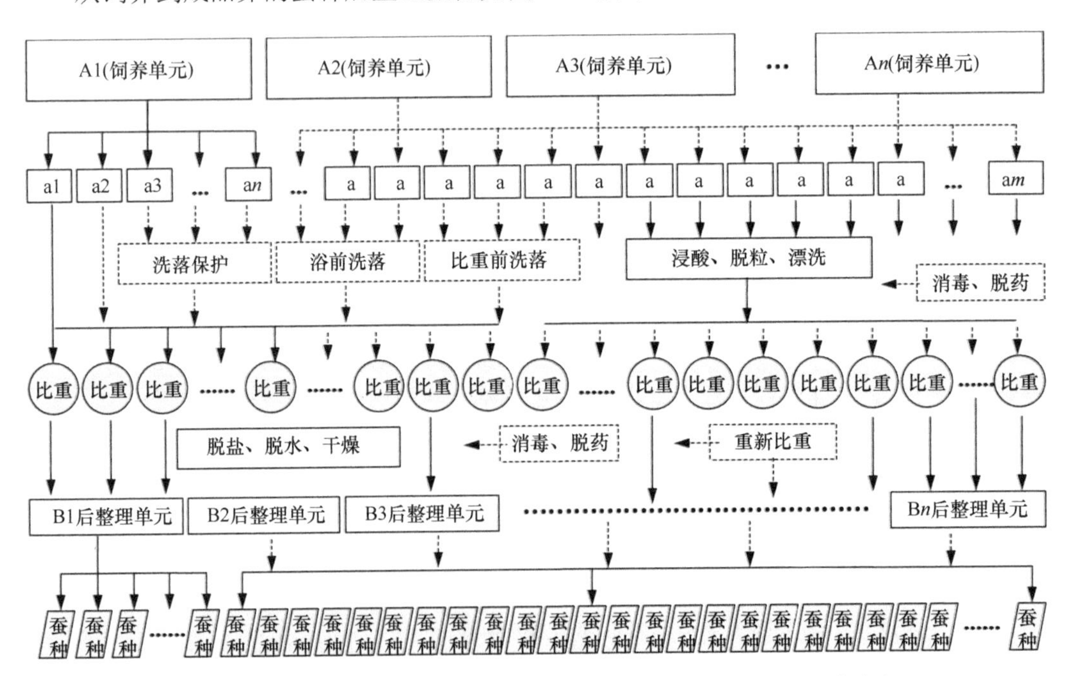

图 10-8　桑蚕散卵一代杂交蚕种越年种或冷藏浸酸种的后整理基本流程

A1～An，农户或蚕室等不同饲养单元；a1～am，不同单元的和不同的夏布或蚕连纸的蚕种；B1～Bn，称量装盒前的散卵处理单元；虚线或箭头路径或处理为不确定性环节；实线或箭头路径或处理为确定性环节

不同原蚕饲养单元生产的毛种（蚕连纸或夏布，图 10-8 中从 A 到 a），按照检测批进行浸酸或浴消，其中进行浴消的越年蚕种各蚕种生产单位采用的前期处理有所不同。在本研究调查中涉及 3 种方式，其一是在冬季浴消前进行洗落，洗落后直接进行比重等程序；其二是冬季浴消前进行洗落，洗落后再晾干，晾干后再进行比重等程序；其三是春季产卵后 15～30d 进行洗落（蚕种保护程序，同常规的春制越年蚕种）和保护，冬季再进行比重等程序。3 种方式处理过程对蚕种的均匀性有一定影响，或者说从夏布（a1，…，a*m*，或称散卵布）到下一个容器（蚕匾或框等）的过程中存在混合和割裂的现象，即不同夏布的毛种存放于同一容器，或一块夏布的毛种分布于不同的容器。

在称量（2～2.5kg）进入比重容器（赛璐珞笼，以下简称笼）后，在从轻比到重比（部分蚕种生产单位比重后消毒）、脱盐或脱药等程序中，蚕卵经历了充分的混匀，也是本研究的一个取样阶段（以下简称“笼样卵”）。在脱水晾干的过程中，一般以笼为单位进行，但也不排除笼间的混合。在某些特定情况下（如比重淘汰量过多），对比重淘汰的蚕卵需要再进行一次比重，比重后获取的蚕种可能单独进行晾干，也可能随机分配到同批的其他晾干单元（以下简称干燥床）。

从干燥床到装盒，不同蚕种生产单位的处理程序有所不同，有的将同一检测批不同干燥床的蚕卵全部放到一块大布上，进行混匀后再装盒；有的将同一检测批不同干燥床的蚕卵全部放入一个大筐进行一定混匀后再装盒；有的将同一检测批几个干燥床（部分）的蚕种合并到一个筐中，一个检测批蚕种分成几筐，按序装盒；也有将不同检测批类似检测结果的蚕卵进行混合，或按序装盒。蚕卵后整理的程序不同、混合方式不同，对蚕种的均匀性影响不同。

10.4.1.2　散卵种的样本抽取

为了解散卵种的均匀性，在 2016～2019 年对 6 家蚕种生产单位的 50 批蚕种进行了均匀性调查，涉及 9 个（包括正反交）蚕品种的 177 292 张毛种（表 10-25）。以“克卵粒数”为指标分析和评价批蚕种的均匀性。

表 10-25　抽样一代杂交蚕种基本信息

蚕种批号	蚕品种	生产信息			样区数/样点数/重复数		
		类型	毛种/段数	单位	成品卵	笼样卵	混匀卵
1606016	秋华×平 30	春制春-越年	5 410/3	千岛湖	5/5/15		
1606026	秋华×平 30	春制春-越年	3 420/3	千岛湖			5/5/15
1606032	秋丰×白玉	夏制春-越年	2 200/1	东庆			5/5/15
1606034	秋丰×白玉	春制春-越年	1 824/1	东庆	5/5/15		
1606102	秋丰×白玉	春制秋-冷浸	1 904/4	嵊州			5/5/15
1606103	白玉×秋丰	春制秋-冷浸	5 584/6	嵊州	5/5/15		
1606108	华康 2 号	春制秋-冷浸	6 156/2	桐乡			5/5/15
1606109	华康 2 号	春制秋-冷浸	3 304/1	桐乡	5/5/15		
1606112	秋华×平 30	春制秋-冷浸	7 006/4	千岛湖			5/5/15
1606122	秋华×平 30	春制秋-冷浸	7 988/4	千岛湖	5/5/15		
1606124	秋丰×白玉	春制秋-冷浸	2 028/1	东庆			5/5/15

续表

蚕种批号	蚕品种	生产信息			样区数/样点数/重复数		
		类型	毛种/段数	单位	成品卵	笼样卵	混匀卵
1606126	秋丰×白玉	春制秋-冷浸	2 502/1	东庆	5/5/15		
1610028	秋丰×白玉	秋制春-越年	1 320/2	嵊州			5/5/15
1610030	秋丰×白玉	秋制春-越年	2 960/5	嵊州	5/5/15		
1610045	华康 2 号	秋制春-越年	3 240/1	桐乡			5/5/15
1610047	华康 2 号	秋制春-越年	3 368/1	桐乡	5/5/15		
1706002	菁松×皓月	春制春-越年	3 930/4	嵊州	5/15/45	10/30/90	
1706005	白玉×秋丰	春制春-越年	2 968/2	东庆	15/30/90		
1706006	秋丰×白玉	春制春-越年	4 296/1	东庆			15/30/90
1706023	春玉×明丰	秋制春-越年	2 940/4	嵊州	8/15/45	8/15/45	
1706024	秋丰×白玉	春制春-越年	3 890/1	桐乡	15/15/45	15/15/45	
1706026	秋丰×白玉	春制春-越年	2 870/1	桐乡	8/15/45	7/14/42	
1706103	白玉×秋丰	春制秋-冷浸	3 558/3	嵊州	7/7/21		
1706105	白玉×秋丰	春制秋-冷浸	1 956/1	东庆	7/7/21		
1706106	秋丰×白玉	春制秋-冷浸	6 150/1	东庆			7/7/21
a1706106	秋丰×白玉	春制秋-冷浸	12 912/3	绍兴			7/7/21
1706107	白玉×秋丰	春制秋-冷浸	2 820/3	嵊州			7/7/21
1706116	秋丰×白玉	春制秋-冷浸	2 414/1	桐乡			7/7/21
1706118	秋丰×白玉	春制秋-冷浸	1 248/1	桐乡	7/7/21		
1806102	秋丰×白玉	春制秋-冷浸	2 954/1	莫干		10/30/90	
1806107	华康 2 号	春制秋-冷浸	1 702/1	桐乡		6/30/90	
1806109	华康 2 号	春制秋-冷浸	2 570/1	桐乡		6/30/90	
1806113	白玉×秋丰	春制秋-冷浸	2 000/1	东庆		10/30/90	
1806114	秋丰×白玉	春制秋-冷浸	5 268/2	东庆		10/30/90	
1807022	华康 2 号	夏制春-越年	4 360/1	桐乡	3/9/27	3/9/27	
1807026	华康 2 号	夏制春-越年	3 780/1	桐乡	3/9/27	3/9/27	
1810022	菁松×皓月	秋制春-越年	1 310/1	嵊州	9/9/27		
1810026	中 2016×日 2016	秋制春-越年	1 020/1	嵊州	9/9/27		
1810046	秋丰×白玉	秋制春-越年	3 592/1	莫干		6/18/54	
1810052	秋丰×白玉	秋制春-越年	4 424/1	莫干		6/18/54	
1810119	丝雨 2 号反交	秋制春-越年	1 312/1	东庆	3/9/27	3/9/27	
1810120	丝雨 2 号正交	秋制春-越年	1 464/1	东庆	3/9/27	3/9/27	
1906101	白玉×秋丰	春制秋-冷浸	5 262/1	东庆	5/25/500	5/25/500	
1906103	白玉×秋丰	春制秋-冷浸	2 666/2	嵊州	7/35/700	7/35/700	
1906104	秋丰×白玉	春制秋-冷浸	3 194/2	嵊州	9/45/900	9/45/900	
1906107	白玉×秋丰	春制秋-冷浸	3 480/1	东庆	9/45/900	9/45/900	
1906113	华康 2 号	春制秋-冷浸	3 950/1	桐乡	5/25/500	5/25/500	
1906115	华康 2 号	春制秋-冷浸	3 420/1	桐乡	7/35/700	7/35/700	
1906122	秋丰×白玉	春制秋-冷浸	1 992/1	莫干	5/25/500	5/25/500	
1906123	白玉×秋丰	春制秋-冷浸	2 466/1	莫干	7/35/700	7/35/700	

蚕种类型："散卵种"形式一代杂交蚕种中的冷藏浸酸种和越年种。

生产单位：湖州宝宝蚕业有限公司（以下简称东庆，2016～2019 年）、嵊州蚕种场（以下简称嵊州，2016～2019 年）、桐乡市蚕业有限公司（以下简称桐乡，2016～2019 年）、千岛湖蚕种场（以下简称千岛湖，2016 年）、绍兴蚕种场（以下简称绍兴，2017 年）和德清县莫干天竺蚕种有限责任公司（以下简称莫干，2018～2019 年）。

蚕种批规模和母蛾检测情况：抽样调查蚕种批的规模（毛种）在 1020～12 912 张，平均 3487.04 张。母蛾检测结果多数为检出未超标蚕种。

取样分类：根据桑蚕一代杂交蚕种散卵生产形式的后整理流程，分为"成品卵"、"笼样卵"和"混匀卵"3 种类型取样。

"成品卵"为常规生产流程到装盒时或装盒结束后抽取的样本；"笼样卵"为比重脱盐结束后从赛璐珞笼中抽取的样本；"混匀卵"是在比重后再将整批蚕种倒入一个容器内用盐水混匀处理后抽取的样本。

分层抽样：以随机性和代表性为原则，采用等距（差）间隔法、三点法或五点梅花法抽样。同批蚕种按照取样区域大小，分为"样区"、"样点"和"重复样本"（3 层）。"成品卵"和"混匀卵"样区为空间区域或装盒流程次序，"笼样卵"以笼为样区；样点为样区所取样本；重复样本为样点所取样本。总取样量较少的蚕种批"样区"和"样点"重合，每个取样点至少 3 个重复。

克卵粒数计数：用电子天平（ME203E，梅特勒-托利多仪器有限公司）称取 1.000g 蚕卵，万深种子数粒及千粒重仪（SG-C）计数。

10.4.1.3 克卵粒数的分布状态

本调查总计获得 12 597 个样本的克卵粒数观察值。本调查的数据主要集中在嵊州（3581 个，占 28.43%）、东庆（3370 个，占 26.75%）、桐乡（2967 个，占 23.55%）和莫干（2598 个，占 20.62%）4 个生产单位，其他生产单位仅占 0.64%；白玉×秋丰（5858 个，占 46.50%）、秋丰×白玉（3544 个，占 28.13%）和华康 2 号（2748 个，占 21.81%）3 个蚕品种，其他蚕品种仅占 3.55 %（表 10-25）。因此，重点对这些主要采集数据进行分析。

克卵粒数分布在 1612～1989 粒，平均值为 1735.2 粒，中位数为 1726 粒，具有较广的分布范围，这种现象与蚕品种、生产批次和生产单位（包括地域、生产方式和技术等）有关。主要蚕种生产单位和蚕品种克卵粒数的分布特征如图 10-9、图 10-10 和表 10-26 所示。

东庆、嵊州和莫干蚕种克卵粒数的分布呈"葫芦形"，桐乡呈"洋葱形"（图 10-9）。东庆的"葫芦形"主要由 1906107 批和 1906101 批白玉×秋丰两个大批的峰值决定，秋丰×白玉和丝雨 2 号正反交及其他白玉×秋丰批次（小批）仅有 570 个样本（占样本数的 16.91%），数据分布虽有穿插，但并不对峰值产生明显影响。嵊州"葫芦形"的两个峰值分别由秋丰×白玉的 1906104 批和白玉×秋丰的 1906103 批（大批）决定，菁松×皓月、春玉×明丰、中 2016×日 2016 及其他批次的秋丰×白玉和白玉×秋丰等小批的样本数为 381（占 10.64%），该类小样本批次的影响与东庆类似。莫干"葫芦形"的两个峰值分别由秋丰×白玉的 1906122 批（大批）和白玉×秋丰的 1906123 批（大批）决定，其他小批次的秋丰×白玉和白玉×秋丰的样本数为 198（占 7.62%），其影响与东庆类

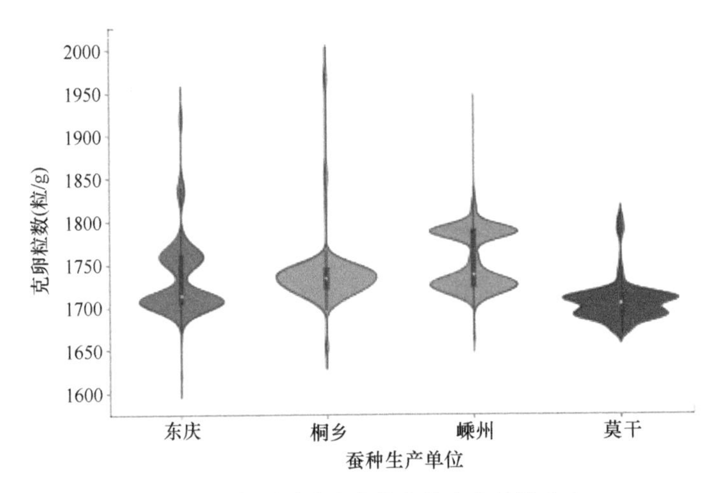

图 10-9　主要蚕种生产单位的克卵粒数分布

用 Excel 2019 存储数据，用 Jupyter notebook 编程工具中的 Matplotlib 绘图工具在 Anaconda 环境下绘制；东庆、桐乡、嵊州和莫干的样品数分别为 3370 个、2967 个、3581 个和 2598 个

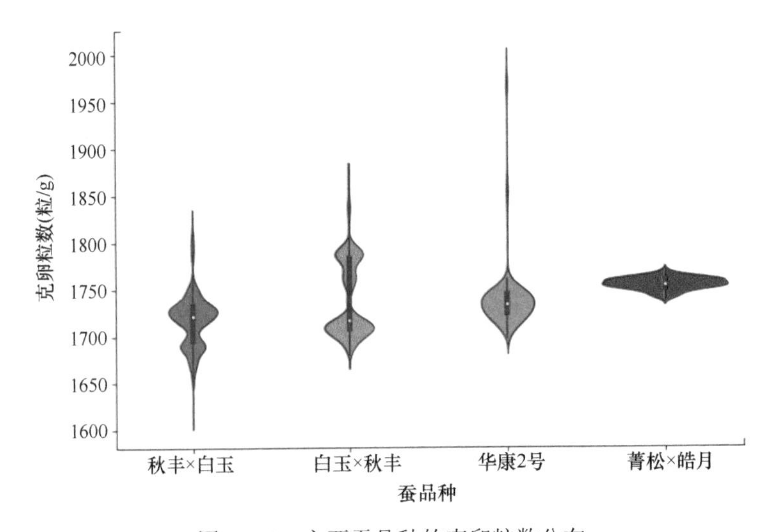

图 10-10　主要蚕品种的克卵粒数分布

用 Excel 2019 存储数据，用 Jupyter notebook 编程工具中的 Matplotlib 绘图工具在 Anaconda 环境下绘制；秋丰×白玉、白玉×秋丰、华康 2 号和菁松×皓月的样品数分别为 3544 个、5858 个、2748 个和 162 个

表 10-26　主要蚕种生产单位和蚕品种的克卵粒数（粒/g）特征

生产单位或蚕品种	样本数	平均数	中位数	最大值	最小值	差值
东庆	3370	1734.6	1714	1941	1612	329
桐乡	2967	1739.2	1734	1989	1644	345
嵊州	3581	1753.4	1738	1839	1660	179
莫干	2598	1704.3	1704	1809	1667	142
秋丰×白玉	3544	1717.6	1721	1824	1612	212
白玉×秋丰	5858	1738.7	1716	1870	1679	191
华康 2 号	2748	1736.9	1733	1989	1697	292
菁松×皓月	162	1753.9	1754	1769	1737	32

似。桐乡“洋葱形”的峰值由华康 2 号的 1906113 批和 1906115 批（大批）嵌合而成，上半部分以 1906113 批为主，下半部分以 1906115 批为主，其他小批次个别数据参插在峰值区域。

秋丰×白玉、白玉×秋丰和菁松×皓月蚕品种批，克卵粒数的分布呈“葫芦形”，华康 2 号呈“洋葱形”（图 10-10）。秋丰×白玉“葫芦形”的上部峰值主要由嵊州生产的 1906104 批（大批）决定，但莫干生产的 1906122 批（大批）、东庆生产的 1606034 批和 1706006 批、桐乡生产的 1706024 批和 1706026 批，以及莫干生产的 1806102 批（小批）的部分数据在此峰值区域；“葫芦形”的下部峰值主要由莫干生产的 1906122 批（大批）决定，但其间还有东庆生产的 1606032 批、1606034 批和 1706006 批（小批）的部分数据。白玉×秋丰“葫芦形”的上部峰值主要由嵊州生产的 1906103 批和东庆生产的 1906101 批（大批）决定，其间还有嵊州生产的 1706103 批和东庆生产的 1706005 批（小批）的部分数据；“葫芦形”的下部峰值主要由莫干生产的 1906123 批、东庆生产的 1906107 批和 1906101 批（大批）决定，其间还有嵊州生产的 1706103 批和 1706107 批（小批）的部分数据，东庆生产的 1906101 批是大批中毛种数量最多的一个批，批内出现“一大一小”两个峰值，分布在“葫芦形”的两个峰值区域。菁松×皓月仅有 2 个小批（1706002 批和 1810022 批），其“葫芦形”因数据量偏少而显得不规整。华康 2 号“洋葱形”的峰值主要由桐乡生产的 1906113 批和 1906115 批（大批）嵌合而成，其他小批次个别数据参插在峰值区域。

本调查中的 8 个大批（1000 个观察值或以上）涉及 4 个蚕种生产单位，以及秋丰×白玉、白玉×秋丰和华康 2 号 3 个蚕品种。不同蚕种生产单位和蚕品种间的克卵粒数平均数与中位数的差异并不大；但不同蚕种生产单位和蚕品种内克卵粒数最大值与最小值的差值有较大不同（表 10-26），这种不同主要来自生产批不同（图 10-9 和图 10-10），即不同生产批决定了克卵粒数分布的主要特征，克卵粒数分布的特征也决定了该批蚕种的均匀性状态。本调查中的 8 个大批均为春制秋的冷藏浸酸蚕种，未能发现冷藏浸酸蚕种与越年蚕种间的特征差异。

10.4.1.4　克卵粒数的极差值

克卵粒数极差值是蚕种样本均匀性的重要表征，本调查在蚕种取样类型上有成品卵、笼样卵和混匀卵，在抽样上进行了样区、样点和重复样本的分层抽样。不同分层抽样的极差值随观察值数量的增加而增加（图 10-11）。在 8 个大批（克卵粒数观察值数量在 1000 或以上）蚕种样本中，108 个样区极差值的平均数和中位数分别为 16.2593 粒和 15 粒，明显大于 3 重复（观察值）的 4.8282 粒和 4 粒，但在 3824 个 3 重复的分层极差值中也有 21 个极差值大于 16 粒，最大极差值为 27 粒（样区的最大极差值为 38 粒）。

在成品卵、笼样卵和混匀卵不同蚕种取样类型 3 重复的极差值中，成品卵 1823 个极差值分布在 0～27 粒，平均数和中位数分别为 4.9 粒和 4 粒（占 10.9%）；笼样卵 1920 个极差值分布在 0～18 粒，平均数和中位数分别为 4.7 粒和 4 粒（占 10.8%）；混匀卵 83 个极差值分布在 0～14 粒，平均数和中位数分别为 6.2 粒和 6 粒（占 9.9%），峰值为 4 粒（占 18.5%）。成品卵和笼样卵的分布特征与具体数字相似，混匀卵的平均数和中位数略大，但分布域相对较窄，该情况与其极差值样本数明显少于成品卵和笼样卵有关。

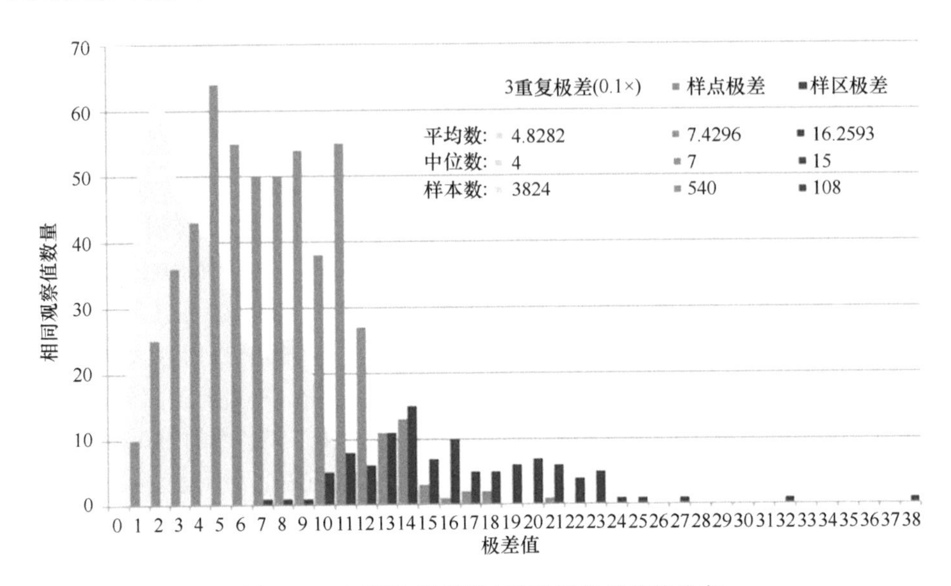

图 10-11　不同取样范围克卵粒数极差值的分布

成品卵、笼样卵和混匀卵蚕种取样类型极差值分布，以及克卵粒数观察值数量在 500 及以上蚕种样区极差值分布的主要特征有：①在抽样分层上，极差值的最大值无疑随观察值数量的增加而增加，但 3 重复与样区存在重叠域；②不同蚕种取样类型间，笼样卵和混匀卵的极差值有小于成品卵的趋势；③样区数、重复数和克卵粒数极差值可以成为蚕种批均匀性评价的重要参数。

10.4.1.5　基于克卵粒数极差值的均匀性评价

在本调查中，一个样点的最多重复数为 20，样点数为 5，样区数为 5、7 和 9，且有笼样卵和成品卵两种抽样类型的蚕种 8 个批，蚕种批克卵粒数观察值（20 个重复）的基本情况和比较如表 10-27 所示。

在样点（20 个观察值）内，笼样卵和成品卵极差值平均数的统计学比较显示，5 批蚕种未见显著（P>0.05）差异，2 批蚕种有极显著（P<0.01）差异，1 批蚕种有显著（P<0.05）差异。未见显著差异的 5 批蚕种中，有 2 批蚕种笼样卵平均数大于成品卵，1 批蚕种笼样卵平均数与成品卵相同，2 批蚕种笼样卵平均数小于成品卵。有极显著差异的 2 批蚕种，笼样卵和成品卵各有 1 批蚕种的平均数更大；有显著差异的蚕种批是成品卵平均数更大；8 批蚕种的笼样卵与成品卵样点内极差值平均数，笼样卵大于成品卵的有 3 批，两者相同的有 1 批。极差值的中位数指标显示了相同的趋势。极差值的最大值和最小值，都是有 2 批蚕种笼样卵大于成品卵，1 批相同，但最小值的差值较小（表 10-27）。该调查数据表明：样点内笼样卵和成品卵的极差值未能显示明显的趋势性规律。在同批蚕种样区内的不同样点间，克卵粒数极差值的差异则更小。

在样区内，以样点的克卵粒数极差值平均数为指标，比较笼样卵和成品卵在样区内的差异，如图 10-12 所示。8 批蚕种样区内极差值的平均数笼样卵都小于成品卵，其中 1906104 批的差异为极显著（P=0.000），1906107 批、1906122 批和 1906123 批的差异为

表 10-27　笼样卵和成品卵（大批）样点克卵粒数极差值的比较

蚕种批号	取样类型	样点数	极差值				
			平均数	中位数	最大值	最小值	*P* 值
1906101	笼样卵	25	7.4	8	13	1	0.357
	成品卵		6.6	5	14	2	
1906103	笼样卵	35	6.4	6	12	1	0.968
	成品卵		6.4	6	14	2	
1906104	笼样卵	45	6.6	7	12	2	0.009 < 0.01
	成品卵		8.4	9	17	3	
1906107	笼样卵	45	7.8	8	14	1	0.462
	成品卵		7.3	7	14	1	
1906113	笼样卵	25	7.7	7	17	1	0.756
	成品卵		8.0	8	14	2	
1906115	笼样卵	35	10.8	11	21	3	0.001< 0.01
	成品卵		7.5	7	13	2	
1906122	笼样卵	25	7.2	7	12	2	0.199
	成品卵		8.3	9	14	1	
1906123	笼样卵	35	5.6	5	11	1	0.044< 0.05
	成品卵		6.9	8	12	2	

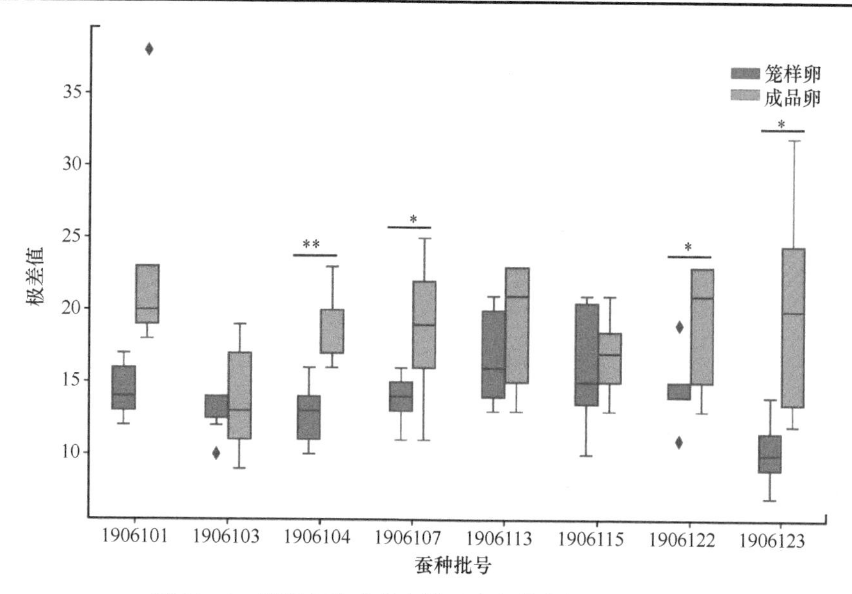

图 10-12　笼样卵和成品卵样区克卵粒数极差值的比较

**表示差异极显著，*表示差异显著（SPSS 23.0）；箱体中线为中位数，箱体高度为上下四分位数（GraphPad Prism 6.01）调查蚕种批均为春制秋冷藏浸酸蚕种

显著（*P* 分别为 0.021、0.029 和 0.014），其余 4 批虽然未见显著差异，但都是笼样卵小于成品卵，即笼内的蚕种（笼样卵样区）较成品后的样区蚕种（成品卵）均匀性更佳（图 10-12）。

在样区间，样区内样点的克卵粒数极差值平均数的比较显示了笼样卵大于成品卵，8 批蚕种笼样卵/成品卵两种取样类型的样区内最大极差值分别是 74 粒/38 粒（1906101 批）、24 粒/27 粒（1906103 批）、44 粒/27 粒（1906104 批）、35 粒/32 粒（1906107 批）、46 粒/29 粒（1906113 批）、49 粒/25 粒（1906115 批）、52 粒/26 粒（1906122 批）和 42 粒/42 粒（1906123 批）。除 1906103 批和 1906123 批外，其余都是笼样卵大于成品卵。进一步表征了：在蚕种批内，笼样卵的样区间（“笼”间）均匀性低于成品卵。

蚕卵从蚕连纸或夏布洗落到笼内进行轻比和重比处理，再经干燥等后整理到成品卵，样点、样区和蚕种批的均匀性状态是一个变化的过程。从一批蚕种的不同“笼”中抽取笼样卵的不均匀性反映了不同“笼”（样区间）的差异，这种差异主要来自不同夏布或蚕连纸上的蚕卵处于较不均匀的状态；在成品卵阶段，干燥等后整理中的混合过程使其均匀性得到改善；但不同蚕种批的改善程度不同，可能与不同蚕种生产单位的处理方式有关。例如，笼样卵样点内克卵粒数极差值的平均数、中位数、最大值和最小值都最大的 1906115 批蚕种（表 10-27 和图 10-12），在经过后整理到成品卵都有所降低，或均匀性状态得到明显改善。反之，部分蚕种批从笼样卵到成品卵，样点极差值的平均数、中位数、最大值和最小值并未降低。

蚕种生产单位（饲养地域、饲养方式、技术流程和要求等）、生产季节和蚕品种等的不同，导致了蚕种的不均匀性，而不均匀程度必然影响基于成品卵的家蚕微粒子病检测的抽样量。因此，建立蚕卵的均匀性评价方案和标准，有利于蚕种生产者通过生产批的划定，以及蚕种后整理使蚕种的均匀性得到足够的提高，为成品卵的家蚕微粒子病检测提供基础条件。

10.4.1.6 蚕种批的均匀性评价

对某批蚕种进行均匀性评价主要包括抽样方法、评价指标、测定方法和阈值制定等。

在抽样方法中，样区数和观察数是两个基本的参数，从检测代表性角度而言，抽样分布越广和数量越多越好，从检测效率角度而言，在具有足够代表性的基础上抽样数量越少越好。

在观察数方面，对 8 个大批分别具有 20 个重复观察值的笼样卵和成品卵各 270 个样点的样本数与极差值相关性进行比较分析，结果显示两者具有较强的相关性（R>0.8），但相关性并未随着样本数的增加而明显增加（图 10-13 直线斜率），成品卵和笼样卵分别在样本数 5 和 6 之间出现平台值，其后的增加明显趋缓（图 10-13 右）。

以样点内样本数（或重复数）为变量，两两比较的显著性分析表明：在 270 个样点的全数据基础上，笼样卵样本数 4 与 9 之间 P=0.038，5 与 20 之间 P=0.490；成品卵样本数 3 与 10 之间 P=0.039，4 与 20 之间 P=0.153；以蚕种批为单元的情况下，笼样卵和成品卵分别有 2 批和 4 批蚕种测定 3 个克卵粒数观察值即达到无显著差异，笼样卵有 1 批（1906115 批）在测定 9 个克卵粒数观察值后才达到差异不显著（P≤0.05）（表 10-28）。笼样卵和成品卵的不同既显示了两者蚕种批内均匀性的状态和均匀性状态的改变情况，也暗示了成品卵检测抽样的可选择范围。

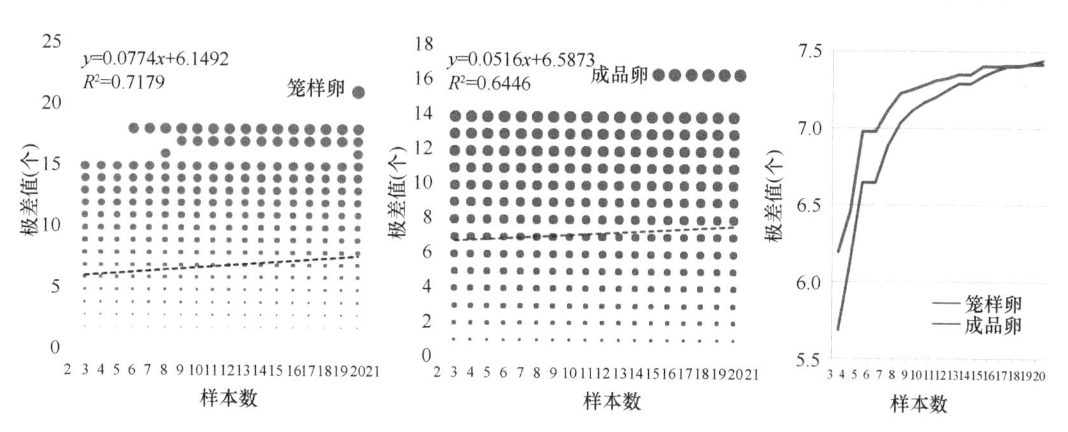

图 10-13　笼样卵和成品卵不同样本数的相关性比较

表 10-28　笼样卵和成品卵批内极差值差异不显著的克卵粒数观察值数量

观察值数量	极差值 $P \leqslant 0.05$ 蚕种批	
	笼样卵	成品卵
3	1906122 批、1906123 批	1906104 批、1906107 批、1906113 批、1906122 批
4	1906101 批、1906103 批、1906104 批	1906101 批、1906103 批、1906123 批
5	1906107 批、1906113 批	1906115 批
9	1906115 批	

以 5 样区 6 重复为基准，通过对混匀卵（1706006 批）的 60 个克卵粒数全随机组合，笼样卵和成品卵（8 个大批）的 162 个次序随机组合，极差值显著性比较结果如图 10-14 所示。笼样卵的批内克卵粒数极差值的平均数和中位数，极显著低于成品卵和混匀卵（P 均为 0），笼样卵、成品卵和混匀卵的最大极差值分别为 21 粒、38 粒和 21 粒，最小极差值分别为 5 粒、8 粒和 11 粒，中位数极差值分别为 12 粒、17 粒和 18 粒，极差值平均数分别为 12.5 粒、17.0 粒和 16.6 粒，笼样卵的离散程度较低（图 10-14）。该基准显示的结果表明：虽然经过后续专门的混匀处理，但混匀卵与笼样卵仍有较大差距。

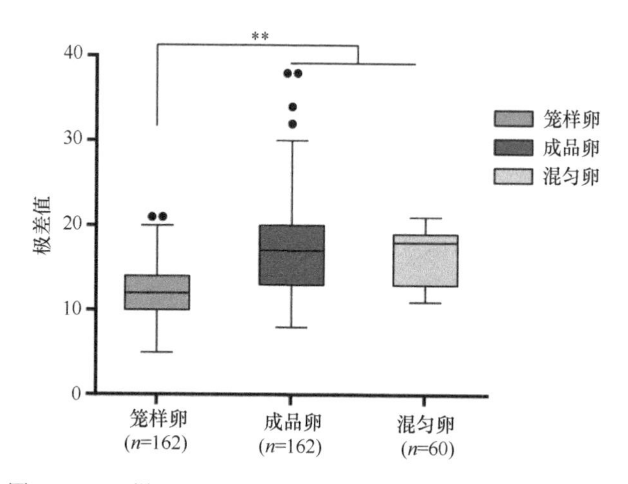

图 10-14　5 样区 6 重复不同取样类型蚕种的批内极差值比较

**表示 Tamhane's $T2$ 检验为差异极显著（$P<0.01$, SPSS 23.0）；实心黑点为偏离数据及数量；箱体中线为中位数，箱体高度为上下四分位数（GraphPad Prism 6.01）

以 3 样区 3 重复为基准，通过对混匀卵（除 2 个雄蚕种批的 11 个蚕种批）的 554 个克卵粒数全随机组合，笼样卵和成品卵（8 个大批）的 540 个次序随机组合，极差值的分布特征和显著性比较如图 10-15 所示。

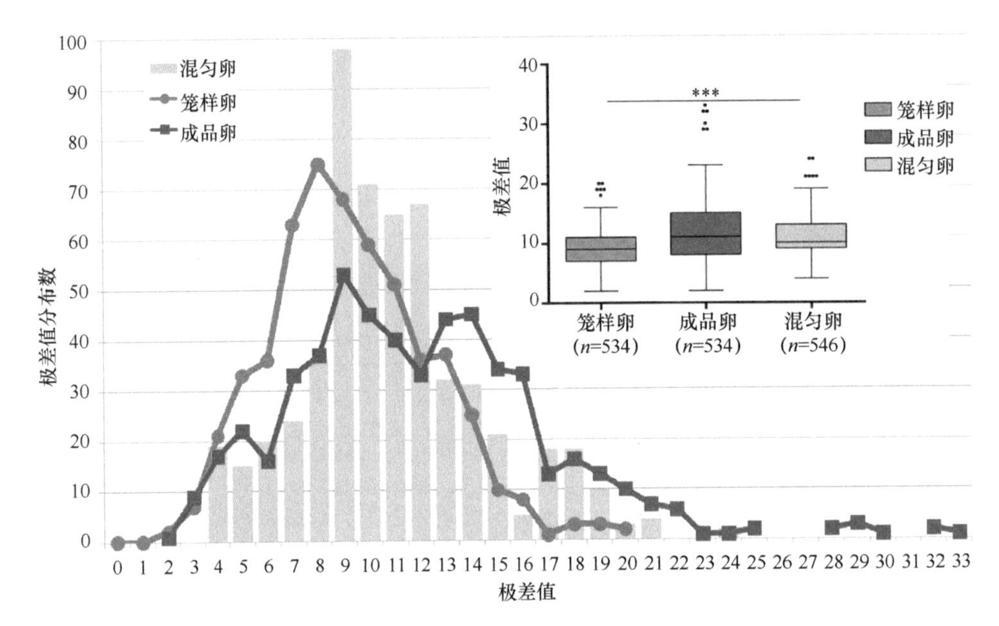

图 10-15 3 样区 3 重复不同取样类型蚕种的批内极差值分布特征和显著性比较

***表示 Tamhane's T2 检验为差异极显著（$P<0.001$，SPSS 23.0）；实心黑点为偏离数据及数量；箱体中线为中位数，箱体高度为上下四分位数（GraphPad Prism 6.01）

在极差值分布特征方面，混匀卵、笼样卵和成品卵分别为 19 粒、20 粒和 32 粒；平均数分别为 10.87 粒、9.18 粒和 11.75 粒；中位数分别为 11 粒、9 粒和 11 粒；相同极差值的最大分布数分别为 9 个、8 个和 9 个；笼样卵和混匀卵的离散程度低于成品卵。在不同取样类型蚕种 3 样区 3 重复的极差值显著性比较方面，笼样卵极显著低于混匀卵和成品卵（$P<0.001$），混匀卵极显著低于成品卵（$P<0.001$）（图 10-15）。

在 5 样区 6 重复和 3 样区 3 重复的原始数据使用方面，笼样卵和成品卵的数据来源相同，但 3 样区 3 重复的数据组合更为丰富，从抽样的代表性角度而言具有同质性；3 样区 3 重复混匀卵涉及 11 批蚕种，代表性较 5 样区 6 重复的 1 批蚕种数据更佳。因此，以 3 样区 3 重复的数据为依据制定均匀性评价的标准相对更为合理。从混匀卵和笼样卵的极差值分布特征（图 10-11 和图 10-15）和显著性比较（图 10-12、图 10-14 和图 10-15），以及实际生产中实现本实验调查中蚕种后期处理混匀蚕种方法或更为复杂的处理方法的可行性方面考虑，以混匀卵为标准，即样本克卵粒数的最大极差值≤24 粒较为合适。

以 3 样区 3 重复为抽样方案，9 个样本克卵粒数的最大极差值≤24 粒为标准，对本实验调查中成品卵的冷藏浸酸和越年蚕种各 14 个抽样批（剔除了 2 个雄蚕种批）的均匀性进行评价，结果如表 10-29 所示。64.29%蚕种批的合格概率为 100%；35.71%蚕种批的合格概率低于 100%，即被评价判断为不合格。

表 10-29　成品卵不同评价标准的评价结果

蚕种批号	评价合格概率（%）		蚕种批号	评价不合格概率（%）	
	笼样卵	成品卵		笼样卵	成品卵
1606109	/	100.00（6）	1606103	/	16.67（6）
1606126	/	100.00（6）	1706005	/	30.00（10）
1610047	/	100.00（6）	1606034	/	50.00（6）
1706103	/	100.00（15）	1610030	/	50.00（6）
1706105	/	100.00（15）	1810119	00.00（3）	33.33（3）
1706118	/	100.00（15）	1810120	00.00（3）	33.33（3）
1810022	/	100.00（3）	1906107	30.00（30）	3.33（30）
1810026	/	100.00（3）	1906104	50.00（30）	3.33（30）
1807026	100.00（3）	100.00（3）	1906123	66.67（30）	20.00（30）
1906103	100.00（40）	100.00（40）	1906101	100.00（40）	10.00（40）
1706002	77.78（9）	100.00（3）			
1906113	56.67（30）	100.00（30）			
1706024	50.00（4）	100.00（4）			
1706026	50.00（4）	100.00（4）			
1807022	33.33（3）	100.00（3）			
1706023	25.00（4）	100.00（4）			
1906115	0.00（30）	100.00（30）			
1906122	0.00（30）	100.00（30）			

注："/"表示没有该类型抽样蚕种批；括弧内数字为评价测试组合数

对评价批蚕种的蚕品种、蚕种类型（冷浸与越年）和生产年度等进行比较分析未见趋势性迹象，在生产单位上存在一定差距，该种情况由规律性（如与作业流程和技术要求相关等）问题，还是调查数量不够充分所致，有待进一步调查研究。

对蚕种批进行了笼样卵和成品卵同步的 16 批蚕种比较，发现 12 批蚕种的均匀性都得到了提高，但均匀性提高程度不同，其中 2 批（1906115 批和 1906122 批）蚕种合格率从笼样卵的 100.00%不合格提升到成品卵的 100.00%合格；有 2 批蚕种则均匀性程度下降（1810119 批和 1810120 批）。因此，可以认为从轻重比结束时的笼样卵到最终产品的成品卵，均匀性可以得到明显的提高，部分十分不均匀的蚕种也可达成 100.00%合格的目标，暗示了该抽样方案和标准的可行性。

散卵种克卵粒数测定方法的不确定性研究（李掌林等，2007）中，取 9 个散卵种样本，由 3 个检测员分别对每个样本进行 3 次克卵粒数（3 个 1.000g）测定，其 3 次重复极差值的平均数、中位数和最大值分别为 6.4 粒、5 粒和 20 粒；相同样本由不同检测员测定，则分别为 14.8 粒、14 粒和 23 粒。与本实验调查中 3824 个 3 样本（重复）极差值数据比较，上述调查的平均数和中位数相对较大；本研究调查的最大极差值为 27 粒，但 24 粒及以上极差值出现的概率也只有 0.10%，由此可以推测不确定性研究中出现的较大极差值反映了来自方法学（包括人为因素）和蚕种批不均匀的多重影响，根据本调查数据制定的"3 样区 3 重复，9 个样本克卵粒数的最大极差值≤24 粒"蚕种批均匀性评价是较为合适的方案与标准。

蚕种批均匀性评价不仅有利于生产单位在养蚕和制种的前期过程中，通过生产方式和流程中相关技术要求的提高获得较为均匀的蚕种，而且有利于在蚕种后期混匀相关处理中通过采用足够强度的混匀作业，使蚕种批的均匀性程度达到基于成品卵的家蚕微粒子病检测的要求，同时使蚕种的商品性得到提高。

基于成品卵的家蚕微粒子病检测的蚕种批均匀性评价方案和判断标准，需要满足两方面的基本要求，其一是均匀性评价的技术作业可行性，以及依均匀性判断为不合格蚕种批的处理方案等具体操作，即方案与标准的样本代表性、简便性和经济性综合平衡；其二是符合后续家蚕微粒子病检测的灵敏度和代表性基准要求。

本调查研究通过对较大数据量（50 批蚕种、12 597 个克卵粒数测定值）分析，提出的蚕种批均匀性评价抽样方案和判断标准有待进一步的实践检测。同时需要根据后续家蚕微粒子病检测样本制作技术和检测技术的灵敏度等的研究而完善，并通过不断的生产实践和调整，最终构建成可实用化的成品卵家蚕微粒子病检测技术体系。

10.4.2 散卵种的集团催青和样本制作方法

基于上述对散卵种批内的均匀性调查和分析可知，通过并不复杂的后整理可以使散卵种批内的均匀性得到明显提高，为提高家蚕微粒子虫检测的效率创造更为良好的条件。从保障检测面或提高检测代表性角度考虑，采用集团检测方式不失为一种高效的技术途径，对提高效率和安全性有积极意义。散卵种采用集团检测方式，先要解决集团状态下的催青和样本制作所要求的足够孵化率与充分磨碎的技术问题，以适合 Nb 孢子检测的需要，为此开展了散卵种集团催青技术和样本磨碎技术的研究。

10.4.2.1 散卵种的集团催青

以样本制作的高效性和样本规模基本可控为前提，在对不同卵量、不同方式的催青孵化率和家蚕微粒子病检出率进行初步实验的基础上（呼思瑞等，2016），设计采用磨碎管集团催青和样本磨碎的方法进行检测。根据胚胎感染 Nb 在家蚕胚胎发育至反转期后进入和繁殖，以及随着催青和收蚁（或家蚕胚胎的发育）Nb 孢子检出率上升的特点，在孵化后蚁蚕放置 7d 进行 Nb 孢子检测（浙江大学，2001；Fu et al.，2016）（参见 3.3 节）。因此，在散卵种磨碎管集团催青方式下，孵化率成为该技术的基础参数。

采用一段催青法，将催青蚕卵单层放于大培养皿内，加盖开始催青。在催青 1d、3d、5d、7d 和 9d，将大培养皿内蚕卵按照 100 粒、400 粒、800 粒和 1000 粒分别装入 5ml 磨碎管内，以分装到 9cm 二重皿的为对照组。为防止孵化后蚁蚕的爬出（影响剂量和避免样本间污染），以用磨碎管的内塞型盖直接盖住（加盖组），用 Parafilm 封住后以昆虫针等尖锐物刺孔数个（封口膜组），以及塞上海绵塞（Φ=16mm，市售商品；海绵塞组）3 种方式进行隔离。

一段催青法：出库蚕种（丙$_2$胚子）取回后，放入预备的 25℃生化培养箱催青，保持感温均匀和 80%左右的相对湿度，日感光 12～18h 并保持适度通风。催青 9d 后，在约 50%或以上蚕卵点青后遮黑，次日感光孵化，并将生化培养箱温度调至 30℃。孵化日后第二天调查孵化率，采用 SPSS 23.0 软件进行单因素方差分析。

在磨碎管不同封口方式下，加盖组的二日孵化率极显著（$P<0.01$）低于对照组、封口膜组和海绵塞组（图 10-16 和图 10-17）。对照组、封口膜组和海绵塞组的平均二日孵化率在 98.00%以上；加盖组在 100 粒蚕卵和 9d 分样的情况下也仅有 34.33%。在磨碎管装入不同数量蚕卵情况下，对照组、封口膜组和海绵塞组之间无显著（$P>0.05$）差异，且都极显著（$P<0.01$）高于加盖组。

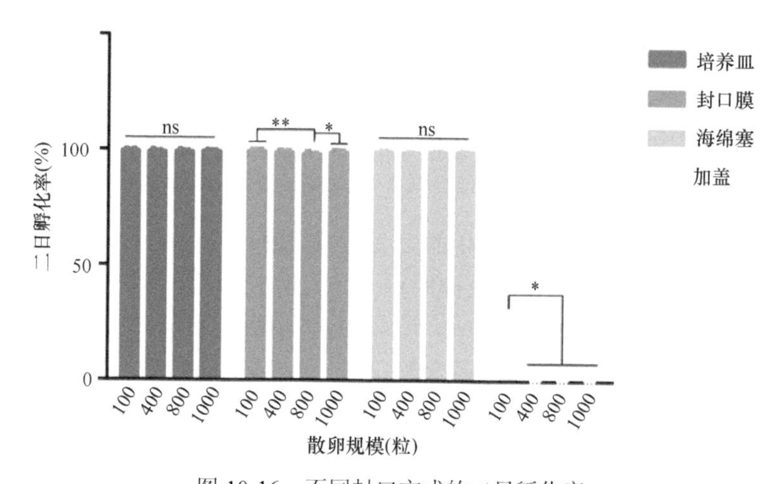

图 10-16 不同封口方式的二日孵化率

**表示差异极显著（$P<0.01$），*表示差异显著（$P<0.05$）；ns 表示无显著差异（SPSS 23.0）

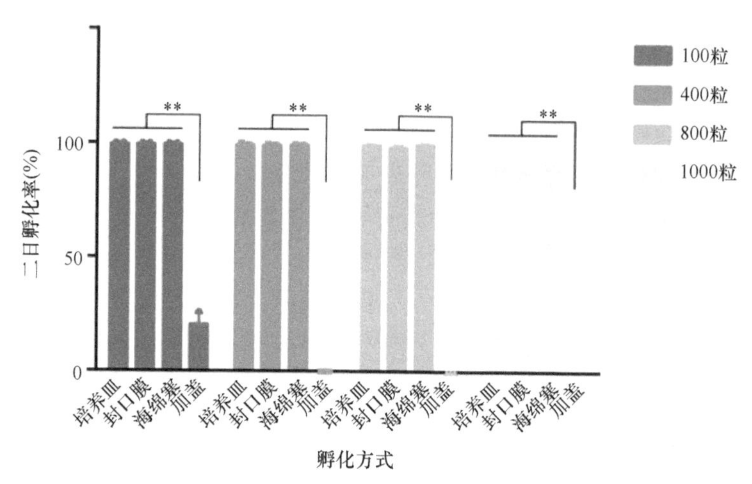

图 10-17 不同装管蚕卵数量的二日孵化率

**表示差异极显著（$P<0.01$, SPSS 23.0）

从大培养皿分装入磨碎管的不同时间角度分析，催青 1d、3d、5d、7d 和 9d 分装入磨碎管的封口膜组不同蚕卵数量间虽有显著差异，但不同分装时间和不同蚕卵数量规模的二日孵化率未呈现明显的趋势性变化，二日孵化率平均数在 99.67%～98.25%；海绵塞组在 100 粒、400 粒和 800 粒未见显著（$P>0.05$）差异，在 1000 粒的情况下催青 1d（99.70%）较 7d（99.30%）和 9d（99.20%）分装的二日孵化率显著高（$P=0.044$ 和 0.016）；

加盖组催青 9d 分装入磨碎管的二日孵化率最高，但仅有 34.33%，催青 1d 分装 400 粒以上不孵化，催青 3d 分装 1000 粒不孵化（图 10-18）。

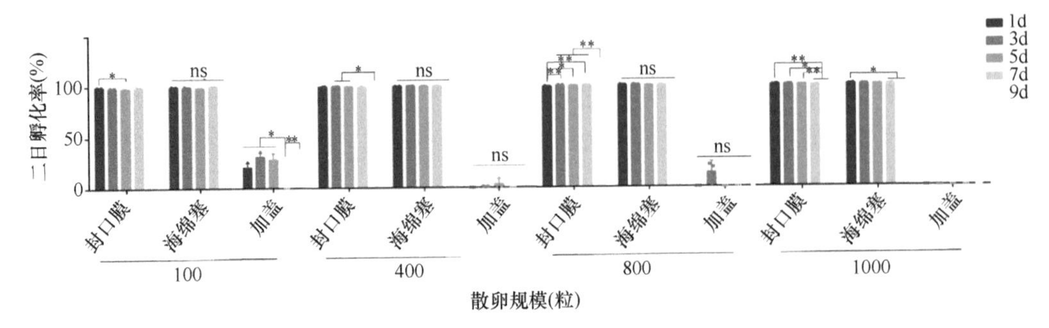

图 10-18　不同分装时间和蚕卵规模的二日孵化率

**表示差异极显著（$P<0.01$），*表示差异显著（$P<0.05$），ns 表示无显著性差异（SPSS 23.0）

温度、湿度和空气是影响蚕卵孵化的主要因素，磨碎管内集中大量蚕卵进行催青可能在氧气和感光（磨碎管的透明度和蚕卵的重叠）方面出现问题。本实验调查的结果显示，最为简便的加盖方式的二日孵化率过低，可能与加盖后氧气不足有关，即使在催青 9d 分装 100 粒也仅有 34.33%，不适合于制样检测；封口膜方式具有较高的二日孵化率（98.25%以上），但该方法扎孔的过程相对比较费时，且标准化程度不高；海绵塞方式具有较高的二日孵化率（98.67%以上），操作较为简便，在催青不同时期分装的二日孵化率都较高，便于在整个催青期间进行分装或工作安排，是较为适合的一种散卵种集团催青方法。

10.4.2.2　集团蚁蚕样本的制作与检测

集团蚁蚕样本充分磨碎是 Nb 孢子检测的基础保障。在对母蛾检测超标蚕种采用不同磨碎方法和不同散卵种集团规模的检出率进行初试的基础上，确定采用 1000 粒（蚕卵或蚁蚕）的检测规模和高速球磨法（呼思瑞，2016）。

蚁蚕的主要组成是几丁质、蛋白质和脂肪等，采用氢氧化钠和十二烷基硫酸钠（sodium dodecyl sulfate，SDS）组成磨碎液，进行高速球磨。在磨碎管中进行有效催青后，在对磨碎液、钢珠大小和离心等程序进行初步实验的基础上，以可检出和简便为基本原则对不同钢珠数量进行以下实验。

实验用蚕种为 2018 年春制越年蚕种，促进发蛾 Nb 孢子检出率较高而直接定性为淘汰（未进行后期的正规母蛾检测），蚕品种为初日×金秋。蚕种按照实验需要进行常规蚕种保护和浴种等程序，浴种过程中从比重阶段的笼和装盒后分别取样。

散卵种装样采用等体积近似法，即在点出 1000 粒蚕卵后制作小容器（EP 管加不同体积的石蜡），以该小容器进行散卵种分装，同 10.4.2.1 节的海绵塞法催青，25℃生化培养箱放置 1 周后放入−20℃冰箱保存，备用。

在磨碎管中加 1 颗、3 颗、5 颗、7 颗和 9 颗钢珠（Φ=3mm），每种钢珠数量 40 个样本；加 2ml 磨碎液（含 3%的 NaOH 和 0.1%的 SDS），30℃培养箱放置过夜；用 JXFSTPRP-64 全自动样品快速研磨仪（上海净信实业发展有限公司）高速循环研磨（65Hz-60s-30s×3）。制成的样本直接用相差显微镜（Leica DM750，40×15 倍）进行 Nb

孢子检测。在观察镜面中，1 颗钢珠的大碎片略多，其余钢珠数量都较少，可见物较少。从发现 Nb 孢子角度而言，样本的研碎效果较好，但从提高检测面角度而言，样本内容物偏稀。用该方法对样本 Nb 孢子检测的结果为：1 颗钢珠未检出 Nb 孢子，3 颗和 7 颗钢珠各检出 2 个样本有 Nb 孢子（5%的检出率），5 颗和 9 颗钢珠各检出 1 个样本有 Nb 孢子（2.5%的检出率）。根据该检测结果，可知该批蚕种尽管促进发蛾大量检出 Nb 孢子，但成品卵检出率并不高，该批蚕种实验室饲养后结茧化蛾后的 Nb 孢子检出率仅为 2%（100 个蛾）。促进发蛾检测与成品卵检测的非对称性不仅与检测方法和判断标准有关，还与 Nb 从母蛾到胚胎感染个体感染状态等有关。

在上述制成的蚁蚕研碎液中再加水，手工混合，5000r/min 离心 30min（室温）处理后，沉淀物与溶液虽可分界，但沉淀不坚实，弃上清极易将沉淀同时倒出。

上述尝试表明，采用钢珠高速研磨的方法可以较好地磨碎蚁蚕及用于 Nb 孢子的检测，且不同钢珠数量对残留物数量有显著影响。但磨碎液的组成或配方、球磨类型（钢珠、陶瓷珠或玻璃珠等）、研磨和离心程序等因素，对样本磨碎程度、Nb 孢子检测和磨碎工作效率等有影响，需要进一步改进和优化，使成品卵的 Nb 孢子检测更为高效。

在以克卵粒数极差值为指标的蚕种批均匀性抽样方案和判断标准的建立，磨碎管集团（1000 粒）催青法的便捷性，以及集团蚁蚕磨碎方法基本可行等基础上，集团蚁蚕 Nb 孢子的检测灵敏度有待进一步核准。在对蚕种批均匀性评价的基础上，采用集团催青、制样和光学显微镜检测的技术方法进行成品卵检测，在检测代表性上必须考虑蚕种批均匀程度与抽样数量的关系，在判断标准上必须考虑一代杂交蚕种在蚕茧生产中发生家蚕微粒子病危害的风险阈值。

- 家蚕微粒子虫胚胎感染蚁蚕的死亡时间呈全程（幼虫、蛹、蛾和卵）分布状；母蛾感染程度（Nb 孢子的数量）与胚胎感染率及胚胎感染个体的感染状态未见明显的相关性。由此，提出胚胎感染蚁蚕在次代健康群体内（蚕座内）的流行规律为“连续感染传播扩散”模式，该模式较“二次感染传播扩散”模式更为真实和符合生产实际，是对家蚕微粒子病隐性感染特点的进一步表征，也是改进传统家蚕微粒子病检测方式和判断标准的重要科学依据。
- “连续感染传播扩散”和 Nb 对家蚕全身性感染的特征，决定了原蚕种中携带胚胎感染个体对次级蚕种生产具有极高的风险性，以及全部母蛾进行家蚕微粒子病检测的必要性；现行一代杂交蚕种胚胎感染个体的感染程度和数量问题被轻视或忽略，其风险被现有行业标准明显高估。
- 采用集团催青和检测方法，对具有一定均匀性的冷浸或越年散卵种进行家蚕微粒子病检测是可行的技术，但需要进一步完善。该方法较母蛾检测更科学、更精准和更简洁，同时更符合蚕种的商品属性要求。

第 11 章　家蚕微粒子病的风险管理

家蚕微粒子病是一种具有全身性感染、典型隐性感染特征的家蚕病害，也是家蚕中唯一发现可通过胚胎感染进行传播与扩散的病害。全身性感染的特征，决定了该病害较其他养蚕病害有更多发生病原扩散，污染养蚕环境的可能；典型隐性感染的特征，决定了该病害在生产过程中难以发现，从而延误及时采取病原污染控制和消毒防控措施的时机；胚胎感染途径的特征，决定了该病害防控中蚕种的检测尤显重要。因此，将其定义为养蚕业中的毁灭性病害也是必然。

家蚕微粒子虫（*Nosema bombycis*，Nb）病原从哪里来？如何在家蚕个体中繁殖扩增？如何在家蚕饲养群体中扩散？三大问题的机制或规律研究（上述内容及更为广泛的研究），都将为家蚕微粒子病防控技术的研发与技术体系的构建和发展提供科学依据或技术参考。家蚕微粒子病防控技术体系是一项系统性的工程，系统技术实施的本质是风险控制。技术管理体系是系统技术实施和运行的基础。因此，家蚕微粒子病的防控涉及更为广泛的管理决策体系或相关法规等系统。

根据 2010 年全国家蚕微粒子病发生情况的调查，2009 年全国 13 个主要蚕桑产区的蚕种生产量为 1079 万张，因家蚕微粒子病检测超标而淘汰的蚕种为 9.27%（中国农业科学院蚕业研究所，2010）。从因病害发生或流行造成的经济损失总量角度而言，该损失可能并非养蚕业最为严重的病害损失，但该损失集中于蚕种生产单位的特征，以及其在现有养蚕生产模式（生产单元或农户饲养量较小，涉及农户数量庞大）下可能对后续一代杂交蚕种饲养（丝茧育）造成影响或发生公共危机等潜在风险，使其成为养蚕病害防控中的焦点（金伟等，1996）。在家蚕微粒子病控制成本与潜在风险（养蚕安全和蚕种生产的经济安全）矛盾日趋加深的状态下，如果说简单地降低成本是饮鸩止渴（鲁兴萌，2010，2015），那么仅仅停留于潜在风险的想象和意会，在极度扭曲的黑洞中守卫，其实是一种绝望的“稳定”，唯有不断地进行技术变革和创新方可重生与永续。

11.1　家蚕微粒子病防控技术体系的基本结构

在巴斯德发现和确定家蚕微粒子病病原，建立母蛾检测淘汰有病母蛾所产蚕卵（隔离制种）的防控技术雏形基础上，经过后续大量的科学研究和生产实践，逐渐形成了以“综合防治，以防为主”为防控战略方针，以控制养蚕环境污染为重要基础，以做好养蚕消毒工作为技术关键，以精心饲养、增强体质为有效保障为原则的基本结构体系。

相关教科书或技术资料对家蚕微粒子病防控的具体技术或管理等已进行了大量描述（四川省蚕业制种公司和四川省蚕学会蚕种专业委员会，1991；金伟等，1996；冯家新等，1997；浙江大学，2001；李奕仁等，2003；周金钱等，2015）。但实际生产的情况更为复杂，为此从空间、时间和抗性 3 个维度（图 11-1）上理解该基本结构体系的内涵，明晰防控技术核心与关键，有利于生产单位制定更为实际的防控方案与作业规范。

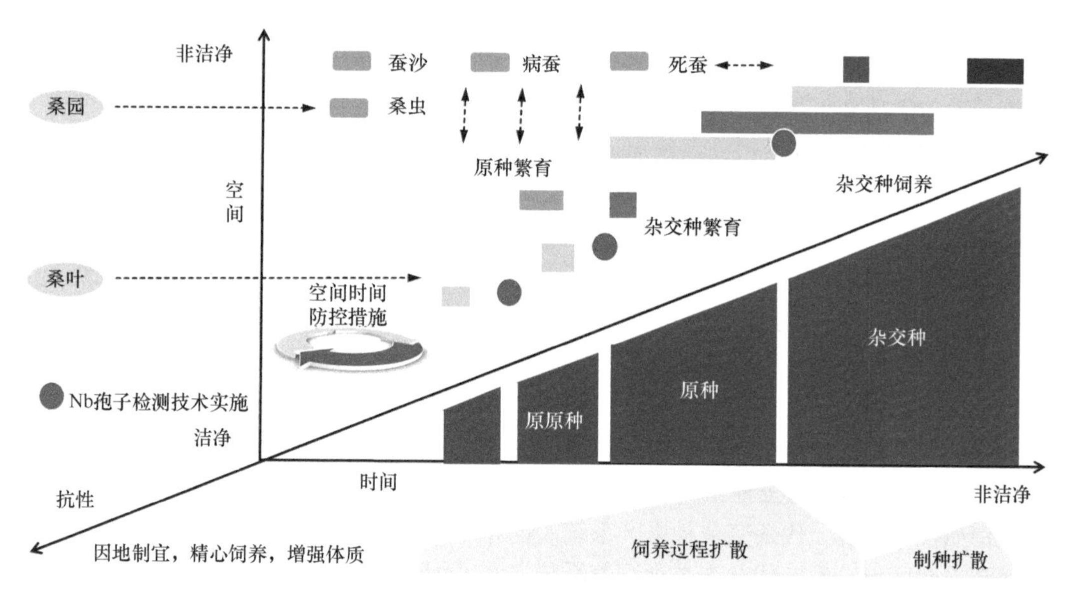

图 11-1　家蚕微粒子病不同维度的防控结构示意图

空间、时间和抗性 3 个维度在单一技术评价中是较为简单的事件，但实际生产中 3 个维度往往是交错混合在一起，从而给技术方案实施带来困难，也可反映各生产单位的防控水平；图中深色梯形图案表述了“三级饲养四级制种”的规模扩增（时间维度）过程；斜线上端的方块表述了“三级饲养”的结构多样性（随等级的降低，一代杂交种的结构最为复杂），原蚕区的情况下还有原蚕饲养与杂交种饲养的空间和时间维度交叉（右上端），病源物（携带 Nb 物品，左上端）在不同空间或时间维度上发生流动，防控措施（隔离、清洁、消毒、分区、提青等）主要是减少或杜绝这些流动；下端的灰色几何图形表述了原种饲养和制种过程中 Nb 数量的增加，在时间维度上可分为饲养和制种两个阶段，原蚕区还可能在空间维度上有较大的不同（就地制种与集中制种）；原蚕与杂交种“双插花”的情况下，则防控的技术难度会更大；Nb 孢子检测技术实施（图中红点）是隔断不同等级蚕种间因胚胎感染而引起 Nb 在空间和时间维度上双重流动与扩散的手段，也是家蚕微粒子病防控结构中的核心

11.1.1　空间维度上的防控结构

空间维度上的防控结构，主要包括养蚕生产系统内和生产系统外两个大的结构系统，结构系统内外的防控策略和技术要求是不同的，但两者在具体防控作业上往往有纵横交错的复杂关系。按照现有蚕种繁育体制（三级饲养四级制种）和一代杂交蚕种饲养方式，生产系统内主要包括原种生产、一代杂交种生产和一代杂交种饲养 3 种系统结构类型。3 种不同的生产系统结构类型在防控要求和目标上存在明显的差异，一种类型也是另一种类型的系统外空间。3 种系统结构类型生产所在区域的外部环境则是大的生产系统外空间。

养蚕生产系统内，家蚕微粒子病防控要求从高到低依次为原种生产、一代杂交种生产和一代杂交种饲养（丝茧育生产）。前者（原种生产）对隔离、消毒和母蛾检测等流程的作业要求最高，但由于生产（饲养等）规模相对较小，较易实施防控技术；后者（一代杂交种饲养）因使用蚕种具有较高的安全性，以及家蚕微粒子病为典型慢性病，生产上一般不作特别要求；防控问题或矛盾最为集中的是一代杂交种生产过程。

一代杂交种生产系统内的防控空间结构，主要由桑园、养蚕（储桑室、催青室、蚕室、上蔟室等）、制种等组成（图 9-2 和图 9-3），有关空间结构的 Nb 传播规律及控制技术参见第 9 章。不同蚕种生产单位的防控空间结构会有较大的差异，一般专业蚕种场生产形式的结构优于原蚕区形式。系统内的防控空间结构，原则上应该以不同结构间 Nb 污染扩散的隔离和采用清洁消毒技术处理以降低空间内 Nb 的数量为优先，从而有利于减少系统向外排放 Nb 而污染系统周边环境。

养蚕生产系统外，原种生产、一代杂交种生产和一代杂交种饲养 3 种不同类型生产系统间的空间结构关系，以及生产系统所在区域（非养蚕农作结构、生产和生活习惯等）都会影响家蚕微粒子病防控的效果。基于养蚕病原微生物（专性寄生的 Nb）来源于养蚕自身的认知（参见第 1 章或第一篇），3 种不同类型生产系统间相互关系的影响会更大，养蚕生产系统所在区域的影响相对较小。这种生产系统外的影响，涉及更为广泛的技术、管理或决策问题。

在较早时期，原种生产、一代杂交蚕种生产和一代杂交蚕种饲养在区域布局上要求处于相对隔离状态，在蚕种生产的许可制度中原蚕生产和杂交种生产在资质上也有所区别。例如，浙江省一代杂交蚕种生产系统（饲养原蚕的蚕种场，或种茧育）主要分布于钱塘江以南区域，而一代杂交蚕种饲养系统（农民饲养一代杂交蚕种，或丝茧育）主要集中在杭嘉湖区域。随着社会经济的发展、市场经济的影响和家蚕微粒子病防控技术水平的提高，以及养蚕生产技术条件的改善，原种生产、一代杂交蚕种生产和一代杂交蚕种饲养 3 种不同系统混杂交错的情况逐渐增多，一代杂交种原蚕区生产（在农村饲养原蚕）形式使防控空间结构的边界变得非常模糊（图 11-1 右上端），也使系统外对系统内家蚕微粒子病防控的影响更大或更为复杂，更为极端的是原蚕饲养与一代杂交蚕种饲养在农村同期进行（空间和时间的“双插花”饲养）的状态。系统内、系统间和系统外在空间维度上防控结构的改善或技术水平的提高，在本质上就是空间隔离或病原微生物（Nb）流动的隔断，这种隔离和隔断的技术内涵主要在于设施设备等基础条件的改善，以及清洁消毒技术的有效实施。

11.1.2　时间维度上的防控结构

时间维度上的防控结构，主要包括蚕种繁育制度中母种⟷原原种→原种→一代杂交蚕种的流程时间和家蚕饲养过程的流程时间两类结构。

现有的“三级饲养四级制种”蚕种繁育制度，即从母种到原原种，从原原种到原种，从原种到一代杂交蚕种，从高等级到低等级的饲养流程中，不同流程等级家蚕微粒子病防控相关技术的内容和要求有所不同，饲养分区规模和母蛾检测等都有差异，总体上防控要求是一个依次递减的过程。蚕种生产的完整过程，既包括饲养和制种过程，也包括浸酸、冷藏和浴种等后整理过程，这些生产流程中也涉及家蚕微粒子病防控技术的实施和内涵。

家蚕饲养过程中，从蚕种到催青，从孵化到饲养，从上蔟、收茧到制种，多数情况下是一个 Nb 数量不断增加的过程（参见 3.1 节）。饲养过程不同，空间（图 9-2 和图 11-1）

中 Nb 存在的可能性不同，由此在作业时间次序上要求从洁净空间（存在 Nb 的可能性较小，如桑叶、新蚕具等）到相对不洁净空间（存在 Nb 的可能性较大，如蚕粪、病死蚕等）。在不得已而逆向作业的情况下，必须增加清洗或消毒技术环节。

原蚕区（同一空间）原蚕饲养可能局限于春季，即在原蚕区春季饲养原蚕，秋季饲养一代杂交蚕种。秋季饲养一代杂交蚕种过程中排放 Nb 的可能性更大，因此对来年春季原蚕的饲养可能造成严重的影响，或风险大幅增加。秋季饲养按照《桑蚕一代杂交种检验规程》（NY/T 327—1997）母蛾检测未检出 Nb 孢子的一代杂交蚕种，可以降低这种风险；而饲养全样本母蛾检测未检出 Nb 孢子的一代杂交蚕种则更佳，对饲养过程实施类似原蚕饲养的家蚕微粒子病防控技术要求，则时间维度的防控具有更好的效果。

在原蚕区原种和一代杂交蚕种同步饲养，甚至出现一代杂交种收蚁早于原种收蚁，即时间和空间界限不清（空间和时间维度的双重交叉，“双插花”饲养）的情况下，必须根据“洁净”和“不洁净”的空间与时间差，以强化污染扩散控制和清洁消毒措施为基础，构建有效的防控结构。

11.1.3　抗性维度上的防控结构

抗性维度上的防控结构，主要包括蚕品种选用和饲养过程抗性保持。

蚕品种的抗性是解决家蚕微粒子病防控问题最为高效的途径，也是现有技术背景条件下突破难度较大或未见明显突破的技术领域。根据现有文献报道和本实验室的相关研究，不同蚕品种（原种、品种素材和杂交蚕种）之间抗性存在一定的差异，但半数感染浓度（IC_{50}）在 10^3～10^6 孢子/ml（三谷贤三郎，1929；张远能等，1982；沈中元等，2003），这种差异对实际生产（原种饲养和家蚕微粒子病防控等）有何影响并未得到足够的评价，或尚未发现具有明显抗性的蚕品种，也无法为实际生产提供具体的品种选择依据。

家蚕微粒子病流行病学调查同样发现现行蚕品种之间存在抗性差异，但差异并不明显（参见 10.2 节），且家蚕对 Nb 的抗性不仅局限于幼虫期的感染率问题（感染抗性），还涉及幼虫期感染与母蛾感染程度的关系，母蛾感染程度与胚胎感染的关系（胚胎感染抗性）等（参见 10.1 节）。从生产实际效能角度而言，家蚕对 Nb 抗性中的胚胎感染抗性是更为核心或值得关注的抗性问题。

提高家蚕自身抗性或蚕品种抗性，与所有农业动植物品种一样，是解决病害防控问题最为基础或最为高效的途径。基于家蚕微粒子病抗性、抗性蚕品种培育，以及利用饲养技术提高家蚕对 Nb 抗性等研究的发展现状，从抗性维度的防控结构构建方面目前尚难以提出具体的蚕品种方案和饲养标准。但提高家蚕综合性的强健性指标，可能是利用家蚕遗传基础防控家蚕微粒子病的现实选择（图 11-1 左下方）。

11.1.4　家蚕微粒子病防控与风险管理

家蚕微粒子病防控具有多重特性，包括 Nb 是家蚕寄生性病原微生物的客观性，Nb 广泛存在于蚕种生产或养蚕空间而发生病害的普遍性，在现有生产方式和控制技术水平下尚无法杜绝发生的必然性，病害发生和流行的多因素影响造成的不确定性，蚕种生产单位或一代杂交蚕种饲养中发生病害流行而引发经济损失和引发社会矛盾的社会性，并非无法检测或诊断病害而所具有的可识别性，大量防控技术在病害控制中可以发挥积极作用的可控性等特征，这些特性都表明家蚕微粒子病防控属于典型的风险管理领域（图 11-2）。

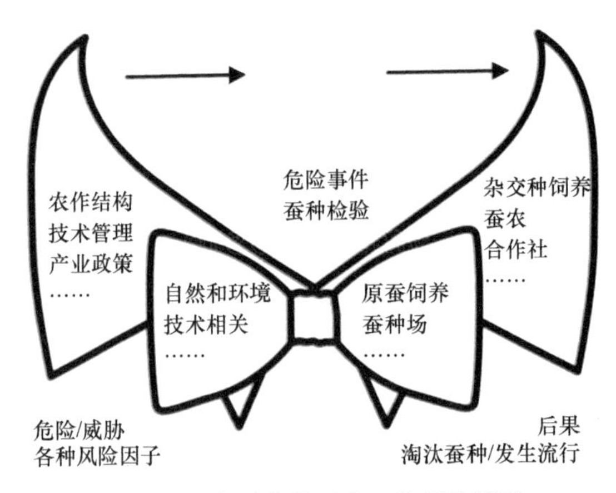

图 11-2　家蚕微粒子病风险领结模型

风险管理的基本程序与内容，主要包括风险识别、风险评估、风险控制和风险管理效果评价等环节。

风险识别是对可能导致家蚕微粒子病发生和流行的风险因子进行检测与对流行规律进行分析，属于流行病学的范畴。有关家蚕微粒子病流行病学的大量研究表明：可导致家蚕微粒子病发生和流行的因子非常广泛，但其本质是 Nb 的存在或 Nb 有机会与家蚕发生关系，建立感染关系。Nb 与家蚕发生关系有胚胎感染和食下感染两种途径，即 Nb 传播到健康家蚕群体的主要来源有蚕种来源和各种环境病源物，前者集中在蚕种环节而相对较为单一，后者因病源物种类本身的繁多和携带病源物的因子（作业人员、野外昆虫等动物、风雨等气候因子等）也非常多，加之与控制相关的技术措施、管理制度及人文环境等无形风险因子的影响，具有明显的复杂性和不确定性，该问题也是流行病学研究的永恒问题。在生产实践中因地制宜地分析和发现主要因子，采取针对性有效措施，降低损失概率和损失幅度是主要目标。有关详细内容可参见第 9 章和第 10 章。

风险评估是对家蚕微粒子病发生和流行的可能性（发生概率）与可能造成的危害（经济和社会）评价。家蚕微粒子病为毁灭性病害的公认定义仅仅是定性评价，在量化评价上主要体现在蚕种的微粒子病检测（母蛾检测和成品卵检测）中（李奕仁等，2003；周金钱等，2015）。也有部分蚕种生产单位根据环境 Nb 的检测结果，以及生产经验开展针对性的隔离、清洁和消毒技术措施及确定实施强度（参见 3.1 节）。蚕种的家蚕微粒子病检测的结果，在原种生产的全样本母蛾检测中，有每张蚕种的“检出”与“未检出”，或“不合格”与“合格”的判断，为了提高宏观控制的强度，也有设置“批毒率”（整批蚕种的 Nb 孢子检出率）进行判断和处置的情况；在一代杂交蚕种的母蛾抽样检测中，有“检出率”与基于抽样方法的判断标准。原种的“批毒率”和一代杂交蚕种的“检出率”是多少可以判断为“合格”，或可以使用？“批毒率”和“检出率”是多少又可以判断为“不合格”或不可以使用，即“批毒率”和“检出率”的判断涉及风险阈值问题，也是风险评估的核心问题。该问题涉及技术和社会两个不同层面，在后续两节中进行详细论述。

风险控制是针对风险因子（确定或不确定）采用合适的技术进行控制，也包括技术管理等宏观的社会性控制。风险控制的策略就是构建多层和致密的安全栅，防止家蚕微粒子病的发生与流行，教科书、有关技术规程和技术资料（浙江大学，2001；周金钱等，2015；李奕仁等，2003）中的具体技术措施或要求相当于不同层面的各种安全栅。以蚕种 Nb 检测技术或该技术的判断结论为控制节点（淘汰蚕种，蚕种生产单位受损；使用蚕种，可能饲养用户受损），可以用图 11-3 表述。

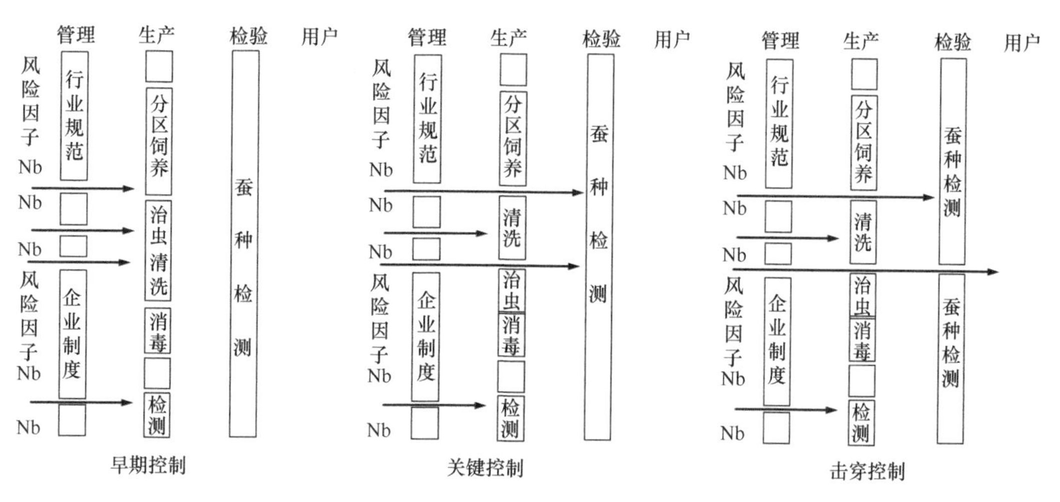

图 11-3　击穿预防性家蚕微粒子病防控安全栅的示意图

家蚕微粒子病防控技术体系风险控制具有安全栅多重的特点，安全栅数量越多和越致密（风险阈值要求越高），安全性越高。但这种安全性的提高必然使管理和生产过程成本上升，成本和效益的核算必然成为安全栅层数与密度增加的制约因素。家蚕微粒子病防控技术体系风险控制中的关键安全栅是蚕种 Nb 检测，蚕种 Nb 检测也是家蚕微粒子病防控技术体系风险控制中较易进行量化和科学管理的一重安全栅（下节详细论述）。

风险管理涉及技术和宏观管理等多方面问题，该内容在本章最后一节进行论述。

11.2　蚕种微粒子病检测的风险评估

家蚕微粒子病流行风险的一般性评估，即该病害流行因子和流行规律的分析（参见 3.1 节和第 9 章）。蚕种 Nb 检测技术是家蚕微粒子病防控结构和安全栅层级中的关键节点（图 11-1 和图 11-3），也是风险评估中可操作性或实用性最为明显的技术环节，还是家蚕微粒子病防控中一直被关注的技术环节。风险评估中的核心问题是风险阈值为多少？即检出多少家蚕微粒子病样本为合格或不合格，以为实际生产提供可操作依据。

11.2.1 一代杂交蚕种家蚕微粒子病检测及判断标准的变迁

巴斯德研究发现通过检测母蛾中是否有 Nb 孢子来确定该母蛾所产蚕卵是否使用，而不使用检出 Nb 母蛾所产蚕卵即可有效防控家蚕微粒子病的流行（隔离制种法）。1886 年日本农商务省颁布《蚕种检测规则》，1911 年将该技术写进了《蚕丝业法》（藤原公，1984；吕鸿声，2008）。

有关家蚕微粒子病母蛾抽样和检测的技术资料，主要出现于 20 世纪日本的文献中。日本在早期采用卵检测法，并规定原种和一代杂交蚕种的检测限分别为 5%和 15%，其后改为母蛾检测，检测限为 10%，这些描述也是早期风险阈值概念的资料记载。20 世纪 30 年代，日本对原种继续采用全样本母蛾检测和检出淘汰的方法，但对一代杂交蚕种采用了百分比抽样检测。根据蚕种生产母蛾 Nb 孢子检出的分布调查，以及收蚁饲养批的规模和母蛾数量的多少，进行百分比抽样检测，即 100 只蛾以下全部单蛾检测（图 11-4）；100～1000 只蛾时，取 1%母蛾单蛾检测。将 Nb 孢子检出率 1%确定为蚕种批淘汰或不合格的标准，并认为可以达到与全样本母蛾检测同等效果。40 年代根据病蛾数量在样本中呈超几何分布的特点，并按照收蚁饲养批的规模和母蛾数量的多少，从一次抽样发展为二次抽样检测（1953 年），确定收蚁批允许最低病蛾率或风险率为 0.5%（大岛格，1949），镜检蛾数减少 60%，家蚕微粒子病检测的工效大幅提高（石川金太郎，1936；藤原公，1984；四川省蚕业制种公司和四川省蚕学会蚕种专业委员会，1991）。

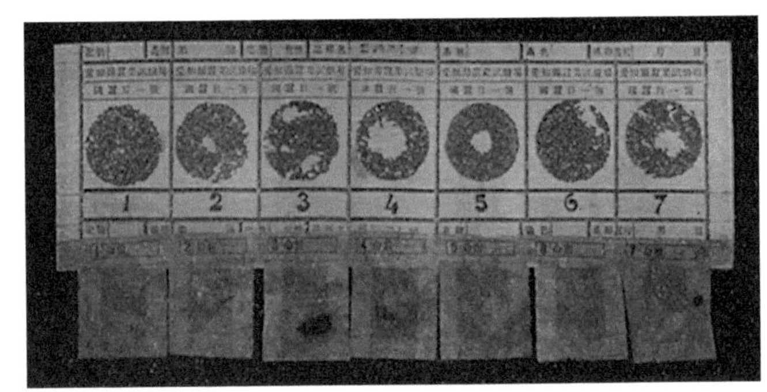

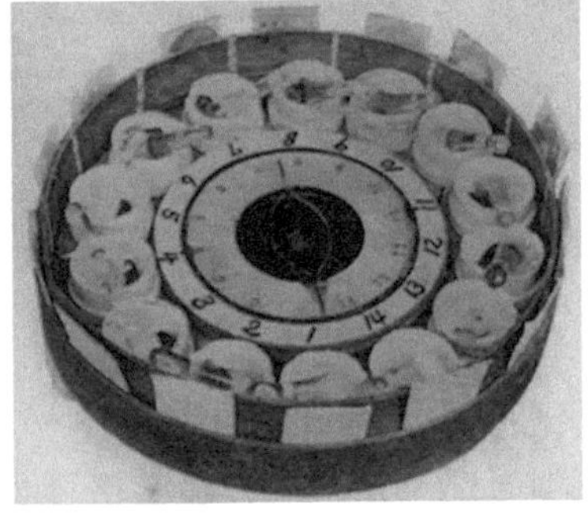

图 11-4　母蛾袋蛾和研磨单蛾检测（石川金太郎，1936）

以 30 只蛾为集团，对病蛾检出率为 0.5%的母蛾批调查发现，把 1 个集团作为 1 个 Nb 病蛾处理的随机误差很小，在实际生产中可以采用。同时对病蛾检出率小于或大于 0.5%的母蛾批的 Nb 孢子检出概率进行推算，认为也可达到准确判断的目标，1968 年日本普及集团母蛾检测。其后，通过计算机模拟修正并改善了母蛾的抽样方案。我国在 20 世纪 70 年代末，从日本引进集团母蛾检测设备，制定了类似的母蛾抽样方案和检测方法（藤原公，1984；杨明观等，1986；栗栖弌彦等，1986，1987；四川省蚕业制种公司和四川省蚕学会蚕种专业委员会，1991；冯家新等，1997；潘沈元等，2008）。

与抽样方案和判断标准变迁同步发展的是检测技术的变化，从早期的手工研磨光镜检测，到简易离心沉淀后光镜检测，再到现在常用的集团母蛾磨碎（烘干、磨碎液等）、过滤、离心等新方法和新设备等（石川金太郎，1936；藤原公，1984；林宝义等，2003），无疑在检测灵敏度或检测正确率提高方面取得了不断发展，对检测结果的判断或风险阈值也必然会产生影响。

11.2.2　蚕种家蚕微粒子病检测的风险阈值

日本一代杂交蚕种家蚕微粒子病检测的淘汰标准（或风险阈值），早期曾为 15%（卵）、10%和 1%（母蛾）等。在 20 世纪 50 年代，江苏（华东地区）曾采用 5%、0.4%和 0.2%（母蛾）；四川曾采用 5%、2%和 0.5%（母蛾）。但未能查到确定这些淘汰标准（或风险阈值）的具体实验性支撑依据文献。

日本学者大岛格（1931 年）根据蚕种生产规模和家蚕微粒子病的流行情况（母蛾检测结果），依据预设重要性的人为评估，采用概率统计方法，确定了 0.5%的允许病蛾率，随着日本母蛾检测技术发展和历年家蚕微粒子病检出率不断下降（原种从 1898 年的 23.4%到 1963 年的 0.02%；1976 年生产 325 万张一代杂交蚕种，淘汰 6 万张），由此认为该判断标准（或风险阈值）具有足够的安全性，可有效降低一代杂交蚕种的家蚕微粒子病发生率。

20 世纪 60 年代日本的二次抽样和集团母蛾检测法，进一步应用概念分布和计算机模拟等统计学方法，确定母蛾家蚕微粒子病检测的判断标准（或风险阈值）为：0.5%的允许病蛾率和 1.5%的误判风险率（大岛格，1949；藤原公，1984；栗栖弌彦，1986，1987；栗栖弌彦等，1986；四川省蚕业制种公司和四川省蚕学会蚕种专业委员会，1991）。

我国从 20 世纪 80 年代开始仿效日本的二次抽样和集团母蛾检测法（杨明观等，1986），并制定了《桑蚕一代杂交种检验规程》（NY/T 327—1997）部颁标准或类似的地方标准，家蚕微粒子病母蛾检测的风险阈值与日本相同，后期又增加了成品卵的备检项目，判断标准或风险阈值为“允许病卵率为 0.15%”（冯家新等，1997）。

2009 年我国一代杂交蚕种年生产量为 1079 万张，因家蚕微粒子病超标淘汰率为 9.27%，与日本 1976 年的数据相比较，蚕种淘汰率处于较高水平（四川省蚕业制种公司和四川省蚕学会蚕种专业委员会，1991；金伟等，1996；中国农业科学院蚕业研究所，2010）。根据现有流行病学调查或研究数据的判断，难以简单地确定母蛾家蚕微粒子病检测判断标准（或风险阈值）不够严厉（蚕种生产单位还不够努力）或标准过高（没有必要如此严格），需要从社会学和风险管理的视角分析与理解，实际生产体系的复杂性使得难以从技术层面进行准确的主因判断。

上述母蛾家蚕微粒子病检测“0.5%的允许病蛾率和 1.5%的误判风险率”的判断标准或风险阈值，是基于流行病学分析和判断而设立的，并非依据生物学实验而制定。流行病学分析与判断中，流行（或风险）因子的复杂性是其偏离真实性的重要诱因，但丰富的经验和实际案例是其避免重大失误的优点。

成品卵家蚕微粒子病检测“0.15%的允许病卵率”的判断标准或风险阈值是依据母蛾检测推算而来的（叶永林等，1992）。有关成品卵家蚕微粒子病检测技术研究的内容可参见 10.4 节，有关基于生物学实验的风险阈值研究在下述章节陈述。

基于生物学实验的风险阈值，有效结合流行病学案例，以及科学管理的决策机制是构建良性家蚕微粒子病检测技术的基础。

11.2.3 基于生物学实验的风险阈值研究

11.2.3.1 石原廉的蚕座内感染与扩散研究

石原廉等对家蚕 Nb 胚胎感染个体在蚕座内感染和扩散的“二次感染传播扩散”模式或流行规律，以及不同混入比例情况下实验区家蚕化蛾率和蛾 Nb 感染率进行调查发现，夏季养蚕 300 条混入 4 条 Nb 胚胎感染个体，其蛾的 Nb 孢子检出率即达到 100%，春秋季达到 100%则需要混入 16 条 Nb 胚胎感染个体；在 800 条健康家蚕中混入 1 条 Nb 胚胎感染个体对化蛾率不会产生明显影响，但 400 条健康家蚕中混入 1 条 Nb 胚胎感染个体则会明显影响化蛾率（Ishihara et al.，1965；Ishihara and Fujiwara，1965；农林省蚕丝试验场微粒子病研究室，1965）。

石原廉等虽然未提出风险阈值的概念，但对一代杂交蚕种允许携带家蚕微粒子病胚胎感染个体，但携带量（个体数）不得明显影响丝茧育产量的概念理解，0.25%就是一代杂交蚕种成品卵检测中家蚕微粒子病胚胎感染个体的风险阈值。

根据半个有病母蛾即可在集团磨蛾法中被检出和扩大母蛾容量到 60 只蛾也可达到 30 只蛾容量精度的研究结果（藤原公，1984；林宝义等，2003），以及上述石原廉等的研究结果，并假设母蛾的胚胎感染率为 100%进行推算，则一代杂种蚕种成品蛾检测的 0.25%判断标准与母蛾检测“0.5%为允许病蛾率”的判断标准（或风险阈值）是等值的。如果以母蛾的胚胎感染率为 30%进行推算（三谷贤三郎，1929；徐杰等，2004），则母蛾检测的允许病蛾率为 1.67%，并非《桑蚕一代杂交种检验规程》（NY/T 327—1997）中 0.5%的允许病蛾率。

对石原廉等研究的方法学分析，采用了有病母蛾孵化后 24h 内，蚕粪检出 Nb 孢子者为感染个体，混入健康家蚕群体后，进行全程 Nb 检测和羽化率计数的方法。但孵化后 24h 内幼虫蚕粪可检出 Nb 孢子的情况，应该是 Nb 胚胎感染程度较高的个体（参见 10.3 节和 10.4 节）。由此推测，0.25%的风险阈值，或集团母蛾检测 0.5%的风险阈值（允许病蛾率），不仅是 Nb 胚胎感染程度较高个体引发的结果，而且是进一步强化防控要求（从 1.67%的理论值到实际判断的 0.5%）的判断标准。

通过大量的流行病学调查，可以在宏观上有效把握家蚕微粒子病的流行规律，但一代杂交蚕种的生产区域、模式和技术等大量不确定性因素，都会对其产生明显的影响，造成流行规律的千差万别；石原廉等的研究是基于生物学实验的结果，相对较为准确或基础，但存在实验方法的偏态性和实验规模的有限性问题。由此，我们可以提出家蚕微粒子病集团母蛾检测 0.5%的允许病蛾率离真值（true value）有多远的问题。获得相对更为正确的真值，或确定更好的约定真值也是家蚕微粒子病风险评估与控制的基础技术核心。

不同数量和不同 Nb 胚胎感染程度个体混入健康家蚕群体后，蚕座内感染规律和化蛾率不同。为此，本研究在幼虫期采用不同剂量 Nb 孢子感染，获得不同感染程度的母蛾，根据所产蚕卵的转青卵 Nb 孢子检出率，确定混入 Nb 感染个体数量，再全程饲养和跟踪检测死蚕与蛾（具体实验设计和实验方法参见 10.3 节），从而解析 Nb 感染个体混入健康家蚕群体后的影响。

11.2.3.2　幼虫期高浓度家蚕微粒子虫感染所获母蛾子代混育实验分析

在幼虫期高浓度 Nb 添食感染母蛾子代的混育实验中，获得 3 只 Nb 感染母蛾（Nb 计量分别为 2.10×10^7 孢子/蛾、6.20×10^8 孢子/蛾和 1.51×10^9 孢子/蛾；根据转青卵 Nb 孢子检出率为 75%、90%和 100%，以此为胚胎感染率确定每区混入 1～2 条，在健康家蚕群体（合计 200 条）中分别混入 2 条、2 条和 1 条进行饲养；完成全程饲养和 Nb 孢子检测的实验区数分别为 10 区、10 区和 12 区。其中，2.10×10^7 孢子/蛾实验组有 2 区全程未检出，其他实验组则均有检出。对照为 3 区，合计 35 个实验区。2.10×10^7 孢子/蛾、6.20×10^8 孢子/蛾和 1.51×10^9 孢子/蛾 3 个实验组的各混育实验区全程检测样本数范围分别为：192～203 条、170～214 条和 178～206 条（统计分析基数），3 区对照均未检出 Nb 孢子。3 只 Nb 感染母蛾子代的混育实验组（剔除 2 个全程未检出区）和对照区各实验组全程饲养的累计 Nb 孢子检出数如图 11-5 所示。

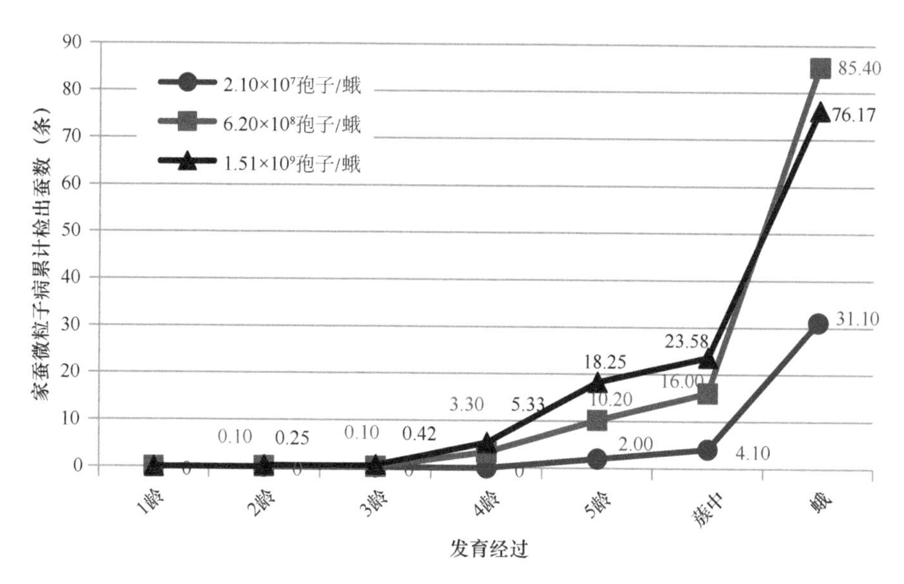

图 11-5　幼虫期高浓度 Nb 添食感染母蛾子代混育实验家蚕微粒子病的区平均累计检出蚕数

在各实验组（母蛾）的 Nb 孢子区检出率方面，用 3 只不同 Nb 感染程度母蛾（表 10-23）子代进行的各混育实验组中，3 眠前的 Nb 实验区检出数（死蚕）分别为 0 区、1 区和 5 区，区检出率分别为 0.0、10.0%和 41.7%；4 龄期的 Nb 实验区检出数（死蚕）分别为 0 区、8 区和 11 区，区检出率分别为 0.0、80.0%和 91.7%；5 龄期的 Nb 实验区检出数（死蚕）分别为 6 区、9 区和 12 区，区检出率分别为 60.0%、90.0%和 100.0%；蔟中的 Nb 实验区检出数（死笼+羽化蛾）分别为 8 区、9 区和 12 区，区检出率分别为 80.0%、90.0%和 100.0%；蛾期（或全程）的 Nb 实验区检出数（死蚕+羽化蛾）分别为 8 区、10 区和 12 区，区检出率分别为 80.0%、100.0%和 100.0%。

在实验组的各区平均 Nb 感染蚕的检出条数方面，用 3 只不同 Nb 感染程度母蛾子代进行的各混育实验组中，3 眠前（死蚕）、幼虫期（死蚕）和全程（死蚕+死笼+羽化蛾）的区 Nb 感染蚕的累计平均检出数（平均检出率）分别为 0.00 条（0.000）、2.00 条（1.018%）和 31.10 条（15.850%）；0.10 条（0.051%）、10.20 条（5.199%）和 85.40 条（43.530%）；0.42 条（0.214%）、18.30 条（9.363%）和 76.10 条（39.080%）（图 11-5）。

在检出时相变化方面，用 3 只不同 Nb 感染程度母蛾子代进行的各混育实验组中，3 眠前的 Nb 感染蚕的检出条数（死蚕）和检出率都很低（0.00 条，0.000；0.10 条，0.051%；0.42 条，0.214%），实验设计的基础是每区混入 Nb 胚胎感染个体大于 1 条小于 2 条，但实际远远低于该数值，即有不少实验区的不少 Nb 胚胎感染个体在 3 眠前未死亡；后期各区的 Nb 检出条数和检出率增加与 3 眠前，即前期 Nb 检出条数和检出率高相关，2.10×10^7 孢子/蛾、6.20×10^8 孢子/蛾和 1.51×10^9 孢子/蛾实验组 Nb 检出条数和检出率：幼虫期（死蚕）分别为 2.00 条，1.018%；10.20 条，5.199%；18.30 条，9.363%；全程 Nb 检出条数（死蚕+死笼+羽化蛾）和检出率增加的相关性则更为明显（分别为 31.10 条，15.850%；85.40 条，43.530%；76.10 条，39.080%）。以实验设计混入 1 条和 200 条混育规模为基数推算，则蚕座内 Nb 感染个体数增加（或放大）倍数分别为 31.10 倍、85.40 倍和 76.10 倍，Nb 感染蚕的增加率分别为 15.05%、42.20%和 37.55%。

在混育实验的家蚕微粒子病检出率方面，完成全程饲养和 Nb 检测的 3 只不同 Nb 感染程度母蛾子代混育实验组（2.10×10^7 孢子/蛾、6.20×10^8 孢子/蛾和 1.51×10^9 孢子/蛾），3 眠前的 Nb 检出条数分别为 0～2 条、0～1 条和 0～1 条。幼虫期（死蚕）、蛾期（羽化蛾）检出率和总 Nb 感染蚕检出率（幼虫期+蛾期）的统计学分析结果见图 11-6，*P* 值分别为 0.000、0.001 和 0.000，差异为极显著。

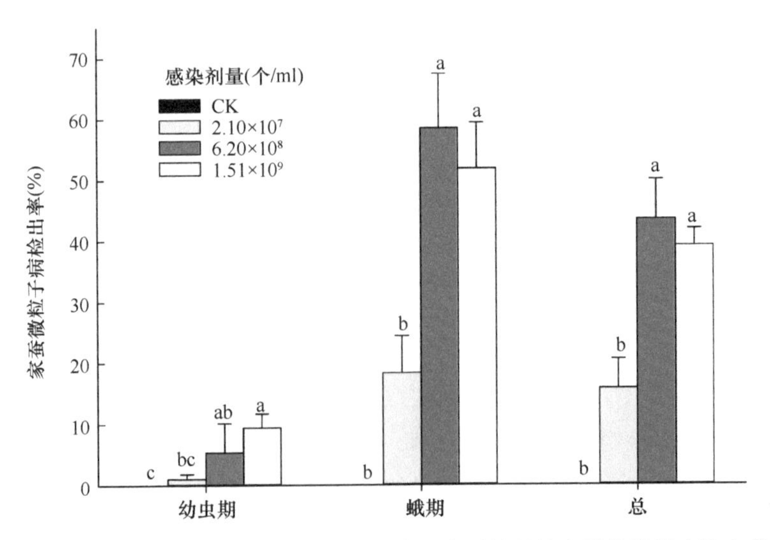

图 11-6　不同 Nb 感染程度母蛾所产蚕卵混育后的累计家蚕微粒子病检出率

不同小写字母表示差异极显著（$P<0.01$）

幼虫期 Nb 孢子检出率两两比较（LSD）显示：2.10×10^7 孢子/蛾实验组与对照组和 6.20×10^8 孢子/蛾实验组的差异不显著（P=0.192 和 0.100），但极显著低于 1.51×10^9 孢子/

蛾实验组（P=0）；6.20×10^8 孢子/蛾和 1.51×10^9 孢子/蛾实验组均极显著高于对照组（P=0.033 和 0），两者间差异不显著（P=0.199）（图 11-6 左侧），显示了母蛾 Nb 孢子检出数量与次代（F1）幼虫期 Nb 孢子检出率的相关趋势。

蛾期是 Nb 孢子的主要检出阶段，蛾期 Nb 孢子检出率（包括蔟中）和总 Nb 孢子检出率的两两比较（LSD）显示：2.10×10^7 孢子/蛾实验组与对照组差异不显著（P=0.27 和 0.17），极显著低于 1.51×10^9 孢子/蛾和 6.20×10^8 孢子/蛾实验组（P 值分别为 0.001 和 0.005，0.001 和 0.005），1.51×10^9 孢子/蛾和 6.20×10^8 孢子/蛾实验组之间差异不显著（P=0.524 和 0.545）（图 11-6 中间）。蛾期的检测结果在显示与幼虫期相同趋势的同时，不同 Nb 感染程度母蛾子代混育实验区间的差异更为明显。

在混育实验组的化蛾率方面，2.10×10^7 孢子/蛾实验组与对照组相比未见显著差异（P=0.46），而极显著高于 1.51×10^9 孢子/蛾和 6.20×10^8 孢子/蛾实验组（P 值为 0）。1.51×10^9 孢子/蛾实验组极显著高于 6.20×10^8 孢子/蛾实验组（P 值为 0.001）。

11.2.3.3　幼虫期低浓度家蚕微粒子虫感染所获母蛾子代混育实验分析

在幼虫期低浓度 Nb 添食感染母蛾子代的混育实验中，4 只母蛾（Nb 计量分别为 1.4×10^8 孢子/母蛾 263①、5.2×10^8 孢子/母蛾 78②、5.2×10^8 孢子/母蛾 215③和 4.7×10^8 孢子/母蛾 260④）的转青卵 Nb 孢子检出率分别为 3.33%、3.33%、50%和 53.33%，以此为胚胎感染率确定每区混入 1～2 条，在健康家蚕群体（合计 200 条）中分别混入 30 条（10 区）、30 条（10 区）、2 条（6 区）和 2 条（6 区）进行饲养，其中 6 个混育实验区全程所有个体（死蚕+死笼+羽化蛾）均未检出 Nb 孢子（①263-3、①263-5、②78-1、③215-2、③215-3 和④260-6）。其他各混育实验区的全程（死蚕+死笼+羽化蛾）检测样本数范围为 187～224 条，对照区的检测条数在 199～202 条（3 区对照均未检出 Nb 孢子）。剔除全程未检出 Nb 孢子的混育实验区，合计 29 个实验区数据，以全程实际检测数为检出率的统计分析基数。全程饲养累计 Nb 孢子检出率（死蚕+死笼+羽化蛾）如图 11-7 所示，显示了 3 种明显不同的图形类型。

图形一由 3 个混育实验区（①263-1、①263-8 和①263-9）组成，其特征是 3 眠前各区检出 Nb 个体数（死蚕样本）较多，分别为 10 条、18 条和 30 条，幼虫期（死蚕样本）累计 Nb 孢子检出率[检出数/实验区家蚕实际数×100%]分别为 30.00%、56.16%和 68.69%，全程（死蚕+死笼+羽化蛾）饲养累计 Nb 孢子检出率均在 35%以上，即增加率分别为 35.79%、86.21%和 89.39%，单条和实际混入数的增加倍数分别为 71.6 和 7.2 倍、172.4 倍和 9.6 倍、178.8 倍和 6.0 倍。

图形二由 6 个混育实验区（②78-9、③215-5、③215-6、④260-1、④260-4 和④260-5）组成，全程饲养累计 Nb 孢子检出率在 13.397%～24.121%，分布在 3 个混育实验组（②、③和④）。在 3 眠前（死蚕样本）检出 Nb 孢子的仅有 1 个区，检出条数为 3 条（②78-9），幼虫期（死蚕样本）检出条数为 22 条；3 眠前（死蚕样本）未检出而 4～5 龄期（死蚕样本）检出 Nb 孢子的有 4 个区（③215-5、③215-6、④260-4 和④260-5），检出条数（死蚕样本）为 1～8 条；幼虫期（死蚕样本）未检出 Nb 孢子的有 1 个区（④260-1）。3 眠前（死蚕样本）未检出 Nb 孢子的有 5 个区（③215-5、③215-6、④260-1、④260-4 和④260-5）。

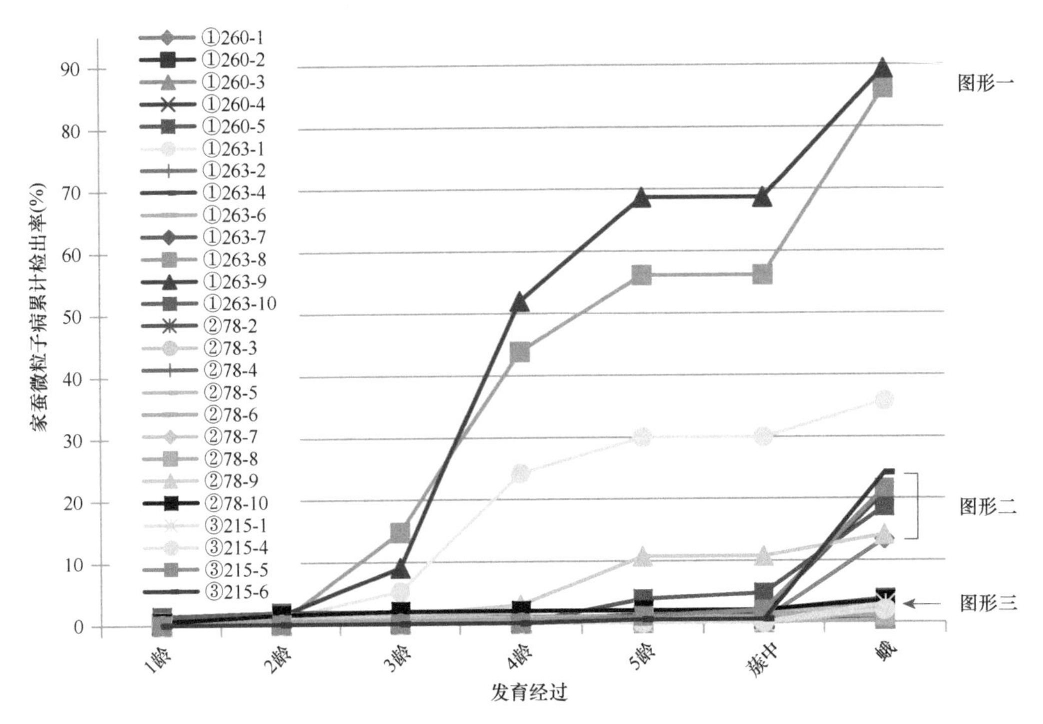

图 11-7　幼虫期低浓度 Nb 添食感染母蛾子代混育实验家蚕微粒子病的区累计检出率

这 5 个实验区以预计混入 Nb 感染个体为 1 条和 200 条混育规模为基数推算，蚕座内感染个体增加（或放大）倍数分别为 43.2 倍、48.2 倍、26.8 倍、42.0 倍和 37.3 倍，Nb 感染蚕的增加率分别为 16.61%、19.12%、8.4%、15.98%和 13.66%，增加倍数和增加率都低于图形一 3 个实验区的单条增加倍数和增加率。3 眠前（死蚕样本）检出 3 条的②78-9 实验区，以混入 Nb 感染个体为 3 条和 200 条为规模基数，增加倍数和增加率分别为 28.3 倍和 12.65%；尽管实际混入 Nb 感染个体数可能高于图形二的其他实验区，但增加倍数高于图形一（6.0～9.6 倍），增加率低于图形一（35.79%～89.30%），与图形二其他实验区相似。因此，可以推测混入 Nb 感染个体造成的蚕座内扩散，不仅与混入 Nb 感染个体的数量有关，而且与混入个体的 Nb 感染程度等其他因素有关。

图形三由 17 个混育实验区组成，全程（死蚕+死笼+羽化蛾）饲养累计 Nb 孢子检出率在 0.459%～3.828%，4 个混育实验组（①、②、③和④）均有分布。在 3 眠前（死蚕样本）检出 Nb 感染个体有 9 个区（①263-2、①263-7、①263-10、②78-4、②78-5、②78-6、②78-7、②78-8 和②78-10），Nb 检出条数在 1～4 条；有 2 个区分别在 4 龄期（死蚕样本）再检出 2 条（②78-7）和 5 龄期（死蚕样本）再检出 1 条（②78-6），其他在 3 眠以后均未检出。在 3 眠前（死蚕样本）未检出 Nb 孢子而 4～5 龄期（死蚕样本）检出 Nb 的区有 2 个（②78-2 和④260-2），其检出条数分别为 1 条和 2 条。在幼虫期（死蚕样本）未检出 Nb 孢子而幼虫期后检出 Nb 孢子的区有 6 个（①263-2、①263-4、①263-6、②78-3、③215-1 和③215-4），其 Nb 检出条数在 1～6 条。在 3 眠前（死蚕）Nb 孢子检出条数为 2～4 条的 7 个区（①263-2、①263-7、①263-10、②78-4、②78-5、②78-7 和②78-10），蚕座内 Nb 感染个体增加倍数和增加率分别在 0～1.5 倍和 0～2.5%，尽管也是多条 Nb 感染个体混入，但增加倍数和增加率远远低于图形一（①263-1、①263-8 和①263-9）和图形二（②78-9）中的多条混入；其余 10 区以混入 Nb 感染个体为 1 条和 200 条为规模基数，则蚕座内 Nb 感染个体增加倍数和增加率在 0～7.0 倍和 0～3.5%，增加倍数和增加率远远低于图形一（①263-1、①263-8 和①263-9）和图形二（②78-9），与本图形的多条混入区（①263-2、①263-7、①263-10、②78-4、②78-5、②78-7 和②78-10）差异不大，进一步暗示混入 Nb 感染个体造成的蚕座内扩散，不仅与混入 Nb 感染个体的数量有关，而且与混入个体的 Nb 感染程度等有关。

在混育实验区的家蚕微粒子病检出率和化蛾率方面，以 3 眠前死蚕样本检出 Nb 孢子条数作为感染个体混入数（实际可能更多），以及以幼虫期死蚕样本检出 Nb 孢子条数为依据，各实验区可归类如表 11-1 所示。

表 11-1　低浓度 Nb 添食感染母蛾子代混育实验不同发育阶段的家蚕微粒子病检出率和化蛾率

指标		3 眠前检出 Nb 孢子条数/区数				
		≥10 条/3 区	1～4 条/10 区	0 条/13 区		CK/3
不同发育时期的区平均检出率（%）/区数	3 眠前	9.81/3	1.08/10	0/13		0/3
	4～5 龄期	42.13/3	1.13/10	1.35/6	0/7	0/3
	蔟中死蚕	0.34/3	0.05/10	1.35/6	0.14/7	0/3
	蛾和死笼	18.95/3	1.18/10	12.02/6	2.94/7	0/3
Nb 孢子总检出率（%）		71.23	3.44	14.72	3.08	0/3
图形类型（图 11-7）		一	二和三	二和三	二和三	/
混入数归类简称		A≥10	B1～4	C0+	C00	
化蛾率（%）		34.18	80.00	74.20	82.10	74.42

注：CK 为对照组；A≥10 为 3 眠前检出条数大于或等于 10 条的实验区；B1～4 为 3 眠前检出条数为 1～4 条的实验区；C0+为 4 龄或 5 龄期新增检出的实验区；C00 为上蔟后检出的实验区

在混入 Nb 感染个体为 10 条或以上情况下，各实验区组成图形一，4～5 龄期和蔟中死蚕增加 42.47%，死笼和蛾期增加 18.95%，合计增加 61.42%。家蚕微粒子病的扩散传播，较之幼虫期高浓度 Nb 添食感染母蛾（图 11-5）子代进行混育实验更为严重（图 11-6 和表 11-2）。

表 11-2　幼虫期不同浓度 Nb 添食感染母蛾子代混育实验检测结果

指标	幼虫期 Nb 感染母蛾子代混育主要参数和 Nb 检测			
	低浓度（图形一）	高浓度（3 只母蛾的子代混入）		
幼虫期 Nb 添食浓度（孢子/ml）	5×10^2～5×10^3		$\geqslant5\times10^6$	
母蛾 Nb 计数（孢子/蛾）	1.4×10^8	2.10×10^7	6.20×10^8	1.51×10^9
混入数（条）	30	2	2	1
3 眠前检出数（条/区）	10～18		0～2	
全程区平均检出数（条/区）	71.23	15.75	43.55	38.46
区平均化蛾率（%）	34.18	77.22	63.52	53.03

在混入 Nb 感染个体数为 1～4 条的情况下，仅有 1 个区形成图形二（②78-9，3 条），其余 9 个区都分布于图形三（图 11-7）；幼虫期和蔟中死蚕样本检出率为 2.36%，死笼和蛾期增加 1.18%，合计增加 3.44%（表 11-1）。

在3眠前（死蚕）样本未检出Nb孢子的情况下，又分为两种类型：一种是4～5龄期（死蚕）样本检出Nb孢子，检出条数在1～8条，4个区（③215-5、③215-6、④260-4和④260-5）分布于图形二，2个区（②78-2和④260-2）分布于图形三；另一种是幼虫期（死蚕）样本未检出Nb孢子，1个区（④260-1）分布于图形二，6个区（①263-4、①263-6、②78-3、③215-4、④260-3）分布于图形三（图11-7）。全程Nb孢子总检出率前者较大（14.72%），后者较小（3.08%）（表11-1）。

在表11-1中，根据混育饲养蚕不同发育（或饲养）时期的Nb孢子样本检出数，3眠前Nb孢子检出条数及幼虫期是否检出归为4种类型，全程Nb感染蚕（死蚕+死笼+羽化蛾）检出率统计分析（One-Way ANOVA，Tukey test）如图11-8所示，3眠前检出Nb孢子个体数（死蚕）10条或以上混育实验组（3区，A≥10）的全程（死蚕+死笼+羽化蛾）Nb孢子检出率，极显著高于其他混育实验组（B1～4、C0+和C00）和对照组（*P*值均小于0.001），其他各混育实验组之间及与对照组之间未见显著差异（*P*值大于0.215）。

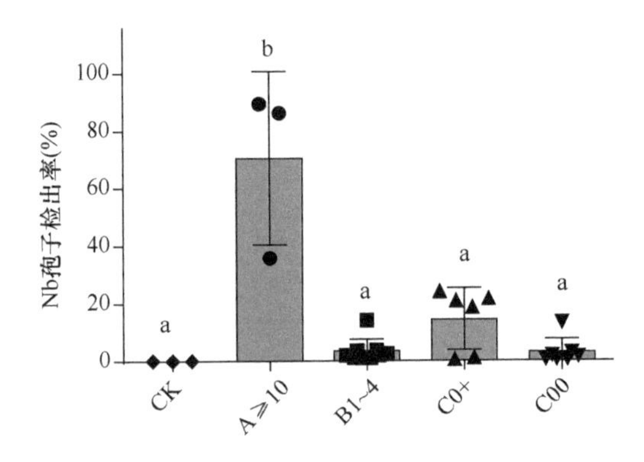

图11-8　幼虫期低浓度Nb添食感染母蛾子代混育实验家蚕微粒子病全程检出率比较
小写字母不同表示差异显著（$P<0.05$）

以全程累计Nb孢子检出率为指标分类为图形二和图形三（图11-7），组成其图形类型的各混育实验区，在幼虫期Nb孢子检出时期（3眠前、4～5龄期和蔟中死蚕）上有交叉，即B1～4、C0+和C00都有2个图形混育实验区的分布（表11-1）。结合图11-8的混育实验区Nb孢子检出率统计学比较，暗示了两种可能的情况，其一是3眠前未见死蚕样本检出Nb孢子，可能是胚胎感染个体在3眠前未死亡，但蚕座内的扩散在进行中；其二是胚胎感染个体并不一定是死得越早危害越小。健康家蚕群体中混入Nb胚胎感染个体的数量与感染程度综合作用于群体感染数的扩张或影响蚕茧产量等。

11.2.3.4　基于混育实验的风险阈值

幼虫期高浓度和低浓度Nb添食感染母蛾子代进行混育实验得到的化蛾率与感染率数据，可以成为基于混育实验的风险阈值的确定基础，回答“健康家蚕群体中可混入多少Nb胚胎感染个体”的安全性问题。

根据混育实验混入条数与实际样本Nb检测数据的分析，幼虫期高浓度Nb添食感染母蛾子代的混育实验中，混入 Nb 感染个体数为 1～2 条，在剔除全程未检出 Nb 孢子实验区后，可以肯定混育实验区的 Nb 胚胎感染个体混入数在 1～2 条，但这些混入 Nb 感染个体并未全部在 3 眠前的死蚕样本中检出(或感染个体并未在该时段死亡，图 11-5)。幼虫期低浓度 Nb 添食感染母蛾子代的混育实验中，Nb 感染母蛾①和②子代混育实验的 Nb 混入数可能在 1～30 条，3 眠前死蚕样本中检出 Nb 孢子在 0～30 条，即具有较大的变化幅度；Nb 感染母蛾③和④子代混育实验的混入 Nb 感染个体数则与幼虫期高浓度 Nb 添食感染母蛾的子代混育实验类似，且在 3 眠前死蚕样本中均未检出，混入数在 1～2 条（表 11-3）。

表 11-3　幼虫期低浓度 Nb 添食感染母蛾子代混育实验的检测时期和归类

母蛾编号（孢子/蛾）	混入数	A≥10			B1～4							C0+			C00	
①$1.4\times10^8$	30	10	18	30	2	2	4								0	0
②$5.2\times10^8$	30				1	1	2	2	2	3	4	1			0	
③$5.2\times10^8$	2											1	3		0	0
④$4.7\times10^8$	2											3	8	1	0	0

注：数字为样本 Nb 孢子检出数；方框颜色由深至浅为图 11-7 的图形一（黑色）、图形二（深灰色）和图形三（浅灰色）

在全程家蚕样本（死蚕+死笼+羽化蛾）的 Nb 检测过程中，对各时期检出 Nb 孢子样本数（图 11-5 和图 11-7）和 Nb 孢子检出总样本数（或检出率）分析可以发现，混入 Nb 胚胎感染个体数比较明确的情况下，在 2 条以内时，Nb 孢子总检出率在 0.5%（③C0+1）～85.4%，实验区中健康群体的 Nb 感染个体数增加倍数在 1～171 倍，即在混入 Nb 感染条数较少时扩增数量和倍数呈现从高到低的宽分布状态；当混入 10 条或以上（A≥10）时，Nb 孢子总检出率在 35.8%～89.4%，混育实验区中健康群体的 Nb 感染个体数增加倍数在 3～15 倍，即混入 Nb 感染条数较多时扩增数量较多，但扩增倍数较小，呈高扩增的窄分布状态。在混入 Nb 胚胎感染个体数相对不明确的情况下，主要集中在幼虫期低浓度 Nb 添食感染母蛾①和②的子代混育实验区，部分混育实验区 Nb 孢子总检出率在 0.5%～14.1%，混育实验区中健康群体的 Nb 感染个体数增加倍数在 1～8.7 倍，呈低扩增的窄分布状态。

各实验区（混育和对照）的全程样本（死蚕+死笼+羽化蛾）Nb 孢子检出率与化蛾率的斯皮尔曼（Spearman）相关性分析显示，Nb 孢子检出率与混育实验区群体化蛾率呈弱负相关关系（$R=-0.457\ 178$），即 Nb 孢子检出率越高，化蛾率可能越低（图 11-9）。

混育实验区中，混入 Nb 胚胎感染个体数、混入后健康群体扩增数量、化蛾率的统计学比较（One-Way ANOVA，Tukey test）如图 11-10 所示。

混育实验区中，化蛾率最低的“A≥10”实验组（幼虫期 Nb 感染浓度为 5×10^2 孢子/ml；母蛾 Nb 计数为 1.4×10^8 孢子/蛾；转青卵检测胚胎感染率为 3.33%）化蛾率与“9”实验组（幼虫期 Nb 感染浓度为 $\geq5\times10^6$ 孢子/ml；母蛾 Nb 计数为 1.51×10^9 孢子/蛾；转青卵检测胚胎感染率为 100%）无显著差异（$P=0.1068$）外，与其他实验组及对照组均差异极显著（$P\leq0.0013$）。从安全阈值概念分析和判断，当 Nb 胚胎感染个体混入率高于 5%时，将显著降低化蛾率或 Nb 检测对应批蚕种不合格（图 11-10）。

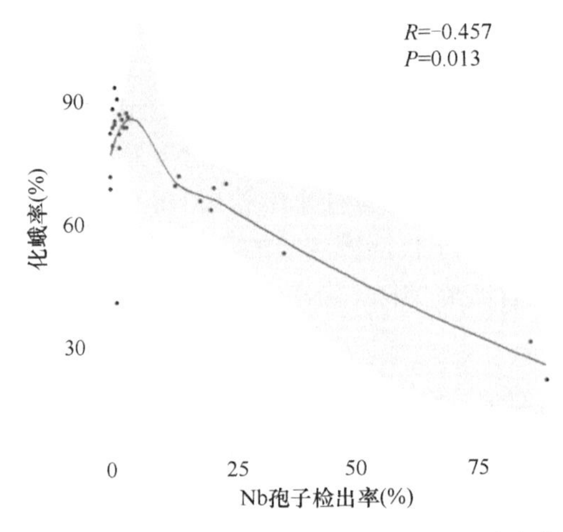

图 11-9 全程家蚕微粒子虫感染蚕检出率与化蛾率的相关性

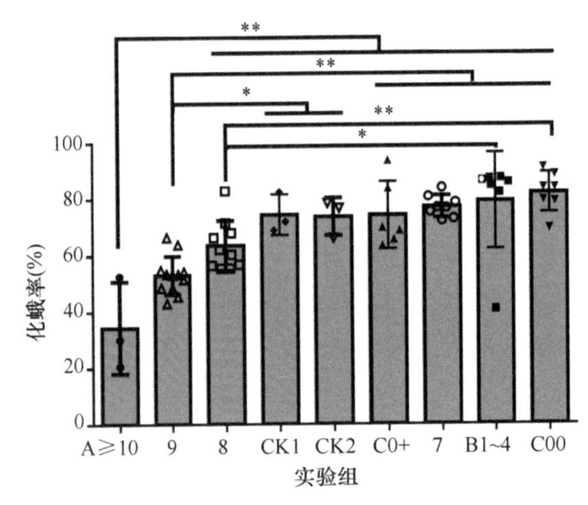

图 11-10 幼虫期高浓度和低浓度家蚕微粒子虫添食感染母蛾子代混育实验的化蛾率

A≥10 为 3 眠前检出条数大于 10 条的实验组；9 为 1.51×10^9 孢子/蛾实验组；8 为 6.20×10^8 孢子/蛾实验组；CK1 和 CK2 分别为幼虫期高浓度和低浓度 Nb 感染子代混育实验的对照组；C0+为 4 龄或 5 龄期新增检出的实验组；7 为 2.10×10^7 孢子/蛾实验组；B1～4 为 3 眠前检出条数为 1～4 条的实验组；C00 为上蔟后检出的实验组；**表示差异极显著（$P<0.01$），*表示差异显著（$P<0.05$）

混育实验区中，化蛾率排序第二低的“9”实验组，其化蛾率极显著低于“C00”、“B1～4”、“7”和“C0+”（$P\leqslant0.0023$），显著低于 CK1 和 CK2（$P=0.0356$ 和 0.0479），与“8”实验组（幼虫期 Nb 感染浓度为≥5×10^6 孢子/ml；母蛾 Nb 计数为 6.20×10^8 孢子/蛾；转青卵检测胚胎感染率为 90%）无显著差异（$P=0.2598$）。即混入 0.5%的 Nb 胚胎感染个体时，也将显著降低化蛾率或 Nb 检测对应批蚕种不合格（图 11-10）。

混育实验区中，化蛾率排序第三低的“8”实验组，化蛾率虽然极显著低于“C00”（$P=0.0092$）和显著低于“B1～4”（$P=0.0475$），但与对照区（CK1 和 CK2）和其他较高化蛾率实验组之间未见显著差异（$P\geqslant0.1035$）。即混入 0.5%的 Nb 胚胎感染个体时，不一定显著降低化蛾率或导致 Nb 检测对应批蚕种不合格（图 11-10）。

混育实验区中，化蛾率高于对照（CK1 和 CK2）的 4 个实验组，包括幼虫期低浓度（5×10^2 孢子/ml）Nb 添食感染母蛾子代混入的实验区 3 眠前检出 1～4 条 Nb 感染样本的“B1～4”实验组，3 眠前未检出而 3 眠后幼虫期样本检出 Nb 孢子的“C0+”实验组和幼虫期未检出 Nb 孢子的“C00”实验组，以及幼虫期高浓度（$\geqslant5\times10^6$ 孢子/ml）Nb 添食感染而母蛾感染程度相对较低（2.10×10^7 孢子/蛾，转青卵检测胚胎感染率为 70%）的子代混入“7”实验组（图 11-10）。

在图 11-10 中，“A≥10”和“B1～4”实验组是化蛾率标准差较大（16.41 和 17.10）的两个实验组，“A≥10”实验组可能与 Nb 胚胎感染个体混入数偏差较大（10～30 条）有关；“B1～4”实验组的情况较复杂，3 眠前检出 4 个 Nb 感染样本的混育实验区化蛾率为 86.60%（高于平均值，黑色方框中有白色圆圈），检出 2 个 Nb 感染样本的混育实验区化蛾率仅为 40.74%（明显低于平均值），可能与发生漏检而导致实际 Nb 胚胎感染个体的混入数较低及感染程度较低有关（图 11-10）。

根据上述结果和分析，可以得出有关 Nb 胚胎感染个体混入健康家蚕群体后有关风险阈值的 3 个结论或推测。

其一是，亲本幼虫期高浓度添食感染 Nb 所获母蛾，在母蛾 Nb 感染程度较高的情况下，即使混入 0.5%（1/200）的 Nb 胚胎感染个体，也可能导致混育实验区整个群体的化蛾率极显著下降，但也存在化蛾率未见显著下降的情况（如实验组“7”和“8”）；前者与石原廉等方法中孵化幼虫 1d 蚕粪检出 Nb 病蛾所产子代进行混育实验（Ishihara et al.，1965；Ishihara and Fujiwara，1965）的研究结论相同；后者是本实验方法的结论，虽然在幼虫期实施了高浓度 Nb 添食感染，母蛾检测的 Nb 感染程度也较高，但胚胎感染率不一定高，且 Nb 感染子代（蚕卵）的感染程度或引起蚕座内扩散的能力不一定强。即家蚕幼虫期进行高浓度 Nb 添食感染、母蛾检测感染程度或胚胎感染率较高，但子代在蚕座（健康群体）内扩散传播的能力（Nb 感染个体增加倍数或增减率）和对群体化蛾率的影响不尽相同，或存在更为复杂的内在机制。

其二是，亲本幼虫期低浓度添食感染 Nb，母蛾所产 Nb 胚胎感染个体混入健康家蚕群体的混入率为 5%或以上时，可导致实验组的群体的化蛾率极显著下降。

其三是，亲本幼虫期进行高或低浓度添食感染 Nb，感染母蛾所产 Nb 胚胎感染个体混入率为 2.0%～5.0%时，与对照相比，化蛾率未见显著差异。

基于上述研究结果和分析（包括 10.3 节），以及转青卵检测和 3 眠前死蚕样本检测的胚胎感染率均低于实际数安全性余量，将 2.0%的胚胎感染个体（蚕卵）混入率作为成品卵 Nb 检测的安全阈值是值得尝试的参考值。

家蚕微粒子病具有生物学的复杂性和风险控制的不确定性。从风险领结模型（图 11-2）角度分析，成品卵检测作为中央结构，较母蛾检测作为中央结构（目前生产的主要形式）的模式复杂性降低，不确定性减少。决定胚胎感染个体混入健康群体后危害程度的是混入数量和 Nb 感染程度，成品卵检测可较为有效地检测和评估混入数量。根据家蚕幼虫期感染 Nb 到子代（一代杂交蚕种）的感染情况分析，母蛾 Nb 感染程度和母蛾感染率与胚胎感染率及子代感染程度都存在无明显相关性或不确定性关系的问题（图 11-11），而直接检测子代（一代杂交蚕种）则规避了诸多母蛾阶段进行检测的不确定性，即成品卵检测所获风险阈值更为直接，生物学基础也相对更为可靠。

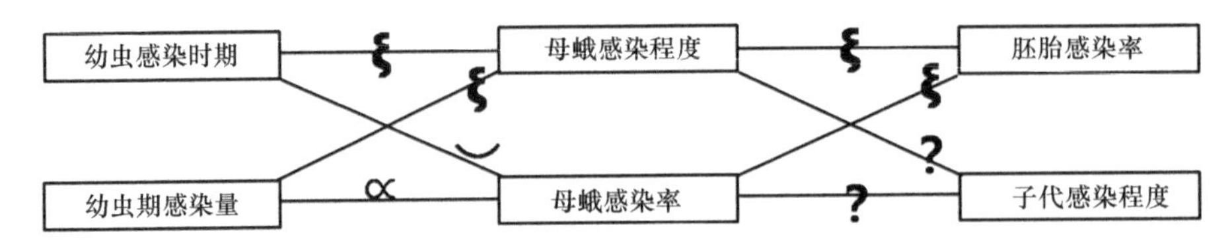

图 11-11 幼虫-母蛾-子代的家蚕微粒子虫感染传播关系

ξ：无明显相关；◡：呈高—低—高规律；∝：正相关；？：不确定

因此，构建以特定检测技术（光学显微镜、免疫学或分子生物学等）为基准，以成品卵检测技术为风险领结模型中央结构，并适度结合家蚕微粒子病流行病学调查或监控的反馈机制将是家蚕微粒子病防控技术体系的核心发展方向。

11.3 家蚕微粒子病防控风险管理的技术体系

风险管理（risk management）作为独立的概念被关注、研究和应用，源于 18 世纪法国和 20 世纪美国企业管理中的大量应用。风险管理从关注重大工程和重大事故，已扩展到广泛的企业管理，以及不同产业领域和社会管理的各个层面。家蚕微粒子病的防控是养蚕业病害防控中具有明显风险管理特征的领域。

风险管理的根本目的是创造、保护和保持价值，而且要有助于技术和管理的创新，以及项目（企业和行业等）的目标实现和可持续发展。

家蚕微粒子病防控技术体系的基础是风险阈值的解明和检测配套技术能力的提升。随着研究和技术的发展，风险阈值可以不断接近真值，但不可能获得；检测配套技术能力也可不断增强，可以不断减少不确定性（uncertainty），但无法排除所有不确定性。因此，家蚕微粒子病检测技术也应该是一个动态发展的技术体系。

此外，家蚕微粒子病的防控不仅涉及检测技术，还涉及整体防控技术体系和技术管理体系等更为宏观的问题。因此，家蚕微粒子病防控风险管理技术体系应该是一个不断发展和完善的体系。

11.3.1 风险控制强度与社会经济地位的关系

风险管理的目标是以最低的经济和社会成本，获得最大的安全保障和社会效益。从最低的经济和社会成本角度而言，风险控制的强度越低越好，甚至不采取任何的措施；从获得最大的安全保障和社会效益角度而言，风险控制的强度越强越好，直至采取不惜一切代价的措施。风险控制强度在风险管理中，其背景基础是需要管理对象（如家蚕微粒子病）的安全需求、经济价值及社会影响等。家蚕微粒子病防控的重要性与产业技术水平和蚕丝业的社会经济地位有关，在不同的技术和社会经济发展阶段是不同的。

在家蚕微粒子病防控技术发展中，检测技术经历了从发现病原微生物到通过检测 Nb 生产使用合格蚕种，再到集团母蛾检测高效技术，以及样本制作和检测设备技术等整体发展的历程。同时，饲养过程空间、时间和抗性维度防控技术也得到了不断发展。随着现代科技的发展，基因编辑[CRISPR/Cas9、锌指核酸酶（zinc finger nuclease, ZFN）技术和类转录激活因子效应物核酸内切酶技术（transcription activator-like effector nuclease，TALEN）]等新型转基因技术与传统育种技术的有机结合，足以控制 Nb 胚胎感染率较低的蚕品种育成；微生态技术的有效应用和新型药物的发现，足以控制 Nb 感染家蚕或在感染家蚕体内有限繁殖，或在健康家蚕群体内扩散传播；新型家蚕饲养模式有效空间隔离技术的发展，足以控制胚胎或食下 Nb 感染个体在有限健康家蚕群体内扩散传播等的实现，也许在家蚕微粒子病风险控制中，不再需要蚕种 Nb 检测技术。但在今天的技术发展水平下，蚕种 Nb 检测技术依然是风险控制和管理的技术关键。

在社会经济地位上，日本蚕丝业从 19 世纪后叶到 20 世纪后叶是一个学习西方、结合中国经验快速起步发展至盛期再衰退的过程。1930 年桑园面积占耕地面积达 26%，从业农户近 40%，全国生产蚕茧近 40 万 t，生丝 4.2 万 t。1923～1927 年，茧丝绸的出口额占同期全商品总额的 45%，从而被尊为“功勋产业”。进入 20 世纪 50 年代，日本蚕丝业开始弱化，80 年代跌入快速衰退期。在外部因素上，与中国蚕丝业的崛起有关，但本质上还是因石油工业和社会经济的快速发展（1990 年的国民生产总值为 3.1 万亿美元），蚕丝业相对社会经济地位下降的影响更为重要。

1985 年，日本蚕茧占世界蚕茧产量的 8.4%（4.7 万 t），生丝占 16.2%，业内相关人员及专家认为 Nb 母蛾检测的社会成本投入过大，影响蚕种生产企业效益，建议废除法律约束或企业自主决定是否实施。1998 年以后，涉及蚕种家蚕微粒子病检测等的与产业发展密切相关的《蚕丝业法》和《制丝业法》等相继被废除（四川省蚕业制种公司和四川省蚕学会蚕种专业委员会，1991；顾国达，2001）。

我国长期处于农桑为主、男耕女织的社会经济形态，农桑文明对社会经济和人的生活或思维产生了深远的影响。5000 年的栽桑养蚕，在社会经济生活中发挥重要作用的同时，形成了大量的技术文献及诗歌等（卫杰，1956；陈开沚，1956；鲁明善，1962；华德公，1990；吴一舟，2005；蒋猷龙，2007；周匡明，2009）。公元前 7 世纪，在《管子·山权数篇》中有“民之通于蚕桑，使蚕不疾病者，皆置之黄金一斤，直食八石，谨听其言，而藏之官，使师旅之事无所与”的描述，在战国时期有“丝税贡赋”之说，在汉代甚至用蚕丝产品替代金铜等货币，1934 年浙江湖州双林蚕区农村经济收入的一半以上来自种桑养蚕……大量文献记载了在我国社会经济发展中“农桑并举”和“男耕女织”的重要地位。中华人民共和国成立后，1970 年和 1977 年，蚕茧（12.1 万 t）和生丝产量（1.8 万 t）分别成为世界第一；20 世纪的 80 年代，茧丝类及丝绸产品的出口额占国家出口总额的 1/3（约 20 亿美元）；1995 年蚕茧和生丝产量达到巅峰时期，分别占世界的 78.5%和 76.1%（嵇发根，1994；浙江大学，2001；顾国达，2001），蚕丝业在社会经济中占有举足轻重的地位。2018 年，我国国内生产总值（GDP）和农业生产总值分别为 90 万亿元和 6.5 万亿元，而 2018 年外贸出口总额为 30.51 万亿元，养蚕业每年约 60 万 t 蚕茧产量及丝绸产业在国家经济中的地位也由此可见一斑。随着国家现代化进程的推进，农业的 GDP 还将持续下降，蚕丝业在延续传统生产模式的情况下，其在国民经济生产总值中的占比也将随势而变。

农业产业的社会经济地位不仅与其在国家经济中的占比有关，而且与农民收入提高和生态维持等有关。在我国现今社会经济发展阶段，区域经济发展不平衡的问题依然会存在相当长的时期。传统养蚕模式在社会经济发展相对较为发达的区域（如浙江和江苏等省份）

可能会逐渐减少，但社会经济相对欠发达区域或贫困地区（如广西、云南和贵州等省份）则正在大力发展之中。在蚕丝纤维约60年世界消费量保持基本稳定，以家蚕、蚕丝或蚕茧为原料的新产业尚未崛起，世界范围内尚未形成取代中国养蚕和蚕茧生产的国家或区域，以及养蚕生产模式尚未发生重大变革的状态下，我国传统养蚕业仍将保持相当的规模（鲁兴萌，2010，2015），且在部分区域的农民增收和脱贫致富中发挥重要作用。

家蚕微粒子病的防控既不是一种可“不采取任何的措施”，也不是要“采取不惜一切代价的措施”可以解决的问题，更不是非黑即白的线性思维可以解决的问题，应该是一种具有悖论之美的风险管控技术体系。

在蚕种家蚕微粒子病检测风险阈值真值的解析、防控技术管理体系和产业社会经济地位的变迁等维度上，家蚕微粒子病防控都存在大量不确定性和复杂性。在我们无法像亚历山大大帝一样挥剑破碎戈尔迪乌姆之结的情况下，既不能像“骄傲的世人掌握到暂时的权力，却会忘记了自己琉璃易碎的本来面目，像一头盛怒的猿猴，装扮出种种丑恶的怪相，使天上的神明们因为怜悯他们的痴愚而流泪”（莎士比亚，《一报还一报》），也不能处在“在回忆中慢慢死去的状态”。身处产业社会经济地位不断变化的历史大背景中，获取尽可能多的科技和产业信息，用多元、交义和非线性的思维方式分析思考，保持对他人产生影响、自身基本义务、行业价值和社会贡献的敏感，推进家蚕微粒子病防控风险管理技术水平的提高和产业的可持续发展，也许是从业者的应有之举。

11.3.2 家蚕微粒子病防控的技术管理体系

家蚕微粒子病防控技术管理体系是一个逐渐成长和发展的体系，我国在体系建设主体上参照了日本在20世纪60年代构建的体系，但也有不少中国特色。

1955年，形成了“三级饲养四级制种”的蚕种生产和繁育基本模式。

1991年，农业部发文《家蚕良种繁育微粒子病防治技术要点（草案）》，要求各生产省（区）蚕茧主管部门成立工作机构加强领导，母蛾检测工作由省统一管理，制定统一标准和办法。四川省丝绸公司、江苏省家蚕微粒子病防治领导小组、浙江省农业厅和广东省丝绸公司等省级主管部门相继出台家蚕微粒子病防控有关规定。

1995年，四川省人民代表大会以公告形式发布了《四川省蚕种管理条例》，该条例“第二十九条，省蚕种质量监督检验站负责全省蚕种质量监督管理，负责组织原种、省属蚕种场普通蚕种的检验及省际间调运蚕种的检验检疫。市、地、州蚕种质量监督检验机构，负责本行政区域内蚕种质量的监督管理和普通蚕种的检验检疫。未设立蚕种质量监督检验机构的，其普通蚕种的检验由省蚕种质量监督检验站负责组织……第三十一条，蚕种的检验检疫，必须按照蚕种质量标准和蚕种检验规程进行……”。

1997年，农业部以部长令的形式发布了《蚕种管理暂行办法》，该办法规定“……第十六条，省级农业行政主管部门所属的蚕种质量检验机构承担辖区内商品蚕种质量检验、技术鉴定任务，对检验合格的蚕种核发《蚕种质量合格证》；同时接受有关单位委托的蚕种质量检验。农业部蚕种质量检测中心受委托承担全国蚕种质量抽检等任务……第十九条，微粒子病是蚕种质量检验的重点，其检验按照农业部有关规定执行……”。

2006 年，农业部发布《蚕种管理办法》，更为规范和明确了有关具体事项（如对检验机构资质的认定等），但在家蚕微粒子病防控技术管理体系的结构上并未发生明显变化，即由省级行政主管部门确定检验机构和制定蚕种质量监督抽查计划并实施。重庆（1997 年）、安徽（1999 年）和浙江（2006 年）也以省人民代表大会公告的形式发布了类似的条例。

在农业部《蚕种管理暂行办法》和各省条例颁布的同时，《桑蚕原种》（GB/T 19179—2003）和《桑蚕原种检验规程》（GB/T 19178—2003）国家标准，以及《桑蚕一代杂交种》（NY/T 326—1997）、《桑蚕一代杂交种检验规程》（NY/T 327—1997）、《桑蚕一代杂交种繁育技术规程》（NY/T 1093—2006）和《桑蚕原种繁育技术规程》（NY/T 1492—2007）等行业标准相继颁布，部分省区也相继颁布了相关的标准与规程，虽然近年部分标准和规程的具体内容有所变更，标准的“强制性”和“推荐性”及地方配套政策要求有所变化，但家蚕微粒子病防控技术管理体系的结构基本未变。

家蚕微粒子病防控技术管理中蚕种 Nb 检测的结构体系如图 11-12 所示。与日本 Nb 检测的技术实施主体为企业不同，我国在全国范围内，基于历史的生产规模、地理条件和管理传统，形成了不同性质、类型和技术人员组成的 Nb 检测机构与技术管理模式。在机构性质上，有独立检测机构，有混合检测机构（既承担检验工作又承担生产任务），也有企业自主进行 Nb 检测的。在机构类型和技术实施上，有省级建立检测机构统一检测，也有省区域内设立数个检测机构在省技术主管部门指导下开展检测，也有企业自己负责检测的。在检测人员组成上，有的区域是省级检测机构全员固定技术人员实施，有的区域是省级检测机构固定技术人员与临时抽调蚕种生产企业技术人员混合实施，也有企业技术人员自己完成的。检测机构性质、类型和技术人员组成的不同，对 Nb 检测的系统性质量存在较大的影响和存在较大的不确定性。

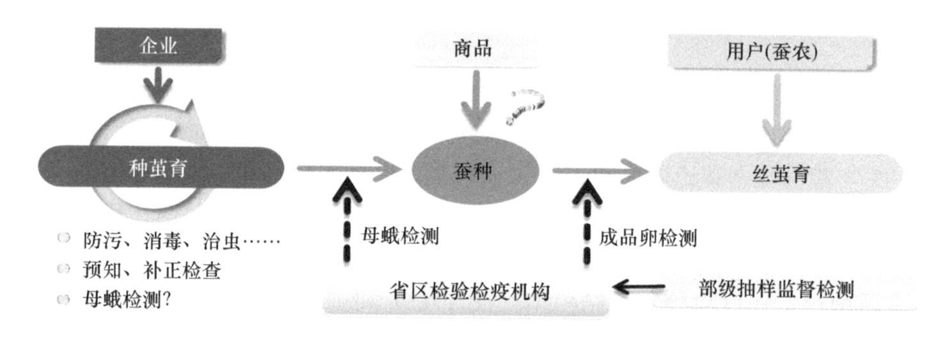

图 11-12　蚕种家蚕微粒子病检测的结构体系

2006 年，全国人民代表大会颁布的《中华人民共和国畜牧法》中与养蚕业直接相关的有：“……第二条　在中华人民共和国境内从事畜禽的遗传资源保护利用、繁育、饲养、经营、运输等活动，适用本法。本法所称畜禽，是指列入依照本法第十一条规定公布的畜禽遗传资源目录的畜禽。蜂、蚕的资源保护利用和生产经营，适用本法有关规定……第六条　畜牧业生产经营者应当依法履行动物防疫和环境保护义务，接受有关主管部门依法实施的监督检查……第四十四条　从事畜禽养殖，应当依照《中华人民共和国动物防疫法》的规定，做好畜禽疫病的防治工作……”等。

2007 年，全国人民代表大会颁布的《中华人民共和国动物防疫法》中与养蚕业直接相关的有："第三条　本法所称动物，是指家畜家禽和人工饲养、合法捕获的其他动物……本法所称动物防疫，是指动物疫病的预防、控制、扑灭和动物、动物产品的检疫。第四条　根据动物疫病对养殖业生产和人体健康的危害程度，本法规定管理的动物疫病分为下列三类：（一）一类疫病，是指对人与动物危害严重，需要采取紧急、严厉的强制预防、控制、扑灭等措施的；（二）二类疫病，是指可能造成重大经济损失，需要采取严格控制、扑灭等措施，防止扩散的；（三）三类疫病，是指常见多发、可能造成重大经济损失，需要控制和净化的。前款一、二、三类动物疫病具体病种名录由国务院兽医主管部门制定并公布……第七条　国务院兽医主管部门主管全国的动物防疫工作……第八条　县级以上地方人民政府设立的动物卫生监督机构依照本法规定，负责动物、动物产品的检疫工作和其他有关动物防疫的监督管理执法工作……"等。但在 2008 年，农业部发布的《一、二、三类动物疫病病种名录》三类疫病公告中，包括了与养蚕相关的"……蚕型多角体病、蚕白僵病……"，但并无家蚕微粒子病。养蚕业的蚕种作为商品，与 2009 年全国人民代表大会颁布的《中华人民共和国产品质量法》的要求差异较大。

面对社会经济和社会主义市场经济体系的不断发展与完善，与养蚕业或家蚕微粒子病检测相关的政府职能、标准体系和国家法律也正在发生变化与不断完善之中。蚕种生产或养蚕蚕茧及相关产品经营，将逐渐脱离政府职能范围；家蚕微粒子病检测相关标准也难以成为国家或行业的强制性标准；相关法律中的描述与产业的现实状态存在的差异终将影响产业的可持续发展。产业内部如何形成共识，顺应国家社会经济发展及相关法律法规不断完善的大趋势，重构家蚕微粒子病防控检测技术管理体系也是产业可持续发展的必然要求。

11.3.3　家蚕微粒子病防控中检测技术管理体系的重构

在现有家蚕微粒子病防控检测技术管理体系中，家蚕微粒子病检测技术是基础性的问题，不论是以母蛾为检测对象还是以成品卵为检测对象，都涉及抽样和检测两大技术系统，有关实验性数据和论述分别在第 3 章和本章前述部分描述。风险阈值是检测技术的核心问题，实验性数据是其科学基础，但需要结合流行病学调查数据和风险管理决策维度进行分析与判断。

从家蚕微粒子病风险控制领结模型（图 11-2）和蚕种家蚕微粒子病检测结构体系（图 11-12）展开，家蚕微粒子病防控检测技术管理体系已经或在不久的将来可能面临的问题主要有三个方面，即管理制度的支持体系、家蚕微粒子病检测技术的科学体系和蚕种生产中前端防控技术的创新体系。

11.3.3.1　管理制度的支持体系重构

管理制度的支持体系，是家蚕微粒子病风险控制的基础和背景。现有相关法律、条例、办法或标准间的衔接误差或认知偏差，使家蚕微粒子病风险控制具体作业的标准化底线模糊。家蚕微粒子病检测未列入与法律配套的公告之中，不仅表现为风险控制强度不足，也导致不少区域正在进行的家蚕微粒子病检测管理制度支持发生歪曲。推荐标准中家蚕微粒子病检测结果作为产品质量指标之一，生产者显然是主体责任者，也是对生产者基本能力的要求。长期在呵护下成长的不少蚕种生产企业的检测能力不足，或标准和能力匹配度较低，从而诞生了大量非市场化委托检测的“畸形儿”。具蚕种生产-Nb检测-技术行政管理等不同功能的混合型机构，组织构架明显的不公正形式或过度“刷存在感”，导致生产-技术-管理之间无法形成信任关系而有效实施管理。时来天地皆同力，运去英雄不自由。因此，必须充分认清社会经济发展的大势，加快顺应养蚕业融入社会和科技发展的大趋势，科学分析家蚕微粒子病防控技术体系的结构与关键，完善和有效发挥管理制度支持体系的基础作用。

11.3.3.2　家蚕微粒子病检测技术的科学体系重构

家蚕微粒子病检测技术的科学体系，是家蚕微粒子病风险控制的技术和管理核心，主要包括检测技术、抽样方法和风险阈值研究，生物学和管理学上的科学性是核心内涵。家蚕微粒子病检测技术体系的持续不变或稳态现实，是由科学研究进展不足以改变传统方法，还是由管理制度支持体系的缺失性或惰性所致，是一个值得思考和商榷的问题。Nb 检测技术风险阈值的管理过程，本质是平衡蚕种生产者和蚕种使用者的风险（图 11-13）。当家蚕微粒子病检测技术管理者与蚕种生产效益获得者同体时，安全阈值的圆圈就可能向左移动；当家蚕微粒子病检测技术管理者与蚕种用户因可能发生的群体事件联系在一起时，安全阈值的圆圈就可能向右移动。产业可持续发展的大局很容易让技术管理或决策者明白“枪响之后谁是赢家”的道理，但避免损失动机和获得收益动机的强度具有不对称性，加上社会责任感的弱化，极易导致安全阈值圆圈向错误方向移动。家蚕微粒子病检测技术（检测和抽样）是确定安全阈值的基础，安全阈值的真值是引导走向完美的方向，恐惧不确定性而裹足不前只会错失良机，或使未来付出更大的代价。广泛收集阶段性科学研究和实验的相关数据，在完善管理制度支持体系的基础之上，科学分析和制定相对合理的安全阈值及系统性风险管理措施，是蚕种家蚕微粒子病检测技术体系科学化的基本表征。

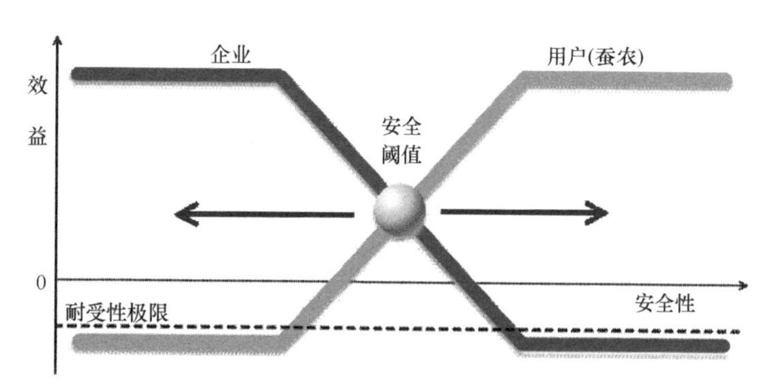

图 11-13　蚕种生产-家蚕微粒子病检测-蚕种用户间的安全阈值和管理倾向示意图

11.3.3.3　蚕种生产中前端防控技术的创新体系重构

蚕种生产中前端防控技术的创新体系，是蚕种 Nb 检测技术的前置体系，包括整个蚕种生产的各个流程的多数技术及过程，也就是空间、时间和抗性 3 个维度上家蚕微粒子病防控的相关技术，该庞大和复杂技术体系的相关内容也是本书前述内容努力回答的问题，但也仅为冰山一角的陈述。各类技术研究都显示了一定的效果，部分生产单位也尝试着各种技术的实施，但具有显著效果和影响的技术并不多见。技术研发的推力似乎不少，而难以看到拉力的出现。营造产品质量具有适度竞争性的产业发展氛围，触发生产者科技创新或创新科技需求的内生动力，促进蚕种生产中前端防控技术创新体系的形成，是产业可持续发展的基本形态要求。

家蚕微粒子病防控是一项复杂的系统工程，家蚕微粒子病检测技术管理体系是该系统工程中的关键性子系统，同样具有复杂性、不确定性和时效性等特征。构建一个永恒不变和完美无缺的体系是不现实的，充分体现时代发展和科技进步的系统是必需的。因此，明确防控底线和标杆的完整性、家蚕微粒子病检测和防控体系的科学性、以可控为基础的生产-检测-管理创新性、基于生产规模与区域的包容性等，是重构家蚕微粒子病检测技术管理体系值得考虑的原则。

防控底线和标杆的完整性：理念上底线不明和愿景上标杆不清，使技术发展处于“上不了梁，下不了地”的状态，也是目前家蚕微粒子病检测技术和技术管理体系运行困惑重重的症结之所在。“雾霾重重关闭门窗不出家门，虽然绝对安全，但也就没有生活。”家蚕微粒子病检测中，过度强调安全而不讲经济效率，过度强调形式而无法控制实质的运行状态也将导致产业的衰落。

不仅是家蚕微粒子病检测和家蚕微粒子病防控相关标准或要求，现实生产中未能和无法实现的制度或要求、技术上可实现但经济上必然失败的要求等现象，以及产业上诸多标准或要求也存在大量类似问题。以底线思维明确家蚕微粒子病防控的极限，提高蚕种质量与产品价格间的关联度，构建可分层管理和职责明晰的组织结构，以标杆管理方式引导生产企业的竞争力增强，构建具有良好防控底线和标杆完整性的 Nb 检测技术管理体系，是产业可持续发展的重要基石之一。

家蚕微粒子病检测和防控体系的科学性：在认知家蚕微粒子病检测风险阈值的关键性作用，以及达到其真值是一个不断追寻与迫近的过程性概念基础上，及时收集历史和现时的科学实验、流行病学调查数据，有效集成生产-检测-管理技术人员和专业人员的智慧是体系科学性的重要保障。风险并非来自过去，没有传统和沉迷于历史都将没有未来，任何技术体系科学性的与时俱进、守正创新是防范未来风险的重要手段。

以可控为基础的生产-检测-管理创新性：生产、检测、管理整个产业链条会产生波动性，在防控体系的底线和标杆具有良好完整性的前提下，构建基于生产、检测和管理不同功能模块的内生性质量体系，可有效控制这种波动性而使整体趋于形成稳定的基本框架，这种基于良好竞争环境的内生性创新动力，也将不断提高家蚕微粒子病防控的技术水平和拉动相关技术的发展。

生产规模与区域的包容性：现有生产和检测管理体系中的 3 种家蚕微粒子病检测方式在一定程度上体现了包容性，与之相反的发号施令式管理往往带来恶意服从，即阳奉阴违的结果或现实。Nb 来源于养蚕生产，养蚕生产的规模越大，Nb 来源越丰富。因此，Nb 检测技术管理体系和家蚕微粒子病防控体系，需要基于不同区域不同生产规模（包括蚕种和蚕茧生产）的实际，以及生态环境可能带来的影响，制定具有适度家蚕微粒子病检测和防控强度的包容性原则，有利于实现在保障安全的基础上提高经济效益的目标。

养蚕业 5000 年的历史是一个不断前进和发展的历史过程，在特定历史阶段，特别是社会经济结构发生急剧变化的阶段，其他行业带给养蚕业的冲击和影响是巨大的。在充满挑战的社会经济背景下，行业群体在传统思维中的固化，也许是家蚕微粒子病防控和养蚕业可持续发展最大的风险。无所作为的自然时间延续，必然会被灰犀牛撞得支离破碎，但一个具有长久历史的产业，必然有其良好反脆弱性的内核，“杀不死我的，使我更坚强”（尼采）的特性会使它存活更长的时间，但其存在形式将发生巨大的变化……或者在传统禁锢和阻碍因素自行消退后，形成自下而上的新型稳定系统，事实上这种迹象在部分区域已经出现；或者出现基于现代生物技术、智能化技术、材料技术和其他高新技术的高密度、智能化和人工饲料养蚕技术平台，这类平台不仅可满足人类对蚕茧的传统需求，而且使养蚕业广泛延伸到新型纤维、生物材料、生物制药等领域成为可能。变是生命中最大的常数，唯变方能永生。

- 家蚕微粒子病防控技术在空间、时间和抗性维度上取得了长足的发展，形成了现有病害防控的技术体系。家蚕微粒子病防控具有明显的风险管理特征结构，是养蚕业中最需要和最适合进行风险管理的技术领域，如何从空间、时间和抗性维度上解析家蚕微粒子病的风险因子与不确定性，厘清家蚕微粒子病风险管理中家蚕微粒子病检测关键节点的技术与管理关系，是构建具有良好科学性防控体系的基本要求。
- 家蚕微粒子病检测的风险阈值是家蚕微粒子病检测的技术核心，不论是基于流行病学调查的 0.5%允许病蛾率，还是基于生物学实验的 0.25%或 2%胚胎感染个体混入率，都不是风险阈值的真值，真值是一个可以无限接近但无法得到的数据；真值是防控强度、生产形式（空间、时间和抗性能力等）和管理模式等充满不确定因素混合体中的一个核心问题，以多维度、多视角和多元价值的灰度决策方式适时确定风险阈值，构建具有良好科学依据和现实合理性的防控体系是养蚕业可持续发展的基础之一。
- 家蚕微粒子病检测技术管理体系是病害防控系统工程中的关键性子系统，也是重要性和有效性体现得最为突出的系统。该系统在社会经济活动大背景中的定位、技术管理支持系统的法律法规和制度机构的定性，以及如何及时从防控底线和标杆的完整性、家蚕微粒子病检测和防控体系的科学性、以可控为基础的生产-检测-管理创新性、基于生产规模与区域的包容性等原则出发，重构家蚕微粒子病检测技术管理体系，更是养蚕业可持续发展的迫切任务。

第四篇

实验方法

工欲善其事，必先利其器。〔中〕孔子

最有价值的知识是关于方法的知识。〔英〕达尔文

思想必须以极端的方法才能进步，然而又必须以中庸之道才能延续。〔法〕瓦雷里

在上述篇章中，以描述研究结果和论述为主，与获得这些结果直接相关和容易理解的实验设计与方法都已同步陈述。本篇分生物类、蛋白质类和核酸类两章介绍有关家蚕微粒子虫的“传统”和“现代”两类实验方法。“传统”类实验方法主要介绍在多数文献或书籍中未尽详细介绍的内容，这些方法带有经验性的色彩，在不同时期或实验室，由于所用器皿、工具或手法等的差异，实验的效率或效果出现较大差异，这类方法的介绍主要是为从事相关研究但实验经验相对较少的人员提供参考。“现代”类实验方法，此处的现代是指实验或数据结果获得当时的现代，在读者阅读的时间点可能已经非现代，甚至已经落后或变成“传统”类，这类方法的介绍主要是为后来研究者有效鉴别本书陈述数据、内容或结论的可靠程度提供参考，为后来者设计和采用更为先进的实验方法创造条件。

第 12 章　微孢子虫相关的生物类实验

本书陈述的研究内容所涉及的家蚕微粒子虫（*Nosema bombycis*，Nb）主要是指本研究室长期保存和繁殖的分离株，部分不同的微孢子虫在相关篇幅中都有明确标示或说明。

12.1　家蚕微粒子虫的繁殖、纯化与保存

家蚕微粒子虫的繁殖、纯化与保存是开展有关家蚕微粒子病研究的基础，快捷有效获取满足不同实验要求的 Nb 孢子是实验顺利进行的前提条件。

12.1.1　家蚕微粒子虫的繁殖

根据实验目的的要求或习惯不同，可采用不同的方式进行繁殖。一般采用家蚕 5 龄幼虫后期添食感染、收集蛾的方式。该方法饲养作业时间相对较短，因此 Nb 排放污染实验室的概率相对较低。

在桑叶育情况下，春季感染，家蚕体质强健度较好，Nb 孢子的繁育量较多，且材料中细菌等杂质较少，有利于后期纯化和实验操作；夏秋季感染，家蚕体质强健度相对较低，孢子的繁育量相对较少，且材料容易混杂大量细菌，给后期纯化和实验操作带来困难。在人工饲料育的情况下，Nb 孢子的繁育量相对较少。在用家蚕繁殖 Nb 时，必须避免家蚕体内细菌过多的情况发生。

12.1.1.1　感染方式

家蚕微粒子虫实验中由于目的不同，感染方式不同，主要有添食、口腔注射和细胞感染三种方式，以添食感染为常用方法。

12.1.1.2　添食感染

用于繁殖 Nb 孢子的感染，一般采用添食感染的方式。

桑叶感染方式是用镊子和小团脱脂棉蘸取 Nb 孢子悬浮液均匀涂布于桑叶背面，或用移液器将定量的 Nb 孢子悬浮液滴于桑叶背面，再用镊子和小团脱脂棉涂匀。棉团过大易吸附大量 Nb 孢子而导致实际感染剂量出现不确定性。桑叶涂抹 Nb 孢子悬浮液后，适度阴干即可，阴干时间过长 Nb 孢子活力下降，影响感染或实验结果；阴干时间过短，桑叶过湿，家蚕爬行等易影响感染剂量，小蚕甚至发生淹死现象。

人工饲料感染方式是用移液器将定量的 Nb 孢子悬浮液均匀滴于适当大小的饲料上。用于添加 Nb 孢子悬浮液的人工饲料在配制时应按比例下调加水量，避免添加 Nb 孢子悬浮液后人工饲料湿度过大，影响家蚕食下及小蚕发生淹死现象。添加 Nb 孢子悬

浮液的人工饲料不宜太厚，以保证 Nb 孢子较为均匀地进入饲料。

感染是为了提高家蚕食下 Nb 孢子的数量，可将家蚕进行适度饥饿后再添食感染 Nb，5 龄起蚕可饥饿 24h 后再喂饲添加有 Nb 孢子的桑叶或人工饲料。

采用 5 龄起蚕或食桑 6d 左右（因品种而异，上蔟前一天为佳）添食感染方式，家蚕饲养至羽化，羽化蛾自然死亡（3～7d）后，即可用于 Nb 孢子的纯化。Nb 孢子悬浮液的浓度一般为 10^5 孢子/ml（距上蔟时间不足 1d 情况下，应提高浓度到 10^7 孢子/ml），按照 20～40μl/条喂饲 12h 后（桑叶基本食尽为度），用普通桑叶常规饲养至羽化。该方式饲养作业时间较短，发生家蚕被其他病原微生物混合感染的概率较低，在秋季饲养感染的优势更为明显。

采用 2 龄或 3 龄起蚕添食感染方式，一般 Nb 孢子悬浮液的使用浓度为 $10^{3\sim4}$ 孢子/ml，按照 30～50μl/30 条，将 Nb 孢子悬浮液用小的脱脂棉球涂抹于 5cm×5cm 的桑叶叶背，喂饲 12h 后（桑叶基本食尽为度），用普通桑叶常规饲养，至 5 龄食桑 4d 左右，观察群体，挑出具有感染症状或疑似症状的家蚕，解剖丝腺，有典型病变者用于 Nb 孢子纯化。该方法的优点在于在解剖时，可根据丝腺的典型病症（乳白色脓疱）选择性取材，且丝腺一般没有细菌等杂物污染，便于后续纯化作业。该方法需要较好地把握 Nb 孢子悬浮液使用浓度的经验，或采用同一批感染用 Nb 孢子悬浮液设置多个浓度梯度进行处理，以便提高成功率。该方法使用 Nb 浓度过高，多数家蚕未发育到 5 龄第 4 天或以后已经发病或死亡，收获量很低；使用 Nb 浓度过低，多数家蚕发育到 5 龄第 4 天或以后丝腺仍未出现典型病变，收获量也很低。此外，该方法感染后纯化所获 Nb 孢子中非成熟 Nb 孢子比例较高，不适合用于感染力定性类实验（采用精制技术后可以获得高纯度成熟 Nb 孢子，既费时又影响孢子活力）。同法，也可取家蚕中肠进行纯化，但中肠材料其他微生物较多，获取较高纯度的 Nb 孢子较为困难，或纯化质量不佳。

添食感染的目标是有效获取 Nb 孢子，但也应适度考虑实验室污染和废弃物处理问题。一般情况下，采用早期感染方式，但因饲养作业时间较长，容易造成实验室 Nb 的污染，需要做好严格隔离和清洁消毒等防范措施。

12.1.1.3 感染用家蚕微粒子虫孢子悬浮液的预处理

在正常情况下，Nb 孢子纯化的粗提液用于感染效果较好，经 Percoll 纯化或保存时间较长后容易导致感染力下降。

在 Nb 孢子悬浮液中混有较多细菌的情况下，可采用 25℃温育 12h→加抗生素温育 6h，3000r/min 离心 10min（4℃），循环离心洗涤 2～3 次→生理盐水离心洗涤后用生理盐水充分悬浮沉淀，进行前期处理。或用 2000 倍稀释的 1227（40%的 DDBAC）溶液代替抗生素，同顺序处理。或两者结合，温育-离心-洗涤交替使用。

在 Nb 孢子悬浮液中混有病毒（BmNPV 或 BmCPV）多角体的情况下，可将孢子悬浮液于 3000r/min 离心 10min（4℃）。弃上清后，用 pH 8.5 的 1/15mol/L 磷酸缓冲液（$Na_2HPO_4 \cdot H_2O$，9.2g/L；$NaH_2PO_4 \cdot H_2O$，11.864g/L）充分悬浮沉淀，25℃温育 10min，再 3000r/min 离心 10min（4℃），弃上清和生理盐水离心洗涤后，用生理盐水充分悬浮沉淀。

在防范细菌和病毒多角体两者的情况下，可将上述两种方法结合进行处理。

12.1.1.4　口腔注射和细胞感染

用口腔注射法感染时，幼虫龄期过小，注射难度太大而极少使用，一般采用 5 龄幼虫。

注射时，一手轻持家蚕幼虫，另一手持 1ml 玻璃注射器，双手协调配合，将针头顺势插入家蚕口器和食道，迅速注入 0.01ml 的 Nb 孢子悬浮液。所用的 4-$5^{1/2}$ 号针头，其尖端部分事前必须磨成钝口。在注射时，家蚕被刺激后吐出消化液，或感觉消化道被刺破的个体要淘汰。口腔注射后 1d 内注意观察家蚕，发现有细菌性败血病症状的家蚕要淘汰，其后核准家蚕条数，进入正式实验或实验计数。

细胞感染的方式以 Hayasaka 等（1993）的方法较为便利可靠，即将 20μl 精制纯化的 Nb 孢子悬浮液（5×10^7 孢子/ml）与 200μl 的 KOH 溶液（0.2mol/L，pH 11.0，配制一周内使用）混合，于 25～27℃温育 2h 后，加入准备好的 Bm 细胞培养皿（或瓶）。

12.1.2　家蚕微粒子虫孢子的纯化

12.1.2.1　材料前期处理

一般都以感染羽化蛾为材料进行纯化，也可取丝腺或中肠上皮细胞组织进行纯化。

在以感染羽化蛾为材料进行纯化时，应将健康度较差（腹部腐烂，或羽化后 1 周尚未充分干燥）的蛾剔除后再纯化。以感染中肠上皮细胞组织为材料进行纯化时，应剔除围食膜内容物，并适度在生理盐水中漂洗后再纯化。以具有典型病变的感染丝腺为材料进行纯化时，只需在解剖时用无菌生理盐水漂洗即可。

羽化蛾，可直接进行纯化，也可在 5℃冷藏保存后再纯化。中肠上皮细胞组织和丝腺，则以经过冷冻（–80～–4℃）保存后再纯化效果更佳，但保存时间过长易导致 Nb 感染力或其他生物学特征变化，一般以 1 周内使用较为稳妥。

12.1.2.2　普通纯化

普通纯化是指纯化获取材料（Nb 孢子）可用于家蚕添食感染等生物学实验，以及进一步纯化可用于细胞感染和作为分子生物学实验的前期材料。

捣碎：取感染 Nb 蛾（约 40 只），加蒸馏水（约 100ml），用组织粉碎机 8000r/min 高速匀浆，间歇 30s，共运行约 5min（3～5 次）。以感染中肠或丝腺为材料时，称取湿重组织约 20g，加 100ml 蒸馏水，用组织粉碎机 8000r/min 高速匀浆。丝腺经刀片高速匀浆后，快速纤维化而缠绕于刀片，使旋转阻力大幅增加，从而导致电机发热或烧毁，因此，必须在旋转捣碎 1～2 次后，取出刀片，去除缠绕于刀片的纤维化丝，再行旋转捣碎。

过滤和差速离心：上述经捣碎的匀浆液，经 50 目铁纱粗过滤后，再用 100～200 目尼龙纱网过滤。取滤液约 40ml 装入 50ml 的尖底离心管中，用玻棒搅匀后，以约 500r/min 低速离心（甩平转头为佳）2min，弃沉淀。将悬浮液吸入另一试管，2500r/min 离心 10min（4℃），快速倒去上清（沉淀不结实，防止倾出）。此时可见沉淀粗分三层，最上层主要为小的组织碎片，灰白色中层主要为 Nb 孢子，最下层主要为较粗大的组织碎片。

分层吹取和离心洗涤：沿管壁小心加入蒸馏水，用巴斯德长吸管轻轻吹打起上两层沉淀（如用1～5ml移液器，必须将tip的头部剪去，避免吹打中冲击过强搅起最下层的杂质），将吹打悬浮起的上层悬浮液转至另一离心管，弃底部沉淀。将上层悬浮液（含有大量Nb孢子）充分振荡均匀后，继续以≤500r/min，2min（4℃）→2500r/min，10min（4℃）方法差速离心。同时，如上所述加以手工分离操作，离心洗涤3个循环以上，至上清液澄清，最后可得Nb孢子粗提物。该粗提物可用于家蚕添食感染等生物学实验。

将上述所得粗提物（Nb孢子悬浮液）分装入15ml的Corning离心管（尖底）中，振荡均匀后，2500r/min离心10min（4℃），此时若见试管底部有分层沉淀，则将最上层（往往不成熟Nb孢子较多）和最底层少量颜色较深的沉淀（杂质）弃去。合并留置的孢子层，如此操作2～3次。将沉淀悬浮后转移至1.5ml的EP管中，3000r/min离心8min（4℃）即可。若沉淀分为三层，仍以手工方法操作，除去最上层（主要为不成熟孢子）及最下层（主要为杂质或未充分捣碎的粗颗粒），保留中层成熟孢子层。循环操作数次，直至管底无肉眼可见的粗颗粒或杂质。即得较纯的Nb孢子，可用于Percoll纯化。

差速离心时，由于低速离心机的速度控制不是很精确，Nb孢子的损失程度也会不同。因此，操作时应根据材料中成熟Nb孢子的比例（经验），适度调整差速离心速度和时间；当处理材料（母蛾）的成熟Nb孢子较多时，差速离心时低速挡（500r/min左右）的离心速度和时间可稍短，以减少成熟Nb孢子损失。

此外，粗提离心作业期间，对分层Nb孢子辅以手工分离，并适时收集试管底部较纯的Nb孢子，可以减少Nb孢子损失和加快富集速度。此外，操作期间结合自然沉降法去除大颗粒也不失为一种好方法。用自然沉降15min（透明离心管为佳）左右代替低速离心也不失为一种简易的方法。

上述实验处理有较强的经验性，处理合适与否与Nb孢子的得率和活性保持有关。

12.1.2.3 精制纯化

取适量（根据离心管容积）Percoll，用1mol/L氢氧化钠调节pH至7.0左右，待用。

高速离心法：在离心前打开高速冷冻离心机（himac CR22G）电源，预冷至4℃（约30min）。取与离心机R2A22转子相配的离心管2支（管容量为50ml，有盖），在每管中各加入30ml的Percoll（pH 7.0）液，再分别吸取2.5ml普通纯化处理后的Nb孢子悬浮液，轻轻加于两管的Percoll液面上（使用巴斯德滴管，或去tip头移液器，尽量避免液面被搅动）。将两离心管放在台式天平上，用蒸馏水平衡，放入高速冷冻离心机（himac CR22G）的R2A22转子中，以46 000×g（=21 000r/min）离心90min（4℃）。

超速离心法：在离心前约30min，打开超速冷冻离心机电源，预冷到4℃。取与离心机T880转子相配的离心管2支（管容量为11.5ml）。沿管壁缓慢加入10ml的Percoll（pH 7.0）液，注意加液时速度不宜太快。加完液时，若管壁上有气泡，则用手指弹击管壁以消除气泡。再吸取约1ml普通纯化处理后的Nb孢子悬浮液，同上滴于Percoll液面上层。用封口机封口，放入T880转子中，经75 000×g离心30min（4℃）。

高速离心法与超速离心法后的分层情况见图12-1。结果显示两种方法均可将经普通纯化处理的Nb孢子悬浮液进行有效分离。

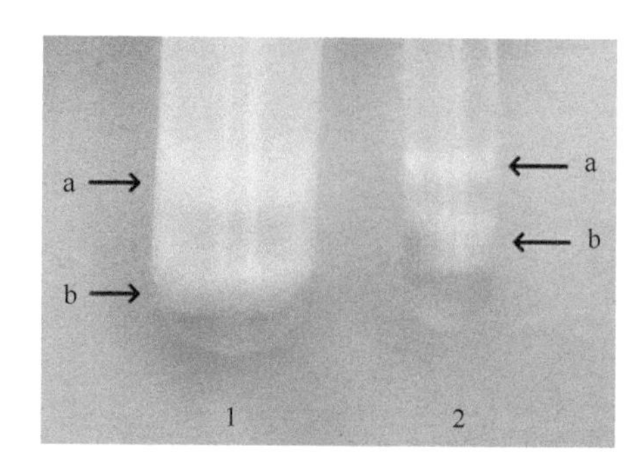

图 12-1　两种离心法的家蚕微粒子虫孢子分层比较

管 1（左）：高速离心（46 000×g，90min，4℃）后的分离效果，管 2（右）：超速离心（75 000×g，30min，4℃）后的分离效果；a：不成熟 Nb 孢子层，b：成熟 Nb 孢子层

在离心管最低端，均为透明的 Percoll 胶体沉淀（呈斜面状）；自下而上的第二个条带层（b）为成熟 Nb 孢子层；第三个条带层（a）为不成熟 Nb 孢子层。

12.1.2.4　高速离心法不同离心时间的比较

取两支离心管，一管装待纯化 Nb 孢子及 Percoll 液，另一管装蒸馏水作为平衡管。以 46 000×g 分别离心 30min、60min 和 90min（4℃），小心取出有 Nb 孢子的离心管，拍照记录离心分层的外观。然后打开管盖，用带长针头的针筒小心伸入管中，吸取最下层 Nb 孢子液少许，盛于 EP 管中，标记。洗涤针筒及长针头 3 遍，再吸取次下层的 Nb 孢子液，盛于另一 EP 管中，标记。吸取完毕后，重新平衡，盖好盖子，继续离心 90min，沉淀即为纯化 Nb 孢子。用蒸馏水洗涤样品孢子 2 遍，稀释后，待镜检 Nb 孢子纯度及成熟度。

高速离心法 3 种不同离心时间的离心结果见图 12-2。三种不同时间离心后，离心管中均出现明显的分层。上层为不成熟 Nb 孢子层，中层为成熟 Nb 孢子层，底层为 Percoll 层（或尚存部分粗杂质）。从图 12-2 的比较也可见，离心时间为 30min 的处理，分层的清晰程度不如离心 60min 和 90min 的处理，特别是成熟 Nb 孢子层与 Percoll 层的分界不够清晰。即在 46 000×g 的离心力场下，离心 30min（4℃）还不足以达到较好的分离效果，容易出现分离不完全的可能。离心 60min（4℃）和 90min（4℃）处理，三个分离层（a：不成熟 Nb 孢子层；b：成熟 Nb 孢子层；c：Percoll 层）十分明显，保证了不同密度颗粒的彻底分离，即达到精制纯化目的。

12.1.2.5　纯化家蚕微粒子虫孢子的吸取与洗涤

高速或超速离心法离心结束后，小心取出离心管。打开管盖（封闭的 11.5ml 离心管可用锋利的剪刀剪开管口），操作过程中要尽量避免过分倾斜或振动离心管，以保持管中已分层的液面不被弄浑。用干净的 tip（以适度去头为佳），自上而下依次吸弃离心管的上层液，以及不成熟的 Nb 孢子或杂质层。当接近管子成熟 Nb 孢子层（图 12-2b）时，换新枪头吸取，并单独存放于干净的离心管中。用蒸馏水离心洗涤成熟 Nb 孢子液 3～4 遍，去除 Percoll 液，即得精制的成熟 Nb 孢子，吸取少量待检。其余暂存 4℃。

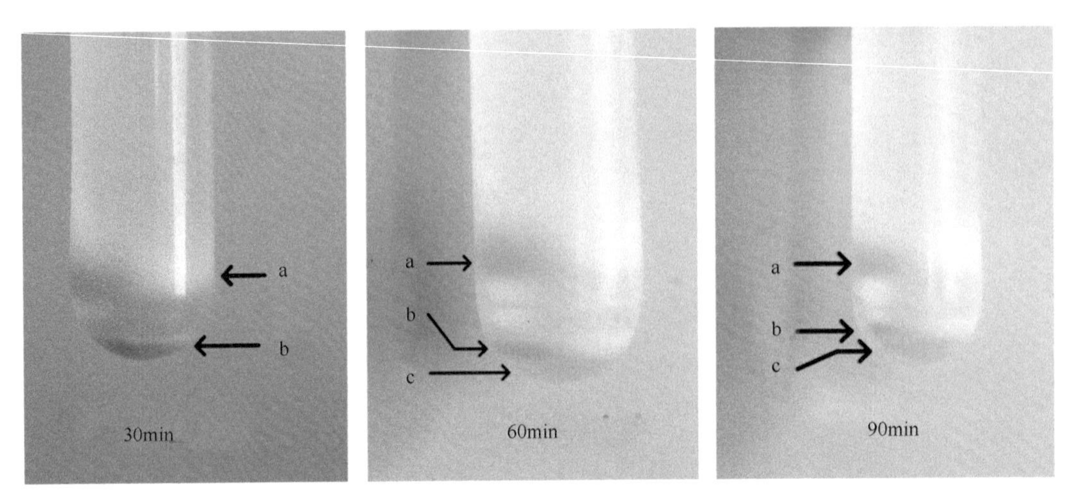

图 12-2　以 46 000×g 离心不同时间后的家蚕微粒子虫孢子分层效果

a：不成熟 Nb 孢子层；b：成熟 Nb 孢子层；c：底部的 Percoll 液

12.1.2.6　孢子纯度及成熟度的检查

取干净的载玻片和盖玻片（最好是新的，或用乙醇∶乙醚=1∶1 浸洗过夜，可在不加液体的情况下，先放在显微镜下观察，检查是否洁净，如若有明显杂质，用擦镜纸仔细擦净表面），各吸取超速和高速离心两种精制纯化方法所获的少量稀释 Nb 孢子悬浮液于载玻片上，盖上盖玻片，于 400～600 倍的相差显微镜下镜检，观察多个视野，记录样品中杂质及 Nb 孢子成熟度的情况。

对高速离心法 3 种不同离心时间所取的 a 层和 b 层 Nb 孢子镜检表明，a 和 b 两层 Nb 孢子纯度均近 100%，a 层中的 Nb 孢子多数为弱折光的暗孢子（图 12-3a），表明为

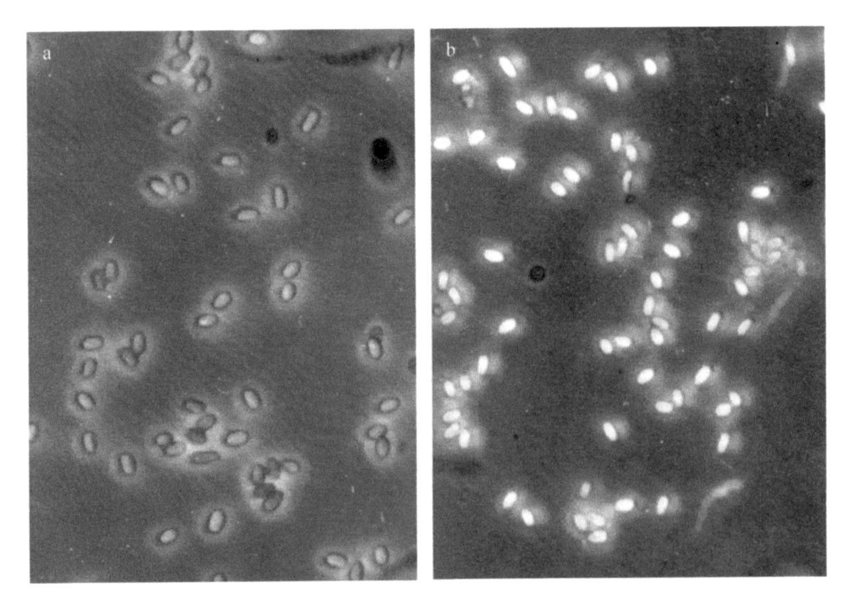

图 12-3　高速离心法不同分层的家蚕微粒子虫孢子

a：a 层 Nb 孢子，b：b 层 Nb 孢子

不成熟孢子，偶尔可见比 Nb 孢子小得多的漂浮颗粒。b 层的 Nb 孢子均呈现很强的折光性（亮孢子）（图 12-3b），表明为成熟 Nb 孢子。超速离心法（75 000×*g*，30min，4℃）的 b 层如图 12-3b 所示，为均一的高折光性 Nb 孢子。也就是采用高速离心法（46 000×*g*，90min，4℃）完全可获得与 Sato 等报道的超速离心法（75 000×*g*，30min，4℃）相同的 Nb 孢子纯化效果（Sato and Watanabe，1980；Sato et al.，1982）。

在感染 Nb 的羽化蛾、中肠组织或丝腺组织中，如不成熟 Nb 孢子比例过大，或上样量过大（普通纯化 Nb 孢子悬浮液体积/Percoll 液体积）等，对成熟孢子的得率、孢子纯化程度均有不良影响。典型 Nb 感染中肠组织或丝腺组织进行 Nb 孢子纯化时，成熟孢子的得率也较低。因此，若要获得足够多的成熟孢子，以选择 Nb 感染程度较好的蛾为佳。当上样量过大时，成熟孢子层可能掺有较多不成熟孢子，可以通过再次进行 Percoll 离心精制纯化来获得成熟度很高且一致的 Nb 孢子。按照本高速离心法，30ml 的 Percoll 液中，上样 2～3ml 普通纯化 Nb 孢子悬浮液，可获得约 1ml 的 10^{11} 孢子/ml 精制 Nb 孢子悬浮液。

内网虫属（*Endoreticulatus*）微孢子虫孢子的纯化方法同家蚕微粒子虫。

12.1.3　家蚕微粒子虫的保存

家蚕微粒子虫在干燥环境中容易失活，纯化的 Nb 孢子则更易失活。因此，在保存 Nb 时必须保持一定的水分。Nb 的保存方法有孢子悬浮液保存法、组织保存法和蛾保存法等。

孢子悬浮液保存法是将初步纯化、普通纯化或精制纯化的 Nb 孢子悬浮液保存于冰箱（5℃、−20℃或−80℃），也可在悬浮液中加入少量甘油后再保存。该方法适用于在短期内进行孢子发芽或细胞感染实验（约 1 周），或幼虫感染繁殖实验（约 1 年）。Nb 孢子悬浮液中，由于一些酶或其他微生物的存在，Nb 孢子发芽能力或感染力可能下降。

组织保存法一般是将具有典型病变的中肠组织或丝腺进行冷冻保存（−20℃或−80℃）。该方法可以保存较长时间，但需要在实验前进行纯化工作，且成熟 Nb 孢子的比例相对较低。

蛾保存法是将幼虫期用 Nb 感染的羽化蛾保存于冰箱（5℃）。该方法可以保存较长时间（3～5 年或更长），但需要在实验前进行纯化工作。

12.1.4　桑尺蠖和斜纹夜蛾饲养与微孢子虫感染繁殖

12.1.4.1　桑尺蠖的捕获与饲养

桑尺蠖（*Phthonandria atrilineata*）可从田间捕获，一般以春季桑园开始发芽时进行采集较为容易。春季桑园开始发芽时（浙江蚕区一般在 3 月下旬左右），越冬桑尺蠖幼虫从桑树枝条缝隙等较为隐蔽的越冬场所爬到枝条上开始觅食，在枝条上呈小枝条状（拟态），此时桑枝条上桑叶较少，较易发现捕获。而且该时节捕获的桑尺蠖携带的病原微生物较少，较易获取无病的桑尺蠖。此外，也可在养蚕季节的大蚕期到田间捕获，该种方式只有在桑尺蠖发生较为严重的田块才较易捕获足够的数量，且捕获桑尺蠖携带病原微生物的可能性较大，增加后期分离无病原桑尺蠖的工作量。

捕获桑尺蠖后，放在实验用玻璃染色缸（直径10～20cm，高5～10cm），覆盖保鲜膜，并用昆虫针等尖锐物在膜上扎若干小孔，用桑叶饲养。根据桑尺蠖的大小或发育进程，喂饲老嫩程度不同的桑叶，带叶柄或枝条桑叶可保持较长时间的适度新鲜，可减少换叶次数。桑尺蠖数量较少时，应在玻璃染色缸中用小皿加带水脱脂棉保持一定的缸内湿度，以延长桑叶保鲜时间和提供桑尺蠖生长需要的一定湿度。

记录桑尺蠖开始营茧化蛹的时间，并按日或半日标记，将蛹按营茧时间分别放入小培养皿，以便控制温度和发育进程。根据每天化蛹个体数量调控蛹的发育进程，尽量使雌雄个体在相同时间内羽化（雄性个体可调控发育进程略快）。在羽化前将2～3对雌雄个体放入玻璃染色缸，缸的底部和四周用纸覆盖，桑尺蠖成虫交配后将产卵其上，以便后期分区和分离无病原桑尺蠖。同时，在缸内放置小皿，内置脱脂棉并加有蜂蜜水。

桑尺蠖羽化和产卵一周左右后自然死亡，将每条或每个容器内的死亡成虫磨碎，进行光学显微镜检测，如未见微孢子虫，说明所获卵为无病原微孢子虫卵，可用于添食Nb孢子等实验。

在桑尺蠖成虫检出微孢子虫的情况下，可采用分区法从所获虫卵中分离出未感染的桑尺蠖。将所获虫卵分成几个单元进行饲养，在饲养过程中对死亡个体或粪等进行检测监控，如检出微孢子虫，则立刻淘汰对应饲养区，并进行器具等的严格消毒；如在饲养过程中未检出微孢子虫，可同上检测成虫再次确认，以达到分离获取无病原微生物卵和幼虫的目的。通过多次饲养-检测循环可获得保障更高的材料。

12.1.4.2 斜纹夜蛾的获取与饲养

斜纹夜蛾（*Spodoptera litura*）为杂食性昆虫，国内已有较多实验室用人工饲料全年饲养斜纹夜蛾，可从这些实验室获取斜纹夜蛾和人工饲料，也可自主配制人工饲料喂饲饲养，或用甘蓝等蔬菜（注意农药中毒）进行喂饲。也可在夏秋季节从大豆等作物中收集，但从田间收集的斜纹夜蛾往往携带有微孢子虫，需要经过分离饲养才能获取无病原微孢子虫的卵和幼虫。

斜纹夜蛾有相互撕咬的习性，在饲养中以虫间距离适度偏大和食物充足为佳，或在昆虫管内进行个体育。同时，其食量和排泄量较大，容易造成饲养小环境的湿度过大，饲养中需注意排湿。

化蛹和羽化后的管理与无病原微生物卵及幼虫的分离方法，可参照桑尺蠖的饲养和分离。

12.1.4.3 内网虫属样微孢子虫的感染和繁殖方法

取本实验室保存的内网虫属样微孢子虫的孢子液（可采取与Nb类似方法进行前处理）调制成$10^{4\sim5}$孢子/ml的悬浮液，均匀涂于桑叶背面，稍微阴干后，饲喂3龄起蚕，12h后用普通桑叶正常饲养。饲养过程中，不断剔除小于5龄的死亡幼虫，至5龄后，根据发病症状（蚕体不够健壮者，但要剔除拉稀个体）和解剖后中肠病变（不透明，略有肿胀）观察经验选取感染个体，剔除中肠内容物，取中肠组织，用无菌生理盐水漂洗，冷冻保存，或直接用于孢子纯化。

12.2　家蚕微粒子虫孢子的体外发芽实验

有多种方法可以使 Nb 孢子在体外发芽，但 GKK 发芽法是一种较为温和并较易控制而用于实验的发芽技术。其他发芽方法在相关章节也有描述，但原理或流程基本相同。

12.2.1　家蚕微粒子虫孢子的准备

取精制纯化成熟 Nb 孢子悬浮液，经血细胞计数板计数后，用移液器定量取出约 5×10^8 个孢子于 1.5ml 的 EP 管中。经 PBS 缓冲液清洗三次后，再平均分成两份于 1.5ml 的 EP 管中，$3000\times g$ 离心 10min（4℃），去除上清 PBS 缓冲液。

在 EP 管中加入 200μl 灭菌生理盐水，重悬 Nb 孢子，加入 200μl 的 GKK 人工发芽处理液（1.398g 的 KCl、0.1877g 的甘氨酸、0.14g 的 KOH 溶解于 50ml 超纯水中，用 HCl 调 pH=10.5，冰箱 4℃保存，备用）。

将上述 EP 管于 30℃恒温摇床以 200r/min 处理 50min。

在相差显微镜下观察验证。

12.2.2　孢子发芽率测定的实验流程

20μl 的 Nb 孢子悬浮液（10^6 孢子/ml）+100μl 的待测溶液+400μl 的 GKK 缓冲液，在 30℃、200r/min 振荡培养 60min，吸取 300μl 的 Nb 孢子悬浮液放入比色杯中，控制室温 30℃或水浴控温，直接用光学显微镜计数法或分光光度计法进行发芽率测定，也可用氯化汞溶液终止发芽过程再进行发芽率测定（可放置较长时间）。

12.2.3　孢子发芽率的测定

孢子发芽率可采用光学显微镜计数法和分光光度计法测定。前者适用于样本量较少的情况，后者适用于样本量较多的情况。

光学显微镜计数法是取样后，直接用相差显微镜和血细胞（或细菌）计数板观察计数方框内亮孢子和暗孢子的数量，进行百分比计算。

分光光度计法是取 300μl（或 100μl）上述反应液，于分光光度计中测定 OD_{625}。Nb 孢子发芽率和相对抑制率的计算公式分别为：发芽率（%）=[（发芽起始液 OD_{625}–发芽终止后混匀液 OD_{625}）/发芽起始液 OD_{625}]×100；相对抑制率（%）=[（缓冲液对照中的发芽率–处理液中的发芽率） / 缓冲液对照中的发芽率]×100。

根据不同实验目的，应该设置不同的实验对照。空白对照或缓冲液对照是 Nb 孢子悬浮液+磷酸缓冲液+GKK 缓冲液；稀释对照是 Nb 孢子悬浮液+磷酸缓冲液；也可设置类似物对照。在不同 Nb 孢子发芽抑制物的测定中，设置不同的浓度梯度可更有效地证实其抑制作用。在测定单抗对 Nb 孢子发芽的抑制作用时，可设置 10μg/ml、50μg/ml 和 100μg/ml 等浓度，并设其他单抗对照。

此外，在采用分光光度计法测定 Nb 孢子发芽率时，作用后液体必须充分分散悬浮和快速测定，避免 Nb 孢子发芽后极管缠绕导致的孢子下沉及自然沉降等，以免影响测定结果。

12.3 家蚕微粒子虫生殖阶段细胞的分离与电镜观察

粗提物准备：将 Nb 孢子用生理盐水调制成 10^6 孢子/ml 的孢子悬浮液，用镊子取小脱脂棉球蘸取，均匀涂布于桑叶背面，饲喂 3 龄起蚕。5d 起检测病蚕，中肠中一旦出现少量孢子（6～7d）立即解剖。解剖取中肠，加入少量 PBS（8g 氯化钠，2g 氯化钾，2.4g 磷酸二氢钾，14.4g 磷酸氢二钠，800ml 蒸馏水，用稀 HCl 调 pH 至 7.4，用 dH_2O 定容至 1L，灭菌 20min，4℃保存），手工研磨搅碎。继续加入 PBS，研磨匀浆化。匀浆液经 200 目尼龙纱网过滤，除去大部分家蚕组织碎片。滤液转移至 15ml 的 Corning 离心管，以 20 000×g 离心 5min（4℃），弃上清，得到孢子粗提物。

粗提物的洗涤：用含 0.05%皂苷（saponin）和 0.05%（V/V）Triton X-100 的 PBS 洗涤液（200ml 的 PBS 中加入 0.1g 的 saponin 和 100μl 的 Triton X-100，混匀，4℃保存）吹起沉淀，并将悬浮液转移至 Dounce 玻璃匀浆器（孔径：0.062～0.0875mm），温和洗涤 3 次。随后用装有玻璃棉（2g）的注射器（5ml）反复过滤孢子悬浮液，小心收集滤液，至位相差光学显微镜下无可见的粗颗粒或杂质。收集滤液于离心管，以 20 000×g 离心 5min（4℃），弃上清，用少量 PBS 吹匀沉淀，准备进行 Percoll-蔗糖密度梯度离心。

蔗糖溶液的配制：称取 8.6g 蔗糖，加 dH_2O 溶解，定容至 100ml。

70%Percoll-0.25mol/L 蔗糖溶液：取 24ml 蔗糖溶液与 56ml 的 Percoll 混匀。

50%Percoll-0.25mol/L 蔗糖溶液：取 20ml 蔗糖溶液与 20ml 的 Percoll 混匀。

30%Percoll-0.25mol/L 蔗糖溶液：取 56ml 蔗糖溶液与 24ml 的 Percoll 混匀。

上述溶液的 pH，都用稀 HCl 调至 7.0，4℃保存备用。

超速离心分离纯化：取与离心机 S58A 转头匹配的一次性 PC 离心管（16mm×76mm）2 支，分别加入 10ml 的 70% Percoll-0.25mol/L 蔗糖溶液，小心加入 Nb 孢子悬浮液，热封闭器封口。放入超速离心机（Himac CS150GⅫ），45 000×g 离心 30min（4℃），离心结束后，可观察到三条明显的条带。剪开离心管顶部，小心吸取各个馏分（尽量避免倾斜或振动管子），PBS 洗涤，20 000×g 离心 5min（4℃）3 次。分别将第一层和第二层的 30% Percoll-0.25mol/L 蔗糖溶液和 50% Percoll-0.25mol/L 蔗糖溶液离心（分别为 45 000×g，20min，4℃；45 000×g，30min，4℃），收集各个条带的馏分，PBS 洗涤，20 000×g 离心 5min（4℃），除去分离液。

透射电镜观察：①将离心纯化的各个馏分用 3%多聚甲醛和 1%戊二醛固定液

（0.01mol/L 的 PBS，pH 7.2）于 4℃固定 2h。②PBS 漂洗 1h，换缓冲液 3～4 次。③吸去缓冲液，在通风橱中加入 1%锇酸固定液，固定 2h。④吸出固定液，加入 PBS 漂洗 1h，换缓冲液 3～4 次。⑤吸去缓冲液，逐级乙醇梯度脱水：50%乙醇，15min；70%乙醇，15min；80%乙醇，15min；90%乙醇，15min；95%乙醇，15min；100%乙醇，20min。⑥移入纯丙酮处理 20min。⑦浸透：按照 Spurr 包埋剂配方配制包埋剂，充分搅拌，混匀后以 *V*（包埋剂）∶*V*（丙酮）=1∶1 处理 1h，*V*（包埋剂）∶*V*（丙酮）=3∶1 处理 3h，纯包埋剂包埋过夜。⑧将经过渗透处理的样品包埋后，70℃加热过夜，即得包埋好的样品。⑨Ultracut S Leica 超薄切片机切片（厚度：70～90nm），切片固定于 300 目镍网。柠檬酸铅溶液和乙酸双氧铀 50%乙醇饱和溶液各染色 15min，最后用 JEM-1230 透射电子显微镜观察，拍照。

12.4　家蚕细胞培养和感染相关实验

12.4.1　家蚕微粒子虫感染 BmN 细胞

细胞感染步骤如下：取约 1×10^7 个纯化 Nb 孢子，用 0.2mol/L 氢氧化钾溶液悬浮，室温处理 40min 后，3000×*g* 离心 1min（4℃），弃上清，用 100μl 新鲜培养基重悬后，立即加入预先培养的 BmN 细胞中，27℃恒温培养。

12.4.2　家蚕 BmN 细胞凋亡实验

将 2ml 的 BmN 细胞移植于细胞培养皿中，加入 0.4μl 浓度为 1mg/ml 的放线菌素 D（ActD），终浓度为 200ng/ml。分别于处理 0h、2h、4h、6h 和 12h 后收集细胞，提取 DNA 片段。

DNA 的提取方法参照 DNA ladder 抽提试剂盒（南京建成科技有限公司）的说明书操作。检测所有样品的 DNA 浓度，各取 4μg 的 DNA 样品，用 2%的琼脂糖凝胶（EB 染色）进行电泳，60V 跑 1h 后在凝胶成像系统（Gelpro 32）中观察拍照。

家蚕微粒子虫感染 BmN 细胞凋亡后 DNA 片段观察：取 3×10^7 个精制纯化 Nb 孢子，用 0.2mol/L 氢氧化钾溶液悬浮，室温处理 40min 后，5000r/min 离心 1min（4℃），弃上清，用 100μl 新鲜培养基重悬后，立即加入 2ml 的 BmN 细胞中，27℃恒温培养 48h 后，收集细胞。另取一皿 2ml 的 BmN 细胞，加入 0.4μl 浓度为 1mg/ml 的 ActD，使其终浓度为 200ng/ml，处理 6h 后，收集细胞。空白对照组不做任何处理，收集细胞。根据试剂盒操作说明书提取 DNA 片段。检测所有样品 DNA 浓度，各取 4μg 的 DNA 样品，用 2%的琼脂糖凝胶（EB 染色）进行电泳，60V 跑 1h 后在凝胶成像系统中观察拍照。

流式细胞术分析家蚕微粒子虫感染 BmN 细胞凋亡实验：按照上述方法，用 Nb 孢子接种 BmN 细胞，并加入 ActD 对 BmN 细胞进行凋亡诱导实验。收集细胞于 1.5ml 的 EP 管中，800r/min 离心 5min（4℃），吸弃培养基；用 PBS 溶液悬浮细胞以除去残留的培养基，800r/min 离心 5min（4℃），吸弃培养基，重复操作一次；加入 100μl 的 1×结合液悬浮混匀细胞，将细胞悬浮液转入 5ml 流式管中，每管加入 5μl 的 annexin V-FITC（抗膜联蛋白 V-异硫氰酸醋荧光素，细胞凋亡检测试剂盒）和 5μl 的碘化丙啶（propidium iodide，PI）染色液，室温避光处理 20min，最后每管加入 400μl 的 1×结合缓冲液进行流式检测。

ROS 检测：前期 Nb 孢子感染细胞以及 ActD 处理实验操作参照上述方法。每皿细胞中加入2′,7′-二氯荧光黄双乙酸盐（2′,7′-dichlorodihydrofluorescein diacetate，DCFH-DA）探针至终浓度为 1μmol/L，于室温下孵育 30min 后，用倒置荧光显微镜（ECLIPSE Ti）观察拍照。

第 13 章　微孢子虫相关的蛋白质和核酸类相关的实验

蛋白质类实验主要包括酶的活性测定，Nb 孢子等相关蛋白质的含量测定、分离与纯化、SDS-PAGE、2-DE、抗体制备、Western blotting 及间接荧光抗体技术等。核酸类实验主要包括 DNA 和 RNA 的提取，以及相关基因的克隆或表达测定等。

13.1　酶活性和蛋白质含量测定

13.1.1　谷胱甘肽-*S*-转移酶活性的分光光度计法测定

根据谷胱甘肽-*S*-转移酶（glutathione-*S*-transferase，GST）活性试剂盒说明书，按以下方法测定酶活性。①分光光度计预热 30min，调节波长至 340nm，用灭菌蒸馏水作为参照调零。②提前将试剂三放入 25℃保温。③测定空白管：取 1ml 石英比色皿，依次加入 100μl 试剂一、900μl 试剂二和 100μl 试剂三，迅速混匀后，于 340nm 测定吸光值变化，记录 10s 和 310s 吸光值为 *A*1 和 *A*2。④测定样品管：取 1ml 石英比色皿，加入 100μl 蛋白质上清液、900μl 试剂二和 100μl 试剂三，迅速混匀后，于 340nm 测定吸光值变化，记录 10s 和 310s 吸光值为 *A*3 和 *A*4。⑤根据公式 GST 活性（U/mg prot）= 0.23[(*A*4−*A*3)−(*A*2−*A*1)]/上清液蛋白质浓度（mg/ml）得出待测样本的 GST 酶活性。

13.1.2　家蚕中肠和血液中蛋白酶的测定

取常规桑叶饲养家蚕 4 龄起蚕，随机分为 3 个实验组，1 个为不添食 Nb 孢子悬浮液的对照组，另 2 个为添食 Nb 孢子悬浮液的实验组（分别添食 10^2 孢子/ml 和 10^5 孢子/ml 浓度的 Nb 孢子悬浮液），在添食 Nb 孢子悬浮液后第 7 天，分别解剖 3 组家蚕，取其血液和中肠组织供试。其中中肠碾磨后，3000r/min 离心 10min（4℃），取上清液备用。血液和中肠都放于−72℃保存备用。测定时提前 1d 放于 5℃的冰箱内融化即可。

测定方法：实验组，在试管中加入 5000μg/ml 标准牛血清白蛋白（BSA）0.5ml 和 pH 7.2 的磷酸缓冲液 0.8ml，40℃保温 5min，然后加入样本溶液 0.1ml，40℃保温 20min，立即加入 0.4ml 的 10%三氯乙酸终止反应。取出后常温 10 000r/min 离心 10min，取上清液 1ml 于干净的试管中，加入 0.4mol/L 碳酸钠溶液 5.0ml 和 Folin-酚试剂 A 5.0ml 后混匀，25℃下放置 10min，再加 Folin-酚试剂 B 0.5ml，混匀后在 25℃下放置 30min，在 500nm 用分光光度计检测其吸光值。

对照组，在试管中加入 0.5ml 的 5000μg/ml 标准牛血清白蛋白和 0.8ml 的 pH 7.2 磷酸缓冲液，40℃保温 5min，加入 0.4ml 的 10%三氯乙酸，反应充分后，加入 0.1ml 样本溶液，40℃保温 20min。取出后常温 10 000r/min 离心 10min，取上清液 1ml 于干净的试管中，加入 5.0ml 的 0.4mol/L 碳酸钠溶液和 5.0ml 的 Folin-酚试剂 A 混匀，25℃下放置 10min，再加 0.5ml 的 Folin-酚试剂 B，混匀后在 25℃下放置 30min，在 500nm 用分光光度计检测其吸光值。其中每个样本都分别设有相应的对照管，每个样本重复做 3 次。

13.1.3 样品蛋白质浓度测定方法

13.1.3.1 Bradford 法测定

蛋白质标准液：配制浓度为 1mg/ml 的牛血清白蛋白（bovine albumin，BSA）10ml，每管 0.15ml 分装于 EP 管中，于−20℃保存。临用前，取出 2 管，各稀释 10 倍，即为 0.1mg/ml 浓度。

Bradford 储存液：100ml 的 95%乙醇，200ml 的 88%磷酸，350mg 的考马斯亮蓝 G-250。室温下可长期保存。

Bradford 工作液：425ml 的高纯水，15ml 的 95%乙醇，30ml 的 88%磷酸，30ml 的 Bradford 储存液。滤纸过滤后，室温下保存于棕色瓶中，可使用数周，但使用前要过滤。

标准蛋白质样品的准备：取 0.1g/ml 的 BSA 液，按照 0μl、10μl、20μl、40μl、60μl、80μl 和 100μl 梯度分别加入各 3 个 5ml 试管中，在每一个试管中加入 10μl 的裂解液（与加入样品管中裂解液量相等，以消除裂解液对测定的影响），用 MilliQ 水将各管体积补足 200μl。第一管为空白对照。

待测样品的准备：吸取（由裂解液提取的）待测蛋白质样品 10μl 和 20μl，用水补足到 200μl。

以上各试管中均加入 2ml 的 Bradford 试剂，轻摇混合。

测量各样品在 595nm 处的吸光值，在混合 2min 后至 1h 内，从低浓度到高浓度进行测定。在分光光度计（Amasham Biotech Spctro3100）测定后，可直接获得蛋白质标准直线。若 6 个标准样品测量完后，没有获得标准直线（即线性不好），则必须重新配制蛋白质标准样品液再测定，直至出现标准直线。再测待测蛋白质样品的浓度。

13.1.3.2 BCA 法测定

按照试剂盒说明书，操作流程简述如下。

根据标准曲线测定点数及待测样品数量计算出 BCA 工作液总体积，溶液 A∶溶液 B 按 50∶1 混匀制成 BCA 工作液。

在酶标板上取 8 孔，按照表 13-1 制定蛋白质标准曲线，在 562nm 处测定样品吸光值，每个标准蛋白质样品浓度重复测定 3 次。

表 13-1 标准蛋白质样品浓度测定

溶液	孔号							
	0	1	2	3	4	5	6	7
BSA 标准试剂（μl）	0	15	30	60	120	180	240	400
1PBS（μl）	300	285	270	240	180	120	60	0
蛋白质终浓度（μg/ml）	0	25	50	100	200	300	400	500

以各孔 562nm 处吸光值平均数为纵坐标，对应的蛋白质浓度为横坐标计算出标准曲线公式。

将未知蛋白质样品液与 BCA 工作液反应，测定各孔 562nm 处吸光值，每个样品测定 3 次，根据样品蛋白质浓度计算公式得出未知样品蛋白质浓度（μg/ml）。

13.1.3.3　2-DE（2D Quant Kit）试剂盒测定

相关溶液由试剂盒提供。取 50μl 待测定样品，设两个重复，各加入 500μl 蛋白质沉淀剂，混匀，室温放置 2～3min，继续加入 500μl 蛋白质沉淀，混匀，10 000r/min 离心 5min（4℃）；去上清，不重溶，再次离心，尽量吸尽液体；加 100μl 的铜离子溶液及 400μl 的 ddH_2O 重溶解沉淀，继续加入 1ml 的 AB 工作液，室温放置 15～20min；按表 13-2 加入 96 孔板，制定蛋白质标准曲线。测定样品在 480nm 处吸光值，根据标准曲线读出样品蛋白质浓度。蛋白质沉淀、铜离子溶液和工作液 AB 均为试剂盒配备。

表 13-2　试剂盒蛋白质浓度测定设置

溶液	孔号					
	1	2	3	4	5	6
BSA 标准试剂（μl）	0	5	10	15	20	25
样品缓冲液（μl）	50	45	40	35	30	25
AB 工作液（ml）	1	1	1	1	1	1

13.2　蛋白质分离与纯化

家蚕微粒子病相关蛋白质的分离与纯化主要涉及 Nb 和家蚕，家蚕材料的蛋白质处理已有很多文献或书籍描述，本部分重点介绍 Nb 相关蛋白质的分离与纯化。此外，随着生物产业的发展，本节所述溶液配方或处理已有商业化产品或服务，标准化程度应该更高。

13.2.1　家蚕中肠组织蛋白的提取

直接解剖法：把家蚕幼虫固定在解剖盘中（两端先用昆虫针固定），从背面或腹面用剪刀剪开家蚕的皮肤暴露中肠组织，取下中肠组织并在 0.75%的 NaCl 溶液中漂洗，除去中肠组织上面（消化管内外）附着的桑叶等杂质。把漂洗后的中肠组织放在滤纸上除去表面的水分，然后装入 1.5ml 的 EP 管中，放于−20℃冰箱保存备用。

冷冻解剖法：将取样家蚕直接放入−70～−20℃冰箱，冷冻保存 5d 以上，解剖时取出，稍待融化后，用解剖刀切开，随样本的不断融化，剥除体壁和血液，中肠也随之软化，但消化液依然呈冰块状，轻轻剥取中肠即可。

直接解剖法所获中肠组织一般含有中肠围食膜成分，冷冻解剖法所获中肠组织一般不含中肠围食膜。在解剖取中肠围食膜时同样可采用上述两种方法。采用直接解剖法时，去除中肠后，用镊子轻轻划破中肠上皮层，去除透明的围食膜，沥出其中的消化液，在 0.75%

的 NaCl 溶液中漂洗即可。采用冷冻解剖法时，轻轻剥取中肠上皮层后，围食膜一般仍黏附于冰冻程度较高的消化液冰块上，可及时再轻轻剥取围食膜，也可将冰冻部分放入小试管，融化一定时间后，用镊子直接取出围食膜，在 0.75%的 NaCl 溶液中漂洗即可。

称取 0.3g 家蚕中肠（湿）组织，放在研钵内研磨，分多次加入 1ml 蛋白质提取液（40mmol/L 的 Tris-base，pH 9.5），研磨至中肠组织呈均一的液体，大致需要 15min。把研磨后的均一液体吸入 1.5ml 的 EP 管中，超声波处理 2min，然后 13 000r/min 离心 15min（4℃），把离心后的上清转移至另外一个 1.5ml 的 EP 管中，13 000r/min 离心 15min（4℃），收集离心后上清，即为家蚕中肠组织水溶性蛋白。

13.2.2 家蚕微粒子虫孢子蛋白的纯化

13.2.2.1 家蚕微粒子虫孢子总蛋白的获取

家蚕微粒子虫等微孢子虫孢子具有坚硬的外壳，获取孢子总蛋白一般采用发芽法、研磨法或破碎法。3 种方法获得的材料不仅可用于蛋白质的分析，也可用于核酸的分析，不同方法适应不同的实验要求，发芽法只能用于分析。

碳酸钾（K_2CO_3）发芽法：取 0.5ml 精制纯化 Nb 孢子悬浮液（2×10^9 孢子/ml）于 1.5ml 的 EP 管中，加 0.5ml 的 K_2CO_3（0.2mol/L），27℃水浴 1h，8000r/min 离心 5min（4℃），去上清，加入 1.0ml 的 PB 缓冲液（250ml：2g 氯化钠，0.05g 氯化钾，0.36g 磷酸氢二钠，0.06g 磷酸二氢钾，pH 7.8），27℃水浴 1h，加入 0.1ml 的 10% SDS、5μl 的蛋白酶 K，55℃水浴 2h。

TEK 发芽法：方法一，取 0.5ml 精制纯化 Nb 孢子悬浮液（2×10^9 孢子/ml）于 1.5ml 的 EP 管中，加 0.1ml 的 KOH（2mol/L），于 27℃水浴 1h，8000r/min 离心 5min（4℃），去上清，加 1.0ml 的 TEK 缓冲液（1mmol/L 的 Tris-HCl，10mmol/L 的 EDTA，0.17mol/L 的氯化钾，pH 8.0），发芽 1h，加 0.1ml 的 10% SDS 和 5μl 的蛋白酶 K，55℃水浴 2h。方法二，取离心沉淀的精制纯化 Nb 孢子（10^9 孢子/管，45ml 离心管），加入 1ml 的 KOH（0.2mol/L），将离心管固定在保温摇床上，在 28～30℃以 200r/min 振荡 30min，此后立即加入 10ml 的 TEK（pH 8.0）发芽液，继续振荡 30min，诱使 Nb 孢子发芽，释放孢内基因组和蛋白质。处理结束后，8000r/min（$=8873\times g$）离心 20min（4℃），在离心管上清中加入 1.33ml 预冷（4℃）的 100% TCA/丙酮液，–20℃保存 45min，室温融化后，8000r/min 离心 20min（4℃），沉淀含碱溶性表面蛋白和孢内蛋白，故可视为总蛋白。沉淀用体积比 1∶1 的乙醇/乙醚液洗涤 1 次，加 0.3ml 样品缓冲液（0.125mol/L 的 Tris-HCl，5%的 SDS，50%的甘油，5%的 β-巯基乙醇）溶解，或–20℃贮藏备用。

缓冲液配制（TEK，pH 8.0）：先称取 2.92g 的 EDTA，用少量 1mol/L 氢氧化钾溶解，再加入 12.67g 的 KCl、0.12g 的 Tris，加蒸馏水定容至 1L，即含 0.17mol/L 的 KCl、1mmol/L 的 Tris-HCl 和 10mmol/L 的 EDTA，用 1mol/L 的 KOH 或 HCl 调 pH 至 8.0，4℃保存，一般保存时间不超过 3 个月。

使用冷冻保存的精制纯化 Nb 孢子时，先于室内恢复孢子温度。用血细胞计数板计数 Nb 孢子数量，然后将孢子量调节至适当浓度。孢子的发芽率与蛋白质提取效率有关，新鲜材料精制纯化的 Nb 孢子，即刻进行实验效果更佳。

GKK 发芽法：在精制纯化的 Nb 孢子（5×10^8 个 NGS）中（EP 管），加入 200μl 的 GKK 人工发芽处理液（1.398g 氯化钾，0.375mol/L；0.1877g 甘氨酸，0.05mol/L；0.14g 氢氧化钾，0.05mol/L；溶解于 50ml 超纯水中，用 HCl 调 pH=10.5，冰箱 4℃保存），于 30℃恒温摇床以 200r/min 处理 50min。

液氮冻融研磨法：取精制纯化 Nb 孢子（10^9 孢子/管），加液氮速冻 4～5 次，Nb 孢子结成块状，转移到研钵中，加少量石英砂快速研磨。液氮反复冻融、研磨。离心管孢子中加 0.3ml 样品缓冲液，充分混匀，4℃孵育 6h，8000r/min 离心 10min（4℃），上清即为 Nb 孢子总蛋白。

破碎法：方法一，取精制纯化 Nb 孢子（10^9 孢子/磨碎管）悬浮液置于珠磨式研磨器（FastPrep-24，MP BIO）中，用直径为 425～600μm 的酸洗玻璃珠（Sigma）处理孢子（破碎程序为 5500r/min-20s×6）。样品中加入终浓度为 1mg/ml 的蛋白酶 K，酶解 4h，即可用常规酚/氯仿抽提法提取 DNA。样品中加入 0.3ml 样品缓冲液（0.125mol/L 的 Tris-HCl，5%的 SDS，50%的甘油，5%的 β-巯基乙醇），充分混匀，4℃孵育 6h，8000r/min 离心 10min（4℃），上清即为 Nb 孢子总蛋白。样品中加 0.3ml 蛋白裂解液[8mol/L 的尿素，2mol/L 的硫脲，4%的 CHAPS（*m*/*V*），0.5%的载体两性电解质（pH 3～10），60mmol/L 的 DTT，1mmol/L 的 PMSF]，4℃孵育 6h，8000r/min 离心 10min（4℃），提取的蛋白质可用于 2-DE 实验。方法二，在加入 200μl 精制纯化 Nb 孢子悬浮液（10^8～10^9 个，或发芽处理）的 EP 管中，加 1ml 的 SDT 蛋白裂解液（4g 的 SDS、1.5425g 的 DTT、1.2114g 的 Tris 溶解于 80ml 超纯水中，用 HCl 调 pH=7.65，定容至 100ml；1ml/EP 管分装储存于−20℃备用）、10μl 的混合型蛋白酶抑制剂（protease inhibitor cocktail）和适量酸洗玻璃珠，在珠磨式研磨器（FastPrep-24，MP BIO）以 6000r/min-3s×（25～30）程序进行振荡破碎处理（机器冷却时，样本置于冰浴中）。振荡破碎完成后，12 000×*g* 离心 10min（4℃），将上清液转移至经 Protease-free 处理的 EP 管中于−80℃备用。

破碎法处理 Nb 孢子后的破碎效果见图 13-1。

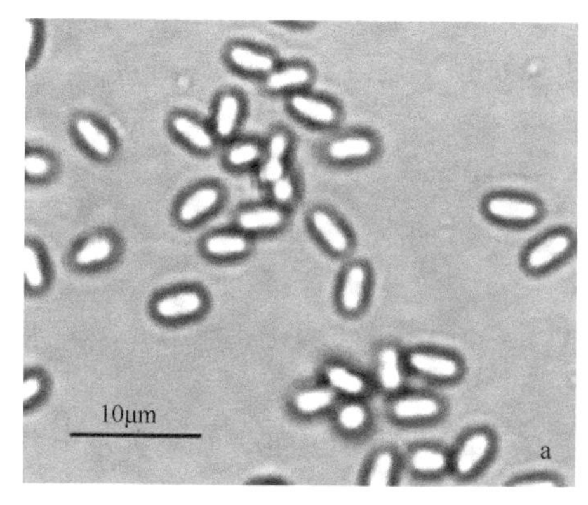

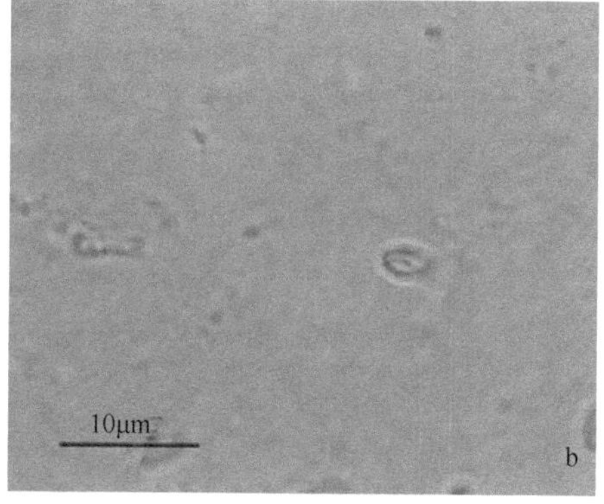

图 13-1　家蚕微粒子虫孢子玻璃珠破碎法处理前（a）后（b）的形态比较

13.2.2.2 家蚕微粒子虫未发芽孢子和发芽孢子总蛋白的提取及 FASP 法酶解处理

家蚕微粒子虫成熟孢子的生理活动处于不活跃状态，对环境具有较强的抵抗性，也可称为休眠孢子（NGS）。孢子发芽是一个生理活化过程，发芽孢子（GS）在形态上是孢子壳与原生质体分离后的混合物。

家蚕微粒子虫 NGS 组和 GS 组总蛋白提取流程为：①取 NGS 和经过人工发芽处理（GKK 法）的 GS 样本（5×10^8 孢子），分别加入 1ml 的 SDT 蛋白裂解液（4g，4%的 SDS；1.5425g，0.1mol/L 的 DTT；1.2114g，0.1mol/L 的 Tris；溶解于 80ml 超纯水中，用 HCl 调 pH=7.65；1ml/EP 管分装储存于−20℃备用）、10μl 的混合型蛋白酶抑制剂和适量酸洗玻璃珠，在珠磨式研磨器（Precellys-24，法国 Bertin Technologies）中进行孢子破碎处理。处理程序是 6000r/min-1s×（25～30），运行 9 次，机器冷却时，样本置于冰浴中。②破碎完成后，14 000×*g* 离心 20min（4℃）。将上清液转移至经 Protease-free 处理的 EP 管中于−80℃备用。NGS 组和 GS 组总蛋白浓度由 BCA（bicinchoninic acid）蛋白质分析试剂盒测定。

13.2.3 家蚕微粒子虫孢子总蛋白的 SDS-PAGE 分析

称取经上述方法和程序获取的 Nb 孢子总蛋白约 5μg（湿重）装入 EP 管，加 60μl 的 2.5×SDS 上样缓冲液，水浴 4min，以 12 000r/min 离心 10min（4℃）。用微量进样器吸取上清 5～10μl 上样，SDS-PAGE 浓缩和分离胶浓度分别为 5%和 12%。电泳结束后，固定 30min，考马斯亮蓝染色约 10min 后，脱色过夜，脱色至条带清晰时用扫描仪扫描图谱。

电泳试剂配制及操作法：称取 30g 丙烯酰胺（acrylamide，Arc）、0.8g 甲叉双丙烯酰胺（bisacrylamide，Bis），加 60ml 高纯水，于磁力搅拌器上搅拌至溶解，再加高纯水至 100ml，滤纸过滤 30%聚丙烯酰胺储存液（30% Arc/0.8% Bis）后保存于 4℃，30d 内使用。

浓缩胶缓冲液（4×Tris-HCl：0.5mol/L 的 Tris-HCl，含 0.4%的 SDS）：溶解 3.03g 的 Tris 于 20ml 水中，用 6mol/L 的 HCl 调节 pH 至 6.8，加水至 50ml，滤纸过滤，加 0.4g 的 SDS。4℃保存数月。

分离胶缓冲液（4×Tris-HCl：0.5mol/L 的 Tris-HCl，含 0.4%的 SDS）：溶解 18.2g 的 Tris 于 60ml 水中，用 6mol/L 的 HCl 调节 pH 至 8.8，加水至 100ml，滤纸过滤，加 0.6g 的 SDS。4℃保存数月。

10%过硫酸铵（ammonium persulphate，APS）：0.1g 过硫酸铵，加 1ml 高纯水。4℃保存，现配现用。

10×电泳缓冲液：30g 的 Tris 碱，144g 的甘氨酸，10g 的 SDS，加高纯水至 700ml，于磁力搅拌器上搅拌至全溶，然后加水至 1L。室温下保存，使用前稀释 10 倍。

5×SDS 样品缓冲液（SDS-PAGE 用）：先配制 4×Tris-HCl/SDS，pH 6.8。吸取 6.25ml

4×Tris-HCl/SDS（pH 6.8），加 5.0ml 的甘油、1.0g 的 SDS、0.5ml 的 2-巯基乙醇（2-mercapto ethanol，2-ME）、0.25mg 的溴酚蓝，加高纯水至 25ml，溶解后 1ml 分装，留一管于 4℃保存。使用前稀释 2 倍，其余的−20℃保存。

按照不同实验要求配制浓缩胶和分离胶并灌胶（表 13-3 和表 13-4）。

表 13-3 浓缩胶配方（5%）

试剂	配液量			
	2ml	4ml	10ml	15ml
30% Arc/0.8% Bis（ml）	0.26	0.52	1.3	1.95
Tris-HCl buffer（pH 6.8）（ml）	0.5	1.0	2.5	2.75
ddH_2O（ml）	1.22	2.44	6.1	9.15
10% APS（μl）	10	20	50	75
TEMED（μl）	5	5	10	15

注：TEMED 为四甲基乙二胺（*N, N, N', N'*-tetramethylethy lenediamine），下同

表 13-4 分离胶配方（12%）

试剂	配液量			
	4ml	10ml	120ml	200ml
30% Arc/0.8% Bis（ml）	1.5	4	48	80
Tris-HCl buffer（pH 8.8）（ml）	0.94	2.5	30	50
ddH_2O（ml）	1.31	3.5	42	70
10% APS（μl）	20	50	600	1000
TEMED（μl）	5	5	60	100

用 Bio-Rad Mini-Protein 3 Cell 电泳槽的两副玻板（6cm×8cm，厚 0.75mm）灌胶，用分离胶 8ml、浓缩胶 3ml。用 Etten DALT^{TM} 垂直电泳系统灌制用于制作长 24cm 胶条的大胶板（25.5cm×20.5cm，厚 1.0mm）时，制一板，胶配 120ml；制两板，胶配 200ml，此量可灌至玻板顶部。

考马斯亮蓝染液：45%甲醇（*V*/*V*），10%乙酸（*V*/*V*），0.1%考马斯亮蓝 R-250（*m*/*V*），45%高纯水。用甲醇将考马斯亮蓝溶解，然后加入乙酸和水，定容至 500ml，滤纸过滤后 6 个月内使用。

考马斯亮蓝脱色液：10%甲醇（*V*/*V*），10%乙酸（*V*/*V*），加 80%高纯水。配制 1000ml。

银染配方及方法：①固定，30min 至 3d（50%乙醇，10%乙酸，40%高纯水）。②浸泡，30min（75ml 的无水乙醇，17g 的乙酸钠，1.25ml 的 25%戊二醛，0.5g 的 $Na_2S_2O_4·5H_2O$，用高纯水溶解后定容至 250ml）。③漂洗，用高纯水漂洗 3 次，每次 5min。④银染，20min[0.25g 的 $AgNO_3$，50μl 的 37%～40%甲醛（新鲜配制），用高纯水定容至 250ml]。⑤显色，2～10min[6.25g 的 Na_2CO_3，25μl 的 37%～40%甲醛（新鲜配制），加高纯水定容至 250ml]。⑥终止（3.65g 的 EDTA-$Na_2·H_2O$，加高纯水定容至 250ml）。⑦再漂洗，用高纯水漂洗 3 次，每次 5min。⑧保存液（25ml 的 87%甘油，加高纯水定容至 250ml）。

需要注意的是，以上所用高纯水的纯度应>16.0MΩ/cm。各步骤中液体体积应根据实验需要按比例调整。

琼脂糖：0.5%琼脂糖，0.02%溴酚蓝，溶解于平衡缓冲液中，4℃或常温下保存。

13.2.4 家蚕微粒子虫孢子表面蛋白的 SDS-PAGE 和 SDS-Urea PAGE 分析

取经 KOH 预处理 Nb 孢子，经煮沸即可提取孢壁蛋白。

具体提取方法为：①经系列稀释法配制一组系列浓度梯度的 KOH 溶液，浓度分别为 1.00mol/L、0.50mol/L、0.25mol/L、0.20mol/L、0.10mol/L、0.05mol/L 和 0.01mol/L。②取 8 个 EP 管，分别加入 200μl 精制纯化的 Nb 孢子悬浮液（5×10^9 孢子/ml），5000r/min 离心 5min（4℃），弃上清。③其中 7 管内分别加入 500μl 上述不同浓度的 KOH 溶液悬浮 Nb 孢子，另 1 管加等体积的蒸馏水悬浮 Nb 孢子作为对照。④于 27℃温育 40min，12 000r/min 离心 5min（4℃），弃上清，收集 Nb 孢子沉淀。⑤每管分别加入 35μl 的 2×样品缓冲液和等体积的 3×上样缓冲液，混匀。⑥沸水浴 5min 后，12 000r/min 离心 10min（4℃）。⑦吸取上清 4℃保存，用于电泳和抗体检测等。

表面蛋白的 SDS-PAGE：分别吸取浓度为 1.3×10^9 孢子/ml 的精制纯化 Nb 孢子悬浮液 1ml 于两个 EP 管中，10 000r/min 离心 5min（4℃），取沉淀，分别加入 70μl 的 2.5×SDS 上样缓冲液，100℃水浴 4min，以 12 000r/min 离心 10min（4℃）。实验前和实验过程中，应取少量样本液用相差显微镜观察监测 Nb 孢子是否发芽。Bradford 法测定样品蛋白质浓度，各取上清 20μl 上样，胶浓度为 12%。电泳结束后，经固定、考马斯亮蓝染色、脱色，扫描图谱。

表面蛋白的 SDS-Urea PAGE：分别吸取浓度为 1.3×10^9 孢子/ml 的精制纯化 Esp 孢子悬浮液和 Nb 孢子悬浮液 100μl，12 000r/min 离心 5min（4℃），去上清。分别加入 70μl 的 2.5×SDS 样品缓冲液，稍事振荡后，沸水浴 4min，以 12 000r/min 离心 10min（4℃），吸取上清 10～20μl 于 12%的 SDS-Urea PAGE 上稳压电泳，初始电压 75V，进入分离胶后，调至 200V，当染料至胶板底部时，切断电源。凝胶固定 30min 后，进行考马斯亮蓝染色和脱色，比较二者的多肽图谱。相关溶液和试剂同前述的 SDS-PAGE 部分，其中分离胶在制作时加入 5.4g 尿素，轻柔混合，充分溶解即可。

13.2.5 家蚕微粒子虫 NGS 组和 GS 组总蛋白的 SDS-PAGE 分析

分离胶制备（10%）：①按照 10%分离胶的配方配制溶液，混匀后，用移液器将分离胶凝胶液加入两块电泳玻璃板之间的缝隙内，约 7cm 高。②取少量蒸馏水，沿长玻璃板壁缓慢加入约 1cm 高的蒸馏水层，以进行液封。③室温静置约 30min，待凝胶与液封层之间出现折射率不同的界面时，表示凝胶完全聚合。满满倾弃液封层（蒸馏水），并用滤纸条轻轻吸去多余水分。

浓缩胶制备（5%）：①按照 5%浓缩胶的配方制备溶液，混匀后，用移液器将浓缩胶凝胶液加满两块玻璃板之间的缝隙。②立刻将样品槽模板轻轻插入浓缩胶内。③待凝胶完全固化后将样品槽模板轻轻拔去。④将凝胶玻璃板安装于电泳槽内，缓慢倒入 SDS-PAGE 电泳缓冲液，没过玻璃板 1cm 左右，即可准备加样。

电泳检测：取约 1mg 的蛋白质样品，用上样缓冲液混合均匀，煮沸 5min；取出样品后，置于冰上 5min；12 000×*g* 离心 5min（4℃），冷却后取 20μl 混合液用于电泳分析。电泳程序设定如下：80V 电泳运行 1.5～2h；电泳结束后，取出电泳玻璃板，用剥胶铲小心将凝胶夹出；放入考马斯亮蓝 R-250 染色液中，染色约 60min；待凝胶全部染色成均匀深蓝色后，取出凝胶，放入盛有考马斯亮蓝脱色液的大培养皿，于摇床上脱色过夜；待蛋白质条带清晰可见后拍照分析处理。

13.2.6　家蚕微粒子虫孢子总蛋白的固相 2-DE 分析

13.2.6.1　样本处理和溶液配制

称取按上述方法获取的 Nb 孢子总蛋白约 4μg（湿重），装入 EP 管，各加入固定化梯度（immobilized pH gradient，IPG）裂解液 200μl，超声波洗涤器中冰浴超声波处理 10min，10 000r/min 离心 10min（4℃）后，将上清吸出转入新的 EP 管中，吸取 10～20μl 用于蛋白质浓度测定。2-DE 上样的蛋白质量以 120～220μg 较为合适。

裂解液（2-DE 用）：19.2g 的尿素（8mol/L），6.08g 的硫脲（2mol/L），1.6g 的 CHAPS（4%，*m*/*V*），200ml 的载体两性电解质（pH 3～10 的 IPG 缓冲液，0.5%，*V*/*V*），分装储存于–20℃。使用时加二硫苏糖醇（dithiothreitol，DTT）至 60mmol/L 和苯甲基磺酰氟（PMSF）至 1mmol/L。加好 DTT 和 PMSF 后，1ml 分装，于–20℃保存备用。

10%的 SDS：将 5.0g 的 SDS 溶于 50ml 的 ddH_2O，经 0.45μm 滤膜过滤，常温保存。

10%过硫酸铵（APS）：0.10g 过硫酸铵，加 1ml 的 ddH_2O，现配现用。

1%溴酚蓝：0.1g 的溴酚蓝，0.06g 的 Tris 碱（0.05mol/L），加 ddH_2O 溶解，定容至 10ml。

样品水化液：12g 的尿素（8mol/L），0.5g 的 CHAPS（2% *m*/*V*），125μl 的 pH 3～10 IPG 缓冲液（0.5% *V*/*V*），50μl 的 1%溴酚蓝（0.002% *m*/*V*），ddH_2O 定容至 25ml。分装储存于−20℃，使用时每 2.5ml 水化液加 7mg 的 DTT。

固相 2-DE 的平衡缓冲液如下。

平衡母液 100ml：36.36g 的尿素（6mol/L），2g 的 SDS（2%），25ml 的 Tris 碱（0.375mol/L=4.54g/100 ml，pH 8.8），20ml 的甘油（20%），加 MilliQ 水至 100ml。8ml 分装于试管，−20℃保存。

平衡液 I：8ml 的平衡母液，0.16g 的 DTT，充分混匀。使用前用母液现配。

平衡液 II：8ml 的平衡母液，0.20g 的碘乙酰胺，充分混匀。使用前用母液现配。

30%单体储存液：60.0g 的丙烯酰胺（30%），1.6g 的甲叉双丙烯酰胺（0.8%），ddH_2O 溶解定容至 200ml，用 0.45μm 滤膜过滤，4℃避光保存，两周内使用。

4×分离胶缓冲液：36.3g 的 Tris（1.5mol/L），150ml 的 ddH_2O，6mol/L 的 HCl 调 pH 至 8.8，ddH_2O 定容至 200ml，用 0.45μm 滤膜过滤，4℃避光保存。

电泳缓冲液：15.1g 的 Tris 碱（0.025mol/L），72.1g 的甘氨酸（0.192mol/L），5.0g 的 SDS（0.1 *m*/*V*），加 ddH_2O 溶解，定容至 5L。

琼脂糖封顶液：0.5g 的低熔点琼脂糖，200μl 的 1%溴酚蓝，100ml 的电泳缓冲液，加入 500ml 的锥形瓶中，摇动混匀，在微波炉中加热到琼脂糖完全溶解。2ml 分装，室温保存。

12.5%分离胶配方：417ml 的单体储存液，2ml 的 4×分离胶缓冲液，10ml 的 10% SDS，318ml 的 ddH_2O，330μl 的 TEMED，5ml 的过硫酸铵，加水定容到 1L。

13.2.6.2 第一向电泳

1）取 2 条低温保存的 Immobiline DryStrip 干胶条（非线性 IPG 胶条，pH 3～10，24cm，GE Healthcare：17-6002-45）室温下放置 10min；同时吸取约含 450μg 蛋白质样品的裂解液，水化液补足至 450μl，沿中轴线缓缓加入 IPG 胶条水化槽中。

2）从酸性端（尖端）一侧剥去 IPG 胶条的保护膜，胶面朝下，先将 IPG 胶条尖端朝水化槽的尖端方向放入水化槽中，慢慢下压胶条，并前后移动，避免生成气泡，最后放下 IPG 胶条平端，使水化液浸湿整个胶条。

3）在每根胶条上覆盖 2～3ml 矿物油，防止胶条水化过程中液体的蒸发。需缓慢加入矿物油，沿着胶条使矿物油一滴一滴慢慢加在塑料支撑膜上。

4）20℃水化 12h。确保胶条充分溶胀，样品充分进入胶条。

5）转移胶条至 IPGphor Manifold 胶条槽，面朝上，阳极端对着槽底部的标记处，保证 IPG 胶条的位置垂直居中；用 ddH_2O 湿润预制好的电极滤纸片，然后吸去水分直到接近完全干燥，将滤芯置于 IPG 胶条的末端。

6）在 Ettan IPGphor Ⅲ电泳仪上安装 Manifold 胶条槽。“T”形突出与电泳仪基板上的凹陷吻合，将电极滑过所有滤芯的顶部，旋转凸轮至 Manifold 胶条槽外缘下的位置，将电极安装入位。在槽内均匀倒入适量（约 108ml）Immobiline DryStrip 覆盖油。

7）盖上盖子，设置电泳仪的程序。24cm 胶条等电点聚焦（isoelectric focusing，IEF）程序为 500V，1h（升压）；1000V，1h（升压）；1000～8000V，1h（梯度）；8000V，9h（升压）；500V，保持（升压）至取胶。

13.2.6.3 胶条平衡

1）聚焦好的胶条胶面朝上放在干的厚滤纸上。将另一份厚滤纸用 MilliQ 水浸湿，挤去多余水分，然后直接置于胶条上，轻轻吸干胶条上的矿物油及多余样品。

2）将 IPG 胶条分别放入加有适量平衡缓冲液 I 的塑料管中（支持膜贴着管壁，每个玻璃管中放入一条 IPG 胶条），用 Parafilm 封口，在振荡仪上振荡 15min。第一步平衡在平衡液中加入 DTT，使变性的非烷基化蛋白处于还原状态。

3）第一步平衡结束后，彻底倒掉塑料管中的胶条平衡缓冲液 I，并用滤纸吸取多余的平衡液 I（将胶条竖在滤纸上，以免损失蛋白质或损坏凝胶表面）。再加入胶条平衡缓冲液 II，继续在水平摇床上缓慢摇晃 15min。第二步平衡步骤中，加入碘乙酰胺，使蛋白巯烷基化，防止它们在电泳过程中重新氧化，并且使残留的 DTT 烷基化。

13.2.6.4　第二向电泳

1）按仪器说明书装好灌胶模具，倒入凝胶溶液，灌制 12.5%的 SDS-PAGE 胶。灌胶后立即在每块凝胶上铺上一层用水饱和的正丁醇，避免凝胶暴露于氧气，形成平展的凝胶面，室温下至少聚合 3h。

2）取 5L 的 SDS-PAGE 电极缓冲液，倾入 Etten DALT™ 垂直电泳槽至刻度线；打开循环冷却水电源，设置为 25℃。

3）吸去 SDS-PAGE 胶面上的正丁醇，ddH_2O 洗涤胶面。取 100ml 量筒，盛满 SDS-PAGE 电极缓冲液，吸尽表面的气泡。将胶条垂直浸入电极缓冲液中，然后提出胶条，迅速将胶条背面靠放于 SDS-PAGE 胶的长玻板上端（胶条阳极端对着左侧），用镊子缓缓将胶条向下推入 SDS-PAGE 胶板间隙（推动凝胶背面的支撑膜，不要碰到胶面），直至整个胶条下部边缘与胶板的上表面完全接触。吸取数毫升预热的低熔点琼脂糖溶液加在胶顶面上；用手按住胶条至琼脂糖凝固后再放开，确保在 IPG 胶条与胶板间以及玻璃板与塑料支持膜间无气泡产生。

4）将胶盒插入电泳槽中，阳极和阴极缓冲液填充到同样高度，开始电泳。第二向 SDS-PAGE 程序：①每胶板功率为 5W，约 45min（至溴酚蓝染料浓缩成一条线）；②每胶板功率为 20W，约 6h（溴酚蓝染料迁移到胶的底部边缘）。

13.2.6.5　凝胶染色和图谱采集

按照 HS CBB Stain kit 试剂盒说明染色，方法简述如下：电泳结束卸胶，将凝胶在 250ml 的 ddH_2O 中漂洗 10min；将 ddH_2O 倒出，加入 250ml 试剂 I（以能够浸没凝胶为准），在水平摇床上平稳振荡 3h（30r/min）；倒出试剂 I，将试剂 II 颠倒几次振荡摇匀加入 250ml，在水平摇床上平稳振荡 2h（30r/min）；将试剂 II 倒出，ddH_2O 漂洗凝胶 3 次（每次 10min），将染料颗粒除去；在 ImageScanner™ 扫描仪上分别以灰度模式和彩色模式扫描图谱，光密度值为 300dpi 保存图像。采用 ImageMaster 2D Platinum 6.0 分析图谱。

家蚕微粒子虫孢子的表面蛋白 2-DE 可参照上述方法进行。其中前处理是：分别取精制纯化的 Nb 孢子总数约 10^{10} 个的悬浮液于两支 EP 管中，经 10 000r/min 离心 5min（4℃），取沉淀，各加入 0.3ml 裂解液。分别在室温下用涡旋振荡器重悬后，于超声波清洗器内冰浴振荡 10min，并用与 EP 管匹配的塑料小杵研磨 50 下，12 000r/min 离心 10min（4℃），取上清。上清可用 Bradford 法测定样品蛋白质浓度，上样量为 120μg 蛋白质。实验前，可取少量成熟 Nb 孢子用上述方法处理，镜检确认孢子不会发芽。

13.2.7　蛋白质谱的分析

13.2.7.1　主要蛋白的 MALDI-TOF/TOF MS 分析及数据库搜索

蛋白点切取：将 0.2ml 的枪头前端剪去 0.5cm，以增大孔径，将枪头垂直戳向凝胶上的蛋白点，旋转枪头，直至将胶点取下。将取好的胶粒转入装有 ddH_2O 的 0.5ml 离心管里，用枪头反复吸打，至枪头内胶粒进入离心管，吸干 ddH_2O 后封盖，并做好标记，室温保存，一周内进行质谱鉴定。

注意点：取点时戴好口罩与手套以及头套，避免皮屑等角蛋白的污染；蛋白质鉴定需要的蛋白质量越多越好，尽可能把某一个点里所有的蛋白质全部取到；特别小的蛋白点，枪头孔径可能会比蛋白点面积大，取点时把该蛋白点的边上空白部分也一起取一些；有部分交叉的蛋白点，取点时注意不要取混，混合的蛋白点增加质谱鉴定的难度，降低鉴定成功率。

质谱分析可由公司完成。上海中科新生命生物科技有限公司实施的方法简述如下：①将切取的蛋白胶点转入 0.5ml 进口离心管中，采用超纯水漂洗两次，加入考马斯亮蓝脱色液（25mmol/L 碳酸氢铵、50%乙腈水溶液），脱色 30min。②吸出脱色液，加入脱水液 1（50%乙腈溶液），脱水 30min；吸出脱水液 1，加入脱水液 2（100%乙腈），脱水 30min。③吸出脱水液 2，加入 10μl 酶解工作液（含 0.02μg/μl 胰蛋白酶的酶解覆盖液），吸胀 30min。④加入 20μl 酶解覆盖液（25mmol/L 碳酸氢铵、10%乙腈水溶液），37℃水浴酶解过夜。⑤酶解后，上清转移至另一新离心管中，加入 50μl 蛋白质萃取液[5%三氟乙酸（tallow fatty acid，TFA）、67%乙腈水溶液]于剩下的胶中，37℃温浴 30min，5000×*g* 离心 5min（4℃），合并上清，冻干后待做质谱。

质谱操作及数据库检索：①将冻干粉重新溶解于 5μl 含 0.1%三氟乙酸（TFA）的溶液中，然后按照 1∶1 的比例与含 50%乙腈（ACN）和 1%三氟乙酸的 α-氰基-4-羟基肉桂酸饱和溶液混合。②取 1μl 样品进行质谱点鉴定，使用仪器类型为 ABI 4800 Proteomics Analyzer，质谱类型为 MALDI-TOF-TOF。③质谱检测模式为 MS 和 MS/MS，采用正离子模式和自动获取数据模式采集数据，肽质量指纹谱（peptide mass fingerprinting，PMF）的扫描范围为 0.8～4.0kDa；选择强度最大的 10 个峰进行二级质谱。④将一级和二级质谱数据整合并使用 GPS3.6（Applied Biosystems）和 Mascot 2.1（Matrix Science）（http://www.matrixscience.com）对质谱数据进行分析与蛋白质鉴定。⑤质谱搜库条件和参数：数据库为 NCBInr，搜索类型为 Peptide Mass Fingerprint（MS/MS Ion Search），酶为胰蛋白酶，允许最大漏切位点为 1，固定修饰为脲甲基化（carbamidomethyl，C），可变修饰为氧化（oxidation，M），MS tolerance 为 0.15Da，MS/MS tolerance 为 0.25Da，protein score C.I.%大于 95 为鉴定成功。

13.2.7.2 家蚕微粒子虫 NGS 组和 GS 组总蛋白的液相色谱串联质谱（LC-MS/MS）分析

使用 Easy-nLC 1000 液相色谱仪对各处理组总蛋白进行反相高效液相色谱分离，该系统配备 75μm×150mm 色谱柱，液相色谱仪的流动相 A 为浓度 0.1%的甲酸，流动相 B 是含 0.1%甲酸的乙腈，流动速率为 250nl/min。样品总蛋白肽段经 2%～80%流动相 B 梯度洗脱 3h。所用质谱鉴定系统为轨道阱质谱仪，采用数据依赖模式收集多肽。

多肽和多肽碎片的质量电荷比按照下列方法采集：先进行一次全扫描（full scan），然后是 10 个最高丰度离子图谱（MS/MS scan）的扫描。使用动态排除功能，参数设置：重复计数（repeat count）为 1，重复时间（repeat duration）为 2min，排除时间为 3min。实验进行 5 次独立的生物重复。

13.2.7.3　家蚕微粒子虫孢子表面蛋白 SP84 的质谱鉴定

质谱分析的技术路线是用胰蛋白酶水解胶内的蛋白质得到该蛋白质的肽片段混合物，再通过质谱仪检测获得该蛋白质的肽质量指纹谱，最后通过数据库检索鉴定蛋白。

样品制备：①用毛细吸管从考马斯亮蓝染色胶上切取目的蛋白带，转移至 500μl 的 EP 管中。②水洗，用 100μl 去离子水清洗胶粒至少两次，每次至少需要 15min，每次洗涤后弃液。③脱色，100μl 乙腈和 50mmol/L 碳酸氢铵 1∶1 等比混合洗涤胶粒 3 次，每次 30min，每次洗涤后弃液，直至胶粒变为无色。④脱水，100%乙腈脱水 2～3 次直至胶粒完全变为不透明。⑤真空离心干燥，30℃真空离心干燥至少 20min。⑥酶切，加入含 10ng/μl 胰蛋白酶的 25mmol/L 碳酸氢铵溶液，37℃孵育 30min，弃液后加入不含酶的 25mmol/L 碳酸氢铵溶液，37℃作用 4～6h 或过夜。⑦多肽的提取，收集管内液体加入 50μl 的 5%三氟乙酸/50%乙腈溶液 40℃作用两次，每次 1h，涡旋振荡后收集液体，合并三次收集的液体。⑧真空离心干燥，将三次合并的液体在真空离心干燥器中抽干后留待质谱分析。

肽质量指纹谱数据的采集：①点样前的样品处理，在抽干的样品管中加入 0.5%三氟乙酸溶液溶解多肽混合物。②基质的配制，将 α-氰基-4-羟基肉桂酸溶解在含 30%乙腈/10%丙酮的 0.10%三氟乙酸水溶液中配成饱和溶液，充分振荡后高速离心。③点样，将样品和基质 1∶1 等体积混合后吸取 1μl 点样于点样靶上，剩余的 1μl 也点在靶上，室温自然晾干。④肽质量指纹谱的检测，进样后在 SUN 工作站上，以反射模式进行肽谱的检测，首先选择相应的参数，再用标准的牛血清白蛋白校准仪器，再进行样品的检测。

数据库查询：肽质量指纹谱是指蛋白被特异性很高的蛋白酶水解后产生的肽片段混合物的质量图谱。由于每一种蛋白质的氨基酸序列不同，因此用蛋白酶水解后得到的肽片段混合物也不相同，则肽段混合物的质量数也具有特征性，称为肽质量指纹谱，可用于蛋白质的鉴定。通过将实验得到的肽质量指纹谱和数据库中理论的肽质量指纹谱加以比较后就可以鉴定蛋白。用 Mascot 搜索引擎（http://www.matrixscience.com/cgi/search_form.pl? FORMVER=2&SEARCH=PMF）进行数据库的检索。检索条件：蛋白质数据库选择 Swiss-Prot 库，物种来源选择微孢子虫，酶选择胰蛋白酶（trypsin），允许不完全的酶解片段选择 1 个，肽片段分子质量最大允许误差控制在±0.5Da，离子选择 MH^+。Swiss-Prot（http://cn.expasy.org/）蛋白质数据库提供通过图谱上的点来查询蛋白质的服务。

以上工作委托中国科学院上海生化细胞所蛋白质组研究分析中心完成。

13.2.7.4 家蚕微粒子虫 *Nb*RBL 蛋白质序列分析

序列信号肽位点分析 http://services.healthtech.dtu.dk/SignalP/。

蛋白质亚细胞定位预测 http://services.healthtech.dtu.dk/TargetP/。

序列 N-linked 糖基化位点预测 http://services.healthtech.dtu.dk/NetNGlyc/。

序列 O-linked 糖基化位点预测 http://services.healthtech.dtu.dk/NetOGlyc/。

13.2.8 家蚕微粒子虫孢子总蛋白的 FASP 法酶解处理

主要用于 Label-free 蛋白质组学定量分析的样本准备，具体步骤如下：①根据 FASP 酶解法，各组孢子（NGS 和 GS）总蛋白酶解起始用量为 50μg，分别加入 DTT 至终浓度为 0.1mol/L，混匀于 95℃孵育 5min。②各处理组分别加入 200μl 的 UA 缓冲液（8mol/L 尿素，0.1mol/L Tris-HCl，pH=8.5），将溶液转移至 30k Microcon 过滤管（Millipore），14 000×*g* 离心 15min（20℃）。③各管加入 200μl 的 UA 缓冲液，14 000×*g* 离心 15min（20℃），该过程进行两次。④各管浓缩物经 100μl 含 50mmol/L 碘乙酰胺（iodoacetamide，IAA）的 UA 缓冲液孵育，该过程于黑暗处进行 20min，之后 14 000×*g* 离心 15min（20℃）去除 IAA。⑤各管加入 100μl 的 50mmol/L 碳酸氢铵，14 000×*g* 离心 15min（4℃），该操作进行两次。⑥最后各管加入 50μl 的 50mmol/L 碳酸氢铵和胰蛋白酶（1∶50）于 37℃孵育 16h。最终，收集酶解完成的总蛋白肽段进行下一步分析操作。

Label-free 蛋白质组学定量分析由中国科学院上海药物研究所完成。

13.3 抗体制备及检测相关实验

13.3.1 家蚕微粒子虫孢子外孢壁蛋白单克隆抗体的制备

制备单克隆抗体包括动物免疫、细胞融合、选择杂交瘤、抗体检测、杂交瘤细胞的克隆化和冻存以及单克隆抗体的腹水制备及纯化等步骤。

13.3.1.1 动物免疫

将精制纯化 Nb 孢子用 0.01mol/L 磷酸盐缓冲液（PBS：40.0g，NaCl；1.0g，KCl；1.0g，KH_2PO_4；15.0g，$Na_2HPO_4 \cdot 12H_2O$；5000ml，H_2O；pH 7.2）稀释成 10^8 孢子/ml 的 Nb 孢子悬浮液，作为免疫原准备免疫小鼠。

选择体重 18～20g 的 Balb/c 雌性小鼠进行免疫。按 200μl 孢子/只与等体积弗氏完全佐剂混合，充分乳化后，经腹腔注射一免；间隔 3 周，取与一免等量抗原和等体积的弗氏不完全佐剂充分乳化后，第二次腹腔注射；3 周后用加倍剂量的抗原（Nb 孢子）进行腹腔注射；3d 后，取脾细胞进行融合。

13.3.1.2　细胞融合

免疫脾细胞悬液的制备：从免疫 Balb/c 小鼠眼眶取血，收集血清作为阳性对照并进行抗体检测，−20℃冰箱保存备用。小鼠放血后，拉颈处死，自来水冲洗后浸泡于 75%乙醇，消毒 30min。消毒后，将小鼠放入超净工作台内的解剖板上，采用左侧卧位，针头固定四肢。用无菌眼科剪剪开小鼠皮肤，暴露腹膜，取新的眼科剪打开小鼠腹腔，取出脾放入无菌小平皿中。用剪刀将脾剪成小块放入圆底管中或注射器中，预先加 2～3ml 的杂交瘤细胞（R/MINI-1640）培养液，再用研磨棒或注射器内芯研磨挤压出脾细胞。补加适量 R/MINI-1640 静置 3～5min，洗细胞两次，每次 5min，1000r/min 低速离心（4℃）取沉淀，用 R/MINI-1640 重悬脾细胞，重复操作 2 次。

骨髓瘤细胞的准备：在准备融合前几天就应及时换 R/MINI-1640，保证骨髓瘤细胞处于对数生长期，具有良好的形态。融合前，用弯头滴管轻轻吹打即悬起骨髓瘤细胞，将骨髓瘤细胞悬液转入离心管中离心收集细胞备用。

细胞融合：将制备的骨髓瘤细胞与脾细胞混合于 50ml 离心管内，脾细胞与骨髓瘤细胞之比为 10∶1。用无血清 R/MINI-1640 洗细胞 2 次，第 2 次离心后，倾倒掉上清液或用吸管尽可能吸尽残留液体。然后轻轻弹击管底，使细胞疏松成糊状，在 1min 内加入 50%聚乙二醇（polyethylene glycol，PEG）0.5ml，勿吹打，静置 1min。沿管壁缓慢加入无血清 R/MINI-1640，加至 40ml 终止反应，1000r/min 离心 4min（4℃），弃上清，再加 30ml 无血清 R/MINI-1640，1000r/min 离心 4min（4℃），弃上清，加无血清次黄嘌呤-氨基蝶呤-胸腺嘧啶核苷选择培养基（H-hypoxanthin, A-aminopterin, T-thymidine，HAT）培养液（含次黄嘌呤，氨基蝶呤和胸腺嘧啶核苷的 R/MINI-1640）至 10ml 吹打混匀。取一支预处理的细胞培养瓶，加无血清 HAT 培养基至约瓶体积的 2/3，再加入新生牛血清 3 吸管和 1 吸管细胞液均匀混合后，点入 96 孔细胞板，大约铺 3 块细胞培养板，5%二氧化碳的细胞培养箱于 37℃培养。

13.3.1.3　杂交瘤的筛选与克隆

细胞悬液（HAT 培养液）分铺 96 孔培养板后，立即转入 37℃、5%二氧化碳、相对湿度 95%的培养箱进行培养。以后每 2d 观察一次细胞的生长情况并做记录。培养 3～5d 后，用 HAT 培养液再换液一次，第 10 天换成次黄嘌呤-胸腺嘧啶核苷培养基（hypoxanthine-thymidine，HT）培养液（含次黄嘌呤和胸腺嘧啶核苷的 R/MINI-1640）培养，以后需根据实际情况更换新的培养液。待融合细胞覆盖整个孔底到 10%～50%时，常规间接 ELISA 方法筛选阳性孔。

阳性孔的特异性鉴定采用间接 ELISA 方法。①用包被液包被抗原（Nb 孢子悬浮液），37℃过夜。②吐温磷酸盐缓冲液（PBST）[5000ml，0.01mmol/L 的 PBS（pH 7.2）；2.5ml，吐温-20]洗涤 3 次后，用 5%的脱脂奶粉封闭 30min；加入阳性孔培养上清 100μl/孔，37℃温育 1h；PBST 洗涤 3 次后，加入经脱脂奶粉稀释 5000 倍的辣根过氧化物酶标记的羊抗鼠 IgG 二抗（Sigma），100μl/孔。③37℃温育 1h；PBST 洗涤 3 次后，用邻苯二胺（OPD）-H_2O_2 底物显色；15min 后，用 2mol/L 的 H_2SO_4 终止反应。④用酶标仪读取 OD_{490} 值，

与阴性 OD_{490} 值比值大于 2.1 为阳性。筛选到针对 Nb 孢子的特异性细胞株，筛选出的特异性阳性孔用常规的有限稀释法克隆。

采用有限稀释法克隆阳性孔，克隆步骤如下：①取一块干净的 96 孔细胞板，在第一列孔中各加 3 滴 HT 培养液。②取出要克隆的细胞板，用干净的巴斯德吸管吹打，吹吸数次后，用长吸管吸取 1～2mm 的细胞悬液，在第一列中倍比稀释，每次吸出如上同量，如此形成细胞液浓度梯度。③倒置显微镜下观察挑选合适细胞数的孔，第一次克隆挑 60～120 细胞/孔，第二次挑 60～80 细胞/孔。④克隆后 2～3h，等细胞沉下来，即刻铺板，每孔 2 滴，然后每孔加 100μl 培养液，封口膜封口。⑤将目标孔中剩余液全部转移至扩大培养基中，并将目标孔同培养液重新加液。⑥铺板后，第 2 天或第 3 天开始看板，挑选单克隆细胞孔，进行抗体阳性检测。获得的单克隆细胞株进一步扩大培养，用于制备单抗腹水和液氮冻存。

13.3.1.4 单克隆抗体腹水的制备及纯化

免疫动物：①取 8 周龄左右 Balb/c 小鼠，腹腔注射 0.3～0.5ml 降植烷（Sigma）；7～10d 后腹腔注入（5～10）$\times 10^5$ 个杂交瘤细胞。②注射后 7～10d 可见小鼠腹部明显膨大，采取腹水，2000r/min 离心 3min（4℃），收集上清液，即为单克隆抗体腹水。③取 1 倍体积腹水，加 2 倍体积 0.06mol/L 乙酸缓冲液（pH 4.8）稀释，加辛酸（30μl/ml 腹水），室温下边加边搅拌，4℃澄清 1h，12 000r/min 离心 20min（4℃），收集上清。④用 50%饱和度硫酸铵沉淀免疫球蛋白，4℃放置 2h，3000r/min 离心 20min（4℃）。⑤沉淀用 2 倍体积的 PBS 溶液溶解，4℃流动透析 24h 后，即获纯化的腹水抗体，−70℃保存。

单抗的饱和硫酸铵盐析法纯化：①取 1ml 单克隆抗体液，加入 1ml 的 PBS 缓冲液（0.01mol/L，pH 7.2），混匀后，边搅拌边逐滴加入 2ml 饱和硫酸铵溶液，充分混匀后在 4℃下放置 30min，以 3500r/min 离心 15min（4℃）。②弃上清液，用 0.01mmol/L 的 PBS 缓冲液（pH 7.2）沉淀，使其体积恢复为 2ml，再边搅拌边逐滴加入 1ml 饱和硫酸铵溶液，充分混匀后在 4℃下放置 30min，以 3500r/min 离心 15min（4℃）。③重复步骤“②”一次。④将沉淀用 1ml 的 PBS 缓冲液（pH 7.2）溶解后，移入处理好的透析袋中，用 PBS 缓冲液于 4℃下流动透析过夜，然后分装于 2ml 冷冻管中冷冻保存。⑤取少量经纯化的抗体，用紫外分光光度仪测定 200～300nm 处的紫外吸收值。IgG 含量计算公式为 IgG 含量（mg/ml）= $(1.45\times OD_{280}-0.74\times OD_{260})\times$稀释倍数。

13.3.1.5 杂交瘤细胞的冻存与复苏

应及时冻存原始孔的杂交瘤细胞和每次克隆得到的亚克隆细胞。在没有建立一个稳定分泌抗体的细胞系的时候，细胞的培养过程中随时可能发生细胞的污染、分泌抗体能力的丧失等。

杂交瘤细胞的冻存方法：同其他细胞系的冻存方法一样，原则上每支冻存管中应含 1×10^6 个以上细胞。本实验采用的冻存方法如下：①收集对数生长期的待冻存的杂交瘤细胞、阳性克隆孔细胞，调整细胞密度为 1×10^6 个以上。②向每支冻存管（2ml）中加入经新鲜 HT 培养液悬浮的杂交瘤细胞 1.8ml，然后加入 0.2ml 的二甲基亚砜

（dimethyl sulfoxide，DMSO）（使用前在 4℃冰箱中预冷），轻轻摇动冻存管以混匀细胞。③封口后，依次将冻存管放入 4℃冰箱中 10～30min，−20℃冰箱中 30min 至 2h，−80℃冰箱中 2h 以上或过夜。④从−80℃冰箱中取出冻存管，立即放入液氮罐中保存。短期内使用可直接放在−80℃冰箱中保存。

杂交瘤细胞的复苏方法：①从液氮罐或低温冰箱中取出冻存的细胞管，立即放入 38～40℃的水浴锅中水浴。②在 50ml 的离心管中加入 10ml 的不完全培养液，再加入解冻的细胞悬液，轻轻混匀，800r/min 离心 5min（4℃），收集细胞。③弃去上清后，加入 HT 培养液 5ml 重悬细胞并转入 96 孔板或培养瓶中。1d 后，要及时换新培养液，以减少 DMSO 的毒性。

13.3.1.6　单克隆抗体的初步鉴定

单克隆抗体腹水效价测定：采用间接 ELISA 方法检测单抗腹水效价。将 1mg/ml 精制纯化 Nb 孢子用包被液稀释，100μl/孔包被 ELISA 板，4℃过夜，使其吸附于聚苯乙烯板孔；PBST 洗涤 3 次后，用 5%的脱脂奶粉封闭 30min；将单克隆抗体腹水倍比稀释后加入包被孔，100μl/孔，37℃温育 1h；PBST 洗涤 3 次后，加入按说明书稀释 10 000 倍的辣根过氧化物酶标记的兔抗鼠 IgG 二抗（Sigma），100μl/孔，37℃温育 1h，PBST 洗涤 4 次后，用 OPD-H_2O_2 底物显色，加 2mol/L 的 H_2SO_4 终止反应后，用酶标仪读取 OD_{490} 值，与阴性 OD_{490} 值比值大于 2.1 确定为阳性，测定单抗及腹水效价。

单克隆抗体类型及亚类鉴定：将单抗腹水与 Sigma 公司的标准抗 Balb/c 小鼠 IgG、IgG_1、IgG_{2a}、IgG_{2b}、IgG_3 和 IgM 抗体做双向琼脂扩散实验以鉴定抗体类型。琼脂扩散实验步骤如下，称取琼脂糖 1g 加入 50ml 蒸馏水中，于沸水浴中加热溶解，然后加入 0.05mol/L 巴比妥缓冲液（pH 8.6）50ml，配制成 1%的琼脂，分装备用。将融化的 1%琼脂冷至 50℃左右，量取 4ml，倒在 7.5cm×2.5cm 预先洗净、干燥、水平放置的载玻片上，待凝固后，用孔径 3～4mm 的打孔器按梅花状打孔，孔距为 4mm，再用注射器针头或镊子挑去孔内琼脂。在梅花孔的中央孔中滴加适当稀释的单抗腹水，四周孔中分别滴加标准抗 Balb/c 小鼠 IgG、IgG_1、IgG_{2a}、IgG_{2b}、IgG_3 和 IgM 抗体。将琼脂平板放入带盖的玻璃皿中，下面垫 3～4 层湿纱布，保持一定的湿度，并将玻璃皿放在 37℃恒温箱中，18～20h 取出观察沉淀线，判断单抗的抗体类型及亚类。

单抗的特异性反应实验：将制备的单抗与浙江嵊州蚕区分离的内网虫属样孢子虫（*Endoreticulatus*-like，Esp）、从本实验室家蚕中肠分离的蒙氏肠球菌（*Enterococcus faecalis*），以及由方维焕教授友情提供的多形汉逊酵母（*Hansenula polymorpha*）进行交叉反应实验。采用三抗体夹心 ELISA（TAS-ELISA）方法测定 1A6、3B1、3C1、3C2、3C3、3C4 和 3F1 七株单抗腹水与 Nb 孢子的特异性反应，以免疫抗原作阳性对照，以健康蚕中肠液作阴性对照。

TAS-ELISA 实验步骤：①Nb 兔抗血清 IgG 1∶5000 稀释，包被 ELISA 板，37℃温育 2h。②用含 5% BSA 的 PBST 封闭液封闭，37℃温育 30min。③加入用 PBST 稀释的精制纯化 Nb 孢子及阳性、阴性对照。④用 PBST 洗涤三次，每次 3min。⑤加入用 PBST 稀释 5000 倍的单抗腹水，37℃温育 1h。⑥重复“④”。⑦加入 3000 倍稀释的酶标羊抗鼠 IgG 结合物，37℃温育 1h。⑧重复“④”。⑨加底物溶液，37℃温育 15min。加 2mol/L 硫酸 50μl 终止反应，测 OD_{490} 值，以 $P/N>2.1$ 作为阳性判断标准。

吸取 10μl 洗脱液装入 EP 管中，加入 10μl 的 2.5×SDS 上样缓冲液，水浴 4min，再以 12 000r/min 离心 10min（4℃）。用微量进样器吸取上清 5～10μl 上样，SDS-PAGE 胶浓度为 12%。电泳结束后，固定 30min，考马斯亮蓝染色约 10min 后，脱色过夜，脱色至条带清晰时用扫描仪扫描图谱。将胶上蛋白在 4℃下，用湿式电转仪于 45V 电压转移至聚偏二氟乙烯（polyvinylidene difluoride，PVDF）膜，并与显色缓冲液反应，拍照。

13.3.2 单抗 3C2 预处理后的 Nb 孢子对 BmN 细胞的接种及共培养

向 BmN 培养细胞接种参照 Hayasaka 等（1993）的方法进行。将 20μl 精制纯化 Nb 孢子悬浮液（5×10^7 孢子/ml）与 200μl 氢氧化钾（0.2mol/L，pH 11.0，配制一周内使用）分别于 25～27℃预热 2h 后混合 1h，然后和 200μl 经过滤除菌的单抗 3C2（1.0mg/ml）在 37℃孵育 1h。灭菌水洗涤 1 次，洗去未结合的单抗。再注入 BmN 细胞悬浮液，即可使 Nb 孢子弹出极管而萌发。混合时将处理过的 Nb 孢子悬浮液慢慢滴加到密度为 1×10^6 细胞/ml 的家蚕 BmN 细胞悬浮液中，边滴加边轻轻振荡，使其充分混合；5min 后等量注入 24 孔细胞板中密闭，于 27℃静置 1h，使细胞完全贴壁后，再用巴斯德吸管轻轻除去培养基，重新加入新鲜的完全培养基后封闭，27℃下培养。共设 3 个重复（3 孔），BmIFV（家蚕传染性软化病病毒）单克隆抗体 3E12 作为对照处理。根据实验设计于接种后 12h、24h、36h、48h、60h、72h、84h 和 96h 定时取样观察。

单抗 3C2 和 Nb 孢子以及 BmN 细胞的共培养：为检测单抗 3C2 对 Nb 侵染 BmN 细胞的长期影响，将上述经 KOH 预处理的 Nb 孢子和不同浓度的单抗 3C2（5μg/ml、50μg/ml 和 500μg/ml）进行共培养。混合时将 KOH 预处理过的 Nb 孢子悬浮液和不同浓度的单抗分别慢慢滴加到 2ml 的 BmN 细胞悬浮液中，边滴加边轻轻振荡，使其充分混合；5min 后等量注入 24 孔细胞板中密闭，27℃静置 1h，使其完全贴壁，27℃下培养。共设 3 个重复（3 孔），家蚕传染性软化病病毒（BmIFV）单克隆抗体 3E12 作为对照处理。根据实验设计于接种后 12h、24h、36h、48h、60h、72h、84h 和 96h 定时取样观察。

13.3.3 单抗的胶体金定位

13.3.3.1 单抗 3C2 的胶体金定位

将含 Nb 孢子琼脂糖小块放入含 3%甲醛和 1%戊二醛的磷酸盐缓冲液（PBS，8.5g 氯化钠，1.2g Tris 和 0.45～0.5ml 乙酸，pH 7.2）中，于 4℃固定 2h。用 0.05mol/L 的三羟甲基氨基甲烷缓冲盐水[Tris buffered saline（TBS），pH 7.4]浸泡洗涤 3min。室温下用约 5 倍体积正常羊血清浸泡处理琼脂糖小块 30min，以阻断非特异性吸附。第一抗体 4℃孵育 20h 后室温 2h，用 0.05mol/L 的 TBS（pH 7.4）漂洗 3min×3 次，再用 0.02mol/L 的 TBS（pH 8.2）漂洗 3min×3 次，为胶体金结合做准备。用金标记的第 2 抗体(工作浓度 1∶64 左右，Sigma)在室温下孵育琼脂糖小块 1h。用 0.02mol/L 的 TBS（pH 8.2）漂洗 3min。用 0.05mol/L 的 TBS（pH 7.4）漂洗 3min×3 次。1%锇酸后固定（0.1mol/L 的 PBS 溶液）1h。双蒸水洗 15min。系列乙醇或丙酮脱水包埋，超薄切片。柠檬酸铅对照染色，为增加非特异性染色，有的实验室在 PBS 中加入 1%小牛血清白蛋白（BSA）。

理想的免疫金胶体切片，背景应清洁，无残留的金或其他无机盐颗粒，金粒集中在抗原抗体反应部位，要获得理想的免疫金胶体切片，需注意以下因素：①抗体血清的高度特异性和亲和力；②被检组织应有较高浓度的抗原；③冲洗液的清洁度，冲洗彻底程度以及整个过程中应用的各种器皿的清洁度等；④所有溶液最好用微孔滤过器滤过，滤膜孔径 0.2～0.45μm，所有器皿应清洁和专用，整个操作过程应在湿盒内进行，以使载网保持湿润；⑤切片厚 50～70nm，载于 200～300 目的镍网。

13.3.3.2　家蚕微粒子虫 *Nb*SWP5 蛋白在孢子表面的免疫胶体金定位观察

超薄切片的制备：①固定，精制纯化 Nb 孢子用 3%多聚甲醛和 1%戊二醛磷酸盐缓冲液（PBS，0. 01mol/L，pH 7.2）于 4℃固定 2h。②透化，除去固定液，PBS 洗涤，0.5% Triton X-100 透化 5min。③脱水，30%和 50%的乙醇于 4℃各脱水 30min。④低温脱水，在−20℃冰箱中依次用 50%—70%—90%—100%—100%—100%乙醇溶液脱水，每步 60min，100%乙醇时注意不断轻轻摇动样品。⑤渗透，按照 K4M 包埋剂配方配制包埋剂，在−20℃冰箱中依次用 30%、70%和 100%的 K4M 渗透，每步 120min，100%的 K4M 渗透过夜，注意不断轻轻摇动使样品渗透完全。⑥包埋，置换新瓶，用 100%的 K4M 再渗透 6h，于−20℃冰箱中用 360nm 波长紫外线照射聚合 72h，室温下再聚合 48h，每天翻动样品 2 次使紫外光照射均匀。⑦切片，Ultracut S Leica 超薄切片机切片（70～90nm 的切片），切片固定于 300 目镍网。

免疫胶体金的标记及电镜观察：①漂洗，用 PBS 湿润镍网上的切片 5min。②封闭，BL 封闭液封闭处理 30min。③一抗标记，抗 *Nb*SWP5 抗体（1∶200 稀释）于 25℃孵育 1h。④再次 PBS 漂洗和 BL 封闭处理。⑤二抗标记，10nm 羊抗兔标记的胶体金（1∶200 稀释）于 25℃标记 1h。⑥复染及观察，切片用 PBS 漂洗 5 次，柠檬酸铅溶液和乙酸双氧铀 50%乙醇饱和溶液各染色 15min。最后用 JEM-1230 透射电子显微镜观察并拍照。

13.3.4　单抗 3C2 的免疫共沉淀（Co-IP）

13.3.4.1　抗体固定

①室温下用交联缓冲液平衡抗体偶联凝胶和反应物 30min，用超纯水溶解交联缓冲液。0.02%叠氮化钠保存过剩的缓冲液，4℃保存。②轻轻晃动抗体交联液，使之悬浮。加 50%悬液到 Handee™ spin cup column（见产品说明书），把旋转杯放入离心管中离心。从离心管中移出旋转杯，清空离心管，把旋转杯再放入离心管。③加 0.4ml 交联缓冲液，在盛胶的旋转杯中洗胶，轻轻晃动使之充分混匀，离心。从管中移出旋

转杯，清空离心管，把旋转杯重新放入离心管。④重复“③”。⑤把旋转杯放入新离心管，稀释纯化好的抗体放于交联缓冲液中作为诱饵蛋白（表 13-5）。⑥以下步骤在通风橱中进行，加入 1μl 的 5mol/L 氰硼氢化钠于每 100μl 稀释的纯化抗体，上下摇动 5 次（注意氰硼氢化钠有剧毒，必须戴上手套，小心轻晃）。轻轻混匀，4℃孵育过夜，离心。⑦把旋转杯放入新离心管中并加入 0.4ml 交联缓冲液（注意：当使用过量的抗体或者胶不容易悬浮时，用吸管混匀胶，小心不要把旋转杯中的滤膜弄破）。⑧加入 0.4ml 的淬灭缓冲液，上下摇动 10 次并离心，倒掉上层淬灭缓冲液，再加入 0.4ml 的淬灭缓冲液于胶中。⑨通风橱中，加入 4μl 的 5mol/L 氰硼氢化钠，盖上盖子并上下晃 5 次，在振荡器中振荡孵育 30min。用 0.4ml 交联缓冲液洗 4 次。⑩保存抗体偶联胶和对照于 0.4ml 的交联缓冲液中。

表 13-5 抗体偶联凝胶和抗体用量

偶联胶浆（μl）	偶联凝胶（μl）	抗体 （μl）	抗体 （μl）
200	100	200～1000	400
100	50	100～500	100～200

注：使用这些指导原则可以在 4h 后获得 85%的偶联效率；偶联效率可以通过测定偶联前-后抗体溶液在 280nm 处的吸光值来近似计算

注意事项：抗体不能含胺（Tris 或者甘氨酸），会影响偶联效果；抗体不能含载体蛋白（carrier protein），会降低偶联能力；必须要有相应的对照；室温下操作（除非有特殊提示）；中速离心 1min（3000×*g*～5000×*g*）；减少非特异性吸附要加 Triton™ X-100 surface Amps；200μg 抗体交联到 100μl 的设定凝胶。

13.3.4.2 蛋白复合物的免疫共沉淀

注意诱饵蛋白和捕获复合物的比例，孵育时间和蛋白相互作用的条件应尽量适宜。具体程序为：①蛋白复合物及对照的量见表 13-6。②用交联缓冲液稀释蛋白复合物和对照，在旋转杯中的体积为 0.1～0.3ml。③离心去除交联缓冲液，仅留抗体交联支持物。④把旋转杯放入新的离心管中，加入蛋白复合物，在振荡器中振荡孵育 1～2h。⑤离心，丢弃（或保存为下一步分析）离下的液体，收集于离心管中。⑥把旋转杯放于新的离心管中，加入 0.4ml 的交联缓冲液，上下倒置 10 次，离心重复该步骤 2 次以上（注意评估洗脱液的 A_{280} 和 SDS-PAGE 等决定洗脱的次数，洗脱液中必须没有蛋白质，蛋白质含量多的样品要多洗几次）。

表 13-6 使用的洗脱缓冲液量

洗脱缓冲凝胶（μl）	抗体偶联胶（μl）	抗体偶联固定液（μl）
200	400	200
100	200	100
50	100	50
50	50	25
50	20	10

13.3.4.3　免疫复合物的洗脱

洗脱程序为：①在旋转杯中加入合适体积的洗脱缓冲液（表 13-6），盖上盖子，并轻轻混匀，离心[注意：如需保持蛋白质功能，必须中和洗脱样品，洗脱缓冲液 pH 在 2.5～3.0，也可在每 200μl 的洗脱缓冲液中加 10μl 的 Tris（1mol/L，pH 9.5）后用于洗脱]。②重复“①”，直到样品被洗涤。蛋白质样品在开始的三次中被洗脱，分别收集被洗脱的蛋白质样品，用 SDS-PAGE 评测蛋白质量。③最后的洗脱步骤，重复“①”和“②”步骤，将胶再生。

13.3.4.4　再生胶

再生胶程序为：①加 0.4ml 的交联缓冲液于旋转杯中，盖上盖子并轻轻摇动 10 次。②离心，将管清空。③重复“①”和“②”两次。④加 0.4ml 的交联缓冲液于旋转杯中，把盖好的旋转杯放入离心管中并保存在 4℃。如需长期保存，加入 0.02%的叠氮化钠，加封口膜，防止样本水分蒸发或变质。

13.3.4.5　洗脱条件的确定

因蛋白质之间的作用各式各样，所以要选择不同的洗脱方法才能达到洗脱的目的。在进行免疫复合物的洗脱时，用三种不同的洗脱液进行洗脱，100μl 的 Tris-HCl（pH 3.0）、pH 11.0 的乙二胺、8mol/L 尿素溶液。

洗脱液用斑点酶联免疫吸附测定法（dot-enzyme-linked immunosorbent assay，Dot-ELISA）进行检测。①剪取与胶大小匹配的 PVDF 膜 1 张，用打孔机在膜上打出圆形痕迹（注意不要打透，只要界限清楚即可），把膜用甲醇湿润，浸泡在转移缓冲液中平衡，然后将膜取出于室温下晾干。向膜上圆孔内滴加 2.5μl 洗脱液，注意不要交叉污染其他的孔，如果量较多，可以晾干后重复滴加。将抽提的 Nb 孢子蛋白复合物作为阳性对照，PBST 作为阴性对照。②洗脱液完全晾干后将 PVDF 膜放在 5%脱脂奶粉中于 37℃封闭 1h。③一抗用封闭液稀释至适当浓度（单抗 3C2），PVDF 膜浸在其中，37℃温育 1.5h。④反应完毕用 PBST 清洗 3 次，每次于 37℃慢摇 5min。⑤二抗用封闭液稀释 5000 倍，将 PVDF 膜浸在其中，37℃慢摇温育 1.5h。⑥反应完毕用 PBST 清洗 3 次，每次于 37℃慢摇 5min。⑦将适量显色底物 66μl 的四唑氮蓝（nitroblue tetrazolium，NBT）、33μl 的 5-溴-4-氯-3-吲哚基-磷酸盐（5-bromo-4-chloro-3-indolyl phosphate，BCIP）和显色缓冲液（10ml）倒入一干净平皿，再将 PVDF 膜浸入显色底物中反应（静置或轻轻摇动），待出现明显颜色或底色时，用蒸馏水冲洗 PVDF 膜终止反应。

13.3.5　多克隆抗体的制备和效价测定

选取健康新西兰雌兔一只进行免疫。用 80μg 纯化的蛋白质与等体积弗氏完全佐剂充分混合，经腹腔注射进行第一次免疫。在此后的第 3 周、第 5 周和第 7 周，分别取与第一次免疫等量的抗原和等体积的弗氏不完全佐剂充分乳化，腹腔注射免疫。最后一次注射免疫后 1 周，收集血清，−20℃保存备用。

间接酶联免疫吸附测定法（ELISA）鉴定多克隆抗体效价：①用 0.05mol/L 碳酸盐包被 2μl/ml 缓冲液（pH 9.6）稀释纯化的 SWP12 多抗，加入 ELISA 板中（100μl/孔），每个样品重复三孔，37℃包被 1h 后，转入 4℃过夜，PBST 洗涤 3 次。②经 5%的脱脂奶粉封闭 2h 后用 PBST 洗涤 3 次。③每孔加稀释好的待检抗体 100μl，同时设置空白对照和阴性血清对照，37℃孵育 2h 后，用 PBST 洗涤 5 次。④加入辣根过氧化物酶（horseradish peroxidase，HRP）标记的羊抗兔 IgG（1∶5000），37℃孵育 1h，经 PBST 洗涤 5 次后，加入显色液，反应 10min，加入终止液终止反应，用酶标仪读取 OD_{490} 值。⑤按照下式计算 P/N：P/N =(待测孔 OD 值−空白对照孔 OD 值)/(阴性对照 OD 值−空白对照 OD 值)，当被检测孔的 P/N 值大于 2.1 判为阳性（P 为样品 OD_{490} 值，N 为阴性对照 OD_{490} 值）。

特异性可采用下述 Western blotting 方法进行测定。

13.3.6 Western blotting 实验

转膜：根据前述实验方法对精制纯化 Nb 孢子总蛋白进行 SDS-PAGE，电泳结束后取胶，切去浓缩胶和多余的分离胶。剪取与需转移胶大小匹配（一般略大于胶）的滤纸 4 张，用转移缓冲液湿润（或预先置于转膜缓冲液中浸泡）；剪取一张长度和宽度略大于胶的 PVDF 膜 1 张，用甲醇湿润，活化 PVDF 膜上的正电基团，使它更容易与带负电的蛋白质结合；然后浸泡在转移缓冲液中平衡 10min 以上。

将两张用转移液润湿的滤纸铺在白色端板上，再依次铺上胶、PVDF 膜和另外两张滤纸（小试管轻轻擀压，确保每层之间不留有气泡），在 4℃下用湿式电转仪于 45V 电压转移 1～2h。或按照海绵、滤纸、PVDF 膜、胶、滤纸、海绵的顺序安置好夹板，防止凝胶和 PVDF 膜之间产生气泡，按照正负极顺序将夹板放入转移槽内，将整个电泳槽置于冰中，100V 转移 50min。

免疫反应：转膜结束后，取出 PVDF 膜，用 TBST 漂洗 3 次，每次 5min；倒掉 TBST，用含 5%脱脂牛奶的封闭液于室温封闭 1h，再用 TBST 漂洗 1 次；倒掉 TBST，再分别用封闭液按照 1∶1000 和 1∶2000 的比例稀释一抗磷酸丝氨酸抗体和肌动蛋白抗体，4℃孵育过夜；弃一抗液，加入按 1∶2000 比例稀释的羊抗兔二抗，室温下孵育 1h。

或将 PVDF 膜浸在 10ml 用封闭液稀释 200 倍的多抗（抗 *Nb*SWP5）中，于摇床上以 37℃、60r/min 孵育 1.5h；反应完毕用 PBST 清洗 PVDF 膜 3 次，每次 5min；将 PVDF 膜浸在 10ml 用封闭液稀释 200 倍的辣根过氧化物酶标记的二抗中，于摇床上以 37℃、60r/min 孵育 1.5h；反应完毕用 PBST 清洗 PVDF 膜 3 次，每次 5min；将适量二氨基联苯胺（diaminobenzidine，DAB）辣根过氧化物酶显色液倒入一干净平皿，再将 PVDF 膜浸入显色底物中反应，待出现明显条带或底色时用水冲洗 PVDF 膜终止反应。

化学显影：化学显影按照 ECL 试剂盒方法进行。根据试剂盒说明书操作：将 A 和 B 两种试剂等体积混匀；1min 后，将混合液加到膜上，轻轻摇晃，使显影液与目标蛋白充分接触；曝光并拍照。

13.3.7　间接荧光抗体技术（IFAT）

将 10μl 的精制纯化 Nb 孢子悬浮液（约 1×10^8 孢子/ml 成熟 Nb 孢子、孢子母细胞或冷冻孢子）涂抹于盖玻片上，制成细胞片，自然干燥。用 4℃（或−20℃放置 1h）预冷的 80%丙酮固定 10～15min 后，通风干燥。用 pH 7.2～7.6 的 PBS 缓冲液将单抗及多抗血清按 1∶100 稀释后，滴加到细胞片上，置于 37℃湿盒孵育 40～60min，用含 0.05% 吐温-20 的 PBST 洗液洗涤 3 次，每次 5min。加入 10～20μl 的 FITC 标记的羊抗鼠 IgG（工作浓度为 1∶64，Sigma），置 37℃湿盒孵育 40min，用 PBS 洗 3 次，甘油封片，置荧光显微镜下观察，同时设阴性对照。

13.3.8　DAPI 活体荧光染色观察

将 DAPI 用 PBS 缓冲液配制成 1mg/ml 的母液，保存于 4℃备用，用时再稀释成目的浓度，现配现用，平时保存于 4℃冰箱中。将接种 Nb 孢子的感染 BmN 细胞悬液注入 35mm 的细胞培养皿中，密封后于 27℃下培养。根据实验设计，每 12h 定时取样后，滴加在载玻片上制成活体观察用片，滴加少许 DAPI 溶液进行荧光染色后，用 Olympus BH-S 研究显微镜，落射荧光装置，UV 激发，对 Nb 的分裂、增殖过程进行观察，并用自动摄影系统进行摄影。

13.3.9　孢子黏附及感染实验

取无菌玻璃底细胞培养皿（Φ30mm）于 27℃培养 BmN 细胞 5 皿。参照 Hayman 等（2001）的方法，进行 Nb 对 BmN 细胞的感染和黏附实验，每个细胞培养皿盛入 2ml 培养基，培养细胞数约为 1×10^6 个，接种的 Nb 孢子数为 1.0×10^7 个。向细胞接种孢子的同时在其中 4 皿加入一定量纯化的多克隆抗体，终浓度分别为 0.5μg/ml、1.0μg/ml、2.0μg/ml 和 5.0μg/ml，另一皿加正常血清作为对照，于 27℃培养 BmN 细胞 4h 后，用灭菌 PBS 洗涤培养皿除去游离于培养基中的 Nb 孢子，换上新鲜培养基，同时加入相应浓度的多克隆抗体继续培养 48h。除去培养基，依据间接荧光抗体技术的步骤制备装片。

具体方法如下：①用移液器吸去细胞培养基，风干。②加入 1ml 的−20℃预冷的 80%丙酮（pH 7.2 的 PBS 配制），室温静置 10～15min。③吸去丙酮，加入 1ml 的抗体（如用 PBS 稀释 1∶100 的兔抗 SWP12 重组蛋白的多克隆抗体），以阴性兔血清为对照，37℃温育 60min。④吸去多抗稀释液，用含 0.05%吐温-20 的 PBS（pH 7.2）漂洗 3 次，每次 5min。⑤加 20μl 的异硫氰酸荧光素（FITC）（1∶64 稀释），37℃温育 40min。⑥重复步骤“④”。⑦加 20μl 的 DAPI（1∶100 稀释），室温静置 10min。⑧重复步骤“④”，风干。

位相差显微镜观察计数，每个样品计数 30 个 BmN 细胞黏附 Nb 孢子数及被感染的 BmN 细胞个数进行统计分析。于荧光显微镜下记录。

13.4 家蚕微粒子虫核酸提取及分析

13.4.1 家蚕微粒子虫基因组 DNA 的抽提

方法一：取 0.5ml 的 2×10^9 孢子/ml Nb 孢子悬浮液于破碎管中，加 0.5ml 的 DNA 提取缓冲液、0.1ml 的 10% SDS 溶液，加 0.6g 混合玻璃珠与陶瓷珠（3∶1，Φ=0.5mm，Sigma），研磨均质器（FastPrep-24，MP BIO）5500r/min-20s×6 破碎。该方法也可用于卵样本的 DNA 提取。

方法二：取 1ml 精制纯化 Nb 孢子悬浮液（10^8 孢子/ml），用诱导液（0.1mol/L 的 K_2CO_3+ 0.1mol/L 的 $KHCO_3$）于 27℃诱导 1h，5000r/min 离心 5min（4℃），去除诱导液。加 0.5ml 的 PBS 缓冲液（pH=7.4）重悬，在 25℃放置 30min，使 Nb 孢子充分发芽，5000r/min 离心 5min（4℃），去除 PBS。加酶解液（0.5ml 的 TE 缓冲液，pH=8.0，50μl 终浓度 10% 的 SDS，25μl 终浓度 1mg/ml 的蛋白酶 K），37℃消化 5h。

核酸提取采用常规酚/氯仿抽提法。即在发芽液（或破碎液）中加入等体积的饱和酚，颠倒充分混匀 5min，12 000r/min 离心 10min（4℃）；取水相加等体积的酚∶氯仿∶异戊醇（25∶24∶1），颠倒充分混匀 5min，12 000r/min 离心 10min（4℃）；取水相加等体积氯仿∶异戊醇（24∶1），颠倒充分混匀 5min；12 000r/min 离心 10min（4℃）；取水相加 2.5 倍体积的预冷（−20℃）无水乙醇、0.1 倍体积的 3mol/L 乙酸钠（pH 5.2），−20℃沉淀 30min，12 000r/min 离心 10min（4℃），去上清；沉淀用 75%的乙醇漂洗，6000r/min 离心 3min（4℃），重复洗涤一次，吸干上清，自然风干，溶于 100μl TE（10mmol/L 的 Tris，1mmol/L 的 EDTA，pH 8.0），加入 2μl 的 RNAase，37℃保温 30min。取 1μl 用紫外分光光度计测 OD_{260} 值、OD_{280} 值，并计算 OD_{260}/OD_{280} 值，检测 DNA 纯度及浓度。其余放入−20℃保存。

13.4.2 家蚕微粒子虫孢子总 RNA 的提取

在装有精制纯化 Nb 孢子悬浮液，或经 GKK 发芽法处理的 Nb 孢子悬浮液的 EP 管中，加入 1ml 的 Trizol Reagent（Invitrogen），以及适量酸洗玻璃珠（Φ=425～600μm，Sigma）。将各个处理组放入珠磨式研磨器（Precellys-24，Bertin Technologies）中进行 Nb 孢子破碎处理，破碎程序为 6000r/min-3s×（25～30），破碎间隔期各处理组冰浴处理。破碎完成后，于−80℃冻融一次，之后按照 Trizol reagent（Invitrogen）说明书进行总 RNA 提取。操作步骤简略陈述为：①加入 200μl 氯仿，剧烈振荡 15s，室温静置 3min，12 000×g 离心 15min（4℃）。②吸取约 350μl 上清液于 1.5ml EP 管中，加入 500μl 异丙醇，上下颠倒混匀，室温静置 10min，12 000×g 离心 10min（4℃）。③去上清液，加入 1ml 的 75% 冰醋酸洗涤 2 次，最后室温干燥 RNA 沉淀 5～10min。用 30μl 的焦碳酸二乙酯（DEPC）处理水溶解备用。

总 RNA 提取完成后，RNA 浓度与质量通过凝胶电泳实验以及 2100 型生物分析仪（Agilent，USA）检测，取检测结果符合下一步测序标准的样品进行后续建库处理。

13.4.3　家蚕微粒子虫微管蛋白基因的 PCR 扩增与测序

PCR 反应体系：5μl 的 10×PCR 缓冲液（Mg^{2+}），4μl 的 dNTP，20μmol/L 的上、下游引物各 1μl（α-微管蛋白基因扩增引物：上游，5′-TCCGAATTCARGTNGGAAYGCGTGTTGGGA-3′；下游，5′-TCCAAGCTTCCATNCCYTCNCCNACRTACCA-3′；预期扩增 1202bp。β-微管蛋白基因扩增引物：上游，5′-GTAGGAGGA AAGTTCTGGGAGACTAT-3′；下游，5′-TCCTTCACCAGTGTACCAGTGTAA-3′；预期扩增 1161bp），1μl 模板 DNA（340ng/μl），0.5μl 的 Ex *Taq*，38.5μl 的 ddH_2O。PCR 扩增条件：α-微管蛋白基因，94℃预变性 5min，94℃变性 30s，53～57℃复性 30s，72℃延伸 1min，35 个循环，72℃延伸 5min，4℃保存。β-微管蛋白基因，94℃预变性 5min，94℃变性 30s，57～62℃复性 30s，72℃延伸 1min，35 个循环，72℃延伸 5min，4℃保存。1%琼脂糖凝胶电泳观察扩增的目的基因。

PCR 扩增产物回收：按照 UNIC-10 柱式 DNA 胶回收试剂盒（上海生工生物工程技术服务有限公司）的说明书操作。

大肠杆菌 JM109 感受态细胞的制备：①在无菌条件下从于 37℃培养 16～20h 的新鲜平板中挑取一个单菌落（JM109 大肠杆菌），放入 2ml 的 LB 液体培养基，于 37℃、220r/min 摇床培养 16h；取 1ml 培养菌液，加入 100ml 的 LB 液体培养基中（1∶100 比例），于 37℃、220r/min 摇床培养 3h。②在无菌条件下将细菌转到 2 个 50ml 的无菌聚丙烯管（一次性使用，用冰预冷）中，冰上放置冷却 10min，使培养物冷却至 0℃。③以 4000r/min 离心 10min（4℃），回收细胞。④倒出培养液，将管倒置卫生纸上 1min，以使最后残留的痕量培养液流尽。⑤以 10ml 用冰预冷的 0.1mol/L 氯化钙溶液重悬每份沉淀，放置于冰上 5min 冷却（注：用灭菌水配 1mol/L 氯化钙溶液储存液，5ml/管分装，每次取 1 管添加灭菌水至 50ml 使用，不要灭菌，可过滤，现用也可不过滤）。⑥重复“③”和“④”，回收细胞。⑦每 50ml 初始培养物，用 2ml 含 10%甘油的用冰预冷的 0.1mol/L 氯化钙溶液重悬（注：0.1mol/L 氯化钙溶液∶甘油=10∶1，配制好后需高压灭菌）。⑧将上步重悬好的细胞以 200μl/EP 管分装，于−70℃冻存（反复冻融的感受态不可再用）。

PCR 产物的克隆：分别将大小为 1.2kb 和 1.1kb 左右的 PCR 产物（α-微管蛋白基因和β-微管蛋白基因）经 UNIC-10 柱式 DNA 胶回收试剂盒回收。均以插入（Insert）DNA∶pMD18-T 载体按 4∶1 的比例进行连接，加等量连接液，于 16℃水浴连接 3h，连接产物转入 200μl 大肠杆菌 JM109 感受态细胞，冰上放置 30min，42℃热激 60s，在冰上放置 2～3min，加 790μl 液体 LB 培养基，于 37℃摇床中复苏细胞（220r/min，60min），分别取 100μl 和 200μl 菌液均匀涂于含 X-gal/IPTG/Amp^+的 LB 平板（LB 液体培养基 100ml 中加入 1.5g 琼脂糖，混合后 121℃高压灭菌，待灭菌后温度降至 55℃，加入 200μl 的 50mg/ml 氨苄西林，在超净台中倒入灭菌好的平皿中，平板凝固后，取 50μl 的 X-gal 与 5μl 的 IPTG 混合后均匀涂于平板表面，待平板完全吸收后方可涂菌液）中，37℃培养 16～20h，经蓝白斑筛选，各挑取 7 个白色菌落于 2ml 含氨苄西林的液体 LB 培养基中培养 14h。

将 1g 异丙基-β-D-硫代半乳糖苷（IPTG）溶于 4ml 灭菌水中，用灭菌水调节体积至 5ml，用 0.22μm 滤膜过滤除菌，分装 1ml/EP 管，即成 200mg/ml 的 IPTG，−20℃保存。

重组质粒的鉴定及测序。质粒 DNA 的小量制备：①将 1.5ml 菌液倒入 EP 管中，5000r/min 离心 5min（4℃），剩余菌液储存于 4℃；吸取上清培养物，使细菌沉淀尽可能干燥。②将 100μl 冰浴溶液Ⅰ（5ml，1 mol/L 的 Tris-HCl；10ml，0.2mol/L 的 EDTA；10ml，1mol/L 的葡萄糖；175ml，ddH_2O）加入 EP 管中，重悬细菌，剧烈振荡。③加 200μl 新配制的溶液Ⅱ（4ml，10mol/ml 的氢氧化钾；20ml，10%的 SDS；176ml，ddH_2O），盖紧管口，快速颠倒 EP 管 5 次，混合内容物，勿振荡，将 EP 管放置在冰上，静置 5～10min。④加 150μl 用冰预冷的溶液Ⅲ（120ml，5mol/ml 乙酸钾；23ml，冰醋酸；57ml，ddH_2O），盖紧管口，将管倒置后温和振荡 10s，使溶液Ⅲ在黏稠的细菌裂解物中分散均匀，此时可观察到 EP 管内有大量白色团状物质，将管置于冰上 3～5min。⑤用微量离心机以 12 000 r/min 离心 5min（4℃），之后将上清转移到另一 EP 管中，切勿将白色沉淀物吸出。⑥加等量的酚∶氯仿（25∶24），振荡混合，静置 5min，12 000r/min 离心 2min（4℃），取上清至新的 EP 管中。⑦用 2 倍体积的无水乙醇于室温沉淀双链 DNA，振荡混合，于室温放置 2min，12 000r/min 离心 5min（4℃）。⑧小心吸去上清液，将离心管倒置于一张纸巾上，以使所有液体流出，将附于管壁的液滴除尽。⑨用 1ml 的 70%乙醇洗涤双链 DNA 溶液，按“⑧”步骤，去掉上清，在空气中使核酸沉淀干燥 10min。⑩用 50μl 含无 DNA 酶的胰 RNA 酶（20μg/ml）的 TE 缓冲液重新溶解核酸并振荡，储存于−20℃。

重组质粒 PCR 鉴定反应体系：2.5μl，10×PCR 缓冲液（Mg^{2+}）；2μl，dNTP；上、下游引物各 0.5μl（20μmol/L）；0.5μl，模板质粒 DNA；0.5μl，Ex *Taq*；19μl，ddH_2O。PCR 扩增条件：α-微管蛋白基因，94℃预变性 5min，94℃变性 30s，53～57℃复性 30s，72℃延伸 1min，35 个循环，72℃延伸 5min，4℃保存。β-微管蛋白基因，94℃预变性 5min，94℃变性 30s，57～62℃复性 30s，72℃延伸 1min，35 个循环，72℃延伸 5min，4℃保存。1%琼脂糖凝胶电泳观察扩增的目的基因。

确定为阳性克隆的菌液送往 TaKaRa 公司进行测序。

序列分析：将测得的 1202bp 和 1161bp 核苷酸序列分别在 NCBI 上进行 BlastN、BlastX 序列比对，确认所得目的基因为 α-微管蛋白基因和 β-微管蛋白基因，并观察目的基因与基因库中核苷酸及氨基酸序列的同源性。

13.4.4 家蚕微粒子虫孢子发芽前-后转录组的分析方法

家蚕微粒子虫 NGS 和 GS 处理组转录组测序及序列拼接：转录组测序分析由上海美吉生物医药科技有限公司完成，方法简述如下：NGS 和 GS 处理组总 RNA 样本经 DNase Ⅰ（TaKaRa）于 37℃处理 60min，按照 Illumina Truseq™RNA sample prep Kit 方法构建文库。其中步骤主要包括：①以 5μg 总 RNA 为起始量，利用 Oligo dT 纯化柱富集 mRNA 并片段化处理。②双链 cDNA 合成，补平，3′端加 A，连接 index 接头。③文库富集，PCR 扩增 15 个循环，2%琼脂糖胶回收目的条带（Certified Low Range Ultra Agarose）。④TBS380（Picogreen）定量，按数据比例混合上机，cBot 上进行桥式 PCR 扩增，生成集群（cluster）。⑤HiSeq2000 测序平台进行 2×100bp 测序。

转录组测序完成后，获得的所有原始读长数据（reads）首先利用 SeqPrep（https://github.com/jstjohn/SeqPrep）和 sickle（https://github.com/najoshi/sickle）软件进行去杂处理，之后将高质量原始读长在家蚕微粒子虫基因组数据库（http://silkpathdb.swu.edu.cn/silkpathd）中进行比对，利用 Tophat software（http://tophat.cbcb.umd.edu/）去除不属于 Nb 的序列（E 值<10^{-5}），最后将所有匹配的读序用软件 Cufflinks（http://cufflinks.cbcb.umd. edu/）进行拼接处理。

家蚕微粒子虫 NGS 和 GS 处理组基因功能注释和转录组分析：为进一步获得转录组基因注释信息，将所获得的基因在 NCBI （http://www.ncbi.nlm.nih. gov/）数据库中进行功能注释分析（E 值<10^{-5}）。使用 Blast2Go 软件在 GO 数据库中对所有基因进行注释分析，以生物过程、分子功能和细胞成分进行分类分析。为了获得转录组基因在生物学通路之间的相互作用关系，利用在线生物学分析系统 KEGG Automatic Annotation Server（KAAS）对获得的基因进行 KEGG 通路分析。

家蚕微粒子虫 NGS 和 GS 处理组差异表达基因分析：对所获得基因进行差异表达分析，以 FPKM 值来表示某个基因的相对表达丰度，对比同一个基因在不同处理组之间 FPKM 值的差异，最终说明该基因的差异表达是否达到显著性水平。显著差异的标准为 P 值<0.05 且$|\log_2 \text{FoldChange}|>1$，$\log_2$FoldChange：$\log_2$ 为 GS 处理组读序数（read count）/NGS 组读序数。计算所使用软件为 Tophat（http://tophat.cbcb.umd.edu/）和 Cuffdiff（http://cufflinks.cbcb.umd.edu/）。之后将差异基因进行可视化分析和聚类分析。

13.4.5　家蚕微粒子虫 *Nb*RBL 基因在不同发育阶段的表达差异

家蚕微粒子虫感染 BmN 细胞：取精制纯化的 Nb 孢子进行人工发芽预处理，细胞感染步骤如下，取约 1×10^7 个精制纯化 Nb 孢子用 0.2mol/L 的氢氧化钾溶液于室温处理 40min 后，3000×g 离心 1min（4℃），弃上清，用 100μl 新鲜培养基重悬后，立即加入预先培养的 BmN 细胞中，27℃恒温培养。实验分别在 Nb 孢子感染 BmN 细胞后 6h、12h、18h、24h、30h、36h、42h、48h、54h、60h、66h、72h、78h、84h、90h 和 96h 取样，并进行后续 qPCR 分析处理；休眠孢子（NGS）和发芽孢子（GS）也分别取样进行后续 qPCR 分析处理。每个处理组进行三次独立的技术重复和生物重复。

不同家蚕微粒子虫孢子发育阶段 *Nb*RBL 基因的 qPCR 检测：提取不同发育阶段 Nb 孢子总 RNA，即在 Nb 孢子感染 BmN 细胞后约 96h，子代 Nb 孢子发育成熟，故以孢子感染后 96h 内不同时间点代表 Nb 孢子在一个世代的不同发育期，用 qPCR 相对定量方法来比较感染后不同时间点 *Nb*RBL 基因的表达丰度，进而获得 *Nb*RBL 基因在不同 Nb 孢子发育过程的表达趋势。在 Nb 孢子感染 BmN 细胞后不同时间点取样，分别加入 1ml 的 Trizol Reagent（Invitrogen）反复吹打，然后将全部悬浮液转移至无 RNA 酶的破碎管中，按照 13.4.2 节步骤获得不同处理组总 RNA，–80℃冰箱中保存。

合成单链 cDNA 的反转录是将上述提取的 RNA 用 TransScript One-Step gDNA Removal and cDNA Synthesis SuperMix（北京全式金生物技术股份有限公司）反转录试

剂盒进行反转录实验，合成所需单链 cDNA 模板。反转录体系为 1μg 的总 RNA，1μl 的 Oligo（dT）18，10μl 的 2×TS 反应混合液，1μl 的 TransScript RT/RI 酶混合液，1μl 的 gDNA 清除液，无核酸酶水定容到 20μl，轻轻混匀反应体系，42℃孵育 30min，85℃加热 5min 失活，分装备用。

根据转录组测序结果及 NCBI 数据库相关信息，用 Primer 5.0 软件设计 15 个随机挑选差异基因及家蚕微粒子虫内参基因 β-微管蛋白基因的上下游引物，引物序列如表 13-7 所示。

表 13-7 qPCR 验证实验引物序列

基因	引物序列
polar tube protein 2 极管蛋白 2	F: 5′-ACCTGCTCCTCAATGTATT-3′ R: 5′-TTCTTTGCCTTCTTCTTTCT-3′
polar tube protein 3 极管蛋白 3	F: 5′-TTTAGTTGACGCTCCATTCT-3′ R: 5′-AGTTCCTCCATTTGGTCCTG-3′
microtubule-associated protein 1A 微管相关蛋白 1A	F: 5′-AACACGCGACGAGTTGATAC-3′ R: 5′-TCTTGTCTTCTGCCAGTTTA-3′
transketolase 1 转酮酶 1	F: 5′-CAAGCGTGACCATTAGACAA-3′ R: 5′-CTAGGATTAACGCCTTTCGT-3′
nucleoporin NUP170 核孔蛋白 NUP170	F: 5′-AAAAGCCAGGACTGTATCTC-3′ R: 5′-TACAAGCTGTCCTAAAATCTC-3′
glutamate NMDA receptor-associated protein 1 谷氨酸 NMDA 受体相关蛋白 1	F: 5′-CCGTCCAAACAAACCTGATA-3′ R: 5′-GCCTGGTGAACCATACCCTA-3′
spore wall protein 5 孢壁蛋白 5	F: 5′-GCCGGGTTCTGCTATTGTTA-3′ R: 5′-ACCTGCCGCACCTGATTCTT-3′
glucose-6-phosphate isomerase 6-磷酸葡萄糖异构酶	F: 5′-TCATGGACGATAGGCGAGTT-3′ R: 5′-TTACGGGAGTCTTCTGGAGC-3′
protein phosphatase PP2-A regulatory subunit A 蛋白磷酸酶 2 调节亚基 A	F: 5′-ACTTTCACCCTTACCTTCAT-3′ R: 5′-TTCATATTCACAAACCGACT-3′
mannose-1-phosphate guanyltransferase 2 1-磷酸甘露糖鸟苷转移酶 2	F: 5′-TTGTCTTTCTTCGGCTATCT-3′ R: 5′-AGTTGATGATCCGAGTAAAT-3′
nuclear transcription factor Y subunit B-2 核转录因子 Y 亚基 B-2	F: 5′-CCCCTGTCACTGTCTTCCTG-3′ R: 5′-AATGGCTGACCCTAACTCCC-3′
alanyl-tRNA synthetase 丙氨酰 tRNA 合成酶	F: 5′-TGGTGGTCGTGATGCTTCTA-3′ R: 5′-AAAGCCACATCTGTTCCTTC-3′
protein peanut 花生蛋白	F: 5′-CATTGATACTACCACCCACC-3′ R: 5′-CTCGCATCTTGATGATTTGAT-3′
60S ribosomal protein L6 60S 核糖体蛋白 L6	F: 5′-AGGCATGTCTTCTAATCTCA-3′ R: 5′-TTTCTTACCACCTTTCTTGT-3′
MADS domain containing protein MADS 域蛋白	F: 5′-GTGGTAAGGCAGGTGGAGGT-3′ R: 5′-GCAATGATAACGACGGAAGG-3′
β-tubulin β-微管	F: 5′-GACTGTAGCTGCTGTCTTTA-3′ R: 5′-GCAGTAGTATTTCCCATAAA-3′

每个验证基因分别进行三次生物重复和三次技术重复。qPCR 反应试剂为 Light Cycler 480 SYBR Green I Master（Roche）。qPCR 反应体系为 2.0μl 的 cDNA，1.0μl（10nmol/L）的 primer F，1.0μl（10nmol/L）的 primer R，6.0μl 的 ddH_2O，10.0μl 的 2×Mix，定容至 20.0μl。PCR 反应程序为 95℃-5min（激活酶活性）；95℃-10s，60℃-10s，72℃-15s，扩增 40 个循环；95℃-5s 和 65℃-1min 熔解；40℃冷却 10s。

qPCR 程序结束后，将实验数据整理归纳，并根据 $2^{-\Delta\Delta Ct}$ 方法计算各个目标基因的相对表达量。结果以平均值±标准差表示。每一个目标基因的差异倍数（fold change）是由三次独立的生物重复计算获得。

*Nb*RBL 基因的 PCR 扩增：根据 *Nb*RBL 蛋白第 157～514 位氨基酸序列以及 pET-30a 质粒酶切位点设计引物，引物序列为：RBL-F1，5′-CGGAATTCGATATAGCAGAGATTAGTAATATGTCTTTCT-3′；RBL-R1，5′-CCCAAGCTTTTAACTGCTCAGTGCGGAACCAATA-3′；下划线处分别为 *Eco*R Ⅰ和 *Hin*d Ⅲ的酶切位点。

PCR 体系为 2.5μl，10×缓冲液；2.0μl，dNTP 混合物；0.5μl，模板；0.5μl，引物 F1；0.5μl，引物 R1；0.25μl，*Taq* 酶；18.25μl，超纯水；总体积 25μl。

PCR 程序为 95℃变性 5min；95℃变性 1min，55℃退火 1min，72℃延伸 1min；最后延伸 7min。扩增得到的 PCR 产物进行 PCR 纯化。

PCR 产物的纯化：在紫外灯下切下目的条带，用 DNA 回收纯化试剂盒（AxyPreP™ DNA Gel Extraction Kit）进行回收。简要程序为：①按 300μl/100mg 凝胶的比例加入 DE-A 缓冲液，置于 75℃水浴中 10min，颠倒混匀数次，使凝胶彻底融化，继续加入 1/2 DE-A 体积的 DE-B 缓冲液混匀。②将回收柱置于 2ml 离心管中，将混合液体转移至柱内，12 000×*g* 离心 30s（室温），取下柱子，倒掉收集管中的废液。③将柱子放入收集管中，加入 500μl 的洗脱液Ⅰ，12 000×*g* 离心 30s（室温）。④倒掉收集管中废液，将柱子放回到同一个收集管中，加入 700μl 的洗脱液Ⅱ，12 000×*g* 离心 30s（室温）。⑤重复步骤“④”。⑥取下柱子，倒掉收集管中的废液，将柱子放回到同一个收集管中，12 000×*g* 离心 2min（室温）。⑦将柱子放入一个新的 1.5ml 离心管中，在柱子膜中央加 30μl 的 ddH_2O，室温放置 2min，12 000×*g* 离心 2min（4℃），离心管中的液体就是回收产物，−20℃冰箱中保存。

纯化后产物的酶切：10μl，质粒/PCR 产物；2.0μl，10×FastDigest；0.5μl，*Eco*R Ⅰ；0.5μl，*Hin*d Ⅲ；7μl，超纯水；总体积 20μl。温和混匀并离心，37℃过夜处理。质粒和外源片段各做 3 管重复。酶切反应完成后，经回收试剂盒纯化，并测定浓度，−20℃冰箱中保存。

酶切产物的纯化：①在酶切反应液中，加 3 倍体积的缓冲液 PCR-A，混匀后，转移到 DNA 制备管中，将 DNA 制备管置于 2ml 离心管中，12 000×*g* 离心 1min（4℃），弃滤液。②将制备管放回 2ml 离心管，加 700μl 的缓冲液 W2，12 000×*g* 离心 1min（4℃），弃滤液。③将制备管置于洁净的 1.5ml 离心管中，在制备管的膜中央加入 25～30μl 的洗脱液或 ddH_2O，室温静置 1min，12 000×*g* 离心 1min（4℃）洗脱 DNA，−20℃冰箱中保存。

PCR 产物的连接：PCR 管中加入 1μl 的 10×连接缓冲液、1～10μl 的 PCR 产物、20ng 的载体、1μl 的连接液，以水调至终体积 10μl。PCR 产物∶载体=3∶1（物质的量比）；

反应条件为 4℃过夜。连接产物直接加入化学感受态细胞中进行转化。

连接产物的转化：从−80℃冰箱中取出一管感受态细胞置于冰上，将上述连接产物一半的量加入感受态细胞中，冰上放置 30min，42℃水浴锅中孵育 45s，迅速置于冰上 2min。加入 900μl 的 LB 培养基，37℃摇床中以 250r/min 孵育 60min。取上述培养液 200μl，均匀滴到 LB（含氨苄西林 100μg/μl）平板上，以灭菌的玻璃珠滚动将培养液涂抹均匀，倒置于 37℃培养箱中，培养过夜。

挑取克隆并扩大培养：从平板上挑取 3 个单克隆放入相应的试管中（事先加入 4ml 的 LB 液体培养基，卡那霉素浓度为 50μg/μl），37℃摇床中以 250r/min 培养 12h。

重组质粒的鉴定：①直接取重组菌菌液作为 PCR 反应的模板，经 1%琼脂糖电泳，出现与目的片段大小相同的条带即为阳性。②将经 PCR 鉴定阳性的菌液送往上海英骏生物科技有限公司进行测序鉴定。

重组菌的诱导表达及 SDS-PAGE 分析：包括重组菌的诱导表达和重组蛋白的 SDS-PAGE 分析。

重组菌的诱导表达：①转接测序正确的重组菌于含卡那霉素的 5ml 的 LB 培养基中过夜培养。②取新鲜培养的重组菌以 1∶200 接种于含卡那霉素的 50ml 的 LB 液体培养基，37℃振荡培养至 OD_{600} 值达 0.4～0.6，加入诱导剂 IPTG 至工作终浓度为 0.5mmol/L，继续培养 4h 后收集细菌，5000×*g* 离心 15min（4℃），收集菌体。③弃上清后加入适量 50mmol/L 的 PBS（pH=7.4）悬浮细菌，反复吹打后，5000×*g* 离心 15min（4℃）。④弃上清，加入培养基 1/10 体积的 50mmol/L 的 PBS（pH=7.4）重悬细菌，取 1ml 超声波破碎（250W-10s-99 次），12 000×*g* 离心 10min（4℃）。

重组蛋白的 SDS-PAGE 分析：①分别取上述获得的上清液和沉淀各 40μl，加入 10μl 的 5×SDS-PAGE 上样缓冲液后，沸水浴 5min，12 000×*g* 离心 6min（4℃）后，取 20μl 上清液进行电泳分析。②在电泳槽中加满电泳缓冲液，用微量移液器上样。电泳条件为 100V，1.5～2h。电泳至溴酚蓝迁移至胶下缘。③电泳完毕后，小心取出凝胶，置于大的平皿中，倒入考马斯亮蓝染色液至完全淹没凝胶，于水平摇床上染色 60min。④倒去染色液，加入脱色液，于水平摇床上脱色至背景消失。脱色完毕后，观察目的蛋白有无表达、浓度以及可溶性。

重组蛋白的纯化：采用 Ni-NTA Agarose 结合 His 标记目标蛋白的方法。说明书步骤简述为：①将经 IPTG 诱导 4h 后的 50ml 菌液以 12 000×*g* 离心 10min（4℃）后，去上清，加入 10ml 包涵体溶解缓冲液并重悬，于超声波破碎仪中进行细胞破碎处理，破碎条件为 250W-10s×99 次。破碎完成后，12 000×*g* 离心 10min（4℃），将上清转移至新的 EP 管中。②将约 1ml 混匀后的 Ni-NTA 琼脂糖放入注射器柱子中，将上一步中所有上清液缓慢加至 Ni-NTA 琼脂糖过滤层上面，注意要轻柔滴加，避免将 Ni-NTA 琼脂糖振荡起来。③依次用浓度不同的包涵体洗涤缓冲液 10、包涵体洗涤缓冲液 20、包涵体洗涤缓冲液 40、包涵体洗涤缓冲液 60 流经 Ni-NTA 琼脂糖层析柱，其间避免将 Ni-NTA 琼脂糖振荡起来。④最后在层析柱上加入 2ml 包涵体溶解缓冲液，并在注射器下方接住过滤液，其中包含目标蛋白。采用 Bradford 法，放入多功能酶标仪读数，分析获得所测蛋白浓度。取少量进行 SDS-PAGE 电泳分析。

13.4.6 内网虫属样微孢子虫嵊州株 rRNA 全基因的克隆测序与分析

13.4.6.1 rRNA 全基因引物的设计

对 GenBank 中有关微孢子虫 rRNA 基因进行同源性分析，选用通用的微孢子属 SSU rRNA 基因的前 22 个碱基设计正向引物 18F：5′-CACCAGGTTGATTCTGCC-3′；依据 3′端的保守区域设计反向引物 1537R：5′-TTATGATCCTGCTAATGGTTC-3′，获得 Esp（本实验室分离的内网虫属样微孢子虫）的 SSU rRNA 基因核心序列。然后根据核心序列设计正向引物 ISSUF：5′-GAACCATTAGCAGGATCAT-3′，根据 5S rRNA 基因保守区域序列设计反向引物 5SR：5′-TACAGCACCCAACGTTCCCAAG-3′，扩增 Esp 的 SSU rRNA 基因 3′端序列、IGS 和 5S rRNA 序列。

以核糖体大亚基（LSU rRNA）基因内部保守序列设计正向引物 HGF：5′-GAAACACGGACCAAGGAGATTAC-3′，反向引物 ILSUR：5′-ACCTGTCTCACGACGGTCTAAAC-3′。然后依据引物 ILSUR 的互补序列设计正向引物 ILSUF：5′-TGGGTTTAGACCGTCGTGAG-3′，根据 SSU rRNA 基因的引物 18F 的互补序列设计反向引物 S33R：5′-ATAGCGTCTACGTCAGGCAG-3′，扩增 Esp 的核糖体大小亚基之间的 ITS 序列。参照 Huang 等（2004）、Zhu 等（2010）、Xu 等（2012）的研究设计正向引物 LSUF：5′-ACTCTCCTCTTTGCCTCAATCAATC-3′，依据引物 HGF 的互补序列设计反向引物 HGR：5′-CTCCTTGGTCCGTGTTTCA-3′，扩增 Esp 的 SSU rRNA 基因 5′ 端序列。全部引物、退火温度及预扩增产物片段大小见表 13-8。

表 13-8　扩增内网虫属样微孢子虫嵊州株 rRNA 基因的引物

引物	序列	退火温度	产物大小
LSU rRNA 5′端			
LSUF	5′-ACTCTCCTCTTTGCCTCAATCAATC-3′	58.01℃	597bp
HGR	5′-CTCCTTGGTCCGTGTTTCA-3′	57.80℃	
LSU rRNA			
HGF	5′-GAAACACGGACCAAGGAGATTAC-3′	57.80℃	1782bp
ILSUR	5′-ACCTGTCTCACGACGGTCTAAAC-3′	61.95℃	
LSU rRNA 3′端和 ITS			
ILSUF	5′-TGGGTTTAGACCGTCGTGAG-3′	62.00℃	509bp
S33R	5′-ATAGCGTCTACGTCAGGCAG-3′	62.00℃	
SSU rRNA			
18f	5′-CACCAGGTTGATTCTGCC-3′	57.30℃	1254bp
1537r	5′-TTATGATCCTGCTAATGGTTC-3′	54.11℃	
IGS 和 5S rRNA			
ISSUF	5′-GAACCATTAGCAGGATCAT-3′	54.11℃	412bp
5SR	5′-TACAGCACCCAACGTTCCCAAG-3′	61.94℃	

13.4.6.2 PCR 扩增 rRNA 全基因

以内网虫属样微孢子虫嵊州株的精制纯化孢子悬浮液（10^9 孢子/ml）代替基因组DNA 直接作为模板进行 PCR 扩增，扩增策略如图 13-2 所示。

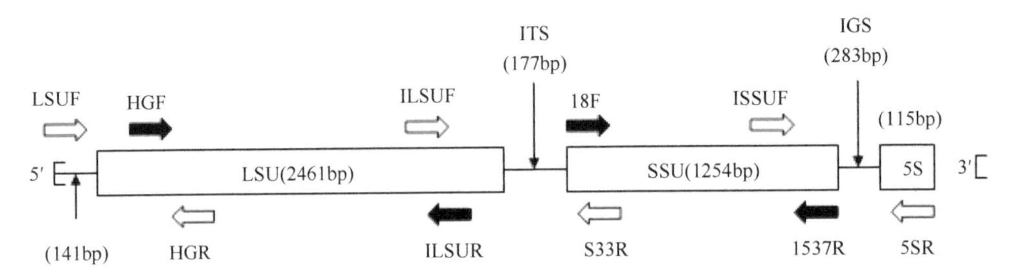

图 13-2　内网虫属样微孢子虫嵊州株 rRNA 结构模式图

黑色箭头所示引物表示扩增核糖体大亚基的主要编码基因序列以及小亚基的基因编码序列；引物 HGR 和 ILSUF 分别是引物 HGF 和 ILSUR 的互补序列，引物 S33R 和 ISSUF 分别是引物 18F 和 1537R 的互补序列

PCR 反应采用 50μl 体系，组成成分为：37.5μl，ddH$_2$O；5μl，10×PCR 缓冲液；4μl，2.5mmol/L 的 dNTP；正向和反向引物各 1μl；1μl 精制纯化孢子悬浮液（10^9 孢子/ml）代替 DNA 模板；0.5μl，Ex *Taq* DNA 聚合酶。短暂离心混匀后放入 PCR 仪扩增。PCR 反应程序为：94℃预变性 8min，94℃变性 1min，退火温度见表 13-8，时间为 1min 至 30s，72℃延伸 1min 至 30s，40 个循环，最后 72℃延伸 10min，然后 4℃保存。

13.4.6.3 PCR 产物的割胶回收

PCR 产物在 1.0%琼脂糖凝胶上电泳结束后，立即于电泳凝胶成像分析系统拍照，然后在紫外灯下切下目的条带，按 AxyPrep 凝胶回收试剂盒说明书操作回收扩增片段。方法如下：①按 300μl/100mg 凝胶的比例加入缓冲液 DE-A，置于 75℃水浴中 10min，其间颠倒混匀几次，直至凝胶彻底融化。②在胶融化后的混合液中加入 1/2 缓冲液 DE-A 体积的缓冲液 DE-B，混匀。③将回收柱置于 2ml 离心管中，转移混合液至回收柱内，12 000r/min 离心 1min（室温），取下柱子，倒去收集管中的滤液。④将柱子放回到同一个收集管中，加入 500μl 的缓冲液 W1，12 000r/min 离心 30s（室温）。⑤倒去收集管中的废液，将柱子放回到同一个收集管中，加入 700μl 的缓冲液 W2，12 000r/min 离心 30s（室温）。以同样的方法再用 700μl 的缓冲液 W2 洗涤一次，12 000r/min 离心 1min（室温）。⑥取下柱子，倒去收集管中的滤液，将柱子放回到同一个收集管中，12 000r/min 离心 1min（室温）。⑦将柱子放入一个新的 1.5ml 离心管中，在柱子膜中央加 30μl 的 ddH$_2$O，室温放置 2min。⑧12 000r/min 离心 2min（室温），离心管中的液体就是回收产物。

13.4.6.4 连接反应

回收 PCR 产物用连接试剂盒与 pMD20-T 载体连接，建立连接反应体系：0.5～4.5μl，产物；0.5μl，pMD20-T 载体；用 ddH$_2$O 补至 5.0μl；5.0μl，连接液Ⅰ；总体积 10μl。

PCR 产物的加入量视其回收浓度而定，1%琼脂糖电泳后，通过比对目的产物与 DNA 分子量标准的亮度估算其浓度，1μl 的 pMD20-T 载体为 50ng，约 0.03pmol/μl，克隆时载体和插入 DNA 的物质的量比一般为 1∶（2～10）。

混合反应液后，略离心使溶液集中于管底，16℃水浴连接过夜。

13.4.6.5　转化

①取 *E. coli* DH5α 感受态细胞一份（50μl），于冰上静置融化。②将 10μl 连接产物加入感受态细胞中，轻弹管底数次使 DNA 分散于感受态细胞中（不宜用枪头吹吸混匀）。③将 EP 管置于冰上 30min，再转入 42℃水浴锅中热激 90s。④取出 EP 管置于冰上急冷 2min，加入 800μl 预热的 LB 培养基，于台式恒温振荡器上以 37℃、200r/min 振摇复苏 1h。⑤4000r/min 离心 5min（4℃），收集细菌，除去 500μl 上清，用剩余培养基重悬细菌，取 100μl 均匀涂布于 37℃预热的 LB/Amp/X-gal/IPTG 平板培养基上。⑥置平板于超净台中，待菌液吸收后，37℃倒置培养 10～16h。⑦将平板置 4℃冰箱 2～3h，使蓝斑颜色充分显现。

13.4.6.6　重组质粒的少量提取与鉴定

①用灭菌牙签挑取平板培养基上的单个白色菌落，接种于 37℃预热的用试管分装的 3ml 的 LB 液体培养基（含 Amp 为 50μg/ml），一般一块平板挑取 3～5 个菌落，于台式恒温振荡器上以 200r/min 摇菌 8～12h（37℃）。②取 500μl 菌液，加 500μl 的 30%甘油，保存质粒菌，冻存于−80℃。③用 AxyPrep 质粒 DNA 小量试剂盒抽提剩余菌液质粒，方法按说明书如下：收集剩余菌液于 1.5ml 微量离心管中，12 000r/min 离心 1min（4℃），弃尽上清；加 250μl 的缓冲液 S1，均匀悬浮细菌沉淀，不留有小的菌块；加 250μl 的缓冲液 S2，充分温和上下翻转 4～6 次混合均匀，使菌体充分裂解，直至形成透亮的溶液；加 350μl 的缓冲液 S3，上下翻转 6～8 次充分温和混合均匀，12 000r/min 离心 10min（4℃）；吸取离心后的上清液，转移到制备管（置于 2ml 离心管）中，12 000r/min 离心 1min（4℃），弃滤液；将制备管放回离心管，加 500μl 的缓冲液 W1，12 000r/min 离心 60s（4℃），弃滤液；将制备管放回离心管，加 500μl 的缓冲液 W2，12 000r/min 离心 60s（4℃），弃滤液；同样方法加 700μl 的缓冲液 W2 洗涤一次，12 000r/min 离心 60s（4℃），弃滤液；将制备管置于 2ml 离心管中，12 000r/min 离心 1min（4℃）；将制备管置于新的 1.5ml 离心管中，在制备管膜正中央加 60～80μl 的 ddH_2O，室温静置 1min，12 000r/min 离心 1min（4℃），−20℃保存备用；1.0%琼脂糖凝胶电泳观察提取产物的质量。④重组质粒的 PCR 鉴定直接取重组菌菌液质粒作为模板，经 1.0%琼脂糖电泳，出现与目的片段条带大小相同的重组质粒即为阳性。⑤将经 PCR 鉴定阳性质粒取三个重复样品送上海英骏生物科技有限公司进行测序鉴定。

13.4.6.7　内网虫属样微孢子虫嵊州株的 rRNA 全基因序列分析

一级结构分析是利用 GeneTool 软件包对内网虫属样微孢子虫嵊州株的 SSU rRNA 基因和 LSU rRNA 核心序列的长度、核苷酸组成、酶切图谱等进行分析。

序列的同源性分析是将内网虫属样微孢子虫嵊州株的SSU rRNA序列输入NCBI数据库，利用Blast软件进行序列的同源性比较。采用邻接法和最大似然法计算内网虫属样微孢子虫嵊州株与其他微孢子虫的进化距离，用MEGA5.0软件包构建它们的系统发育树。

13.5 肠球菌核酸相关实验

13.5.1 肠球菌DNA的提取

13.5.1.1 菌体收集

将0.04ml的THB培养物（接种后30℃振荡培养过夜）接种于400ml的YGPB培养液[1%蛋白胨；0.8%牛肉汁（Oxoid）；1%葡萄糖；0.5%氯化钠]，37℃振荡培养7h，4500r/min离心15min（4℃），弃上清；将沉淀用无菌蒸馏水充分悬浮，4500r/min离心15min（4℃），洗涤3次，−20℃保存后使用。

13.5.1.2 溶菌

在经冷冻保存12h以上的菌体（沉淀）中，加4.65ml灭菌水，融化和充分悬浮；加2ml的溶菌酶液（2.5mg/ml，H_2O）、0.1ml的蛋白酶K溶液（10mg/ml，H_2O）、0.75ml的10×SSC溶液（标准盐酸-柠檬酸缓冲液：0.15mol/L氯化钠，0.015mol/L柠檬酸钠，pH 7.0）、2.5ml的12%氨基磺酸钠（1×SSC溶液），充分混匀（溶菌液），将此悬浮液在37℃水浴中过夜。

13.5.1.3 除去蛋白

在上述溶菌液中加入6ml的1×SSC和0.05ml的蛋白酶K溶液（10mg/ml，H_2O），轻轻回转混合，60℃水浴30min。

在上述溶液中，加4.0ml的5mol/L氯化钠溶液，混匀后加5.0ml的CTAB/NaCl溶液（10% CTAB溶解于0.7mol/L氯化钠溶液，即在80ml的ddH_2O中先加入4.0g氯化钠，溶解后，缓慢加入10g的CTAB；如未能完全溶解，可在65℃水浴中溶解，最后定容到100ml），混匀，65℃水浴20min。

加入等量氯仿/异戊醇（24∶1）溶液，充分混合，5000r/min离心15min（4℃），使有机溶液与水溶液充分分层。

取水溶液，再加等量的酚/氯仿/异戊醇（25∶24∶1）溶液，充分混匀后，5000r/min离心15min（4℃），取水溶液。

2个界面间的蛋白质量较多时，可重复进行2～3次，以充分去除蛋白质。

13.5.1.4 粗DNA的卷取

沿试管壁，缓慢加入冷的异丙醇（−20℃保存），溶液出现絮状DNA沉淀；用玻璃棒轻轻搅拌，卷取 DNA；用冷纯乙醇（−20℃保存）洗涤黏附在玻璃棒上的 DNA；风干后，用 10ml 的 1×SSC 溶液溶解 DNA。

13.5.1.5　RNase 处理

将经 100℃、5min 处理使 DNase 失活的 RNase 溶液 0.25ml 加入上述的 10ml 粗 DNA 溶液（1×SSC 溶液），37℃水浴 30min，再重复前述的去蛋白过程，最后用 0.1×SSC 溶液将 DNA 从玻璃棒上洗落。

13.5.2　肠球菌 16S rDNA 的序列分析

基因组 DNA 的提取方法如上。

以肠球菌 16S rDNA 的 27F（5′-AGAGTTTGATCMTGGCTCAG-3′）和 1492R（5′-TACGGYTACCTTGTTACGACTT-3′）通用引物扩增 16S rDNA。贮藏浓度为 200pmol/μl；使用浓度为 20pmol/μl。

PCR 反应体系为 2.5μl，10×Ex *Taq* 缓冲液；2μl，$MgCl_2$（25mmol/L）；2μl，dNTP（各 2.5mmol/L）2.5μl，引物 27F；2.5μl，引物 1492R；1μl，TaKaRa Ex *Taq*（5U/μl）；12μl，无菌去离子水；总体积 25μl。

PCR 反应程序为 94℃预变性 5min；94℃变性 40s，55℃退火 50s，72℃延伸 1.5min，35 个循环；72℃终止 10min（My Gene^{TM} Series Peltier Thermal Cycler）。在 1%的琼脂糖凝胶中电泳检测 PCR 产物，并用 ChampGel 凝胶图像处理系统拍摄。

PCR 产物的纯化、回收按照 UNIQ-10 柱式 DNA 胶回收试剂盒要求说明书操作，具体操作步骤是：①通过琼脂糖凝胶电泳将目的 DNA 片段与其他 DNA 尽可能分开，然后用干净的手术刀割下含需回收 DNA 的琼脂块，放入 1.5ml 离心管中。判定 DNA 片段的位置时，要尽可能使用长波长紫外光，用紫外光照射的时间尽可能短。②按 400μl/100mg 琼脂糖凝胶的比例加入 Bing buffer Ⅱ，置于 50～60℃水浴中 10min，使胶彻底融化，加热融胶时，每 2min 混匀一次。③将融化的胶溶液转移到套放在 2ml 收集管内的 UNIQ-10 柱中，室温放置 2min，8000r/min 离心 1min（室温）。④取下 UNIQ-10 柱，倒掉收集管中的废液，将 UNIQ-10 柱放回到同一个收集管中，加入 500μl 的洗脱液，8000r/min 离心 1min（室温）。⑤重复步骤 4 次。⑥取下 UNIQ-10 柱，倒掉收集管中的废液，将 UNIQ-10 柱放回到同一个收集管中，12 000r/min 离心 15s（室温）。⑦将 UNIQ-10 柱放入一根新的 1.5ml 离心管中，在柱子膜中央加 40μl 洗脱液或水（pH>7.0），室温或 37℃放置 2min。⑧12 000r/min 离心 1min（室温），离心管中的液体即为回收的 DNA 片段，可立即使用或保存于−20℃备用。

扩增产物序列的测定：将 PCR 产物送至 TaKaRa 公司测序，并将序列提交 GenBank 数据库。

参考文献

坂崎利一. 1978. 新细菌培养基讲座(上)[M]. 东京: 近代出版: 390-393.

蔡顺风, 何欣怡, 何祥康, 等. 2011. 一种快速高效制备家蚕微孢子虫基因组 DNA 和总蛋白的方法[J]. 蚕业科学, 37(6): 1019-1024.

蔡幼民, 王红林, 何家禄, 等. 1978. 家蚕人工饲料的研究: 饲料理化因素对家蚕摄食和生长的影响[J]. 昆虫学报, 21(4): 369-384.

蔡志伟, 鲁兴萌, 吴忠长. 2000. 野外昆虫与蚕种生产中的微粒子病防治[J]. 蚕桑通报, 31(2): 5-8.

陈建国, 胡萃, 金伟, 等. 1988. 家蚕微粒子孢子单克隆抗体的研制及其在检测上的初步应用[J]. 蚕业科学, 14(3): 168-170.

陈开泚. 1956. 裨农最要[M]. 北京: 中华书局: 36.

陈天寿. 1995. 微生物培养基的制造与应用[M]. 北京: 中国农业出版社: 431-433.

陈秀, 黄可威, 沈中元, 等. 1996. 家蚕微粒子病的 PCR 诊断技术[J]. 蚕业科学, 22(4): 229-234.

陈祖佩. 1988. 家蚕微粒子病血清学检验技术的研究[J]. 蚕学通讯, (3): 38-40.

陈祖佩, 崔红娟, 万永继, 等. 1995. 家蚕 3 种微孢子虫表面抗原特性的研究[J]. 西南农业学报, 8(3): 57-60.

崔红娟, 周泽扬, 万永继, 等. 1999. 家蚕微孢子虫表面抗原蛋白对家蚕致病性的影响[J]. 蚕业科学, 25(4): 261-262.

崔为正, 张升祥, 刘庆信, 等. 2016. 我国家蚕人工饲料的研究概况及生产实用化进展[J]. 蚕业科学, 42(1): 3-15.

大岛格. 1949. 家蚕微粒子病防治中母蛾检验的有关合理简化研究[J]. 蚕丝试验场试验报告, 13: 1-61.

杜英武. 2001. 蚕种成品检疫与母蛾检疫相关性的探讨[J]. 蚕桑通报, 32(3): 43-46.

渡部仁. 1986. 家蚕病毒病的流行病学[M]. 李奕仁译. 镇江: 农牧渔业部科技司, 中国农业科学院蚕业研究所: 15-28, 55-68, 84-89.

儿玉礼次郎, 中筋祐五郎. 1969. 家蚕来源分离细菌(IV)家蚕细菌病发病机制的一些研究[J]. 日本蚕丝学杂志, 38: 406-412.

饭塚敏彦. 1972a. 感染 *Staphylococcus faecalis* AD-4 的人工饲料蚕中肠上皮的组织学观察[J]. 日本蚕丝学杂志, 41: 327-332.

饭塚敏彦. 1972b. *Staphylococcus faecalis* AD-4 感染人工饲料育蚕的发病机制[J]. 日本蚕丝学杂志, 41: 333-337.

饭塚敏彦. 1974. 家蚕幼虫消化液及蚕粪中的抗菌活性[J]. 日本蚕丝学杂志, 43: 89-93.

饭塚敏彦, 掘江保宏, 滝沢义郎. 1969. 家蚕肠道内的好氧菌(III)人工饲料育蚕防腐剂和数种抗菌物质对细菌的影响[J]. 日本蚕丝学杂志, 39: 253-260.

饭塚敏彦, 滝沢义郎. 1969. 家蚕肠道内的好氧菌(II)人工饲料育[J]. 日本蚕丝学杂志, 38: 95-102.

方定坚, 杨琼, 邹宇晓, 等. 2002. 自桑兰叶甲分离出的一种微孢子虫(Mic-I)的研究[J]. 昆虫学报, 45(2): 182-187.

费晨, 张海燕, 钱永华, 等. 2006. 家蚕消化道来源蒙氏肠球菌的鉴定[J]. 蚕业科学, 32(3): 350-356.

冯家新. 2000. 蚕种研究文集[M]. 杭州: 浙江大学出版社: 139-362.

冯家新, 沈兴家, 许明芬, 等. 1997. 桑蚕一代杂交种检验规程(NY/T 327—1997)[S]. 北京: 中华人民共和国农业部.

福田纪文. 1979. 综合蚕丝学[M]. 东京: 日本蚕丝新闻社: 307.
高永珍, 黄可威. 1999. 家蚕病原性微孢子虫超微结构研究[J]. 蚕业科学, 25(3): 163-169.
高永珍, 黄可威, 戴祝英, 等. 1999. 家蚕病原性微孢子虫的蛋白质化学性质的研究[J]. 蚕业科学, 25(2): 82-91.
高永珍, 刘挺, 黄可威. 2001. 切根夜蛾亚科的一种昆虫微孢子虫的研究[J]. 蚕业科学, 27(1): 68-71.
贡成良, 薛仁宇, 曹广力, 等. 2000. 来源于大菜粉蝶微孢子虫特性的研究[J]. 江苏蚕业, (4): 14-16.
谷利群, 周金钱, 陈阜新, 等. 2016. 蚕种生产技术规程(DB33/T 2019—2016)[S]. 杭州: 浙江省质量技术监督局.
顾国达. 2001. 世界蚕丝业经济与丝绸贸易[M]. 北京: 中国农业科技出版社: 3-18, 269-307.
广濑安春. 1979a. 有关寄生于昆虫的微孢子虫[J]. 蚕丝研究, (111): 118-123.
广濑安春. 1979b. 野外昆虫来源微孢子虫的交叉感染[J]. 蚕丝研究, (111): 124-128.
广濑安春, 上田金时. 1979. 柞蚕微粒子原虫经不同寄主继代后感染性的变化[J]. 蚕丝研究, (110): 105-110.
郭锡杰, 黄可威. 1995. 家蚕病原性微孢子虫孢子表面蛋白的选择性分离与总蛋白比较分析[J]. 蚕业科学, 21(4): 238-242.
郭锡杰, 朱峰, 黄可威, 等. 1996. 微粒子感染家蚕对肠液蛋白酶及中肠碱性磷酸酶活性的影响[J]. 蚕业科学, 22(2): 123-124.
韩益飞, 陈小进, 孙琴, 等. 2012. 如东县 2008-2010 年蚕桑生产及蚕病发生情况调查[J]. 中国蚕业, 33(4): 35-45.
呼思瑞, 陈勃生, 徐杰, 等. 2016. 家蚕一代杂交种母蛾检测批规模类型对微粒子病流行的影响[J]. 蚕业科学, 42(2): 281-287.
华德公. 1990. 中国蚕桑书录[M]. 北京: 农业出版社: 1-124.
黄嫔, 彭丽红, 邱国祥. 2014. 家蚕微病母蛾与下一代微粒子孢子检出率关系的初探[J]. 广东蚕业, 48(4): 22-24.
黄起鹏, 唐仕昆, 刘仕贤, 等. 1981. 家蚕微粒子病的治疗药物筛选试验[J]. 蚕业科学, 7(1): 63-64.
黄少康, 鲁兴萌. 2004. 家蚕微粒子虫(*Nosema bombycis*)与其形态变异株的侵染性及孢子表面蛋白的比较研究[J]. 中国农业科学, 37(11): 1682-1687.
黄少康, 鲁兴萌, 汪方炜. 2002. 微孢子虫变异研究进展[J]. 蚕业科学, 28(增刊): 44-47.
黄少康, 鲁兴萌, 汪方炜, 等. 2004. 两种微孢子虫孢子表面蛋白及对家蚕侵染性的比较研究[J]. 蚕业科学, 30(2): 157-163.
黄自然, 郑祥明, 卢蕴良. 1983. 家蚕微粒子孢子荧光抗体检验技术初步研究[J]. 蚕业科学, 9(1): 59-60.
嵇发根. 1994. 丝绸之府湖州与丝绸文化[M]. 北京: 中国国际广播出版社: 15-50.
江苏省家蚕一代杂交种微粒子疫病检验标准研究课题组. 2005. 桑蚕一代杂交蚕种病卵率检疫指标的探讨[J]. 中国蚕业, 26(3): 54-56.
蒋满贵, 罗梅兰. 2003. 简述桑蚕一代杂交种成品卵微粒子病检验技术[J]. 广西蚕业, 40(2): 27-32.
蒋猷龙. 1982. 家蚕的起源和分化[M]. 南京: 江苏科学技术出版社: 1-43.
蒋猷龙. 2007. 浙江认知的中国蚕丝业文化[M]. 杭州: 西泠印社出版社: 11-43.
金伟, 陈难先, 鲁兴萌, 等. 1990. 新型蚕室蚕具消毒剂——消特灵[J]. 蚕桑通报, 21(4): 1-5.
金伟, 鲁兴萌, 钱永华. 1996. 痛定思痛 吃堑长智——尽快走出“微防”误区及早控制“微病”危害[J]. 蚕桑通报, 27(4): 1-5.
李达山. 1985. 家蚕微粒子病血清学诊断的研究玻片凝集反应[J]. 蚕业科学, 11(2): 99-103.
李达山. 1989. 关于家蚕新病原微孢子虫的研究——I M.h 微孢子虫对家蚕的致病性[J]. 江苏蚕业, (4): 4-7.
李达山. 1992. 蜜蜂微粒子对家蚕致病性的试验[J]. 江苏蚕业, (1): 45-46.
李光才, 蔡顺风, 何祥康, 等. 2011. 破碎法提取家蚕微孢子虫孢子核酸的 PCR 检测灵敏度试验[J]. 蚕桑通报, 42(4): 8-11.

李建琴, 顾国达. 2012. 江浙蚕农所面对的蚕业风险及其防范行为分析[J]. 蚕桑通报, 43(3): 8-14.
李奕仁, 沈兴家, 叶夏裕, 等. 2003. 桑蚕原种检验规程(GB/T 19178—2003)[S]. 北京: 中华人民共和国国家质量监督检验检疫总局.
李掌林, 潘丽芬, 蒋龙元. 2007. 桑蚕一代杂交种散卵的克卵粒数检验值不确定度的评定[J]. 中国蚕业, 28(4): 26-28.
李掌林, 潘沈元, 潘丽芬, 等. 2008. 桑蚕一代杂交种病卵率检验的样本量及结果判定[J]. 中国蚕业, 29(1): 12-15.
栗栖弌彦. 1986. 母蛾检验抽样的特征和简易算法[J]. 日本蚕丝学杂志, 55(4): 351-352.
栗栖弌彦. 1987. 有关普通蚕种的母蛾检验研究(5)补遗及总结[J]. 京都工艺纤维大学纤维学部学报, 11(3): 285-295.
栗栖弌彦, 今西博朗, 滨崎实. 1986. 母蛾检验的集团多次抽样检查对照表[J]. 日本蚕丝学杂志, 55(6): 525-526.
林宝义, 吴海平, 徐杰, 等. 2003. 不同容量母蛾样本检验微粒子灵敏度的测试[J]. 蚕桑通报, 34(3): 17-19.
刘吉平, 曹阳, Smith JE, 等. 2004a. 模拟感染家蚕微粒子病的蚕卵、蚕蛾 PCR 检测的初步研究[J]. 蚕业科学, 30(4): 367-370.
刘吉平, 曹阳, Smith JE, 等. 2004b. 模拟感染家蚕微粒子病的 PCR 分子诊断技术研究[J]. 中国农业科学, 37(12): 1925-1931.
刘吉平, 卢铿明, 徐兴耀, 等. 1995. 单抗免疫金银染色法诊断家蚕微孢子虫的研究[J]. 广东蚕业, 29(3): 30-35.
刘吉平, 张国权, 徐兴耀, 等. 2000. 广东省家蚕微粒子病流行规律的分析[J]. 蚕业科学, 26(3): 172-175.
刘吉平, 张国权, 徐兴耀. 2002. 家蚕微粒子病流行发生与气象因子的关系分析研究[J]. 农业系统科学与综合研究, 18(3): 164-168.
刘加彬, 潘国庆, 周泽扬, 等. 2002. 一种适用于双向电泳的家蚕微孢子虫总蛋白的制备方法[J]. 蚕学通讯, 22(2): 8-10.
刘仁华, 刘强波, 万永继. 2003. 成品卵微粒子孢子检出度的研究[J]. 蚕桑通报, 34(2): 13-15.
刘仕贤, 张远能, 欧少容. 1982. 家蚕抗微粒子病性状的遗传研究[J]. 广东农业科学, (2): 11-14.
刘仕贤, 朱德贞, 曾文兴, 等. 1981. 即时浸酸和浸汤处理对家蚕微粒子病经卵传染的治疗效果[J]. 广东蚕丝通讯, (2): 27-34.
龙紫新, 柯昭喜, 王珣章, 等. 1995. 微孢子虫表面蛋白电泳分析及其在种类鉴定上应用的初步研究[J]. 昆虫天敌, 17(1): 27-32.
鲁明善. 1962. 农桑衣食撮要[M]. 王毓瑚校注. 北京: 农业出版社: 25-136.
鲁兴萌. 1995. 家蚕消化道内肠球菌的性状和致病性的相关性研究[D]. 京都: 国立京都工艺纤维大学.
鲁兴萌. 2008. 家蚕传染病的流行与控制[J]. 蚕桑通报, 39(4): 5-8.
鲁兴萌. 2009. 蚕用兽药的现状与应用[J]. 蚕桑通报, 40(2): 1-5.
鲁兴萌. 2010. 养蚕业分布与影响因素[J]. 蚕桑通报, 41(3): 1-5.
鲁兴萌. 2012a. 蚕桑高新技术研究与进展[M]. 北京: 中国农业大学出版社: 196-263.
鲁兴萌. 2012b. 家蚕对血液型脓病的抗性与防治策略[J]. 中国蚕业, 33(3): 4-7.
鲁兴萌. 2015. 蚕桑产业的现代化与可持续发展[J]. 中国蚕业, 36(1): 1-5.
鲁兴萌. 2020. 解·舒: 基于案例的养蚕病害诊断学[M]. 杭州: 浙江大学出版社: 1-21, 45-91, 131-163.
鲁兴萌, 蔡顺风, 邱海洪, 等. 2010. 蚕病检测中免疫学技术的研究与应用[J]. 蚕桑通报, 42(3): 1-4.
鲁兴萌, 呼思瑞, 邵勇奇, 等. 2017. 家蚕微粒子病胚胎感染个体对健康群体的影响[J]. 蚕业科学, 43(1): 68-76.
鲁兴萌, 黄少康, 汪方炜, 等. 2003. 微粒子病家蚕消化道内肠球菌的分布[J]. 蚕业科学, 29(2): 151-156.
鲁兴萌, 金伟. 1990. 家蚕消化液中抗链球菌蛋白含量和抑菌活性的研究[J]. 蚕业科学, 16(1): 33-38.

鲁兴萌, 金伟. 1996a. 桑蚕细菌性肠道病研究[J]. 蚕桑通报, 27(2): 1-3.
鲁兴萌, 金伟. 1996b. 蚕室蚕具消毒剂的实验室评价[J]. 蚕桑通报, 27(4): 6-8.
鲁兴萌, 金伟. 1998. 含氯制剂对家蚕微粒子虫孢子消毒效果评价的研究[J]. 蚕业科学, 24(3): 191-192.
鲁兴萌, 金伟. 1999a. 微孢子虫分类学研究进展[J]. 科技通报, 15(2): 119-125.
鲁兴萌, 金伟. 1999b. 桑蚕来源肠球菌的溶血性[J]. 蚕桑通报, 30(2): 15-17.
鲁兴萌, 金伟. 2000. 桑蚕来源致病性微孢子虫的分类学地位[J]. 科技通报, 16(2): 130-137.
鲁兴萌, 金伟, 钱永华, 等. 1996. A DNA hybridization taxonomic study of *enterococci* from the intestine of silkworm (桑蚕消化道中肠球菌的染色体杂交分类学研究)[J]. 浙江农业大学学报, 22(4): 331-337.
鲁兴萌, 金伟, 钱永华, 等. 1999. 肠球菌在家蚕消化道中的分布[J].蚕业科学, 25(3): 158-162.
鲁兴萌, 金伟, 吴海平, 等. 1998. 机磨法补正检查家蚕微粒子虫孢子的调查[J]. 中国蚕业, (75): 19-20.
鲁兴萌, 金伟, 吴海平. 1997b. 家蚕微粒子病预知检查技术的改进研究[J]. 中国蚕业, (69): 16-17.
鲁兴萌, 金伟, 吴一舟, 等. 2000a. 丙硫苯咪唑等药剂对家蚕微粒子病的治疗作用[J]. 中国蚕业, (81): 19-21.
鲁兴萌, 李光才, 蔡顺风, 等. 2011. 家蚕微粒子病的 PCR 检测技术研究与应用[J]. 蚕业科学, 37(5): 878-882.
鲁兴萌, 孟祥坤, 沈伯民, 等. 2013. 基于养蚕环境样本检测的流行病学调查方法[J]. 蚕业科学, 39(2): 913-920.
鲁兴萌, 钱永华, 金伟, 等. 1997a. 桑蚕消化道中肠球菌的部分特性的研究[J]. 浙江农业大学学报, 23(2): 184-188.
鲁兴萌, 邵勇奇. 2016. 家蚕微粒子病检验技术综述[J]. 蚕业科学, 42(4): 717-721.
鲁兴萌, 汪方炜. 2002. 家蚕肠球菌对微孢子虫体外发芽的抑制作用[J]. 蚕业科学, 28(2): 126-129.
鲁兴萌, 吴国桢, 金伟, 等. 1991. 消特灵和漂白粉消毒液的稳定性[J]. 蚕桑通报, 22(2): 5-10.
鲁兴萌, 吴海平. 2001. 桑蚕微粒子病的胚种传染率[J]. 蚕桑通报, 32(3): 7-10.
鲁兴萌, 吴海平, 李奕仁. 2000b. 家蚕微粒子病流行因子的分析[J]. 蚕业科学, 26(3): 17-165.
鲁兴萌, 吴忠长. 2000. 家蚕微粒子虫感染家蚕的病理学研究[J]. 浙江大学学报(农业与生命科学版), 6(5): 547-550.
鲁兴萌, 周华初. 2007. 家蚕微孢子虫与其它微孢子虫及真菌的进化关系[J]. 蚕业科学, 33(2): 325-328.
吕鸿声. 1982. 昆虫病毒与昆虫病毒病[M]. 北京: 科学出版社: 33-34.
吕鸿声. 2008. 昆虫免疫学原理[M]. 上海: 上海科学技术出版社: 18-66.
吕鸿声. 2015. 西域丝绸之路[M]. 上海: 上海科学技术出版社: 70-86.
罗梅兰, 黄旭华, 安春梅, 等. 2012. 广西桑蚕一代杂交种成品卵质量检验改进措施探讨[J]. 南方农业学报, 43(1): 113-116.
梅玲玲, 金伟. 1988. SPA-协同凝集反应快速鉴别微孢子虫孢子的研究[J]. 蚕业科学, 14(2): 110-111.
梅玲玲, 金伟. 1989. 家蚕微孢子虫与桑尺蠖微孢子虫的研究[J]. 蚕业科学, 15(3): 135-138.
梅玲玲, 金伟. 1990. 两种微孢子虫孢子超微结构的比较研究[J]. 浙江农业大学学报, 16(1): 83-87.
内海进, 西村利典. 1983. 有关家蚕消化液中的抗 *Streptococcus* 蛋白[J]. 日本蚕丝学杂志, 51: 84-92.
农林省蚕丝试验场微粒子病研究室. 1965. 微粒子病的检验法和对策[M]. 东京: 全国蚕种协会: 1-20.
潘丽芬, 李掌林, 陶鸣, 等. 2007. 家蚕种病卵率检疫方法的可靠性试验[J]. 中国蚕业, 28(1): 22-24.
潘敏慧, 万永继, 鲁成. 2001. 不同种类微孢子虫 DNA 制备方法的研究[J]. 西南农业大学学报, 23: 114-116.
潘敏慧, 万永继, 祝仁英. 2000. 家蚕病原性微孢子虫 SCM8 的分离及其致病性研究[J]. 西南农业大学学报, 22(3): 196-198.
潘敏慧, 万永继, 祝仁英. 2002. 家蚕病原性微孢子虫 SCM8 的研究[J]. 蚕业科学, 28(2): 115-119.
潘沈元, 李掌林, 陶鸣, 等. 2007. 家蚕一代杂交种成品卵微粒子病检疫抽样检查存在问题及解决方案[J]. 蚕业科学, 33(3): 514-519.

潘沈元, 李掌林, 陶鸣, 等. 2008. 考虑检验错误的集团抽样检验接收概率函数[J]. 数理统计与管理, 27(2): 235-240.
潘沈元, 彭会, 李爱玲. 2003. 从抽样检查原理谈家蚕微粒子病母蛾检查的几个误区[J]. 蚕业科学, 29(3): 281-283.
潘中华, 郑小坚, 薛仁宇, 等. 2005. 带毒蚕卵中的家蚕微孢子虫 DNA 提取方法研究[J]. 蚕业科学, 31(4): 486-489.
蒲蛰龙, 李增智. 1996. 昆虫真菌学[M]. 合肥: 安徽科学技术出版社: 189-268.
钱永华, 黄金山, 王建芳, 等. 2001. 胎牛血清及热处理家蚕体液对家蚕微孢子虫体外增殖的影响[J]. 蚕业科学, 27(1): 72-74.
钱永华, 金伟. 1997. 家蚕微孢子虫生殖圈的研究进展[J]. 蚕业科学, 23(2): 114-119.
钱永华, 鲁兴萌, 金伟, 等. 2003. 家蚕微孢子虫(*Nosema bombycis*)向家蚕BmN细胞接种与增殖的观察[J]. 蚕业科学, 29(3): 260-264.
钱永华, 鲁兴萌, 李敏侠, 等. 1996. 家蚕微孢子虫孢子人工发芽的研究[J]. 浙江农业大学学报, 22(4): 381-385.
三谷贤三郎. 1929. 最近蚕病学(上卷)[M]. 东京: 明文堂出版社: 132-138.
沈炼. 1960. 广蚕桑说辑补[M]. 仲昴庭编补. 郑辟疆, 郑宗元校注. 北京: 农业出版社: 20.
沈中元, 徐莉, 刘挺, 等. 1996a. 桑尺蠖和丝棉木金星尺蠖的微孢子虫对家蚕病原性和胚种传染性研究[J]. 蚕业科学, 22(1): 36-41.
沈中元, 徐莉, 徐安英, 等. 2003. 家蚕品种资源对微粒子病的抗性调查[J]. 蚕业科学, 29(4): 421-426.
沈中元, 徐莉, 张志芳, 等. 1997. 克微一号治疗家蚕微粒子病研究[J]. 中国蚕业, 18(3): 11-13.
沈中元, 徐莉, 朱峰, 等. 1996b. 家蚕感染微孢子虫其体内酶活性及血淋巴蛋白含量的变化[J]. 蚕业科学, 22(3): 197-198.
石川金太郎. 1936. 蚕体病理学[M]. 东京: 明文堂出版社: 285-320.
顺德县农业局. 1981. 热空气处理蚕卵防治家蚕微粒子病胚种传染的农村生产试验[J]. 广东蚕丝通讯, (4): 1-4.
四川省蚕业制种公司, 四川省蚕学会蚕种专业委员会. 1991. 家蚕微粒子病资料选编[M]. 成都: 成都科技大学出版社: 1-51, 205-309.
松本继男. 1982. 家蚕细菌感染的一例研究[J]. 京都工艺纤维大学纤维学部学报, 10: 17- 24.
宋应星. 1936. 天工开物[M]. 上海: 世界书局: 31-68.
孙小丁, 郑彦杰, 张苓花, 等. 2006. 微生物基因组 DNA 氯化苄提取方法优化的研究[J]. 中国酿造, (7): 9-12.
谭小辉, 潘国庆, 吴正理, 等. 2008. 家蚕微孢子虫孢壁蛋白与其发芽的相关性[J]. 动物学报, 54(6): 1068-1074.
藤原公. 1984. 家蚕微粒子病集团检验法的研究[J]. 蚕丝试验场汇报, 120: 113-160.
万国富, 卢铿明, 黄自然, 等. 1994. 单克隆抗体直接 ELISA 法检测家蚕微孢子虫[J]. 广东蚕业, 28(4): 33-36.
万嘉群. 1998. 用酶标抗体法检测蚕微粒子孢子[J]. 中国动物检疫, 15(1): 6-7.
万淼, 何永强, 张海燕, 等. 2008. 家蚕成品卵微粒子病 McAb-ELISA 检测方法的研究[J]. 蚕桑通报, 39(4): 13-16.
万永继, 张琳, 陈祖佩, 等. 1995. 家蚕病原性微孢子虫 SCM7 (*Endoreticulatus*. sp)的分离和研究[J]. 蚕业科学, 21(3): 168-172.
汪方炜, 鲁兴萌. 2001. 微孢子虫发芽机理[J]. 科技通报, 17(4): 16-19.
汪方炜, 鲁兴萌, 黄少康. 2003. 家蚕肠球菌体外抑制微孢子发芽的动力学研究[J]. 蚕业科学, 29(2): 157-161.
王见扬, 黄可威, 赵昀, 等. 2001. 九种微孢子虫核糖体小亚单位 RNA(SSU rRNA)基因拷贝数的研究[J].

蚕业科学, 27(3): 200-205.
王林芳, 徐世清. 2004a. 桑蚕一代杂交种成品卵微粒子病抽样检疫标准的修订[J]. 江苏蚕业, (1): 31-32.
王林芳, 徐世清. 2004b. 家蚕成品卵微粒子病集团检验改进抽样方案[J]. 蚕业科学, 30(1): 69-72.
王璐, 杨琼, 邢东旭, 等. 2018. 热处理法防治家蚕微粒子病的研究进展[J]. 广东蚕业, 52(2): 1-3.
王彦文, 鲁兴萌, 牟志美, 等. 2005. 家蚕来源肠球菌 DNA 多态性的 RAPD 分析[J]. 蚕业科学, 31(1): 59-63.
王义, 张履鸿, 宋捷. 1990. 大猿叶虫微孢子虫的初步研究[J]. 东北农学院学报, 21(2): 120-124.
王裕兴, 孙景晨, 钱元骏, 等. 1994. 家蚕微粒子病化学疗法的研究[J]. 江苏蚕业, (4): 1-3.
卫杰. 1956. 蚕桑萃编[M]. 北京: 中华书局: 101.
问锦曾, 孙传信. 1989. 中国家蚕微粒子虫及其近缘种的考察[J]. 中国农业科学, 22(2): 15-19.
吴晓霞, 冯真珍, 邱海洪, 等. 2010. 粉纹夜蛾培养细胞对家蚕微孢子虫的吞噬及与孢壁蛋白的关系[J]. 蚕业科学, 36(3): 447-451.
吴一舟. 2005. 天虫[M]. 上海: 上海人民出版社: 50-118.
吴一舟, 陶涛, 林宝义, 等. 2002. 桑蚕种(第 3 部分: 桑蚕种生产技术规程)(DB33/217.1—2002)[S]. 杭州: 浙江省质量技术监督局.
徐杰, 陈灵方, 林宝义, 等. 2004a. 不同感染时期和感染量对家蚕微粒子病胚种传染率的影响[J]. 蚕桑通报, 35(1): 18-21.
徐杰, 陈灵方, 孟正乐. 2014b. 开展成品检疫控制疫病流行[J]. 蚕桑通报, 45(3): 31-32.
徐兴耀, 宁波, 孙京臣, 等. 1998a. 家蚕微孢子虫单抗金银染色法检测技术的研究[J]. 蚕业科学, 24(1): 11-14.
徐兴耀, 谭佩蝉, 孙京臣, 等. 1998b. 家蚕品种对微粒子病抗性测定[J]. 广东蚕业, 32(2): 30-34.
杨官成, 丁会勇. 2004. 秋用蚕种成品检疫初探[J]. 蚕学通讯, 24(4): 32, 54.
杨明观, 钟伯雄, 陈钦培. 1986. 集团母蛾检查抽样方案的改进[J]. 蚕桑通报, 17(3): 4-8.
杨琼, 徐兴耀, 卢铿明, 等. 2001. 感染菜粉蝶的两种微孢子虫的研究(I)病原形态及对家蚕的病原性[J]. 广东蚕业, 35(2): 16-19.
叶永林, 邓德菊, 陈其芳, 等. 1992. 普通蚕种成品检疫研究[J]. 四川蚕业, (2): 11-16.
有贺久雄. 1973. 昆虫病理学泛论[M]. 东京: 养贤堂出版社: 425.
曾华明, 吴钢. 2006. 全面实施蚕种成品检疫[J]. 四川蚕业, (4): 11-14.
张凡, 陈正贤, 鲁兴萌. 2004. 应用单克隆抗体技术对两种家蚕微孢子虫表面蛋白进行比较分析[C]//广州: 2004 年第四届中国蚕学会青年学术研讨会.
张凡, 鲁兴萌. 2005. 微孢子虫入侵细胞的机制研究进展[J]. 蚕业科学, 26(增刊): 68-72.
张海燕, 万淼, 费晨, 等. 2007. 家蚕微孢子虫(浙江株)α-微管蛋白基因部分片段的克隆及系统发育分析[J]. 蚕业科学, 33(1): 49-56.
张虹. 2001. 杂交种成品卵微粒子病检验技术的应用[J]. 中国蚕业, 22(3): 34-35.
张美蓉, 侯启瑞, 李桂芳, 等. 2018. 基于2008-2017年全国蚕种质量监督检验结果的家蚕一代杂交种质量分析[J]. 中国蚕业, 39(1): 60-65.
张瑞, 彭建新. 2008. 放线菌素 D 诱导的 SL-1 细胞凋亡的初步研究[J]. 武汉工业学院学报, 27(3): 10-14.
张远能, 刘仕贤, 霍用梅, 等. 1982. 若干家蚕品种对六种主要蚕病的抗性鉴定[J]. 蚕业科学, 8(2): 94-97.
章新愉, 卢铿明, 庄楚雄, 等. 1995. 家蚕微孢子虫 DNA 的提取、克隆及部分 DNA 序列分析[J]. 蚕业科学, 21(1): 91-95.
赵林川, 李兵, 王裕兴, 等. 1998. 微粒子感染对家蚕过氧化氢代谢的影响[J]. 蚕学通讯, 18(2): 15-16.
浙江大学. 2001. 家蚕病理学[M]. 北京: 中国农业出版社: 1-13, 148-173, 213-241.
浙江省蚕桑学会. 1993. 蚕种生产技术[M]. 杭州: 浙江科学技术出版社: 97-113, 131-176.

浙江省技术监督局. 2007. 桑蚕种(第1部分: 桑蚕种质量)(DB33/217.1—2007)[S]. 杭州: 浙江省技术监督局.
郑祥明, 廖森泰, 方定坚, 等. 1993. 防微灵对桑的毒性试验[J]. 广东蚕业, 27(2): 32-35.
郑祥明, 廖森泰, 黄炳辉, 等. 1994. 防微灵防治家蚕微粒子病机理研究初报[J]. 广东蚕业, 28(3): 45-48.
郑祥明, 杨琼, 黄炳辉, 等. 2000. 黑条灰灯蛾分离的一种微孢子虫生物学特性研究[J]. 华南农业大学学报, 21(1): 30-33.
中国农业科学院蚕业研究所. 1978. 蚕病防治[M]. 上海: 上海科学技术出版社: 8-26, 87-108, 132-157.
中国农业科学院蚕业研究所. 1990. 中国养蚕学[M]. 上海: 上海科学技术出版社: 91-95, 591-601.
中国农业科学院蚕业研究所. 2010. 全国桑蚕微粒子病发生情况调研[Z].
周金钱, 吴海平, 徐杰, 等. 2015. 蚕种质量及检验检疫(DB33/T 217—2015)[S]. 杭州: 浙江省质量技术监督局.
周匡明. 2009. 中国蚕业史话[M]. 上海: 上海科学技术出版社: 22.
周泽扬. 2014. 家蚕微孢子虫基因组生物学[M]. 北京: 科学出版社: 53-72, 191-224.
朱勃, 沈中元, 曹喜涛, 等. 2006. 家蚕微孢子虫(镇江株)β-微管蛋白基因部分片段的克隆及系统发育分析[J]. 蚕业科学, 32(4): 505-507.
James RF, Tanada Y. 1992. 昆虫疾病流行学[M]. 王丽英译, 吕鸿声审校. 北京: 北京农业大学出版社: 1-56, 335-364.
Abdelwahid E, Yokokura T, Krieser RJ, et al. 2007. Mitochondrial disruption in *Drosophila* apoptosis[J]. Dev. Cell, 12(5): 793-806.
Abe Y, Kawarabata T. 1988. On the microsporidian isolates derived from the cabbage worm[J]. J. Seric. Sci. Jpn., 57(2): 147-150.
Acosta-Serrano A, Vassella E, Liniger M, et al. 2001. The surface coat of procyclic *Trypanosoma brucei*: programmed expression and proteolytic cleavage of procyclin in the tsetse fly[J]. PNAS USA, 98: 1513-1518.
Adler J, Dahl MM. 1976. A method for measuring the motility of bacteria and for comparing random and non-random motility[J]. J. Gen. Microbiol., 46: 161-173.
Ahmad M, Srinivasula SM, Wang L, et al. 1997. *Spodoptera frugiperda* caspase-1, a novel insect death protease that cleaves the nuclear immunophilin FKBP46, is the target of the baculovirus antiapoptotic protein p35[J]. J. Biol. Chem., 272(3): 1421-1424.
Aimanianda V, Bayry J, Bozza S, et al. 2009. Surface hydrophobin prevents immune recognition of airborne fungal spores[J]. Nature, 460: 1117-1121.
Akiyoshi DE, Morrison HG, Lei S, et al. 2009. Genomic survey of the non-cultivatable opportunistic human pathogen, *Enterocytozoon bieneusi*[J]. PLoS Pathog., 5(1): 1-10.
Andersson S, Kurland C. 1998. Reductive evolution of resident genomes[J]. Trends in Microbiol., 6: 263-268.
Andrews DL, MacAlpine DM, Johnson JR, et al. 1994. Differential induction of mRNAs for the glycolytic and ethanolic fermentative pathways by hypoxia and anoxia in maize seedlings[J]. Plant Physiol., 106(4): 1575-1582.
Antúnez K, Hernández RM, Lourdes P, et al. 2009. Immune suppression in the honey bee (*Apis mellifera*) following infection by *Nosema ceranae* (Microsporidia)[J]. Environ. Microbiol., 11(9): 2284-2290.
Apostolou E, Thanos D. 2008. Virus infection induces NF-kappaB-dependent interchromosomal associations mediating monoallelic IFN-β gene expression[J]. Cell, 134(1): 85-96.
Arends MJ, Wyllie AH. 1991. Apoptosis: mechanisms and roles in pathology[J]. Int. Rev. Exp. Pathol., 32: 223-254.
Arnoult D, Parone P, Martinou J, et al. 2002. Mitochondrial release of apoptosis-inducing factor occurs downstream of cytochrome c release in response to several proapoptotic stimuli[J]. Sci Signal., 159(6): 923-929.
Arrowood MJ. 2002. *In vitro* cultivation of cryptosporidium species[J]. Clinical Microbiology Reviews, 15(3): 390-400.

Ashkenazi A, Dixit VM. 1998. Death receptors: signaling and modulation[J]. Science, 281(5381): 1305-1308.

Audi J, Belson M, Patel M, et al. 2005. Ricin poisoning: a comprehensive review[J]. JAMA, 294(18): 2342-2351.

Avery SW, Anthony DW. 1983. Ultrastructual study of early development of *Nosema algerae* in *Anopheles albimanus*[J]. J. Invertebr. Pathol., 42(1): 87-95.

Baker MD, Vossbrinck CR, Maddox JV, et al. 1994. Phylogenetic relationships among *Vairimorpha* and *Nosema* species (Microspora) based on ribosomal RNA sequence data[J]. J. Invertebr. Pathol., 64: 100-106.

Bao YY, Li MW, Zhao YP, et al. 2008. Differentially expressed genes in resistant and susceptible *Bombyx mori* strains infected with a densonucleosis virus[J]. Insect Biochem. Molec., 38: 853-861.

Bao YY, Tang XD, Lv ZY, et al. 2009. Gene expression profiling of resistant and susceptible *Bombyx mori* strains reveals nucleopolyhedrovirus-associated variations in host gene transcript levels[J]. Genomics, 94(2): 138-145.

Barillas-Mury C, Han YS, Seeley D, et al. 1999. Anopheles gambiae Ag-STAT, a new insect member of the STAT family, is activated in response to bacterial infection[J]. EMBO J., 18: 959-967.

Barry JD, Ginger ML, Burton P, et al. 2003. Why are parasite contingency genes often associated with telomeres[J]? Int. J. Parasitol., 33: 29-45.

Barry M, McFadden G. 1998. Apoptosis regulators from DNA viruses[J]. Curr. Opin. Immunol., 10(4): 422-430.

Bauer D, Müller H, Reich J, et al. 1993. Identification of differentially expressed mRNA species by an improved display technique (DDRT-PCR)[J]. Nucleic Acids Res., 21: 4272-4280.

Beutler B, Moresco EM. 2008. Akirins versus infection[J]. Nat. Immunol., 9(1): 7-9.

Biderre C, Canning EU, Metenier G, et al. 1999. Comparison of two isolates of *Encephalitozoon hellem* and *E. intestinalis* (Microspora) by pulsed field gel electrophoresis[J]. European Journal of Protistology, 35(2): 194-196.

Bigliardi E, Sacchi L. 2001. Cell biology and invasion of the microsporidia[J]. Microbes and Infection, 3: 373-379.

Biron DG, Agnew P, Marche L, et al. 2005. Proteome of *Aedes aegypti* larvae in response to infection by the intracellular parasite *Vavraia culicis*[J]. Int. J. Parasitol., 35(13): 1385-1397.

Bloemink MJ, Moore PB. 1999. Phosphorylation of ribosomal protein L18 is for its folding and binding to 5S rRNA[J]. Biochem., 38: 13385-13390.

Bohne W, Ferguson DJP, Kohler K, et al. 2000. Developmental expression of a tandemly repeated glycine- and serine-rich spore wall protein in the microsporidian pathogen *Encephalitozoon cuniculi*[J]. Infect. Immun., 68(4): 2268-2275.

Boll W, Fujisawa JI, Niemi J, et al. 1986. A new approach to high sensitivity differential hybridization[J]. Gene, 50: 41-53.

Bosisio D, Marazzi I, Agresti A, et al. 2006. A hyper-dynamic equilibrium between promoter-bound and nucleoplasmic dimers controls NF-κB-dependent gene activity[J]. EMBO J., 25(4): 798-810.

Bouzahzah B, Nagajyothi F, Ghosh K, et al. 2010. Interactions of *Encephalitozoon cuniculi* polar tube proteins[J]. Infect. Immun., 78(6): 2745-2753.

Brugere JF, Cornillot E, Metenier G, et al. 2000. Occurence of subtelomeric rearrangements in the genome of the microsporidian parasite *Encephalitozoon cuniculi*, as revealed by a new fingerprinting procedure based on two-dimensional pulsed field gel electrophoresis[J]. Electrophoresis, 21(12): 2576-2581.

Cai S, Lu X, Qiu H, et al. 2011. Identification of a *Nosema bombycis* (Microsporidia) spore wall protein corresponding to spore phagocytosis[J]. Parasitology, 138(9): 1102-1109.

Cali APM, Takvorian S, Lewin M, et al. 1998. *Brachiola vesicularum*, n. g., n. sp., a new microsporidium associated with AIDS and myositis[J]. J. Eukaryot. Microbiol., 45: 240-251.

Calia KE, Waldor MK, Calderwood SB, et al. 1998. Use of representational difference analysis to identify genomic differences between pathogenic strains of *Vibrio cholerae*[J]. Infect. Immun., 66(2): 849-852.

Cameron V, Uhlenbeck OC. 1977. 3′-phosphatase activity in T4 polynucleotide kinase[J]. Biochemistry, 16(23): 5120-5126.

Campbell SE, Williams TA, Yousuf A, et al. 2013. The genome of *Spraguea lophii* and the basis of host-microsporidian interactions[J]. PLoS Genet., 9(8): e1003676.

Canning EU, Hollister WS. 1991. *In vitro* and *in vivo* investigations of human microsporidia[J]. J. Protozool., 38(6): 631-635.

Carmen AC, Óscar R, Pilar CM, et al. 2006. Preliminary characterization of bacteriocins from *Lactococcus lactis*, *Enterococcus faecium* and *Enterococcus mundtii* strains isolated from turbot (*Psetta maxima*)[J]. Food Res. Int., (39): 356-364.

Cavalier ST. 1998. A revised six-kingdom system of life[J]. Biol. Rev., 73(3): 203-266.

Ceska TA, Sayers JR. 1998. Structure-specific DNA cleavage by 5′ nucleases[J]. Trends. Biochem. Sci., 23(9): 331-336.

Chatzinikolaou G, Nikitovic D, Stathopoulos EN, et al. 2007. Protein tyrosine kinase and estrogen receptor-dependent pathways regulate the synthesis and distribution of glycosaminoglycans/proteoglycans produced by two human colon cancer cell lines[J]. Anticancer Res., 27: 4101-4106.

Chavant P, Taupin V, Alaoui HE, et al. 2005. Proteolytic activity in *Encephalitozoon cuniculi* sporogonial stages: predominance of metallopeptidases including an aminopeptidase-P-like enzyme[J]. Int. J. Parasitol., 35: 1425-1433.

Chen B, Yu T, Xie S, et al. 2018b. Comparative shotgun metagenomic data of the silkworm *Bombyx mori* gut microbiome[J]. Scienific Data, 5: 180285. DOI: 10.1038/sdata.

Chen BS, Du K, Sun C, et al. 2018a. Gut bacterial and fungal communities of the domesticated silkworm (*Bombyx mori*) and wild mulberry-feeding relatives[J]. ISME J., 12: 2252-2262.

Chen C, Dickman MB. 2005. Proline suppresses apoptosis in the fungal pathogen *Colletotrichum trifolii*[J]. PNAS USA, 102(9): 3459-3464.

Chen Y, Pettis JS, Zhao Y, et al. 2013. Genome sequencing and comparative genomics of honey bee microsporidia, *Nosema apis* reveal novel insights into host-parasite interactions[J]. BMC Genomics, 14: 451.

Cheney SA, Lafranchi-Tristem NJ, Bourges D, et al. 2001b. Relationships of microsporidian genera, with emphasis on the polysporous genera, revealed by sequences of the largest subunit of RNA polymerase II (RPB1)[J]. J. Eukaryot. Microbiol., 48(1): 111-117.

Cheney SA, Lafranchi-Tristem NJ, Canning EU. 2001a. Serological differentiation of microsporidia with special reference to *Trachipleistophora hominis*[J]. Parasite, 8(2): 91-97.

Chesnel F, Bazile F, Pascal A, et al. 2006. Cyclin B dissociation from CDK1 precedes its degradation upon MPF inactivation in mitotic extracts of *Xenopus laevis* embryos[J]. Cell Cycle, 5(15): 1687-1698.

Christian PV, Manolo G, Fabienne T, et al. 2002. Functional and evolutionary analysis of a eukaryotic parasitic genome[J]. Curr. Opin. Microbiol., 5: 499-505.

Clem RJ, Miller LK. 1993. Apoptosis reduces both the *in vitro* replication and the *in vivo* infectivity of a baculovirus[J]. J. Virol., 67(7): 3730-3738.

Cohen JJ, Duke RC, Fadok VA, et al. 1992. Apoptosis and programmed cell death in immunity[J]. Annu. Rev. Immunol., 10(1): 267-293.

Collins CH, Lyne PM, Grange JM. 1989. Microbiological Methods[M]. UK: Butterworths: 96-114, 307-314.

Collins MD, Farrow JAE, Jones D. 1986. *Enterococcus mundtii* sp. nov.[J]. Int. J. Syst. Evol. Microbiol., 36(1): 8-12.

Cornman RS, Chen YP, Schatz MC, et al. 2009. Genomic analyses of the microsporidian *Nosema ceranae*, an emergent pathogen of honey bees[J]. PLoS Pathog, 5(6): 1-13.

Corradi N, Pombert JF, Pombert L, et al. 2010. The complete sequence of the smallest known nuclear genome from the microsporidian *Encephalitozoon intestinalis*[J]. Nature Communications, 1: 77. DOI: 10.1038/ncomms1082.

Corsaro D, Wylezich C, Vendittil D, et al. 2019. Filling gaps in the microsporidian tree: rDNA phylogeny of *Chytridiopsis typographi* (Microsporidia: Chytridiopsida)[J]. Parasitology Research, 118: 169-180.

Cosenza BJ, Lewis FB. 1965. Occurrence of motile, pigmented streptococci in Lepidopterous and Hymenopterous larvae[J]. J. Insect Pathol., 7: 86-91.

Cossart P, Sansonetti PJ. 2004. Bacterial invasion: the paradigms of enteroinvasive pathogens[J]. Science, 304(5668): 242-248.

Couzinet S, Cejas E, Schittny J, et al. 2000. Phagocytic uptake of *Encephalitozoon cuniculi* by nonprofessional phagocytes[J]. Infect Immun., 68(12): 6939-6945.

Cowman AF, Crabb BS. 2006. Invasion of red blood cells by malaria parasites[J]. Cell, 124(4): 755-766.

Cuomo CA, Desjardins CA, Bakowski MA, et al. 2012. Microsporidian genome analysis reveals evolutionary strategies for obligate intracellular growth[J]. Genome. Res., 22(12): 2478-2488.

Dall DJ. 1983. A theory for the mechanism of polar filament extrusion in the Microspora[J]. J. Theoret. Biol., 105(4): 647-659.

Dang X, Pan G, Li T, et al. 2013. Characterization of a subtilisin-like protease with apical localization from microsporidian *Nosema bombycis*[J]. J. Invertebr. Pathol., 112(2): 166-174.

Das U, Wang LK, Smith P, et al. 2013. Structural and biochemical analysis of the phosphate donor specificity of the polynucleotide kinase component of the bacterial pnkp-hen1 RNA repair system[J]. Biochemistry, 52(27): 4734-4743.

de Jong JC, Mccormack BJ, Smirnoff N, et al. 1997. Glycerol generates turgor in rice blast[J]. Nature, 389: 244-245.

Del AC, Izquierdo F, Granja AG, et al. 2006. *Encephalitozoon* microsporidia modulates p53-mediated apoptosis in infected cells[J]. Int. J. Parasitol., 36(8): 869-876.

Delbac F, Peuvel I, Metenier G, et al. 2001. Microsporidian invasion apparatus: identification of a novel polar tube protein and evidence for clustering of *ptp1* and *ptp2* genes in three *Encephalitozoon* species[J]. Infect Immun., 69(2): 1016-1024.

Deplazes P, Mathis A, Müller C, et al. 1996. Molecular epidemiology of *Encepahlitozoon cuniculi* and first detection of *Enterocytozoon bieneusi* in faecal samples of pigs[J]. J. Eukaryot. Microbiol., 43: 93S.

Dharmasiri S, Estelle M. 2002. The role of regulated protein degradation in auxin response[J]. Plant Mol. Biol., 49(3-4): 401-409.

Dia N, Lavie L, Metenier G, et al. 2007. InterB multigenic family, a gene repertoire associated with subterminal chromosome regions of *Encephalitozoon cuniculi* and conserved in several human-infecting microsporidian species[J]. Curr. Genet., 51(3): 171-186.

Dianov G, Lindahl T. 1994. Reconstitution of the DNA base excision-repair pathway[J]. Curr. Biol., 4(12): 1069-1076.

Diatchenko L, Lau YF, Campbell AP, et al. 1996. Suppression subtractive hybridization: a method for generating differentially regulated or tissue-specific cDNA probes and libraries[J]. PNAS USA, 93: 6025-6030.

Dijksterhuis J, van Driel KG, Sanders MG, et al. 2002. Trehalose degradation and glucose efflux precede cell ejection during germination of heat-resistant ascospores of *Talaromyces macrosporus*[J]. Arch. Microbiol., 178(1): 1-7.

Doane CC, Redys JJ. 1970. Characteristics of motile strains of *Streptococcus faecalis* pathogenic to larvae of the gypsy moth[J]. J. Invertebr. Pathol., 15: 420-430.

Docampo R, Moreno SNJ. 1996. The role of Ca^{2+} in the process of cell invasion by intracellular parasites[J]. Parasitology Today, 12(2): 61-65.

Donahuea KL, Broadleyc HJ, Elkintonc JS, et al. 2018. Using the SSU, ITS, and ribosomal DNA operon arrangement to characterize two microsporidia infecting *Bruce spanworm*, *Operophtera bruceata* (Lepidoptera: Geometridae)[J]. J. Eukaryot. Microbiol., 10: 1-11.

Dong HL, Zhang SX, Chen ZH, et al. 2018. Differences in gut microbiota between silkworms (*Bombyx mori*) reared on fresh mulberry (*Morus alba* var. *multicaulis*) leaves or an artificial diet[J]. RSC Adv., 8: 26188-26200.

Dorn BR, Dunn WJ, Progulske-Fox A. 2002. Bacterial interactions with the autophagic pathway[J]. Cell Microbiol., 4(1): 1-10.

Dostert C, Jouanguy E, Irving P, et al. 2005. The Jak-STAT signaling pathway is required but not sufficient for the antiviral response of *Drosophila*[J]. Nat. Immunol., 6: 946-953.

Dunn AM, Smith JE. 2001. Microsporidian life cycles and diversity: the relationship between virulence and transmission[J]. Microbes Infect., 3(5): 381-388.

Eaves GN, Mundt JO. 1960. Distribution and characterization of streptococci from insects[J]. J. Insect Pathol., 2: 289-298.

Elkon K, Skelly S, Parnassa A, et al. 1986. Identification and chemical synthesis of a ribosomal protein antigenic determinant in systemic *Lupus erythematosus*[J]. PNAS USA, 83(19): 7419-7423.

Ellis RE, Yuan JY, Horvitz HR. 1991. Mechanisms and functions of cell death[J]. Annu. Rev. Cell Biol., 7(1): 663-698.

Enriquez FJ, Wagner G, Fragoso M, et al. 1998. Effects of an anti-exospore monoclonal antibody on microsporidial development *in vitro*[J]. Parasitology, 117(6): 515-520.

Evans H, Shapiro M. 1997. Virus. *In*: Lacey L A. Manual of Techniques in Insect Pathology Manual of Techniques in Insect Pathology. California: Academic Press: 40-48.

Facklam RR, Collins MD. 1989. Identification of *Enterococcus* species isolated from human infections by a conventional test scheme[J]. J. Clin. Microbiol., 27: 731-734.

Farkas I, Dombradi V, Miskei M, et al. 2007. *Arabidopsis* PPP family of serine/threonine phosphatases[J]. Trends Plant Sci., 12(4): 169-176.

Fast NM, Jr Loqsdon JM, Doolittle WF. 1999. Phylogenetic analysis of the TATA box binding protein (TBP) gene from *Nosema locustae*: evidence for a microsporidia-fungi relationship and spliceosomal intron loss[J]. Mol. Biol. and Evolution., 16(10): 1415-1419.

Fei C, Lu XM, Qian YH, et al. 2006. Identification of *Enterococcus* sp. from midgut of silkworm based on biochemical and 16S rDNA sequencing analysis[J]. An. Microbiol, 56 (3): 201-205.

Foucault C, Drancourt M. 2000. Actin mediates *Encephalitozoon* intestinalis entry into the human enterocyte-like cell line, Caco-2[J]. Microb. Pathol., 28(2): 51-58.

Franzen C. 2005. Microsporidia: cell invasion and intracellular fate of *Encephalitozoon cuniculi* (Microsporidia)[J]. J. Parasitol., 130(3): 285-292.

Franzen C, Hosl M, Salzberger B, et al. 2005. Uptake of *Encephalitozoon* spp. and *Vittaforma corneae* (Microsporidi*a*) by different cells[J]. J. Parasitol., 91(4): 745-749.

Franzen C, Müller P, Hartmann P, et al. 1998. Polymerase chain reaction for diagnosis and species differentiation of microsporidia[J]. Folia. Parasitol. (Prague), 45: 140-148.

Franzen C. 2008. Microsporidia: a review of 150 years of research[J]. The Open Parasitol. J., 2: 1-34.

Franzetti E, Huang ZJ, Shi YX, et al. 2012. Autophagy precedes apoptosis during the remodeling of silkworm larval midgut[J]. Apoptosis., 17(3): 305-324.

Frederic D, Isabelle P, Guy M, et al. 2001. Microsporidian invasion apparatus: identification of a novel polar tube protein and evidence for clustering of PTP1 and PTP2 genes in three *Encephalitozoon* species[J]. Infect. Immun., 69(2): 1016-1024.

Frixione E, Ruiz L, Cerbón J, et al. 1997. Germination of *Nosema algerae* (Microspora) spores: conditional inhibition by D_2O, ethanol and Hg^{2+} suggests dependence of water influx upon membrane hydration and specific transmembrane pathways[J]. J. Eukaryot. Microbiol., 44: 109-116.

Frixione E, Ruiz L, Vargas LVD, et al. 1992. Dynamics of polar filament discharge and sporoplasm expulsion by microsporidian spores[J]. Cell Motil. Cytoskel., 22(1): 38-50.

Fu ZWK, He XK, Cai SF, et al. 2016. Quantitative PCR for detection of *Nosema bombycis* in single silkworm eggs and newly hatched larvae[J]. J. Microbiol. Methods, (120): 72-78.

Fujiwara H, Ogai S. 2001. Ecdysteroid-induced programmed cell death and cell proliferation during pupal wing development of the silkworm, *Bombyx mori*[J]. Dev. Genes Evol., 211(3): 118-123.

Fujiwara T. 1985. Microsporida from silkworm moth in egg-production sericulture[J]. Seric. Sci. Jpn., 54(2): 108-111.

Fuxa JR, Brooks MW. 1978. Persistence of spores of *Vairimorpha necatrix* tobacco, cotton, and soybean foliage[J]. J. Econ. Entomol., 71: 169-172.

Galindo RC, Doncel-Perez E, Zivkovic Z, et al. 2009. Tick subolesin is an ortholog of the akirins described in insects and vertebrates[J]. Dev. Comp. Immunol., 33: 612-617.

Gao L, Abu KY. 2000. Hijacking of apoptotic pathways by bacterial pathogens[J]. Microbes Infect., 2(14): 1705-1719.

Gao LY, Kwaik YA. 2000. The modulation of host cell apoptosis by intracellular bacterial pathogens[J]. Trends Microbiol., 8(7): 306-313.

Garcia MJ, Acinas SG, Anton AI, et al. 1999. Use of the 16S-23S ribosomal genes spacer region in studies of prokaryotic diversity[J]. J. Microbiol. Meth., 36: 55-64.

Garrido C, Brunet M, Didelot C, et al. 2006. Heat shock proteins 27 and 70: anti-apoptotic proteins with tumorigenic properties[J]. Cell Cycle, 5(22): 2592-2601.

Gatehouse AS, Malone LA. 1998. The ribosomal RNA gene region of *Nosema apis* (Microspora): DNA sequence for small and large subunit rRNA genes and evidence of a large tandem repeat unit size[J]. J. Invertebr. Pathol., 71: 97-105.

Gatehouse AS, Malone LA. 1999. Genetic variability among *Nosema apis* isolates[J]. J. Apicult. Res., 38(1-2): 79-85.

Geldreich EE. 1976. Fecal coliform and fecal *Streptococcus* density relationship in waste discharge and receiving waters[J]. CRC Critical Reviews in Enviromental Control, 4(3): 349-369.

Germot A, Philippe H, Le GH. 1997. Evidence for loss of mitochondria in microsporidia from a mitochondria type HSP70 in *Nosema locustae*[J]. Mol. Biochem. Parasitol., 87(2): 159-168.

Ghosh K, Cappiello CD, Mcbride SM, et al. 2006. Functional characterization of a putative aquaporin from *Encephalitozoon cuniculi*, a microsporidia pathogenic to humans[J]. Int. J. Parasitol., 36(1): 57-62.

Gill EE, Fast NM. 2006. Assessing the microsporidia-fungi relation ship: combined phylogenetic analysis of eight genes[J]. Gene, 375: 103-109.

Glttler V, Stanisich V. 1996. New approaches to typing and identification of bacteria using the 16S-23S rDNA spacer region[J]. Microbiol., 142: 3-16.

Gonzalez J. 2000. Phosphorylation in eukaryotic cells: role of phosphatases and kinases in the biology, pathogenesis and control of intracellular and bloodstream protozoa[J]. Rev. Med. Chil., 128(10): 1150-1160.

Goto A, Matsushita K, Gesellchen V, et al. 2008. Akirins are highly conserved nuclear proteins required for NF-κB-dependent gene expression in *Drosophila* and mice[J]. Nat. Immunol., 9 (1): 97-104.

Green DR, Reed JC. 1998. Mitochondria and apoptosis[J]. Science, 281(5381): 1309-1312.

Green LC, Didier PJ, Didier ES. 1999. Fractionation of sporogonial stages of the microsporidian *Encephalitozoon cuniculi* by percoll gradients[J]. J. Eukaryot. Microbiol., 46(4): 434-438.

Grimwood J, Smith JE. 1996. *Toxoplasma gondii*: the role of parasite surface and secreted protein in host cell invasion[J]. Int. J. Parasitol., 26(2): 169-173.

Grisdale CJ, Bowers LC, Didier ES, et al. 2013. Transcriptome analysis of the parasite *Encephalitozoon cuniculi*: an in-depth examination of pre-mRNA splicing in a reduced eukaryote[J]. BMC Genomics, 14: 207.

Guergnon J, Dessauge F, Dominguez V, et al. 2006. Use of penetrating peptides interacting with PP1/PP2A proteins as a general approach for a drug phosphatase technology[J]. Mol. Pharmacol., 69(4): 1115-1124.

Guttery DS, Poulin B, Ferguson DJ, et al. 2012. A unique protein phosphatase with kelch-like domains (PPKL) in *Plasmodium* modulates ookinete differentiation, motility and invasion[J]. PLoS Pathol., 8(9): e1002948.

Ha EM, Oh CT, Bae YS, et al. 2005a. A direct role for dual oxidase in *Drosophila* gut immunity[J]. Science, 310(5749): 847-850.

Ha EM, Oh CT, Ryu JH, et al. 2005b. An antioxidant system required for host protection against gut infection in *Drosophila*[J]. Dev. Cell, 8(1): 125-132.

Haas A L, Baboshina O, Williams B, et al. 1995. Coordinated induction of the ubiquitin conjugation pathway accompanies the developmentally programmed death of insect skeletal muscle[J]. J. Biol. Chem., 270(16): 9407-9412.

Hartskeerl RA, Gool TV, Schuitema ARJ, et al. 1995. Genetic and immunological characterization of the microsporidian septata intestinalis Cali, Kotler and Orenstein, 1993: reclassification to *Encephalitozoon intestinalis*[J]. Parasitology, 110: 277-285.

Hatakeyama Y, Hayasaka S. 2002. Specific detection and amplification of microsporidia DNA fragments using multiprimer PCR[J]. JARQ, 36(2): 97-102.

Hatakeyama Y, Hayasaka S. 2003. A new method of pebrine inspection of silkworm egg using multiprimer PCR[J]. J. Invertebr. Pathol., 82: 148-151.

Hatakeyama Y, Kawakami Y, Iwano H, et al. 1997. Analysis and taxonomic inferences of small subunit ribosomal RNA sequences of five microsporidia pathogenic to the silkworm, *Bombyx mori*[J]. J. Seric. Sci. Jpn., 66 (4): 242-252.

Hayasaka S, Sato T, Inoue H. 1993. Infection and proliferation of microsporidians pathogenic to the silkworm, *Bombyx mori* L and Chinese oak silkworm, *Antheraea pernyi* in lepidopteran cell lines[J]. Bulletin of the National Institute of Sericulture and Entomological Science, 7: 47-63.

Hayasaka S, Yonemura N. 1999. Infection and development of *Nosema* sp. NIS H5 (Microsporida: Protozoa) in several lepidopteran insects[J]. Japan Agricultural Research Quarterly, 33(1): 65-68.

Hayman JR, Hayes SF, Amon J, et al. 2001. Developmental expression of two spore wall proteins during maturation of the microsporidian *Encephalitozoon intestinalis*[J]. Infect. Immun., 69(11): 7057-7066.

Hayman JR, Southern TR, Nash TE. 2005. Role of sulfated glycans in adherence of the microsporidian *Encephalitozoon intestinalis* to host cells *in vitro*[J]. Infect. Immun., 73(2): 841-848.

He X, Fu Z, Li M, et al. 2015. *Nosema bombycis* (Microsporidia) suppresses apoptosis in BmN cells (*Bombyx mori*)[J]. Acta Biochim. Biophys Sin. (Shanghai), 47(9): 696-702.

Henry JE, Oma EA. 1974. Effect of prolonged storage of spores on field applications of *Nosema locustae* (Microsporida: Nosematidae) against grass hoppers[J]. J. Invertebr. Pathol., 23: 371-377.

Herrera B, Alvarez AM, Sanchez A, et al. 2001. Reactive oxygen species (ROS) mediates the mitochondrial-dependent apoptosis induced by transforming growth factor (beta) in fetal hepatocytes[J]. Faseb. J., 15(3): 741-751.

Heussler VT, Kuenzi P, Rottenberg S. 2001. Inhibition of apoptosis by intracellular *Protozoan parasites*[J]. Int. J. Parasitol., 31(11): 1166-1176.

Higashide T, Takahashi M, Kobayashi A, et al. 2005. Endophthalmitis caused by *Enterococcus mundtii*[J]. J. Clin. Microbiol., 43(3): 1475-1476.

Hirt RP, Logsdon JM, Healy B, et al. 1999. Microsporidia are related to fungi: evidence from the largest subunit of RNA polymerase Ⅱ and other proteins[J]. PNAS USA, 96: 580-585.

Holt JG. 1994. Bergey's Manual of Determinative bacteriology[M]. 9th ed. Baltimore: Willians & Wilkinsl: 528: 538-539.

Hoshino M, Suzuki E, Miyake T. 1999. Neural expression of hikaru genki protein during embryonic and larval development of *Drosophila melanogaster*[J]. Dev. Genes Evol., 209: 1-9.

Hoshino M, Suzuki E, Nabeshima Y, et al. 1996. Hikaru genki protein is secreted into synaptic clefts from an early stage of synapse formation in *Drosophila*[J]. Development, 122: 589-597.

Hou C, Shi Y, Wang H, et al. 2018. Composition and diversity analysis of intestinal microbiota in the fifth instar silkworm, *Bombyx mori* L.[J]. ISJ, 15: 223-233.

Hsiao TH, Hsiao C. 1973. Benomyl: a novel drug for controlling a microsporidian disease of the alfalfa weevil[J]. J. Invertebr. Pathol., 22: 303-304.

Hu G, Cabrera A, Kono M, et al. 2010. Transcriptional profiling of growth perturbations of the human malaria parasite *Plasmodium falciparum*[J]. Nat. Biotechnol., 28(1): 91-98.

Huang Q, Deveraux QL, Maeda S, et al. 2001. Cloning and characterization of an inhibitor of apoptosis protein (IAP) from *Bombyx mori*[J]. BBA-MOL. Cell Res., 1499(3): 191-198.

Huang SK, Lu XM. 2005. Comparative study on the infectivity and spore surface protein of *Nosema bombycis* and its morphological variant strain [J]. Agricultural Sciences in China, 4(6): 475-480.

Huang WF, Tsai SJ, Lo CF, et al. 2004. The novel organization and complete sequence of the ribosomal RNA gene of *Nosema bombycis*[J]. Fungal Genet. Biol., 41: 473-481.

Hunter T. 1995. Protein kinases and phosphatases: the yin and yang of protein phosphorylation and signaling[J]. Cell, 80(2): 225-236.

Hwang IT, Kim YJ, Kim SH, et al. 2003. Annealing control primer system for improving specificity of PCR amplification[J]. Biotechniques, 35: 1180-1184.

Iizuka T. 1972. Histo-pathological studies on the midgut epithelium infected with *Streptococcus faecalis* AD-4 in silkworm larvae reared on the artificial diet[J]. J. Sericult. Sci. Jpn., 41: 327-332.

Ilgoutz SC, McConville M. 2001. Function and assembly of the *Leishmania surface* coat[J]. Int. J. parasitol., 31: 899-908.

Inove S. 1995a. Infection and development of *Vairimorpha* sp. NIS M12 (Microsporidida: Protozoa) in a lepidopteran cell line[J]. J. Seric. Sci. Jpn., 64(1): 39-45.

Inove S. 1995b. Continuous culture of *Vairimorpha* sp. NIS M12 (Microsporidida: Protozoa) in insect cell line[J]. J. Seric. Sci. Jpn., 64(6): 515-522.

Irby WS, Huang CY, Kawanishi T, et al. 1986. Immunoblot analysis of exospore polypeptides from some entomophilic *Microsporidia*[J]. J. Parasitol., 33(1): 14-20.

Ishihara R. 1967. Stimuli causing extrusion of polar filaments of glucose fumiferanae spores[J]. Canadian Journal of Micrbiology, 13: 1321-1332.

Ishihara R. 1968. Some observations on the fine structure of sporoplasm discharged from spores of a microsporidian, *Nosema bombycis*[J]. J. Invertebr. Pathol., 12(3): 245-258.

Ishihara R, Fujiwara T. 1965. The spread of pebrine within a colony of the Silkworm, *Bombyx mori* (Linnaeus)[J]. J. Invertebr. Pathol., 7: 126-131.

Ishihara R, Fujiwara T, Sawada N. 1965. Regression of the numbers of infected moths and died larvae in the pebrine infection of the silkworm, *Bombyx mori* L.[J]. J. Sericult. Sci. Japan, 34(2): 121-124.

Ishihara R, Hayashi Y. 1968. Some properties of ribosomes from the sporoplasm of *Nosema bombycis*[J]. J. Invertebr. Pathol., 11(3): 377-385.

Ishihara R, Iwano H. 1991. The lawn grass cutworm, *Spodoptera depravata* Butler, as a natural reservoir of *Nosema bombycis* Nägeli[J]. J. Seric. Sci. Jpn., 60(3): 236-237.

Iwanaga M, Shimada T, Kobayashi M, et al. 2007. Identification of differentially expressed host genes in *Bombyx mori* nucleopolyhedrovirus infected cells by using subtractive hybridization[J]. Appl. Entomol. Zool., 42 (1): 151-159.

Iwano H. 1987. Seasonal occurrence of microsporidia in the field population of the lawn grass cutworm, *Spodoptera depravata* Butler[J]. Jpn. J. Appl. Ent. Zool., 31(4): 321-327.

Iwano H, Ishihara R. 1981. Inhibitory effect of several chemicals against the hatch of *Nosema bombycis* spores[J]. J. Seric. Sci. Jpn., 50: 276-281.

Iwano H, Ishihara R. 1989. Intracellular germination of spores of a *Nosema* sp. immediately after their formation in cultured cell[J]. J. Invertebr. Pathol., 54(1): 125-127.

Iwano H, Ishihara R. 1991a. Dimorphism of spore of *Nosema* spp. in cultured cell[J]. J. Invertebr. Pathol., 57: 211-219.

Iwano H, Ishihara R. 1991b. Isolation of *Nosema bombycis* from moths of the lawn grass cutworm, *Spodoptera depravata* Butler[J]. J. Seric. Sci. Jpn., 60(3): 279-287.

Iwano H, Kurtti TJ. 1995. Identification and isolation of dimorphic spores from *Nosema furnacalis* (Microspora: Nosematidae)[J]. J. Invertebr. Pathol., 65: 230-236.

Jackson WT, Giddings TJ, Taylor MP, et al. 2005. Subversion of cellular autophagosomal machinery by RNA viruses[J]. PLoS Biol., 3(5): e156.

James SA, Collins MD, Roberts IN. 1996. Use of an rRNA internal transcribed spacer region to distinguish phylogenetically closely related species of the genera *Zygosaccharomyces* and *Torulaspora*[J]. Int. J. Syst. Bacteriol., 46: 189-194.

Jennings JC, Banks JA, Coolbaugh RC. 1996. Subtractive hybridization between cDNAs from untreated and AMO-1618-treated cultures of *Gibberella fujikuroi*[J]. Plant Cell Physiol., 37(6): 847-854.

Johnson LN, Barford D. 1993. The effects of phosphorylation on the structure and function of proteins[J]. Annu. Rev. Biophys. Biomol. Struct., 22: 199-232.

Joza N, Susin SA, Daugas E, et al. 2001. Essential role of the mitochondrial apoptosis-inducing factor in programmed cell death[J]. Nature, 410(6828): 549-554.

Kamaishi T, Hashimoto T, Nakamura Y, et al. 1996. Complete nucleotide sequences of the genes encoding translation elongation factors 1 alpha and 2 from a microsporidian parasite, *Glugea plecoglossi*: implications for the deepest branching of eukaryotes[J]. J. Biochem., 120(6): 1095-1103.

Katinka MD, Duprat S, Cornillot E, et al. 2001. Genome sequence and gene compaction of the eukaryote parasite *Encephalitozoon cuniculi*[J]. Nature, 414: 450-453.

Kaufhold A, Ferrieri P. 1991. Isolation of *Enterococcus mundtii* from normally sterile body sites in two patients[J]. J. Clin. Microbiol., 29(5): 1075-1077.

Kawakami Y, Inoue T, Ito K, et al. 1994. Comparison of chromosomal DNA from DNA four microsporidia pathogenic to the silkworm, *Bombyx mori*[J]. Appl Entomol Zool., 29(1): 120-123.

Kawakami Y, Inoue T, Uchida Y, et al. 1995. Specific amplification of DNA from reference strains of *Nosema bombycis*[J]. J. Sericult Sci Jpn., 64(2): 165-172.

Kawakami Y, Inoue T, Uchida Y, et al. 2002. Specific amplification of microsporidian DNA fragments using multiprimer PCR[J]. Japan Agricultural Research Quarterly, 36: 97-102.

Kawarabata T, Hayasaka A. 1987. An enzyme-linked immunosorbent assay to detect alkali-soluble spore surface antigen of strains of *Nosema bombycis*[J]. J. Invertebr. Pathol., 50(2): 118-123.

Kaya HK. 1977. Survival of spores of *Vairimorpha necatrix* (Microsporida: Nosematidae) exposed to sunlight, ultraviolet, and high temperature[J]. J. Invertebr. Pathol., 30: 192-198.

Keeling PJ, Fast NM. 2002. Microsporidia: biology and evolution of highly reduced intracellular parasites[J]. Annual Reviews of Microbiology, 56: 93-116.

Keeling PJ. 2003. Congruent evidence from alpha-tubulin and beta-tubulin gene phylogenies for a zygomycete origin of microsporidia[J]. Fungal Genetics and Biology, 38(3): 298-309.

Keeling PJ. 2009. Five questions about microsporidia[J]. PLoS Pathol., 5(9): e1000489.

Keeling PJ, Luker MA, Palmer JD. 2000. Evidence from beta-tubulin phylogeny that microsporidia evolved from within the fungi[J]. Mol. Biol. Evol., 17: 23-31.

Kelley PM, Freeling M. 1984. Anaerobic expression of maize fructose-1,6-diphosphate aldolase[J]. J. Biol. Chem., 259(22): 14180-14183.

Keohane EM, Orrc GA, Zhanga HS, et al. 1998. The molecular characterization of the major polar tube protein gene from *Encephalitozoon hellem*, a microsporidian parasite of humans 1[J]. Mol. Biochem. Parasitol., 94(2): 227-236.

Keohane EM, Takvorian PM, Cali A, et al.2001. Monoclonal antibodies to cytoplasmic antigens of *Nosema locustae* (Microsporida: Nosematidae)[J]. J. Invertebr. Pathol., 77(1): 81-82.

Keohane EM, Weiss LM. 1999. The Structure, Function, and Composition of the Microsporidian Polar Tube. in the Microsporidia and Microsporidiosis[M]. Washington DC: ASM USA Press: 196-224.

Keppetipola N, Shuman S. 2006. Mechanism of the phosphatase component of *Clostridium thermocellum* polynucleotide kinase-phosphatase[J]. RNA, 12(1): 73-82.

Kim EJ, Park HJ, Park TH. 2003. Inhibition of apoptosis by recombinant 30K protein originating from silkworm hemolymph[J]. Biochem. Biophys. Res. Commun., 308(3): 523-528.

Kim EJ, Rhee WJ, Park TH. 2001. Isolation and characterization of an apoptosis-inhibiting component from the hemolymph of *Bombyx mori*[J]. Biochem. Biophys. Res. Commun., 285(2): 224-228.

Kim YJ, Kwak CI, Gu YY, et al. 2004. Annealing control primer system for identification of differentially expressed genes on agarose gels[J]. Biotechniques, 36(3): 424-434.

Kima PE, Dunn W. 2005. Exploiting calnexin expression on phagosomes to isolate *Leishmania parasitophorous* vacuoles[J]. Microb. Pathogenesis, 38: 139-145.

Kirkitadze MD, Barlow PN. 2001. Structure and flexibility of the multiple domain proteins that regulate complement activation[J]. Immunol. Rev., 180: 146-161.

Klaine EM, Weiss LM. 1999. The Structure Function, and Composition of the Microsporidia Polar Tube[M]. *In*: Wittner M, Weiss LM. The Microsporidia and Microsporidiosis. Washington DC: ASM USA Press: 196-221.

Kleshchenko YY, Moody TN, Furtak VA, et al. 2004. Human galectin-3 promotes *Trypanosoma cruzi* adhesion to human coronary artery smooth muscle cells[J]. Infect. Immun., 72(11): 6717-6721.

Kobayashi S, Nomura Y, Kamiie K, et al. 2002. Cloning and expression of *Bombyx mori* silk gland elongation factor 1γ in *Escherichia coli*[J]. Biosci. Biotechnol. Biochem., 66: 558-565.

Kodama R, Nakasuji Y. 1968a. Bacteria isolated from silkworm larvae: I. The pathogenic effects of two isolates on aseptically reared silkworm larvae[J]. J. Sericult. Sci. Jpn., 37: 477-482.

Kodama R, Nakasuji Y. 1968b. Bacteria isolated from silkworm larvae II. Taxonomical studies on two strains of bacteria, E-5 and E-15, which showed pathogenic effects on aseptically-reared silkworm larvae[J]. J. Sericult. Sci. Jpn., 38: 84-90.

Kolchevskaya EN, Issi IV. 1991. Effect of changes in insect hosts on the pathogenicity and spore formation in microsporidia[J]. Parazitol., 25(6): 512-519.

Kruidering M, Evan GI. 2000. Caspase-8 in apoptosis: the beginning of "the end"[J]? Iubmb Life, 50(2): 85-90.

Kucerova Z, Moura H, Leitch GJ, et al. 2004. Purification of *Enterocytozoon bieneusi* spores from stool specimens by gradient and cell sorting techniques[J]. J. Clin. Microbiol., 42(7): 3256-3261.

Kurtti JT. 1990. *Vairimorpha* necatrix: infectivity for and development in a lepidopteran cell line[J]. J. Invertebr. Pathol., 55: 61-68.

Kutti TJ, Ross SE, Liu Y, et al. 1994. *In vitro* developmental biology and spore production in *Nosema furnacalis* (Microspora: Nosematidae)[J]. J. Invertebr. Pathol., 63: 188-196.

Langley RC, Cali JA, Somberg EW. 1987. Two-dimensional electrophoretic analysis of spore proteins of the microsporida[J]. J. Parasitol., 73 (5): 910-918.

Lee SC, Corradi N, Byrnes EJ, et al. 2008. Microsporidia evolved from ancestral sexual fungi[J]. Curr. Biol., 18: 1675-1679.

Lefevre T, Koella JC, Renaud F, et al. 2006. New prospects for research on manipulation of insect vectors by pathogens[J]. PLoS Pathol., 2(7): e72.

Levine AJ. 1997. p53, the cellular gatekeeper for growth and division[J]. Cell, 88(3): 323-331.

Lewin B. 1990. Driving the cell cycle: M phase kinase, its partners, and substrates[J]. Cell, 61(5): 743-752.

Li GN, Xia XJ, Tang WC, et al. 2016. Intestinal microecology associated with fluoride resistance capability of the silkworm (*Bombyx mori* L.)[J]. Appl. Microbiol. Biotechnol., 100: 6715-6724.

Li MX, Li FC, Lu ZT, et al. 2019. Effects of TiO_2 nanoparticles on intestinal microbial composition of silkworm, *Bombyx mori*[J]. Science of the Total Environment, DOI: org/10.1016/j.scitotenv.2019.135273.

Li Y, Wu Z, Pan G, et al. 2009. Identification of a novel spore wall protein (SWP26) from microsporidia *Nosema bombycis*[J]. Int. J. Parasitol., 39(4): 391-398.

Li Z, Pan G, Li T, et al. 2012. SWP5 a spore wall protein, interacts with polar tube proteins in the parasitic microsporidian *Nosema bombycis*[J]. Eukaryot. Cell, 11(2): 229-237.

Liang P, Pardee AB. 1992. Differential display of eukaryotic messenger RNA by means of the polymerase chain reation[J]. Science, 257: 967-971.

Liguory O, Sandra F, Claudine S, et al. 2000. Genetic homology among thirteen *Encephalitozoon intestinalis* isolates obtained from human immunodeficiency virus-infected patients with intestinal microsporidiosis[J]. J. Clin. Microbiol., 38(6): 2389-2391.

Liles WC. 1997. Apoptosis-role in infection and inflammation[J]. Curr. Opin. Infect. Dis., 10(3): 165-170.

Liu H, Li M, He X, et al. 2016. Transcriptome sequencing and characterization of ungerminated and germinated spores of *Nosema bombycis*[J]. Acta Biochim. Biophys Sin. (Shanghai), 48(3): 246-256.

Liu L, Peng J, Liu K, et al. 2007. Influence of cytochrome c on apoptosis induced by *Anagrapha* (*Syngrapha*) *falcifera* multiple nuclear polyhedrosis virus (AfMNPV) in insect *Spodoptera litura* cells[J]. Cell Biol. Int., 31(9): 996-1001.

Liu Y, Kao HI, Bambara RA. 2004. Flap endonuclease 1: a central component of DNA metabolism[J]. Annu. Rev. Biochem., 73: 589-615.

Lom J, Corliss JO. 1967. Ultrastructure observations on the development of the microsporidian protozoon *Pleistophora hyphessobryconis* Schaeperclaus[J]. J. Protozool., 14: 141-152.

Loukas A, Maizels RM. 2000. Helminth C-type lectins and host-parasite interactions[J]. Parasitol. Today, 16(8): 333-339.

Lu XM, Hashimoto Y, Matsumoto T, et al. 1994a. Taxonomical studies oil enterococci isolated from the intestine of the silkworm, *Bombyx mori*[J]. J. Seric. Sci. Jpn., 63: 481-487.

Lu XM, Hashimoto Y, Matsumoto T, et al. 1994b. Serotyping of *Enterococcus faecalis* isolated from larval intestine of the silkworm, *Bombyx mor*i[J]. J. Seric. Sci. Jpn., 63: 330-332.

Luder CG, Gross U, Lopes MF. 2001. Intracellular protozoan parasites and apoptosis: diverse strategies to modulate parasite-host interactions[J]. Trends Parasitol., 17(10): 480-486.

Luduena RF. 1998. Multiple forms of tubulin: different gene products and covalent modifications[J]. Int. Rev. Cytol., (178): 207-275.

Ludwig S, Pleschka S, Planz O, et al. 2006. Ringing the alarm bells: signalling and apoptosis in influenza virus infected cells[J]. Cell Microbiol., 8(3): 375-386.

Lugli EB, Pouliot M, Portela MDPM, et al. 2004. Characterization of primate trypanosome lytic factors[J]. Molecular & Biochemical Parasitology, 138: 9-20.

Lysenko O. 1958. "*Streptococcus bombycis*", its taxonomy and pathogenicity for silkworm caterpillars[J]. Journal of General Microbiology, 18: 774-781.

Maddox JV. 1973. The persistence of the microsporidia in the enviroment[J]. Misc. Pub. Entomol. Soc. Amer., 9: 99-104.

Maekawa S, Yoshioka M, Kumanoto Y. 1992. Proposal of a new scheme for the serological typing of *Enterococcus faecalis* strains[J]. Microbiol. Immun., 36: 671-681.

Magaud A, Achbarou A, Desportes-Livagte I. 1997. Cell invasion by the microsporidium *Encephalitozoon intestinalis*[J]. J. Eukaryot. Microbiol., 44: 81.

Malagoli D, Iacconi I, Marchesini E, et al. 2005. Cell-death mechanisms in the IPLB-LdFB insect cell line: a nuclear located Bcl-2-like molecule as a possible controller of 2-deoxy-D-ribose-mediated DNA fragmentation[J]. Cell Tissue Res., 320(2): 337-343.

Malone LA, Gatehouse HS. 1998. Effects of *Nosema apis* infection on honey bee (*Apis mellifera*) digestive proteolytic enzyme activity[J]. J. Invertebr. Pathol., 71: 169-174.

Malone LA, McIvor CA. 1995. DNA probes for two microsporidia, *Nosema bombycis* and *Nosema costelytrae*[J]. J. Invertebr. Pathol., 65: 269-273.

Malone LA, McIvor CA. 1996. Use of nucleotide sequence data to identify a microsporidian pathogen of *Pieris rapae* (Lepidoptera, Pieridae)[J]. J. Invenebr. Pathol., 68: 231-238.

Malysh JM, Vorontsova YL, Glupov VV, et al. 2018. *Vairimorpha ephestiae* is a synonym of *Vairimorpha necatrix* (Opisthosporidia: Microsporidia) based on multilocus sequence analysis[J]. Eur. J. Protistol., 66: 63-67.

Man CL, Li X, Lee J. 2011. Molecular cloning, sequence characterization, and tissue expression analysis of Hi-line brown Chicken Akirin2[J]. Protein J., 30: 471-479.

Mannu L, Paba A, Pes M, et al. 1999. Strain typing among enterococci isolated from homemade pecorino sardo cheese[J]. FEMS Microbiol. Lett., 170: 25-30.

Marino G, Niso-Santano M, Baehrecke EH, et al. 2014. Self-consumption: the interplay of autophagy and apoptosis[J]. Nat. Rev. Mol. Cell Biol., 15(2): 81-94.

Martin JD, Mundt JO. 1972. Enterococci in insects[J]. App. Microbiol., 24: 575-580.

Martinez-Murcia AJ, Collins MD. 1992. *Enterococcus* sulfurous, a new yellow-pigmented *Enterococcus* species[J]. FEMS Microbiology Letters, 80: 69-74.

Mathis A. 2000. Microsporidia: emerging advances in understanding the basic biology of these unique organisms[J]. Int. J. Parasitol., 30: 795-804.

Mathis A, Breitenmoser AC, Deplazes P. 1999a. Detection of new *Enterocytozoon* genotypes in faecal samples of farm dogs and a cat[J]. Parasite, 6: 2, 189-193.

Mathis A, Tanner I, Weber R, et al. 1999b. Genetic and phenotypic intraspecific variation in the microsporidian *Encephalitozoon hellem*[J]. Int. J. Parasitol., 29: 767-770.

Matusehewski K, Ross J, Brown S M, et al. 2002. Infectivity-associated changes in the transcriptional repertoire of the malaria parasite sporozoite stage[J]. J. Biol. Chem., 277(44): 41948-41953.

McConville MJ, Collidge TAC, Ferguson MA, et al. 1993. The glycoinositol phospholipids of *Leishmania mexicana* promastigotes–evidence for the presence of three distinct pathways of glycolipid biosynthesis[J]. The Journal of Biological Chemistry, 268(21): 15595-15604.

McKenzie CGJ, Koser U, Lewis LE, et al. 2010. Contribution of *Candida albicans* cell wall components to recognition by and escape from murine macrophages[J]. Infect. Immun., 78(4): 1650-1658.

Means JC, Muro I, Clem RJ. 2006. Lack of involvement of mitochondrial factors in caspase activation in a *Drosophila* cell-free system[J]. Cell Death Differ, 13(7): 1222-1234.

Méténier G, Vivarès CP. 2001. Molecular characteristics and physiology of microsporidia[J]. Microbes and Infection, 3 (5): 407-415.

Meunier L. 2001. Clonal variation of gene expression as a source of phenotypic diversity in parasitic protozoa[J]. Trends in Parasitology, 17 (10): 475-479.

Mike A, Ohmura H, Ohwaki M, et al. 1989. A practical technique of pebrine inspection by microsporidian spore specific monoclonal antibody-sensitized latex[J]. J. Sericult. Sci. Jpn., 58(5): 392-395.

Mike A, Ohwaki M, Fukada T. 1988. Preparation of monoclonal antibodies to the spores of the *Nosema bombycis*, M11 and M12[J]. J. Seric. Sci. Jpn., 57(3): 189-195.

Miller S, Krijnse-Locker J. 2008. Modification of intracellular membrane structures for virus replication[J]. Nat. Rev. Microbiol., 6(5): 363-374.

Millership JJ, Chappell C, Okhuysen PC, et al. 2002. Characterization of aminopeptidase activity from three species of microsporidia *En. cuniculi*, *En. hellem* and *Vittaforma corneae*[J]. J. Parasitol., 88(5): 843-848.

Mills K, Daish T, Harvey KF, et al. 2006. The *Drosophila melanogaster* Apaf-1 homologue ARK is required for most, but not all, programmed cell death[J]. J. Cell Biol., 172(6): 809-815.

Miranda-Saavedra D, Stark MJ, Packer JC, et al. 2007. The complement of protein kinases of the microsporidium *Encephalitozoon cuniculi* in relation to those of *Saccharomyces cerevisiae* and *Schizosaccharomyces pombe*[J]. BMC Genomics, 8: 309.

Mitchell MJ, Cali A. 1993. Ultrastructural study of the development of *Vairimorpha necatrix* (Kramer, 1965) (Protozoa, Microsporidia) in larvae of the corn earworm, *Heliothis zea* (Boddie) (Lepidoptera, Noctuidae) with emphasis on sporogony[J]. J. Eukaryot. Microbiol., 40: 6, 701-710.

Mo L, Drancourt M. 2002. Antigenic diversity of *Encephalitozoon hellem* demonstrated by subspecies-specific monoclonal antibodies[J]. J. Eukaryot. Microbiol., 49(3): 249-254.

Mohan M, Taneja TK, Sahdev S, et al. 2003. Antioxidants prevent UV-induced apoptosis by inhibiting mitochondrial cytochrome c release and caspase activation in *Spodoptera frugiperda* (Sf9) cells[J]. Cell Biol. Int., 27(6): 483-490.

Mohankumar K, Ramasamy P. 2006. Activities of membrane bound phosphatases, transaminases and mitochondrial enzymes in white spot syndrome virus infected tissues of *Fenneropenaeus indicus*[J]. Virus Res., 118(1-2): 130-135.

Moore AB, Brooks WM, 1993. An evaluation of SDS-polyacrylamide gel electrophoretic analysis for the determination of intrageneric relationships of *Vairimorpha* isolations[J]. J. Invertebr. Pathol., 62: 285-288.

Moser BA, Becnel JJ, Mamniak J, et al. 1998. Analysis of the ribosomal DNA sequences of the microsporidia *Thelohania* and *Vairimorpha* of fire ants[J]. J. Invertebr. Pathol., 72(2): 154-159.

Moser BA, Becnel JJ, Williams DF. 2000. Morphological and molecular characterization of the *Thelohania solenopsae* complex (Microsporidia: Thelohaniidae)[J]. J. Invertebr. Pathol., 75: 174-177.

Moura H, Silva AJ, Moura INS, et al. 1999. Characterization of *Nosema algerae* isolates after continuous cultivation in mammalian cells at 37℃[J]. J. Eukaryot. Microbiol., 46: 5, 14-16.

Mujer CV, Rumpho ME, Lin JJ, et al. 1993. Constitutive and inducible aerobic and anaerobic stress proteins in the *Echinochloa* complex and rice[J]. Plant Physiol., 101(1): 217-226.

Muldoon DF, Bagchi D, Hassoun EA, et al. 1994. The modulating effects of tumor necrosis factor alpha antibody on ricin-induced oxidative stress in mice[J]. J. Biochem. Toxicol., 9(6): 311-318.

Müller A, Trammer T, Chiorallia G, et al. 2000. Ribosomal RNA of *Nosema algerae* and phylogenetic relationship to other microsporidia[J]. Parasitol. Res., 86: 18-23.

Müller GA. 2018. The release of glycosylphosphatidylinositol-anchored proteins from the cell surface[J]. Arch. Biochem. and Biophys., 656: 1-18.

Mundt JO, Graham WF. 1968. *Streptococcus faecium* var. *casseliflavus*, nov. var.[J]. J. Bacteriol., 95: 2005-2009.

Muñoz C, Pérez M, Orrego PR, et al. 2012. A protein phosphatase 1 gamma (PP1 gamma) of the human protozoan parasite *Trichomonas vaginalis* is involved in proliferation and cell attachment to the host cell[J]. Int. J. Parasitol., 42(8): 715-727.

Nagae T. 1974. The pathogenicity of *Streptococcus bacteria* isolated from the silkworm reared on an artificial diet I. Difference in the pathogenicity of the bacteria to silkworm larvae reared on an artificial diet and to those reared on mulberry leaves[J]. J. Sericult. Sci. Jpn., 43: 471-477.

Nakjang S, Williams TA, Heinz E, et al. 2013. Reduction and expansion in microsporidian genome evolution: new insights from comparative genomics[J]. Genome Biol. Evol., 5(12): 2285-2303.

Navarre WW, Zychlinsky A. 2000. Pathogen-induced apoptosis of macrophages: a common end for different pathogenic strategies[J]. Cell Microbiol., 2(4): 265-273.

Nde PN, Lima MF, Johnson CA, et al. 2012. Regulation and use of the extracellular matrix by *Trypanosoma cruzi* during early infection[J]. Front Immunol., 3: 337.

Nicholson DW, Thornberry NA. 2003. Apoptosis. Life and death decisions[J]. Science, 299(5604): 214-215.

Nowak TS, Woodards AC, Jung YH, et al. 2004. Identification of transcripts generated during the response of resistant *Biomphalaria glabrata* to *Schistosoma mansoni* infection using suppression subtractive hybridization[J]. J. Parasitol., 90(5): 1034-1040.

Okano K, Shimada T, Mita K, et al. 2001. Comparative expressed-sequence-tag analysis of differential gene expression profiles in BmNPV-infected BmN cells[J]. Virology, 282: 348-356.

Pace NR. 1997. A molecular view of microbial diversity and the biosphere[J]. Science, 276: 7334-7340.

Pan C, Hu YF, Yi HS, et al. 2014. Role of Bmbuffy in hydroxycamptothecine-induced apoptosis in BmN-SWU1 cells of the silkworm, *Bombyx mori*[J]. Biochem Biophys Res. Commun., 447(2): 237-243.

Pan G, Xu J, Li T, et al. 2013. Comparative genomics of parasitic silkworm microsporidia reveal an association between genome expansion and host adaptation[J]. BMC Genomics, 14(186): 1-14.

Pays E, Nolan DP. 1998. Expression and function of surface proteins in *Trypanosoma brucei*[J]. Molecular and Biochemical Parasitology, 91(1): 3-36.

Pelletier I, Sato S. 2002. Specific recognition and cleavage of galectin-3 by *Leishmania major* through species-specific polygalactose epitope[J]. J. Biol. Chem., 277(20): 17663-17670.

Pemval M, Pery P, Labbe M. 2006. The heat shock protein 90 of *Eimeria tenella* is essential for invasion of host cell and schizont growth[J]. Int. J. Parasitol., 36: 1205-1215.

Perryman LE, Jamser DP, Riggs MW, et al. 1996. Protection of calves against cryptosporidiosis with immune bovine colostrum induced by a *Cryptospo ridium* parvum recombinant protein[J]. Mol. Biochem. Parasit., 80: 137-147.

Petri WJ, Haque R, Mann BJ. 2002. The bittersweet interface of parasite and host: lectin-carbohydrate interactions during human invasion by the parasite *Entamoeba histolytica*[J]. Annu. Rev. Microbiol., 56: 39-64.

Peuvel-Fanget I, Delbac F, Metenier G, et al. 2000. Polymorphism of the gene encoding a major polar tube protein PTP1 in two microsporidia of the genus *Encephalitozoon*[J]. Parasitology, 121(6): 581-587.

Peuvel-Fanget I, Polonais V, Brosson D, et al. 2006. EnP1 and EnP2, two proteins associated with the *Encephalitozoon* cuniculi endospore, the chitin-rich inner layer of the microsporidian spore wall[J]. Int. J. Parasitol., 36: 309-318.

Peyretaillade E, Biderre P, Peyret F, et al. 1998. Microsporidian *Encephalitozoon cuniculi*, a unicellular eukaryote, with a unusual chromosomal dispersion of ribosomal genes and a LSU rRNA reduced to the universal core[J]. Nucleic Acids Res., 26: 3513-3520.

Philip N, Vaikkinen H J, Tetley L, et al. 2012. A unique Kelch domain phosphatase in *Plasmodium* regulates ookinete morphology, motility and invasion[J]. PLoS ONE, 7(9): e44617.

Pieniazek NJ, da Silva AJ, Lemenda SB, et al. 1996. *Nosema trichoplusiae* is a synonym of *Nosema bombycis* based on the sequence of the small subunit ribosomal RNA coding region[J]. J. Invertebr. Pathol., 67: 316-317.

Pierce GB, Parchment RE, Lewellyn AL. 1991. Hydrogen peroxide as a mediator of programmed cell death in the blastocyst[J]. Differentiation, 46(3): 181-186.

Pilley BM. 1976. A new genus *Varimorpha* (Protozoa: Microsporida) for *Nosema necatrix* Kramer 1965: pathogenicity and life cycle in *Spodoptera exempta* (Lepidoptera: Noctuidae)[J]. J. Invertebr. Pathol., 28: 177-183.

Pleshinger J, Weidner E. 1985. The microsporidian spore invasion tube. IV. Discharge activation begins with pH-triggered Ca^{2+} influx[J]. J. Cell Biol., 100: 1834-1838.

Pompei R, Berlutti F, Thaller MC, et al. 1992. *Enterococcus flavescens* sp. Nov., a new species of enterococci of clinical origin[J]. Int. J. Syst. Bacteriol., 42: 365-369.

Pomport CC, de Jonckheere JF, Romestand B, et al. 2000. Ribosomal DNA sequences of *Glugea anomala*, *G. stephani*, *G. americanus* and *Spraguea lophii* (Microsporidia): phylogenetic reconstruction[J]. Dis. Aquat. Organ., 40 (2): 125-129.

Pottratz ST. 1998. Pneumocystis carinii interactions with respiratory epithelium[J]. Semin. Respir. Infection, 13(4): 323-329.

Pottratz ST, Reese S, Sheldon JL. 1998. Pneumocystis carinii induces interleukin 6 production by an alveolar epithelial cell line[J]. Eur. J. Clin. Invest., 28: 424-429.

Qar SH, Goldman IF, Pieniazek NJ, et al. 1994. Blood and sporozoite stage-specific small subunit ribosomal RNA-encoding genes of the human malaria parasite *Plasmodium vivax*[J]. Gene, 150: 43-49.

Rao SN, Muthulakshmi M, Kanginakudru S, et al. 2004. Phylogenetic relationships of three new microsporidian isolates from the silkworm, *Bombyx mori*[J]. J. Invertebr. Pathol., 86: 87-95.

Rao SN, Nath SB, Bhuvaneswari G, et al. 2007. Genetic diversity and phylogenetic relationships among microsporidia infecting the silkworm, *Bombyx mori*, using random amplification of polymorphic DNA: morphological and ultrastructural characterization[J]. J. Invertebr. Pathol., 96: 193-204.

Reineke A, Lobmann S. 2005. Gene expression changes in *Ephestia kuehniella* caterpillars after parasitization by the endoparasitic wasp *Venturia canescens* analyzed through cDNA-FLPs[J]. J. Insect Physiol., 51: 923-932.

Reinke V, Smith HE, Nance J, et al. 2000. A global profile of germline gene expression in *C. elegans*[J]. Mol. Cell, 6: 605-616.

Richie TL, Charoenvit Y, Wang R, et al. 2012. Clinical trial in healthy malaria-naïve adults to evaluate the safety, tolerability, immunogenicity and efficacy of MuStDO5, a five-gene, sporozoite/ hepatic stage *Plasmodium falciparum* DNA vaccine combined with escalating dose human GM-CSF DNA[J]. Hum. Vacc. Immunother., 8(11): 1564-1584.

Ridewood S, Ooi CP, Hall B, et al. 2017. The role of genomic location and flanking 3′UTR in the generation of functional levels of variant surface glycoprotein in *Trypanosoma brucei*[J]. Mol. Microbiol., 106(4): 614-634.

Robinson NP, Burman N, Melville SE, et al. 1999. Predominance of duplicative VSG gene conversion in antigenic variation in *African trypansomes*[J]. Mol. Cell. Biol., 9: 5839-5846.

Rogers WO, Malik A, Mellouk S, et al. 1992. Characterization of *Plasmodium falciparum* sporozoite surface protein 2[J]. PNAS USA, 89: 9176-9180.

Ryu JH, Ha EM, Lee WJ. 2010. Innate immunity and gut-microbe mutualism in *Drosophila*[J]. Dev. Comp. Immunol., 34(4): 369-376.

Sacks D, Sher A. 2002. Evasion of innate immunity by parasitic protozoa[J]. Nat. Immunol., 3(11): 1041-1047.

Sahdev S, Taneja TK, Mohan M, et al. 2003. Baculoviral p35 inhibits oxidant-induced activation of mitochondrial apoptotic pathway[J]. Biochem. Biophys. Res. Commun., 307(3): 483-490.

Sak B, Saková K, Ditrich O. 2004. Effects of a novel anti-exospore monoclonal antibody on microsporidial development *in vitro*[J]. Parasitol Res., 92: 74-80.

Sasaki S, Yamada T, Sukegawa S, et al. 2009. Association of a single nucleotide polymorphism in Akirin 2

gene with marbling in Japanese black beef cattle[J]. BMC. Res. Notes, 2: 131-135.
Sato R, Kobayashi M, Watanabe H. 1982. Internal ultrastructure of spores on microsporidans isolated from the silkworm, *Bombyx mori*[J]. J. Invertebr Pathol., 40: 260-265.
Sato R, Watanabe H. 1980. Purification of mature spores by iso-density equilibrium centrifugation[J]. J. Sericul. Sci. Jpn., 49(6): 512-516.
Sayers JR. 1994. Computer aided identification of a potential 5′-3′ exonuclease gene encoded by *Escherichia coli*[J]. J. Theor. Biol., 170(4): 415-421.
Scanlon M, Leitch GJ, Shaw AP, et al. 1999. Susceptibility to apoptosis is reduced in the microsporidia-infected host cell[J]. J. Eukaryot. Microbiol., 46(5): 34-35.
Scanlon M, Leitch GJ, Visvesvara GS, et al. 2004. Relationship between the host cell mitochondria and the parasitophorous vacuole in cells infected with *Encephalitozoon* microsporidia[J]. J. Eukaryot. Microbiol., 51(1): 81-87.
Scanlon M, Shaw AP, Zhou CJ, et al. 2000. Infection by microsporidia disrupts the host cell cycle[J]. J. Eukaryot. Microbiol., 47(6): 525-531.
Schlegel A, Giddings TJ, Ladinsky MS, et al. 1996. Cellular origin and ultrastructure of membranes induced during poliovirus infection[J]. J. Virol., 70(10): 6576-6588.
Schottelius J, Schmetz C, Kock NP, et al. 2000. Presentation by scanning electron microscopy of the life cycle of microsporidia of the genus *Encephalitozoon*[J]. J. Microbes Infect., 2(12): 1401-1406.
Sedlacek JD, Dintenfass LP, Nordin GL, et al. 1985. Effects of temperature and dosage on *Vairimorpha* sp. 696 spore morphometrics, spore yield, tissue specificity in *Heliothis virescens*[J]. J. Invertebr. Pathol., 46: 320-324.
Selot R, Kumar V, Shukla S, et al. 2007. Identification of a soluble NADPH oxidoreductase (BmNOX) with antiviral activites in the gut juice of *Bombyx mori*[J]. Biosci. Biotechnol. Biochem., 71: 200-205.
Senderskiy IV, Timofeev SA, Seliverstova EV, et al. 2014. Secretion of *Antonospora* (*Paranosema*) *locustae* proteins into infected cells suggests an active role of microsporidia in the control of host programs and metabolic processes[J]. PLoS ONE, 9(4): e93585.
Shan S, Liu K, Peng J, et al. 2009. Mitochondria are involved in apoptosis induced by ultraviolet radiation in lepidopteran *Spodoptera litura* cell line[J]. Insect Sci., 16(6): 485-491.
Shaw MK. 2003. Cell invasion by *Theileria* sporozoites[J]. Trends Parasitol., 19: 2-6.
Shepherd JC, Walldorf U, Hug P, et al. 1989. Fruit flies with additional expression of the elongation factor EF-1αlive longer[J]. PNAS USA, 86: 7520-7521.
Shimizu T, Nakagaki M, Nishi Y, et al. 2002. Interaction among silkworm ribosomal proteins P1, P2 and P0 required for functional protein binding to the GTPase-associated domain of 28S rRNA[J]. Nucleic. Acids Res., 30(12): 2620-2627.
Sikoroqski PP, Madison CH. 1968. Host-parasite relationships of *Thelohania corethrae* from *Chaoborus astictopus* (Diptera: Chaoboridae)[J]. J. Invertebr. Pathol., 11: 390-397.
Silveira H, Canning EU. 1995. *Vittaforma corneae* n. comb. for the human microsporidium *Nosema corneum* Shadduck, Meccoli, Davis and Font, 1990, based on its ultrastructure in the liver of experimentally infected athymic mice[J]. J. Eukaryot. Microbiol., 42: 158-165.
Simnmani TA. 1999. Biochemical characterization of the microsporidian *Nosema bombycis* spore protein[J]. World J. Microbiol. Biotech., 15(2): 239-248.
Simon HU, Haj-Yehia A, Levi-Schaffer F. 2000. Role of reactive oxygen species (ROS) in apoptosis induction[J]. Apoptosis., 5(5): 415-418.
Sironmani TA. 1997. Detection of *Nosema bombycis* infection in the silkworm *Bombyx mori* by Western blot analysis[J]. Sericologia, 37: 209-216.
Sironmani TA. 1999a. Biochemical characterization of the microsporidian *Nosema bombycis* spore proteins[J]. World J. Microb. Biot., 15: 239-248.
Sironmani TA. 1999b. Immunological characterization of spore proteins of the microsporidian *Nosema bombycis*[J]. World J. Microb. Biot., 15: 607-613.
Slamovits CH, Williams BA, Keeling PJ. 2004. Transfer of *Nosema locustae* (Microsporidia) to *Antonos-*

pora locustae n. comb. based on molecular and ultrastructural data[J]. Eukaryot. Microbiol., 51(2): 207-213.

Sloter LF, Maddox JV, Mcmanus ML. 1997. Host specificity of microsporidia (Protista: Microspora) from European populations of *Lymantria dispar* (Lepidoptera: Lymantriidae) to indigenous north American Lepidoptera[J]. J. Invertebr. Pathol., 69: 135-150.

Smyth CJ. 1988. Flagella: their role in virulence[M]. *In*: Owen P, Foster I. Immunochemical and Molecular Genetic Analysis of Bacterial Pathogens. Amsterdam: Elsevier: 3-11.

Sobottka I, Albrecht H, Visvesvara GS, et al. 1999. Inter-and intra-species karyotype variations among microsporidia of the genus *Encephalitozoon* as determined by pulsed-field gel electrophoresis[J]. Scand. J. Infec. Dis., 31(6): 555-558.

Sobottka I, Iglauer F, Schuler T, et al. 2001. Acute and long-term humoral immunity following active immunization of rabbits with inactivated spores of various *Encephalitozoon* species[J]. Parasitol. Res., 87(1): 1-6.

Solter LF, Maddox JV. 1998. Physiological host specificity of microsporidia as an indicator of ecological host specificity[J]. J. Invertebr. Pathol., 71: 3, 207-216.

Southern TR, Jolly CE, Lester ME, et al. 2007. EnP1, a microsporidian spore wall protein that enables spores to adhere to and infect host cells *in vitro*[J]. Eukaryot. Cell, 6(8): 1354-1362.

Sprague V, Becnel JJ, Hazrd EL. 1992. Taxonomy of phylum microspora[J]. Crit. Rev. Microbiol., 18(5/6): 285-395.

Srikanta HK. 1987. Studies on cross-infectivity and viability of *Nosema bombycis* Nägeli (Microsporidia: Nosematidae)[J]. Mysore JAS, 21: 4, 111.

Stackebrant E, Goodfellow M. 1991. Nucleic Acid Techniques in Bacterial Systematics[M]. Chichester: John Wiley & Sons: 12-63.

Sternlicht H, Yaffe MB, Farr GW. 1987. A model of the nucleotide-binding site in tubulin[J]. FEBS Letters, 214(2): 226-235.

Streett DA, Briggs JD. 1982. An evaluation of sodium dodecyl sulfate-polyacrylamide gel electrophoresis for the identification of microsporidia[J]. J. Invertebr. Pathol., 40: 159-165.

Striepen B. 2007. Switching parasite proteins on and off[J]. Nat. Methods, 4(12): 999-1000.

Subrungruang I, Mungthin M. 2004. Chavalitshewinkoon-Petmitr P. Evaluation of DNA extraction and PCR methods for detection of *Enterocytozoon bienuesi* in stool specimens[J]. J. Clin. Microbiol., 42(8): 3490-3494.

Sugino A, Snoper TJ, Cozzarelli NR. 1977. Bacteriophage T4 RNA ligase. Reaction intermediates and interaction of substrates[J]. J. Biol. Chem., 252(5): 1732-1738.

Suhy DA, Giddings TJ, Kirkegaard K. 2000. Remodeling the endoplasmic reticulum by poliovirus infection and by individual viral proteins: an autophagy-like origin for virus-induced vesicles[J]. J. Virol., 74(19): 8953-8965.

Sun ZL, Kumar D, Cao GL, et al. 2017. Effects of transient high temperature treatment on the intestinal flora of the silkworm *Bombyx mori*[J]. Sci. Rep., 7: 3349. DOI: 10.1038/s41598-017-03565-4.

Sun ZL, Lu YH, Zhang H, et al. 2016. Effects of BmCPV infection on silkworm *Bombyx mori* intestinal bacteria[J]. PLoS ONE, DOI: 10.1371/journal.pone.0146313.

Suresh DR, Annam V, Pratibha K, et al. 2009. Total antioxidant capacity-a novel early bio-chemical marker of oxidative stress in HIV infected individuals[J]. J. Biomed. Sci., 16(1): 61-64.

Tachado SD, Gerold P, Schwarz R, et al. 1997. Signal transduction in macrophages by glycosylphosphatidylinositols of *Plasmodium*, *Trypanosoma*, and *Leishmania*: activation of protein tyrosine kinases and protein kinase C by inositolglycan and diacylglycerol moieties[J]. PNAS USA, 94: 4022-4027.

Takizawa Y, Iizuka T. 1968. The aerobic bacterial flora in the gut of larvae of the silkworm, *Bombyx mori* L.(I). The relation between media and the numbers of living cells[J]. J. Sericult. Sci. Jpn., 37: 295-305.

Tambunan J, Kan CP, Li H, et al. 1998. Molecular cloning of a cDNA encoding a silkworm protein that contains the conserved BH regions of Bcl-2 family proteins[J]. Gene, 212(2): 287-293.

Tanaka H, Ishibashi J, Fujita K, et al. 2008. A genome-wide analysis of genes and gene families involved in innate immunity of *Bombyx mori*[J]. Insect Biochem. Molec. Biol., 38: 1087-1110.

Taupin V, Méténier G, Delbac F, et al. 2006. Expression of two cell wall proteins during the intracellular development of *Encephalitozoon cuniculi*: an immunocytochemical and in situ hybridization study with ultrathin frozen sections[J]. Parasitology, 132(6): 815-825.

Taylor MP, Kirkegaard K. 2007. Modification of cellular autophagy protein LC3 by poliovirus[J]. J. Virol., 81(22): 12543-12553.

Tchankouo-Nguetcheu S, Khun H, Pincet L, et al. 2010. Differential protein modulation in midguts of *Aedes aegypti* infected with chikungunya and dengue 2 viruses[J]. PLoS ONE, 5(10): e13149.

Texier C, Vidau C, Vigues B, et al. 2010. Microsporidia: a model for minimal parasite-host interactions[J]. Curr. Opin. Microbiol., 13(4): 443-449.

Thornberry NA. 1998. Caspases: enemies within[J]. Science, 81(5381): 1312-1316.

Tomoyoshi I, Hidetoshi I, Yohsinori H, et al. 1997. Sporogony of a microsporidium, *Nosema* sp. NIS-M11 (Microspora: Nosematidae) in larvae of the silkworm. *Bombyx mori* raised under levels of temperature[J]. J. Seric. Sci. Jpn., 66(6): 445-452.

Trammer T, Chioralia G, Maier WA, et al. 1999. *In vitro* replication of *Nosema algerae* (Microsporidia), a parasite of anopheline mosquitoes, in human cells above 36℃[J]. J. Eukaryot. Microbiol., 46(5): 464-468.

Trapani JA, Davis J, Sutton VR, et al. 2000. Proapoptotic functions of cytotoxic lymphocyte granule constituents *in vitro* and *in vivo*[J]. Curr. Opin. Immunol., 12(3): 323-329.

Tsai SJ, Lo CF, Soichi Y, et al. 2003. The characterization of microsporidian isolates (Nosematidae: *Nosema*) from five important lepidopteran pests in Taiwan[J]. J. Invertebr. Pathol., 83: 51-59.

Tsai YC, Solter LF, Wang CY, et al. 2009. Morphological and molecular studies of microsporidium (*Nosema* sp.) isolated from the thee spot grass yellow butterfly, *Eurema blanda arsakia* (Lepidoptera: Pieridae)[J]. J. Invertebr. Pathol., 100: 85-93.

Tsaousis AD, Kunji ER, Goldberg AV, et al. 2008. A novel route for ATP acquisition by the remnant mitochondria of *Encephalitozoon cuniculi*[J]. Nature, 453(7194): 553-556.

Undeen AH, Avery SW. 1984. Germination of experimentally nontransmissible microsporidia[J]. J. Invertebr. Pathol., 43: 299-301.

Undeen AH, Avery SW. 1988a. Effect of anions on the germination of *Nosema algerae* (Microspora: Nosematidae) spores[J]. J. Invertebr. Pathol., 52: 84-89.

Undeen AH, Avery SW. 1988b. Spectrophotometric measurement of *Nosema algerae* (Microspora: Nosematidae) spore germination rate[J]. J. Invertebr. Pathol., 52: 253-258.

Undeen AH, Avery SW. 1988c. Ammonium chloride inhibition of the germination of spores of *Nosema algerae* (Microspora: Nosematidae)[J]. J. Invertebr. Pathol., 52: 326-334.

Undeen AH, Cockburn AF. 1989. The extraction of DNA from microsporidia spores[J]. J. Invertebr. Pathol., 54: 132-133.

Undeen AH, Frixione E. 1990. The role of osmotic pressure in the germination of *Nosema algerae* spores[J]. J. Protozool., 37: 561-567.

Undeen AH, Vander-Meer RK. 1994. Conversion of intrasporal trehalose into reducing sugars during germination of *Nosema algerae* (Protista: Microspora) spores: a quantitative study[J]. J. Eukaryot. Microbiol., 41(2): 129-132.

Undeen AH. 1987. A trehalose levels and trehalase activity in germinated and ungerminated spores of *Nosema algerae* (Microspora: Nosematidae)[J]. J. Invertebr. Pathol., 50: 230-237.

Undeen AH. 1990. A proposed mechanism for the germination of microsporidian (Protozoa: Microspora) spores[J]. J. Theor. Biol., 142: 223-235.

Undeen AH. 1997. Sugar acquisition during the development of microsporidian (Microspora: Nosematidae) spores[J]. J. Invertebr. Pathol., 70: 106-112.

Undeen AH, Vander-Meer RK. 1999. Microsporidian intrasporal sugars and their role in germination[J]. J. Invertebr. Pathol., 73(3): 294-302.

Van de Peer Y, Ben Ali A, Meyer A. 2000. Microsporidia: accumulating molecular evidence that a group of amitochondriate and suspectedly primitive eukaryotes are just curious fungi[J]. Gene, 246: 1-8.

Van der Giezen M, Tovar J, Clark CG. 2005. Mitochondrion-derived organelles in protists and fungi[J]. Int. Rev. Cytol., 244: 175-225.

Van der Ploeg LH, Giannini SH. 1985. Heat shock genes: regulatory role for differentiation in parasitic protozoa[J]. Science, 228 (4706): 1443-1446.

Vard C, Guillot D, Bargis P, et al. 1997. A specific role for the phosphorylation of mammalian acidic ribosomal protein P2[J]. J. Biol. Chem., 272(32): 20259-20262.

Vaux DL, Strasser A. 1996. The molecular biology of apoptosis[J]. PNAS USA, 93(6): 2239-2244.

Vavra J, Larrson JIR. 1999. Structure of the Microsporidia[M]. *In*: Wittner M, Weiss LM. The Microsporidia and Microsporidiosis. Washington DC: American Society for Microbiology Press: 7-84.

Vavra J, Lukes J. 2013. Microsporidia and 'the art of living together'[J]. Adv. Parasitol., 82: 253-319.

Velculescu VE, Zhang L, Vogelstein B, et al. 1995. Serial analysis of gene expression[J]. Science, 270: 484-487.

Veronique B, Sandrine F, Pierre P, et al. 1999. Application of differential display RT-PCR to the analysis of gene expression in a host-cell microsporidian *E.cuniculi*[J]. J. Eukaryot. Microbiol., 46(5): 25S-26S.

Villalta F, Scharfstein J, Ashton AW, et al. 2009. Perspectives on the *Trypanosoma cruzi*-host cell receptor interactions[J]. Parasitol. Res., 104(6): 1251-1260.

Visvesvara GS, Belloso M, Moura H, et al. 1999. Isolation of *Nosema algerae* from the cornea of an immunocompetent patient[J]. J. Eukaryot. Microbiol., 46: 10S.

Vivarès CP, Gouy M, Thomarat F, et al. 2002. Functional and evolutionary analysis of a eukaryotic parasitic genome[J]. Curr. Opin. Microbiol., 5(5): 499-505.

Vivarès CP, Méténier G. 2000. Towards the minimal eukaryotic parasitic genome[J]. Curr. Opin. Microbiol., 3: 463-467.

Wan FY, Anderson DE, Barnitz RA. 2007. Ribosomal protein S3: a KH domain subunit in NF-κB complexes that mediates selective gene regulation[J]. Cell, 131: 927-939.

Wang CY, Solter LF, Tsuic WH, et al. 2005. An *Endoreticulatus* species from *Ocinara lida* (Lepidoptera: Bombycidae) in Taiwan[J]. J. Invertebr. Pathol., 89: 123-135.

Wang J, Maldonado MA. 2006. The ubiquitin-proteasome system and its role in inflammatory and autoimmune diseases[J]. Cell Mol. Immunol., 3(4): 255-261.

Wang JY, Chambon C, Lu CD, et al. 2007. A proteomic-based approach for the characterization of some major structural proteins involved in host-parasite relationships from the silkworm parasite *Nosema bombycis* (Microsporidia)[J]. Proteomics, 7: 1461-1472.

Wang N, Rasenick MM. 1991. Tubulin-G protein interactions involve microtubule polymerization domains[J]. Biochemistry, 30(45): 10957-10965.

Wang Y, Dang X, Ma Q, et al. 2015. Characterization of a novel spore wall protein NbSWP16 with proline-rich tandem repeats from *Nosema bombycis* (Microsporidia)[J]. Parasitology, 142(4): 534-542.

Webster GC, Webster SL. 1983. Decline in synthesis of elongation factor one (EF-1) precedes the decreased synthesis of total protein in aging *Drosophila melanogaster*[J]. Mech. Ageing Dev., 22: 121-128.

Weidner E. 1985. The microsporidian spore invasion tube III. Tube extrusion and assembly[J]. J. Cell Biol., 93: 976-979.

Weidner E, Byrd W. 1982. The microsporidian spore invasion tube. II. Role of calcium in the activation of invasion tube discharge[J]. J. Cell Biol., 93(3): 970-975.

Weidner E, Sibley LD. 1985. Phagocytized intracellular microsporidian blocks phagosome acidification and phagosome-lysosome fusion[J]. J. Protozool., 32: 311-317.

Williams BA, Elliot C, Burri L, et al. 2010. A broad distribution of the alternative oxidase in microsporidian parasites[J]. PLoS Pathol., 6(2): e1000761.

Williams BA, Keeling PJ. 2003. Cryptic organelles in parasitic protists and fungi[J]. Adv. Parasitol., 54: 9-68.

Williams GT. 1994. Programmed cell death: a fundamental protective response to pathogens[J]. Trends Microbiol., 2(12): 463-464.

Wilson GG. 1974. Effects of larvae age of inoculation, and dosage of microsporidian (*Nosema fumiferanae*) spores, on mortality of spruce budworm (*Choristioneura fumiferana*)[J]. Can. J. Zool., 52: 993-996.

Wistreich GA, Moore J, Chao J. 1960. Microorganism from the midgut of the larva of *Tenebrio molitero* Linnaeus[J]. J. Insect Pathol., 2: 320-326.

Wittner M. 1999. Historic Perspective on the Microsporidia: Expanding Horizons[M]. *In*: Wittner M, Weiss LM. The Microsporidia and Microsporidiosis. Washington DC: American Society for Microbiology Press: 1-6.

Wittner M, Weiss LM. 1999. The Microsporidia and Microsporidiosis[M]. Washington DC: ASM: 258-292.

Wolffe AP, Urnov FD, Guschin D. 2000. Co-repressor complexes and remodelling chromatin for represssion[J]. Biochem. Soc. Trans., 28(4): 379-386.

Wu P, Li MW, Wang X, et al. 2009a. Differentially expressed genes in the midgut of silkworm infected with cytoplasmic polyhedrosis virus[J]. Afr. J. Biotechnol., 8 (16): 3711-3720.

Wu Z, Li Y, Pan G, et al. 2008. Proteomic analysis of spore wall proteins and identification of two spore wall proteins from *Nosema bombycis* (Microsporidia)[J]. Proteomics, 8(12): 2447-2461.

Wu ZL, Li YH, Pan GQ, et al. 2009b. SWP25, a novel protein associated with the *Nosema bombycis* endospore[J]. J. Eukaryot. Microbiol., 56: 113-118.

Xu XF, Shen ZY, Zhu F, et al. 2012. Phylogenetic characterization of a microsporidium (*Endoreticulatus* sp. Zhenjiang) isolated from the silkworm, *Bombyx mori*[J]. Parasitol. Res., 110: 815-819.

Xu Y, Takvorian P, Cali A, et al. 2003. Lectin binding of the major polar tube protein (PTP1) and its role in invasion[J]. J. Eukaryot. Microbiol., 50: 600-601.

Xu Y, Weiss LM. 2005. The microsporidian polar tube: a highly specialised invasion organelle[J]. Int. J. Parasitol., 35(9): 941-953.

Yang CG, Wang XL, Wang L, et al. 2011. A new Akirin 1 gene in turbot (*Scophthalmus maximus*): molecular cloning, characterization and expression analysis in response to bacterial and viral immunological challenge[J]. Fish Shellfish Immunol., 30: 1031-1041.

Yang D, Dang X, Tian R, et al. 2014. Development of an approach to analyze the interaction between *Nosema bombycis* (Microsporidia) deproteinated chitin spore coats and spore wall proteins[J]. J. Invertebr. Pathol., 115: 1-7.

Yang D, Pan G, Dang X, et al. 2015. Interaction and assembly of two novel proteins in the spore wall of the microsporidian species *Nosema bombycis* and their roles in adherence to and infection of host cells[J]. Infect. Immun., 83(4): 1715-1731.

Yang D, Pan L, Chen Z, et al. 2018. The roles of microsporidia spore wall proteins in the spore wall formation and polar tube anchorage to spore wall during development and infection processes[J]. Exp. Parasitol., 187: 93-100.

Yarden O, Katan T. 1993. Mutations leading to substitutions at amino acids 198 and 200 of beta-tubulin that correlate with benomyl-resistance phenotypes of field strains of *Botrytis cinerea*[J]. Phytopathology, 83: 1478-1483.

Yasui H, Shirata A. 1995. Detection of antibacterial substances in insect gut[J]. J. Seric. Sci. Jpn., 64: 246-253.

Yasunaga C. 1991. Infection and development of *Nosema* sp. NIS11 (Microsporda: Protozoa) in a lepidoptera cell[J]. J. Sericult. Sci. Jpn., 60(6): 450-456.

Yuan J. 1997. Transducing signals of life and death[J]. Curr. Opin. Cell Biol., 9(2): 247-251.

Zaragoza O, Rodrigues ML, De Jesus M, et al. 2009. The capsule of the fungal pathogen *Cryptococcus neoformans*[J]. Adv. Appl. Microbiol., 68: 133-216.

Zhang F, Lu XM, Kumar VS, et al. 2007. Effects of a novel anti-exospore monoclonal antibody on microsporidial *Nosema bombycis* germination and reproduction *in vitro*[J]. Parasitology, 134: 1551-1558.

Zhang JY, Pan MH, Sun ZY, et al. 2010. The genomic underpinnings of apoptosis in the silkworm, *Bombyx mori*[J]. BMC Genomics, 11(1): 611-617.

Zhu F, Shen Z, Hou J, et al. 2013. Identification of a protein interacting with the spore wall protein SWP26 of *Nosema bombycis* in a cultured BmN cell line of silkworm[J]. Infection Genetics and Evolution, 17: 38-45.

Zhu F, Shen ZY, Guo XJ, et al. 2011. A new isolate of *Nosema* sp. (Microsporidia, Nosematidae) from *Phyllobrotica armata* Baly (Coleoptera, Chrysomelidae) from China[J]. J. Invert. Pathol., 106: 339-342.

Zhu F, Shen ZY, Xu XF, et al. 2010. Phylogenetic analysis of complete rRNA gene sequence of *Nosema philosamiae* isolated from the lepidopteran *Philosamia cynthia* Ricini[J]. J. Eukaryot. Microbiol., 57(3): 294-296.

Zhu H, Yin S, Shuman S. 2004. Characterization of polynucleotide kinase/phosphatase enzymes from mycobacteriophages omega and Cjw1 and vibriophage KVP40[J]. J. Biol. Chem., 279(25): 26358-26369.

Zhu X, Wittner M, Tanowitz HB, et al. 1994. Ribosomal RNA sequences of *Enterocytozoon bieneusi*, *Septata intestinalis* and *Ameson michaelis*: phylogenetic construction and structural correspondence[J]. J. Eukaryot. Microbiol., 41: 204-209.

Zimmermann KC, Ricci J, Droin NM, et al. 2002. The role of ARK in stress-induced apoptosis in *Drosophila* cells[J]. J. Cell Biol., 156(6): 1077-1087.

附录一　家蚕微粒子病和微粒子虫生活史

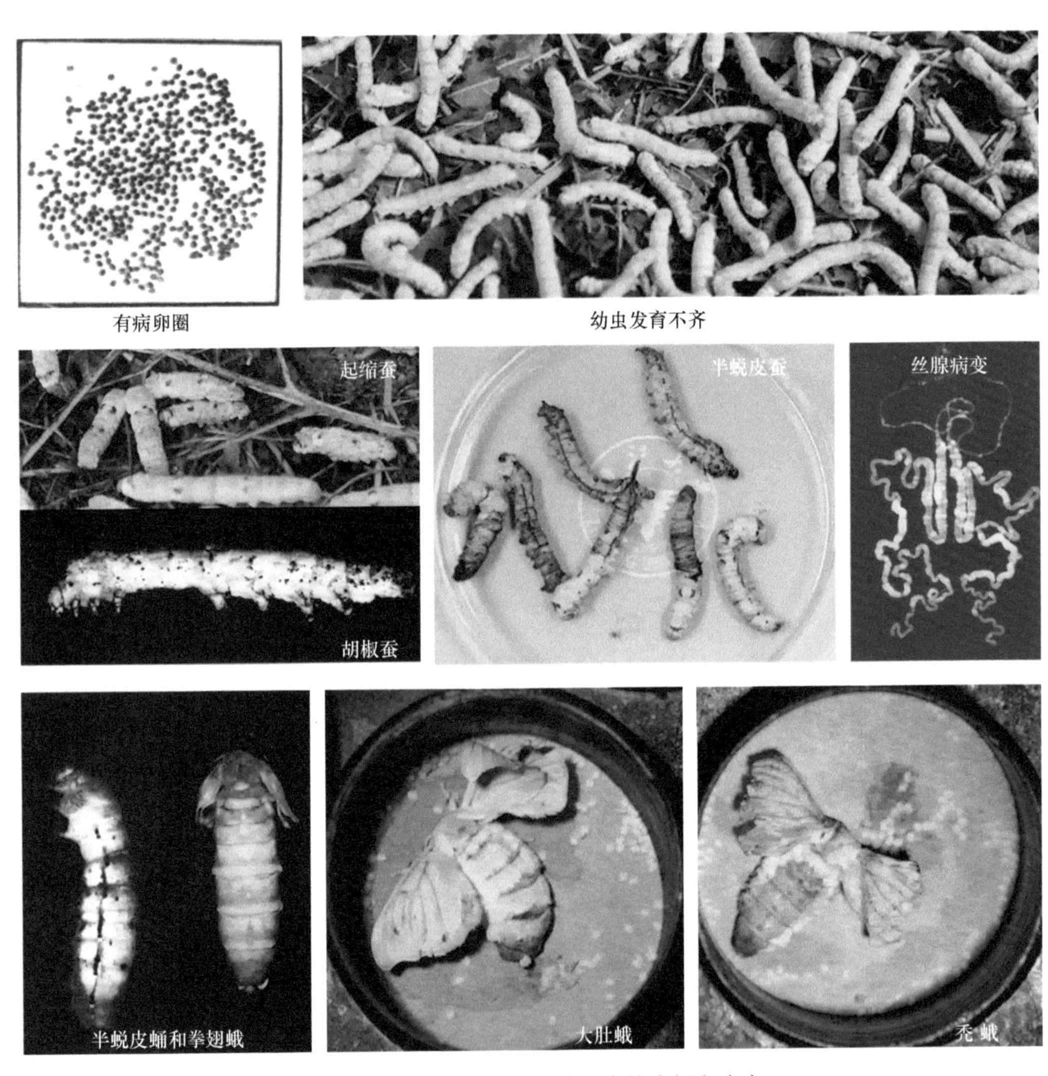

家蚕不同发育阶段家蚕微粒子病的病征和病变

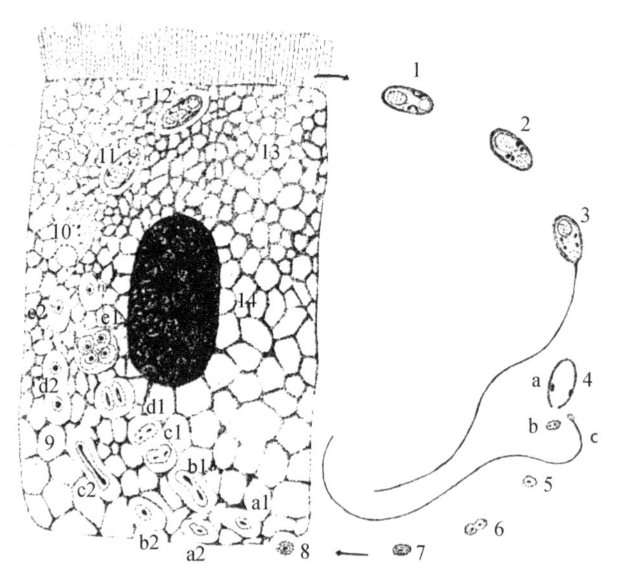

Stempell 的家蚕微粒子虫生活史（三谷贤三郎，1929 年仿）

1：进入家蚕消化道的孢子，2：孢子 2 个核分裂为 4 个核，3：极管弹出，4：极丝脱落，成阿米巴状游走体，5：游走体 2 个核融合，6：游走体分裂，7：游走体，8：游走体入侵细胞，9：寄主细胞内裂殖体，10：裂殖体的核融合，11：孢子内细胞器形成，12：成熟孢子，13：家蚕细胞质，14：家蚕细胞核；a：孢子壳，b：阿米巴状芽体，c：极管；a1 和 a2：裂殖体，b1、c1、d1 和 e1：分裂状裂殖体，b2、c2、d2 和 e2：二分裂裂殖体

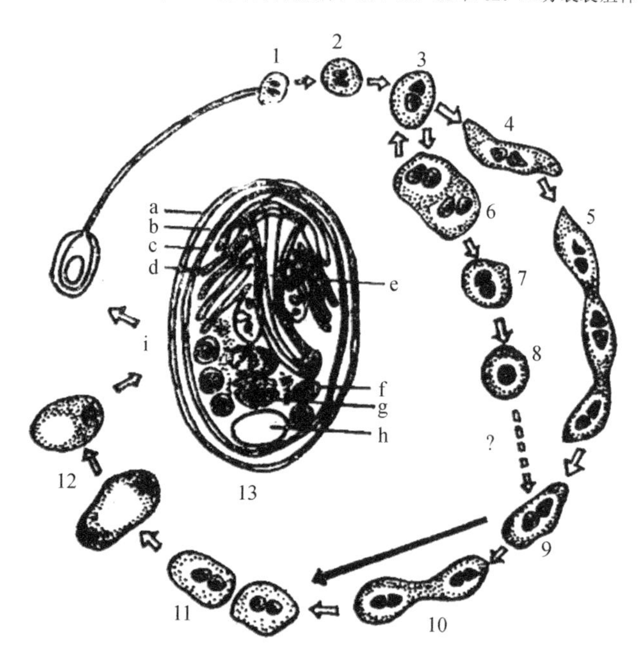

Ishihara 的家蚕微粒子虫生活史（1969 年）

1：芽体，2：滋养体，3～7：裂殖体，8：繁殖，9：孢子芽母细胞，10：孢子芽母细胞分裂，11：孢子芽，12：孢子形成，13：孢子模式图；a：孢子外壁，b：孢子内壁，c：原生质膜，d：核膜层，e：竖行极管，f：盘绕极管，g：核，h：后极泡，i：核糖体，？：裂殖体发育为孢子芽母细胞的未明过程

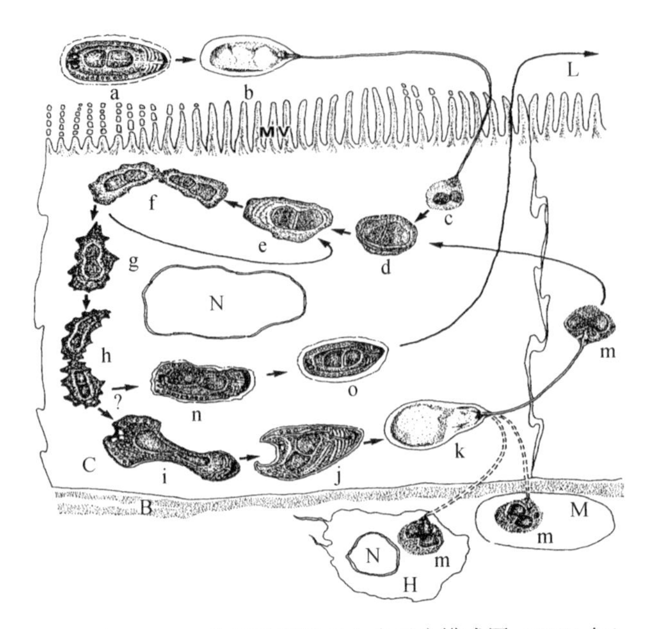

Iwano 和 Ishihara 的家蚕微粒子虫生活史模式图（1991 年）

L：中肠肠腔，C：中肠上皮细胞，N：细胞核，M：肌肉细胞，H：血细胞；a：长极管孢子，b：发芽中的长极管孢子，c：芽体，d 和 e：裂殖体，f：分裂中的裂殖体，g：母孢子，h：孢子母细胞，n：长极管孢子母细胞，i：短极管孢子母细胞，o：长极管孢子，j：短极管孢子，k：发芽中的短极管孢子，m：二次感染体

附录二　学名及分类单位用语对照

Acanthocyclops vernalis　矮小刺剑水蚤
Acetobacteraceae　醋酸杆菌科
Acidaminococcacea　氨基酸球菌科
Acidobacteria　酸杆菌门
Achromobacteriaceae　无色杆菌科
Achromobacter　无色杆菌属
Achromobacter parvulus　极小无色杆菌
Acinetobacter guillouiae　吉利不动杆菌
Acromyrmex echinatior　顶切叶蚁
Actinobacteria　放线菌门
Aedes　伊蚊属
Ae. aegypti　埃及伊蚊
Ae. atropalpus　黑须伊蚊
Ae. cantator　黄胸伊蚊
Ae. epactius　无辫伊蚊
Aerobacter cloaceae　阴沟气杆菌
Aeromonadaceae　气单胞菌科
Aeromonadales　气单胞菌目
Alcaligenaceae　产碱杆菌科
Alcaligens metalcaligens　似产碱杆菌
Alphaproteobacteria　α-变形菌纲
Amblyospora connecticus　康涅狄格钝孢子虫
Aminicenantes　降氨酸菌门
Anncaliia algerae　按蚊阿尔及尔微孢子虫
= *Nosema algerae*
Anopheles albimanus　白端按蚊
Anopheles stephensi　史蒂芬塞疟蚊
Anoxybacillus　厌氧芽孢杆菌属
Antheraea eucalypti　大蚕蛾
Antheraea pernyi　柞蚕
Aphidoidea　蚜虫科
Apis mellifera　西方蜜蜂
Arachnoidea　蛛形纲
Arctornis ceconimena　蜀白毒蛾
Armatimonadetes　装甲菌门
Arthrobacter　节杆菌属
Aschersonia aleyrodis　粉虱座壳孢
Ascomycete　子囊菌
Ascosphaera　球囊霉属
Aspergillus fumigatus　烟曲霉
Aspromonas　阿斯普罗单胞菌属
Attacus cynthia ricini　蓖麻蚕
Aurantimonas　橙单胞菌属
Aureimonas　金色单胞菌属
Bacillaceae　芽孢杆菌科
Bacilli　杆菌纲
Bacillales　芽孢杆菌目
Bacillus　芽孢杆菌属
Bacillus cereus　蜡样芽孢杆菌
Bacillus thuringiensis　苏云金杆菌
Bacteroidales　拟杆菌目
Bacteroidaceae　拟杆菌科
Bacteroides　拟杆菌属
Bacteroidetes　拟杆菌门
Bacteroidia　拟杆菌纲
Barathra [*Mamestra*] *brassicae*　甘蓝夜蛾
Basidiobolus　蛙粪霉属
Basidiomycetes　担子菌
Bdellovibrionales　蛭弧菌目
Beauveria bassiana　卵孢白僵菌
Betaproteobacteria　β-变形菌纲
Bifidobacterium　双歧杆菌属
Biomphalaria glabrata　光滑双脐螺
Bombyx mandarina　野桑蚕
Bombyx mori　家蚕
Bombyx mori cytoplasmic polyhedrosis virus
家蚕质型多角体病病毒
Bombyx mori densonucleosis virus
家蚕浓核病病毒
Bombyx mori infectious flacherie virus
家蚕传染性软化病病毒
Bombyx mori nuclear polyhedrosis virus
家蚕核型多角体病毒
Bombus terrestris　熊蜂
Brachiola vesicularum　小泡短粒虫
Bradyrhizobiaceae　慢生根瘤菌科

Brevibacteriaceac 短杆菌科
Brucella abortus 布鲁氏杆菌
Brucellaceae 布鲁氏菌科
Burenelloidae 布雷孢子总科
Burenelloidea 布雷孢子科
Burkholderiales 伯克氏菌目
Calospilos suspecta 丝绵木金星尺蠖
Campylobacteraceae 弯曲菌科
Campylobacterales 弯曲菌目
Candida albicans 白念珠菌
Capnocytophaga 嗜二氧化碳嗜纤维菌属
Carnobacteriaceae 肉杆菌科
Carnobacterium 肉食杆菌属
Caulobacteraceae 柄杆菌科
Caulobacterales 柄杆菌目
Cerace stipatana 龙眼裳卷蛾
Chilo suppressalis 水稻二化螟
Chloroflexi 绿弯菌门
Class 纲
Clostridia 梭菌纲
Clostridiales 梭菌目
Chaoborus astictopus 清湖莹蚊
Chitinophagaceae 噬几丁质菌科
Choristioneura fumiferana 云杉卷叶蛾
Christensenellaceae 克里斯滕森菌科
Chytrid 壶菌
Colaphellus bowringi 大猿叶虫
Comamonadaceae 丛毛单胞菌科
Conidiobolus 耳霉属
Conidiobolus thromboides 块状耳霉
Copepod 桡足虫
Cordyceps 虫草属
Crangon vulgaris 普通欧洲虾
Cryptococcus neoformans 新型隐球菌
Cryptosporidium parvum 小球隐孢子虫
Cyanobacteria 蓝细菌（藻）门
Cytophagales 噬纤维菌目
Cytophagia 噬纤维菌纲
Cytophagaceae 噬纤维菌科
Danaus plexippus 黑脉金斑蝶
Delftia 戴尔福特菌属
Desulfurellales 硫还原菌目
Diaphania pyroalis 桑螟
Dictyostelium discoideum 盘基网柄菌
Dihaplophasea 双单倍期纲
Dissociodihaplophasida 离异双单倍期目
Drosophila melanogaster 黑腹果蝇
Eimeria tenella 鸡柔嫩艾美耳球虫
Encephalitozoon 脑孢虫属
En. cuniculi 兔脑炎微孢子虫
En. hellem 荷氏（或海伦）脑炎微孢子虫
En. intestinalis 肠脑炎微孢子虫
Encephalitozoovidae 脑孢子虫科
Enterocytozoon bieneusi 比氏肠微孢子虫
Endoreticulatus 内网虫属
Endoreticulatus bombycis 家蚕内网虫微孢子虫
Endoreticulatus schubergi 修氏内网虫
Enterobacter cloacae 阴沟肠杆菌
Enterobacteriaceae 肠杆菌科
Enterobacteriales 肠杆菌目
Enterococcaceae 肠球菌科
Enterococci 肠球菌
Enterococcus 肠球菌属
Ent. asini 驴肠球菌
Ent. avium 鸟肠球菌
Ent. casseliflavus 铅黄肠球菌
Ent. cecorum 盲肠肠球菌
Ent. dispar 殊异肠球菌
Ent. durans 耐久肠球菌
Ent. faecalis 粪肠球菌
Ent. faecium 屎肠球菌
Ent. hirae 希拉肠球菌
Ent. gallinarum 鸡肠球菌
Ent. malodoratus 恶臭肠球菌
Ent. mundtii 蒙氏肠球菌
Ent. pseudoavium 假鸟肠球菌
Ent. ratti 鼠肠球菌
Ent. seriolicida 杀鱼肠球菌
Ent. solitarius 孤立肠球菌
Entomophaga 噬虫霉属
Entomophthorales 虫霉目
Ephestia elutella 烟草粉斑螟
Ephestia kuehniella 地中海斑螟
Epilachna varivestis 墨西哥豆瓢虫
Epsilonproteobacteria ε-变形菌纲
Erysipelotrichaceae 丹毒丝菌科
Erysipelotrichales 丹毒丝菌目
Erysipelotrichia 丹毒丝菌纲

Erythrobacteraceae　赤杆菌科
Escherichia coli　大肠杆菌
Eubacterium　真杆菌属
Euclea delphini　刺蛾
Faecalibacterium　粪杆菌属
Family　科
Fibrobacteres　纤维杆菌门
Firmicutes　厚壁菌门
Flavobacteriaceae　黄杆菌科
Flavobacteriales　黄杆菌目
Flavobacteriia　黄小杆菌纲
Frondihabitans　叶居菌属
Fusarium graminearum　禾谷镰刀菌
Fusarium oxysporum　尖孢镰刀菌
Fusobacteria　梭杆菌门
Galleria mellonella　大蜡螟
Gammaproteobacteria　γ-变形菌纲
Gemmatimonadetes　芽单胞菌门
Genus　属
Glugea anomala　刺鲳格留虫
Glugea atherinae　银汉鱼格留虫
Glugea fumiferanae　云杉卷叶蛾微孢子虫
=*Nosema fumiferanae*
Glugea plecoglossi　香鱼微孢子虫
Glugeida　格留孢子虫目
Glugeidae　格留孢子虫科
Halanaerobiales　盐厌氧菌目
Hansenula polymorpha　多形汉逊酵母
Haplophasea　单倍期纲
Helicobacteraceae　螺杆菌科
Helicoverpa zea　美洲棉铃虫
Heliothis virescens　烟芽夜蛾
Heliothis armigera　棉铃虫
Heliothis zea　玉米穗虫
Hemerophila atrilineata　桑尺蠖
Henosepilachna vigintioctoctomaculata
马铃薯瓢虫
Hepialidae　蝙蝠蛾科
Hyalophora cecropia　赛天蚕
Hydrogenophilaceae　嗜氢菌科
Hydrogenophilales　嗜氢菌目
Hymenopterous　膜翅目
Hypera postica　苜蓿叶象甲
Hyphantria cunea　美国白蛾
Klebsiella ozaenae　臭鼻克雷伯菌
Lachnospiraceae　毛螺菌科
Lactobacillaceae　乳酸细菌科（乳杆菌科）
Lactobacillales　乳杆菌目
Lactobacillus　乳酸杆菌属
Lactobacillus plantarum　植物乳酸杆菌
Lactococcus　乳球菌属
Latescibacteria　匿杆菌门
Leishmania　利什曼原虫属
Leishmania major　硕大利什曼原虫
Lepidopterous　鳞翅目
Leptinotarsa undecimlineata　马铃薯叶甲
Leptotrichia　纤毛菌属
Leuconostocaceae　明串珠菌科
Loxostege sticticalis　草地螟
Lymantria dispar　舞毒蛾
Lysinibacillus　短小芽孢杆菌属
Malacosoma neustria　天幕毛虫
Meiodihoplophasida　减数分裂双单倍期目
Methylobacteriaceae　甲基杆菌科
Micrococcaceae　微球菌科
Micrococcus luteus　藤黄微球菌
Microspora　微孢子虫亚门或微孢子虫门
Microsporea　微孢子虫纲
Microsporidia　微孢子虫
Microsporidea　微孢子虫纲
Mimastra cyanura　蓝尾叶甲
Mitochondria　线粒体菌科
Moraxellaceae　莫拉菌科
Mycalesis gotama　稻眼蝶
Myoxocephalus scorpius　短脚床杜父鱼
Myxococcales　黏细菌目
Nasonia vitripennis　丽蝇蛹集金小蜂
Neisseria　奈瑟菌属
Neisseriales　奈瑟菌目
Neisseriaceae　奈瑟菌科
Nitrosomonadales　亚硝化单胞菌目
Nitrosomonodaceae　亚硝化单胞菌科
Nitrospirae　硝化螺旋菌门
Nosema　微孢子虫属
N. algerae　按蚊阿尔及尔微孢子虫
=*Anncaliia algerae*
N. apis　蜜蜂微孢子虫
N. bombi　熊蜂微孢子虫

N. bombycis 家蚕微粒子虫
N. ceranae 东方蜜蜂微孢子虫
N. connori 康氏微孢子虫
N. disstriae 森林天幕毛虫微孢子虫
N. epilachnae 墨西哥豆瓢虫微孢子虫
N. fumiferanae 云杉卷叶蛾微孢子虫
= *Glugea fumiferanae*
N. heliothidis 棉铃虫微孢子虫
N. hemerophila 桑尺蠖微孢子虫
N. kingi 黑腹果蝇微孢子虫
N. liturea 斜纹夜蛾微孢子虫
N. locustae 蝗虫微孢子虫
(*Antonospora locustae*)
N. mesnili 迈氏微孢子虫
N. philosamiae 蓖麻蚕微孢子虫
N. pyrausta 玉米螟微孢子虫
N. trichoplusiae 粉纹夜蛾微孢子虫
Nosematidae 微孢子虫科
Nosematoidea 微孢子虫总科
Oligoflexales 寡弯菌目
Order 目
Ostrinia nubilalis 秆野螟，欧洲玉米螟
Oxalobacteraceae 草酸杆菌科
Paenibacillus 类芽孢杆菌属
Pantoea 泛菌属
Parathelohania 拟泰罗汉孢虫属
Pasteurellaceae 巴斯德菌科
Pasteurellales 巴斯德菌目
Pediococcus 片球菌属
Pediococcus pentosaceus 戊糖片球菌
Pelomonas 内生假单胞菌属
Peptococcaceae 消化球菌科
Phascolarctobacterium 考拉杆菌属
Philosamia cynthia ricini 蓖麻蚕
Phylum 门
Phzllobrotica armata 蓝荧叶甲
Planococcaceae 动性球菌科
Pieris rapae crucivora 菜粉蝶
(或菜青虫)
Planctomycetes 浮霉菌门
Plasmodium 疟原虫
Plasmodium berghei 伯氏疟原虫
Plasmodium falciparum 恶性疟原虫
Pleistophora 具褶孢虫属
Pleistophora hyphessobryconis 脂鲤匹里虫
Pleistophora typicalis 杜父鱼多孢虫
Pleistophoridae 多孢虫科
Plodia interpunctella 印度谷螟
Pneumocystis carinii 卡氏肺孢子虫
Porphyromonadaceae 紫单胞菌科
Powellomyces variabilis 小壶菌
Prevotella 普雷沃菌属
Prevotellaceae 普雷沃菌科
Proteobacteria 变形菌门
Pseudaletia unipuncta 一星黏虫
Pseudomonadaceae 假单胞菌科
Pseudomonadales 假单胞菌目
Pseudomonas 假单胞菌属
Pseudomonas fairmontensis 斐蒙假单胞菌
Pseudomonas riboflavina 核黄素假单胞菌
Pyricularis oryzae 水稻稻瘟病菌
Ralstonia 青枯菌属
Rhizobiaceae 根瘤菌科
Rhizobiales 根瘤菌目
Rhodobacterales 红细菌目
Rhodocyclaceae 红环菌科
Rhodocyclales 红环菌目
Rhodobacteraceae 红杆菌科
Rickettsiales 立克次体目
Rikenellaceae 理研菌科
Roseburia 罗斯菌属
Rudimicrosporea 原微孢子虫纲
Ruminococcaceae 瘤胃球菌科
Ruminococcus 瘤胃球菌属
Saccharibacteria 螺旋体菌门
Sacharomyes cerevisiae 啤酒酵母
Schistosoma mansoni 曼氏血吸虫
Sclerotinia minor 小粒菌核病菌
Septobasidium 隔担耳属
Serratia 沙雷菌属
Solenopsis invicta 红火蚁
Sphingobacteriales 鞘脂杆菌目
Sphingobacteriia 鞘脂杆菌纲
Sphingomonadaceae 鞘脂菌科
Sphingomonadales 鞘脂单胞菌目
Sphingomonas 鞘氨醇单胞菌属
Spodoptera depravata 淡剑纹灰翅夜蛾
Spodoptera exigua 甜菜夜蛾

Spodoptera frugiperda 草地贪夜蛾
Spodoptera litura 斜纹夜蛾
Spraguea lophii 鮟鱇鱼微孢子虫
Staphylococcaceae 葡萄球菌科
Staphylococcus 葡萄球菌属
Sta. aureus 金黄色酿脓葡萄球菌
Sta. epidermidis 表皮葡萄球菌
Streptococcaceae 链球菌科
Streptococcus 链球菌属
Str. faecalis 粪链球菌
Str. faecium 屎链球菌
Succinivibrionaceae 琥珀酸弧菌科
Synergistetes 互养菌门
Syntrophobacteraceae 互营杆菌科
Syntrophobacterales 互营杆菌目
Tenebrio molitor 大黄粉虫
Tenericutes 柔膜菌门
Tepidimonas 台湾温单胞菌属
Thaumarchaeota 奇古菌门
Thelohaniidae 泰罗汉孢虫科
Thelohania 泰罗汉孢虫属
Thelohania giardi 虾泰罗汉孢虫
Thelohanioided 泰罗汉孢虫总科
Thermus 栖热菌属
Trichomonas vaginalis 阴道毛滴虫
Trichoplusia ni 粉纹夜蛾
Trypanosoma 锥虫
Trypanosoma brucei 布氏锥虫
Trypanosoma cruzi 克氏锥虫
Uredinella 拟锈菌属
Vairimorpha 变形孢虫属
V. ephestia 烟草粉斑螟变形孢虫
V. heterosporum 异孢变形孢虫
V. lymantriae 毒蛾变形孢虫
V. necatrix 纳卡变态孢虫
Vavraia culicis 蚊法氏虫
Veillonella 韦荣菌属
Veillonellaceae 韦荣菌科
Venturia canescens 仓蛾姬蜂
Verrucomicrobia 疣微菌门
Vittaforma corneae 康氏短粒虫
Weissella 魏斯菌属
Xanthomonadaceae 黄单胞杆菌科
Xanthomonadales 黄单胞菌目
Xenopus tropicalis 非洲蟾蜍
Zygomycete 接合菌

附录三　相关缩写和简称

简称或缩写	英文	中文
ACP	annealing control primer	引物退火控制
ActD	actinomycin D	放线菌素 D
AD	anchoring disk	固定板
ADH	alcohol dehydrogenase	醇脱氢酶
AIF	apoptosis-inducing factor	凋亡诱导因子
AFLP	amplified fragment length polymorphism	扩增片段长度多态性
ALD	fructose 1,6-bisphosphate aldolase	1,6 -二磷酸果糖醛缩酶
AM	alveolar macrophage	肺泡巨噬细胞
AMD	amylose glycolysis	淀粉酵解
AP-P	aminopeptidase-P-like enzyme	类氨肽酶 P
APS	ammonium persulphate	过硫酸铵
ARA	arabinose glycolysis	阿拉伯糖酵解
Arc	acrylamide	丙烯酰胺
BAC	bacterial artificial chromosome	细菌人工染色体
Bis	bisacrylamide	甲叉双丙烯酰胺
BmCPV	*Bombyx mori* cytoplasmic polyhedrosis virus	家蚕质型多角体病毒
BmDNV	*Bombyx mori* densonucleosis virus	家蚕浓核病病毒
BmIFV	*Bombyx mori* infectious flacherie virus	家蚕传染性软化病病毒
BmNPV	*Bombyx mori* nuclear polyhedrosis virus	家蚕核型多角体病毒
BSA	bovine albumin	牛血清白蛋白
c	coils of polar tube	极管圈
CA	caffeic acid	咖啡酸
caspase	cysteinyl aspartate specific proteinase	胱天蛋白酶
CARD	caspase recruitment domain	caspase 募集结构域
CAT	hydrogen peroxidase (catalase)	过氧化氢酶
CCP	complement control protein	补体控制蛋白
cDNA	complementary DNA	互补 DNA，或称反转录 DNA
cDNA-AFLP	cDNA amplified fragment length polymorphism	cDNA 扩增片段长度多态性
CHAPS	3-[(3-cholamidopropyl)-dimethyl-ammonio]-1-propane sulfonate	3-[3-(胆酰胺丙基)二甲氨基]丙烷磺酸钠
CM	cytoplasmic membrane	原生质膜
Co-IP	co-immunoprecipitation	免疫共沉淀技术
Cp	cytoplasm	细胞质

续表

简称或缩写	英文	中文
CPSF	cleavage and polyadenylation specificity factor	多聚腺嘌呤化特异因子
CSS	cold-storaged spore	冷冻孢子
CTAB	hexadecyl trimethyl ammonium bromide	十六烷基三甲基溴化铵
CytC	cytochrome C	细胞色素 C
DAB	diaminobenzidine	二氨基联苯胺
DAPI	diamidino phenylindole	二脒基苯基吲哚
DCFH-DA	2′,7′-dichlorodihydrofluorescein diacetate	2′,7′-二氯荧光黄双乙酸盐
DCV	*Drosophila* C virus	果蝇 C 病毒
DD	death domain	死亡结构域
DDBAC	dodecyl dimethyl benzyl ammonium chloride	十二烷基二甲基苄基氯化铵，或称 1227
DDRT-PCR	mRNA differential display of reverse transcription PCR	mRNA 差别显示反转录 PCR
2-DE	two-dimensional electrophoresis	双向电泳
DEPC	diethyl pyrocarbonate	焦碳酸二乙酯
DE-TDF	differential expression transcript-derived fragment	差异表达转录衍生片段
DGC	density gradient centrifugation	密度梯度离心法
DH	differential hybridization	差示杂交
DMSO	dimethyl sulfoxide	二甲基亚砜
DNA	deoxyribonucleic acid	脱氧核糖核酸
Dot-ELISA	dot-enzyme-linked immunosorbent assay	斑点酶联免疫吸附测定法
DTT	dithiothreitol	二硫苏糖醇
EB	ethidium bromide	溴化乙锭
EDTA	ethylenediaminetetraacetic acid	四乙酸二氨基乙烷（二氨基乙烷四乙酸）
ELISA	enzyme-linked immunosorbent assay	酶联免疫吸附测定法
EN	endospore	孢子内壁
ER	endoplasmic reticulum	内质网
ESC	esculin hydrolyse test	七叶苷分解试验
EST	expressed sequence tag	表达序列标签
EX	exospore	孢子外壁
FASP	filter aided sample preparation	过滤器辅助样品制备
FC	few coil polar tube type spore	少圈数极管型孢子（同 ST）
FCM	flow cytometry	流式细胞术
FEN	flap endonuclease	侧翼核酸内切酶
FITC	fluorescein isothiocyanate	异硫氰酸荧光素
FRS	freshly recovered spore	新鲜家蚕微粒子虫孢子
GAG	glycosaminoglycan	黏多糖（糖胺聚糖）
α-GAL	α-galactosidase	α-半乳糖苷酶
β-GAL	β-galactosidase	β-半乳糖苷酶

续表

简称或缩写	英文	中文
GDP	guanosine diphosphate	鸟苷二磷酸
GICT	immune colloidal gold technique	免疫胶体金技术
GLYG	glycogen glycolysis	糖原酵解
GO	gene ontology	基因本体联合会数据库
GPI	glycosylphosphatidylinositol	糖基磷脂酰肌醇
GPT	glutamic-pyruvic transaminase	谷丙转氨酶
GRAVY	grand average of hydropathicity	总平均亲水指数
GS	germinated spore	发芽孢子
GST	glutathione-*S*-transferase	谷胱甘肽-*S*-转移酶
GTP	guanosine triphosphate	鸟苷三磷酸
GTPase	guanosine triphosphatase	鸟苷三磷酸酶
β-GUR	β-glucuronidase	β-葡糖醛酸糖苷酶
HA	P-hydroxybenzoic acid	对羟基苯甲酸
HAT	H-hypoxanthin, A-aminopterin, T-thymidine	次黄嘌呤-氨基蝶呤-胸腺嘧啶核苷选择培养基
hbp	histone-binding protein	组蛋白结合蛋白
β-HEM	β-hemolytic	β-溶血
HIP	hippurate test	马尿酸试验
HRP	horseradish peroxidase	辣根过氧化物酶
HSWP	hypothetical spore wall protein	拟定孢壁蛋白
HT	hypoxanthine-thymidine	次黄嘌呤-胸腺嘧啶核苷培养基
IAA	iodoacetamide	碘乙酰胺
IC_{50}	half maximal infective concentration	半数感染浓度
IEF	isoelectric focusing	等电点聚集
IEM	immunoelectron microscopy	免疫胶体金实验
IFAT	indirect fluorescent antibody technique	间接荧光抗体技术
IGS	intergenic spacer	基因内间隔
INU	inulin glycolysis	菊糖酵解
IP	identification probability	鉴定概率
IPG	immobilized pH gradient	固定化 pH 梯度
IPPA	inorganic pyrophosphatase	无机焦磷酸酶
IPTG	Isopropyl-beta-D-thiogalactopyranoside	异丙基-β-D-硫代半乳糖苷
ITS	internal transcribed spacer	内部转录间隔区
JAK	Janus kinase	Janus 激酶
KTS	KOH-treated spore	氢氧化钾处理家蚕微粒子虫孢子
KEGG	Kyoto Encyclopedia of Genes and Genomes	京都基因与基因组数据库
L	lysosome	溶酶体
LAC	lactose glycolysis	乳糖酵解

续表

简称或缩写	英文	中文
LAMP	loop mediated isothermal amplification	环介导等温扩增检测
LAP	leucine arylamidase	亮氨酸芳基胺酶
LSU rRNA	large subunit rRNA	核糖体大亚基
LT	long polar tube type	长极管（同 MC）
LTS	long polar tube type spore	长极管孢子
MAN	mannitol glycolysis	甘露醇酵解
MC	multi coil polar tube type (spore)	多圈数极管型（孢子）（同 LTS）
2-ME	2-mercaptoethanol	2-巯基乙醇
MSC	minimum sterilizing concentration	最低杀菌浓度
MST	minimum sterilizing time	最低杀菌时间
Mt	mitochondrion	线粒体
MT	microtubule	微管
multiplex PCR	multiplex polymerase chain reaction	多重 PCR
N	nucleus	细胞核
NADPH	reduced form of nicotinamide-adenine dinucleotide phosphate	还原型辅酶 II
*Nb*RBL	*Nb* Ricin-B-lectin	家蚕微粒子虫蓖麻毒素 B 凝集素
nest PCR	nest polymerase chain reaction	巢式 PCR
NGS	non-germinated spore	未发芽孢子或休眠孢子
NF-κB	nuclear factor-κB	核因子 κB
OPD	*O*-phenylene diamine	邻苯二胺
ORF	open reading frame	可读框
P	pseudopodium	伪足
PA	protocatechuic acid	3,4-二羟基苯甲酸或儿茶酸
PAGE	polyacrylamide gel electrophoresis	聚丙烯酰胺凝胶电泳
PAMP	pathogen-associated molecular pattern	病原体分子相关模式
PAL	alkaline phosphatase	碱性磷酸酶
PB	phosphate buffer	磷酸缓冲液
PBS	phosphate buffered saline	磷酸盐缓冲液
PBST	phosphate buffered saline+Tween-20	吐温磷酸盐缓冲液
PC	polar cap	极帽
PCD	programmed cell death	细胞程序性死亡
PCR	polymerase chain reaction	聚合酶链反应
PEG	polyethylene glycol	聚乙二醇
PF	polar filament	极丝（极管）
PGK	phosphoglycerate kinase	磷酸甘油酸酯激酶
PI	isoelectric point	等电点
PI	propidium iodide	碘化丙啶

续表

简称或缩写	英文	中文
PL	polaroplast	极膜层
PM	plasma membrane	原生质膜
PMF	peptide mass fingerprinting	肽质量指纹谱
PMSF	phenylmethanesulfonyl fluoride	苯甲基磺酰氟
PNKP	bifunctional polynucleotide phosphatase/kinase	双功能多聚核苷酸磷酸酶/激酶
PP	present probability	出现概率
PRR	pattern recognition receptor	模式识别受体
PT	polar tube	极管
PTP	polar tube protein	极管蛋白
PV	posterior vacuole	后极泡
PV	parasitophorous vacuole	寄生泡
PVDF	polyvinylidene difluoride	聚偏二氟乙烯
qPCR	quantitative real-time PCR	实时荧光定量 PCR
PYRA	L-pyrrolidonyl-β-naphthylamide	吡咯酮芳胺酶
RAF	raffinose glycolysis	棉籽糖酵解
RBBP4	retinoblastoma binding protein 4	成视网膜细胞瘤结合蛋白-4
RBL	Ricin-B-lectin	蓖麻毒素 B 凝集素
RDA	representational difference analysis	代表性差异显示分析
RER	rough endoplasmic reticulum	糙面内质网
RFLP	chromosomal restriction fragment length polymorphism	染色体限制性片段长度多态性
RIB	ribose glycolysis	核糖酵解
RNA	ribonucleic acid	核糖核酸
Rnl1	RNA ligase 1	RNA 连接酶 1
ROS	reactive oxygen species	活性氧
RPB1	RNA polymerase Ⅱ	大亚基 RNA 聚合酶 II
RpS3	ribosomal protein S3	核糖体蛋白 S3
RQ	relative quantification	相对定量
RT-PCR	reverse transcription PCR	反转录 RCR（也称逆转录 RCR）
SAGE	serial analysis of gene expression	基因表达系列分析
Sb	sporoblast	孢子母细胞
Sc	schizont	裂殖体
SHD	subtractive hybridization of cDNA	cDNA 消减杂交
SIF	secondary infective form	二次感染体
SOD	superoxide dismutase	超氧化物歧化酶
SOR	sorbitol glycolysis	山梨醇酵解
SRA	sequence read archive	序列读取存档
SSC	sodium chloride-sodium citrate buffer	柠檬酸钠缓冲液

续表

简称或缩写	英文	中文
SSH	suppression subtractive hybridization	抑制消减杂交法
SSU rRNA	small subunit rRNA	核糖体小亚基
STP	short polar tube type spore	短极管孢子（同 FC）
STAT	signal transducer and activator of transcription	信号转导因子及转录激活因子
SWP	spore wall protein	孢壁蛋白
TALEN	transcription activator-like effector nuclease	类转录激活因子效应物核酸酶技术
TBP	TATA-binding protein	TATA 结合蛋白
TBS	Tris buffered saline	三羟甲基氨基甲烷缓冲盐水
TCA	trichloroacetic acid	三氯乙酸
TEMED	*N*, *N*, *N'*, *N'*-tetramethylethylenediamine	四甲基乙二胺
TFA	tallow fatty acid	三氟乙酸
TNFR	tumor necrosis factor receptor	肿瘤坏死因子受体
TPI	triose-phosphate isomerase	磷酸丙糖异构酶
TRAP	thrombospondin-related adhesive protein	血小板反应素相关黏着蛋白
TRE	trehalose glycolysis	海藻糖酵解
UBC2	ubiquitin-conjugating enzyme 2	泛素缀合酶 2
V	vacuole	空泡
VDAC	voltage dependent anion channel	电压依赖性阴离子通道
VP	voges-proskauer test	伏-波试验
VSG	variant surface glycoprotein	可变表面糖蛋白
ZFN	zinc-finger nucleases	锌指核酸内切酶

附录四 相关研究受资助科技项目清单

1. 桑蚕微粒子病的研究——分类、检测和防治。国家教委博士后基金和奖励基金（1995—1997年）

2. 桑蚕微粒子病检测技术的研究。浙江农业大学人才基金（1995—1996年）

3. 防治家蚕疫病的新药剂新技术研究。国家“九五”重点科技项目（攻关）子专题（96-616-02-03-02）（1996—2000年）

4. 蚕室蚕具消毒药剂的实验室评价研究。国家教委留学回国基金（1996—1999年）

5. 肠球菌对桑蚕的致病性研究。浙江省教委（1996—1998年）

6. 蚕种场用微粒子虫孢子检测技术的研究。浙江省农业厅（1996年）

7. 家蚕疫病综防技术研究与示范。浙江省科委“九五”攻关课题子专题（971102285-07）（1997—2000年）

8. 原种胚传带毒的研究。浙江省农业厅（1997年）

9. 家蚕微粒子病的防治研究。浙江省农业厅（1998年）

10. 野外昆虫与家蚕微粒子虫感染的比较研究。浙江省农业厅（1999年）

11. 家蚕微粒子虫感染桑尺蠖与斜纹夜蛾的研究。浙江省农业厅（2000年）

12. 蚕肠道细菌微生态抑制微粒子病发生机理研究。国家自然科学基金（30070578）（2001—2003年）

13. 家蚕肠道来源细菌抑制微粒子病发生机理的研究。浙江省自然科学基金（318000）（2001—2003年）

14. 胚种传染率的研究。浙江省农业厅（2001年）

15. 母蛾检验的样本容量与抽样方法的研究。浙江省农业厅（2002年）

16. 成品卵检验技术的检测灵敏度研究。浙江省农业厅（2002年）

17. 家蚕主要病征在蚕病诊断中的应用。浙江省农业厅（2002年）

18. 微粒子虫的侵染特异因子分离与克隆。国家自然科学基金（30270898）（2003—2005年）

19. 微粒子病母蛾检验技术的改进研究。浙江省农业厅（2003年）

20. 蚕病诊断信息化与微粒子病防治攻关。浙江省农业厅（2004—2005年）

21. 家蚕微粒子虫发芽抑制因子的基因克隆与分析。国家自然科学基金（30471311）（2005—2007年）

22. 微粒子虫的环境抵抗性与桑叶叶面清洁技术研究。浙江省科学技术厅一般项目（2005C32021）（2005—2006年）

23. 家蚕微粒子虫孢子发芽机理相关蛋白因子的研究。教育部博士点基金（20050335009）（2006—2008年）

24. 环保型桑叶叶面消毒剂的研究与开发。湖州市科学技术局项目（2006 年）

25. 家蚕微粒子病检测新技术创建研究。国家质量监督检验检疫总局科研项目（2006—2008 年）

26. 家蚕微粒子病检测新技术创建研究。浙江省出入境检验检疫局（2006—2008 年）

27. 蚕桑安全生产保障体系的建立（优质、多用途桑树新品种筛选及配套技术试验与示范）。农业部公益性行业（农业）科研专项（nyhyzx07-020-04）（2007—2010 年）

28. *Nosema* 和 *Endoreticulatu* 侵染特异性相关因子的功能与分子特性研究。国家自然科学基金（30771456）（2008—2011 年）

29. 家蚕病害防控岗位科学家。现代农业产业技术体系建设专项资金（nycytx-27-gw204、CARS -22-ZJ0202、CARS-18-ZJ0302）（2009—2019 年）

30. 母蛾检验技术的研究。浙江省农业厅（2009—2010 年）

31. 基于现代生物学的家蚕微粒子病检测系列新技术研究和优化应用。浙江省重大科技专项（2010C12005-2）（2010—2012 年）

32. 基于监控流行因子的家蚕微粒子病防治技术研究。杭州市蚕种场（2013—2015 年）

跋

斯年已逝，点滴成晶。

晶之所成，众人为之。曾在本实验室学习或工作的研究生、本科生和进修或研究助理人员等，无疑是本书中大量实验工作的亲身体验者和贡献者，他们有：吴忠长《家蚕微粒子虫（*Nosema bombycis*）感染昆虫的比较研究》（2000 年硕士）、汪方炜《家蚕中肠来源肠球菌抑制家蚕微粒子虫孢子发芽的研究》（2002 年硕士）、林宝义《蚕种微粒子病母蛾检验的集团样本量研究》（2004 年硕士）、徐杰《家蚕成品卵微粒子病检验技术的研究》（2004 年硕士）、黄少康《两种微孢子虫的蛋白及对家蚕侵染性的比较研究》（2004 年博士）、孙振国《家蚕来源肠球菌外分泌蛋白的性质研究》（2005 年硕士）、陈洪松《微粒子病家蚕中肠组织蛋白质的差异分析》（2005 年硕士）、张凡《家蚕微孢子虫侵染相关表面蛋白 SP84 的分离、纯化及鉴定》（2007 年博士）、冯真珍《粉纹夜蛾培养细胞对家蚕微孢子虫的吞噬作用研究》（2009 年硕士）、吴晓霞《粉纹夜蛾培养细胞对家蚕微孢子虫的吞噬及与孢壁蛋白的关系》（2010 年硕士）、李光才《家蚕微粒子病的 PCR 检测技术研究与应用》（2011 年硕士）、蔡顺风《家蚕微孢子虫孢子母细胞的分离及孢子吞噬作用的研究》（2012 年博士）、邱海洪《微孢子虫感染家蚕相关基因的研究》（2012 年博士）、何祥康《家蚕微粒子病荧光定量 PCR 检测技术研究》（2015 年硕士）、何欣怡《家蚕微孢子虫抑制家蚕 BmN 细胞凋亡的功能研究》（2015 年博士）、傅张悟可《家蚕微孢子虫感染母蛾次代感染情况的研究》（2016 年硕士）、刘涵《家蚕微孢子虫（*Nosema bombycis*）休眠孢子和发芽孢子转录组、蛋白质组定量差异分析及 *Nb*RBL 蛋白功能的初步研究》（2016 年博士）、呼思瑞《家蚕一代杂交种散卵均匀性评价方法初探》（2018 年硕士）和杨海青《不同母蛾镜检结果一代杂交蚕种农村饲养实验研究》（2019 年硕士）等研究生。还有孟祥坤、马焕艳、林秀秀和陆颖等研究助理人员参与了大量的工作。王彦文、吴洪丽、宋莲花、费晨、张海燕和万淼等，在进修、合作研究或毕业论文实验中也参与了相关工作并做出了贡献。

除直接参与家蚕微粒子病或家蚕肠道微生态及肠球菌多样性研究的人员外，实验室从事家蚕传染性软化病等领域研究的石彦和李明乾博士，朱宏杰、陆奇能、尚娜娜、陈孝学和孙文静硕士，在完成他们自己毕业论文研究内容的同时，也参与了不少本书陈述内容方面的工作。

他们在实验室的时间不同，有的一年不足，有的从本科到博士后十载有余。星空无垠，流星易逝，唯有真情永恒。2010～2015 年在家蚕微粒子虫胚胎感染个体蚕座内感染规律研究中，年度检测样本量达到 10 万以上，3 年初试和 3 年重复实验，其中个味只有他们自己知晓。在此，衷心感谢实验室所有参与本书内容相关工作的研究生、本科生和进修或研究助理工作人员。

在2015年以后，学校百人计划引进了青年教师邵勇奇博士到实验室入职，硕士生栾芳、于婷、蓝雅华和冯荟荟等及博士生张宪翠等相继到实验室学习，他们也参与了相关的研究和调查等工作，特别是使家蚕肠道微生态研究的新技术得到应用和新思维方式更趋活跃。非常值得庆幸的是在成稿后，博士生张宪翠等从具有在家蚕消化道中定殖和增殖特征的细菌中，分离获得一株具有抑制家蚕微粒子虫孢子发芽活性的肠球菌菌株——*Enterococcus faecalis* LX10，活性物在体外显著抑制家蚕微粒子虫孢子发芽，在体内可以缓解家蚕感染微粒子虫后造成的肠道组织损伤。活性物的完整核苷酸序列，513bp（染色体：951818～952330），分别由含102个和68个氨基酸的信号肽和活性肽构成，理论分子质量为18.55kDa。发表了《家蚕肠道来源肠球菌LX10对家蚕微粒子虫感染的抑制作用》（The gut commensal bacterium *Enterococcus faecalis* LX10 contributes to defending against *Nosema bombycis* infection in *Bombyx mori*. Pest Manag Sci，2022，78：2215-2227）、《肠球菌在家蚕肠道定殖的特征和策略》（Features and colonization strategies of *Enterococcus faecalis* in the gut of *Bombyx mori*. Front Microbiol，2022，13：921330. doi：10.3389/fmicb.2022.921330）和《鳞翅目昆虫肠道菌群的多样性和功能》（Diversity and functional roles of the gut microbiota in lepidopteran insects. Microorganisms，2022，10：1234）等论文。从发现部分肠球菌分离菌株对家蚕微粒子虫孢子发芽具有抑制作用的现象开始，持续追寻着活性物和作用于家蚕微粒子虫孢子的具体分子，在遭遇种种困难的同时，进行了更为广泛的研究。今天终于发现了肠球菌和家蚕微粒子虫孢子相互作用一端的分子或物质基础，实验室在对活性物分子特性进行解析的同时，正在利用基因、分子改造及微生态等技术，开展提高活性物或菌株对家蚕个体及群体家蚕微粒子病发生控制能力，以及改善家蚕肠道生态和提高家蚕综合抗性的研究。从家蚕消化道——家蚕微粒子虫最早与家蚕发生相互作用的生态环境入手，解析家蚕-家蚕微粒子虫-微生态三者相互作用的关系，不仅在理解家蚕微粒子病方面具有科学意义，而且对于基于个体水平的家蚕微粒子病控制技术研发具有潜在价值，是非常值得期待的领域。

从家蚕细菌性肠道病的学术本底出发，切换到家蚕微粒子病病理学和防控技术研究，并非斩钉截铁始得，也非当下跨界之高大上，仅仅是时代的造化和社会的牵引。应该感谢时代，感谢春天后持续的优良气候，感谢一路相随相伴所有的人物事。

从1985年参与真菌病治疗药物筛选发现咪唑类化学药物可以诱导家蚕三眠化开始，到1995年受投资人“诱惑”开发桑黄用作抗癌药物的尝试，以及家蚕传染性软化病病毒纯化、检测，病毒复制和感染家蚕细胞的分子机制研究，各类农药对家蚕的毒性调查，各类蚕病的简易诊断方法和诊断系统研究，养蚕用环保型消毒药物与治疗药物的筛选，养蚕业如何现代化的思考等，历事不少，部分与生产实践相关的内容已编写成《解·舒》——基于案例的养蚕病害诊断学，2020年由浙江大学出版社出版。这些无不多少隐含了一些社会需求的拉力而为之。这些经历虽然与本书相关甚少，但在第四次科技革命即将来临，养蚕模式或将发生颠覆性变化的今天，真心希望这些经历和隐喻可以让人满血复活，再出发。

鲁兴萌

壬寅秋于浙大启真湖畔